LEXIKON DER PHYSIK

LEXIKON DER PHYSIK

Vom Atom zum Universum

von Richard Knerr

Faktum
LEXIKON INSTITUT

Am Ende des Bandes findet sich ein Verzeichnis der Nobelpreisträger für Physik mit kurzen biographischen Angaben. Ein umfangreiches Register ermöglicht das rasche Auffinden von Begriffen, die nicht als eigenes Stichwort aufgenommen wurden.

Überarbeitete Sonderausgabe für Bassermann Verlag

Zeichnungen: Günther Marks, München
Satz: Rombach GmbH & Co. KG, Freiburg
Reproduktionen: Karl Dörfel Reproduktions GmbH, München

55020X817 2635 4453 6271
03 02 01 00

Vorwort

Die Physik bildet zusammen mit der Mathematik als ihrem Handwerkszeug die Grundlage aller übrigen Naturwissenschaften und der gesamten Technik. Biologie und Medizin verdanken ihre Fortschritte immer mehr auch der Physik. Die Beurteilung von Problemen der Energieversorgung und des Umweltschutzes sind gleichermaßen ohne physikalische Kenntnisse unmöglich. Es gibt also viele praktische Gründe, sich mit der Physik zu befassen, ganz abgesehen von der Faszination, mit ihr die Grundtatsachen des Universums und auch der menschlichen Existenz zu berühren.

Dieses Buch enthält, alphabetisch geordnet und mit vielen Abbildungen versehen, die wichtigsten Begriffe der Schul- und Alltagsphysik. Besonderer Wert wurde darauf gelegt, die Erscheinungen möglichst anschaulich und trotzdem atomistisch zu erklären. Auf mathematische Formulierungen konnte dabei natürlich nicht verzichtet werden. Es ist deshalb vielleicht nützlich, neben diesem Buch auch das Lexikon der Mathematik zu benutzen, das in derselben Reihe erschienen ist.

Die Ansprüche des Physikers kann dieses Lexikon schon wegen seines begrenzten Umfangs sicher nicht befriedigen, aber es kann helfen, verschüttetes Wissen aufzufrischen, Denkanstöße zu geben und ein Sachgebiet neu anzugehen. Ein ausführliches Register am Ende des Buches erleichtert die Suche nach Begriffen, die nicht als eigenes Stichwort aufgenommen worden sind.

Richard Knerr

A

A Abk. für Ampere, Maßeinheit der Stromstärke (→ Maße und Maßsysteme).

Å Abk. für die nicht mehr zulässige Längeneinheit Ångström (→ Maße und Maßsysteme); 1 Å = 0,1 nm.

a **1)** Abk. für das Flächenmaß Ar (1 a = 100 m^2);
2) Abk. für die Vorsilbe → Atto- bei Maßeinheiten (→ Maße und Maßsysteme).

Abbildung

Allgemein versteht man unter einer A. die Zuordnung einer Originalmenge zu einer Bildmenge, wobei von jedem Element der Originalmenge genau ein Zuordnungspfeil ausgeht. Die Physik kennt außer der → optischen Abbildung noch eine Reihe weiterer. Besonders die Theoretische Physik benutzt den Begriff der A. ganz allgemein wie die Mathematik, d. h. als Menge geordneter Paare. Die Physiker nennen solche Zuordnungen oft auch *Transformationen* und beschreiben damit Übergänge von ganzen Systemen von einem Koordinatensystem auf ein anderes oder auch den Aufbau der → Elementarteilchen mit Symmetrietransformationen.
Eine A. mehr im wörtlichen Sinn ist die *elektrische A.*, die in der Potentialtheorie zur Beschreibung elektrischer Felder verwendet wird.
Ganz konkret und ähnlich den optischen Abbildungen wirken die *elektronenoptischen* und die *ionenoptischen Abbildungen,* die Grundlagen aller Teilchenbeschleuniger und der Elektronenmikroskope. Sie beruhen darauf, daß elektrische und magnetische Felder bewegte geladene Teilchen (z. B. → Elektronen) ablenken. Deshalb sind Anordnungen möglich, die man als elektrische bzw. magnetische Linsen bezeichnen kann. Die Bewegung der geladenen Teilchen in diesen (rotationssymmetrischen) Feldern wird durch Differentialgleichungen beschrieben und ist daher nicht so einfach zu erfassen wie im Fall der geometrischen Optik. Trotzdem treten ganz ähnliche Phänomene auf wie dort: Die Abbildungsgleichungen gelten nur in der paraxialen Näherung, größere Öffnungswinkel erzeugen → Abbildungsfehler, die auch hier durch die Seidelschen Bildfehler beschrieben werden. Die wichtigsten elektronenoptischen Abbildungssysteme sind die Bildwandler, die → Braunsche Röhre und natürlich das *Elektronenmikroskop.*

Abbildungsfehler

Jeder, der in ein Photogeschäft geht und eine Kamera kaufen will, wird erst einmal mit Fachausdrücken überhäuft: Da gibt es Achromate, Aplanate oder Anastigmate als Objektive, und der Preis scheint mit der Kompliziertheit der Bezeichnungen zu wachsen. Woher kommt das, und was bedeutet das alles? Tut's nicht vielleicht auch eine einfache Linse?
Die → optische Abbildung ist als ideale Kollineation im mathematischen Sinn wegen des Fermatschen Prinzips nicht realisierbar. Alle realen Abbildungssysteme erzeugen Fehler, die man auch mathematisch erfassen kann, wenn man die Strahlengänge im einzelnen durchrechnet. Man erhält dabei wegen des Brechungsgesetzes (→ Brechung) eine Anzahl miteinander verknüpfter Sinusfunktio-

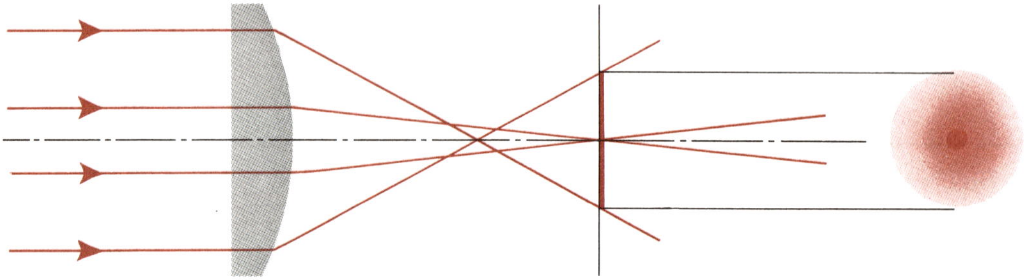

Abbildungsfehler (Figur 1): Öffnungsfehler bei einer plankonvexen Linse; die parallel einfallenden Strahlen sammeln sich nicht in einem Punkt.

nen, während die ideale Kollineation nur durch eine gebrochen rationale Funktion ausgedrückt wird.

Nun läßt sich jedoch jede Sinusfunktion in Form einer unendlichen Potenzreihe schreiben, die nur ungerade Potenzen des Arguments enthält. Damit kann man erst etwas anfangen, wenn man Näherungen akzeptiert. Berücksichtigt man nur Glieder erster Ordnung, so erhält man einen gebrochen rationalen Ausdruck, der die ideale optische Abbildung beschreibt *(Gaußsche Abbildung).* In dieser Näherung gibt es keine A. Leider gilt sie aber nur für fast achsenparallele und achsennahe Lichtbündel (paraxiale Abbildung), so daß sie für die Praxis der Photographie oder des Kamerabaus unbrauchbar ist.

Die nächste Näherung berücksichtigt die Glieder dritter Ordnung. Sie deckt bereits eine Anzahl von A. auf, die meist voneinander abhängig sind. Man faßt sie in fünf Fehler zusammen, die man als *Seidelsche Bildfehler* bezeichnet: Öffnungsfehler, Koma, Astigmatismus, Bildfeldwölbung und Verzeichnung. Alle diese Fehler entstehen bereits bei der Abbildung mit monochromatischem (einfarbigem) Licht. Arbeitet man mit mehrfarbigem (weißem) Licht, so werden sie sämtlich noch von der chromatischen Aberration (der Farbabweichung) überlagert, die ihre Ursache in der →Dispersion des Lichts beim Durchgang durch verschiedene Medien (z. B. Glas) hat.

Wir betrachten nun die Bildfehler im einzelnen, wobei wir uns der Einfachheit halber nur auf Sammellinsen beschränken. Bei Zerstreuungslinsen existieren jedoch analoge Fehler.

Der Öffnungsfehler (sphärische Aberration)

Beleuchtet man eine Linse mit mehreren dünnen Bündeln parallel zur optischen Achse, so stellt man fest (Figur 1), daß sich achsennahe Strahlen in einem anderen ›Brennpunkt‹ schneiden als achsenferne. Bei plankonvexen Linsen wird der Fehler besonders groß, wenn wie in Figur 1 die Parallelbündel auf der planen Seite ankommen. Dreht man die Linse um, so verringert sich der Fehler sofort ganz beträchtlich, weil dann die Strahlen auch an der planen Seite gebrochen werden. Der Öffnungsfehler wird also klein, wenn die brechenden Flächen möglichst gleichmäßig an der Abbildung beteiligt sind. Er nimmt jedoch mit der Linsenkrümmung zu. Korrekturmöglichkeiten entstehen, wenn man Sammel- und Zerstreuungslinsen kombiniert und die Abstände in diesem System variiert. Sogar eine Überkorrektur ist möglich, allerdings auf Kosten der anderen Bildfehler.

Die Koma

Systeme, bei denen der Öffnungsfehler korrigiert ist, bilden wenigstens einen

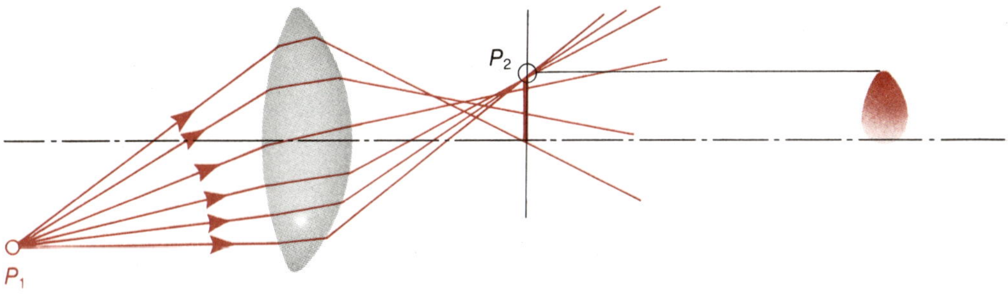

Abbildungsfehler (Figur 2): Entstehung der Koma; achsenferne Punkte werden nicht als scharfer Punkt abgebildet, sondern verzerrt.

Punkt auf der optischen Achse, unabhängig vom Öffnungswinkel, wieder auf einem Punkt der optischen Achse ab. Wählt man aber einen von der Achse entfernten Punkt P_1, so wird er trotz der Korrektur *nicht* wieder in einem Punkt P_2 abgebildet (Figur 2). Statt dessen entsteht eine einseitig scharfe Figur, die je nach ihrem Abstand von der Achse in einen mehr oder weniger ausgeprägten ›Kometenschweif‹ ausläuft. Wenn ein optisches System Linienelemente scharf abbildet, so erfüllt es die Sinusbedingung (→ optische Abbildung). Dann ist es mindestens für einige Gegenstands- und Bildkoordinaten aberrationsfrei *(aplanatisch)*. Die Koma ist dadurch zu korrigieren, daß man zur Abbildung nur den mittleren Teil der Linse benutzt, d. h. die Randzonen der Linse mit einer Blende abdeckt. Damit korrigiert man gleichzeitig auch die sphärische Aberration.

Der Astigmatismus (Punktlosigkeit)

Dieser tritt ebenfalls auf, wenn das zur Abbildung verwendete Lichtbündel die Linse abseits vom Zentrum durchsetzt (Figur 3). Die Meridianstrahlen sehen sich einer anderen brechenden Geometrie gegenüber als Sagittalstrahlen (Meridianebenen enthalten den Linsenmittelpunkt, Sagittalebenen stehen senkrecht auf den Meridianebenen). Sie haben daher auch andere Bildpunkte. Im allgemeinen liegt der sagittale Bildpunkt weiter von der Linse entfernt als der meridionale, und diese astigmatische Differenz nimmt mit wachsendem Neigungswinkel des Lichtbündels zu. Daraus folgt bereits, daß sowohl die sagittale als auch die meridionale Bildebene eine Krümmung besitzt. Dies führt auf den nächsten Bildfehler. Auch der Astigmatismus läßt sich durch eine Blende in gewissen Grenzen korrigieren. Die Abbildungsebene liegt dann etwa in der Mitte zwischen der nach vorn gekrümmten meridionalen und der nach

Abbildungsfehler (Figur 3): Astigmatismus einer Linse; der meridionale Bildpunkt liegt näher an der Linse als der sagittale.

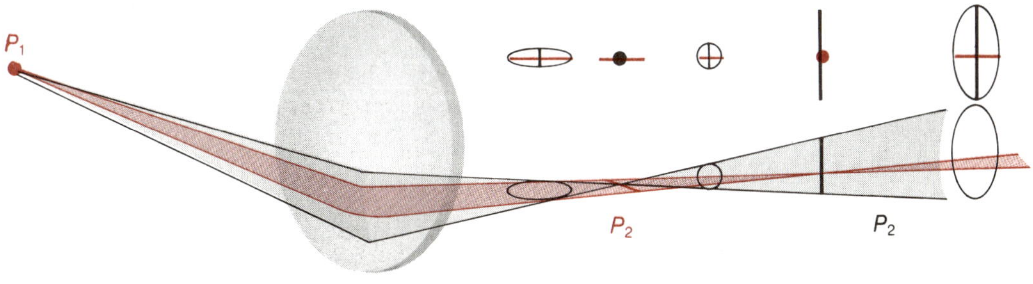

hinten gekrümmten sagittalen Bildschale. Sie gibt zwar keine Punkte, sondern die Kreise wieder, die zwischen meridionalem und sagittalem Bildstrich entstehen, aber diese werden bei geringen Ansprüchen so klein, daß sie eine ausreichende Bildschärfe abgeben.
Will man gleichzeitig große Öffnungswinkel und kleinen Astigmatismus haben, muß man mit verschiedenen Gläsern und Linsenformen korrigieren. Dabei wählt man die Zusammensetzung so, daß gleichzeitig auch die Bildfeldwölbung korrigiert wird.

Die Bildfeldwölbung
Nicht nur die meridionale und die sagittale Bildschale weisen Krümmungen auf (Figur 4), sondern im allgemeinen auch die zwischen ihnen gelegenen Bildebenen. Selbst wenn der Astigmatismus völlig korrigiert worden ist, meridionale und sagittale Bildschale also in der ›Petzvalschen‹ Bildschale zusammenfallen, ist diese keineswegs eben, sondern besitzt eine Krümmung, die durch die sog. Petzvalsche Summe

$$\sum \frac{1}{f \cdot n}$$

gegeben ist (f ist die Brennweite, n der

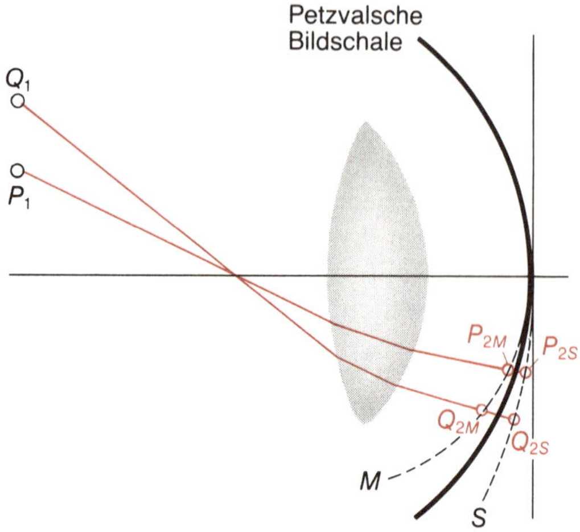

Abbildungsfehler (Figur 4): Die Bildfeldwölbung mit Darstellung von meridionaler *(M)*, sagittaler *(S)* und Petzvalscher Bildschale

Brechungsindex der Einzellinse im System). Macht man durch geeignete Wahl der Einzellinsen diese Summe zu Null, so hat man eine Bildebnung erreicht. Objektive, bei denen Astigmatismus und Bildfeldwölbung auf diese Weise korrigiert sind, heißen *Anastigmate.*

Die Verzeichnung
Blenden sind zwar ein gutes Mittel, um die bisher besprochenen Bildfehler herabzusetzen, gleichzeitig erzeugen sie aber

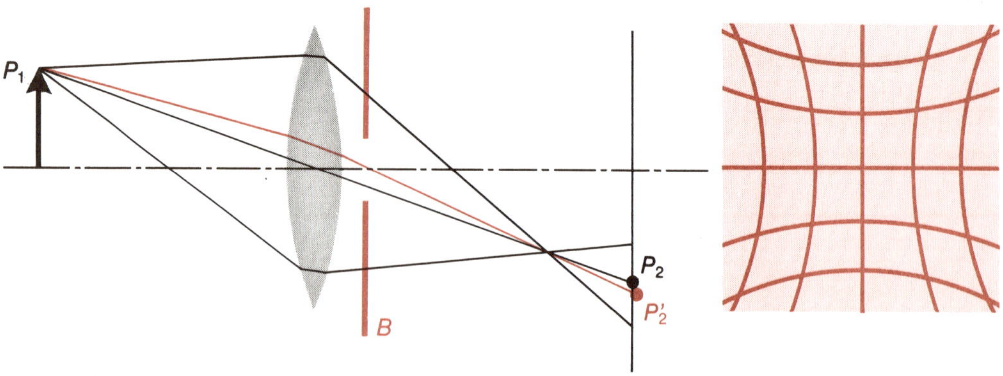

Abbildungsfehler (Figur 5a): Kissenförmige Verzeichnung durch eine Blende hinter der Linse; zwar wird das Bild P_2' schärfer als ohne Blende, rückt aber im Randbereich nach außen.

– bei ihrer üblichen Lage vor oder hinter dem Linsensystem – einen neuen Fehler: Sie verzerren das Bild. Das Zustandekommen der Verzeichnung oder Verzerrung (Distorsion) geht aus den Figuren 5a und 5b hervor. Verzeichnung kommt nur vor bei Systemen mit Bildfeldwölbung. Sie läßt sich vermeiden, wenn man die Blende nicht vor oder hinter dem System, sondern in seiner optischen Mitte anbringt. Ein Beispiel für ein derartiges *orthoskopisches System* (bereits 1865 von Hugo Adolph Steinheil konstruiert) gibt Figur 6.

Die chromatische Aberration (Farbabweichung)

Alle besprochenen Bildfehler treten für jede beliebige Wellenlänge des verwendeten Lichts auf, aber – wegen der Dispersion des Lichtes – für jede Farbe anders. Das läßt sich leicht zeigen, wenn man sich den Brennfleck einer Linse ansieht, in dem man weißes Licht fokussiert hat: Der Brennfleck hat Farbränder, und zwar einen roten an der linsenfernen und einen blauen an der linsennahen Seite. Die Linse hat demnach eine größere Brennweite für Rot als für Blau (Figur 7). Auch die Korrektur der chromatischen Aberration ist mit Hilfe von Linsenkombinationen verschiedener Gläser möglich, allerdings exakt nur für jeweils zwei Farben (meist Blaugrün und Orangerot).

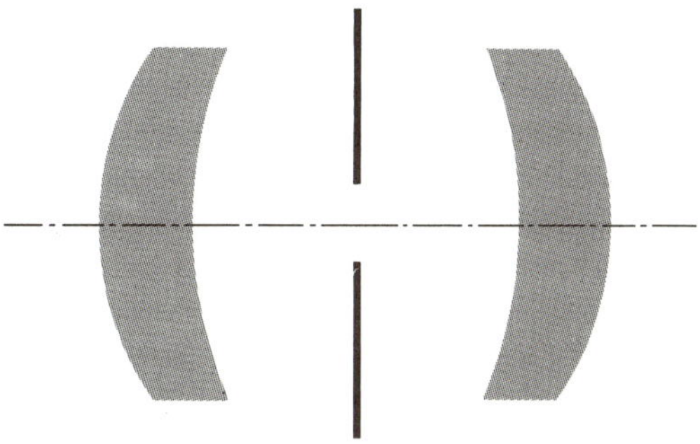

Abbildungsfehler (Figur 6): Schnitt durch ein orthoskopisches Linsensystem mit Mittelblende

Abbildungsfehler höherer Ordnung

Die Glieder dritter Ordnung in den realen Abbildungsgleichungen führten auf die besprochenen Seidelschen Bildfehler. Für große Öffnungswinkel dürfen aber auch die Glieder fünfter Ordnung in der Sinusreihe noch nicht vernachlässigt werden. Sie führen auf neue Bildfehler, die zwar nicht in gleicher Weise zusammengefaßt worden sind wie die Seidelschen, trotzdem aber für die praktische Ausführung von Linsensystemen von Bedeutung sind.

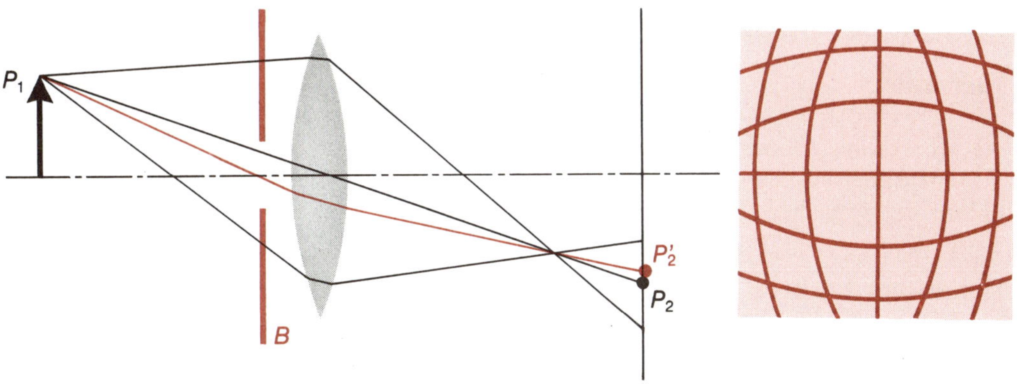

Abbildungsfehler (Figur 5b): Tonnenförmige Verzeichnung durch eine Blende vor der Linse; auch hier wird das Bild P_2' schärfer als ohne Blende, rückt aber im Randbereich nach innen.

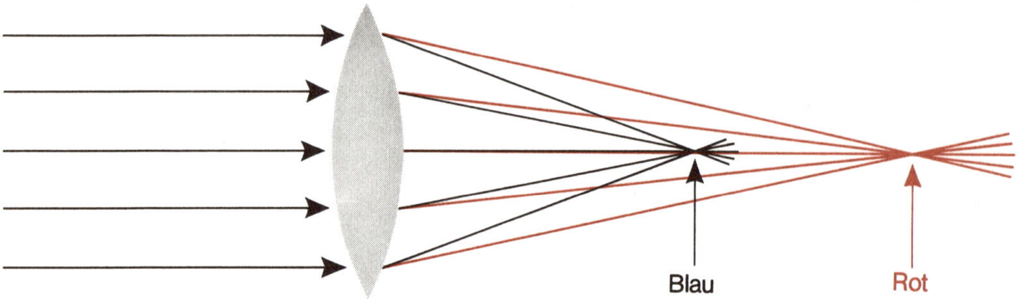

Abbildungsfehler (Figur 7): Chromatische Aberration bei einer Sammellinse; der Brennfleck weist einen blauen und einen roten Farbrand auf.

Die Korrekturmöglichkeiten für Bildfehler beim Bau von Linsensystemen sind ja begrenzt: Mit genügender Genauigkeit und vertretbaren Kosten herstellbar sind nur Linsen mit sphärischer (kugelförmiger) Oberfläche, und derartige Sammel- und Zerstreuungslinsen aus verschiedenen Gläsern müssen so kombiniert werden, daß alle A. möglichst klein werden. Selbst unter Einsatz von Computern bei der Durchrechnung der Strahlengänge bleibt dies eine äußerst schwierige Aufgabe. Hilfreich dabei ist, daß die Bildfehler teilweise gegenläufig sind, so daß ein bestimmter Fehler dritter Ordnung von einigen anderen Fehlern höherer Ordnung teilweise kompensiert werden kann. Nur wenige Kunden ahnen, wie groß der Entwicklungsaufwand für ein brauchbares Objektiv einer guten Kamera tatsächlich ist.

Aberration

Die Aberration *(Abweichung)* ist ein Begriff zur Beschreibung von → Abbildungsfehlern bei optischen Systemen.

Abplattung der Erde

Die Erde ist, wie die meisten Gestirne, keine exakte Kugel (auch wenn man von den Gebirgen absieht), sondern eine Art *Rotationsellipsoid*. Ihr Polradius ist mit 6356,9 km um 21,5 km kleiner als ihr Äquatorradius (6378,4 km). Die Differenz ist damit immerhin fast dreimal so groß wie die Höhe des höchsten Gebirges der Erde (→ Erde).

Abschirmung

Bestimmte räumliche Bereiche müssen oft gegen äußere Einwirkungen geschützt werden, oder man muß verhindern, daß in einem Raum entstehende Teilchen oder Strahlungen nach außen entweichen. Man benutzt dazu meist eine Materieschicht, die für die betreffenden Teilchen oder Strahlen möglichst undurchlässig ist. Der Idealfall einer A. ist ein Spiegel, der innerhalb des gewünschten Bereichs alles reflektiert. Leider gibt es derartige Spiegel nur für elektromagnetische Strahlungen in engen Wellenlängenbereichen, für elektrische Felder und für geladene Teilchen (unter speziellen Bedingungen). In allen anderen Fällen ist man darauf angewiesen, als A. ein Material zu wählen, das die unerwünschte Einwirkung möglichst stark schwächt oder völlig absorbiert, ohne sie weiterzuleiten. Die wichtigsten Arten der A. sind die elektrische, die magnetische und die thermische A. sowie die A. gegen ionisierende Strahlung.

Abschirmung gegen elektrische Felder

Die meisten Metalle leiten den elektrischen Strom sehr gut. Ladungen sind in Metallen nahezu frei beweglich. Bringt man daher ein Metall in ein → elektrisches Feld, ordnen sich die freien Ladungsträger sofort längs der Feldlinien an und erzeugen ihrerseits ein Feld, das das äußere Feld kompensiert. Liefert man nicht ständig neue Ladungsträger nach, bricht ein elektrisches Feld in einem Metall zusammen. Ein von einer Metallfolie eingeschlossener Raum ist daher frei von elektrischen Feldern (→ Faradayscher Käfig).

Das ideale Abschirmungsmaterial gegen elektrische Felder sind daher Metallbleche, -folien, selbst Drahtgitter oder feinstes Drahtgeflecht aus guten Leitern wie Silber oder Kupfer. Andere Metalle eignen sich nicht mehr ganz so gut. Die Anwendungen solcher A. sind vielfältig: Elektrische Signalleitungen wie z. B. Fernsehkabel, Telephonkabel usw. werden mit feinem Kupferdraht umsponnen, um Störungen durch Fremdsignale fernzuhalten. In einem Auto oder Flugzeug ist man wegen der Metallaußenhaut vor einem Blitzschlag völlig sicher (wenn man nicht den Kopf zum Fenster hinausstreckt!). Empfindliche elektronische Apparaturen baut man in Metallgehäuse ein oder umgibt sie zumindest mit einem Gitter usw.

Abschirmung gegen magnetische Felder

Die Eindringtiefe von Magnetfeldern in Metalle ist um so kleiner, je höher die → Permeabilität des Materials ist. Deshalb verwendet man ferromagnetische Stoffe (→ Magnetismus) wie Eisen bzw. spezielle Legierungen mit Nickel und Kobalt (z. B. Permalloy, Mu-Metall, Supermalloy und andere). Es sind zur A. größerer Feldstärken jedoch ungleich höhere Schichtdicken (einige Zentimeter) nötig als im Fall der elektrischen Felder. Die Anwendungen liegen größtenteils im wissenschaftlichen Bereich. Für den alltäglichen Gebrauch sind magnetische A. meist nicht erforderlich – und auch zu schwer und zu teuer.

Abschirmung gegen Wärme (thermische Abschirmung)

Im Zeitalter der knapper werdenden Energie gewinnen thermische Isolationen immer mehr an Bedeutung, weil sich mit teilweise minimalem Aufwand doch recht beachtliche Summen einsparen lassen. Um eine vollständige Wärmeisolation zu erreichen, muß man die drei Möglichkeiten des Wärmetransports unterbinden: Konvektion, Wärmeleitung und Wärmestrahlung (→ Strahlungsgesetze, → Transportgleichung).

Die *Konvektion (Durchmischung)* als Materialvermischung ist einfach dadurch zu verhindern, daß man das warme Gebiet vom kalten materiell trennt. Das bedeutet, bei einem Haus z. B. keine Zugluft durch Tür- oder Fensterritzen auftreten zu lassen. Die Wärmeleitung kommt durch Molekülstöße zustande (ohne daß deshalb Materialtransport stattfindet!). Sie läßt sich nur völlig verhindern, wenn man die stoßenden Moleküle entfernt, d. h. eine A. aus materiefreiem Raum (Vakuum) anbringt. Das Prinzip ist Ihnen sicher in Form der Thermosflasche bekannt. Es besteht darin, den zu schützenden Raum mit einer doppelwandigen Schicht zu umgeben, deren Zwischenraum luftleer gepumpt wird. Die Physiker verwenden derartige ›Thermosflaschen‹ *(Dewar-Gefäße)* fast in jedem Laboratorium, aber auch im Hausbau gibt es solche Vakuumabschirmungen in Gestalt von ›Thermo-Fensterscheiben‹.

Wo das Vakuum als Wärmeisolationsschicht nicht zu verwirklichen ist, müssen möglichst schlechte Wärmeleiter den

Wärmefluß herabsetzen. Ein sehr schlechter Wärmeleiter ist Luft (wie überhaupt fast alle Gase) und damit auch jedes poröse Material, das Luft einschließt, wie bestimmte Ziegel, aber auch vor allem Schaumstoffe (Styropor), Glaswolle in Holzverschalungen und ähnliches. Dies ist nur scheinbar ein Widerspruch zum oben Gesagten: *Bewegte Luft* führt zur Durchmischung, die man vermeiden muß, *unbewegliche Luft* jedoch läßt nur Wärmeleitung (durch Molekülstöße) zu. Styropor z. B. besteht fast nur aus Luft. Es verdankt seine ausgezeichneten wärmeisolierenden Eigenschaften lediglich der Verteilung der Luft auf viele kleine Bläschen, die keinerlei Vermischung gestatten. (Übrigens beruht die Wirkung von Daunen-Federbetten, luftgefüllten Skianzügen und vielen anderen Kleidungsstücken bis hin zum Kopftuch oder den Wollsocken auf demselben Prinzip.)

Die *Wärmestrahlung* ist elektromagnetischer Natur. Man kann sie auf Dauer gesehen nicht völlig abschirmen. In gewissem Maß und für begrenzte Zeit gelingt es freilich, sie durch spiegelnde Flächen (→ schwarzer Körper) einzusperren oder abzuwehren. Auch diese Maßnahme ist bei der Thermosflasche (und den Dewar-Gefäßen) verwirklicht, ebenso bei den Sichtfenstern der Schutzanzüge, die z. B. von den Astronauten bei der Mondlandung getragen wurden. Sie waren mit Gold verspiegelt, um die Raumfahrer vor der sengenden Wärmestrahlung der Sonne zu schützen.

Ansonsten kann man den Strahlungsaustausch (→ Emission, → Absorption) an einer Schicht durch die Farbe der Oberfläche beeinflussen: Je dunkler ein Körper ist, desto schneller nimmt er Wärmestrahlung auf oder gibt sie ab. Allerdings ist nicht jede für sichtbares Licht helle Farbe auch für Wärmestrahlung ›hell‹. Immerhin heizen sich helle Autos meist langsamer in der Sonne auf als dunkle. Erkenntnisse dieser Art macht man sich nicht nur in der Wohnraumgestaltung, sondern auch beim Fassadenanstrich zunutze. Ideal wäre eine jalousieartige Fassade, die man je nach Bedarf mit ihrer schwarzen oder spiegelnden Seite der Sonne zuwenden könnte.

Abschirmung gegen ionisierende Strahlung
Eine Strahlung (aus Teilchen oder Wellen) bezeichnet man als ionisierend, wenn ihre Energie ausreicht, Elektronen aus dem Atom- bzw. Molekülverband herauszuschlagen, d. h., wenn sie in der Größenordnung von etwa 10 eV (→ Elektronenvolt) und darüber liegt. Am bekanntesten sind die ionisierenden Strahlen der radioaktiven Stoffe wie α-Strahlen (Heliumkerne), β-Strahlen (Elektronen) und γ-Strahlen (elektromagnetische Strahlen). Zu den ionisierenden Strahlen gehören aber auch die kosmische (Höhen-)Strahlung, die hochenergetische Teilchen aller Kategorien enthält; Neutronenstrahlen, wie sie in Kernreaktoren und Kernwaffen unter anderem freigesetzt werden, und schließlich sogar das UV-Licht (Ultraviolett), das in Leuchtstoffröhren erzeugt wird und im Sonnenlicht enthalten ist. Schließlich müssen wir auch die Röntgenstrahlung erwähnen, die vor allem im medizinischen Bereich (›Durchleuchtung‹) eine große Rolle spielt (→ Strahlenbelastung und Strahlenschutz).

Abschirmung von α-Strahlen: α-Teilchen (Atomgewicht 4, Ladung + 2) haben in Materie eine nur von ihrer Energie abhängige Reichweite. Sie beträgt bei Energien von etwa 10 MeV in Luft weniger als 10 cm. Schon in einem Blatt Papier bleiben die α-Teilchen aller natürlichen radioaktiven Stoffe stecken. Ihre A. ist daher denkbar einfach.

Abschirmung von β-Strahlen: Auch β-Teilchen (Elektronen, Atomgewicht etwa

$\frac{1}{2000}$, Ladung -1) sind noch relativ leicht abzuschirmen. Bei Energien bis zu 10 MeV reicht eine wenige Millimeter dicke Bleischicht völlig aus. Normales Fensterglas (2,5 mm dick) schirmt β-Strahlen bis zu 1 MeV ab.

Abschirmung von Neutronen: Das Durchdringungsvermögen von Neutronen ist sehr stark von ihrer Energie abhängig. Energiereiche Neutronen (Atomgewicht 1, Ladung 0) werden am besten von etwa gleich schweren Teilchen (z. B. Wasserstoff, Wasser, Borsäure) auf thermische Energien (etwa $\frac{1}{40}$ eV) abgebremst und dann von Atomkernen mit großem Wirkungsquerschnitt (bevorzugt Cadmium) eingefangen. Um aber z. B. die Neutronenstrahlung eines Kernreaktors auf ein vertretbares Maß herabzusetzen, sind mehrere Meter dicke Wasser- oder Betonschichten nötig.

Abschirmung von UV-, Röntgen- und γ-Strahlen: Diese Strahlen sind elektromagnetische Wellen, sie unterscheiden sich nur in ihrer Energie (bzw. ihrer Wellenlänge). Die langwelligste und somit energieärmste Strahlung ist das ultraviolette Licht. Wesentlich energiereicher (›härter‹) ist bereits Röntgenlicht, und γ-Strahlen reichen bis in den extrem harten Bereich. Elektromagnetische Strahlungen (→ Photonen) werden beim Durchgang durch Materie exponentiell geschwächt, und zwar um so stärker, je größer die Ordnungszahl des Schichtmaterials ist (grob: je ›schwerer‹ das Material ist). Leider sind die schwersten Elemente zu selten (und damit zu teuer), um aus ihnen Strahlenabschirmungen zu machen. Ein

E [MeV]	0,01	0,1	1	10	100
$d_{1/2}$ [mm]	0,007	0,11	8,7	12,5	6,5

Tabelle 1: Halbwertsdicke $d_{1/2}$ von Blei für einige Photonenenergien E

noch erschwingliches Material mit guten Eigenschaften ist Blei. Man verwendet es daher in Röntgenlabors (Bleischürzen), in Kernreaktoren (in Form von Bleiziegeln) und Strahlungslaboratorien genauso wie als leicht bearbeitbares Metall zur Herstellung von A. wissenschaftlicher Instrumente aller Art.

Ein praktisches Maß für die *Abschirmwirkung* einer Schicht ist die *Halbwertsdicke* $d_{1/2}$. Sie gibt diejenige Schichtdicke an, nach deren Überwindung die Strahlungsintensität auf die Hälfte abgesunken ist. Zwei Halbwertsdicken senken die Intensität auf ein Viertel, drei auf ein Achtel usw. Nach dem Durchgang durch 10 Halbwertsdicken bleibt von der ursprünglichen Intensität nur noch $\frac{1}{2}^{10} \approx$ $\approx 1‰$ übrig.

Die Halbwertsdicken (nicht nur von Blei) nehmen zunächst mit zunehmender Strahlungsenergie zu (mit Sprüngen im Bereich der Elektronenbindungsenergien), dann aber (ab Energien von einigen MeV) wieder ab, weil ein neuer Absorptionsmechanismus (→ Paarbildung) auftritt.

Absoluter Nullpunkt

Die Zustandsgleichung der idealen Gase ist ein experimentell gefundener Zusam-

Material	Luft	Wasser	Aluminium	Eisen	Blei
$d_{1/2}$ maximal [in mm]	344000	430	120	30	14,5
bei E [in MeV]	40	55	20	10	3,5

Tabelle 2: Maximale Halbwertsdicken $d_{1/2}$ einiger Materialien

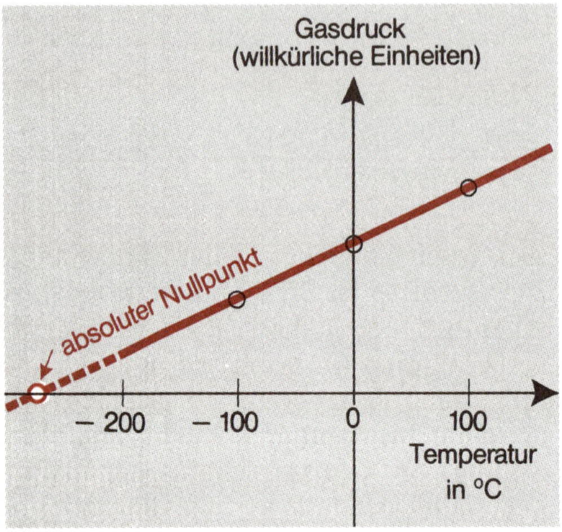

Absoluter Nullpunkt (Figur 1): Der Druck in einem Gasbehälter nimmt mit sinkender Temperatur linear ab. Da es keinen negativen Druck gibt, muß es einen nicht unterschreitbaren Grenzwert der Temperatur von –273,15 °C geben.

menhang, der bei bestimmten Gasen (Wasserstoff, Helium) innerhalb weiter Temperaturbereiche recht gut erfüllt ist. Mißt man nämlich für ein solches Gas den Druck in Abhängigkeit von der Temperatur für ein konstantes Volumen, so erhält man einen linearen Zusammenhang, wie ihn die Figur 1 zeigt. Da aber bei immer weiter sinkender Temperatur der Gasdruck nicht negativ werden kann, muß es eine untere Temperaturgrenze geben, die man nicht unterschreiten, ja, nicht einmal erreichen kann: den *absoluten Nullpunkt*.

Wissenschaftlich gesehen ist diese Definition des a. N. nicht ausreichend, denn in der Natur gibt es kein ›ideales‹ Gas. Alle Gase kondensieren bei mehr oder weniger tiefen Temperaturen, und der in Figur 1 angegebene lineare Zusammenhang bricht schon *vor* dem Erreichen des a. N. ab.

Nun ist jedoch der Druck eines Gases nichts anderes als die Impulsänderung der Gasteilchen, die bei der Reflexion an den Gefäßwänden stattfindet. Die Temperatur muß also dann eine untere Schranke erreichen, wenn der Impuls der Gasteilchen völlig verschwindet. Diese Überlegung ist auch dann noch richtig, wenn vorher eine Phasenumwandlung stattgefunden hat, und führt ebenfalls auf den a. N.

Die → Thermodynamik lehrt, daß der a. N. aus statistischen Gründen prinzipiell unerreichbar ist. Unter großem Aufwand kann man ihm heute aber bereits sehr nahekommen – bis auf Bruchteile eines Millikelvins. In der Nähe des a. N. treten bei vielen Stoffen höchst ungewöhnliche Eigenschaften zutage. Einige verlieren völlig ihren elektrischen Widerstand (→ Supraleitung), andere verlieren die Viskosität (→ Superfluidität).

Die Eigenschaften der Materie in der Nähe des a. N. sind Gegenstand der *Tieftemperaturphysik.* Ein wesentliches Ergebnis der Forschungen ist die durch die → Quantenmechanik erklärbare Tatsache, daß selbst am a. N. die Materie nicht völlig ohne Bewegungsenergie ist, sondern eine Restenergie, die sog. *Nullpunktsenergie,* behält.

Absolutes Maßsystem

Bezeichnung für das von vielen Wissenschaftlern verwendete *CGS-System,* das alle Maßeinheiten auf die Grundeinheiten Zentimeter (engl. centimeter), Gramm und Sekunde zurückführt (→ Maße und Maßsysteme). Für praktische Berechnungen ist dieses System ungeeignet, im öffentlichen und behördlichen Verkehr ist es ohnehin nicht mehr zugelassen.

Absolute Temperatur

Nicht mehr gebräuchliche Bezeichnung für die in Kelvin (K) gemessene Temperaturskala, deren Nullpunkt der absolute Nullpunkt ist. Die Temperaturdifferenz von 1 K entspricht der von 1 Grad Celsius (1 °C). Der → Tripelpunkt des Wassers liegt bei 273,16 K. Der Gefrierpunkt des Wassers liegt ebenfalls nahezu bei diesem Wert, so daß man den absoluten Nullpunkt auch bei –273,15 °C ansetzt. (Beachten Sie: Man sagt ›Grad Celsius‹, aber nur ›Kelvin‹, ohne Grad!)

Absorption

1) Die *Lösung* eines Gases in einer Flüssigkeit oder einem festen Körper oder einer Flüssigkeit in einem festen Körper, ohne daß bleibende chemische Veränderungen auftreten. Die A. ist durch Wärmeeinwirkung wieder rückgängig zu machen (Austreiben von gelösten Gasen aus Flüssigkeiten oder festen Stoffen).
Im Gegensatz zur → Adsorption ist bei der A. das ganze Volumen der lösenden Substanz beteiligt. Oberflächeneffekte sind nur für die Einleitungsphase der Lösung bedeutsam. Besonders wichtig sind die Absorptionswerte von Wasser für verschiedene Gase, z. B. für Luft. Sie wachsen mit zunehmendem Partialdruck des Gases und abnehmender Temperatur. So kann 1 Liter Wasser bei Normaldruck (rd. 1 bar) je nach seiner Temperatur sehr verschiedene Gasmengen absorbieren (Tabelle).
Die gelöste Gasmenge ist proportional zum Druck, den das Gas auf die Flüssigkeit ausübt *(Henrysches Gesetz)*, genauer: zum *Partialdruck* des Gases. Das ist derjenige Druck, den das Gas ausüben würde, wenn es das zur Verfügung stehende Volumen *allein* ausfüllen würde. Diese Einschränkung ist für Gasgemische wichtig. Der Partialdruck von Sauerstoff in Luft beträgt bei einem beliebigen Luftdruck p_0 nur 0,29 p_0, weil fast 71 % der Luft aus Stickstoff bestehen.
Die Bedeutung der A. kann vor allem bei der Lösung von Kohlendioxid und Sauerstoff in Wasser für das Leben auf unserem Planeten kaum überschätzt werden. Nicht nur das Leben in Seen, Flüssen und Ozeanen hängt von der Löslichkeit dieser lebenswichtigen Gase ab, auch zwischen Atmosphäre und Meeren und den in ihnen gelösten Gasen bestehen noch weitgehend unerforschte, dafür aber keineswegs weniger wichtige Zusammenhänge. Kleinere ökologisch abgeschlossene Gebiete wie z.B. Seen oder Flüsse reagieren auf Temperaturerhöhungen durch (gereinigte!) Industrieabwässer recht empfindlich. Schon eine Temperaturerhöhung um 3 °C verringert bei einem Mittelwert von 10 °C den Sauerstoffgehalt des Wassers um etwa 10%. Größere Temperaturänderungen in Flüssen durch Kühlwasser verändern sehr schnell die gesamte Flora und Fauna, selbst wenn nicht eine einzige Chemikalie im Spiel ist.

	gelöstes Gas [cm³]					
Temperatur	Luft	O_2	N_2	CO_2	NH_3	SO_2
0 °C	29,2	48,9	23,5	1713	$1{,}2 \cdot 10^6$	$79{,}8 \cdot 10^3$
10 °C	22,8	38,0	18,6	1194	$0{,}9 \cdot 10^6$	$56{,}6 \cdot 10^3$
20 °C	18,7	31,0	15,5	878	$0{,}7 \cdot 10^6$	$39{,}4 \cdot 10^3$
30 °C	15,6	26,1	13,4	665		$27{,}2 \cdot 10^3$

Tabelle: Absorptionswerte von Wasser für verschiedene Gase

Die Abhängigkeit der absorbierten Gasmenge vom (Partial-)Druck kennt jeder durch das Öffnen von Bier-, Sprudel- oder Sektflaschen. Da der Druck plötzlich sinkt, schäumt das Getränk auf: Gelöstes Kohlendioxid wird frei. Auch die Abhängigkeit von der Temperatur sieht man sehr deutlich, wenn man z. B. Kaffeewasser heiß macht. Lange bevor der Siedepunkt erreicht ist, entstehen Luftbläschen, die immer größer werden und schließlich aufsteigen: Die gelöste Luft wird ausgetrieben, weil das Absorptionsvermögen des Wassers mit der Temperatur abnimmt.

2) Die *Schwächung* einer Teilchen- oder Wellenstrahlung in Materie. *Teilchen* verlieren ihre Bewegungsenergie durch vielfache Wechselwirkungen mit dem Kristallgitter, den Elektronenhüllen oder den Atomkernen. Die Wirkungsquerschnitte (→ Kernphysik) dieser Prozesse sind aber energieabhängig, so daß komplizierte Zusammenhänge zwischen Teilchenenergie, Absorbermaterial und -dicke und der erzielten Schwächung der Teilchendichte und -energie entstehen, die sich meist nicht durch einfache mathematische Formeln darstellen lassen.

Beispiele: Elektronen werden in Materie je nach Energie um kleine Winkelbeträge aus ihrer ursprünglichen Flugrichtung abgelenkt (gestreut) oder im elektrischen Feld der Atomkerne gebremst, wobei sie einen Teil ihrer Energie in Lichtquanten umwandeln (→ Bremsstrahlung). Nach vielen Streuungen fliegen die Elektronen ›gleichmäßig‹ in alle Richtungen, auch gegen die ursprüngliche Strahlrichtung. Alphastrahlen (Heliumkerne) dagegen ionisieren auf ihrem Weg in vielen Einzelprozessen die Atome und verringern dadurch schrittweise ihre Energie, bis sie durch Einfangen von zwei Elektronen zu neutralen Heliumatomen werden. Sie haben daher eine ganz bestimmte Reichweite, die durch ihre Anfangsenergie gegeben ist.

Ganz anders liegen die Verhältnisse bei der elektromagnetischen Strahlung, also z. B. bei Radiowellen, Licht oder auch Röntgenstrahlung. Hier gibt es innerhalb weiter Energiebereiche eine Schwächung der Strahlintensität, die einem einfachen Exponentialgesetz folgt:

$$I = I_0 \cdot e^{-\mu \cdot d}.$$

I_0 bezeichnet die Anfangsintensität, μ den Schwächungskoeffizienten und d die Schichtdicke. Oft zerlegt man diesen *Schwächungskoeffizienten* in einen ›wahren‹ *Absorptionskoeffizienten* μ_a und einen *Streukoeffizienten* μ_s.

Die meisten Physiker bevorzugen allerdings die Angabe der Wirkungsquerschnitte δ_i für die verschiedenen Einzelprozesse (bei Röntgenstrahlen z. B. der → Photoeffekt, der → Compton-Effekt und die → Paarbildung). Schwächungskoeffizient μ und Wirkungsquerschnitte δ_i lassen sich über die vorhandenen Teilchenzahlen ineinander umrechnen.

Achromat

Ein Linsensystem, das keinen Farbfehler aufweist (→ Abbildungsfehler), wird als A. bezeichnet.

Adhäsion

Bringt man zwei Körper auf größeren Bereichen so nahe zusammen, daß molekulare Anziehungskräfte wirksam werden können, haften sie aneinander. Diese A. ist für viele technische und alltägliche Vorgänge von großer Bedeutung. Die Wirkung der Kitte und Klebstoffe beruht zum großen Teil auf Adhäsionskräften,

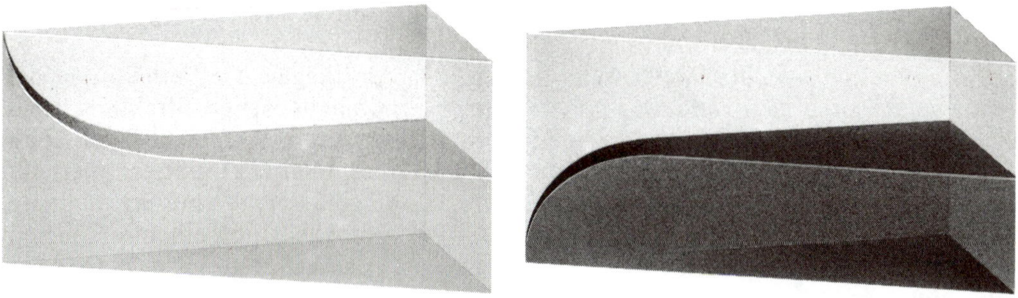

Adhäsion (Figur 1): Benetzende *(links)* und nicht benetzende *(rechts)* Flüssigkeit in einer keilförmigen Glasküvette. Die benetzende Flüssigkeit könnte z. B. Wasser sein, die nicht benetzende Flüssigkeit z. B. Quecksilber.

ebenso die Reibung von Flüssigkeiten an Gefäßwänden. Die Frage, ob eine Flüssigkeit das Gefäß benetzt oder nicht, hängt davon ab, ob die A. zwischen Flüssigkeit und Gefäßwand größer oder kleiner ist als die → Oberflächenspannung (Figur 1). A. ist dadurch auch die Erklärung für die Kapillarkräfte (→ Kapillarität).

Ein immer wieder verblüffendes Beispiel für die Wirkung der A. ist das ›Ansprengen‹ von Endmaßen, wie sie in jeder guten Werkstatt zu finden sind. Endmaße sind Stahlklötzchen von genau bekannter Länge, deren Stirnflächen exakt (besser als 1 µm) planparallel geschliffen und poliert sind. Man kann Endmaße einfach aneinanderhängen (ansprengen). Ihre Flächen sind so gut planpoliert, daß sie durch Molekularkräfte aneinanderhaften, manchmal so stark, daß man sie nicht durch Zug-, sondern nur durch Scherkräfte wieder voneinander trennen kann!

Adiabate

Die A. ist eine Linie im Zustandsdiagramm (→ Thermodynamik) eines Stoffes, längs der $\Delta Q = 0$ ist. Sie kennzeichnet also eine Zustandsänderung *ohne* Wärmeaustausch mit der Umgebung. Für das ideale Gas liefert die kinetische Gastheorie analytische Gleichungen für die A. im (p, V)-, (T, p)- und (T, V)-Diagramm, die folgendermaßen lauten:

$$p \cdot V^{\kappa} = \text{konst.};$$

$$T \cdot p^{1-1/\kappa} = \text{konst.};$$

$$T \cdot V^{\kappa-1} = \text{konst.}$$

Dabei bedeuten p den Druck, V das Volumen und T die (absolute) Temperatur des Gases, κ ist das Verhältnis (c_p/c_V) der spezifischen Wärmen des Gases bei konstantem Druck (c_p) und konstantem Volumen (c_V). Dieses Verhältnis ist für ideale Gase nur von der Zahl f der Freiheitsgrade der jeweiligen Gasmoleküle abhängig, und zwar nach der Beziehung $\kappa = 1 + 2/f$. Für *einatomige Gase* (drei Translationsfreiheitsgrade) gilt daher $\kappa = 1 + 2/3 \approx 1{,}66$.

Zweiatomige Gase haben 5 Freiheitsgrade (3 Translations- und 2 Rotationsmöglichkeiten); deshalb ist hier $\kappa = 1 + 2/5 = 1{,}4$. *Drei-* und *mehratomige Gase* schließlich haben 6 Freiheitsgrade (3 Translations- und 3 Rotationsmöglichkeiten), so daß $\kappa = 1 + 2/6 \approx 1{,}33$ gilt.

Diese Zahlenwerte für κ sind aber nur näherungsweise richtig, denn ideale Gase gibt es in Wirklichkeit nicht. Die A. im *(p, V)*-Diagramm verlaufen etwas steiler

als die → Isothermen (Figur 1), so daß ein → Kreisprozeß möglich wird (z. B. *Carnotscher Kreisprozeß*), der längs zweier A. und zweier Isothermen verläuft.
A. können in der Praxis fast ausschließlich nur sehr schnell verlaufende Zustandsänderungen (z. B. Druckwellen, Schallausbreitung, Explosionen) beschreiben, denn für langsame Prozesse läßt sich die Wärmezu- oder -abfuhr nicht völlig unterdrücken.

Adiabatisch

Prozesse in der → Thermodynamik, die ohne Wärmeaustausch mit der Umgebung verlaufen, bezeichnet man als adiabatisch. Hierzu gehören vor allem Prozesse in Gasen, z. B. die Zustandsänderungen in Schallwellen oder bei einer Explosion. Auch die Vorgänge in einem Verbrennungsmotor verlaufen näherungsweise adiabatisch (→ Adiabate).

Adsorption

Unter A. versteht man die Anlagerung von Stoffen (Gasen, Flüssigkeiten) an der Oberfläche eines Festkörpers oder einer Flüssigkeit. Man nimmt dabei an, daß keine chemischen Reaktionen auftreten, obwohl die Grenze nicht scharf zu ziehen ist. Ebenso verlaufend ist der Übergang zur → Absorption.
Für die A. werden *van-der-Waalssche Kräfte* und ungesättigte Restvalenzen der Oberflächenmoleküle verantwortlich gemacht. Die Prozesse sind aber noch weitgehend ungeklärt. Trotzdem spielt die A. nicht nur in der Medizin eine große Rolle (z. B. bei der Anlagerung von Molekülen an die Zellmembran, bei der Nahrungsaufnahme im Darm und vielen anderen Vorgängen), sondern auch in der Technik. Viele Katalysatoren, Stoffe, die chemische Reaktionen möglich machen,

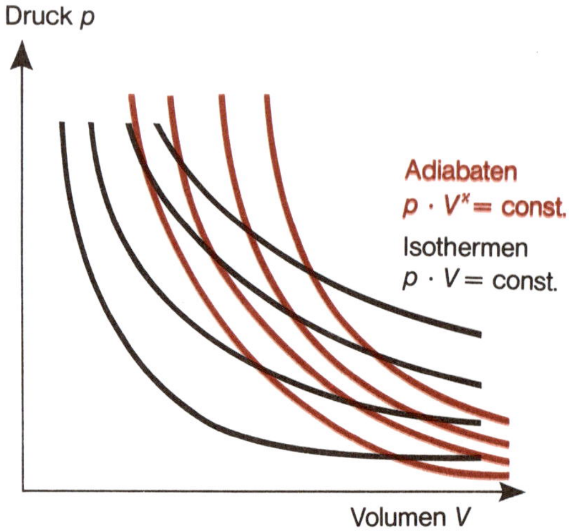

Adiabate (Figur 1): Darstellung von Isothermen (schwarz) und Adiabaten (rot) im *(p, V)*-Diagramm eines idealen Gases

ohne selbst beteiligt zu sein, wirken durch A. Auch eine Reihe von Reinigungsvorgängen beruhen auf A., z. B. Aktivkohle in Filtern oder als medizinisches Adsorptionsmittel bei Vergiftungen.
Im allgemeinen nimmt die *Adsorptionsfähigkeit* eines Stoffes mit sinkender Temperatur zu, und der Vorgang ist mit Wärmeentwicklung verbunden. Besonders effektive Adsorptionsmittel sind Stoffe mit großer Oberfläche (poröse Stoffe, z. B. Aktivkohle, Platinschwamm, Kieselgur).
Bei der A. von Wasserstoffgas an Platinschwamm kann so viel Wärme frei werden, daß das Platin aufglüht und den Wasserstoff entzündet *(Döbereiners Feuerzeug)*.
In der Hochvakuumphysik dient Kohle, auf die Temperatur flüssiger Luft (– 186 °C) gekühlt, als ›Gasfalle‹, die noch letzte Reste von Gasen adsorbiert.

Aerodynamik

Die A. (›Lehre von der bewegten Luft‹) befaßt sich mit Relativbewegungen von starren Körpern in Gasen, vorzugsweise in Luft, sie ist damit ein Teilgebiet der Mechanik der Flüssigkeiten und Gase, insbesondere der Strömungslehre. Bei der A. geht es also sowohl um das Fliegen (Bewegung mit Auftrieb) als auch um sonstige Bewegungen gegen den Luftwiderstand, wie z. B. das Autofahren (Bewegung ohne Auftrieb). Außerdem gehören aber auch beispielsweise vom Wind umströmte Gebäude oder Gasströmungen in Röhren in den Bereich der A.

Die Vorgänge in strömenden Gasen sind außerordentlich kompliziert. Die → Adhäsion an den Grenzschichten umströmter Körper erzeugt Reibungskräfte, und von bestimmten Strömungsgeschwindigkeiten an wird die Strömung instabil (turbulent). Erst in jünster Zeit sind Ansätze sichtbar, die Entstehung von *Wirbeln* mathematisch zu erfassen. Nähert sich die Strömungsgeschwindigkeit dem sog. *transsonischen Bereich* (Überschallgeschwindigkeit), kann die Kompressibilität der Luft nicht mehr vernachlässigt werden. Das ›Durchbrechen der Schallmauer‹ bei Flugzeugen erzeugt explosionsartige Stoßwellen, deren Entstehung sich der mathematischen Behandlung nach wie vor entzieht.

Um so erstaunlicher ist die Wirksamkeit einiger aerodynamischer Gesetze, die unter extrem vereinfachenden Voraussetzungen aufgestellt wurden und trotzdem innerhalb weiter Grenzen recht gut gelten. Vor allem die → Bernoullische Gleichung und das auf Newton zurückgehende Widerstandsgesetz sind grundlegend für die A., obwohl sie von einem *reibungsfreien* Medium ausgehen. Das gilt für reale Gase aber nur dann in guter Näherung, wenn man Grenzschichten vernachlässigen kann und wenn man sich auf kleine Geschwindigkeiten beschränkt. Auch wenn man die Reibung nicht vernachlässigt, kann man noch Strömungsgesetze finden, allerdings nur unter der Voraussetzung von *geschichteter (laminarer) Strömung*, bei der die einzelnen, wegen der inneren Reibung verschieden schnell strömenden Luftschichten *ohne Verwirbelung* aneinandergleiten. Das → Hagen-Poiseuillesche Gesetz und das → Stokessche Gesetz wurden unter dieser Voraussetzung aufgestellt. Außerdem geht in alle erwähnten Gesetze die Annahme ein, daß das Gas *inkompressibel* (nicht zusammendrückbar) ist. Diese Annahme ist natürlich falsch, wie jeder weiß, der schon einmal einen Fahrradschlauch mit einer Luftpumpe aufgepumpt hat. Die durch diese falsche Annahme eingeschleppten Fehler sind aber – jedenfalls für Strömungsgeschwindigkeiten weit unterhalb der Schallgeschwindigkeit – so klein, daß viele Rechnungen einigermaßen genau werden.

Sobald man jedoch in der A. ins Detail geht, also z. B. das Strömungsverhalten einer bestimmten Tragfläche erforscht und durch Abänderungen eventuelle Verbesserungen herausfinden möchte, ist man fast ausschließlich auf das Experiment angewiesen. Das Instrument schlechthin für aerodynamische Untersuchungen aller Art ist der *Windkanal.* Er ist ein meist geschlossenes System, in dem durch ein Gebläse (oder Kompressoren), spezielle Leitbleche und andere technische Tricks ein laminarer Luftstrom erzeugt wird. Auf einem Prüfstand kann ein Modell des zu untersuchenden Objekts aufgehängt werden, wobei sämtliche auftretenden Drücke, Kräfte und Momente gemessen werden können. Rauchdüsen machen die *Stromlinien* sichtbar. Windkanäle gibt es bis zum Überschallbereich.

Dank der aerodynamischen Ähnlichkeit, die dann vorliegt, wenn bei geometrischer Ähnlichkeit auch die → Reynoldssche Zahl der Strömung gleich ist, kann man im Windkanal mit (meist kleineren) Modellen arbeiten und so Kosten begrenzen. Die hauptsächlich untersuchten Größen in der A. sind der *Luftwiderstand* bzw. der *Luftwiderstandsbeiwert* (sog. c_W-*Wert*) und der *dynamische Auftrieb*, der ja im Gegensatz zum statischen → Auftrieb erst durch die Relativbewegung von Objekt und Luft entsteht.

Der Luftwiderstand

Strömungswiderstände *W* aller Art werden durch den bereits von Newton gefundenen Ansatz ausgedrückt:

$$W = c_W \cdot \frac{\rho}{2} v^2 \cdot A \,. \qquad (1)$$

Die Deutung der einzelnen Größen ist aber nicht in allen Fällen einheitlich. In der A. ist c_W der sog. *Luftwiderstandsbeiwert*, eine dimensionslose Zahl, auf die wir noch eingehen. Die Größe $\frac{1}{2}\rho v^2$ (ρ = Dichte der Luft, v = Strömungs- bzw. Relativgeschwindigkeit) ist nichts anderes als der *Staudruck* der → Bernoullischen Gleichung für die ungestörte Strömung, und *A* ist meistens die in Strömungsrichtung projizierte ›angeströmte Fläche‹ des umströmten Hindernisses. In Spezialfällen (Tragflügel, Röhre usw.) wird *A* aber auch anders definiert.

Der Widerstandsbeiwert c_W ist eine dimensionslose Zahl, aber *keine Konstante*. Er ist vielmehr eine Funktion der Reynoldsschen Zahl, hängt also von der Zähigkeit η, der Dichte ρ, der linearen Ausdehnung *r* des umströmten Körpers und der Strömungsgeschwindigkeit v ab. Zwar sind bei Luftströmungen η, ρ und *r* annähernd konstant, nicht aber v. Die heutzutage so beliebte Angabe des c_W-Wertes für Automodelle hat daher nicht die erwünschte Aussagekraft, weil nicht sicher ist, daß ihn alle Firmen wirklich unter denselben Bedingungen messen! In allen Fällen, wo der Luftwiderstand *nur* durch Reibung, d. h. direkte Umwandlung kinetischer Energie in Wärme, zustande kommt, hängt er ja auch nicht vom Quadrat der Strömungsgeschwindigkeit, sondern lediglich von v direkt ab. Das zeigen sowohl die Formel von Stokes ($W = 6\pi\eta r v$) als auch die von Hagen-Poiseuille ($W = 8\pi\eta/v_m$). Erst wenn Wirbel auftreten, die Strömung turbulent wird, kommt *näherungsweise* jene Konstanz von c_w zustande, die in der Gleichung (1) angedeutet ist, und der Luftwiderstand wächst dann – ebenfalls näherungsweise – mit dem Staudruck, also mit dem Quadrat der Strömungsgeschwindigkeit.

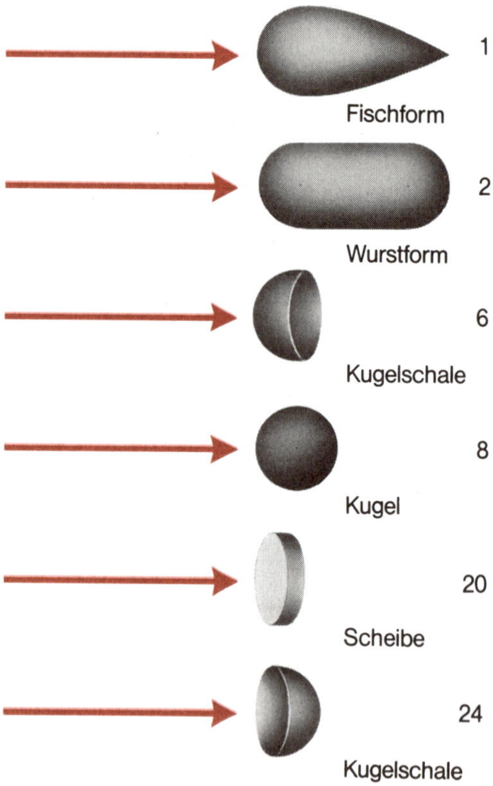

Aerodynamik (Figur 1): Relative Luftwiderstände verschiedener Körper gleichen Querschnitts, die entweder von links angeströmt werden oder sich nach links bewegen.

Um daher den Luftwiderstand verschiedener Körper miteinander zu vergleichen, ist es nötig, auch die Strömungsgeschwindigkeit mit einzubeziehen und nicht nur einfach c_W zu messen. Eine Zusammenstellung verschiedener Körper und ihrer relativen Luftwiderstände gibt Figur 1. Man sieht, daß bei gleicher Form der Frontpartie die Rückseite einen wesentlichen Einfluß auf den Luftwiderstand hat. Man kann die Entstehung des Luftwiderstands und seine Abhängigkeit von der Strömungsgeschwindigkeit wenigstens näherungsweise durch eine energetische Betrachtung verstehen. Jeder Widerstand ist ja eine Kraft. Soll sie überwunden werden, so ist eine Arbeit nötig, die über den umströmten Körper in die Strömung gesteckt werden muß, um sie aufrechtzuerhalten; andernfalls käme die Relativbewegung nach einiger Zeit zum Stillstand. Im Geschwindigkeitsbereich *unterhalb* der Schallgeschwindigkeit (etwa 330 m/s) kommen zwei Möglichkeiten in Betracht, einen umströmten Körper Arbeit leisten zu lassen: einmal gegen die Luftreibung und zum anderen gegen irgendwelche Trägheitskräfte, die sich aus kinetischen Energien ergeben. Nach der Bernoullischen Gleichung erzeugt die kinetische Energie einer Strömung am Hindernis einen Staudruck, der aber *bei fehlender Reibung* sowohl *vor* als auch *hinter* dem Hindernis auftreten würde und somit überhaupt keinen Strömungswiderstand produzieren könnte, zumindest bei symmetrisch angeströmten Körpern nicht. Es gibt aber noch eine andere Art von kinetischer Energie in einer Strömung: die *Rotationsenergie.*

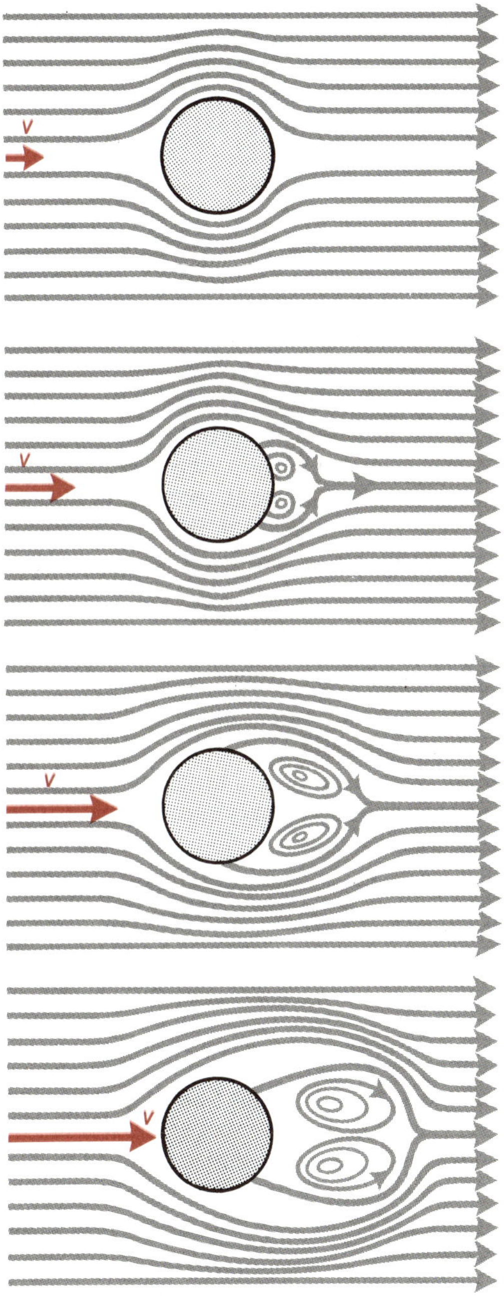

Aerodynamik (Figur 2): Übergang von laminarer zu turbulenter Strömung bei einem Zylinder; die sich hinter dem Zylinder bildenden Wirbel werden bei zunehmender Strömungsgeschwindigkeit abgelöst und verursachen Turbulenzen.

Wirbel

Wenn in einer Strömung in sich geschlossene Stromlinien vorhanden sind, sagt man, sie enthält Wirbel. Die genaue Anatomie eines Wirbels ist zu schwierig, um

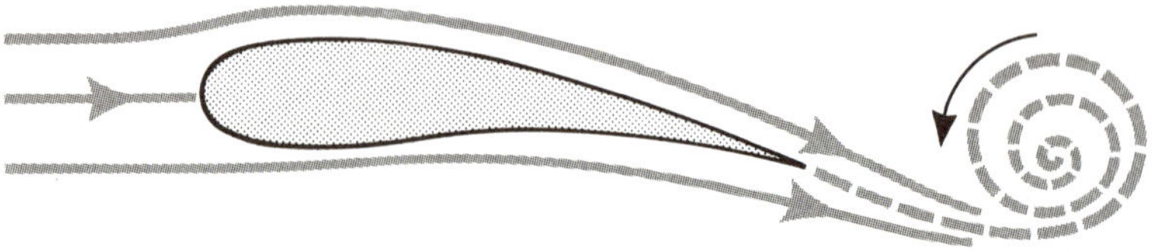

Aerodynamik (Figur 3): Anfahrwirbel hinter einer Tragfläche

sie hier darzustellen. Es gibt aber einige grundlegende Eigenschaften, die leicht zu verstehen sind. Da sich in einem Wirbel Materie ›im Kreis herum‹ bewegt, hat er einen Drehimpuls. Der → Drehimpuls ist aber eine Erhaltungsgröße (→ Erhaltungssätze), kann also weder aus dem Nichts entstehen noch dorthin verschwinden. Wenn die Strömung keine Kraftübertragung nach außen (z. B. auf die Erde) gestattet, können Wirbel in ihr nur *paarweise* entstehen, und zwar mit entgegengesetztem Drehsinn (Figur 2). In reibungslosen Medien müssen außerdem Wirbel ›ewig‹ leben: Sie können weder entstehen noch vergehen, sondern sind entweder vorhanden oder nicht. Wasser ist natürlich nicht reibungsfrei. Wenn man aber nicht allzu kleinlich ist, kann man den Inhalt einer Badewanne schon als reibungsarm bezeichnen und näherungsweise diesen letzten Satz anwenden. Tatsächlich lebt ein Wirbel in Wasser zwar nicht ewig, aber doch erstaunlich lange: Er ist nach einigen Stunden (!) noch nachweisbar. Wirbel lassen sich nur durch die Angabe ihrer Wirbelgeschwindigkeit ω kennzeichnen. Da ω eine Richtung hat, muß auch die Wirbeldarstellung durch einen Vektor erfolgen. Die Feststellung von Wirbeln in beliebigen Feldern – nicht nur Strömungen – erfolgt durch die Differentialoperation der Rotation (→ Vektor).

Dynamischer Auftrieb

Jeder weiß, daß Flugzeuge fliegen, obwohl ihr Antrieb sie nur nach *vorne* bewegt. Der Auftrieb, der ein Flugzeug in der Luft hält, muß also aus der *Strömung* stammen. Wie geht das zu? Die erste Erklärung, die einem einfällt, ist folgende: Durch die spezielle Form der Tragfläche (Figur 3) muß die Luft auf der Oberseite schneller strömen als auf der Unterseite. Nach der Bernoullischen Gleichung herrscht deshalb unter der Tragfläche ein größerer Druck als darüber. Die Differenz ergibt den Auftrieb (Figur 4).

Diese Erklärung ist schon richtig, wirft aber sofort die Frage auf, warum sich ein inkompressibles Gas dazu bequemen sollte, oben herum schneller zu strömen als unten. Die Strömung könnte doch auch abreißen oder irgendeinen anderen Verlauf nehmen. Der einzige Ausweg aus diesem Dilemma ist die Annahme einer Kreisströmung (also eines Wirbels) um die Tragfläche herum, die sich der line-

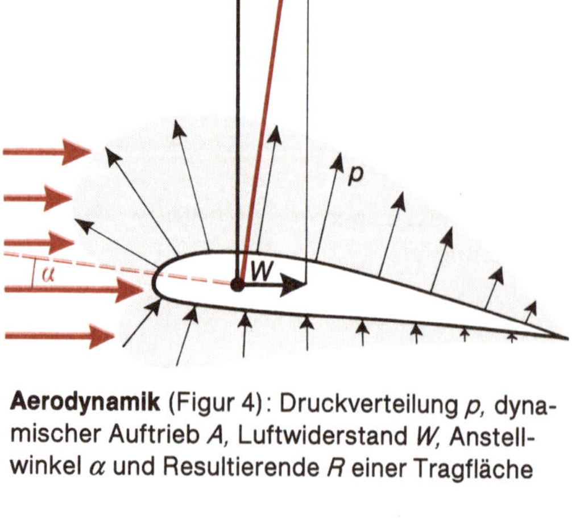

Aerodynamik (Figur 4): Druckverteilung *p*, dynamischer Auftrieb *A*, Luftwiderstand *W*, Anstellwinkel *α* und Resultierende *R* einer Tragfläche aren Strömung überlagert. Auf diese Weise ergibt sich der Geschwindigkeitsunterschied der Strömung unter und über der Tragfläche ganz zwanglos. Gerät man aber dabei nicht in Widerspruch zum Erhaltungssatz des Drehimpulses? Nur dann nicht, wenn bei der Beschleunigung ein Wirbel mit entgegengesetztem Drehsinn entsteht. Dieser *Anfahrwirbel* ist jedoch in Strömungsversuchen eindeutig nachweisbar (Figur 3).

Der Magnus-Effekt
Die Überlagerung von Rotationsströmung und Linearströmung ist in ihrer reinsten Form dann gegeben, wenn man einen rotierenden Zylinder senkrecht zu seiner Achse anbläst. Er erfährt dann tatsächlich eine Kraft senkrecht zur linearen Strömungsrichtung, die von seiner Drehrichtung abhängt (Figur 5). Diese Erscheinung ist nach *Heinrich Magnus* (1802 – 1870) benannt und wurde als Antriebsprinzip sogar auf Schiffen versuchsweise eingesetzt. Ein leichter Rotor, senkrecht wie ein Mast angeordnet, überträgt bei Windbewegungen ähnlich wie ein Segel Kraft auf das Schiff. Eine Walze, die sich – um ihre waagrechte Achse rotierend – vorwärtsbewegt, erfährt natürlich ebenfalls eine Kraft senkrecht zur Bewegungsrichtung, die als Auftrieb ausgenutzt werden kann.

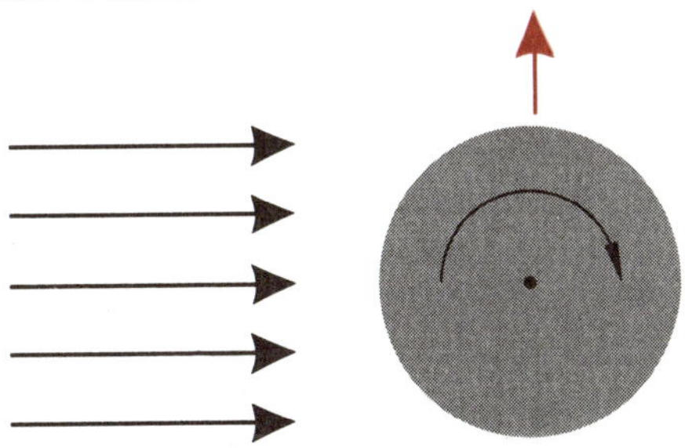

Aerodynamik (Figur 5): Ein rotierender Zylinder, der linear angeströmt wird, erfährt eine Kraft senkrecht zu seiner Achse und senkrecht zur linearen Strömung *(Magnus-Effekt).*

Aerosole

Feste oder flüssige, in der Luft schwebende Teilchen zwischen 10^{-5} und 10^{-9} m Durchmesser ($^1/_{100}$ mm bis $^1/_{1\,000\,000}$ mm) werden als A. bezeichnet. Die Sinkgeschwindigkeit ist nach dem → Stokesschen Gesetz für derartige Teilchen kleiner als 1 mm/s. Die Aerosolkonzentration in Großstadtluft liegt in der Größenordnung von 10^6 Teilchen pro cm^3; ›sauberste‹ Luft (etwa an den Polen oder über dem Eismeer) enthält weniger als 2 Teilchen/cm^3. Man kann mittels geeigneter Techniken so gut wie jede Substanz in den Aerosolzustand überführen und nutzt dies in Wissenschaft und Technik.
Die ›Wettermacher‹ sprühen Silberjodid als Kondensationskeime in die Wolken, um sie zum Abregnen zu bringen; die Mediziner verwenden viele Substanzen in Aerosolform als Inhalationsmittel; in der Landwirtschaft werden Schädlingsbekämpfungsmittel versprüht und gelangen als A. an alle Pflanzenteile. Jede Sprühdose erzeugt außer dem erwünschten Nebel (Farbe, Öle usw.) auch A., die sich nicht so schnell wie gewünscht niederschlagen.
Besonders gefährlich sind A. aus Asbeststaub, die beim Sägen von Asbestplatten oder – weitaus häufiger – als Abrieb aus Bremsbelägen von Autos entstehen. Sie gelangen fast ungehindert in die Lunge und bilden wegen ihrer chemischen Reaktionsträgheit langlebige Fremdkörper, die durch ständigen Reiz auf das Gewebe die Entstehung von Krebs begünstigen.

Aerostatik

Als Gegenstück zur → Hydrostatik befaßt sich die A. mit den Druckverhältnissen in ruhender Luft, allgemeiner: in schweren Gasen. Im Gegensatz zu Flüssigkeiten

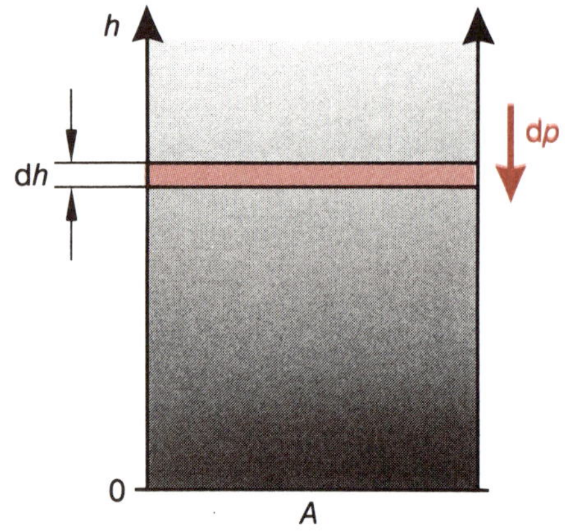

Aerostatik (Figur 1): Zur Herleitung der barometrischen Höhenformel geht man von einer dünnen Luftschicht der Dicke d*h* aus, die den Querschnitt *A* und die Dichte *ρ* besitzt und das Gewicht $\rho \cdot A \cdot dh \cdot g$ hat.

sind Gase kompressibel, ihre Dichte hängt von der Höhe und außerdem auch noch von der Temperatur ab. Im allgemeinen ist daher die Berechnung der Dichteverteilung in einem Gas nicht so einfach, sondern erfordert mehrere Integrationsvorgänge.

Kernstück der A. ist die *barometrische Höhenformel.* Unter der Voraussetzung, daß sich innerhalb der Atmosphäre vorerst die Temperatur nicht mit der Höhe ändert, betrachten wir eine Luftsäule vom Querschnitt *A* (Figur 1). Eine dünne Schicht der Dicke d*h* hat dann das Volumen $A \cdot dh$ und die Masse $\rho \cdot A \cdot dh$, wobei die Dichte *ρ* des Gases innerhalb der dünnen Schicht als konstant angenommen wird. Das Gewicht dieser Schicht ist $\rho \cdot A \cdot dh \cdot g$ (*g* = Erdbeschleunigung). Es lastet mit dem Druck d*p* auf der darunterliegenden Luftsäule, und es gilt:

$$dp = -\frac{\rho \cdot A \cdot g \cdot dh}{A} = -\rho \cdot g \cdot dh. \qquad (1)$$

Das Minuszeichen ist notwendig, weil die positive Richtung von *h* nach oben, die von *p* aber nach unten weist. Leider ist nun die Dichte *ρ* der Luft keine Konstante, sondern hängt vom Druck *p* ab. Der Zusammenhang wird durch das *Boyle-Mariottesche Gesetz* (→ Gasgleichung) gegeben: p/ρ = konst. Bezeichnen wir den Druck an der Erdoberfläche mit p_0 und die Dichte der Luft dort mit ρ_0, so gilt $\frac{p_0}{\rho_0} = \frac{p}{\rho}$ oder $\rho = p \cdot \frac{\rho_0}{p_0}$.

In die Gleichung (1) eingesetzt ergibt das:

$$dp = -\frac{\rho_0}{p_0} \cdot g \cdot p \cdot dh. \qquad (2)$$

Dies ist eine einfache Differentialgleichung mit der Lösung

$$p = p_0 \cdot e^{-\frac{\rho_0 g}{p_0} \cdot h} \qquad (3)$$

Die eigentlich noch vorhandene Integrationskonstante verschwindet wegen der Anfangsbedingung $p\,(h = 0) = p_0$. Der Druck *p* sinkt also nach einer Exponentialfunktion ab. Der Verlauf dieser Funktion ist in Figur 2 dargestellt ($\rho_0 \approx 0{,}0013$

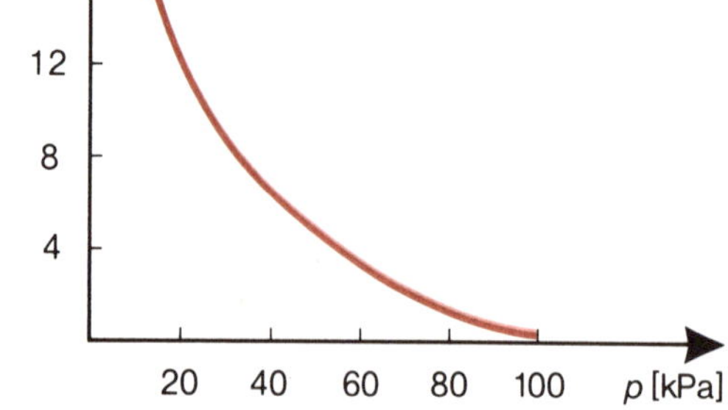

Aerostatik (Figur 2): Abhängigkeit des Luftdrucks *p* von der Höhe *h*

g/cm³; $p_0 \approx 100$ kPa; $g \approx 9{,}81$ m/s²). In 10 km Höhe herrscht also nur noch ein Fünftel des Luftdrucks an der Erdoberfläche. Das Atmen ohne Sauerstoffgerät ist in dieser Höhe nur nach intensiver Vorbereitung und längerer Gewöhnungszeit möglich. Der Sauerstoff reicht aber nur dann, wenn keine körperliche Anstrengung verlangt wird und die Aufenthaltsdauer zeitlich begrenzt ist.
Ersetzt man die Luft durch reinen Sauerstoff und atmet aus einer Maske, kann man noch in Höhen über 12 km normal atmen. Langstreckenflugzeuge bleiben auch deshalb in Flughöhen um 10 km. Im Fall eines plötzlichen Druckabfalls können so die Passagiere mit Sauerstoffmasken überleben.

Auftrieb in Luft
Analog zum → Auftrieb in Wasser ist der Auftrieb in Luft gleich dem Gewicht der verdrängten Luft. Es ist deshalb nützlich, statt Gleichung (3) die Gleichung der Dichtefunktion zu benutzen:

$$\rho = \rho_0 \cdot e^{-\frac{\rho_0 \cdot g}{p_0} \cdot h} \qquad (4)$$

Wird ein Ballon losgelassen, steigt er infolge seines Auftriebs bis zu einer Höhe, in der der Auftrieb nur noch so groß wie sein Gewicht ist. Sehr große, aber leichte Ballons mit Wasserstoffüllung (Wetterballons) erreichen Höhen über 20 km.
Bei allen Rechnungen wurde außer acht gelassen, daß die Temperatur in verschiedenen Höhen keineswegs gleich bleibt. Die temperaturbedingten Dichteänderungen der Luft haben natürlich auch entsprechende Druckänderungen zur Folge. Für viele Zwecke ist dann folgende Näherung ausreichend: Man benutzt die Zustandsgleichung für das ideale Gas in der Form

$$\rho_0 = \frac{p_0}{R \cdot T_0}$$

wobei R die Gaskonstante der Luft ist ($R \approx 287$ m²/s² · Kelvin) und T die absolute Temperatur bedeutet ($T_0 = 273$ K entspricht 0 °C). Diese Beziehung, in Gleichung (3) eingesetzt, ergibt:

$$p = p_0 \cdot e^{-\frac{g \cdot h}{R \cdot T}} \qquad (5)$$

Als Näherung genügt es jetzt, eine mittlere Temperatur für T einzusetzen (in Kelvin!), um einigermaßen genaue Werte für p zu erhalten, wenn h nicht größer als etwa 10 km wird.

Aggregatzustand

Jeder Stoff kann in drei markanten Zuständen vorkommen: Er kann fest, flüssig oder gasförmig sein. Man nennt diese Erscheinungsformen meist A., allerdings benutzt man heute in der Physik eher den Begriff der *Phase.* Er ist nämlich nicht nur auf die erwähnten Zustände anwendbar, sondern auch auf verschiedenartige Kristallkonfigurationen oder auch flüssige Zustände und andere definierbare physikalische Modifikationen einer Substanz.
Der Zustand eines Stoffes hängt im wesentlichen von seiner Temperatur ab, d. h. von der thermischen Bewegungsenergie seiner Teilchen im Verhältnis zu möglichen Bindungsenergien gegenüber Nachbarteilchen, die durch die Elektronenstruktur der Atome oder Moleküle gegeben ist.
Beim *festen Körper* kann die Temperaturbewegung die gegenseitige Bindung der Teilchen nicht wesentlich stören, es kommt zur Ausbildung regelmäßiger Atomanordnungen in großen Bereichen *(Kristalle).* Der Stoff hat eine feste Gestalt und ein bestimmtes Volumen und setzt einer Formänderung erheblichen Wider-

stand entgegen. Feste Körper lassen sich nur schwer deformieren und fast überhaupt nicht komprimieren.
In einer *Flüssigkeit* ist die thermische Energie der Teilchen bereits so groß, daß sich eine feste Gestalt nicht mehr ausbilden kann. Immer noch sind die Bindungskräfte groß genug, um eine Packung der Teilchen ›dicht an dicht‹ zu gewährleisten, aber sie sind frei gegeneinander verschiebbar. Auch Flüssigkeiten lassen sich kaum komprimieren, setzen aber einer Deformation nahezu keinen Widerstand entgegen. Sie nehmen jede dargebotene Form als Gestalt an. Nur wenn sie völlig frei schweben oder fallen, werden auch Flüssigkeiten wegen ihrer → Oberflächenspannung kugelförmig.
Bei den *Gasen* ist die thermische Energie so groß, daß sie die Bindung benachbarter Teilchen überwindet. Die Gasmoleküle verhalten sich in guter Näherung wie elastische Kugeln, die, aufeinander und auf die Gefäßwände prallend, mit ihrer thermischen Bewegungsenergie durch den Raum fliegen. Gase haben weder eine feste Gestalt noch ein festes Volumen. Ein Gas nimmt jeden dargebotenen Raum ›in Besitz‹.
Von besonderer Wichtigkeit sind die Übergänge zwischen den einzelnen Phasen eines Stoffes, weil sie bei gegebenem Druck und Volumen bei einer genau definierten Temperatur erfolgen. Die verschiedenen möglichen Phasenübergänge und ihre Bezeichnungen gehen aus der Tabelle hervor.
Diese grobe Einteilung wird ergänzt durch die Aufnahme ›feinerer‹ Phasen und ihrer Übergänge in das Schema. Denn auch der Übergang eines Stoffes von einem bestimmten kristallinen Gefüge in ein anderes (also fest – fest) erfolgt in ähnlicher Weise wie z. B. das Schmelzen. Wir müssen daher den Phasenbegriff dahingehend erweitern, daß wir darunter nur einfach homogene (einförmige) physikalische Bereiche eines Stoffes verstehen. In diesem Sinne gibt es nun z. B. normalleitende und supraleitende Phasen (→ Supraleitung), beide fest, oder kristalline und amorphe Phasen, ebenfalls beide fest. Nur die gasförmige Phase steht für sich allein, weil bei verschiedenen Gasphasen eine sofortige Durchmischung die Folge wäre.
Manchmal bezeichnet man auch das → Plasma als A., weil bei sehr hohen Temperaturen schließlich jedes Gas in Atomkerne und freie Elektronen zerfällt. Für unsere Betrachtungen hat dies jedoch keine Bedeutung.
Alles folgende bezieht sich auf *stabile* Stoffzustände, in denen *Gleichgewicht* zwischen den Phasen herrscht; Unterkühlung wie Überhitzung oder Schockzustände gehören nicht dazu.

Die Gibbssche Phasenregel (Phasengesetz)
Josiah Willard Gibbs (1839–1903) hat

von	nach	Bezeichnung	zugehörige Temperatur
fest	flüssig	Schmelzen	Schmelzpunkt
fest	gasförmig	Sublimieren	Sublimationspunkt
flüssig	gasförmig	Sieden	Siedepunkt
gasförmig	flüssig	Kondensieren	Kondensationspunkt
gasförmig	fest	Verfestigen	Verfestigungspunkt
flüssig	fest	Erstarren	Erstarrungspunkt (Gefrierpunkt)

Tabelle: Phasenübergänge und ihre Bezeichnungen

diese Regel bereits 1878 aufgestellt und bewiesen. Er benutzte dazu den Begriff der *Komponenten* eines Stoffgemisches und definiert sie als ›diejenigen chemischen Elemente des Systems, die notwendig und hinreichend sind, um alle Elemente zu bestimmen‹. Populär ausgedrückt unterscheiden sich verschiedene Komponenten durch ihre unterschiedliche chemische Zusammensetzung. Bezeichnet man die Anzahl der Komponenten mit *k,* die der Phasen mit *p,* so gilt der Zusammenhang

$$f = k - p + 2;$$

f ist dabei die Anzahl der (in gewissen Grenzen) frei wählbaren Zustandsgrößen des Systems (z. B. Druck oder Temperatur). Man spricht auch von *Freiheitsgraden* des Systems. Es ergeben sich sofort einige wichtige Folgerungen aus diesem Gesetz:

1. Für ein Einstoffsystem ($k = 1$), d. h. eine chemisch reine Substanz, kann *f* nicht größer als 2 sein. Man kann in einem Einstoffsystem also *höchstens zwei* Zustandsgrößen frei wählen, z. B. den Druck und die Temperatur. Alle anderen Zustandsgrößen wie → Entropie, → Molvolumen sind dann vorgegeben, d. h. berechenbar!

2. Wenn in einem Einstoffsystem zwei Phasen im Gleichgewicht nebeneinander existieren (z. B. Eis in Wasser oder Wasser und Wasserdampf), so ist nur noch *eine* Zustandsgröße frei wählbar, und mit dieser Wahl sind alle anderen festgelegt. Im *(p, T)*-Diagramm der Figur 1 gibt es daher Dampfdruck-, Schmelz- und Sublimationskurven. Der Schmelzpunkt ist genauso wie der Siedepunkt eine Funktion

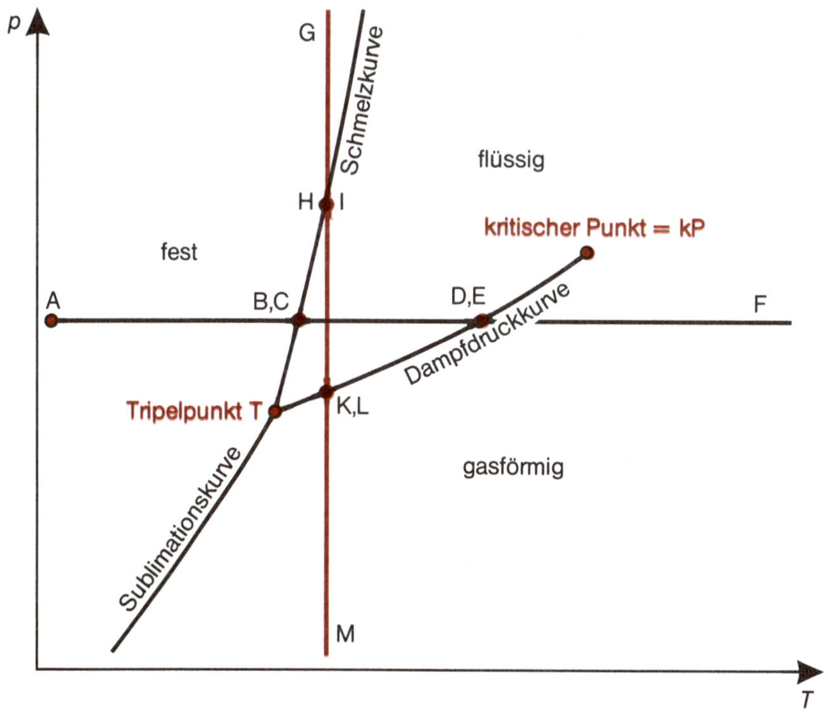

Aggregatzustand (Figur 1): Die Projektion der Zustandsfläche auf die *(p, T)*-Ebene hebt die Phasenübergänge deutlich hervor; nur am Tripelpunkt treten alle drei Phasen gleichzeitig auf.

des Druckes. Das ist jedem Bergsteiger aus der Praxis bekannt: Eier lassen sich auf hohen Bergen nicht mehr so leicht in Wasser kochen. Wegen des deutlich verminderten Druckes siedet das Wasser nämlich je nach Höhe bereits weit unterhalb 100 °C, d. h. bei Temperaturen, wo Eiweiß nicht mehr so rasch gerinnt und entsprechend länger erhitzt werden muß.
3. Es gibt in einem Einstoffsystem nur einen genau definierten Punkt, in dem drei Phasen im Gleichgewicht nebeneinander existieren können. Dieser → Tripelpunkt hat den Freiheitsgrad Null. Alle Zustandsgrößen sind hier festgelegt. Die praktische Bedeutung von Tripelpunkten liegt darin, daß sie als ideale Eichpunkte von Temperaturskalen dienen können. Tatsächlich wird die moderne thermodynamische Temperaturskala auch durch den → absoluten Nullpunkt und den Tripelpunkt des Wassers festgelegt, der bei 273,16 K liegt.
4. In einem Einstoffsystem gibt es keinen *Quadrupelpunkt*. Stoffe mit mehr als drei möglichen Phasen wie Schwefel haben mehrere feste Kristallzustände. Es ist aber nicht möglich, mehr als drei Phasen im Gleichgewicht und gleichzeitig nebeneinander existieren zu lassen. Welche Drücke oder Temperaturen man auch einstellt, stets können höchstens drei Phasen im Gleichgewicht sein.

Die Zustandsfläche

Aus der ersten Folgerung der Gibbsschen Phasenregel ergibt sich die Möglichkeit, sämtliche Gleichgewichtszustände eines

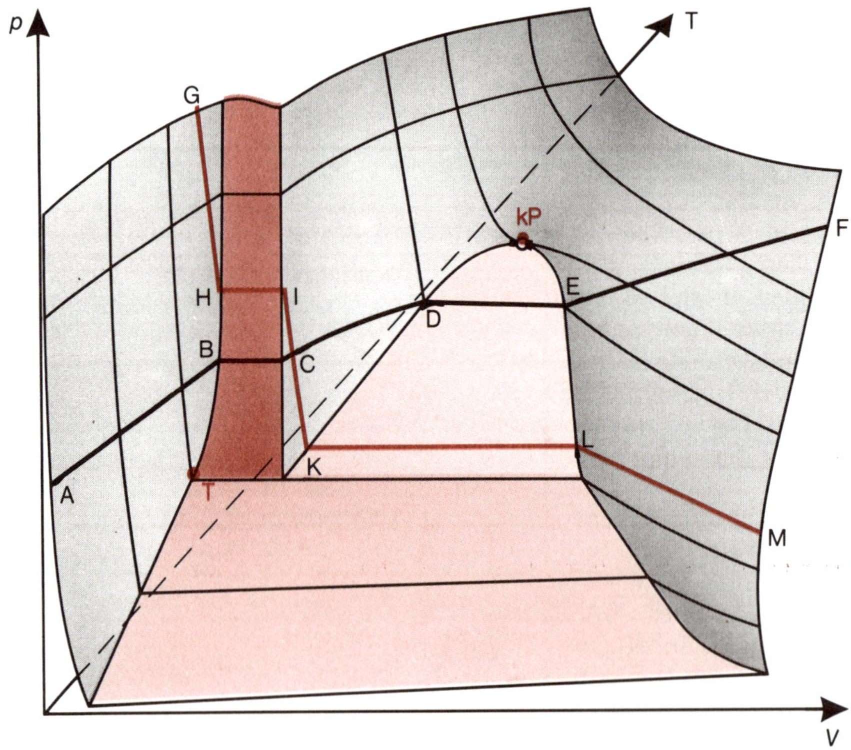

Aggregatzustand (Figur 2): Schematische Darstellung der Zustandsfläche eines normalen Einstoffsystems (z. B. Blei, Kohlendioxid) mit Kennzeichnung der auftretenden Phasenübergänge

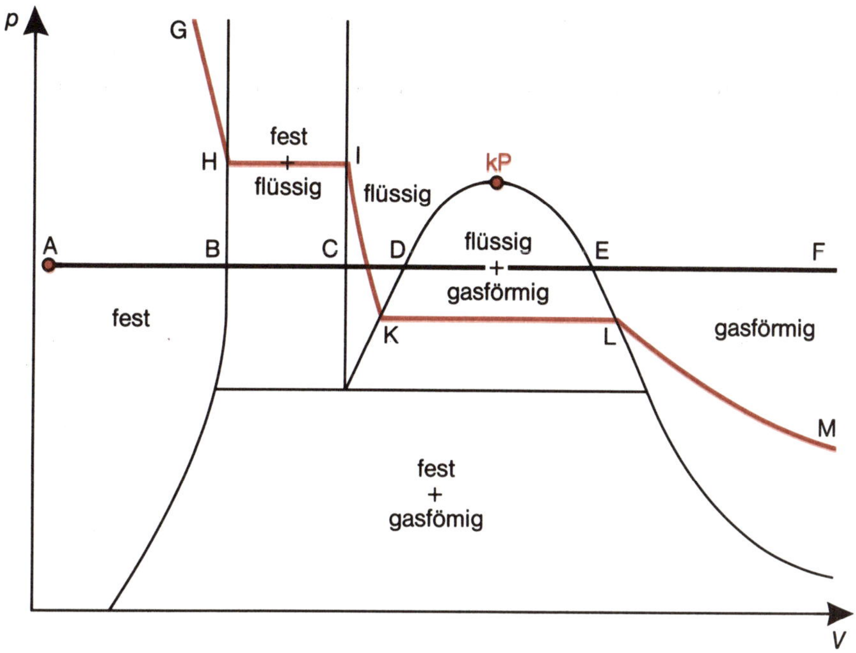

Aggregatzustand (Figur 3): Die Projektion der Kurven auf der Zustandsfläche in die *(p, V)*-Ebene erzeugt die sog. *(p, V)*-Diagramme mit deutlicher Kennzeichnung der einzelnen Phasen.

Einstoffsystems als Fläche im dreidimensionalen Raum darzustellen. Üblich ist die Wahl von *p* (Druck), *V* (Molvolumen, d. h. Volumen, das ein Mol des Stoffes einnimmt) und *T* (absolute Temperatur) als Achsen dieses Raumes, weil diese drei Zustandsgrößen in der → Gasgleichung vorkommen. Man kann aber ebensogut andere Zustandsvariable wählen, wenn es dem Zweck der Darstellung dient. Das Ergebnis ist in Figur 2 angedeutet. Aus der Darstellung ist das Verhalten eines Einstoffsystems bei einiger Übung zu übersehen. Waagrechte ebene Schnitte (z. B. dicke schwarze Linie in den Figuren 1, 2 und 3) kennzeichnen Zustandsänderungen bei konstantem Druck, indem man die Temperatur ändert. Erhitzt man z. B. Blei über einer Kerzenflamme an der Luft, so wird es sich etwas ausdehnen (A–B), bis es bei B anfängt zu schmelzen. Jetzt erhöht sich die Temperatur trotz weiter zugeführter Wärmeenergie nicht mehr, bis alles Blei geschmolzen ist (C). Zur weiteren Erhitzung reicht unsere Kerzenflamme nicht mehr aus. Eine andere, geeignetere Energiequelle würde folgenden Temperaturverlauf aufzeigen: Das flüssige Blei dehnt sich zunächst nur wenig aus (C–D), bis es schließlich anfängt zu sieden (D). Während des Siedens läßt sich die Temperatur nicht erhöhen, bis alles Blei verdampft ist (E). Das gasförmige Blei nimmt jeden verfügbaren Raum ein, so daß ein konstanter Druck nur noch im abgeschlossenen Gefäß mit verschiebbaren Wänden zu halten ist. Dann aber stellt man fest, daß das Gas einen annähernd zur Temperatur proportionalen Raum beansprucht (E–F). Natürlich ist die Kurve bei F nicht zu Ende, sondern verläuft bis zur thermischen Ionisation des Gases (Plasmaübergang) und weiter bis zur thermischen Kernumwandlung. Diese Bereiche sind jedoch (noch) nicht kontrolliert zugänglich.

Senkrechte Schnitte parallel zur *(p, V)*-Ebene kennzeichnen ›isotherme‹ Zustandsänderungen (z. B. dicke rote Linie in Figuren 1, 2 und 3). Wir verfolgen die Zustände am Beispiel von Kohlendioxid und gehen von kleinem Druck und großem Molvolumen aus (M). Eine Verkleinerung des Volumens erhöht den Druck (M–L), bis sich das Kohlendioxid bei L verflüssigt. Jetzt läßt sich der Druck durch Volumenverringerung nicht mehr erhöhen, bis alles Gas flüssig geworden ist (bei K). Von K–J ist ein immer größerer Druck erforderlich, um die Flüssigkeit zu komprimieren, bis sie schließlich bei J fest wird. Von H an ist das gesamte Kohlendioxid erstarrt. Es läßt sich kaum noch komprimieren, und die Kurve H–G verläuft entsprechend steil.

Für den wichtigsten Stoff des täglichen Lebens, das *Wasser*, sieht die Zustandsfläche etwas anders aus (Figur 4). Eis hat am Schmelzpunkt nämlich eine *kleinere* Dichte als Wasser. Die Volumenänderung beim Phasenübergang fest – flüssig ist daher negativ. Selbst nach erfolgtem Schmelzen zieht sich das Wasser bei weiterem Erwärmen noch etwas zusammen und erreicht seine größte Dichte etwa bei 4 °C. Dieses Verhalten läßt sich auf die Molekülstruktur des Wassers zurückführen und ist unter dem Namen ›Anomalie

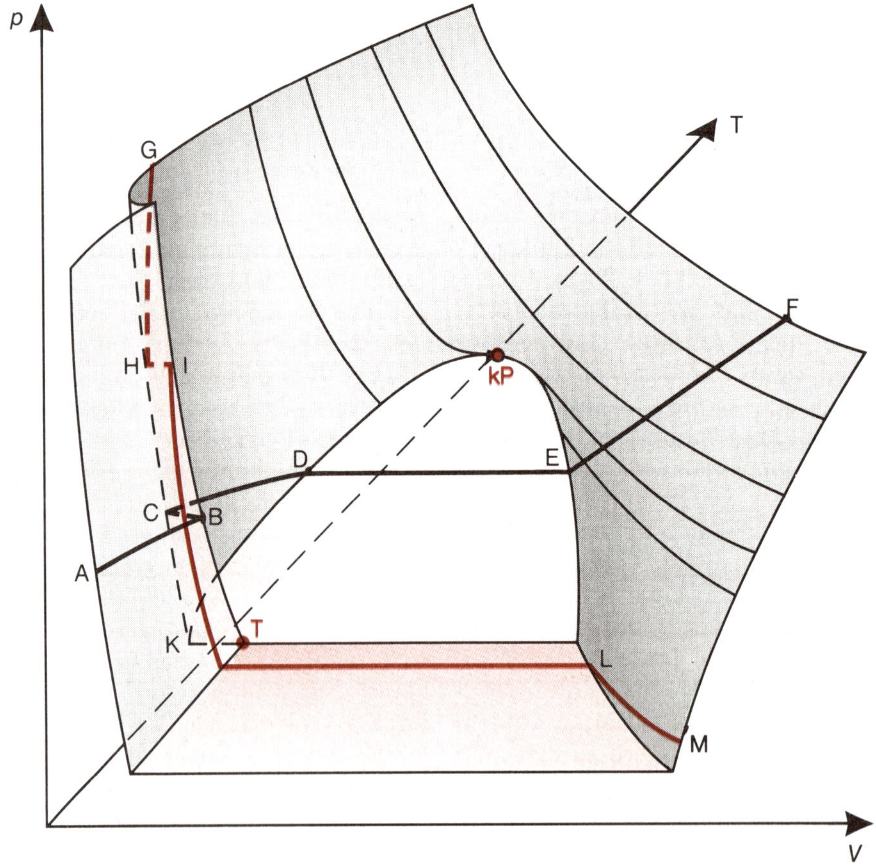

Aggregatzustand (Figur 4): Schematische Darstellung der Zustandsfläche des Wassers. Beachten Sie, daß beim Schmelzen von Eis das Molvolumen kleiner wird (Strecke B–C).

des Wassers‹ bekannt. Sie hat nicht nur zur Folge, daß Eisberge schwimmen, sondern auch, daß Seen immer von oben her zufrieren und daß sich bei ausreichender Wassertiefe am Grund immer eine Temperatur von 4 °C einstellt. Für die Entwicklung und Erhaltung des Lebens auf der Erde ist dies von entscheidender Bedeutung. Auch die Ozeane haben bereits in vergleichsweise geringer Tiefe diese Temperatur (ab etwa 50 m). Taucher müssen sich deshalb vor allem auch vor Unterkühlung schützen.
Die Zustandsflächen der Figuren 2 und 4 sind mit willkürlichem Maßstab gezeichnet, um die entscheidenden Details besser zu verdeutlichen. Genaue Werte entnimmt man entsprechenden Zustandstabellen. Die roteingefärbten Flächen in Figur 2 und 4 projizieren sich in die *(p, T)*-Ebene als Linien, die die Phasen voneinander trennen (Figuren 1 und 5), nämlich die *Sublimations-, Schmelz-* und *Dampfdruckkurve.* Auffällig ist das Aufhören der Dampfdruck- oder Siedekurve im *kritischen Punkt.* Aus der Zustandsfläche sieht man, daß von hier an ein Unterschied von flüssigem und gasförmigem Aggregatzustand nicht mehr existiert. Mit anderen Worten: Wählt man eine Temperatur oberhalb der des kritischen Punktes, ist es nicht mehr möglich, ein Gas durch Druck zu verflüssigen, so daß eine Flüssigkeitsoberfläche auftritt.
Die Anomalie des Wassers äußert sich auch im *(p,T)*-Diagramm. Die Schmelzkurve verläuft nämlich nach links geneigt. Deshalb ist es möglich, Eis durch Druck zu verflüssigen. Dieses Verhalten ist unter dem Namen *Regelation* bekannt. Es bildet die Grundlage für eine Reihe von Naturphänomenen und Sportarten. Schlitten, Bobs und Schlittschuhe besitzen schmale Kufen, unter denen der Druck so groß wird, daß das Eis schmilzt und so einen dünnen Wasserfilm bildet, auf dem

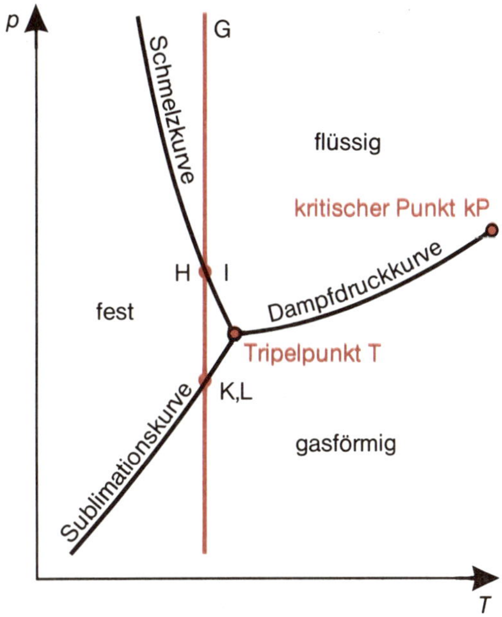

Aggregatzustand (Figur 5): Auch im *(p,T)*-Diagramm des Wassers zeigt sich eine Anomalie. Unterhalb der Temperatur des Tripelpunkts ist es möglich, Wasser durch Druck wieder zu verflüssigen *(Regelation).*

diese Geräte dann so reibungsarm gleiten können. Auch das Fließen eines Gletschers ist Folge der Regelation. Durch den hohen Gewichtsdruck ›umschmilzt‹ das Eis Kanten, Engpässe und Felsen.

Die Clausius-Clapeyronsche Gleichung
Die üblichen Phasenübergänge (1. Art) wie Schmelzen, Sieden, Sublimieren verlaufen über einen Sprung des Molvolumens hinweg. Die Kurven im *(p, V)*-Diagramm haben an diesen Stellen Knicke. Beim Sieden muß z. B. Energie zugeführt werden, *ohne* daß eine Temperaturerhöhung auftritt, bis nur noch die Gasphase vorhanden ist. Diese Energie ist nötig, um gegen die Bindungskräfte die Molekülabstände zu vergrößern. Man kann auch sagen, die Energie wird zur Volumenänderung des Stoffes benötigt. Es liegt daher nahe, einen Zusammenhang

zwischen den Molvolumina beider Phasen und der Umwandlungsenergie herzustellen. Er lautet:

$$E_{1,2} = T \cdot \frac{dp}{dT}(V_2 - V_1).$$

$E_{1,2}$ bezeichnet die Energie der Umwandlung *eines Mols* des betreffenden Stoffes von der Phase 1 in die Phase 2; T bedeutet die (absolute) Temperatur, bei der die Umwandlung erfolgt, dp/dT ist die Steigung der zugehörigen Umwandlungskurve im (p, T)-Diagramm, und V_1 bzw. V_2 sind die Molvolumina von Phase 1 bzw. Phase 2.
Diese Gleichung wurde bereits 1834 von *Benoit Pierre Émile Clapeyron* (1799–1864) aufgestellt und dann von *Rudolf Julius Emmanuel Clausius* (1822–1888) bewiesen. Sie ist grundlegend für die Thermodynamik, denn sie ist auf alle Phasenübergänge 1. Art (solche mit Volumensprung) anwendbar, und in abgewandelter Form sogar auf Phasenübergänge höherer Art. $E_{1,2}$ hat dabei dem speziellen Vorgang angepaßte Namen, z. B. Verdampfungswärme beim Sieden, Schmelzwärme beim Schmelzen, Sublimationswärme beim Sublimieren. Selbstverständlich sind diese Energien identisch mit der Kondensationswärme oder der Erstarrungswärme, die beim umgekehrten Vorgang frei werden. Darüber hinaus läßt sich die Gleichung aber noch anwenden auf das Lösen von Stoffen ineinander, auf thermische Zersetzung von Stoffen oder auch auf die Umwandlung von festen Phasen ineinander, sofern diese Vorgänge von einer Volumenänderung und damit von einer Energietönung begleitet sind.

Ah

Abk. für → Amperestunde (→ Maße und Maßsysteme).

Aktivierung

In der → Kernphysik bezeichnet die A. einen Vorgang, der einen vorher stabilen Kern in einen instabilen, radioaktiven Zustand versetzt. Derartige Vorgänge sind Anregungen der Kerne durch Beschuß mit Teilchen oder sehr energiereichen Lichtquanten (γ-Quanten). Im besonderen ist aber die sog. *Neutronenaktivierung* gemeint, d. h. die Anlagerung (›Einfang‹) eines Neutrons an einen Kern. Dieser Prozeß findet speziell in Kernreaktoren statt (neben der Kernspaltung) und ist unter anderem für die Entstehung von radioaktivem Abfall verantwortlich.
Ganz gezielt wird die A. durch Neutronen in Reaktoren eingesetzt, um bestimmte → Isotope zu erzeugen, die man z. B. in der Medizin zur Bestrahlung von Karzinomen oder zur Untersuchung von Stoffwechselvorgängen verwendet. Bekanntestes Beispiel ist wohl das zur Bestrahlung eingesetzte Isotop Kobalt 60 (Co^{60}). Es wird aus dem stabilen Isotop $_{27}Co^{59}$ durch Neutronenaktivierung erzeugt.

Akustik

Die *physikalische Akustik* ist ein Teil der Lehre von den mechanischen Schwingungen und Wellen. Im engeren Sinne ist A. die Lehre vom *Schall*, also den *hörbaren* Schwingungen und Wellen, seiner Entstehung, seiner Ausbreitung in der Luft und die Lehre vom Ohr als physiologischem Empfänger sowie vom Kehlkopf als Schallquelle. Der Schall breitet sich in Flüssigkeiten und Gasen als Druckschwankung (Longitudinalwelle) aus (Figur 1). Nur in festen Körpern, in denen Scherkräfte auftreten, können sich auch seitliche Auslenkungen als Transversal-

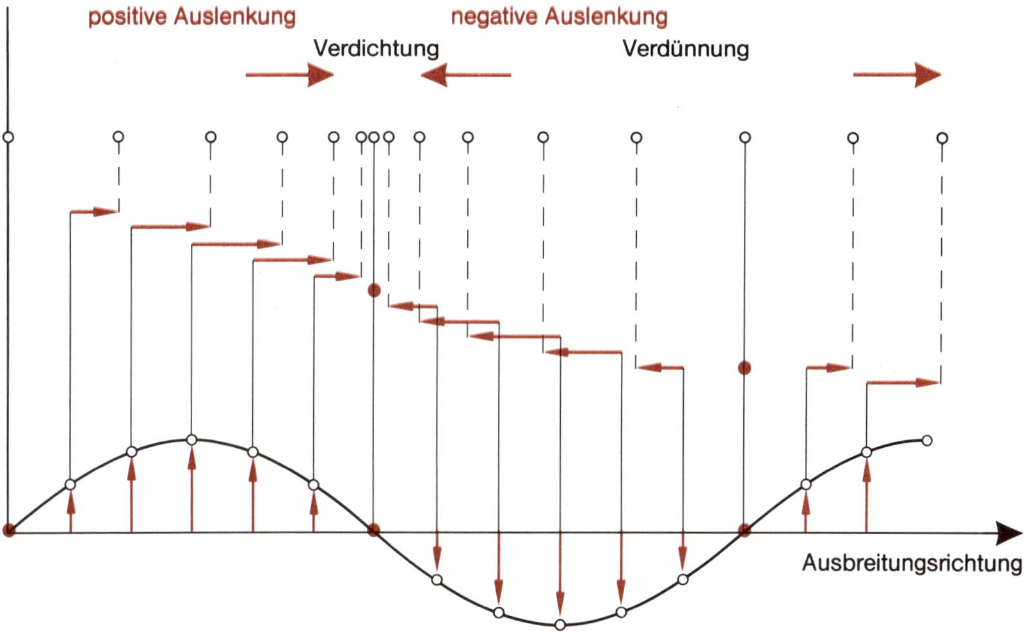

Akustik (Figur 1): Longitudinale *(oben)* und transversale Welle *(unten)*, in der Mitte Darstellung des beiderseitigen Zusammenhangs

wellen fortpflanzen. Beide Auslenkungsarten erzeugen jedoch Wellen, die sich nach denselben Gesetzmäßigkeiten verhalten und daher durch dieselben mathematischen Formeln beschrieben werden können.

Grundlagen

Die Charakteristika jeder → Schwingung, auch der akustischen, sind *Amplitude*, *Frequenz* und *Phase*, bei der sich ausbreitenden Welle kommt noch die *Ausbreitungsgeschwindigkeit* hinzu. Bei der Schallwelle schwingen die Luftteilchen. Im wesentlichen handelt es sich dabei um Stickstoff-, Sauerstoff- und Kohlendioxidmoleküle (→ Luft). Auslenkungen dieser Teilchen ändern die mittlere Dichte und damit den momentanen Gasdruck an dieser Stelle, so daß die ›Schallamplitude‹ mit einer Dichte- oder Druckamplitude verbunden ist. Die Anzahl dieser Teilchenschwingungen an einer bestimmten Stelle, pro Sekunde, ist die Schallfrequenz. Unser Ohr hat zwei Grenzen der Empfindlichkeit: Die eine betrifft die Schallamplitude, die andere die Schallfrequenz. Diese Grenzen sind aber für das Wesen der Schallwellen bedeutungslos. Die physikalische A. behandelt daher Schallwellen beliebiger Amplitude und beliebiger Frequenz. Sie umfaßt also auch Schall mit Frequenzen jenseits der Hörgrenzen. Die Einteilung der Schallwellen in *Infraschall* (Frequenz kleiner als 16 Hz), *hörbaren Schall* (zwischen 16 Hz und 20000 Hz) und *Ultraschall* (Frequenz größer als 20000 Hz) ist damit physikalisch nicht notwendig, sondern hat lediglich Sinn im Hinblick auf unser Gehörorgan.

Physikalische Meßgrößen von Schallwellen im normalen Hörbereich

Schall breitet sich nach allen Richtungen hin aus. Um eine Schallquelle herum entsteht ein räumliches Schallfeld, das im Idealfall eines isotropen Mediums kugelsymmetrisch ist. Die Behandlung von Kugelwellen erfordert einen mathematischen Aufwand, der für das Verständnis der grundlegenden Schallgrößen nicht nötig ist. Ich beschränke mich deshalb auf Schallwellen, die so weit von ihrer Quelle entfernt sind, daß man sie als ›ebene‹ Wellen ansehen kann (Figur 2). Die Bewegungsgleichung einer ebenen → Welle lautet:

$$\xi(x,t) = A \cdot \sin 2\pi \cdot f(t - \frac{x}{c}). \quad (1)$$

ξ ist die Auslenkung der Teilchen, A die maximale Auslenkung (die Amplitude) der Schwingung, f ist die Frequenz und c die Ausbreitungsgeschwindigkeit, hier also die Schallgeschwindigkeit, t bedeutet die Zeit und x den Ort (in Ausbreitungsrichtung) der Welle. Anstatt $2\pi \cdot f$ schreibt man meist ω (→ Kreisfrequenz). Außerdem ist $c = f \cdot \lambda$ (Frequenz f mal Wellenlänge λ oder $c = \omega / k$ (Kreisfrequenz ω geteilt durch die Wellenzahl k), so daß auch gilt

$$\xi(x,t) = A \cdot \sin(\omega t - kx). \quad (2)$$

Als Meßgrößen einer Wellenerscheinung bieten sich zunächst Wellenlänge, Frequenz und Ausbreitungsgeschwindigkeit an, für die es viele direkte und indirekte Meßmethoden gibt. Wegen des allgemeinen Zusammenhanges $c = \lambda \cdot f$ genügt die Messung zweier Wellengrößen, meist der Ausbreitungsgeschwindigkeit und der Frequenz. Letztere läßt sich für Schallwellen mit schnellen elektronischen Schaltungen direkt durch Auszählen ermitteln, erstere ebenfalls direkt durch die Messung der Zeit, die ein Schallimpuls braucht, um einen bekannten Weg zurückzulegen. Diese letzte Methode wenden wir beispielsweise an, wenn wir aus der Zeit, die bei einem Gewitter zwischen Blitz und Donner vergeht, auf die Entfernung der Entladung schließen. Die Zeit, die das Licht des Blitzes braucht, ist ver-

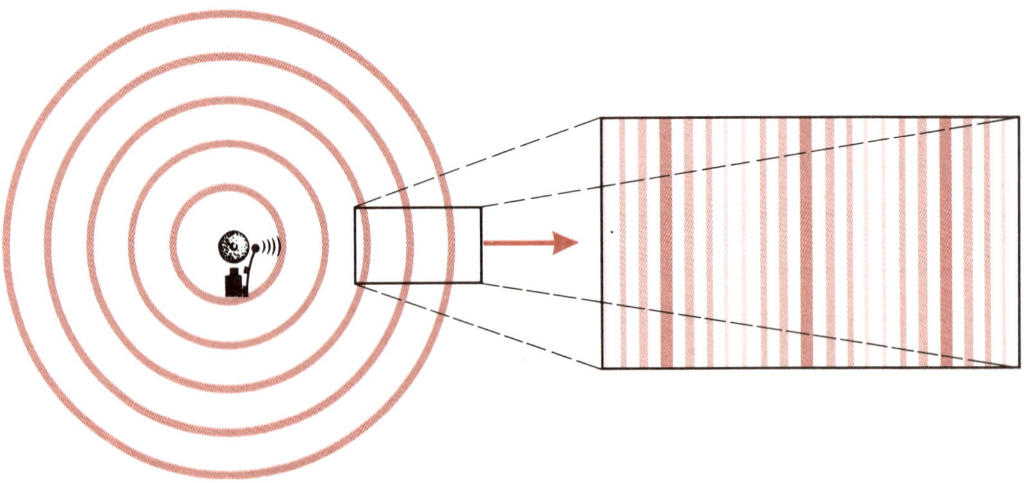

Akustik (Figur 2): Schallwellen breiten sich im Raum aus *(links)*. In ausreichend großer Entfernung von der Schallquelle kann man Schallwellen aber als ebene Wellen behandeln *(rechts)*.

nachlässigbar klein gegenüber der Zeit, die der Schall braucht, um uns zu erreichen. Da die Schallgeschwindigkeit etwa 330 m/s beträgt, entsprechen jeweils drei Sekunden Zeitunterschied zwischen Blitz und Donner einem Abstand des Blitzes von etwa einem Kilometer.

Interessanter als diese allgemeinen Welleneigenschaften sind im Augenblick jedoch die speziellen Eigenschaften einer Schallwelle.

Die Auslenkung läßt sich zwar beobachten, ist aber keine geeignete Meßgröße. Alle Mikrophone und auch unser Ohr sprechen auf Druckschwankungen an. Der Zusammenhang zwischen der Auslenkung ξ der Teilchen und der Druckschwankung, die dadurch entsteht, ergibt sich aus der Grundgleichung der Mechanik (Kraft gleich Masse mal Beschleunigung), wenn man näherungsweise die Dichte ρ im Gas als konstant annimmt. Wie sich herausstellt, trifft diese Annahme für unsere ›normalen‹ Schallfelder recht genau zu.

Die Beschleunigung in der Schallwelle ist gleich der zweiten Ableitung der Teilchenauslenkung nach der Zeit: $d^2\xi/dt^2$. Multipliziert mit der Dichte ρ (der Masse pro Volumeneinheit) erhält man die Kraft pro Volumeneinheit, in unserem Fall eine longitudinale ebene Welle, die sich in x-Richtung ausbreitet; das ist gleichbedeutend mit dem Druckgradienten $-dp/dx$. Damit hat man eine Differentialgleichung gewonnen, die den Druck p enthält:

$$\rho \cdot \frac{d^2\xi}{dt^2} = -\frac{dp}{dx}\,. \qquad (3)$$

Nach Einsetzen von $d^2\xi/dt^2$ aus (2) ergibt sich

$$\frac{dp}{dx} = A \cdot \rho \cdot \omega^2 \cdot \sin(\omega t - k \cdot x)$$

mit der Lösung:

$$p(x,t) = p_0 + A \cdot \rho \cdot \omega \cdot c \cdot \cos(\omega t - kx)\,. \qquad (4)$$

p_0 ist der Druck im ungestörten Gasvolumen, also der gewöhnliche ›Luftdruck‹. Der Ausdruck $A \cdot \rho \cdot \omega \cdot c$ läßt sich als Druckamplitude interpretieren, die im Takt der Schallwelle dem Luftdruck überlagert ist. Vergleicht man die Gleichungen (2) und (4), so fällt auf, daß die Druckwelle gegenüber der Auslenkung um 90° ($\pi/2$) phasenverschoben ist. Dies ist auch zu erwarten (→ Bernoullische Gleichung), weil der Druck proportional zur Geschwindigkeit der Teilchen ist und die Geschwindigkeit wiederum gerade dann am größten ist, wenn die Auslenkung der Teilchen Null ist.

Diese Teilchengeschwindigkeit, die sog. *Schallschnelle* – nicht zu verwechseln mit der Ausbreitungsgeschwindigkeit! – ergibt sich aus Gleichung (1) oder (2) durch die Ableitung nach der Zeit:

$$v(x,t) = \frac{d\xi}{dt} = A \cdot \omega \cdot \cos(\omega t - kx)\,. \qquad (5)$$

Fassen wir alle bisherigen Ergebnisse zusammen, so können wir in einer Schallwelle mit der Bewegungsamplitude A folgende Größen zur Messung heranziehen: die Geschwindigkeitsamplitude $A \cdot \omega$ und die Schallwechseldruckamplitude $p - p_0 = A \cdot \omega \cdot \rho \cdot c$.

Aus den allgemeinen Eigenschaften von Wellen lassen sich daraus noch zwei weitere Größen angeben, die für die Praxis wichtig sind:

1. Die Schallintensität ist die Energie einer Schallwelle, die pro Sekunde durch die Flächeneinheit senkrecht zur Ausbreitungsrichtung der Welle hindurchtritt. Da es sich beim Schall ja um eine mechanische Welle handelt, deren Masseteilchen

(›Luftmoleküle‹) die Energie übertragen, hat man den zeitlichen Mittelwert der kinetischen plus der potentiellen Energie aller pro Flächeneinheit beitragenden Masseteilchen zu bilden. Das Ergebnis muß proportional zur Masse $\rho \cdot c$ und zum Quadrat der Geschwindigkeitsamplitude $A^2 \cdot \omega^2$ sein und lautet:

$$I = \frac{1}{2}\rho \cdot c \cdot A^2 \cdot \omega^2. \qquad (6)$$

Man mißt I meist in Watt pro Quadratzentimeter (W/cm^2).

2. Die Gesamtleistung einer Schallquelle (Schalleistung) ist die Energie, die sie pro Sekunde abgibt. Sie wird in Watt gemessen und ließe sich auch aus der Schallintensität berechnen, wenn man gleichmäßige Schallabstrahlung voraussetzen könnte. Bei vielen technischen und musikalischen Geräten ist das aber nicht der Fall. Lautsprecher und Musikinstrumente strahlen den Schall vielmehr oft in ein Gebiet ab, das mehr einem Kegel gleicht. Trotzdem läßt sich die Schalleistung eines Lautsprechers gut aus seinen technischen Daten berechnen, die von Musikinstrumenten und anderen Schallquellen einigermaßen aus Messungen der Druckamplitude abschätzen (Tabelle 1).

Schallquelle	*Leistung* [in Watt]
Männerstimme im Umgangston	rd. 10^{-5}
Höchstleistung der menschlichen Stimme	rd. 10^{-3}
Höchstleistung eines Konzertflügels	rd. 10^{-1}
Höchstleistung einer Kirchenorgel	rd. 10
Hochleistungslautsprecher	rd. 10^3
Alarmsirene	bis 10^4

Tabelle 1: Absolute Schalleistung einiger Schallquellen

Sie sehen, daß die Größen der physiologischen Schalleistungen recht bescheiden sind. Einen Ton der Frequenz 440 Hz (Kammerton a′) empfindet unser Ohr bereits als schmerzhaft, wenn die Schallintensität den Wert von 0,01 W/cm^2 übersteigt. Diesem Wert entspricht nach (6) eine Bewegungsamplitude von

$$A = \sqrt{\frac{2I}{\rho \cdot c}} \cdot \frac{1}{\omega} \approx 0{,}25 \text{ mm},$$

nach Gleichung (5) eine Geschwindigkeitsamplitude von $A \cdot \omega \approx 0{,}7$ m/s und nach Gleichung (4) eine Druckamplitude von $A\omega\rho c \approx 275$ N/m^2 ≈ 275 Pa. Vergleicht man diese Werte mit den sog. ›Normalbedingungen‹, die in ruhender Luft von 0 °C in Meereshöhe herrschen (Luftdruck rd. 100 000 Pa, mittlere Molekülgeschwindigkeit etwa 400 m/s), so erkennt man, daß die eingangs gemachte Annahme, die Schallfeldgrößen seien so klein, daß sie die Normalbedingungen praktisch nicht änderten, richtig war. Insbesondere wird dadurch die Voraussetzung für die Lösung der Differentialgleichung (4) gerechtfertigt, die ja die Dichte ρ als konstant betrachtet.

Man muß dabei bedenken, daß sich die eben angegebenen Schallfeldgrößen auf die Schmerzgrenze des Ohrs beziehen. Die Empfindlichkeitsgrenze für den Kammerton a′ liegt aber bei 10^{-15} W/cm^2, d. h. um 13 Zehnerpotenzen niedriger. Bewegungs-, Geschwindigkeits- und Druckamplituden normaler Schallfelder liegen daher um bis zu 6 Zehnerpotenzen niedriger als die Schmerzwerte, betragen also nur ein Millionstel der ohnehin schon recht kleinen Werte für die Schmerzgrenze.

Physikalische Meßgrößen von Schallwellen hoher Amplitude

Wir haben festgestellt, daß die Näherung $\rho =$ konst. in einer Schallwelle im allgemeinen gültig ist und für die Beschreibung der Schallfeldgrößen meist völlig ausreicht. Trotzdem zeigt schon eine einfache Überlegung die Unzulänglichkeit der Gleichung (4). Jede Schallwelle transportiert Energie. Ein bestimmtes Luftvolumen muß daher einen gewissen Energiebetrag enthalten, wenn es von Schall durchstrahlt wird, der ohne diesen Schall nicht vorhanden wäre. Nun ist die mechanische Energie E eines Gases (→ Thermodynamik) gleich Druck mal Volumen $(E = p \cdot V)$, und die Schallenergie pro Volumen V muß einem Überdruck Δp entsprechen. Dieser wiederum kann nur entstehen als (zeitlicher) Mittelwert der Differenz $p\,(x,t) - p_0$. Es muß also gelten:

$$\langle p\,(x,t) - p_0 \rangle_{\text{mittel}} = \\ = \Delta p = \frac{E}{V} = \frac{I}{c} = \frac{1}{2}\rho \cdot A^2 \cdot \omega^2. \quad (7)$$

Der letzte Zusammenhang ergibt sich aus der Definition der Schallintensität und aus Gleichung (6). Aus Gleichung (4) folgt dagegen, daß der zeitliche Mittelwert $\langle p\,(x,t) - p_0 \rangle$ gleich Null ist, denn der Mittelwert der Kosinusfunktion ist Null. Eine genauere Rechnung, die die Orts- und Zeitabhängigkeit von ρ in der Gleichung (3) berücksichtigt, liefert aber tatsächlich den in Gleichung (7) dargestellten Zusammenhang.

Δp heißt *Schallstrahlungsdruck*. Er wirkt in Ausbreitungsrichtung der Welle und kann mit einem sog. *Schallradiometer* gemessen werden. Eine für die Messung brauchbare Größenordnung erreicht der Schallstrahlungsdruck im Hörbereich nur in der Gegend der Schmerzgrenze und jenseits davon, während er für hohe Frequenzen wegen der Abhängigkeit von ω^2 – siehe Gleichung (7) – besonders für Ultraschall zu einer gängigen Meßgröße geworden ist.

Infraschall

Schallwellen mit Frequenzen unterhalb etwa 16 Hz sind zwar für unser Ohr nicht mehr wahrnehmbar, wohl aber – als Brummen oder Zittern – für unseren Gesamtorganismus. Man bezeichnet diese Art niederfrequenter Schwingungen als Infraschall. Wir spüren sie – bewußt – nur, wenn wir uns ruhig verhalten und wenn die Amplituden hoch genug sind. Instrumentell wird Infraschall am häufigsten durch *Seismometer* erfaßt. Wir müssen aber zugeben, daß gerade dieses Gebiet physikalischer Erscheinungen recht unzureichend erforscht ist, insbesondere was die Auswirkungen auf Lebewesen angeht. Immerhin weiß man, daß Infraschall von etwa 1 Hz und hoher Amplitude, wie er in manchen Maschinenräumen entsteht, beim Bedienungspersonal Schwindel und Übelkeit hervorruft. Selbst noch niedrigere Frequenzen – z. B. Brandungsrauschen bis herab zu 0,02 Hz – haben mit Sicherheit physiologische Wirkungen. So ist wahrscheinlich auch das Alarmverhalten von Tieren vor Erdbeben auf die Wahrnehmung von Infraschallschwingungen zurückzuführen, die das eigentliche Beben stets ankündigen. Es gibt sogar Vermutungen, die die bekannten Erscheinungen bei Föhn im Alpenvorland (Unruhe, Unwohlsein u. a.) durch das Auftreten von Infraschall deuten wollen, der möglicherweise durch die spezielle meteorologische Situation in höheren Luftschichten entstehen könnte. Ungeklärt ist auch, bis zu welchen unteren Frequenzen man noch physiologische Wirkungen erwarten kann.

Ultraschall und Hyperschall, Phononen

Es ist eine allgemeine Eigenschaft aller Wellen, daß sie sich um so besser bündeln lassen, je kleiner ihre Wellenlänge ist. Schallwellen von 30 kHz haben in Luft wegen $c_L \approx 300$ m/s eine Wellenlänge von etwa 1 cm, in Wasser wegen der fünfmal so großen Schallgeschwindigkeit von $c_W \approx 1500$ m/s eine Wellenlänge von etwa 5 cm. Derartige und kleinere Wellenlängen kann man einerseits leicht erzeugen, andererseits lassen sich die Schallgeber mit bereits sehr guter Richtcharakteristik versehen, so daß sich *Ultraschallquellen* für Echolotverfahren eignen. Dabei sendet man Schallimpulse aus, mißt die Zeitdauer bis zum Empfang der an einem Hindernis reflektierten Wellen und berechnet daraus die Entfernung des Hindernisses. Auf diese Weise arbeiten prinzipiell die in Schiffen eingebauten Echolotgeräte.

Bezieht man noch die Phase des reflektierten Echos in die Auswertung ein, kann man sogar genaue Aussagen über die Form des Hindernisses machen. Geräte dieser Art werden zur medizinischen Untersuchung innerer Organe und von Tumoren eingesetzt. Sie schädigen im Gegensatz zu Röntgengeräten das organische Gewebe nicht, können also auch bei Schwangerschaften zur Untersuchung des Ungeborenen eingesetzt werden.

Der große Unterschied der Schallgeschwindigkeiten in Luft und Flüssigkeiten oder gar Festkörpern (bis zum Faktor 10, siehe unten) hat zur Folge, daß an der Grenze Flüssigkeit – Luft oder Festkörper – Luft auch noch unter großen Winkeln → Totalreflexion auftritt. Deshalb werden Schallwellen in Flüssigkeiten oder festen Körpern besonders stark an eingeschlossenen Luftblasen reflektiert, sofern diese größer als die Wellenlänge sind. Ultraschall entsprechend hoher Frequenz (einige 100 kHz) eignet sich daher gut zur Materialprüfung, beispielsweise zur Untersuchung der Schweißnähte von Druckbehältern, Brückenkonstruktionen und Flugzeugen.

Schallfelder noch höherer Frequenz, etwa vom Megahertz-Bereich (10^6 Hz) an, können bereits Lichtwellen beugen. Man kann z. B. die Wellenlänge von Ultraschall hoher Frequenz sehr genau dadurch bestimmen, daß man die Beugungsfigur eines Laserstrahls ausmißt, den man vorher durch das Schallfeld geschickt hat. Hier deuten sich bereits quantenmechanische Wechselwirkungen von Lichtwellen und Schallwellen an, die im *Hyperschall-Bereich*, d. h. bei Frequenzen von etwa einem Gigahertz (10^9 Hz) an, noch deutlicher werden. In diesem Bereich liegen gegenwärtig auch die Grenzen kontinuierlicher Schallfelder technischen Ursprungs. In der Natur treten aber noch tausendmal höhere Frequenzen auf, nämlich in der Form von Gitterschwingungen in kristallinen Festkörpern. Sie liegen in der Größenordnung von 10^{12} Hz, d. h. bei einer Billion Schwingungen pro Sekunde. Diese ›Schall‹wellen haben eine so hohe Energie, daß sie sich in vieler Beziehung wie Teilchen verhalten. Um dieser Tatsache gerecht zu werden, nennt man sie *Phononen*. Die Wechselwirkung von Elektronen und Phononen ist maßgeblich für den → elektrischen Widerstand des Kristalls. Auf dieser Wechselwirkung beruht auch die technisch bedeutungsvolle Erscheinung der → Supraleitung.

Ultraschall in Flüssigkeiten, Kavitation

Für eine Frequenz von 50 kHz beträgt die Wellenlänge von Ultraschall in Wasser etwa 3 cm. Die Auslenkung der Teilchen in einem Schallfeld der Intensität 2 W/cm² hat zwar nur den Wert von etwa $A = 4 \cdot 10^{-7}$ m (= 0,4 µm), dafür aber ist die Wechseldruckamplitude nach Gleichung (4) gegeben durch

$$\begin{aligned} p - p_0 &= A \cdot \omega \cdot \rho \cdot c \approx \\ &\approx 190 \cdot 10^3 \text{ kg/m} \cdot \text{s}^2 = \\ &= 1{,}9 \cdot 10^5 \text{ Pa} = \\ &= 1{,}9 \cdot 10^3 \text{ hPa} = 1900 \text{ mbar.} \end{aligned}$$

Das entspricht etwa dem doppelten Atmosphärendruck. Im Schallfeld wechselt der Wasserdruck also innerhalb von 20 Mikrosekunden von etwa plus 2 bar auf minus 2 bar und zurück. Solche Wechseldrücke hält ›normales‹, ungereinigtes Wasser nicht aus, ohne zu zerreißen. Im Schallfeld entstehen Hohlräume *(Kavitationen)*, deren Wände aber nach 10 Mikrosekunden bereits wieder mit großer Gewalt aufeinanderprallen und auf diese Weise sehr hochfrequente Erschütterungen erzeugen. Man nutzt den Ultraschall in Flüssigkeiten deshalb zur Lösung und Zerkleinerung von suspendierten Stoffen, beispielsweise also zur Reinigung von Gegenständen (Uhrwerken, Brillen usw.), aber auch zur Ablösung fest haftender Beläge, z. B. Zahnstein. Die oben angegebenen Daten beziehen sich auf ein kleines Ultraschall-Reinigungsgerät für Uhrmacher oder Optiker.

Schallquellen

Grundsätzlich kann jedes schwingungsfähige System auch Schallquelle sein (→ Schwingungen). Die Auswahl ist also groß. Am leichtesten zu verstehen sind solche Systeme, deren geometrische Eigenschaften möglichst einfach sind. Meistens teilt man sie daher nach steigender Kompliziertheit ihrer geometrischen Form ein in lineare, flächenhafte und räumliche Schallgeber. Dabei kommt es nicht darauf an, ob der Schwinger nun transversale oder longitudinale Schwingungen ausführt. Beim Abstrahlen, d. h. beim Übergang der Schallschwingungen in die umgebende Luft, kommen nur longitudinale Wellen zum Zuge, weil eben die Luft nur solche Wellen transportieren kann. Das beste Beispiel für einen linearen Schallgeber ist die schwingende Saite (Figur 3), ein fester Körper, dessen

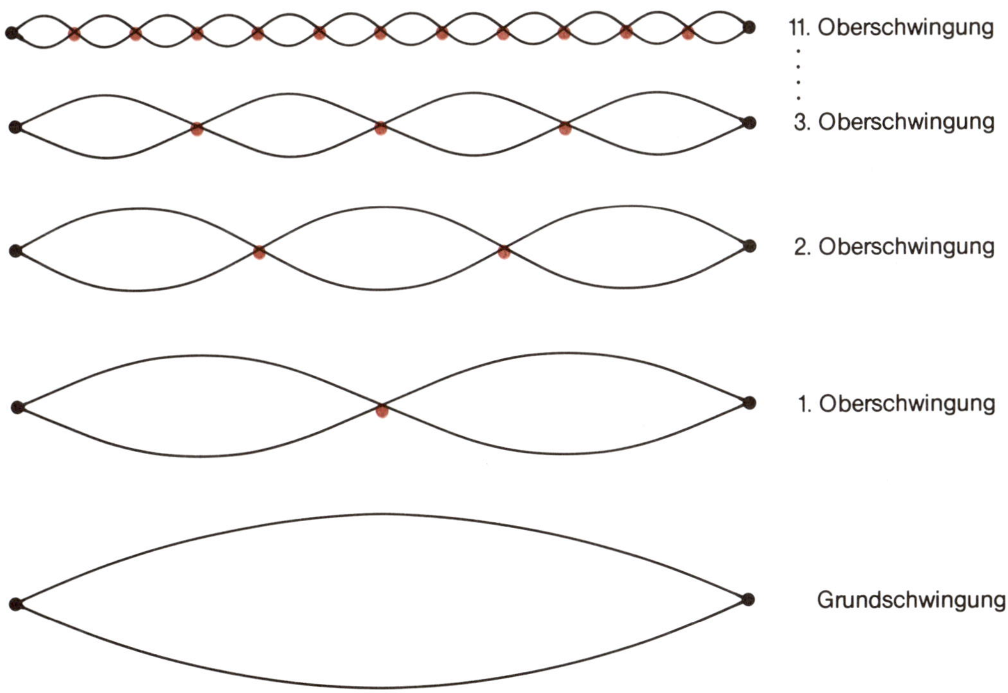

Akustik (Figur 3): Eigenschwingungen einer Saite mit fest eingespannten Enden; mit steigender Ordnung der Oberschwingungen werden die Schwingungszahlen immer größer.

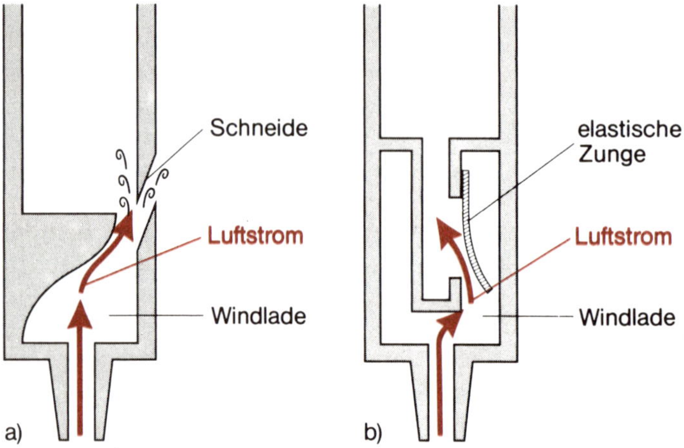

Akustik (Figur 4): Schnitt durch zwei Pfeifen; **a)** Lippenpfeife, **b)** Zungenpfeife

Dicke im Vergleich zu seiner Länge vernachlässigbar klein ist und der an zwei Enden fest eingespannt ist. So ein Körper kann viele Eigenschwingungen ausführen, deren Frequenzen ganzzahlige Vielfache einer Grundschwingung sind:

$$f_n = f_0 \cdot (n+1) \; (n = 0,1,2,3,\dots); \qquad (8)$$

n ist dabei die Nummer der ›Oberschwingung‹ der Saite. Dieses Verhalten ergibt sich als Lösung der linearen Schwingungsgleichung mit den fest eingespannten Enden als ›Randbedingung‹, die an den Einspannpunkten die Amplitude der Schwingung immer auf Null festsetzt. Jede Oberschwingung hat dann genau *n* weitere Punkte auf der Saite, die ebenfalls – wie die eingespannten Enden – keine Bewegung ausführen: die sog. *Schwingungsknoten.* Dazwischen liegen Orte maximaler Bewegung, die sog. *Schwingungsbäuche.* Sind die Enden des schwingenden Systems frei, wie z. B. bei frei aufgehängten Stäben, werden sie zu Orten maximaler Bewegung. Trotzdem gibt es auch hier ähnliche Schwingungsknoten und -bäuche innerhalb des Materials, wenn es Oberschwingungen ausführt. Viele Schallgeber im musikalischen Hörbereich sind linear, z. B. alle Saiteninstrumente, aber auch Pfeifen und Blasinstrumente, bei denen eine Luftsäule zum Schwingen gebracht wird, indem man sie periodisch ›anstößt‹. Dies geschieht bei *Lippenpfeifen* (Figur 4a) durch Anblasen einer Schneide. Die Ablösung von Wirbeln regt die Luftsäule in der Pfeife in einer Eigenfrequenz an, die durch Rückkoppelung auf die Schneide ihrerseits wieder die Wirbelablösung steuert. Bei *Zungenpfeifen* (Figur 4b) wird ein Luftstrom durch eine Öffnung geblasen, die von einer elastischen Membran fast verschlossen ist. Im Luftstrom entsteht an der engen Strömungsstelle nach der Bernoullischen Gleichung ein Unterdruck: Die Zunge legt sich ganz an die Öffnung an und verschließt sie. Dadurch unterbricht sie jedoch den Luftstrom, der Unterdruck verschwindet, und die Zunge macht aufgrund ihrer Elastizität die Öffnung wieder frei; das Spiel kann von neuem beginnen. Auch die *Stimmgabel* (Figur 5) ist trotz ihrer Biegung ein linearer Schwinger. Ihre Zinken schwingen gegeneinander, der Stiel bewegt sich auf und ab. Man erreicht durch diese Form eine besonders obertonfreie Schwingung.

Allerdings wäre sie – ebenso wie alle Saitenschwinger – ohne ihren ›Resonanzkasten‹ kaum zu hören, weil die Berührungsfläche des schwingenden Metalls mit der Luft klein ist und deshalb wenig Energie übertragen werden könnte. Der Holzkasten übernimmt die Schwingungen des Gabelstieles bzw. der Saite und vergrößert die Abstrahlung ganz entscheidend.

Flächenhafte Schallgeber können ebenfalls – sehr komplizierte – Oberschwingungen ausführen. Sie lassen dann auf ihrer Oberfläche Muster von Knotenlinien entstehen. Dies kann man sehr gut zeigen, wenn man eine Metall- oder Glasplatte in der Mitte einspannt, mit feinem Sand bestreut und am Rand mit einem Bogen anstreicht (→ Chladnische Klangfiguren). Der Sand bleibt nur auf den Knotenlinien liegen. Die Töne dieser flächenhaften Schwinger sind meist nicht mehr musikalisch brauchbar. Ausnahmen sind jedoch Pauken und Glocken. Erstere geben wegen ihres Resonanzkessels, letztere wegen der speziellen Form nahezu unabhängig von der Anregung definierte Töne (die Grundschwingung) von sich. Elektromagnetische Lautsprecher sehen zwar flächenhaft aus, arbeiten aber linear (Figur 6). Da sie möglichst alle Frequenzen gleichmäßig abstrahlen sollen, dürfen sie keine Eigenfrequenzen haben (Klirren!).

Räumliche Schallgeber bestehen lediglich aus einem Hohlraum, der über eine kleine Öffnung mit der Außenwelt in Verbindung steht, wie z. B. eine Flasche oder ein Ballon. Die Grundfrequenz einer solchen *kubischen Pfeife* ist gegeben durch ihr Volumen V und die Größe der Öffnung nach der Formel:

$$f_0 = \frac{c}{2\pi} \cdot \sqrt{\frac{d}{V}},$$

d ist der Durchmesser der Öffnung. Die Anregung eines Hohlraumes kann durch Luftwirbel erfolgen, wenn man beispielsweise über die Öffnung hinwegbläst. Obertöne lassen sich so gut wie nicht an-

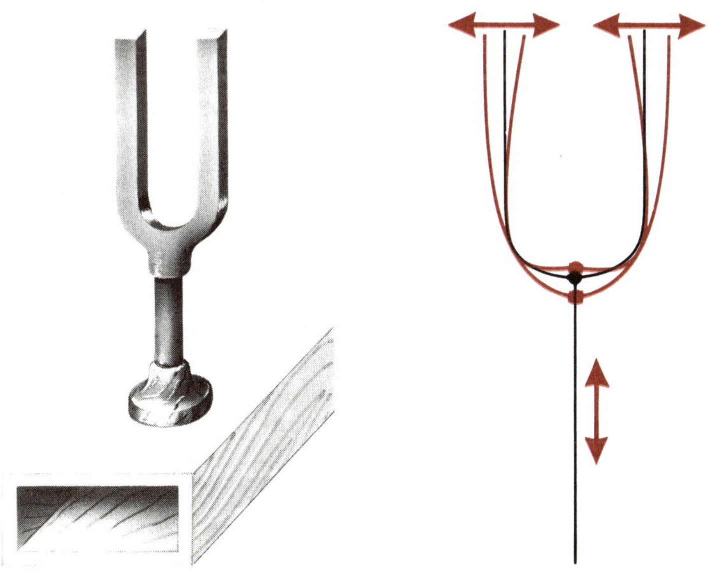

Akustik (Figur 5): *Links* Stimmgabel mit Resonanzkasten; *rechts* schematische Darstellung einer Stimmgabelschwingung

Akustik (Figur 6): Dynamischer Lautsprecher mit Tauchspule; die Stromschwankungen in der Spule werden in Bewegungen des Schalltrichters umgesetzt und abgestrahlt.

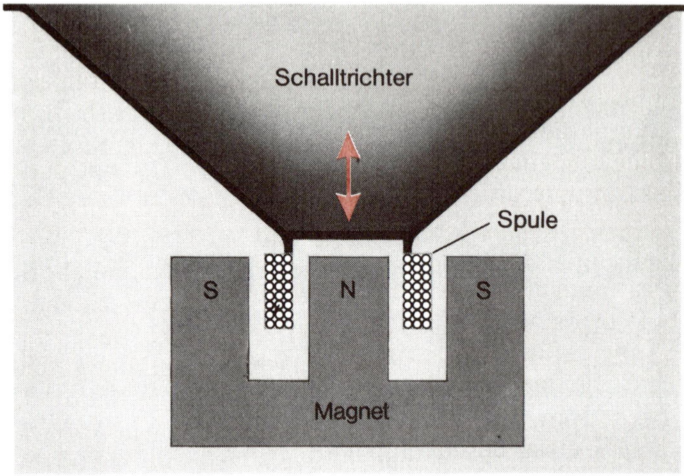

regen. Beachten Sie, daß die Frequenz nur vom Volumen, nicht aber von der Form des Hohlraumes abhängt. Das kann man sehr gut selbst feststellen, wenn man

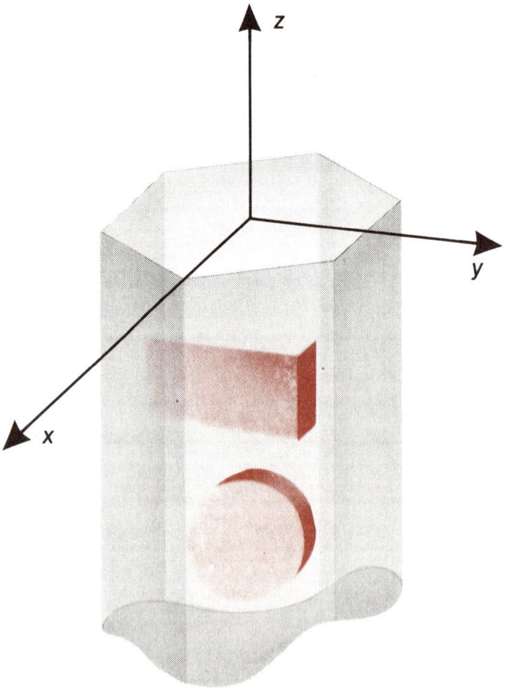

Akustik (Figur 7): Piezoelektrische Quarzplatten oder -scheiben und ihre Lage zu den Kristallflächen von natürlichem Quarz

über eine halbgefüllte Flasche bläst und die Flasche während des Blasens zur Seite neigt. Der Ton ändert sich nicht, weil trotz Formänderung das Volumen gleich bleibt.

Im Ultraschallbereich werden heute fast ausschließlich piezoelektrische Schallgeber verwendet. Das sind Stoffe, die beim Anlegen einer elektrischen Spannung ihre Länge ändern. Der bekannteste davon ist wohl der Quarz. *Schwingquarze* müssen auf ganz bestimmte Weise aus dem natürlichen oder gezüchteten Quarzkristall geschnitten werden (Figur 7). Sie sind zwar unempfindlich gegen Wärme, aber relativ teuer. Wesentlich billiger und praktischer sind Verbindungen wie Bleizirkonat-Titanat mit Zusätzen, die man in jeder Form durch Sintern herstellen kann und die als piezoelektrisches Material nicht nur für Ultraschallgeber, sondern auch für Feuerzeuge (Funkenerzeuger) und viele andere Dinge verwendet werden.

Eine Sonderstellung als Schallgeber nimmt die *Sirene* ein. Bläst man einen scharfen Luftstrahl gegen eine Lochscheibe (Figur 8), die sich schnell dreht, wird der Luftstrom ›zerhackt‹ und erzeugt unmittelbar eine Schallwelle. Gebräuchliche Sirenen erzeugen schon durch die Form der Turbinenschaufeln den beabsichtigten Ton (z. B. Luftschutzsirenen), während man bei den Flugzeugturbinen möglichst versucht, den Sireneneffekt zu unterdrücken (Lärmschutz).

Schallempfänger

Im Infraschallbereich brauchbare Schallempfänger sind eigentlich nur Seismometer oder, für große Amplituden und kleine Frequenzen (kleiner als 1 Hz), → Barometer. Im gesamten Hörbereich und noch etwas darüber hinaus – bis etwa 50 kHz – sind Mikrophone nahezu die einzigen verwendbaren Schallempfänger, wobei es vielerlei Konstruktionstypen gibt. Allen gemeinsam ist, daß sie auf den Schallwechseldruck reagieren, der auf eine Membrane wirkt. Die Druckschwankungen werden dann über verschiedene Methoden in elektrische Strom- oder Spannungsschwankungen umgesetzt, die unmittelbar bzw. nach Verstärkung zur Aufzeichnung gelangen. Wie beim dynamischen Lautsprecher darf auch beim Mikrophon nur die von außen aufgezwungene Schwingung zum Tragen kommen. Eigene Resonanzstellen oder Oberschwingungen der Membran würden das Meßergebnis verfälschen. Deshalb darf auch der Membrandurchmesser nicht größer sein als die halbe Wellenlänge der Schallfrequenz, die gerade noch empfangen werden soll. Aus dieser Bedingung ergibt sich die oben angegebene Frequenzgrenze von 50 kHz für Mikrophone.

1. Das *Kohlemikrophon* (Figur 9 a) nutzt die Veränderlichkeit des elektrischen Widerstandes einer Schicht aus Kohlekörnchen auf Druck. Diese Körnchen sind billig und werden noch immer in Telephonen verwendet, obwohl die Qualität der Tonaufzeichnung zu wünschen übrig läßt. Die Tonschwingungen werden im Kohlemikrophon in Schwankungen eines Stromes transformiert, der von einer Hilfsstromquelle erzeugt wird.

2. Das *dynamische Mikrophon* (*Tauchspulen-Mikrophon*, Figur 9 b) arbeitet entgegengesetzt wie der entsprechende Lautsprecher. Durch die Bewegungen der vom Schall angeregten Membrane wird in der Spule eine Spannung induziert, weil ihre Windungen senkrecht zum Magnetfeld des Permanentmagneten angeordnet sind. Die *Dynamik* eines Mikrophons (oder Lautsprechers) kennzeichnet die

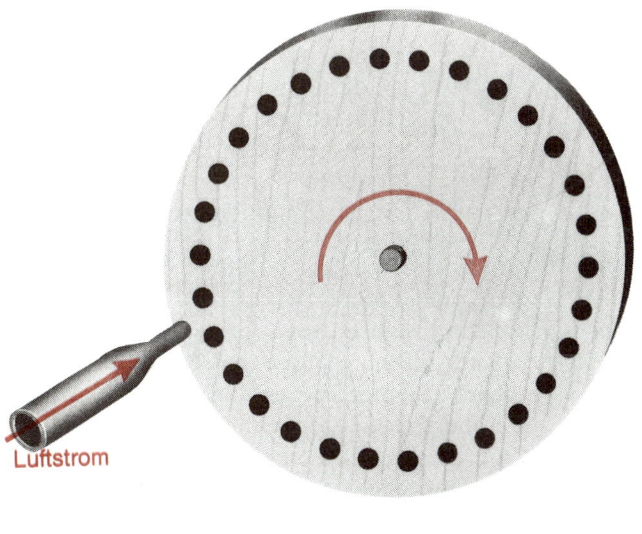

Akustik (Figur 8): Bläst man mit einem scharfen Luftstrahl gegen eine Lochscheibe, wird der auftreffende Luftstrahl ›zerhackt‹ und erzeugt so eine Schallwelle.

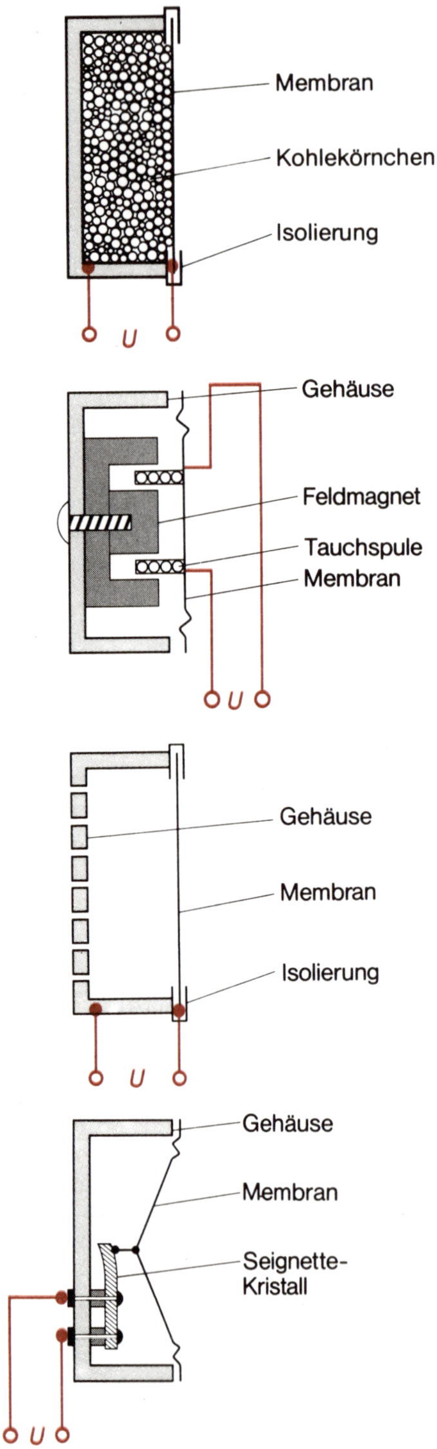

Akustik (Figur 9): Das Kohlemikrophon **(a)** nutzt Widerstandsschwankungen der Kohlekörnchen zur Umwandlung von Schallwellen in Strom; das dynamische Mikrophon **(b)** beruht auf der Induktion eines Stromes; beim Kondensatormikrophon **(c)** dient eine bewegliche Kondensatormembran zur Umwandlung der Schallwellen in Strom; das Kristallmikrophon **(d)** arbeitet mit dem piezoelektrischen Effekt eines Kristalls.

Fähigkeit, große Unterschiede in der Schallintensität wiederzugeben. Das Tauchspulenverfahren zeichnet sich hier besonders aus.

3. Das *Kondensatormikrophon* (Figur 9 c) ist im Prinzip ein Kondensator, dessen eine Platte die bewegliche Membran ist. Da die → Kapazität eines Kondensators vom Abstand der Platten abhängt, setzt das Kondensatormikrophon die Schallschwingungen in Schwankungen der Hilfsspannung um, die am Kondensator anliegt. Kondensatormikrophone reagieren nahezu trägheitslos auf Schallwellen und sind sehr empfindlich.

4. Das *Kristallmikrophon* (Figur 9 d) nutzt den piezoelektrischen Effekt. Die Schallschwingungen werden auf den piezoelektrischen Kristall übertragen, der bei jeder Deformation an seinen Enden eine elektrische Spannung erzeugt. Kristallmikrophone haben sehr hohe Ausgangsspannungen schon bei kleinen Schallamplituden und sind daher sehr empfindlich.

Im Ultraschallbereich jenseits 50 kHz arbeiten Mikrophone nicht mehr. Zur direkten Intensitätsmessung gibt es das *Ultraschallradiometer*, das den Schallstrahlungsdruck Δp mißt. Nach Gleichung (7) ist Δp – nicht zu verwechseln mit dem Schallwechseldruck – gleich der mittleren Energiedichte im Schallfeld und damit trotz kleiner Bewegungsamplituden für hohe Frequenzen eine brauchbare Meßgröße. Ein Radiometer (Figur 10) ist eine Drehwaage, deren Detektor einfach eine

Akustik (Figur 10): Prinzipieller Aufbau eines Schallradiometers zur Messung des Schallstrahlungsdrucks von Ultraschall. Der auf den Auffänger treffende Schall verdrillt den Torsionsfaden, dadurch wird der vom Spiegel reflektierte Lichtstrahl auf einer Skala ausgelenkt, wobei die Größe der Auslenkung gemessen wird und ein Maß für den Schallstrahlungsdruck ist.

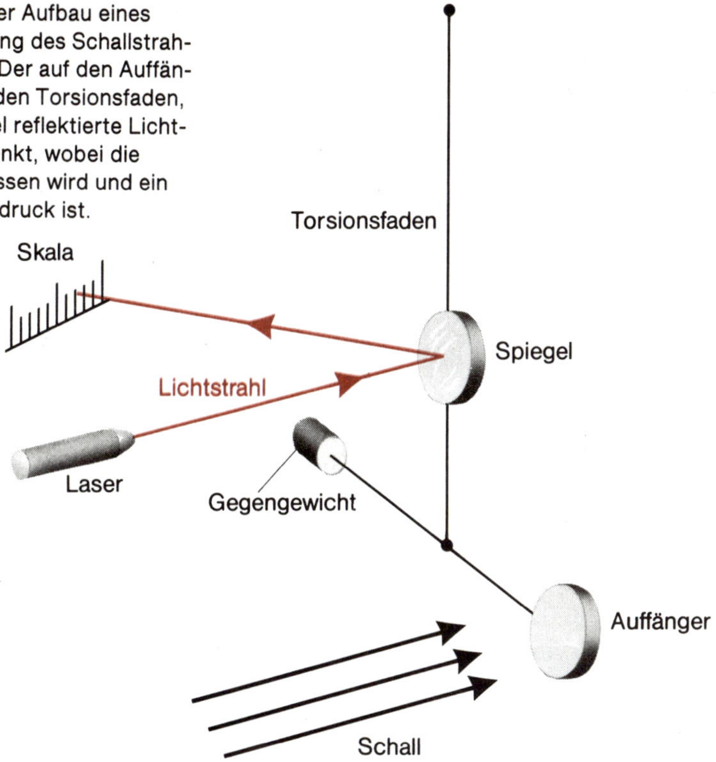

kleine Scheibe ist, auf die der Strahlungsdruck einwirkt. Der Torsionsfaden (meist ein schmales Metallband sehr geringer Dicke) muß sehr dünn sein, weil man es ja trotz hoher Frequenzen mit recht kleinen Kräften zu tun hat.

Schallgeschwindigkeit

Die Ausbreitungsgeschwindigkeit elastischer Wellen – und eine solche ist ja auch die Schallwelle – ist gegeben durch

$$c = \sqrt{\frac{\text{Modul}}{\rho}} \,. \tag{9}$$

Dabei bedeuten ρ die Dichte des Mediums, in dem sich die Welle ausbreiten soll, und ›Modul‹ die elastische Kennzahl des Mediums, die maßgeblich für die Auslenkung bei der Wellenbewegung ist. So hat man für Longitudinalwellen in Stäben für Modul den Elastizitätsmodul E zu setzen, für Transversalwellen dagegen den Schubmodul (Torsionsmodul) G. In Flüssigkeiten und Gasen gibt es keinen Schubmodul. Die maßgebliche elastische Konstante ist der Kompressionsmodul K. Er muß eingesetzt werden, wenn es um die Schallgeschwindigkeit in Flüssigkeiten oder Gasen geht. In Gasen ist K für isotherme Vorgänge gleich dem Druck p, für adiabatische Vorgänge, zu denen der Schall – zumindest Hörschall und Ultraschall – gehört, ist dagegen $K = \kappa \cdot p$. Die Konstante κ hängt vom molekularen Aufbau des Gases ab. Sie ist für einatomige Gase (z. B. Helium, Neon, aber auch Metalldämpfe) gleich $5/3$, für zweiatomige Gase wie Luft $7/5$ und für dreiatomige Gase wie Kohlendioxid oder

Medium	*Schall-geschwindigkeit*
Luft (bei 0 °C)	331,3 m/s
Stickstoff (bei 0 °C)	377 m/s
Helium (bei 0 °C)	971 m/s
Wasserstoff (bei 0 °C)	1261 m/s
Wasser (bei 0 °C)	1485 m/s
Kupferstab	3730 m/s
Flintglasstab	4000 m/s
Aluminiumstab	5040 m/s
Eisenstab	5100 m/s
Kronglasstab	5370 m/s

Tabelle 2: Schallgeschwindigkeit in verschiedenen Stoffen

Wasserdampf $8/6$. Diese Werte hängen von den Freiheitsgraden der Bewegung der Moleküle ab (→ kinetische Gastheorie). Tabelle 2 enthält eine Aufzählung der Schallgeschwindigkeit in verschiedenen Stoffen.

Beachten Sie, daß in den Formeln, die man aus Gleichung (9) gewinnt, die Schallfrequenz *nicht* vorkommt. Schallwellen breiten sich daher frequenzunabhängig aus, sie haben keine → Dispersion. Aus diesem Grunde spricht man auch nur von einer Schallgeschwindigkeit und braucht nicht zwischen → Phasengeschwindigkeit und → Gruppengeschwindigkeit zu unterscheiden.

Doppler-Effekt und Schallmauer

Die Schallgeschwindigkeit von 331,3 m/s oder 1192,7 km/h ist zwar für menschliche Verhältnisse recht groß, wird aber von vielen bewegten Systemen erreicht und teilweise sogar beträchtlich überschritten. Was geschieht, wenn derartige bewegte Systeme selber Schallwellen aussenden oder wenn sich der Schallempfänger im Schallfeld bewegt? Die Antwort ist, daß sich die gemessene Schallfrequenz ändert. Jeder kennt das Phänomen aus dem täglichen Leben: Kommt ein Auto auf uns zu, klingen das Motorengeräusch oder die Hupe ziemlich hoch. Im Augenblick des Vorbeifahrens werden alle diese Töne schlagartig tiefer, um dann in dieser tiefen Tonlage zu bleiben, während sich das Fahrzeug von uns entfernt. Dieses Verhalten erklärt sich aus dem Doppler-Effekt, der unter ähnlichen Bedingungen bei allen Wellenerscheinungen auftritt, aber am Beispiel der Schallwellen besonders leicht zu verstehen ist, eben weil wir seine Auswirkungen unmittelbar hören können.

1. *Bewegter Schallsender:* Die einmal ausgesandte Wellenfront breitet sich mit Schallgeschwindigkeit unabhängig von der Geschwindigkeit v_1 des Senders aus. Deshalb wird in der Bewegungsrichtung, also *vor* dem Sender, die nächste Wellenfront von der ersten nur den Abstand $\lambda' = \lambda \cdot (1 - v_1/c)$ haben. Denn der Sender hat sich in der Zeit bis zum Aussenden dieser nächsten Front um das Stück $v_1 \cdot T = v_1/f$ bewegt (Figur 11). Dafür hat sich *hinter* dem Sender der Abstand der Wellenfronten um denselben Betrag v_1/f vergrößert, so daß dort die Wellenlänge $\lambda'' = \lambda \cdot (1 + v_1/c)$ beträgt. Dies wird durch die Erfahrung bestätigt: Vor dem

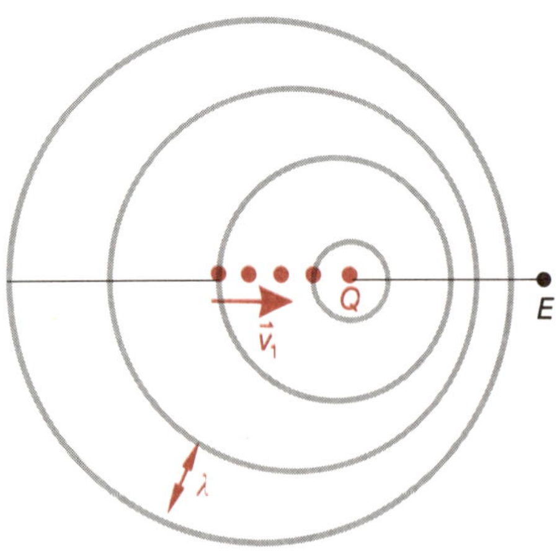

Akustik (Figur 11): Die bewegte Schallquelle *Q* erzeugt ein anderes Schallfeld als eine ruhende.

herannahenden Auto ist die Wellenlänge verkürzt, das Horn klingt höher, hinter dem davonfahrenden Auto dagegen ist die Wellenlänge vergrößert, das Horn klingt tiefer. Bezieht man sich auf die Frequenz f_0 der ruhenden Schallquelle, so erhält man den Zusammenhang:

$$f' = f_0 \cdot \frac{1}{1 \pm \frac{v_1}{c}} \cdot \qquad (10)$$

Das Pluszeichen gilt für den Bereich hinter dem Sender, das Minuszeichen für den davor. Diese Vorzeichen kann man weglassen, wenn man die vektorielle Schreibweise benutzt. Gleichzeitig verallgemeinert sich der Zusammenhang auf beliebige Standorte des Beobachters. Man muß dafür lediglich die Geschwindigkeit des Senders als Vektor $\vec{v}_1$ schreiben und den Einheitsvektor $\vec{r}/|r|$ einführen, der vom Beobachter in Richtung Sender zeigt. Dann wird aus Gleichung (10):

$$f' = f_0 \cdot \frac{1}{1 + \frac{\vec{v}_1 \cdot \vec{r}}{c \cdot |r|}} \cdot \qquad (11)$$

2. *Bewegter Schallempfänger:* Auch bei einer ruhenden Schallquelle entsteht eine Dopplersche Frequenzverschiebung, wenn sich der Beobachter im Schallfeld bewegt. Auf den ersten Blick würde man vermuten, daß dabei dieselbe Beziehung wie in Gleichung (10) gelten sollte. Tatsächlich ist dies aber nicht so, weil nämlich das Fortpflanzungsmedium des Schalls, die Luft, unbeweglich bleibt. Betrachten wir zuerst den Fall, daß der Beobachter sich mit der Geschwindigkeit v_2 auf die Schallquelle zubewegt. Er nimmt dann pro Zeiteinheit nicht nur die f_0-Schwingungen wahr, die ihn auch in Ruhe erreichen würden, sondern zusätz-

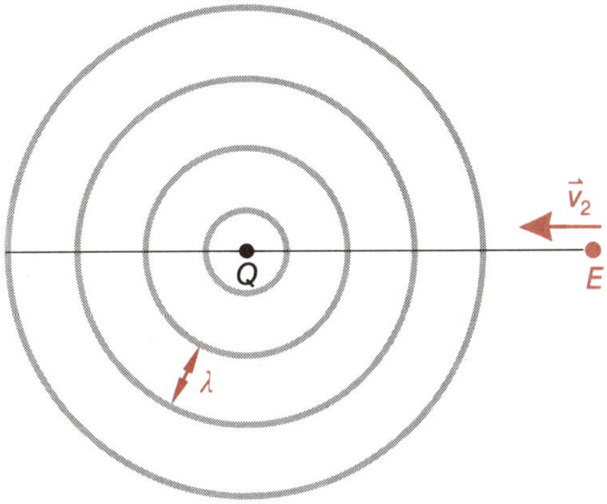

Akustik (Figur 12): Ein bewegter Schallempfänger E verändert das gegebene Schallfeld nicht

lich noch die v_2/c Wellenberge und -täler, die er infolge seiner Bewegung durchquert (Figur 12). Insgesamt wird er also die Frequenz $f' = f_0 \cdot (1 + v_2/c)$ wahrnehmen, wenn er sich auf die Quelle zubewegt, und $f' = f_0 \cdot (1 - v_2/c)$, wenn er sich von ihr wegbewegt. Wieder können wir die bereits eingeführten Vektoren benutzen, um die Formel von den Bewegungsrichtungen unabhängig zu machen, und erhalten

$$f' = f_0 \cdot \left(1 + \frac{\vec{v}_2 \cdot \vec{r}}{c \cdot |r|}\right). \qquad (12)$$

Im allgemeinsten Fall hat man folgende Situation: Die Schallquelle bewegt sich relativ zum ruhenden Ausbreitungsmedium mit der Geschwindigkeit $\vec{v}_1$, der Schallempfänger mit der Geschwindigkeit $\vec{v}_2$. Der Einheitsvektor $\vec{r}/|r|$ soll vom Empfänger in Richtung Schallquelle weisen. Dann ist die wahrgenommene Frequenz gegeben durch:

$$f = f_0 \cdot \frac{1 + \frac{\vec{v}_2}{c} \cdot \frac{\vec{r}}{|r|}}{1 + \frac{\vec{v}_1}{c} \cdot \frac{\vec{r}}{|r|}} \cdot \qquad (13)$$

Beispiel: Zwei Autos vom gleichen Typ fahren auf der Autobahn mit einer Geschwindigkeit von 130 km/h in entgegengesetzten Richtungen. Beide hupen mit gleicher Frequenz ($f_0 = 1000$ Hz). Welche Frequenz hören beide Fahrer vom jeweils anderen Auto,
a) wenn sie aufeinander zufahren?
b) wenn sie voneinander wegfahren?
Da sich hier Quelle und Empfänger annähernd längs einer einzigen Bahn und mit der gleichen Geschwindigkeit v bewegen, vereinfacht sich Gleichung (13) zu

$$f = f_0 \cdot \frac{1 + \frac{v}{c}}{1 - \frac{v}{c}} = f_0 \cdot \frac{c+v}{c-v}.$$

Bei der Annäherung hört jeder vom anderen die Frequenz

$$f_1 = f_0 \cdot \frac{c+v}{c-v},$$

beim Entfernen voneinander hören sie jeweils

$$f_2 = f_0 \cdot \frac{c-v}{c+v}.$$

Setzen wir $c = 330$ m/s und $v = 130$ km/h ≈ 36 m/s, erhalten wir

$$f_1 = 1000 \text{ Hz} \cdot \frac{330+36}{330-36} \approx 1245 \text{ Hz und}$$

$$f_2 = 1000 \text{ Hz} \cdot \frac{330-36}{330+36} \approx 803 \text{ Hz}.$$

Wie groß muß die Geschwindigkeit jedes Autos sein, damit das Verhältnis der beiden Frequenzen eine Oktave (2 : 1) beträgt?

Es muß dann offenbar

$$\frac{f_1}{f_2} = 2 \text{ sein oder } \frac{\frac{c+v}{c-v}}{\frac{c-v}{c+v}} = 2.$$

Die Umformung ergibt

$$\frac{(c+v)^2}{(c-v)^2} = 2 \text{ oder } \frac{c+v}{c-v} = \sqrt{2}$$

$$\text{oder } v = c \cdot \frac{\sqrt{2}-1}{1+\sqrt{2}} \approx c \cdot 0{,}17 \approx 202 \frac{\text{km}}{\text{h}}.$$

Diese Geschwindigkeit ist offenbar unabhängig von der Grundfrequenz f_0 der Hupen!
Was geschieht, wenn die Autos hintereinander herfahren und hupen? Nehmen die Fahrer eine Frequenzänderung wahr? Nach Gleichung (13) ergibt sich für das vorausfahrende Auto als Schallquelle für den hinteren Fahrer

$$f = f_0 \cdot \frac{1 + \frac{v}{c}}{1 + \frac{v}{c}} = f_0,$$

weil $\vec{v}_1 = \vec{v}_2 = \vec{v}$ ist und $\vec{r}/|r|$ in dieselbe Richtung weist wie $\vec{v}$. Für das hinterherfahrende Auto als Schallquelle gilt für den vorne Fahrenden

$$f = f_0 \cdot \frac{1 - \frac{v}{c}}{1 - \frac{v}{c}} = f_0.$$

Diesmal ist $\vec{r}/|r|$ sowohl gegen $\vec{v}_1$ als auch gegen $\vec{v}_2$ gerichtet. Beide Fahrer bemerken also keine Frequenzänderung, jedenfalls, solange v kleiner als c bleibt.

Streng genommen steckt in allen bisherigen Formeln eine wesentliche Vereinfachung: Die Bewegung der Luft als Medium des Schalls wurde vernachlässigt. Will man sie berücksichtigen, so muß man in allen Formeln c durch $c + v_M$ ersetzen (v_M = Geschwindigkeit des Mediums). Dann ist es zweckmäßig, den allgemeinen Zusammenhang zwischen der von der Schallquelle abgegebenen Frequenz f_Q und der vom Beobachter wahrgenommenen Frequenz f_B folgendermaßen zu schreiben:

$$f_B = \frac{c + v_M - v_B}{c + v_M - v_Q} \cdot f_Q$$

Dabei werden die Geschwindigkeiten v_M (Medium), v_Q (Quelle) und v_B (Beobachter) alle in derselben Richtung positiv gezählt (Vorzeichenkonvention).

Wie wir gesehen haben (Figuren 11 und 12), verändert die Geschwindigkeit des Schallempfängers nie das vorhandene Schallfeld. Die Geschwindigkeit der Schallquelle jedoch bringt Schallfelder mit neuen Eigenschaften hervor, wenn sie größer als die Schallgeschwindigkeit wird. Dann nämlich überholt die Schallquelle ihre eigenen Wellenzüge und erzeugt eine kegelförmige Wellenfront *(Machscher Kegel, Kopfwelle)* mit sehr hoher Amplitude (Figur 13), die durch die Überlagerung vieler Wellenzüge zustande kommt. Jeder Beobachter nimmt diese Wellenfront als lauten Knall wahr, sobald sie ihn erreicht. Wir kennen diese Erscheinung als *Überschallknall* vor allem in Übungsgebieten von Militärflugzeugen, die oft mehrfache Schallgeschwindigkeit erreichen. Im Volksmund heißt diese Erscheinung ›Durchbrechen der Schallmauer‹, obwohl dabei lediglich eine ›Mauer‹ aus Wellenfronten existiert, die jedoch nicht durchbrochen, sondern nur ›geknickt‹ wird (und dabei aber keinesfalls mit einem Knall zerbricht).

Der Knall der Kopfwelle eines Überschallflugzeugs entsteht vielmehr durch die Wellenfront des Kopfkeils und ist auch dann für jeden Beobachter auf der Erdoberfläche zu hören, wenn sich das Flugzeug bereits stundenlang im Überschallbereich befinden. Besonders lästig und gelegentlich sogar gefährlich kann der Überschallknall werden, wenn das Flugzeug eine Kurve fliegt. Es gibt dann Gebiete, in denen die (gebogenen) Keilwellen gebündelt auftreten und so hohe Schalldrücke entstehen, daß Fensterscheiben zerbrechen können. Deshalb setzt man auch Überschall-Passagierflugzeuge vorzugsweise nur im Transatlantik-Verkehr ein, weil auf diesen Strecken die unvermeidliche Lärmbelästigung keine Rolle spielt. Im übrigen entstehen akustische Kopfwellen auch bei Geschossen und können sogar photographiert werden.

Physiologische Akustik

Der Schallgeber des Menschen, sein Stimmorgan, ist der *Kehlkopf* mit den Stimmbändern. Dazu kommen als Resonanzkörper noch Rachen und Mundhöhle sowie die Nebenhöhlen des Kopfes

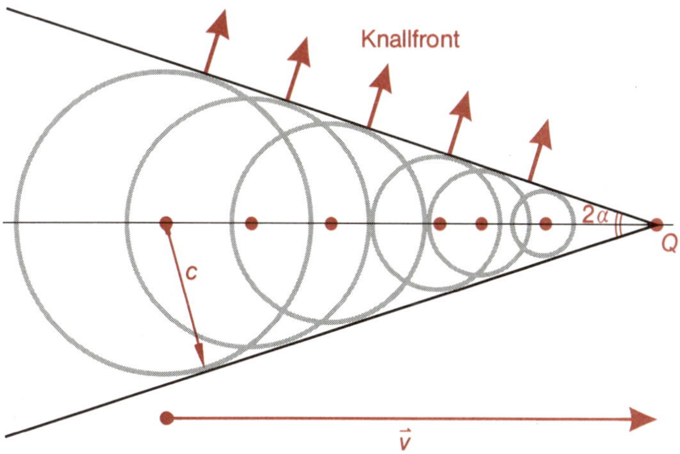

Akustik (Figur 13): Entstehung des Überschallknalles bei Flugzeugen und Geschossen; der Kegelwinkel α ist durch $\sin \alpha = c/v$ bestimmt.

(Kiefer-, Nasen- und Stirnhöhlen). Das obere Ende der Luftröhre bildet die Stimmritze, die von den beiden Stimmbändern geformt wird. Letztere sind an Knorpeln angewachsen und können über Muskeln so gespannt werden, daß sie die Stimmritze verschließen. Von der Lunge durch die Stimmritze gepreßte Luft bringt die Stimmbänder zum Schwingen und erzeugt so einen Ton (Figur 14). Physikalisch gesehen ist also das menschliche Stimmorgan eine doppelte Zungenpfeife mit einem variablen Resonanzraum. Klangfarben und Tonhöhen sind durch individuelle anatomische Gegebenheiten bedingt und bei jedem Menschen anders. Der Mechanismus der Spracherzeugung hängt entscheidend von der Auswahl der Obertöne ab, die durch die Zungenstellung im Rachenraum vorgenommen wird *(Artikulation)*. Er wird dadurch kompliziert, daß diese Auswahl nicht für jede Tonhöhe gleich ist, selbst bei gleicher Rachenstellung (also gleichem Vokal) nicht, und daß sie außerdem noch mit der Lautstärke variiert.

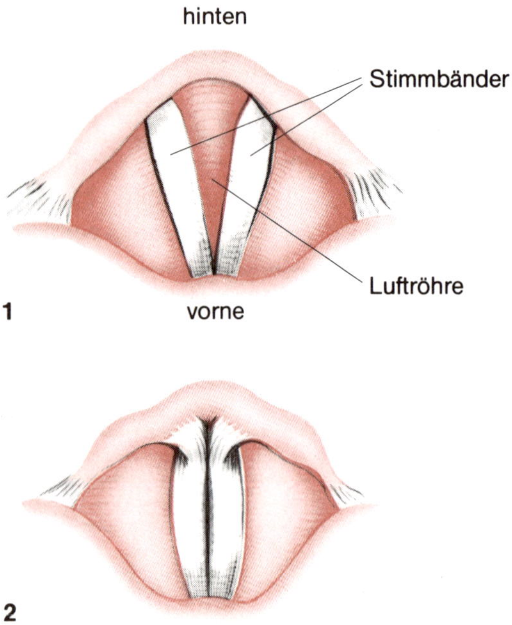

Akustik (Figur 14): Blick auf den Kehlkopf in mittlerer Atemstellung **(1)** und in Sprech- oder Singstellung **(2)**

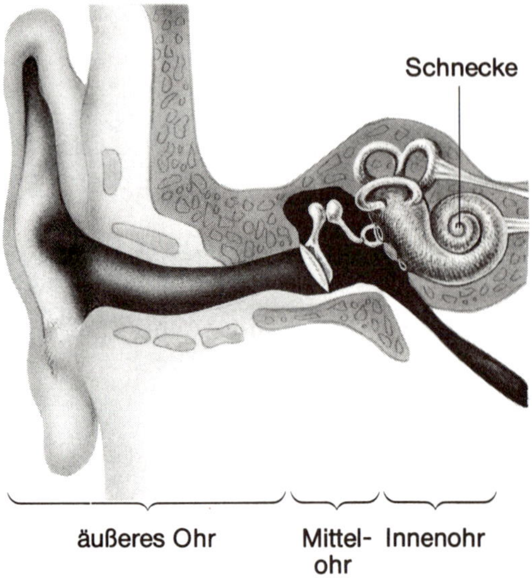

Akustik (Figur 15): Schematischer Schnitt durch das menschliche Ohr

Der Schallempfänger des Menschen, das *Ohr*, reagiert auf den Schallwechseldruck. Es besteht aus drei voneinander abgrenzbaren Teilen (Figur 15). Das *äußere Ohr* ist ein Schalltrichter, der aus der Ohrmuschel und dem Gehörgang besteht und vom Trommelfell abgeschlossen wird. Die Schwingungen des Trommelfells werden im *Mittelohr* von Gehörknöchelchen (Hammer, Amboß und Steigbügel) auf das ovale Fenster der Schnecke übertragen. Diese, das eigentliche Hörorgan, ein Teil des *Innenohrs*, ist mit Lymphe gefüllt und enthält die Basilarmembran und die Gehörnerven. Die Schallwellen durchlaufen die Schnecke und regen die Basilarmembran zu Schwingungen an. Dabei werden die hohen Frequenzen am Fuß der Schnecke registriert. Dort sind die Radialfasern der Basilarmembran am kürzesten (Figur 16). Die niedrigen Frequenzen werden erst an der Spitze der Schnecke erfaßt, wo die

Radialfasern am längsten sind. Man kann die Schnecke als Resonanzorgan auffassen: Lange Radialfasern werden durch tiefe Töne, kurze durch hohe Töne angeregt. Diese Anregungen werden über Nervenfasern an das Gehirn geleitet.

Die Empfindlichkeit des Ohrs ist erstaunlich groß. Wir können Intensitätsunterschiede von bis zu 13 Zehnerpotenzen (!) wahrnehmen. Allerdings empfinden wir diese Intensitätsunterschiede bei weitem nicht so stark. Wenn wir beispielsweise zwei Töne gleicher Frequenz vergleichen und zu der subjektiven Feststellung kommen, der zweite Ton sei doppelt so laut wie der erste, so stellt sich bei einer Messung der Schallintensitäten heraus, daß die Intensität des zweiten Tones sehr viel größer ist als die des ersten. In der Tat gilt in guter Näherung wie für alle Sinneseindrücke auch für das Hören das → *Weber-Fechnersche Gesetz:* Die (subjektive) Empfindungsstärke ist in brauchbarer Näherung proportional zum *Logarithmus* der (objektiven) Reizstärke.

Die Suche nach einer Lautstärkedefinition, deren Einheit etwa dem Unterscheidungsvermögen unseres Ohres entspricht, hat auf das ›Pseudomaß‹ *Phon* geführt, das folgendermaßen definiert ist:

$$\text{Lautstärke } L \text{ (in Phon)} = 10 \log \frac{I}{I_0}; \quad (14)$$

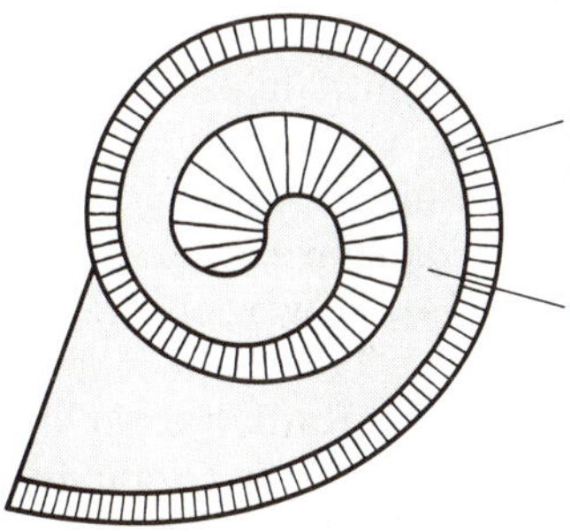

Akustik (Figur 16): Darstellung der ›Schnecke‹ (zur Verdeutlichung in eine Ebene gedrückt)

log bedeutet den Logarithmus zur Basis Zehn, I ist die Intensität des fraglichen Tones, I_0 die eines Normaltones (1000 Hz), der gerade noch hörbar ist, der also eine Intensität von 10^{-16} W/cm^2 hat. Wählt man nun als Bezugsgröße den Schwellenwert des Schallwechseldrucks $p_0 = 2 \cdot 10^{-5}$ Pa, so ergibt sich

$$L \text{ (in Phon)} = 20 \log \frac{p}{p_0}, \quad (15)$$

weil die Intensität dem *Quadrat* der Druckamplitude proportional ist (siehe Gleichung 6). Sie sehen, daß L jeweils eine dimensionslose Zahl ist. Die Bezeichnung ›Phon‹ ist also keine echte physikalische Benennung, sondern kennzeichnet nur dieses spezielle Verhältnis im logarithmischen Maßstab (→ Maße und Maßsysteme).

In Phon ausgedrückt liegt die *Hörschwelle* also bei Null ($\log p_0/p_0 = \log 1 = 0$), die Schmerzgrenze bei 130, entsprechend der Tatsache, daß wir erst bei der 10^{13}fachen Schallintensität der Hörschwelle Schmerz empfinden. Leider gilt dieser so einfach erscheinende Zusammenhang nur für die ›Normalfrequenz‹ 1000 Hz.

Bei anderen Frequenzen weichen sowohl Hörschwelle wie auch Schmerzgrenze erheblich von diesen Werten ab. Aus diesem Grund ist die technische Ermittlung aussagekräftiger Lautstärkewerte keineswegs so einfach, wie es scheinen mag, sondern erfordert die Verwendung von Eichkurven verschiedener Art je nach der spektralen Zusammensetzung der Schallquelle. Die Gesamtheit möglicher Schallempfindungen wird durch die sog. *Hörfläche* beschrieben (Figur 17), die von den beiden Kurven der Hörschwelle und der Schmerzgrenze eingeschlossen wird. Aus derselben Figur läßt sich auch die – ungefähre – Abhängigkeit beider Werte von der Frequenz entnehmen. Die Hörfläche

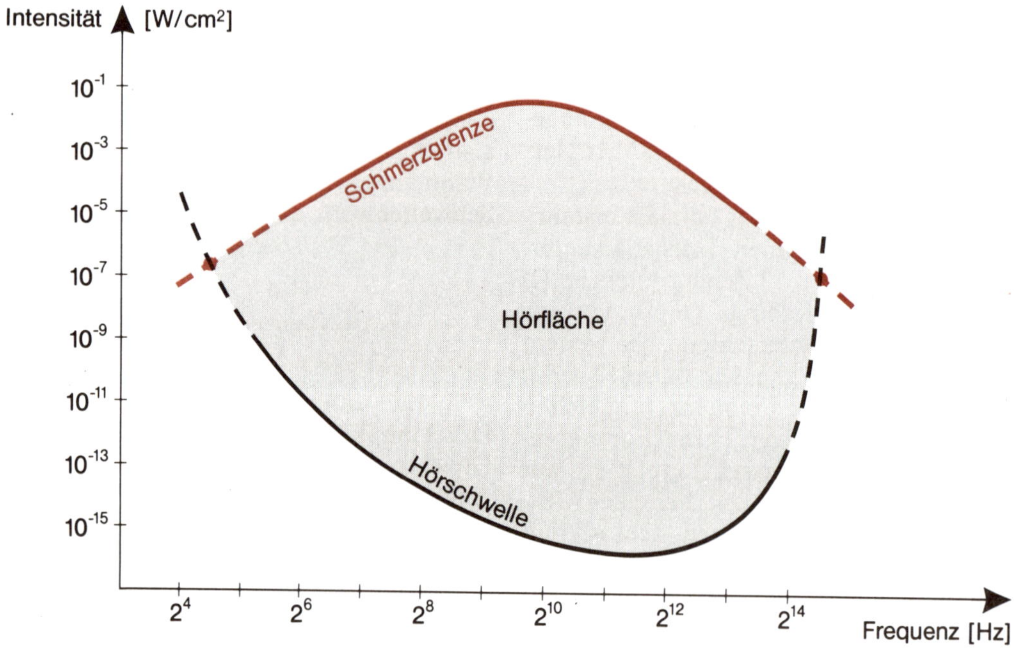

Akustik (Figur 17): Die Hörfläche in doppellogarithmischer Darstellung; man erkennt die starke Abhängigkeit der Hörschwelle und der Schmerzgrenze von der Frequenz der Schallwellen.

ist wegen der großen Bereiche, die sowohl der Frequenz- als auch Intensitätsbereich überstreichen, in doppelt logarithmischem Maßstab dargestellt.

Grundlagen der Musik

Wir haben bereits erwähnt, daß die Oberschwingungen linearer Schallgeber in ganzzahligen Frequenzverhältnissen zur Grundschwingung stehen. Jeder annähernd ›eindeutige‹ Ton in der Natur stammt von einer linearen Schallquelle (Saite, Luftsäule, Vogelstimme, menschliche Singstimme usw.) und enthält daher auch diese ganzzahligen Vielfachen der Grundfrequenz als *Obertöne*. Wir nehmen diese Obertöne meist nicht bewußt wahr. Trotzdem analysiert unser Gehör auch die Beimischungen an Obertönen – in Form von *Klangfarben*. Deshalb können wir verschiedene Instrumente voneinander unterscheiden, selbst wenn sie denselben Ton als Grundschwingung aussenden. Möglicherweise ist die ständige Erfahrung meist niedriger Obertöne in musikalisch brauchbaren Tönen auch der

Frequenzverhältnis	*Intervall*	
1:1	Prime	
1:2	Oktave	Konsonanzen
2:3	reine Quinte	Konsonanzen
3:4	reine Quarte	Konsonanzen
3:5	große Sexte	Konsonanzen
4:5	große Terz	Konsonanzen
5:6	kleine Terz	Konsonanzen
5:8	kleine Sexte	Konsonanzen
5:9	kleine Septime	Dissonanzen
8:9	große Sekunde	Dissonanzen
8:15	große Septime	Dissonanzen
15:16	kleine Sekunde (›Halbtonschritt‹)	Dissonanzen

Tabelle 3: Namen der Intervalle

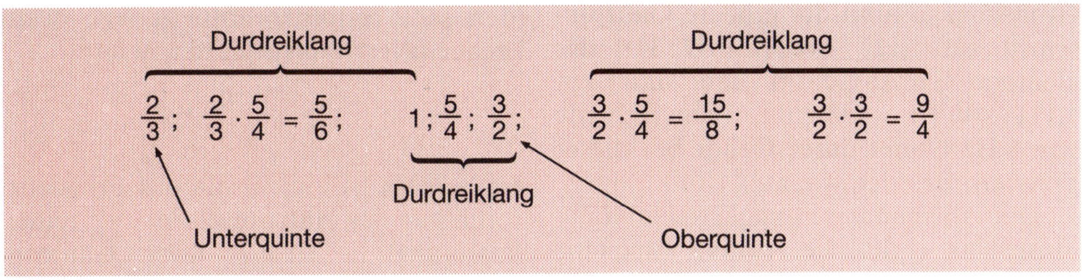

Tabelle 4: Entstehung von Unterquinte und Oberquinte

Grund dafür, daß wir gleichzeitig wahrgenommene Frequenzen in ›niedrigen Obertonverhältnissen‹ als angenehme Zusammenklänge *(Konsonanzen)* empfinden, während den meisten Menschen höhere Frequenzverhältnisse zweier Töne (etwa 8:9 oder 12:13) ausgesprochen unangenehm sind. In der Musik nennt man ein Frequenzverhältnis *Intervall*, und die niedrigen Frequenzverhältnisse haben eigene Namen (Tabelle 3).

Man erhält diese Intervalle auch, wenn man vom Grundgebilde der Mehrstimmigkeit, dem *Durdreiklang* ausgeht, dessen Frequenzverhältnisse 1 : 5/4 : 3/2 = = 1:1,25:1,5 betragen (Prime, große Terz, reine Quinte). Fügt man nach oben und unten jeweils zwei neue Töne hinzu, so daß sich zwei neue Durdreiklänge ergeben (Oberquinte bzw. Unterquinte), erhält man die Frequenzen der Tabelle 4.

Die so erzeugten Töne lassen sich noch innerhalb desselben Oktavbereiches unterbringen, indem man die beiden unteren Töne der Unterquinte eine Oktave höher macht, d. h. ihre Frequenzen mit 2 multipliziert, und den obersten Ton der Oberquinte eine Oktave tiefer setzt, d. h. seine Frequenz durch 2 teilt. Man erhält dann die Töne der sog. natürlichen *diatonischen Durtonleiter* mit den in Tabelle 5 angegebenen Frequenzverhältnissen.

Die tatsächliche Frequenz des Grundtones spielt dabei keine Rolle. Man wählt einen Grundton aus (z. B. den Kammerton a′ mit 440 Hz) und bildet dann die zugehörige Durtonleiter in ›reiner Stimmung‹ nach den angegebenen Frequenzverhältnissen. Betrachtet man die Tabelle etwas genauer, so fällt auf, daß es offenbar drei Intervallsorten aufeinanderfolgender Töne gibt: ein ›kleines‹ Frequenzverhältnis 16/15 ≈ 1,067, das man *Halbtonschritt* nennt, und zwei nahe benachbarte, aber trotzdem ungleiche ›große‹ Frequenzverhältnisse, die beide *Ganztonschritt* heißen, nämlich 9/8 = 1,125 und 10/9 ≈ 1,111.

Die unserem Ohr so angenehme ›reine‹ Stimmung der Durtonleiter hat also folgende Eigenschaften:

1. Es gibt zwei verschiedene Ganztonschritte, wobei der Unterschied durchaus hörbar ist. Wählt man nämlich 440 Hz als

Frequenzverhältnis zum Grundton	1;	9/8;	5/4;	4/3;	3/2;	5/3;	15/8;	2
Intervalle aufeinanderfolgender Töne	9/8	10/9	16/15	9/8	10/9	9/8	16/15	
	1,125	1,111	1,067	1,125	1,111	1,125	1,067	

Tabelle 5: Aufbau der diatonischen Durtonleiter

Grundton, so führt der größere Ganztonschritt auf 1,125 · 440 Hz = 495 Hz, der kleinere Ganztonschritt aber nur auf 1,111 · 440 Hz = 488,9 Hz. Unterschiede von 6 Hz nimmt unser Gehör bei dieser Frequenz deutlich wahr.

2. Die Aneinanderreihung zweier Halbtonschritte ergibt die relative Frequenz 16/15 · 16/15 = 256/225 ≈ 1,138, ist also größer als jeder der beiden Ganztonschritte. Bei 440 Hz als Grundton beträgt der Unterschied zum größeren Ganztonschritt wiederum etwa 6 Hz. Die Konsequenzen aus diesen Eigenschaften werden sofort klar, wenn man versucht, auf der Unter- oder Oberquinte ebenfalls eine Durtonleiter aufzubauen. Man stellt dann fest, daß man erstens einen neuen Ton einbauen muß, der ›in der Mitte‹ eines Ganztonschrittes liegt. Zweitens aber stimmen zwei andere Frequenzen der neuen Durtonleiter nicht mehr mit den bereits festgelegten Tönen der alten Durtonleiter überein. Für den Musiker bedeutet dies, daß er innerhalb eines Stükkes keine neue Durtonleiter benutzen kann, weil er entweder das Instrument umstimmen müßte oder – wenn dies nicht geht – andernfalls falsch klingende Töne erzeugt. Musikalisch ausgedrückt: Mit reinen Intervallen sind Modulationen (Übergänge in andere Tonarten) unmöglich.

Die Verbreitung der Tasteninstrumente mit ihren festgelegten Frequenzen im 17. Jahrhundert machte jedoch sehr weitgehende Modulationstechniken möglich. Um dies auch klanglich angenehm auszudrücken, erfand der Organist *Werckmeister* bereits 1691 eine gänzlich andere Stimmung. Er setzte jeden Ganztonschritt zwei Halbtonschritten mit identischem Frequenzverhältnis gleich und forderte dieses Frequenzverhältnis auch für die bereits vorhandenen Halbtonschritte. Auf diese Weise wird der Oktavbereich in 12 identische Halbtonschritte zerlegt, deren Frequenzverhältnis sich nunmehr zu

$$1 : \sqrt[12]{2} \approx 1 : 1{,}05946$$

ergibt. Das ist kleiner als das Frequenzverhältnis des Halbtonschritts der reinen Stimmung (1 : 1,0667). Der Ganztonschritt bekommt nun das Verhältnis $1 : (1{,}05946)^2 \approx 1 : 1{,}12246$; dies liegt etwas unterhalb des größeren Ganztonschritts der reinen Stimmung (1 : 1,125). Der Vorteil dieser *temperierten* oder *gleichschwebenden Stimmung* liegt auf der Hand: Die relativen Frequenzen der Tonleiter sind von der absoluten Tonhöhe des Grundtones unabhängig. Deshalb lassen sich auf einem Tasteninstrument in temperierter Stimmung alle Tonarten gleich gut (oder gleich schlecht) spielen. Schon bald nach der Erfindung der Temperierung demonstrierte *Johann Sebastian Bach* (1685 – 1750) mit seinem ›Wohltemperierten Klavier‹ die Möglichkeiten der neuen Stimmung in unübertroffener Weise. Tabelle 6 vergleicht die relativen Frequenzverhältnisse (Grundton = 1) der temperierten und reinen Stimmung bei der Durtonleiter.

Trotz der Vorteile der temperierten Stimmung treten in der Praxis zwei Probleme auf, die mit unserem Tonempfinden zu-

Intervall	*temperierte Stimmung*	*reine Stimmung*
Prime	1	1
Sekunde	1,12246	1,125
Terz	1,25992	1,250
Quarte	1,33484	1,333
Quinte	1,49831	1,500
Sexte	1,68179	1,667
Septime	1,88775	1,875
Oktave	2	2

Tabelle 6: Frequenzverhältnisse bei temperierter und reiner Stimmung

sammenhängen. Einmal spielen Musiker, die die Tonhöhe auf ihren Instrumenten selber bestimmen können (z. B. Streicher), vorwiegend ›rein‹. So spielt z. B. jeder Geiger das ›fis‹ etwas höher als das ›ges‹. Im Zusammenklang mit Tasteninstrumenten sorgt das für eine gewisse, manchmal unangenehme Spannung. Zum anderen empfindet unser Gehör Töne, die mehrere Oktaven auseinanderliegen, nur dann richtig intoniert, wenn die hohen Töne gegenüber der theoretisch richtigen (temperierten oder reinen!) Stimmung etwas ›zu hoch‹, die tiefen Töne etwas ›zu tief‹ gespielt werden. Diesen als *Spreizung* bekannten Effekt beobachtet man vor allem bei Orgeln, mechanischer und auch elektronischer Bauart, deren Stimmung man ja mit geeigneten Schaltungen sehr genau der theoretisch geforderten angleichen kann. Wahrscheinlich ist dieser Effekt darauf zurückzuführen, daß wir unsere musikalischen Erfahrungen, die das Gehör prägen, an Saiteninstrumenten sammeln (vorzugsweise am Klavier). Von eingespannten Saiten weiß man aber, daß die genauen Obertonfrequenzen zwar wenig, aber doch merklich höher sind als die ganzzahligen Vielfachen der Grundfrequenz.

Schalldämmung

Jede ebene Welle, die durch ein Medium läuft, wird in diesem Medium auch absorbiert, weil die Wellenbewegung immer gegen Reibungskräfte ausgeführt werden muß. Diese Intensitätsabnahme ist um so größer, je größer die Intensität selbst ist. Der Intensitätsverlauf I längs des Wellenweges r gehorcht also einer Exponentialfunktion mit negativem Exponenten, d. h., er läßt sich durch eine Dämpfungsfunktion ausdrücken:

$$I = I_0 \cdot e^{-m \cdot r}, \qquad (16)$$

I_0 ist die Anfangsintensität, m heißt *Schallabsorptionskoeffizient*. Beachten Sie, daß diese Dämpfung nichts zu tun hat mit der Intensitätsabnahme, die durch die geometrische Ausbreitung räumlicher Schallwellen zustande kommt!

Die Größe von m ist für die meisten Stoffe proportional zum Quadrat der Frequenz, hängt aber wie die Ausbreitungsgeschwindigkeit noch in komplizierter Weise von den elastischen Eigenschaften des Mediums ab. Je größer der entsprechende Modul ist, desto geringer ist im allgemeinen auch die Dämpfung. Unsere Erfahrungen mit der Lärmbekämpfung stimmen mit diesen Befunden überein. Hat z. B. der Nachbar sein Radio zu laut aufgedreht, hört man vor allem die niederfrequenten Bässe durch die Wand. Da Mauerwerk und speziell Beton sehr elastisch sind, breitet sich der Schall in ihm nicht nur schneller aus, sondern wird auch wesentlich weniger stark gedämpft als in Luft *(Körperschall)*. So kommt es, daß eine Schlagbohrmaschine, mit der im Erdgeschoß eines Betonbauwerks ein Loch gebohrt wird, oft noch im obersten Stockwerk zu hören ist, solange sie mit der Wand in Kontakt ist. Taucher wissen, wie hellhörig man im Wasser ist. Der Grund: m_{Wasser} ist etwa 100mal kleiner als m_{Luft}.

Die Gegenwart von unelastischen, porösen Stoffen wie Kork, faserigen Geweben (Tapeten, Teppiche) oder Vorhängen dämpft also vor allem den hochfrequenten Schallanteil. Meist nutzt man noch eine andere konstruktive Möglichkeit, die auf der Tatsache beruht, daß Schall wie jede Welle auch reflektiert wird. Durch spezielle Gestaltung von Wänden läßt sich erreichen, daß der Schall oft reflektiert und bei jeder Reflexion auch absorbiert wird. Auf diese Weise gelingt der Bau von *schalltoten Räumen*, wie man sie z. B. für Aufnahmestudios braucht. Probleme dieser Art gehören jedoch in den Bereich der Raumakustik.

Albedo

Ein Körper mit rauher Oberfläche, z. B. ein Planet, absorbiert einen Teil des auffallenden Lichtes. Den Rest streut er diffus in den Raum zurück (→ Lambertsches Gesetz). Das Intensitätsverhältnis aus dieser Streustrahlung zur auftreffenden Strahlung heißt *Albedo* (von lat. albus, weiß) oder *Remissionsvermögen.* Die A. eines Planeten erlaubt Rückschlüsse auf seine Oberflächenbeschaffenheit und hatte deshalb vor der direkten Erforschung der Planeten durch Raumsonden eine gewisse Bedeutung in der Astronomie des Sonnensystems (Tabelle).

Stoff	*Albedo*
Lava	0,06
Wolken	0,7
Schnee	0,9
Planet	*Albedo*
Merkur	0,08
Venus	0,76
● Erde	0,36
Mond	0,09
Mars	0,15
Jupiter	0,54
Saturn	0,57
Uranus	0,65
Neptun	0,68
Pluto	0,13

Tabelle: Vergleich der Albedo einiger Stoffe mit der Albedo von Mond und Planeten; die größte Albedo aller Planeten besitzt die Venus

Allotropie

Als A. bezeichnet man die Eigenschaft von chemisch gleichen Stoffen, in ganz verschiedenartiger physikalischer Gestalt aufzutreten. *Allotrope Modifikationen* sind besonders bekannt beim Kohlenstoff, der als Ruß, Graphit oder Diamant vorkommt. Ruß ist ›gestaltlos‹, amorph. Beim Graphit sind die Kohlenstoffatome in ebenen Sechsecken vernetzt wie ein Parkett, die einzelnen Ebenen aber leicht gegeneinander verschiebbar. Der Diamant schließlich besteht aus räumlich gebundenen Kohlenstoffatomen mit einer tetraederförmigen Kristallstruktur.
Ein weiteres Beispiel ist Schwefel, der ebenfalls amorph, aber auch plastisch oder kristallin vorkommt. Von einiger praktischer Bedeutung ist auch eine pulverige allotrope Zinn-Modifikation, die bei anhaltender Kälte aus metallischem Zinn entsteht (›Zinnpest‹) und früher für die Zerstörung wertvoller Zinn-Geschirre verantwortlich war.

Allotrope Modifikationen sind als → Phasen eines Stoffes aufzufassen. Unter geeigneten physikalischen Bedingungen (Druck, Temperatur) sind sie ineinander umwandelbar.

Alphateilchen

Die Atomkerne des Elementes Helium ($_2He^4$) bestehen aus zwei → Neutronen und zwei → Protonen, die besonders fest aneinander gebunden sind. Deshalb wird diese Nukleonengruppe auch meist beim radioaktiven Zerfall schwerer Atomkerne als Ganzes herausgeschleudert. Man nennt diese Teilchen A.; der Name ist historisch bedingt: Als man die Strahlungen radioaktiver Elemente untersuchte, wußte man zunächst nicht, welcher Natur sie jeweils waren, und führte zur Unterscheidung einfach die Anfangsbuchstaben des griechischen Alphabets ein. *Alphastrahlen* bestehen also aus Heliumkernen (→ Alpha-Zerfall, → Radioaktivität).

Alpha-Zerfall

Vor allem die Atomkerne instabiler schwerer Elemente neigen dazu, sich in leichtere Kerne umzuwandeln, indem sie spontan ein → Alphateilchen aussenden, eine besonders fest gebundene Nukleonengruppe aus 2 Neutronen und 2 Protonen (Heliumkern, Bindungsenergie ≈ 28 MeV). Die kinetische Energie E dieser ausgestoßenen Heliumkerne ist um so höher, je kurzlebiger die ursprünglichen Kerne sind. Nach einer von *Hans Geiger* (1882–1945) und *J. M. Nuttall* aufgestellten Beziehung gilt

$$\ln E = C_1 - C_2 \cdot \ln \tau. \quad (1)$$

Dabei sind C_1 und C_2 empirisch bestimmte Konstanten und τ die Halbwertszeit des instabilen Kerns.

Der A. eines Kerns kann von außen (z. B. durch Druck- oder Temperaturveränderung) nicht beeinflußt werden. Er erfolgt rein statistisch. Die Halbwertszeit (= Zeit, nach der die Hälfte der vorhandenen Kerne zerfallen ist) ist ja auch nur eine sinnvolle Größe, wenn man sehr viele Kerne vorliegen hat.

Die Erklärung für das Phänomen des A. und die Geiger-Nuttall-Beziehung wird durch die → Quantenmechanik gegeben und ist durch den Tunneleffekt bedingt. Die Wellenfunktion eines Teilchens im Potential des Atomkerns (Figur 1) fällt zwar im Potentialberg exponentiell ab, wird aber auch außerhalb des Walls nicht

Alpha-Zerfall: Nebelkammeraufnahme der von einem radioaktiven Präparat ausgehenden Alphastrahlen. © K. Knerr, München

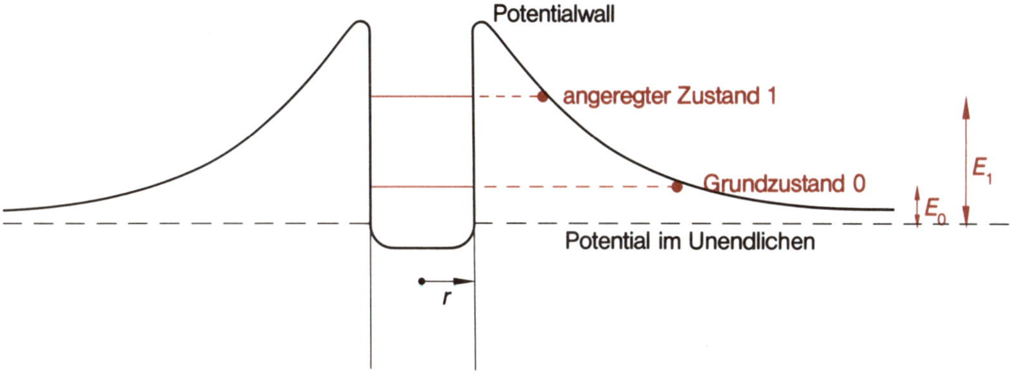

Alpha-Zerfall (Figur 1): Potentialverlauf beim Tunneleffekt (r = Kernradius); die Durchdringungswahrscheinlichkeit ist für den Grundzustand kleiner als für einen angeregten Zustand.

gänzlich Null, so daß eine endliche Wahrscheinlichkeit verbleibt, das Teilchen auch außerhalb des Kerns anzutreffen.
Dort aber befindet es sich außerhalb der Reichweite der Kernkräfte. Ein Alphateilchen wird dann mit seiner zweifach positiven Ladung wegen der abstoßenden Coulomb-Kräfte vom Kern weg beschleunigt. Es ›rollt den Potentialberg hinunter‹, und seine kinetische Endenergie hängt von der Höhe ab, in der es aus dem Kern ›herausgetunnelt‹ ist. Andererseits hängt aber auch die *Dicke* des Potentialwalles von dieser Höhe ab und damit die Wahrscheinlichkeit, mit der dieser Tunneleffekt eintritt.
Je höher also die Anregungsenergie des Teilchens *im Kern* bereits ist, desto dünner ist die Potentialschicht, die es zu durchtunneln gilt, desto größer ist auch die Durchdringungswahrscheinlichkeit und desto kürzer die Lebensdauer des Kerns, desto größer aber auch die Beschleunigung, die das Alphateilchen *nach* der Durchdringung des Potentialwalles erfährt.
Trotz all dieser recht plausiblen Erklärungen kann man am *Einzelereignis* keinerlei Aussagen über den Zeitpunkt des Zerfalls machen. Ein einzelner Atomkern schickt sein Alphateilchen *irgendwann* aus. Selbst wenn wir seine mittlere Lebensdauer zu einer tausendstel Sekunde bestimmt haben, kann es z. B. Jahre dauern, bis der Zerfall eintritt. Wie ist das zu verstehen? Man kann aus der mittleren Geschwindigkeit (Energie!) und dem Kerndurchmesser etwa abschätzen, wie oft das bereits ›vorgefertigte‹ Alphateilchen im Kern gegen den Potentialwall anrennt, und kommt auf die Zahl von etwa 10^{20} pro Sekunde. Bei jedem Stoß gegen die Wand besteht eine gewisse (sehr kleine) Durchdringungswahrscheinlichkeit, aber wenn das Alphateilchen, ohne durchzutunneln, reflektiert worden ist, ›weiß es nicht mehr‹, daß es einen solchen Versuch gemacht hat. Die Zeitskala startet sozusagen nach jedem Versuch neu. Nur eine sehr große Zahl gleichartiger Kerne macht es möglich, statistische Voraussagen zu treffen, sogar mit großer Präzision, weil die betreffenden Zahlen eben sehr groß sind: Bereits 1 g eines Stoffes enthält ja die unvorstellbare Menge von etwa 10^{23} Atomen!

Alphastrahlen
Die Bezeichnung Alphateilchen bzw. A. hat historische Gründe (→ Radioaktivität). Wegen der zweifach positiven Ladung der ausgestoßenen Alphateilchen treten sie mit hoher Wahrscheinlichkeit mit Materie in Wechselwirkung, wegen ihrer großen Masse können sie bei jedem Stoß mit einem Atom oder Molekül (z. B. der Luft) viel Impuls übertragen. Sie haben daher selbst in Luft keine große Reichweite. Nach *Geiger* gilt:

$$E = 2{,}12\ R^{2/3} \text{ bzw. } R = \sqrt{\left(\frac{E}{2{,}12}\right)^3}, \tag{2}$$

wobei man die Energie E in MeV und die Reichweite R in Luft in cm einzusetzen hat. Eine Anfangsenergie von 10 MeV ergibt also in Luft eine Reichweite von nur etwa 10 cm. In dichteren Medien wie Papier oder Stoff oder gar Metallfolien werden selbst hochenergetische Alphastrahlen schon nach minimalen Eindringtiefen vollständig absorbiert. Ein normales Blatt Papier ist für Alphastrahlung undurchdringlich, ebenso wie die obersten verhornten Hautschichten. Deshalb können uns Alphastrahlen *von außen* kaum gefährlich werden. Um so schlimmer wird es, wenn man einen Alphastrahler inkorporiert, d. h. verschluckt oder einatmet. Die gesamte Energie des Zerfalls wird dann *im Körper* umgesetzt, mit den entsprechenden Zellzerstörungen. Die gängigsten Alphastrahler, wie Radium, haben zudem eine chemische Verwandtschaft mit Calcium und werden daher vorzugsweise in die Knochen eingebaut. Die Wahrscheinlichkeit, daß solche Atome wieder durch den Stoffwechsel aus dem Körper entfernt werden, *bevor* sie zerfallen, hängt von ihrer Halbwertszeit ab und ist z. B. für Radium zwar groß (Ra^{226} : $\tau \approx$ 1600 Jahre), für die Zerfallsprodukte (Radon, Polonium usw.), die alle ebenfalls Alphastrahler sind, aber klein (Sekunden bis Stunden). Der Umgang mit Radium, wie er früher (vor 1950) z. B. bei der Herstellung von Leuchtfarben für Uhrzeiger üblich war, ist äußerst gefährlich und hat bei den Arbeitern der entsprechenden Farbenfabriken in vielen Fällen Knochenkrebs zur Folge gehabt.

Ampere

Abk. A, die Maßeinheit der → elektrischen Stromstärke (→ Maße und Maßsysteme).

Amperemeter

Ein A. ist ein Gerät zur Messung der → elektrischen Stromstärke. Die herkömmlichen A. benutzen die magnetische Wirkung des Stromes zu dessen Nachweis *(Galvanometer, Drehspulinstrument, Dreheiseninstrument).* Auch die Wärmewirkung dient in manchen Instrumenten als Nachweis *(Hitzdrahtinstrument).* Die Bauart dieser Instrumente ist je nach Verwendungszweck sehr unterschiedlich, je nachdem, ob Gleichstrom oder Wechselstrom gemessen werden soll und mit welchen Stromstärken man zu rechnen hat. Viele A. sind als *Vielfachmeßinstrumente* ausgelegt. Sie sind mit zuschaltbaren Vorwiderständen ausgerüstet und gestatten so Messungen über viele Größenordnungen der Stromstärke hinweg. Heute baut man elektronische Meßinstrumente oft mit digitaler Anzeige. Ihr Kernstück ist ein Analog-Digital-Wandler in Verbindung mit anderen logischen Schaltungen bis hin zu Mikroprozessoren.

Die untere Grenze einer Stromstärkemessung ist gegeben durch das thermische → Rauschen, d. h. durch die Temperaturbewegung der Ladungsträger. Diese Grenze wird heute von Präzisionsinstrumenten weitgehend erreicht oder unterschritten. Eine Obergrenze gibt es wohl nicht, obwohl es erhebliche technische Schwierigkeiten bereitet, z. B. die Stromstärke eines Gewitterblitzes (einige Hunderttausend Ampere) zu messen. Bei Gleichströmen verwendet man einen Nebenschluß bekannter Dimension (sog. *Shunt*), bei Wechselströmen lassen sich mit Hilfe der → Induktion beherrschbare sekundäre Stromstärken erzeugen (›Stromwandler‹).

Amperesekunde

Abk. As, Einheit der Elektrizitätsmenge; 1 A. entspricht einer elektrischen Stromstärke von 1 A, die über 1 s lang erhalten bleibt, und damit einem Ladungstransport von 1 Coulomb (→ Maße und Maßsysteme).

Amperestunde

Die A., Abk. Ah, ist eine bei → elektrochemischen Stromquellen benutzte Einheit der Ladung, die dort ein Maß für die Kapazität der ›Batterie‹ ist (→ Maße und Maßsysteme).

Amperewindungszahl

Unter der A. versteht man das Produkt aus der Anzahl der Windungen einer Spule und der Stromstärke, die durch die gesamte Spule fließt. Die magnetische Feldstärke, die eine solche Spule in ihrem Inneren erzeugt, ist der Amperewindungszahl proportional (→ Maße und Maßsysteme).

Amplitude

Die Maximalauslenkung bei einer Schwingung oder einer Welle (→ Schwingungen, → Wellen) wird als A. bezeichnet.

Ångström

Abk. Å oder AE, eine nach *Jonas Ångström* (1814–1874) benannte Längeneinheit, die eigentlich nicht mehr zulässig ist (→ Maße und Maßsysteme), aber noch oft in der → Atomphysik benutzt wird; 1 AE (oder Å) = 10^{-10} m = 0,1nm.

Eigenschaft	*Teilchen*	*Antiteilchen*
Masse	m	m
Drehimpuls	J	J
Isospin	I	I
Isospineinstellung	I_3	$-I_3$
Lebensdauer	τ	τ
Ladung	Q	$-Q$
magnetisches Moment	μ	$-\mu$
Baryonenzahl	A	$-A$
Parität (für Fermionen)	P	$-P$
Hyperladung	Y	$-Y$
Strangeness	S	$-S$
Charm	C	$-C$

Tabelle: Eigenschaften von Teilchen und Antiteilchen

Anisotrop

Körper sind bezüglich einer bestimmten Eigenschaft a. (ungleichmäßig, von ungleicher Gestalt), wenn sie eine Richtungsabhängigkeit aufweisen. So sind praktisch alle Einkristalle (Festkörper von regelmäßiger Bauart) a. hinsichtlich der Ausbreitung von → Photonen (Lichtquanten) und Phononen (Schallquanten). Bekanntestes Beispiel für *optische Anisotropie* ist die → Doppelbrechung beim Kalkspat.
Die Anisotropie steht im Gegensatz zur Isotropie (→ isotrop).

Anode

Der positiv geladene Pol in → elektrochemischen Stromquellen oder ›Batterien‹ bzw. die positive Elektrode in Elektronenröhren wird als A. bezeichnet, den negativen Pol bildet die → Kathode. Alle Ladungsträger, wie → Elektronen oder negativ geladene andere Teilchen, die sich auf die Anode zubewegen, heißen *Anionen*.

Antimaterie

Da sich → Antiteilchen genauso verhalten wie ihre zugehörigen Teilchen, solange sie ›unter sich bleiben‹, können aus ihnen ebenso Atome, chemische Verbindungen usw. entstehen wie aus Teilchen. *Antimaterie* und *Materie* sind nach gegenwärtigem Erkenntnisstand völlig symmetrisch. Es ist daher eine bisher ungelöste Frage, warum es im Universum wesentlich mehr Materie als A. gibt (ganz genau weiß man allerdings nicht, ob dies wirklich zutrifft!), d. h. warum diese Symmetrie gestört ist. Eine Antwort gibt möglicherweise eine Theorie der Quarks und ihrer Bestandteile (→ Elementarteilchen).

Antiteilchen

Die relativistische → Quantenmechanik fordert die Existenz sog. *Antiteilchen,* die in allem den zugehörigen Teilchen entsprechen mit Ausnahme aller ladungsartigen Eigenschaften (ausgedrückt in Quantenzahlen), die das entgegengesetzte Vorzeichen haben sollen. So ist das *Positron* (positive Ladung) das A. des *Elektrons* (negative Ladung). A. wurden längst experimentell nachgewiesen. So kann z. B. ein Lichtquant genügend großer Energie ein Elektron-Positron-Paar erzeugen. Bei Stößen sehr hoher Energie entstehen auch Proton-Antiproton-Paare und andere. Die Festlegung, welcher der beiden Partner das Teilchen und welcher das A. sein soll, ist eigentlich willkürlich. Der Kontakt zwischen beiden führt jedoch nach kurzer Zeit zur *Zerstrahlung,* wobei die zu ihrer Erzeugung aufgewendete Energie wieder frei wird in Form von Wechselwirkungsquanten. Trifft also ein Positron auf ein Elektron, so wandelt sich die gesamte Masse in die Strahlungsenergie zweier Lichtquanten um (→ Elementarteilchen). Die Tabelle enthält einen Vergleich der Eigenschaften eines Teilchens mit seinem Antiteilchen.

Äquator

Der Ä. ist ein (gedachter) Schnitt der Erdkugel mit der Ebene durch ihren Mittelpunkt, die auf der Drehachse senkrecht steht. Der Ä. ist der größte auf der Erde mögliche Kreis (Radius: 6378,4 km). Er hat die geographische Breite 0 (→ Erde).

Äquivalentdosis

Ein wichtiges Problem des Strahlenschutzes ist es, die verschiedenen radioaktiven Strahlungen in ihrer Wirkung auf biologische Substanzen, speziell auf das Zellmaterial des Menschen, zu messen. Die biologische Wirksamkeit von Strahlungen hängt nämlich nicht nur von der Strahlungsart, sondern auch von deren Energie und Intensität ab. Außerdem spielt es eine Rolle, welche Körperteile oder Organe des Menschen getroffen werden. Die Aufgabe, geeignete Maßeinheiten zu schaffen, ist also nicht gerade einfach. Als Anhaltspunkt dient die Ä. Sie ist gleich der (Energie-)Dosis, multipliziert mit einem auf die jeweilige Strahlenart zugeschnittenen Bewertungsfaktor q, der ein Maß – eigentlich mehr ein Schätzwert – für den Schaden ist, den die Strahlung pro abgegebene Energieeinheit im Zellmaterial durch zusätzliche Ionisierung von Molekülen anrichtet. So wird Photonen-(Gamma-)Strahlung ebenso wie Elektronen-(Beta-)Strahlung mit dem Faktor $q = 1$ bewertet; man setzt $q = 10$ für Alpha-, Protonen- und Deuteriumstrahlen und q zwischen 2 und 10 für Neutronen je nach ihrer Energie. Wenn man die Energiedosis D in bekannter Weise in der Einheit Gray (Gy) = J/kg mißt (bzw. in rad = 10^{-2} J/kg; → Maße und Maßsysteme), so gilt für die Ä.

$$D_q = q \cdot D.$$

Die Einheit von D_q ist dieselbe wie für D (ebenfalls J/kg), weil q eine dimensionslose Zahl ist. Zur Unterscheidung von der Energiedosis benutzt man jedoch für die Ä. häufig die Einheit Sievert (Zeichen Sv; 1 Sv = $q \cdot$ 1 Gy) bzw. Rem (Zeichen rem), wenn es sich um strahlenschutzbezogene Messungen handelt; 1 rem = $q \cdot$ 1 rad.

Ar

Abk. a, ein Flächenmaß; 1 a = 100 m^2 (→ Maße und Maßsysteme).

Arbeit

Dieser Begriff, aus dem täglichen Leben entnommen, ist mit Assoziationen wie mühsam, kräftezehrend, schwierig oder langweilig, schweißtreibend usw. verknüpft. In jedem Fall, wo ›Muskelarbeit‹ darunter verstanden wird, ist der Ausdruck A. gepaart mit der unmittelbaren Empfindung der aufgewendeten Muskelkraft. Die Erfahrung hat gezeigt, daß man dieselbe A. mit viel oder wenig Muskelarbeit verrichten kann. Der eine hebt ein Klavier mit seinen Armen hoch und platzt dabei vor Anstrengung fast aus allen Nähten, der andere bewerkstelligt dieselbe A. mit ›zwei Fingern‹, weil er einen hochuntersetzten Flaschenzug benützt.
Die Physiker behaupten nun, beide hätten die gleiche A. geleistet, und beweisen das, indem sie die A. als eine Verknüpfung der wirkenden Kraft mit dem Weg definieren. Die eleganteste Formulierung dieses Zusammenhangs ist das *Wegintegral (Linienintegral)* der Kraft. Man muß allerdings dabei bedenken, daß Kräfte nicht nur einen Betrag, sondern auch eine Richtung haben und deshalb am besten durch Vektoren darzustellen sind. Die ›wirkende‹ Kraftkomponente ist nur die, die in die Richtung der Bewegung zeigt, d. h., man hat das Skalarprodukt zwischen Kraft und Linienelement $d\vec{s}$ zu nehmen. Die (mechanische) A. ist dann:

$$d\vec{A} = \vec{K} \cdot d\vec{s}. \qquad (1)$$

Beachten Sie, daß die A. als Ergebnis eines Skalarproduktes zweier Vektoren (der Weg $\vec{s}$ ist ja ebenfalls ein Vektor) selbst eine skalare Größe ist, auch wenn darüber integriert wird. Die Maßeinheit der A. ist dementsprechend das Produkt aus der Krafteinheit (Newton) und der Längeneinheit (Meter), nämlich das Newtonmeter oder Joule (→ Maße und Maßsysteme). Damit wird die A. in denselben Einheiten gemessen wie die → Energie. Tatsächlich unterscheiden sich A. und Energie nur aus der Sicht des Menschen. Er verbindet mit A. eine Art ›Stoff‹, den man auf einen Körper ›übertragen‹ kann und der dann als Energie mit diesem Körper verbunden bleibt, bis man ihn eventuell wieder von ihm wegnimmt. So begreift man die Energie oft als Fähigkeit, A. zu verrichten. Diese Betrachtungsweisen sollen dem Verstand helfen, die Größe Energie zu erfassen, denn physikalisch sind natürlich A. und Energie völlig identisch. Damit nämlich eine Kraft längs eines Weges ›A. verrichten‹ kann, muß eine entsprechende Energiemenge in irgendeiner Form (z. B. als chemische Energie in den Muskeln) schon vorher bereitstehen, so daß es sich bei diesem Vorgang eben auch nur um eine Umwandlung einer Energieform in eine andere handelt. Trotzdem ist in der Mechanik die Unterscheidung von A. und Energie nach wie vor üblich.
Die Berechnung des Integrals von Gleichung (1) vereinfacht sich stark, wenn die wirkende Kraft konstant ist und mit der Bahnbewegung des Körpers den Winkel α bildet. Dann ist

$$A = K \cdot s \cdot \cos \alpha, \qquad (2)$$

denn die konstante Kraft läßt sich aus dem Integral herausziehen, und der Rest ist leicht zu integrieren: $\int d\vec{s} = \vec{s}$. Das Skalarprodukt aus Kraft und Weg ist aber einfach gleich dem Produkt der Beträge und dem Kosinus des Zwischenwinkels (→ Vektor). Bewegt sich also ein Körper senkrecht zur Wirkungslinie einer Kraft, so wird *keine Arbeit* verrichtet, denn $\cos 90° = 0$. Dieses Ergebnis läßt, auf das tägliche Leben angewandt, zunächst paradoxe Schlußfolgerungen zu. So wäre beispielsweise keine A. zu verrichten, um eine schwere Kiste horizontal über den Boden zu schleifen, denn die Schwerkraft wirkt senkrecht nach unten, bildet also mit der Bewegungsrichtung einen Winkel von 90°. Dieses Ergebnis stimmt mit der Anschauung in keiner Weise überein. Es wird aber auch von der Physik glücklicherweise nicht gefordert. Eine etwas genauere Betrachtung des Beispiels zeigt nämlich, daß mindestens *drei* Kräfte im Spiel sind: die Schwerkraft, die Trägheitskraft der Kiste und die Reibung. Zieht man die Kiste horizontal über den Boden, so wird zwar gegen die Schwerkraft keine A. verrichtet, wohl aber – beim Beschleunigen – gegen die Trägheit und während der gesamten Bewegung gegen die Reibung. Die Beschleunigungsarbeit geht nicht verloren: Sie steckt in der Bewegungsenergie der Kiste. Aber auch die Reibungsarbeit geht nicht verloren. Sie wird teilweise in potentielle Energie umgesetzt (Verformungsarbeit, Abreißen von Teilchen aus dem Bindungsgefüge des Kistenmaterials), teilweise in Bewegungsenergie einzelner Atome und Moleküle, die wir als ›Wärme‹ bezeichnen. Der Unterschied zwischen der Reibungsarbeit und anderer mechanischer A. besteht darin, daß die Wärme irreversibel im Körper ›verschwindet‹, d. h. nicht mehr in mechanische A. zurückverwandelt werden kann. Das liegt an der statistischen Natur dieser Energieform. Wärme besteht aus einer riesigen Anzahl kleiner Beträge von Bewegungsenergie, deren Richtungen aber keine Beziehung zueinander haben. Während also die Bewegungsenergie eines makroskopischen Körpers dadurch gekennzeichnet ist, daß sich alle seine Teilchen in dieselbe Richtung bewegen, ist die Wärmebewegung, grob gesagt, völlig ungeordnet. Wegen der unvorstellbar großen Teilchenzahl eines Körpers kommt es nicht vor, daß sich zufällig alle Teilchen in dieselbe Richtung bewegen. Deshalb kann sich Wärmearbeit nie durch bloße Abkühlung in mechanische A. umwandeln (→ Thermodynamik). Beseitigt man Beschleunigungs- und Reibungseinflüsse, so ist zum Aufrechterhalten einer horizontalen Bewegung tatsächlich keine A. mehr nötig. Moderne Beispiele dieses Prinzips sind die Satelliten, die auf Kreisbahnen die Erde umkreisen, ohne daß ihnen A. zugeführt werden müßte. Die Schwerkraft steht stets senkrecht auf ihrer Bahn, und da sie sich im Vakuum bewegen, gibt es praktisch keine Reibung.

Archimedisches Prinzip

Ein Körper, der in einer Flüssigkeit oder einem Gas ruht oder auf einer Flüssigkeit schwimmt, erfährt eine Kraft, die gegen die Schwerkraft gerichtet ist und deren Größe mit dem Gewicht der *verdrängten Flüssigkeit* bzw. des verdrängten Gases übereinstimmt. Dieser Sachverhalt, schon vor 2000 Jahren von *Archimedes* gefunden und formuliert, bildet die Grundlage schwimmender Schiffe oder schwebender Ballone. Er ergibt sich leicht aus den Prinzipien der → Hydrostatik bzw. der → Aerostatik.

In den meisten Fällen wird das A. P. benützt, um festzustellen, ob ein Körper im Wasser schwimmt oder nicht. Für *homogene Körper* ist das leicht zu entscheiden. Ist die Dichte des Körpers größer als die des Wassers (rd. 1 g/cm^3), so wird er untergehen. Im anderen Fall wird er im Wasser schweben oder aber auf ihm schwimmen und dabei so weit eintauchen, bis die Masse des verdrängten Wassers mit seiner eigenen Masse übereinstimmt. Nicht homogene Körper wie z. B. Schiffe verhalten sich genauso, wenn man ihre *mittlere Dichte* zugrunde legt. Diese genau zu berechnen, ist nicht immer leicht, weil es dabei gilt, das Gesamtvolumen zu messen, das sich beim Eintauchen infolge der Verformung durch den Druck des Wassers sogar ändern kann (wichtig für U-Boote!).

Beispiel 1: Untergetauchte Körper

Soll ein Gegenstand im Wasser ›gewichtslos‹ schweben, muß seine mittlere Dichte gleich der des Wassers sein. Dieser Zustand betrifft Fische oder U-Boote, ist aber auch z. B. für Tauchzubehör wie Kameras erstrebenswert, weil man sie dann unter Wasser mit wenig Kraftaufwand bedienen kann.

Rechnen wir einen solchen Fall durch: Ein Behälter aus Plexiglas für eine Unterwasserkamera hat zylindrische Form (Durchmesser 12 cm, Länge 20 cm). Er hat samt der Kamera eine Masse von 1,5 kg. Wieviel Blei muß man in dem Behälter zusätzlich unterbringen, damit die Konstruktion in Meerwasser (Dichte 1,025 g/cm³) schwebt?

Der Behälter hat ein Volumen von $V = r^2\pi \cdot h = 6^2\ \text{cm}^2 \cdot \pi \cdot 20\ \text{cm} \approx 2261{,}95\ \text{cm}^3$. Er verdrängt also eine Wassermasse $m_2 = V \cdot \rho = 2261{,}95\ \text{cm}^3 \cdot 1{,}025\ \text{g/cm}^3 \approx$ $\approx 2318{,}5\ \text{g}$.

Da die Gesamtmasse nur 1,5 kg = 1500 g beträgt, müssen 818,5 g Blei mit eingebaut werden, damit die Kamera unter Wasser schwebt.

Beispiel 2: Dichtemessung unregelmäßig geformter Gegenstände

Bestimmt man das Gewicht eines Körpers in Luft und anschließend in einer Flüssigkeit bekannter Dichte (z. B. Wasser), so läßt sich seine eigene Dichte berechnen, ohne daß man das Volumen messen muß. *Archimedes* soll auf diese Weise einen Goldschmied als Fälscher entlarvt haben, indem er die Dichte einer ›Gold‹-Krone bestimmte und für zu niedrig befand. Da die Dichte von reinem Gold so hoch ist (19,3 g/cm³), daß sie nur von wenigen anderen Metallen übertroffen wird (z. B. Osmium, 22,5 g/cm³, oder Platin, 21,4 g/cm³), die zudem ausnahmslos noch teurer sind als Gold, ist die Dichtebestimmung von Feingold auch heute noch ein gutes Verfahren, um seine Echtheit zu untermauern. *Goldlegierungen* mit niedrigem Feingoldgehalt dagegen lassen sich durch dichtegleiche Fälschungen weitaus besser nachahmen. Die Formel zur Berechnung der Dichte ρ einer Probe aus dem Gewicht G_L in Luft und dem Gewicht G_{Fl} in einer Flüssigkeit der Dichte ρ_{Fl} lautet:

$$\rho = \rho_{Fl} \cdot \frac{G_L}{G_L - G_{Fl}}.$$

Beispiel 3: Aerostatischer Auftrieb

Jeder Körper erfährt *auch in Luft* einen Auftrieb, der gleich dem Gewicht der verdrängten Luft ist. Wenn dieser Auftrieb auch für viele praktische Fälle vernachlässigt werden kann, so ist er doch erstaunlich groß und muß bei genauen Wägungen berücksichtigt werden. (Natürlich wird niemand den Auftrieb ausrechnen, wenn er ein Kilo Äpfel kauft, aber er entspricht immerhin etwa dem Gewicht von einem Gramm Masse!) Ein Liter Luft hat nämlich (bei 1 bar Druck) etwa 1,3 g Masse. Nur so ist ja die beträchtliche Tragkraft von Ballonen oder gar Luftschiffen zu verstehen. Direkte und trotzdem genaue Wägungen sind daher nur im luftleeren Raum möglich.

Beispiel 4: Schwimmende Körper

Ein Schiff schwimmt, obwohl es meist aus Materialien gebaut ist, deren Dichte viel höher ist als die des Wassers. So hat Eisen die Dichte 7,9 g/cm³, ist also fast achtmal so schwer wie Wasser. Durch seine hohle Form verdrängt ein Schiff jedoch eine Wassermasse, die seiner Gesamtmasse – einschließlich Hohlräumen – entspricht.

Allerdings darf es weder umkippen noch ein Leck unter der Wasseroberfläche haben, denn in beiden Fällen würde Wasser seine Hohlräume auffüllen. Dann aber wäre nur noch die Dichte des Baumaterials als ›Auftriebserzeuger‹ wirksam – das Schiff müßte untergehen.

Beispiel 5: Stabile Lage schwimmender oder untergetauchter Körper

Welche Form muß ein Schiff haben, damit es nicht kentert? Die Schwerkraft greift im Schwerpunkt *S* eines Körpers, der Auftrieb dagegen im Schwerpunkt S_{Fl} der verdrängten Flüssigkeit an. Für ein schwimmendes Schiff, das sich im Gleichgewicht befindet, liegt *S* stets senkrecht über S_{Fl}. Auftrieb *A* und Gewicht *G* wirken gegeneinander und sind gleich groß (Figur 1 a). Bei einer Auslenkung durch Wind oder Wellen ändert sich die Lage des Schiffsschwerpunkts *S* im Schiff nicht, wohl aber die Lage des Schwerpunkts der verdrängten Wassermasse S_{Fl}. In beiden Schwerpunkten greifen immer noch gleich große, entgegengesetzt gerichtete Kräfte an, aber ihre Wirkungslinien fallen nicht mehr zusammen (Figur 1 b). Auftrieb und Gewicht bilden ein Kräftepaar, erzeugen also ein Drehmoment. Das Schiff muß nun so konstruiert werden, daß dieses Drehmoment gegen die Auslenkung wirkt und so das Schiff wieder aufrichtet. Ganz drastisch läßt sich dieses Verhalten an einem Floß beobachten (Figur 2, S. 68). Flach ist es sehr stabil, hochkant gestellt dagegen fällt es beim kleinsten Stoß um.

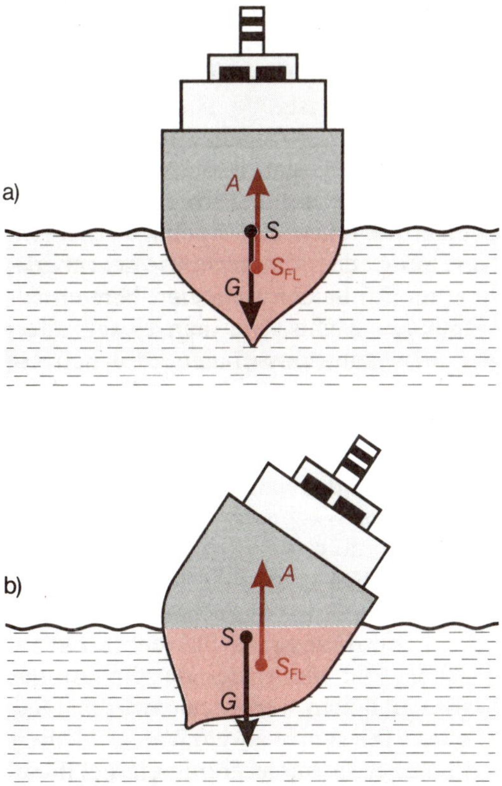

Archimedisches Prinzip (Figur 1): Stabilität eines schwimmenden Schiffes; im Gleichgewicht **(a)** wirkt kein Drehmoment auf die Längsachse, bei einer Neigung **(b)** bringt das auftretende Drehmoment das Schiff wieder in eine stabile Lage.

As

Abk. für Amperesekunde; 1 As = 1 Coulomb (→ Maße und Maßsysteme).

Astronomie

Ursprünglich beschränkte sich die A. als ›Himmelskunde‹ auf das Erfassen und Wiederfinden von Himmelsobjekten. Erst seit der Erfindung des Fernrohrs konnte diese Tätigkeit effektiv ausgeübt werden. Heute verfügt man über große Spiegelteleskope von mehr als 5 m Durchmesser (z. B. Mount Palomar), Radioteleskope von hoher Auflösung (z. B. Effelsberg), betreibt UV-Astronomie und Röntgenastronomie von Satelliten aus und katalogisiert die Sterne auch nach statistischen Gesichtspunkten.

Das ganze Forschungsgebiet zerfällt in sich überlappende Bereiche wie die → Astrophysik, die die Evolution von ein-

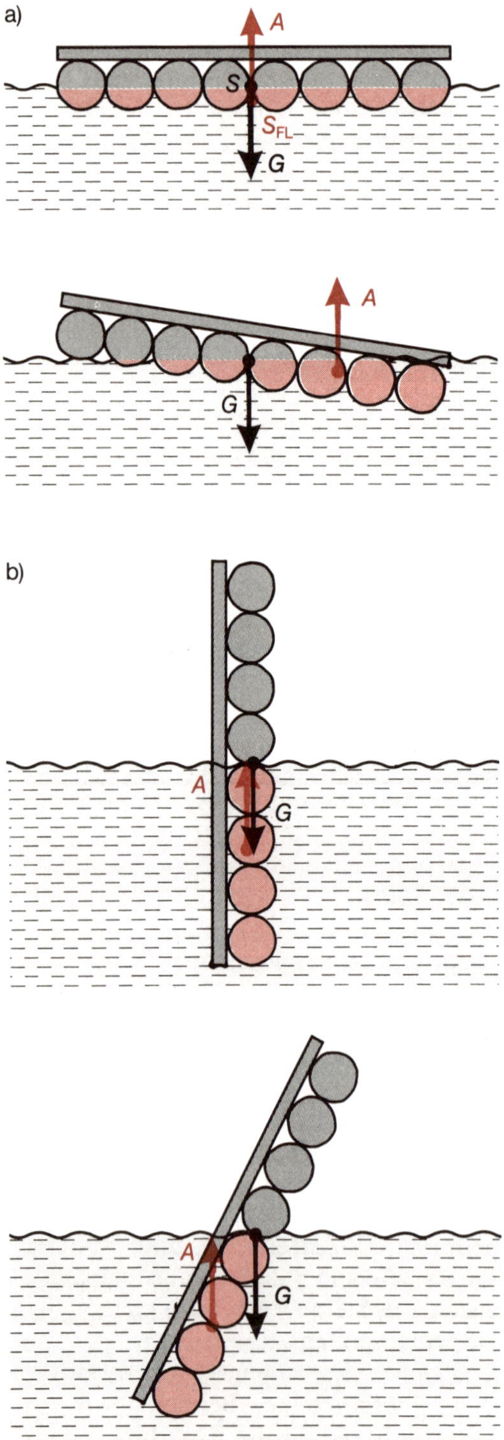

Archimedisches Prinzip (Figur 2): Ein Floß in stabiler **(a)** und instabiler **(b)** Schwimmlage; bei stabiler Lage ist es fast nicht möglich, das Floß zum Kentern zu bringen, da das auftretende Drehmoment das Floß immer wieder in die Gleichgewichtslage bringt. Stellt man das Floß dagegen hochkant, genügt bereits die kleinste Auslenkung, um es kippen zu lassen.

zelnen Objekten beschreibt, während die → Kosmologie das Universum als Ganzes, seine Entstehung und Entwicklung zu verstehen sucht. Weitere Teilgebiete sind die Radioastronomie (Erforschung des Weltalls mit Radiowellen), die Astrometrie (Sternvermessung), die Kosmogonie (Lehre von der Entstehung des Universums), die man wieder als Teilgebiet der Kosmologie auffassen kann, und noch viele andere.
Die Tendenz der A. geht vor allem dahin, neue ›Fenster‹ der Beobachtung aufzustoßen, d. h. schließlich das gesamte → elektromagnetische Spektrum zur Erforschung des Universums heranzuziehen, nicht nur den schmalen Bereich des sichtbaren Lichts, wie man es seit alters her getan hat. Ich will hier versuchen, ein Bild des Universums darzustellen, wie es sich den Astronomen zur Zeit darbietet, ohne aber auf besondere Einzelheiten einzugehen (das würde ein eigenes Buch erfordern!).

Grundbegriffe
Mit bloßem Auge kann man am nächtlichen Himmel etwa 5000 Einzelsterne ausmachen, die als glitzernde Lichtpunkte wahrgenommen werden. Benutzt man ein großes Teleskop, so erhöht sich diese Zahl auf etwa *100 Milliarden.* Trotz dieser enormen Vergrößerung sieht man immer noch jeden Einzelstern nur als Lichtpunkt, ein erster Hinweis auf die riesigen Entfernungen, mit denen wir es hier zu tun haben. Einige der mit bloßem Auge

sichtbaren Sterne leuchten nicht selbst, sondern reflektieren nur das Licht der Sonne. Mit dem Fernrohr betrachtet, erweisen sie sich als mehr oder weniger große Kugeln. Außerdem verändern sie von Nacht zu Nacht ihre Lage am Himmel. Dies sind die *Planeten* (›Wandelsterne‹), nichtleuchtende Trabanten, die wie unsere Erde die Sonne umkreisen. Sonne, Planeten (und ihre Monde) und Erde bilden zusammen mit zahlreichen Kometen das *Sonnensystem,* unsere kosmische Heimat. Alle anderen Sterne am Himmel verändern ihre Lage (in erster Näherung) auch über Jahre hinweg nicht. Man nannte sie deshalb zunächst *Fixsterne*; heute ist jedoch nur noch die Bezeichnung ›Stern‹ gebräuchlich. Sterne sind meist leuchtende Gaskugeln wie unsere Sonne. Die Entfernungen zwischen ihnen (und uns) sind jedoch unvergleichbar größer als unsere täglichen Maßstäbe. Man benutzt daher ›kosmische Dimensionen‹. Das *Lichtjahr* (Abk. Lj) ist die Strecke, die das Licht in einem Jahr zurücklegt; sie entspricht etwa $9{,}461 \cdot 10^{15}$ m, also rund 10 Billionen (10 000 Milliarden) Kilometer. Es ist sehr schwer, sich einen Begriff von einer solchen Entfernung zu machen. Schon die weit kleinere *Astronomische Einheit* (Abk. AE), die der Entfernung von Erde und Sonne entspricht, also 149,6 Millionen Kilometer ($1{,}496 \cdot 10^{11}$ m) beträgt, übersteigt unser Vorstellungsvermögen. Da nützt es auch nicht viel, wenn man ausrechnet, daß 1 AE etwa 3700 Erdumfängen entspricht. Eine Ahnung von den tatsächlichen Größenverhältnissen erhält man vielleicht, wenn man alles auf die Reisegeschwindigkeit des Lichts (etwa 300 000 Kilometer pro Sekunde) umrechnet. Dann bedeutet 1 Lichtsekunde etwa den 7½fachen Erdumfang, die (mittlere) Entfernung zum Mond beträgt etwas mehr als eine Lichtsekunde. Wer die Fernsehübertragung der ersten bemannten Mondlandung gesehen hat, konnte diese Lichtsekunde direkt an den Pausen zwischen Frage und Antwort zwischen Raumfahrtzentrum (Houston, USA) und den Astronauten registrieren, die etwa 2–3 Sekunden betrugen. Dies entsprach der Zeit, die das Funksignal von der Erde zum Mond und das Antwortsignal vom Mond zur Erde unterwegs waren. Die Entfernung von der Erde zur Sonne (1 AE) entspricht bereits ungefähr 8½ Lichtminuten. Wenn in diesem Moment die Sonne schlagartig verlöschen würde – wir könnten es erst in 8½ Minuten feststellen. Allerdings ist auch der Ausdruck ›dieser Moment‹ erst im nachhinein zu rekonstruieren, ein sehr wesentlicher Aspekt in der → Relativitätstheorie.

Macht man sich klar, daß die nächste Sonne *(Proxima Centauri)* über 4 Lichtjahre von uns entfernt ist, wird deutlich, wie winzig unser Sonnensystem mit einem Durchmesser von einigen Lichtstunden vergleichsweise ist und wie aussichtslos jeder Versuch sein muß, mit einem *bemannten* Raumschiff ein anderes Sonnensystem zu erreichen. Fassen wir zusammen: Zur Beschreibung unseres Sonnensystems ist die Astronomische Einheit eine zweckmäßige Länge, zur Beschreibung von anderen Sternen eignet sich das Lichtjahr besser. Es hat sich herausgestellt, daß die kosmischen Entfernungen nicht in Lichtjahren, sondern eher in Tausenden, Millionen, ja Milliarden von Lichtjahren angegeben werden müssen. Tatsächlich benutzt man diese Zehnerpotenzen. Daneben ist jedoch noch eine andere Längeneinheit im Gebrauch, die *Parallaxensekunde* (Abk. Parsec oder pc): 1 pc ist die Entfernung, in der man den Durchmesser unserer Erdbahn unter einem Winkel von 1 Bogensekunde (1″) sehen würde – umgekehrt ist es die Entfernung, in der ein Stern, jeweils im Winter und im Sommer beobachtet, eine Winkelverschiebung (Parallaxe) von 1″ aufweist (wenn er sich auf der Senkrechten zur Winter-Sommer-Linie der Erdbahn befindet). Daraus erklärt sich der Name. Die Entfernung in Kilometern erhält man mit Hilfe einfacher trigonometrischer Formeln:

$$\frac{149{,}6 \cdot 10^{11}\,\mathrm{m}}{1\,\mathrm{pc}} = \tan 1''$$
$$\text{oder } 1\,\mathrm{pc} \approx 3{,}26\,\mathrm{Lj.}$$

Der Grund für die Einführung dieser neuen Einheit ist meßtechnischer Natur. Immerhin lassen sich die Entfernungen von einigen Hundert Sternen mit Hilfe ihrer Parallaxe messen. Welcher Aufwand und welche Präzision dazu aber nötig sind, kann ich nur andeuten.

Beobachtungssystem Erde

Alle astronomischen Beobachtungssysteme sind auf der Erde oder auf Satelliten installiert. Diese Orte sind zwar denkbar schlechte Beobachtungssysteme, aber wir haben keine besseren. Warum sind sie so schlecht? Einfach, weil sie selber – bezüglich des Universums – eine höchst komplizierte Bewegung ausführen. Die Erde rotiert um sich selbst, aber keineswegs so gleichmäßig, wie es die Astronomen gerne hätten, sondern mit überlagerten Taumelbewegungen und Rotationsschwankungen, die durch die Bewegungen der Atmosphäre hervorgerufen werden. Darüber hinaus präzediert sie um eine Achse senkrecht zur Bahnebene um die Sonne (mit einer Frequenz von etwa 1/30 000 pro Jahr). Mit dieser Eigenrotation versehen, ›kreist‹ unsere Erde auf einer leicht elliptischen Bahn um die Sonne, wiederum nicht genau, sondern in Schlangenlinien, die durch die Bewegung des Mondes um die Erde erzwungen werden. (Beide kreisen ja in Wirklichkeit um ihren gemeinsamen Schwerpunkt.) Leider steht die Rotationsachse der Erde auch nicht senkrecht auf der Bahnebene um die Sonne, sondern ist unter einem Winkel von etwa 23,5° gegen diese Senkrechte geneigt *(Ekliptik)*. Auch kann man astronomische Instrumente nicht an den Polen oder am Äquator installieren, sondern ist auf Orte angewiesen, die die besten atmosphärischen Bedingungen gewährleisten, und diese haben meist keine besonders einfache Koordinaten. Einige dieser Schwierigkeiten entfallen zwar bei der Beobachtung von Satelliten aus, dafür kommen andere hinzu.

Zu allem Überfluß bewegt sich auch noch das Sonnensystem mitsamt der Erde innerhalb der Milchstraße. Um nun eine Parallaxe zu einem Stern zu messen, muß man alle beschriebenen Bewegungen berücksichtigen. Sie ahnen vielleicht, welche Meßpräzision und welcher Rechenaufwand dazu nötig sind.

Unsere Galaxis

Schon mit bloßem Auge kann man in klaren Nächten ein breites, unregelmäßig helles Band erkennen, das quer über den Himmel zieht. Ein Feldstecher zeigt, daß dieses Band aus ungeheuer vielen Sternen besteht. Unsere Ahnen haben diese Anhäufung von Sternen *Milchstraße* getauft (griech. Galaxis), und diesen Namen hat dieses Sternsystem heute noch. Es hat sich nämlich gezeigt, daß unser Sonnensystem und alle anderen Einzelsterne, die wir am Himmel sehen können, zur Milchstraße gehören und daß diese Milchstraße, von außen gesehen, die Gestalt einer ›Scheibe‹ mit ›Spiralarmen‹ hat (Figur 1). Die Anzahl der Sterne in unserer Galaxis wird auf etwa 100 Milliarden geschätzt, der Durchmesser der flachen Scheibe beträgt rd. 30 000 pc, der kugelförmige Halo hat einen Durchmesser von wahrscheinlich bis zu 200 000 pc. Die Ga-

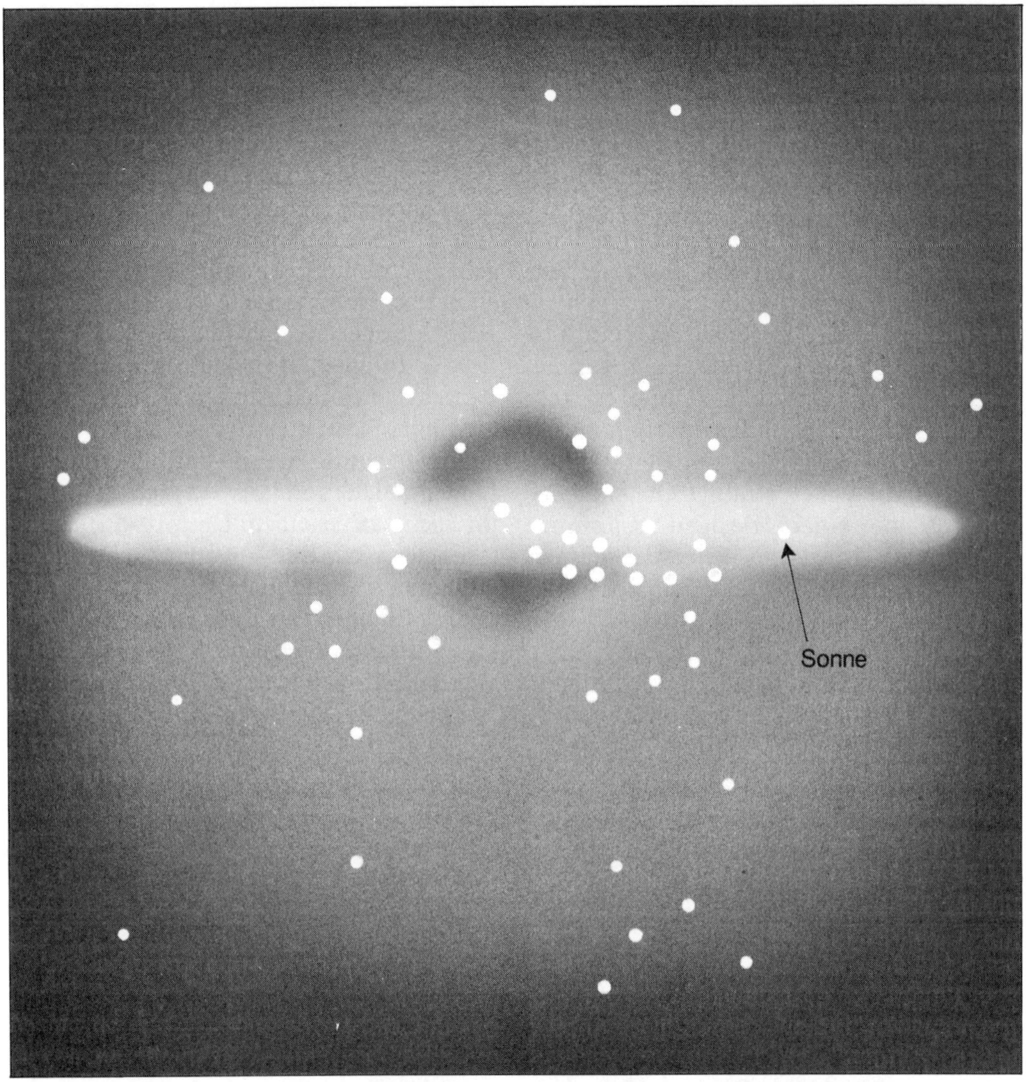

Astronomie (Figur 1): Unsere Milchstraße, wie man sie von außen sehen würde: Eine flache Scheibe, die sich, umgeben von einem kugelförmigen Halo mit eingebetteten Kugelsternhaufen, um ein unsichtbares Zentrum dreht; die Sonne liegt im äußeren Drittel der Scheibe.

laxis dreht sich um ihr Zentrum, aber nicht alle Sterne rotieren mit der gleichen Winkelgeschwindigkeit mit. Die äußeren Gebiete haben eine kleinere Winkelgeschwindigkeit als die inneren. Die Spiralstruktur unserer Galaxis ist eine Folge dieser Tatsache: Die äußeren Gebiete bleiben hinter den inneren zurück. Der Ort, an dem sich unser Sonnensystem befindet – etwa 10 000 pc vom Zentrum entfernt –, hat eine Umlaufzeit um dieses Zentrum von etwa 225 Millionen Jahren. Seit unsere Erde also existiert, hat sie zusammen mit der Sonne und den anderen Planeten etwa 20mal das Zentrum der Milchstraße umrundet. Vor diesem Hintergrund sind die Fixsterne nicht mehr so unbeweglich, wie es uns bei unserer kurzen Kulturgeschichte von etwa 6000 Jahren vorkommt. In Wirklichkeit müssen selbst vor 6000 Jahren die Sternbilder teilweise ganz anders ausgesehen haben als heute.

Was sich im Zentrum unserer Galaxis befindet, ist noch umstritten. Das sichtbare Licht wird durch ungeheure Mengen interstellarer Materie *(Nebel)* völlig absorbiert. Radiowellen dagegen gelangen nahezu ungeschwächt zu uns, und es steht fest, daß im Milchstraßenzentrum, das im Sternbild des Schützen zu finden ist, eine starke Radioquelle strahlt. Ob sie aber wirklich mit einem riesigen *Schwarzen Loch* identisch ist, wie viele Astronomen glauben, kann im Augenblick noch niemand sagen.

Extragalaktische Systeme

Wir wissen heute, daß unsere Galaxis im Universum nichts Besonderes darstellt; es gibt nämlich noch wesentlich größere Sternsysteme. Einzelsterne sind außerhalb unserer Milchstraße nicht mehr zu beobachten, einfach weil sie zu weit entfernt sind. Die Objekte außerhalb unserer Galaxis, die wir sehen können, bestehen aus ähnlich vielen Sternen wie die Milchstraße, sie sind eigene Galaxien. Man schätzt die Zahl der *beobachtbaren* extragalaktischen Objekte auf mehr als 100 Millionen bis 1 Milliarde.

Edwin Hubble (1889–1953) hat als erster entdeckt, daß fast alle Spektren der Galaxien eine Rotverschiebung zeigen, wie sie auftreten muß, wenn sich diese Strahlungsquellen von uns wegbewegen und ihr Licht daher einem Doppler-Effekt unterliegt (→ Wellen, → Kosmologie). Diese systematische Rotverschiebung betrifft nur etwa drei Dutzend, meist unscheinbare Galaxien nicht. Man nimmt daher an, daß diese Galaxien ein eigenes zusammengehöriges System bilden, das man *Lokale Gruppe* nennt. Das bekannte-

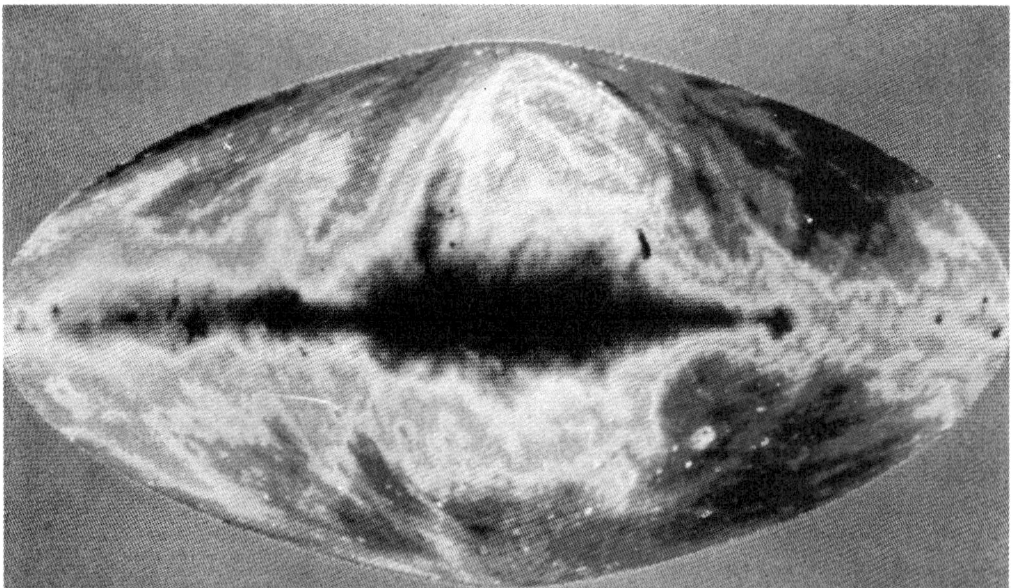

Astronomie: Radiokarte der Milchstraße im ›Licht‹ kosmischer Radiostrahlung von 73 cm Wellenlänge; auffällig ist der nach oben gerichtete ›Nordsporn‹. © MPG, München ste Mitglied der Lokalen Gruppe ist die Spiralgalaxie im Sternbild *Andromeda,* nach dem Astronomen *Charles Messier* (1730 – 1817) auch M 31 genannt. Sie ist schon mit bloßem Auge als Nebelfleck auszumachen und wesentlich größer als unsere Milchstraße. *Messier* katalogisierte 104 extragalaktische Objekte. Einige Tausend anderer Objekte sind im *New General Catalogue of Nebulae* (Abk. *NGC)* verzeichnet, der aus einer Zeit stammt (1888), als man andere Galaxien wegen ihres verschwommenen Aussehens in den damaligen Instrumenten noch als Nebel auffaßte. Zur Lokalen Gruppe gehören auch die beiden *Magellanschen Wolken,* Galaxien, die nur von der Südhalbkugel der Erde aus zu sehen sind. Der Durchmesser der Lokalen Gruppe liegt bei etwa 5 Millionen Lj oder 1,6 Mpc (Megaparsec). Galaxienhaufen wie die Lokale Gruppe sind im Universum nicht selten. Es sieht ganz danach aus, als seien immer mehrere Galaxien in einem Haufen angeordnet (zum Teil über 500, z. B. im Virgo-Haufen).

Die Grenzen des Universums

Extrapoliert man die systematische Rotverschiebung auf den Maximalwert einer Lichtquelle, die sich mit Lichtgeschwindigkeit von uns entfernt, so ergibt sich ein Weltradius R_0 von rd. 10^{26} m ($\approx 10^{10}$ Lj $\approx$ 3000 Mpc), der aber noch immer größer wird. Die Astrophysiker glauben, daß vor etwa 18 Milliarden Jahren das Universum in einem *Urknall* entstanden ist und seither expandiert. Man arbeitet sogar mit Modellen, die sich mit Zuständen zu einer Zeit von 10^{-45} s (!) nach dem Urknall befassen, bei der das Universum nur ein Milliardstel des Durchmessers eines Atomkerns gehabt haben soll. Es ist aber wohl so, daß der Urknall mit unseren heutigen physikalischen Gesetzen nicht zu fassen ist, ja daß nicht einmal die Grundbegriffe, in denen die Physik heute denkt, auf diese Vorgänge anwendbar sind. Insbesondere die Zeit bedarf dringend einer neuen Begründung, um überhaupt Aussagen über den Urknall machen zu können.

Auch die Zukunft des Universums ist bisher lediglich Gegenstand von Spekulationen. Es gibt noch keine Hinweise darauf, ob die Expansion unbegrenzt weitergeht, ob sie zum Stillstand kommt oder sich gar in eine Kontraktion umkehrt *(pulsierendes Universum).* Eine durch *Einsteins* Allgemeine → Relativitätstheorie fundierte Beschreibung des gegenwärtigen Universums als in sich gekrümmtes und daher zwar unbegrenztes, aber endliches Raumgebiet bedarf ebenfalls noch der experimentellen Bestätigung.

Intelligentes Leben auf anderen Planeten?

Die Frage nach den ›kleinen grünen Männchen‹ soll hier gleich in dem Sinn gestellt werden, der die meisten Menschen am meisten interessiert. Natürlich kann ich hier nicht viel mehr wiedergeben als eine mehr oder weniger wilde Spekulation, denn sonst wäre ein detaillierter Exkurs in die Biologie unausweichlich. Deshalb müssen Sie sich mit der Angabe von hier nicht weiter zu überprüfenden Aussagen zufriedengeben. Zunächst als Grundlage: Die Entstehung und Entwicklung von Leben bis hin zu intelligenten Formen scheint nach allem, was Biologen und Physiker bis jetzt herausgebracht haben, nichts völlig Unwahrscheinliches zu sein. Auch die Ausbildung einer intelligenten Form ist wahrscheinlich eher eine biologische Notwendigkeit als ein eigener Schöpfungsakt. So gesehen reduziert sich die Frage nach anderen denkenden Wesen im All auf folgende: Gibt es Weltenkörper im Universum, die ähnliche physikalische und chemische Eigenschaften haben wie die Erde und die eine ähnliche Evolution durchgemacht haben? Eines ist mittlerweile ziemlich sicher: In unserem Sonnensystem gibt es keine ›zweite Erde‹. Alle anderen Planeten sind entweder zu kalt oder zu heiß, um eine Kohlenstoffchemie zuzulassen, die wohl allein die Vielfalt aufweist, die für die Evolution der höheren Lebewesen letztlich nötig ist. Auch auf dem Mars haben die Raumsonden bisher nicht das geringste Anzeichen von Leben gefunden, nicht einmal in niederen Formen (Flechten oder ähnliches). Die Venus wiederum ist (noch) zu heiß für stabile Kohlenstoffverbindungen organischer Art. Man weiß aber nicht, ob die Venus vielleicht in ferner Zukunft (eine Milliarde Jahre etwa) nicht doch noch zur Geburtsstätte von Leben werden könnte.

In unserem Sonnensystem sind wir also allein. Wie sieht es in anderen Sonnensystemen aus? Gibt es sie überhaupt? Unsere Milchstraße mit ihren etwa 10^{11} Sternen enthält sehr viele Sterne, die unserer Sonne ähnlich sind (gleiche Leuchtkraft, gleiche Größe, ähnliches Alter), denn die Sonne ist nichts Ungewöhnliches im Universum. Haben diese Sonnen auch Planeten wie die unsere? Bisher haben wir nur schwache Anzeichen dafür, daß die Sonnen in unserer ›näheren‹ Umgebung von Planeten umgeben sind. Man hat z. B. geringe Bahnabweichungen in Doppelsternen beobachtet, die auf Störungen durch nichtleuchtende Begleiter hinwiesen. Sicher wissen wir es nicht, aber alle bisher erstellten Theorien über die Entstehung unseres eigenen Planetensystems gehen von Bedingungen aus, wie sie an vielen Stellen unserer Milchstraße anzutreffen sind. Fazit: Es ist höchst wahrscheinlich, daß die meisten Sonnen von Planeten umgeben sind wie unsere Sonne auch.

Jetzt wird's schwieriger: Man kann zwar Wahrscheinlichkeiten dafür angeben, daß sich ein Planet im für Leben geeigneten Abstand von seiner Sonne befindet, ob er aber gleichzeitig auch die passende chemische Zusammensetzung hat, weiß man nicht. Wenn wir jedoch einmal annehmen (jetzt wird es rein spekulativ!), daß jede hundertste Sonne der unseren gleicht, daß von diesen wieder jede hundertste ein Planetensystem hat und daß unter diesen Sonnensystemen wieder jedes hundertste einen erdähnlichen Planeten enthält, so kämen wir innhalb der Milchstraße immerhin noch auf $10^{11} : 10^{6} \approx 10^{5}$ ›Erden‹. Die Erde existiert seit etwa 4 Milliarden Jahren ($4 \cdot 10^{9}$ Jahre). Uns Menschen gibt es erst seit 500000 Jahren – in einer Form, die es uns gestatten würde, mit außerirdischen Lebewesen zu kommunizieren, aber erst seit vielleicht 10000 Jahren, und rechnet man nur die moderne Zeit, in der die Menschen gezielt Astronomie treiben und außerirdische Intelligenz einkalkulieren, erst seit etwa 1000 Jahren. Eine Abschätzung, wie lange die Menschen noch existieren werden, um eventuell noch größere technische Fortschritte in der Astronomie zu erzielen, ist recht unsicher. Am wahrscheinlichsten ist, daß Zivilisationen wie die unsrige ziemlich kurzlebig sind, weil der Evolutionsschritt vom direkten Überlebensdrang (der zu Kriegen und letztlich zur Selbstvernichtung führt) zu einem global orientierten Denken wohl sehr schwierig ist. Es ist gut möglich, daß dieser Schritt wieder nur von einer unter hundert ›Menschheiten‹ bewältigt werden kann. Dann gäbe es rund 1000 ›langlebige‹ Zivilisationen in der Milchstraße. Wir würden noch zur ›kurzlebigen‹ Zivilisation zählen, die ebenso wie Tausende anderer solcher Zivilisationen allein wegen ihrer kleinen Existenzdauer (10000 Jahre) nicht zur galaktischen Kommunikation beitragen könnte. Die Wahrscheinlichkeit des Zusammentreffens zweier solcher Zivilisationen ist ja nur 1 zu 10^{11} (innerhalb der Milchstraße). Nehmen wir an, eine langlebige Zivilisation erreicht ein Alter von 100 Millionen Jahren, dann käme man, ganz grob geschätzt, auf nur 10 – 100 solcher Zivilisationen, die in unserer Milchstraße gleichzeitig existieren, d. h. miteinander kommunizieren könnten. Bei einem Durchmesser der Milchstraße von 30000 – 50000 Lichtjahren beträgt ihre mittlere Entfernung voneinander

$$30000 : \sqrt{100} \approx 3000 \text{ Lichtjahre.}$$

Zwischen Frage und Antwort eines kosmischen ›Gesprächs‹ wären also etwa 6000 Jahre vergangen – eine Zeit, die der Dauer menschlicher Geschichtsschreibung entspricht.

Wir können zwei Schlüsse aus diesen Überlegungen ziehen: Um überhaupt eine Chance zu einem kosmischen Gespräch zu haben, müssen wir eine langlebige Zivilisation werden. Sollten wir die nächsten Jahrtausende überleben, dürften wir demnach erst in einigen 10000 Jahren eine technische Entwicklung hinter uns gebracht haben, die uns für langlebige Zivilisationen interessant erscheinen läßt.

Der wahrscheinlichste Schluß aber ist der, daß wir im Universum zwar nicht allein sind, daß aber mögliche intelligente Wesen auch in unserer Milchstraße räumlich und zeitlich so weit von uns entfernt sind, daß wir auf ein Zusammentreffen nicht hoffen dürfen. Dies ist auch der Grund, warum ich andere Galaxien nicht in diese Überlegungen einbezogen habe, denn die Entfernungen zu ihnen übertreffen noch einmal um Größenordnungen die innerhalb der Milchstraße.

Astrophysik

Als Zweig der → Astronomie hat die A. die Aufgabe, den Aufbau und die Entwicklungsgeschichte von kosmischen Einzelobjekten (Sternen), aber auch von zusammengehörigen Sternsystemen wie Galaxien oder Kugelsternhaufen und – nicht zuletzt – von interstellarer Materie zu erforschen. Diese Aufgabe ist bemerkenswert weit gelöst, besonders seit man Computer einsetzen kann, um die komplizierten Modellrechnungen einer Sternentwicklung durchzuführen.

Die Überprüfung der Theorie an den tatsächlichen Gegebenheiten hat im wesentlichen mit zwei Schwierigkeiten zu kämpfen. Einmal sind selbst ›kurze‹ kosmische Ereignisse, an der Lebensdauer eines Menschen gemessen, nahezu ›unendlich‹ lang. Von ganz wenigen Ausnahmen abgesehen, kann man deshalb kosmische Ereignisse nicht an einem Einzelobjekt untersuchen, sondern muß eine Vielzahl gleichartiger Objekte heranziehen, von denen man annehmen kann, daß sie sich in unterschiedlichen Stadien derselben Entwicklung befinden. Mit anderen Worten: In aller Regel wird die zeitliche Entwicklung eines Objekts durch den momentanen Zustand eines ganzen Ensembles ersetzt. Dieses Vorgehen ist aber auch in anderen Zweigen der Physik üblich (z. B. in der Thermodynamik) und dort weitgehend erfolgreich. Zum anderen gibt es nur wenige Meßgrößen kosmischer Objekte, die uns zugänglich sind und die wir ausnahmslos über die *elektromagnetische Strahlung* erschließen müssen, die wir von dem Objekt empfangen können, vor allem im sichtbaren Bereich und im Radiowellenbereich. Aus diesen Informationen – und den auf der Erde geltenden physikalischen Gesetzen – gewinnt man die *Zustandsgrößen von Sternen,* ihren Radius, ihre Masse, ihre Oberflächentemperatur und ihre integrale Leuchtkraft.

Bezogen werden alle diese Größen auf das Objekt, das uns am nächsten ist und das wir deshalb am besten kennen: unsere Sonne.

Die Leuchtkraft

Die Einordnung der Sterne nach ihrer Helligkeit (im Bereich des sichtbaren Lichts!) war die erste systematische Himmelsforschung, die wohl schon vor mehr als 4000 Jahren betrieben worden ist. Noch aus dem Altertum stammt die Einteilung nach *Größen*. Heute beschreibt man die *scheinbare Helligkeit* eines Sterns, indem man seine *Größenklasse* angibt. Die Größenklassen bilden einen dimensionslosen logarithmischen Maßstab, der so aufgebaut ist, daß eine Differenz von fünf Größenklassen einen Helligkeitsunterschied um den Faktor 100 bedeutet. Als Eichpunkt dient der Polarstern mit einer Helligkeit von $m = 2{,}12$. Die allgemeine Definition lautet:

$$m = -2{,}5 \log S + \text{konst.} \qquad (1)$$

Dabei ist S der Strahlungsstrom, den wir empfangen (im sichtbaren Bereich). Je größer also die Größenklasse m eines Sterns, desto schwächer leuchtet er. Mit den großen Spiegelteleskopen können wir noch Sterne von $m = 24$ erfassen. Das entspricht etwa der Helligkeit einer Kerze in 11 000 km Entfernung (!).

Nun muß man sich jedoch klarmachen, daß die direkt beobachtete Helligkeit eines Sterns – gleichgültig ob mit dem Auge, mit dem Fernrohr oder dem Photoapparat registriert – nur eine *scheinbare* sein kann, denn die Sterne sind unterschiedlich weit von uns entfernt.

Um sie wirklich miteinander vergleichen zu können, muß man die scheinbare Helligkeit m in eine *absolute Helligkeit M* umrechnen. Man definiert sie als die Helligkeit, die der betreffende Stern für uns hätte, wenn er sich in der fiktiven Entfernung von 10 pc befände (1 pc = 1 Parallaxensekunde = Entfernung, in der der Erdbahndurchmesser unter dem Winkel von 1 Bogensekunde gesehen wird; 1 pc = 3,26 Lichtjahre $\approx 3 \cdot 10^{16}$ m). Die Umrechnung zwischen scheinbarer und absoluter Helligkeit ist einfach, wenn man die Entfernung des betreffenden Sterns kennt: Die Helligkeit nimmt proportional zum Quadrat der Entfernung ab, wenn man annimmt, daß das Licht sich wie eine Kugelwelle ausbreitet.

Die Leuchtkraft L eines Sterns ist zwar mit der absoluten Helligkeit korreliert, muß aber über den gesamten Wellenlängenbereich integriert werden. Praktisch stößt das auf erhebliche Schwierigkeiten, weil die Erdatmosphäre z. B. ultraviolettes Licht sehr stark absorbiert. Man behilft sich mit verschiedenen Korrektur- und Meßmethoden, auch von Satelliten aus, deren Erläuterung zu weit führen würde. Jedenfalls kann man – mit einigen Tricks – aus der absoluten Helligkeit eines Sterns auf seine Leuchtkraft L schließen, die als die pro Sekunde abgestrahlte Strahlungsenergie definiert ist.

Die Leuchtkraft der Sonne läßt sich direkt messen: Die Strahlungsenergie, die bei uns auf der Erde pro cm^2 (senkrecht zum Strahlengang) und Sekunde eintrifft, ist als *Solarkonstante* bekannt und beträgt 1,353 kW/m^2. Da unsere Erde etwa 150 000 000 km von der Sonne entfernt ist, beträgt die Leuchtkraft der Sonne

$$L_S = 4\pi \cdot (1{,}5 \cdot 10^{11})^2 \cdot 1353\,\text{W} = 3{,}83 \cdot 10^{26}\,\text{W}. \qquad (2)$$

Der Bereich, in dem die Leuchtenergie von Sternen liegen kann, ist sehr groß. Er reicht von $L/L_S = 10^5$ für die heißesten Sterntypen bis herunter zu $L/L_S = 10^{-4}$ für sog. *Weiße Zwerge*.

Die Sterntemperatur

Die Gesamtstrahlungsleistung (Leuchtkraft) eines Sterns ist mit seiner Temperatur nach dem Stefan-Boltzmann-Gesetz (→ Strahlungsgesetze) verknüpft:

$$L = \text{konst.} \cdot T^4 = 4\pi R^2 \cdot \sigma \cdot T^4. \quad (3)$$

In der Konstanten steckt also auch die Oberfläche $4\pi R^2$ des Sterns (die Strahlungskonstante σ hat den Wert $5{,}68 \cdot 10^{-3}\,\text{kg/s}^2 \cdot 1/\text{Grad}^4$).

T ist ungefähr (aber nicht genau) gleich der Oberflächentemperatur des Sterns. Die Meßgrößen, die auf die Oberflächentemperatur schließen lassen, sind vor allem die *Sternfarbe* und der *Spektraltyp* des Sterns. Die Sternfarbe läßt Rückschlüsse auf das Frequenzmaximum der ausgesandten Strahlung zu, das wiederum mit der Temperatur des Strahlers zusammenhängt:

$$\frac{T}{\nu_{max.}} = \text{konst.} \quad (4)$$

Je höher also die Temperatur, desto höher auch die Frequenz und damit die Energie der überwiegend ausgesandten Strahlung. Blaue Sterne sind demnach heißer als rote. Die heißesten Sterne haben ihr Strahlungsmaximum im Ultravioletten. Der Spektraltyp gibt weitere Hinweise auf die Sterntemperatur. Enthält das Spektrum des Sterns überwiegend Linien von angeregten neutralen *Atomen*, so ist seine Oberfläche relativ ›kühl‹. Kommen aber in der Mehrzahl oder gar ausschließlich Spektrallinien vor, die man nur *ionisierten* Atomen zuordnen kann, so muß die Sternoberfläche heiß sein, denn nur bei hoher Temperatur können die Atome durch Stöße derart angeregt werden, daß sie ein oder mehrere Elektronen verlieren (→ Plasma). Die exakte Umrechnung dieser Größen auf die Sterntemperatur ist ziemlich kompliziert und hängt auch noch vom verwendeten Sternmodell ab (Dichte der Sternatmosphäre, Durchlässigkeit für bestimmte Frequenzen usw.). Die Oberflächentemperaturen reichen von etwa 3500 K bis 100000 K (für die Sonne ist $T \approx 6000$ K).

Die Sterndurchmesser

Direkte Bestimmungen von Sterndurchmessern *D* gibt es nur für etwa 100 Objekte. Eines davon ist natürlich die Sonne:

$$D_S = 1{,}4 \cdot 10^9\,\text{m}. \quad (5)$$

Man kann D_S direkt aus dem Winkel errechnen, unter dem wir die Sonnenscheibe sehen, denn der Bahnradius der Erde ist aus anderen Messungen bekannt. Die Sterne dagegen sind so weit von uns entfernt – der nächste Stern ist etwa 4 Lichtjahre weit weg –, daß es selbst mit den besten Teleskopen nicht möglich ist, sie als Scheiben zu sehen. Trotzdem gibt es interferometrische Methoden, mit denen ein Winkelauflösungsvermögen von bis zu 10^{-3} Bogensekunden erreichbar ist. Damit läßt sich der Durchmesser etwa eines Dutzends Sterne bestimmen. Die größte Anzahl direkt meßbarer Durchmesser jedoch gehört zu den *Bedeckungsveränderlichen*. Das sind *Doppelsterne*, die einander umkreisen und deren Bahnebene zufällig in unserer Blickrichtung liegt. Da in den meisten Fällen ein Partner des Duos stärker strahlt (und größer ist) als der andere, kann man aus der Intensitätskurve direkt die Zeit ablesen, die der eine Stern braucht, um vor oder hinter dem anderen durchzugehen, d. h. also eine ›Sonnenfinsternis‹ zu verursachen (Figur 1). Darüber hinaus ist es möglich, mit Hilfe des Doppler-Effekts (→ Wellen, → Akustik) die Bahngeschwindigkeiten der Partner direkt zu messen. Der Schluß

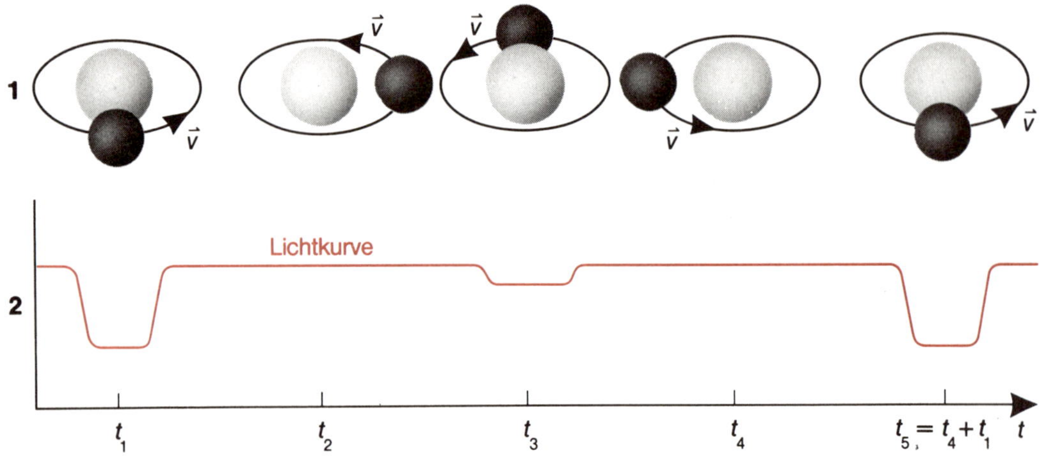

Astrophysik (Figur 1): Die Lichtkurve von Bedekkungsveränderlichen **(2)** und die zugeordneten Stellungen der Gestirne **(1)** lassen Rückschlüsse auf die Durchmesser der Partner zu, wenn man die aus den Doppler-Verschiebungen des Spektrums ermittelte Bahngeschwindigkeit kennt.

auf die Durchmesser der beiden Sterne ist dann nicht mehr schwierig. Man hat auf diese Weise Sterndurchmesser von $\frac{1}{100}\,D_S$ (Weiße Zwerge) bis über 2000 D_S gefunden.

Die Durchmesser aller anderen Sterne sind nur mit indirekten Methoden erfaßbar. So kann man z. B. die Oberflächentemperatur T und – unabhängig davon – die Leuchtkraft eines Sterns messen und daraus mit Hilfe der Gleichung (3) Rückschlüsse auf den Radius ziehen.

Alle indirekten Methoden haben aber eines gemeinsam, und zwar nicht nur bei der Ermittlung der Sternradien, sondern auch der aller anderen Zustandsgrößen: Sie sind relativ ungenau. Das Bild der Sterne, wie es die Astrophysik heute vorweist, ist deshalb von zahllosen Einzelergebnissen geprägt, die wie ein Mosaik zu einem Ganzen zusammengefügt worden sind. Die meisten Erscheinungen lassen mehrere Deutungen zu, und nur durch die Kombination aller Beobachtungen kann man ein Bild gewinnen, das einigermaßen zuverlässig ist.

Die Sternmassen

Nur unter der Voraussetzung, daß das → Gravitationsgesetz im ganzen Universum unverändert gültig ist und war, kann man mit Hilfe der → Keplerschen Gesetze ihre Massen bestimmen. Direkt ist dies wieder nur bei Doppelsternen möglich, von denen etwa 30 zuverlässige Massenbestimmungen vorliegen. Weitaus die meisten Sternmassen folgen aus Modellrechnungen, in denen die Massen mit den Strahlungsleistungen, der Spektralklasse und der Zusammensetzung der Sterne in Verbindung gebracht werden. Die Masse der Sonne läßt sich natürlich wieder direkt aus der Erdmasse, dem Erdbahnradius und der Umlaufzeit der Erde (1 Jahr) berechnen:

$$M_S = 2 \cdot 10^{30}\ \text{kg}. \qquad (6)$$

Chemische Zusammensetzung

Auch hier gibt es eine merkliche Einschränkung. Da man direkt lediglich aus den Spektrallinien auf die chemischen

Elemente schließen kann, die entweder das Licht aussenden oder es absorbieren, läßt sich nur die Zusammensetzung der *Sternoberfläche* einigermaßen sicher ermitteln. Das Sterninnere bleibt uns verborgen und kann nur aus Modellrechnungen erschlossen werden. Von einigen wenigen Objekten kennt man sowohl den Radius wie auch die Masse und kann daraus die mittlere Dichte berechnen. Trotz dieser Mängel sind sich die Astrophysiker heute sicher, daß die chemischen Elemente im ganzen Universum in gleicher Weise vorkommen, allerdings nicht in denselben Prozentzahlen wie auf der Erde. Ein typischer ›junger‹ Stern besteht etwa zu 70% aus Wasserstoff, zu 28% aus Helium und zu 2% aus anderen Elementen höherer Ordnungszahl (Kohlenstoff, Eisen usw.), die von den Astrophysikern zusammengefaßt ›Metalle‹ genannt werden. Alle diese Elemente sind in einem Stern größtenteils ionisiert (Plasma).

Das Hertzsprung-Russell-Diagramm (HRD)

Ejnar Hertzsprung (1873–1967) und *Henry Norris Russell* (1877–1957) haben zunächst unabhängig voneinander eine Systematik in den Beziehungen der Zustandsgrößen der Sterne entdeckt, die man in einer nach ihnen benannten gra-

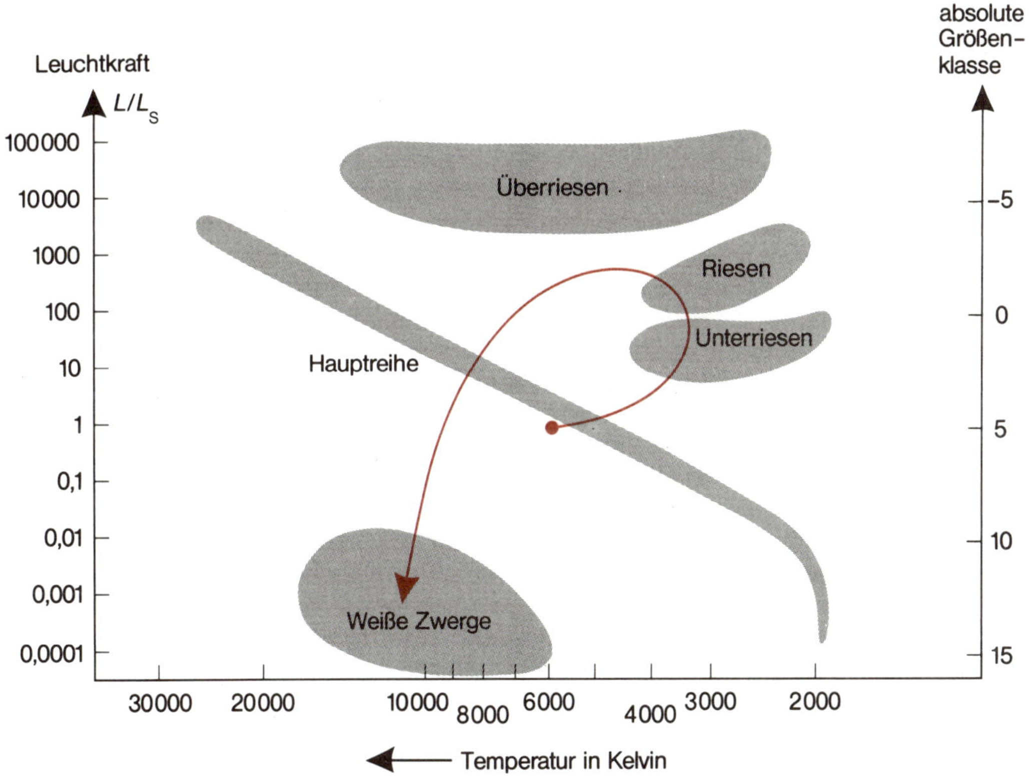

Astrophysik (Figur 2): Darstellung des Hertzsprung-Russell-Diagramms (HRD); die seltsame Abszisse hat historische Gründe, ursprünglich hat man hier die Spektralklassen aufgetragen, mit den blauen (heißen) Sternen ganz links. Die Leuchtkraft wird in logarithmischen Sonneneinheiten angegeben, die mit den ›Größenklassen‹ der absoluten Helligkeit in einem linearen Zusammenhang stehen. Die Entwicklung der Sonne zum Weißen Zwerg ist rot eingezeichnet.

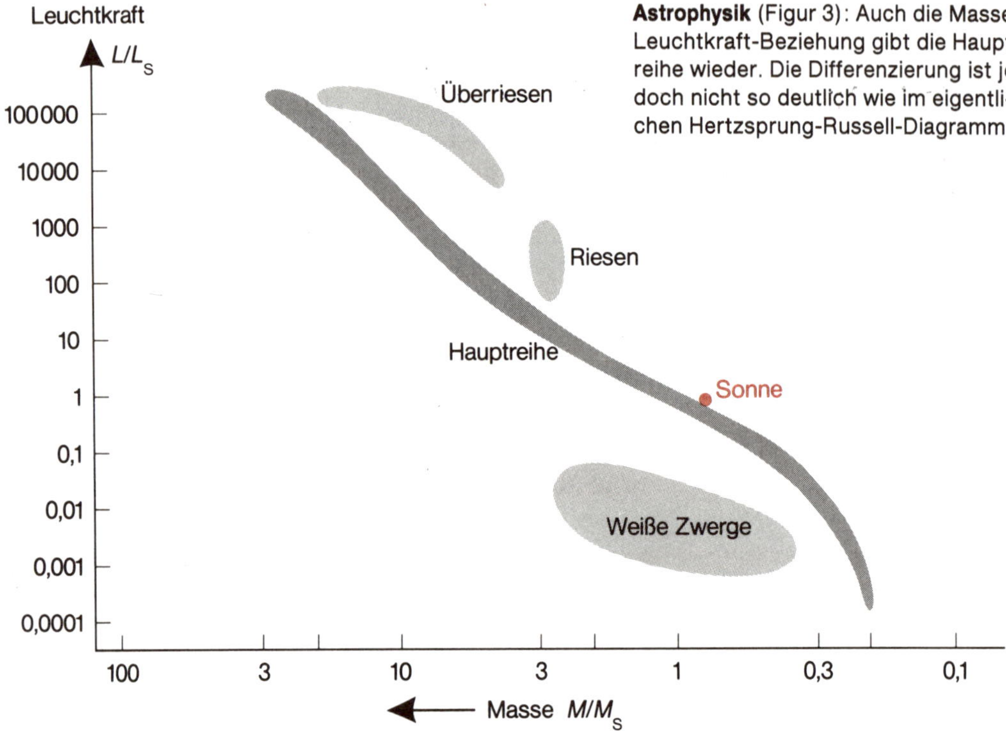

Astrophysik (Figur 3): Auch die Masse-Leuchtkraft-Beziehung gibt die Hauptreihe wieder. Die Differenzierung ist jedoch nicht so deutlich wie im eigentlichen Hertzsprung-Russell-Diagramm.

phischen Darstellung, dem Hertzsprung-Russell-Diagramm, Abk. HRD, wiedergibt. Es ist ein logarithmisches Diagramm mit der Leuchtkraft als Ordinate und der Temperatur (ursprünglich der Spektralklasse) als Abszisse. Jeder Stern wird in diesem Diagramm als Punkt eingetragen (Figur 2). Dabei zeigt sich, daß nicht etwa das ganze Diagramm gleichmäßig mit Punkten bedeckt wird. Sehr heiße Sterne mit sehr kleiner Leuchtkraft kommen ebenso wenig vor wie kühle Sterne mit sehr hoher Leuchtkraft. Das ist zwar nicht verwunderlich, trotzdem ist die Konzentration der Sterne in bestimmten Gebieten des Diagramms erstaunlich, ebenso wie die Lücken, die dicht neben diesen Gebieten vorhanden sind. Diese Diagramme sind deshalb ein Ausgangspunkt für jede Theorie, die Sternevolutionen beschreiben will.

Eine weitere Systematisierung gelang mit der Masse-Leuchtkraft-Beziehung, die man ebenfalls in Diagrammform mit logarithmischen Maßstäben wiedergibt und in der ähnliche Gebiete auftreten (Figur 3). Es gibt keine Sterne hoher Leuchtkraft und gleichzeitig kleiner Masse, ebensowenig wie es Sterne großer Masse und sehr kleiner Leuchtkraft gibt, und diese Tatbestände sind keineswegs selbstverständlich. Die gegenwärtigen Sternmodelle erklären jedoch beide Diagramme in nahezu allen Einzelheiten.

Geschichte eines Sterns

Die Entstehung eines Sterns ist nicht mit der Entstehung von Materie gleichzusetzen, sondern nur mit deren Zusammenballung zu einem Objekt mit definiertem Radius, das dann Strahlungsenergie aussendet. Es ist deshalb keineswegs so, daß

Sterne nur am Anfang der Entwicklung des Universums entstanden sind. Vielmehr bilden sie sich auch jetzt noch aus ›interstellarer Materie‹, Gas- und Staubwolken, die vor allem in den Zentren der Galaxien zu finden sind, aber auch in den Armen von Spiralnebeln (→ Astronomie). Die treibende Kraft bei der Entstehung eines Sterns und seiner Entwicklung bis zu seinem Ende ist die *Massenanziehung,* wie sie durch das Gravitationsgesetz beschrieben wird:

$$F = \gamma \cdot \frac{m \cdot M}{r^2}. \qquad (7)$$

Dabei sind m und M zwei Massen, die sich im Abstand r voneinander befinden; γ ist die Gravitationskonstante (→ Naturkonstanten) und F die Kraft, mit der sich m und M anziehen.

Wären die Partikel der interstellaren Materie relativ zueinander in Ruhe, würden alle Teilchen im freien Fall in den Schwerpunkt der Wolke hineinstürzen. In der Realität sind die Teilchen einer solchen Wolke nicht in Ruhe, sondern führen komplizierte Bewegungen mit einem resultierenden Drehimpuls aus, wobei auch Stöße untereinander vorkommen, so daß nun die Gesetze der → Thermodynamik ins Spiel kommen. Eine derart turbulente Wolke kann sich nur dann spontan zusammenziehen, wenn ihre Dichte mindestens etwa 100 Teilchen pro Kubikzentimeter beträgt und ihre Ausdehnung mehr als 1 pc. Die angegebene Dichte ist nur ein Zehnmilliardstel von einem Milliardstel unserer Luftdichte. Trotzdem beträgt die Gesamtmasse das Zehnfache der Sonnenmasse.

Kondensiert die Wolke, bleiben Energie und Drehimpuls erhalten. Die Gravitationsenergie wird in thermische Energie umgewandelt, ein ›Kern‹ entsteht, dessen Temperatur rasch anwächst. Über verschiedene Zwischenstadien entsteht schließlich ein Protostern, der bereits strahlt. All dies geschieht innerhalb einer Zeit von etwa 500000 Jahren. Als Folge der Erhaltung des Drehimpulses haben sich mehrere Protosterne gebildet, die einander umkreisen. Die weitere Entwicklung hängt von der Masse ab, die der Protostern bereits auf sich vereinigt hat. Je massereicher der Protostern ist, desto rascher laufen die jetzt nachfolgenden Vorgänge ab.

Die ›Atmosphäre‹ des Kerns stürzt nahezu im freien Fall auf den Kern und heizt ihn weiter auf. Die Leuchtkraft (und damit der Strahlungsverlust) wächst bis zum -zigfachen der Sonnenleuchtkraft. Gleichzeitig steigt die Temperatur: der Protostern strahlt blau. Nach etwa 1 Million Jahren ist praktisch die gesamte Masse der Wolke in den Sternen konzentriert. Die hohe Temperatur im Innern der Kerne und der dadurch entstehende hohe Druck haben die Kontraktion immer mehr abgebremst. Die Turbulenzen im Stern nehmen nun weiter ab, der Energietransport nach außen wird mehr und mehr durch Strahlung anstatt durch Konvektion bewerkstelligt, die aber das wirksamere Transportmittel war. Das hat zur Folge, daß sich die Oberfläche zwar abkühlt, aber der Stern trotzdem nicht viel Energie durch Strahlung verliert. Er kontrahiert also weiter und heizt dabei sein Inneres immer mehr auf. Schließlich erreicht der Kern Temperaturen, die die Kernverschmelzung von Wasserstoff zu Helium möglich machen (Kernfusion, → Kernphysik). Damit wird etwa 50 Millionen Jahre nach Beginn der Kontraktion eine Energiequelle erschlossen, die eine weitere Schrumpfung des Sterns verhindert. Er ist jetzt (wie unsere Sonne) in einem Gleichgewicht, das lange Zeit anhält (einige Milliarden Jahre), so lange nämlich, bis die Kernbrennstoffe aufgebraucht sind. Im HR-Diagramm ist der Stern jetzt auf der Hauptreihe. Wie bereits angedeutet, hängt die Zeit bis zum Eintritt der Kernfusion empfindlich von der Anfangsmasse des Protosterns ab. Für die Kontraktionszeit t_K gilt die Beziehung:

$$t_K = \frac{1}{\left(\frac{M}{M_S}\right)^2} \cdot 6 \cdot 10^7 \text{ Jahre.} \quad (8)$$

Für kleine Anfangsmassen (ungefähr $M < 1/10\ M_S$) wird bei der Kontraktion die Zündtemperatur der Kernfusion nicht erreicht. Diese Sterne kontrahieren solange, bis die Materie eine Art überdichte Metallstruktur erreicht hat (›entartetes Elektronengas‹), die dem Gravitationsdruck das Gleichgewicht halten kann. Sie bleiben als *Schwarze Zwerge* unendlich lange stabil, bilden also eines der möglichen Endstadien der Sternentwicklung.

Massereichere Sterne entwickeln sich anders. Sie verbrennen zuerst etwa 10% ihres Wasserstoffvorrats, bevor sich das Gleichgewicht abermals verschiebt. Die Sonne soll nach diesem Modell etwa 6 Milliarden Jahre in der Hauptreihe verbleiben. Sie ist also noch etwa 1–2 Milliarden Jahre stabil. Da diese Phase der Energieerzeugung durch verschiedene Kernfusionsprozesse bei weitem die längste auf dem Weg der Sternentwicklung ist, sind über 99% aller beobachteten Sterne in dieser Phase. Die Häufung im Endstadium (siehe unten) ist erst in einem viel späteren Stadium des Universums zu erwarten.

Die Ausdehnung des Kerngebietes, in dem Fusionsreaktionen stattfinden, ist wieder stark masseabhängig. Ebenfalls masseabhängig ist der Zeitpunkt, zu dem dieses ›Wasserstoffbrennen‹ erlischt und eventuell andere Fusionsprozesse wie ›Heliumbrennen‹ oder gar ›Kohlenstoffbrennen‹ einsetzen. Dabei steigt die Kerntemperatur plötzlich stark an, ein Strahlungsgleichgewicht kann aber nicht mehr gebildet werden: Der Kern explodiert. Instabilitäten in dieser Entwicklungsphase erklären *Nova-* und *Supernova-Explosionen.* Sie können aber nach diesem Modell nur für Sternmassen zwischen 0,5 M_S und 3 M_S (Heliumdetonation) beziehungsweise 3 M_S und 10 M_S (Kohlenstoffdetonation) auftreten. Oberhalb 10 Sonnenmassen treten die Kernfusionsprozesse bereits bei sehr viel kleineren Sterndichten auf. Die Brennstoffe zünden nacheinander und brennen im Gleichgewicht aus, wobei die einzelnen Brennzonen immer mehr nach außen wandern. Schließlich bildet sich ein Eisenkern, der möglicherweise kollabiert, wenn er abkühlt. Diese Implosion könnte ebenfalls die Supernova-Explosionen erklären, wenn sie im Zentrum reflektiert wird.

Das Normalstadium nach dem Abbrand des Wasserstoffs ist jedoch für Sterne unter 10 M_S die nach außen wandernde Brennzone des Wasserstoffs. Während der Stern nach innen zu immer mehr entartet, bläht er sich nach außen hin immer mehr auf und kühlt gleichzeitig ab: Er wird zum *Roten Riesen.* Sein äußerer Durchmesser erreicht mehr als das Tausendfache seines Wertes auf der Hauptreihe, die Leuchtkraft nimmt um einen ähnlichen Faktor zu. Da die Gravitation in der äußersten Zone wegen der großen Entfernung zum Zentrum wieder kleiner geworden ist, verliert der Stern auch Masse. Schließlich bleibt nur noch der bereits entartete Kern mit einer Masse zwischen 0,5 M_S und 1,4 M_S zurück – als sog. *Weißer Zwerg* mit einer Dichte von weniger als 10^9 g/cm³. Ist die Masse des Reststerns größer ($\approx 2\ M_S - 4\ M_S$), so kann die Entartung des Elektronengases,

d. h. die elektromagnetische → Wechselwirkung, dem Gravitationsdruck nicht mehr widerstehen, die Elektronen werden in die Kerne gepreßt, die Nachbarkerne verschmelzen miteinander und mit den Elektronen zu Neutronen (inverser Beta-Zerfall). Es entsteht ein *Neutronenstern.* Während der Weiße Zwerg immerhin noch die Größe unserer Erde hat, ist der Durchmesser eines Neutronensterns trotz seiner größeren Masse auf Werte unter 30 km (!) geschrumpft. Der Stern hat die unvorstellbare Dichte von ungefähr 10^{15} g/cm^3 (1 Milliarde Tonnen pro Kubikzentimeter). Das ganze Gebilde muß streng relativistisch behandelt werden, denn die Schwerkraft ist an der Oberfläche ebenfalls unvorstellbar groß (etwa 100 Milliarden mal größer als auf der Erdoberfläche). Die sog. *Pulsare,* die mit Perioden zwischen 2 Sekunden und 1/30 Sekunde ›flackern‹, bringt man mit solchen Neutronensternen in Verbindung, denn ein größeres Gebilde, das so schnell rotiert, würde von Zentrifugalkräften zerrissen werden.

Ist die Masse des Sterns in diesem Endstadium noch größer (als 4 M_S), so ›zerquetscht‹ die Gravitationskraft selbst die Neutronen. Niemand weiß genau, was dann geschieht. Einige Physiker glauben, daß die Materie dann unseren Raum verläßt und in eine andere Dimension entkommt. Die vorherrschende Meinung ist jedoch, daß es noch einen Prozeß gibt, der schließlich der Gravitationskraft die Waage hält, allerdings auf einem Niveau, das außerhalb unserer Beobachtungsmöglichkeiten liegt, einfach deswegen, weil ein dermaßen kollabierter Stern eine Gravitationskraft entwickelt, die bis zum *Schwarzschild-Radius* so stark ist, daß nicht einmal mehr ein Lichtquant den Stern verlassen kann. Wir können einen solchen Stern daher nicht mehr sehen. Er wird zum *Schwarzen Loch.* Der ganze Vorgang ist unter dem Namen *Gravitationskollaps* bekannt.

Der Schwarzschild-Radius R_{Sch} (benannt nach *Karl Schwarzschild,* 1873–1916) errechnet sich aus der Gleichsetzung von Gravitationsenergie $\gamma M^2/R_{Sch}$ und halber Ruhenergie ½ Mc^2 (c = Lichtgeschwindigkeit), es gilt:

$$R_{Sch} = \frac{2\gamma M}{c^2}. \qquad (9)$$

Für einen Stern wie unsere Sonne beträgt R_{Sch} nur etwa 3 km – für die Erde wären es nur 9 mm!

Ein Schwarzes Loch behält nach gängiger Meinung seine Gravitation. Es schluckt daher alles Licht und alle Materie, die in seine Nähe kommen, und wird dabei selbst immer massiver. Schwarze Löcher werden in den Zentren der Galaxien vermutet, wohl auch als Partner des einen oder anderen Doppelsterns. Ihre Existenz ist unabdingbar, wenn die bekannten Naturgesetze ohne Einschränkung im Kosmos gelten.

So haben wir also die Endstadien der Sterne erreicht. Wenn ein Stern nicht explodiert, endet er nach höchstens 10^{11} Jahren entweder als Weißer Zwerg, als Neutronenstern oder als Schwarzes Loch.

Quasare

Nicht in dieser ›Sterngeschichte‹ enthalten und vorerst nur durch Spekulationen zu deuten sind die sog. ›quasistellaren Objekte‹, die man kurz als *Quasare* bezeichnet. Es handelt sich dabei um punktförmige, d. h. mit unseren Instrumenten nicht auflösbare Objekte, die eine extreme Rotverschiebung aufweisen (bis zu $\Delta\lambda/\lambda = 3{,}56$), was nach dem Doppler-Effekt einer Fluchtgeschwindigkeit von mehr als 0,9 c entspricht und nach *Hubble* einer Entfernung von mehr als 10 Milliar-

den Lichtjahren. Trotz dieser riesigen Entfernung können wir ihre Radiowellen und zum Teil ihr Licht noch empfangen, weil sie eine Leuchtkraft haben, die 100- bis 1000mal so groß ist wie die einer ganzen Galaxie (!).
Es gibt Quasare, die ›pulsieren‹, und zwar mit einer Frequenz von einigen Tagen. Das bedeutet, daß sie im Durchmesser nicht größer sein können (→ Relativitätstheorie) als einige Lichttage, weil sonst die Bestandteile des Quasars untereinander nicht mehr korreliert wären. Für die angenommenen Entfernungen spricht außer der Rotverschiebung auch, daß die Quasare absolut ›fix‹ erscheinen, d. h., daß nicht die kleinste Querkomponente einer Geschwindigkeit entdeckt werden konnte. Die Deutung von so energiereichen wie weitentfernten Strahlern ist heute folgende: Es handelt sich um Objekte, die in unserem beobachtbaren Universum bereits ausgestorben sind. Wir sehen sie nur deshalb noch, weil ihr Licht so lange unterwegs war. Möglicherweise sind diese Quasare riesige Schwarze Löcher (etwa 10^8 Sonnenmassen), die pro Tag einen Stern schlucken, der vorher durch die unvorstellbaren Gezeitenkräfte zerrissen wird und dabei die riesigen Strahlungsmengen aussendet. Noch massivere Schwarze Löcher absorbieren die Sterne bereits, bevor sie durch die Gezeitenkräfte zerstört werden können, so daß diese älteren Schwarzen Löcher in unserer näheren Umgebung nicht mehr zu sehen sind.

at

Abk. für die heute nicht mehr zulässige Druckeinheit technische Atmosphäre; 1 at = 0,980 bar (→ Maße und Maßsysteme).

Äther

In der klassischen Physik war der Äther (besser *Weltäther)* ein hypothetischer Stoff, der das ganze Universum ausfüllen sollte. Er war erfunden worden, um zu erklären, wieso sich das Licht (allgemeiner: eine elektromagnetische Welle) durch den Raum ausbreiten kann. Um nicht in Widerspruch mit der Erfahrung zu geraten, mußte man dem Weltäther eine Reihe recht ungewöhnlicher Eigenschaften zuschreiben. So mußte er ungeheuer elastisch sein, um die hohe Lichtgeschwindigkeit zu erklären, viel elastischer noch als die härtesten Metalle. Gleichzeitig sollte er aber eine verschwindende Dichte haben, sonst müßten alle Gestirne und Planeten bald in ihm steckenbleiben.
Im Jahre 1881 führten *Albert Abraham Michelson* (1852–1931) und *Edward Williams Morley* (1838–1923) ihr berühmtes Experiment durch, das die Existenz des Weltäthers zeigen sollte. Es fiel trotz vielfacher Wiederholung – auch durch andere Experimentatoren – negativ aus. Der Weltäther war experimentell nicht nachweisbar, also mußte diese Hypothese aufgegeben werden. Damit war natürlich das ursprüngliche Problem, nämlich den Mechanismus der Lichtwellenausbreitung zu erklären, nicht gelöst. Heute können die Physiker zwar diesen Vorgang genau mit Hilfe der → Quantenmechanik und der Feldtheorie beschreiben, aber der *Anschauung* entzieht er sich immer noch. Wir müssen uns wohl damit abfinden, daß wir uns mikrophysikalische Vorgänge überhaupt nicht anschaulich vorstellen können.

atm

Abk. für die heute nicht mehr zulässige Druckeinheit physikalische Atmosphäre;

1 atm = 1,013 bar (→ Maße und Maßsysteme).

Atmosphäre

1) Sammelbezeichnung für die nicht mehr zulässigen Druckeinheiten *physikalische Atmosphäre,* Abk. atm, und *technische Atmosphäre,* Abk. at (→ Maße und Maßsysteme);
2) die Luftschicht der → Erde (→ Luftdruck).

Atom

Atome (von griech. atomos, dt. unteilbar) sollten schon seit dem griechischen Altertum die kleinsten, nicht weiter teilbaren Bestandteile der Materie sein. Die Gebilde, die heute diesen Namen tragen, sind unteilbar nur im chemischen Sinne: Zerlegt man sie weiter, so verlieren sie ihre chemischen Eigenschaften. Für den Physiker sind A. höchst kompliziert aufgebaute Systeme, die man – mit Ausnahme der allereinfachsten – immer noch nicht exakt mathematisch erfassen kann.

Größe und Masse
Der Durchmesser eines A. ist nicht exakt definierbar, weil es keine scharfen Umrisse gibt. Trotzdem gibt es Größenunterschiede: Die kleinsten A. (z. B. Wasserstoff) sind etwa $8 \cdot 10^{-11}$ m ›dick‹, die größten (z. B. Caesium) haben den vierfachen Durchmesser. Atomdimensionen liegen also im Bereich von 10^{-10} m (Zehnmilliardstel Metern oder Zehnmillionstel Millimetern), in alter Sprechweise bei etwa einem ›Ångström‹. Die Masse eines A. läßt sich dagegen sehr genau angeben. Sie reicht von $1{,}67356 \cdot 10^{-24}$ g (für das Wasserstoffisotop 1) bis etwa $435 \cdot 10^{-24}$ g (für das Isotop 264 des Elements 106), ist also unvorstellbar klein (→ Atomgewicht).

Aufbau und Einteilung
Die Winzigkeit der A. macht sie für unsere unmittelbare Erfahrung unzugänglich: Wir können einzelne A. nicht sehen oder fühlen. Nur über dem Umweg vieler physikalischer und chemischer Experimente ist es möglich, eine gewisse Vorstellung von ihrem Aufbau zu entwickeln. Es ist aber sehr wichtig, sich immer wieder klarzumachen, daß es sich bei solchen ›Bildern‹ lediglich um *Modelle* handelt, die die für uns nicht direkt erfaßbare Mikrowelt in sinnlich vorstellbare Anordnungen übersetzen.
Ein *Atommodell* in diesem Sinne wurde Anfang des 20. Jahrhunderts entwickelt und nach *Niels Bohr* (1885–1962) benannt: Es betrachtet A. als kleine ›Planetensysteme‹, bestehend aus einem positiv geladenen → Atomkern, um den – auf gewissen Bahnen – negativ geladene Elektronen in entsprechender Anzahl kreisen, so daß das A. als Ganzes elektrisch *neutral* erscheint. Der Kern selbst ist ebenfalls zusammengesetzt, und zwar aus → Protonen, die eine positive Elementarladung tragen, und den etwa gleich schweren, ungeladenen → Neutronen. Fast die gesamte Masse des A. ist in seinem Kern vereinigt, denn ein Elektron hat nur etwa $1/1836$ der Masse eines Protons. Gleichzeitig ist der Kern im Vergleich zum Atomdurchmesser winzig klein: sein Durchmesser beträgt nur etwa 10^{-14} m, also $1/10\,000$ des gesamten A. Der weitaus größte Teil des A. ist demnach leerer Raum, und es bedarf eines nochmals vergrößerten Modells, wenn man sich diese Tatsache veranschaulichen will. Denken wir uns den Atomkern zu Stecknadelkopfgröße (2 mm Durchmesser) aufgebläht, so hätte das ganze A. einen Durchmesser von 20 m. Die berühmte Stecknadel im Heuhaufen! Ein anderes Bild: Würden wir allen A. unseres Erdballs die Elektronen entziehen, so

daß die Kerne dicht an dicht gepackt wären, dann wäre die gesamte Erdmasse in einer Kugel von etwa der Größe des World Trade Centers in New York (rd. 400 m hoch) enthalten!
Der Kernaufbau der A. erklärt ihre Einteilung. Die Zahl der Protonen im Kern *(Ordnungszahl)* stimmt mit der Zahl der Elektronen in der Hülle überein und legt so die chemischen Eigenschaften des A. fest: A. mit gleicher Ordnungszahl bilden ein → chemisches Element. Die Zahl der Neutronen im Kern kann bei gegebener Ordnungszahl innerhalb gewisser Grenzen variieren. So entstehen die verschiedenen *Isotope* eines Elements. Die Gesamtzahl der *Nukleonen* (Protonen und Neutronen) eines Kerns ist seine *Massenzahl.* Jedes Isotop hat also eine andere Massenzahl. Isotope unterscheiden sich voneinander nur geringfügig in ihrer Masse. Chemisch ist fast überhaupt kein Unterschied festzustellen. Entsprechend schwierig (und teuer) ist es, aus dem natürlichen *Isotopengemisch* eines Elements einzelne Isotope zu isolieren. Wir kennen heute 109 Elemente und weit über 1500 Isotope, die aber zum größten Teil nicht stabil sind (→ Kernphysik, → Radioaktivität). Die Berechnung und Klassifizierung der Energiezustände der Elektronenhülle ist Gegenstand der → Atomphysik.

Atomare Masseneinheit

Abk. u, atomphysikalisches Maß, bezeichnet 1/12 der Masse des Kohlenstoffisotops C^{12} (→ Maße und Maßsysteme).

Atomgewicht

Das A. bezeichnet die relative Masse eines Isotops oder eines → chemischen Elements, bezogen auf die Masse des Kohlenstoffisotops C^{12}, die gleich 12 gesetzt wird. Durch diese Vereinbarung (gültig seit 1962) hat man erreicht, daß die A. der → *Isotope* nahezu ganzzahlig werden und näherungsweise mit den Massenzahlen übereinstimmen, die man in der → Kernphysik benutzt. A. beziehen sich auf → Atome im Grundzustand (also auch einschließlich der Elektronenhülle). Die – geringe – Abweichung der A. reiner Isotope von den Massenzahlen rührt von den Elektronenmassen und den unterschiedlichen → Bindungsenergien der Kerne her.
Die A. der → chemischen Elemente weichen zum Teil erheblich von der Ganzzahligkeit ab, weil natürliche Elemente meist *Isotopengemische* darstellen, die sogar für unterschiedliche Fundorte oder Abbaugebiete noch geringen Schwankungen unterliegen. Auch für Moleküle lassen sich relative Massen bestimmen, die man als → Molekulargewicht bezeichnet.

Atomkern

Jedes → Atom besteht aus dem Kern und der Elektronenhülle. Im A. ist praktisch die gesamte Masse des Atoms vereinigt, obwohl er nur etwa ein Zehntausendstel des Atomdurchmessers mißt. Sein absoluter Durchmesser liegt in der Größenordnung von etwa 10^{-14} m. Trotz dieser winzigen Abmessungen muß man sich A. aus noch kleineren → Elementarteilchen, den Nukleonen, zusammengesetzt denken, nämlich den Protonen und Neutronen. Man kennzeichnet einen A. meist durch seine Protonenzahl und seine Massenzahl. Die *Protonenzahl* gibt zugleich die Elektronenzahl der Hülle des neutralen Atoms und damit die Ordnungszahl des zugehörigen chemischen Elements an (→ Periodensystem).
Die *Massenzahl* bezeichnet die Gesamt-

zahl der Nukleonen, ist also gleich der Summe aus Neutronenzahl und Protonenzahl. Beispiel für die Schreibweise: Der Ausdruck $_{82}Pb^{206}$ steht für den Bleikern (Pb) mit 82 Protonen und 206 Nukleonen. Dieser Kern hat demnach $206-82=124$ Neutronen. Die Protonenzahl wird oft weggelassen, weil das chemische Symbol die Ordnungszahl eindeutig wiedergibt. Kerne (und Elemente) gleicher Ordnungszahl, aber verschiedener Massenzahl bezeichnet man als → Isotope eines Elements und spricht z. B. vom ›Bleiisotop 206‹. Der leichteste A. ist der Wasserstoffkern (Massenzahl 1), der nur aus einem Proton besteht. Der schwerste stabile A. ist der des Wismuts $_{83}Bi^{209}$, der aus 83 Protonen und 126 Neutronen zusammengesetzt ist. Alle Kerne höherer Ordnungszahl sind instabil (→ Radioaktivität); sie zerfallen unter Aussendung von Teilchen (Heliumkernen, Elektronen, Positronen) und elektromagnetischer Strahlung (γ-Strahlung). Der schwerste in der Natur vorkommende Kern ist der des Urans (Massenzahl 238), der aber mit einer → Halbwertszeit von $4{,}5 \cdot 10^9$ Jahren unter Aussendung von α-Teilchen (Heliumkernen) eine Zerfallsreihe bildet, die erst beim Bleikern $_{82}Pb^{206}$ endet.

Die Gesamtmasse eines A. ist nicht gleich der Summe der Massen seiner Bestandteile, sondern etwas kleiner. Dieser Massendefekt liefert die → Bindungsenergie des A. Den Zusammenhalt, trotz der abstoßenden Kräfte gleichnamiger Protonenladungen, schreibt man der *starken Wechselwirkung* zu (→ Wechselwirkungen), deren Deutung Aufgabe der → Kernphysik ist.

Atomphysik

Die Wissenschaft vom Aufbau und dem Verhalten der → Atome ist heute keine klar abgrenzbare physikalische Disziplin mehr. Sie überschneidet sich mit der Kristallphysik (Festkörperphysik), der Molekülphysik, der Kernphysik und der Chemie. Etwas grob kann man sagen, die A. ist die Lehre vom Aufbau der Elektronenhülle des Atoms und von den Wechselwirkungen der Einzelelektronen oder auch größeren Teilen der Hülle mit der Umwelt.

Grundlagen

Da sich die Elektronenhülle nur aus den Trägern der elektrischen Ladung zusammensetzt, sind es in erster Linie elektromagnetische Wellen, durch die sie sich äußert und so Hinweise auf ihre Natur gibt. Der Frequenzbereich dieser Wellen umfaßt den Infrarotbereich, das sichtbare Licht und das Ultraviolett bis hin zu den Röntgenstrahlen (→ elektromagnetisches Spektrum). Die Untersuchung zunächst der optischen Spektren, dann auch der anderen Frequenzbereiche förderte eine Unzahl von Informationen zutage, deren Einordnung in ein Gesamtschema zuerst aussichtslos erschien, obwohl man bald einige einfache Zusammenhänge zwischen den Frequenzen der Lichtwellen der Atome mit bestimmten Ordnungszahlen fand (vor allem bei Wasserstoff). Auch eine gewisse Ähnlichkeit der Spektren chemisch verwandter Elemente war nicht zu verkennen.

Die heutige A. deutet beide Erscheinungen: die Spektren und das → Periodensystem der Elemente. Allerdings mußte zu diesem Zweck erst die → Quantenmechanik entwickelt werden, deren Aussagen die A. begründen. Ich führe die Grundvoraussetzungen an, die den Atomaufbau erklären:

1. Alle Ortskoordinaten sind quantisiert, kommen also nur in gewissen ›Portionen‹ vor. Die Quantenzahlen ergeben sich als Lösungen einer *Wellengleichung mit*

Randbedingungen. Hier bietet sich das Analogon einer schwingenden Saite an: Ihre Schwingungszustände sind ebenfalls gequantelt: Nur eine ganze Zahl von Schwingungsknoten ist möglich, wenn sie stabil schwingen soll, und dies ist ebenfalls das Resultat einer Wellengleichung mit Randbedingungen (Einspannstellen der Saite).

2. Es gilt die Heisenbergsche → Unschärferelation. Diese allgemeine Aussage der Wellenmechanik verknüpft Ortsunschärfe mit Impulsbreite, Energieunschärfe (Linienbreite) mit der Lebensdauer eines Zustands usw.

3. Das Atom ist ein quantenmechanisch abgeschlossenes System. Da die Elektronen den Spin ± ½ haben, sind sie *Fermionen.* Für Fermionen gilt in einem abgeschlossenen System das → Pauli-Prinzip: Zwei Fermionen mit exakt gleichem Satz von Quantenzahlen können nicht existieren. Solange man nur ein Atom betrachtet, hat man keine Schwierigkeit, diese Forderung zu akzeptieren. Schwierig – vor allem für die mathematische Durchführung – wird es, wenn mehrere Atome miteinander verbunden sind (Moleküle) oder wenn gar sehr viele Atome einen Kristall bilden (→ Festkörperphysik).

Im Rahmen dieses Buches kann ich nur ganz einfache Atome näher beschreiben, nämlich die sog. *Einelektronenatome* wie Wasserstoff oder Lithium.

Die allgemeine Methode der Quantenmechanik besteht darin, eine *Wellenfunktion* zu finden, die durch die sog. → Schrödinger-Gleichung vorgegeben ist. Würde man diese Schrödinger-Gleichung in kartesischen Koordinaten (x, y, z) anschreiben, müßte man recht komplizierte Randbedingungen formulieren.

Viel einfacher und dem Atom gemäßer ist es, in *Kugelkoordinaten* (r, φ, ϑ) zu rechnen, weil auch das Atom kugelsymmetrisch ist. Jedenfalls besteht kein Grund, etwas anderes anzunehmen, solange keine äußere Kraft auf das Atom wirkt. Die Behandlung in Kugelkoordinaten hat mathematisch den Vorteil, voneinander getrennte (separierbare) Teile der Wellenfunktion anschreiben zu können, die einander *nicht beeinflussen,* d. h. keine ›gemischten Glieder‹ aufweisen. Auf diese Weise ergibt sich eine *Radialwellenfunktion* $\psi(r)$, deren Randbedingungen auf die *Hauptquantenzahl n* führen, und eine winkelabhängige Restwellenfunktion $Y_{lm}(\varphi, \vartheta)$, deren Randbedingungen zwei weitere Quantenzahlen l und m ergeben, die man als *Drehimpulsquantenzahl l* und *Einstellungsquantenzahl m* des Drehimpulses bezeichnet. Mathematisch ist die Koordinate φ die ›geographische Länge‹, ihre Änderung entspricht der Kugeldrehung, die Quantelung also dem Drehimpuls; die Koordinate ϑ ist die ›geographische Breite‹, ihre Änderung entspricht den verschiedenen Einstellungen des Drehimpulsvektors $\vec{l}$, die wiederum gequantelt sind (Quantenzahl m).

Das Ganze ist äquivalent mit dem Problem, die Eigenschwingungen einer Kugelschale auszurechnen, wenn die Wellenlänge vorgegeben ist. Allzu wörtlich darf man diese Aussage zwar nicht nehmen, aber die Analogie geht doch ziemlich weit. So sind die $Y_{lm}(\varphi, \vartheta)$ die unter Mathematikern wohlbekannten ›Kugelflächenfunktionen‹, während die Radialwellenfunktionen vom Potential abhängen, auf dem sich die Teilchen (Kern und Elektron) befinden. Quantenmechanisch wird all das durch den *Hamilton-Operator* ausgedrückt, der die Summe aus kinetischer und potentieller Energie darstellt, allerdings in Operatoren geschrieben (→ Quantenmechanik).

Es ist noch eine ganz andere Deutung möglich, die – historisch gesehen – zuerst entstand, nämlich das Atommodell nach *Bohr* und *Sommerfeld* (→ Bohrsches

Atommodell). Danach ›umkreist‹ das Elektron den Kern auf Kreis- oder Ellipsenbahnen, die durch die Hauptquantenzahl n gegeben sind, während die Bahndrehimpulsquantenzahl l die Exzentrizität der Ellipsen angibt. $l=0$ bedeutet dann die ›schmalst‹-mögliche Ellipse, die aber immer noch einen Bahndrehimpuls hat. Die Quantenmechanik belegt mit $l=0$ eine Wahrscheinlichkeitsverteilung mit verschwindendem Bahndrehimpuls, der eine ›strichartige‹ Bahn durch den Kern entsprechen würde. Man benutzt aber für $l=0$ am besten keine Bahnvorstellung mehr! Wie vorher ist m die Einstellungsquantenzahl des Bahndrehimpulses. Die Stabilität derartiger Bahnen wird allerdings nur mit der Wellenvorstellung (›Schwingungsknoten‹) einigermaßen verständlich.

In all diesen Modellvorstellungen ist der Spin $\vec{s}$ des Elektrons nicht vorhanden. Er wird einfach später hinzugefügt, als hätte er mit den anderen Quantenzahlen nichts zu tun. Das liegt daran, daß die skizzierte Schrödinger-Gleichung *nicht relativistisch ist,* während die Spinquantenzahl aus der Quantisierung der *vierten* Koordinate folgt, nämlich der *Raumzeit* $(c \cdot t)$, die nach *Einsteins* → Relativitätstheorie den drei Ortskoordinaten hinzugefügt werden muß. Die relativistische Behandlung des Elektrons *(Dirac-Gleichung)* ergibt die Spinquantenzahl auch ganz zwanglos, ist aber mathematisch zu aufwendig, um sie hier anzugeben.

Fassen wir zusammen: Jedes Elektron in der Elektronenhülle eines Atoms ist durch einen Satz von vier Quantenzahlen festgelegt, die für zwei Elektronen nicht alle übereinstimmen dürfen.

Das Wasserstoffspektrum

Wie bringt man diese Quantenzahlen mit den Frequenzen in Zusammenhang, die man an den ausgesandten Lichtwellen mißt? Die genaue Antwort gibt wieder die Quantenmechanik: Im Hamilton-Operator stecken alle Wechselwirkungsenergien des Atoms. Für den Fall des Wasserstoffatoms – ein Elektron kreist um ein Proton – gibt es nur die kinetische Energie ($\frac{1}{2} mv^2$) des Elektrons und für genauere Rechnungen die des Protons, weil sich beide Teilchen, klassisch gesehen, um den gemeinsamen Schwerpunkt bewegen. Außerdem gibt es die Coulomb-Wechselwirkung zwischen Elektron und Proton ($-e^2/r$). Man erhält alle Energieeigenzustände des Atoms, wenn man den Hamilton-Operator auf die Wellenfunktion anwendet: $H\Psi = E\Psi$. So leicht sich diese Gleichung anschreibt, so schwierig ist sie zu lösen. H ist ja ein (komplexer) Operator, das ganze eine Differentialgleichung. In diesem einfachsten Fall des Wasserstoffatoms könnte man sich, wenigstens teilweise, mit dem anschaulich-klassischen Modell des kreisenden Elektrons behelfen. Wir müssen uns aber immer bewußt sein, daß wir es in Wirklichkeit mit Wellenfunktionen zu tun haben, die sich exakt nur aus der Schrödinger-Gleichung berechnen lassen. Setzt man die Coulomb-Anziehung zwischen Kern (Proton) und Elektron $e^2/4\pi\varepsilon_0 r^2$ gleich der Zentripetalkraft mv^2/r, die auf das Elektron wirken muß, um es auf seiner Bahn zu halten, und berücksichtigt man, daß der Drehimpuls mvr des Elektrons nur ganzzahlige Vielfache von $\hbar$ annehmen darf (→ Plancksches Wirkungsquantum), so erhält man einerseits $e^2/4\pi\varepsilon_0 r^2 = m \cdot v^2$, andererseits $mvr = n\hbar$ (sog. *Quantenbedingung).* Daraus ergibt sich für die erlaubten Bahnradien – bzw. die großen Halbachsen der Bahnellipsen – die Gleichung

$$r = n^2 \frac{4\pi\varepsilon_0 \hbar^2}{me^2}, \qquad (1)$$

wobei
m = Masse des Elektrons,
e = Ladung des Elektrons,
ε_0 = Dielektrizitätskonstante des Vakuums,
$\hbar = \frac{h}{2\pi}$ = Plancksches Wirkungsquantum
n = 1,2,...und
r = Abstand der beiden Teilchen
bedeuten.

Die Gesamtenergie des Elektrons auf einer derartigen Bahn (kinetische + potentielle Energie) hat den Wert

$$E_n = -\frac{me^4}{8\varepsilon_0{}^2h^2} \cdot \frac{1}{n^2}\,. \qquad (2)$$

Die gleiche Rechnung ergibt für einen Kern mit Z Protonen, der nur von einem Elektron umkreist wird, die Werte

$$r = n^2\,\frac{4\pi\varepsilon_0\hbar^2}{Z \cdot me^2}$$
$$\text{bzw. } E_n = -\frac{me^4}{8\varepsilon_0{}^2h^2} \cdot \frac{Z^2}{n^2}\,. \qquad (3)$$

Die Energie $h \cdot \nu$ einer Spektrallinie (ν = Frequenz des Lichts) kommt nun dadurch zustande, daß das Elektron von einer energetisch ›höheren‹ Bahn auf eine ›tiefere‹ springt. Auch das Umgekehrte kann geschehen: Das Elektron wird von einer passenden Lichtwelle angeregt und auf eine energetisch höhere Bahn gehoben. Kurz: Der Übergang des Elektrons von einem Energiezustand in einen anderen ist mit der Emission oder Absorption eines Lichtquants verbunden, dessen Energie genau der Energiedifferenz der beiden Zustände (Energieniveaus) gleich ist.

Dieses Schema gilt nicht nur für das simple Wasserstoffatom, sondern auch für alle anderen Atome. Während es aber für das Wasserstoffatom nur die Energieniveaus nach Gleichung (2) gibt (Figur 1), sind die Niveaus für schwerere Atome sehr viel zahlreicher und unübersichtlicher. Wer je ein kompliziertes Spektrum gesehen hat, wird sicher kaum glauben können, daß irgend jemand aus so einem Wirrwarr auf einen doch recht geordneten Atombau hat schließen können – denn so verlief ja das historische Gesche-

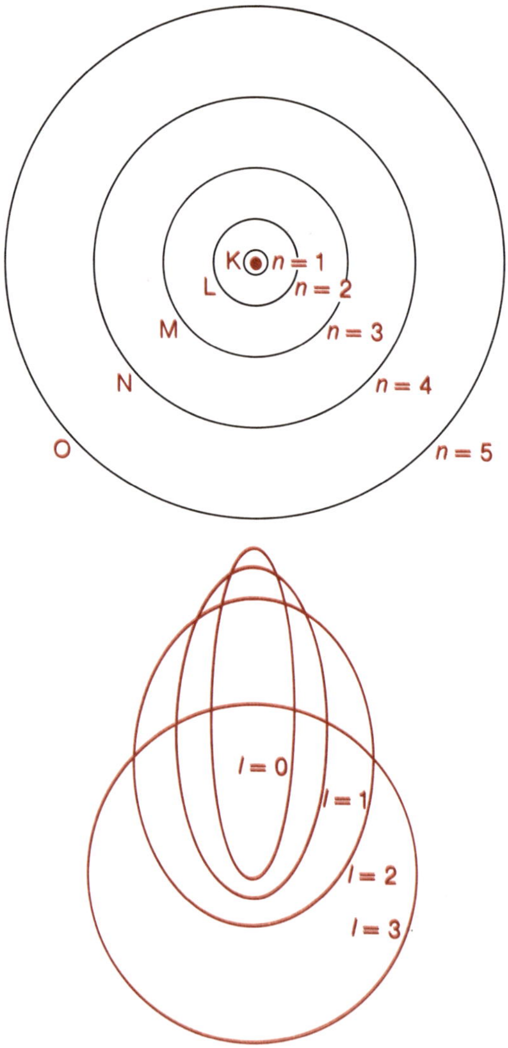

Atomphysik (Figur 1): Mögliche Kreis- und Ellipsenbahnen des Elektrons im Wasserstoffatom nach dem Bohr-Sommerfeldschen Atommodell; man muß sich diese Bahnen allerdings räumlich denken.

Atomphysik: Emissionsspektrum von Eisen; dieses Spektrum eines Mehrelektronenatoms ist durch zahllose Übergänge der Energieniveaus gekennzeichnet. © H. Seitz, München

hen! Zwei glückliche Umstände sind wohl die Ursache dafür, daß die Physiker heute nicht mehr an den Spektren herumrätseln müssen:

1. Eine Spektrallinie kommt durch den Übergang nur *eines* Elektrons zustande (des sog. *Leuchtelektrons*).
2. Die Frequenz ν der Spektrallinie ist proportional ihrer Energie E, und zwar direkt ($E = h \cdot \nu$). Das hat zur Folge, daß die Linien eines Spektrums sozusagen im Energiemaßstab vorliegen. Energiedifferenzen im Atom entsprechen deshalb direkt den Abständen von Spektrallinien.

Das Schalenmodell der Atome und das Periodensystem der Elemente

Quantenmechanisch ergeben sich die Energieniveaus aus der Hauptquantenzahl n, weil deren Werte aus der Schrödinger-Gleichung als Eigenwerte des Hamilton-Operators (des Wasserstoffatoms!) als ganzzahlige Vielfache einer Minimalenergie herauskommen. Diese *Energie-Eigenwerte* sind im Fall des Coulomb-Potentials nicht äquidistant, sondern folgen der Reihe $1/n^2$, wie es sich auch aus der klassischen Rechnung nach Gleichung (2) ergibt. Die Energieniveaus sind unabhängig von Bahndrehimpuls $\vec{l}$ und vom Spin $\vec{s}$ des Elektrons. Alle zulässigen Kombinationen der l- und s-Quantenzahlen gehören zur gleichen Energie. Man sagt, der Energiezustand sei *k-fach entartet,* wenn er k verschiedene Quantenzahlkombinationen haben kann.

Nicht unabhängig von n sind dagegen die Werte für den Bahndrehimpuls l, den jedes Elektron in der n-ten Bahn haben kann, und zwar gilt $l = 0, 1, 2, \ldots, (n-1)$. Die Einstellungsquantenzahl m_l kann noch einmal alle Werte zwischen $+l$ und $-l$ annehmen (in Abständen von 1). Schließlich gibt es zu jeder l-m-Kombination noch zwei Einstellungen des Spins ($+\frac{1}{2}$ und $-\frac{1}{2}$), so daß wir insgesamt zur Quantenzahl n (Energie E_n)

$$2 \cdot \sum_{l=0}^{n-1} (2l+1) = 2n^2$$

mögliche Quantenzahlkombinationen haben. Man sagt,
der Energiezustand mit $n = 1$ sei 2fach entartet ($2 \cdot 1^2 = 2$),
der Energiezustand mit $n = 2$ sei 8fach entartet ($2 \cdot 2^2 = 8$),
der Energiezustand mit $n = 3$ sei 18fach entartet ($2 \cdot 3^2 = 18$) usw.

Es stellt sich heraus, daß die Gesamtheit der entarteten Energiezustände zu einem bestimmten Wert von n eine große Stabilität besitzt (Gesamtdrehimpuls 0, Gesamtspin 0, magnetisches Moment 0). Man bezeichnet deshalb diese Gesamtheiten als *Schalen* und hat den einzelnen Energiezuständen bestimmte (historisch bedingte) Namen gegeben, die in Tabelle 1 aufgeführt sind.

Nicht nur diese Hauptschalen bilden energetisch besonders bevorzugte Zustände, sondern auch gewisse Unterscha-

Hauptquantenzahl n	*Name*
1	K-Schale
2	L-Schale
3	M-Schale
4	N-Schale
5	O-Schale
6	Q-Schale
.	.
.	.
.	.

Tabelle 1: Hauptquantenzahl und Schalenbezeichnung

Drehimpulsquantenzahl l	*Name*
0	s
1	p
2	d
3	f
4	g
5	h
.	.
.	.
.	.

Tabelle 2: Drehimpulsquantenzahl und übliche Schalenbezeichnung

len oder Teilschalen. Auch diese hat man, nach wachsenden Drehimpulsen, mit eigenen Namen versehen (Tabelle 2).
Beachten Sie: In jeder Hauptschale gibt es die s-Teilschale, aber die höheren Drehimpulse hängen von der Hauptquantenzahl n ab gemäß der Beziehung $l \leq n + 1$.
Die Abkürzungen für die Teilschalen haben historische Gründe: Sie stammen aus der Spektroskopie, bezeichnen dort allerdings etwas andere Spektralzusammenhänge: s steht für sharp, scharf, p für principal, d für diffus und f für fundamental. Die anschließenden Buchstaben folgen dem Alphabet.
Jede s-Schale hat noch zwei mögliche Quantenzahlkombinationen, ist also zweifach entartet. Da s lediglich $l = 0$ bedeutet, ist m_l ebenfalls Null, und es bleiben die beiden Spineinstellungen $+ 1/2$ und $- 1/2$.
Jede p-Schale ist dagegen 6fach entartet: p heißt $l = 1$; deshalb kann m_l gleich 1, 0 oder −1 sein, und zu jedem Zustand gibt es wieder zwei Spineinstellungen.
Alle d-Schalen zeigen 10fache Entartung ($l = 2$ erlaubt $m_l = +2, +1, 0, -1, -2$ mit je zwei Spins).
Alle f-Schalen zeigen 14fache Entartung, und in ähnlicher Weise berechnet man den Entartungsgrad jeder höheren Unterschale. Was haben diese ›Zahlenspielereien‹ mit dem Bau der Atome zu tun? Zunächst ist das ganz einfach. Ein Kern mit 2 Protonen (und noch zusätzlichen Neutronen, die in dieser Näherung nicht interessieren) muß 2 Elektronen binden, um elektrisch neutral zu sein (*Helium*). Diese Elektronen nehmen die beiden *niedrigsten Energiezustände* ein, nämlich die der Hauptquantenzahl $n = 1$ (kleinster ›Radius‹) mit dem Drehimpuls $l = 0$ und den Spins $+ 1/2$ und $- 1/2$. In der eben erläuterten Terminologie heißt das, sie besetzen die K-Schale, die nur aus der s-Unterschale besteht. Dies kürzt man wie folgt ab: *Elektronenkonfiguration* $(1\,s)^2$; sprich: Die 1s-Schale ist zweifach besetzt.
Das Atom mit der nächsten Ordnungszahl 3 (*Lithium*) hat 3 Protonen im Kern (Kernladungszahl Z = Ordnungszahl = 3). Deshalb hat das neutrale Atom auch 3 Elektronen in seiner Hülle. Zwei davon sitzen in der K-Schale als s-Elektronen. Das dritte kann wegen des Pauli-Prinzips kein s-Elektron mehr sein, ja es kann nicht einmal mehr in der K-Schale sitzen, sonst würde es mit einem der anderen Elektronen in allen Quantenzahlen übereinstimmen. Es muß also in den nächsthöheren Energiezustand ($n = 2$) ausweichen, wo es wieder den kleinstmöglichen Drehimpuls ($l = 0$) besetzt. Lithium

hat also die Elektronenkonfiguration $(1\,s)^2\,(2\,s)$.
Das nächste Atom in der Reihe ist *Beryllium* ($Z = 4$) mit 4 Elektronen in der Konfiguration $(1\,s)^2$ $(2\,s)^2$. Das Atom Nr. 5 (*Bor*) besetzt mit 4 Elektronen ebenfalls die beiden s-Teilschalen der Hauptschalen 1 und 2. Das fünfte Elektron besetzt den nächstniedrigen Energiezustand. Das ist der Bahndrehimpuls 1 in der L-Schale (p-Teilschale). So ergibt sich für das Element Bor die Elektronenkonfiguration $(1\,s)^2\,(2\,s)^2\,(2\,p)$.
In ähnlicher Weise werden für immer höhere Kernladungszahlen die zugehörigen Elektronen in immer höherenergetische Zustände eingebaut, wie es im → Periodensystem angegeben ist. Selbst die kleinsten Feinheiten im Atombau können wir jetzt mit dem Schalenmodell und der zusätzlichen Hilfsvorstellung der Bohr-Sommerfeldschen Elektronenbahnen verstehen. Als Beispiel nehmen wir das Element *Kalium* (19 K). Das vorangegangene Element 18 Ar (*Argon*) hat folgende Elektronenkonfiguration:
$(1\,s)^2$ $(2\,s)^2$ $(2\,p)^6$ $(3\,s)^2$ $(3\,p)^6$. Das 19. Elektron von Kalium würden wir nun in der 3d-Schale erwarten, denn die Hauptschale mit der Energiequantenzahl 3 kann ja insgesamt 18 Elektronenzustände aufnehmen ($2 \cdot 3^2$), von denen beim Argon erst 10 besetzt sind (mit zwei 3s- und sechs 3p-Elektronen). Trotzdem besetzt beim Kalium das 19. Elektron die nächsthöhere Schale ($n = 4$), aber als s-Zustand mit dem Bahndrehimpuls Null. Offenbar ist die Energie des 4s-Zustandes hier kleiner als die des 3d-Zustandes. Die ›Bahnstruktur‹ erlaubt eine plausible Erklärung. Die 3d-Bahn ist ein Kreis mit dem Radius, der aus $n = 3$ folgt ($r_3 = 9r_1$), siehe Gleichung (1). Obwohl nun die große Halbachse der Ellipsen für $n = 4$ den Wert $r_4 = 16\,r_1$ hat, ist wegen $l = 0$ diese Ellipse sehr ›schmal‹. Das s-Elektron einer höheren Schale kommt auf einem Großteil seiner Bahn dem Kern deshalb so nahe, daß die Abschirmung der niedrigeren Schalen unterlaufen wird. Es ist damit teilweise einer größeren Kernladungszahl ausgesetzt als die d-Elektronen der niedrigeren Schale, seine Bindungsenergie ist größer, die Gesamtenergie kleiner.
Für das 4p-Elektron trifft dies jedoch bereits nicht mehr zu. Deshalb wird vom Element Nr. 21 an (*Scandium*) zuerst die 3d-Schale aufgefüllt, ehe es mit den 4p-Elektronen weitergeht. Dabei ist es beim *Chrom* (24 Cr) sogar energetisch günstiger, vorübergehend die 4s-Schale wieder zu öffnen und ein Elektron daraus in die 3d-Schale zu übernehmen. Dieser Effekt hängt damit zusammen, daß z. B. die M-Schale ($n = 3$) *nicht* für alle Atome den gleichen Radius hat. Nach Gleichung (3) hängt dieser Radius ja auch noch von Z ab, allerdings hier nicht wie $1/Z$, sondern je nach Schale etwas anders, weil die vorhandenen Schalen den Kern ladungsmäßig mehr oder weniger abschirmen. Dies hängt wieder von der Bahnform, also dem Drehimpuls des Elektrons ab, auf das man die Rechnung bezieht.
Sie sehen, die exakte rechnerische Durchführung ist auch für das schlichte Bohr-Sommerfeld-Modell keineswegs mehr einfach, und wir müssen sie entsprechenden Fachbüchern überlassen. Trotzdem sei noch ein wichtiges Endergebnis angegeben: Der Atomdurchmesser variiert für die leichten und schweren Atome nicht so stark, wie man zunächst wegen der Besetzung immer höherer n-Quantenzahlen vermuten würde. Vielmehr haben alle Atome in etwa einen Durchmesser von der gleichen Größenordnung (10^{-10} m = = 0,1 nm). Bor ($Z = 5$) hat den kleinsten, Caesium den größten Atomradius aller bekannten gemessenen Werte. Trotzdem unterscheiden sie sich nicht einmal um

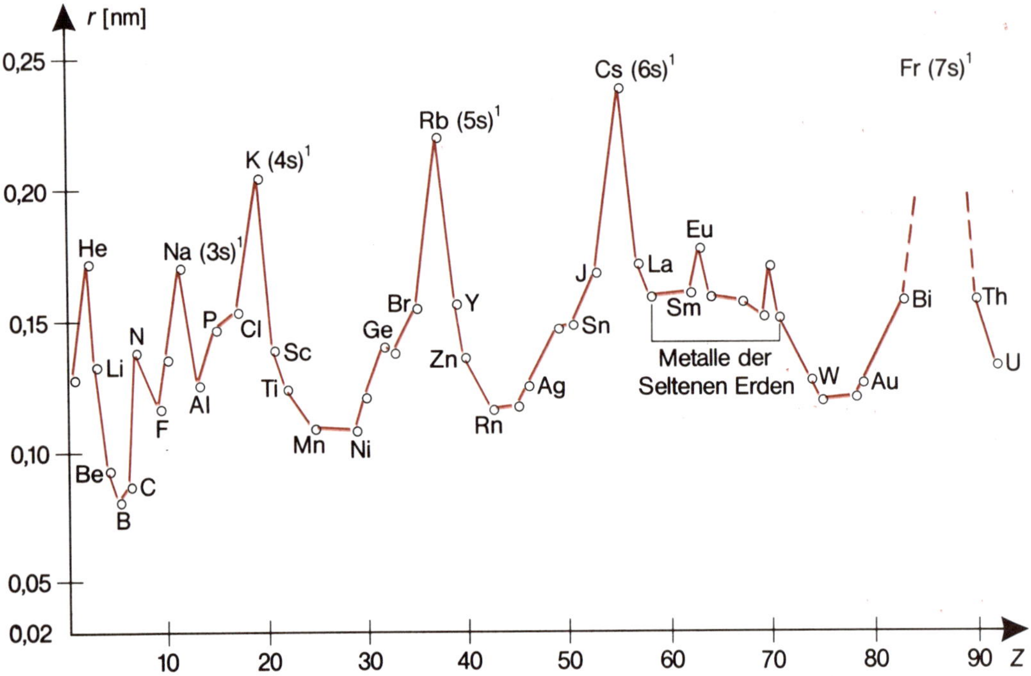

Atomphysik (Figur 2): Die Atomradien als Funktion der Ordnungszahl; bereits aus dieser vereinfachten Darstellung ist die Struktur des Periodensystems erkennbar. Weit außen liegende Einzelelektronen verursachen große Atomradien.

den Faktor 3. Im übrigen ist der Begriff Atomradius natürlich nur eine statistische Größe, denn die Radien der Elektronenbahnen sind nur Wahrscheinlichkeitswerte. Das Atom ist daher ›weich‹, sein Volumen bleibt unter wechselnden Bedingungen (z. B. unterschiedlichen chemischen Verbindungen) nicht konstant. Die Kurve der Atomradien folgt trotzdem dem Elektronenaufbau (Figur 2). Die Atome mit dem größten Radius sind die mit einem weit außen liegenden Einzelelektron ausgestatteten Alkaliatome: Natrium hat ein einzelnes 3s-Elektron, Kalium ein 4s-Elektron, Rubidium ein 5s-Elektron, Caesium ein 6s-Elektron und Francium ein 7s-Elektron. Der Atomradius von Francium ist nicht bekannt, hat aber sicher einen größeren Wert als der von Caesium.

Aufhebung der Energieentartung

Bei der Diskussion des Aufbaus der einzelnen Atome wird Ihnen ein Widerspruch nicht entgangen sein: Einerseits war immer die Rede von der Entartung der Energie, d. h. davon, daß alle Bahnen mit derselben Hauptquantenzahl *n* energiegleich sein sollten; andererseits wurde zur Erklärung der vorzeitigen Besetzung von s-Zuständen (z. B. beim Kalium) behauptet, daß dieser ›aus energetischen Gründen‹ günstiger gegenüber einem d-Zustand – selbst in einer niedrigeren Schale! – sei. Wo liegt der Widerspruch? Nun, die Energieentartung ist schon richtig, aber nur für das Wasserstoffatom, weil dieses nur ein einziges Elektron hat! Sobald mehrere Elektronen im Spiel sind, muß deren Coulomb-Wechselwirkung in Rechnung gestellt werden. Die abschirmende Wirkung, die die inneren Schalen

für ein Außenelektron haben, hängt vom Bahndrehimpuls dieses Außenelektrons ab, weil der Bahndrehimpuls die Form der Bahnellipse und damit das ›Eintauchen‹ in die inneren Schalen bestimmt.
Alle Elektronen einer Schale mit gleichem Bahndrehimpuls sind demnach immer noch energetisch entartet. Elektronen einer Hauptschale mit verschiedenem Bahndrehimpuls haben aber unterschiedliche Energien. In der Sprache der Spektroskopie hört sich das so an: Das Energieniveau für ein bestimmtes n spaltet in die verschiedenen l-Terme auf. Aber auch die Elektronenterme mit gleichem l können noch verschiedene Energien haben. Sie stoßen sich ja ab. In der Sprache der Quantenmechanik bedeutet das, daß die antisymmetrische Wellenfunktion zum niedrigeren Eigenwert gehört. Weil aber die Gesamtwellenfunktion ebenfalls antisymmetrisch sein muß (Pauli-Prinzip), bleibt für den Spinanteil nur eine symmetrische Wellenfunktion übrig. Mit anderen Worten: Der niedrigere Zustand zweier Elektronen mit gleichem Bahndrehimpuls ist der mit parallelem Spin. Absolut gesehen ist diese Termaufspaltung sogar größer als die für verschiedene l! Figur 3 gibt eine grobe Übersicht über die Termaufspaltung am Beispiel der M-Schale.
Leider sind damit noch nicht alle Störfaktoren erfaßt: Ein Elektron mit Bahndrehimpuls $l \neq 0$ entspricht ja anschaulich einem Kreisstrom, erzeugt also auch ein magnetisches Moment (→ Dipol). Zudem hat jedes Elektron einen aufgeprägten Eigendrehimpuls und damit ebenfalls ein magnetisches Moment. Die magnetischen Bahnmomente verschiedener Elektronen beeinflussen sich gegenseitig wie zwei kleine Stabmagnete, und auch die magnetischen Spinmomente der Elektronen

Atomphysik (Figur 3): Vereinfachte Übersicht über die Aufspaltung der Terme bei einem Atom mit nicht abgeschlossener M-Schale ($n = 3$) mit Angabe der verschiedenen Möglichkeiten der Entartung der Energie.

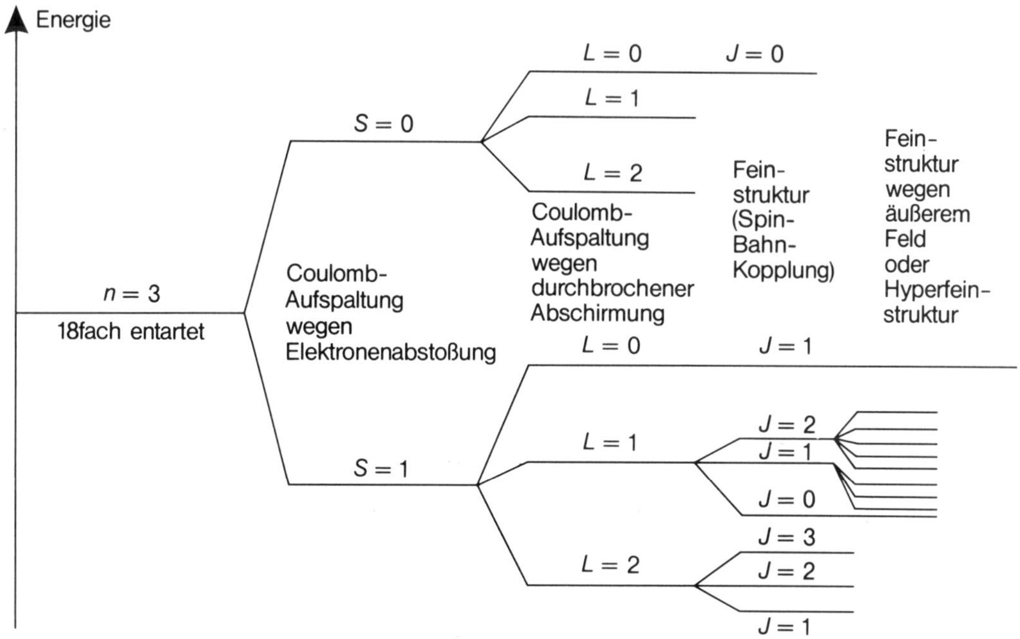

nehmen an dieser Wechselwirkung teil. Die Auswirkungen sind unterschiedlich, je nachdem, ob sich die Bahndrehmomente gegenseitig mehr beeinflussen als die Spinmomente die Bahnmomente. Normalerweise hat man alle Bahndrehimpulse zu einem Gesamtbahndrehimpuls vektoriell zu addieren und alle Spins zu einem Gesamtspin:

$$\vec{L} = \Sigma \vec{l} \text{ und } \vec{s} = \Sigma \vec{s}.$$

Dabei wirken die abgeschlossenen Schalen nicht mit, weil sich die Bahndrehimpulse und Spins ihrer Elektronen zu Null addieren müssen. Der Gesamtdrehimpuls ergibt sich dann aus der Summe $\vec{J} = \vec{L} + \vec{S}$ (sog. *L-S-Kopplung*).

Die sog. Spin-Bahn-Kopplung (auch *J-J-Kopplung* genannt) erlaubt jedem Elektron, seinen Bahndrehimpuls mit seinem Eigendrehimpuls zu verbinden ($\vec{j} = \vec{l} + \vec{s}$). Der Gesamtdrehimpuls ergibt sich dann aus der Summe $\vec{J} = \Sigma \vec{j}$.

Die Spin-Bahn-Kopplung nimmt mit der Hauptquantenzahl *n* ab. Für die Elektronen in derselben Hauptschale wird diese Wechselwirkung mit zunehmendem Drehimpuls kleiner. Da die Coulomb-Abstoßung also wie $1/r^2$ abnimmt, die magnetische Dipolwechselwirkung aber wie $1/r^3$, überwiegt für alle leichten bis mittelschweren Atome und für die Außenelektronen nahezu aller Atome die Coulomb-Wechselwirkung. Nur für die innersten Bahnen und für sehr schwere Atome kann die magnetische Wechselwirkung an Gewicht gewinnen.

Diese verschiedenen Kopplungsarten beeinflussen zwar nicht den Aufbau der Atome, wohl aber die Konfiguration des Grundzustands eines jeden Atoms und – vor allem – die Möglichkeiten der elektromagnetischen Übergänge bei der Emission bzw. Absorption von Lichtquanten.

Termschema und Strahlungsübergang

Die Berechnung der möglichen Energiezustände des *Leuchtelektrons* ist nur beim Wasserstoffatom einigermaßen einfach, bei allen anderen Atomen aber wegen der angedeuteten Wechselwirkungsmöglichkeiten äußerst schwierig und kompliziert. Wir gehen daher nicht näher auf diese Berechnungen ein. Hat man aber alle Konfigurationen des Leuchtelektrons samt ihren Energien ausgerechnet (die sog. *Terme*) und sie in ein senkrechtes Energieniveau-Schema oder auch Termschema eingetragen, so entspricht immer noch nicht jede Verbindungslinie zwischen zwei Termen auch einem möglichen Elektronenübergang, d. h. einer möglichen Absorption oder Emission (Figur 4). Vielmehr gibt es einige *Auswahlregeln*, die man heute quantenmechanisch begründen kann, die aber zum Teil auch modellhaft verständlich sind.

1. Die wichtigste Auswahlregel besagt, daß es sich bei nahezu allen Übergängen um elektrische Dipolübergänge handelt. Das bedeutet, daß alle Teile der Elektronenbahn mit gleicher Phase an der emittierten oder absorbierten Welle teilhaben und nicht etwa ein Teil der Bahn mit einem anderen Teil destruktiv interferiert (→ Wellen). Daraus folgt erstens, daß der Übergang nur *einem* Elektron zuzuschreiben ist und daß zweitens die Wellenlänge des Lichtquants groß ist im Vergleich zum Durchmesser der Bahn. Diese Auswahlregel (*elektrischer Dipolübergang*) zieht eine Bahndrehimpulsänderung von $\Delta l = \pm 1$ nach sich, weil das Lichtquant den Spin 1 hat (Zirkularpolarisation!).
2. Der Gesamtbahndrehimpuls des Atoms darf sich höchstens um eine Einheit ändern: $\Delta L = 0, \pm 1$.
3. Der Gesamtdrehimpuls darf sich ebenfalls nur um höchstens eine Einheit ändern: $\Delta J = 0, \pm 1$. Hier gilt noch die Ein-

schränkung, daß $J=0 \rightarrow J=0$-Übergänge verboten sind.

4. Der Gesamtspin ΔS bleibt unverändert (Interkombinationsverbot).

Alle anderen Übergänge sind ›verboten‹ in dem Sinn, daß sie zwar vorkommen können, wenn es keine andere Möglichkeit gibt, von einem angeregten Zustand in den Grundzustand zu kommen, dann aber ›sehr zögernd‹, d. h., der angeregte Zustand hat eine wesentlich längere Lebensdauer als die übliche Zeitspanne von 10^{-8} s, die für erlaubte Übergänge die Regel sind.

Feinstruktur und Hyperfeinstruktur

Der Aufbau eines Termschemas enthält immer noch Energieentartungen (einiger Terme mit gleichem l). Da aber jeder Drehimpuls des Elektrons mit einem magnetischen Moment verknüpft ist, kann man solche Drehimpulsentartungen dadurch aufheben, daß man ein *äußeres* Magnetfeld auf das Atom einwirken läßt. Durch die Wechselwirkung des äußeren Feldes mit dem magnetischen Moment spalten die Terme auf (*Zeeman-Effekt*), und je nach zugehörigem Drehimpuls sind statt eines Strahlungsübergangs jetzt mehrere möglich: Das Spektrum enthält mehr Linien. Allerdings sind die Aufspaltungen (wie auch die durch Spin-Bahn-Kopplung bewirkten Termaufspaltungen) nicht sehr groß. Sie erzeugen eine *Feinstruktur* des Spektrums. Ein gern benütztes Beispiel für diesen Effekt ist die sog. *Natrium-D-Linie*, die wegen der Coulomb-Wechselwirkung bereits ohne Feld aus zwei Linien besteht (Figur 4), also schon eine Feinstruktur aufweist. Legt man ein Magnetfeld an, so spalten sich die beiden Linien nochmals auf.

Der Zeeman-Effekt läßt sich mit einfachen Mitteln plausibel machen und sogar berechnen. Stellt man sich das Atom wie einen Kreisel (Drehimpuls) mit eingebautem Stabmagneten (magnetisches Moment) vor, so kann die exakte Einstellung dieses Kreisels parallel zu einem äußeren Magnetfeld nicht vorkommen (wegen der Heisenbergschen Unschärferelation). Gesamtdrehimpulsvektor $\vec{L}$ und zugehörige Quantenzahl L sind durch die quantenmechanische Beziehung

$$|\vec{L}| = \hbar \cdot \sqrt{L(L+1)}$$

gegeben.

Die Länge des $\vec{L}$-Vektors ist also etwas größer als ein ganzzahliges Vielfaches von $\hbar$. Die *Einstellung* des Drehimpulses zum äußeren Feld erfolgt aber so, daß die Unterschiede zwischen zwei Einstellungen doch ein ganzzahliges Vielfaches von $\hbar$ sind. Das geht nur wie in Figur 5 angedeutet und hat zur Folge, daß der Drehimpulsvektor *immer* einen Winkel zum angelegten Feld einschließt, wie er auch eingestellt sein mag.

Wenn eine Kraft auf einen → Kreisel wirkt, die nicht in der Richtung seiner Rotationsachse angreift, so reagiert er darauf mit einer Ausweichbewegung, einer *Präzession*. Nichts anderes macht der Drehimpuls des Atoms: Er weicht der angreifenden magnetischen Kraft aus; das Atom präzediert mit einer Frequenz ω_L um die Richtung des angelegten Feldes B. Für diese sog. *Larmor-Präzession* gilt $\omega_L = e/4\pi m_e \cdot B$. Die zugehörige Energie $\hbar\omega_L$ ist identisch mit der Energie des aufgenommenen (oder emittierten) Lichtquants. Wichtig dabei ist, daß ω_L unabhängig vom Winkel ist. Das Atom präzediert also für einen bestimmten Drehimpuls unabhängig von seiner Einstellung mit derselben Frequenz: Die Energieaufspaltung ist für alle Werte der Einstellungsquantenzahl gleich.

Viele Atome haben ein schwaches Magnetfeld sozusagen schon ›eingebaut‹. Wenn der *Atomkern* einen Drehimpuls hat, so ist auch mit diesem Drehimpuls ein magnetisches Moment verbunden, weil ja auch der Kern eine Ladung hat. Dieses magnetische Moment des Kerns koppelt sich mit den Bahndrehimpulsen und Spins und erzeugt eine zwar sehr kleine, aber meßbare Energieaufspaltung der entsprechenden Terme. Nun gibt es noch mehr mögliche Elektronenübergänge, die das meßbare Spektrum noch-

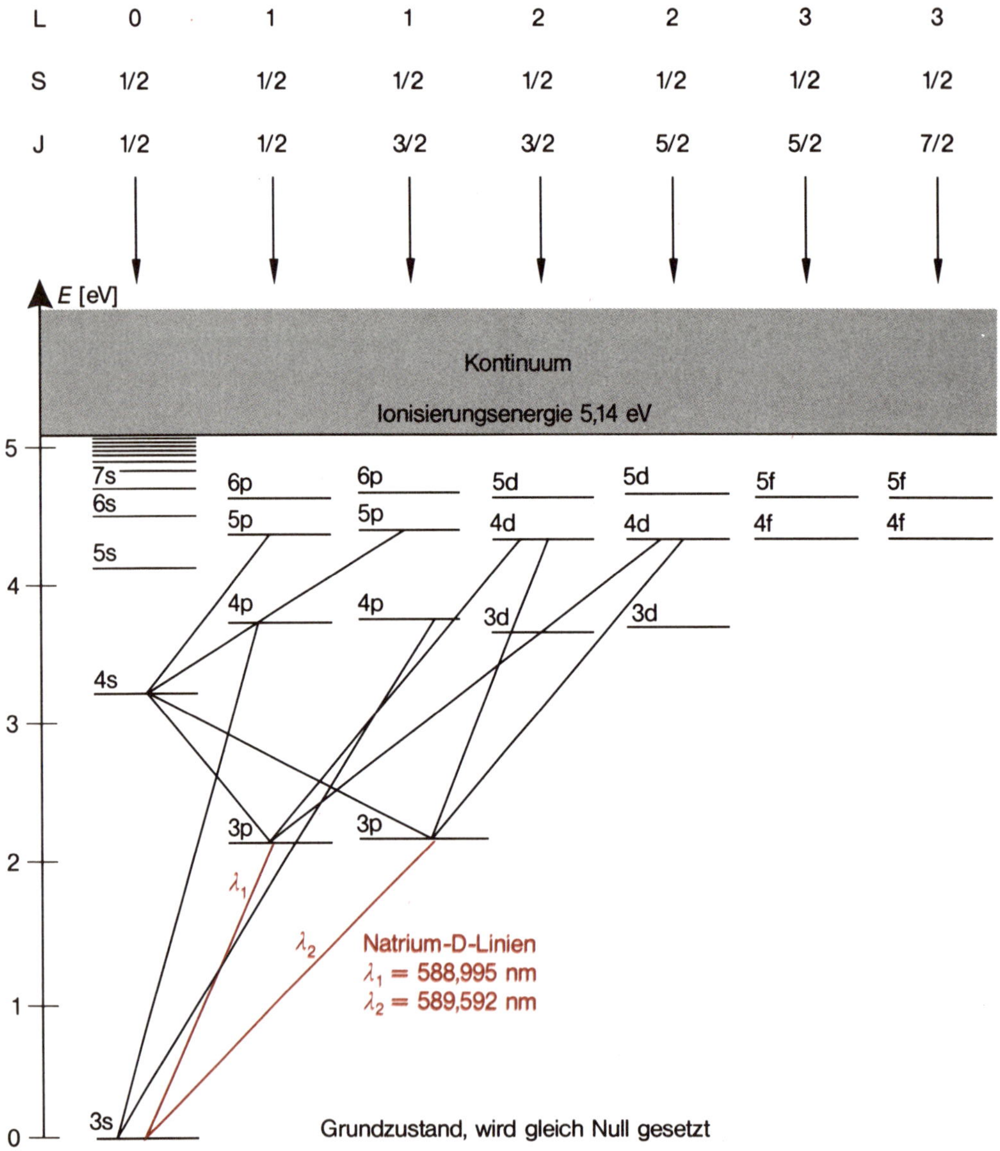

Atomphysik (Figur 4): Termschema des Natriumatoms mit dazugehörigen Quantenzahlen und einigen eingezeichneten Elektronenübergangsmöglichkeiten. Eine Anregung über die Ionisierungsgrenze hinaus bedeutet, daß das Elektron das Atom verlassen hat und dann als freies Elektron keinerlei einschränkenden Quantenbedingungen mehr unterworfen ist.

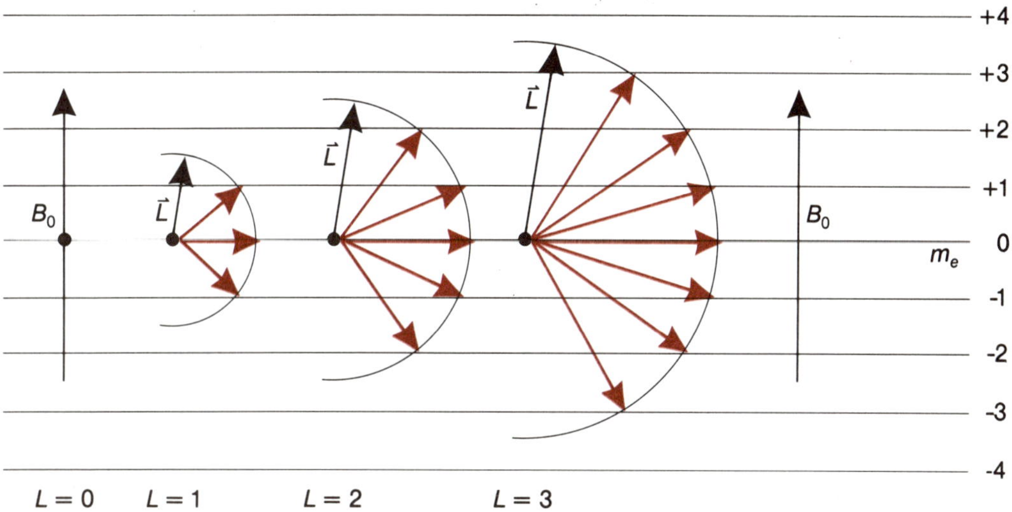

Atomphysik (Figur 5): Einstellmöglichkeiten des Bahndrehimpulses (rot) gegenüber einem äußeren Feld B_0; alle Größen von $|\vec{L}|$ und m_e sind in Einheiten von $\hbar$ angegeben, wobei $|\vec{L}|$ der Beziehung $|\vec{L}| = \sqrt{L(L+1)}$ gehorcht und ganzzahlige Vielfache von $\hbar$ entstehen.

mals komplizieren (*Hyperfeinstruktur*). Auf die Berechnung dieser Effekte können wir aber hier nicht eingehen.

Molekülspektren

Moleküle als geometrische Atomanordnungen haben außer den durch Elektronenanordnungen bedingten Energiezuständen noch sehr viel mehr energetische Möglichkeiten. Sie können gegeneinander (zwei Atome) oder in noch viel komplizierteren Mustern schwingen oder um ihre Hauptträgheitsachsen rotieren. Jede Emission oder Absorption kann also außer von Elektronenzuständen auch noch von Rotations- oder Schwingungszuständen ausgehen. Deshalb bestehen Molekülspektren aus einer Unzahl von Linien, die oft so dicht beieinander liegen (*Bandenspektrum*), daß man die einzelnen scharfen Linien nur mit hochauflösenden Instrumenten sehen kann. Die Rotationszustände haben Abstände von etwa 1 meV ($= 10^{-3}$ eV), die Schwingungszustände von etwa 0,1 bis 0,01 eV. Das bedeutet, daß beide *gequantelt* auftreten. Ein Molekül kann nicht mit einer beliebigen Frequenz rotieren, sondern muß die Quantenbedingung $2\pi\Theta\omega = n_{\text{rot}} \cdot h$ erfüllen. Die *Rotationsenergien* (Linienabstände) lassen also Rückschlüsse auf das Trägheitsmoment Θ des Moleküls zu:

$$\omega_{\text{rot}} = \frac{1}{2} \frac{n_{\text{rot}}\hbar}{\Theta}.$$

Die Rotationsenergien liegen außerdem äquidistant. Ihre Abhängigkeit vom Trägheitsmoment klärt ein altes Problem der → Thermodynamik, das die Gleichverteilung der Energie bei zweiatomigen Gasen betrifft. Diese Gase verhalten sich nämlich so, als könnten sie zur Wärmeenergie nur mit *fünf* statt mit sechs Freiheitsgraden beitragen (3 Schwingungs- und 3 Rotationsmöglichkeiten). Bei der Rotation um die Verbindungsachse eines zweiatomigen Moleküls (wie O_2 oder N_2) ist aber das → Trägheitsmoment sehr klein, die Rotationsenergie-Abstände sind daher entsprechend groß, so daß die mittlere thermische Energie kT normalerweise nicht ausreicht, um Rotationszustände anzuregen.

Röntgenspektren
Auch Röntgenstrahlen sind elektromagnetische Wellen, aber mit so hohen Energien (etwa 10–100 keV und mehr gegenüber z. B. Licht grüner Spektralfarbe mit 2,5 eV), daß das Leuchtelektron nicht mehr dafür verantwortlich sein kann. Röntgenstrahlen entstehen ja auch nur, wenn Elektronen entsprechend hoher Energie (ab etwa 100 eV) in Materie eindringen. Was geschieht dabei? Die eindringenden Elektronen schlagen bevorzugt die am stärksten gebundenen Atomelektronen (K-Schale) aus dem Atomverband heraus. Die Elektronenhülle des Atoms hat dann tief im Inneren ein ›Loch‹, in das äußere Elektronen ›nachrutschen‹, natürlich nicht, ohne dabei ein hochenergetisches Lichtquant – eben Röntgenlicht – auszusenden. Auf diese Weise entsteht ein ganzes Spektrum *charakteristischer Röntgenstrahlen*, so genannt, weil sie von den Bindungsenergien der Schalenelektronen abhängen und deshalb für jedes Element typisch sind. Darüber hinaus entsteht beim Abbremsen auch *kontinuierliche Röntgenbremsstrahlung*, die sich als Untergrund den charakteristischen Linien überlagert. Ein typisches Röntgenspektrum zeigt Figur 6.

Elektronenspinresonanz und Kernspinresonanz
Die Zeeman-Aufspaltung der Feinstruktur bzw. der Hyperfeinstruktur kann durch die Größe des angelegten Magnetfeldes *willkürlich* beeinflußt werden. Da es zwischen den aufgespaltenen Linien Übergänge gibt (siehe Auswahlregeln), die recht scharfe Frequenzverteilungen

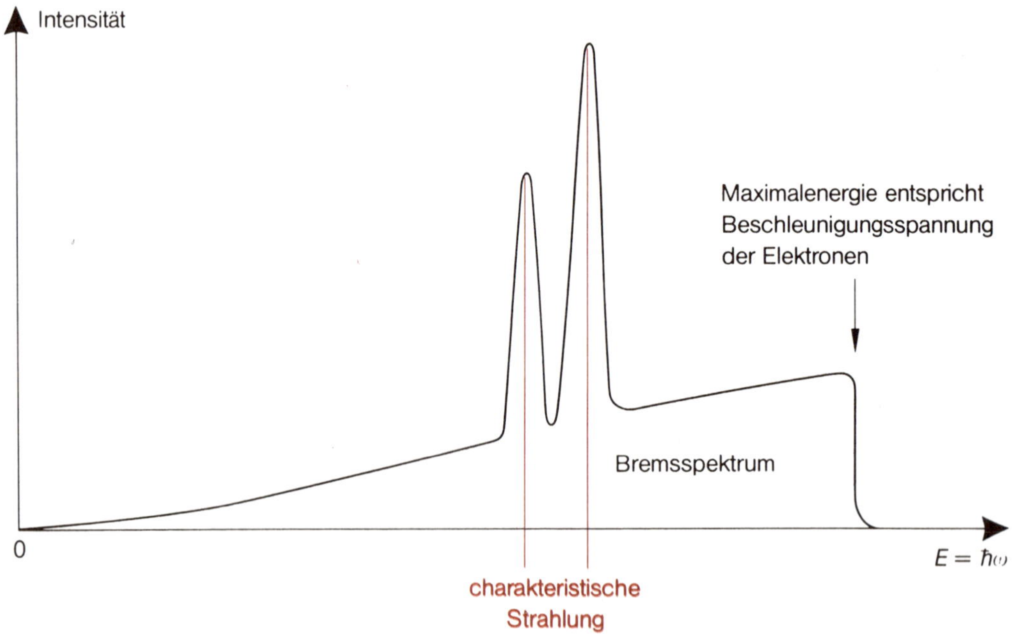

Atomphysik (Figur 6): Typisches Energiespektrum einer Röntgenröhre, in der durch Hochspannung stark beschleunigte Elektronen auf eine aus geeignetem Material bestehende ›Antikathode‹ prallen und dort eine charakteristische Röntgenbremsstrahlung auslösen.

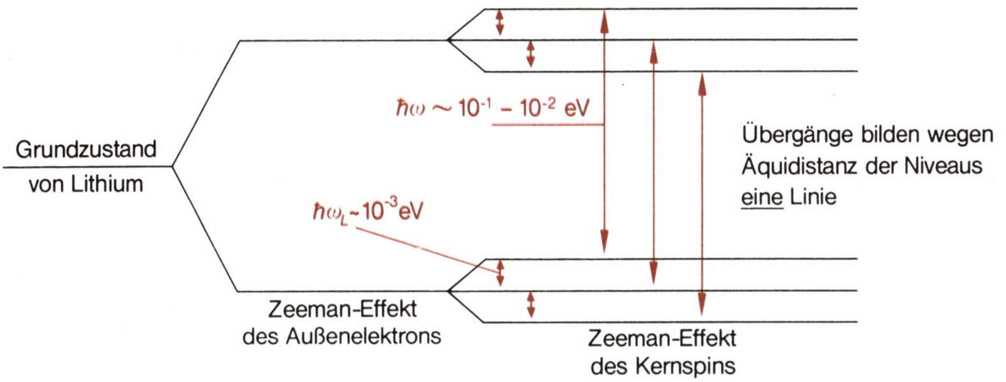

Atomphysik (Figur 7): Ausschnitt aus dem Termschema für Lithium (bei angelegtem Magnetfeld) mit Aufspaltungen (Zeeman-Effekt für Elektronen und Kern) und möglichen Übergängen, wobei die durch Elektronenspins verursachte Energieaufspaltung größer ist als die durch den Kernspin.

haben, sind Resonanzexperimente höchst erfolgversprechend (→ Resonanz).

Man muß zu diesem Zweck eine Probe des zu untersuchenden Materials in ein konstantes Magnetfeld B_0 stecken und es mit elektromagnetischen Wellen passender Frequenz bestrahlen, wobei man die Energieabgabe des Senders mißt. Wächst diese Energieabgabe plötzlich an, so steht die absorbierende Substanz in Resonanz mit dem Sender; letzterer erscheint dann stark gedämpft.

Aus Figur 7 geht hervor, daß die Energie eines Elektronenübergangs (im allgemeinen) wesentlich höher ist als die eines Kerndrehimpuls-Übergangs. Die Aufspaltung, die durch den Elektronenspin verursacht wird, ist eben meist viel größer als die, die durch den Kernspin bewirkt wird. Es werden folgende experimentelle Verfahren bevorzugt: Die *Elektronenspinresonanz* (Abk. *ESR*) findet in einem experimentell meist schwer zugänglichen Frequenzgebiet (Mikrowellen) statt. Deshalb macht man das Magnetfeld variabel und die Frequenz konstant. Es gibt aber auch ESR-Resonanzen (für besondere chemische Verbindungen), die im Hochfrequenzbereich liegen.

Die *Kernspinresonanz* (Abk. *NMR* für engl. N*uclear* M*agnetic* R*esonance*) dagegen findet bei meist wesentlich niedrigeren Energien (und Frequenzen) statt. Deshalb kann man feste Magnetfelder verwenden und dafür die Senderfrequenz (10–1000 MHz) variabel machen.

Unausgesprochene Voraussetzung bei derartigen Absorptionsexperimenten ist immer, daß das niedrigere Energieniveau des Absorbers wesentlich weniger besetzt ist als das angeregte. Um das zu erreichen, muß man die Proben bei NMR-Experimenten oft kühlen.

Die experimentellen Möglichkeiten lohnen diesen Aufwand: Protonen-(Wasserstoff-)Resonanzen gestatten genaueste Messungen von Magnetfeldern auf engstem Raum (wichtig für Teilchenbeschleuniger). Verschiebungen von Resonanzfrequenzen wegen der chemischen Umgebung machen NMR-Experimente heute zu einer Standardmethode der Chemiker, um z. B. das Vorkommen bestimmter Radikale (mit genau bekanntem Frequenzmuster) in unbekannten chemischen Verbindungen festzustellen. Auch die *Computertomographie* und die Kernspintomographie der Medizin sind nichts

anderes als eine technische Anwendung dieses Prinzips.
ESR-Experimente werden vor allem in der Festkörperphysik durchgeführt, um Aufschluß über Kristallbindungen und -störungen zu erhalten. Auch die Frequenzstabilisierung der sog. *Atomuhren* erfolgt nach einer ESR-Methode (nämlich der Resonanzstrahlmethode nach *Rabi*) und hat zu den bekannten unvorstellbar genauen Uhren geführt, derer wir uns heute bedienen (relative Ganggenauigkeit z. B. der *Atomuhr* in Braunschweig 10^{-14}).

Atto-

Abk. a, Vorsilbe bei Maßeinheiten (→ Maße und Maßsysteme), bezeichnet das 10^{-18}fache einer Grundeinheit, z. B. 1 Attometer (am) = 10^{-18} m.

atü

Abk. für Atmosphären-Überdruck, nicht mehr zulässige Druckeinheit; 1 atü = = 1 at – äußerer Luftdruck (→ Maße und Maßsysteme).

Auflösungsvermögen

Ein Meßgerät kann eine Meßgröße x nie ganz genau wiedergeben. Der Unterschied Δx, den zwei verschiedene Meßergebnisse x und $x + \Delta x$ haben können, ohne daß man dem Gerät eine andere Information entnehmen könnte als eben x, dient zur Definition des Auflösungsvermögens $A = x/\Delta x$, das dann meistens in einer Zehnerpotenz angegeben wird. Oft gibt man aber auch nur Δx als A. an.
Beachten Sie, daß Δx nicht unbedingt mit dem *Meßfehler* gleichgesetzt werden darf. Das A. ist deshalb auch nicht der Kehrwert des relativen Meßfehlers, sondern bestenfalls der seiner untersten Grenze. So kann z. B. eine Uhr auf die tausendstel Sekunde genau gehen; wenn sie nur einen im Sekundentakt springenden Sekundenzeiger besitzt, hat sie auch nur ein Δx von einer Sekunde.
Bei Geräten, die eine Abbildung erzeugen, also bei allen optischen Geräten oder Elektronenmikroskopen, ist die *Auflösung* der Abstand, den zwei Punkte voneinander haben müssen, damit man sie noch als voneinander getrennt erkennt. Meist bezeichnet man den Kehrwert dieses Abstands direkt als A. des jeweiligen Gerätes. Das A. ist in jedem Fall der Wellenlänge des Informationsträgers umgekehrt proportional, weil man Δx als Abstand der noch voneinander trennbaren Beugungsfiguren auffassen kann, die bei der Abbildung immer entstehen. Je kleiner die Wellenlänge, desto größer das A. Selbst Teilchen als Informationsträger (z. B. Elektronen im Elektronenmikroskop) folgen diesem Gesetz, wenn man sie als → Materiewellen behandelt. Im folgenden ist die Auflösung von einigen Geräten angegeben, ohne daß auf die Ableitung näher eingegangen wird:

1. Das *Mikroskop* hat die Auflösung

$$\frac{1}{d} = \frac{n \cdot \sin\alpha}{\lambda}; \quad (1)$$

d ist der kleinste beobachtbare Abstand, 2α der Winkel, unter dem das Objekt die Objektivöffnung sieht, n der Brechungsindex des Materials zwischen Objekt und Objektiv und λ die Wellenlänge des zur Beobachtung verwendeten Lichts. Der Ausdruck $n \cdot \sin\alpha$ heißt auch *(numerische) Apertur* des Mikroskops. Da $\sin\alpha$ höchstens 1 sein kann (für $2\alpha = 180°$) und n nicht wesentlich größer als 1 wird, kann d

nur von der Größenordnung der Wellenlänge λ sein.

2. Das *Elektronenmikroskop* arbeitet mit Elektronen, die in elektrischen Feldern beschleunigt und fokussiert werden. Die Wellenlänge dieser Elektronen ist umgekehrt proportional ihrer Energie, für das A. gilt die Gleichung (1) mit $n = 1$. Da man im Prinzip die Elektronenenergie beliebig hoch machen kann, ist auch das A. unbeschränkt hoch. Die Grenze ist durch die verfügbaren Spannungen und durch die geometrischen Abmessungen, also durch technische Faktoren, gegeben. Das A. eines Elektronenmikroskops übertrifft das eines Lichtmikroskops bereits um viele Größenordnungen, ein noch besseres A. erreicht das → Feldelektronenmikroskop.

3. Das *Fernrohr* hat die Winkelauflösung

$$\frac{1}{\delta} = \frac{r}{\lambda}; \qquad (2)$$

δ ist der kleinste Winkelabstand zweier Sterne, die man noch getrennt sehen kann. Die Auflösung ist direkt proportional zu r, dem Radius der Objektivöffnung, λ ist wieder die Wellenlänge. Ein Fernrohr löst also um so besser auf, je größer sein Objektiv ist. Linsen aus Glas kann man nur bis zu Durchmessern von allerhöchstens 1 m verwenden. Größere Linsen sind so schwer, daß sie sich durch ihr eigenes Gewicht verformen und so ihre optische Qualität vermindern. Etwas günstiger liegen die Verhältnisse bei Reflexionsoptiken (Spiegeln). Die Grenze des bearbeitbaren Spiegeldurchmessers liegt derzeit bei etwa 6 m (z. B. Mount Palomar 5 m). Arbeitet man aber nicht mit Licht ($\lambda \approx 5 \cdot 10^{-7}$ m), sondern mit Wellen größerer Wellenlänge, so wird $1/\delta$ zwar z. B. bei Radiowellen im cm-Bereich zunächst schlechter. Da aber Spiegel für Radiowellen einfach aus Metallgittern bestehen, lassen sich wesentlich größere Spiegeldurchmesser konstruieren. Mit Hilfe geeigneter Schaltungen ist es möglich, Einzelreflektoren zu koordinieren, die einen Erddurchmesser voneinander entfernt sind ($\approx 10^7$m), so daß Radioteleskope prinzipiell eine Winkelauflösung haben können, die rund einen Faktor 100 besser ist als die des besten Lichtteleskops.

Auch das *Auge* hat ein Winkelauflösungsvermögen, das durch die Gleichung (2) gegeben ist. Dabei bedeutet r dann den Pupillenradius. Für δ ergibt sich etwa 1 Winkelminute. Das bedeutet, daß wir zwei Punkte, die in deutlicher Sehweite (25 cm) rd. $1/10$ mm voneinander entfernt sind, einzeln gerade noch erkennen.

4. Das *spektrale Auflösungsvermögen A* von Apparaten, wie sie in der → Spektroskopie verwendet werden, wird meist auf die Wellenlänge der gemessenen Strahlung bezogen. Für optische Gitterspektrographen gilt

$$A = \frac{\Delta\lambda}{\lambda} = m \cdot n. \qquad (3)$$

Dabei bedeutet n die Gesamtzahl der verwendeten Gitterstriche und m die Interferenzordnung, in der beobachtet wird. Da aber die Lichtstärke für Interferenzen höherer als 3. Ordnung immer kleiner wird, kann man meist m nicht beliebig hochtreiben. Es gibt Anordnungen mit wenigen interferierenden Strahlen (≈ 20), aber dafür sehr hoher Interferenzordnung ($\approx 100\,000$), die in einem eng begrenzten Wellenlängenbereich eine sehr hohe Auflösung erreichen (z. B. das *Interferometer nach Fabry-Perot*).

Für den *Prismenspektrographen* ist die Auflösung A proportional zur gesamten

Basislänge a der verwendeten Prismen und zur → Dispersion $dn/d\lambda$ des Glases:

$$A = \frac{\lambda}{\Delta\lambda} = 2a \cdot \frac{dn}{d\lambda}. \qquad (4)$$

Die besten Prismenspektrographen erreichen einen Wert von $A \approx 10^5$ und sind damit nicht wesentlich schlechter als Gitterspektrographen mit 100000 Strichen. Will man ein begrenztes Wellenlängengebiet mit sehr hoher Auflösung untersuchen, so verwendet man ein Interferenzspektrometer in Serie mit einem Prismen- oder Gitterspektrographen. Man erreicht so im optischen Bereich eine spektrale Auflösung bis zu $\Delta\lambda \approx 10^{-3}$ nm.

Auftrieb

1) Der *hydrostatische Auftrieb* wirkt auf ruhende Körper in Flüssigkeiten oder Gasen. Seine Größe ist durch das → Archimedische Prinzip gegeben.
2) Der *hydrodynamische Auftrieb* wirkt auf Körper, die sich relativ zu einer Flüssigkeit oder einem Gas bewegen. Seine Größe läßt sich in den meisten praktischen Fällen nur durch das Experiment messen. Zu diesem Zweck benutzt man den Windkanal oder den Strömungstrog. In besonders einfachen geometrischen Anordnungen läßt sich der hydrodynamische Auftrieb auch durch die → Bernoullische Gleichung berechnen (→ Aerodynamik).

Auger-Effekt

Dieser strahlungslose Übergang in Atomen und Molekülen, benannt nach *Pierre Auger* (*1899), kommt im Zusammenhang mit der Röntgenstrahlung vor (→ Atomphysik). Das primäre ›Loch‹ in der K-Schale eines Atoms wird durch ›Nachrutschen‹ eines weiter außen liegenden Elektrons gefüllt. Die Energiedifferenz äußert sich meist als Photon (Röntgenstrahlung), kann aber auch dazu aufgewendet werden, ein weiteres Loch in einer Außenschale zu erzeugen. Nun existieren *zwei* Löcher in Außenschalen, die durch noch weiter außen liegende Elektronen gefüllt werden und dabei die Energiedifferenz als Photonen abführen (oder neue *Auger-Elektronen* erzeugen).

Austauschkraft

Die A. ist eine Kraftwirkung, die durch den Austausch eines vermittelnden Teilchens zustande kommt. Sie dient zur Erklärung der Kräfte bei Elementarteilchen (→ Kraft, → Wechselwirkung).

Austrittsarbeit

Der Symmetrieunterschied der Molekularkräfte im Inneren eines Körpers und im Randgebiet führt nicht nur zur → Oberflächenspannung, sondern beeinflußt auch die Energie der Elektronen in Metallen. Wenn ein Elektron an die Oberfläche geschafft und schließlich ganz aus dem Metall herausgelöst werden soll, muß Arbeit gegen die elektrischen Kräfte der zurückbleibenden Ionen geleistet werden, eben die A. Man führt sie dem Metall meist in Form von Wärme zu (Glühemission).
Die A. für die meisten Metalle liegt etwa bei 4 eV. Die mittlere Teilchenenergie bei Zimmertemperatur ist aber nur von der Größenordnung kT (k = Boltzmannkonstante; → Naturkonstanten), beträgt also nur ungefähr $1/40$ eV. Trotzdem gibt es einige wenige Elektronen, deren Energie ausreicht, um das Metall zu verlassen,

oder die den → Tunneleffekt dazu ausnützen, und der Anteil dieser hochenergetischen Elektronen wächst sehr schnell mit der Temperatur *T*. Der Gleichgewichtszustand zwischen Metalloberfläche und freien Elektronen ist also ein dynamischer: Die freien Elektronen werden laufend von der positiv geladenen Metalloberfläche wieder eingefangen, während andere mit genügend großer Energie die Oberfläche verlassen. Legt man aber eine negative Spannung an das Metall, so ›saugt‹ das entstehende elektrische Feld die Elektronenwolke ab, und ein Strom freier Elektronen entsteht. Dies wird in jeder Elektronenröhre genutzt, wobei man sich meistens der *Glühkathode* bedient, um die Zahl der freien Elektronen, d. h. die Stromstärke, genügend hoch zu machen. Eine besondere Technik ist dabei noch die Anwendung von *Oxidkathoden*, weil ein Überzug z. B. von Bariumoxid, BaO, die Austrittsarbeit schon bei Zimmertemperatur auf etwa 1 eV senkt.

Avogadrosche Zahl

In der englischsprachigen Literatur wird die Anzahl der Moleküle pro Mol ($\approx 6{,}023 \cdot 10^{23}$) nach *Amadeo Avogadro* (1776–1856), in der deutschen nach *Joseph Loschmidt* (1821–1895) benannt (→ Loschmidtsche Zahl).

B Abk. für das Dämpfungsmaß Bel (→ Maße und Maßsysteme).

Bahndrehimpuls

Bezeichnung für einen → Drehimpuls, der mit einer Umlaufbahn um ein Zentrum verbunden ist; B. treten z. B. bei den Planeten oder den Elektronen im Atom auf (→ Atomphysik).

Bändermodell

Fügt man sehr viele ($\approx 10^{20}$) Einzelatome zu einem Kristall *(Festkörper)* zusammen, gibt es für die Elektronen der Atome nicht mehr nur ›scharfe‹ Einzelenergien, die sie besetzen müssen (→ Atomphysik), sondern vielmehr ganze Energiebereiche. Diese sog. *Energiebänder* sind durch ›verbotene‹ Energiebereiche voneinander getrennt, d. h., es gibt auch Energien, die ein Elektron nicht annehmen kann. Die genaue Berechnung dieser Energiebänder und Bandlücken ist im Einzelfall äußerst kompliziert und übersteigt bei weitem den Rahmen dieses Buches. Trotzdem kann man sich mit halbklassischen Plausibilitätsbetrachtungen ein gewisses Verständnis zumindest der Existenz solcher Bandstrukturen verschaffen (Figur 1).

1. Die Elektronenenergien in einem Einzelatom sind nahezu scharf. Angeregte Zustände haben eine endliche Lebensdauer (etwa 10^{-8} s) und damit eine endliche Energiebreite. Bringt man zwei Atome so nahe aneinander, daß sie sich gegenseitig beeinflussen können, dann können zwei einander entsprechende Elektronen wegen des → Pauli-Prinzips nicht mehr identische Zustände besetzen (Elektronen sind Fermionen!). Die Zustände ›spalten auf‹, erhalten leicht unterschiedliche Energien. Bei der Unzahl von gleichartigen Atomen in einem Kristall liegen die aufgespaltenen Energiezustände des ursprünglich scharfen Elektronenzustandes dicht nebeneinander, und ihre Anzahl entspricht der Atomzahl ($\approx 10^{20}$). Man kann sie praktisch nicht mehr voneinander trennen: Es entsteht für jedes Elektron ein Energiebereich möglicher Zustände.

2. Dieser Sachverhalt läßt sich auch anders formulieren: Jedes Atom bildet bezüglich seiner Elektronen einen Cou-

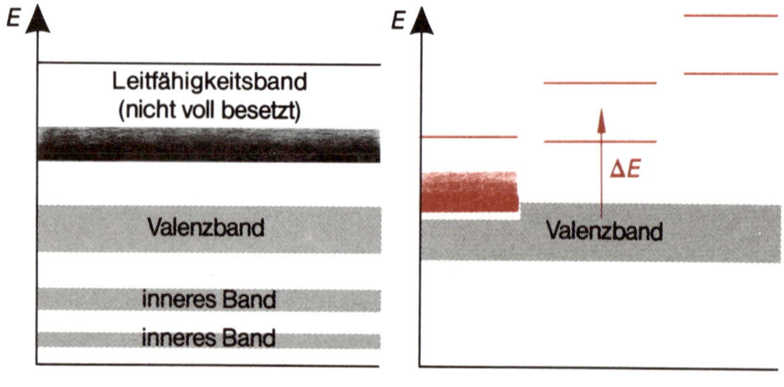

Bändermodell (Figur 1): *Links* Anordnung der Energiebänder von Elektronen in einem Kristall; *rechts* Anordnung der Energiebänder für Metalle, Halbleiter und Nichtleiter; die Größe ΔE bezeichnet die Anregungsenergie bei Halbleitern.

lomb-Potentialtopf, in dem die Elektronen gefangen sind und in dem sie nur bestimmte Energieniveaus besetzen können, die durch ihre Welleneigenschaften gegeben sind. Wenn zwei solcher Potentialtöpfe einander nahe genug kommen, können die Elektronenwellen des einen Topfes auf den anderen übergreifen (→ Tunneleffekt). Je höher die Energie eines Elektrons im Topf, desto leichter geht das. Da durch diesen Tunneleffekt die ›Lebensdauer‹ eines Elektrons als Partner eines einzelnen Atoms kürzer geworden ist, muß die Energiebreite dieses Zustands zugenommen haben. Bei sehr vielen aneinander gebundenen Atomen nimmt also die Energiebreite der Elektronenzustände zu, vor allem für die Außenelektronen. Es entstehen wiederum Energiebänder.

Dieses Bild erlaubt Schlußfolgerungen, die auch durch exakte Rechnungen bestätigt werden. Die Breite der Energiebänder muß vom Atomabstand im Kristall abhängen. Je kleiner dieser Abstand, desto breiter das Energieband. Im Extremfall, wenn die Potentialtöpfe der Atome einander weit überlappen, muß es Energien geben, die man überhaupt keinem Einzelatom mehr zuordnen kann, sondern nur noch dem ganzen Kristall. Elektronen, die sich in diesem Energieband befinden, können sich ›frei‹ im Kristall bewegen, sie bilden ein sog. *Elektronengas,* das die elektrische Leitfähigkeit ermöglicht.

3. Man mag sich fragen, wie es möglich ist, daß sich die Atome in einem Kristall über viele Zentimeter hinweg gegenseitig beeinflussen können. Tatsächlich tun sie das auch in ›normalen‹ Kristallen nicht. Vielmehr erstreckt sich der Wirkungsbereich über einen Mikrokristall mit regelmäßig angeordneten Atomen. Makroskopische Kristalle bestehen aus vielen Mikrokristallen unterschiedlicher Größe. Nur speziell gezüchtete *Einkristalle* sind wirklich über Zentimeter hin regelmäßig gebaut, wenn auch von Gitterfehlern und Fremdatomen durchsetzt.

Trotz dieser Einschränkung enthalten auch Mikrokristalle viele Milliarden von Atomen, die durch ihre gegenseitige Wechselwirkung die Bandstruktur erst schaffen. Wie geht das zu? Grund der Wechselwirkung ist die Wellennatur des Elektrons. Das Kristallgitter mit seinem regelmäßigen Aufbau sorgt dafür, daß nur ganz bestimmte Wellenlängen ungedämpfte stehende Wellen ausbilden können. Die genaue Rechnung ist kompliziert, bestätigt aber wiederum die Bänderstruktur der möglichen Elektronenenergien. Die Breite von Energiebändern und -lücken liegt in der Größenordnung von Elektronvolt (eV).

Nichtleiter, Halbleiter und Leiter

Etwas vereinfacht kann man die elektrischen Eigenschaften der festen Körper einheitlicher Molekularstruktur, also der Kristalle, auf die Atomabstände zurückführen. Kleine Atomabstände haben große gegenseitige Wechselwirkungen zur Folge, mit entsprechend großer Verschmierung des Energieniveaus und Überlappung der Potentialtöpfe. Materialien mit solchen Eigenschaften besitzen freie Elektronen und leiten deshalb den Strom gut. Das Energieband ihrer letzten vollbesetzten Schalen *(Valenzband)* überschneidet sich mit dem Band, das den Außenelektronen entspricht, die in einer nur teilweise besetzten Schale sitzen *(Leitfähigkeitsband).* Zur Gruppe dieser elektrischen Leiter gehören vor allem die *Metalle.*

Bei Kristallen mit größerem Atomabstand rücken zwar Valenzband und Leitfähigkeitsband so weit auseinander, daß zwischen ihnen eine schmale Energielücke entsteht. Sie ist jedoch durch relativ kleine zugeführte Energien wie angelegte Spannungen, einfallende Lichtquanten oder auch nur Temperaturschwankungen leicht zu überbrücken. Dies ist das heute so bedeutsam gewordene Gebiet der *Halbleiter*, deren berühmteste Vertreter sich in den Übergangselementen finden (Germanium, Silicium) oder neuerdings aus Metalloxiden bestehen (Metall-Oxid-Semiconductor, Abk. *MOS*). Die Einsatzmöglichkeiten dieser Halbleiterbauelemente sind fast unübersehbar geworden (→ Halbleiterelektronik).

Wenn schließlich die Atomabstände so groß werden, daß Valenzband und Leitfähigkeitsband durch eine größere Energielücke von einigen eV voneinander getrennt sind, haben wir es mit einem *Nichtleiter* zu tun. Man kann diese Isolatoren jedoch – ebenso wie Halbleiter – durch die Anwendung sehr großer Drücke so stark komprimieren, daß sie zu mehr oder weniger guten Leitern werden. Vertreter dieser letzteren Gruppe sind die meisten Mineralien, aber auch erstarrte Flüssigkeiten wie Gläser oder Harze und die meisten Kunststoffe.

Bar

Zeichen bar, eine Druckeinheit; 1 bar = $= 10^5$ Pascal (Pa) $= 10^5$ N/m^2 (→ Maße und Maßsysteme).

Barkhausen-Effekt

Magnetisiert man ein ferromagnetisches Material wie Eisen oder Nickel um, indem man mit einem starken Magneten daran entlangstreicht, so verläuft der Prozeß der Umorientierung ruckartig, in Sprüngen. Man kann dieses nach dem deutschen Physiker *Heinrich Barkhausen* (1881–1956) benannte Phänomen direkt beobachten, wenn man das Material in eine Spule steckt, die durch die Ummagnetisierung entstehenden Induktionsspannungen an der Spule abgreift, verstärkt und auf einen Lautsprecher gibt. Dann hört man aus dem Lautsprecher ein unregelmäßiges Prasseln und Knacken während des Ummagnetisierens. Man erklärt sich diesen Effekt durch die Existenz von Bezirken gleicher Magnetisierung (sog. *Weiss'scher Bezirke*, nach *Pierre Weiss*, 1865–1940), in denen alle Elementarmagnete (Atome) gleich ausgerichtet sind und die mehr oder weniger gleichzeitig, d. h. in sehr kurzer Zeit, umklappen, wenn man ein äußeres Magnetfeld anlegt.

Barn

Zeichen barn; nicht mehr zulässiges, aber in der Kernphysik noch verwendetes Flächenmaß zur Angabe von Wirkungsquerschnitten; 1 barn $= 10^{-28}$ m^2 $= 10^{-24}$ cm^2 (→ Maße und Maßsysteme).

Barnett-Effekt

Die von *S. J. Barnett* (1873–1956) gefundene Umkehrung des → Einstein-de-Haas-Effektes besteht darin, daß ein ferromagnetisches Material sich wie ein Stabmagnet verhält, wenn man ihm eine große Winkelbeschleunigung verleiht. In der Praxis bringt man einen Eisenzylinder in sehr schnelle Rotation und bremst ihn dann rasch ab, wobei er magnetisch wird. Der Effekt folgt aus der Koppelung des magnetischen Moments mit einem Drehimpuls, der beim Abbremsen erhalten bleiben muß. Die Elektronen im Innern des Materials ›rotieren weiter‹, wenn der Stab schon in Ruhe ist, und müssen sich dabei ausrichten, um den

Drehimpuls zu übernehmen. Diese recht qualitative Betrachtung erklärt das Auftreten eines Magnetfeldes. Seine Größe muß allerdings durch quantenmechanische Methoden bestimmt werden.
Der Barnett-Effekt zählt wie der Einstein-de-Haas-Effekt zu den *gyromagnetischen Effekten*.

Barometer

Geräte zur Messung des → Luftdrucks heißen B. Es gibt im wesentlichen nur zwei B.-Arten:
1. Das *Quecksilberbarometer* benutzt das Gleichgewicht zwischen dem Luftdruck und dem Druck p, den eine Quecksilbersäule bestimmter Höhe (→ Torricellischer Versuch) erzeugt. Diese Höhe h läßt sich direkt in Druckeinheiten umrechnen:

$$p = \rho_{Hg} \cdot g \cdot h;$$

ρ_{Hg} = Dichte des Quecksilbers = 13,6 g/cm³, g = Erdbeschleunigung = 9,81 m/s². Früher hat man den Luftdruck direkt in *Millimeter Quecksilbersäule* (mm Hg) bzw. in *Torr* angegeben; Normaldruck = 760 mm Hg = 760 Torr. Heute benutzt man die Maßeinheiten *Pascal* (Pa) oder *Bar* (bar), es gilt 760 mm Hg = = $1{,}01325 \cdot 10^5$ Pa = 1013,25 hPa = = 1013,25 mbar (→ Maße und Maßsysteme).
2. Das *Aneroidbarometer (Dosenbarometer)* benutzt das Gleichgewicht zwischen dem Luftdruck und der elastischen Kraft einer luftleer gepumpten Blechdose. Ein höherer Luftdruck preßt die Blechdose stärker zusammen als ein niedriger. Die Deformation wird über eine Kette auf ein Zeigerwerk übertragen und direkt in Druckeinheiten geeicht auf einer Skala angezeigt. Die Rückstellkraft der Dose entsteht durch eine Feder im Inneren, die Elastizität durch die spezielle, gewellte Form der Dosenwände.
B. können auch mit Hilfe der *barometrischen Höhenformel*

$$h - h_0 = RT \cdot \ln (p_0/p)$$

zur Höhenmessung verwendet werden, wobei h_0 die Bezugshöhe mit dem Druck p_0 und der Temperatur T bedeutet, R die allgemeine Gaskonstante (R = 8,31434 J/Grad · mol) und h die zu ermittelnde Höhe mit dem dort herrschenden Druck p. Dosenbarometer enthalten zu diesem Zweck manchmal eine für die Bezugshöhe auf Null einstellbare zusätzliche Skala, die gleich in Höhenmetern geeicht ist.

Becquerel

Abk. Bq, seit 1. 1. 1986 allein zulässige Maßeinheit für die Stärke der Radioaktivität; benannt nach *Henri Becquerel* (1832–1908); 1 Bq = 1/s (→ Maße und Maßsysteme, → Strahlenbelastung und Strahlenschutz).

Bel

Abk. B, ein logarithmisches Verhältnismaß (→ Maße und Maßsysteme).

Beleuchtungsstärke

Die B. gibt an, wie gut eine Fläche beleuchtet wird. Sie wird in *Lux* (Abk. lx) gemessen (→ Maße und Maßsysteme). Sonnenlicht bringt B. bis 100 000 lx, Mondlicht nur etwa 0,2 lx. Hat man sehr feine Arbeiten zu verrichten (z. B. Einfädeln des Fadens beim Nähen), sollte am Arbeitsplatz eine B. von etwa 5000 lx herrschen. Für Wohnräume genügen im allgemeinen etwa 100 lx. Die B., die eine feste Lichtquelle erzeugt, nimmt mit dem Quadrat der Entfernung von ihr ab. Eine 40-Watt-Birne schafft in 1 m Entfernung eine B. von rd. 400 lx. Die Lichtstärke einer Glühbirne ist jedoch nicht proportional zur Leistung.

Bernoullische Gleichung

Dieser von *Daniel Bernoulli* (1700–1782) im Jahr 1738 entdeckte Zusammenhang zwischen den Druckkomponenten in strömenden Medien kann auf Flüssigkeiten und Gase angewandt werden. Er bildet daher die Grundlage für die mathematische Behandlung weiter Teile der → Aerodynamik, der → Hydrodynamik und ganz allgemein der Strömungslehre, obwohl die Grundannahmen idealisiert sind. Die B. G. gilt in *reibungsfreien* und *inkompressiblen* Medien. Beides gilt für reale Flüssigkeiten und Gase so gut wie nie, aber die Abweichungen sind in einem großen Geschwindigkeitsbereich so klein, daß die B. G. brauchbare Näherungswerte ergibt.

Herleitung

Wir zerlegen ein strömendes Medium in Gedanken in ›Stromfäden‹ oder ›Schläuche‹, die wir so wählen, daß durch die Seitenwand keine Flüssigkeit (oder Gas) hindurchtritt. Ungeachtet der Tatsache, daß in Wirklichkeit keine feste Schlauchwand vorhanden ist, kann man so tun, als wäre sie da, denn man legt den Schlauch gerade so, wie die Strömung ohne ihn auch verlaufen würde, und erhält so z. B. eine Stromröhre wie in Figur 1. Darin eingeschlossen ist das Flüssigkeitsstück A_1A_2, jeweils gezeichnet zur Zeit t_1 (schwarz) bzw. t_2 (rot). Unter der Voraussetzung, daß während der Bewegung keine Reibungsverluste aufgetreten sind und daß sich die Flüssigkeit nicht zusammendrücken hat lassen *(Inkompressibilität)*, müssen das Volumen und die Masse der Flüssigkeit im Schlauchstück A_1A_1' genauso groß sein wie im Schlauchstück A_2A_2'. Wenn es sich außerdem um eine

Bernoullische Gleichung (Figur 1): Zur Ableitung dieser Gleichung dient ein sich nach einer Seite verjüngendes Schlauchstück, wobei gleich große Volumenabschnitte herangezogen werden.

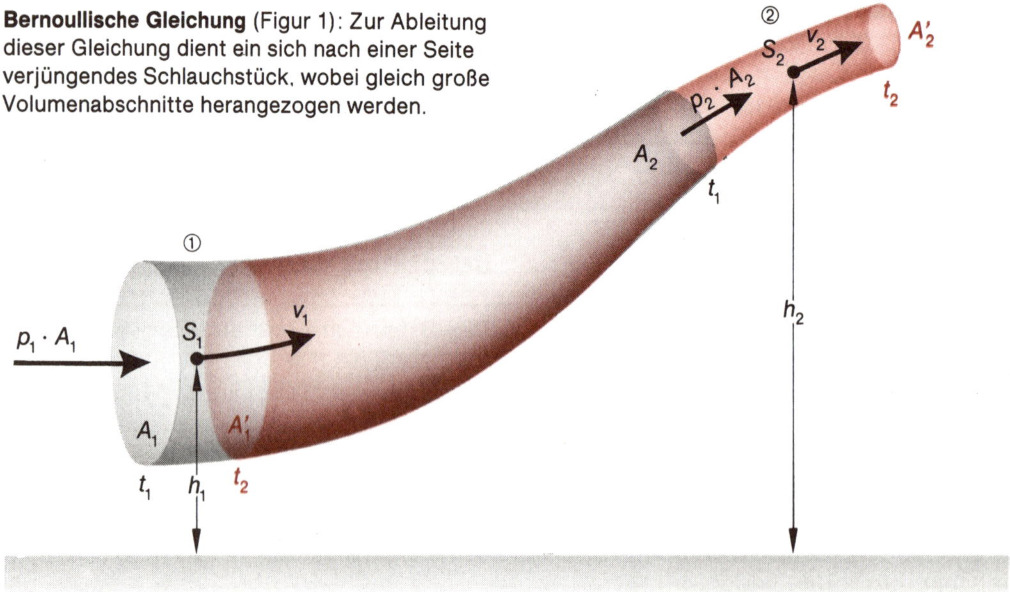

stationäre (gleichbleibende) Strömung handelt, so ändert sich im Bereich des Schlauchstückes $A_1'A_2$ überhaupt nichts, und wir können so tun, als sei lediglich das Stück A_1A_1' der Flüssigkeit nach A_2A_2' transportiert worden. Die Punkte S_1 und S_2 sollen die Schwerpunkte dieser Stücke darstellen und V ihr in beiden Fällen gleiches Volumen. Wir stellen die Energiebilanz auf (ρ sei die Dichte der Flüssigkeit, m die Masse des Volumens V, g die Erdbeschleunigung und v_1 bzw. v_2 die Geschwindigkeit an den Stellen ① bzw. ②):

Die Differenz der potentiellen Energien an den Stellen ① und ② ist:

$$m \cdot g \cdot h_1 - m \cdot g \cdot h_2 = \\ = \rho \cdot V \cdot g \cdot h_1 - \rho \cdot V \cdot g \cdot h_2 .$$

Die Differenz der kinetischen Energien beträgt

$$\frac{1}{2} m \cdot v_1^2 - \frac{1}{2} m \cdot v_2^2 = \\ = \frac{1}{2} \rho \cdot V \cdot v_1^2 - \frac{1}{2} \rho \cdot V \cdot v_2^2 .$$

Diese Energiedifferenz muß durch die Arbeit aufgebracht werden, die durch die Druckdifferenz $(p_2 - p_1)$ geleistet wird, denn andere Quellen gibt es in diesem Modell nicht! Die Arbeit ist gegeben durch die Kraft $p_1 \cdot A_1$ und den Weg $\overline{A_1A_1'} = V/A_1$. Insgesamt gilt also:

$$(p_2 - p_1) \cdot V = \rho \cdot V \cdot g \cdot (h_1 - h_2) + \\ + \frac{1}{2} \rho \cdot V \cdot (v_1^2 - v_2^2).$$

Eine einfache Umformung ergibt:

$$p_1 + \rho \cdot g \cdot h_1 + \frac{1}{2} \rho \cdot v_1^2 = \\ = p_2 + \rho \cdot g \cdot h_2 + \frac{1}{2} \rho \cdot v_2^2 . \qquad (1)$$

Die drei Variablen p, h und v bilden also in einer Strömung in der Verknüpfung $p + \rho \cdot g \cdot h + \frac{1}{2} \rho \cdot v^2$ eine Zustandsgröße, die sich beim Übergang von einem Punkt ① eines Stromfadens zu einem anderen Punkt ② *nicht ändert*. Man schreibt daher die B. G. meistens in der Form

$$p + \rho \cdot g \cdot h + \frac{1}{2} \rho \cdot v^2 = \text{konst.} \qquad (2)$$

Treten in der Strömung keine Höhendifferenzen auf oder handelt es sich um strömende Gase (kleine Dichte!), die keine großen Höhenunterschiede überwinden müssen, bleibt der potentielle Term $\rho \cdot g \cdot h$ nahezu konstant und kann mit in die Konstante gezogen werden:

$$p + \frac{1}{2} \rho \cdot v^2 = \text{konst.} \qquad (3)$$

Diese Gleichung gilt selbstverständlich auch für $v = 0$. Dann ist aber p einfach gleich dem insgesamt herrschenden Gas- oder Flüssigkeitsdruck p_o, so daß wir schließlich erhalten:

$$p + \frac{1}{2} \rho \cdot v^2 = p_o . \qquad (4)$$

Man nennt – der Technik folgend – p_o den *Gesamtdruck* (aus Schwerkraft, Pumpendruck usw. zusammengesetzt), p den *statischen Druck* und $\frac{1}{2} \rho \cdot v^2$ den *Staudruck,* etwas irreführend, weil p der Druck in der bewegten Flüssigkeit ist, so daß er besser ›dynamischer Druck‹ heißen sollte, obwohl seine Anzeige statisch erfolgt, nämlich mit Steigröhren oder sonstigen Manometern.

Die B. G. sagt also aus, daß der (dynamische) Druck p in einem strömenden Medium um so kleiner wird, je größer die Strömungsgeschwindigkeit v ist. Dieser Zusammenhang gilt allerdings nur für vergleichsweise kleine Geschwindigkeiten, denn $\frac{1}{2}\, \rho v^2$ muß klein gegen p bleiben). Die zulässigen Geschwindigkeiten unter optimalen Bedingungen (›Stromlinienform‹) in Gasen sind etwa 300 m/s, in Flüssigkeiten (Wasser) etwa 10 m/s. Selbst in diesen Bereichen darf je nach Anordnung der umströmten Körper die Reibung nicht vernachlässigt werden (→ Hagen-Poiseuillesches Gesetz). Schon die Grundvoraussetzung für die Herleitung der B. G., die Zerlegbarkeit in Stromfäden *(laminare Strömung),* ist bei den angegebenen Geschwindigkeiten meist längst nicht mehr erfüllt: Die Strömungen sind bereits *turbulent* (→ Reynoldssche Zahl).

Trotz dieser Einschränkungen ist die B. G. *die* Grundgleichung der Strömungslehre. Sie ist Grundlage vieler Meßverfahren (siehe unten), ebenso wie sie den dynamischen Auftrieb erklärt (→ Aerodynamik).

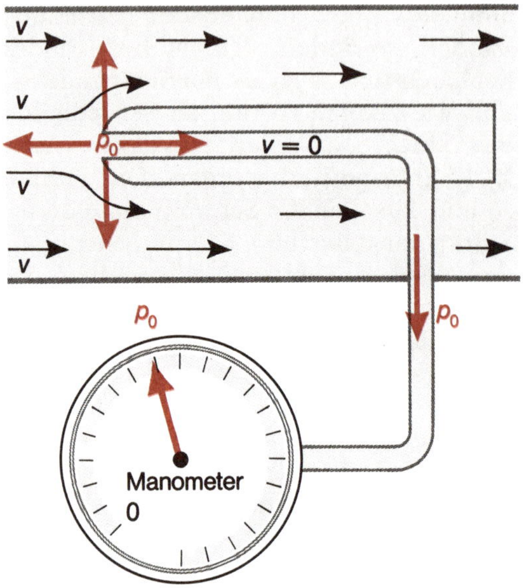

Bernoullische Gleichung (Figur 2): Zur Messung des Gesamtdrucks eines mit der Geschwindigkeit *v* strömenden Mediums dient das Pitot-Rohr, das aus einem Röhrchen mit nur einer in Strömungsrichtung liegenden Öffnung besteht.

Meßverfahren

Zur Messung der in der B. G. vorkommenden Drücke hat man *Sonden* konstruiert, Röhren mit bestimmten Öffnungen, die mit Manometern verbunden werden und so den Gesamtdruck, den Staudruck und den statischen Druck anzeigen.

Zur Messung des *Gesamtdruckes* in einem strömenden Medium schafft man am einfachsten ein ›Staugebiet‹, in dem die Strömungsgeschwindigkeit v auf Null abgesunken ist, und setzt dort einen Druckmesser an, im einfachsten Fall ein mit Flüssigkeit gefülltes U-Rohr. Bereits *H. Pitot* hat 1732 eine solche Anordnung angegeben, die einfach aus einem offenen Röhrchen besteht, das mit der einen Mündung gegen die Strömung gehalten wird, während das andere Ende an ein Manometer angeschlossen ist (Figur 2). Wenn das Manometer zur Ruhe gekommen ist, herrscht im Rohr und an der Mündung die Strömungsgeschwindigkeit Null: Man mißt also den Gesamtdruck.

Der *statische Druck* läßt sich ebenfalls mit einer Sonde ähnlich dem Pitot-Rohr bestimmen, nur muß man diesmal die Öffnungen seitlich ins Rohr bohren (und gratfrei machen). Da die Strömung bei dieser Messung möglichst wenig gestört werden darf, soll die Sonde stromlinienförmig und nicht zu dick sein (Figur 3). Vor diesen seitlichen Öffnungen strömt das Medium mit unveränderter Geschwindigkeit vorbei, so daß an diesen Stellen der statische Druck p herrscht, den man wieder auf ein geeignetes Manometer überträgt.

Der *Staudruck* $\frac{1}{2}\, \rho \cdot v^2$ ist direkt nur sehr schwer zu messen. Um so besser funktioniert das *Prandtlsche Staurohr* (nach *Ludwig Prandtl,* 1875–1953), das im wesentlichen eine Kombination aus Pitot-Rohr und Drucksonde darstellt (Figur 4). Man

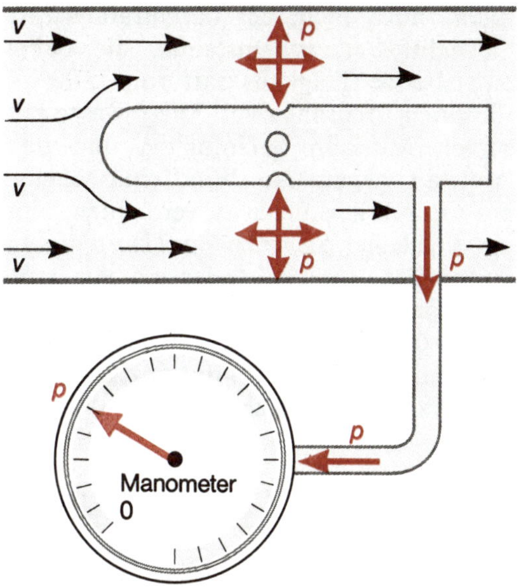

Bernoullische Gleichung (Figur 3): Die Messung des statischen Drucks eines mit der Geschwindigkeit v strömenden Mediums erfolgt mit einem stromlinienförmigen Röhrchen, das zwei seitliche Öffnungen aufweist.

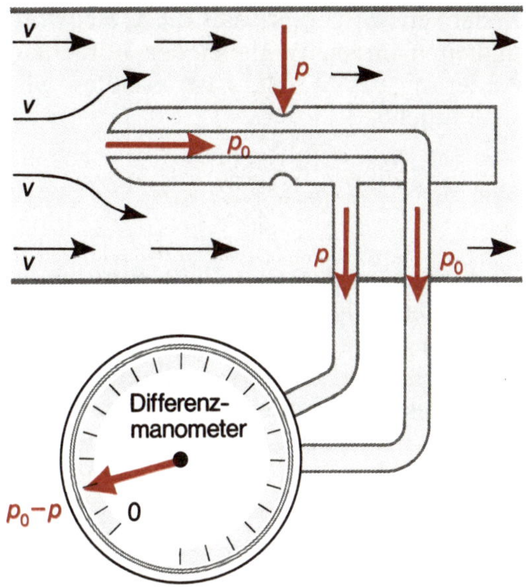

Bernoullische Gleichung (Figur 4): Die Messung des Staudrucks eines mit der Geschwindigkeit v strömenden Mediums erfolgt mit dem Prandtlschen Staurohr, das mehrere seitliche und eine vordere Öffnung aufweist.

mißt die Differenz aus Gesamtdruck und statischem Druck. Prandtlsche Staurohre werden vor allem in Flugzeugen (und Schiffen) zur Geschwindigkeitsmessung verwendet. Die Drucksonden sprechen ja auf *Relativgeschwindigkeiten* an. Man kann sie bei strömendem Medium und ruhendem Objekt genauso anwenden wie bei ruhendem Medium und bewegtem Objekt. Die Strömungsgeschwindigkeit v ergibt sich aus der B. G. durch eine einfache Umformung:

$$v = \sqrt{\frac{2(p_0 - p)}{\rho}}.$$

Beschleunigung

Die Beschleunigung b eines Körpers (oft auch mit a bezeichnet nach engl. ›acceleration‹) ist definiert als die Zunahme seiner Geschwindigkeit v pro Zeiteinheit t:

$$b = \frac{v}{t}. \qquad (1)$$

Falls v nicht zu-, sondern abnimmt, wird b manchmal auch ›Verzögerung‹ genannt.

Die Gleichung (1) ist nur richtig, wenn b eine konstante Größe ist. Bei den meisten realen Vorgängen ist dies aber nicht der Fall. Dann muß man die infinitesimale Geschwindigkeitsänderung anschreiben. Außerdem ist die B. wie die Geschwindigkeit eine gerichtete Größe, so daß sich die Vektorschreibweise empfiehlt. Die exakte Formel für die B. lautet deshalb

$$\vec{b} = \frac{d\vec{v}}{dt}. \qquad (2)$$

Bedenken wir ferner, daß die Geschwindigkeit $\vec{v}$ ihrerseits gleich der zeitlichen Änderung des Weges $\vec{s}$ ist, erhalten wir schließlich

$$\vec{b} = \frac{d^2\vec{s}}{dt^2}. \quad (3)$$

In dieser Gestalt findet die B. Eingang in alle mechanischen Grundgleichungen, die sich deshalb durchweg als Differentialgleichungen zweiter Ordnung erweisen. Dies ist vor allem auch deshalb so, weil die ausgeübte Kraft der auftretenden B. proportional ist (→ Newtonsche Gesetze).

Die bekannteste B. ist wohl jene, die durch die Erdanziehungskraft (→ Gravitationsgesetz) jedem frei fallenden Körper mitgeteilt wird. Man hat sie sogar mit einem eigenen Symbol *(g)* ausgestattet. Ihre mittlere Größe in der Nähe der Erdoberfläche beträgt $g = 9{,}81\ \mathrm{m/s^2}$ (→ Maße und Maßsysteme). Wir vergleichen sie mit der mittleren Beschleunigung eines sehr leistungsfähigen Sportwagens, der noch im Straßenverkehr zugelassen ist. Er möge z. B. in 6 Sekunden von Null auf 100 km/h beschleunigen. Dann beträgt

$$b = \frac{100}{6}\ \frac{\mathrm{km}}{\mathrm{h \cdot s}} = \frac{100\,000}{3600 \cdot 6}\ \frac{\mathrm{m}}{\mathrm{s \cdot s}} =$$

$$= 4{,}63\ \frac{\mathrm{m}}{\mathrm{s^2}}.$$

Die vermeintliche ›Rakete‹ schafft also gerade etwa 0,5 *g*.

Bremsverzögerungen können dagegen höher sein. Sie erreichen bei guten Straßenverhältnissen durchaus 1 *g* und mehr. Bei einem Unfall jedoch sind die B. wesentlich höher. Prallt beispielsweise ein Fahrzeug mit 35 km/h gegen eine Mauer und verformt sich so, daß es 0,5 m kürzer wird (Knautschzone!), so tritt für die Insassen eine mittlere B. von etwa 10 *g* auf. *Niemand*, auch nicht der durchtrainierteste Gewichtheber, ist imstande, die dabei entstehende Trägheitskraft von 75 000 N für einen Menschen von 75 kg Masse mit seinen Muskeln aufzufangen und den Aufprall gegen die Windschutzscheibe etwa durch Abstützen zu vermeiden. Nur ein angelegter *Sicherheitsgurt* kann diesen Aufprall verhindern (oder ein Air-bag). Wie kommen wir auf diese Zahlen?

Unter der Annahme *konstanter* B. erhält man aus Gleichung (3) durch zweimalige Integration die Gleichung

$$s(t) = s_0 + v_0 \cdot t + \frac{1}{2} bt^2. \quad (4)$$

Dabei haben wir eine geradlinige Bewegung angenommen und dürfen dann skalare Größen benutzen. s_0 ist der zurückgelegte Weg zum Zeitpunkt $t = 0$, v_0 die zu diesem Zeitpunkt bereits vorhandene Geschwindigkeit. Legen wir die Zeitachse so, daß $s_0 = 0$ und $v_0 = 0$, so ist:

$$s(t) = \frac{1}{2} bt^2. \quad (5)$$

Aus Gleichung (2) erhalten wir mit den gleichen Voraussetzungen die Beziehung

$$v(t) = b \cdot t. \quad (6)$$

Die Kombination der Gleichungen (5) und (6) ergibt schließlich den Zusammenhang

$$b = \frac{v^2}{2s}. \quad (7)$$

Diese Formel läßt sich zur Berechnung einer der drei Größen verwenden, wenn man die beiden anderen kennt und wenn die Anfangsbedingungen für $t = 0$ durch $s = 0$ und $v = 0$ gegeben sind. Da in der klassischen Mechanik die Zeitrichtung keine Rolle spielt, kann man sowohl B. als auch Verzögerungen einsetzen (dann sind am *Ende* des Vorgangs $s = 0$ und $v = 0$). Das Einsetzen von $v = 35$ km/h, 10 m/s und $s = 0{,}5$ m liefert die vorhin angeführten Ergebnisse. Darüber hinaus können Sie der Gleichung (7) entnehmen, daß die wirksame Verzögerung bei einem Aufprall mit dem *Quadrat* der Geschwindigkeit wächst, sofern die Knautschzone konstant bleibt. Von einer gewissen Geschwindigkeit an kann deshalb auch der Sicherheitsgurt nicht vor Verletzungen schützen, falls man gegen eine (unnachgiebige) Mauer fährt.

Betastrahler

Ein B. ist ein radioaktives Nuklid, das sich durch → Beta-Zerfall umwandelt, wobei man zwischen *Elektronstrahlern* und *Positronstrahlern* unterscheidet.

Betateilchen

Unter B. versteht man negative (oder positive) Elektronen (Positronen), die beim Beta-Zerfall von Atomkernen (→ Radioaktivität) frei werden.

Beta-Zerfall

Besonders mittelschwere instabile Atomkerne mit geringem Neutronen- oder Protonenüberschuß gehen durch den B. in einen stabilen Kern über, wobei einer von drei Elementarprozessen abläuft:

$$n \rightarrow p + e^- + \bar{\nu}; \qquad (1)$$

$$p \rightarrow n + e^+ + \nu; \qquad (2)$$

$$p + e^- \rightarrow n + \nu. \qquad (3)$$

Der Prozeß (1) schleudert ein Elektron aus; Kerne, die so zerfallen, sind die *klassischen* Betastrahler. Beim Zerfall erhöhen sie ihre Kernladungszahl um eins. Der Prozeß (2) läuft in Kernen mit Protonenüberschuß ab. Dabei wird ein ›positives Elektron‹ *(Positron)* ausgesandt, das Antiteilchen des normalen Elektrons. Der Prozeß (3) schließlich heißt *K-Einfang,* weil der Kern ein Elektron aus der Elektronenhülle (K-Schale) einfängt und seinen Protonenüberschuß abbaut.

In allen drei Fällen wird zusätzlich noch ein *Neutrino* ν ausgesandt, das die Energie- und Impulsbilanz des Vorgangs ausgleicht (→ Kernphysik, → Elementarteilchen). Es zeigt sich nämlich, daß die Energie der Betastrahlen nicht scharf ist, sondern – für eine Kernsorte – ein ganzes Spektrum umfaßt. Das ist nur möglich, wenn ein drittes Teilchen, eben das Neutrino, beteiligt ist.

Der B.-Z. ist also eine Vier-Teilchen-Wechselwirkung und wird durch die *schwache Wechselwirkung* (→ Kraft) ausgelöst. Das Mittlerteilchen dieser Wechselwirkung (sog. ›intermediäres Vektorboson‹) wurde vor kurzem experimentell nachgewiesen.

Bethe-Weizsäcker-Zyklus

Es handelt sich bei diesem Begriff um einen Fusionszyklus, wie er in älteren und heißen Sternen vorkommt, die genügend massereich sind. Nach *Hans Albrecht Bethe* (*1906) und *Carl Friedrich von Weizsäcker* (*1912) benannt, beschreibt er die Bildung von Helium aus Wasserstoff mit Kohlenstoff als ›Katalysatornuklid‹ in sieben Schritten, wobei insgesamt eine Energie von rd. 27 MeV frei wird:

$${}_6C^{12} + p \rightarrow {}_7N^{13}$$

$${}_7N^{13} \rightarrow {}_6C^{13} + e^+$$

$$
\begin{aligned}
{}_6C^{13} + p &\rightarrow {}_7N^{14} \\
{}_7N^{14} + p &\rightarrow {}_8O^{15} \\
{}_8O^{15} &\rightarrow {}_7N^{15} + e^+ \\
{}_7N^{15} + p &\rightarrow {}_8O^{16} \\
{}_8O^{16} &\rightarrow {}_6C^{12} + {}_2He^4
\end{aligned}
$$

Die Nettoreaktion lautet also

$$4\,p \rightarrow {}_2He^4 + 2\,e^+ .$$

Zur Nomenklatur siehe → Isotope und → Elementarteilchen.

Beugung

Die Erscheinung, daß sich Wellen nicht geradlinig ausbreiten, wenn sie an ein Hindernis stoßen, bezeichnet man als B. oder *Diffraktion* (→ Wellen). Sie gilt allgemein als ein wesentliches Kriterium dafür, daß man es mit einer Wellenerscheinung zu tun hat.

Bewegung

Wenn ein Körper mit der Zeit seine Lage im Raum verändert, so führt er eine B. aus. Obwohl dieser Satz auf den ersten Blick ganz einleuchtend klingt, verknüpft er die Begriffe ›Körper‹, ›Zeit‹ und ›Raum‹ miteinander, deren physikalische Bedeutung bei genauerer Betrachtung alles andere als klar ist (→ Teilchen, → Zeit, → Raum). Die Physiker vermeiden diese Schwierigkeiten, wenn sie nur die B. als solche untersuchen wollen, indem sie mit ›Massenpunkten‹ rechnen. Natürlich gibt es diese Objekte in der Natur nicht. Sie sind ja auch schon theoretisch unmöglich, denn ein Körper, dessen Masse sich auf einen ›Punkt‹ konzentrierte, hätte das Volumen Null und damit eine unendlich große Dichte. Trotzdem kann der Massenpunkt nicht nur eine zuverlässige, sondern eine ausgezeichnete Näherung sein. Es kommt eben auf den Zusammenhang an: Einem Ferienreisenden kommt unsere Erde sicher nicht wie ein Massenpunkt vor, aber für einen Astrophysiker, der ihre B. im Sonnensystem oder gar in der Milchstraße untersucht, wäre jeder andere Standpunkt unsinnig.

Die B. von Massenpunkten ist der Inhalt eines Teilgebietes der Mechanik mit dem Namen *Kinetik* oder *Kinematik* (griech.; dt. Lehre von der B.). Die Beschreibung der Lage eines Massenpunktes setzt ein → Bezugssystem voraus, das als ruhend vorausgesetzt wird. In der Natur gibt es jedoch auch so etwas nicht. Man kann nie entscheiden, ob ein Körper absolut ruht oder sich bewegt. Bewegungsgleichungen sagen deshalb nur dann etwas aus, wenn sie auf ein Koordinatensystem bezogen werden. *Bewegungen sind relativ.* Größen, die mit einer B. zusammenhängen, haben deshalb ebenfalls nur relativ zu einem Bezugssystem einen Sinn. Sie ändern sich, wenn man das System wechselt. Das gilt bereits für die *Lage* eines Massenpunkts, der meist durch den zugehörigen Ortsvektor $\vec{s}$ charakterisiert wird. Die → Relativitätstheorie hat gezeigt, daß sogar die Zeit auf ein bestimmtes Koordinatensystem bezogen werden muß.

Im nichtrelativistischen Bereich (kleine Geschwindigkeiten im Verhältnis zur Lichtgeschwindigkeit) benutzen die Physiker folgende Größen, um eine B. zu beschreiben:

1. Die *Geschwindigkeit* v ist die Änderung des Ortsvektors eines Körpers mit der Zeit t. Sie ist daher selbst ein Vektor:

$$\vec{v}(t) = \frac{d\vec{s}}{dt} . \qquad (1)$$

2. Die → Beschleunigung b (oder a) ist die zeitliche Änderung der Geschwindigkeit. Auch sie ist eine gerichtete Größe, d. h. ein Vektor:

$$\vec{b}(t) = \frac{d\vec{v}}{dt}. \quad (2)$$

Verwendet man für $\vec{v}$ die Gleichung (1), so erhält man:

$$\vec{b}(t) = \frac{d^2\vec{s}}{dt^2}. \quad (3)$$

Im allgemeinen ändert sich sowohl die Geschwindigkeit als auch die Beschleunigung eines Massenpunktes mit der Zeit. Nur wenn $\vec{v}$ oder $\vec{b}$ konstant sind, ist eine einfache Integration der Bewegungsgleichungen möglich. Man verwendet dann meist die Gleichung (3), deren Integral bei konstanter Beschleunigung b in der Form

$$s(t) = s_0 + v_0 \cdot t + \frac{1}{2} bt^2 \quad (4)$$

geschrieben wird. Integriert man die Gleichung (2), ebenfalls für konstantes b, so erhält man die Beziehung

$$v(t) = v_0 + b \cdot t. \quad (5)$$

Ich habe hier auf die Vektorpfeile verzichtet, weil bei konstanter Beschleunigung das Koordinatensystem stets so gelegt werden kann, daß alle Vektoren ($\vec{b}$, $\vec{v}$ und $\vec{s}$) in eine Richtung zeigen. Die mit Null indizierten Größen sind eventuell vorhandene Anfangsbedingungen für $t = 0$.

Das bekannteste Beispiel für eine konstante Beschleunigung ist die *Erdbeschleunigung g*. Läßt man z. B. einen Stein frei fallen oder wirft ihn irgendwie hoch, so bewegt er sich nach den Gleichungen (4) und (5). Aus der Fülle möglicher Aufgabenstellungen dazu soll nur eine als Beispiel dienen:

Aus welcher Höhe müßte man ein Auto fallen lassen, damit es mit einer Geschwindigkeit von 36 km/h auf den Boden aufprallt? Wir legen das Koordinatensystem so, daß $s_0 = 0$ und $v_0 = 0$ ist. Die gesuchte Höhe ist dann der Wert von s, der frei mit der Beschleunigung g von ≈ 10 m/s durchfallen werden muß, damit die Geschwindigkeit $v = 36$ km/h $= 10$ m/s erreicht wird. Aus Gleichung (5) berechnet man

$$t = \frac{v}{g}.$$

In Gleichung (4) eingesetzt ergibt sich

$$s = \frac{1}{2} g \cdot \frac{v^2}{g^2} = \frac{1}{2} \frac{v^2}{g};$$

$$s \approx \frac{1}{2} \cdot \frac{10^2}{10} \text{ m} = 5 \text{ m}.$$

Der Aufprall mit ›nur‹ 36 km/h entspricht also einem freien Fall aus 5 m Höhe, d. h. etwa einem Sprung aus dem zweiten Stockwerk eines Hauses. Bedenkt man noch, daß der Aufprall im Auto zuerst mit Brust und Kopf erfolgt und nicht auf den Füßen, wird man vielleicht die angeblich lächerlich geringen Geschwindigkeiten im Straßenverkehr mit anderen Augen betrachten.

Bezugssysteme

Wer den Ort eines Teilchens oder irgendeines Gegenstandes angeben will, muß sich auf ein *Koordinatensystem* beziehen. Wir benutzen derartige B. jeden Tag, ohne darüber nachzudenken. Adressen, Hausnummern, Postleitzahlen usw. sind Teile eines B., denn sie bezeichnen Punkte auf der Erde. Für mathematische oder physikalische Zwecke ist es allerdings denkbar unpraktisch, Unmengen von Einzelpunkten gesondert anzugeben.

Es zeigt sich, daß zur Angabe eines Ortes in einem B. *drei* Zahlen genügen. Sie geben die ›Nummern‹ von drei voneinander unabhängigen Koordinatenlinien an, auf denen der fragliche Ort liegt. Es wird dabei nicht festgelegt, welcher Art die Koordinatenlinien sein sollen. Jeder Physiker oder Mathematiker wird sie aber so wählen, daß sie seinem Problem möglichst gut angepaßt sind.
Das B., das vielen am geläufigsten ist, heißt *rechtwinklig kartesisch* (nach *René Descartes,* 1593–1662). Die Koordinatenlinien dieses Systems sind Geraden, die entweder einander parallel sind oder aufeinander senkrecht stehen. Auf diese Weise werden drei Raumrichtungen festgelegt, die man meist als *x*–, *y*– und *z*–Richtung bezeichnet. Obwohl man sich ein rechtwinkliges kartesisches System sehr leicht anhand eines Ziegelsteins vorstellen kann – *x* als Länge, *y* als Breite, *z* als Höhe –, ist es zur Beschreibung irdischer Probleme nur dann gut geeignet, wenn die räumlichen Ausdehnungen genügend klein sind.
Um den Ort z. B. eines Flugzeuges oder eines Schiffes anzugeben, das große Strecken auf der Erdoberfläche zurücklegt, benutzt man besser ein anderes System, dessen Koordinatenlinien in der Erdoberfläche bzw. senkrecht zu ihr liegen *(Kugelkoordinaten).* Wir kennen diese Erdkoordinaten in Form von *Längen-* und *Breitengraden.* Auch Höhenangaben über der Meeresoberfläche sind dem Problem der Flugzeugbewegung wesentlich besser angepaßt als etwa rechtwinklig kartesische Koordinaten.
Es gibt noch viel mehr Koordinatensysteme; ihre Aufstellung und die Umrechnung der einzelnen Koordinatenarten ineinander ist Sache der Mathematiker. Den Physiker interessiert meist mehr, ob ein B. zur Beschreibung von physikalischen Größen wie Teilchenbahnen, Impulsen, Kräften usw. geeignet ist oder nicht. Betrachten wir im folgenden ein B., das in einem Punkt der Erdoberfläche fest verankert sein soll.
Wenn man in diesem System die Bewegung z. B. des Planeten Venus angeben soll, kommen viele Schwierigkeiten auf einen zu, denn das System führt selber eine komplizierte Bewegung aus: Die Erde dreht sich um sich selbst und bewegt sich außerdem auf einer durch den Mond gestörten Ellipsenbahn um die Sonne. Kein Wunder, daß den Astronomen des Vormittelalters die exakte Beschreibung der Planetenbahnen so schwer fiel. Von unserem komplizierten Erd-System aus gesehen bewegen sich die anderen Planeten auf recht verwickelten Bahnen. Ein B. dagegen, in dem die Sonne ruht, gestattet es, verhältnismäßig einfache Bahngleichungen für alle Planeten aufzustellen.

Es liegt nahe, das allereinfachste B. zu suchen: eines, das ›absolut im Raum ruht‹. Es stellt sich jedoch heraus, daß es keine experimentelle Methode gibt, eine ›absolute‹ Bewegung zu erkennen. Alle Bewegungen lassen sich, sofern sie beschleunigungsfrei verlaufen, nur in bezug auf andere Körper messen (→ Relativitätstheorie). Die einfachsten B. sind deshalb solche, die sich gemäß dem Trägheitsgesetz bewegen (→ Newtonsche Gesetze, → Kraft). Diese kräftefreien Systeme heißen *Inertialsysteme* (lat. inertia; dt. Trägheit). Wie ist ein Inertialsystem zu realisieren? Leider fast überhaupt nicht! Lediglich ein Raumschiff mit abgeschaltetem Antrieb, weit entfernt von allen Massen, die es beschleunigen könnten, käme einem Inertialsystem nahe. Es handelt sich also wie bei vielen anderen physikalischen Annahmen um eine Idealvorstellung, nützlich vor allem für theoretische Überlegungen, in der Realität aber nur

mehr oder weniger angenähert vorhanden.
In allen B., die keine Inertialsysteme sind, treten Trägheitskräfte auf, die verschwinden, wenn man *denselben Vorgang* von einem Inertialsystem aus betrachtet. Man nennt diese Kräfte deshalb manchmal auch *Scheinkräfte*, obwohl ihre Auswirkungen durchaus real sind. Dieser verwirrende Sachverhalt wird vielleicht anhand eines Beispiels verständlicher: Ein Auto, das gegen ein Hindernis fährt, wird eine kurze Zeit bis zum Stillstand (negativ) beschleunigt. Ein mit ihm verbundenes B. ist daher kein Inertialsystem. Tatsächlich spüren die Insassen während der Verzögerung eine Kraft, die sie unwiderstehlich nach vorne zieht. Nur der Sicherheitsgurt ist möglicherweise imstande, dieser Kraft standzuhalten und so zu verhindern, daß die Personen im Auto unsanft gegen die Karosserie geschleudert werden. Im B. des Wagens ist also während der Verzögerung eine Kraft aufgetreten, und zwar mit recht drastischen Wirkungen.
Sehen wir uns denselben Vorgang dagegen von außen an, wirkt auf die Insassen während der Verzögerung überhaupt keine Kraft. Sie verharren lediglich infolge ihrer Trägheit im Zustand der Bewegung, den das Auto ja ebenfalls hatte, ehe es auffuhr. Wären die Karosserie und der Sicherheitsgurt nicht vorhanden, würden die Insassen einfach weiterfliegen, obwohl es vom verzögerten B. des Autos aus so aussieht, als würden sie nach vorne beschleunigt. Die Kraft, die man im verzögerten B. registriert, ist eine ›Scheinkraft‹. Natürlich sind die Verletzungen, die man sich im Fall eines solchen Aufpralls zuzieht, keineswegs ›scheinbar‹. Sie resultieren aus der kinetischen Energie, die der Insasse als Folge der Beschleunigung des Autos relativ zur Karosserie hat und die auf physikalischem Weg in Verformungsarbeit und Wärme umgewandelt wird.
In *rotierenden Bezugssystemen* sind Trägheitskräfte vorhanden, die nicht nur kurze Zeiten wirken. Das hat seinen Grund darin, daß ein Körper, der sich im Kreis bewegen soll, ständig zum Zentrum des Kreises hin gezogen werden muß – sonst würde er ja wegen seiner Trägheit geradlinig weiterfliegen. Man muß also eine Kraft aufbringen, um einen massiven Körper auf einer Kreisbahn zu halten. Jeder, der schon einmal einen Stein an einer Schnur im Kreis herum geschleudert hat, weiß das. Versetzen Sie sich aber in die Lage einer Fliege, die auf dem Stein sitzt. Sie muß sich mit aller Kraft festkrallen, um nicht weggeschleudert zu werden, spürt also eine Kraft, die sie von ihrem Sitzplatz zu zerren versucht. Wieder existiert diese Kraft nur im B. des Steines, denn von einem ›ruhenden‹ System außerhalb der Kreisbewegung aus betrachtet, wirkt auf die Fliege überhaupt keine Kraft. Wenn die Fliege losläßt, wird sie sich aufgrund ihrer Trägheit tangential von der Kreisbahn entfernen (wenn sie es nicht vorzieht, schon viel früher ihre eigenen Flügel zu gebrauchen!). Auf eine Masse, die sich in einem rotierenden B. bewegt, wirkt eine komplizierte Form dieser *Zentrifugalkraft*, die unter dem Namen *Coriolis-Kraft* bekannt ist. Alle diese Kräfte werden unter dem Stichwort → Trägheitskräfte auch formelmäßig behandelt.
Die Beschreibung ein- und desselben Vorgangs von verschiedenen Inertialsystemen aus ist Gegenstand der *Speziellen Relativitätstheorie*. Es stellt sich heraus, daß man beim Übergang von einem Inertialsystem auf ein anderes nicht nur die Ortskoordinaten, sondern auch die *Zeit* ändern muß. Ein Inertialsystem hat also nicht nur eigene Ortskoordinaten, sondern auch eine ›Eigenzeit‹.

Bindungsenergie

Allgemein versteht man unter B. die Energie, die man aufbringen muß, um die Bestandteile einer ›Verbindung‹ räumlich zu trennen, d. h. unendlich weit voneinander zu entfernen. B. treten innerhalb weiter Bereiche auf. Schon die → Kohäsion von Flüssigkeiten bindet eine gewisse Energie. Dann ist B. an der gesamten Palette chemischer Verbindungen beteiligt. Die äußersten Elektronen sind bereits mit einigen eV gebunden, die innersten Elektronen von schweren Atomen erreichen den keV-Bereich. Bei den Nukleonen des Kerns wird die B. dann direkt als Massendefekt meßbar (→ Kernphysik, → Relativitätstheorie). Die B. der (zusammengesetzen) → Elementarteilchen ist so groß, daß es beispielsweise bis jetzt nicht gelungen ist, ein einzelnes Quark nachzuweisen.

Biot-Savartsches Gesetz

Dieser nach *Jean-Baptiste Biot* (1774 bis 1862) und *Felix Savart* (1791–1841) benannte Zusammenhang beschreibt das Magnetfeld $\mathrm{d}\vec{H}$, das ein stromführendes Leiterstück der Länge $\mathrm{d}\vec{l}$ erzeugt, in dem die Stromstärke I herrscht. Das Magnetfeld ist vom Abstand $\vec{r}$ abhängig und steht sowohl senkrecht auf $\vec{r}$ als auch auf $\mathrm{d}\vec{l}$ (Figur 1) und lautet deshalb

$$\mathrm{d}\vec{H} = \frac{I}{4\pi r^3}(\mathrm{d}\vec{l} \times \vec{r}). \qquad (1)$$

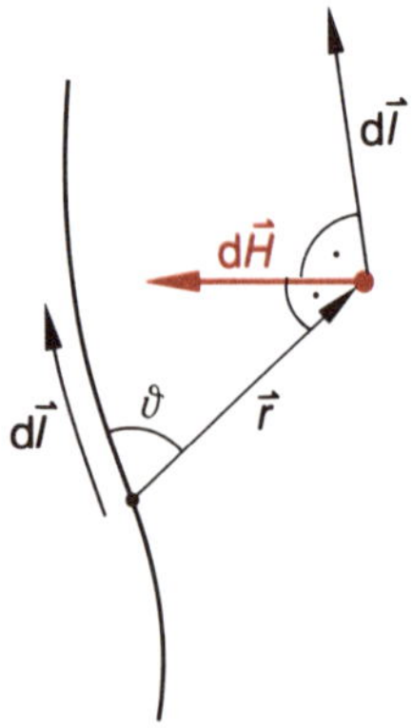

Biot-Savartsches Gesetz (Figur 1): Das Magnetfeld $\mathrm{d}\vec{H}$ steht senkrecht auf dem Stromelement $I \cdot \mathrm{d}\vec{l}$ und senkrecht auf dem Ortsvektor $\vec{r}$ zum Aufpunkt des Feldes, seine Größe ist umgekehrt proportional zu r^2.

Das Magnetfeld eines Stromelements ist also in ähnlicher Weise umgekehrt proportional zu r^2 wie das elektrische Feld eines Ladungselements (→ Coulombsches Gesetz), aber die Feldrichtungen unterscheiden sich, weil die Ladung ein Skalar ist, während der Strom Vektorcharakter hat.

Es ist meist mühsam, mit dem B.-S. G. reale Magnetfelder auszurechnen, denn man muß über alle Stromelemente integrieren. Man kann es aber gut benutzen, um sich ein Bild von Feldern zu verschaffen, wie sie ganz elementare Anordnungen von Strömen erzeugen.

Ein unendlich langer, gerader Draht ist von geschlossenen ›$\vec{H}$-Kreisen‹ umgeben, wobei jeder Punkt des Kreises dieselbe Feldstärke trägt. Die Richtung der Feldlinien ist durch die *Rechte-Hand-Regel* beschreibbar: Weist der gestreckte Daumen der rechten Hand in die Stromrichtung, so geben die gekrümmten Finger die Richtung des Magnetfeldes an. Diese Regel folgt natürlich der Definition des Vektorprodukts (→ Vektor). Auch wenn der Leiter weder unendlich lang noch gerade ist, gelten die Rechte-Hand-Regel und die Tatsache, daß die Feldlinien den Leiter umschließen.

Das Feld einer geschlossenen Leiterschleife kann man ebenfalls mit der Gleichung (1) verstehen (Figur 2). Im Zentrum der Leiterschleife läßt sich die Feldstärke sogar ganz leicht ausrechnen, weil sowohl $|r| = R$ als auch der Winkel zwischen $I \cdot d\vec{l}$ und $\vec{r}$ für alle Leiterpunkte konstant bleiben. Deshalb erstreckt sich das Integral lediglich über $d\vec{l}$. Für den Kreis mit dem Radius R ist aber $\int d\vec{l} = 2\pi \cdot R$, nämlich einfach der Kreisumfang. Die Feldstärke im Kreiszentrum beträgt also

$$H = \frac{I \cdot 2\pi R \cdot R}{4\pi R^3} = \frac{I}{2R}. \qquad (2)$$

Handelt es sich um eine ›mehrfache‹ Leiterschleife, wie sie z. B. in einer Spule realisiert ist, so muß – bei einer kurzen Spule – in Gleichung (2) lediglich I durch $n \cdot I$ ersetzt werden, wobei n die Anzahl der Windungen ist. ›Kurz‹ ist eine Spule dann, wenn ihre Länge klein gegenüber dem Durchmesser ist. Der andere Extremfall einer ›langen‹ Spule kann ebenfalls – nicht mehr ganz so einfach‹ aus dem B.-S. G. errechnet werden. Ist die Länge L der Spule groß gegen ihren Radius R, so erhält man für die Feldstärke tief im Inneren:

$$H = \frac{I \cdot n}{L}. \qquad (3)$$

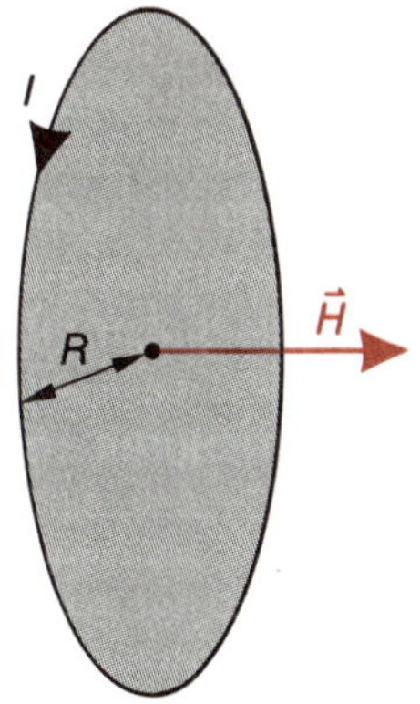

Biot-Savartsches Gesetz (Figur 2): Die Feldstärke $\vec{H}$ im Zentrum einer Kreisfläche beträgt $I/2R$, bei Spulen entsprechend $n \cdot I/2R$.

Der Radius geht dann überhaupt nicht mehr in die Formel ein. Eine Synthese aus den Gleichungen (2) und (3) ergibt die normale Zylinderspule. In ihrem Zentrum hat sie die Feldstärke

$$H = \frac{I \cdot n}{\sqrt{4R^2 + L^2}}. \qquad (4)$$

Sie können sich leicht davon überzeugen, daß Gleichung (4) auch die Grenzfälle (2) und (3) richtig wiedergibt.

Bogenentladung

Wenn sich zwei unter Spannung stehende Festkörper berühren, fließt der elektrische Strom meist nur über eine kleine Kontaktstelle mit hohem Widerstand. Sie wird unter Umständen so heiß, daß der beim Lösen des Kontaktes entstehende *Öffnungsfunke* eine B. zünden kann. Normalerweise erlischt diese Entladung in der Luft nach kurzer Zeit. Bei Verwendung spezieller Elektroden (Kohle, Eisen) jedoch reicht die Elektronenemission der glühenden Elektroden aus, um durch Stoßionisation den gezündeten Bogen am Brennen zu halten.
Im Gleichgewichtszustand (mit einem vorgeschalteten Strombegrenzungs-Widerstand) erreicht man bei Kohleelektroden am positiven Pol Temperaturen von über 4000 K, in Hochstrombögen sogar über 10000 K. Dann verdampft das Elektrodenmaterial (im Vakuum), oder es verbrennt in Luft. Die Elektroden müssen deshalb ständig nachgeschoben werden. Der Brennfleck der positiven Elektrode bildet eine kleine, aber sehr intensive Lichtquelle, die für spezielle Beleuchtungen technisch genutzt wird (Kohlebogenlampen). Andere Elektroden (Metalle) dienen als Lichtquellen zur Untersuchung ihrer Spektren.

Bogenmaß

Das B. ist das für die Physik zweckmäßigste Winkelmaß (→ Maße und Maßsysteme); man gibt eine Winkelgröße dabei als Länge des Kreisbogens an, den sie aus einem Kreis mit dem Radius 1 ausschneidet. Die (Pseudo-)Maßeinheit des B. ist der *Radiant* (Abk. rad). Der Vollwinkel hat demnach im B. die Größe 2π [rad], der 180°-Winkel die Größe π [rad].

Bohrsches Atommodell

Die Vielzahl scharfer Frequenzen im Emissions- oder Absorptionsspektrum von Atomen war lange Zeit ein Rätsel. Wie mußte ein Atom aufgebaut sein, damit es imstande war, auf so komplexe Weise zu strahlen? *Niels Bohr* (1885–1962) machte einen ersten Ansatz, indem er einfach forderte, daß ein Atom aus einem sehr harten und massenreichen *Kern* bestehen sollte, der positiv elektrisch geladen war und der von negativ geladenen Elektronen umkreist werden sollte. Die Elektronen-Kreisbahnen berechnete er ähnlich, wie man Planetenbahnen berechnet: Er setzte die elektrostatische Anziehungskraft zwischen Elektron und Kern gleich der Zentrifugalkraft, die sich aus der Umlaufgeschwindigkeit ergibt. Für das Wasserstoffatom (Kernladung $Z = 1$) mit einem umlaufenden Elektron erhält man so:

$$\frac{e^2}{4\pi\varepsilon_0 r^2} = \frac{m_e v^2}{r}; \qquad (1)$$

es bedeuten
e = Elementarladung,
ε_0 = Influenzkonstante (→ Coulombsches Gesetz),
m_e = Masse des Elektrons,
v = Umlaufgeschwindigkeit,
r = Radius der Kreisbahn.

Bohr forderte weiter, daß nicht alle Kreisbahnen erlaubt sein sollten, sondern nur diejenigen, auf denen der Bahndrehimpuls l des Elektrons ein ganzzahliges Vielfaches des Planckschen Wirkungsquantums $\hbar = h/2\pi$ ist:

$$l = m_e \cdot v \cdot r = n \cdot \hbar \quad (n = 1, 2, \ldots). \qquad (2)$$

Löst man Gleichung (2) nach der Bahngeschwindigkeit v auf und setzt diesen Ausdruck dann in Gleichung (1) ein, so ergibt sich:

$$\frac{e^2}{4\pi\varepsilon_0 r^2} = \frac{m_e \cdot \left(\frac{n\hbar}{m_e r}\right)^2}{r}$$

oder

$$\frac{e^2}{4\pi\varepsilon_0 r^2} = \frac{n^2\hbar^2}{m_e \cdot r^3}.$$

Nach r aufgelöst erhalten wir

$$r = \frac{4\pi\varepsilon_0\hbar^2}{m_e \cdot e^2} \cdot n^2 \quad (n = 1, 2, 3, \ldots). \qquad (3)$$

Die innerste mögliche Kreisbahn des Elektrons muß $n = 1$ haben. Man erhält so den *Bohrschen Radius* r_0:

$$r_0 = \frac{4\pi\varepsilon_0\hbar^2}{m_e \cdot e^2} \approx 0{,}0529 \text{ nm}. \qquad (4)$$

Diese Rechnung ergibt also für das Wasserstoffatom im Grundzustand einen Atomdurchmesser von etwa 0,1 nm ($= 10^{-10}$ m) in bester Übereinstimmung mit anderen experimentellen Abschätzungen. Darüber hinaus liefert dieses Modell auch noch die angeregten Zustände des Wasserstoffatoms mit den kinetischen Energien

$$E_n = -\frac{m_e \cdot e^4}{32\pi^2\varepsilon_0^2\hbar^2} \cdot \frac{1}{n^2}. \qquad (5)$$

Die Emission oder Absorption eines Lichtquants entspricht der Differenz der Energien zweier solcher Zustände. Genaugenommen kreist nach dieser Bohrschen Vorstellung das Elektron nicht um den Kern als Zentrum, sondern beide, Elektron *und* Kern, kreisen um ihren gemeinsamen Schwerpunkt. Rechnet man das Modell mit dieser Maßgabe bis Gleichung (5) durch, so stimmen die berechneten Frequenzen der Wasserstoff-Lichtquanten mit den gemessenen Spektrallinien auf fünf Dezimalstellen überein! Man kann sich vorstellen, daß dieser Erfolg der Theorie ungeheuren Aufschwung gab in einer Zeit, als die Physik in einem Berg von unerklärlichen Spektren zu ersticken schien, obwohl das Kreisbahn-Bild bei Mehrelektronen-Atomen schnell versagt. Außerdem haftet der Bohrschen Vorstellung ein prinzipieller Makel an: Kreisende Elektronen werden ja ständig in Richtung Kern beschleunigt *(Zentripetalkraft)*. Jede beschleunigte Ladung muß aber elektromagnetische Strahlung aussenden (→ Bremsstrahlung). Das strahlende Elektron müßte daher dauernd Energie verlieren und schon nach kurzer Zeit in den Kern abstürzen.

Die Auflösung dieses Widerspruchs gelang erst der → Quantenmechanik. Trotzdem bleibt das Bohrsche Modell, besonders nach der Erweiterung durch *Arnold Sommerfeld* (1868–1951), als Vorstellungshilfe über den Atombau unentbehrlich. Sommerfeld führte die Quantisierung nicht nur für eine Koordinate (Bahnradius bei Bohr), sondern für alle drei Impulskoordinaten durch. Er erhielt dadurch außer der Kreisbahn auch Ellipsenbahnen und quantisierte Einstellungen des Bahndrehimpulses gegenüber einer äußeren Vorzugsrichtung, die z. B. durch ein Magnetfeld gegeben sein kann. Das erweiterte *Bohr-Sommerfeldsche Atommodell* kann die Feinstruktur der Spektren erklären, die bei Vielelektronenatomen dadurch entsteht, daß die Elektronen auf stark exzentrischen Außenbahnen (kleiner Bahndrehimpuls) die Abschirmung des Kerns durch die Innenbahnen durchbrechen und auf diese Weise im Mittel dem Kern näher sind als Kreisbahnelektronen. Dadurch verschiebt sich auch ihre Energie, und es kommt zur Aufspaltung der Spektrallinien, weil nun Elektronenübergänge in leicht unterschiedliche Energiezustände möglich sind.

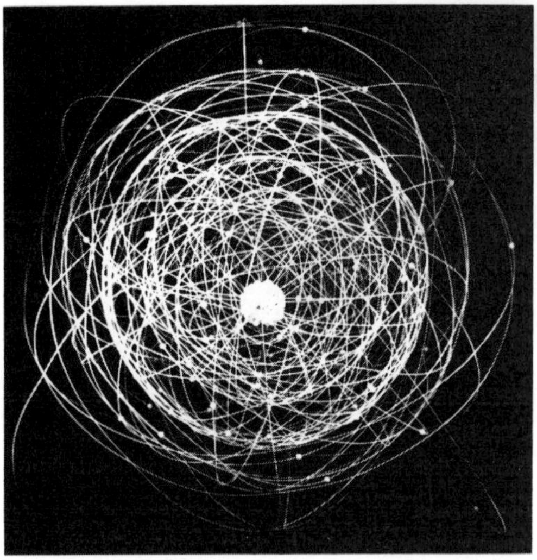

Bohrsches Atommodell: Modell eines Uranatoms U 238 mit einem aus 92 Protonen und 146 Neutronen bestehenden Kern und 92 ihn umkreisenden Elektronen. ©Deutsches Museum, München

Obwohl also das Bohr-Sommerfeldsche Atommodell für die Anschauung seine Vorzüge hat, ist es nicht möglich, alle Erscheinungen des Atombaus mit ihm zu erklären. Man kommt nicht um eine strenge quantenmechanische Betrachtungsweise des Atoms herum, mit der erst die Probleme des atomaren Geschehens lückenlos beschreibbar sind (→ Atomphysik, → Quantenmechanik).

Bohrsches Magneton

Ein Elektron mit der Ladung e, das sich mit der Umlaufgeschwindigkeit v auf einer Kreisbahn mit dem Radius r_o bewegt, bildet sozusagen einen Kreisstrom der Stromstärke

$$I = \frac{e \cdot v}{2\pi r_o}.$$

Das magnetische Moment eines Kreisstromes ist gegeben durch das Produkt aus Stromstärke I und Kreisfläche $r_o^2\pi$. Berücksichtigt man noch, daß für die Kreisbahn des Elektrons auf der innersten Wasserstoffschale der Drehimpuls $m_e \cdot v \cdot r_o$ gleich dem Planckschen Wirkungsquantum $\hbar$ sein muß (→ Bohrsches Atommodell, → Atomphysik), so kann man

$$v = \frac{\hbar}{m_e \cdot r_o}$$

setzen und erhält das magnetische Moment μ_B für das Elektron zu

$$\mu_B = I \cdot r_o^2 \pi = \frac{e \cdot \hbar}{2\pi r_o^2 \cdot m_e} \cdot r_o^2 \pi = \frac{e}{2m_e} \cdot \hbar.$$

Der Zahlenwert für dieses B. M. beträgt $\mu_B = 9{,}2742 \cdot 10^{-24}$ Jm²/Vs (→ Naturkonstanten).

Der Wert von μ_B wird als elementare Einheit des magnetischen Moments angesehen und spielt in vielen Berechnungen der Atomphysik eine Rolle. So gibt man meist die magnetischen Momente auch der anderen Elementarteilchen in Einheiten von μ_B an. Das Elektron hat z. B. auch dann ein magnetisches Moment, wenn es *keinen* Bahndrehimpuls hat. Man schreibt dieses ›eingebaute‹ Moment seinem Spin zu, d. h., man stellt sich das Elektron als Kreisel mit einem Eigendrehimpuls der Größe ½ $\hbar$ vor.

Nach der klassischen Elektrodynamik müßte jede mit einem Spin versehene Ladung ein magnetisches Moment haben, das proportional zum Drehimpuls ist, mit dem Proportionalitätsfaktor $-e/2m_e$ (für das Elektron). Da das Elektron den Spin $\hbar/2$ hat, erwartet man das Spinmoment $\mu_S = -e\hbar/4m_e$.

Was man jedoch beobachtet, ist auch wieder das B. M. mit $\mu_S = -e\hbar/2m_e$.

Für *Nukleonen* kann man ebenfalls ein Magneton μ_k bilden, und zwar nach der analogen Formel

$$\mu_k = \frac{e}{2m_p} \cdot \hbar.$$

Das Zeichen m_p steht dabei für die Protonenmasse. Aber auch bei Nukleonen birgt das magnetische Eigenmoment Überraschungen. Für das Proton hat man beispielsweise den Wert $\mu_p = 2{,}79\,\mu_k$ gemessen, und das nach außen hin neutrale (!) Neutron hat ebenfalls ein magnetisches Moment der Größe $\mu_n = -1{,}91\,\mu_k$. Beides sind nicht zu übersehende Hinweise auf eine innere Struktur der Nukleonen, die nicht zuletzt zur Entwicklung des Quarkmodells geführt haben (→ Elementarteilchen). Denkt man sich nämlich das rotierende Neutron (Spin ½ $\hbar$) aus ›Schalen‹ unterschiedlich geladener Quarkwolken aufgebaut, kann man sehr leicht eine Zusammensetzung finden, die einerseits eine nach außen neutrale elektrische Ladung hat, andererseits aber innere rotierende Ladungen (Kreisströme) mit einem entsprechenden magnetischen Moment enthält.

Bolometer

Gerät zur Messung von Infrarotstrahlung (Wärmestrahlung); es besteht aus einer großen Anzahl hintereinandergeschalteter spezieller Thermoelemente, deren Endspannung gemessen wird.

Boltzmann-Konstante

Diese nach *Ludwig Eduard Boltzmann* (1844–1906) benannte thermodynamische Größe k ist das Verhältnis der doppelten mittleren kinetischen Energie E_F in einem Körper zur Temperatur T dieses Körpers:

$$k = 2 \cdot \frac{E_F}{T}. \qquad (1)$$

Die Größe k ist eine universelle → Naturkonstante und hat den Wert

$$k \approx 1{,}380662 \cdot 10^{-23} \frac{\mathrm{J}}{\mathrm{K}}. \qquad (2)$$

Die Temperatur T wird in Kelvin gemessen, die Energie E_F in Joule. E_F bedeutet aber nur die Energie pro Freiheitsgrad eines Moleküls. Dabei ist jeder Freiheitsgrad gemeint, der an der Gleichverteilung der Energie teilnimmt. In einem einatomigen Gas ist z. B. die thermische Energie gleichmäßig auf jeden Freiheitsgrad der Translation (Bewegung) verteilt. Jedem Freiheitsgrad kommt die Energie $E_F = \frac{1}{2}\,kT$ zu, so daß die mittlere thermische Energie E_{th} eines Gasatoms insgesamt $E_{th} = \frac{3}{2}\,kT$ ist. Für zweiatomige Gase kommen noch zwei Freiheitsgrade der Rotation hinzu (der dritte Rotationsfreiheitsgrad um die Längsachse ist bei normalen Temperaturen noch ›eingefroren‹). Insgesamt hat also ein zweiatomiges Gasmolekül die mittlere thermische Energie $E_{th} = \frac{5}{2}\,kT$.
Man kann aufgrund der Proportionalität von E_F und T, die durch k gegeben ist, die Temperatur als Maß für die Energie eines Körpers betrachten. Es ist daher kein Wunder, daß die Größe k in sehr vielen thermodynamischen Beziehungen auftaucht. Insbesondere ist auch die → Entropie S mit der thermodynamischen Wahrscheinlichkeit W eines Zustands durch die Beziehung

$$S = k \cdot \ln W \qquad (3)$$

verknüpft (→ Thermodynamik).

Bosonen

Alle Teilchen mit ganzzahligem Spin heißen nach *Satyendra Nath Bose* (1894–1974) *Bosonen.* Alle Wechselwirkungsquanten (z. B. auch das Lichtquant) sind B., aber auch alle Mesonen (→ Elementarteilchen). Die Wellenfunktionen (→ Schrödinger-Gleichung) von B. sind symmetrisch, mit der Folge, daß man – bei genügend großem Energieaufwand – beliebig viele B. in einem gegebenen Raum unterbringen kann. Das genaue statistische Verhalten regelt die sog. *Bose-Einstein-Statistik.*

Bq

Abk. für → Becquerel, die Maßeinheit der Radioaktivität (→ Maße und Maßsysteme, → Strahlenbelastung und Strahlenschutz).

Braunsche Röhre

Dieses von *Karl Ferdinand Braun* (1850–1918) entwickelte Gerät ist eine *Kathodenstrahlröhre.* In einem evakuierten Glasbehälter werden durch eine Glühkathode freie Elektronen erzeugt und mit einer größeren Anodenspannung (einige kV) so stark beschleunigt, daß sie sich unabhängig vom Ort der Anode ge-

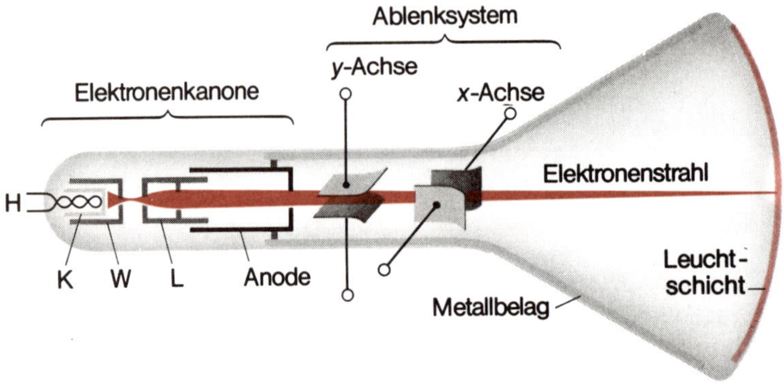

Braunsche Röhre (Figur 1): Schnittzeichnung einer derartigen Röhre; es bedeuten H Heizwicklung, K Kathode, W Wehnelt-Zylinder, L elektrostatische oder magnetische Linse.

radlinig ausbreiten (Figur 1). Eine Elektronenlinse *(Wehnelt-Zylinder)* fokussiert den Elektronenstrahl auf eine geeignete Fläche des Glasbehälters, die innen mit einem fluoreszierenden Stoff (z. B. Zinksulfid) belegt ist. Der auftreffende Elektronenstrahl ist dann von außen (auf dem *Bildschirm)* als Leuchtpunkt zu sehen. Läßt man den Strahl in der Nähe seines Entstehungsortes ein elektrisches Feld (Kondensatorplatten) oder ein magnetisches Feld (Ablenkspulen) passieren, so lenkt jede angelegte Spannung den Strahl nahezu trägheitslos ab. Mit geeigneten Elektrodenanordnungen und Ablenkspannungen kann man den Strahl Zeilen oder andere Kurven schreiben lassen. Dieses Prinzip bildet die Grundlage für Oszillographenröhren, Fernsehbildschirme oder Radarschirme. Natürlich ist die Bildröhre eines Farbfernsehgerätes viel komplizierter als hier geschildert. Sie enthält eine *Maske,* verschiedenfarbig leuchtende Farbstoffe und mehrere (drei) Elektronenkanonen, deren Elektronenstrahlen jeder für sich steuerbar sind. Aber auch die beste Bildröhre ist nur eine spezielle Kathodenstrahlröhre.

Brechung

Wellen oder Strahlen ändern ihre Ausbreitungsgeschwindigkeit, wenn sie von einem Medium in ein anderes übergehen. Unter bestimmten Bedingungen führt das auch zu einer Richtungsänderung, man sagt dann, der Strahl wird gebrochen, oder er erfährt eine B. bzw. *Refraktion* (→ Brechungsindex, → Wellen).

Brechungsindex

Lichtwellen (allgemein: elektromagnetische Wellen) ändern beim Übergang vom Vakuum in ein Medium ihre Ausbreitungsgeschwindigkeit. Der B. (die *Brechzahl) n* eines Mediums ist definiert als das Verhältnis der Vakuumlichtgeschwindigkeit c zur Geschwindigkeit c_n in diesem Medium:

$$n = \frac{c}{c_n}.$$

Wenn der B. von der Wellenlänge abhängt, sagt man, das Medium zeigt → Dis-

Material	*Brechungsindex n*
Luft (bei Normaldruck)	1,000272
Wasser	1,333
Kronglas	1,510
Flintglas	1,613
Diamant	2,417

Tabelle: Brechungsindizes n einiger Materialien für eine Wellenlänge $\lambda = 589$ nm persion (→ Wellen). Deshalb gibt man B. nur für definierte Wellenlängen λ an. Die Tabelle führt einige B. für $\lambda = 589$ nm (gelbes Licht, etwa Natrium-D-Linie) an.

Bremsstrahlung

Nach der klassischen Auffassung elektrischer Ladungen, ihrer Bewegungen und der mit ihnen verknüpften Felder (→ Elektrodynamik) sendet jede *beschleunigte* Ladung eine elektromagnetische Welle aus. Das kann man sich verständlich machen, wenn man weiß, daß sich elektrische Felder nicht plötzlich oder spontan, sondern mit der zwar für unsere Verhältnisse großen, aber doch endlichen Lichtgeschwindigkeit ausbreiten. Solange eine Ladung (z. B. ein Elektron) sich mit konstanter Geschwindigkeit bewegt, führt sie ein Feld mit, ohne daß dadurch etwas anderes erzeugt wird als ein – ebenfalls mitgeschlepptes – Magnetfeld. Ändert man aber den Bewegungszustand des Elektrons, beschleunigt man es also, so ›holt es quasi sein eigenes Feld ein‹, oder, im Fall der Verzögerung (Abbremsung), läuft ihm sein Feld davon. Diese Feldänderung ist nun aber auch von einer Magnetfeldänderung begleitet, die ihrerseits wieder ein neues elektrisches Feld induziert usw. Mit anderen Worten: Es entsteht eine sich im Raum ausbreitende elektromagnetische Welle.

Wir benutzen derartig beschleunigte Elektronen in jeder Sendeantenne. In einem schwingenden Dipol werden Elektronen im Takt der Sendefrequenz f bewegt und müssen dabei f-mal pro Sekunde ihre Richtung ändern. Dabei wird eine elektromagnetische Welle der Frequenz f ausgesandt, die wir – durch die Umkehrung des Vorgangs – mit unseren Empfangsantennen wieder einfangen und z. B. in die Signale eines Fernsehbildes umsetzen. Die Welle wird von der Sendeantenne ausgesandt, weil in ihr Elektronen beschleunigt werden, und umgekehrt wird ein Elektron, das ins Feld einer elektromagnetischen Welle gerät, wiederum von ihr beschleunigt. Daß die Fernsehfrequenzen monochromatisch (einfarbig) sind, d. h., daß die Trägerwelle eine stets gleichbleibende Wellenlänge hat, verdankt sie lediglich der Regelmäßigkeit der auftretenden Beschleunigungen, die vom Sender mit Hilfe entsprechender Schaltkreise sichergestellt wird. (Die Übertragung des Bildes auf dieser Trägerwelle geschieht dann durch Veränderung der Wellenamplitude oder auch durch Veränderung dieser Frequenz.)

Halten wir fest: Zeitlich regelmäßige Elektronenbeschleunigungen erzeugen eine elektromagnetische Welle konstanter Frequenz, vergleichbar einem Ton in der Musik (→ Akustik). Beschleunigen wir ein Elektron aber nur *einmal,* indem wir es z. B. aus einer hohen Geschwindigkeit plötzlich abbremsen, so entsteht ein einmaliges Signal, das man nach *Fourier* (→ Fourier-Analyse) aus unendlich vielen regelmäßigen Frequenzen zusammensetzen kann, ähnlich wie ein Knall (z. B. Händeklatschen) in der Akustik aus unendlich vielen Tönen besteht.

Dieses klassische *Bremsspektrum* muß für Elektronen nur so weit korrigiert werden, daß eine *Maximalfrequenz* ν_{max} nicht überschritten werden kann, die durch die kinetische Energie des Elektrons $E_{kin} = h \cdot \nu_{max}$ vorgegeben ist mit $h =$ = Plancksches Wirkungsquantum.

Außerdem muß bei dem ganzen Vorgang auch der Satz von der Erhaltung des Impulses gelten. Mit zunehmender kinetischer Energie des Elektrons wächst auch sein Impuls. Zwar wird der größte Teil dieses Impulses vom ›bremsenden Partner‹, d. h. meistens vom Coulombschen Feld eines Atoms, aufgenommen, trotz-

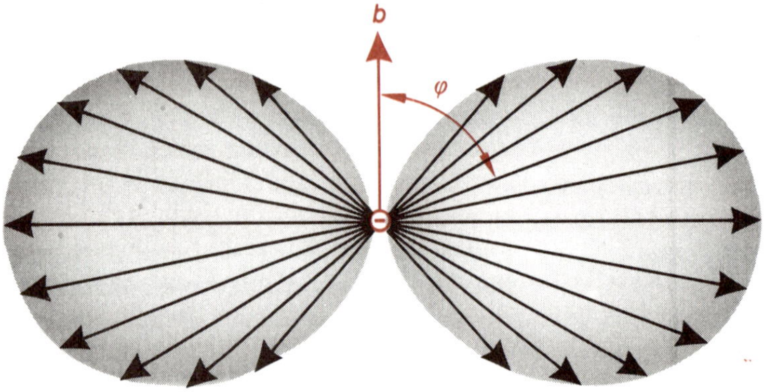

Bremsstrahlung (Figur 1): Das Bremsstrahlungsfeld eines beschleunigten oder eines verzögerten Elektrons entspricht bei kleinen Energien ($E \ll 100$ keV) dem Strahlungsfeld eines Dipols.

dem aber auch immer mehr auf die ausgestrahlte elektromagnetische Welle übertragen, und jetzt spricht man besser vom ausgestrahlten *Photon*. Für hohe Elektronenenergien wird das klassische Dipolstrahlungsfeld (Figur 1) immer mehr in

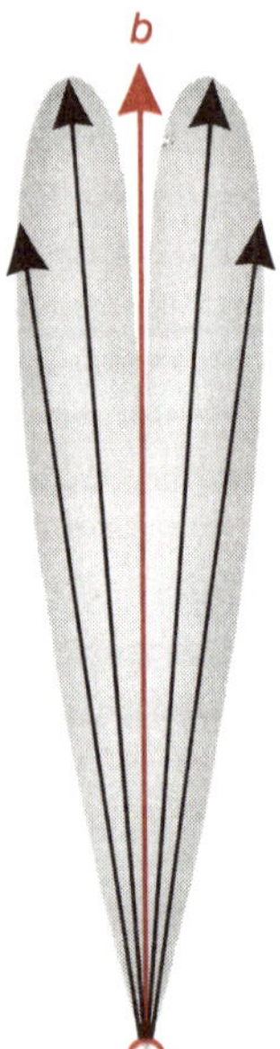

Bremsstrahlung (Figur 2): Das Bremsstrahlungsfeld eines stark beschleunigten oder verzögerten Elektrons muß bei großen Energien ($E \gg 1$ MeV) relativistisch berechnet werden. Es ergibt sich mit steigender Beschleunigung *b* eine immer stärkere Keulenbildung in Bewegungsrichtung. Gleichzeitig verschiebt sich die Intensität des Frequenzmaximums zu höheren Werten.

die Bewegungsrichtung des Elektrons verschoben, bis es schließlich für $E_{kin} \gg 1$ MeV die Form einer immer enger werdenden Keule annimmt (Figur 2). Außerdem verschiebt sich mit höheren Elektronenenergien nicht nur, wie schon erwähnt, die Grenzfrequenz der B., sondern auch die Frequenz des Intensitätsmaximums zu höheren Werten hin.

So kommt es, daß das Bremsspektrum von Elektronen im Energiebereich von 10 keV – 100 keV bereits recht deutlich im Bereich der Röntgenwellenlängen liegt (→ Röntgenstrahlung). Der hier angedeutete Zusammenhang zwischen Ladungsbeschleunigung und ausgestrahlter elektromagnetischer Strahlung läßt aber noch weitere Schlüsse zu. Die Bremsstrahlungsleistung hängt vom Quadrat der Beschleunigung ab, weil ja sowohl das elektrische als auch das dadurch erzeugte magnetische Feld jeweils proportional der Beschleunigung sind. Die bremsenden Felder in einem gegebenen Material sind ja mit den vorhandenen Atomen verknüpft, also unveränderlich. Schießt man also z. B. ein Proton und ein Elektron gleicher Energie (etwa durch 30 kV beschleunigt) in einen Kupferblock, so wird das Elektron fast 4 Millionen mal so viel B. erzeugen wie das Proton. Da nämlich das Proton eine 1836mal größere Masse hat als das Elektron, aber *dieselbe La-*

dung (nur mit umgekehrten Vorzeichen) trägt, ist bei gleicher Ausgangsenergie die Bremsverzögerung des Protons um denselben Faktor kleiner als die des Elektrons.

Eine ganz andere Folgerung betrifft Elektronen, die von einem Magnetfeld gezwungen werden, Kreisbewegungen zu beschreiben, wie es beispielsweise in den großen Kreisbeschleunigern von *DESY* oder *CERN* geschieht (Zyklotron, Synchrozyklotron usw.). Auch sie werden ja ständig zum Zentrum des Kreises hin beschleunigt, sonst würden sie nicht mehr auf der Kreisbahn bleiben. Je nach der Größe dieser Beschleunigung, d. h. ihrer Energie, müssen sie deshalb B. abgeben. Je größer die Energie der Elektronen ist, desto schärfer ist ihre Bremsstrahlungskeule gebündelt, so daß bei entsprechend hohen Energien ein Kreisbeschleuniger von einer ›Strahlungsebene‹ umgeben ist wie etwa der Planet Saturn von seinen Ringen (Synchrotronstrahlung).

Das Argument, daß ein kreisendes Elektron wegen seiner Beschleunigung zum Zentrum hin ständig strahlen muß, war übrigens auch der stärkste Einwand gegen das Atommodell von Niels Bohr und hat schließlich zur Ablösung seines Modells durch die Quantenmechanik geführt (→ Bohrsches Atommodell).

Brewsterscher Winkel

Bei der Reflexion von elektromagnetischen Wellen sind die reflektierten Wellen vorzugsweise so polarisiert, daß die Schwingungsebene des elektrischen Feldes senkrecht zur Einfallsebene steht. Wenn das reflektierende Medium auch noch durchlässig ist, gibt es einen Reflexionswinkel, bei dem die reflektierte Strahlung vollständig polarisiert ist. Diese Erscheinung hat *Sir David Brewster* (1781–1868) für das sichtbare Licht entdeckt. Der B. W., unter dem das reflektierte Licht vollständig polarisiert ist, erfüllt das *Brewstersche Gesetz:*

$$\tan \alpha_{Br} = n. \qquad (1)$$

Dabei ist n der Brechungsindex des reflektierenden Mediums. Speziell für Fensterglas ($n \approx 1{,}5$) folgt für α_{Br} ungefähr ein Wert von 56,5°. Strahlt man also unpolarisiertes Licht unter 56,5° auf eine Glasplatte, so ist das reflektierte Licht vollständig polarisiert, das durchgehende Licht aber nur teilweise, weil nicht genau 50% des Lichtes reflektiert werden, sondern nur etwa 4%.

Diese Erscheinung läßt sich folgendermaßen verstehen: Die Reflexion erfolgt nach dem *Huygensschen Prinzip.* Die elektromagnetische Welle regt also die Elementardipole in der Oberflächenschicht der Glasplatte zum Mitschwingen an. Einmal angeregt, emittieren diese Dipole senkrecht zu ihrer Achse in Resonanz. In Achsenrichtung wird jedoch nichts abgestrahlt. Solange keine Materialinhomogenität auftritt, ergänzen sich alle diese Dipolstrahlungen mit statistisch verteilten Achsenrichtungen wieder zu unpolarisiertem Licht. An einer Grenzschicht aber ändert sich dies: Ein Teil des Lichtes wird reflektiert, ändert also seine Ausbreitungsrichtung. Wenn die neue Ausbreitungsrichtung mit der Achse des schwingenden Elementardipols übereinstimmt, kann keine Intensität vorhanden sein. Einfallendes Licht, das diese Bedingung erfüllt, wird demnach überhaupt nicht reflektiert.

Die Schwingungsrichtung eines Elementardipols liegt stets senkrecht zur Ausbreitungsrichtung der Strahlung, in der Grenzschicht also senkrecht zur Richtung des gebrochenen Strahles. Wenn die Dipolachse außerdem noch in Richtung des reflektierten Strahles liegt, muß dieses Licht einmal so polarisiert sein, daß sein elektrisches Feld in der Einfallsebene schwingt, und außerdem müssen einfallender und reflektierter Strahl aufeinander senkrecht stehen (Figur 1). Licht, das so polarisiert ist und unter diesem Winkel α_{Br} einfällt, wird also nicht reflektiert. Alle anderen Polarisationsrichtungen, insbesondere die quer zur Einfallsebene, erleiden aber auch beim Einfallswinkel α_{Br} keine Einbuße. Das hat zur Folge, daß der unter α_{Br} reflektierte Strahl vollständig polarisiert ist, und zwar so, daß der E-Vektor in der reflektierenden Fläche liegt. Da nach dem Brechungsgesetz die Beziehung $n = \sin\alpha / \sin\beta$ gilt (α = Einfallswinkel, β = Brechungswinkel, n = Brechungsindex), muß mit $\beta = 90° - \alpha_{Br}$ auch gelten:

$$n = \frac{\sin\alpha_{Br}}{\sin(90° - \alpha_{Br})} = \frac{\sin\alpha_{Br}}{\cos\alpha_{Br}} = \tan\alpha_{Br}. \qquad (2)$$

Dies ist das Brewstersche Gesetz von Gleichung (1).

Anwendungen: Reflektiertes Licht ist immer mindestens teilweise polarisiert (für $\alpha = \alpha_{Br}$ vollständig). Man kann daher mit geeigneten Polarisationsfiltern Reflexe zum Teil absorbieren. Die Durchlaßrichtung des Filters muß dazu senkrecht zur Polarisationsrichtung des reflektierten Lichts eingestellt werden. So kann man z. B. bei photographischen Aufnahmen störende Schaufensterreflexe unterdrükken. Auch die Polarisationsbrillen, die manche Autofahrer zur Verringerung der Blendung bei regennasser Straße tragen, unterdrücken teilweise das von der Straße reflektierte Licht entgegenkommender Autos. Dafür schwächen sie jedoch die Gesamtintensität des Lichts um die Hälfte, weil sie ja unpolarisiertes Licht ebenfalls zur Hälfte absorbieren. Sie sind also insgesamt nicht uneingeschränkt zu empfehlen.

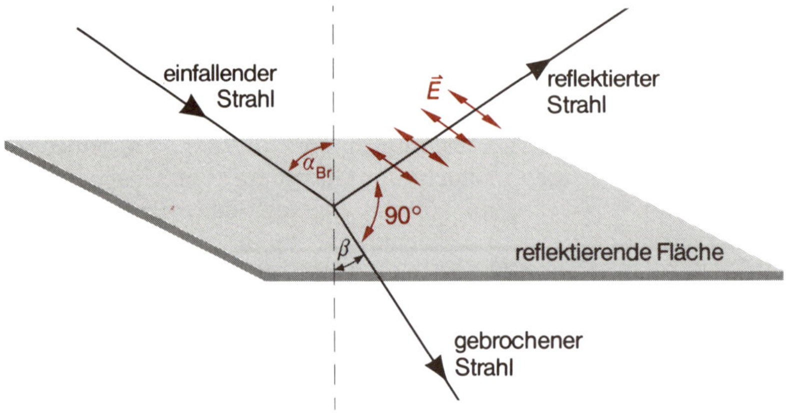

Brewsterscher Winkel (Figur 1): Wenn der reflektierende Strahl auf dem gebrochenen senkrecht steht, kann er nur das polarisierte Licht enthalten, dessen E-Vektor senkrecht zur Einfallsebene steht.

Brownsche Molekularbewegung

Die Temperaturbewegung von Gas- oder Flüssigkeitsmolekülen läßt auch größere suspendierte oder schwebende Teilchen nicht unbeeinflußt. Wegen der ständigen

Stöße der Gas- oder Flüssigkeitsmoleküle taumeln z. B. Rauchteilchen in Luft oder Fetttröpfchen in Milch regellos, statistisch hin und her, wenn man sie unter einem Mikroskop betrachtet. Diese von *Robert Brown* (1773–1858) entdeckte Teilchenbewegung wurde zunächst für eine Art von Leben gehalten. Erst die Thermodynamik, speziell die kinetische Gastheorie, deutete diese Bewegung als Abbild der thermischen Bewegung der Moleküle. Heute verwendet man die B. M. als statistischen Prozeß und nutzt sie z. B. auch als Zufallsgenerator in Computern.

C

C **1)** Abk. für → Coulomb, die Einheit der elektrischen Ladung (→ Maße und Maßsysteme);
2) Abk. für das Temperaturmaß Grad → Celsius (°C).

c **1)** Abk. für die Vorsilbe → Zenti- bei Maßeinheiten (→ Maße und Maßsysteme);
2) Zeichen für die Lichtgeschwindigkeit (→ Naturkonstanten).

cal Abk. für Kalorie, eine nicht mehr zulässige Maßeinheit der Wärmemenge (→ Maße und Maßsysteme).

Candela

Abk. cd, Maßeinheit der Lichtstärke (→ Maße und Maßsysteme).

cd Abk. für Candela, Maßeinheit der Lichtstärke (→ Maße und Maßsysteme).

Celsius

Abk. °C, Maßeinheit der → Temperatur; 1 °C entspricht dem 100. Teil der Temperaturdifferenz zwischen dem Gefrierpunkt und dem Siedepunkt des Wassers (→ Maße und Maßsysteme).

CERN: Blick in den über 7 km langen Beschleunigungstunnel des Superprotonensynchrotrons, in dem die Protonen durch Magnete auf über 400 GeV beschleunigt werden. © CERN

CERN

Abk. für frz. *Conseil Européen pour la Recherche Nucléaire,* Name des europäischen Kernforschungszentrums bei Genf, das über mehrere Beschleunigungsanlagen und Speicherringe verfügt, so z. B. ein 600-MeV-Synchrozyklotron, ein 28-GeV-Protonensynchrotron und ein 400-GeV-Superprotonensynchrotron. Seit 1989 ist unter dem Namen LEP (Abk. für engl. Large Electron-Positron Project) ein Elektronenbeschleuniger mit einem Ringumfang von 30 km in Betrieb, der im Endausbau eine Energie von 100 GeV erreichen soll (→ Elementarteilchen).

cgs-System

Name eines veralteten Maßsystems, das sich auf die Einheiten Zentimeter (engl. centimeter), Gramm und Sekunde stützt, heute ersetzt durch das → SI-System (→ Maße und Maßsysteme).

Chaos

Viele physikalische Systeme verhalten sich chaotisch. Das soll bedeuten, daß eine beliebig kleine Änderung der Anfangsbedingungen oder auch eine beliebig kleine Störung im Bewegungsablauf das Verhalten des Systems unvorhersehbar ändern. Um diese Aussage besser verständlich zu machen, ist es nötig, einige Begriffe zu klären.
In der Alltagssprache bedeutet ›Chaos‹ etwa ›wüstes Durcheinander‹, ›Auflösung aller Ordnung‹ (Duden). Diese Deutung wird jedoch der Chaosforschung nicht gerecht. Im Gegenteil: Die Chaosforscher untersuchen gerade die Gesetzmäßigkeiten, die ins Chaos führen oder die in chaotischen Systemen noch auszumachen sind. Sie bezeichnen denn auch ihr Forschungsgebiet als ›deterministisches‹ Chaos.

Schwache und starke Kausalität
Die Naturwissenschaften verdanken ja ihren Erfolg zum großen Teil der richtigen Vorhersage von Ereignissen, z.B. von astronomischen Sensationen wie Sonnenfinsternissen oder den Umlaufbahnen und -zeiten von Satelliten, aber auch von Dingen wie der Stabilität eines Bauwerks oder dem reibungslosen Funktionieren eines Autos. Ganz allgemein ist die *Berechenbarkeit* eines Systems unmittelbar die Konsequenz physikalischer Betrachtungsweise, die wiederum von zwei grundsätzlichen Voraussetzungen ausgeht:
1. Versetzt man ein System mehrere Male in exakt denselben Anfangszustand, so wird es immer wieder genau dieselben Bewegungen ausführen; anders ausgedrückt: Gleiche Ursachen haben gleiche Wirkungen. Diese Bestimmtheit *(Determinismus)* ist auch als *Kausalitätsprinzip* bekannt.
2. Der zeitliche Ablauf der Bewegungen eines Systems ist durch unveränderliche physikalische Gesetze und durch die Anfangsbedingungen vorgegeben.
Schon die erste These ist weder theoretisch noch praktisch zu verwirklichen. In mikroskopischen Systemen wie z.B. Atomen setzt die Unschärferelation der → Quantenmechanik der genauen Bestimmung der Anfangsbedingungen eine prinzipielle Grenze, und in makroskopischen Systemen machen meist schon viel früher statistische Effekte wie z.B. das thermische → Rauschen ein derartiges Unterfangen unmöglich.
Man hält zwar nach wie vor in der Makrophysik am strengen Kausalitätsprinzip fest, bezeichnet es aber als *›schwache Kausalität‹*, wenn gilt: ›Exakt gleiche Ursachen erzwingen exakt die gleichen Wir-

kungen.‹ Der etwas unglückliche Name erklärt sich durch die Definition der *›starken Kausalität‹*, die durch folgende Aussage gegeben ist: ›Ähnliche, nahezu gleiche Ursachen erzeugen fast die gleichen Wirkungen.‹

Man sieht sofort ein, daß die starke Kausalität weit umfassender ist als die schwache, und daß sie darüber hinaus zur praktischen Anwendbarkeit der physikalischen Gesetze unumgänglich ist, weil man exakt gleiche Ursachen eben nicht verwirklichen kann.

Die Physiker waren bisher immer der Meinung, daß einfache physikalische Systeme immer von der starken Kausalität bestimmt werden und daß nur kompliziertere Systeme wie z.B. die Lufthülle der Erde wegen ihrer Unzahl von Parametern sich der Vorhersage entziehen. Die Chaosforschung hat aber gezeigt, daß es ganz einfache physikalische Systeme gibt, die nach kurzer Zeit unberechenbar werden. Dabei verwirft sie in keiner Weise das Prinzip der schwachen Kausalität, d.h., sie nimmt immer noch jedes System als deterministisch an. Das äußert sich schon darin, daß die Chaosforscher mit vielen Computersimulationen arbeiten. Das hat natürlich nur einen Sinn, wenn die schwache Kausalität gilt. Diesem Umstand verdankt die Chaosforschung ihr Attribut ›deterministisch‹.

Sensitivität und Liapunov-Exponent

Was man für chaotische Systeme aufgeben muß, ist die starke Kausalität. Ein exakt auf die Spitze gestellter Bleistift müßte für alle Zeiten so stehenbleiben. Schon kleinste Störungen lassen ihn aber umfallen, wobei die Fallrichtung von der Störung abhängt. Offenbar haben hier ähnliche Ursachen *nicht* auch ähnliche Wirkungen. Systeme wie diese bezeichnet man als ›sensitiv‹. Der auf der Spitze stehende Bleistift ist für die Anfangsbedingungen sensitiv. Andere Systeme wie z.B. das *Doppelpendel* (Figur 1) reagieren außerdem auch auf Störungen im Bewegungsablauf sensitiv.

Wenn die Bahnkurve eines Systems nach einer kleinen Störung ε nur proportional zur Zeit t von der ungestörten Bewegung abweicht, so gilt für die Abweichung Δ die Beziehung:

$$\Delta \sim \varepsilon \cdot t.$$

Das beschreibt ein ›normales‹ lineares System. Wenn aber die Abweichung exponentiell mit der Zeit zunimmt, dann wird jede noch so kleine Störung schon nach ziemlich kurzer Zeit beliebig große Bahnänderungen verursachen. Es gilt dann:

$$\Delta \sim \varepsilon \cdot e^{\lambda \cdot \tau}.$$

In diesem Fall ist das System *nichtlinear*, und man kann die Größe von λ direkt in Beziehung zur *›Vorhersagezeit‹* setzen. Man nennt λ den *Liapunov-Exponenten* (nach dem russischen Physiker Liapunov).

Wenn für ein System die starke Kausalität gilt, dann ist es entweder linear, oder λ ist negativ (dann ist das System sogar selbstfokussierend). Ein nichtlineares System dagegen verletzt die starke Kausalität, die Bahnabweichung wächst exponentiell, das System wird chaotisch.

Bei linearen Systemen wächst die Zeit, während der es innerhalb einer vorgegebenen Störungstoleranz Δ bleibt, ebenfalls linear mit der Verkleinerung der Anfangsstörung. Mit anderen Worten: Will man die Bewegung eines linearen Systems doppelt so lang mit einer bestimmten Genauigkeit vorhersagen, dann muß man seine Anfangsbedingungen doppelt so genau erfassen.

Bei chaotischen Systemen mit positivem

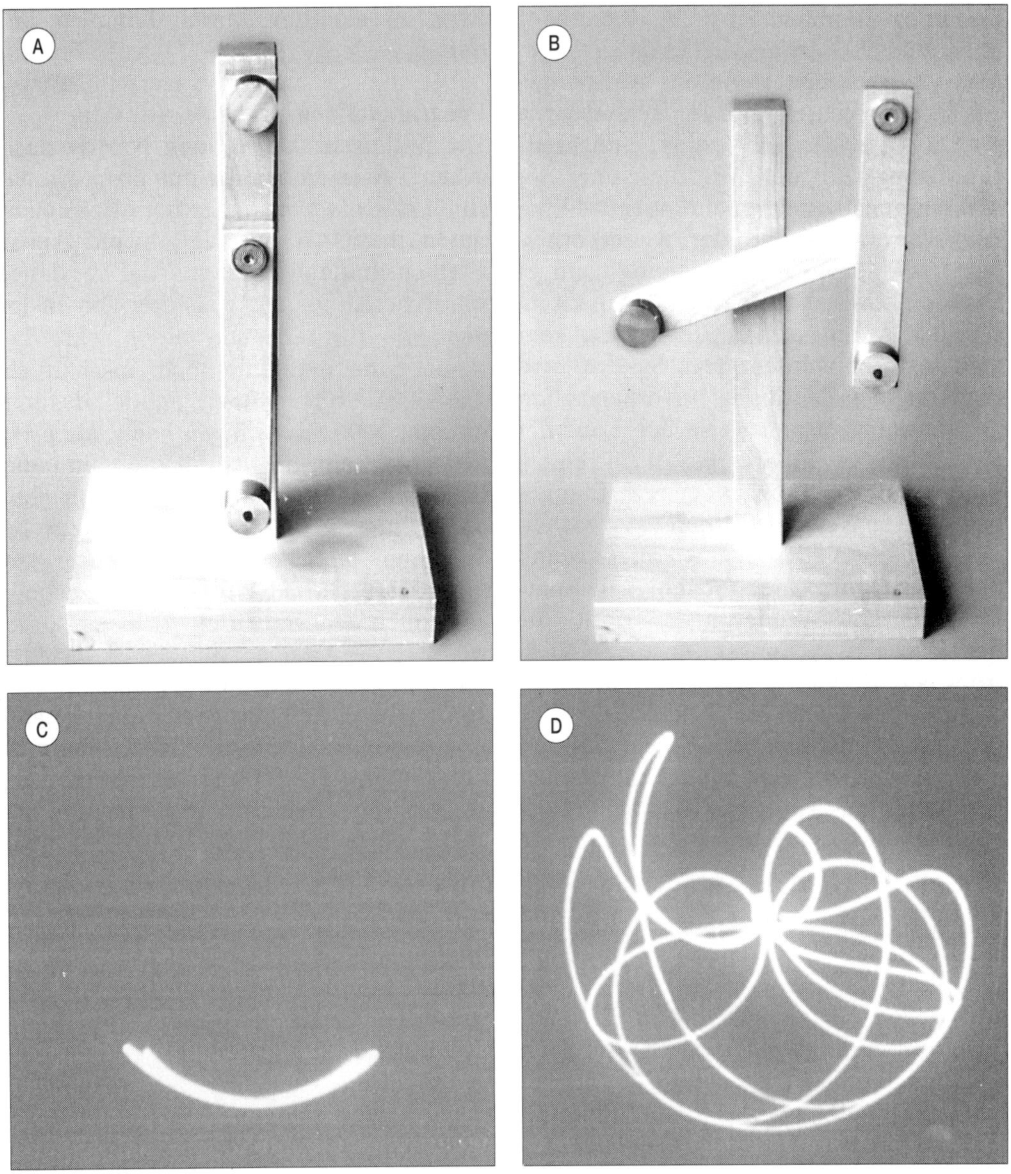

Chaos (Figur 1): Eine sehr einfache Anordnung, um Chaos zu erzeugen, ist das Doppelpendel. Es besteht aus einem Pendel mit einem Gegengewicht, das an einem zweiten Pendel befestigt ist und sich unabhängig von diesem bewegen kann. Das Photo **A** zeigt den Ruhezustand, das Photo **B** eine Auslenkung, um die Bewegungsmöglichkeit zu demonstrieren. Setzt man an das eine Ende des doppelt beweglichen Teils ein Lämpchen, kann man die Pendelbewegungen gut verfolgen (Photos **C** und **D**). Bei sehr kleiner Auslenkung verhält sich das Doppelpendel nahezu wie ein einfaches Pendel (C), bei größerer Auslenkung (D) beschreibt der Lichtpunkt jedoch eine deutlich chaotische Bewegung, die bereits nach kurzer Zeit nicht mehr vorhersagbar ist.

Liapunov-Exponent ist das ganz anders. Hier muß die Anfangsgenauigkeit exponentiell zunehmen, wenn die Vorhersagezeit linear wachsen soll. Je nachdem, wie groß λ ist, wird die ›Verdoppelungszeit‹ (Vorhersagezeit bei Verdoppelung der Anfangsgenauigkeit) mehr oder weniger lang und hat z.B. bei der Wettervorhersage nur die Größenordnung einiger Stunden. Es ist klar, daß dann die Grenzen der Anfangsgenauigkeit schon sehr bald erreicht werden: Das System wird über längere Zeiträume unvorhersagbar. Wollte man beispielsweise den Lauf der Kugeln beim Billardspiel nach einem Stoß – bei nicht vorhandener Reibung – auch nur eine einzige Minute lang vorhersagen, müßte man den Anfangszustand beim Stoß mit einer Genauigkeit angeben, die noch Änderungen erfaßt, die durch die Anziehungskraft eines Elektrons am Rande der Milchstraße verursacht werden. Bei der Wettervorhersage ist dieses Phänomen als ›Schmetterlingseffekt‹ bekannt: Der Flügelschlag eines Schmetterlings kann das Wetter auf der Erde im nächsten Monat komplett ändern.

Phasenraum und Seltsame Attraktoren

Die praktische Darstellung von dynamischen Systemen benutzt den sog. *Phasenraum (Zustandsraum)*. Er hat als Koordinaten die Orts- und Geschwindigkeits-Freiheitsgrade des Systems und hat daher meist wesentlich mehr als drei Dimensionen. Nur für genügend vereinfachte Systeme kann man ihn noch anschaulich darstellen. So hat z.B. ein Pendel, das nur in einer Ebene schwingen kann, als Freiheitsgrade nur die Auslenkung und die Geschwindigkeit. Sein Phasenraum hat daher nur zwei Dimensionen (Figur 2). Schwingt das Pendel reibungsfrei, so durchläuft es im Phasenraum bei geeignet gewählten Maßstäben einen Kreis. Dort, wo die Auslenkung Null ist, ist die Geschwindigkeit am größten und umgekehrt. Ohne Reibung würde das Pendel immer weiterschwingen, seine Zustandskurve bliebe ein scharfer Kreis (ein sog. *Grenzzyklus*). Berücksichtigt man die un-

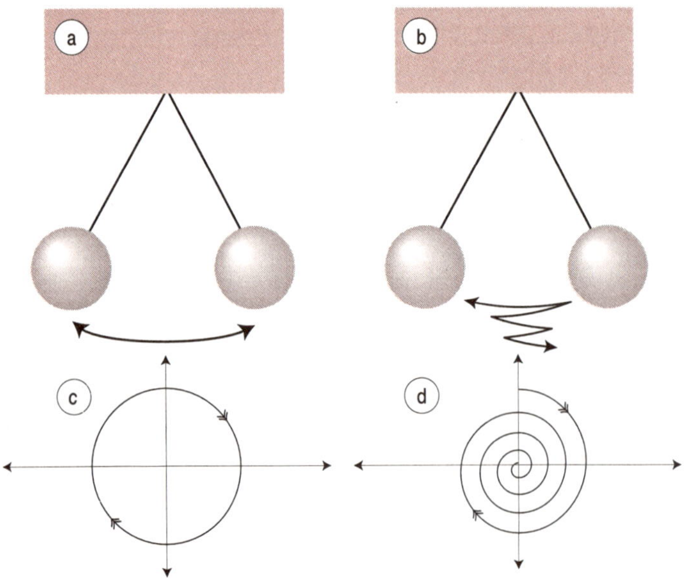

Chaos (Figur 2): Ungedämpfte **(a)** und gedämpfte **(b)** ebene Schwingung und die zugehörige Darstellung der Bewegung im Phasenraum (**c** und **d**).

vermeidliche Reibung, so kommt das Pendel allmählich zur Ruhe. Im Phasenraum bewegt sich die Zustandskurve in einer Spirale zum Nullpunkt. Der Nullpunkt ›zieht die Kurve an‹. Man sagt, der Nullpunkt sei ein *Attraktor* für die Zustandskurve.

Wenn dem Pendel wie bei einer Uhr durch eine Hemmung bei jedem Schlag Energie zugeführt wird, kann auch der Grenzzyklus zu einem Attraktor werden. Kleine Störungen, die die Uhr nicht gänzlich anhalten, werden nach einigen Schlägen ausgeglichen. Die Zustandskurve verläßt zwar bei der Störung den Grenzzyklus, kehrt aber nach einigen Umdrehungen zu ihm zurück.

Chaotische Systeme haben grundsätzlich andere Zustandskurven. Die Abweichungen der Bahnkurven wachsen exponentiell. Damit laufen auch die Zustandskurven ständig auseinander. Gleichzeitig können sie aber wegen der Erhaltungssätze für Energie und Impuls (und eventuell der Ladung) ein dadurch gegebenes Gebiet des Phasenraums nicht verlassen. Beide Bedingungen sind nur erfüllbar, wenn die Schar der Zustandskurven zwar bei jedem Umlauf auseinanderdriftet, sich dabei aber faltet. Dieser Prozeß wiederholt sich bei jedem Umlauf, so daß sich als Attraktor der chaotischen Bewegung ein ganzes Gebiet im Phasenraum ergibt, das in sich unendlich fein strukturiert ist. Man bezeichnet derartige Attraktoren als ›seltsam‹. Der einfachste *Seltsame Attraktor* wurde nach der eben beschriebenen Methode von Otto E. Rössler gefunden und nach ihm benannt (Figur 3). Man kann seine Struktur mit einem Teig vergleichen, der immer wieder ausgewalzt, in der Mitte gefaltet, erneut ausgewalzt, wieder gefaltet wird usw. Ein anderer Attraktor wird deshalb aus der sog. ›Bäcker-Transformation‹ abgeleitet, die diesen Faltprozeß ebenfalls verwendet.

Iterationen und Bifurkation

Die Art, wie man Seltsame Attraktoren im Phasenraum erzeugt, ist eng verwandt mit der mathematischen Methode der *Iteration.* Dabei wird das Ergebnis einer Rechnung als Ausgangswert in die Rechenvorschrift eingesetzt und in einem neuen Iterationsschritt ein Ergebnis ausgerechnet, das wieder als Ausgangswert eingesetzt wird usw. Das Ganze ist eine Art mathematischer → Rückkoppelung. Gerade das Durchlaufen immer derselben Rechenschritte mit immer neuen Werten in einer ›Iterationsschleife‹ ist die große Stärke von Computern. Alles von Hand auszurechnen ist dagegen sehr mühsam. Es ist deshalb nicht verwunderlich, daß sich die Chaosforschung mit der Verbreitung der Computer erst richtig entwickelt hat. Gesetze, die sich aus Iterationsvorschriften ergeben, treffen oft auch auf chaotisches Geschehen zu.

Eine der einfachsten Iterationsvorschriften ist die *logistische Funktion*

$$x_{n+1} \leftarrow c \cdot x_n (1 - x_n).$$

Dabei ist x die *Iterationsvariable (Darstellungsvariable)* und c der sog. *Kontrollparameter.* Die Vorschrift wurde von dem Biologen Verhulst als simples Modell zur Beschreibung einer Tierpopulation angesetzt. Aus einer Population x_n entsteht die nächste Generation x_{n+1} durch Multiplikation mit der Vermehrungsrate c und dem Begrenzungsfaktor $(1 - x_n)$, der um so kleiner wird, je größer die Population bereits ist. Man kann nun z.B. untersuchen, ob sich x auf einen Grenzwert einpendelt, wenn man c einen bestimmten Wert gibt und bei verschiedenen Werten von x startet. Trägt man x gegen c auf, dann erhält man etwa einen Verlauf wie in Figur 4. Diagramme dieser Art heißen (nach Mitchell Feigenbaum) auch *Feigenbaum-Diagramme.* Sie zeigen bei bestimmten Werten charakteristische Gabe-

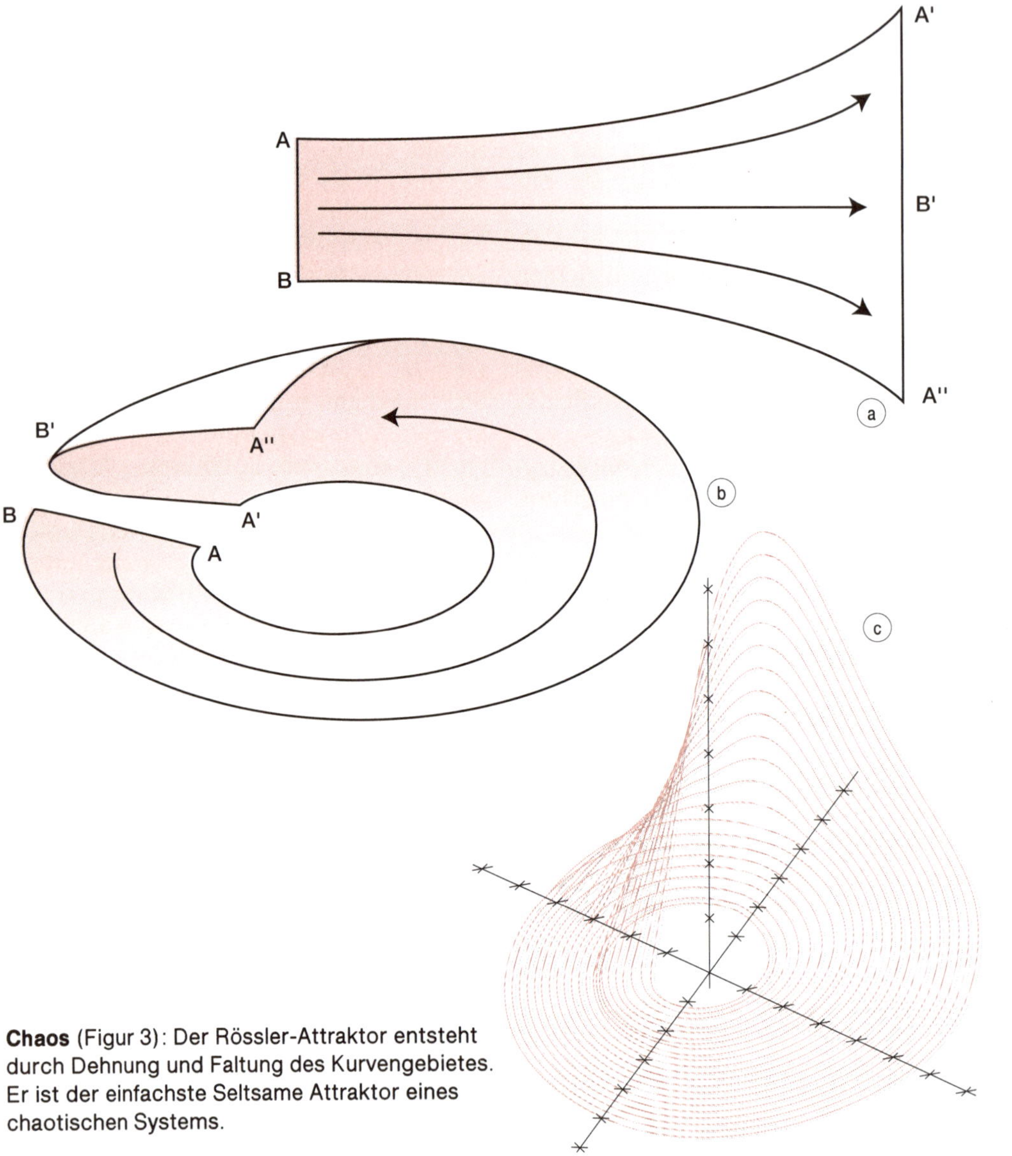

Chaos (Figur 3): Der Rössler-Attraktor entsteht durch Dehnung und Faltung des Kurvengebietes. Er ist der einfachste Seltsame Attraktor eines chaotischen Systems.

lungen *(Bifurkationen)* und werden deshalb auch als *Bifurkationskaskaden* bezeichnet, die wie folgt entstehen: Bis zu einem gewissen Wert c_1 von c gibt es nur einen Wert der Population x, auf den sie sich nach vielen Generationen einpendelt. Von da an sind Populationsgrößen stabil, bis, nach einem weiteren Anwachsen von c, sich die Zahl möglicher x-Werte wieder verdoppelt. Die Verdoppelungen erfolgen nun mit anwachsendem c immer rascher, bis das System ins Chaos übergeht.

Das Verhältnis der Werte von c für jeweils zwei aufeinanderfolgende Aufspaltungspunkte ist eine universelle Konstante d, die sog. *Feigenbaum-Zahl*

$$d = 4{,}6692...$$

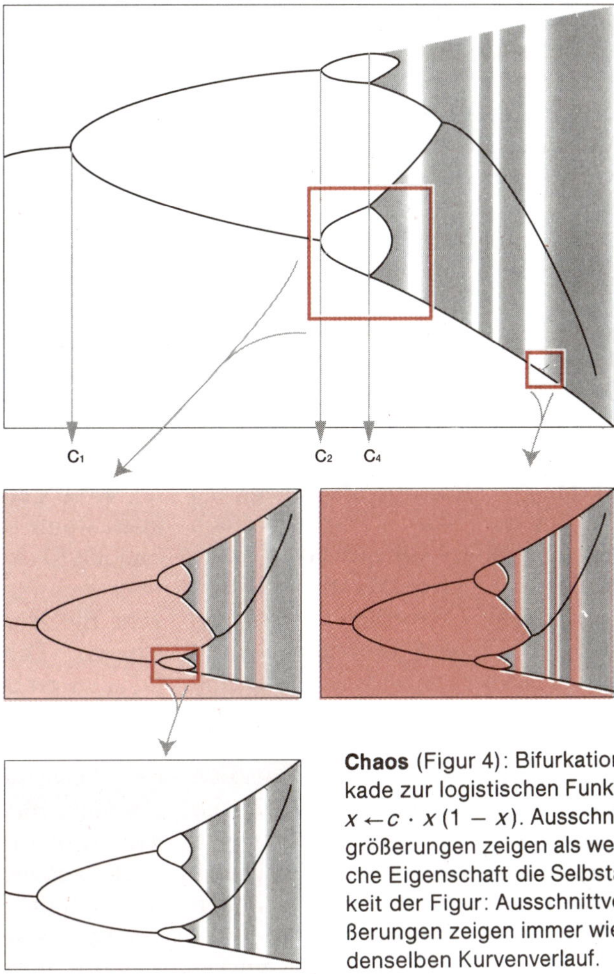

Chaos (Figur 4): Bifurkationskaskade zur logistischen Funktion $x \leftarrow c \cdot x(1 - x)$. Ausschnittvergrößerungen zeigen als wesentliche Eigenschaft die Selbstähnlichkeit der Figur: Ausschnittvergrößerungen zeigen immer wieder denselben Kurvenverlauf.

Wesentlich ist nun, daß für viele physikalische Systeme ebenfalls eine Bifurkationskaskade auftritt, wenn man Darstellungsvariable und Kontrollvariable geeignet wählt. Die Bifurkationskaskade ist also ein ›Weg ins Chaos‹, der bei Systemen auftritt, die auf den ersten Blick nichts miteinander zu tun haben. So ist z.B. ein tropfender Wasserhahn ebenso chaotisch wie das dendritische Wachstum mancher Systeme (wahrscheinlich auch der Nervenzellen). Man hat auch festgestellt, daß der Übergang der Herzfrequenz zum tödlichen chaotischen Flimmern, bei dem das Herz kein Blut mehr fördert, bei manchen Krankheiten eine Bifurkationskaskade durchläuft. Neueste Forschungen zeigen sogar, daß man in diesem Fall durch geeignete Steuersignale die Herzfrequenz wieder stabilisieren kann, wenn man die Frequenzänderungen durch ständige Messung rechtzeitig erkennt.

Eine andere wesentliche Eigenschaft von Bifurkationskaskaden und von chaotischen Attraktoren ist die sog. *Selbstähnlichkeit.* Ausschnittvergrößerungen bestimmter Kurvenabschnitte sehen genauso aus wie die unvergrößerte Figur. Dieses Verhalten ist ganz typisch für Fraktale, Gebilde also, denen man eine gebrochene Dimension zuschreibt. Berühmtestes Beispiel hierfür ist das ›Apfelmännchen‹ oder die *Mandelbrot-Menge*, die ebenfalls aus einer Iterationsvorschrift im komplexen Zahlenbereich entsteht.

Charakteristische Röntgenstrahlung

Wenn ein hochenergetisches Elektron aus einer inneren Schale des Atoms (→ Atomphysik) ein Elektron herausschlägt, so entsteht dort ein Loch. Wird dieses Loch dadurch aufgefüllt, daß aus einer äußeren Schale ein Elektron ›hineinfällt‹ und wird die dabei freiwerdende Energiedifferenz der Bindungsenergien beider Schalen als elektromagnetische Strahlung frei, so liegen die ausgesandten Lichtquanten im Röntgenbereich (→ elektromagnetisches Spektrum) mit Energien zwischen etwa 1 keV und 1 MeV. Da die Energiedifferenzen, die sich in derartigen Röntgenquanten ausdrücken, für jedes Atom nur ganz bestimmte Werte haben können, nennt man die zugehörige Röntgenstrahlung *charakteristisch* (für ein bestimmtes Atom).

Chemische Bindung

Die Aufgabe der Chemie besteht darin, zu untersuchen, welche Kombinationen von Atomen in welcher Anordnung stabil sein können und was für Energien derartige Anordnungen speichern. Diese Aufgabe ist dann gelöst, wenn man die Wellenfunktion jeder möglichen Anordnung kennt. So gesehen wird die gesamte Chemie zu einem Teilgebiet der *Quantenmechanik*. Bedenkt man aber, daß schon für ein einziges Mehrelektronenatom die → Schrödinger-Gleichung nur näherungsweise lösbar ist, ist angesichts von *Molekülen*, die aus Hunderttausenden von Atomen bestehen, der quantenmechanische Ansatz von vornherein zum Scheitern verurteilt. Die Physik der ch. B. kann nur – wie vieles andere auch – durch Näherungsansätze beschrieben werden. Man geht dabei von den Elektronenstrukturen des Atoms aus und versucht, sie auf mehratomige Gebilde zu übertragen.

Die energetisch niedrigsten und daher die stabilsten Elektronenkonfigurationen sind die *abgeschlossenen* Elektronenschalen (mit dem Gesamtdrehimpuls Null), auch wenn es sich nur um Unterschalen handelt (→ Atomphysik). Der für die Chemie wichtigste Schalenabschluß ist mit acht Elektronen erreicht (s- und p-Elektronen). Die inneren, abgeschlossenen Schalen eines Atoms sind so stabil, daß sie durch Coulomb-Kräfte anderer Atome nicht aufgebrochen werden können. Deshalb nehmen an der ch. B. nur die Elektronen in den nicht abgeschlossenen Außenschalen teil; man nennt diese auch *Valenzelektronen*. Wir können auf die Vielfalt der Bindungen, die mit Hilfe der Valenzelektronen möglich sind, nicht weiter eingehen. Nur die beiden Extremfälle sollen angedeutet werden.

Die *Ionenbindung (heteropolare Bindung)* wird von Partnern eingegangen, von denen einer wenige (ein oder zwei) Valenzelektronen hat, während der andere über eine fast abgeschlossene Außenschale verfügt, d. h. sechs oder sieben Elektronen dort sitzen hat. In diesem Fall geht man davon aus, daß der erste Partner seine wenigen Außenelektronen an den zweiten Partner abgibt, der damit eine abgeschlossene Achterschale ausbildet. Nun sind jedoch beide Partner elektrisch geladen *(ionisiert)*: Der erste positiv, weil ihm Elektronen fehlen, und der zweite negativ, weil er mehr Elektronen an sich bindet, als seiner Kernladungszahl zukommt. Zwischen diesen Partnern wirken deshalb Coulomb-Kräfte und binden sie aneinander. Typische Vertreter der ersten Sorte sind die Alkali- und Erdalkalimetalle mit einem bzw. zwei Außenelektronen, also Kalium, Natrium bzw. Calcium (→ chemische Elemente). Zu den Vertretern der zweiten Sorte zählen die Halogene (Chlor, Brom, Jod usw.) mit sieben Außenelektronen sowie vor allem Sauerstoff mit sechs Außenelektronen. Die Element-Sauerstoff-Verbindungen *(Oxide)* gehören allerdings überwiegend bereits der zweiten Gruppe von Bindungen an (siehe weiter unten).

Die *Atombindung (homöopolare Bindung* oder *kovalente Bindung)* entsteht dadurch, daß ein oder mehrere Elektronen ›abwechselnd‹ um beide Partner kreisen und dadurch beiden Partnern zu quasi abgeschlossenen Achterschalen verhelfen. Diese Bindung ergibt sich vorzugsweise für die mittleren Gruppen des Periodensystems (vor allem den Kohlenstoff). Sie ist auch in guter Näherung der Bindungstyp der zweiatomigen Gase (O_2, N_2 usw.). Die Atombindung läßt sich recht gut auch quantenmechanisch durch den Energieunterschied zwischen symmetrischen und antimetrischen Wellenfunktionen deuten.

Der ›chemische Alltag‹ vor allem der organischen Verbindungen ist jedoch durch diese Extremfälle allein nicht zu erklären. Hier spielen auch noch Schwingungsenergien der Atome gegeneinander eine Rolle, gemeinsame Elektronenbahnen *(Orbitale)*, geometrische Besonderheiten und vieles mehr.

Chemische Elemente

Ein *chemisches Element* ist ein Stoff, der sich mit chemischen Mitteln nicht weiter zerlegen läßt. Heute führt man diese Eigenschaft auf den Bau der → Atome zurück. Wir kennen heute 109 ch. E., entsprechend den 109 bisher aufgefundenen Ordnungszahlen (Kernladungszahlen); die Elemente 106 – 109 wurden bisher allerdings nur in Form weniger Atome durch Kernumwandlung (→ Kernphysik) gewonnen, sie wurden 1992 benannt. Die Chemiker haben diese Elemente im → Periodensystem angeordnet, dessen Ordnung wiederum auf Regelmäßigkeiten im Aufbau der Elektronenhülle zurückgeht (→ Atomphysik). Die meisten der ch. E. sind äußerst selten, die schwersten kommen überhaupt nicht in der freien Natur vor, man kennt sie nur aus Laborversuchen. Etwa 98,5% des Gewichts der festen Erdkruste entfallen auf nur acht Elemente (O, Si, Al, Fe, Mg, Ca, Na und K). Betrachtet man dagegen das Universum als Ganzes, so sieht die Verteilung der Elemente ganz anders aus. Mehr als 90% aller Atome des Universums sind Wasserstoffatome, der überwiegende Rest sind Heliumatome. Die anderen Elemente des Periodensystems machen nur einen verschwindenden Prozentsatz im All aus.

Reine ch. E. sind auf der Erde ebenfalls sehr selten. Nur wenige Metalle (z. B. Gold) werden in elementarer Form (gediegen) mit Verunreinigungen gefunden. Die Tabelle auf den folgenden Seiten gibt die Elemente, die Herkunft ihrer Namen und ihr Atomgewicht in alphabetischer Reihenfolge an.

Die schweren Elemente sind (etwa ab der Ordnungszahl 82, Blei) mehr oder weniger instabil. Ihre Kerne zerfallen spontan (→ Radioaktivität). Die Elemente jenseits des Urans *(Transurane)* wurden durch Kernumwandlung, also künstlich durch Beschuß von schweren Kernen mit geeigneten Ionen, erzeugt und so entdeckt. Die Suche nach weiteren Transuranen dauert an. Die Kernphysiker erwarten ›Stabili-

Name	*Herkunft*	*Ordnungszahl*	*Symbol*	*Atomgewicht*
Actinium	griech. das Strahlende	89	Ac	227* (21,6 a)
Aluminium	lat. Alaun, ein Mineral	13	Al	26,98
Americium	nach den Vereinigten Staaten von Amerika	95	Am	243* ($7{,}37 \cdot 10^3$ a)
Antimon	lat. Stibium, Zeichen	51	Sb	121,75
Argon	griech. träge	18	Ar	39,95
Arsen	arab. gelbe Farbe	33	As	74,92
Astat	griech. instabil	85	At	210* (8,3 h)
Barium	griech. das Schwere	56	Ba	137,33
Berkelium	nach der Universitätsstadt Berkeley/USA	97	Bk	247* ($1{,}4 \cdot 10^3$ a)
Beryllium	griech. Beryll, eine Edelsteinart	4	Be	9,01
Blei	lat. plumbum	82	Pb	207,2
Bor	arab. Mineral	5	B	10,81
Brom	griech. Gestank	35	Br	79,90
Cadmium	griech. Zinkspat, ein Mineral	48	Cd	112,41
Caesium	lat. Himmelsblau, nach seiner Spektrallinie	55	Cs	132,91
Calcium	lat. Kalk	20	Ca	40,08
Californium	nach dem Staat Kalifornien, USA	98	Cf	251* (800 a)
Cer	nach dem Asteroiden Ceres	58	Ce	140,12
Chlor	griech. gelbgrün, nach seiner Farbe	17	Cl	35,45
Chrom	griech. Farbe	24	Cr	52,00
Curium	nach Marie Curie	96	Cm	247* ($1{,}6 \cdot 10^7$ a)
Dysprosium	griech. selten	66	Dy	162,50
Einsteinium	nach Albert Einstein	99	Es	254* (276 d)
Eisen	lat. ferrum	26	Fe	55,85
Element 104	Kurchatovium, nach Igor Kurchatov (Vorschlag)	104	Ku	260* (0,3 s)
Element 105	Hahnium, nach Otto Hahn (Vorschlag)	105	(Ha)	262* (40 s)
Element 106	–	106	–	263* (0,9 s)
Erbium	nach Ytterby, einer Stadt in Schweden	68	Er	167,26
Europium	nach Europa	63	Eu	151,96
Fermium	nach Enrico Fermi	100	Fm	257* (80 d)
Fluor	lat. das Fließende	9	F	19,00
Francium	nach Frankreich	87	Fr	223* (22 m)
Gadolinium	nach Gadolinit, einem Mineral	64	Gd	157,25
Gallium	lat. Gallia, Frankreich	31	Ga	69,72
Germanium	lat. Germania, Deutschland	32	Ge	72,79
Gold	lat. aurum, leuchtende Dämmerung	79	Au	196,97
Hafnium	lat. Hafnia, Kopenhagen	72	Hf	178,49
Hassium	nach dem dt. Bundesland Hessen	108	Hs	265* (< 0,01 s)
Helium	griech. Sonne	4	He	4,0026
Holmium	lat. Holmia, Stockholm	67	Ho	164,93
Indium	nach der blaugrünen Spektralfarbe und der Farbe von Indigo	49	In	114,82
Iridium	lat. iris, Regenbogen	77	Ir	192,22
Jod	griech. violett	53	J	126,90
Kalium	lat. Laugensalz, engl. potassium	19	K	39,10
Kobalt	griech. Bergwerk	27	Co	58,93
Kohlenstoff	lat. carbo, Holzkohle	6	C	12,011
Krypton	griech. verborgen	36	Kr	83,80
Kupfer	lat. cuprum, Cypern	29	Cu	63,55
Lanthan	griech. das versteckt Liegende	57	La	138,91
Lawrencium	nach Ernest O. Lawrence	103	Lr	256* (8 s)
Lithium	griech. Stein	3	Li	6,941
Lutetium	lat. Lutetia, Paris	71	Lu	174,97
Magnesium	nach Magnesia, griech. Landschaft	12	Mg	24,31
Mangan	ital. manganese, magnetisch	25	Mn	54,94
Meitnerium	nach Lise Meitner	109	Mt	266* (< 0,01 s)
Mendelevium	nach Dimitri Mendelev	101	Md	257* (3 h)

Name	*Herkunft*	*Ordnungszahl*	*Symbol*	*Atomgewicht*
Molybdän	griech. Blei	42	Mo	95,94
Natrium	lat. von Natron, engl. sodium	11	Na	22,99
Neodym	griech. neuer Zwilling	60	Nd	144,24
Neon	griech. das Neue	10	Ne	20,18
Neptunium	nach dem Planeten Neptun	93	Np	237,05
Nickel	german. Teufel	28	Ni	58,71
Nielsbohrium	nach Niels Bohr	107	Ns	264* (< 0,01 s)
Niob	nach Niobe, griech. Sagengestalt	41	Nb	92,91
Nobelium	nach Alfred Nobel	102	No	255* (3 m)
Osmium	griech. Geruch	76	Os	190,2
Palladium	nach dem Asteroiden Pallas	46	Pd	106,4
Phosphor	griech. Lichtträger	15	P	30,97
Platin	span. Silber	78	Pt	195,09
Plutonium	nach dem Planeten Pluto	94	Pu	244* ($8{,}0 \cdot 10^7$ a)
Polonium	nach Polen	84	Po	210* (138,4 d)
Praseodym	griech. grüner Zwilling	59	Pr	140,91
Promethium	nach Prometheus, griech. Sagengestalt	61	Pm	145* (17,7 a)
Protactinium	griech. protos, der Erste	91	Pa	231,04
Quecksilber	lat. hydrargyrum, flüssiges Silber engl. mercury	80	Hg	200,59
Radium	lat. das Strahlende	88	Ra	226,03
Radon	von Radium	86	Rn	222* (3,82 d)
Rhenium	lat. Rhenium, der Rhein	75	Re	186,2
Rhodium	griech. die Rose	45	Rh	102,91
Rubidium	lat. das Dunkelrote	37	Rb	85,47
Ruthenium	lat. Ruthenia, Rußland	44	Ru	101,07
Samarium	nach dem Mineral Samarskit	62	Sm	150,4
Sauerstoff	griech. Oxygenium, Säurebildner	8	O	15,999
Scandium	lat. Scandia, Skandinavien	21	Sc	44,96
Schwefel	lat. sulphurium	16	S	32,06
Selen	griech. der Mond	34	Se	78,96
Silber	lat. argentum	47	Ag	107,87
Silicium	lat. Flint, ein Mineral	14	Si	28,086
Stickstoff	lat. Nitrogenium, Salpeterbildner	7	N	14,0067
Strontium	nach Strontian, Stadt in Schottland	38	Sr	87,62
Tantal	nach Tantalus, griech. Sagengestalt	73	Ta	180,95
Technetium	griech. künstlich	43	Tc	98,91
Tellur	lat. Erde	52	Te	127,60
Terbium	nach Ytterby, Ort in Schweden	65	Tb	158,93
Thallium	griech. grüner Trieb	81	Tl	204,37
Thorium	nach Thor, nordische Gottheit	90	Th	232,04
Thulium	nach Thule, alter Name für Skandinavien	69	Tm	168,93
Titan	nach Titan, mythologische Gestalt	22	Ti	47,90
Uran	nach dem Planeten Uranus	92	U	238,03
Vanadin	nach Vanadis, nordische Gottheit	23	V	50,94
Wasserstoff	lat. Hydrogenium, Wasserbildner	1	H	1,0079
Wismut	dt. weiße Masse	83	Bi	208,98
Wolfram	nach dem Mineral Wolframit; engl. tungsten, schwerer Stein	74	W	183,85
Xenon	griech. Fremdling	54	Xe	131,30
Ytterbium	nach Ytterby, Ort in Schweden	70	Yb	173,94
Yttrium	nach Ytterby, Ort in Schweden	39	Y	88,91
Zink	germanisch; nicht eindeutiger Herkunft	30	Zn	65,38
Zinn	lat. stannum	50	Sn	118,69
Zirkon	arab. goldgarben	40	Zr	91,22

* angegeben sind jeweils das Atomgewicht des stabilsten Isotops und dessen Halbwertzeit

tätsinseln‹ bei den Ordnungszahlen 114 (Massenzahl 298) und 126 (Massenzahl 310), die möglicherweise eine Lebensdauer zulassen, die zur Identifizierung ausreicht.
Das Ausgangsmaterial aller Elemente ist wohl allein Wasserstoff, aus dem in den Sternen und in interstellaren Materiewolken schrittweise immer schwerere Kerne durch Fusion gebildet worden sind. Die Einzelheiten sind noch ungeklärt, aber schwerere Elemente entstehen auch heute noch im Universum, v. a. durch Nova- und Supernova-Explosionen.

Chladnische Klangfiguren

Die Schwingungen von ebenen (oder gekrümmten) Membranen wie Metall- oder Glasplatten sind so kompliziert, daß sie der Rechnung kaum zugänglich sind. Man ist daher auf experimentelle Verfahren angewiesen, wenn man sie näher erforschen will. Eine besonders demonstrative Methode, die Schwingungen von Platten beliebiger Form und Einspannung sichtbar zu machen, besteht darin, sie waagrecht zu montieren und mit feinem Sand zu bestreuen. Regt man nun die Anordnung zum Schwingen an, etwa indem man mit einem Baßbogen am Rand entlangstreicht, so wird der Sand an den Schwingungsbäuchen der Platte weggeschleudert und sammelt sich entlang der Knotenlinien. Die entstandenen ›Klangfiguren‹, benannt nach *Ernst Chladni* (1756–1827), kann man nach dem Versuch in Ruhe betrachten und analysieren (Figur 1). Ein neueres Verfahren, die Schwingungen von dickeren Platten zu untersuchen, nutzt die Spannungsdoppelbrechung mit Hilfe der *Spannungsoptik* aus. Man durchstrahlt eine Plexiglasplatte mit polarisiertem Licht und stellt einen Analysator (Polarisationsfilter) in den Strahlengang, der so eingestellt wird, daß kein Licht durchgeht. Regt man die Plexiglasplatte (mit Ultraschall) an, so schwingt sie und dreht an den Stellen größter Spannung die Polarisationsebene ein wenig, so daß man diese Stellen durch den Analysator hindurch sehen und photographieren kann; man erhält so Aufschluß über die Spannungszustände.

Ci

Abk. für → Curie, eine nicht mehr zulässige Maßeinheit für die Stärke der Radioaktivität (→ Maße und Maßsysteme, → Strahlenbelastung und Strahlenschutz).

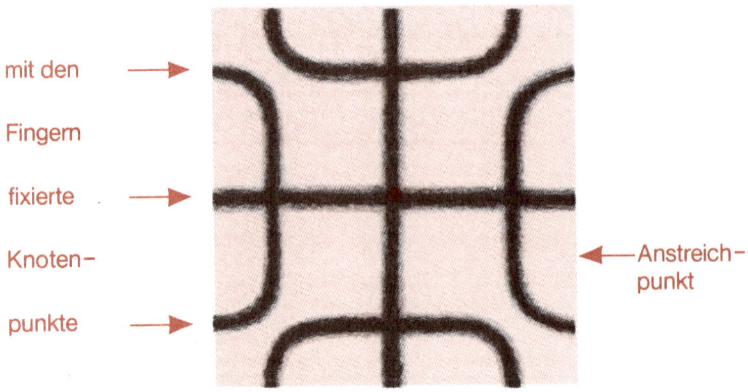

Chladnische Klangfiguren (Figur 1): Typische Knotenlinien einer schwingenden quadratischen Metallplatte, die in der Mitte eingespannt ist.

Compton-Effekt

Der Stoß zwischen einem Photon und einem (freien) Elektron wird nach *Arthur Holly Compton* (1892–1962) als C.-E. bezeichnet. Er gilt als direkter Nachweis für die Quantennatur des Lichts, denn man kann die Impulse und Energien der Teilchen vor und nach dem Stoß ansetzen, als würde es sich um klassische Billardkugeln handeln. Zu beachten ist lediglich der Zusammenhang zwischen Energie E und Frequenz ω bzw. Impuls $\vec{p}$ und Wellenzahl $\vec{k}$, der allgemein für elektromagnetische Wellen gilt:

$$E = \hbar \cdot \omega \text{ bzw. } \vec{p} = \hbar \cdot \vec{k} \qquad (1)$$

h = Plancksches Wirkungsquantum, $\hbar = h/2\pi$.

Eine vereinfachte Rechnung führt dann auf die exakte Wellenlängenverteilung des Photons in Abhängigkeit vom Streuwinkel φ. Da das Photon mit Lichtgeschwindigkeit ankommt, das Elektron aber im Elektronengas eines Metalls eine sehr viel kleinere Geschwindigkeit hat, kann man das Elektron in sehr guter Näherung als vor dem Stoß ruhend betrachten. Nach dem Stoß fliegt das Elektron mit der Geschwindigkeit v unter dem Winkel ϑ davon, während das Photon sich unter dem Winkel φ zur Einfallsrichtung entfernt, aber mit kleinerem Impuls und damit auch mit kleinerer Frequenz bzw. größerer Wellenlänge als vor dem Stoß (Figur 1). Um diese Frequenzänderung zu berechnen, setzt man den Energiesatz und den Impulssatz an. Der letztere besteht aus drei Teilsätzen (für jede Koordinate einer), von denen aber nur zwei zur Anwendung kommen, weil sich der Stoßvorgang in einer Ebene abspielt (m_e = Masse des Elektrons).

Impulserhaltung: Gesamtimpuls vor dem Stoß = Photonenimpuls + Elektronenimpuls nach dem Stoß;

in Einfallsrichtung:

$$\hbar \cdot k = \hbar \cdot k' \cdot \cos\varphi + m_e \cdot v \cdot \cos\vartheta; \qquad (2)$$

senkrecht zur Einfallsrichtung:

$$0 = \hbar \cdot k' \cdot \sin\varphi + m_e \cdot v \cdot \sin\vartheta. \qquad (3)$$

Energieerhaltung: Gesamtenergie vor dem Stoß = Gesamtenergie nach dem Stoß;

$$\hbar\omega = \hbar\omega' + \frac{1}{2} m_e v^2. \qquad (4)$$

Diese drei Gleichungen enthalten die vier unbekannten Größen φ, ϑ, v und ω'. Die Größen k und ω sind über die Lichtgeschwindigkeit c miteinander verknüpft: $\omega = c \cdot k$ und natürlich auch $\omega' = c \cdot k'$. Von Interesse ist der Zusammenhang zwischen der Frequenz ω' des Photons nach dem Stoß und dem damit verbundenen

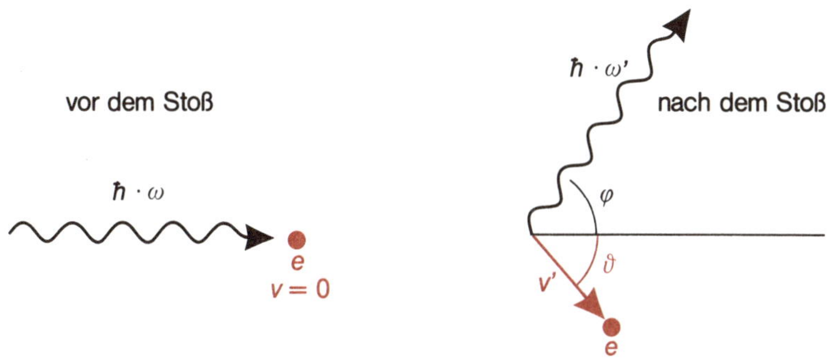

Compton-Effekt (Figur 1): Trifft ein Photon der Energie $\hbar \cdot \omega$ auf ein ruhendes Elektron e, werden beide nach bestimmten Gesetzmäßigkeiten gestreut.

Ablenkwinkel φ. Die drei Gleichungen verwenden wir, um die beiden anderen Unbekannten ϑ und v zu eliminieren. Das ist verhältnismäßig einfach:

aus Gleichung (2) wird

$$\hbar k - \hbar k' \cdot \cos\varphi = m_e v \cdot \cos\vartheta; \text{(I)};$$

aus Gleichung (3) wird

$$-\hbar k' \cdot \sin\varphi = m_e v \cdot \sin\vartheta. \text{(II)}$$

Quadrieren wir (I) bzw. (II) und addieren dann jeweils die linken bzw. rechten Seiten, so entsteht:

$$(\hbar k)^2 + (\hbar k' \cdot \cos\varphi)^2 - 2\hbar^2 kk' \cdot \cos\varphi = \\ = m_e^2 v^2 \cdot \cos^2\vartheta + (\hbar k' \cdot \sin\varphi)^2 = \\ = m_e^2 v^2 \cdot \sin^2\vartheta$$

$$(\hbar k)^2 + (\hbar k')^2 - 2\hbar^2 kk' \cdot \cos\varphi = \\ = m_e^2 v^2.$$

Die Summe aus $\cos^2\varphi + \sin^2\varphi$ ist ja 1, ebenso wie $\cos^2\vartheta + \sin^2\vartheta$. Mit $k = \omega / c$ erhalten wir schließlich

$$\omega^2 + \omega'^2 - 2\omega \cdot \omega' \cdot \cos\varphi = \\ = \frac{m_e^2 \cdot v^2}{\hbar^2} \cdot c^2.$$

Aus dem Energiesatz (4) gewinnen wir einen Ausdruck für die Geschwindigkeit des Elektrons nach dem Stoß (v):

$$v^2 = 2\hbar\,(\omega - \omega') \cdot \frac{1}{m_e},$$

den wir oben einsetzen:

$$\omega^2 + \omega'^2 - 2\omega\omega' \cdot \cos\varphi = \\ = \frac{m_e^2 \cdot c^2}{\hbar^2} \cdot 2\hbar\,(\omega - \omega') \cdot \frac{1}{m_e} \cdot$$

Wir erhalten so schließlich den Ausdruck:

$$\omega^2 + \omega'^2 - 2\omega\omega' \cdot \cos\varphi = \\ = 2\frac{m_e c^2}{\hbar}(\omega - \omega'). \qquad (5)$$

Um Gleichung (5) noch etwas zu vereinfachen, machen wir die fast immer sehr gute Näherung, daß der Frequenzunterschied $\Delta\omega = (\omega - \omega')$ klein sein soll gegenüber ω oder ω'. Dann darf man auf der linken Seite von Gleichung (5) überall statt ω' auch ω schreiben, und wir erhalten durch Zusammenfassen und Ausklammern

$$2\omega^2 (1 - \cos\varphi) = 2\,\frac{m_e c^2}{\hbar} \cdot \Delta\omega$$

oder schließlich

$$\Delta\omega = \frac{\hbar\omega^2}{m_e c^2} \cdot (1 - \cos\varphi)$$

oder $$\frac{\Delta\omega}{\omega} = \frac{\hbar\omega}{m_e c^2} \cdot (1 - \cos\varphi).$$

Verwendet man statt der Kreisfrequenz die Wellenlänge $\lambda = 2\pi c / \omega$, wird wegen $\Delta\omega / \omega = \Delta\lambda / \lambda$ und $\hbar = 2\pi h$ endlich

$$\Delta\lambda = \frac{h}{m_e c} \cdot (1 - \cos\varphi). \qquad (6)$$

Dies ist der exakte Zusammenhang zwischen Streuwinkel φ und Frequenzänderung $(\omega - \omega')$, wie er auch bei einer strengen relativistischen Rechnung herauskommt. Speziell bei Rückstreuung ($\varphi = 180°$, $\cos\varphi = -1$) ändert sich die Wellenlänge des gestreuten Photons *unabhängig von der eingestrahlten Wellenlänge* um den Wert $2h / m_e c \approx$ $\approx 4{,}85 \cdot 10^{-12}$ m = 4,85 pm. Der Ausdruck $h / m_e c$ heißt auch *Compton-Wellenlänge* des Elektrons. Ein Photon, das diese Wellenlänge, also $\lambda_e = 2{,}43 \cdot 10^{-12}$ m hat, besitzt eine Massenenergie von der Größe der Elektronen-Ruhmasse m_e. Das sieht man leicht ein, wenn man die Energie eines Lichtquants der Wellenlänge λ_e berechnet:

$$E = h \cdot \nu = \frac{h \cdot c}{\lambda} = \frac{hc}{h/m_e\, c} = m_e c^2.$$

Man kann einige Schlußfolgerungen aus dieser Rechnung ziehen. Zunächst wird man sich wundern, daß trotz der scheinbar nichtrelativistischen Rechnung das Richtige herauskommt. Dieses Erstaunen legt sich aber, wenn man sich klarmacht, daß eine *teilweise* relativistische Rechnung vorliegt. Alles, was das Photon betrifft, wurde ja mit Hilfe relativistischer Formeln behandelt. Nur das gestoßene Elektron wurde nichtrelativistisch angesetzt, aber die Messung seiner Geschwindigkeit bestätigt diesen Ansatz als äußerst gute Näherung.

Das Experiment selber erfordert aber andererseits so große Photonenenergien, daß die Bindungsenergie des Compton-Elektrons an das Kristallgitter vernachlässigt werden kann, d. h., daß sich das gestoßene Elektron wie ein *freies* Elektron benimmt. Da die Kristallbindungsenergien in der Größenordnung von 10 eV liegen, darf man den Gültigkeitsbereich der Compton-Formel erst oberhalb etwa 0,1 keV ansetzen (→ Relativitätstheorie, → Wellen). Beim → Photoeffekt dagegen erfolgt der Stoß mit dem am engsten gebundenen Elektron der innersten Schale eines Atoms.

Coulomb

Abk. C, Maßeinheit der elektrischen Ladung, benannt nach *Charles Augustin de Coulomb* (1736–1806); 1 C entspricht der von einem Strom der Stärke 1 A in 1 s transportierten Ladung (→ Maße und Maßsysteme).

Coulombsches Gesetz

Der französische Physiker *Charles Augustin de Coulomb* (1736–1806) untersuchte bereits 1785 die Kräfte, die elektrische Ladungen aufeinander ausüben. Er fand heraus, daß zwei kleine (›punktförmige‹) Ladungen q_1 und q_2 mit einer Kraft F aufeinanderwirken, die proportional zu q_1 und zu q_2, aber umgekehrt proportional zum Quadrat ihres gegenseitigen Abstands r ist:

$$F = k \cdot \frac{q_1 \cdot q_2}{r^2}. \qquad (1)$$

Der Proportionalitätsfaktor k ergibt sich aus den bereits festgelegten Einheiten der Ladung, des Abstands und der Kraft (→ Maße und Maßsysteme) zu $k = 1/4\pi\varepsilon$. Die Größe ε ist die sog. *Dielektrizitätskonstante*. Der Faktor 4π ist aus Bequemlichkeitsgründen hinzugefügt, weil ε auch noch in anderen Beziehungen vorkommt, die dann recht einfach werden, wenn man in Gleichung (1) den Faktor k in der beschriebenen Weise definiert. Im Vakuum (und in sehr guter Näherung auch in Luft) ist $\varepsilon = \varepsilon_0$ und hat den Wert $8{,}85 \cdot 10^{-12}$ F/m. Die Einheit ε_0 heißt auch *elektrische Feldkonstante* oder *Influenzkonstante,* und $k_0 = 1/4\pi\varepsilon_0$ hat den Wert $8{,}99 \cdot 10^9$ m/F.

Gleichung (1) drückt auch die Tatsache aus, daß F anziehend (negativ) oder abstoßend (positiv) sein kann, je nachdem, ob q_1 und q_2 das gleiche Vorzeichen haben oder nicht. Das ist übrigens der einzige Punkt, in dem sich die Coulomb-Kraft von der Gravitationskraft unterscheidet

(→ Gravitationsgesetz). Gleichung (1) nimmt noch keine Rücksicht darauf, daß F in Richtung der Verbindungslinie der beiden Ladungen wirkt, also ein Vektor ist. Wenn man diese Tatsache noch mitformulieren will, muß man den Einheitsvektor $\vec{r}/|r|$ in $\vec{r}$-Richtung hinzufügen. Dann erhält das C. G. die Gestalt:

$$\vec{F} = \frac{1}{4\pi\varepsilon} \cdot \frac{q_1 \cdot q_2}{r^2} \cdot \frac{\vec{r}}{|r|}$$

oder, mit $|r| = r$

$$\vec{F} = \frac{1}{4\pi\varepsilon} \cdot \frac{q_1 \cdot q_2}{r^3} \cdot \vec{r}. \qquad (2)$$

Die Anziehung oder Abstoßung zwischen elektrisch geladenen Körpern ist an keine Berührung gebunden, es handelt sich vielmehr um eine *Fernwirkung*.

Oft hat man es mit Anordnungen zu tun, in denen q_2 sehr viel größer ist als q_1. Dann zieht man die Darstellung vor, daß die große Ladung ein ›Kraftfeld‹ erzeugt, das auf die ›Probeladung‹ q_1 wirkt, ohne daß q_1 merklich zum Feld beiträgt. Diese Vorstellung ist verallgemeinerungsfähig, weil die Kräfte additive Größen sind. Das Feld vieler Ladungen (einer *Ladungsverteilung*) setzt sich daher einfach vektoriell aus den Feldern der Einzelladungen zusammen. All dies drückt sich in der Schreibweise

$$\vec{F} = q \cdot \vec{E} \qquad (3)$$

aus, in der q die Probeladung und $\vec{E}$ die elektrische Feldstärke bedeuten. Für den Fall, daß das Feld von einer Punktladung ausgeht, gilt in Übereinstimmung mit Gleichung (2):

$$\vec{E} = \frac{1}{4\pi\varepsilon} \cdot \frac{q_2}{r^3} \cdot \vec{r}. \qquad (4)$$

Wird das Feld von einer komplizierteren Ladungsverteilung erzeugt, muß vektoriell aufsummiert bzw. integriert werden. Diese Arbeit ist jedoch schon getan, wenn man die Gleichung (3) verwendet, und oft kann man ohne viel Rechnung sagen, wie das Feld $\vec{E}$ aussehen muß. Deshalb ist Gleichung (3) die bequemste Form des Coulombschen Gesetzes.

Curie

Abk. Ci, nach dem Ehepaar *Pierre* (1859–1906) und *Marie Curie* (1867–1934) benannte Maßeinheit für die Stärke der Radioaktivität; 1 Ci = 3,7 · 10^{10} Zerfallsakte pro Sekunde. Seit dem 1. 1. 1986 ist die Einheit Ci durch die Einheit → Becquerel (Abk. Bq) zu ersetzen, 1 Ci = 3,7 · 10^{10} Bq (→ Maße und Maßsysteme, → Strahlenbelastung und Strahlenschutz).

D

d **1)** Abk. für die Vorsilbe → Dezi- bei Maßeinheiten (→ Maße und Maßsysteme); **2)** Abk. für Tag (von lat. dies).

da Abk. für die Vorsilbe → Deka- bei Maßeinheiten (→ Maße und Maßsysteme).

Dampfdruck

Bringt man einen festen oder flüssigen Körper in ein abgeschlossenes Volumen, dann wird aus seiner Oberfläche wegen der Temperaturbewegung immer wieder einmal ein Molekül verdampfen, also genügend energiereich sein, um den Festkörper oder die Flüssigkeit zu verlassen und in die Gasphase überzugehen. Andererseits werden auch immer wieder Moleküle aus dem Gasraum auf die Oberfläche prallen, wobei ein Teil davon wieder eingefangen wird. Nach einiger Zeit entsteht ein *dynamisches Gleichgewicht* zwischen der festen oder flüssigen Phase und dem Gas, das durch einen bestimmten Druck gekennzeichnet werden kann, unter dem das Gas steht. Dieser Druck heißt *Dampfdruck.* Er hängt in erster Linie von der Temperatur ab, die im System herrscht. Die Dampfdruckkurve eines Stoffes stellt man im *(p, T)*-Diagramm dar. Sie ist nichts anderes als die Projektion der Zustandsfläche (→ Aggregatzustand) auf die *(p, T)*-Ebene und muß deshalb nicht noch einmal angegeben werden.

Für unser tägliches Leben ist vor allem die Dampfdruckkurve des Wassers von Bedeutung. Wir sind es gewöhnt, davon auszugehen, daß Wasser bei 100 °C siedet. Das ist aber nur richtig, wenn es unter Atmosphärendruck (≈ 1015 hPa) steht. Das allgemeine Verhalten muß vielmehr so beschrieben werden: Wasser und alle anderen Flüssigkeiten sieden dann, wenn ihr D. größer ist als der äußere Druck. Hält man den äußeren Druck entsprechend niedrig, siedet Wasser schon bei viel niedrigeren Temperaturen als 100 °C. In großen Höhen (Himalaja) sinkt der Druck der Atmosphäre so weit ab, daß der D. des Wassers schon bei weniger als 50 °C diesen Atmosphärendruck übersteigt. Es ist dort also nicht möglich, die Wassertemperatur durch Kochen (ohne Drucktopf) auf mehr als diese 50 °C zu steigern, weil es dann bereits siedet. Diese Temperatur reicht nicht einmal mehr zum Eierkochen! Verringert man den äußeren Druck noch weiter, so kann man gefahrlos seine Hand in ›kochendes‹ Wasser tauchen und friert dabei womöglich noch.

Besondere Bedeutung hat der D. des Wassers (bei Zimmertemperatur) in Vakuumapparaturen. Sein Wert beträgt bei 20 °C etwa 20 hPa. Ein Wasserleck in einer solchen Apparatur (oder ein Tropfen Wasser darin) läßt jedes Vakuum zusammenbrechen. Man muß dann oft tagelang pumpen, bis der gesamte Wasserdampf wieder entfernt ist. Der D. ist auch der Grund dafür, daß mit Wasserstrahlpumpen keine niedrigeren Drücke als etwa 20 hPa erreicht werden können.

Bei höheren Drücken als dem Atmosphärendruck siedet das Wasser auch erst bei höheren Temperaturen. Das nutzt man z. B. in Dampf-Druckkochtöpfen aus. Sie sind so konstruiert, daß im Inneren über ein Ventil ein höherer Druck eingestellt werden kann. Wegen der dann höheren Siedetemperatur des Wassers (> 120 °C) kann man auch das Kochgut höher erhitzen; es wird deshalb schneller gar.

Die absolute → Luftfeuchtigkeit ist mit dem D. des Wassers eng gekoppelt, denn der Sättigungsdruck des Wasserdampfes bei einer bestimmten Temperatur ist nichts anderes als eben der Wasserdampfdruck bei dieser Temperatur.

Dämpfung

Ungestörte (freie) Schwingungen unterliegen in den meisten Fällen Reibungseinflüssen irgendwelcher Art. Da die Reibung jeder Bewegung Energie entzieht, nimmt die Anfangsamplitude A_0 einer derartigen Schwingung mit der Zeit t ab, und zwar nach einer Dämpfungsfunktion $A(t) = A_0 \cdot e^{-\delta t}$. Die Zahl e (Eulersche Zahl) ist die Basis der natürlichen Logarithmen (e ≈ 2,71...), δ die sog. Dämpfungskonstante (→ Schwingungen).

dB

Abk. für das Dämpfungs- oder Verstärkungsmaß Dezibel (→ Maße und Maßsysteme).

de-Broglie-Wellenlänge

Die Wellenlänge λ, die einem Teilchen der Masse m_0 zuzuordnen ist, wenn es sich mit der Geschwindigkeit v bewegt, ist nach *Louis-Victor de Broglie* (1892 bis 1987) gegeben durch $\lambda = h/m_0 v$ (h = Plancksches Wirkungsquantum; → Materiewellen).

Deka-

Abk. da, Vorsilbe bei Maßeinheiten (→ Maße und Maßsysteme), bezeichnet das 10fache einer Grundeinheit, z. B. 1 dag = 10 Gramm.

DESY

Abk. für D*eutsches* E*lektronen*-Sy*nchrotron,* ein Hochenergieforschungszentrum bei Hamburg. Das erste dort installierte Synchrotron erreichte für Elektronen eine Energie von etwa 7 GeV. Inzwischen verfügt DESY aber über mehrere Beschleunigungsanlagen, so z. B. den Speicherring *DORIS*, die P*ositronen*-E*lektronen*-T*andem*-R*ingbeschleunigungs*-A*nlage (PETRA)* mit Energien bis 2 × 19 GeV. Seit 1988 ist außerdem ein Protonen-Elektronen-Speicherring *(HERA)* für Protonenenergien bis 820 GeV und Elektronenenergien bis 30 GeV in Betrieb. Die Ringanlage hat vier Kreuzungspunkte, an denen Stoßexperimente im ruhenden Schwerpunktsystem durchgeführt werden können (→ Elementarteilchen).

Dewarsches Gefäß

Will man ein gewisses Volumen gegen die Außentemperatur isolieren, muß man verhindern, daß Wärme von außen nach innen oder umgekehrt durch die Wände geht. Um die beiden Mechanismen der Wärmeübertragung, nämlich Wärmeleitung und Wärmestrahlung, zu unterdrükken, benutzt man für kleinere Volumen bis zu einigen Litern doppelwandige Glasgefäße, deren Hohlraum innen ausgepumpt und verspiegelt ist. Diese schon von *Sir James Dewar* (1842–1923) erfundenen ›Thermosflaschen‹ leiten die Wärme nur über ihre dünne Glashaut auf einem großen Umweg. Die Verspiegelung reflektiert zudem noch die Wärmestrahlung und sorgt für zusätzliche Isolation. Speziell für die Physiker, die bei sehr tiefen Temperaturen arbeiten müssen, hat man heute bessere technische Lösungen entwickelt. Ihre *Kryostaten*, in denen flüssiges Helium ($T < 4$K) die Versuchsan-

DESY: Blick in den Ringtunnel der Beschleunigeranlage PETRA; im Vordergrund eine Magnetperiode mit Dipol-, Quadrupol- und Sextupolmagneten © DESY, Hamburg

ordnung kühlt, haben Mehrfachwände, die mit Reflexionsfolien (Superisolation) ausgefüllt sind und bereits in den Zwischenräumen mit flüssigem Stickstoff vorgekühlt werden.

Dezi-

Abk. d, Vorsilbe bei Maßeinheiten (→ Maße und Maßsysteme), bezeichnet ein Zehntel einer Grundeinheit, z. B. 1 Dezimeter (dm) ≙ 0,1 Meter.

Dichte

Die D. ist ein Maß für die ›Kompaktheit‹ eines Körpers. Man könnte sie ausdrücken in Elementarteilchen pro Volumeneinheit, sie ist jedoch definiert als *Masse pro Volumeneinheit.* Oft bezeichnet man eine D. mit dem griechischen Buchstaben Rho *(ρ).* Dann gilt die Formel

$$\rho = \frac{m}{V},$$

wobei *m* die Masse und *V* das Volumen des Körpers bedeuten (→ Maße und Maßsysteme). Eine kleine Auswahl von Dichten, die in der Natur vorkommen, enthält die Tabelle. Die kleinste D. hat der interstellare Raum mit weniger als 1 Wasserstoffatom/cm^3 ($< 10^{-27} g/cm^3$). Die größte nachgewiesene D. finden wir

Stoff	*Dichte* [g/cm³]
Luft (bei 0° C und 1013 hPa)	0,00129
Eis	0,917
Wasser (bei 4° C und 1013 hPa)	1
Holz (Balsa)	0,11
Holz (Mahagoni)	0,66 – 0,85
Holz (Ebenholz)	1,11 – 1,33
Glas	2,4 – 2,8
Aluminium	2,7
Granit	2,6 – 2,8
Diamant	3,5
Eisen	7,8
Silber	10,5
Gold	19,3
Platin	21,4
Osmium	22,5

Tabelle: Dichten verschiedener Stoffe

bei den → Elementarteilchen (etwa 10^{14} g/cm³). Man vermutet, daß die D. eines Schwarzen Lochs (→ Astrophysik) gegen Unendlich gehen könnte.

Dielektrikum

Der Ausdruck D. wird oft anstelle von *Isolator* gebraucht. Er soll darauf hinweisen, daß derartige Stoffe im elektrischen Feld eine innere Trennung ihrer atomaren Ladungen erfahren (di bedeutet zwei), ohne daß ein ›richtiger‹ Strom fließen kann. Die Ausrichtung der atomaren oder molekularen elektrischen Dipole läßt ein inneres Feld entstehen, das das äußere Feld um den Faktor ε schwächt. Diese Ausrichtung von schon vorhandenen, aber bis zum Anlegen eines äußeren Feldes ungeordnet ›durcheinanderliegenden‹ elektrischen Dipolen heißt *Orientierungspolarisation des Dielektrikums.* Sie führt zu sehr großen Dielektrizitätskonstanten (→ Piezoelektrizität).
Daneben gibt es noch einen anderen Mechanismus, der die Atome in einem D. ohne Ausrichtung zu Dipolen macht. Die Elektronenwolke um den Atomkern herum wird vom elektrischen Feld wegen seiner negativen Ladung genau in die entgegengesetzte Richtung gezogen wie der positive Kern. Während bei symmetrischen Ladungsverteilungen innerhalb von Molekülen ohne Feld also die Schwerpunkte von positiver und negativer Ladung zusammenfallen, haben sie im elektrischen Feld einen kleinen Abstand voneinander. Es entsteht ein Dipolmoment (→ Dipol) und damit auch eine Polarisation. Sie läßt sich nicht nur atomar deuten, sondern auch so, als ob sich alle positiven Ladungen in einem D. von allen negativen ein wenig trennen würden, und zwar in die Richtung, in der das elektrische Feld $\vec{E}$ wirkt.
Um zu Zahlenwerten zu kommen, nimmt man zunächst an, daß dieses Feld *homogen* sein soll, also z. B. im Inneren eines großen Plattenkondensators wirkt. Dann entsteht im D. lediglich an den Oberflächen, die parallel zu den Kondensatorplatten liegen, eine Flächenladung, deren Dichte man auch als *dielektrische Verschiebung* $\vec{D}$ oder als *Verschiebungsdichte* bezeichnet. Im allgemeinen Fall weist $\vec{D}$ in Richtung von $\vec{E}$ und ist proportional zur Flächenladungsdichte $\rho = \mathrm{d}Q/\mathrm{d}A$ des felderzeugenden Leiters. Im homogenen Fall ist $\rho = Q/A$ die Flächenladung des Kondensators. Da auch $\rho = \varepsilon_0 \cdot E$ gilt (→ elektrisches Feld), erhält man für die Verschiebungsdichte den Wert

$$\vec{D} = \varepsilon \cdot \varepsilon_0 \cdot \vec{E}. \qquad (1)$$

Der Proportionalitätsfaktor ε heißt *Dielektrizitätszahl* oder auch *relative Dielektrizitätskonstante*, während man $\varepsilon \cdot \varepsilon_0$ (ε_0 ist die Feldkonstante, → Coulombsches Gesetz) als *(absolute) Dielektrizitätskonstante* bezeichnet. Letztere ist auch als das Verhältnis von Verschiebungsdichte und elektrischer Feldstärke eingeführt worden, und die Verallgemeinerung von $\vec{D}$ führt dazu, daß man auch einem *leeren* Kondensator, d. h. dem Vakuum oder einfach dem Raum, die Verschiebungsdichte $\vec{D} = \varepsilon_0 \cdot \vec{E}$ zuschreibt. Diese formalen Definitionen werden von den verschiedenen Autoren unterschiedlich bewertet und tragen oft eher zur Verwirrung als zur Klärung bei. So ist es beispielsweise ohne weiteres möglich, auf die Verschiebungsdichte ganz zu verzichten und die elektrischen Eigenschaften von Isolatoren ganz durch die Polarisierbarkeit der Atome auszudrücken. Dann drückt man auch die Dielektrizitätszahl ε lieber durch

$$\varepsilon = 1 + \chi \qquad (2)$$

aus, wobei χ (griech. Buchstabe Chi) die sog. *elektrische Suszeptibilität* des D. ist, die Fähigkeit also, im Feld ein induziertes Dipolmoment anzunehmen. In vielen Fällen ist nämlich das induzierte Dipolmoment im D. pro Volumeneinheit einfach der elektrischen Feldstärke proportional. Die Ladungswolken werden dann doppelt so weit auseinandergezogen, wenn die doppelte Feldstärke herrscht usw. In diesem Fall ist die *Polarisation* $\vec{P}$ (gleich dem induzierten Dipolmoment pro Einheitsvolumen) gegeben durch:

$$\vec{P} = \chi \cdot \varepsilon_0 \cdot \vec{E}. \qquad (3)$$

Benutzt man dagegen die Verschiebungsdichte $\vec{D}$, so ergibt sich mit $\vec{D}_0 = \varepsilon_0 \cdot \vec{E}$ der Zusammenhang

$$\vec{P} = \vec{D} - \vec{D}_0. \qquad (4)$$

Es ist nicht weiter verwunderlich, daß das elektrische Verhalten vor allem der Orientierungspolarisation stark temperaturabhängig ist, denn die Temperaturbewegung stört natürlich die Einstellung von permanenten elektrischen Dipolen im äußeren Feld, während das Auseinanderziehen von Ladungswolken in Einzelatomen von der Temperatur weniger beeinflußt wird, weil es mit geringerer Trägheit erfolgt.

Stoff	*Dielektrizitätszahl* ε
Luft (0 °C, 1015 hPa)	1,00059
Wasserdampf (110 °C, 1015 hPa)	1,0126
Benzol (20 °C)	2,283
Chloroform (0 °C)	5,48
Diamant	16,5
Wasser (100 °C)	48
Wasser (20 °C)	80
Blausäure (21 °C)	95
Strontiumtitanat $SrTiO_3$ (− 263 °C)	≈ 12000

Tabelle: Dielektrizitätszahlen einiger Stoffe

Technische Bedeutung haben Dielektrika als Füllmaterial von Kondensatoren, weil deren Kapazität bei gleichen Abmessungen um den Faktor ε steigt. Die Tabelle gibt die Dielektrizitätszahlen für einige Stoffe an: Das Wasser hat eine sehr hohe Dielektrizitätszahl, weil das O-H-O-Molekül nicht gestreckt, sondern wie ein Bumerang abgewinkelt ist. H_2O ist daher ein permanenter elektrischer Dipol. Das ist die Ursache für die hohe Löslichkeit sehr vieler Stoffe in Wasser, die für das Leben von so entscheidender Bedeutung ist. Die Wasserdipole schirmen die gelösten Ionen ab, indem sie das Ion derart von allen Seiten umgeben, daß eine Rekombination sehr erschwert wird. Die Ionen bleiben daher in Wasser voneinander getrennt, d. h. gelöst.

Diffusion

Unterschichtet man Wasser in einem Glas vorsichtig mit Tinte, so sieht man zunächst eine scharfe Trennfläche zwischen den beiden Flüssigkeiten. Nach etwa einer Stunde erscheint die Trennfläche bereits etwas verschmiert, ›diffus‹, und nach einigen Stunden hat sich eine Übergangszone ausgebildet, die einen beträchtlichen Teil der Flüssigkeit einnimmt. Nach einigen Tagen schließlich erscheint die Flüssigkeit gleichmäßig blau – offenbar hat sich die Tinte ›von selbst‹ mit dem Wasser gemischt. Man nennt diesen Vorgang *Diffusion.* Seine Ursache liegt in der thermischen Bewegung der Moleküle, die z. B. auch in der → Brownschen Molekularbewegung indirekt beobachtet werden kann.

Wegen der riesigen Teilchenzahlen (für Wasser etwa 10^{22} pro Kubikzentimeter) kann man alle Phänomene, die mit dieser Temperaturbewegung verbunden sind, nur statistisch erfassen. Aus demselben Grund sind aber diese statistischen Gesetze äußerst genau erfüllt und gipfeln schließlich im zweiten Hauptsatz der Wärmelehre (→ Thermodynamik).

Die thermische Bewegung ist also der Motor der D. Der Endzustand ist offenbar dann erreicht, wenn die Teilchen den verfügbaren Raum gleichmäßig erfüllen, d. h., wenn die Teilchenzahldichte n im gesamten Volumen gleich geworden ist. Auch dann sind die Teilchen noch in thermischer Bewegung, können aber wegen ihrer großen Anzahl mit vernünftiger Wahrscheinlichkeit nur noch submikroskopische Konzentrationsänderungen erreichen. Der Endzustand ist also ein *dynamisches Gleichgewicht:* Alles ist in Bewegung, und trotzdem bleiben die fraglichen Größen – wie hier die Teilchenzahldichte – konstant.

Rechnerisch erfaßt man das Phänomen der D. wie folgt: Man betrachtet $n(\vec{r})$, die Teilchenzahldichte am Ort $\vec{r}$, als kontinuierliche Größe, die an jedem Ort angebbar ist. Das stimmt natürlich nur, wenn man das Volumen, in dem man die Teilchen zählt, nicht zu klein macht. Hier liegt die Näherung des statistischen Mittelwertes. Nun kennzeichnen wir die Diffusionsbewegung durch die Zahl der Teilchen, die pro Zeiteinheit durch die Flächeneinheit netto hindurchgegangen sind. Diese Teilchenstromdichte nennen wir $\vec{j}$. Sie ist ein Vektor, dessen Richtung senkrecht auf der Zählfläche steht. Mit diesen Vereinbarungen gilt das 1. *Ficksche Gesetz* (nach *Adolf Fick*, 1829–1901), oft auch als *Transportgleichung der D.* bezeichnet:

$$\vec{j} = -D \cdot \operatorname{grad} n(\vec{r}). \qquad (1)$$

Die Teilchenstromdichte ist dem negativen Gradienten (→ Vektor) der Teilchenzahldichte (der Konzentration) proportional. Das Minuszeichen ist nötig, weil der Gradient die Richtung des stärksten Konzentrationsanstiegs angibt. Der Teilchenstrom fließt aber genau umgekehrt, nämlich in Richtung des stärksten Konzentrationsgefälles. D heißt Diffusionskoeffizient, er ist natürlich in erster Linie von der Temperatur abhängig. Da $\vec{j}$ in Einheiten von Teilchen / m^2s und grad $n(\vec{r})$ in Teilchen / m^3m gemessen wird (wenn man SI-Einheiten benutzt), ergibt sich für D die Einheit m^2/s. Da diese Einheit sehr groß ist, wird D meist in cm^2/s (für Gase) oder in cm^2/Tag (für Flüssigkeiten) gemessen. Für Gase bei Zimmertemperatur hat D ganz grob die Größenordnung 0,1 cm^2/s, ist aber für leichte Gase wie Wasserstoff wesentlich (Faktor 10) größer als für schwerere wie Sauerstoff oder Kohlendioxid, weil die letzteren wegen ihrer größeren Masse langsamer sind. Diffundierende Stoffe in Flüssigkeiten haben etwa 100 000mal kleinere Diffusionskonstanten als Gase, D liegt also bei 10^{-6} cm^2/s. Man kann D als die auf das

Konzentrationsgefälle 1 normierte Teilchenstromdichte auffassen. Sie ist also auch ein Maß für die *Diffusionsgeschwindigkeit.* Nach dem oben Gesagten diffundieren Gase demnach 10^5 mal schneller ineinander als Teilchen in Flüssigkeiten. Das ist beispielsweise der Grund dafür, daß unsere Atmosphäre, die ja aus vielen Gasen unterschiedlicher Molekülmasse besteht, praktisch ›bis zum oberen Rand‹ gleichmäßig gemischt ist. Ohne die D. müßten sich ja die schwereren Gase am Boden ansammeln. Im übrigen breiten sich auch Gerüche wegen der D. in Luft auch ohne Wind recht rasch aus.
Die D. von Teilchen in Flüssigkeiten stellt eine der wesentlichen Grundlagen für die Lebensvorgänge in einer Zelle und damit für uns selbst dar. Wenn auch die Diffusionsgeschwindigkeit speziell schwerer Teilchen (Proteine) in der Zellflüssigkeit nicht sehr groß ist, so ist doch auch die Zelle selbst nicht groß. Deshalb reicht die D. aus, besonders die leichteren Bestandteile in der Zelle unablässig durcheinanderzuwirbeln. Nur so können die komplizierten molekularen Vorgänge in einer Zelle schnell genug ablaufen.
Zum Schluß wollen wir noch die *Diffusionsgleichung* (das *2. Ficksche Gesetz*) ableiten. Die Teilchenstromdichte $\vec{j}$ am Ort $\vec{r}$ verändert natürlich die Zahl der Teilchen dort, denn sie fließen ja ab. Nun ist die Divergenz eines Vektors gerade die Operation, die seine Quellstärke angibt. Die zeitliche Änderung (Abnahme) der Teilchenzahldichte, nämlich $-\mathrm{d}n/\mathrm{d}t$, ist aber genau die am Ort herrschende Quellstärke der Teilchenstromdichte $\vec{j}$. Es muß also sein:

$$-\frac{\mathrm{d}n(\vec{r})}{\mathrm{d}t} = \operatorname{div} \vec{j}.$$

Bringen wir noch die Transportgleichung (1) ein und ersetzen $\vec{j}$ durch $-D \cdot \operatorname{grad} n(\vec{r})$, erhalten wir

$$\frac{\mathrm{d}n(\vec{r})}{\mathrm{d}t} = D \cdot \operatorname{div} \operatorname{grad} n(\vec{r}). \quad (2)$$

Der Ausdruck

$$\operatorname{div} \operatorname{grad} = \frac{\partial^2}{\partial x^2} + \frac{\partial^2}{\partial y^2} + \frac{\partial^2}{\partial z^2}$$

wird oft durch ein Delta (Δ) abgekürzt. Die endgültige Gestalt der Diffusionsgleichung lautet also:

$$\frac{\mathrm{d}n(\vec{r})}{\mathrm{d}t} = D \cdot \Delta n(\vec{r}). \quad (3)$$

Dies ist eine Differentialgleichung zweiter Ordnung für die Teilchenzahldichte, die lösbar ist, wenn man die Anfangsbedingungen kennt. Eine ganz ähnliche Differentialgleichung beschreibt auch die Wärmeleitung (→ Transport-Gleichung).

Dilatation

Als D. bezeichnet man eine Vergrößerung von Abmessungen, z. B. die Zeit-Dilatation (auch Zeit-Dilation) in der → Relativitätstheorie.

Dimension

Im mathematischen Sinn bezeichnet der Begriff D. eine unabhängige Veränderliche eines Raumes. So gibt es im dreidimensionalen Raum die unabhängigen Veränderlichen Länge, Breite und Höhe. Die Physiker benutzen das Wort D. allgemeiner zur Kennzeichnung einer Größenart (→ Dimensionsgleichung, → Maße und Maßsysteme).

Dimensionsgleichung

Ein sehr gutes Mittel, die Richtigkeit einer physikalischen Beziehung zu testen,

ist die Aufstellung einer sog. *Dimensionsgleichung (Benennungsgleichung)*. Es gibt ja in der Physik kaum dimensionslose Größen. Eine Überprüfung der Dimensionen deckt Benennungsfehler rasch auf und ist zudem so schnell durchzuführen, daß ein Verzicht darauf als grobe Fahrlässigkeit gewertet werden muß, die schon manchem Prüfungskandidaten zu einer ›Ehrenrunde‹ verholfen hat.
Beim Aufstellen einer Formel (ohne Zahlen!) ist die D. überhaupt das einzige Überprüfungsmittel.
Um die Dimension einer Größe anzugeben, schreibt man diese in eckige Klammern, also [Kraft] oder $[\vec{F}]$. Die Benennungen stehen dann auf der anderen Seite der Gleichung, z. B. $[\vec{F}] = \mathrm{mkg/s^2}$, wobei man möglichst keine speziellen Einheiten mehr verwenden soll, sondern nur noch SI-Grundeinheiten. Man schreibt also nicht $[\vec{F}] = \mathrm{N}$ (Newton), sondern $\mathrm{mkg/s^2}$, weil das Newton aus den Grundeinheiten kg, m und s zusam-mengesetzt ist.
In D. darf wie gewöhnlich gekürzt und erweitert werden. Auch darin liegen Vorteile, z. B. wenn es darum geht, verschiedene Untereinheiten ›auf denselben Nenner‹ zu bringen. Besonders häufig kommen verschiedene Längenmaße wie mm, cm oder m in ein und derselben Gleichung vor. So etwas ist trotz SI-System und Gesetzgebung nicht völlig auszurotten. Schon die Umrechnung einer Geschwindigkeit von Kilometer pro Stunde in Meter pro Sekunde ist ein Beispiel dafür: Setzt man in $[v] = \mathrm{km/h}$ für $\mathrm{km} = 1000\,\mathrm{m}$ und für $\mathrm{h} = 3600\,\mathrm{s}$, so erhält man unmittelbar $1\ \mathrm{km/h} = 1000\ \mathrm{m}/3600\ \mathrm{s} = 1/3{,}6\ \mathrm{m/s}$. Derartig einfache Dimensionsgleichungen ersparen viel Gedächtnisarbeit!
Ein weiteres Beispiel: Die Influenzkonstante ε_0 kommt in vielen Gleichungen vor. Welche Dimension hat sie? Sind es nun As / Vm oder Vm / As oder Vs / Am oder Am / Vs? Die D. des Coulombschen Gesetzes klärt die Lage sofort:

$$F = \frac{1}{4\pi\varepsilon_0} \cdot \frac{q_1 q_2}{r^2}$$

hat die Dimensionen

$$[F] = \frac{1}{[\varepsilon_0]} \cdot \frac{(\mathrm{As})^2}{\mathrm{m}^2}.$$

Nach $[\varepsilon_0]$ aufgelöst, ergibt sich für $[\varepsilon_0] = (\mathrm{As})^2/\mathrm{Nm}^2$. Nun braucht man nur noch zu wissen, daß die Arbeit die Dimension Nm oder Ws = VAs hat, und erhält so $[\varepsilon_0] = \mathrm{As/Vm}$.
Es gäbe noch unzählige weitere Beispiele. Sie werden merken, daß in diesem Buch immer wieder Gebrauch von D. gemacht wird.

Dioptrie

Abk. dpt, eine speziell in der medizinischen Optik verwendete Einheit der Brechkraft. Es ist die

$$\text{Zahl der Dioptrien} =$$

$$= \frac{1}{\text{Brennweite der Brillenlinse in Metern}}.$$

Zerstreuungslinsen haben negative, Sammellinsen positive Brennweiten und D. Je mehr D. also eine Brille hat, desto ›stärker‹ ist sie (→ optische Abbildung).

Dipol

Ein *Dipol (Zweipol)* ist eine Einheit aus zwei ›polaren‹ Bestandteilen gleicher Größe, aber entgegengesetzten Vorzeichens. Die physikalisch einzigen D. sind der elektrische und der magnetische D.

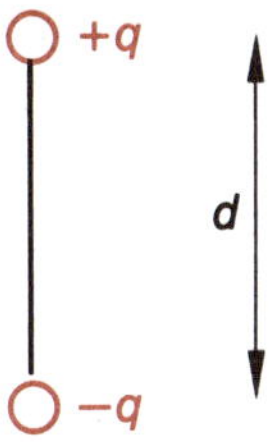

Dipol (Figur 1): Der elektrische Dipol besteht aus zwei entgegengesetzt gleichen Ladungen der Größe $+q$ und $-q$, die sich im Abstand d zueinander befinden.

Der *elektrische D.* besteht aus einer positiven Ladung $+q$ und einer negativen Ladung $-q$, die im Abstand d voneinander stehen (Figur 1). Befindet sich ein elektrischer D. in einem homogenen elektrischen Feld eines Plattenkondensators, so erfährt er ein Drehmoment, das ihn in Feldrichtung ausrichtet. Dieses Drehmoment ist proportional zu den Ladungen q und proportional zum Abstand d. Man definiert daher das *elektrische Dipolmoment* als das Produkt $q \cdot d$. Da d eine Richtung hat, d. h. ein Vektor sein muß, ist auch das Dipolmoment $\vec{m}_e$ ein Vektor:

$$\vec{m}_e = q \cdot \vec{d}. \qquad (1)$$

Mit dieser Definition ergibt sich das Drehmoment $\vec{M}$, das ein elektrisches Feld $\vec{E}$ auf einen D. ausübt, zu

$$\vec{M} = \vec{m}_e \times \vec{E}. \qquad (2)$$

Im inhomogenen Feld erfährt ein elektrischer D. außerdem noch eine Anziehungskraft in Richtung zusammenlaufender Feldlinien. Diese Kraft $\vec{F}$ läßt sich am einfachsten ausdrücken durch

$$\vec{F} = |m_e| \cdot \operatorname{grad} |\vec{E}| \cdot \frac{\vec{E}}{|\vec{E}|}. \qquad (3)$$

Die Kraft wirkt also in Richtung von $\vec{E}$ mit dem Betrag, der der räumlichen Änderung von $\vec{E}$ proportional ist, wenn sich der D. bereits so eingestellt hat, daß kein Drehmoment mehr angreift.

Der *magnetische D.* wurde ursprünglich aus der Physik des Stabmagneten abgeleitet, dem man ebenfalls zwei Pole entgegengesetzten Vorzeichens zusprach. Heute glaubt man, daß es magnetische Einzelpole *(Monopole)* nicht gibt (alle bisherigen Nachweisversuche schlugen fehl). Vielmehr wird jeder Magnet durch einen Kreisstrom erzeugt und besitzt nur deshalb zwei Pole, weil sich zwei Kreisströme anziehen oder abstoßen, je nachdem, ob ihr Windungssinn derselbe ist oder nicht. Der magnetische D. kann daher nur durch eine Stromschleife realisiert werden (Figur 2). Man definiert das magnetische Dipolmoment als

$$\vec{m}_m = \vec{A} \cdot I. \qquad (4)$$

$\vec{A}$ ist der Normalenvektor der Fläche A in bezug auf den Strom I; $\vec{A}$ hat die Richtung des ausgestreckten Daumens der rechten Hand, wenn die Finger in die Stromrichtung weisen.

Auch der magnetische D. erfährt ein Drehmoment der Größe $\vec{M}$, wenn man ihn in ein homogenes Magnetfeld $\vec{B}$ stellt:

$$\vec{M} = \vec{m}_m \times \vec{B}. \qquad (5)$$

Ein inhomogenes Magnetfeld zieht den bereits ausgerichteten D. in Richtung größerer Feldstärke, und zwar mit einer zu Gleichung (3) völlig analogen Kraft:

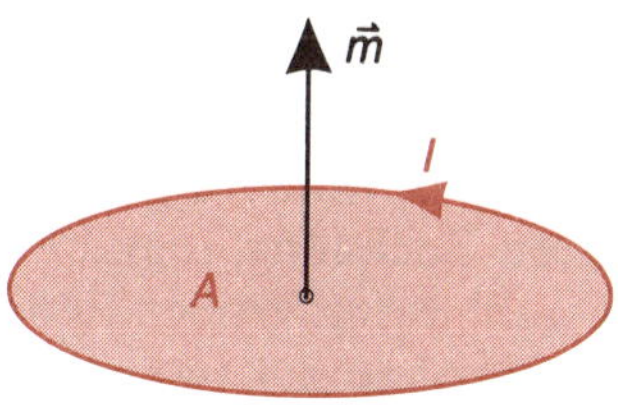

Dipol (Figur 2): Der magnetische Dipol besteht aus einem Kreisstrom, der die Fläche A umschließt und in dem ein Strom von der Größe I fließt (Stromschleife); das Dipolmoment $\vec{m}$ ergibt sich als Produkt von $A \cdot I$.

$$\vec{F} = |\vec{m}_m| \cdot \text{grad}\,|\vec{B}| \cdot \frac{\vec{B}}{|\vec{B}|} \quad (6)$$

D. können Quellen elektromagnetischer Strahlung sein (→ Dipolstrahlung) und deshalb umgekehrt auch als Empfänger solcher Strahlungen dienen *(Dipolantenne)*. In der → Atomphysik spielen D. eine wichtige Rolle, weil die Elementarteilchen, aus denen die Atome bestehen, teilweise elektrische Ladungen tragen (Elektronen, Protonen). Eine räumliche Trennung der Ladungsschwerpunkte macht auch das Atom zum elektrischen Dipol.

Außerdem ›kreisen‹ die Elektronen auf ›Bahnen‹ um den Atomkern. Im klassischen Sinn muß man sie daher als Kreisströme auffassen, deren magnetische Dipolmomente sich nur dann nach außen kompensieren, wenn eine völlig symmetrische Elektronenkonfiguration vorliegt. Ein einzelnes Elektron in einer Außenschale, das einen Drehimpuls hat, erzeugt deshalb auch nach außen hin ein *magnetisches Moment* (→ Magnetismus).

Dipolstrahlung

Schwingende elektrische Ladungen (z. B. Elektronen) sind Quellen elektromagnetischer Strahlung (→ Elektrodynamik), weil jede Ladung mit einem elektrischen Feld verbunden ist, das sie beim Schwingen mit hin- und herschleppt. Nach *Maxwell* erzeugt aber ein derart veränderliches elektrisches Feld wieder ein magnetisches Feld, dessen Änderung wieder ein elektrisches Feld induziert usw., so daß sich von der schwingenden Ladung eine elektromagnetische Welle ausbreitet. Man kann sich nun sehr verwickelte schwingende Ladungssysteme ausdenken, deren Strahlungsfelder entsprechend kompliziert aussehen. Die theoretischen Physiker haben aber eine Möglichkeit gefunden, jedes noch so komplizierte Strahlungsfeld aus gewissen ›einfachen‹ schwingenden Grundzusammenstellungen von Ladungen zusammenzusetzen, ähnlich wie man eine beliebig komplizierte Schwingung aus einer Reihe von einfachen Sinusschwingungen aufbauen kann (→ Fourier-Analyse). Leider sind Strahlungsfelder räumlich, so daß schon diese Grundstrukturen *(Multipole)* wesentlich komplizierter sind als eine Sinusfunktion. Ich kann hier deshalb auf solche Multipolentwicklungen nicht eingehen und verweise auf die Lehrbücher zur Elektrodynamik. Lediglich die beiden einfachsten Multipole (niedrigster Ordnung) sollen erklärt werden. Glücklicherweise sind die ihnen zukommenden Strahlungsfelder die in der Natur bei weitem häufigsten. Es handelt sich um die elektrische und magnetische D. aus den entsprechenden → Dipolen.

Der *elektrische Dipol* wird zur Quelle *(elektrischer) D.*, wenn er in seiner Grundschwingung angeregt ist. Die Ladungen schwingen dann von einem Ende zum anderen (Figur 1). Legen wir die Achse (Schwingungsrichtung) dieses Dipols in die Senkrechte (z-Achse), so ist der Ausgangspunkt der Strahlung ein in der z-Achse schwingendes Feld, das von konzentrischen Magnetfeldlinien umgeben ist, die sich in der x-y-Ebene ausbreiten. Da es längs der z-Achse überhaupt keine magnetischen Feldlinien gibt, können dort auch keine elektromagnetischen Wellen sein. Tatsächlich ergibt sich aus einer genauen Rechnung, daß die Amplitude der Strahlung in großer Entfernung vom Dipol proportional zu $\sin\vartheta$ ist, wobei ϑ den Winkel zwischen der z-Achse und der Strahlrichtung bedeutet. Für $\vartheta = 0$ wird also nichts abgestrahlt. Diese Tatsache ist für viele Vorgänge in der Natur von Bedeutung, in denen gestreutes

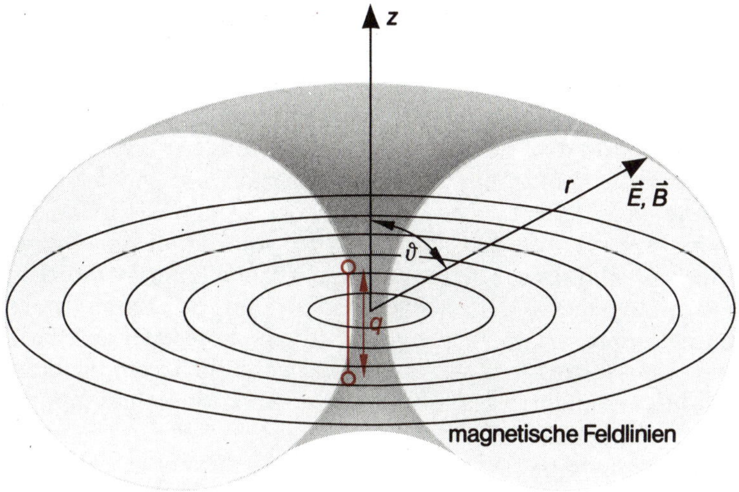

Dipolstrahlung (Figur 1): Abhängigkeit der abgestrahlten elektrischen Feldstärke von der Versuchsanordnung beim elektrischen Dipol (schematische Darstellung)

Licht eine Rolle spielt. Sie erklärt aber auch die Richtwirkung einer *Dipolantenne*, die natürlich auch als Empfänger nur unter Winkeln $\vartheta \neq 0$ ins Mitschwingen gerät, am meisten für $\vartheta = 90°$.

Der *magnetische Dipol* ist ein oszillierender Kreisstrom, den man dazu irgendwo aufschneidet (Figur 2). Das entstehende Strahlungsfeld läßt sich qualitativ verstehen, wenn man die Ebene des Kreisstromes in die *x-y*-Ebene legt. Nun schwingen die ›Magnetpole‹ ebenfalls in *z*-Richtung, und man hat dasselbe Bild wie beim elektrischen Dipol, wenn man elektrische und magnetische Feldstärke vertauscht.

Dispersion

Die Ausbreitungsgeschwindigkeit von Licht in durchsichtigen Medien wie Glas oder Wasser ist nicht für alle Lichtwellenlängen dieselbe. Der Brechungsindex eines Mediums n ist mit der Ausbreitungsgeschwindigkeit c_{ph} durch $n = c/c_{ph}$ (c = Lichtgeschwindigkeit im Vakuum) verknüpft. Deshalb ist auch der Brechungsindex nicht für alle Wellenlängen derselbe, sondern hängt – reziprok zu c_{ph} – ebenfalls von der Wellenlänge ab. Man definiert die Steigung der n-Kurve im *(n, λ)*-Diagramm als *Dispersion (Farbzerstreuung)*, und es gilt

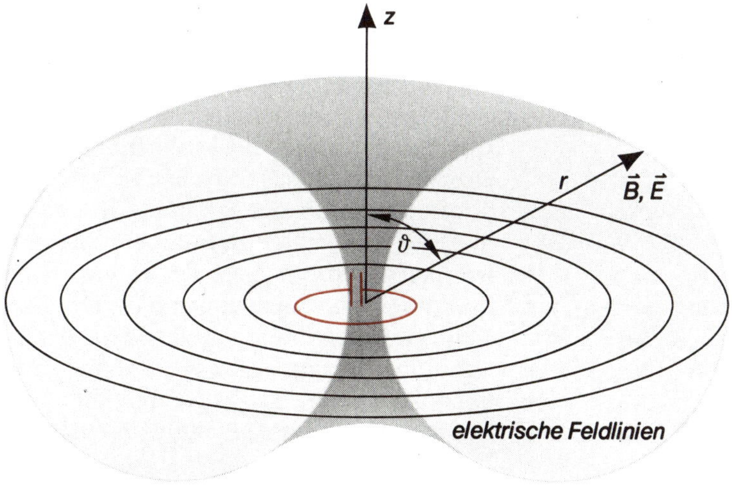

Dipolstrahlung (Figur 2): Abhängigkeit der abgestrahlten Feldstärke von der Versuchsanordnung beim magnetischen Dipol (schematische Darstellung)

$$d(\lambda) = \frac{dn}{d\lambda}. \qquad (1)$$

Diese Definition wird nicht nur für das sichtbare Licht, sondern für jede Art von elektromagnetischer Strahlung, ja für alle Wellenvorgänge überhaupt verwendet (→ Wellen). Bei durchsichtigen, glasklaren Medien nimmt der Brechungsindex mit der Wellenlänge kontinuierlich ab. Man nennt diese Art von D. aus historischen Gründen *normale D.* Blaues Licht wird also in Glas normaler D. stärker gebrochen als rotes. Deswegen kann man mit einem Glasprisma das weiße Licht auch in seine Spektralfarben zerlegen.
Im Gegensatz dazu nimmt bei *anomaler D.* die Brechzahl mit der Wellenlänge zu. Das ist dann der Fall, wenn die Frequenz der eingestrahlten Welle in die Nähe einer molekularen oder atomaren Resonanzfrequenz kommt. Das Material absorbiert dann diese Frequenz, ist also dort undurchsichtig. Man kann die genauen Dispersionskurven weitgehend aus den Resonanzkurven des harmonischen Oszillators ableiten.

Divergenz

1) das Auseinanderlaufen von Strahlen, z. B. Lichtstrahlen (Gegensatz Konvergenz);
2) Name einer Vektoroperation (→ Vektor).

Doppelbrechung

Vielleicht haben Sie schon einmal ein Stück Kalkspat ($CaCO_3$) gesehen, schön geschliffen und glasklar – auf den ersten Blick! Schaut man nämlich durch eine solche Kristallplatte, sind alle Dinge dop-

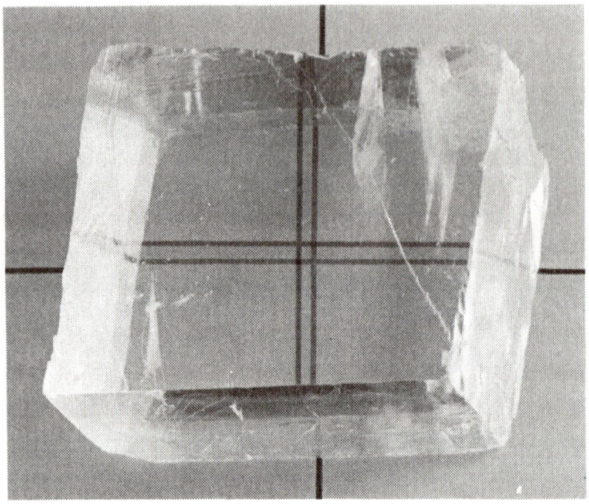

Doppelbrechung: Der isländische Doppelspat zerlegt einfallendes Licht in zwei gegeneinander polarisierte Strahlen, so daß alle Gegenstände doppelt erscheinen. © Eisenbeiss, München

pelt zu sehen, so daß man zuerst seinen Augen nicht traut. Der Versuch, einen parallel gebündelten Lichtstrahl (z. B. einen Laserstrahl) durch den Kristall zu schicken, belehrt uns aber eines Besseren: der Strahl spaltet sich tatsächlich in zwei Teilstrahlen auf. Läßt man die beiden Teilstrahlen durch ein Polarisationsfilter gehen, so stellt sich heraus, daß sie jeweils linear polarisiert sind und daß die Polarisationsebenen aufeinander senkrecht stehen.
Wie geht das zu? Offensichtlich hat der Kristall unterschiedliche Brechzahlen für die beiden Polarisationsrichtungen. Man sagt, er sei *doppelbrechend.* Die Ursache dafür ist im Kristallaufbau zu suchen. Das $CaCO_3$-Molekül hat die Form einer Dreieckspyramide. Seine Mittelachse durch die Spitze der Pyramide hat einen höheren Symmetriegrad als alle anderen Symmetrieachsen. Deshalb zeigen auch die möglichen Schwingungen der Kristallelektronen in Richtung dieser ›Hauptachse‹ ein anderes Verhalten als quer dazu, mit der Folge, daß die Ausbreitungsgeschwindigkeiten für elektro-

magnetische Wellen von ihrer Polarisation und von der Bewegungsrichtung relativ zur Hauptachse abhängen. Der Effekt ist maximal, wenn der *elektrische Feldvektor* des Lichts *in Richtung der Hauptachse* schwingt. In diesem Fall nennt man die Lichtgeschwindigkeit ›außerordentlich‹ (c_{ao}). Die Schwingungsrichtung des *E*-Vektors senkrecht zur Hauptachse dagegen ergibt eine andere Lichtgeschwindigkeit, die man ›ordentlich‹ (c_o) nennt. Der Kristall hat eine optische Vorzugsrichtung, er ist *optisch anisotrop* (Figur 1). Die Hauptachse heißt in diesem Zusammenhang auch *optische Achse* des Kristalls, und für Kalkspat ist $c_{ao} = 1{,}116 \cdot c_o$. Da der Brechungsindex gleich dem Verhältnis aus Vakuumlichtgeschwindigkeit *c* und Ausbreitungsgeschwindigkeit im Medium ist, gilt auch $n_o = 1{,}116 \cdot n_{ao}$.

Es hängt von der Orientierung der optischen Achse zur brechenden Fläche ab, wie sich der Kristall gegenüber einem auftreffenden *unpolarisierten* Lichtstrahl verhält. Zur Konstruktion des Strahlengangs zerlegt man den auftreffenden Lichtstrahl in jedem Fall in zwei Hälften: die eine Hälfte, deren *E*-Vektor senkrecht zur optischen Achse schwingt, bildet den ordentlichen, die andere den außerordentlichen Strahl. Bezüglich des ordentlichen Strahls verhält sich der Kristall nun wie ein isotrop brechendes Medium. Der Strahlengang wird nach dem Fresnelschen Prinzip konstruiert (→ Wellen), die Huygensschen Elementarwellen sind auch im Medium Kugelwellen, es gilt das Brechungsgesetz von *Willebrord Snellius.* Der außerordentliche Strahl jedoch breitet sich im Kristall mit einer Geschwindigkeit aus, die von der Komponente des *E*-Vektors abhängt, die in Richtung der optischen Achse schwingt. Wenn φ der Winkel zwischen optischer Achse und Ausbreitungsvektor des Strahles ist, so

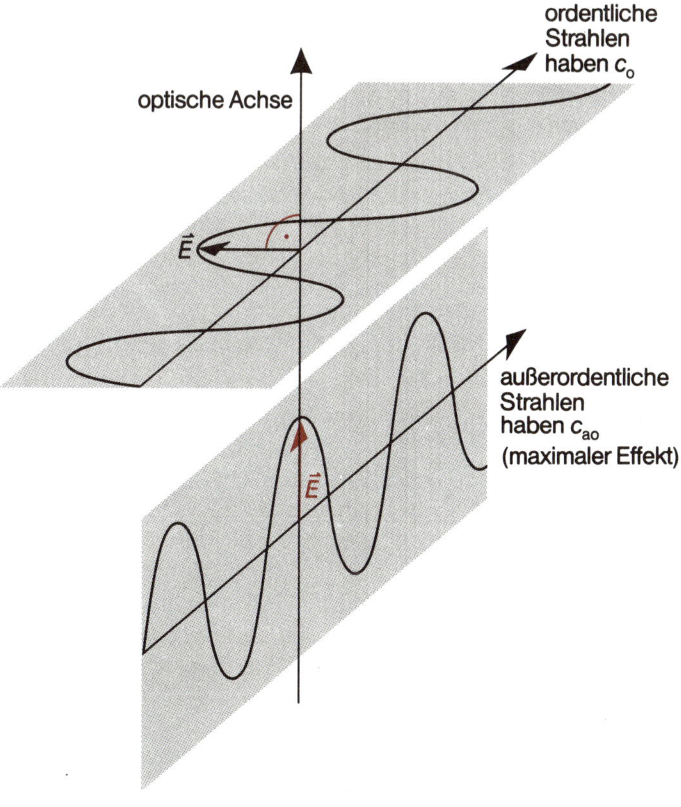

Doppelbrechung (Figur 1): Die Ausbreitungsgeschwindigkeit von Licht im Kalkspat ist am kleinsten (c_o), wenn der $\vec{E}$-Vektor des Lichts senkrecht zur Richtung der optischen Achse schwingt, und am größten (c_{ao}), wenn der $\vec{E}$-Vektor in Richtung der optischen Achse schwingt.

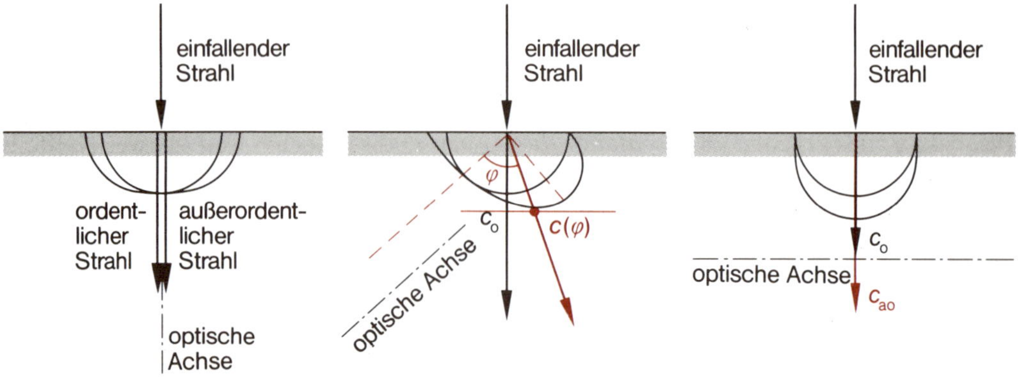

Doppelbrechung (Figur 2): Ordentlicher und außerordentlicher Strahl bei verschiedenen Lagen von brechender Fläche und optischer Achse des Kristalls; angedeutet sind jeweils die Wellenfronten je einer Elementarwelle. Die Ausbreitungsrichtung bei ›schiefer Lage‹ der optischen Achse *(Mitte)* zur brechenden Fläche ergibt sich als Einhüllende der Wellenfronten; c_o und c_{ao} bezeichnen die Ausbreitungsgeschwindigkeiten des ordentlichen und außerordentlichen Strahls.

gilt:

$$c(\varphi) = \frac{c_o \cdot c_{ao}}{\sqrt{c_o^2 \cdot \sin^2 \varphi + c_{ao}^2 \cdot \cos^2 \varphi}}.$$

Die Wellenflächen der Huygensschen Elementarwellen sind jetzt keine Kugeln mehr, sondern Ellipsoide. Es kann deshalb vorkommen, daß der außerordentliche Strahl trotz senkrechten Einfalls vom Lot weg gebrochen wird, wenn die optische Achse schief zur brechenden Fläche steht, weil die resultierenden Wellenfronten die Einhüllenden dieser Elementarellipsoide sind (Figur 2).
Im übrigen ist die optische Achse immer Symmetrieachse der Ausbreitungsellipsoide, und es gibt auch Kristalle, bei denen $c_{ao} < c_o$ ist. Man nennt Kristalle mit abgeplatteten Elementarellipsoiden (wie beispielsweise Kalkspat) *einachsig negativ*, Kristalle mit gestreckten Ellipsoiden, d. h. mit $c_{ao} < c_o$ (z. B. Quarz), *einachsig positiv.*

Nicolsches Prisma

Aus den Eigenschaften anisotroper Kristalle ergibt sich eine Möglichkeit, linear polarisiertes Licht zu erzeugen, d. h. den ordentlichen vom außerordentlichen Strahl zu trennen. Besonders eindrucksvoll gelingt das mit der von *William Nicol* (1768–1851) erdachten Anordnung. Die Austrittsfläche des Kristalls wird so geschnitten, daß der Auftreffwinkel des einen Strahls bereits größer ist als der Grenzwinkel der Totalreflexion, während ihn der andere Strahl noch nicht erreicht. Man schneidet dazu einen Kalkspatkristall mit parallel geschliffenen Enden diagonal durch (Figur 3) und kittet die beiden Stücke dann mit einem Material wieder zusammen, dessen Brechungsindex nahe an der Brechzahl des Kalkspats sein muß. Dann wird der ordentliche Strahl durch Totalreflexion ausgeblendet, und man erhält auf diese Weise fast

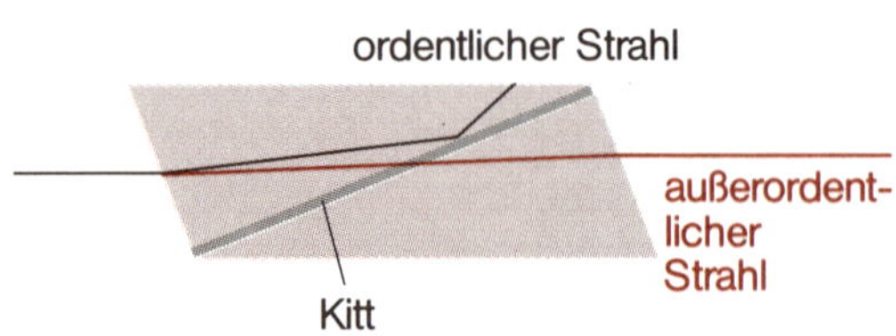

Doppelbrechung (Figur 3): Prinzipdarstellung zur Erzeugung linear polarisierten Lichts mit einem Nicolschen Prisma

vollkommen polarisiertes durchgehendes Licht. Wenn man allerdings mit sehr hohen Lichtintensitäten arbeitet (z. B. mit gepulsten Hochleistungslasern), muß man dafür sorgen, daß auch das totalreflektierte Licht den Kristall verlassen kann und nicht absorbiert wird. Die Wärmeenergie, die dabei auftritt, könnte den Kristall zerstören.

Zirkular polarisiertes Licht durch Doppelbrechung

Legt man die brechende Fläche eines doppelbrechenden Kristalls *parallel* zur optischen Achse, dann werden bei senkrechtem Einfall sowohl der ordentliche als auch der außerordentliche Strahl ungebrochen weitergehen. Auf den ersten Blick bemerkt man also nichts Ungewöhnliches. Trotzdem hat (bei Kalkspat) der ordentliche Strahl eine kleinere Geschwindigkeit als der außerordentliche. Beim Wiederaustritt aus dem Kristall existiert demnach zwischen den beiden eine Phasenverschiebung, die von der Dicke der durchstrahlten Schicht abhängt. Es ist z. B. möglich, diese Dicke so zu wählen, daß der Gangunterschied für Licht von gegebener Wellenlänge genau $\lambda/4$ wird. Derartige $\lambda/4$-Plättchen haben die Eigenschaft, aus linear polarisiertem Licht *zirkular (kreisförmig) polarisiertes* zu machen, wenn sie ›diagonal‹ stehen. Addiert man nämlich die E-Vektoren der beiden um $\lambda/4$ ($=90°$) gegeneinander verschobenen Wellen, ergibt sich ein Summenvektor, der um die Ausbreitungsrichtung herumrotiert. Im allgemeinen Fall entsteht (auch für $d \neq \lambda/4$) elliptisch polarisiertes Licht. Die Spitze des E-Vektors beschreibt dann eine ›Ellipsenschraube‹. Man weist die Zirkularpolarisation nach, indem man linear polarisiertes Licht durch ein $\lambda/4$-Plättchen schickt und anschließend mit einem weiteren Polarisationsfilter analysiert. Dabei zeigt sich, daß das Filter in jeder Richtung gleichermaßen durchlässig ist, so als handle es sich um unpolarisiertes Licht. Entfernt man aber das $\lambda/4$-Plättchen wieder, zeigt das Analysatorfilter wieder völlige Dunkelheit bei gekreuzter Stellung von Polarisator und Analysator.

Zirkulare Doppelbrechung

Neben den linear doppelbrechenden Medien (wie Kalkspat) gibt es auch Substanzen, die linkszirkular polarisiertes Licht anders brechen als rechtszirkulares. Das sind neben Kristallen vor allem Lösungen von Stoffen mit einer *optischen Aktivität*, wie z. B. Zucker. Läßt man linear polarisiertes Licht durch eine solche Substanz fallen, so wird seine Polarisationsebene proportional zur durchstrahlten Schichtdicke gedreht. Das sieht man sofort ein, wenn man die linear polarisierte Welle als Summe einer rechtszirkularen und einer linkszirkularen auffaßt. Die unterschiedliche Ausbreitungsgeschwindigkeit der beiden Teilwellen im Medium bewirkt nach dem Durchlaufen des Mediums eine Phasenverschiebung, die sich als Drehung der Polarisationsebene äußert, wenn man am Ende die Teilwellen wieder aufaddiert. Was *in Wirklichkeit* in dem Medium geschieht, ist wohl durch dieses Modell nur annähernd – aber richtig – beschrieben.

Spannungsdoppelbrechung

Anisotropie ist in der Natur nichts Besonderes; auch andere Größen als der Brechungsindex, z. B. die Dielektrizitätskonstante (→ Dielektrikum) sind in vielen Stoffen anisotrop. Insbesondere kann man Anisotropie in Festkörpern oft durch Anwendung von Druck (oder Zug) hervorrufen. Das hat in der Technik zu einer ganzen Reihe von Anwendungen geführt. Eine besonders anschauliche ist die sog. *Spannungsoptik.* Um die mecha-

nische Belastung irgendwelcher Bauteile wie Kranhaken, Eisenbahnkupplungen usw. zu untersuchen, fertigt man ein Modell aus Plexiglas. Stellt man dieses Modell zwischen gekreuzte Polarisationsfilter und bildet es ab, so sieht man zunächst nichts, weil Filter 1 linear polarisiertes Licht erzeugt, das dann von Filter 2 völlig geschluckt wird. Belastet man nun das Modell, wird es doppelbrechend und macht aus dem linear polarisierten Licht mehr oder weniger elliptisch polarisiertes (je nach der herrschenden Spannung). Filter 2 läßt aber elliptisch polarisiertes Licht durch, so daß an diesen Stellen ›Lichtschichtungen‹ auftreten. Die Abbildung zeigt daher deutlich, wo unter Umständen noch Materialveränderungen nötig sind oder wo Bruchgefahr besteht.

Dosis

Sammelbegriff für die Wirkung ionisierender Strahlungen (→ Strahlenbelastung

Doppelbrechung: Die Spannungsoptik ermöglicht es, Verteilung und Stärke der mechanischen Spannungen in einem Werkstück mit Hilfe eines Plexiglasmodells sichtbar zu machen.

und Strahlenschutz, → Maße und Maßsysteme).

Drehfeld

Legt man die drei Phasen des Drehstroms im Winkel von 120° zueinander an einen Kreis, so ergibt sich ein resultierendes elektrisches Feld, das mit der Netzfrequenz rotiert. Entsprechendes geschieht, wenn man die zugehörigen Ströme durch analog angeordnete Spulen fließen läßt: Es entsteht ein rotierendes Magnetfeld. Technisch nutzt man D. zum Antrieb von Motoren. Das sich drehende Magnetfeld erzeugt auch in einer kurzgeschlossenen Leiterschleife (›Käfiganker‹) einen Induktionsstrom (→ Induktion), dessen Richtung nach der → Lenzschen Regel so ist, daß die Schleife vom D. mitgenommen wird. Je nach Belastung des Rotors entsteht ein gewisser ›Schlupf‹, so daß solche Kurzschlußläufer belastungsabhängig mit einer etwas geringeren Drehzahl laufen, als der Frequenz des Feldes entspricht (sog. *Asynchronmotor*). Legt man die drei Phasen nicht im Winkel von 120° zueinander, sondern nur im Winkel von 60° und verdoppelt dafür die Anzahl der Statorwicklungen, halbiert sich die Drehzahl des Feldes und des so konstruierten Motors. Für kleine Elektromotoren in Werkzeugen, Spülmaschinen oder Waschmaschinen sind die derart erhältlichen Drehzahlen (≈ 1400 U/min) besonders geeignet (→ Drehstrom, → Wechselstrom).

Drehimpuls

Jedes materielle Teilchen der Masse m hat bezüglich eines beliebigen Raumpunktes O einen *Drehimpuls* $\vec{J}$, wenn es sich mit der Geschwindigkeit $\vec{v}$ bewegt. Stellt $\vec{r}$ den Ortsvektor bezüglich O dar (→ Vektoren), so gilt

$$\vec{J} = m\,[\vec{r} \times \vec{v}] \qquad (1)$$

oder auch $\vec{J} = [\vec{r} \times \vec{p}]$, wobei $\vec{p} = m \cdot \vec{v}$ der → Impuls des Teilchens ist. Diese Formel wäre nicht so aufregend, wenn man nicht zeigen könnte, daß $\vec{J}$ in einem abgeschlossenen System eine Erhaltungsgröße ist. Der D. bleibt in jedem abgeschlossenen System sogar *komponentenweise* erhalten, und zwar unabhängig von der Wahl des Bezugspunktes O.

Hat man es nicht mit einem Teilchen, sondern mit vielen zu tun, so verhält sich der D. additiv. Alle gleichartigen Komponenten der Teilchen können einfach addiert werden. Dies ist von besonderer Wichtigkeit, wenn die Teilchenabstände zueinander unveränderlich sind (starrer Körper). Dann nämlich läßt sich der D. des Körpers zerlegen in einen *Bahndrehimpuls* des → Schwerpunkts, der von dem *Eigendrehimpuls*, bezogen auf diesen Schwerpunkt, überlagert wird. Dieser Fall liegt vor bei der Bewegung der Planeten um die Sonne (Figur 1) und, mit Einschränkungen, auch bei der Elektronenbewegung um den Atomkern (→ Atomphysik). Bezeichnen wir mit M die Gesamtmasse des starren Körpers, so wird aus Gleichung (1) die Beziehung

$$\vec{J} = M\,[\vec{R} \times \vec{V}] + \sum m\,[\vec{r} \times \vec{v}].$$

Der erste Term enthält mit $\vec{R}$ den Ortsvektor des Schwerpunkts (immer noch bezüglich eines beliebigen Raumpunkts) und mit $\vec{V}$ die Schwerpunktsgeschwindigkeit. Der zweite Term stellt den Eigendrehimpuls dar, und dieser bezieht sich nun auf den Schwerpunkt. Der Ausdruck $\vec{J} = \sum m\,[\vec{r} \times \vec{v}]$ läßt sich noch etwas umformen. Es ist ja $\vec{r} \times \vec{v} = r^2 \cdot \vec{\omega}$ (→ Drehung), wo ω die Winkelgeschwindigkeit des Systems ist. Diese ist jedoch für alle Punkte des starren Körpers dieselbe, kann also aus der Summe gezogen werden:

$$\vec{J} = \vec{\omega} \cdot \sum mr^2. \qquad (2)$$

Die Summe $\sum mr^2$ ist aber nichts anderes als das → Trägheitsmoment Θ (›Drehmasse‹) des Körpers, so daß wir schließlich erhalten

$$\vec{J} = \Theta \cdot \vec{\omega}. \qquad (3)$$

In dieser Form wird der D. am häufigsten berechnet.

Der D. ist eine *Erhaltungsgröße*, weil der Raum isotrop ist, d. h. seine Eigenschaften richtungsunabhängig sind. Deshalb bleibt der D. als Ganzes oder komponentenweise auch dann erhalten, wenn der

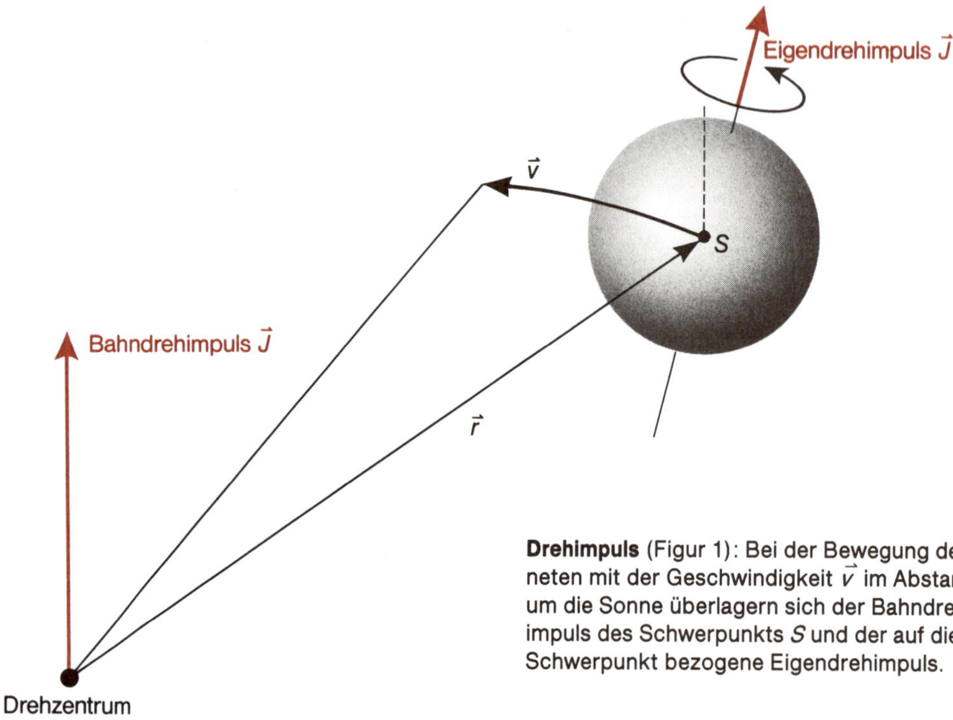

Drehimpuls (Figur 1): Bei der Bewegung der Planeten mit der Geschwindigkeit $\vec{v}$ im Abstand $\vec{r}$ um die Sonne überlagern sich der Bahndrehimpuls des Schwerpunkts *S* und der auf diesen Schwerpunkt bezogene Eigendrehimpuls.

Körper sich in Feldern bewegt, die – von gewissen Bezugspunkten aus – die Isotropie des Raumes nicht ändern. Ein wichtiges Beispiel hierfür sind Zentralfelder. Hier herrschen Kräfte, die *nur* vom Abstand des Feldzentrums abhängen. Beispiele sind das Gravitationsfeld eines Sterns, das elektrische Feld des Atomkerns oder einer Punktladung.

Wählt man als Bezugspunkt für den D. das Zentrum des Feldes, bleibt auch hier der D. erhalten. Auch in homogenen Feldern bleibt wenigstens die Komponente des D. in Feldrichtung eine Erhaltungsgröße. Das hat große Bedeutung für Atome, die einem (homogenen) Magnetfeld ausgesetzt sind.

Die *Dimension* des D. ist $[J] = [m \cdot kg \cdot m/s] = [kg \cdot m^2/s]$. Dies ist gleichbedeutend mit [Energie] mal $[\text{Zeit}] = [kg \cdot m^2/s^2] \cdot [s] = [\text{Wirkung}]$. Der D. hat also die Dimension einer *Wirkung* und spielt daher in Quantensystemen (Atomen, Atomkernen) eine große Rolle, weil dort die Wirkung in Quanten auftritt.

Anwendungsbeispiele

1. Die Planetenbewegung um die Sonne läßt sich zum großen Teil aus der Erhaltung des D. ableiten, die hier gilt, wenn man den gemeinsamen Schwerpunkt der Sonne und aller Planeten zum Rotationszentrum macht und als Bezugspunkt wählt. Dann folgt der *Flächensatz* (→ Keplersche Gesetze) direkt aus der Erhaltung des D.: Alle Planeten bewegen sich um so schneller, je näher ihre Bahn der Sonne kommt. Außerdem bleibt die Drehachse der Eigenrotation jedes Planeten in erster Näherung räumlich konstant. Da die Drehachse unserer Erde etwa 23° gegen die Umlaufbahn geneigt ist, hat diese Achsenstabilität zur Folge, daß abwechselnd mehr die nördliche Halbkugel, dann mehr die südliche Halbkugel der Sonnenbestrahlung ausgesetzt

ist, mit anderen Worten, daß es *Jahreszeiten* gibt. Darüber hinaus ist die Erhaltung des Eigendrehimpulses für die regelmäßige Aufeinanderfolge von Tag und Nacht verantwortlich. Man kann ohne Übertreibung sagen, daß schon deshalb unsere gesamte Existenz – und die aller Lebewesen auf der Erde – von diesem Erhaltungssatz abhängt.

2. Nach diesem globalen Beispiel etwas Trivialeres: Jeder Kunstturner nutzt die Erhaltung des D. Während des Sprunges verändert er sein Trägheitsmoment (z. B. durch Anwinkeln der Beine, Anziehen der Arme). Da J unveränderlich ist, solange der Sprung dauert (›abgeschlossenes System‹!), muß bei Verkleinerung von Θ laut Gleichung (3) die Winkelgeschwindigkeit ω größer werden und umgekehrt. Auch Pirouetten beim Eiskunstlauf entstehen auf diese Weise.

Drehimpuls: Zu Beginn einer Pirouette werden Arme und Beine vom Körper weit abgespreizt, der Körper hat so ein großes Trägheitsmoment; während der Drehung werden die Arme angezogen, das Trägheitsmoment sinkt, die Drehgeschwindigkeit nimmt zu. © E. Baumann, Ludwigsburg

Die Erhaltung des D. ist auch dafür verantwortlich, daß eine Katze ›immer auf die Beine fällt‹. Sie versetzt nämlich während des Falls ihren Schwanz in rasche Rotationen. Der Gesamtdrehimpuls (Körper plus Schwanz) kann sich nicht ändern, also muß sich der Körper der Katze – wegen der größeren Masse langsamer – entgegengesetzt zum Schwanz drehen. Sobald die Schwanzbewegung aufhört, dreht sich auch der Körper nicht mehr. Die Katze wirbelt also beim Fallen ihren Schwanz herum, bis sie mit den Beinen nach unten fällt und den Aufprall abfangen kann.

3. Zum Schluß noch einige Beispiele aus der Technik. Beim Einschalten einer elektrischen Handbohrmaschine verspürt man einen kräftigen Ruck, der einem die Maschine aus der Hand zu drehen versucht. Man muß dann – je nach Maschinengröße – eine beträchtliche Kraft aufbringen, um die Maschine zu halten. Wenn der Motor einmal auf vollen Touren läuft, ist der Effekt vorbei. Wieder ist die Erhaltung des D. die Ursache für dieses Verhalten: Vor dem Einschalten ist der D. der Maschine Null. Beim Anlaufen entsteht ein innerer D. (durch den Anker des Motors), der durch einen entgegengesetzten D. der Maschine ausgeglichen werden muß, damit der Gesamtdrehimpuls Null erhalten bleiben kann. Diesen Maschinenimpuls müssen wir durch unsere Körperkräfte auf die Erde übertragen, damit die Maschine ruhig bleibt, obwohl sich in ihrem Inneren eine Masse dreht.

Künstliche Satelliten und Raumschiffe müssen im Raum definierte Lagen einnehmen können. Würde man zur Stabilisierung der Lage oder für Drehmanöver seitlich angebrachte Steuerdüsen verwenden, würde man auch die Geschwindigkeit des Gerätes ständig verändern – ein höchst unerwünschter Effekt! Drei Schwungscheiben, die senkrecht zueinander angeordnet sind und die in Rotation versetzt werden können, machen jedes Raumschiff manövrierfähig, ohne daß Raketen gezündet werden müßten. Das Prinzip ist das gleiche wie bei der fallenden Katze: Jede Schwungscheibendrehung muß durch eine entsprechende Drehung des ganzen Raumschiffs ausgeglichen werden, weil der Gesamtdrehimpuls ja unverändert bleibt.
Halten Sie sich vor Augen, daß dieses Prinzip unabhängig von inneren Reibungseffekten gilt! Sollten Wechselwirkungen bestehen, dann muß lediglich das System entsprechend erweitert werden, um abgeschlossen zu sein.

Drehmoment

Jedes Kräftepaar erzeugt ein *Drehmoment* $\vec{D}$. Es ist gegeben als das Produkt aus einer der Kräfte $\vec{F}$ und dem Abstand $\vec{r} \cdot \sin\varphi$ der Wirkungslinie von der Drehachse (Figur 1). Man drückt die Verknüpfung mathematisch durch das Vektorprodukt aus (→ Vektor):

$$\vec{D} = \vec{r} \times \vec{F}. \qquad (1)$$

In sehr vielen Fällen wirkt scheinbar nur die eine Kraft $\vec{F}$. In Wirklichkeit aber muß dann die Parallelkraft $\vec{F}_1$ vom Lagerpunkt (Drehzentrum) aufgebracht werden, so daß tatsächlich immer ein Kräftepaar angreift, wenn ein D. wirkt. Der Drehmomentvektor $\vec{D}$ steht senkrecht auf

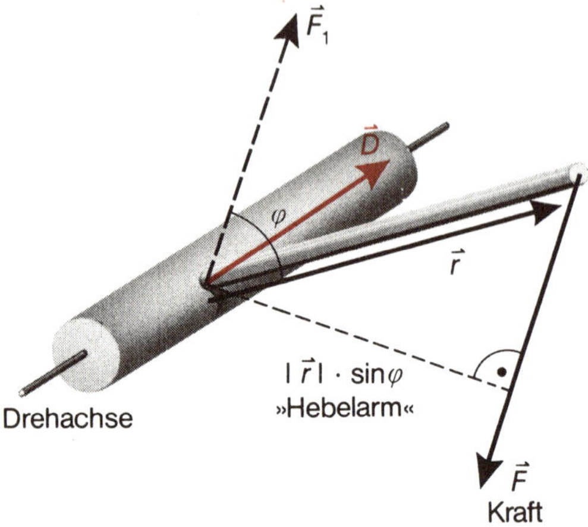

Drehmoment (Figur 1): Darstellung des Zusammenhangs zwischen Drehmoment $\vec{D}$, Kraft $\vec{F}$ und Hebelarm $\vec{r} \cdot \sin\varphi$

$\vec{r}$ und auf $\vec{F}$, und zwar so, daß $\vec{r}$, $\vec{F}$ und $\vec{D}$ ein rechtes Dreibein bilden. Wenn man also von $\vec{r}$ auf dem kürzesten Weg nach $\vec{F}$ dreht, so steht $\vec{D}$ so, daß der Vorschub einer Rechtsschraube entsteht *(Korkenzieherregel).*
Die Einheit des D. ist gemäß Gleichung (1) [Meter × Newton] = [Nm] = = [m^2 kg/s^2]. Diese Einheit stimmt mit der von Arbeit bzw. → Energie überein.
Jedes D. ändert die Drehbewegung, es ist gleich der zeitlichen Änderung des Drehimpulses $\vec{J}$:

$$\vec{D} = \frac{d\vec{J}}{dt}. \qquad (2)$$

Die Gleichung (1) folgt aus Gleichung (2), denn es gilt $\vec{J} = m \cdot [\vec{r} \times \vec{v}]$, und daher ist die zeitliche Ableitung

$$\frac{d\vec{J}}{dt} = m \cdot \left\{ \frac{d\vec{r}}{dt} \times \vec{v} + \vec{r} \times \frac{d\vec{v}}{dt} \right\}.$$

Nun sind aber $d\vec{r}/dt = \vec{v}$ und $\vec{v} \times \vec{v} = 0$, also bleibt

$$\frac{d\vec{J}}{dt} = m \cdot \left[\vec{r} \times \frac{d\vec{v}}{dt} \right],$$

was sich auch schreiben läßt als

$$\frac{d\vec{J}}{dt} = \left[\vec{r} \times \left(m\frac{d\vec{v}}{dt}\right)\right].$$

Der Ausdruck $m\,d\vec{v}/dt = m \cdot \vec{b}$ ist nach dem Grundgesetz der Mechanik (›Kraft gleich Masse mal Beschleunigung‹) gleich der Kraft $\vec{F}$, denn $d\vec{v}/dt$, die Änderung der Geschwindigkeit, ist nichts anderes als die Beschleunigung $\vec{b}$. Damit erhalten wir tatsächlich die Gleichung (1). So ist also das D. die ›Ursache‹ der Drehimpulsänderung, wie die Kraft die ›Ursache‹ der Impulsänderung ist.

Anwendungen

Nach Gleichung (1) ist das Drehmoment dann am größten, wenn $\vec{r}$ und $\vec{F}$ aufeinander senkrecht stehen, d. h., wenn man bei Kreisbewegungen $\vec{F}$ tangential angreifen läßt. Das weiß jeder Bastler intuitiv und wendet seine Körperkräfte entsprechend an, z. B. beim Umgang mit dem Schraubenschlüssel. Das Drehmoment wird dabei gleich $r \cdot F$ (›Kraft mal Hebelarm‹). Am Beispiel eines simplen Radwechsels am Auto lassen sich die angeführten Gleichungen recht anschaulich demonstrieren. Welcher Autofahrer hätte sich nicht schon über angerostete – und dadurch bombenfeste – Radmuttern geärgert und fluchend mit dem Kreuzschlüssel hantiert? Manche findigen Köpfe stellen den Wagenheber unter den Schlüssel und lassen das Gewicht des Fahrzeugs als Kraft wirken (Figur 2). Das hat nur einen Sinn, wenn sich das Rad nicht durchdrehen kann, denn solange sich die Mutter nicht dreht, wird die Achse durch den Wagenheber entlastet. Also: Einen Helfer bremsen lassen, Handbremse ziehen, Gang einlegen. Außerdem muß man darauf achten, den Kreuzschlüssel waagrecht einzustellen, damit die Gewichtskraft tangential wirkt. Trotz dieser Tricks ist das Verfahren nicht zu empfehlen: Schlüssel rutschen leicht ab, und dann besteht erhebliche Verletzungsgefahr. Viel besser ist es, das D. zu vergrößern, indem man den Hebelarm verlängert. Das kann durch ein Stahlrohr geschehen, das man auf das freie Ende des Radschlüssels aufsteckt oder – beste aller Lösungen – durch einen ausziehbaren Radmutternschlüssel.

Das D. spielt beim Auto eine ganz entscheidende Rolle – als Antriebskraft des Motors. Die üblichen Explosionsmotoren entwickeln keineswegs ein gleichmäßiges D. über den gesamten Drehzahlbereich. Das D. wächst auch nicht linear mit der Drehzahl, wie man zunächst vermuten würde, weil die Zündungszahl linear mit der Motordrehzahl zunimmt. Nur in einem gewissen Drehzahlbereich nämlich sind die Strömungs- und Füllungsverhältnisse im Verbrennungsraum optimal. Bei sehr hohen Drehzahlen nimmt das D. meist rapide ab (Figur 3). So kommt es, daß die Höchstleistung eines Autos (proportional zu Drehzahl mal Drehmoment) nicht bei Höchstgeschwindigkeit erbracht wird, sondern paradoxerweise etwas darunter. Die Fahrweise mit größtmöglicher

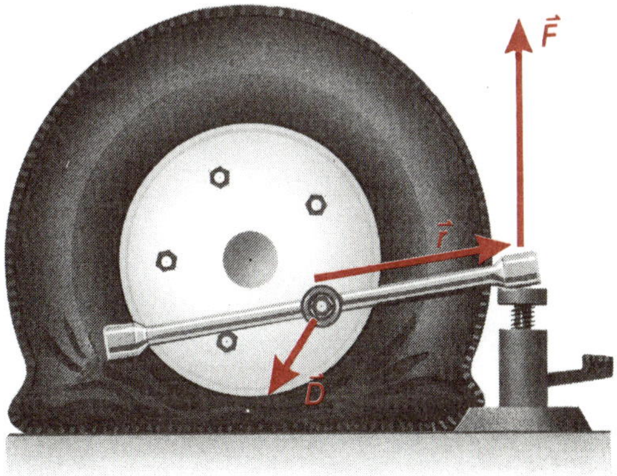

Drehmoment (Figur 2): Zusammenspiel von Kraft, Hebelarm und wirksamem Drehmoment beim Radwechsel an einem Kraftfahrzeug

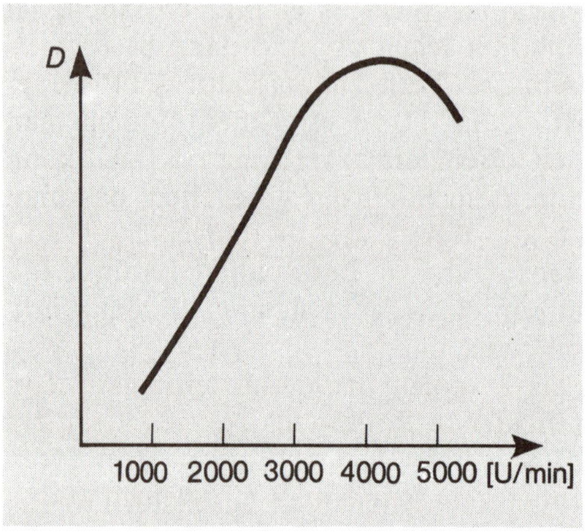

Drehmoment (Figur 3): Drehmoment eines Verbrennungsmotors in Abhängigkeit von der Drehzahl in Umdrehungen pro Minute

Kraftreserve wird Drehzahlen bevorzugen, die im Bereich des maximalen D. liegen. Wer allerdings dem geringstmöglichen Verbrauch den Vorzug gibt, muß mit möglichst wenig Zündvorgängen fahren: mit kleinstmöglicher Drehzahl im höchstmöglichen Gang.

Drehstrom

Die Elektrizitätswerke liefern ihre Energie an Haushalte und Fabriken in Form von *Dreiphasen-Drehstrom.* Das ist nichts anderes als gewöhnlicher Wechselstrom von 50 Hz, der aber sozusagen dreifach ankommt. Die Drehstromzuleitungen bestehen daher aus insgesamt vier Leiterdrähten, die man meist als R, S, T und Null bezeichnet. Der Nulleiter ist die gemeinsame Rückleitung, die Zuführungsströme sind gegeneinander um 120° phasenverschoben (Figur 1). Aus diesem Grund hat die Effektivspannung zwischen zwei der drei *Phasen* (→ Wechselstrom) den Wert $\sqrt{3} \cdot 230\text{ V} \approx 400\text{ V}$, wenn jede der Phasen gegen den Nulleiter (›Erde‹) die Effektivspannung 230 V führt. Der Faktor $\sqrt{3}$ ergibt sich, wenn man die Differenz zweier Phasen (z. B. R–S) berechnet:

$$U(t) = U_S \cdot \sin \omega t - U_S \cdot \sin(\omega t - 120°).$$

Wir verschieben dazu den Zeitmaßstab um $\omega t = 60°$:

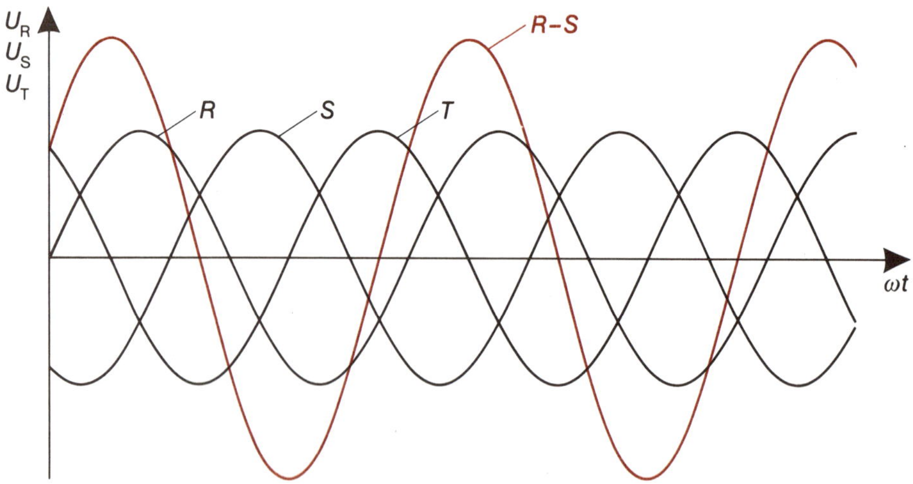

Drehstrom (Figur 1): Die drei Phasen des Drehstroms ergänzen einander in jedem Moment zu Null; der Nulleiter kann dadurch wegfallen. Bildet man die Differenz zweier Phasen *(rote Kurve)*, so ergibt sich eine Effektivspannung von $\sqrt{3} \cdot 230$ V, wenn jede Phase eine Effektivspannung von 230 V gegenüber der Erde als Bezugspotential (Nullpotential) aufweist.

$$U(\omega t + 60°) = U_S \cdot \sin(\omega t + 60°) - U_S \cdot \sin(\omega t - 60°)$$

und wenden die Formel

$$\sin(\alpha \pm \beta) = \sin\alpha \cdot \cos\beta \pm \cos\alpha \cdot \sin\beta$$

an. Dann erhalten wir

$$U(\omega t + 60°) =$$
$$= U_S[\sin\omega t \cdot \cos 60° + \cos\omega t \cdot \sin 60° -$$
$$- \sin\omega t \cdot \cos 60° + \cos\omega t \cdot \sin 60°] =$$
$$= U_S \cdot (+2 \cdot \sin 60°) \cdot \cos\omega t =$$
$$= U_S \cdot 2 \cdot \sin 60° \cdot (+\cos\omega t) =$$
$$= U_S \cdot \sqrt{3} \cdot (+\cos\omega t).$$

Eine weitere Verschiebung des Zeitmaßstabes um $\omega t = -90°$ macht aus dem Kosinus wieder den Sinus:

$$U(\omega t - 30°) = U_S \cdot \sqrt{3} \cdot \sin(\omega t).$$

Die Differenzspannung ist also 30° gegen die R-Phase verschoben und hat den Scheitelwert $\sqrt{3} \cdot U_s$ und damit auch den Effektivwert $\sqrt{3} \cdot U_{eff}$. Die Größen U_s bzw. U_{eff} beziehen sich dabei auf die Werte einer Phase gegen Erde. Wozu dieser ganze Aufwand? Die drei wichtigsten Vorteile des D. gegenüber dem normalen Wechselstrom sind folgende:

1. Man kann sehr robuste und einfache Motoren bauen, die direkt am D. laufen, ohne daß ihr Rotor Schleifkontakte oder irgendwelche Wicklungen braucht (sog. *Kurzschlußläufer*). Die Drehrichtung dieser Motoren ist zudem ohne Probleme umkehrbar, einfach indem man zwei der drei Phasen vertauscht (→ Drehfeld).
2. Der Nulleiter der Drehstromleitung führt bei gleichmäßiger Belastung aller drei Phasen keinen Strom und kann daher durch eine relativ hochohmige Verbindung wie die Erde ersetzt werden.
3. Der etwas höhere Materialaufwand beim Verlegen der Leitungen (drei Leitungen beim D. statt zweier Leitungen beim Einphasen-Wechselstrom) wird mehr als wettgemacht durch die geringeren Leitungsverluste und die dadurch höhere Leistungskapazität bei gleichem Leitungsquerschnitt. Darüber hinaus bereitet es vom Stromerzeuger her keinen wesentlich größeren Aufwand, D. statt Einphasen-Wechselstrom zu liefern. So kommt es, daß heute auch die Haushalte mit D. ausgestattet sind. Allerdings liegen meist – zur gleichmäßigen Belastung – die einzelnen Stockwerke an verschiedenen Phasen.

Drehung

Die Bewegung eines Körpers, bei der mindestens ein Raumpunkt seine Lage nicht verändert, heißt *Drehung* oder *Rotation* um diesen Punkt. Dieses Rotationszentrum wird dann meist zum Nullpunkt des drehenden Systems gemacht. Aus der Geometrie unseres Raumes folgt, daß in jedem Zeitpunkt nicht nur das Rotationszentrum, sondern darüber hinaus eine Gerade durch diesen Punkt ihre Lage nicht verändert. Man spricht daher auch von einer *Rotationsachse.*

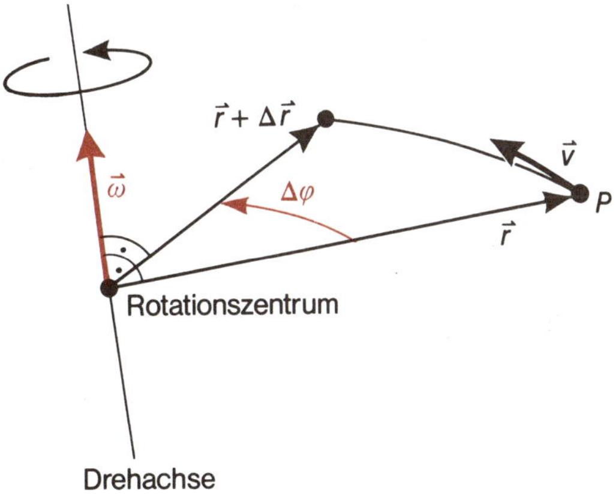

Drehung (Figur 1): Zusammenhang zwischen Ortsvektor $\vec{r}$, Geschwindigkeit $\vec{v}$, Drehwinkel φ und Winkelgeschwindigkeit $\vec{\omega}$ bei der Drehung

Diese Achse findet man folgendermaßen (Figur 1): Der Punkt P, gekennzeichnet durch den Ortsvektor $\vec{r}$ zur Zeit t, hat nach einem Zeitintervall Δt die Lage $\vec{r} + \Delta \vec{r}$. Die beiden Vektoren $\vec{r}$ und $\vec{r} + \Delta \vec{r}$ spannen eine Ebene auf, in der auch das Rotationszentrum liegt. Die Gerade, die senkrecht auf dieser Ebene steht und durch das Rotationszentrum geht, ist die Rotationsachse. Im allgemeinen ist die Achse nur momentan definiert, d. h., sie ändert ihre Lage mit der Zeit mehr oder weniger schnell (→ Kreisel); dann heißt sie *momentane Drehachse* des Systems. In den meisten praktischen Fällen ist die Drehachse des Systems aber zeitlich unveränderlich.

Das Maß für eine D. ist der Drehwinkel φ. Er ist derjenige Winkel, den ein Strahl, der auf der Drehachse senkrecht steht, während der D. überstreicht.

Es ist für viele Anwendungen wichtig festzustellen, daß das bis hierher beschriebene Konzept noch keinen Spezialfall darstellt, sondern sich auf jede Bewegung eines Punktes P anwenden läßt, auch wenn sie z. B. entlang einer Geraden verläuft. Man kann ja jederzeit einen beliebigen ruhenden Punkt auswählen, von diesem aus die Ortsvektoren zeichnen und ihn als Rotationszentrum betrachten.

Von einer D. im üblichen Sinn sprechen wir erst dann, wenn sich das Zentrum so legen läßt, daß φ alle Werte zwischen 0° und 360° annimmt (nachdem man eine Nullrichtung gewählt hat).

Der Drehwinkel φ wird meist im Bogenmaß gemessen, d. h. als Länge des zugehörigen Kreisbogens mit dem Radius 1. Der Wert 0° entspricht dem Winkel 0, 360° dem Winkel 2π ($\approx 6{,}28$).

Winkelgeschwindigkeit

Es ist oft zweckmäßig, die Drehgeschwindigkeit nicht wie in der Technik in Umdrehungen pro Minute oder ähnlichen Einheiten (→ Maße und Maßsysteme) anzugeben, sondern analog zur ›normalen‹ Geschwindigkeit als zeitliche Änderung des Winkels φ. Die Größe $\omega = \mathrm{d}\varphi/\mathrm{d}t$ bezeichnet dann die Winkelgeschwindigkeit des Punktes P. Sie wird meist als → Vektor aufgefaßt: $\vec{\omega}$ gibt dann nicht nur die Drehgeschwindigkeit an, sondern auch noch die räumliche Richtung der D. Der Vektor $\vec{\omega}$ weist so in Richtung der Rotationsachse, daß sich der Drehsinn einer Rechtsschraube ergibt (Figur 1). Mit dieser Definition ergibt sich die Winkelgeschwindigkeit $\vec{\omega}$ des Punktes P als das Vektorprodukt $\vec{\omega} = [\vec{r} \times \vec{v}]/r^2$. Für die Kreisbewegung ($\vec{r}$ steht senkrecht auf $\vec{v}$) vereinfacht sich diese Beziehung zu $\omega = r \cdot v/r^2 = v/r$, wobei v die Umfangsgeschwindigkeit und r der Kreisradius sind.

Winkelbeschleunigung

In Analogie zur geradlinigen Bewegung definiert man bei der Drehbewegung als Winkelbeschleunigung $\dot{\omega}$ (sprich ›Omega Punkt‹) die zeitliche Änderung der Winkelgeschwindigkeit $\dot{\vec{\omega}} = \mathrm{d}\vec{\omega}/\mathrm{d}t$. Auch $\dot{\vec{\omega}}$ ist ein Vektor, der in dieselbe Richtung weist wie $\vec{\omega}$.

Rotation und Translation

Der Grund für die eben angegebenen Definitionen ist die formale Übereinstimmung zwischen den physikalischen Größen der geradlinigen Bewegung *(Translation)* und der *Drehbewegung*, wenn man noch die ›Drehkraft‹ D (→ Drehmoment) und die ›Drehmasse‹ Θ (→ Trägheitsmoment) benutzt. In der Tabelle sind die einander entsprechenden Größen gegenübergestellt; die einzelnen Definitionsgleichungen weisen, wie zu sehen ist, meist eine verblüffende mathematische Ähnlichkeit auf.

	Translation	Rotation	
Ort	x	φ	Winkel
Geschwindigkeit	$v = \frac{dx}{dt}$	$\omega = \frac{d\varphi}{dt}$	Winkelgeschwindigkeit
Beschleunigung	$b = \frac{dv}{dt} = \frac{d^2x}{dt^2}$	$\dot{\omega} = \frac{d\omega}{dt} = \frac{d^2\varphi}{dt^2}$	Winkelbeschleunigung
Masse	m	Θ	Trägheitsmoment
Kraft	$F = \frac{dp}{dt}$	$D = \frac{dJ}{dt}$	Drehmoment
mechanisches Grundgesetz	$F = m \cdot b$	$D = \Theta \cdot \dot{\omega}$	
Impuls	$p = m \cdot v$	$J = \Theta \cdot \omega$	Drehimpuls
kinetische Energie	$E_{kin} = \frac{1}{2} m v^2$	$E_{rot} = \frac{1}{2} \Theta \omega^2$	Rotationsenergie

Tabelle: Gegenüberstellung der charakteristischen Größen von Translation und Rotation

Drehzahl

Die Anzahl der Umdrehungen pro Minute wird oft als D. bezeichnet und mit *UpM* (U*mdrehungen* p*ro* M*inute*) oder engl. *RpM* (R*evolutions* p*er* M*inute*) abgekürzt. Die physikalisch entsprechende Größe ist die Winkelgeschwindigkeit (→ Drehung), die als Drehwinkel pro Sekunde gemessen wird (→ Maße und Maßsysteme).

Dreikörperproblem

Die analytische Lösung der Differentialgleichungen, die beim Zusammenwirken vieler Körper durch Wechselwirkungen entstehen, ist im allgemeinen nicht möglich. Schon die Bewegungsgleichungen für nur *drei* Körper unter dem Einfluß von Zentralkräften (z. B. der Massenanziehung) sind nur für Sonderfälle geschlossen, d. h. in einer Formel darstellbar. Es ist aber z. B. bei der Bewegung der Planeten oder eines Raumschiffes unerläßlich, die Bahnkurven zu berechnen. Man behilft sich mit Näherungsmethoden, die bei entsprechendem Rechenaufwand auch beliebig genaue Ergebnisse liefern. Seit es Computer gibt, sind lange Rechenzeiten viel weniger problematisch als früher, so daß heute numerische Methoden allgemein angewandt werden.
Im Prinzip verfährt man folgendermaßen: Man wendet die Kräfte – bzw. die durch sie verursachten Beschleunigungen – auf die vorhandene Ausgangsstellung an und rechnet die Bewegungen der Körper während einer ›kurzen‹ Zeit aus. Wie kurz diese Zeit gewählt werden muß, hängt vom Problem ab. Sie darf jedenfalls nicht so lang sein, daß sich dabei die wirkenden Kräfte merklich ändern kön-

nen. Hier liegt die Güte der Näherung verborgen. Für die neue Konstellation nach Ablauf der ›kleinen‹ Bewegung berechnet man die nun vorhandenen Kräfte und Geschwindigkeiten und fängt wieder von vorn an. Auf diese Weise ertastet man sich die Bahnbewegungen der Körper Schritt für Schritt. Für eine genaue Satellitenbahn zwischen Erde und Mond sind so vielleicht 10000 Einzelschritte nötig, je nach Genauigkeitsforderung auch mehr. In der Praxis rechnet man allerdings nicht ausschließlich Bahnen aus, sondern man führt – nach Messungen – auch unmittelbare Kurskorrekturen durch.

Druck

Eine Kraft, deren Wirkung sich auf eine Fläche verteilt, läßt sich nur unter Angabe der betroffenen Fläche angeben. Man bedient sich dazu des *Druckes.* Der D. ist definiert als eine senkrecht auf die Flächeneinheit wirkende Kraft, kurz: D. gleich Kraft geteilt durch Fläche. Die SI-Maßeinheit des D. ist das *Newton pro Quadratmeter* (N/m^2), abgekürzt *Pascal* (Pa, nach *Blaise Pascal,* 1623–1662). Es

kleinster Laborwert	$\approx 10^{-10}$ Pa
Bildröhre (Fernsehgerät)	$\approx 10^{-4}$ Pa
Druck in Haushaltsgasleitungen	$\approx 10^{3}$ Pa
Luftdruck in Meereshöhe	$\approx 10^{5}$ Pa
Bleistiftabsatz auf Parkett	$\approx 10^{7}$ Pa
Druck an der Spitze eines Nagels bei einem kräftigen Hammerschlag	$\approx 10^{10}$ Pa
größter Laborwert (über längere Zeit)	$\approx 10^{11}$ Pa
Druck im Erdmittelpunkt	$\approx 10^{12}$ Pa
Druck im Sonnenmittelpunkt	$\approx 10^{17}$ Pa
Druck in einem Neutronenstern	$> 10^{23}$ Pa

Tabelle: Druckverhältnisse (Auswahl)

gibt aber noch eine Reihe älterer Druckeinheiten, die teilweise immer noch im Gebrauch sind (→ Maße und Maßsysteme).
Ein im täglichen Leben wichtiger D. ist der *Luftdruck,* d. h. das Gewicht, mit dem die Atmosphäre auf der Erdoberfläche lastet. Unter Normalbedingungen sind das etwa 1013,25 hPa (Hektopascal) = = 101325 N/m^2. Große D. herrschen aufgrund der Gravitation der Massen im Inneren von Planeten oder Sternen. Die Tabelle enthält eine Auswahl verschiedener Drücke.

Dualismus von Welle und Teilchen

Die neuere Physik seit etwa 1900 beschäftigt sich mit zwei Phänomenen, die unserer Denkweise im Grunde völlig zuwiderlaufen, die wir also eigentlich nicht verstehen können, obwohl sich die Physiker seit Generationen so an sie gewöhnt haben, daß zumindest sie immer wieder behaupten, sie hätten alles verstanden.
Das erste dieser Phänomene ist die Konstanz der Lichtgeschwindigkeit und als Folge davon die Spezielle → Relativitätstheorie. Das zweite Phänomen soll uns jetzt etwas ausführlicher beschäftigen. Es ist die Beobachtung, die man zunächst an Licht, später auch an Materiestrahlen machte, daß man nämlich aus den Experimenten sowohl auf Welleneigenschaften als auch auf Teilcheneigenschaften schließen muß. Nicht jedem ist vielleicht auf Anhieb klar, daß dies unserer Anschauung entgegensteht. Klären wir also zuerst die Begriffe.

Teilchen

Das klassische Teilchen, oft auch ›Massenpunkt‹ genannt, existiert in unserer Anschauung als ein hartes, scharfbegrenztes Kügelchen, innerlich unstrukturiert, also auch unteilbar (deshalb auch nicht zusammendrückbar), aber unendlich elastisch. Überdenkt man diese Häufung von Eigenschaften genauer, merkt man bald, daß sie widerspruchsvoll sind. Wie soll man beispielsweise Elastizität erklären, wenn nicht durch einen Widerstand, der bei der Verformung auftritt? Wenn das Teilchen überhaupt nicht verformbar ist, wie soll dann ein Stoß zweier Teilchen ablaufen? Die Berührungszeit müßte unendlich kurz sein, eine Zeitsingularität bilden. So etwas verträgt sich nicht mit unserer Erfahrung von der Trägheit der Massen. Außerdem: Wenn innerhalb der Berührungszeit Flugrichtungen geändert werden, was ja bei einem Stoß geschieht, werden die dazu nötigen Beschleunigungen unendlich groß. Wir haben also bereits einige Folgerungen gezogen, die auf höchst eigenartige, nie real beobachtete Verhaltensweisen der scheinbar so anschaulichen Teilchen hinauslaufen.

Lassen wir aber die Eigenschaft der unendlich großen Elastizität fallen, wird das Teilchen deformierbar. Dann wiederum ist es schwer vorstellbar, daß es keine innere Struktur haben soll. Hat es aber *doch* eine innere Struktur, so läßt es sich auch zerlegen, hat Bestandteile, und damit wird der scharfbegrenzte Rand recht unwahrscheinlich.

Sie sehen, der scheinbar anschauliche Teilchenbegriff ist keineswegs problemlos! Wir müssen ihn wohl etwas weiter fassen, auf innere Strukturen ›an sich‹ weitgehend verzichten und nur noch die Aussagen machen, daß ein Teilchen immer *als Ganzes* reagiert, d. h. Stöße ausführt, emittiert oder absorbiert wird. Dann drängt sich nur noch die Vorstellung einer gewissen Lokalisierbarkeit des Teilchens auf, ohne daß man weitergehende Aussagen über seine ›inneren‹ Eigenschaften machen muß.

Wellen

Das Wesentliche des Wellenbegriffs sagt gerade das Gegenteil. Gehen wir zunächst von den Wellen aus, an die jeder zuerst denkt, wenn das Wort fällt: von Wasserwellen. Sie sind Oberflächenwellen einer Phasengrenze (Wasser gegen Luft), transportieren keine Materie, denn das Wasser bewegt sich nur am Ort und fließt nicht mit der Welle mit. Dafür transportiert auch eine Wasserwelle *Energie*, die z. B. Schiffe zum Schaukeln bringen kann, auch ein Stück Küste unterhöhlt und einstürzen läßt oder ähnliches. Der Versuch, eine derartige Welle zu idealisieren, führt zunächst auf dreidimensionale Wellen, die sich nicht nur auf einer Fläche ausbreiten, sondern im ganzen Raum. Die Rechnung (→ Fourier-Analyse) zeigt, daß eine solche Welle nur dann streng *eine* einzige Wellenlänge haben kann, wenn sie den ganzen Raum erfüllt. Nun tauchen zwei Probleme auf:

1. Ist das Erregungszentrum einer räumlichen Welle ein Punkt (z. B. ein Lautsprecher in der Akustik), so breitet sich die Welle kugelförmig nach allen Raumrichtungen aus, wobei notgedrungen ihre Amplitude immer kleiner werden muß, wenn der Energiesatz gelten soll. Die Welle ›verdünnt‹ sich also mit zunehmender Entfernung von der Quelle immer mehr, weil die Kugeloberflächen, von der Quelle aus gesehen, immer größer werden. Irgendwann muß einmal eine Entfernung erreicht sein, in der die Wellenamplitude so klein wird, daß sie mit keinerlei Hilfsmitteln mehr wahrnehmbar ist. Das verträgt sich schlecht mit der Tatsache, daß man selbst Milliarden von Lichtjahren entfernte Objekte im Weltall noch photographieren kann, denn der Prozeß der Belichtung im Film (Umwandlung eines Silberjodid-Korns) bleibt ja unverändert und erfordert eine feste Energie, die bei manchen Sternen wegen

ihrer Entfernung erst nach Stunden erreicht wird, wenn die Lichtwelle genügend lang eingewirkt hat. Filmschichten können aber keine Energie aufsummieren. Die Belichtung eines Korns erfolgt immer plötzlich. Die Wechselwirkung mit einer unendlich ausgedehnten Welle führt also zu Widersprüchen. *Endliche* Wellenzüge bestehen aber aus einem Gemisch verschiedener Wellenlängen.

2. Wasserwellen brauchen die Wasseroberfläche, um sich ausbreiten zu können, Schallwellen die Luft oder einen anderen festen Körper, kurz: die Vorstellung einer Wellenbewegung setzt ein *Ausbreitungsmedium* voraus. Elektromagnetische Wellen wie auch das Licht durchqueren aber auch den Weltraum, d. h., sie breiten sich auch im Vakuum aus. Man hat früher geglaubt, es gäbe einen ›Äther‹, der das Weltall erfüllt und dessen Eigenschaften die Lichtausbreitung ermöglichen. Es hat sich gezeigt, daß die Äthervorstellung nicht haltbar ist. Heute sagen die meisten Physiker, es sei das elektromagnetische *Feld*, das sich im Raum ausbreiten könne. Sie belegen das mit mathematischen Formulierungen. Eine anschauliche Deutung für den Feldbegriff gibt es jedoch nicht. Er ist nicht mehr als ein zutreffendes mathematisches Modell, mit dem sich gut rechnen läßt. Die Anschauung – unser Begriffsvermögen – versagt, wenn es sich vorstellen soll, wie sich eine Lichtwelle im leeren Raum ausbreiten soll. Es versagt allerdings bereits auch bei der Vorstellung des leeren Raumes.

Wie kann man eine → Welle dann überhaupt erkennen? Es gibt bei Raumwellen nur eine Methode: Beobachtet man Beugungs- und Interferenzerscheinungen, so schließt man aus der Existenz dieser Erscheinungen auf ein Wellenfeld als Ursache. Man kann diese Phänomene sehr anschaulich auch an Wasserwellen demonstrieren. Werfen Sie mehrere kleine Steinchen in eine Pfütze und beobachten Sie die sich ausbreitenden Wellenringe, wenn sie sich gegenseitig durchdringen! Sie werden sehen, daß es Orte gibt, wo überhaupt kein Wellenberg oder -tal entsteht! Das läßt sich auch so formulieren: In einem von Wellen erfüllten Raumgebiet kann eine ›Kanalisierung‹ der Energie auftreten, es kann passieren, daß der Energietransport bestimmte Raumgebiete bevorzugt und andere meidet.

Sie werden zugeben, daß diese Überlegungen auch die anfangs so anschaulichen Wellen zu komplizierten Gebilden machen. Zur Charakterisierung einer Welle kristallisieren sich aber zwei Eigenschaften heraus: Einmal ist die Welle etwas Ausgedehntes, und zum anderen können Teilgebiete eines Wellenfeldes miteinander wechselwirken (interferieren), d. h., es können *Teile* eines Wellenfeldes Anlaß zu physikalischen Beobachtungen sein. Diese Eigenschaften stehen nun wirklich im Gegensatz zu denen eines Teilchens: lokalisiertes Auftreten, Wechselwirkung nur als Ganzes.

Ein verwirrendes Experiment

Figur 1 zeigt schematisch die prinzipielle Versuchsanordnung, mit der wir uns jetzt beschäftigen wollen. Der Stern, den wir als Lichtquelle benutzen, soll so weit entfernt sein, daß man nur noch ab und zu einen Lichtblitz von ihm sieht. Schon dieser Effekt ist bemerkenswert und entsteht *nicht* in unserem Auge. Er läßt sich zwanglos nur dadurch erklären, daß das Licht aus Teilchen, den Photonen, besteht. Der Stern sendet dann eben eine große Anzahl solcher Photonen aus. Je entfernter der Beobachtungsort liegt, desto weniger Photonen treffen dort ein, bis uns schließlich nur noch ab und zu eines erreicht. Nach der Wellenvorstellung müßte die Wahrnehmung des Sternenlichts ganz zum Erliegen kommen, wenn die Amplitude der Kugelwelle unter die Empfindlichkeitsgrenze des Auges oder allgemein des Lichtdetektors sinkt. Man hat raffinierte Anordnungen erdacht, die das quantenhafte Auftreten von Lichtblitzen jenseits aller Zweifel bestätigt haben. Im übrigen wird das skizzierte Experiment natürlich mit technischen Feinheiten durchgeführt, auf die wir nicht näher eingehen können (z. B. Lichtquelle im Labor als rasch rotierende Scheibe mit einem Loch, Beobachtungsebene als optischer Vielkanalanalysator ausgebildet, im Strahlengang noch verschiedene optische Hilfsmittel).

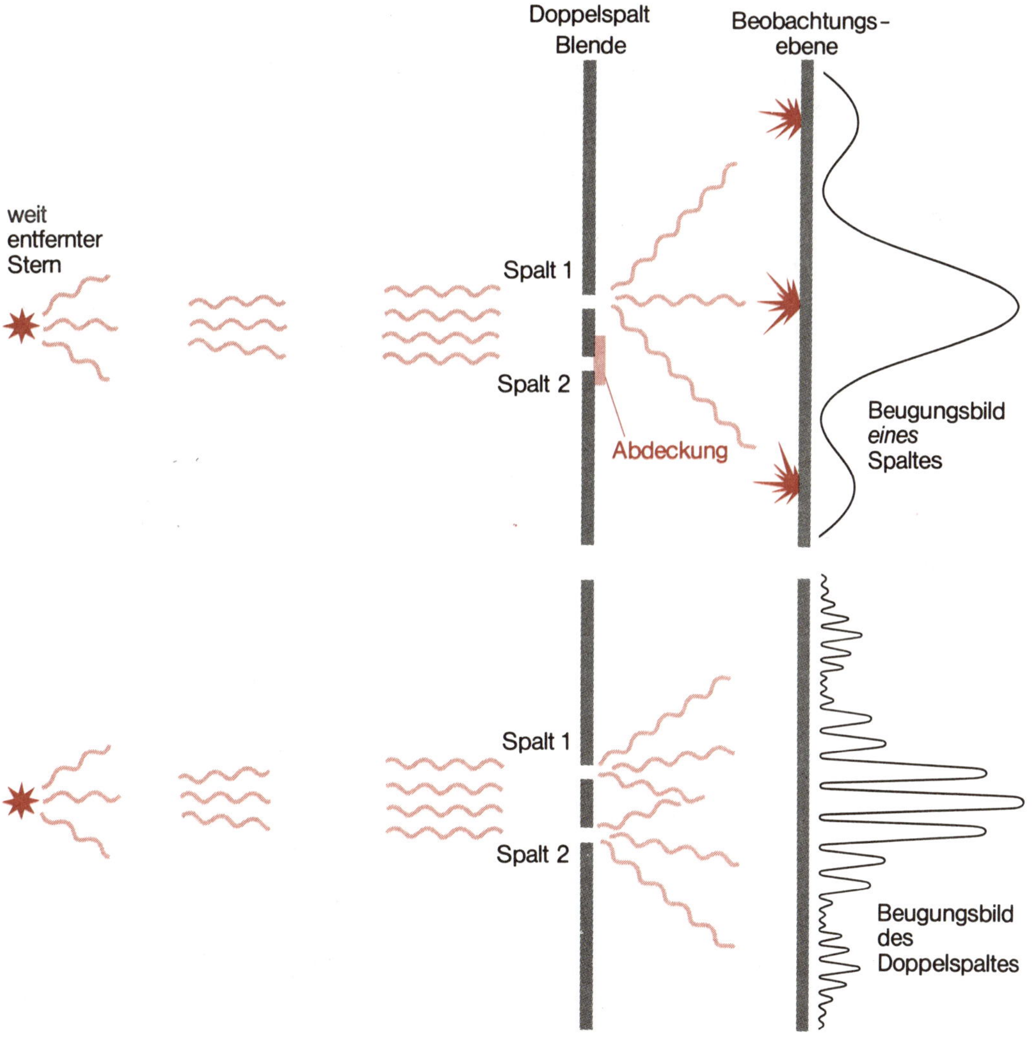

Dualismus von Welle und Teilchen (Figur 1): Das Beugungsexperiment mit einzelnen Photonen liefert die Beugungsbilder von Einfach- bzw. Doppelspalt, obwohl man davon ausgehen kann, daß immer nur *ein* Photon einen Spalt passiert. Die auftreffenden Photonen verhalten sich trotz ihres Teilchencharakters auch als Welle, zeigen also eine Doppelnatur.

Wir haben es also mit *Lichtquanten* zu tun, die statistisch eintreffen. Lassen wir sie durch den Einzelspalt hindurchtreten, so fliegen nicht alle geradlinig weiter, sondern treffen in der Beobachtungsebene an vielen verschiedenen Stellen ein (oberer Teil von Figur 1). Wenn wir genügend lange warten und alle eintreffenden Photonen registrieren, kommt eine Verteilung heraus, die rechts hinter der Beobachtungsebene angedeutet ist und die genau dem aus der Wellentheorie des Lichtes entnommenen Beugungsbild eines Spaltes entspricht. Man kann diese Verteilung nur schwer mit einer Wechselwirkung der Photonen mit den Spalträndern erklären, vor allem wegen der Nebenmaxima, aber nehmen wir einmal an, eine solche Erklärung gäbe es.

Nun entfernen wir aber die Abdeckung vor dem zweiten Spalt. Beachten Sie, daß nach wie vor die Lichtquelle so schwach sein soll, daß nur einzelne Photonen eintreffen, sagen wir, im Mittel jede Minute eines. Dann ist die Wahrscheinlichkeit vernachlässigbar klein, daß zu irgendeinem Zeitpunkt je ein Photon durch jeden der beiden Spalte geht. Was für eine Photonenverteilung erwarten wir also auf der Beobachtungsebene? Doch zweifellos einfach eine Überlagerung der Bilder der beiden Einzelspalte, also im wesentlichen so etwas wie die Verteilung im oberen Teil von Figur 1, nur etwas breiter, mit nicht mehr so ausgeprägten Nebenmaxima.

In Wirklichkeit sieht man etwas ganz anderes: das exakte Beugungsbild des Doppelspalts (unterer Teil von Figur 1).

Wir können unmöglich annehmen, daß ein Photon, das den Spalt 1 (mit Lichtgeschwindigkeit) passiert, vom zweiten Spalt eine Mitteilung bekommt, ob er gerade offen oder geschlossen ist, damit es weiß, zu welcher der beiden Verteilungen es beitragen soll. Der einzig mögliche Schluß ist der, daß das Photon gleichzeitig durch *beide* Spalte geht. Diese Annahme wirft aber die Teilchenvorstellung über den Haufen. Nur eine Welle kann ein derartiges Verhalten zeigen. Trotzdem ›beweist‹ das Eintreffen einzelner Lichtblitze auf der Beobachtungsebene nach wie vor, daß es Photonen sind, mit denen wir es zu tun haben.

Folgerungen aus dem Experiment

Was soll man davon halten? Der erste Versuch ist die Annahme eines ›Wellenpakets‹, also die Deutung des Photons als Welle, die aber nur ein gewisses (kleines) Raumgebiet erfüllt. So hilfreich diese Vorstellung auch ist, ganz befriedigend ist sie nicht. Man kann mit ihrer Hilfe zwar die → Unschärferelation erklären, das erwähnte Experiment aber läßt sich auch mit Wellenpaketen nicht verstehen. Ein solches Wellenpaket müßte ja eine Ausdehnung haben, mindestens so groß wie der Abstand der beiden Spalte. Dann bleibt jedoch unerklärlich, wie das ganze Wellenpaket sich durch die Spalte quetschen soll, denn hinter den Spalten sehen wir ja wieder *ganze* Photonen, nicht etwa nur Teile davon. Außerdem wird auch der Absorptionsakt eines derartigen – für Atomdimensionen – doch noch riesigen Wellenpakets unverständlich. Wie kann das ganze Wellengebiet auf das kleine Raumgebiet eines Atoms zusammenlaufen, um seine *gesamte* Energie einem einzelnen Elektron zu übertragen?

Es bleibt eigentlich nur eine Erklärung: Das Photon ist von einer ›Wahrscheinlichkeitswelle‹ begleitet (was immer das auch sein soll!), und es ist diese Wahrscheinlichkeitswelle, die durch die Spalte verändert wird, so daß die Intensitätsverteilung hinter den Spalten von dieser Welle bestimmt wird. In der → Quanten-

mechanik wird diese Wahrscheinlichkeitswelle auch *Wellenfunktion* genannt, und alle dort mit ihr durchgeführten Rechnungen haben die Vorstellung bestätigt, daß ihr *Quadrat* die Aufenthaltswahrscheinlichkeit des jeweiligen Teilchens angibt.
Ich muß zugeben, daß diese Deutung meine Anschauung übersteigt, und ich habe noch niemanden getroffen, der mir sagen konnte, er könne diese Zusammenhänge mit seiner anschaulichen Begriffswelt in Einklang bringen. Aber, ist das so verwunderlich? Wir können doch auch den Begriff der Welle allein oder des Teilchens allein nicht wirklich mit unseren Vorstellungen in Einklang bringen, wie ich eingangs versucht habe zu zeigen. Vielleicht liegt es daran, daß die durch Einzelerfahrungen gewonnenen Begriffe undeutlich sind und bleiben müssen. Dafür mag die Arbeitsweise unseres Gehirns verantwortlich sein.
Die Physik ist wohl mit dem Vordringen in uns nicht direkt erfahrbare Größenordnungen auf Realitäten gestoßen, für die keine Begriffe passen *können*, die wir uns aus dem täglichen Leben abzuleiten imstande sind. Das gilt sowohl für die Welt des Kleinen (Elementarteilchen, Atome) als auch für die Welt des Großen (Universum). Um so erstaunlicher ist es, daß wir imstande sind, uns *mathematische* Modelle von diesen Welten zu machen, und daß wir mit diesen Modellen rechnen können, auch ohne sie anschaulich zu verstehen.
Das soll wiederum nicht heißen, daß die Anschauung etwas Minderes sei. Im Gegenteil: Offenbar haben wir auch von der Welt unserer Größenordnung her einen so aufschlußreichen Zugang in das gesamte physikalische Universum, daß die Alltagsbegriffe uns zumindest viele Anstöße und Hinweise geben können. Deshalb sollte man auch immer wieder versuchen, selbst für unanschauliche physikalische Begriffe so anschauliche Modelle zu finden wie möglich (→ Materiewellen).

Dulong-Petitsche Regel

Pierre Dulong (1785–1838) und *Alexis Petit* (1791–1820) stellten eine zunächst empirische Regel auf, wonach die *molare Wärmekapazität* C_m (die sog. ›Atomwärme‹ oder ›Molwärme‹) eines festen Körpers eine Konstante sein sollte mit dem Wert

$$C_m \approx 25 \frac{J}{mol \cdot K}.$$

Es sollte also für jeden festen Körper etwa eine Wärmeenergie von 25 J erforderlich sein, um die Temperatur eines Mols (→ Maße und Maßsysteme) um ein Kelvin zu erhöhen. Diese Regel ist für viele Metalle bei höheren Temperaturen richtig, für die leichten Elemente, vor allem bei niedrigen Temperaturen, stimmt sie aber überhaupt nicht. Die Molwärmen dieser Elemente sind nämlich viel zu klein. Es war ein großer Erfolg für die Thermodynamik und die Quantenmechanik, nicht nur die D.-P. R. selbst erklären zu können, sondern auch die Gründe für die Abweichungen von ihr.
Um den ersten Teil nachzuvollziehen, brauchen wir lediglich den Gleichverteilungssatz der Thermodynamik, wonach im Durchschnitt jeder Freiheitsgrad eines Atoms mit der thermischen Energie $E_{th} = ½\,kT$ ›geladen‹ wird (k = Boltzmann-Konstante, T = Temperatur). Metallatome haben 6 Freiheitsgrade: je drei für die kinetische und die potentielle Energie eines im Kristallverband schwingenden Atoms. Jedes Atom speichert daher im Mittel die Energie $6 \cdot ½\,kT = 3\,kT$. Da ein Mol eines Stoffes aus

$\approx 6 \cdot 10^{23}$ Teilchen (→ Loschmidtsche Zahl) besteht, beträgt die gespeicherte Energie pro Mol und Kelvin (oder Grad Celsius) eben

$$C_m = 3k \cdot 6 \cdot 10^{23} \frac{J}{mol \cdot K}.$$

Setzt man die Boltzmann-Konstante k mit einem Wert von $\approx 1{,}38 \cdot 10^{-23}$ J/K ein, so erhält man

$$C_m \approx 24{,}8 \frac{J}{mol \cdot K},$$

wie von der D.-P. R. gefordert.
Wenn die Molwärme bei tiefen Temperaturen diesen Wert unterschreitet, kann das nur daran liegen, daß die Zahl der Freiheitsgrade kleiner als 6 wird. Die Quantenmechanik des Festkörpers erklärt das mit dem ›Einfrieren‹ bestimmter Anregungsenergien. Höhere Werte von C_m müssen andererseits durch zusätzliche Freiheitsgrade zustande kommen, wie sie z. B. durch bevorzugte Bindungen mit entsprechenden Schwingungsmöglichkeiten entstehen können.

Dyn

Zeichen dyn, nicht mehr zulässige Einheit der Kraft, zu ersetzen durch die Einheit Newton (N); 1 dyn = 10^{-5} N (→ Maße und Maßsysteme).

Dynamik

Die Lehre von der Bewegung des Körpers unter dem Einfluß von Kräften, insbesondere auch von der Entwicklung von Gegenkräften durch Beschleunigungen (→ Trägheitskräfte), bezeichnet man als *Dynamik*. Eine besondere Rolle spielt der Begriff des *dynamischen Gleichgewichts*, der durch die Trägheitskräfte möglich wird. Wenn ein dynamisches Gleichgewicht vorliegt, dann halten sich trotz der Bewegung eine Anzahl von Kräften die Waage. Man kann dann die Rechenmethoden der → Statik anwenden.
Beispiel: Die Bewegung der Erde um die Sonne ist als dynamisches Gleichgewicht auszudrücken. Die Massenanziehungskraft (→ Gravitation) hält der durch die Bewegung erzeugten Trägheitskraft (Zentrifugalkraft) das Gleichgewicht. Um z. B. den Radius einer derartigen Kreisbahn auszurechnen, braucht man dieses Kräftegleichgewicht nur anzuschreiben.

E Abk. für die Vorsilbe → Exa- bei Maßeinheiten (→ Maße und Maßsysteme).

e **1)** Symbol für die elektrische → Elementarladung;
2) Symbol für das → Elektron;
3) Basis der natürlichen Logarithmen in Exponentialfunktionen (*Wachstums-* oder *Dämpfungsfunktionen*); e ≈ 2,71 . . .

Eigenschwingung

Eine Schwingung, die ein Oszillator mit gegebenen Anfangs- und Randbedingungen von sich aus, d. h. ohne äußere Einwirkungen, ausführt, bezeichnet man als *Eigenschwingung.* Anders ausgedrückt sind E. die stationären Zustände von stehenden Wellen, die in die vorgegebenen Randbedingungen passen, z. B. Saitenschwingungen oder Luftsäulenschwingungen (→ Schwingungen, → Wellen).

Eigenwert

Rein formal ist der E. eine Konstante, die in einer Differentialgleichung mit Randbedingungen auftritt. Die Differentialgleichung hat dann zu jedem E. eine *Eigenfunktion* als Lösung. Nahezu die gesamte → Quantenmechanik führt auf Eigenwertprobleme, Standardbeispiel für ein Eigenwertproblem ist die Differentialgleichung der schwingenden Saite, die an beiden Enden fest eingespannt ist (Randbedingungen). Dann ergeben sich die E. als Anzahl der vorhandenen Schwingungsknoten, die zugehörigen Eigenfunktionen als stehende Wellen, deren Frequenzen durch die E. bestimmt sind.

Einfallsebene

Die bei der Reflexion oder der Brechung von Wellen speziell durch den Wellenvektor und den Normalenvektor der Grenzfläche aufgespannte Ebene wird als *Einfallsebene* bezeichnet. Die E. eines ›Strahles‹ steht daher immer senkrecht auf der Grenzfläche (→ Wellen).

Einstein-de-Haas-Effekt

Magnetische Erscheinungen sind stets an Kreisströme gebunden, d. h. an Ladungen, die sich im Kreis herum bewegen. Da diese Ladungen gleichzeitig auch massebehaftet sind, muß ein Kreisstrom untrennbar mit einem → Drehimpuls verknüpft sein. Dieser Zusammenhang ist die Grundlage der sog. *gyromagnetischen (kreiselmagnetischen) Effekte,* von denen einer von *Albert Einstein* (1879–1955) und *Wander Johannes de Haas* (1878–1960) gefunden wurde. Magnetisiert man einen Eisenstab, werden Kreisströme ausgerichtet, die vorher ungeordnet waren. Gleichzeitig richten sich aber auch die zugehörigen Drehimpulse aus. Wegen der Erhaltung des Drehimpulses muß der Stab in seiner Gesamtheit mit einem makroskopischen Drehimpuls reagieren, der die Ausrichtung kompensiert. Der Effekt ist allerdings so klein, daß er nur mit Hilfe von Resonanzmethoden nachgewiesen werden kann. Man hängt den Stab in eine Spule und magnetisiert ihn im Takt seiner durch die Aufhängung gegebenen Eigenschwingungen um.
Die Auswertung der gyromagnetischen Effekte (zu denen auch der → Barnett-Effekt zählt) hat ergeben, daß die Magneti-

sierung von Eisen nicht auf den Bahndrehimpuls zurückzuführen ist, sondern vielmehr durch den → Spin eines Elektrons verursacht sein muß.

Einsteinsches Äquivalenzprinzip

Aus der → Relativitätstheorie folgt die Äquivalenz von (träger) Masse und Energie, die durch *Albert Einsteins* (1879–1955) berühmte Formel

$$E = m \cdot c^2$$

ausgedrückt wird. Dabei ist c die Lichtgeschwindigkeit. Die Einsteinsche Äquivalenz verbindet die Erhaltungssätze von Masse und Energie und hat auch in praktischen Anwendungen größte Bedeutung erlangt (→ Kernphysik, → Kernwaffen, → Elementarteilchen).

Ekliptik

Die Bahnebene der → Erde um die Sonne heißt *Ekliptik*. Die Erdachse steht nicht senkrecht auf dieser Ebene, sondern ist gegen die Senkrechte um etwa 23° 27′ geneigt. Da die Menschen traditionsgemäß alle Himmelsvorgänge auf die für sie ›ruhende‹ Erde beziehen, spricht man von der *Schiefe der Ekliptik* anstatt korrekt von der Schiefe der Äquatorebene. Das Verständnis für die Himmelsvorgänge wird aber auf diese Weise nicht gerade gefördert, auch wenn sich der Aufwand zur Berechnung z. B. der Auf- und Untergangszeiten der Sterne nicht ändert, sofern man das heliozentrische Bezugssystem zugrunde legt.

Elastizität

Feste Körper verändern ihre Gestalt nicht von allein; wenn man sie deformieren will, muß man Kräfte aufwenden. Da der Zusammenhalt von Atomen oder Molekülen in einem Festkörper letztlich durch die Elektronenhüllen bestimmt wird (→ Atomphysik), müssen sich die Bindungskräfte auf Coulomb-Kräfte zwischen Ladungen zurückführen lassen. Ganz grob läßt sich sagen, daß zur Trennung zweier gebundener Atome (mit einer teilweise gemeinsamen Elektronenhülle) eine bestimmte Energie aufgebracht werden muß. Versucht man andererseits, die beiden Atome einander noch mehr zu nähern, so wirken bald die stark abstoßenden Kräfte der beiden – gleichnamig geladenen – Rumpf-Elektronenhüllen. Die potentielle Energie, die in den beiden Atomen steckt, hat deshalb qualitativ die in Figur 1 gezeigte Abhängigkeit von ihrem Abstand r. Auch das Potential zeigt diese Abhängigkeit. Da die Kraft als Potentialänderung angegeben werden kann und das Potential zumindest in der

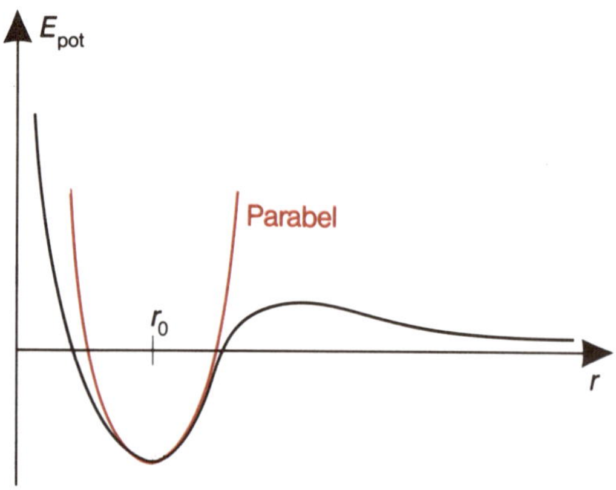

Elastizität (Figur 1): Das Potential zwischen zwei Festkörperatomen hängt vom Abstand ab (schwarze Kurve). Ohne äußere Kräfte stellt sich der Gleichgewichtszustand r_0 Potentialminimum) ein, die Potentialkurve hat hier näherungsweise die Form einer Parabel (rote Kurve). Da die Kraft der *Steigung* der Potentialkurve entspricht, die Parabelsteigung aber dem Scheitelabstand $|r - r_0|$ proportional ist, muß für kleine Abstandsänderungen die dafür erforderliche Kraft ebenfalls proportional zu $|r - r_0|$ sein.

näheren Umgebung vom ›Normalabstand‹ r_0 näherungsweise parabelförmig ist, muß die Kraft, die zur Abstandsänderung erforderlich ist, im engeren Bereich um r_0 herum proportional zu $|r-r_0|$ sein. Hat man es nicht mit nur zwei Atomen zu tun, sondern mit einem ganzen Kristallgitter eines Festkörpers, muß derselbe Zusammenhang für die Längenänderung in einer Richtung und die in dieser Richtung wirkende Kraft pro Flächeneinheit, also den sog. Druck oder Zug (allgemein Spannung), gelten. Das ist der Inhalt des nach *Robert Hooke* (1635–1703) benannten Grundgesetzes der Elastizitätslehre *(Hookesches Gesetz).*

Zieht man also an einem Draht mit der Länge l und dem Querschnitt A mit der Kraft F, so wird er sich um einen Betrag Δl verlängern. Die *Dehnung* $\Delta l / l$ muß dann (für kleine Werte von Δl) proportional zur Spannung F/A sein:

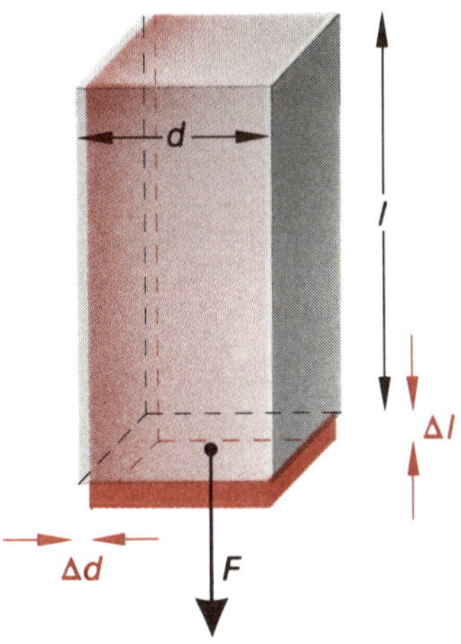

Elastizität (Figur 2): Ein Draht mit quadratischem Querschnitt erleidet bei einer Dehnung der Größe $\Delta\, l/l$ eine Querkontraktion der Größe $\Delta\, d/d$. Die damit verbundene relative Volumenveränderung ist $\Delta\, V/V > 0$. Das Verhältnis aus der relativen Änderung des Durchmessers (Querkontraktion) zur Dehnung bezeichnet man als *Poissonsche Zahl.*

$$\frac{\Delta l}{l} = \left(\frac{1}{E}\right) \cdot \frac{F}{A} \quad (1)$$

(Hookesches Gesetz).

Der Proportionalitätsfaktor $1/E$ heißt *Dehnungsgröße*, die in der Technik vorwiegend benutzte Größe E heißt *Elastizitätsmodul.* Je ›elastischer‹ ein Material ist, desto mehr dehnt es sich bei der Anwendung derselben Spannung, desto kleiner ist also unsinnigerweise E. Konventionen der Techniker sind jedoch so fest verwurzelt, daß man sie meist nicht ändern kann. Der Wert von E ist nur vom Material abhängig, in jedem Einzelfall eigentlich aber auch noch von der Richtung der wirkenden Kraft. Das bedeutet, daß E genaugenommen durch einen Tensor dargestellt werden müßte. Für einfache Anordnungen wie z. B. den Draht, auf den eine Zugkraft wirkt, genügt aber die skalare Näherung durchaus.

Die Poissonsche Zahl

Läßt man eine Zugkraft auf einen Draht wirken, so wird er nicht nur länger, sondern auch dünner. Das Verhältnis aus der relativen Änderung des Durchmessers (Querkontraktion) $\Delta d/d$ zur Dehnung $\Delta l/l$ des Drahtes bezeichnet man als Poissonsche Zahl μ:

$$\mu = \frac{\Delta d}{d} : \frac{\Delta l}{l}. \quad (2)$$

Auch die Größe μ ist wie E eine reine Materialkonstante.

Um die Größe von μ abzuschätzen, bedenken wir, daß das Gesamtvolumen V eines Drahtes bei Dehnung nur auf V' zunehmen kann oder höchstens gleichbleibt. Rechnen wir $\Delta V/V$ aus, so beträgt für einen Draht mit quadratischem Querschnitt (Figur 2)

$$V = d^2 \cdot l \text{ und}$$
$$V' = (d - \Delta d)^2 \cdot (l + \Delta l) =$$
$$= (d^2 - 2\Delta d \cdot d + \Delta d^2) \cdot (l + \Delta l)$$
oder
$$V' = d^2 \cdot l - 2\Delta d \cdot d \cdot l + \Delta d^2 \cdot l + d^2 \Delta l -$$
$$- 2\Delta d \cdot \Delta l \cdot d + \Delta d^2 \cdot \Delta l.$$

Vernachlässigt man alle Terme, in denen eine kleine Größe (Δl oder Δd) in mehr als einer Potenz vorkommt, so ist

$$V' \approx d^2 \cdot l - 2\, d \cdot l \cdot \Delta d + d^2 \cdot \Delta l.$$

Die Volumenänderung $\Delta V = V' - V$ beträgt dann

$$\Delta V \approx d^2 \cdot \Delta l - 2\, d \cdot l \cdot \Delta d.$$

Damit wird die relative Volumenänderung zu:

$$\frac{\Delta V}{V} = \frac{\Delta l}{l} - 2 \frac{\Delta d}{d}.$$

Klammert man $\Delta l / l$ aus, so erhält man mit Gleichung (2) schließlich

$$\frac{\Delta V}{V} = \frac{\Delta l}{l} \cdot (1 - 2\mu). \qquad (3)$$

Wenn der Wert $\Delta V / V$ positiv bleiben soll, kann μ daher höchstens 0,5 werden. Die tatsächlichen Werte liegen zwischen 0,2 und 0,5.

Der Kompressionsmodul

Wenn man kleine Größen höherer Ordnung wie eben vernachlässigt, ist die Berechnung von $\Delta V / V$ auch dann einfach, wenn *drei* Kräfte auf einen Würfel der Seitenlänge d einwirken. Jede dieser Kräfte hat eine Volumenänderung ΔV zur Folge, daher ist insgesamt die Volumenänderung dreimal so groß wie im linearen Fall. Die Wirkung je einer Kraft in jeder Raumrichtung entspricht aber genau der allseitigen Wirkung eines Druckes p auf den Würfel. Natürlich muß jetzt $\Delta V / V$ negativ genommen werden (Druck = negativer Zug), aber wir erwarten, daß für kleine Drucke p die relative Volumenänderung wieder proportional zum Druck ist. Die erste Annahme ergibt:

$$\frac{\Delta V}{V} = -3 \cdot \frac{\Delta l}{l} (1 - 2\mu). \qquad (4)$$

Nach der zweiten Annahme sollte gelten:

$$p = -K \cdot \frac{\Delta V}{V}. \qquad (5)$$

Der Proportionalitätsfaktor K heißt *Kompressionsmodul.* Sein Kehrwert $1/K$ wird *Kompressibilität* genannt. Nach dem Hookeschen Gesetz gilt:

$$\frac{\Delta l}{l} = -\frac{1}{E} \cdot p.$$

Setzen wir das in Gleichung (4) ein und vergleichen mit Gleichung (5), so zeigt sich, daß sich K aus E und μ berechnen läßt:

$$K = \frac{E}{3(1 - 2\mu)}. \qquad (6)$$

Der Schubmodul

Festkörper leisten im Gegensatz zu Flüssigkeiten und Gasen auch Kräften Widerstand, die nicht senkrecht auf eine Oberfläche wirken (Normalkräfte), sondern tangential zu ihr (Tangentialkräfte, Scherungskräfte). Figur 3 zeigt die Situation. Für kleine Scherwinkel α (im Bogenmaß) kann man für die *Scherung* wieder das Hookesche Gesetz anwenden:

$$\tau = G \cdot \alpha. \qquad (7)$$

Die Schubspannung $\tau = F_S / A$ ist die an der Oberfläche angreifende Kraft, bezo-

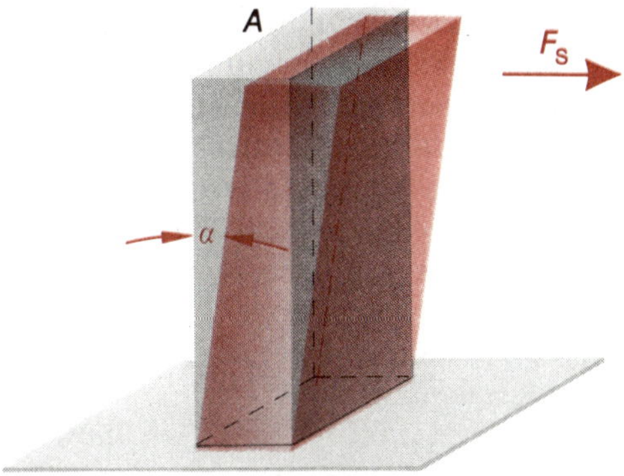

Elastizität (Figur 3): Die Einwirkung einer Schubspannung der Größe F_S/A führt zu einer Scherung des Klotzes um den Winkel α, unabhängig vom Abstand zwischen Grund- und Deckfläche.

gen auf diese Fläche. Beachten Sie, daß die *Auslenkung a* natürlich von dem Abstand zwischen der – unbeweglich gedachten – Grundfläche und der Deckfläche abhängt, an der die Kraft angreift. Der Winkel α aber ist nicht von diesem Abstand abhängig. Genaugenommen kann nur ein *Kräftepaar* Scherkräfte erzeugen. Die Grundfläche muß ja mit $-F_S$ festgehalten werden. Kräftepaare erzeugen aber Drehmomente. Man nennt die Konstante G in diesem Zusammenhang deshalb *Schubmodul* oder *Torsionsmodul.* G ist die passende Größe, um z. B. die Verdrillung von Drähten, Bohrern oder Fräsern zu beschreiben. So ergibt sich für das Richtmoment D_r eines Zylinders mit dem Radius r und der Höhe h die Formel

$$D_r = G \cdot \frac{\pi}{2} \cdot \frac{r^4}{h}. \qquad (8)$$

Auch Federdrähte sind zylinderförmig, und die Dehnung einer Schraubenfeder bewirkt ja eigentlich eine *Torsion* des Federmaterials. Deshalb ist auch die Härte einer Zug- oder Druckfeder von der vierten Potenz der Federstärke abhängig. Verdoppelt man die Stärke des Federdrahtes, so wird die Feder 16mal so hart! Spiralfedern (zum Aufziehen) werden dagegen auf Biegung beansprucht. Ihre Kraft ist der dritten Potenz der Klingenstärke proportional und nimmt linear mit der Klingenbreite zu.

Zusammenhänge zwischen den Materialkonstanten

Von den vier elastischen Konstanten eines Körpers E, μ, K und G sind nur *zwei* voneinander unabhängig, nämlich K und G. Die beiden anderen lassen sich durch Verbindungsgleichungen ausdrücken.
Eine dieser Beziehungen stellt die Gleichung (6) dar, die andere ergibt sich aus Figur 4. Die Deformation eines Würfels in der angegebenen Weise läßt sich auf zweierlei Weise deuten: einmal als Resultat einer Schubspannung in Richtung der Deckfläche, zum anderen aber auch als Ergebnis zweier Normalspannungen durch die Kräfte F_1 und F_2. Die Kraft F_1 *zieht* in Richtung der einen Flächendiagonale, F_2 *drückt* in Richtung der anderen Flächendiagonale. Rechnet man die Deformation für kleine Winkel α unter beiden Gesichtspunkten aus, so erhält man die zweite Beziehung zwischen den elastischen Konstanten:

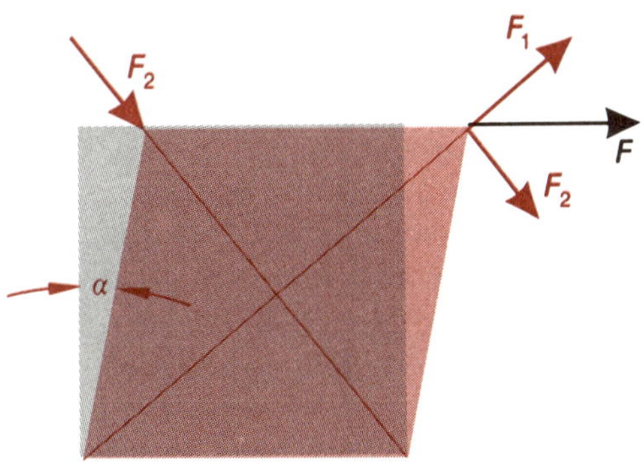

Elastizität (Figur 4): Die angreifende Schubkraft F kann in die zwei Normalkräfte F_1 und F_2 zerlegt werden.

$$G = \frac{E}{2 \cdot (1+\mu)} . \qquad (9)$$

Diese Gleichung läßt übrigens auch einen Schluß auf die Größe von G zu: Da μ zwischen 0 und 0,5 liegt, kann G nur einen Wert zwischen $E/2$ und $E/3$ haben. Zur Ableitung von (9) werden nur die bereits vorhandenen Gleichungen gebraucht. Außerdem wird die Näherung

$$\tan\left(\frac{\pi}{4} + \frac{\alpha}{2}\right) \approx 1 + \alpha$$

benutzt, die für kleine Werte von α gültig ist.

Fließgrenze und Zerreißgrenze

Wie verhält sich ein fester Körper, wenn man Kräfte auf ihn ausübt, die ihm Molekülabstände jenseits des in Figur 1 dargestellten Parabelbereichs aufzwingen? Für *Zugspannungen* wissen wir ungefähr Bescheid: Die Dehnung kommt jenseits der Elastizitätsgrenze in einen Bereich, wo eine weitere Dehnung keine zusätzliche Energie mehr erfordert. Der Körper wird von dieser *Fließgrenze* an plastisch, verhält sich ähnlich wie eine sehr zähe Flüssigkeit. Schließlich wird auch wegen der zunehmenden Querkontraktion die *Zerreißgrenze* erreicht. Sie ist stark vom Einzelmaterial abhängig, von kleinen Kerben oder Baufehlern des Kristalls, die als ›Auslöser‹ des Bruches wirken. *Druckspannungen* in nur einer Richtung führen in einer ebenfalls nur ungefähr voraussagbaren Weise schließlich zu einem seitlichen Ausweichen und zum Zerbrechen des Materials, z. B. bei Säulen, die ein zu großes Gewicht tragen müssen. Wirkt der Druck von allen Seiten, kann nach einer gewissen Kompression sogar Verflüssigung eintreten. Der Körper wird also ebenfalls alles verfügbare Volumen ausfüllen. In Sternen schließlich können so große Drücke auftreten, daß die Elektronenhüllen des Materials in die Kerne gequetscht werden. Dann entsteht Materie aus einheitlichem Material: Es bildet sich ein Neutronenstern (→ Astrophysik).

Es bleibt noch anzumerken, daß der Kehrwert des Kompressionsmoduls als Kompressibilität κ (griech. Buchstabe Kappa) als einzige elastische Größe auch auf Flüssigkeiten und Gase anwendbar ist. Für Flüssigkeiten hat κ ähnliche Werte wie für Festkörper, aber Gase sind sehr stark komprimierbar (→ Aggregatzustand). Die Tabelle gibt einige typische Werte der elastischen Konstanten an.

Material	E	K	G	μ
	[je in 10^{10} N/m^2]			
Iridium	52,8	36	21	0,26
Federstahl, V2A	≈ 20	≈ 16	≈ 8	0,29
Aluminium	≈ 7	≈ 7	≈ 2,6	0,34
Gold	≈ 8	≈ 17	≈ 2,7	0,42
Blei	1,6	4,3	0,6	0,44

Tabelle: Größe von Elastizitätsmodul E, Kompressionsmodul K, Schubmodul G und Poissonscher Zahl μ für einige Materialien

Elektret

Ein → Dielektrikum mit permanenter Orientierungspolarisation nennt man (in Analogie zum Permanentmagnet) auch *Elektret*. E. erzeugen große Spannungen zwischen ihren Enden, wenn man sie deformiert (→ Piezoelektrizität). Nach derselben Analogie bezeichnet man E. auch als *Ferroelektrika*, obwohl die Orientierungspolarisation nichts mit dem Eisen zu tun hat. Man benutzt diese Bezeichnungen nur, weil bei genügend hohen Feldstärken eine maximale Orientierung der Elementardipole, d. h. eine Sättigung, eintritt und weil sich beim Umpolen des Feldes eine gewisse → Hysteresis zeigt.

Elektrische Ladung

Die e. L. ist eine Eigenschaft von → Elementarteilchen, die verantwortlich für die Ausbildung eines → elektrischen Feldes ist. Die eigentlichen → Elementarladungen sind das *Elektron* und das *Positron*. Größere e. L. sind immer ganzzahlige Vielfache dieser Elementarladungen. Wir können darüber hinaus nicht sagen, was eine e. L. eigentlich ist. Die Physiker wissen nur, daß sich e. L. gegenseitig beeinflussen (→ Wechselwirkung), und sie kennen auch die mathematische Formel dieses Einflusses (→ Coulombsches Gesetz). Zu Ehren des Entdeckers dieser Wechselwirkung nennt man die Ladungseinheit auch 1 *Coulomb* (Abk. 1 C). Die genaue Definition lautet: 1 Coulomb ist gleich der Elektrizitätsmenge, die während der Zeit von 1 s bei einem zeitlich unveränderlichen Strom der Stärke 1 A durch den Querschnitt eines Leiters fließt (→ elektrische Stromstärke). Deshalb gilt 1 C = = 1 As (→ Maße und Maßsysteme).

Man kann aber die Ladungseinheit direkt aus dem Coulombschen Gesetz herleiten, wenn man die Proportionalitätskonstante k in

$$F = k \cdot \frac{q_1 \cdot q_2}{r^2}$$

gleich 1 setzt. Dann ist im cgs-System (→ Maße und Maßsysteme) die *elektrostatische Ladungseinheit* (Abk. esu von engl. *e*lectro*s*tatic *u*nit) gegeben als die Ladungsmenge, die eine gleich große, aber entgegengesetzte Ladung, die sich im Abstand von 1 cm von der ersten befindet, mit der Kraft von 1 dyn anzieht. Die Dimension einer dermaßen definierten Ladungseinheit wird allerdings recht ›krumm‹, denn es muß ja $[q] = \sqrt{[F]} \cdot [r]^2$ sein, d. h. 1 esu = 1 $g^{-1/2} \cdot cm^{3/2} \cdot s^{-1}$.
In der Praxis rechnet man deshalb lieber mit dem ›alten‹ Coulomb, obwohl es sich um eine ableitbare Größe handelt.
Um aus der Größe einer Ladung (in Coulomb) die Maßzahl in esu zu erhalten, muß man erstere mit dem Faktor $0{,}1 \cdot c$ multiplizieren, wobei c die Lichtgeschwindigkeit (im cgs-System!) darstellt.

Elektrische Leitfähigkeit

Der Proportionalitätsfaktor in der allgemeinen Form des → Ohmschen Gesetzes ist die *spezifische elektrische Leitfähigkeit* σ. Ihr Kehrwert φ bildet den spezifischen → elektrischen Widerstand eines Leiters:

$$\sigma = \frac{1}{\varphi}. \qquad (1)$$

Spezifische Leitfähigkeiten mißt man zunächst in Siemens mal Meter, S · m (→ Maße und Maßsysteme). Manchmal ist es zweckmäßig, sie durch andere Größen auszudrücken. Der *elektrische Strom* kommt durch die Bewegung elektrischer Ladungen zustande, und die *Stromdichte* $\vec{j}$ ist gegeben durch die Ladungsdichte q mal der mittleren Geschwindigkeit $\vec{v}$, mit der sich die einzelnen Ladungsträger bewegen:

$$\vec{j} = q \cdot \vec{v}. \qquad (2)$$

Da andererseits $\vec{j} = \sigma \cdot \vec{E}$ ist ($\vec{E}$ = Feldstärke), muß $q \cdot \vec{v} = \sigma \cdot \vec{E}$ sein. Die mittlere Driftgeschwindigkeit $\vec{v}$ der Ladungsträger ist also (pro Feldstärkeeinheit) gleich der Leitfähigkeit σ, dividiert durch die Ladungsdichte q. Dieser Quotient wird auch oft *Beweglichkeit* μ der Ladungsträger genannt. Speziell im Fall von Metallen sind die Ladungsträger Elektronen, die Ladungsdichte ist also gleich der

Elementarladung e, multipliziert mit der Anzahl n freier Elektronen pro Volumeneinheit:

$$q = e \cdot n. \qquad (3)$$

Dann sind μ und σ durch die Beziehung

$$\sigma = e \cdot n \cdot \mu \qquad (4)$$

miteinander verknüpft.

Es leuchtet ein, daß die Beweglichkeit μ – und damit auch die Leitfähigkeit σ – temperaturabhängig ist. Die Leitfähigkeit von Materialien mit konstanter Ladungsträgerdichte n nimmt mit zunehmender Temperatur ab, weil durch die Temperaturbewegung der Rumpfatome des Gitters die Bewegung der Ladungsträger gestört wird. Bei Halbleitern (→ Bändermodell) nimmt dagegen die Leitfähigkeit mit der Temperatur zu, weil freiwerdende Ladungsträger die Temperaturbewegung bei weitem aufwiegen. Bei sehr tiefen Temperaturen (einige Kelvin) gibt es schließlich Materialien, deren Leitfähigkeit nahezu schlagartig unendlich wird (→ Supraleitung) und die dann keinen elektrischen Widerstand mehr aufweisen.

Elektrischer Schwingkreis

Schaltungen aus → Kapazitäten und → Induktivitäten können Schwingungen ausführen. Das Zustandekommen solcher Schwingungen macht man sich anhand einer Kreisschaltung aus einem Kondensator und einer Spule klar. Der Kondensator sei z. B. gerade aufgeladen und stehe unter der Spannung U. Damit setzt er einen Strom in Gang, der durch die Spule fließt und dabei ein Magnetfeld aufbaut. Wird der Strom schwächer, bricht auch das Magnetfeld wieder zusammen und induziert dabei eine Spannung, die das sofortige Aufhören des Stromes verhindert. Der ›eigene Schwung‹ treibt also den Strom derart durch die Spule, daß er den Kondensator jetzt umgekehrt auflädt. Nach einiger Zeit kommt die Ladungsbewegung trotz der Selbstinduktion der Spule zur Ruhe, der Kondensator aber ist jetzt wieder geladen, so daß das Spiel – diesmal in umgekehrter Richtung – wieder von vorn beginnt. Die Ladung des Kondensators schaukelt also durch die Spule hindurch ständig zwischen den Kondensatorplatten hin und her.

Vergleicht man mit diesem Vorgang einen Federoszillator (→ Schwingungen), sieht man, daß es sich um eine genaue Analogie handelt: Die Induktivität L entspricht der schwingenden Masse, die reziproke Kapazität $1/C$ entspricht der Federkonstanten und die Ladung Q der Auslenkung. Selbst die Reibung ist in diesem Vergleich eingeschlossen: Sie tritt auch im e. Sch. auf und findet ihr Gegenstück im ohmschen Widerstand R. Auch der e. Sch. kann von außen durch Anlegen einer äußeren periodischen Spannung in erzwungene Schwingungen versetzt werden. Wenn die angelegte Wechselspannung in die Nähe der Eigenfrequenz des Schwingkreises kommt, tritt wie beim mechanischen Oszillator Resonanz auf. Deshalb heißt der Schwingkreis auch *Resonanzkreis.* Im Gegensatz zur Mechanik gibt es aber beim e. Sch. viele Schaltungsarten, die leicht zu verwirklichen sind und in vielen Geräten zur Anwendung kommen. Wir greifen die beiden wichtigsten Grundschaltungen heraus und besprechen kurz ihre Eigenschaften.

Die Eigenfrequenz des Schwingkreises

Beim Schwingkreis ohne äußere Spannungsquelle muß nach den *Kirchhoffschen Regeln* (→ Gleichstrom) die Summe aller Spannungen in der Leitungsschleife

Elektrischer Schwingkreis (Figur 1): *Links* Schwingkreis ohne äußere Spannung (gestrichelt) und Serienresonanzkreis (rot); *rechts* Parallelresonanzkreis, hier addieren sich die Leitwerte.

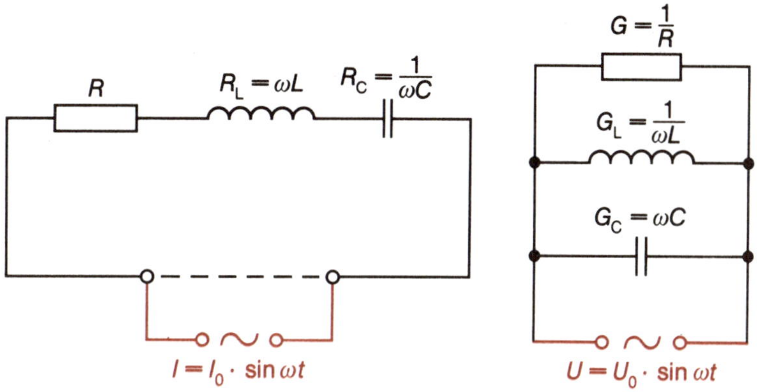

Null sein (Figur 1). Da die Spannung am Kondensator $U_C = Q/C$ beträgt, am ohmschen Widerstand $U_R = I \cdot R$ und an der Spule $U_L = L \cdot dI/dt$, wird

$$U_C + U_R + U_L = 0$$

oder

$$\frac{Q}{C} + I \cdot R + L \cdot \frac{dI}{dt} = 0.$$

Um die Schwingungsdifferentialgleichung besser zu erkennen, differenzieren wir noch einmal nach der Zeit. Wegen $dQ/dt = I$ erhalten wir:

$$\frac{1}{C} \cdot I + R \cdot \frac{dI}{dt} + L \cdot \frac{d^2 I}{dt^2} = 0. \quad (1)$$

Dies ist die Gleichung der *gedämpften harmonischen Schwingung.* Wenn $R = 0$ ist, erhalten wir die ungedämpfte harmonische Schwingung mit der Lösung $I(t) = I_S \cdot \sin \omega_0 t$. Um ω auszurechnen, müssen wir den Lösungsansatz in die Differentialgleichung einsetzen; mit

$$\frac{d^2 I}{dt^2} = - I_S \cdot \omega_0^2 \cdot \sin \omega_0 t$$

ergibt sich

$$\frac{1}{C} \cdot I_S \cdot \sin \omega_0 t - - L \cdot \omega^2 \cdot I_S \cdot \sin \omega_0 t = 0$$

oder

$$\omega_0^2 = \frac{1}{LC}. \quad (2)$$

Dieses Ergebnis folgt auch aus einer anderen Überlegung. Da sowohl die Spannung als auch der Strom im Schwingkreis für beide Schaltelemente (Kondensator und Spule) dieselben sind, müssen auch die Wechselstromwiderstände einander gleich sein (→ elektrischer Widerstand).

Nun ist

$$R_L = \omega_0 L \text{ und } R_C = \frac{1}{\omega_0 C},$$

folglich

$$\omega_0 L = \frac{1}{\omega_0 C}$$

oder $\omega_0^2 = \frac{1}{LC}$ wie vorhin.

Ist noch ein ohmscher Widerstand vorhanden, ergibt eine genauere Rechnung für die Eigenfrequenz des gedämpften Schwingkreises:

$$\omega_o^2 = \frac{1}{LC} - \frac{R^2}{4L^2}. \quad (3)$$

Der Serienresonanzkreis

Baut man in den Schwingkreis eine Wechselspannungsquelle ein, die den Anregungsstrom $I(t) = I_o \cdot \sin\omega t$ liefert (Figur 1), dann muß man die Differentialgleichung abändern und erhält:

$$\frac{1}{C} \cdot I + R \cdot \frac{dI}{dt} + L \cdot \frac{d^2 I}{dt^2} = I_o \cdot \sin\omega t. \quad (4)$$

Statt die Rechnung in allen Einzelheiten durchzuführen, benutzen wir das Zeigerdiagramm (→ Wechselstrom), um das Verhalten des Serienresonanzkreises schnell zu überblicken.

Die Resonanzfrequenz ist (trotz R!) durch die Bedingung des ungedämpften Schwingkreises gegeben: $\omega_o^2 = 1/LC$. Bei dieser Frequenz wird der Gesamtwiderstand des Kreises minimal und ist nur noch durch den ohmschen Widerstand R gegeben, weil sich die Blindwiderstände gegenseitig kompensieren. Der Strom im Kreis wird deshalb maximal. Wählt man eine große Induktivität L und eine kleine Kapazität C, kann man die Blindwiderstände ωL bzw. $1/\omega C$ sehr groß machen, ohne die Resonanzfrequenz zu verändern. Die Blindspannungen an der Induktivität bzw. an der Kapazität können dann ebenfalls sehr groß werden, viel größer als die Anregungsspannung. Man spricht deshalb von der *Spannungsresonanz des Serienresonanzkreises.* Bei einer derartigen Auslegung wächst der Gesamtwiderstand der Schaltung sehr rasch, wenn die Anregungsfrequenz nicht mit der Resonanzfrequenz übereinstimmt. Ein Serienresonanzkreis dieser Bauart läßt praktisch nur noch einen schmalen Frequenzbereich in der Nähe von ω_o durch, er ›siebt‹ die Resonanzfrequenz förmlich heraus und heißt daher auch *Siebkreis.*

Der Parallelresonanzkreis

Auch hier können wir alles Wesentliche dem Zeigerdiagramm entnehmen. Da aber diesmal die Anregungsspannung an den drei parallel geschalteten Elementen (Induktivität, Kapazität und Widerstand) dieselbe ist, während sich die Leitwerte G, G_L und G_C addieren, ist es zweckmäßig, vom Zeigerdiagramm der Leitwerte auszugehen. Wieder tritt Resonanz auf für $\omega = \omega_o$ mit $\omega_o^2 = 1/LC$. Bei dieser Frequenz ist hier der *Gesamtleitwert* minimal und besteht nur aus dem reziproken ohmschen Widerstand. Der Gesamtwiderstand hat also in der Nähe der Resonanzfrequenz ein Maximum. Die Spannung am Kreis wird daher ebenfalls maximal. Wählt man eine kleine Induktivität L und eine große Kapazität C, kann man die Blindleitwerte $1/\omega L$ bzw. ωC sehr groß machen, ohne die Resonanzfrequenz zu verändern. Die Blindströme durch die Induktivität bzw. durch die Kapazität werden dann oft ein Vielfaches des Anregungsstromes. Man spricht in diesem Fall von der *Stromresonanz des Parallelresonanzkreises.* Der Gesamtwiderstand dieser Schaltung sinkt aber sehr rasch (der Leitwert nimmt zu), wenn man die Umgebung der Resonanzfrequenz verläßt. Ein Parallelresonanzkreis läßt daher praktisch alle Frequenzen außer denen in einem schmalen Bereich in der Nähe der Resonanzfrequenz ungehindert durch, er ›sperrt‹ diese, heißt daher auch *Sperrkreis.*

Anwendungen

Es ist klar, daß Schwingkreise vor allem in der Hochfrequenztechnik gebraucht werden. Man findet sie daher in Radio-

und Fernsehgeräten, um bestimmte Frequenzen herauszusieben und andere zu sperren. Sie können aber auch dazu dienen, ihre Resonanzfrequenz zu erzeugen. Dazu muß man sie so schalten, daß sie sich sozusagen selbst ›anstoßen‹ und aufschaukeln. Die Techniker bewerkstelligen dies mit dem Prinzip der → Rückkopplung und verwenden dabei Verstärkerschaltungen. Früher war das gängigste derartige Element die *Elektronenröhre,* heute ist es der *Transistor* (→ Halbleiterelektronik), obwohl für Höchstleistungsschwingkreise nach wie vor Röhren eingesetzt werden.

Elektrischer Stromkreis

Geschlossene Leiteranordnungen, in denen ein elektrischer Strom fließt, bezeichnet man als Stromkreise (→ Gleichstrom, → Wechselstrom, → elektrischer Schwingkreis).

Elektrischer Widerstand

Der e. W. R eines (beliebigen) Leiters ist gegeben durch den Quotienten aus der angelegten Spannung U und der dann fließenden Stromstärke I:

$$R = \frac{U}{I} \text{ oder} \quad U = R \cdot I \text{ oder} \quad I = \frac{U}{R}. \qquad (1)$$

Bildet man den umgekehrten Quotienten I/U, so erhält man den *Leitwert* des Leiters:

$$\text{Leitwert} = \frac{1}{\text{Widerstand}}. \qquad (2)$$

Georg Simon Ohm (1789–1854) entdeckte schon vor gut 150 Jahren, daß für sehr viele Leiter bei konstanter Temperatur der Widerstand unabhängig von der Größe der angelegten Spannung ist: I wächst proportional zu U. Dieser Zusammenhang ist als *Ohmsches Gesetz* bekannt und wird durch die Gleichung (1) beschrieben, in der nun R als Konstante anzusehen ist. Widerstände werden in *Ohm* (Zeichen Ω) gemessen, wobei $1\Omega = 1\,\text{V}/1\,\text{A}$ ist (→ Maße und Maßsysteme). Das Ohmsche Gesetz enthält jedoch noch geometrische Faktoren. Wenn man auf eine Größe stoßen will, die nur noch materialabhängig ist, muß man sich eine definierte Geometrie schaffen, z. B. den Widerstand eines Drahtes der Länge l messen, der die Querschnittsfläche A hat. Es stellt sich dann heraus, daß R für jeden Draht proportional zur Länge l und umgekehrt proportional zum Querschnitt A ist. Ein doppelt so langer Draht hat also auch den doppelten Widerstand, ein halb so dicker Draht hat den vierfachen Widerstand. Der Formelzusammenhang lautet:

$$R = \frac{l}{A} \cdot \rho \text{ oder } R = \frac{l}{A} \cdot \frac{1}{\sigma}. \qquad (3)$$

Die Größe ρ heißt *spezifischer Widerstand,* σ bezeichnet man als *elektrische Leitfähigkeit,* und es gilt:

$$\text{elektrische Leitfähigkeit} = \frac{1}{\text{spezifischer Widerstand}}.$$

Die Größen ρ und σ sind nur noch vom Material, nicht mehr von seiner Form abhängig. Man benutzt meist σ wegen seiner größeren Anschaulichkeit. Die elektrische Leitfähigkeit wird zweckmäßig in $\frac{\text{m}}{\text{mm}^2} \cdot \frac{1}{\Omega}$, aber auch in $\frac{\text{A}}{\text{Vm}}$ oder in $\frac{1}{\Omega \cdot \text{cm}}$ gemessen.

Nichtleiter, Halbleiter, Leiter, Supraleiter
Man teilt die Materialien nach der Größe ihrer elektrischen Leitfähigkeit ein. *Nichtleiter (Isolatoren)* haben im Idealfall ein σ von Null. Praktisch ist die Leitfähigkeit kleiner als $10^{-8}\ \Omega^{-1} \cdot m^{-1}$. Bernstein ist mit $\approx 10^{-22}\ \Omega^{-1} \cdot m^{-1}$ einer der besten Isolatoren, die wir kennen. *Halbleiter* (→ Halbleiterelektronik) haben Leitfähigkeiten von etwa 1 bis $10^3\ \Omega^{-1} \cdot m^{-1}$, und *metallische Leiter* liegen bei $\sigma \approx 10^4$ bis $10^8\ \Omega^{-1} \cdot m^{-1}$. Schließlich gibt es Stoffe, die bei wenigen Kelvin ihren e. W. ganz verlieren. Die Leitfähigkeit dieser *Supraleiter* wird unendlich groß, ein einmal ›gestarteter‹ Strom klingt auch nach Jahren (!) nicht meßbar ab, obwohl er nicht mehr von einer elektromotorischen Kraft ›angetrieben‹ wird.

Temperaturabhängigkeit von Widerständen
Widerstände sind im allgemeinen nicht temperaturkonstant, auch wenn man die → Supraleitung außer acht läßt. In der Regel nimmt die Leitfähigkeit eines Materials mit abnehmender Temperatur zu. Je heißer also ein Leiter ist, desto größer sein Widerstand. Halbleiter dagegen zeigen das umgekehrte Verhalten. Man kann diese Unterschiede wenigstens ungefähr mit dem → Bändermodell verstehen. In Metallen sind alle Ladungsträger Elektronen, die als *Elektronengas* frei zwischen den Atomrümpfen des Kristalls beweglich sind. Der Widerstand kommt durch Stöße der Elektronen mit den Atomrümpfen zustande. Je kälter das Metall ist, desto weniger heftig schwingen die Atome, desto weniger Platz brauchen sie deshalb auch. Die Wahrscheinlichkeit für ein Elektron, mit einem Atomrumpf zusammenzustoßen, wird immer kleiner, je kälter das Metall ist. Bei einem Halbleiter dagegen sind bei tiefen Temperaturen alle Elektronen auf ihren angestammten Plätzen (im Valenzband). Steigt die Temperatur, so verlassen allmählich immer mehr Elektronen ihre Plätze und werden frei beweglich (ins Leitfähigkeitsband ›gehoben‹). Im Halbleiter steigt mit der Temperatur daher die Zahl der freien Ladungsträger und damit auch die Leitfähigkeit. Spezielle Metallegierungen wie z. B. Konstantan (55 % Cu, 44 % Ni und 1 % Mn) haben über einen weiten Temperaturbereich einen konstanten Widerstand.

Wechselstromwiderstände
Alle bisher erörterten Eigenschaften von Widerständen bezogen sich auf konstante angelegte Spannungen, d. h. Gleichspannungen, die dann auch → Gleichstrom erzeugen. Die Situation ändert sich grundlegend, wenn diese Voraussetzung nicht mehr zutrifft. Da veränderliche Spannungen und Ströme von Feldänderungen begleitet sind, die ihrerseits wieder neue Spannungen und Ströme erzeugen (→ Elektrodynamik), müssen die Energien dieser Felder berücksichtigt werden. Die Folge ist, daß bei Widerständen in Wechselstromkreisen Strom und Spannung *nicht* mehr unbedingt *in Phase* sein müssen. Die Phasenverschiebung ist am größten bei rein induktiven oder kapazitiven Widerständen. Nur bei den sog. *ohmschen Widerständen* sind Strom und Spannung in Phase (Figur 1), und der Wechselstromwiderstand eines ohmschen Widerstandes folgt deshalb auch dem Ohmschen Gesetz nach Gleichung (1). Alle anderen Widerstände müssen von der Zahl der Spannungswechsel pro Sekunde abhängen, die von der Spannungsquelle vorgegeben sind. Wechselstromwiderstände enthalten daher die Frequenz f bzw. die Kreisfrequenz ω ($\omega = 2\pi f$) der angelegten Spannung. Für einen sinusförmigen Spannungsverlauf, wie er z. B. an der Steckdose abzugreifen

Elektrischer Widerstand (Figur 1): Darstellung der Phasendifferenzen zwischen Strom und Spannung für den ohmschen *(oben)*, induktiven *(Mitte)* und kapazitiven Widerstand *(unten)*

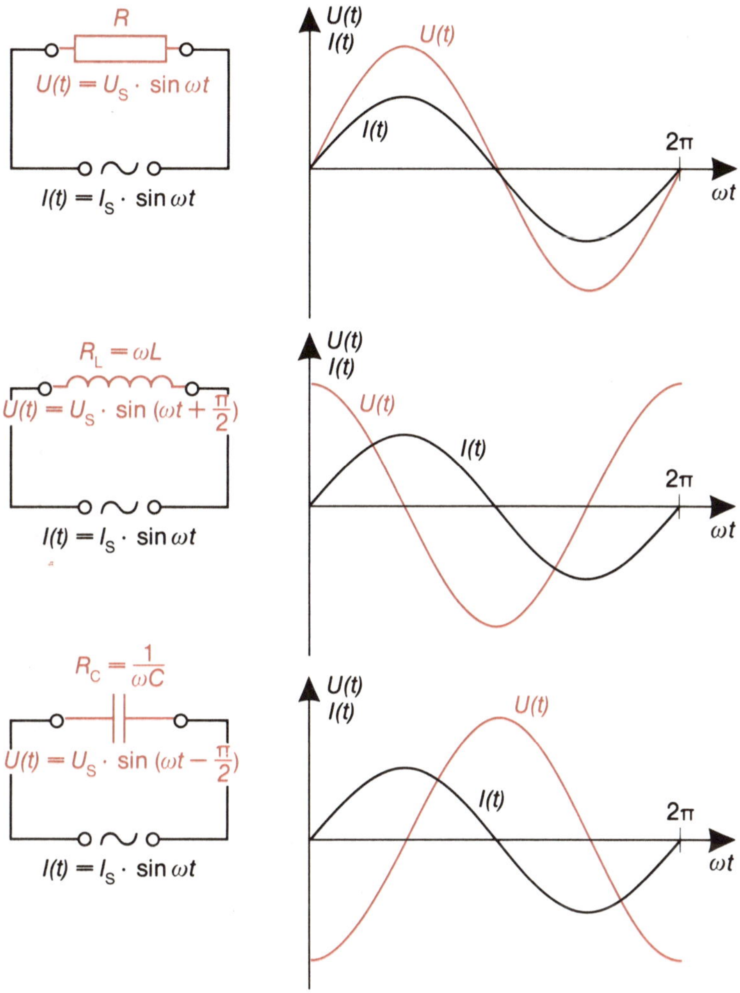

ist, gibt es nur eine Frequenz (bei uns ist $f = 50$ Hz). Ist der Spannungsverlauf komplizierter (z. B. ein Rechteck), so muß man ihn nach *Fourier* aus Sinusschwingungen zusammensetzen (→ Fourier-Analyse), um sein Frequenzspektrum zu erhalten. Hier gehen wir vom streng sinusförmigen Wechselstrom

$$I(t) = I_S \cdot \sin \omega t$$

aus, den eine nicht näher definierte Stromquelle wie die Steckdose liefern soll.

Induktiver Widerstand

Der ideale induktive Widerstand ist eine Spule aus supraleitendem Draht, die den ohmschen Widerstand Null hat. In der täglichen Praxis sind die Spulen natürlich nicht supraleitend, so daß jede normale Spule gleichzeitig einen induktiven und einen ohmschen Widerstand darstellt. Wie man solche Summen verschiedener Widerstände behandelt, wird weiter unten erklärt. Wenn die → Induktivität der idealen Spule L ist und sie vom zeitlich veränderlichen Strom $I(t)$ durchflossen wird, erzeugt sie an ihren Enden die Spannung

$$U_{\text{ind.}} = -L \cdot \frac{dI}{dt},$$

die der Stromrichtung entgegengesetzt wirkt. In einer Schaltung nach Figur 1 stellt sich der Strom $I(t)$ gerade so ein, daß die induzierte Spannung $U_{\text{ind.}}$ der Quellenspannung $U(t)$ das Gleichgewicht hält. Mit $I = I_S \cdot \sin \omega t$ ergibt sich:

$$U(t) = L \cdot \frac{dI}{dt} = \omega L \cdot I_S \cdot \cos \omega t.$$

Die Kosinusfunktion läßt sich als phasenverschobene Sinusfunktion schreiben, und wir erhalten für die Spannung am induktiven Widerstand:

$$U(t) = \omega L \cdot I_S \cdot \sin(\omega t + \frac{\pi}{2}). \quad (4)$$

Der Scheitelwert der Spannung ist $U_S = \omega L \cdot I_S$. Man definiert in Analogie zum Ohmschen Gesetz nach Gleichung (1) den induktiven Widerstand R_L als den Quotienten aus den Scheitelwerten von Spannung und Strom:

$$R_L = \omega L. \quad (5)$$

Der Scheitelwert der Spannung wird um $\omega t = \pi/2$ früher erreicht als der Scheitelwert des Stromes. Man sagt, die Spannung eilt dem Strom um 90° ($\pi/2$) *voraus.*

Kapazitiver Widerstand
Der ideale kapazitive Widerstand ist ein Kondensator, dessen Platten durch einen idealen Isolator voneinander getrennt sind, d. h. keinen Leckstrom durchlassen (ohmscher Widerstand ist unendlich). Wenn die → Kapazität dieses Kondensators C ist und an seinen Enden die Spannung $U(t)$ anliegt, dann fließt in den Kondensator der Strom $I(t) = dQ/dt$. Die Ladung $Q(t)$ ist aber durch die gerade anliegende Spannung $U(t)$ gegeben: $Q(t) = C \cdot U(t)$. Deshalb muß

$$I(t) = C \cdot \frac{dU(t)}{dt}$$

sein. Wenn $U(t) = U_S \cdot \sin \omega t$ ist, so wird $I(t) = C \cdot U_S \cdot \omega \cdot \cos \omega t$. Wieder schreiben wir den Kosinus als phasenverschobenen Sinus:

$$I(t) = \omega C \cdot U_S \cdot \sin(\omega t + \pi/2).$$

Um den Vergleich mit der induktiven Spannung zu haben, beziehen wir uns auf den Strom $I(t) = I_S \cdot \sin \omega t$. Dann lautet die Spannung

$$U(t) = \frac{1}{\omega C} \cdot I_S \cdot \sin(\omega t - \frac{\pi}{2}). \quad (6)$$

Der Scheitelwert der Spannung ist jetzt $U_S = 1/\omega C \cdot I_S$. Man bezeichnet den Quotienten aus den Scheitelwerten von Spannung und Strom als kapazitiven Widerstand R_C:

$$R_C = \frac{1}{\omega C}. \quad (7)$$

Der Scheitelwert der Spannung wird jetzt um $\omega t = \pi/2$ später erreicht als der Scheitelwert des Stromes. Die Spannung eilt dem Strom um 90° *nach.*

Frequenzverhalten der Widerstände
Der ohmsche Widerstand ist unabhängig von der Frequenz. Induktive und kapazitive Widerstände verhalten sich, wie die Gleichungen (5) und (7) zeigen, hinsichtlich der Frequenz ω der angelegten Spannung gerade entgegengesetzt. Der induktive Widerstand ist für den Gleichstrom überhaupt kein Hindernis, bei Wechselstrom wird er mit wachsender Frequenz immer größer. Eine Spule, die die Netzfrequenz nahezu ungeschwächt durch-

läßt, kann für Radio- oder gar Fernsehfrequenzen undurchdringlich sein. Der Kondensator stellt dagegen für den Gleichstrom ein unüberwindliches Hindernis dar. Mit zunehmender Wechselstromfrequenz aber wird sein Widerstand immer kleiner, und sehr hohe Frequenzen ›bremst er überhaupt nicht mehr‹. Figur 2 enthält eine Zusammenfassung dieser prinzipiellen Eigenschaften.

Wirkwiderstand, Blindwiderstand, Scheinwiderstand

In einem ohmschen Widerstand muß auch bei Wechselstrom Arbeit aufgewendet werden, um die Elektronen – stoßweise – hindurchzudrücken. Der ohmsche Widerstand wird also auch im Wechselstromkreis heiß (Glühlampe!). Der rein induktive oder kapazitive Widerstand dagegen verwandelt keine elektrische Arbeit in Wärme (→ Wechselstrom). Zwar nimmt auch er elektrische Energie während einer Halbwelle des Stromes auf, aber er speichert sie in Form von Feldenergie und gibt sie während der nächsten Halbwelle wieder vollständig an den Stromkreis zurück. Beim induktiven Widerstand wird die elektrische Energie

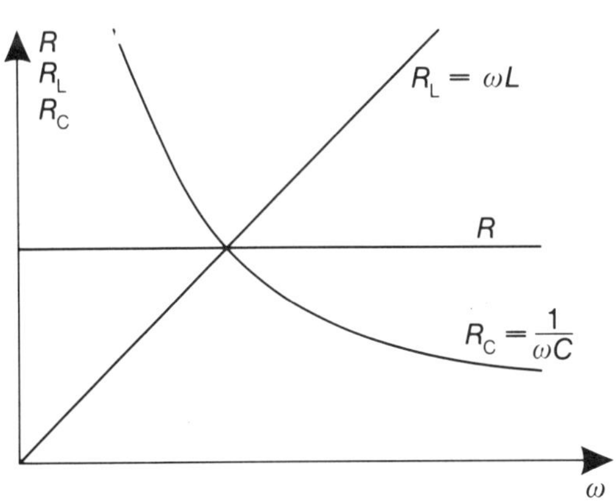

Elektrischer Widerstand (Figur 2): Darstellung des prinzipiellen Frequenzverhaltens von ohmschem *(R)*, induktivem *($R_L = \omega L$)* und kapazitivem Widerstand *($R_C = 1/\omega C$)*

im Magnetfeld (der Spule) gespeichert, beim kapazitiven Widerstand im elektrischen Feld zwischen den Kondensatorplatten. Die Energie ›schaukelt‹ also im Stromkreis hin und her, ohne dabei verlorenzugehen. Die induktiven und kapazitiven Widerstände einer Schaltung bilden daher einen *Blindwiderstand*, der keine Leistung verbraucht, während die ohmschen Widerstände den *Wirkwiderstand* bilden. Ein hoher Blindwiderstand in einer Schaltung kann trotzdem den Sicherungsautomat des Haushaltsnetzes zur Stromabschaltung veranlassen, wenn dieser schnell genug reagiert und man beim Einschalten gerade den Scheitelwert der Netzspannung erwischt. Der Strom, den die Schaltung (z. B. ein starker Elektromotor) während der einen Halbwelle dem Netz entnimmt, reicht aus, um die Sicherung ansprechen zu lassen. Mit etwas Glück schaltet man in der Nähe des Nulldurchgangs ein, der Motor läuft an und senkt dadurch seine Induktivität, so daß der Scheitelstrom jetzt den Sicherungsautomaten nicht mehr überlastet.

Die Kombination aus Blind- und Wirkwiderständen in einer Schaltung heißt *Scheinwiderstand*. Er wird gebildet, indem man alle Spannungen *phasenrichtig* addiert und dann das Verhältnis von Scheitelspannung zu Scheitelstrom berechnet. Dieses Verfahren ist im allgemeinen recht mühsam, weil Winkelfunktionen addiert werden müssen. Glücklicherweise gibt es eine Methode, Ersatzwiderstände mit Phasenunterschieden auszurechnen, deren Vorteile um so offensichtlicher werden, je komplizierter die Schaltungen sind. Das Verfahren benützt die Eigenschaften der komplexen Zahlen und ist unter dem Stichwort → Wechselstrom erläutert. Ich gebe deshalb hier nur die Ergebnisse an.

Alle elektrischen Größen werden als ›Zeiger‹ in die komplexe Ebene eingetragen,

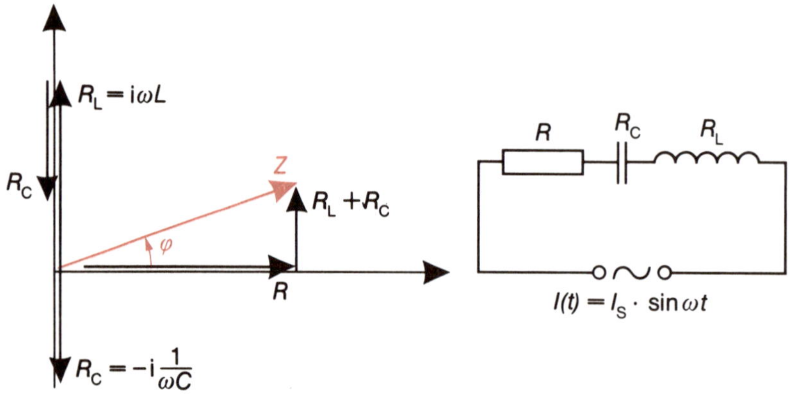

Elektrischer Widerstand (Figur 3): Zeigerdiagramm zur Konstruktion des Gesamtwiderstandes Z bei der Serienschaltung von ohmschem Widerstand R, kapazitivem Widerstand R_C und induktivem Widerstand R_L

z. B. ohmsche Widerstände als Zeiger in Richtung der reellen Achse, induktive Widerstände als Zeiger in Richtung der positiven imaginären Achse und kapazitive Widerstände als Zeiger in Richtung der negativen imaginären Achse. Formal bezeichnet man deshalb ohmsche Widerstände mit reellen Zahlen, induktive Widerstände mit $R_L = i\omega L$ und kapazitive Widerstände mit $R_C = 1/i\omega C = -i \cdot 1/\omega C$. Die ›imaginäre Einheit‹ i zeichnet sich gegenüber den ›normalen‹ Zahlen durch ihre Eigenschaft $i \cdot i = -1$ aus. Ansonsten kann man mit ihr wie gewohnt rechnen. Figur 3 erläutert, wie das *Zeigerdiagramm* für die Serienschaltung aussieht. Der Gesamtwiderstand Z *(Scheinwiderstand, Impedanz)* der Schaltung ist die vektorielle Summe aller Widerstandszeiger. Bei Parallelschaltungen rechnet man auch im Komplexen wie mit Gleichstromwiderständen (→ Gleichstrom), addiert also die Kehrwerte der Widerstände zum Gesamtleitwert. Das graphische Verfahren ist hier weniger einfach (komplexe Invertierung), führt aber zum gleichen Endresultat. Der Winkel φ, den der Gesamtwiderstandszeiger mit dem Wirkwiderstand bildet, ist zugleich der Phasenwinkel zwischen Strom und Spannung. Er ist positiv für überwiegend induktiven und negativ für überwiegend kapazitiven Ersatzwiderstand.

Für die *Serienschaltung* von R, L und C gelten folgende Gleichungen:

Blindwiderstand: $$Z_{BL} = R_L + RC = i\omega L + \frac{1}{i\omega C};$$

Wirkwiderstand: $$Z_W = R;$$

Gesamtwiderstand: $$Z = \sqrt{Z_W^2 + |Z_{BL}|^2};$$

Phasenwinkel: $$\tan|\varphi| = \frac{|Z_{BL}|}{Z_W}.$$

Für die *Parallelschaltung* von R, L und C gelten die Gleichungen:

Blindleitwert: $$Y_{BL} = Y_L + Y_C = \frac{1}{i\omega L} + i\omega C;$$

Wirkleitwert: $$Y_W = \frac{1}{R};$$

Gesamtleitwert: $$Y = \sqrt{Y_W^2 + |Y_{BL}|^2};$$

Phasenwinkel: $$\tan|\varphi| = \frac{|Y_{BL}|}{Y_W}.$$

Die Beträge sind jeweils die absoluten Längen der jeweiligen Zeiger; φ wird je nach dem Vorzeichen des Blindwertes positiv oder negativ genommen.

Elektrisches Feld

Eine elektrische Ladung verändert durch ihr e. F. den Raum um sich herum in der Weise, daß auf eine andere Ladung, die sich in der Nähe befindet, eine Kraft ausgeübt wird (→ Coulombsches Gesetz). Genauer gesagt gibt es eine *Wechselwirkung* mit dem e. F. der anderen Ladung, deren Resultat eine Kraft ist. Es ist möglich, dieses Feld als die einzige physikalische Realität aufzufassen, die einer Ladung zukommt. Zwei Gründe sprechen für diese Auffassung: Erstens hat man trotz intensiver Suche bisher keine Struktur der → Elementarladung, also des Elektrons, entdecken können. Es sieht ganz so aus, als sei das Elektron tatsächlich *punktförmig*. Dann würde man es am besten als Ursprungsort einer elektrischen ›Feldlinie‹ beschreiben, d. h. als Singularität des Feldes. Zweitens wirken die elektrischen Kräfte nicht ›sofort‹ aufeinander, denn die Kraftwirkung einer elektrischen Ladung breitet sich mit Lichtgeschwindigkeit aus. Das ist am besten dadurch zu beschreiben, daß sich eine lokale Feldänderung mit dieser endlichen Lichtgeschwindigkeit ausbreitet.

Die Beschreibung aller elektrischen (und magnetischen) Vorgänge durch das Feld *allein* ist jedoch so abstrakt, daß man es immer noch vorzieht, mit einer ›gemischten‹ Beschreibung ›Ladung – elektrisches Feld‹ zu arbeiten, die auch ursprünglich das Konzept für das e. F. selber abgegeben hat. Darum war das e. F. eine reine *Rechengröße*, eine Konstruktion, die es gestattete, das Verhalten eines geladenen Teilchens zu beschreiben, ohne genauer auf die anderen Teilchen eingehen zu müssen, die dieses Verhalten ja erst durch ihre Anwesenheit mitverursachen – und die natürlich auch selber reagieren. Was hat man sich also unter diesem e. F. vorzustellen?

Die *elektrische Feldstärke E* ist die Kraft, die auf eine Einheitsladung wirkt. Da diese Kraft nicht nur eine Größe, sondern auch eine Richtung hat, muß sie als Vektor $\vec{E}$ geschrieben werden. Denkt man sich die $\vec{E}$-Vektoren in jedem Raumpunkt gegeben, hat man das Vektorfeld der elektrischen Feldstärke vor sich, das dann eben kurz *elektrisches Feld* heißt. Bringt man nun eine Probeladung q in das Feld, deren Größe nicht gleich der Ladungseinheit ist, so erfährt sie eine Kraft der Größe

$$\vec{F} = q \cdot \vec{E}. \qquad (1)$$

Diese Gleichung kann als Definitionsgleichung des e. F. verstanden werden.

Eine weitere nützliche Konstruktion sind die *Feldlinien*. Das sind zunächst einfach die Raumkurven, die eine Probeladung q (ohne Masse) beschreiben würde, wenn man sie frei der elektrischen Feldstärke überließe. Es ist klar, daß die Feldstärkevektoren in tangentialer Richtung den Feldlinien folgen. Man kann aber den Betrag der elektrischen Feldstärke auch durch die *Dichte der Feldlinien* beschreiben. Das ist eine Folge der Abhängigkeit der Kraft vom Faktor $1/r^2$, die dem Feld einer Punktladung zukommt. Damit erhalten die Feldlinien gewissermaßen ein Eigenleben, so, als ob sie ›Gummifäden‹ wären. Wo sie sich dicht zusammendrängen, ist die Kraft auf eine Probeladung groß. Ebenfalls wegen der Abhängigkeit der Coulomb-Kräfte vom Faktor $1/r^2$ verhalten sich die Feldlinien so, als würden sie sich gegenseitig abstoßen. Diese Vorstellung erleichtert das Verständnis für viele Feldformen sehr. Um ihr auch einen quantitativen Rückhalt zu geben, schreibt man jeder Feldlinie die Einheitsfeldstärke zu, die man nach Gleichung (1) in *Volt pro Meter* (V / m) mißt. Außerdem hat man festgelegt, daß die Feldlinien an den positiven Ladungen entspringen und an den negativen Ladungen enden sollen. Damit ist sichergestellt, daß die Kraft nach Gleichung (1) in Richtung der Feldlinien wirkt, wenn es um eine positive Probeladung geht.

Die Zahl der Feldlinien durch eine vorgegebene Fläche heißt oft *elektrischer Fluß* Φ, obwohl überhaupt nichts dabei fließt. Die Bezeichnung wurde in Anlehnung zur Strömungsmechanik gewählt, wo man den Fluß ebenfalls als Zahl der Stromlinien durch eine Fläche definiert. Zusammen mit den vorangegangenen Vereinbarungen ergibt sich, daß die Zahl der Feldlinien, die aus einer geschlossenen Fläche herauskommen (oder in sie eintreten), proportional zur eingeschlossenen Ladung sein muß. Der Proportionalitätsfaktor ist nur deshalb nicht 1, weil man die Einheiten der Feldstärke (Kraft = Newton) und der Ladung (Coulomb) bereits anderweitig festgelegt hat. So ergibt sich, daß

$$\Phi = \frac{1}{\varepsilon_0} \cdot q \qquad (2)$$

ist, wobei ε_0 als *elektrische Feldkonstante* oder *Influenzkonstante* bezeichnet wird. Die Feldliniendichte ist gleich der Feldlinienzahl Φ durch eine Fläche, dividiert durch die Größe dieser Fläche. Dies wiederum hatten wir mit der elektrischen Feldstärke gleichgesetzt. Berücksichtigt man, daß Feldlinien nicht unbedingt senkrecht durch die gewählte Meßfläche hindurchtreten müssen, dann schreibt man diese Beziehung am besten vektoriell. Der Flächenvektor $\vec{f}$ soll die Größe der Fläche als Betrag haben und in die Richtung der Flächennormalen (d. h. senkrecht zur Tangentialebene) zeigen. Dann ist

$$d\Phi = \vec{E} \cdot d\vec{f}.$$

Um die Gesamtzahl der Feldlinien zu erhalten, muß man über eine geschlossene Fläche summieren. Die Mathematiker bezeichnen so etwas als *Rundintegral* und schreiben

$$\Phi = \oint \vec{E} \cdot d\vec{f}. \qquad (3)$$

Zusammen mit Gleichung (2) ergibt sich schließlich die Beziehung:

$$q = \varepsilon_0 \cdot \oint \vec{E} \cdot d\vec{f}. \qquad (4)$$

Das Integral der Feldstärke über eine geschlossene Fläche ist also gleich der Summe der eingeschlossenen Ladungen. Manchmal ist es praktischer, diesen Satz ›mikroskopisch‹ zu formulieren. Dann geht man von der Ladung q zur Ladungsdichte ρ über (Ladungsmenge pro Volumeneinheit). Die *Quellstärke* der Feldstärke div $\vec{E}$ ist dann gleich der an diesem Ort herrschenden Ladungsdichte ρ, dividiert durch ε_0:

$$\operatorname{div} \vec{E} = \frac{\rho}{\varepsilon_0}. \qquad (5)$$

Dies ist zugleich eine der vier Maxwellschen Gleichungen (→ Elektrodynamik).

Das elektrische Potential

Das Feldlinienmodell hat noch einen Vorteil. Aus mathematischen Gründen kann man jedes Vektorfeld aus einem skalaren Feld herleiten, wenn es keine in sich geschlossenen Feldlinien gibt (konservative Felder). Dieses skalare Feld nennt man dann Potential φ. Die Berechtigung dieses Vorgehens zeigt folgende Überlegung: Um eine Ladung q in einem

e. F. von einem Ort $\vec{r}_1$ an einen anderen Ort $\vec{r}_2$ zu schaffen, ist Arbeit nötig bzw. wird als Beschleunigungsarbeit frei, je nach Transportrichtung. Diese Arbeit ist das Wegintegral der Kraft wie in der Mechanik. Man verrichtet sie am übersichtlichsten so, daß man stückweise entlang einer Feldlinie transportiert, denn entlang dieser Wege ist die Arbeit einfach $F \cdot s$. Senkrecht zu einer Feldlinie ist dagegen ein Ladungstransport ›umsonst‹, weil die Kraft senkrecht auf dem Weg steht.

Wenn also die Feldlinien keine ›Wirbel‹ (in sich geschlossene Schleifen) bilden, dann ist die Arbeit, die man von $\vec{r}_1$ nach $\vec{r}_2$ leistet, unabhängig vom Weg im einzelnen, sondern hängt nur vom Anfangs- und Endpunkt ab. Wenn es auch nicht so klingt: Mathematisch am bequemsten ist es, den Anfangspunkt des Ladungstransports ganz aus dem Feldbereich herauszulegen – in unserem Fall also ins Unendliche. Dann kann man jedem Ort im Feldbereich eine Energie zuschreiben, die genau der Arbeit entspricht, die nötig ist, um eine *Einheitsladung* aus dem Unendlichen an diesen Ort zu schaffen. Diese auf die Einheitsladung bezogene potentielle Energie ist nichts anderes als das elektrische Potential. Die Arbeit beim Ladungstransport im Feld ist mit dieser Definition einfach gleich der Ladungsmenge q, multipliziert mit der überwundenen Potentialdifferenz. Aus den schon festgelegten Einheiten der Arbeit (J = Ws = VAs) und der Ladung (C = As) folgt für die Einheit der elektrischen Potentialdifferenz – und damit auch des Potentials selbst – das *Volt* (V). Potentialdifferenzen entsprechen also einfach *elektrischen Spannungen.* Zwischen zwei Punkten eines e. F. herrscht also eine elektrische Spannung, die gleich ihrer Potentialdifferenz ist.

Ganz allgemein gilt für den Zusammenhang zwischen Potential und Kraft (Feldstärke), daß die Kraftrichtung senkrecht auf den Flächen gleichen Potentials *(Äquipotentialflächen)* stehen muß, während ihr Betrag proportional der Potentialänderung ist. Auf das e. F. angewandt gilt daher (→ Vektor)

$$\vec{E} = -\operatorname{grad} \varphi. \qquad (6)$$

Zusammen mit Gleichung (5) erhalten wir so die Gleichung des e. F.:

$$\operatorname{div} \vec{E} = -\operatorname{div} \operatorname{grad} \varphi = \frac{\rho}{\varepsilon_0}. \qquad (7)$$

In einem elektrischen Leiter können sich die Ladungen frei bewegen. Deshalb können Spannungen nicht bestehen bleiben, wenn man nicht dauernd Ladungen nachliefert, sondern gleichen sich durch entsprechende Ladungsbewegungen innerhalb des Leiters nach sehr kurzer Zeit aus. Die Oberfläche eines Leiters, der sich in einem e. F. befindet, ist also immer eine Äquipotentialfläche. Da ferner die Kraftrichtung senkrecht zu diesen Flächen stehen muß, folgern wir, daß die elektrische Feldstärke immer senkrecht zu einer Leiteroberfläche steht. Außerdem entnehmen wir der Gleichung (4) oder (5), daß der Betrag der Feldstärke dann durch die Dichte der Oberflächenladung auf dem Leiter gegeben ist:

$$E = \frac{\sigma}{\varepsilon_0} \text{ oder } \sigma = \varepsilon_0 \cdot E. \qquad (8)$$

Im Inneren des Leiters ist die elektrische Feldstärke Null, denn alle Feldlinien enden bereits an den Oberflächenladungen.

Feld einer geladenen Metallkugel

Die Außenfläche einer Metallkugel ist Äquipotentialfläche und trägt die Ladung q. Deshalb ist die Ladungsdichte gleich q, dividiert durch die Oberfläche $4\pi R^2$ der Kugel:

$$\sigma = \frac{q}{4\pi R^2}.$$

Die Feldstärke an der Oberfläche der Kugel beträgt

$$E = \frac{\sigma}{\varepsilon_0} = \frac{q}{4\pi e_0 R^2}.$$

Dies ist aber auch die Feldstärke, die eine Punktladung im Mittelpunkt der Kugel im Abstand R haben würde. Nach außen kann man also so tun, als handle es sich um das Feld einer Punktladung. Im Inneren der Kugel ist jedoch das Feld in Wirklichkeit Null, im Außenraum verlaufen die Feldlinien aus Symmetriegründen radial, so daß sich der Feldverlauf ergibt, der in Figur 1 dargestellt ist. Das Potential ist durch die Umkehrung der Gleichung (6) gegeben:

$$\varphi(r) = -\int_r^\infty \vec{E} \cdot \mathrm{d}\vec{r} = \frac{q}{4\pi\varepsilon_0} \cdot \frac{1}{r^2}.$$

Im Inneren der Kugel ist es konstant und gleich dem Potential der Oberfläche.

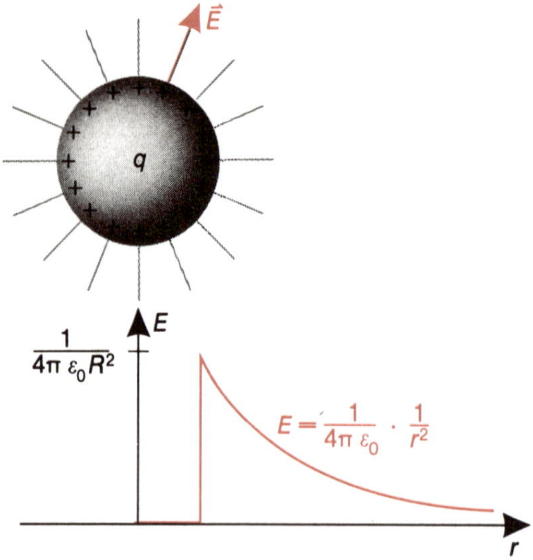

Elektrisches Feld (Figur 1): Das Feld einer (hier positiv) geladenen Metallkugel ist kugelsymmetrisch; es hat im Inneren der Kugel den Wert 0 und fällt von der Kugeloberfläche an mit dem Quadrat der Entfernung vom Kugelmittelpunkt.

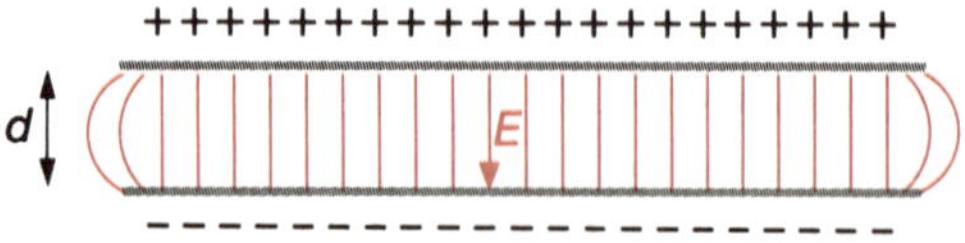

Elektrisches Feld (Figur 2): Das Feld zwischen zwei entgegengesetzt geladenen Metallplatten ist homogen und weist überall die gleiche Feldliniendichte auf, wenn man von Störungen an den Plattenrändern absieht. Im Außenraum verschwindet das Feld ganz.

Feld zwischen zwei entgegengesetzt geladenen Metallplatten

Wir nehmen an, die Platten befinden sich im Abstand d und tragen die Ladungen q bzw. $-q$. Da die Oberflächen Äquipotentialflächen sind, muß die Ladung gleichmäßig auf ihr verteilt sein (Flächenladungsdichte σ). Deshalb hat auch die Feldstärke in der Nähe der Platten überall einen konstanten Wert und steht auf jeder Platte senkrecht. Wenn die Abmessungen der Platten groß gegen den Abstand sind (im Idealfall ›unendlich‹), wird sich ein homogenes Feld zwischen den Platten ergeben, dessen Feldlinien überall senkrecht zu den Plattenebenen verlaufen. An den Plattenrändern treten Ausbuchtungen der Feldlinien auf, die man als ›Störung‹ behandeln kann. Im Außenraum muß aber die Feldstärke verschwinden, weil eine geschlossene Fläche, um beide Platten herumgelegt, die Gesamtladung $q - q = 0$ einschließt, d. h. keine Feldlinien herauskommen können (Figur 2).

Die Energie des elektrischen Feldes

Um ein Feld zwischen zwei Punktladungen zu errichten, muß man Arbeit verrichten. Man muß ja die eine Ladung ins Potential der anderen einbringen. Die einfachste Art, diese Energie auszurechnen, benutzt das homogene Feld des Plattenkondensators.

Die Energie, die zum Aufladen eines Kondensators gebraucht wird, beträgt ½ $q \cdot U$. Da U die Potentialdifferenz zwischen den Platten ist, kann man dafür auch $E \cdot d$ schreiben (d = Plattenabstand), siehe Gleichung (6). Die Ladung q des Kondensators ist wiederum gleich der Plattenfläche A mal der Flächenladungsdichte σ. Diese aber ist nach Gleichung (8) gleich $\varepsilon_0 \cdot E$, so daß man insgesamt erhält

$$\text{Energie} = \frac{1}{2} A \cdot \varepsilon_0 \cdot E \cdot E \cdot d = \frac{1}{2} A \cdot d \cdot \varepsilon_0 \cdot E^2.$$

Ich habe bereits erklärt, daß alle Feldlinien zwischen den Kondensatorplatten verlaufen. Das innere Volumen $A \cdot d$ des Kondensators ist daher zugleich auch das Feldvolumen.

Dividiert man die Gesamtenergie des Kondensators durch dieses Volumen, dann löst man sich von allen geometrischen Voraussetzungen und erhält die Energiedichte w des elektrischen Feldes:

$$w = \frac{1}{2} \varepsilon_0 E^2. \qquad (9)$$

Dies ist nun aber eine mikroskopische Größe und kann deshalb auf beliebige Felder angewandt werden.

Elektrische Stromdichte

Wenn die → elektrische Stromstärke I nicht über den ganzen Leiterquerschnitt konstant ist, muß man sich auf ein kleines Flächenstück df dieses Querschnitts beziehen, und es gilt

$$j = \frac{dI}{df}. \qquad (1)$$

Die Stromdichte $\vec{j}$ wird sinnvollerweise als → Vektor aufgefaßt, dessen Richtung mit der der Ladungsbewegung übereinstimmt. Das Flächenelement df muß dann senkrecht zu $\vec{j}$ gewählt werden. Läßt man beliebige Flächenstücke zu, so setzt man d$\vec{f}$ als Vektor fest, der die Richtung des Normalenvektors der Fläche hat (Normale). Die gesamte Stromstärke durch den Leiterquerschnitt ist mit diesen Festsetzungen als Integral über die Querschnittsfläche A gegeben:

$$I = \int_A \vec{j} \cdot d\vec{f}. \qquad (2)$$

Die Stromdichte wird in Ampere pro mm² gemessen. Man kommt ohne sie nicht aus, wenn man Ströme in inhomogenen Materialien, z. B. in → Elektrolyten mit Konzentrationsunterschieden, berechnen will. Auch lassen sich viele Zusammenhänge mit ihr formulieren (→ Ohmsches Gesetz, → Elektrodynamik).

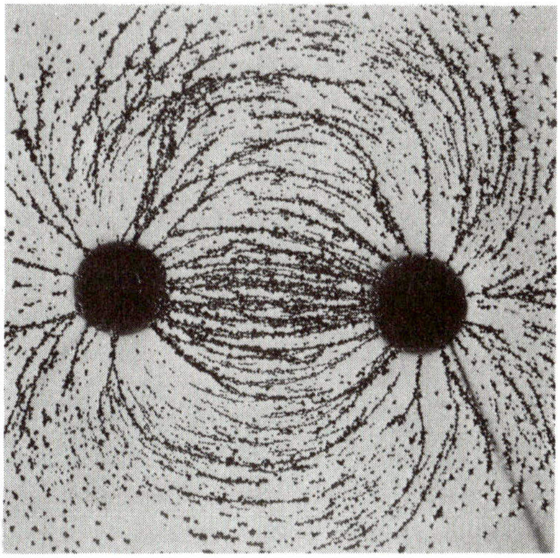

Elektrisches Feld: Elektrische Felder lassen sich nur in Nichtleitern – hier ein in Rizinusöl eingebetter Dipol – veranschaulichen; der Feldlinienverlauf wird durch Grießkörner angedeutet. © H. Seitz, München

Elektrische Stromstärke

Die e. St. I in einem gegebenen Leiter ist definiert als die Ladungsmenge q, die pro Sekunde durch den gesamten Querschnitt des Leiters fließt. Die Einheit der e. St. ist das *Ampere*, Abk. A (→ Maße und Maßsysteme), und es gilt für → Gleichströme:

$$I\,[\mathrm{A}] = \frac{q}{t}\left[\frac{\mathrm{C}}{\mathrm{s}}\right].$$

Wenn im allgemeinen Fall die Stromstärke nicht konstant bleibt (z. B. beim → Wechselstrom), muß man zur differentiellen Form der Definition übergehen. Dann ist die Stromstärke gleich der zeitlichen Änderung der Ladung:

$$I = \frac{\mathrm{d}q}{\mathrm{d}t}.$$

Elektrochemische Stromquellen

Die Grundlage der chemischen Bindung ist die elektromagnetische Wechselwirkung, nämlich das Verhalten der Elektronen im Potential der Atomkerne und -hüllen. Es ist deshalb nicht erstaunlich, daß chemische Prozesse immer mit Elektronenbewegungen, d. h. mit elektrischem Strom, verbunden sind. Man hat geeignete Anordnungen gefunden, die es gestatten, diesen elektrischen Strom nach außen verfügbar zu machen. Solche *Elemente* (auch *Zellen* genannt) bestehen samt und sonders aus zwei *Elektroden*, die durch einen leitenden Stoff – den *Elektrolyten* – miteinander verbunden sind. Die beiden Elektroden sind meistens zwei verschiedene Metalle, die dem Element seinen Namen geben, während der Elektrolyt eine leitende Flüssigkeit ist. Es gibt jedoch auch Ausnahmen von dieser Regel, wie z. B. Gaselektroden (Wasserstoff) oder Metalloxide (Bleiakkumulator).

Jedes elektrochemische Element funktioniert nach folgendem Prinzip: An beiden Elektroden gehen Ionen (geladene Teilchen) in Lösung und laden dadurch die Elektroden auf, und zwar mit entgegengesetzten Ladungen, wenn die beiden Elektroden aus verschiedenen Materialien – mit unterschiedlichen ›Lösungspotentialen‹ – bestehen. Die positiv geladene Elektrode heißt dann *Anode*, die negativ geladene *Kathode*, eine Bezeichnung, die sich auch auf anderen Gebieten eingebürgert hat. Die Ionen gehen solange in Lösung, bis sich ein Gleichgewicht gebildet hat zwischen dem Lösungsbestreben und der elektrostatischen Anziehung, die die geladene Elektrode auf die gelösten Ionen ausübt. Solange man jetzt von außen nicht eingreift, bleibt dieser Zustand bestehen. Verbindet man aber die beiden Elektroden außen (Figur 1), so gleichen sich die Ladungen aus, es fließt ein äußerer Strom, weitere Ionen gehen in Lösung und lassen neue Ladungen auf den Elektroden zurück. Im Elektrolyten reagieren die Ionen miteinander, so daß im Endeffekt die chemische Reaktion der Ionen im Elektrolyten den äußeren Strom speist.

Bei der technischen Ausführung muß man allerdings dafür sorgen, daß der Elektrolyt durch Gasentwicklung an den Elektroden kein eigenes Feld aufbaut *(Polarisation)* und damit durch eine Gegenspannung die Elektrodenspannung verringert. Man erreicht dies durch Mischung des Elektrolyten mit einem *Depolarisator.* Wenngleich diese Beschreibung nur eine sehr vereinfachte Darstellung der tatsächlichen Vorgänge ist, so lassen sich mit ihr doch alle wesentlichen Eigenschaften e. St. verstehen. Die Lösung von Ionen im Elektrolyten ist mit einem Materialtransport verbunden, der natürlich nicht ohne Reibung abgeht. Die Stromentnahme muß also eine ›innere Reibung‹ überwinden, die man in der Elektrotechnik *Innenwiderstand* des Elements nennt. Dieser Innenwiderstand sorgt einmal dafür, daß auch bei einem äußeren Kurzschluß die entnommene Stromstärke nicht unendlich groß wird, zum anderen ist er dafür verantwortlich, daß die Spannung an den Elektroden (die *Klemmenspannung*) mit zunehmender Belastung immer mehr absinkt, bis sie – bei Kurzschluß – zu Null wird. Diesen Vorgang kennt jeder Autofahrer: Wenn man bei eingeschalteten Scheinwerfern den Anlasser betätigt, wird das Licht dunkler. Die hohe Stromstärke, die der Anlasser der Batterie (siehe weiter unten) entnimmt,

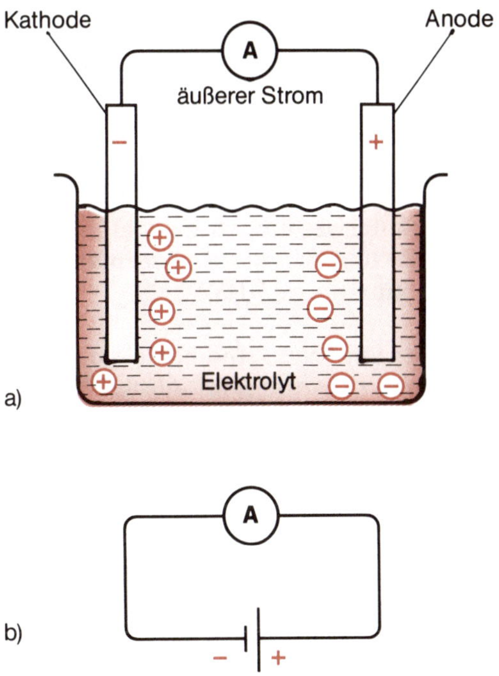

Elektrochemische Stromquellen (Figur 1): Von der Kathode eines Elements gehen positiv geladene Ionen, von der Anode negativ geladene Ionen in Lösung. Die auf Kathode und Anode zurückbleibenden Ladungen können einen äußeren Stromkreis speisen **(a)**. In Schaltkreisen kennzeichnet man elektrochemische Stromquellen meist durch zwei ungleich lange Striche **(b)**, wobei der kurze Strich die Kathode *(Minuspol)* und der längere Strich die Anode *(Pluspol)* darstellt.

läßt die Klemmenspannung so weit abfallen, daß sie zum Betrieb der Scheinwerfer nicht mehr voll ausreicht.

Die Gesamtmenge an Ladung, die man einem Element entnehmen kann, bezeichnet man als seine *Kapazität.* Sie hängt nur von der reaktionsfähigen Masse der Elektroden ab. Man gibt sie in Amperestunden (Ah) bzw. Milliamperestunden (mAh) an. Die maximal verfügbare Stromstärke dagegen ist außerdem auch von der geometrischen Anordnung der Elektroden abhängig, die den Innenwiderstand mitbestimmt.

Die Spannung, die im *unbelasteten* Zustand zwischen den Elektroden der Zelle herrscht, ist die *Nennspannung U.* Die *Klemmenspannung* U_K dagegen ist die aktuelle Spannung zwischen den Elektroden in einem beliebigen Betriebszustand. Der Zusammenhang zwischen beiden Größen ist mit der fließenden Stromstärke I und dem Innenwiderstand R_i wie folgt verknüpft:

$$U_K = U - I^2 \cdot R_i. \qquad (1)$$

Die Nennspannung hängt nur vom Material der beiden Elektroden ab und muß experimentell bestimmt werden (aus der → Spannungsreihe; die dort aufgeführte Tabelle gibt einige Nennspannungen für gängige Elektrodenkombinationen an).

Nach den Kirchhoffschen Gesetzen (→ Gleichstrom) lassen sich höhere Spannungen oder höhere verfügbare Stromstärken erzeugen, wenn man mehrere Zellen zu Batterien hintereinander oder parallel schaltet. Die Endelektroden solcher Batterien heißen *Pole* (negativ oder positiv). Bei Serienschaltung (Figur 2) addieren sich die Nennspannungen und die Innenwiderstände, es gilt:

$$U_{Pol} = \Sigma\, U \text{ bzw. } R_I = \Sigma\, R_i. \qquad (2)$$

Bei Parallelschaltung (gleichartiger Elemente) dagegen bleibt die Nennspannung gleich der Polspannung, aber die reziproken Innenwiderstände addieren sich zum reziproken Gesamtinnenwiderstand:

$$\frac{1}{R_I} = \sum \frac{1}{R_i}. \qquad (3)$$

Für die Klemmenspannung an den Polen gilt wieder die Gleichung (1), in die man nun die Pol-Nennspannung bzw. den Gesamtinnenwiderstand R_I einzusetzen hat. In der Praxis teilt man die e. St. ein in solche, die durch die Benützung nach einiger Zeit unbrauchbar werden, d. h. ihre Energie aus einem irreversiblen Prozeß beziehen, und solche, die man nach entsprechender Behandlung (*Aufladen*) wiederverwenden kann, deren zugrunde liegender chemischer Prozeß also weitgehend reversibel ist. Erstere heißen *Primärelemente* oder *galvanische Elemente*, letztere *Sekundärelemente* oder *Akkumulatoren (Sammler)*.

Primärelemente

1. Das *Braunstein-Zink-Element*: Normale Taschenlampenbatterien sind Primärelemente mit einer Zink-Kathode und einer Braunstein-Anode (MnO_2, gemischt mit Kohlepulver). Der Elektrolyt ist NH_4Cl (Salmiak), gemischt mit anderen Salzen in wässriger Lösung. Diese *Trokkenelemente* oder *Anodenbatterien* sind zwar leicht herzustellen, aber nicht sehr ergiebig. Ihre Spannung fällt schnell ab (zu Anfang etwa 1,5 V), und sie neigen dazu, ihre Umhüllung zu zerstören (auszulaufen), mit unangenehmen Folgen für das Gerät, das sie versorgen, weil sich beim Entladevorgang Wasser bildet nach der Reaktionsgleichung

$$2\,MnO_2 + Zn + 2\,NH_4Cl \rightarrow$$
$$\rightarrow Mn_2O_3 + Zn(NH_3)_2Cl_2 + H_2O.$$

2. Beim *alkalischen Braunstein-Zink-Element* wird eine wesentliche Verbesserung zum einen durch die Verwendung von Kaliumhydroxid (KOH) erzielt, zum anderen wird das Auslaufen durch einen Stahlmantel verhindert, der das Element umschließt. Auch dieses Element hat eine Nennspannung von 1,5 V.

3. Etwas umstritten sind heute die *Quecksilberoxid-Elemente* (mit Quecksilberoxid als Depolarisator), weil die Giftigkeit der verbrauchten Elemente die Umwelt belastet. Quecksilberoxid-Batterien haben aber eine sehr hohe Kapazität und eignen sich deshalb besonders gut zur Energieversorgung kleiner Geräte *(Knopfzellen)* wie Uhren, Belichtungsmesser in Photoapparaten, für Kameras usw. Zink dient bei diesem Element als Anode, Quecksilber als Kathode, die Nennspannung beträgt 1,35 V.

4. Das *Silberoxid-Element* besitzt ebenfalls eine Zink-Anode, hat eine hohe Kapazität und ist wegen des Silberanteils recht teuer. Es wird fast ausschließlich als Antriebsquelle für Armbanduhren verwendet (Nennspannung 1,5 V).

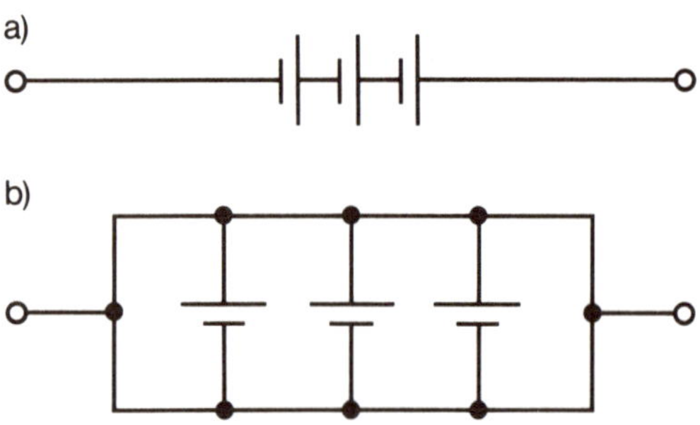

Elektrochemische Stromquellen (Figur 2): Bei einer Serienschaltung (›Batterie‹) elektrochemischer Elemente addieren sich die Nennspannungen und die Innenwiderstände **(a)**; bei einer Parallelschaltung der Elemente bleibt die Spannung unverändert, aber die Kapazitäten und die reziproken Innenwiderstände addieren sich **(b)**.

Sekundärelemente

1. Der *Bleiakkumulator* ist allgemein als ›Autobatterie‹ bekannt. Er enthält einen flüssigen Elektrolyten (Wasser und Schwefelsäure), darf also nicht gekippt werden. Außerdem ist er relativ schwer. Demgegenüber steht der Vorteil eines sehr geringen Innenwiderstandes, der kurzzeitig sehr große Belastungen erlaubt (z. B. eine Stromstärke von 200 – 300 A beim Anlassen!). Die Elektroden des entladenen Bleiakkus bestehen aus Bleisulfat ($PbSO_4$). Beim Anlegen einer Spannung wandelt sich die Kathode in metallisches Blei um, die Anode in Bleidioxid (PbO_2). Dabei wird in den Elektrolyten Schwefelsäure abgegeben nach der Gleichung:

$$2\,PbSO_4 + 2\,H_2O$$

$$\text{Laden} \downarrow\uparrow \text{Entladen}$$

$$Pb + PbO_2 + 2\,H_2SO_4\,.$$

Beim Entladen verläuft dieser Vorgang umgekehrt. Der geladene Bleiakku enthält also mehr Schwefelsäure als der entladene. Da die Dichte der Schwefelsäure größer ist als die des Wassers, kann man durch die Dichtemessung der Säure den Ladezustand des Akkus bestimmen. Dies geschieht an jeder Tankstelle mit Hilfe einer Senkspindel. Autobatterien haben im geladenen Zustand eine Säuredichte von bis zu 1,28 g/cm^3, im entladenen eine Dichte von etwa 1,15 g/cm^3. Sie bestehen meist aus sechs Zellen und liefern dann eine Pol-Nennspannung von 12,5 V.

2. Der *Nickel-Cadmium-Akkumulator (NC-Akku)* wird vorzugsweise als wiederaufladbares Element in elektrischen Kleingeräten wie Taschenrechnern, Film- und Videokameras, Sendemikrofonen usw. eingesetzt. Nickel-Cadmium-Akkus enthalten verdünnte Kalilauge (KOH) als Elektrolyt. Sie liefern eine Nennspannung von 1,35 V. Zwar ändert sich weder beim Laden noch beim Entladen die Zusammensetzung des Elektrolyten, aber ein zu starkes Entladen (unter einer Spannung von 0,8 V) zerstört die Elektroden. Die zugrunde liegende chemische Reaktion lautet

$$Cd(OH)_2 + Ni(OH)_2$$

$$\text{Laden} \downarrow\uparrow \text{Entladen}$$

$$Cd + 2\,Ni(OH)_3\,.$$

Auch NC-Akkus belasten die Umwelt durch ihren giftigen Cadmiumgehalt (wenn man sie einfach wegwirft). Alle Elemente sollte man, falls sie unbrauchbar geworden sind, an speziellen Sammelstellen, z. B. bei Uhrmachern, aber auch an Sondermüll-Deponien abliefern.

Einsatzmöglichkeiten

Zum Einsatz kommen e. St. einmal in tragbaren Kleingeräten. Ob man wieder aufladbare Sekundärelemente oder aber nach Gebrauch wertlose Primärelemente verwendet, ist hier eine Frage des Leistungsbedarfs und des Preises. So lohnen sich aufladbare Elemente nicht in Geräten mit sehr geringer Leistung wie Armbanduhren usw., weil diese mit einer Zellenkapazität eine Laufzeit von einem Jahr und mehr erreichen. Ein weiteres wesentliches Kriterium ist die Konstanz der Nennspannung während der Entladezeit (sog. *Entladekennlinie,* Figur 3).

Die andere große Anwendungsgruppe bilden bewegliche Verbraucher, die kurzzeitig große Energien benötigen, denen aber nur ein kleiner Stromlieferant zur Verfügung steht. Hierzu gehören vor allem Fahrzeuge.

Autos mit Verbrennungsmotoren brauchen zum Anlassen Stromstärken von mehreren hundert Ampere, allerdings nur für einige Sekunden. Die Lichtmaschine

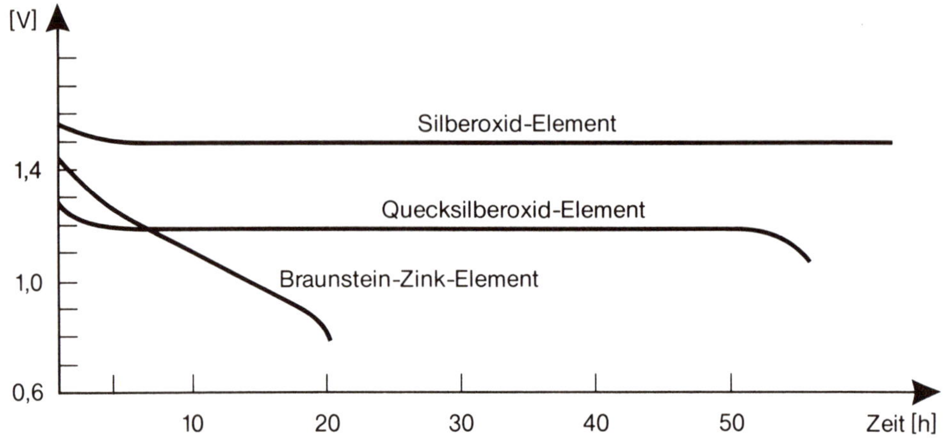

Elektrochemische Stromquellen (Figur 3): Entladekennlinien einiger Primärelemente, bezogen auf einen Belastungswiderstand von 50 Ω; am langlebigsten ist das Silberoxid-Element.

dagegen liefert wiederum nur einige Ampere. Das reicht nur zum Aufladen einer Batterie aus, so daß ein Pufferbetrieb mit elektrischer Energie nötig ist. Außer diesen beiden Hauptanwendungsgebieten werden Sekundärelemente überall dort benötigt, wo eine unabhängige Stromversorgung erforderlich ist *(Notstromkreise)*, die zudem im Pufferbetrieb aufrecht erhalten werden soll.

Elektrodynamik

Eigentlich die Lehre von den bewegten Ladungen, ist die E. im Sprachgebrauch der meisten Lehrbücher zum Oberbegriff der Lehre von den elektrischen Erscheinungen geworden. Der Grund ist in der Universalität der Maxwellschen Gleichungen zu suchen, die im Rahmen der ursprünglichen E. entwickelt und formuliert worden sind. Es hat sich aber bald herausgestellt, daß man mit ihnen alle elektrischen Erscheinungen beschreiben kann, auch die → Elektrostatik und die elektromagnetischen Wellen. Erst die quantenhaften Phänomene erfordern noch zusätzliche Annahmen.

Die Maxwellschen Gleichungen

Diese nach *James Clerc Maxwell* (1831–1879) benannte Gruppe von Gleichungen ist die Zusammenfassung der Grundgesetze der elektrischen und magnetischen Erscheinungen zu einer Einheit. Nur die letzte der vier Gleichungen stammt in ihrer endgültigen Fassung von Maxwell, aber er zog als erster die richtigen Folgerungen aus allen vieren.

1. Die Quellen der elektrischen Feldstärke sind die Ladungen, genauer: Die Quellstärke div $\vec{E}$ ist gleich der Ladungsdichte ρ, dividiert durch die Feldkonstante ε_0:

$$\operatorname{div} \vec{E} = \frac{\rho}{\varepsilon_0}. \qquad (1)$$

Dies ist eine allgemeine Formulierung des → Coulombschen Gesetzes. Benutzt man statt der Feldstärke die (gleichwertige) Feldliniendichte, dann kann man diesen Zusammenhang auch als Gleichung für den elektrischen Fluß formulieren: Die Gesamtzahl aller Feldlinien, die aus einer geschlossenen Fläche austreten, muß dann gleich der Summe der eingeschlossenen Ladungen sein:

$$\oint \vec{E} \cdot d\vec{f} = \frac{1}{\varepsilon_0} \int \rho \cdot dV. \quad (1a)$$

2. Es gibt keine magnetischen Einzelladungen, an denen magnetische Feldlinien entspringen oder enden könnten (sog. *Monopole*). Alle magnetischen Feldlinien sind in sich geschlossen. Daher ist

$$\operatorname{div} \vec{B} = 0. \quad (2)$$

In Termen des magnetischen Flusses ausgedrückt: Die Zahl der Feldlinien, die in eine geschlossene Fläche hineingehen, ist immer genauso groß wie die Zahl der Feldlinien, die herauskommt:

$$\oint \vec{B} \cdot d\vec{f} = 0. \quad (2a)$$

3. Ein zeitlich veränderliches Magnetfeld erzeugt um sich herum einen elektrischen Wirbel

$$\operatorname{rot} \vec{E} = -\frac{d\vec{B}}{dt}. \quad (3)$$

Dies ist eine allgemeine Formulierung des Faradayschen Induktionsgesetzes (→ Induktion). Auch hier kann man den magnetischen Fluß benutzen, um den Zusammenhang auszudrücken. Da $\vec{B}$ die magnetische Flußdichte darstellt, ist die zeitliche Änderung des Flusses gegeben durch

$$\frac{d}{dt} \int \vec{B} \cdot d\vec{f}.$$

Integriert wird über eine Fläche (Leiterschleife), an deren Rand dann die induzierte elektrische Spannung auftritt (als Spannung an den Enden der Schleife): $-\oint \vec{E} \cdot d\vec{s}$. Es gilt also

$$\oint \vec{E} \cdot d\vec{s} = -\frac{d}{dt} \int \vec{B} \cdot d\vec{f}. \quad (3a)$$

4. Ein zeitlich veränderliches elektrisches Feld erzeugt um sich herum einen magnetischen Wirbel. Veränderliche elektrische Felder werden zunächst einmal von bewegten Ladungen herumgeschleppt. Dann entsprechen sie einer Stromdichte $\vec{j}$. Zum andern ändert sich das elektrische Feld auch beim Aufbau oder Zusammenbrechen, z. B. in einem Kondensator, aber auch ohne Leiter. Beide Möglichkeiten können auch gemeinsam auftreten. Wir müssen deshalb schreiben

$$\frac{1}{\mu_0} \cdot \operatorname{rot} \vec{B} = \vec{j} + \varepsilon_0 \cdot \frac{d\vec{E}}{dt}. \quad (4)$$

Auch diese Gleichung läßt sich anders formulieren:
Die magnetische Spannung

$$\frac{1}{\mu_0} \oint \vec{B} \cdot d\vec{s},$$

die am Rand einer Fläche auftritt, ist gleich dem eingeschlossenen Strom I plus der zeitlichen Änderung des elektrischen Flusses $\varepsilon_0 \cdot \frac{d}{dt} \cdot \int \vec{E} \cdot \vec{f}$:

$$\frac{1}{\mu_0} \cdot \oint \vec{B} \cdot d\vec{s} = I + \varepsilon_0 \cdot \frac{d}{dt} \cdot \int \vec{E} d\vec{f}. \quad (4a)$$

In dieser Form heißt Gleichung (4 a) auch *Ampere-Maxwellsches Gesetz.*
Die Gleichungen (1 – 4) bilden die differentielle Form der Maxwellschen Gleichungen, die Gleichungen (1 a – 4 a) die *Integralform.* Um die Schreibweise noch etwas zu vereinfachen, hat man früher die magnetische Feldstärke $\vec{H} = \vec{B}/\mu$ bzw. $\vec{B} = \mu \cdot \vec{H}$ eingeführt ($\mu = \mu_r \cdot \mu_0$ = Permeabilitätskonstante, μ_0 = Induktionskonstante), die formal eine Größe erzeugt, die der elektrischen Feldstärke $\vec{E}$ gleicht. Außerdem benutzt man oft die *dielektrische Verschiebung* $\vec{D} = \varepsilon \cdot \vec{E}$

(→ Dielektrikum). Mit diesen Abkürzungen kann man die Maxwellschen Gleichungen sehr elegant hinschreiben. Sie lauten dann in der differentiellen Form:

$$\operatorname{div} \vec{D} = \rho; \quad \operatorname{rot} \vec{E} = -\frac{d\vec{B}}{dt};$$
$$\operatorname{div} \vec{B} = 0; \quad \operatorname{rot} \vec{H} = \vec{j} + \frac{d\vec{D}}{dt}. \tag{5}$$

Dieselben Gleichungen, integral geschrieben:

$$\oint \vec{D} \cdot d\vec{f} = \int \rho \cdot dV;$$
$$\oint \vec{E} \cdot d\vec{s} = -\frac{d}{dt} \cdot \int \vec{B} \cdot d\vec{f};$$
$$\oint \vec{B} \cdot d\vec{f} = 0; \tag{5a}$$
$$\oint \vec{H} \cdot d\vec{s} = I + \frac{d}{dt} \cdot \int \vec{D} \cdot d\vec{f}.$$

Elektromagnetische Wellen

Die beiden jeweils letzten Maxwellschen Gleichungen (3 und 4) bzw. (3a und 4a) bilden ein System von verketteten Differentialgleichungen. Um zu zeigen, daß sie auf eine Wellengleichung führen, betrachten wir den einfachsten Fall der Feldgleichungen im Vakuum. Wir dürfen dann $\vec{j} = 0$ setzen und $\varepsilon = \varepsilon_0$ bzw. $\mu = \mu_0$ und erhalten

$$\operatorname{rot} \vec{E} = -\frac{d\vec{B}}{dt}$$
$$\text{und } \operatorname{rot} \vec{B} = \mu_0 \cdot \varepsilon_0 \cdot \frac{d\vec{E}}{dt}. \tag{6}$$

Wenn man auf die zweite Gleichung noch einmal die Rotationsoperation anwendet, erhält man

$$\operatorname{rot} \operatorname{rot} \vec{B} = \mu_0 \cdot \varepsilon_0 \cdot \frac{d}{dt} (\operatorname{rot} \vec{E}).$$

Jetzt kann man für $(\operatorname{rot} \vec{E})$ die erste Gleichung einsetzen. Das ergibt

$$\operatorname{rot} \operatorname{rot} \vec{B} = -\mu_0 \cdot \varepsilon_0 \cdot \frac{\partial^2 \vec{B}}{\partial t^2}.$$

Der Ausdruck $\operatorname{rot} \operatorname{rot} \vec{B}$ läßt sich nach den Vektorregeln (→ Vektor) umformen zu $\operatorname{rot} \operatorname{rot} \vec{B} = \operatorname{grad} \operatorname{div} \vec{B} - \Delta \vec{B}$. Da $\operatorname{div} \vec{B} = 0$ ist (2. Maxwellsche Gleichung), verschwindet auch die Divergenz der Konstanten Null und $\operatorname{rot} \operatorname{rot} \vec{B} = -\Delta \vec{B}$. Δ ist der ›Laplace-Operator‹ mit

$$\Delta \vec{B} = \left(\frac{\partial^2 B_x}{\partial x^2} + \frac{\partial^2 B_x}{\partial y^2} + \frac{\partial^2 B_x}{\partial z^2}\right) \vec{e}_x +$$
$$+ \left(\frac{\partial^2 B_y}{\partial x^2} + \frac{\partial^2 B_y}{\partial y^2} + \frac{\partial^2 B_y}{\partial z^2}\right) \vec{e}_y +$$
$$+ \left(\frac{\partial^2 B_z}{\partial x^2} + \frac{\partial^2 B_z}{\partial y^2} + \frac{\partial^2 B_z}{\partial z^2}\right) \vec{e}_z.$$

Sie sehen, wie umständlich die Dinge werden, wenn man die Vektoren komponentenweise ausschreibt, und wie elegant und leicht das Rechnen mit den Vektoren selbst ist! Aus unserem Gleichungssystem (6) ergibt sich jetzt die Beziehung

$$\Delta \vec{B} = \mu_0 \varepsilon_0 \cdot \frac{\partial^2 \vec{B}}{\partial t^2}. \tag{7}$$

Das ist die Gleichung einer Welle, die sich mit der Geschwindigkeit

$$c_0 = \sqrt{\frac{1}{\mu_0 \varepsilon_0}}$$

ausbreitet (→ Wellen). c_0 ist nichts anderes als die Lichtgeschwindigkeit im Vakuum. Dabei hängt es von den Anfangsbedingungen ab, um welche Art Welle es sich handelt. Die analoge Gleichung für $\vec{E}$ lautet

$$\Delta \vec{E} = \mu_0 \varepsilon_0 \cdot \frac{\partial^2 \vec{E}}{\partial t^2}.$$

Sie ergibt sich ebenfalls aus dem Gleichungssystem (6), wenn man den umgekehrten Weg geht, also auf die erste Gleichung die Rotation anwendet und dann die zweite Gleichung einsetzt – ein Beweis für die absolute Symmetrie von $\vec{E}$ und $\vec{B}$! Ebenfalls aus Gleichung (6) leitet man ab, daß der $\vec{E}$-Vektor der Welle stets senkrecht auf dem $\vec{B}$-Vektor steht und beide senkrecht auf der Ausbreitungsrichtung der Welle. Das bedeutet, daß die elektromagnetische Welle transversal polarisiert ist. Im allgemeinen Fall ist $\varepsilon = \varepsilon_r \cdot \varepsilon_0$ und $\mu = \mu_r \cdot \mu_0$ (ε_r = relative Dielektrizitätskonstante, μ_r = relative Permeabilität des Mediums). Dann ergibt sich c zu

$$c = \frac{1}{\sqrt{\varepsilon_r \cdot \mu_r \cdot \varepsilon_0 \cdot \mu_0}}. \qquad (8)$$

Die Größe c ist jetzt die Ausbreitungsgeschwindigkeit der Welle (Lichtgeschwindigkeit) im Medium. Speziell für das sichtbare Licht kann μ_r nur ungefähr 1 sein, weil Stoffe mit großem μ_r (Ferromagnetika wie Eisen oder Nickel) undurchsichtig sind. Setzen wir außerdem

$$\frac{1}{\sqrt{\varepsilon_0 \mu_0}} = c_0,$$

so wird

$$c = c_0 \cdot \frac{1}{\sqrt{\varepsilon_r}} \text{ oder } \frac{c_0}{c} = \sqrt{\varepsilon_r}. \qquad (9)$$

Das Verhältnis der Ausbreitungsgeschwindigkeiten im Vakuum und in einem Medium ist für Licht nichts anderes als der Brechungsindex n dieses Mediums. Die Maxwellsche Relation

$$n = \sqrt{\varepsilon_r} \qquad (10)$$

ist tatsächlich für die weitaus meisten Stoffe – allerdings wegen Resonanzerscheinungen nicht für alle! – gültig (→ Dispersion).

Elektrolyse

Legt man über geeignete Kontakte (Elektroden) eine elektrische Spannung an einen → Elektrolyten, so fließt ein Strom, der aber im Gegensatz zur Stromleitung in Metallen durch positive und negative → Ionen getragen wird. Der Strom in einem Elektrolyten ist deshalb mit Materialtransport verbunden. Wenn die Ionen die jeweils entgegengesetzt geladene Elektrode erreichen, werden sie durch die Aufnahme oder Abgabe von Elektronen zu neutralen Atomen, die sich an der Elektrode abscheiden oder sekundäre chemische Reaktionen durchmachen. Der ganze Vorgang heißt *Elektrolyse* und ist vor allem technisch bedeutsam, weil man zur Reindarstellung von Metallen oder überhaupt zur Gewinnung von Metallen (z. B. der Alkalimetalle, aber auch von Aluminium) keine bessere und billigere Methode kennt. Auch Gase lassen sich durch E. gewinnen. Bekanntestes Beispiel ist die E. von Wasser, wobei sich an der Kathode Wasserstoffgas, an der Anode Sauerstoffgas abscheidet. Eine weitere Anwendung ist die Galvanotechnik. So macht man z. B. Chromüberzüge heute fast ausschließlich elektrolytisch.

Die Physik der E. wird durch einige einfache Zusammenhänge beschrieben, die schon von *Michael Faraday* (1791–1867) gefunden worden sind und nach ihm benannt werden. Ein Ion des Elektrolyten

Elektrolyse: Zur Gewinnung der chemischen Grundstoffe Chlor, Wasserstoff und Natronlauge wird eine Natriumchloridlösung elektrolytisch gespalten. © BASF AG, Ludwigshafen

trägt immer eine ganze Zahl z von Elementarladungen, meist eine, auch zwei, selten mehr. Man bezeichnet z als die Wertigkeit des Ions. Das H^+-Ion ist also positiv einwertig, das SO_4^{2-}-Radikal ist negativ zweiwertig usw. Es ist klar, daß die bei der E. transportierte und an den Elektroden abgeschiedene Masse der dabei bewegten Ladungsmenge proportional ist. Um von den Einzelmassen der verschiedenen Stoffe unabhängig zu sein, bezieht man sich auf jeweils die gleiche Molekülzahl: 1 mol $\approx 6{,}023 \cdot 10^{23}$ Moleküle, → Loschmidtsche Zahl). Um die Masse M eines Mols (Molmasse) abzuscheiden, werden genau z mol Elektronen zu- oder abgeführt. Gleiche Elektrizitätsmengen scheiden also gleiche Massen $m = M/z$ ab. Dies ist das *zweite Faradaysche Gesetz.*

Die Masse, die pro Ladungseinheit abgeschieden wird, heißt *elektrochemisches Äquivalent* M_{eq} des Elektrolyts. Sie errechnet sich leicht aus M/z, wenn man durch die Ladung L eines Mols Elektronen dividiert. Die sog. *Faradaysche Konstante* F ist also (→ Naturkonstanten)

$$F = e \cdot L \approx$$
$$\approx 1{,}6 \cdot 10^{-19}\,\mathrm{C} \cdot 6{,}023 \cdot 10^{23}\,\frac{1}{\mathrm{mol}};$$
$$F = 9{,}648456 \cdot 10^{4}\,\frac{\mathrm{C}}{\mathrm{mol}}.$$

Mit $M_{eq} = M/zF$ kann man schließlich die Masse eines Elektrolyts anschreiben, die vom Strom I in der Zeit t abgeschieden wird:

$$m = M_{eq} \cdot I \cdot t = \frac{M}{z \cdot F} \cdot I \cdot t.$$

Diese Gleichung wird *erstes Faradaysches Gesetz* genannt.

Elektrolyt

Stoffe, die bewegliche → Ionen enthalten, werden als *Elektrolyte* bezeichnet. Es sind dies in erster Linie wässerige Lösungen heteropolarer chemischer Verbindungen (→ chemische Bindung), aber auch Schmelzen dieser Verbindungen. Als typische E. gelten Säuren und Basen. Die gute Löslichkeit eines E. in Wasser kommt zustande, weil Wassermoleküle kleine, aber starke elektrische → Dipole sind. Sie ›schieben‹ sich zwischen die Kristallbindungen und lösen Ionen heraus, deren Ladung sie mit ihren jeweils entgegengesetzten Dipolladungen so umlagern, daß diese Ionen gelöst bleiben müssen *(elektrolytische Dissoziation).*

Die Leitfähigkeit eines E. hängt von der Zahl der gelösten Ionen ab und von ihrer Beweglichkeit. Da sich die Ionen bei sehr großer Konzentration gegenseitig stärker beeinflussen können, nimmt die Leitfähigkeit nur bei sehr verdünnten Lösungen mit der Konzentration zu. Sehr konzentrierte Lösungen haben oft eine geringere Leitfähigkeit als weniger konzentrierte.

Legt man ein elektrisches Feld an einen E., so fließt ein Strom (→ Elektrolyse), der mit einer chemischen Umsetzung und mit Massentransport verbunden ist. Bringt man andererseits geeignete Elektroden in einen E. ein, so verändert die einsetzende chemische Reaktion das Ladungsgleichgewicht derart, daß ein elektrisches Feld entsteht. Läßt man es zusammenbrechen, indem man die Elektroden über einen äußeren Stromkreis verbindet, so liefert die erneut einsetzende chemische Reaktion die abgezogenen Ladungen sofort wieder nach. Dies ist die Grundlage der → elektrochemischen Stromquellen.

Elektromagnet

Ein Magnet, dessen Kraftwirkung auf magnetische Materialien (vor allem Eisen) erst durch das Einschalten eines elektrischen Stromes entsteht, heißt *Elektromagnet.* Er besteht aus einer Spule, die das Magnetfeld erzeugt, und einem Weicheisenkern, dessen Ferromagnetismus den magnetischen Fluß verstärkt. Gibt man dem Weicheisenkern eine geeignete Form, dann kann er zu den verschiedensten Zwecken eingesetzt werden. Man fertigt Stabmagneten für Relais, Hufeisenmagneten oder Topfmagneten als Hebemagnete für Autowracks und anderen Schrott. Nicht immer soll ein E. ein unmagnetisches Eisenstück (›Anker‹) anziehen, in Elektromotoren z. B. wirkt er auf andere E. Die Kraftwirkung auf ein Eisenstück oder auf einen anderen Magneten ist um so stärker, je enger der Kontakt ist. Deshalb strebt man große Berührungsflächen und enge Luftspalte an (→ Magnetfeld).

Elektromagnetisches Feld

Miteinander verkettete elektrische und magnetische Felder gelten als *elektromagnetisches Feld.* Die theoretische Begründung für diese Verkettung liefern die Maxwellschen Gleichungen (→ Elektrodynamik).

Elektromagnetisches Spektrum

Da sich alle elektromagnetischen Wellen mit der Geschwindigkeit c des Lichts ausbreiten, existiert der allgemeine Zusammenhang zwischen Frequenz f und Wellenlänge λ von

$$\lambda = \frac{c}{f}. \qquad (1)$$

Wellenlängen und Frequenzen sind also leicht ineinander umzurechnen. Nach den grundlegenden Erkenntnissen von *Max Planck* (1858–1947) gehört zu jeder Wellenlänge ein *Photon* (›Wellenquant‹) der Energie

$$E = \hbar \cdot \omega = h \cdot f. \qquad (2)$$

Nun gibt man Photonenenergien meist nicht im üblichen Energiemaß (Newton mal Meter) an, sondern lieber in Elektronvolt (eV). Die Umrechnung ist aber ebenfalls nicht schwierig: 1 eV ist die Energie, die die Elementarladung e gewinnt, wenn sie eine Spannungsdifferenz von 1 Volt durchläuft. Daher gilt: $1\,\mathrm{Nm} = 1\,\mathrm{eV}/e$. Für die Zwecke dieses Abschnitts reichen grobe Zahlenwerte für c, h und e aus (→ Naturkonstanten):

$$c \approx 3 \cdot 10^{8}\,\mathrm{m/s};\ h \approx 6{,}27 \cdot 10^{-34}\,\mathrm{Js};$$
$$e \approx 1{,}6 \cdot 10^{-19}\,\mathrm{As}.$$

Aus Gleichung (1) und (2) erhalten wir damit

$$\lambda \approx \frac{3 \cdot 10^{8}}{f}\ (\lambda \text{ in Metern}, f \text{ in Hz});$$
$$E \approx 4 \cdot 10^{-15} \cdot f\ (E \text{ in eV}, f \text{ in Hz});$$
$$E \approx 1{,}2 \cdot 10^{-6} \cdot \frac{1}{\lambda}\ (E \text{ in eV}, \lambda \text{ in Metern}).$$

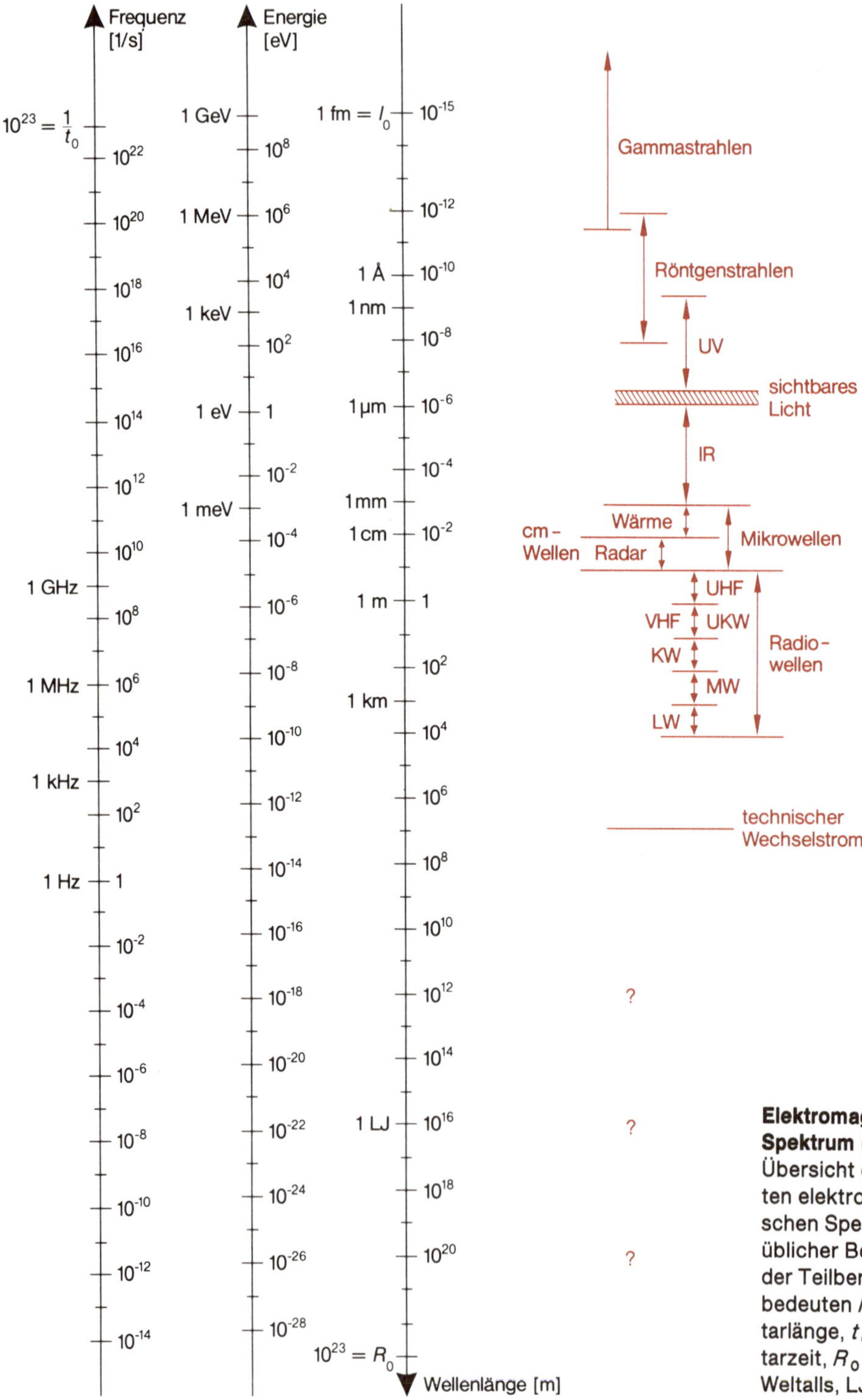

Elektromagnetisches Spektrum (Figur 1): Übersicht des gesamten elektromagnetischen Spektrums mit üblicher Benennung der Teilbereiche; es bedeuten l_0 Elementarlänge, t_0 Elementarzeit, R_0 Radius des Weltalls, LJ Lichtjahr.

Ganz grob kann man sich folgendes leicht merken: λ und f sind wie λ und E einander umgekehrt proportional, eine Welle von 1 μm (10^{-6} m) Wellenlänge hat eine Photonenenergie von etwa 1 eV; und eine Frequenz von 300 MHz (300 000 000 Hz) entspricht einer Wellenlänge von 1 m. Einen Gesamtüberblick über Wellenlängen, Frequenzen und Photonenenergien gibt die Figur 1.

Elektromagnetische Wellen umfassen einen fast unglaublichen Frequenz- bzw. Wellenlängenbereich. Am langwelligen Ende des Spektrums befinden sich die Radiowellen mit Wellenlängen bis zu einigen Kilometern (Frequenzen ab etwa 100 kHz). Wir kennen noch viele elektromagnetische Schwingungen bis herab zu einer Frequenz gegen Null (Wellenlänge gegen unendlich). Diese Wellen lösen sich aber fast nicht mehr von den Leitern ab und sind als freie elektromagnetische Wellen kaum nachzuweisen. Das soll aber nicht heißen, daß sie nicht existieren. Möglicherweise haben solche ultralangen Wellen sogar mehr Einfluß auf den Kosmos, als man gegenwärtig denkt. Jedenfalls sind sie schwer zu untersuchen, weil ihre zugehörigen Photonen eine so kleine Energie haben. Zur Verdeutlichung: Unser gewöhnlicher technischer Wechselstrom aus der Steckdose hat eine Frequenz von 50 Hz, d. h. eine Wellenlänge von 6000 km. Die Photonen des technischen Wechselstroms haben nur eine Energie von $2 \cdot 10^{-13}$ eV.

Der *Radiowellenbereich* hat etwa folgende Einteilung:
Langwelle: 10 km – 1 km Wellenlänge,
30 kHz – 300 kHz;
Mittelwelle: 1 km – 100 m Wellenlänge,
300 kHz – 3 MHz;
Kurzwelle: 100 m – 10 m Wellenlänge,
3 MHz – 30 MHz;
Ultrakurzwelle (UKW; auch VHF, engl. *Very High Frequency*):
10 m – 1 m Wellenlänge,
30 MHz – 300 MHz;
Dezimeterwellen (UHF, engl. *Ultra High Frequency*):
1 m – 10 cm Wellenlänge,
300 MHz – 3 GHz;
Zentimeterwellen (Mikrowellen):
10 cm – 1 cm Wellenlänge,
3 GHz – 30 GHz;
Wärmestrahlung (Millimeterwellen, Mikrowellen):
1 cm – 1 mm Wellenlänge,
30 HGz – 300 GHz.

Von hier an gibt man statt der Frequenzen und Wellenlängen meistens Wellenlängen und Photonenenergien an. Folgende Einteilung ist üblich:
Infrarot (IR): 1 mm – 750 nm,
10^{-3} eV – ≈ 1 eV;
Sichtbares Licht: 750 nm – 380 nm,
1,6 eV – 3,2 eV;
Ultraviolett (UV): 380 nm – 1 nm,
3,2 eV – 1 keV.
Im kurzwelligen Bereich überschneiden sich die Bezeichnungen. Üblich sind:
Röntgenstrahlen (X-Rays): 10 nm bis etwa 1 pm, 0,1 keV – 1 MeV;
Gammastrahlen: 0,1 nm und weniger, 10 keV bis über 1 GeV.
Die letzten beiden Bezeichnungen für elektromagnetische Wellen beziehen sich nicht auf die Energie, sondern auf den Ort, von dem die Wellen ausgehen können: Röntgenstrahlen entstehen in den inneren Schalen der Elektronenhülle eines Atoms, Gammastrahlen im Kern selbst. Die Energiebeträge überlappen sich, und die Namen sind teilweise austauschbar.

Elektromagnetische Wellen

Sowohl das → elektrische Feld als auch das → Magnetfeld enthalten Energie. Ein

elektrische Größe	*magnetische Größe*
Kraft wirkt auf Ladung q $\vec{F} = q \cdot \vec{E}$	Kraft wirkt auf bewegte Ladung $\vec{F} = q \cdot (\vec{v} \times \vec{B})$
Felderzeuger ist die Ladungsdichte ρ	Felderzeuger ist die Stromdichte j
Die Quellstärke ist proportional der Ladungsdichte $\text{div.}\,\vec{E} = \frac{1}{\varepsilon} \cdot \rho$	Der Feldwirbel um den Stromfaden ist proportional der Stromdichte $\text{rot}\,\vec{B} = \mu \cdot \vec{j}$
Feldkonstante ist ε_o	Feldkonstante ist μ_o
Materialeigenschaften stecken in der Dielektrizitätskonstanten ε_r	Materialeigenschaften stecken in der Permeabilität μ_r
$\varepsilon = \varepsilon_r \cdot \varepsilon_o$	$\mu = \mu_r \cdot \mu_o$
$\varepsilon_o \cdot \mu_o = c^2$	
Manchmal wird benutzt $\vec{D} = \varepsilon \cdot \vec{E}$ (Verschiebungsdichte)	Manchmal wird benutzt $\vec{H} = \frac{1}{\mu} \cdot \vec{B}$ (Feldstärke, dann nennt man $\vec{B}$ magnetische Induktion oder Flußdichte)
Energiedichte des Feldes ω_{el} $\omega_{el} = \frac{1}{2} \varepsilon E^2$	Energiedichte des Feldes ω_{mag} $\omega_{mag} = \frac{1}{2} \cdot \frac{1}{\mu} B^2$

Tabelle: Zusammenstellung der wichtigsten elektrischen und magnetischen Größen für konstante Felder

elektrodenloses ›frei im Raum‹ vorhandenes Feld kann daher nicht einfach verschwinden (→ Erhaltungssätze). Nach den Maxwellschen Gleichungen (→ Elektrodynamik) findet statt dessen eine Umwandlung in das komplementäre Feld statt, das aber räumlich versetzt entsteht. Auf diese Weise breitet sich die Feldenergie in Oszillationen aus, wobei sowohl das elektrische als auch das magnetische Feld oszilliert. Die Ausbreitungsgeschwindigkeit dieser *elektromagnetischen Welle* ist eine Grenzgeschwindigkeit für jede Signalübermittlung (→ Relativitätstheorie) und stimmt mit der Lichtgeschwindigkeit überein (→ Naturkonstanten), denn das Licht ist ebenfalls eine e. W. Es bildet aber nur einen winzigen Teil des gesamten → elektromagnetischen Spektrums.

Elektromagnetismus

Die Lehre von den elektrischen und magnetischen Erscheinungen und ihren Verkettungen bezeichnet man heute als *Elektromagnetismus*. Sie wurde ursprünglich zerlegt in die Bereiche → Elektrostatik, die Magnetostatik (→ Magnetfeld) und die → Elektrodynamik. Heute wird durch die Maxwellschen Gleichungen eigentlich der ganze E. beschrieben. Deshalb ist die Elektrodynamik zum Oberbegriff der Elektrizitätslehre geworden. Die Tabelle enthält eine Zusammenfassung der wichtigsten physikalischen Größen, die eine Rolle für den E. spielen.

Elektrometer

Ein E. ist ein Gerät zum Messen elektrischer Ladungen. Das Prinzip besteht in der Anzeige der Coulomb-Kräfte (→ Coulombsches Gesetz). Das E. entzieht dem Meßobjekt nur den – sehr kleinen – Strom, der zum Aufladen der Anordnung nötig ist. Wenn man die Kapazität eines E. kennt, kann man es zum – stromlosen – Messen hoher Spannungen *(elektrostatisches Voltmeter)* oder auch sehr kleiner Ströme verwenden. Die mechanische Anordnung besteht meist aus sehr leichten und nahezu reibungsfrei beweglichen Leitern, die sich unter dem Einfluß ihrer Aufladung gegenseitig abstoßen (*Blättchenelektrometer* und *Fadenelektrometer*) oder die von der entgegengesetzt geladenen ›Erde‹ angezogen werden *(Quadrantelektrometer)*.

Elektromotorische Kraft

Alle Anordnungen, die Ladungen voneinander trennen, sei es auf mechanischem Weg (wie ein Generator) oder chemischem Weg (→ elektrochemische Stromquellen), schaffen dadurch ein äußeres → elektrisches Feld und damit eine Potentialdifferenz oder Spannung. Diese Spannung sucht die Ladungstrennung wieder rückgängig zu machen, notfalls auf einem Umweg, und wirkt so als treibende (elektromotorische) Kraft (Abk. *EMK*) für einen elektrischen Strom in einem geschlossenen Stromkreis (→ Gleichstrom).

Elektron

Das Elektron, Symbol e oder e^-, ist Träger der negativen → Elementarladung mit einer Ruhemasse von $9{,}108 \cdot 10^{-31}$ kg (entspricht 0,511 MeV). E. sind die wohl wichtigsten Bestandteile von Atomen (→ Atomphysik), denn sie sind allein verantwortlich für die chemische Bindung und damit für den chemischen Zusammenhalt unserer Erde und uns selbst. Das E. zählt zu den Leptonen (→ Elementarteilchen). Sein Antiteilchen ist das *Positron.* Es ist bisher nicht gelungen, eine ›Struktur‹ im E. zu entdecken – es scheint tatsächlich ein Elementarteilchen›punkt‹ zu sein.

Elektronik

Sammelbegriff für die technische Anwendung von Prozessen, die von → Elektronen verursacht oder gesteuert werden. Das heute wohl bedeutendste Teilgebiet der Elektronik ist die → Halbleiterelektronik. In Spezialfällen benutzt man wohl auch noch die Elektronenröhre.

Elektronvolt

Abk. eV, eine atomphysikalische Energieeinheit; 1 eV ist diejenige kinetische Energie, die ein Elektron nach Durchlaufen einer Potentialdifferenz von 1 V erreicht hat; $1\ \text{eV} = 1{,}602 \cdot 10^{-19}$ J (→ Maße und Maßsysteme).

Elektroskop

Ein E. ist ein elektrostatisches Instrument zum bloßen Feststellen von Ladungen; E. sind ungeeichte → Elektrometer.

Elektrostatik

Die Lehre von den ruhenden elektrischen Ladungen wird heute als Teilgebiet der → Elektrodynamik zugerechnet. Die physikalischen Grundlagen der E. sind das → Coulombsche Gesetz und das daraus abgeleitete → elektrische Feld. Der Grundbegriff der Ladung dagegen ist nur im Zusammenhang mit den → Elementarteilchen zu klären. Trotz dieser scheinbar theoretischen Natur hat die E. heute zahlreiche Anwendungsgebiete. Sie reichen von der Drucktechnik (Offsetdruck) über die Nachrichtentechnik bis hin zur Mikroskopie (Elektronenlinsen und Elektronenmikroskop). Es gibt sogar die bislang unbewiesene Vermutung, daß der Föhn, der in Südbayern so oft das Wohlbefinden der Menschen beeinflußt, auf elektrostatischen Effekten beruht.

Elektrostriktion

Ein → Dielektrikum mit schon vorgebildeten elektrischen Elementardipolen *(Elektret)* zeigt Orientierungspolarisation, wenn es einem → elektrischen Feld ausgesetzt wird. Die → Dipole richten sich im Feld aus. Dabei verändert sich auch die geometrische Länge des Kristalls um einen kleinen Betrag. Die Umkehrung dieses Vorgangs (Ladungsbildung durch eine mechanische Deformation) ist unter dem Namen → Piezoelektrizität bekannt.
Die Anwendung dieser E. trägt heute fast jeder von uns als Quarzuhr am Handgelenk. Quarz zeigt nämlich die Eigenschaft der E. Ein Quarzkristall kann daher durch das Anlegen einer Wechselspannung in Schwingungen versetzt werden. Die Resonanzfrequenz eines bestimmten Kristalls von einigen Millimetern Länge liegt z. B. für die Biegeschwingung bei einigen Dutzend Kilohertz und ist äußerst scharf. Sie kann dazu benutzt werden, die Frequenz der Anregungsspannung durch Rückkopplung zu steuern – und man hat auf diese Weise einen sehr frequenzstabilen Oszillator *(Schwingquarz).* Eine → Uhr, deren ›Unruhe‹ nach diesem Prinzip arbeitet, ist ohne großen Aufwand mindestens so genau wie die beste mechanische Uhr, die man mit schwingenden Massen und allen technischen Feinheiten bauen kann.

Elementarladung

Die kleinste in der Natur bisher beobachtete elektrische Ladung hat den Wert $e = 1{,}60219 \cdot 10^{-19}$ C, sie wird daher als E. bezeichnet. Der Träger der *negativen E.* ist das → Elektron, aber auch verschiedene Mesonen und Baryonen sind mit einer E. behaftet. Die *positive* E. ist mit dem → Proton verknüpft und tritt bei vielen anderen Elementarteilchen ebenfalls auf. Der Gegenspieler des Elektrons ist sein Antiteilchen, das *Positron,* Träger der positiven Elementarladung.

Elementarlänge

Der ›Durchmesser‹ eines Protons liegt bei etwa 10^{-15} m (= 1 fm). Man bezeichnet diese Länge oft als *Elementarlänge* l_0, weil man nur etwa bis zu dieser Grenze Beobachtungen in Form von Streuexperimenten auswerten kann. Eine zwingende Notwendigkeit zur Definition einer bestimmten kleinsten Länge besteht jedoch gegenwärtig *nicht*! (→ Kraft, → Elementarteilchen, → Wechselwirkung, → Naturkonstanten)

Elementarteilchen

Geschichtliches

Die Frage nach den letzten Bausteinen des Universums beschäftigt die Menschen, seit es Hochkulturen gibt. Aus dem alten Griechenland kennen wir die philosophische Spekulation des *Demokrit*, der behauptete, alle Materie sei aus ›unteilbaren‹ (griech. atomos) Stückchen aufgebaut. Er hatte keinerlei Möglichkeit, seine These durch physikalische Tatsachen zu untermauern, und so blieb sie eben reine Spekulation – bis in die Neuzeit hinein, als man allmählich begann, die Natur ›objektiv‹, d. h. mit Hilfe von Experimenten, zu ›befragen‹ (→ Experiment).

Mit Hilfe vor allem chemischer Experimente gelang der Nachweis der Existenz von Atomen, aber es waren viel mehr, als es dem eigenartigen Bedürfnis nach Einfachheit entsprach, das die Menschen von jeher haben, wenn sie nach Schönheit, Wahrheit oder eben Naturgesetzen suchen. Sehr bald stellte sich heraus, daß die Atome keineswegs unteilbar, sondern in komplizierter Weise aus elektrisch geladenen Teilchen zusammengesetzt sind (→ Atomphysik). Man glaubte zunächst mit zwei Teilchen auszukommen, die man wegen ihrer Ladung *Elektron* und *Proton* nannte. Unverständlich blieb allerdings, weshalb das Proton fast 2000mal schwerer war als das Elektron. Immerhin erwies sich das Elektron als Träger der *Elementarladung*, und es sieht auch heute noch so aus, als ob stabile Ladungen nur in ganzzahligen Vielfachen dieser Elementarladung vorkommen könnten. Trotzdem gab es Schwierigkeiten: Die Atome waren so gut wie leer, nahezu ihre gesamte Masse konzentrierte sich auf einen winzig kleinen Bruchteil ihres Volumens, den man deshalb *Atomkern* nannte. Um den Widerspruch zwischen der Kernladungszahl und der Masse des Kerns zu erklären – er war schwerer, als es der Summe der Kernladungs-Protonen entsprach –, mußte man zunächst annehmen, daß sich auch negative Elektronen im Kern befanden, die einen Teil der Protonen elektrisch neutralisieren sollten. Diese Annahme erwies sich jedoch aus energetischen Gründen (elektrostatische Coulomb-Anziehung) und auch vor allem wegen der Erhaltung des Drehimpulses schon theoretisch als falsch. Man mußte ein drittes Teilchen voraussetzen, um die Unstimmigkeiten zu beseitigen, und gab ihm wegen seiner fehlenden elektrischen Ladung den Namen *Neutron*. 1932 wurde es von *Chadwick* auch experimentell gefunden. Etwa von diesem Zeitpunkt an, gerade als die Physiker glaubten, mit nur drei Teilchen die ganze Vielfalt unserer Welt erklären zu können, überschlugen sich förmlich die Ereignisse. Die Untersuchung der Vorgänge beim radioaktiven Zerfall (→ Radioaktivität), der → Höhenstrahlung und bald auch gezielte Streuexperimente mit künstlich hochbeschleunigten geladenen Teilchen führten zunächst auf die *Antiteilchen*. Das Positron wurde von *Dirac* schon 1928 gefordert und 1932 in der Höhenstrahlung entdeckt. Es ist das Antiteilchen des Elektrons, hat also eine positive, statt einer negativen Ladung.

Die genauere Betrachtung des Beta-Zerfalls stellte die Physiker vor die Wahl, entweder eine Verletzung der bekannten → Erhaltungssätze (Energie, Impuls, Drehimpuls) zuzulassen oder aber die Existenz eines Teilchens (des *Antineutrinos*) zu akzeptieren, das man wegen seiner verschwindend geringen Wechselwirkung mit anderen Teilchen nur sehr schwer würde nachweisen können. Die erste Möglichkeit wurde von den Wissenschaftlern abgelehnt, so daß sie sich zu letzterem entschlossen (*Fermi* und *Pauli*, 1931). Der experimentelle Nachweis gelang *Cowan* und *Reines* tatsächlich erst 25 Jahre später. Ebenfalls schon früh (*Yukawa*, 1935) mußte man ein weiteres Teilchen, das *Pion*, voraussetzen, um die Existenz der Kräfte zu erklären, die den

Atomkern zusammenhalten – der ja (ohne das Pion) eigentlich wegen der elektrostatischen Coulomb-Abstoßung der Protonen von selbst zerfallen müßte. Man fand ein Teilchen, auf das die berechneten Daten (Masse, Zerfallsmöglichkeiten) paßten, 1946 in der Höhenstrahlung.

Die modernen Experimentiermöglichkeiten
Etwa ab 1950 setzte dann jene Art des Experimentierens ein, die zur Entdeckung nahezu beliebig vieler Elementarteilchen führte und so das einfache Weltbild zerstörte, kaum daß man es formuliert hatte: die Untersuchung von immer höherenergetischen Stoßprozessen. Im Prinzip kommen sie auch in der Höhenstrahlung vor, dort aber ungeplant und unvorhersehbar. Der gezielte Einsatz von Stoßprozessen erforderte daher den Bau von *Teilchenbeschleunigern.* Man kann wohl sagen, daß diese Maschinen das Teuerste und Aufwendigste sind, was man je an Experimentiergeräten gebaut hat. Kilometerlange elektromagnetische Beschleunigungsstrecken für geladene Teilchen sind entstanden, mit ›überdimensionalen Spulen‹ werden die Felder erzeugt, die ›Rennstrecke‹ muß im Hochvakuum liegen, und das alles, um Elektronen, Protonen und andere Teilchen so hoch zu beschleunigen, daß ihre Energie ausreicht, um durch einen Stoß ein anderes Teilchen zu spalten.

Man kann sicher sein, daß diese gewaltigen Anstrengungen von der menschlichen Gesellschaft nur unternommen werden, wenn sie sich dabei einen entscheidenden Nutzen verspricht, zumal ein einzelnes Land in der Regel nicht mehr über die entsprechenden Mittel verfügt, um allein einen Großbeschleuniger zu finanzieren. Welcher Nutzen kann das sein? Zur Zeit läßt sich das nicht genau sagen. Ein Pessimist würde meinen, man hat Angst, an

Name, Art	*Teilchen*	*Energie*	*Ort, Land*
Zyklotron	p	9 GeV	Dubna, Rußland
DESY	e	7 GeV	Hamburg, BR Deutschl.
DESY	e, p	2 x 19 GeV	Hamburg, BR Deutschl.
CERN	p	28 GeV	Genf, Schweiz
CERN	p	400 GeV	Genf, Schweiz
CERN	e	100 GeV	Genf, Schweiz
SLAC	e	40 GeV	Stanford, USA
TEVATRON	p	800 GeV	Chicago, USA

Tabelle 1: Einige in Betrieb stehende große Beschleunigungsanlagen für Protonen (p) und Elektronen (e)

der Entwicklung einer möglicherweise entscheidenden Superwaffe nicht beteiligt zu sein (→ Kernwaffen). Allerdings darf die reine Forschung auch nicht unterschätzt werden: Sie bringt – neben Prestigegewinn – vielerlei ›Abfallprodukte‹, die sich kommerziell nutzen lassen. Wie dem auch sei, es gibt bereits eine ganze Reihe von Großbeschleunigern, und noch gewaltigere Maschinen sind in der Planung (Tabelle 1).

Die Beschleunigungsanlagen erzeugten seit etwa 50 Jahren einige hundert neue ›Elementarteilchen‹, keines davon stabil, d. h. mit einer längeren Lebensdauer als etwa 10^{-8} s, aber mit Massen von Null bis zu vielen Wasserstoffatommassen (d. h. von 0 bis zu einigen GeV Massenenergie). Obwohl man alle diese Teilchen in Gruppen einteilen konnte, war es bis vor kurzem nicht möglich, sie alle in ein einheitliches Schema zu bringen, d. h., das ›Massenspektrum‹ zu erklären. Auch heute ist diese Aufgabe nur unzureichend gelöst. Immerhin ist es gelungen, die Anzahl der ›Elementarteilchen‹ auf insgesamt 48 zu reduzieren. Bei dem vorangegangenen Durcheinander ist es aber nicht verwunderlich, daß man viele neue Namen eingeführt hat, um die Teilchenvielfalt wenigstens zu benennen, und daß sich die einzelnen Gruppen teilweise überschneiden. Es liegt außerdem eine große Schwierigkeit darin, daß es bis jetzt kein *anschauliches* Modell gibt, das die vielen Unterscheidungen beschreibt, die man beim Klassifizieren der Teilchen trifft. Die Physiker belegen diese verschiedenen Eigenschaften einfach mit *Quantenzahlen,* gebrauchen aber Namen, die auch in der Umgangssprache recht geläufig sind. Dieses Verfahren war und ist irreführend und nicht dazu geeignet, dem Nichtphysiker das Verständnis zu erleichtern, entspricht aber wohl der menschlichen Mentalität. Nehmen Sie also die Teilcheneigenschaften als bloße Namen für Dinge, unter denen sich auch die Physiker nichts Rechtes mehr vorstellen können.

Um noch einmal darauf einzugehen, wie man all diese Teilchen gefunden hat: Alle energiereichen geladenen Teilchen wirken ionisierend (→ Ion). Sie schlagen beim Durchqueren der Atome eines Mediums Elektronen heraus und ändern dadurch deren chemisches und physikalisches Verhalten. Die derart in großer Zahl erzeugten Ionen legen eine ›Spur‹ des ionisierenden Teilchens, indem sie als Kondensationskeime für übersättigten Wasserdampf dienen *(Nebelkammer)* oder als Keime für Blasenbildung in einer Flüssigkeit *(Blasenkammer).* Sie können auch Funken auslösen *(Funkenkammer)* oder eine Photoplatte schwärzen *(Kernemulsionsplatten).* In Kristallen mit angelegter Spannung lösen sie einen Stromimpuls aus *(Halbleiterzähler),* in anderen Kristallen Lichtblitze *(Szintillationszähler).* Nicht zu vergessen ist auch das altbewährte *Geiger-Müller-Zählrohr,* das immer noch in vielen Bauarten verwendet wird. Alle diese Geräte registrieren ionisierende Teilchen und verfolgen ihre Spuren in geeigneter Anzahl und, geometrisch sinnvoll gekoppelt, sogar über längere Wege. Besonders Kernemulsionsplatten (Kernspurplatten), eine Anordnung lichtempfindlicher Schichten, lassen eine räumliche Aufzeichnung auch sehr kurzlebiger Teilchen zu und zeichnen deren Reaktionen und Umwandlungen ebenso auf. Magnetfelder, die man im Aufzeichnungsmaterial erzeugt, krümmen die Bahnen geladener Teilchen und machen so Aussagen über Vorzeichen und Größe ihrer Ladungen möglich.

Die wichtigsten Elementarteilchen und ihre Einteilung

Auf diese Weise entstand aus vielen unterschiedlichen Messungen, deren Auswertung längst durch Computer erfolgen muß, ein höchst verzweigtes und in sich verzahntes Puzzle, aus dem nach und nach immer mehr konsistente (widerspruchsfreie) Teilchendaten entnommen werden konnten. Die Teilchen selbst bezeichnet man größtenteils mit griechischen Buchstaben, versehen mit der elektrischen Ladung (+, – oder 0), die rechts hochgestellt geschrieben wird. Antiteilchen versieht man mit einem Querstrich. Teilweise ausgenommen von dieser Regel sind die ›historischen‹ Teilchen: das Proton (p), das Neutron (n) und das Elektron (e). Die sehr schematische und vor allem unvollständige Tabelle 2 soll lediglich einen Eindruck vermitteln. Für genauere Informationen muß ich auf die Lehrbücher über Elementarteilchenphysik und einschlägige Tabellenwerke verweisen. Erklären möchte ich dagegen noch einige Sammelnamen (Teilchengruppen):

Klassifizierung nach der Teilchenmasse

Leptonen (leichte Teilchen) sind *Elektron, Myon* und *Tauon* zusammen mit ihren

Teilchenart	*Teilchenname*	*Zeichen*	*Ruhmasse* [in MeV]
Quarks	up	$\bar{u}$	?
	Anti-up	u	?
	down	$\bar{d}$	?
	Anti-down	d	?
	charm	$\bar{c}$	?
	Anti-charm	c	?
	strange	$\bar{s}$	?
	Anti-strange	s	?
	top	$\bar{t}$	?
	Anti-top	t	?
	bottom	$\bar{b}$	?
	Anti-bottom	b	?
Leptonen	e-Neutrino	ν_e	0?
	μ-Neutrino	$\nu\mu$	0?
	r-Neutrino	ν_τ	0?
	Elektron	e^-	0,511
	Myon	μ^-	105,66
	Tauon	τ-	1784
Mesonen	Pionen	π^-	139,6
		π^+	139,6
		π^0	135,0
	Kaonen	K^-	493,7
		K^+	493,7
		K_S^0	497,7
		K_L^0	497,7
	Eta	η^0	548,8
	D-Mesonen	D^+	1869,4
		D^-	1869,4
		D^0	1864,7
Baryonen	Proton	p	938,26
	Neutron	n	939,55
	Lambda	Λ^0	1115,6
	Sigma	Σ^+	1189,4
		Σ^0	1192,5
		Σ^-	1197,3
	Zeta	Ξ^0	1314,9
		Ξ^-	1321,3
	Omega	Ω^-	1672,5
	Lambda-C	Λ_C^+	2282,2

Tabelle 2: Auswahl verschiedener Elementarteilchen mit Angabe ihrer Masse, Quantenzahlen und der Lebensdauer

Quantenzahlen									Lebensdauer
B	*Q*	*I*	I_3	*J*	*P*	*Y*	*S*	*C*	[in s]
1/3	2/3	1/2	1/2	± 1/2		1/3	0	0	?
− 1/3	− 2/3	1/2	− 1/2	± 1/2		− 1/3	0	0	?
1/3	− 1/3	1/2	− 1/2	± 1/2		1/3	0	0	?
− 1/3	1/3	1/2	1/2	± 1/2		− 1/3	0	0	?
1/3	2/3	0	0	± 1/2		1/3	0	1	?
− 1/3	− 2/3	0	0	± 1/2		− 1/3	0	− 1	?
1/3	− 1/3	0	0	± 1/2		− 2/3	− 1	0	?
− 1/3	1/3	0	0	± 1/2		2/3	1	0	?
1/3	2/3	?	?	± 1/2		?	?	?	?
− 1/3	− 2/3	?	?	± 1/2		?	?	?	?
1/3	− 1/3	?	?	± 1/2		?	?	?	?
− 1/3	1/3	?	?	± 1/2		?	?	?	?
0	0	0	0	1/2		0	0	0	stabil
0	0	0	0	1/2		0	0	0	stabil
0	0	0	0	1/2	?	0	0	0	?
0	− 1	0	0	1/2	+	0	0	0	stabil
0	− 1	0	0	1/2	+	0	0	0	$2{,}18 \cdot 10^{-6}$
0	− 1	0	0	1/2	?	0	0	0	$5 \cdot 10^{-13}$
0	− 1	1	−1	0	−	0	0	0	$2{,}6 \cdot 10^{-8}$
0	1	1	1	0	−	0	0	0	$2{,}6 \cdot 10^{-8}$
0	0	1	0	0	−	0	0	0	$0{,}8 \cdot 10^{-16}$
0	− 1	1/2	1/2	0	−	− 1	− 1	0	$1{,}24 \cdot 10^{-8}$
0	1	1/2	1/2	0	−	1	1	0	$1{,}24 \cdot 10^{-8}$
0	0	1/2	− 1/2	0	−	1	1	0	$0{,}89 \cdot 10^{-10}$
0	0	1/2	− 1/2	0		1	1	0	$5{,}18 \cdot 10^{-8}$
0	0	0	0	0	−	0	0	0	$2{,}5 \cdot 10^{-19}$
0	1	1/2	1/2	0	+	0	0	1	$9 \cdot 10^{-13}$
0	− 1	1/2	− 1/2	0	−	0	0	− 1	$9 \cdot 10^{-13}$
0	0	1/2	− 1/2	0	−	0	0	1	$5 \cdot 10^{-13}$
1	1	1/2	1/2	1/2	+	1	0	0	stabil (?)
1	0	1/2	− 1/2	1/2	+	1	0	0	932
1	0	0	0	1/2	+	0	− 1	0	$2{,}63 \cdot 10^{-10}$
1	1	1	1	1/2	−	0	− 1	0	$0{,}8 \cdot 10^{-10}$
1	0	1	0	1/2	+	0	− 1	0	$5{,}8 \cdot 10^{-20}$
1	− 1	1	− 1	1/2	+	0	− 1	0	$1{,}5 \cdot 10^{-10}$
1	0	1/2	1/2	1/2	+	− 1	− 2	0	$2{,}9 \cdot 10^{-10}$
1	− 1	1/2	− 1/2	1/2	+	− 1	− 2	0	$1{,}6 \cdot 10^{-10}$
1	− 1	0	0	3/2	+	− 2	− 3	0	$0{,}8 \cdot 10^{-10}$
1	1	0	0	1/2	+	1	0	1	?

B = Baryonenzahl, *Q* = elektrische Ladung, *I* = Isospin, I_3 = Einstellung des Isospins, *J* = Spin, *P* = Parität, *Y* = Hyperladung, *S* = Strangeness, *C* = Charm; $Y = B + S$ *oder* $S = Y - B$; $Q = I_3 + Y/2$ oder $Y = 2\ (Q - I_3)$

Antiteilchen. Außerdem gehören die Neutrinos zu dieser Gruppe.
Mesonen (mittelschwere Teilchen) sind vor allem die *Pionen* und die *Kaonen* (π-Mesonen, K-Mesonen), das η-Teilchen, die D- und F-Mesonen und noch einige Dutzend mehr.
Baryonen (schwere Teilchen) bilden zwei Gruppen: *Nukleonen* sind die Teilchen, aus denen ein Atomkern (Nukleus) besteht: Proton und Neutron sind neben einigen Leptonen die einzigen stabilen Teilchen. Allerdings hat auch das *freie* Neutron nur eine mittlere Lebensdauer von etwa 15,5 min (932 s). Dann zerfällt es in ein Proton, ein Elektron und ein Antineutrino. *Hyperonen* (überschwere Teilchen) werden ebenfalls zu den Baryonen gerechnet. Einige davon sind die Σ-Teilchen, die Ξ-Teilchen, das Λ°-Teilchen und das Ω^{-}-Teilchen. Es gibt aber wahrscheinlich beliebig viele.
Ebenfalls in dieses Schema einzuordnen sind die äußerst kurzlebigen ($\approx 10^{-23}$ s) *Resonen*, die sozusagen fast im Augenblick ihres Entstehens schon wieder zerfallen (sog. ›Resonanzen‹). Sie sind eine Art Katalysator bei Hochenergieprozessen. Ihre Massen sind recht unterschiedlich: etwa 700 MeV – 900 MeV für Mesonenresonanzen, 1000 MeV bis über 3000 MeV für Baryonenresonanzen. Die Anzahl dieser Resonen wächst mit der Energie jeder neuen Beschleunigungsmaschine. Gegenwärtig kennt man bereits über 100, wahrscheinlich sind es jedoch beliebig viele.

Klassifizierung nach der Art der Wechselwirkung

Einen etwas anderen Gesichtspunkt erhält die Elementarteilchenklassifizierung, wenn man nach der Art der → Wechselwirkung vorgeht, die den größten Einfluß (d. h. die größte Kraft) auf sie ausübt.
Die *starke Wechselwirkung* betrifft alle *Hadronen.* Typisch für diese Wechselwirkung sind größere Massen. Hadronen sind also alle Mesonen, Baryonen und Resonen.
Die *elektromagnetische* Wechselwirkung betrifft alle *geladenen Teilchen,* auch Hadronen oder Leptonen, sofern sie Ladung tragen.
Die *schwache Wechselwirkung* betrifft alle Teilchen überhaupt, kommt aber insbesondere bei den *Leptonen* zur Geltung, die ja der starken Wechselwirkung nicht unterliegen.
Die *Gravitationswechselwirkung* schließlich wirkt auf alle Teilchen, ist aber gegenüber den anderen Kräften so schwach, daß man sie bei Elementarteilchenprozessen vernachlässigt.

Die Quantenzahlen der Elementarteilchen
Die Reaktionen zwischen E. sind nicht beliebiger Art, sondern folgen gewissen Regeln. Außerdem spielen sie sich in räumlichen Dimensionen ab, für die die → Quantenmechanik herangezogen werden muß. Alle Eigenschaften, die man einem E. zuschreiben kann, sind daher ›gequantelt‹, existieren also nur in ›portionierten‹ Größen. Einfachstes Beispiel ist die elektrische Ladung, die nur in ganzzahligen Vielfachen der Elementarladung vorkommt. Wenn nun bestimmte Prozesse nicht nachgewiesen werden können, so deutet das immer darauf hin, daß eine der Eigenschaften nicht geändert werden darf, d. h., daß die zugehörige Größe eine *Erhaltungsgröße* ist. Beispiel sei wieder die elektrische Ladung. Alles deutet darauf hin, daß die Summe aller Ladungen bei einem Prozeß invariant ist.
So kann ein Lichtquant (siehe unten) sich z. B. durchaus in ein Elektron (e^{-}) und ein Positron (e^{+}) ›verwandeln‹, weil dabei die Summe der Ladungen vorher wie nachher Null ergibt: Das Lichtquant trägt

keine elektrische Ladung, und die negative Ladung des Elektrons neutralisiert die positive des Positrons. Dagegen wird ein Lichtquant sich niemals in ein oder mehrere Elektronen verwandeln, weil diese Reaktion die Ladungserhaltung verletzen würde.

Ein zweites Beispiel betrifft die *Baryonenzahl.* Ein Proton kann zwar mit einem Antiproton ›zerstrahlen‹, nicht aber mit einem Elektron, obwohl auch hier die Ladung erhalten bliebe. Die Schwierigkeit für den Nichtphysiker im Umgang mit den E. besteht nun zum großen Teil darin, daß es viele Erhaltungssätze gibt, die sich auf völlig *unanschauliche* Eigenschaften beziehen (z. B. ›Strangeness‹ oder ›Charm‹), ja daß dies Eigenschaften sind, unter denen sich auch die Physiker nichts vorstellen können. Man muß sich eben immer wieder vor Augen halten, daß diese Eigenschaften erfunden worden sind, um das Nichtvorkommen gewisser Reaktionen wenn schon nicht zu erklären, so doch wenigstens zu beschreiben. Jeder Erhaltungssatz bewirkt dann, daß bei einer Reaktion die Summe der zugehörigen Quantenzahlen invariant ist. Um die gesamte Problematik der Theorie anzudeuten, muß man darauf hinweisen, daß alle Berechnungen nicht nur quantenmechanisch, sondern wegen der meist großen Teilchengeschwindigkeiten auch noch relativistisch durchgeführt werden müssen (→ Relativitätstheorie).

Die Eigenschaften, die man gegenwärtig den E. zur Beschreibung ihres Verhaltens zuordnet, sind folgende:

Die *Masse* (d. h. die Ruhmasse), in der Praxis direkt in Energieeinheiten angegeben (MeV), ist ein Maß für den ›Energiegehalt‹ des Teilchens, dem sich natürlich noch Bewegungsenergie überlagern kann. Sie ist nicht gequantelt und hat für jedes stabile Teilchen einen genau definierten Wert.

Die *elektrische Ladung Q* wird in Einheiten der Elementarladung *e* angegeben. Dies ist eine Quantenzahl, die nur ganzzahlige (positive oder negative) Werte annehmen kann (vorerst!). Der *Spin J* (›Eigendrehimpuls‹) ist eigentlich die gequantelte vierte Dimension, die *Raumzeit.* Seine Quantenzahl kann ganzzahlig oder halbzahlig sein (0, $\pm 1/2$, ± 1, $\pm 3/2$ usw.). *Spinänderungen* aber können wieder nur in ganzzahligen Werten auftreten. Ein Teilchen kann also seinen Drehimpuls von 1 nach 0 oder –1, auch von $+1/2$ nach $-1/2$ ändern (beim Zerfall oder bei Stößen), aber *nicht* von $+1/2$ nach 1 oder nach 0. Deshalb kann ein Teilchen mit Spin $1/2$ in *zwei* Zuständen existieren: mit Spin $+1/2$ oder $-1/2$ (sog. *Dublett*). Der Spin 1 dagegen kann drei ›Einstellungen‹ haben, nämlich 1, 0 und –1 *(Triplett).* Spin $3/2$ läßt vier Einstellungen zu, Spin 2 fünf usw.

Die *Parität P* gibt an, ob die Wellenfunktion eines Teilchens *symmetrisch* oder *antisymmetrisch* ist. Eine symmetrische Wellenfunktion geht in sich selbst über, wenn man die Vorzeichen aller Ortskoordinaten umkehrt, eine antisymmetrische wechselt dabei ebenfalls das Vorzeichen. Demgemäß hat die Paritätsquantenzahl nur zwei Werte, die man oft mit + (positive Parität) bzw. – (negative Parität) angibt. Spin und Parität sind eng verwandt. Deshalb schreibt man beide meist in der Form J^P, also z. B. 0^- oder $1/2^+$ usw.

Der *Isospin I* hat wahrscheinlich mit einem Drehimpuls nur soviel gemein, daß er ebenfalls halb- oder ganzzahlig sein kann und dann genauso viele Einstellungen zuläßt, wie wir sie beim Spin kennen. Seine Einstellung gibt man durch die Quantenzahl I_3 wieder. Man beschreibt mit dem Isospin die Tatsache, daß gewisse Teilchen in mehrerlei ›Arten‹ vorkommen, sich sonst aber nicht unterscheiden. Insbesondere liegen ihre Massen dicht zusammen. Man sagt, sie bilden ein *Dublett, Triplett* usw. und drückt diese ›Multiplizität‹ durch eine geeignete Zuordnung der Isospinquantenzahl aus. Der Verschiedenheit der Multiplettpartner trägt man durch die möglichen Einstellungsquantenzahlen I_3 Rechnung.

Strangeness S und *Charm C* sind zwei weitere Eigenschaften, für die ich keine anschaulichen Entsprechungen mehr suche, weil ich keine kenne. Die zugehörigen Quantenzahlen sind jedoch ganzzahlig.

Lediglich die *Baryonenzahl B* ist noch eine anschauliche Quantenzahl. Sie kann ebenfalls nur ganzzahlig sein, Null für Leptonen und Mesonen, + 1 für Baryonen und –1 für die zugehörigen Antiteilchen. Die *Hyperladung Y* ist (für Teilchen ohne Charm) einfach die Summe aus Baryonenzahl und Strangeness oder auch das Doppelte aus elektrischer Ladung und Isospinkomponente I_3. Daraus ersehen Sie, daß nicht alle Quantenzahlen unverzichtbar sind. Einige könnte man durch die anderen ersetzen. Das ist aber erst im Rahmen einer einheitlichen Theorie der Wechselwirkungen zu erwarten.

Antiteilchen und Antimaterie

Falls die Baryonenzahlerhaltung ein Universalgesetz ist, kann man einen Prozeß, der ein Proton und ein identisches Teilchen – aber mit negativer Ladung – aus einem Lichtquant erzeugt, nur so deuten, daß das negative Teilchen die Baryonenquantenzahl (–1) hat. Gleichzeitig muß man bei analogen Prozessen mit anderen Teilchen auch noch fordern, daß die Paritäts-, die Strangeness- und Charmquantenzahl (allgemein alle ladungsartigen Quantenzahlen) das Vorzeichen wechseln. *Dirac* hat dieses Verhalten aus der relativistischen Gleichung für das Elektron abgeleitet und mit ›negativen Energiezuständen‹ des Elektrons zu erklären versucht. Später wurde eine ›Spaltung des Raums‹ in Teilchen- und Antiteilchenzustände daraus entwickelt. Wann immer Teilchen und Antiteilchen aufeinandertreffen, ›zerstrahlen‹ sie. Umgekehrt kann man mit entsprechenden Energien Teilchen-Antiteilchen-Paare ›aus dem Nichts‹ erzeugen, wenn man sich an einer Stelle des Raums mit großen Potentialunterschieden (z. B. in der Nähe eines Kerns) befindet. Teilchen und Antiteilchen sind einander völlig äquivalent. Es ist gleichgültig, welches man wie bezeichnet. Deshalb lassen sich aus Antiteilchen auch Anti-Atome aufbauen, ja sogar ein gesamtes Anti-Periodensystem und eine Antichemie. Selbst der Antimensch wäre möglich. Nur – nebeneinander auf engem Raum existieren kann Materie *und* Antimaterie nicht.

Austauschteilchen

Man stellt sich Wechselwirkungen heute als sog. *Austauschkräfte* vor, bei denen die ›wechselwirkenden‹ Teilchen dies dadurch bewerkstelligen, daß sie bestimmte Teilchen dauernd austauschen – eben die Austauschteilchen (auch *Wechselwirkungsquanten* genannt). Man kann versuchen, sich den Vorgang so vorzustellen, als spielten die beiden Partner mit dem Austauschquant ›Ball‹, obwohl der Vergleich etwas hinkt, weil beim Hin- und Herschubsen des Balls nur abstoßende Kräfte auftreten können. Hier hilft aber ein Trick: Wenn der Raum um die beiden Teilchen herum wie eine Schachtel wirkt, könnten die beiden auch über die Schachtelwände Ball spielen, sozusagen ›über die Bande‹ wie beim Billardspielen – und dann ziehen sich die Teilchen an, die ›mit dem Rücken zueinander‹ spielen, während sich die direkt von vorn spielenden abstoßen. Natürlich ist auch dieses Bild unbefriedigend, denn wo sollten die Schachtelwände herkommen? Aber in

den mikroskopischen Bereichen ist jedes Mittel recht, um das Verständnis so gut wie möglich zu unterstützen.
Wie kommt man darauf, nach Austauschteilchen zu suchen? Die Antwort ist einfach: Im Fall der elektromagnetischen Wechselwirkung kennt man sie schon lange. Es sind die *Photonen,* die Lichtquanten also, und ihre Rolle als Quanten des elektromagnetischen Feldes und Vermittler der elektromagnetischen Kraft hat sich so gut bewährt, daß man ein ähnliches Muster auch für alle anderen Wechselwirkungen annimmt.
Welches sind nun die anderen Austauschteilchen? Offenbar muß es für jede Wechselwirkung eine Sorte geben. Ihr gemeinsames Merkmal ist die Ruhmasse Null. Demzufolge bewegen sie sich entweder mit Lichtgeschwindigkeit – und haben dann eine Energie, der auch eine Masse entspricht –, oder sie existieren überhaupt nicht. Für die starke Wechselwirkung hat *Yukawa* bereits 1935 das Pion vorgeschlagen *(π–Meson).* Heute glaubt man, daß die starke Wechselwirkung etwas Fundamentaleres ist als die Kraft, die den Atomkern zusammenhält, und nennt ihre Feldquanten *Gluonen* (nach engl. glue, kitten).
Erst vor kurzem hat man das Austauschquant der schwachen Wechselwirkung gefunden, nach dem schon lange gesucht worden war: das sog. *intermediäre Boson* (bzw. *Vektorboson*). Damit fügt sich auch die schwache Wechselwirkung in das Schema der Austauschkräfte ein.
Nur die Gravitation, die weitaus schwächste aller Kräfte, hat uns bisher nicht erlaubt, ihre Austauschquanten zu finden. Trotzdem glauben die Physiker fest an die Existenz von *Gravitonen.* Sie müßten ja auch in unglaublich großen Mengen vorhanden sein. Denken Sie nur an die Bewegung der Planeten um die Sonne, die ja allein durch die Gravitationswechselwirkung bewirkt wird. Niemand hat sie bisher gefunden, denn ihre Energie (bzw. Masse) muß so gering sein, daß wir dafür bisher einfach keine Nachweismethoden kennen.
Wir fassen zusammen: Alle Austauschquanten haben die Ruhmasse Null. Da sie sich mit Lichtgeschwindigkeit bewegen, haben sie eine Energie, die nach *Einstein* auch einer (bewegten!) Masse entspricht. Sie steht wohl in Zusammenhang mit der Stärke der Wechselwirkung. Außerdem haben sie auch einen → Drehimpuls (Spin), der im Zusammenhang mit ihrer Polarisation steht (Zirkularpolarisation bei → Wellen). Natürlich ist der Spin wie bei allen Mikrosystemen eine Eigenschaft, die gequantelt ist. Das Bemerkenswerte an den Austauschquanten ist nun, daß sie sämtlich → Bosonen sind, d. h. eine *ganzzahlige* Spinquantenzahl haben: Gluonen, Photonen und das intermediäre Boson haben den Spin 1, das Graviton müßte den Spin 2 haben.

Das Quarkmodell
Die große Anzahl der ›Elementarteilchen‹ (einige hundert), die man mittlerweile gefunden hat, ist äußerst unbefriedigend. Etwas Elementares soll ja einfach sein, ein E. also möglichst viel, ja die gesamte Materie erklären. Notfalls gibt man sich mit wenigen E. zufrieden, aber Hunderte? Außerdem gibt es bei Teilchenreaktionen Erhaltungssätze, mit anderen Worten Symmetriebeziehungen, die eine Gruppenbildung und Verwandtschaften nahelegen. Schließlich gibt es auch direkte experimentelle Befunde, nämlich Streuexperimente mit sehr hohen Geschoßenergien an Protonen und Neutronen, die deutlich zeigen, daß diese Teilchen eine Struktur haben müssen, aus ›Schichten‹ oder ›Wolken‹ um einen harten Kern herum bestehen.
Man suchte also nach einfacheren, ele-

mentareren Teilchen, die einerseits die Erhaltungssätze erklären und aus denen andererseits die bisher bekannten Teilchen zusammengesetzt sein sollten. 1963 postulierten *Gell-Mann* und *Zweig* die ›Quarks‹. Der Name stammt aus der Literatur: *James Joyce* sucht in ›Finnegan's Wake‹ nach einem Wort, das absolut keine Bedeutung hat, und findet ›quark‹. Im Englischen hat quark (sprich: quork) tatsächlich keine Bedeutung, um so mehr dafür im Deutschen. Man vermutet deshalb, daß Joyces ›quark‹ aus Goethes ›Faust‹ stammt: ›In jeden Quark begräbt er seine Nase‹. Das Teilchen-Antiteilchen-Konzept behielten Gell-Mann und Zweig bei, d. h., jedes Quark hat sein *Antiquark.*

Die elektrische Ladung allerdings ist *höchst* ungewöhnlich: Quarks können die Ladungen $+\tfrac{2}{3}$ oder $-\tfrac{1}{3}$ haben, Antiquarks die Ladungen $-\tfrac{2}{3}$ oder $+\tfrac{1}{3}$. Damit verzichtete man auf das einzige, was bisher bei allen E. sozusagen als unantastbar galt: die Ganzzahligkeit der elektrischen Ladung. Man glaubte zunächst, mit drei Quarks auszukommen, und konnte auch tatsächlich die meisten Teilchen systematisch auflisten nach dem Schema: Mesonen sind *Quark-Antiquark-Paare* (Tabelle 3). Baryonen deutet man als *Dreiquark-Zustände* (Tabelle 4).

Es stellte sich zwar heraus, daß 6 Quarks nötig sind, um alle Teilchen darzustellen, aber die Symmetrieeigenschaften des Modells sind so faszinierend, daß heute fast alle Physiker von der Richtigkeit des Quarkmodells überzeugt sind. Zunächst ist aber die Frage zu beantworten, wie denn beispielsweise Dreiquark-Zustände zusammenhalten, und zwar so fest, daß man bisher noch kein einzelnes Quark hat nachweisen können, und zwar trotz gewaltiger Anstrengungen der Elementarteilchen-Physiker in aller Welt. Man glaubt, daß hier die wahre starke Wechselwirkung vorliegt und als Austauschkraft von den Gluonen vermittelt wird, aber in einem Feld, das nicht mit der Entfernung abnimmt, sondern konstant bleibt. Es verhält sich wie Klebstoff, daher auch der Name Gluon. Bei der elektromagnetischen Wechselwirkung ist es die Ladung, die ein Teilchen zum Aus-

Quarks	*Quantenzahlen*								*Teilchen*
	B	*Q*	*I*	I_3	*J*	*Y*	*S*	*C*	
$u\bar{u}$	0	0	1	0	0	0	0	0	π^0
$d\bar{d}$	0	0	1	0	0	0	0	0	π^0
$s\bar{s}$	0	0	0	0	0	0	0	0	η^0
$u\bar{d}$	0	1	1	1	0	0	0	0	π^+
$d\bar{u}$	0	−1	1	−1	0	0	0	0	π^-
$u\bar{s}$	0	1	1/2	1/2	0	1	1	0	K^+
$s\bar{u}$	0	−1	1/2	−1/2	0	−1	−1	0	K^-
$d\bar{s}$	0	0	1/2	−1/2	0	1	1	0	K^0
$s\bar{d}$	0	0	1/2	1/2	0	−1	−1	0	$\overline{K^0}$
$u\bar{c}$	0	0	1/2	1/2	0	0	0	−1	$\overline{D_0}$
$c\bar{u}$	0	0	1/2	−1/2	0	0	0	1	D_0
$d\bar{c}$	0	−1	1/2	−1/2	0	0	0	−1	D^-
$c\bar{d}$	0	1	1/2	1/2	0	0	0	1	D^+

Tabelle 3: Einige Mesonen als Quark-Antiquark-Zustände (zur Bedeutung der Quantenzahlen siehe Tabelle 2)

Quarks				*Quantenzahlen*					*Teilchen*
	B	*Q*	*I*	I_3	*J*	*Y*	*S*	*C*	
uud	1	1	1/2*	1/2	1/2	1	0	0	p = Proton
$\bar{u}\bar{u}\bar{d}$	−1	−1	1/2	−1/2	1/2	−1	0	0	p^- = Antiproton
udd	1	0	1/2*	−1/2	1/2	1	0	0	n = Neutron
uus	1	1	1	1	1/2	0	−1	0	Σ^+ = Sigma
uds	1	0	1	0	1/2	0	−1	0	Σ^o = Sigma
dds	1	−1	1	−1	1/2	0	−1	0	Σ^- = Sigma
udc	1	1	1	0	1/2	1	0	1	Λ_c = Lambda

* Der Isospin 3/2 erzeugt Teilchen der Δ-Gruppe. Proton und Neutron können mit *I* = ½ als einfachere Gruppe abgespalten werden.

Tabelle 4: Einige Baryonen als Dreiquark-Zustände (zur Bedeutung der Quantenzahlen siehe Tabelle 2)

tausch von Photonen befähigt. Überträgt man dies auf das Quarkmodell, so muß man dem Quark eine ›starke‹ Ladung zuschreiben, die den Gluonenaustausch bewirkt. Nun liegen Quarks aber in Dreiersymmetrie vor. Es sollte daher auch dreierlei starke Ladungen geben. Auf der Suche nach einer anschaulichen Ausdrucksweise verfiel man auf das Farbfernsehen, das mit dreierlei Grundfarben (Rot, Grün und Blau) auskommt, und nennt heute die starken Ladungen der Quarks auch *Farbladungen*. So erklärt sich auch der Name *Quantenchromodynamik* (kurz *QCD*), die das Verhalten der Quarks im quantisierten Feld der Farbladungen beschreiben soll.

Natürlich vervielfacht die Farbladungstheorie die Anzahl der Quarks, denn jedes Quark kann ja mit jeder Ladung versehen sein. Trotzdem stellt sich ein höchst einfaches Schema von E. heraus, das aus drei ›Familien‹ besteht, in das sich auch die Leptonen einordnen lassen (Tabelle 5).

Statt der Familien führt man auch eine *Duftquantenzahl* (engl. *flavor*) ein, die einfach die Werte 1 – 6 annimmt. Auffällig ist, daß alle diese E. *Fermionen* sind, d. h. den Spin ½ haben, während die Austauschteilchen sämtlich Bosonen sind.

Zu allen Teilchen gibt es auch noch die Antiteilchen (mit Antifarben!), aber es kann sein, daß die Neutrinos ν_e, ν_μ und ν_τ mit ihren Antiteilchen identisch sind.

Ausblick

Die Symmetrien im Quarkschema legen es nahe zu vermuten, daß auch Quarks zusammengesetzt sind, und man spekuliert gegenwärtig mit noch einfacheren ›Elementarteilchen‹, den *Rishons* (hebr., dt. ›das Erste‹), von denen man möglicherweise nur *zwei* braucht (und ihre Antiteilchen), um die Quarks daraus aufzubauen. Sie heißen *T-Rishon* und *V-Rishon*

	Quarks mit Farbladung Rot, Grün oder Blau	*Leptonen*
Familie 1	u (für up)	ν_e
	d (für down)	e^-
Familie 2	c (für charm)	ν_μ
	s (für strange)	μ^-
Familie 3	t (für top)	ν_τ
	b (für bottom oder beauty)	τ^-

Tabelle 5: Die elementaren Quarks und Leptonen

(nach hebr. Tohu va Vohu, dt. ›wüst und leer‹). Das V-Teilchen wäre elektrisch neutral, wogegen das T-Teilchen die Ladung ⅓ hätte.

Für die erste Familie der Quarks und Leptonen, also u, d, e^- und ν_e, könnten sich folgende Rishon-Kombinationen ergeben:

u	d	e^-	ν_e
TTV	$\overline{\mathrm{TVV}}$	$\overline{\mathrm{TTT}}$	VVV

Ein sehr interessanter Prozeß, nämlich der Zerfall eines freien Neutrons in ein Proton, ein Elektron und das Elektron-Antineutrino, sieht dann folgendermaßen aus:

Teilchen-Ebene: $n \rightarrow p + e^- + \bar{\nu}_e$;

Quark-Ebene: $udd \rightarrow uud + e^- + \bar{\nu}_e$.

Auf Quark-Ebene geht in diesem Prozeß lediglich die Umwandlung des ›mittleren‹ d-Quarks in ein u-Quark und die Leptonen ein, was man leicht in Rishons schreiben kann:

Rishon-Ebene:

$\overline{\mathrm{TVV}} \rightarrow \mathrm{TTV} + \overline{\mathrm{TTT}} + \overline{\mathrm{VVV}}$.

Sozusagen ›aus dem Nichts‹ entstanden sind auf der rechten Seite 6 Rishons, die sich zu 3 Rishon-Anti-Rishon-Paaren ordnen lassen, nämlich zweimal $\mathrm{T\bar{T}}$ und einmal $\mathrm{V\bar{V}}$.

Das Seltsame an dieser Reaktion ist, daß der *Protonen-Zerfall* auf ganz ähnliche Weise ebenfalls möglich sein sollte, und zwar unter Verletzung der Baryonenzahl in ein π-Mesonen-Paar und ein Positron:

Teilchen-Ebene: $p \rightarrow \pi^- + \pi^+ + e^+$;

Quark-Ebene: $udu \rightarrow d\bar{u} + u\bar{d} + e^+$.

Auf Quark-Ebene zerfällt das ›erste‹ u-Quark in zwei Antiquarks $\bar{u}$ und $\bar{d}$ und ein Lepton. Auch das schreibt sich einfach mit Rishons:

Rishon-Ebene: $\mathrm{TTV} \rightarrow \overline{\mathrm{TTV}} + \mathrm{TVV} + \mathrm{TTT}$.

Auch hier werden 6 Rishons neu erzeugt, die sich zu 3 Paaren ordnen lassen, und wieder sind es 2 $\mathrm{T\bar{T}}$-Paare und ein $\mathrm{V\bar{V}}$-Paar.

Obwohl dies alles vorläufig nicht mehr ist als bloße Spekulation (trotz der Tatsache, daß man sogar die Farbladung der Quarks durch ›Rishon-Permutationen‹ erklären könnte), suchen einige Forscherteams gegenwärtig nach dem Zerfall des freien Protons. Selbst wenn man ihn fände, müßte seine Wahrscheinlichkeit extrem klein sein, sonst hätte das Universum bereits aufgehört zu existieren.

Ein anderes hypothetisches E., das auf den ersten Blick mit dem Vorangegangenen nichts zu tun hat, ist der *magnetische Monopol,* das magnetische Gegenstück zum Elektron. Seine Existenz würde die Maxwellschen Gleichungen (→ Elektrodynamik) völlig symmetrisch machen und dabei keine Widersprüche erzeugen. Auch die Quantentheorie des elektromagnetischen Feldes wäre vereinbar mit dem magnetischen Monopol: Er müßte nur eine sehr große Masse haben. Theoretische Überlegungen zeigen, daß man mit Stoßenergien von etwa 20 GeV und mehr eine Chance hätte, einen magnetischen Monopol so weit zu isolieren, daß er möglicherweise nachweisbar wäre. Auch nach ihm wird also mit den erwähnten großen Beschleunigern gesucht.

Ein weiteres Modell, das gegenwärtig von vielen Theoretikern bevorzugt wird, setzt sogenannte Superstrings voraus. Dies sind eindimensionale, saitenartige Gebilde in einer mehr als dreidimensionalen Welt, die ähnlich wie Saiten (engl. strings) in verschiedenen Schwingungszuständen existieren können. Die vielen ›Elementarteilchen‹ wären dann gewissermaßen die ›Obertöne‹ von Superstrings.

Wie weit überhaupt wird wohl die Suche nach immer kleineren, immer ›elementareren‹ Teilchen gehen? Der Physiker kann darauf nur die Antwort geben, daß unter Umständen *alle* Prozesse möglich sind, nur eben teilweise mit so kleiner Wahrscheinlichkeit, daß das Alter des

Universums nicht ausreicht, sie auch nur einmal zu beobachten. Der Philosoph befindet sich hier in einer komplizierten Lage, denn von der Anschauung her ist der Begriff des Teilchens in sich widerspruchsvoll. Ein kleinstes Teilchen kann nicht vorstellbar sein, denn mit der Vorstellung verbindet sich ein ›Gegenstand‹, wie auch immer er geartet sein mag. Jeder Gegenstand ist aber in der Vorstellung noch weiter zerlegbar. Umgekehrt führt die Nichtexistenz eines kleinsten Teilchens auf einen unendlichen Weg in immer kleinere Abmessungen, ebenfalls ein nicht vollziehbarer Prozeß. Glücklicherweise hilft uns die Heisenbergsche → Unschärferelation wenigstens teilweise aus dem Dilemma. Die Konsequenz ist jedoch, daß wir uns die kleinsten Bausteine der Welt überhaupt nicht mehr als Teilchen vorstellen dürfen, sondern allenfalls als Wellenpakete, d. h. als Wellen in einem wiederum sehr schwer vorstellbaren ›Medium‹.
Die Physiker lösen dieses Problem, wie Alexander den Gordischen Knoten löste: Sie sagen einfach, daß im Mikrokosmos unser Vorstellungsvermögen versagt und wir folglich auf jede anschauliche Darstellung dieser Welt verzichten sollten. Andererseits können Menschen wohl nicht anders denken als in Begriffen, die ja irgendwie aus der Anschauung abgeleitet werden müssen, und deswegen werden wohl auch die Elementarteilchenphysiker immer wieder anschauliche *Modelle* zu Hilfe nehmen müssen, um Neues zu entdecken.

Elementarzeit

Als Elementarzeit τ_0 bezeichnet man manchmal die Zeit, die das Licht braucht, um die → Elementarlänge zurückzulegen ($\tau_0 = l_0/c \approx 10^{-23}$s). Sie wird als kleinste sinnvolle Zeit betrachtet, die für die Beschreibung eines Vorgangs verwendet werden kann. Es gibt aber bisher *keine* zwingende Notwendigkeit, τ_0 als ›Zeitquant‹ im Sinne der → Quantenmechanik einzuführen, ebensowenig wie die Elementarlänge.

Emission

Unter E. (lat. emittere; dt. aussenden) versteht man die Aussendung vorzugsweise von Teilchen; ihr Gegensatz ist die → Absorption. Die Emissions- und Absorptionserscheinungen von Licht haben zur Entwicklung der → Quantenmechanik geführt (→ Photoeffekt).

Energie

Der Energiebegriff hat sich aus dem Begriff der → Arbeit entwickelt. E. wird oft umschrieben mit der Fähigkeit, Arbeit zu leisten, d. h. eine Masse zu beschleunigen oder gegen die Reibungskräfte zu transportieren, auch ein Gewicht gegen die Schwerkraft zu heben und ähnliches. Sieht man genauer hin, so stellt sich heraus, daß ›Arbeit leisten‹ nichts anderes heißt, als E. von einer Form in eine andere überzuführen.
Die einzelnen Wissenschaften haben für sich Energieformen definiert, die für ihre Forschungsgebiete zweckmäßig sind. So spricht man von Wärmeenergie, Kernenergie, chemischer E. usw. Es ist jedoch möglich, diese Energie›arten‹ auf drei Grundformen von E. zurückzuführen, die wir noch genauer besprechen werden, nämlich kinetische E., potentielle E. und Ruhmasse. Insgesamt gilt, daß E. in einem gegebenen Bezugssystem weder entstehen noch verschwinden kann (Energiesatz). E. bleibt zeitlich konstant, ist also

eine Erhaltungsgröße (→ Erhaltungssätze).

Kinetische Energie und Ruhmasse

Eine bewegte Masse hat gegenüber einem ruhenden Bezugssystem eine *kinetische* oder *Bewegungsenergie.* Sie äußert sich darin, daß ein bewegter Körper gegen ein Feld anlaufen kann, also irgendwelche Widerstände überwindet. Jeder Autofahrer kennt diese kinetische E. besonders dann, wenn er mit seinem Fahrzeug gegen ein anderes stößt. Die Beulen an seinem Auto sind recht eindrucksvolle Belege für die E., die in der Bewegung gesteckt hat. Die klassische Formel für die *kinetische Energie* lautet:

$$E_{\text{kin}} = \frac{1}{2} m v^2. \qquad (1)$$

Dabei sind m die Masse und v die Geschwindigkeit des Körpers. Beachten Sie, daß kinetische E. *nur* von der Masse und der Geschwindigkeit, aber *nicht* von den Koordinaten der Lage des Körpers abhängt. Die Geschwindigkeit geht außerdem im Gegensatz zur Masse quadratisch in die Formel ein. Das hat z. B. beachtliche Folgen für die Praxis des Autofahrers. Wenn er seine Geschwindigkeit verdoppelt, vervierfachen sich die kinetische E. seines Fahrzeugs und auch alle Wirkungen, die beim Umsetzen dieser E. auftreten. So wird z. B. der Bremsweg viermal so lang, ebenso wie die mechanischen Zerstörungen im Fall eines Unfalls unter sonst gleichen Bedingungen.

Die letzte Ursache für das Auftreten der kinetischen E. ist die Existenz der *trägen Masse,* also der Eigenschaft eines Körpers, die seiner Beschleunigung einen Widerstand entgegensetzt. Um eine träge Masse m von der Geschwindigkeit 0 auf v zu beschleunigen, muß gerade die E. (= Arbeit) $\frac{1}{2} m v^2$ aufgewendet werden. All dies gilt unter der Voraussetzung, daß die träge Masse unabhängig ist von der Geschwindigkeit, mit der sie sich bewegt. Wir wissen aber seit *Albert Einstein* (1879–1955), daß dies nicht zutrifft. Die träge Masse ist geschwindigkeitsabhängig, und zwar nach der Formel

$$m(v) = \frac{m_0}{\sqrt{1 - \frac{v^2}{c^2}}}; \qquad (2)$$

m_0 ist dabei die träge Masse bei der Geschwindigkeit Null, die sog. *Ruhmasse,* c bedeutet die Lichtgeschwindigkeit (→ Relativitätstheorie).

Für die meisten Bewegungsvorgänge in unserem Bereich ist v so klein gegenüber c ($\approx$ 300000 km/s!), daß die träge Masse ohne weiteres als konstant und gleich der Ruhmasse betrachtet werden darf. Dies ist eine der wesentlichen Voraussetzungen der sog. *klassischen Physik.* Trotzdem folgt durch das Einsetzen der Gleichung (2) in Gleichung (1), daß offenbar im allgemeinen Fall die ›Bewegungsenergie‹ um die *Ruhenergie* erweitert werden muß, für die die berühmte Einsteinsche Formel

$$E = m_0 c^2 \qquad (3)$$

gilt. Genaugenommen müßte man diese E. in jeder kinetischen Formel mitnehmen. Da sie aber *überall* vorkommt und sich im klassischen Fall nicht ändert, kann sie dann auch weggelassen werden. Die Ruhenergie stellt aber einen so großen – *jeder* Masse innewohnenden – Energiebetrag dar, daß schon die Umwandlung eines kleinen Teils davon in andere Energieformen (z. B. Wärme) so gewaltige Wirkungen hat, wie wir sie von den → Kernwaffen her kennen.

Die Gleichung (2) beinhaltet noch eine weitere Konsequenz: Offenbar wird ein

Körper mit zunehmender Geschwindigkeit schwerer. Ganz allgemein entspricht *jeder* E. nach Gleichung (3) eine Ruhmasse. Auch eine heiße Kartoffel sollte demnach schwerer sein als eine kalte. Sie ist es auch, aber der Massenunterschied ist wegen der Größe von c^2 so klein, daß die feinsten Waagen auch in absehbarer Zeit noch nicht ausreichen werden, ihn zu messen.

Potentielle Energie

Neben der Bewegungsenergie gibt es noch eine andere Energieform, die *nicht* von der Geschwindigkeit abhängt, dafür aber von den Ortskoordinaten. Diese *Energie der Lage,* wie sie im Zusammenhang mit der Schwerkraft genannt wird, ist Ausdruck für die Tatsache, daß es Kräfte gibt. Die vier bekannten → Wechselwirkungen (elektromagnetische Wechselwirkung, Gravitation, starke und schwache Wechselwirkung) beeinflussen ›ihre‹ Ladungen, die Gravitation die schweren Massen, die Coulomb-Kraft die elektrischen Ladungen und die starke und schwache Wechselwirkung die Elementarteilchen. Wenn zwei Teilchen sich gegenseitig beeinflussen, eine Kraft aufeinander ausüben, miteinander wechselwirken oder wie auch immer man dieses Verhalten beschreibt, dann steckt in diesem Zustand eine E. Falls es sich um anziehende Kräfte handelt, muß man E. (Arbeit) aufwenden, um die Teilchen zu trennen, falls die Wechselwirkung abstoßend wirkt, werden die Teilchen beschleunigt, indem sie auseinanderfliegen, und haben dann kinetische E. gewonnen, die vorher in der gegenseitigen Lage enthalten war. Man kann auch sagen, im Fall von abstoßenden Kräften muß man E. (Arbeit) aufwenden, um die Partner einander zu nähern. Jeder Ort in der Umgebung eines Teilchens läßt sich durch die – positive oder negative – E. kennzeichnen, die nötig ist, um ein zweites ›Probe‹teilchen aus dem Unendlichen an diesen Ort zu bringen. Für die vier bekannten Wechselwirkungen ist dieser Energiebetrag unabhängig davon, auf welchem Weg das Probeteilchen an diesen Ort gebracht wird. Man sagt, diese Kräfte sind *konservativ,* und spricht auch von konservativen → Feldern. Dieser Ausdruck soll darauf hinweisen, daß in solchen Feldern die E. bewahrt, erhalten, eben konserviert wird. Sie fragen sich jetzt vielleicht, weshalb dieses Verhalten so stark betont wird. Gibt es denn auch nichtkonservative Kräfte? Sobald man *alle* mikroskopischen Systeme (Atome, Elementarteilchen, Gasmoleküle usw.) einzeln in Rechnung stellt und die Relativitätstheorie nicht vergißt, muß die Antwort *nein* lauten, jedenfalls nach allem, was den Physikern bisher bekannt ist. In der Praxis ist es aber manchmal zweckmäßig, mit nichtkonservativen Kräften zu rechnen (z. B. in der Thermodynamik wegen der ungeheuren Anzahl von Teilchen). Alle nichtkonservativen Felder zeichnen sich dadurch aus, daß sie in nicht wirklich abgeschlossenen Systemen vorkommen (z. B. Magnetfelder um Ströme herum) oder daß sie statistische Größen enthalten, über deren innere Struktur nichts ausgesagt wird.

In konservativen Feldern aber gehört zu jedem Ort eine E., deren Nullpunkt meistens so festgelegt wird, daß er im Unendlichen liegt. Das macht keine Schwierigkeiten, denn es kommt immer nur auf die *Energiedifferenzen* in derartigen Feldern an. Andererseits ist die Annahme ja plausibel, daß zwei Teilchen, die einen unendlichen großen Abstand zwischen sich haben, keine E. speichern sollten. Demnach gibt das Potential in einem Punkt eines Feldes sozusagen die potentielle E. an, die ein Probekörper mit einer ›Einheitsladung‹ an eben diesem Punkt besitzt, gegenüber einer Lage, die außerhalb des Feldbereiches liegt.

Für viele Zwecke ist diese Eichung oder Normierung des Potentials bzw. der potentiellen E. auf das Unendliche als Nullpunkt nicht notwendig. Um z. B. auszurechnen, welche potentielle E. ein Flugzeug, das in 10 km Höhe fliegt, gegenüber dem Erdboden hat, muß man nicht die Potentiale beider Orte gegen Unendlich ausrechnen (obwohl auch das kein Problem darstellt). Es genügt durchaus, einfach dem Erdboden die potentielle E. Null zuzuschreiben, denn hier ist nur die Differenz von Bedeutung. Wenn es aber darum geht, die E. auszurechnen, die z. B. eine Rakete haben muß, um das Gravitationsfeld der Erde gänzlich zu verlassen, muß man sich wirklich auf das Unendliche als Nullpunkt beziehen.

Wie rechnet man potentielle E. aber aus? Der Weg führt über die *Arbeit,* die nötig ist, um den Probekörper von einem Ort zum anderen zu bewegen oder ihn überhaupt aus dem Feldbereich zu entfernen. Da diese Arbeit durch das Linienintegral der Kraft gegeben ist, läuft die Berechnung einer potentiellen E. immer auf eine Integration hinaus. Nur in dem sehr speziellen Fall konstanter Kräfte darf direkt mit dem Weg multipliziert werden (sog. *Grundgesetz der Mechanik*). Dieser Fall liegt z. B. im Gravitationsfeld der Erde vor, wenn man sich im Bereich der Erdoberfläche bewegt, so daß in ausgezeichneter Näherung die Erdanziehungskraft g als konstant angesehen werden darf. Dann ist die potentielle E. E_{pot} einer Masse m, die um die Höhe h angehoben wird, gegenüber ihrer ursprünglichen Lage gegeben durch:

$$\Delta E_{pot} \approx m \cdot g \cdot h. \qquad (4)$$

Fällt also ein Körper ›nahe‹ der Erdoberfläche aus der Höhe h zu Boden, so wird er kurz vor dem Aufschlag eine kinetische E. haben, die der freigewordenen potentiellen E. entspricht. Ein großes Passagierflugzeug (Masse rd. 300 000 kg), das aus 10 km Höhe zur Landung ansetzt, setzt dabei eine potentielle E. von

$$300\,000 \text{ kg} \cdot 9{,}81 \text{ m/s}^2 \cdot 10\,000 \text{ m} \approx \approx 3 \cdot 10^{10} \text{ J}$$

(→ Maße und Maßsysteme) in Bewegungsenergie um, die durch Reibung (›Bremsen‹) in Wärme umgewandelt werden muß. Da die Luftbremse mittels Landeklappen und Fahrwerk nicht unbegrenzt viel E. an die Umgebung abgeben kann, darf der Sinkwinkel bei großen Flugzeugen nur wenige Grad betragen. Deshalb beginnt der Landeanflug schon Hunderte von Kilometern vor dem Aufsetzpunkt.

Um ein Beispiel für eine allgemeine Potentialrechnung zu geben, will ich die Fluchtgeschwindigkeit einer Rakete bestimmen, d. h. die Geschwindigkeit senkrecht zur Erdoberfläche, auf die man sie beim Start beschleunigen muß, damit sie nicht mehr zur Erde zurückfällt, sondern ins All entkommen könnte. Dabei darf man natürlich die Schwerkraft F_G nicht mehr als konstant annehmen, sondern muß ihre Abhängigkeit vom Abstand r anschreiben, den die Rakete vom Erdmittelpunkt hat. Diese Abhängigkeit ergibt sich aus dem → Gravitationsgesetz zu

$$F_G(r) = \gamma \cdot \frac{M \cdot m}{r^2}. \qquad (5)$$

Dabei sind M die Masse der Erde, m die der Rakete und γ die Gravitationskonstante (→ Naturkonstanten). Die E., die man aufbringen muß, um die Rakete von der Erdoberfläche (Radius R) ins Unendliche zu befördern, beträgt

$$E_{kin} = \int_R^\infty \gamma \frac{M \cdot m}{r^2} \, dr. \qquad (6)$$

Setzt man γ, M und m als konstant an (grobe Näherung), so wird das Integral einfach:

$$\gamma \cdot M \cdot m \int_R^\infty \frac{1}{r^2}\,\mathrm{d}r = -\gamma \cdot M \cdot m \cdot \frac{1}{r}\Big|_R^\infty =$$

$$= 0 + \gamma \cdot M \cdot m \cdot \frac{1}{R}.$$

Die Rakete muß also beim Start den Betrag $\gamma Mm/\mathrm{R}$ als Bewegungsenergie mitbekommen, d. h., es muß gelten

$$\frac{1}{2} m v^2 = \frac{\gamma M m}{R}.$$

Sie sehen, daß die Raketenmasse herausfällt. Außerdem ist die Erdbeschleunigung g an der Erdoberfläche gleich $\gamma \cdot M/R^2$. Setzen wir also $g \cdot R$ statt $\gamma M/R$, so erhalten wir

$$v^2 = 2\,g \cdot R \quad \text{oder} \quad v = \sqrt{2gR}.$$

Mit $g \approx 9{,}81\,\mathrm{m/s^2}$ und $R \approx 6400\,\mathrm{km}$ ergibt sich $v \approx 11{,}2\,\mathrm{km/s}$. Dies ist die *Fluchtgeschwindigkeit* einer beliebigen Masse an der Erdoberfläche.

Bindungsenergie

Ein gebundenes System kann auftreten, wenn zwei oder mehr Bestandteile durch ›innere Kräfte‹ zusammengehalten werden. Offenbar geht das nur, wenn eine anziehende Kraft zwischen den Teilen wirkt. Die Bindungsenergie wird frei, wenn man die Teile zusammenfügt, sie muß aufgebracht werden, um die Teile voneinander zu trennen. Ein Beispiel dafür haben wir in dem System Rakete-Erde bereits kennengelernt. Da aber alle vier Wechselwirkungen anziehend wirken, können Bindungsenergien auch aufgrund der starken Wechselwirkung auftreten (→ Kernphysik), ebenso wie mit der elektromagnetischen Wechselwirkung, soweit die Teile entgegengesetzte Ladungen tragen. Jede Art von Bindungsenergie ist daher potentielle E., die Adhäsion, die Kohäsion, die chemische Bindung ebenso wie die Kernenergie. Durch die Äquivalenz von Masse und E. nach Gleichung (3) sollten die gebundenen Systeme weniger Masse haben, als die Summe ihrer getrennten Bestandteile ergibt. Wegen des riesigen Faktors c^2 ($\approx 9 \cdot 10^{16}\,\mathrm{m^2/s^2}$) ist dieser *Massendefekt* in gebundenen chemischen Systemen unmeßbar klein. Im Fall der Kernenergie aber tritt er in der Größenordnung eines Prozents zutage. Dieser Massendefekt hat sogar umgekehrt zur Entdeckung der Kernenergie geführt!

Wärmeenergie

Etwas vereinfacht, aber prinzipiell richtig kann man sagen, daß Wärme nichts anderes ist als Bewegungsenergie. Im Gegensatz zur geordneten Bewegung z. B. eines Kraftfahrzeugs bewegen sich aber die Träger der Wärmeenergie völlig regellos. Weil es sich darüber hinaus um ungeheuer viele Teilchen handelt – nämlich alle Moleküle der beteiligten Stoffe –, läßt sich dieser Bewegungsablauf nicht mehr berechnen, indem man die Geschwindigkeit für jedes Einzelteilchen angibt. Durch die statistische Behandlung der Wärme geht aber der konservative Charakter der kinetischen Einzelenergien verloren. Bei etwa 10^{22} Gasmolekülen pro Liter ist zwar die Wahrscheinlichkeit groß, daß ein beliebiger Energiebetrag als kinetische E. gleichmäßig auf alle Teilchen verteilt wird, aber daß sich eine größere E. auf *ein* oder wenige Teilchen konzentriert und nach außen in Erscheinung tritt, ist so extrem unwahrscheinlich, daß es innerhalb der Lebensdauer unseres Universums nicht vorkommt. Ein Stück Materie ›saugt‹ E. auf wie ein Schwamm und verteilt sie statistisch auf alle Teilchen. Wenn nur die Masse der beteiligten

Materie genügend groß ist, hat es den Anschein, als verschwände die E. gänzlich. In Wirklichkeit wird sie als Wärme auf so viele Moleküle verteilt, daß wir die resultierende Temperaturerhöhung nur in Sonderfällen tatsächlich messen können. Wenn Sie beispielsweise nach einer längeren Talfahrt mit der Hand die Felgen ihres Autos befühlen, können Sie sich möglicherweise die Finger an der Wärmeenergie verbrennen, die aus der Umwandlung der freigewordenen kinetischen E. in den Bremsen konzentriert wurde.
Die Umwandlung mechanischer E. in Wärme, also die rasche Verteilung einer großen Portion Bewegungsenergie auf eine Unzahl unkoordinierter Verbraucher, geschieht über den Vorgang der → Reibung.

Schwingungsenergie
In jeder mechanischen → Schwingung wechselt sich ein Zustand erhöhter potentieller E. (z. B. in Form einer Federspannung) periodisch mit einem Zustand gleich großer kinetischer E. (beim Nulldurchgang) ab. Wenn das Medium keine Randbedingungen erzwingt, kann sich die Schwingung mit einer charakteristischen Geschwindigkeit sogar im Raum ausbreiten (→ Wellen). Eine Welle ist damit unmittelbar als Energietransport zu deuten. Auch die elektromagnetischen Wellen passen in dieses Schema, wenngleich es nur noch Potentiale sind, die da schwingen. Die resultierenden elektromagnetischen ›Wellenpakete‹ *(Photonen)* haben zwar keine Ruhmasse, breiten sich aber mit Lichtgeschwindigkeit aus und transportieren E. Man muß ihnen daher auch eine Masse zusprechen und hat diese inzwischen unmittelbar nachgewiesen (→ Relativitätstheorie, → Mößbauer-Effekt).

Entropie

Diese thermodynamische Zustandsgröße eines Systems ist ein Maß für die ›Unordnung‹ bzw. für die Wahrscheinlichkeit eines Systems (→ Thermodynamik). Es stellt sich heraus, daß bei beliebigen Prozessen, selbst bei der Entstehung eines so geordneten Systems wie eines Kristalls oder organischen Lebens, insgesamt die E. immer zunimmt, wenn man wirklich alle beteiligten Teilchen in die Rechnung einbezieht. In mathematischer Formulierung ist das der *zweite Hauptsatz der Thermodynamik (Entropiesatz).* Die E. hat also eine Vorzugsrichtung, und es sieht so aus, als sei durch diese Richtung die Zeitrichtung gegeben (→ Zeit). Es kann sogar sein, daß die thermodynamische Wahrscheinlichkeit die einzige Möglichkeit ist, eine Zeitrichtung zu definieren.
Da auch das ganze Weltall dem Entropiesatz unterliegt, die E. des Universums also ständig zunimmt, führt das irgendwann zu einem Gleichgewichtszustand, der durch ein *Entropiemaximum* ausgezeichnet ist. Außer kleinen Fluktuationen sind dann keine Prozesse mehr möglich, die von selbst ablaufen. Man spricht vom *Wärmetod der Welt.* Niemand braucht davor allerdings Angst zu haben, denn ehe ein solcher Gleichgewichtszustand erreicht sein wird, gibt es das gesamte Sonnensystem samt unserer Erde längst nicht mehr. Auch ist die theoretische Möglichkeit eines derartigen Entropiemaximums noch nicht endgültig geklärt.

Erdbeschleunigung

Die E. ist die ›Feldstärke‹ im Gravitationsfeld der Erde. Man kürzt sie mit dem Buchstaben g ab. Die Gravitationskraft der Erde F_G wirkt auf einen ›Probekörper‹ der trägen → Masse m und beschleunigt ihn mit g:

$$F_G = m \cdot g. \quad (1)$$

Aus dem Gravitationsgesetz folgt für

$$F_G = \gamma \cdot \frac{m \cdot M_E}{R^2}.$$

Dabei sind M_E die Erdmasse, γ die Gravitationskonstante und R der Abstand des Probekörpers vom Erdmittelpunkt; m ist jetzt die schwere Masse des Probekörpers. Da schwere und träge Masse identisch ist, folgt:

$$g = \gamma \cdot \frac{M_E}{R^2}. \quad (2)$$

Die Größe γ ist wie M_E konstant (→ Naturkonstanten, → Erde); g hängt also nur von R ab. Deshalb ist g am Äquator etwas kleiner als an den Polen (Abplattung der Erde). Genaue Messungen zeigen auch Schwankungen durch ungleiche Massenverteilung in der Erde (z. B. Gebirge oder Erzlagerstätten).
Überläßt man einen Körper im Gravitationsfeld der Erde sich selbst, so wird er mit g beschleunigt. Er führt dann einen sog. *freien* Fall aus, g heißt deshalb manchmal auch *Fallbeschleunigung*. Einen Überblick über die Größe von g an verschiedenen Breitengraden der Erde gibt die Tabelle.

geographische Breite	*g* [in m/s²]
0° (Äquator)	9,78039
30°	9,79329
45°	9,80621
60°	9,81918
90° (Pol)	9,83217

Tabelle: Abhängigkeit der Fallbeschleunigung *g* von der geographischen Breite

Erde

Die Wissenschaft von den physikalischen Eigenschaften der E. trägt den Namen *Geophysik*. Hier soll nur ein grober Überblick über die wichtigsten Aspekte gegeben werden, die sich daraus ergeben, daß die E. nicht nur unsere Heimat im Weltall, sondern eben auch ein physikalisches System ist.

Zugehörigkeit zum Sonnensystem
Die E. ist Teil des Planetensystems, dessen Zentralgestirn die Sonne ist. Dieses Sonnensystem ist etwa 5–10 Milliarden Jahre alt. Alle Planeten umkreisen die Sonne auf elliptischen Bahnen, die der Kreisform sehr nahekommen. Die Masse der Sonne ($\approx 1{,}99 \cdot 10^{30}$ kg) ist tausendmal so groß wie die aller anderen Planeten zusammengenommen, wobei die E. als einer der kleineren Planeten nur etwa ein 300000stel der Sonnenmasse hat, nämlich etwa $5{,}9763 \cdot 10^{24}$ kg. Deshalb ist die Sonne in sehr guter Näherung in einem Brennpunkt der Umlaufellipse fixiert. Die *Exzentrizität* der Erdbahn ist die Strecke, um die ein Brennpunkt der Ellipse vom Ellipsenmittelpunkt entfernt ist, geteilt durch die große Halbachse. Diese Exzentrizität hat einen Zahlenwert von nur 0,0167. Die kleinste Entfernung der E. von der Sonne *(Perihel)* wird am 2. Januar erreicht und beträgt 147,07 Millionen Kilometer, die größte Sonnenentfernung hat unsere E. etwa am 4. Juli *(Aphel)* mit 152,07 Millionen Kilometer (Figur 1). Demnach mißt die große Halbachse der Bahnellipse $149{,}57 \cdot 10^6$ km, die kleine Halbachse $149{,}06 \cdot 10^6$ km. Hätte die Erdbahn einen Durchmesser von einem Meter, so wäre die Abweichung von der Kreisbahn nur drei Millimeter groß, und die Sonne wäre etwa 15 Millimeter vom Kreiszentrum entfernt. Die Umlaufzeit der E. um die Sonne, bezogen auf die

Erde (Figur 1): Die Bahn der Erde um die Sonne stellt eine Ellipse dar (hier stark übertrieben gezeichnet); sonnenfernster Punkt der Bahn ist das Aphel, sonnennächster das Perihel.

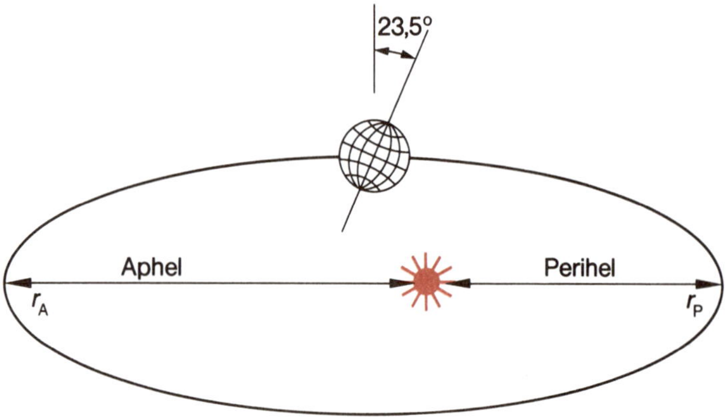

Fixsterne, beträgt 31 558 150 Sekunden oder 365 Tage, 6 Stunden, 9 Minuten und 10 Sekunden (→ Zeit). Die Bahngeschwindigkeit der E. liegt je nach Sonnenentfernung zwischen 29,28 km/s und 30,27 km/s.

Bei der Bewegung um die Sonne ist die E. nicht allein: Sie hat einen natürlichen Satelliten, den Mond, der seinerseits die E. – oder besser den gemeinsamen Schwerpunkt – auf einer elliptischen Bahn umrundet (→ Trägheitskräfte). Die Exzentrizität der Mondbahn ist fast viermal so groß wie die der Erdbahn. Bei einer mittleren Erdentfernung des Mondes (große Halbachse der Bahnellipse) von 384 400 km ergibt das eine Schwankung des Mondabstands von der Erde von immerhin über ± 20 000 km.

Der Mond hat eine Masse von $7{,}35 \cdot 10^{22}$ kg, also nur rund ein Achtzigstel der Erdmasse, sein Radius beträgt 1738 km, d. h. etwas mehr als ein Viertel des Erdradius. Die Umlaufzeit des Mondes um die E. beträgt – wieder in bezug auf den Fixsternhimmel – 2 360 550 Sekunden oder 27 Tage, 7 Stunden, 42 Minuten und 30 Sekunden. Zusätzlich zu all diesen Bewegungen rotieren E. und Mond um sich selbst: die E. einmal pro Tag (gemessen am mittleren Sonnenstand), der Mond einmal im Monat. Die *siderische* (auf den Fixsternhimmel bezogene) Rotationszeit der E. T_{Erde} beträgt 86 164,06 s oder 23 Stunden, 56 Minuten und 4,06 Sekunden. Dieser *Sterntag* stimmt mit dem *mittleren Sonnentag* (86 400 s) deshalb nicht überein, weil die E. pro Jahr eine Umdrehung mehr macht, wenn man sich an einem Fixstern orientiert, da ihr Eigendrehimpuls in denselben Halbraum weist wie ihr Bahndrehimpuls. Mit anderen Worten: Der Drehsinn der Bahn um die Sonne ist derselbe wie der Eigendrehsinn. Allerdings fallen die Drehimpulsvektoren nicht zusammen, sondern bilden einen Winkel von derzeit etwa 23,5° miteinander. Die Äquatorebene ist also um eben diesen Winkel gegen die Bahnebene geneigt *(Schiefe der Ekliptik)*. Wieder populär ausgedrückt: Die Erdachse ist um diesen Winkel gegen die Achse der Sonnenbahn geneigt. Da die E. ein großer Kreisel ist, bleibt ihre Rotationsachse in erster Näherung räumlich konstant. Die Lage der Achse relativ zur Sonne beschreibt daher einen jährlichen Zyklus, dem wir die Jahreszeiten verdanken. Der Erdkreisel rotiert aber nicht kräftefrei. Die Anziehungskraft der Sonne zwingt ihm eine Präzession auf (→ Kreisel), die eine Frequenz von etwa 1 Umlauf in 28 000 Jahren hat. Sie verursacht das ›Wandern des Frühlingspunktes durch den Tierkreis‹. Darüber hinaus schwankt die Erdachse aus vielerlei anderen Gründen. Wenn diese Schwankungen auch klein sind, machen sie doch den Erdkreisel als Zeitnormal unpraktisch. Die Tatsache, daß die Eigenrotation des Mondes die gleiche Frequenz hat wie sein Umlauf um die E., ist kein Zufall. Die Gezeitenreibung hat die Eigenrotation solange gebremst, bis sie Null geworden ist. Deshalb sehen wir auch immer nur dieselbe Seite des Mondes. Die Ellipsenform seiner Bahn läßt ihn von der E. aus gesehen ein wenig ›pendeln‹, so daß wir etwas mehr als die Hälfte der Mondoberfläche zu Gesicht bekommen, aber der Anblick der Rückseite bleibt den Raumfahrern vorbehalten.

Form und Aufbau der Erde
Die Erdkugel ist tatsächlich in sehr guter Näherung kugelförmig (mittlerer Radius 6371 km), nur bei genauerer Betrachtung entdeckt man die Abplattung an den Polen. Der Poldurchmesser liegt bei 12714 km, der Äquatordurchmesser bei 12757 km; der Unterschied beträgt nur 43 km oder etwa 3,5 ‰, ist also von einem Raumschiff aus mit bloßem Auge nicht wahrnehmbar. Ganz genaue Messungen haben sogar ergeben, daß die E. ›birnenförmig‹ ist (mit dem Bauch auf der Südhalbkugel). Macht man sich ein Modell der E. von einem Meter Durchmesser, wie es beispielsweise im *Deutschen Museum* in München ausgestellt ist, so sind alle diese Abweichungen von der Kugelform in einer ›Außenhaut‹ von nur 2 mm Dicke enthalten, die höchsten Gebirge und die tiefsten Meeresgräben eingeschlossen, genauso wie die gesamte atembare *Atmosphäre*. Die feste äußere Erdkruste *(Lithosphäre)* besteht aus Gesteinen mit einer Dichte von 2,6–3,3 g/cm³. Aus der Umlaufzeit um die Sonne und dem Erdvolumen ergibt sich jedoch eine wesentliche höhere Dichte der E., nämlich 5,52 g/cm³. Das Erdinnere muß also aus schwereren Materialien bestehen. Untersuchungen anderer Art (Erdbebenwellen) haben Hinweise für einen *Schalenaufbau* der E. ergeben (Figur 2). Aus Temperaturmessungen in Bergwerken und Bohrlöchern hat man innerhalb der Erdkruste einen Temperaturgradienten von 1 °C/33 m ermittelt. Wäre dieses Temperaturgefälle linear, müßte im Erdmittelpunkt eine Temperatur von annähernd 200000 °C herrschen. So heiß ist es dort aber sicher nicht. Schätzwerte aus Erdbebenauswertungen legen eine Kerntemperatur von maximal 10000 °C nahe. Dabei ist das Erdinnere höchstwahrscheinlich nur zähflüssig und besteht überwiegend aus Nickel und Eisen. Mit einiger Wahrscheinlichkeit sind diese Materialen auch für die Existenz des → Magnetfeldes verantwortlich, das die E. umgibt. Die Tatsache, daß dieses Magnetfeld keineswegs konstant ist, sondern wandert und im Verlauf der Erdgeschichte schon mehrmals sogar die Richtung gewechselt hat, weist darauf hin, daß das Erdinnere sich in Bewegung befindet.

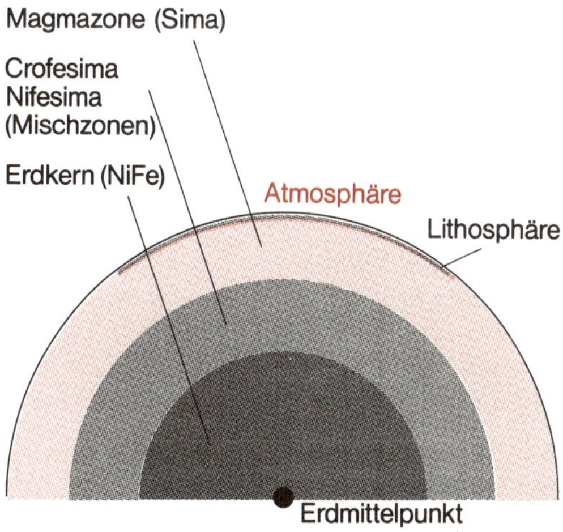

Erde (Figur 2): Der Schalenaufbau der Erde mit Benennung der einzelnen Schichten

Die Lithosphäre besteht aus mehreren festen Platten, die auf den innern Schalen schwimmen. An den Grenzen solcher Platten treten mächtige Spannungen auf, deren abrupte Lösung oft zu heftigen Erdbeben und Vulkanausbrüchen führt, wie man sie entlang der westamerikanischen Küste und im Pazifik immer wieder erleben kann. Der Nickel-Eisen-Kern *(NiFe)* hat etwa einen Durchmesser von 6000 km. Weiter außen wird er von etwa 1000 km dicken Schalen aus Metallgemischen (vor allem Chrom, Magnesium, Nickel, Eisen und Aluminium) und Silicium umschlossen. Die Hauptbestandteile der Erdkruste schließlich sind Silicium und Sauerstoff (in gebundener Form als Oxid), gefolgt von Aluminium, Eisen, Calcium, Natrium, Magnesium und Kalium.

Die *Atmosphäre* ist viel dünner, als man normalerweise glaubt. Die Astronauten können dies aus eigener Anschauung bestätigen: Sie sehen die Lufthülle der E. als ›dünnes Häutchen‹. Tatsächlich nimmt die Dichte der Atmosphäre schon

Erde: Diese einmaligen Photos demonstrieren in eindrucksvoller Weise die immer noch in der Erde tätigen vulkanischen Kräfte; sie zeigen von oben nach unten die ersten Sekunden des gewaltigen Ausbruchs des Mount St. Helens im Jahr 1980 im Staat Washington, USA, aufgenommen aus einer Entfernung von etwa 24 km. Auf dem letzten Photo hat die aus Asche und Dampf bestehende Auswurfswolke bereits einen Durchmesser von über 20 km erreicht. © USIS, Bonn in 50 km Höhe auf ca. 1‰ des Wertes an der Meeresoberfläche ab und beträgt nur noch 1,22 g/m³. Schon auf der Höhe unserer höchsten Gebirge (≈ 10 km) ist die Luft für den untrainierten Normalmenschen nicht mehr atembar. In 160 km Höhe ist der Druck auf weniger als 1/1000 Pascal abgefallen. Der Weg, den ein Molekül dort im Mittel zurücklegt kann, bis es mit einem anderen zusammenstößt, beträgt dort bereits 500 m (Erdoberfläche etwa 1/1000 mm). Die sog. *Biosphäre* der E. ist also relativ dünn. Man muß sie schonend behandeln, wenn sie ihre Funktion als Lebensgrundlage nicht verlieren soll.

Erdsatelliten

Seit 1957 (Sputnik 1) umkreisen künstliche Monde (Satelliten) unsere Erde. Wie geht das zu? Stellen Sie sich vor, Sie stehen auf dem Münchener Fernsehturm und werfen einen Stein in die Waagrechte. Er wird eine Parabelbahn beschreiben *(Fallkurve)* und auf dem Boden aufschlagen, und zwar um so weiter vom Fußpunkt des Turmes entfernt, je kräftiger Sie ihn geworfen haben. Nun idealisieren wir dieses Experiment: Wir denken uns die Luft weg (wegen der Reibung) und Ihre Muskelkraft ungeheuer vergrößert. Außerdem sollen keine Gebirge im Weg sein. Dann könnten Sie den Stein so weit werfen, daß er z. B. bis Paris fliegt. Auf dieser Strecke wird jedoch die Krümmung der Erde bereits bemerkbar. Die Erdoberfläche weicht unter dem fallenden Stein etwas zurück. Ein noch weiterer Wurf erreicht bereits New York, und jetzt ist die Kugelform der Erde schon entscheidend an der Flugdauer und -weite des Steins beteiligt. Der Stein beschreibt auch keine Parabelbahn mehr, sondern ein Stück einer Ellipse. Man sieht, wie es weitergehen wird: Wenn man nur weit genug wirft, wird der Stein irgendwann ›um die Erde herumfallen‹, ohne sie zu berühren. Er ist zu einem Satelliten geworden. Das Gedankenexperiment wirft eine Reihe von Fragen auf:

1. Wie hoch muß der ›Turm‹ sein, damit die Luftreibung tatsächlich keine Rolle mehr spielt? Die Atmosphäre der → Erde ist recht dünn. Schon in 160 km Höhe ist der Luftdruck nahezu auf ein Milliardstel des Wertes an der Meeresoberfläche abgefallen. In dieser Höhe kann ein Körper bereits einige Monate bis Jahre um die Erde kreisen, bis er so weit abgebremst wird, daß seine Bahn wieder die Erdoberfläche trifft.
2. Wie groß muß die horizontale Geschwindigkeit des Steins in dieser Höhe sein, damit er um die Erde herumfällt? Die *Zentrifugalkraft* F_Z (→ Trägheitskräfte), die den Stein wegen seiner Kreisbahn ›nach außen zieht‹, muß genauso groß sein wie die Erdanziehungskraft (→ Gravitation), die auf ihn wirkt. Um bei dem Bild des im Kreis herumfallenden Körpers zu bleiben, können wir auch sagen, der Krümmungsradius seiner Wurfparabel im Scheitel muß so groß sein wie der Erdradius R (plus 160 km). Die Rechnung ist etwas mühsam, liefert aber dasselbe Ergebnis wie das Gleichsetzen von Zentripetal- und Erdanziehungskraft, nämlich $v \approx 7{,}83$ km/s. Ein Erdsatellit in der niedrigstmöglichen Umlaufbahn hat also eine Geschwindigkeit von etwa 28 175 km/h.

Allgemein berechnet sich die Umlaufzeit T eines Erdsatelliten in Abhängigkeit von seiner Höhe h im Falle einer Kreisbahn nach der Formel

$$T = 2\pi \cdot \sqrt{\frac{(R+h)^3}{g \cdot R^2}} \quad \text{oder}$$

$$h = \sqrt[3]{\left(\frac{T}{2\pi}\right)^2 \cdot g \cdot R^2} - R\,. \qquad (1)$$

Dabei sind *R* der Erdradius und *g* die Erdbeschleunigung. Viele Satelliten bewegen sich jedoch auf Bahnellipsen, deren Berechnung nur mit Hilfe der → Keplerschen Gesetze möglich ist.

Spezielle Satellitenbahnen

Alle Satelliten beschreiben in erster Näherung Bahnen, die in *einer* Ebene liegen, wobei der Erdmittelpunkt ebenfalls in dieser Ebene liegt. Die Erde dreht sich dabei unabhängig von der Satellitenbewegung sozusagen unter dem Satelliten weg. Der Mond und die Sonne produzieren natürlich Störungen, die auf die Dauer zu Bahnabweichungen führen. Darauf kann ich nicht näher eingehen. Je nach dem Verwendungszweck eines Satelliten gibt es zwei besondere Bahnen. Die *Polarbahnen* führen über beide Pole hinweg. Da sich die Erde unter diesen Bahnen dreht, überfliegt – bei geeigneter Wahl der Umlaufzeit – der Satellit *jedes* Gebiet der Erde. Polarbahnen eignen sich also gut zur Erdbeobachtung (und für militärische Zwecke). Es gibt aber auch eine Bahn, auf der ein Satellit genauso schnell um den Erdmittelpunkt kreist wie die Erde selbst. Das bedeutet, daß Satellit und Erdoberfläche relativ zueinander ruhen. Derartige Satellitenbahnen heißen deshalb *geostationär*. Sie verlaufen in der Äquatorebene nach Gleichung (1) in einer Höhe von $h = 35\,775$ km, sind also ziemlich weit von der Erdoberfläche entfernt (fast drei Erddurchmesser). Es ist klar, daß sich diese Satelliten besonders gut zur Nachrichtenübermittlung eignen (z. B. die Nachrichtensatelliten der Reihe INTEL-SAT), weil man an einem gegebenen Punkt der Erde eine Antenne (›Satellitenschüssel‹) fest auf sie ausrichten kann.

Erg

Zeichen erg, nicht mehr zulässige Maßeinheit der Energie oder Arbeit, zu ersetzen durch die Einheit Joule (J); 1 erg = 10^{-7} J (→ Maße und Maßsysteme).

Erhaltungssätze

Man kann ohne weiteres behaupten, daß die E. den Kern der Physik bilden. Zumindest die Grundlagenforschung verfolgt das alleinige Ziel, Erhaltungsgrößen aufzuspüren. Es gibt aber auch unzählige Probleme in allen möglichen physikalischen Disziplinen, die durch die simple Anwendung eines E. gelöst werden können. Grund genug, sich etwas genauer zu überlegen, was das ist: ein Erhaltungssatz.

Eine Größe kann nur erhalten bleiben bezüglich einer Veränderung anderer Größen. Ein wenig präziser ausgedrückt: Eine Größe kann *invariant* (unveränderlich) sein gegenüber einer *Transformation*. Welche Transformationen gibt es in diesem Zusammenhang? Denkbar sind unendlich viele Transformationen, physikalisch interessant nur wenige. Zunächst sind natürlich alle einfachen Transformationen der *Ortskoordinaten* wichtig, also die linearen Verschiebungen *(Translationen)*, Drehungen und Spiegelungen. Da die *Zeit* ein Skalar ist, gibt es hier nur Translationen oder die Spiegelung.

Weitere, vor allem in der Elementarteilchenphysik wichtige Transformationen sind schon wesentlich abstrakter. Am ehesten ist wohl noch die Ladungskonjugation (-spiegelung) zu begreifen. Die Transformation besteht darin, jede Ladung durch ihr konjugiertes Äquivalent zu ersetzen, also z. B. eine negative elektrische Elementarladung (Elektron) durch

eine gleich große, aber positive Ladung (Positron). Die Elementarteilchenphysiker benutzen aber auch so unanschauliche Dinge wie den ›Isospinraum‹ und weisen Invarianzen gegenüber Drehungen in diesem Raum nach, was auf E. der Strangeness oder der Hyperladung führt (→ Elementarteilchen), deren Geltungsbereich sich jedoch auf die starke Wechselwirkung beschränkt.
Lassen Sie mich bei den universellen E. bleiben, die – soweit wir wissen – bisher nirgends verletzt werden.

Der Energiesatz
Der wohl wichtigste dieser Sätze ist der *Energiesatz* (besser Massen-Energie-Satz). Er besagt, daß die Energie gegenüber einer Zeitranslation invariant ist. Etwas anders ausgedrückt: Die Gesamtenergie eines abgeschlossenen Systems ändert sich im Laufe der Zeit nicht. Dieses ›im Laufe der Zeit‹ bedeutet aber gerade, daß man die Zeit t_0 durch $t_0 + t$ ersetzen kann, ohne daß sich die Energie ändert, und das ist nun wieder die erste Formulierung. Der Energiesatz ist gleichbedeutend mit der Annahme, daß die ›Zeit‹ gleichförmig verstreicht, *homogen* ist, wie man auch sagt. Es läßt sich zeigen, daß diese beiden Aussagen einander entsprechen, wenn man außerdem das Prinzip der kleinsten Wirkung (→ Hamiltonsches Prinzip) als gültig anerkennt. Für alle diese Zusammenhänge spricht, daß man bisher tatsächlich *keine einzige Verletzung* des Energiesatzes hat beobachten können. Eine solche Verletzung würde natürlich ausreichen, die gesamte Physik ›auf den Kopf zu stellen‹.
Die Energie ist selbstverständlich auch gegenüber der Zeitspiegelung invariant; man kann also die Zeit beliebig vorwärts oder rückwärts laufen lassen, ohne daß sich die Gesamtenergie eines abgeschlossenen Systems ändert.

Die Parität
Diese Eigenschaft glaubte man früher auch einer anderen Größe zuschreiben zu können: *der Parität.* Damit wird eine Eigenschaft eines Systems bezeichnet, die sich nur bei der Raumspiegelung äußert. Ersetzt man nämlich die Ortskoordinaten eines Systems durch gleichgroße Koordinaten mit entgegengesetzten Vorzeichen (sog. Zentralspiegelung oder Inversion), so hat das System eine *positive* Parität, wenn sich dadurch nichts ändert, und eine *negative* Parität, wenn das System als Ganzes ebenfalls sein Vorzeichen ändert. Ein Ortsvektor beispielsweise hat negative Parität, der Drehimpulsvektor dagegen hat positive Parität ($\vec{r} \times \vec{v}$ bleibt bei Koordinatenspiegelung unverändert). Ein großer Teil der Physiker glaubte, daß die Zeitspiegelung der Parität nichts würde anhaben können. Um so größer war die Sensation, als man entdeckte, daß die Parität beim Beta-Zerfall (schwache Wechselwirkung) verletzt ist. Die Parität ist also keine universelle Erhaltungsgröße.

Der Impulssatz
Wenn der Raum homogen ist, darf die Translation $\vec{r} \to \vec{r} + \vec{r}_0$ bei beliebigem $\vec{r}_0$ das physikalische System nicht verändern. Es muß gleichgültig sein, von welchem (unbewegten) Beobachtungspunkt aus man das System beschreibt. Aus dieser Homogenität des Raumes folgt, daß Wechselwirkungen nur vom gegenseitigen Abstand der Teilchen, aber nicht von der absoluten Ortskoordinate abhängen dürfen. Daraus wiederum läßt sich ableiten, daß der Impuls des Gesamtsystems sich nicht mit der Zeit ändert, also ebenfalls eine Erhaltungsgröße ist. Der Impulssatz spielt eine große Rolle in der gesamten Physik. Er gilt auch in makroskopischen Systemen noch *exakt,* während der Energiesatz nur noch in einer angenäherten Form angewendet werden kann,

weil die *Reibung* einen Teil der Energie in eine Form überführt (Temperaturerhöhung), die sich im Einzelfall meist nicht mehr ganz genau berechnen läßt. Trotz seiner Universalität ist aber der Impulssatz dem Nichtphysiker weniger geläufig.

Der Drehimpuls

Noch unpopulärer ist ein dritter Erhaltungssatz, der sich aus der *Isotropie des Raumes* ableiten läßt: der *Drehimpulssatz*. Der Raum ist isotrop, was bedeutet, daß keine Raumrichtung gegenüber einer anderen ausgezeichnet ist. Die Konsequenz aus dieser Gleichberechtigung ist die Invarianz des Drehimpulses gegenüber Zeittranslationen oder -spiegelungen. Die Tatsache, daß sich der Drehimpuls eines Systems mit der Zeit nicht ändert, hat große Bedeutung sowohl in der Mikrophysik der Atome und Elementarteilchen, aber auch vor allem in der Astronomie. Die Gleichmäßigkeit der Erddrehung wie die Bahn der Erde um die Sonne ist der Drehimpulserhaltung zuzuschreiben. So verdanken wir also die Tatsache, daß jeden Tag die Sonne auf- und untergeht, sowie die immer wiederkehrenden Jahreszeiten letzten Endes diesem Erhaltungssatz.

Die Ladung

Bisher ist kein Prozeß beobachtet worden, bei dem eine – positive oder negative – elektrische Ladung *für sich allein* entstanden oder verschwunden wäre. Offenbar ist die Gesamtladung eines Systems zeitlich unveränderlich. Das bedeutet nicht, daß nicht Ladungen *paarweise* erzeugt oder vernichtet werden können (→ Paarbildung, → Paarvernichtung), denn dabei ändert sich die Gesamtladung nicht. In anderer Formulierung besagt die Erhaltung der Ladung, daß kein Elektron aus dem ›Nichts‹ erscheint, ohne daß gleichzeitig ein Positron (›Loch‹) zurückbleibt. Umgekehrt kann ein Elektron nur dann ins Nichts hinein, wenn es auf ein Positron trifft. Beide Prozesse müssen außerdem den Energiesatz erfüllen, weil sowohl das Elektron wie das Positron eine endliche Ruhmasse (in Energieeinheiten etwa 511 keV) haben. Die klassische Elektrodynamik führt die Ladungserhaltung auf die Symmetrie des elektrischen Potentials zurück, die sich darin äußert, daß alle Wirkungen auf irgendwelche Ladungen nur von *Potentialdifferenzen* abhängen, die wahre Größe des Potentials also unwichtig ist. Deshalb kann man das Potential beliebig eichen, und die Symmetrie gegenüber einer Eichtransformation bedingt die Ladungserhaltung.

Die CPT-Invarianz

Die bereits erwähnte Paritätsverletzung beim Beta-Zerfall entspricht der Beobachtung, daß das Elektron beim Zerfall den Kern nur entgegengesetzt zur Richtung des Kernspins verläßt. Raumspiegelung kehrt nun zwar den Elektronenimpuls um, läßt aber den Drehimpulsvektor unverändert. Man beobachtet aber keine Elektronen, die in Richtung des Kernspins emittiert werden, wohl aber kommen derartige Zerfälle mit *Positronen* vor. Daraus wurde der Schluß gezogen, daß solche Vorgänge invariant gegenüber Raumspiegelung (Paritätsänderung) *und* Ladungskonjugation sind (Positron statt Elektron). Bei einigen Elementarteilchenprozessen aber scheint auch diese kombinierte Transformation (*CP* von engl. *Charge* und *Parity*) verletzt zu sein. Wirklich universelle Bedeutung haben nur Transformationen, die auch noch die Zeitumkehr einschließen (T von *Time*). Eine Verletzung der CPT-Invarianz wurde bisher noch nicht beobachtet. Es gibt aber auch noch keine genaue Erklärung für die Invarianz der Elementarteilchenprozesse gegenüber der CPT-Transformation.

Andere Erhaltungssätze

Die Elementarteilchenphysik kennt noch einige weitere E., die zum Teil universell gültig sind, wie die Erhaltung der Baryonenzahl oder der Leptonenzahl, zum Teil aber nur für bestimmte Wechselwirkungen gelten. Es deutet alles darauf hin, daß die Wechselwirkungsart und die zugehörigen E. aus einer gemeinsamen Ursache heraus entstehen. Eine gemeinsame Theorie aller Wechselwirkungen müßte auch alle E. erklären.

Anwendungen

Die E. sind sozusagen allgegenwärtig, ohne daß es uns allerdings bewußt wird. Die Bedeutung der Erhaltung des Drehimpulses für Tag und Nacht wurde bereits erwähnt. Womöglich noch einschneidender wirken Energie- und Impulssatz. Wenn man an die Anstrengungen der Menschheit denkt, ihren Energiebedarf zu decken, glaubt man zunächst, einen Widerspruch zu entdecken. Wenn die Energie erhalten bleibt, warum müssen dann ständig neue Energiequellen erschlossen werden? Warum verwenden wir nicht immer wieder dieselbe Energie? Tatsächlich haben wir einen ›Energieverbrauch‹: Das Benzin, das z. B. unser Auto antreibt, ist nicht mehr zurückzugewinnen, nachdem wir den Motor wieder abgestellt haben. Wo ist die Energie geblieben? Die Antwort lautet: Sie wurde in Wärmeenergie verwandelt, im Endeffekt wurde sie dazu verwendet, unvorstellbaren Mengen von Atomen und Molekülen eine etwas größere Geschwindigkeit zu verleihen. Da aber dieser Prozeß statistisch abläuft, besteht nicht die geringste Aussicht, alle Teilchen wieder in den geordneten Zustand zurückzuholen, den wir brauchen, wenn die Energie eine Maschine antreiben soll (→ Thermodynamik). Die Problematik Energieverbrauch – Energievorräte hat schon seit Urzeiten Erfinder dazu gebracht, über Apparate nachzudenken, die sozusagen ohne weiteres Zutun immer mehr Energie produzieren. Der Energiesatz verbietet ein derartiges *Perpetuum mobile,* so daß es einem Naturwissenschaftler von vornherein möglich ist, jede Art von Perpetuum mobile als Irrtum oder Schwindel zu bezeichnen, ohne sich meist äußerst komplizierte Konstruktionszeichnungen auch nur ansehen zu müssen.

Die direkte Umwandlung von Masse in Energie dagegen, die unsere Sonne seit vier Milliarden Jahren leuchten läßt, würde ein fast unbegrenztes Reservoir erschließen. Leider ist es bisher nur gelungen, diese Vorräte für zerstörerische Zwecke einzusetzen (→ Kernwaffen) und ein unübersehbares Arsenal von Bomben zu schaffen, die unsere gesamte Erdoberfläche nicht nur einmal, sondern Hunderte von Malen zu einer unbewohnbaren und leblosen Wüste machen könnten. Auch diese furchtbare Bedrohung, mit der wir leben müssen, ist eine Folge des Energiesatzes. Friedlich genutzt könnte möglicherweise dieselbe Energiequelle in Form des *Fusionsreaktors* alle Probleme der Energieversorgung lösen.

Der Impulssatz spielt bei allen Bewegungsformen, Stößen usw. die Hauptrolle, weil die Trägheit der Massen durch den Impuls ausgedrückt wird. Wenn ein Körper ›im Zustand gleichförmiger, geradliniger Bewegung‹ verharrt, solange keine äußeren Kräfte auf ihn wirken, heißt das eben, daß er seinen Impuls nicht von selbst ändern kann. Auch hier glaubt man auf Anhieb ein Gegenbeispiel gefunden zu haben: Eine Rakete ändert doch ihre Bewegung ›von selbst‹, indem sie Treibstoff verbrennt – oder nicht? Der Fehler liegt darin, daß man das Gesamtsystem Rakete + Treibstoff betrachten muß, das tatsächlich seinen Impuls *nicht* ändert. Vor dem Start ist das Gesamtsystem in Ruhe, also muß es auch nach dem Start in Ruhe sein. Die verbrannten Treibstoffe werden ja mit hoher Geschwindigkeit aus den Brennkammern ausgeschleudert und tragen daher einen großen Impuls fort. Wegen der Erhaltung des Impulses erfährt der Raketenkörper einen gleichgroßen, aber entgegengesetzten Impuls. Er bewegt sich ebenfalls. Natürlich vergrößert sich nach dem Start das Gesamtsystem rapide, denn die ausgestoßenen Verbrennungsgase treffen auf die Erde und mischen sich mit der Atmosphäre, so daß nach einiger Zeit schließlich die ganze Erde den einen Teil des Impulses aufnimmt, während der entgegengesetzte Teil (›Rückstoß‹) nach wie vor auf den Raketenkörper beschränkt bleibt. Insgesamt aber ist der Impuls Null geblieben (bezogen auf die Erdoberfläche). Daß sich dabei am Bewegungszustand der Erde nichts Merkliches ändert, liegt an ihrer großen Masse (→ Energie, → Impuls, → Drehimpuls, → Kreisel, → Elementarteilchen).

eV

Abk. für die atomphysikalische Energieeinheit → Elektronvolt; 1 eV = $= 1{,}602 \cdot 10^{-19}$ J (→ Maße und Maßsysteme).

Exa-

Abk. E, Vorsilbe bei Maßeinheiten (→ Maße und Maßsysteme), bezeichnet das 10^{18}fache einer Grundeinheit, z. B. 1 Exajoule (EJ) = 10^{18} Joule.

Experiment

Die Grundlage der modernen Naturwissenschaft ist das Experiment (lat. experimentum, dt. Versuch, Probe, Beweis). Man versteht darunter eine Anordnung, durch die ein Vorgang in eindeutiger Weise beschrieben oder gemessen wird. Physiker sagen oft einfach ›Messung‹. Das wichtigste Kennzeichen eines E. ist seine Reproduzierbarkeit: Jeder beliebige ausreichend intelligente Experimentator muß das E. wiederholen können und dabei dasselbe Resultat herausbringen, wenn das E. als solches bezeichnet werden soll. Ein weiteres wesentliches Kennzeichen der meisten physikalischen E. ist die zahlenmäßige Erfaßbarkeit sowohl der Voraussetzungen wie auch des Resultats, und sei es auch nur in Form von statistischen Ergebnissen. Ferner muß der Experimentator alle denkbaren Fehlerquellen angeben und ihre Auswirkungen auf das Resultat berechnen oder zumindest abschätzen können.

Die Kunst des Experimentierens besteht darin, ein E. so vorzubereiten, daß es von allen undurchschaubaren Einflüssen befreit wird und den Zusammenhang, auf den es ankommt, völlig klar und unmißverständlich aufzeigt. In der Physik entscheidet oft ein einziges E. über ›Sein oder Nicht-Sein‹ einer physikalischen Theorie. Die Vorbereitung eines derartigen *experimentum crucis* geschieht meist mit Hilfe von Gedankenexperimenten. Man verbindet Fakten, die jeder Physiker aus der Erfahrung heraus kennt, nur mit den Regeln der Logik und erwartet den Ausgang eines E. unter den gegebenen Voraussetzungen als so unumstößlich, daß man glaubt, das E. in Wirklichkeit nicht mehr durchführen zu müssen.

Ein typisches experimentum crucis war der *Michelson-Versuch,* der die Äthertheorie (→ Äther) endgültig als irrig verwarf. Man kann die Bedeutung von E. kaum überschätzen. Die gesamte Erfahrung der Naturwissenschaft besteht in der Beschreibung von E. und beruht letztlich auf ihnen. Man könnte sogar so weit gehen zu behaupten, daß jede Erfahrung schließlich auf E. beruht, die – größtenteils unbewußt geplant und ausgeführt – unser Gehirn prägen.

Experimentalphysik

Manche Leute spalten die Physik in zwei große Bereiche auf: Die *Experimentalphysik* sammelt ›blind‹ Erfahrungen, indem sie → Experimente ausführt. Die *Theoretische Physik* liefert dagegen die gedanklichen Voraussetzungen, die durch das Experiment zu prüfen sind. Das sieht ein wenig so aus, als würden die theoretischen Physiker eher die ›Physik an sich‹ betreiben, die von den Experimentalphysikern ›lediglich‹ daraufhin geprüft werden müßte, ob sie mit der Natur übereinstimme. Tut sie es nicht, neigen manche Theoretiker eher dazu, die Natur zu korrigieren als ihre Theorie.
Die Wahrheit – oder das wünschenswerte Verhalten – liegt, wie so oft, in der Mitte. Kein Experimentalphysiker ist heute noch in der Lage, die Theorien auch nur seines eigenen Spezialgebietes in allen Einzelheiten zu überschauen. Die Theoretiker dagegen müssen sich darüber im klaren sein, daß ihre Denkansätze letztlich auf experimenteller Erfahrung beruhen. Das bedeutet, daß sich Theorie und Praxis nur gegenseitig unterstützen und befruchten können, wenn das Ganze neue Erkenntnisse bringen soll.

F Abk. für → Farad, Maßeinheit der elektrischen Kapazität (→ Maße und Maßsysteme).

f Abk. für die Vorsilbe → Femto- bei Maßeinheiten (→ Maße und Maßsysteme).

Fallgesetze

Die Gleichungen, die das Verhalten eines Körpers beschreiben, den man der Gravitationskraft der Erde überläßt, sind Näherungen, die sich aus dem → Gravitationsgesetz ableiten lassen. Man setzt die Erdbeschleunigung als Konstante g an und vernachlässigt die Luftreibung. Dann erfolgt der sog. ›freie Fall im Vakuum‹ nach der Gleichung

$$h(t) = \frac{1}{2} g t^2 + v_0 \cdot t + h_0. \qquad (1)$$

Darin bedeuten h die Höhe in Abhängigkeit von der Zeit t, v_0 die Anfangsgeschwindigkeit und h_0 die Anfangshöhe des untersuchten Körpers. Üblicherweise wählt man den Orts- und Zeitmaßstab so, daß $v_0 = 0$ und $h_0 = 0$ wird. Dann vereinfacht sich die Gleichung (1) zu:

$$h = \frac{1}{2} g t^2. \qquad (2)$$

Nun ist h einfach die Fallhöhe. Differenziert man nach t, so ergibt sich die Fallgeschwindigkeit v:

$$v = \frac{\mathrm{d}h}{\mathrm{d}t} = g \cdot t. \qquad (3)$$

Es fällt auf, daß keine dieser Formeln die *Masse* des fallenden Körpers enthält. Offenbar ist die Bewegung unabhängig von der Masse, mit anderen Worten: *Alle Körper fallen gleich schnell.* Diese Behauptung wird durch den Augenschein scheinbar widerlegt: Fällt etwa eine Flaumfeder genauso schnell wie ein Ziegelstein? Doch wohl nicht! Daran ist aber eine der oben erwähnten Näherungsannahmen schuld: Für eine Flaumfeder darf die Luftreibung nicht mehr vernachlässigt werden. Läßt man eine Feder im luftleeren Raum fallen, so fällt sie tatsächlich genauso schnell wie ein Ziegelstein. Man hat die Konstanz der Fallzeit und Fallgeschwindigkeit mit großer Genauigkeit für verschiedene Massen im Vakuum gemessen und die Massenunabhängigkeit völlig bestätigt. Um nicht kilometerlange luftleere Röhren bauen zu müssen, hat man einen Kunstgriff angewandt. Anstatt die Fallzeit zu messen, untersucht man die Schwingungsdauer verschiedener → Pendel, jeweils mit gleicher Pendellänge, aber mit verschiedenen Massen (→ Masse).

Für einen Fallschirmspringer sind diese Messungen allerdings von untergeordneter Bedeutung. Er will wissen, wie schnell er tatsächlich fällt und wann er seinen Fallschirm öffnen muß. Der Luftwiderstand eines Körpers hängt in komplizierter Weise von vielen Größen ab (→ Aerodynamik). Als Faustregel kann man sagen, daß ein Mensch im freien Fall eine Endgeschwindigkeit von etwa 55 m/s oder 200 km/h erreicht. Auf diese Endgeschwindigkeit kommt er nach etwa sieben Sekunden, d. h., er fällt nur in den ersten zwei Sekunden so, wie es die Gleichungen (1) bis (3) vorschreiben.

Kleine kugelförmige Körper, wie beispielsweise Nebeltröpfchen, unterliegen dem → Stokesschen Gesetz. Der Reibungswiderstand in Luft wird um so größer, je kleiner die Tröpfchen werden. Schließlich wird die erreichbare Fallgeschwindigkeit so klein, daß sie schon durch geringste Aufwinde neutralisiert wird. Deshalb halten sich Nebel und Wolken ›beliebig‹ lange in der Luft.

Die eingangs erwähnte Näherung der konstanten Fallbeschleunigung g (im Mittel $g \approx 9{,}81\ m/s^2$) gilt nur solange, als die Fallbewegungen innerhalb eines relativ kleinen Bereiches der Höhe im Vergleich zum Erdradius R (etwa 6400 km) bleiben. Untersucht man also die Fallbewegung eines Apfels vom Baum, so ist g gewiß als konstant anzusetzen. Will man aber wissen, wie lange ein Körper braucht, bis er aus 1000 km Höhe frei fallend die Erdoberfläche erreicht, muß man $g(h)$ nach dem → Gravitationsgesetz errechnen. Im Gegensatz zu Gleichung (3) kann natürlich die Fallgeschwindigkeit keineswegs unendlich werden, auch wenn der fragliche Körper schon ›im Unendlichen‹ anfängt, in Richtung Erde zu fallen. Er erreicht dann vielmehr lediglich die sog. *Fluchtgeschwindigkeit* $v_\infty \approx 11{,}2$ km/s. Umgekehrt muß eine Rakete auch mit dieser Geschwindigkeit von der Erdoberfläche starten, wenn sie dem Einflußbereich der Erdanziehung entkommen will (→ Wurfparabel).

Farad

Abk. F, Maßeinheit der elektrischen Kapazität (→ Maße und Maßsysteme); 1 F = 1 Amperesekunde/Volt (1 As/V).

Faradayscher Käfig

Im Inneren eines Leiters, der sich in einem → elektrischen Feld befindet, ist die Feldstärke wegen der freien Beweglichkeit der Ladungen Null. Das muß auch so bleiben, wenn der Leiter das Feld selbst erzeugt, d. h., wenn er geladen ist. Alle Ladungen drängen sich gegenseitig an die Oberfläche des Leiters. Das Leitermaterial im Inneren wird offenbar für den Feldverlauf nicht gebraucht. Man kann es entfernen, ohne das äußere Feld zu verändern. Dann entsteht ein ladungsfreier Hohlraum, der von einer Metallhaut umgeben ist. Im Inneren eines solchen *Faradayschen Käfigs* (nach *Michael Faraday,* 1791–1867) ist die Feldstärke Null, gleichgültig, wie das Feld im Außenraum auch aussehen mag. Das gilt selbst dann noch, wenn die Metallhaut nicht allzu große Löcher aufweist, z. B. aus einem Drahtnetz oder aus Gitterstäben besteht (Käfig!). Für eine Hohlkugel kann man die Feldfreiheit auch noch etwas anders begründen: Wenn im Inneren keine Ladung ist, können auch keine Feldlinien an die Innenoberfläche stoßen. Es wären jedoch noch elektrische Wirbelfelder im Inneren möglich. Da aber der Feldlinienverlauf einer Kugel kugelsymmetrisch sein muß, scheidet auch diese Möglichkeit aus, abgesehen davon, daß sie durch die Maxwellschen Gleichungen verboten wird (→ Elektrodynamik). Die einzige Lösung ist die Feldstärke Null.

Anwendungen

Bringt man eine Ladung (durch ein kleines Loch) ins Innere einer metallischen Hohlkugel, dann fließt sie sofort nach außen ab. Man kann deshalb auch mit kleinen Ladungsmengen eine Hohlkugel auf sehr große Spannungen aufladen, wenn man sie nur gut isoliert und ihr genügend lange kleine Ladungsmengen zuführt. Auf diesem Prinzip beruht ein Hochspannungsgenerator, der unter dem Namen *Bandgenerator* oder *Van-de-Graaf-Gene-*

rator bekannt ist und noch immer für wissenschaftliche Versuche verwendet wird. Auch das Auto und das Flugzeug sind F. K. Selbst sehr hohe Spannungen, etwa von einem einschlagenden Blitz, können im Inneren keine Feldstärken erzeugen. Als Passagier in einem Auto oder Flugzeug ist man so vor Blitzschlag vollständig geschützt.

Farbe

Die durch die Netzhaut vermittelte Sinnesempfindung für Licht beruht auf zwei Arten von Sensoren: Die *Sehstäbchen* sind zwar sehr empfindlich (2 – 3 Quanten vermitteln bereits einen Lichtreiz!), können aber nur Hell und Dunkel unterscheiden. Sie dienen in erster Linie der Lichtwahrnehmung bei Nacht und in dunklen Räumen und spielen anscheinend beim Farbensehen keine Rolle. Die *Sehzäpfchen* dagegen gibt es in drei Ausführungen, die jeweils mit einem anderen Farbstoff gefüllt sind. Die unterschiedliche Erregung dieser drei Rezeptorenarten durch ein Strahlungsgemisch ergibt insgesamt einen Farbeindruck. Dabei ist es möglich, denselben Farbeindruck durch unterschiedliche Spektren zu erzielen. Dies und die Tatsache, daß auch noch die Helligkeit des Eindrucks sowie das Umfeld eine gewichtige Rolle bei der Farbeinordnung spielen, machen die Erstellung einer berechenbaren *Farbskala* (sog. *Farbmetrik*) zu einer komplizierten Sache, auf deren Herleitung wir hier nicht eingehen können. Da aber viele technische Anwendungen, wie das Farbfernsehen oder die Farbfilme, eine Farbmetrik als Grundlage benützen, will ich die wichtigsten Grundtatsachen aufzählen.

Die *Normwertspektralkurven* (Figur 1) der drei Sehzäpfchenarten sind das auf einen Durchschnittsmenschen (Normbeobachter) bezogene Gesamtresultat aus der noch weitgehend ungeklärten physiologischen Mischung der drei Nervenreizarten und der tatsächlichen Empfindlichkeitskurven der Zäpfchen. Man kann diese Kurven eigentlich nicht als etwas physikalisch Gegebenes ansehen, sondern als Mittelwert der Farbenbewertung durch viele Menschen mit ›normalem‹ Farbempfinden. Denken wir uns also eine Lichtquelle, deren Wellenlänge sich kontinuierlich durch den Empfindlichkeitsbereich aller Zäpfchen hindurch einstellen läßt, so sehen wir die Regenbogenfarben (Spektralfarben) von Blau bis Rot. Das sekundäre Maximum in der Kurve der Rotrezeptoren ist dafür verantwortlich, daß das Violett im kurzwelligen Spektralbereich ein wenig wie Rot aussieht. Im übrigen scheint es, als hätten wir Blau-, Grün- und Rotrezeptoren, deren unterschiedliche Erregung den entsprechenden Farbeindruck vermittelt.

Von besonderem Interesse sind natürlich *Farbmischungen*. Das Zusammenfügen aller Wellenlängen des sichtbaren Spektralbereichs ergibt Weiß. Wir nennen Farbmischungen, die durch ein Zusammenfügen von Licht verschiedener Wellenlängenbereiche zustande kommen, *additiv*. Wellenlängenbereiche, die sich additiv zu

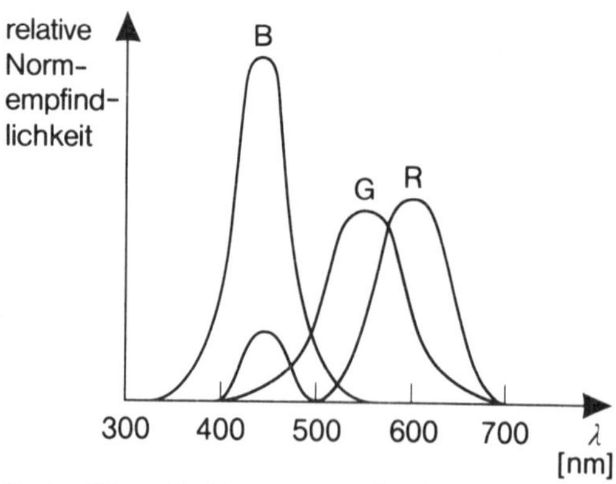

Farbe (Figur 1): Normwertspektralkurven der drei Sehzäpfchenarten

Weiß ergänzen, bezeichnen wir als *Komplementärfarben*. Man erzeugt sie leicht, indem man z. B. aus einem Prismenspektrum irgendeinen Bereich ausblendet. Das ausgeblendete Licht und der Rest sind dann zueinander komplementär. Fernsehgeräte arbeiten mit drei Farben (Rot, Grün, Blau) wie die Sehzäpfchen und mischen ihre Farben additiv. Wenn alle drei Farben in einem bestimmten Helligkeitsverhältnis erstrahlen, sehen wir Weiß.

Ein Bild aber – oder einfach ein farbig gestrichener Tisch – vermittelt seine Farbe *subtraktiv*. Eine sog. *Körperfarbe* (z. B. eines Anstrichs oder Farbstoffs) kommt nämlich durch Absorption zustande. Die Farbsubstanz absorbiert aus dem weißen Spektrum bestimmte Wellenlängen heraus (subtraktive Farbmischung) und reflektiert nur den Rest, den wir sehen.

Fahrenheit

Abk. °F (Grad Fahrenheit), eine in den USA noch übliche Temperaturskala (→ Maße und Maßsysteme).

Feld

Ein räumlicher Bereich, in dem jedem Raumpunkt eine physikalische Größe zugeordnet werden kann, heißt *Feld*. Man unterscheidet skalare Felder und Vektorfelder, je nachdem, ob die fragliche Zuordnung aus einem → Skalar oder einem → Vektor besteht. Ein Einheits-Probekörper, auf den das F. ›wirkt‹, beschreibt – masselos gedacht – im F. eine Raumkurve, die man *Feldlinie* nennt. Wenn das F. eine Kraft auf den Einheitsprobekörper ausübt, so heißt sie *Feldstärke*. Was der ›Einheitsprobekörper‹ ist und welche ›Einheit‹ gemeint ist, ergibt sich aus dem jeweiligen F. Manche Vektorfelder haben ein → Potential, d. h., sie lassen sich durch Gradientenbildung aus einem skalaren F. berechnen. Da man mit einem skalaren F. leichter rechnen kann, betrachtet man die Existenz eines Potentials als großen Vorteil. Jedes ›physikalisch vernünftige‹ skalare F. läßt sich als Potential auffassen, aus dem man ein Vektorfeld mit entsprechenden Feldstärken berechnen kann.

Der Prototyp eines Vektorfeldes, aus dem viele Gleichungen und Bezeichnungen abgeleitet sind, ist das Geschwindigkeitsfeld einer Strömung. Der Probekörper ist hier ein kleines Volumen. Der Weg, den es nimmt, kennzeichnet eine Stromlinie. Die Geschwindigkeit ist (→ Bernoullische Gleichung) durch die Stromliniendichte gegeben, weil eine Flüssigkeit inkompressibel ist. Der *Fluß* bezeichnet die Zahl der Stromlinien durch eine gegebene Fläche. Die *Flußdichte* gibt dann die Zahl der Stromlinien pro Flächeneinheit an. Alle diese Begriffe werden auch auf völlig andere Felder übertragen, wo überhaupt nichts ›fließt‹ – nur weil mit dieser Analogie so bequem gerechnet werden kann. Ich stelle daher die analogen Begriffe in der Tabelle auf Seite 250 noch einmal zusammen.

Beispiele für *skalare Felder* sind Konzentrationsfelder (von Lösungen), Temperaturfelder, elektrisches Potential, Gravitationspotential usw. Aus einem Temperaturfeld in einem homogenen Medium kann man das Vektorfeld der Temperaturgradienten berechnen, das bei gegebener Wärmeleitfähigkeit sofort die Wärmeströmung in diesem Medium beschreibt. Der entsprechende Prozeß beim Gravitationspotential liefert die Gravitationsfeldstärke, d. h. die Schwerebeschleunigung.

Beispiele für *Vektorfelder* sind elektrische und magnetische Felder und Gravita-

Strömungsfeld	allgemeines Vektorfeld
Geschwindigkeit = Stromliniendichte	*Feldstärke* = Feldliniendichte
Fluß = Zahl der Stromlinien	*Fluß* = Zahl der Feldlinien
Flußdichte = Zahl der Stromlinien pro Flächeneinheit	*Flußdichte* = Zahl der Feldlinien pro Flächeneinheit

Tabelle: Gegenüberstellung der wichtigsten Begriffe bei Vektorfeld und Strömungsfeld

tionsfelder, aber auch Strömungen wie die der Wärme (→ Elektrisches Feld, → Gravitationsgesetz, → Magnetfeld).

Feldelektronenmikroskop

Die Feldstärke E an der Oberfläche einer Metallkugel vom Radius R hat den Wert

$$E = \frac{1}{4\pi\varepsilon_0} \cdot \frac{Q}{R^2},$$

das Potential der Oberfläche lautet

$$U = \frac{1}{4\pi\varepsilon_0} \cdot \frac{Q}{R}.$$

Drücken wir die Feldstärke durch das Potential aus, so erhalten wir (→ elektrisches Feld):

$$E = \frac{U}{R}. \qquad (1)$$

Diese Gleichung gilt näherungsweise auch für andere gekrümmte Oberflächen als Kugeln, wenn R der Krümmungsradius ist. Da U auf der Oberfläche eines beliebigen Leiters an jeder Stelle denselben Wert hat (Äquipotentialfläche!), ist die Oberflächenfeldstärke auch für unregelmäßig geformte Metallkörper umgekehrt proportional zum Krümmungsradius. Der Feldstärkevektor steht natürlich senkrecht auf der Oberfläche.

Ein geladenes Teilchen, das sich in der Nähe einer stark gekrümmten Elektrode befindet, wird daher durch das Feld zunächst einmal *senkrecht zur Oberfläche* beschleunigt und erhält einen so großen Impuls, daß es von der schwächeren Feldstärke in größerer Entfernung von der Elektrode auch dann nicht mehr merklich beeinflußt wird, wenn der Feldstärkevektor nicht mehr in Bewegungsrichtung zeigt. Die Ladungen bewegen sich geradlinig radial von der Oberfläche weg, wenn sie nur in der Nähe der Oberfläche genügend stark beschleunigt worden sind. Man kann daher solche Teilchen dazu verwenden, die Elektrodenoberfläche auf eine weiter außen liegende Bildfläche zu projizieren. Dazu muß die Bildfläche lediglich mit einer fluoreszierenden Schicht überzogen werden (→ Lumineszenz), die jedes auftreffende Teilchen durch einen Lichtblitz sichtbar macht wie ein Fernsehbildschirm. Um außerdem Maßstabsverzerrungen zu vermeiden, sollte die Bildfläche der Elektrodenfläche geometrisch ähnlich sein.

Auf diesem Prinzip beruhen das *Feldelektronen-* und das *Feldionenmikroskop.* Als Elektrodenmaterial verwendet man (wegen des hohen Schmelzpunktes) meist Wolfram, das zu einer sehr feinen Spitze (Radius ≈ 50 nm) ausgezogen wird. Die Wolframspitze ist im Zentrum einer Glaskugel montiert, deren Oberfläche als Bildschirm dient (Figur 1). Um eine ungestörte Elektronen-(oder Ionen-)Bewegung zu gewährleisten, muß die Röhre ausgepumpt werden. Die zweite Elektrode liegt irgendwo in der Röhre, wo sie die Elektronenbewegung nicht stört. Legt man eine Spannung von einigen kV an die Spitze, werden beim Feldelektronenmikroskop durch die hohe Feldstärke Elektronen aus der Spitze herausgezogen (→ Spitzenentladung) und anschließend radial beschleunigt. Beim Feldionenmikroskop werden neutrale Atome, die in die Nähe der Oberfläche der Spitze kommen, ionisiert und dann ebenfalls radial nach außen beschleunigt. Der Vorteil des Feldioneneffekts liegt in der größeren Masse der Teilchen. In jedem Fall entsteht an der Bildfläche des Glaskolbens ein getreues Abbild der Spitze, wobei der Vergrößerungsfaktor einfach durch das Verhältnis der beiden Radien gegeben ist. Bei einem Durchmesser der Glaskugel von 20 cm = 0,2 m und dem Spitzendurchmesser von 0,1 µm = 10^{-7} m kommt man so mühelos auf einen Vergrößerungsfaktor von mehr als 10^6. Das reicht aus, um sogar einzelne Atome aufzulösen! Die Untersuchungsmöglichkeiten werden noch dadurch vervielfacht, daß man die Wolframspitze mit anderen Atomen beschichten kann, die sich z. B. aus einem Metalldampf dort niederschlagen. Ein ähnliches Auflösungsvermögen erreicht nur noch das Raster-Tunnel-Mikroskop.

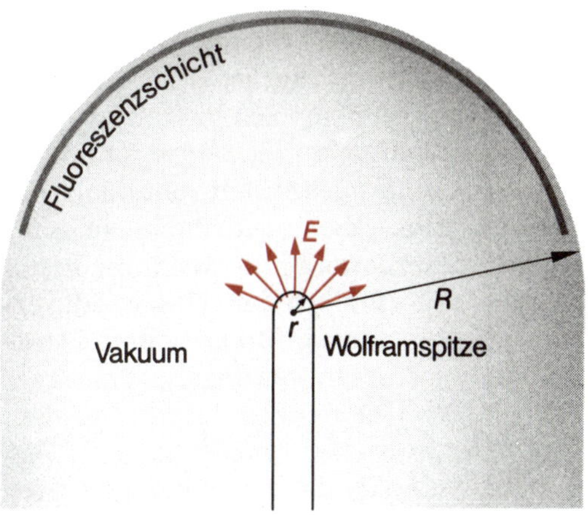

Feldelektronenmikroskop (Figur 1): Schematische Darstellung der Arbeitsweise eines Feldelektronenmikroskops; die Spitze (in Wirklichkeit sehr viel feiner) wird auf die Fluoreszenzschicht abgebildet, weil geladene Teilchen im starken Feld der Spitze radial beschleunigt werden.

Femto-

Abk. f, Vorsilbe bei Maßeinheiten (→ Maße und Maßsysteme), bezeichnet das 10^{-15}fache einer Grundeinheit, z. B. 1 Femtometer (fm) = 10^{-15} Meter.

Fermionen

Alle Teilchen mit halbzahligem Spin heißen nach *Enrico Fermi* (1901–1954) Fermionen. Zu den F. zählen alle Quarks, ebenso die Leptonen und vor allem das Elektron (→ Elementarteilchen). Die → Schrödinger-Gleichungen der F. sind antisymmetrisch. Daraus ergibt sich das → Pauli-Prinzip, dessen Gültigkeit den Aufbau der Atome bestimmt (→ Atomphysik), aber auch die elektrische Leitfähigkeit und ihren Zusammenhang mit der Wärmeleitung in Metallen erklärt und vieles mehr. Das genaue statistische Verhalten von F. regelt die *Fermi-Dirac-Statistik.*

Fernrohr

Ein optisches Gerät zum ›Heranholen‹ ferner Gegenstände heißt *Fernrohr* oder *Teleskop.* Da die betrachteten Gegenstände sehr weit weg (im Unendlichen) sind, hat man es mit Lichtstrahlen zu tun, die parallel ankommen. Das Näherholen ferner Gegenstände kann also nur darin

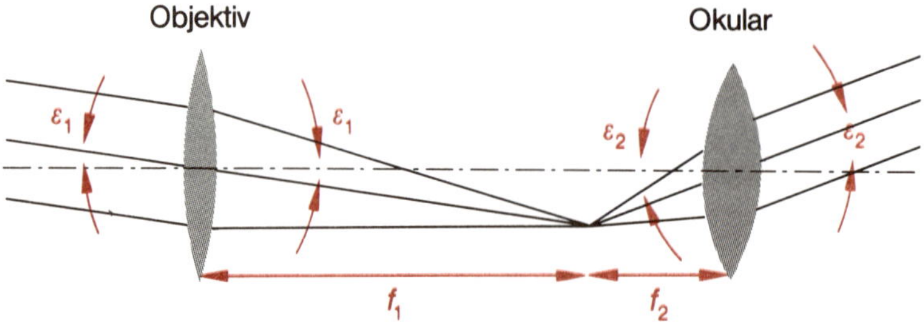

Fernrohr (Figur 1): Strahlengang durch ein astronomisches Fernrohr; das Verhältnis von Eintritts- zu Austrittswinkel definiert die Vergrößerung.

bestehen, den Sehwinkel, unter dem wir verschiedene Punkte des Objekts betrachten, zu vergrößern (Figur 1). Alle F. bestehen im Prinzip aus zwei Linsen (oder Spiegeln), dem *Objektiv* und dem *Okular*. Wie der Name sagt, ist das Objektiv dem Beobachtungsobjekt zugewandt, das Okular dem Auge. Beobachtet wird mit entspanntem, d. h. auf Unendlich eingestelltem Auge. Die Strahlen, die das Okular verlassen, müssen deshalb wieder parallel sein. Daraus ergibt sich das Konstruktionsprinzip eines F. Wenn ein Punkt des Beobachtungsobjekts auf der optischen Achse liegt und ein zweiter unter einem Winkel ε_1 dazu gesehen wird, so gilt offenbar folgende Beziehung:

$$f_1 \cdot \tan\varepsilon_1 = f_2 \cdot \tan\varepsilon_2. \qquad (1)$$

Dabei bezeichnet ε_2 den Winkel, den die Strahlen des zweiten Beobachtungspunktes nach Verlassen des Okulars mit der optischen Achse bilden; f_1 und f_2 sind die Brennweiten von Objektiv und Okular. Da üblicherweise sowohl ε_1 als auch ε_2 klein sind, gilt für die Vergrößerung v:

$$v = \frac{\varepsilon_2}{\varepsilon_0} \approx \frac{\tan\varepsilon_2}{\tan\varepsilon_1} = \frac{f_1}{f_2}. \qquad (2)$$

Um eine hohe Vergrößerung zu bekommen, muß also die Brennweite des Objektivs möglichst groß, die des Okulars aber möglichst klein sein. Kleine Brennweiten finden bald ihre Grenze im Brechungsindex des Glases und in den immer schwieriger werdenden Korrekturen der Linsenfehler (→ Abbildungsfehler). Die einzige reale Möglichkeit, die Vergrößerung zu steigern, besteht deshalb darin, f_1 immer größer zu machen. Bringt man die Linsen in entsprechendem Abstand in einem Rohr unter, wird das F. ziemlich lang. Handliche F. *(Feldstecher)* benutzen daher *Umkehrprismen*, mit denen gleichzeitig erreicht wird, daß das Bild des Beobachtungsobjekts wieder aufrecht steht. Eine andere Möglichkeit, den Strahlengang zu verkürzen und zugleich ein aufrechtes Bild zu erreichen, stellt das *Holländische* oder *terrestrische Fernrohr* dar, bei dem das Okular aus einer Zerstreuungslinse besteht, die dafür vor dem Brennpunkt eingebaut ist (Figur 2).

Bei *astronomischen Teleskopen* zur Himmelsbeobachtung benötigt man kein aufrechtes Bild. Ziel sind vielmehr eine große Vergrößerung und eine hohe Lichtstärke, d. h. ein großer Objektivdurchmesser. Weil große Brennweiten kleine Krümmungsradien verlangen, diese aber mit einiger Genauigkeit nur bei großen Durchmessern zu verwirklichen sind, gehen beide Forderungen Hand in Hand. Allerdings sind Linsen (in Fassungen) nicht stabil, wenn sie größere Durchmesser als 1 m haben, weil dann das Gewicht des Glases so groß wird, daß Deformationen auftreten, die sich auf die optischen Eigenschaften in unzulässiger Weise aus-

Fernrohr (Figur 2): Strahlengang in einem Holländischen Fernrohr; das Okular ist hier eine Zerstreuungslinse.

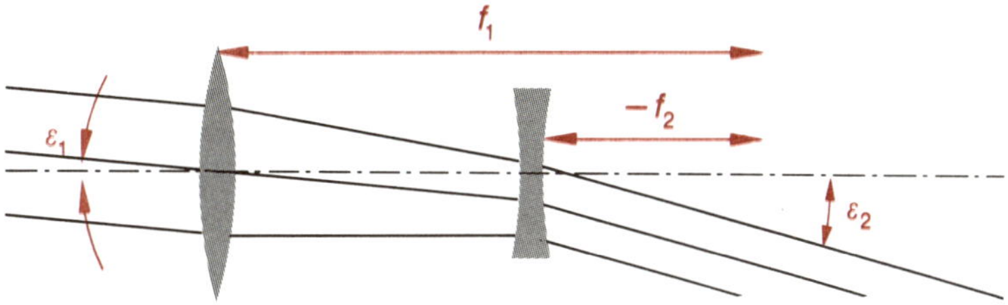

wirken. Teleskope mit großer Objektbrennweite müssen deshalb als *Spiegelteleskope* ausgelegt werden. Das wohl berühmteste Beispiel steht auf dem Mt. Palomar (USA), es arbeitet mit einem Spiegel von 5 m Durchmesser.

Festkörperphysik

Die Physik der festen Körper, vorzugsweise der Kristalle, ist heute ein weites Forschungsgebiet geworden mit bereits bedeutenden technischen Anwendungen (→ Halbleiterelektronik, → Doppelbrechung, → Dielektrikum). Sie überschneidet sich jedoch so stark mit anderen klassischen Teilgebieten der Physik, daß eine vollständige Aufzählung ihrer einzelnen Teile nicht sinnvoll erscheint. Besonders wichtig sind jedoch alle Transportphänomene im festen Körper, vor allem die Mechanismen des Energietransports (→ Phonon, → Supraleitung, → elektrische Leitfähigkeit, → Wärmeleitfähigkeit).

Fixpunkte

Übergangstemperaturen zwischen zwei → Aggregatzuständen oder Phasen sind bei gegebenem Druck und Molvolumen fest und heißen deshalb *Fixpunkte*. So liegen die F. des Wassers bei 0 °C (Schmelzpunkt) und 100 °C (Siedepunkt), jeweils bei Normaldruck (1013 hPa).

Flüssigkristall

Ein F. ist eine Art Mittelding zwischen einer Flüssigkeit und einem festen Körper. Wie beim Festkörper existieren kristallartige Molekülgruppen, die beim *nematischen (fadenförmigen)* F. in Reihen, beim *smektischen (schichtartigen, schmierigen)* F. in parallelen Schichten angeordnet sind. Wie in einer Flüssigkeit sind diese Gruppen nahezu frei gegeneinander beweglich. *Cholesterische (gallentalgartige)* F. besitzen Schichten, deren Ausrichtung von Schicht zu Schicht um einen gewis-

Flüssigkristall: Europas größte Anzeigetafel mit Flüssigkristallen wurde als Zughinweisgeber im Stuttgarter Hauptbahnhof installiert. © AEG AG, Frankfurt (Main)

sen Winkel gegeneinander verdreht ist. Die Ausrichtung eines F. kann durch ein elektrisches Feld stark beeinflußt werden. Man nutzt F. als Anzeigeelemente mit geringstem Leistungsbedarf z. B. in Uhren oder als Thermometer. Eine *Flüssigkristallanzeige* (engl. L*iquid* C*rystal* D*isplay*, Abk. *LCD*) besteht aus einer dünnen Schicht eines F. vor einem reflektierenden Hintergrund, der die Anzeigesegmente als aufgedampfte leitende Schichten enthält. Das Anlegen einer Spannung an ein Segment verändert die Ausrichtung des F. derart, daß die Polarisationsebene des auftreffenden Lichts gerade so weit gedreht wird, bis sich einfallendes

Symbol	Größe	Symbol	Größe
A	Arbeit	P	magnetische Polstärke
A	Fläche	p	Druck
a, b	Beschleunigung	p	Polarisierbarkeit
B	magnetische Induktion	Q	elektrische Ladung
C	Kapazität	Q	Wärmemenge
C_p, C_V	Wärmekapazität bei konstantem Druck bzw. Volumen	R	elektrischer Widerstand
		S	Entropie
c_p, c_V	spezifische Wärme bei konstantem Druck bzw. Volumen	s	Weg
		T, t	Zeit
		T	Schwingungsperiode
D	Drehmoment	T	Temperatur
E	Energie	U	elektrische Spannung
E	Elastizitätsmodul	V	Volumen
E	elektrische Feldstärke	v	Geschwindigkeit
F	Fläche	α	Winkelbeschleunigung
F	Kraft	α	Wärmeübergangskoeffizient
f	Frequenz	β	Schubkoeffizient
G	Gewicht	γ	Wichte
G	Schubmodul	ε	Dehnungskoeffizient
g	Fallbeschleunigung	ε	Dielektrizitätskonstante
H	magnetische Feldstärke	η	dynamische Viskosität
I	Trägheitsmoment	Θ	Trägheitsmoment
I	elektrische Stromstärke	χ	Kompressibilität
J	Lichtstärke	λ	Wellenlänge
J	Drehimpuls	λ	Wärmeleitfähigkeit
j	Stromdichte	μ	magnetisches Moment
K	Kraft	μ	Permeabilität
k	Wellenzahl	ν	Frequenz
L	Induktivität	ν	kinematische Viskosität
L	Drehimpuls	ρ	Dichte
l	Länge	ρ	Raumladungsdichte
M, m	Masse	ρ	spezifischer elektrischer Widerstand
M	Kraftmoment, Drehmoment		
m	magnetisches Moment	σ	Oberflächenspannung
N, P	Leistung	σ	Flächenladungsdichte
P, p	Impuls	ω	Winkelgeschwindigkeit

Tabelle: Auswahl wichtiger physikalischer Formelzeichen

und reflektiertes Licht auslöschen. Das Segment erscheint damit im auftreffenden Licht dunkel. Die Leckströme der Segmente sind so klein, daß diese Anzeige praktisch leistungslos erfolgt, also ein reiner Feldeffekt genutzt wird.

Formelzeichen

Symbol für eine physikalische Größe, die in Formeln an deren Stelle tritt; die F. sind größtenteils international einheitlich festgelegt. Eine Auswahl der gängigen F. enthält die Tabelle.

Fourier-Analyse

Es gibt einige mathematische Verfahren, die für die Physik besonders wichtig sind. Eines davon ist die Darstellung einer Funktion als Summe von besonders einfachen periodischen Elementarfunktionen, die als Sinus- oder Kosinusfunktionen bekannt sind. Die Möglichkeit dieser Darstellung wurde schon von *Jean-Baptiste Joseph de Fourier* (1768–1830) entdeckt. F.-A. werden seither auf eine ständig wachsende Zahl physikalischer (und auch mathematischer) Probleme angewandt.

Natürlich haben die Mathematiker strenge Bedingungen für ›analysierbare‹ Funktionen erarbeitet. Sie sind aber für den Physiker nicht so wichtig, weil er es immer mit Funktionen zu tun hat, die im mathematischen Sinn ›hinreichend vernünftig‹ gebaut sind. Er kann also die F.-A. bedenkenlos für seine Zwecke nutzen und so die oft komplizierten physikalischen Funktionen auf eine Summe höchst einfacher Winkelfunktionen zurückführen, mit denen es sich dann viel besser rechnen läßt.

Diese Fourier-Zerlegung wird auch *Harmonische Analyse* genannt, weil die Sinusfunktionen Ausdruck aller harmonischen Schwingungen sind. Die allgemeinste mathematische Form der F.-A. ist die Fourier-Transformation, eine Integraltransformation, auf deren Bedeutung für die Physik ich noch eingehen werde.

Wegen ihrer Universalität behandle ich die F.-A. etwas ausführlicher und versuche, auch gleich die komplexe Schreibweise an diesem doch recht anschaulichen Verfahren zu erläutern. Zuerst aber will ich die mathematischen Zusammenhänge aufzählen, die zum Verständnis des folgenden nötig sind. Dazu verwende ich Winkelfunktionen in der physikalischen Bedeutung von Schwingungen.

Mathematische Aussagen über Winkelfunktionen

1. Die Winkelfunktionen $f(t) = \sin \omega t$ und $f(t) = \cos \omega t$ sind graphisch als *Wellenlinien* darstellbar, die jeweils nach der *Periode* $T = 2\pi/\omega$ wieder ›von vorn‹ anfangen. Deutet man $f(t)$ als den zeitlichen Ablauf einer Bewegung, so beschreiben $\cos \omega t$ oder $\sin \omega t$ eine harmonische Schwingung, wobei T die *Schwingungsdauer* und $\omega = 2\pi/T$ die *Kreisfrequenz* sind. Ob man eine derartige Schwingung als $\cos \omega t$ oder als $\sin \omega t$ bezeichnet, hängt offenbar nur davon ab, wohin man den Zeitnullpunkt legt. Eine Verschiebung um $T/4$ macht aus der Sinusschwingung die Kosinusschwingung usw. Wir könnten uns eigentlich immer auf eine Sinusschwingung beziehen und machen das nur deshalb nicht, weil das Mitschleppen der Zeitverschiebung $T/4$ in der Rechnung manchmal lästig ist.

2. Im Zeitmittel ist die Auslenkung einer harmonischen Schwingung Null. Das sieht man unmittelbar am Funktionsgraphen (Figur 1). Die Fläche, die der Graph mit der t-Achse bildet, ist im positiven

Bereich (über der t-Achse) genauso groß wie im negativen Bereich (unter der t-Achse), wenn man den Zeitbereich einer *vollen Periode T* betrachtet. Dabei ist es gleichgültig, zu welchem Zeitpunkt man die Flächenberechnung beginnt. Deshalb gilt diese Feststellung gleichermaßen für die Sinus- wie für die Kosinusfunktion. Die Schreibweise der Mathematiker für derartige Flächen ist das Integral. Das eben Gesagte wird durch die folgenden Formeln ausgedrückt:

$$\int_{t_0}^{t_0+T} \sin \omega t \cdot \mathrm{d}t = 0 \quad \text{und}$$
$$\int_{t_0}^{t_0+T} \cos \omega t \cdot \mathrm{d}t = 0\,. \tag{1}$$

3. Die Integrale der Gleichungen (1) gelten sicher auch noch, wenn wir nicht nur über *eine* Periode T integrieren (d. h. die Flächen ausrechnen), sondern über eine ganze Zahl n dieser Perioden. Deshalb muß auch der Mittelwert von Funktionen wie $f(t) = \sin n\omega t$ oder $f(t) = \cos n\omega t$ mit ganzzahligem n wieder Null sein, denn jetzt handelt es sich im gleichen Zeitintervall T wie vorhin eben nicht mehr um *eine*, sondern um n volle Schwingungen.

Es gilt daher auch

$$\int_{t_0}^{t_0+T} \sin n\omega t \cdot \mathrm{d}t = 0 \quad \text{und}$$
$$\int_{t_0}^{t_0+T} \cos n\omega t \cdot \mathrm{d}t = 0 \tag{2}$$

für alle ganzen Zahlen n.

4. Die Mittelwerte von Produkten aus Sinus- oder Kosinusfunktionen (über die Periode T der Grundschwingung gemittelt) sind nur dann nicht Null, wenn das Produkt aus zwei gleichen Faktoren besteht, wenn es sich also um eine Quadrierung handelt (Figur 2). Diese Tatsache ist unter dem Namen *Orthogonalität der Winkelfunktionen* bekannt. Es gilt also für alle ganzen Zahlen m und n.

$$\int_{t_0}^{t_0+T} \sin n\omega t \cdot \cos m\omega t \cdot \mathrm{d}t = 0 \quad \text{für alle } n \text{ und } m,$$
$$\int_{t_0}^{t_0+T} \sin n\omega t \cdot \sin m\omega t \cdot \mathrm{d}t = 0 \quad \text{für alle } n \neq m$$
und
$$\int_{t_0}^{t_0+T} \cos n\omega t \cdot \cos m\omega t \cdot \mathrm{d}t = 0 \quad \text{für alle } n \neq m, \tag{3}$$
aber
$$\int_{t_0}^{t_0+T} \sin n\omega t \cdot \sin n\omega t \cdot \mathrm{d}t = \frac{T}{2}$$
und
$$\int_{t_0}^{t_0+T} \cos n\omega t \cdot \cos n\omega t \cdot \mathrm{d}t = \frac{T}{2}\,.$$

Der letzte Ausdruck bezeichnet wieder die *Fläche* unter der Kurve $f(t) = (\sin n\omega t)^2$ bzw. $f(t) = (\cos n\omega t)^2$. Um den zeitlichen Mittelwert zu erhalten, muß noch durch T dividiert werden. Das Ergebnis geht unmittelbar aus Figur 2 hervor und beträgt ½, wie es auch bei Gleichung (3) herauskommt.

Die Orthogonalitätsrelationen (3) folgen aus den elementaren Beziehungen über Produkte von Winkelfunktionen, die ich der Vollständigkeit halber aufführe:

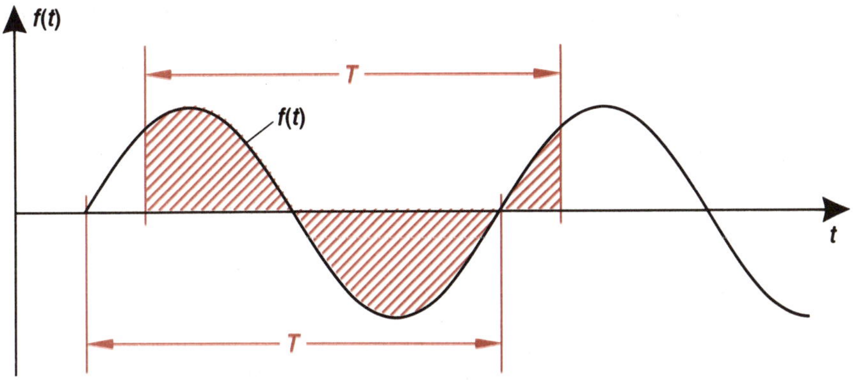

Fourier-Analyse (Figur 1): Die rotschraffierten Flächen ergeben Null, wenn man Flächen oberhalb der *t*-Achse positiv, Flächen unterhalb der *t*-Achse dagegen negativ zählt.

$$\sin\alpha \cdot \sin\beta = \frac{1}{2}[\cos(\alpha-\beta) - \cos(\alpha+\beta)],$$
$$\cos\alpha \cdot \cos\beta = \frac{1}{2}[\cos(\alpha-\beta) + \cos(\alpha+\beta)],$$
$$\sin\alpha \cdot \cos\beta = \frac{1}{2}[\sin(\alpha-\beta) + \sin(\alpha+\beta)]. \quad (3a)$$

Da der Mittelwert über jede Sinus- oder Kosinusfunktion nach Figur 1 Null ist, verschwinden alle Mittelwerte der rechten Seiten für $\alpha \neq \beta$, und damit sind auch die Mittelwerte der linken Seiten Null. Nur wenn $\alpha = \beta$ ist, liefern die ersten beiden Gleichungen rechts den Mittelwert ½, weil $\cos 0 = 1$ ist. Da aber $\sin 0 = 0$ ist, wird die dritte Gleichung rechts im Mittel ebenfalls Null. Das sind aber genau die Ergebnisse der bereits zuvor angeführten Gleichungen (3).

5. Nach *Leonhard Euler* (1707–1783) kann man Winkelfunktionen als Exponentialfunktionen mit imaginären Expo-

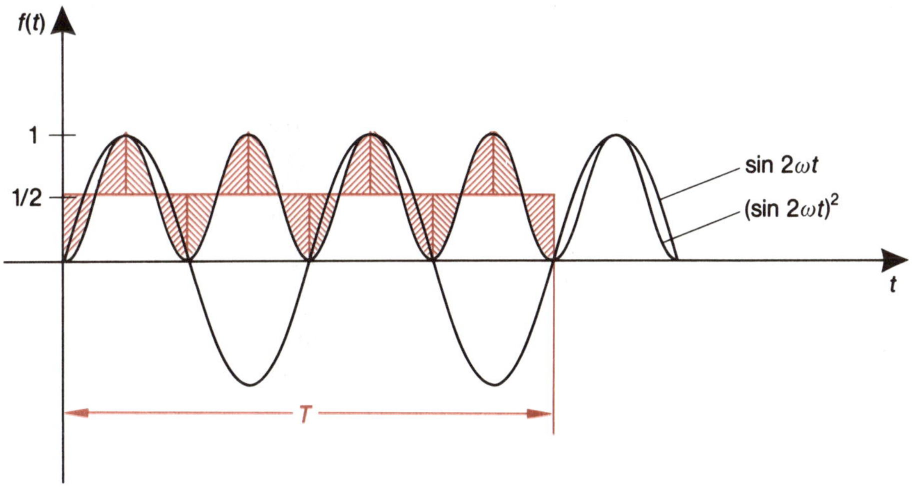

Fourier-Analyse (Figur 2): Der Mittelwert von $[\sin (n\omega t)]^2$, über die Periode T gemittelt, beträgt ½. Dieser Wert ist offenbar unabhängig von der Größe n, weil die rotschraffierten Flächen auch für höhere Harmonische immer einander gleich sind.

nenten darstellen. Man verdeutlicht sich dies am einfachsten durch den Vergleich der entsprechenden Potenzreihen. Obwohl diese Darstellung auf den ersten Blick extrem unanschaulich wirkt, ist sie in Wirklichkeit äußerst einfach und erleichtert die Ableitung des Fourier-Integrals ganz wesentlich. Ich werde sie daher verwenden, allerdings nicht ohne die entsprechenden reellen Formeln ebenfalls anzugeben, soweit sie nicht gar zu unübersichtlich sind. Es gelten die beiden Exponentialfunktionen:

$$\begin{aligned} e^{i\omega t} &= \cos\omega t + i \cdot \sin\omega t, \\ e^{-i\omega t} &= \cos\omega t - i \cdot \sin\omega t. \end{aligned} \qquad (4)$$

Die Zahl e ist die *Eulersche Zahl,* die Basis der natürlichen Logarithmen (e = 2,71828...), i die imaginäre Einheit, definiert durch $i \cdot i = -1$.
Eine Addition bzw. Subtraktion der beiden Gleichungen (4) ergibt die Umkehrgleichungen

$$\begin{aligned} \cos\omega t &= \frac{1}{2} \cdot (e^{i\omega t} + e^{-i\omega t}), \\ \sin\omega t &= \frac{1}{2i} \cdot (e^{i\omega t} - e^{-i\omega t}) = \\ &= -\frac{i}{2} \cdot (e^{i\omega t} - e^{-i\omega t}). \end{aligned} \qquad (5)$$

Mit diesen mathematischen Hilfsmitteln wird es möglich sein, den Fourier-Formalismus darzustellen und plausibel zu machen, allerdings ohne Anspruch auf letzte mathematische Strenge.

Die Fourier-Reihe in reeller Schreibweise
Unser Ziel besteht darin, eine beliebige, möglicherweise komplizierte Schwingungsform, etwa wie in Figur 3 dargestellt, als Summe von Sinus- und Kosinusschwingungen anzugeben. Wir wählen als Frequenzen dieser Summanden zunächst ganzzahlige Vielfache von $\omega = 2\pi/T$, wobei T die Periodendauer unserer Ausgangsschwingung sein soll. Es ist nicht schwierig, rein formal eine solche Summe einfach anzuschreiben:

$$\begin{aligned} f(t) = \frac{1}{2} a_0 &+ a_1 \cos\omega t + a_2 \cos 2\omega t + \\ &+ \cdots + a_n \cos n\omega t + \\ &+ b_1 \sin\omega t + b_2 \sin 2\omega t + \\ &+ \cdots + b_n \sin n\omega t. \end{aligned} \qquad (6)$$

Jetzt allerdings tauchen einige mathematische Fragen auf. Kann man die Zahlen a_0, a_1, a_2, ... b_1, b_2 usw. so wählen, daß wirklich als Summe die ursprüngliche Schwingung $f(t)$ herauskommt? Nun, man kann, und ich werde sofort zeigen, wie. Wenn diese Summe also existiert, gibt es dann nur *einen* Satz von Koeffizienten a_n bzw. b_n, der diese Bedingung erfüllt, oder gibt es mehrere? Wie viele Glieder braucht man, damit $f(t)$ in einer vernünftigen Näherung wiedergegeben wird? Diese Probleme über die Existenz, Eindeutigkeit und Wirksamkeit eines Verfahrens überlassen die Physiker gern den Mathematikern. Ich kann es hier nicht anders machen und will deshalb nur die Ergebnisse aufzählen:
Eine endliche Reihe nach Gleichung (6) ist die bestmögliche Näherung für $f(t)$, wenn für a_n bzw. b_n die weiter unten definierten *Fourier-Koeffizienten* gewählt werden. Dann heißt die unendliche Summe von Gleichung (6) auch *Fourier-Reihe,* und die Entwicklung ist eindeutig. Das Konvergenzverhalten der Fourier-Reihe von Gleichung (6) hängt von $f(t)$ ab und ist selbst von der Mathematik her noch nicht bis in alle Einzelheiten geklärt.
Um die Fourier-Koeffizienten zu finden, bedienen wir uns der Orthogonalitätsrelationen von Gleichung (3). Wir multiplizieren die linke und die rechte Seite von

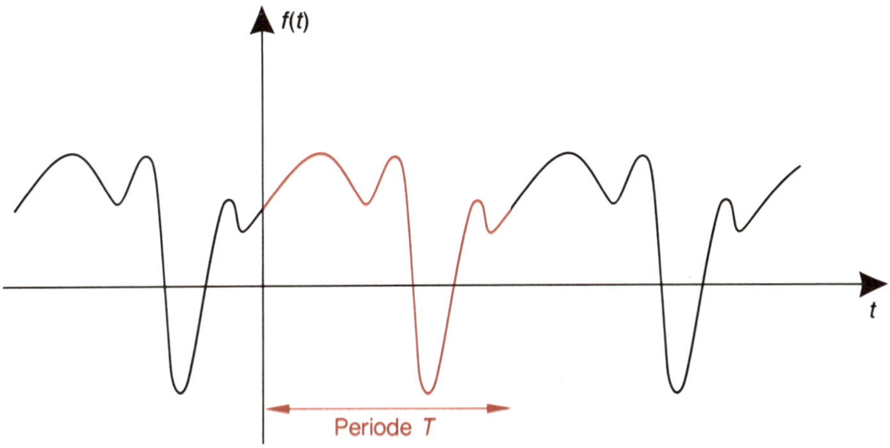

Fourier-Analyse (Figur 3): Beispiel für eine komplizierte, aber stetig periodische Funktion, die sich aus Sinus- und Kosinusschwingungen zusammensetzen läßt.

Gleichung (6) mit einem Faktor $\cos n\omega t$ oder $\sin n\omega t$ und bilden dann den Mittelwert, d. h., wir integrieren über eine volle Periode T. Dann verschwinden wegen der Gleichungen (3) auf der rechten Seite alle Integrale bis auf eines, und dieses erhält den Wert $a_n \cdot T/2$ oder $b_n \cdot T/2$, je nachdem, welchen Faktor wir benutzt haben. Links dagegen bleibt das Integral immer stehen.
So ergibt sich nach Multiplikation mit $\cos \omega t$ und anschließender Integration über die Periode T z. B.

$$\int_{t_0}^{t_0+T} f(t) \cdot \cos \omega t \cdot \mathrm{d}t = \frac{T}{2} \cdot a_1$$

oder

$$a_1 = \frac{2}{T} \cdot \int_{t_0}^{t_0+T} f(t) \cdot \cos \omega t \cdot \mathrm{d}t\,.$$

Ganz entsprechend erhält man *jeden* Fourier-Koeffizienten:

$$a_n = \frac{2}{T} \cdot \int_{t_0}^{t_0+T} f(t) \cdot \cos n\omega t \cdot \mathrm{d}t\,,$$
$$b_n = \frac{2}{T} \cdot \int_{t_0}^{t_0+T} f(t) \cdot \sin n\omega t \cdot \mathrm{d}t\,. \qquad (7)$$

Die Schreibweise $\int_{t_0}^{t_0+T}$ drückt aus, daß es nur darauf ankommt, über eine volle Periode T zu integrieren. Der Anfangspunkt t_0 der Integration kann beliebig gewählt werden. Man legt ihn natürlich vorzugsweise in eine Nullstelle der Funktion, aber das ist kein Zwang! Sie wundern sich vielleicht, wo in Gleichung (7) der Ausdruck für a_0 geblieben ist. Dieses konstante Glied in Gleichung (6) kann ja nichts anderes sein als der Mittelwert über die Funktion $f(t)$ allein. Dieser ist jedoch gegeben durch

$$\frac{1}{T} \cdot \int_{t_0}^{t_0+T} f(t) \cdot \mathrm{d}t\,.$$

Die erste Gleichung von (7) liefert für $n = 0$ gerade das Doppelte. Um also das konstante Glied noch innerhalb der Gleichungen (7) darzustellen, habe ich es in der Fourier-Reihe von Gleichung (6) $a_0/2$

genannt. Für viele praktische Anwendungen spielt diese Feinheit aber keine Rolle, weil man die zu analysierenden Funktionen von vornherein so normiert, daß sie den Mittelwert Null haben. Dann verschwindet natürlich auch das konstante Glied der Fourier-Reihe.

Was ist nun eigentlich mit den Gleichungen (7) gewonnen? Gehen wir davon aus, daß *f(t)* bekannt ist, so können wir mit den Gleichungen (7) die Amplituden der harmonischen Bestandteile berechnen, aus denen sich *f(t)* zusammensetzt. Das bedeutet für die praktische Physik, daß *f(t)* tatsächlich aus der Summe dieser Harmonischen *besteht,* denn jedes Meßgerät, mit dem man eine Schwingung *f(t)* untersuchen kann, läßt sich als ›harmonischer Analysator‹ auffassen, der nur auf harmonische Schwingungen reagiert und deshalb aus der Schwingung *f(t)* sozusagen alle Teilschwingungen herausfiltert, von denen er angeregt wird.

Der aus den Gleichungen (7) berechnete Satz von Fourier-Koeffizienten gibt das *Spektrum der Frequenzen* an, die in *f(t)* vorhanden sind, zusammen mit den Phasen, die die einzelnen Teilschwingungen in bezug auf die Grundschwingung haben. In der → Akustik sind die ganzzahligen Vielfachen einer Grundfrequenz als *Oberschwingungen* oder *Obertöne* bekannt. Die F.-A. gestattet also die Analyse eines Klanges, indem sie sein Obertonspektrum angibt. Dabei kommt es nur auf die Amplituden der Obertöne an, nicht auf ihre Phasenlage, weil unser Gehör Phasenunterschiede nicht registriert. Um diesem speziellen Sachverhalt gerecht zu werden, schreibt man die Fourier-Reihe der Gleichung (6) in einer etwas anderen Form, indem man alle Schwingungen mit gleicher Frequenz zusammenfaßt:

$$\begin{aligned} f(t) = \frac{a_0}{2} &+ A_1 \cdot \sin(\omega t + \varphi_1) + \\ &+ A_2 \cdot \sin(2\omega t + \varphi_2) + \\ &+ \ldots + A_n \cdot \sin(n\omega t + \varphi_n) \end{aligned} \tag{8}$$

$$\text{mit } A_n = \sqrt{a_n^2 + b_n^2} \text{ und } \tan \varphi_n = \frac{a_n}{b_n}.$$

Die mathematische Grundlage für diese Umformung bildet die bereits erwähnte Möglichkeit, den Kosinus als Sinus ›mit Phasenverschiebung‹ aufzufassen. Die eigentliche Rechnung ist physikalisch unergiebig und langatmig. Ich habe sie daher weggelassen. Als wichtigstes Ergebnis halten wir nur fest, daß sich die phasenunabhängigen Fourier-Koeffizienten A_n als quadratischer Mittelwert der phasenabhängigen Koeffizienten a_n und b_n ergeben. Ein akustisches Obertonspektrum ist also immer ein Satz von Fourier-Koeffizienten A_n.

Die Fourier-Reihe in komplexer Schreibweise

Die Umwandlung der Fourier-Reihe von Gleichung (6) mit Hilfe der Gleichungen (5) führt auf eine kompakte und elegante Formel, die als Ausgangspunkt für das Fourier-Integral dient. Obwohl diese Umwandlung mit etwas Schreibarbeit verbunden ist, kann man sie doch leicht verstehen. Sie ist deshalb ein gutes Beispiel für die vorteilhafte Kürze komplexer Formeln auch für physikalische Anwendungen.

Setzen wir die Ausdrücke für $\cos n\omega t$ und $\sin n\omega t$ aus den Gleichungen (5) in Gleichung (6) ein, erhalten wir:

$$f(t) = \frac{1}{2}a_0 + \frac{1}{2}a_1(e^{i\omega t} + e^{-i\omega t}) + \\ + \frac{1}{2}a_2(e^{i2\omega t} + e^{-i2\omega t}) + \\ + \ldots + \\ + \frac{1}{2}a_n(e^{in\omega t} + e^{-in\omega t}) - \\ - \frac{i}{2}b_1(e^{i\omega t} - e^{-i\omega t}) - \\ - \frac{i}{2}b_2(e^{i2\omega t} + e^{-i2\omega t}) - \\ - \ldots - \\ - \frac{i}{2}b_n(e^{in\omega t} - e^{-in\omega t}).$$

Nun fassen wir alle Glieder mit gleichem Exponenten zusammen. Dann ergibt sich:

$$f(t) = \frac{1}{2}a_0 + \frac{1}{2}(a_1 - ib_1)\,e^{i\omega t} + \\ + \frac{1}{2}(a_2 - ib_2)\,e^{i2\omega t} + \\ + \ldots + \\ + \frac{1}{2}(a_n - ib_n)\,e^{in\omega t} + \\ + \frac{1}{2}(a_1 + ib_1)\,e^{-i\omega t} + \\ + \frac{1}{2}(a_2 + ib_2)\,e^{-i2\omega t} + \\ + \ldots + \\ + \frac{1}{2}(a_n + ib_n)\,e^{-in\omega t}.$$

Benennen wir den Koeffizienten von $e^{i\omega t}$ mit c_1, den von $e^{i2\omega t}$ mit c_2 usw., so erhalten wir:

$$f(t) = c_0 + c_1 e^{i\omega t} + c_2 e^{i2\omega t} + \\ + \ldots + c_n e^{in\omega t} + \\ + c_{-1} e^{-i\omega t} + c_{-2} e^{-i2\omega t} + \\ + \ldots + c_{-n} e^{-in\omega t}.$$

Diese Summe kann einheitlich mit Hilfe des Summenzeichens Σ geschrieben werden, wobei nun sowohl über positive Werte von n als auch über *negative* n summiert wird, so daß insgesamt herauskommt:

$$f(t) = \sum_{n=-\infty}^{+\infty} c_n e^{in\omega t} \qquad (9)$$

$$\text{mit } c_n = \frac{1}{2} \cdot \left[a_n - i \cdot \text{sign}(n) \cdot b_n \right].$$

Die Funktion signum (n) ist 1, wenn n positiv ist, sie wird –1, wenn n negativ, und Null, wenn $n = 0$ ist. Man benützt sie oft, um Schreibarbeit zu sparen.

Beachten Sie: Bis jetzt wurde lediglich *umgeformt;* es handelt sich immer noch um dieselbe Reihe von Gleichung (6) und dieselbe Funktion $f(t)$, die natürlich nach wie vor reell ist. Die komplexen Koeffizienten c_n entstehen nur dadurch, daß man die Summanden hier anders zusammengefaßt hat als in Gleichung (6). Führt man die Summe von Gleichung (9) wirklich aus, so erhalten wir wieder unsere reelle Reihe zurück. Die neue Schreibweise erweist sich trotz ihrer Kürze und Eleganz auch nur dann als wirklich sinnvoll, wenn die Berechnung der c_n auf ähnlich einfache Weise gelingt wie die der a_n und b_n aus den Gleichungen (7). Die e-Funktion hat aber sehr angenehme Eigenschaften. Integrationen über e-Funktionen sind das Einfachste, was die Integralrechnung zu bieten hat. Es gilt $\int e^x \cdot dx = e^x$, und zusätzliche Faktoren im Exponenten werden ganz einfach durch Vorfaktoren berücksichtigt. (Beim Differenzieren muß man ›nachdifferenzieren‹, beim Integrieren den Umkehrvorgang durchführen.)

Es stellt sich heraus, daß auch für die Funktionen $e^{in\omega t}$ Orthogonalitätsrelationen gelten, die denen von Gleichung (3) ganz analog sind. Das ist auch nicht weiter verwunderlich, sind doch diese e-Funktionen nach Gleichung (4) aus Sinus- und Kosinusfunktionen zusammengesetzt. Die Integrale der Form

$$\int_{t_0}^{t_0+T} e^{in\omega t} \cdot e^{im\omega t} \cdot dt$$

sind immer Null, wenn $n \neq -m$ ist. Nur für $n = -m$ haben sie den Wert T. Das sieht man schnell ein, wenn man entweder die Formeln aus den Gleichungen (4) im Integral einsetzt und dann die Gleichungen (3) benutzt oder aber direkt integriert:

$$\int_{t_0}^{t_0+T} e^{in\omega t} \cdot e^{im\omega t} \cdot dt = \int_{t_0}^{t_0+T} e^{i(n+m)\omega t} \cdot dt =$$

$$= \frac{1}{i(n+m)\omega} \cdot e^{i(n+m)\omega t} \Big|_{t_0}^{t_0+T} .$$

Da $T = 2\pi/\omega$ ist und $e^{i \cdot 2\pi} = 1$ ist – siehe Gleichungen (4) –, bekommt das Integral an der Unter- bzw. Obergrenze denselben Wert

$$\frac{1}{i(n+m)\omega} \cdot e^{i(n+m) \cdot t_0} ,$$

so daß die Differenz zwischen den beiden dann natürlich Null ergibt. Nur für $n = -m$ läuft die Rechnung anders. Das Integral

$$\int_{t_0}^{t_0+T} e^{in\omega t} \cdot e^{-in\omega t} \cdot dt = T$$

kann sofort berechnet werden, weil
$e^{in\omega t} \cdot e^{-in\omega t} = e^{(in\omega t - in\omega t)} = e^0 = 1$ ist.

Die komplexen Fourier-Koeffizienten c_n lassen sich also aus Gleichung (9) berechnen, indem man links und rechts mit $e^{-in\omega t}$ multipliziert und über eine volle Periode T integriert. Dann verschwinden rechts alle Integrale bis auf eines, das den Wert $c_n \cdot T$ hat, während auf der linken Seite das Integral über die mit $e^{-in\omega t}$ multiplizierte Funktion $f(t)$ stehenbleibt:

$$\int_{t_0}^{t_0+T} f(t) \cdot e^{-in\omega t} \cdot dt = c_n \cdot T$$

oder nach Division durch T:

$$c_n = \frac{1}{T} \cdot \int_{t_0}^{t_0+T} f(t) \cdot e^{-in\omega t} \cdot dt . \qquad (10)$$

Wie im reellen Fall gestattet uns diese Formel die Berechnung der Fourier-Koeffizienten, wenn $f(t)$ bekannt ist.

Symmetrieeigenschaften

Der regelmäßige Verlauf der harmonischen Funktionen hat zur Folge, daß sich die Berechnung der Fourier-Koeffizienten sowohl nach Gleichung (7) als auch nach Gleichung (10) sehr vereinfacht, wenn die Funktion $f(t)$ keinen so komplizierten Linienzug darstellt wie z. B. in Figur 3, sondern irgendwie symmetrisch aussieht. Ich greife nur die beiden wichtigsten Fälle heraus.

Die *Symmetrie 1. Art* wird einer Funktion dann zugesprochen, wenn gilt: $f(t) = f(-t)$. Funktionen dieser Art verlaufen graphisch links und rechts der Nulllinie gleich, sie sind spiegelsymmetrisch oder ›gerade‹. Das Standardbeispiel ist die Kosinusfunktion, ein allgemeineres Beispiel ist in Figur 4 oben angegeben. Für derartige Funktionen ist $b_n = 0$ für alle n, und das Integral für a_n vereinfacht sich zu

$$a_n = \frac{4}{T} \cdot \int_0^{T/2} f(t) \cdot \cos\left(n \cdot \frac{2\pi}{T} \cdot t\right) \cdot dt . \quad (11)$$

Die *Symmetrie 2. Art* ist gleichbedeutend mit der Funktionseigenschaft $f(t) = -f(-t)$. Wieder auf den Graphen bezogen bedeutet das, daß die Funktion durch eine Punktspiegelung am Ursprung in sich selbst übergeht, d. h. *punktsymmetrisch* ist. Funktionen mit dieser Eigenschaft heißen auch ›ungerade‹. Standardbeispiel ist die Sinusfunktion; auch die Rechteckfunktion von Figur 5 gehört dazu. Ein allgemeines Beispiel ist in Figur 4 unten dargestellt. Für diese Funktionen ist $a_n = 0$ für alle n, und das Integral für b_n vereinfacht sich zu

$$b_n = \frac{4}{T} \cdot \int_0^{T/2} f(t) \cdot \sin\left(n \cdot \frac{2\pi}{T} \cdot t\right) \cdot \mathrm{d}t. \quad (12)$$

Beispiel: In fast jeder elektronischen Schaltung kommt ein Rechteck-Generator vor, der einen ›rechteckigen‹ Spannungsverlauf erzeugt. Er schaltet zum Zeitpunkt $t = 0$ eine positive Spannung ein und bei $t = t_1$ wieder aus. Nach der Zeit T beginnt er seinen Zyklus von neuem. Wir wollen hier annehmen, daß $t_1 = T/2$ sein soll und daß der Generator zu diesem Zeitpunkt die Spannung invertiert, d. h. auf eine gleichgroße negative Spannung umschaltet. Die schwarz ausgezogene Kurve der Figur 5 illustriert diesen Vorgang.

Die mathematische Beschreibung lautet etwa:

$$f(t) = \begin{cases} 1 & \text{für } n \cdot T \leqslant t < (n + \frac{1}{2}) \cdot T \\ -1 & \text{für } (n + \frac{1}{2}) \cdot T \leqslant t < (n+1) \cdot T. \end{cases}$$

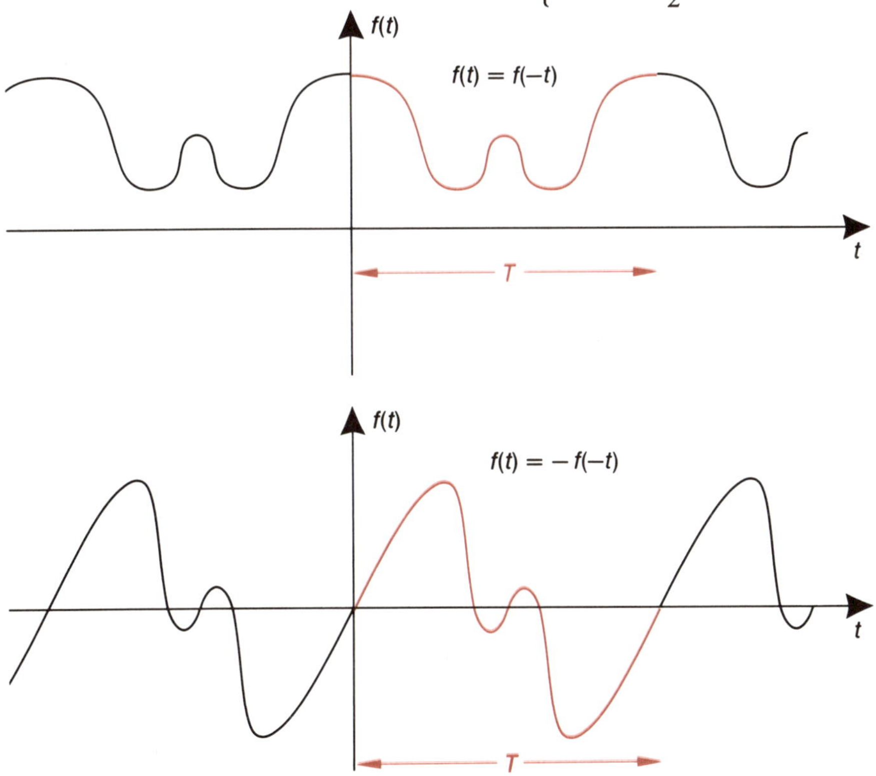

Fourier-Analyse (Figur 4): *Oben* Verlauf einer geraden Funktion, spiegelsymmetrisch zur Nullachse; *unten* Verlauf einer ungeraden Funktion, punktsymmetrisch zum Ursprung.

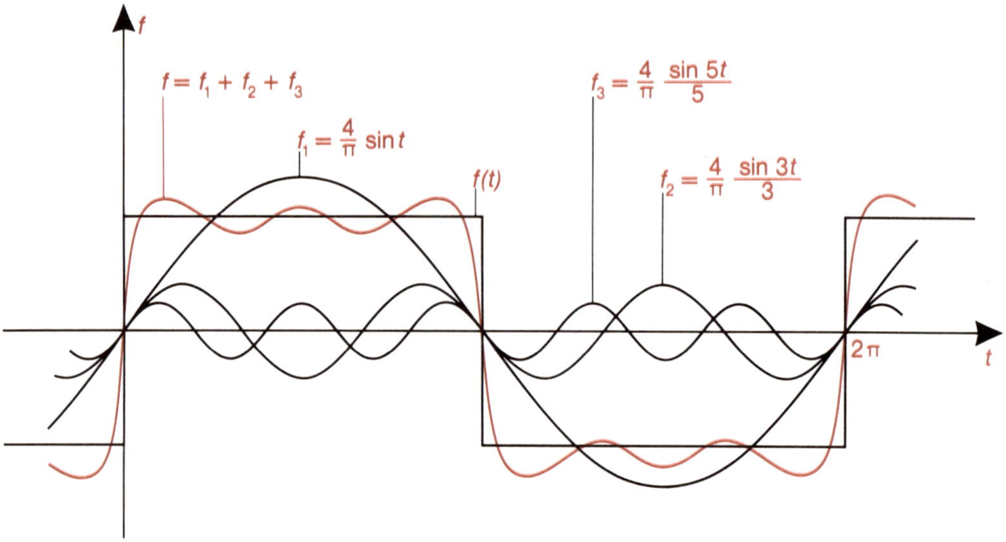

Fourier-Analyse (Figur 5): Bereits die ersten drei Glieder der Fourier-Reihe ergeben eine recht gute Annäherung an die Rechteckkurve der Funktion $y = +1$ für $T \cdot n < t < T \cdot (n + ½)$ und $y = -1$ für $T \cdot (n + ½) < t < T \cdot (n + 1)$, wobei n jeweils ganzzahlig zu nehmen ist; schwarz dargestellt sind die Rechteckkurve *f(t)* und die Einzelfunktion, rot die Gesamtfunktion.

Diese Funktion ist ungerade. Zur Berechnung der Fourier-Koeffizienten benutzen wir Gleichung (12) und setzen $a_n = 0$:

$$b_n = \frac{4}{T} \cdot \int_0^{T/2} 1 \cdot \sin\left(n \cdot \frac{2\pi}{T} \cdot t\right) \cdot \mathrm{d}t =$$

$$= \frac{4}{T} \cdot \left[- \frac{T}{2\pi n} \cdot \cos\left(n \cdot \frac{2\pi}{T} \cdot t\right)\right]_0^{T/2} =$$

$$= - \frac{2}{n \cdot \pi} (\cos n\pi - 1).$$

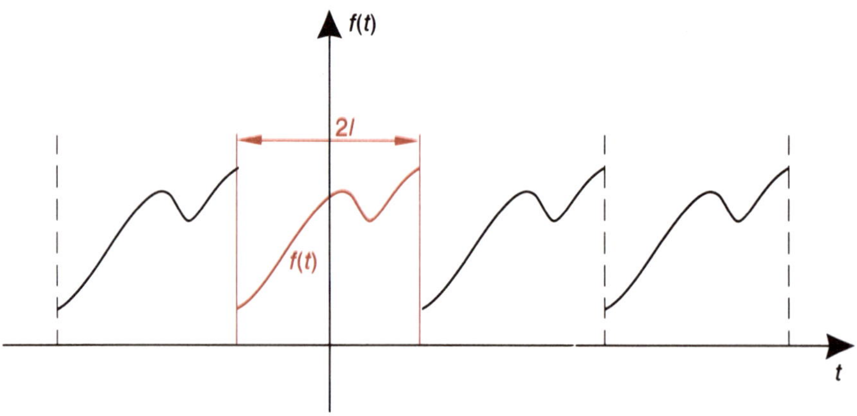

Fourier-Analyse (Figur 6): Ist *f(t)* nur über das Stück 2 *l* definiert, kann man durch Anfügen immer des gleichen Stücks eine periodische Funktion und eine Fourier-Reihe entwickeln.

Dies ergibt Null, wenn n gerade ist, und $4/n\pi$, wenn n ungerade ist, Wir erhalten also die Fourier-Koeffizienten $b_1 = 4/\pi$; $b_2 = 0$; $b_3 = 4/3\pi$; $b_4 = 0$; $b_5 = 4/5\pi$ usw. und die Fourier-Reihe:

$$f(t) = \frac{4}{\pi} \cdot \left[\sin\frac{2\pi}{T} \cdot t + \frac{1}{3}\sin\frac{2\pi}{T} \cdot 3t + \right.$$
$$\left. + \frac{1}{5}\sin\frac{2\pi}{T} \cdot 5t + \ldots\right].$$

Trifft eine derartige Rechteckfunktion auf ein Meßgerät, so muß man vermeiden, daß dieses eine der Teilfrequenzen als Eigenfrequenz hat. Sonst würde Resonanz auftreten und eine normale Messung unmöglich machen.

Fourier-Reihen für Funktionen, die nur in einem begrenzten Bereich definiert sind

Das Ziel, das mit diesem Abschnitt verfolgt wird, ist, den Formalismus verständlich zu machen, der schließlich die Analyse eines *nicht* periodischen Vorgangs ermöglicht. Der erste Schritt dazu ist die F.-A. eines begrenzten Bereichs einer Funktion (Figur 6). Wenn man den rot gezeichneten Bereich von $-l$ bis $+l$ einfach periodisch nach links und rechts fortsetzt, schafft man sich künstlich eine periodische Funktion, die sich natürlich auch analysieren läßt. Die Integrationsgrenzen in Gleichung (7) oder (10) wählt man jetzt aber zweckmäßig so, daß man $t_0 = -l$ setzt. Dann lauten die Formeln für die reellen Fourier-Koeffizienten:

$$a_n = \frac{2}{T} \cdot \int_{-l}^{+l} f(t) \cdot \cos n\omega t \cdot \mathrm{d}t \quad \text{und}$$

$$b_n = \frac{2}{T} \cdot \int_{-l}^{+l} f(t) \cdot \sin n\omega t \cdot \mathrm{d}t.$$

In komplexer Schreibweise ergibt sich:

$$c_n = \frac{1}{T} \cdot \int_{-l}^{+l} f(t) \cdot \mathrm{e}^{-in\omega t} \cdot \mathrm{d}t,$$

wobei $T = 2l$ ist und $\omega = \frac{2\pi}{T} = \frac{\pi}{l}$. Die gesamte Reihe lautet also:

$$f(t) = \frac{1}{2l} \cdot \sum_{n=-\infty}^{+\infty} \mathrm{e}^{in\omega t} \cdot \int_{-l}^{+l} f(t) \cdot \mathrm{e}^{-in\omega t} \cdot \mathrm{d}t. \qquad (13)$$

Diese und natürlich auch die reell geschriebene Fourier-Reihe liefern nicht nur die Ausgangsfunktion $f(t)$, sondern erzeugen wegen der periodischen Fortsetzung auch Funktionswerte außerhalb des definierten Bereichs, die durch das ursprünglich gegebene Funktionsstück *nicht* abgedeckt sind.

Der Übergang zum Fourier-Integral

Trägt man die Fourier-Koeffizienten A_n graphisch über eine Frequenzachse u auf, so erhält man als Spektrum einer periodischen Funktion ein ›Linienspektrum‹, in dem nur diskrete Werte von u mit einer Amplitude versehen sind, nämlich die Stellen $u_n = n \cdot 2\pi/T$. Wenn man als Amplituden nicht die Koeffizienten $A_n = a_n^2 + b_n^2$ nimmt, sondern die a_n und b_n selbst, erhält man *zwei* derartige Linienspektren, die aber für viele Anwendungen uninteressant sind, weil sie das absolute Frequenzspektrum nicht auf den ersten Blick zeigen. Dafür geben die Unterschiede zwischen den beiden Spektren Auskunft über die Phasenlage der Einzelfrequenzen. Genau dasselbe läßt sich auch über die komplexen Koeffizienten sagen, die man graphisch ebenfalls nur in Form von *zwei* Linienspektren auftragen kann (eines für den Realteil der c_n, eines für den Imaginärteil).

Es stellt sich nun die Frage, ob es nicht auch kontinuierliche Frequenzspektren gibt, die aus einer F.-A. hervorgegangen sind. Es gibt sie wirklich, und sie entstehen dadurch, daß die ›periodische Fortsetzung‹ abgeschafft wird (Figur 7). Formal geschieht das dadurch, daß wir die Periode $T = 2l$ so weit vergrößern, bis jede periodische Fortsetzung ›im Unendlichen‹ liegt.

Wir führen die Frequenz $u = n \cdot \omega = n \cdot 2\pi/T$ als neue Variable ein. Damit verwandelt sich die Gleichung (13) in

$$f(t) = \frac{1}{2l} \cdot \sum_{\frac{u}{\omega}=-\infty}^{+\infty} e^{iut} \cdot \int_{-l}^{+l} f(t) \cdot e^{-iut} \cdot dt .$$

Machen wir jetzt l immer größer, so wird $u = n \cdot 2\pi/2l$ immer kleiner. Im Grenzfall $l \to \infty$ sind die Schritte, um die sich u ändern kann, so klein, daß sie in ein Kontinuum übergehen. Dann wird aus der Summe ein Integral, und wir erhalten:

$$f(t) = \frac{1}{2l} \cdot \int_{-\infty}^{+\infty} e^{iut} \cdot d\left(\frac{u}{\omega}\right) \cdot \int_{-\infty}^{+\infty} f(t) \cdot e^{-iut} \cdot dt .$$

Betrachten wir ω als sehr klein, aber konstant, so ist

$$d\left(\frac{u}{\omega}\right) = \frac{1}{\omega} \cdot du,$$

und wir dürfen $1/\omega$ als eine Konstante aus dem Integral herausziehen. Es neutralisiert dann glücklicherweise das ebenfalls störende ½ l-Glied vor dem Integral, weil $1/\omega = 2l/2\pi$ ist, und unser Ergebnis lautet:

$$f(t) = \frac{1}{2\pi} \cdot \int_{-\infty}^{+\infty} e^{iut} \cdot du \cdot \int_{-\infty}^{+\infty} f(t) \cdot e^{-iut} \cdot dt . \tag{14}$$

Wie kann man diese Formel interpretieren? Zunächst bedarf es noch einer mathematischen Klarstellung. Das zweite Integral ergibt, wenn man es ausführt, einen Ausdruck, in dem die Variable t nicht mehr vorkommt, weil man ja nach der Integration die Grenzen ($-\infty$ und $+\infty$) einsetzen muß. Das gilt für alle bestimmten Integrale: Bezüglich der Integrationsvariablen sind sie *konstant*. Der zweite Integrand enthält aber neben der Integrationsvariablen t noch die Frequenzvariable u, die bei der Integration *nicht* verschwindet. Das Ergebnis der zweiten In-

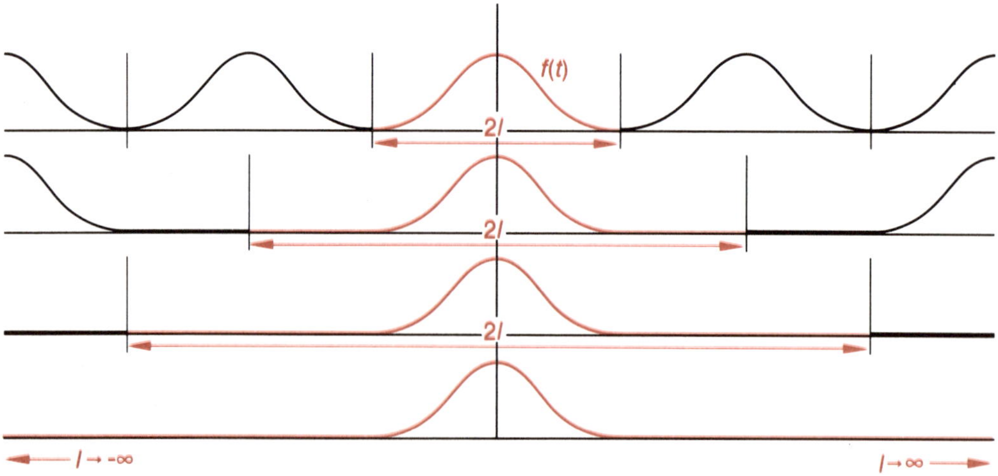

Fourier-Analyse (Figur 7): Der Übergang von der periodischen Funktion *(oben)* zur nichtperiodischen Funktion *(unten)* läßt sich erreichen, wenn man die Periode $T = 2l$ nach beiden Seiten über alle Grenzen anwachsen läßt, so daß die periodische Fortsetzung im Unendlichen liegt.

tegration ist also eine Funktion $g(u)$, die nur noch von u abhängt. Das muß natürlich so sein, weil dieses letzte Integral den diskreten Fourier-Koeffizienten entspricht, die ja auch nur noch von n abhängen. Wir können also setzen:

$$\int_{-\infty}^{+\infty} f(t) \cdot e^{-iut} \cdot dt = g(u).$$

Damit läßt sich der Ausdruck von Gleichung (14) in zwei symmetrische Integrale aufspalten:

$$f(t) = \frac{1}{\sqrt{2\pi}} \cdot \int_{-\infty}^{+\infty} g(u) \cdot e^{iut} \cdot du\,;$$

$$g(u) = \frac{1}{\sqrt{2\pi}} \cdot \int_{-\infty}^{+\infty} f(t) \cdot e^{-iut} \cdot dt. \qquad (15)$$

Man bezeichnet das Integral der Gleichung (14) oder das Paar von Integralen aus Gleichung (15) als *Fourier-Integral*, den ganzen mathematischen Vorgang als *Fourier-Transformation* und nennt $g(u)$ die *Fourier-Transformierte* von $f(t)$.

Selbstverständlich kann man das Fourier-Integral auch reell herleiten (etwas mühsamer) und das Ergebnis auch reell anschreiben. Dazu muß man nur die Gleichungen (4) in das Integral (14) einsetzen. Damit keine Schwierigkeiten aus der Tatsache entstehen, daß die Variable t zwar nicht in der ersten Integralhälfte, wohl aber in der zweiten Integrationsvariable ist, benennen wir dort t in s um:

$$f(t) = \frac{1}{2\pi} \cdot \int_{-\infty}^{+\infty} e^{iut} \cdot du \cdot \int_{-\infty}^{+\infty} f(s) \cdot e^{-ius} \cdot ds.$$

Jetzt sieht man auch ein, daß e^{iut} bezüglich des zweiten Integrals eine Konstante darstellt. Man darf deshalb diesen Faktor auch unter das zweite Integral schreiben:

$$f(t) = \frac{1}{2\pi} \cdot \int_{-\infty}^{+\infty} du \cdot \int_{-\infty}^{+\infty} f(s) \cdot e^{iut} \cdot e^{-ius} \cdot ds.$$

Das Zusammenfassen der beiden Exponentialfunktionen ergibt:

$$f(t) = \frac{1}{2\pi} \cdot \int_{-\infty}^{+\infty} du \cdot \int_{-\infty}^{+\infty} f(s) \cdot e^{iu(t-s)} \cdot ds.$$

Nun wenden wir die Gleichung (4) an:

$$f(t) = \frac{1}{2\pi} \cdot \int_{-\infty}^{+\infty} du \cdot$$

$$\cdot \int_{-\infty}^{+\infty} f(s)\,[\cos u\,(t-s) + i \sin (t-s)]\, ds.$$

Sie sehen, daß sich dieses Integral zwanglos in einen Realteil und einen Imaginärteil zerlegen läßt:

$$f(t) = \frac{1}{2\pi} \cdot \int_{-\infty}^{+\infty} du \cdot \int_{-\infty}^{+\infty} f(s) \cdot \cos u(t-s) \cdot ds +$$

$$+ i \cdot \frac{1}{2\pi} \cdot \int_{-\infty}^{+\infty} du \cdot \int_{-\infty}^{+\infty} f(s) \cdot \sin u(t-s) \cdot ds.$$

Ohne jede weitere Rechnung kann man sagen, daß der Imaginärteil Null sein muß, denn auf der linken Seite der Gleichung steht die reelle Funktion $f(t)$. Damit sind wir schon fast fertig. Eine kleine Vereinfachung läßt sich noch erreichen, weil der Integrand in bezug auf die Variable u *gerade* ist. Es genügt also, über u von 0 bis ∞ zu integrieren und das Integral doppelt zu nehmen. Insgesamt lautet das Fourier-Integral, reell geschrieben:

$$f(t) = \frac{1}{\pi} \cdot \int_{0}^{+\infty} du \cdot \int_{-\infty}^{+\infty} f(s) \cdot \cos u(t-s) \cdot ds. \qquad (16)$$

Die Winkeldifferenz können wir mit Hilfe der Gleichungen (3a) noch trennen:

$$f(t) = \frac{1}{\pi} \cdot \int_{0}^{+\infty} du \cdot$$

$$\cdot \int_{-\infty}^{+\infty} f(s)[\cos ut \cos us + \sin ut \sin us]\,\mathrm{d}s.$$

Die Ausdrücke $\cos ut$ bzw. $\sin ut$ enthalten die zweite Integrationsvariable s nicht und können daher wieder vor das zweite Integral gezogen werden. Schreiben wir noch die Summe unter dem Integral in Form zweier Integrale, so erhalten wir schließlich:

$$f(t) = \frac{1}{\pi} \int_{0}^{+\infty} \cos ut \,\mathrm{d}u \int_{-\infty}^{+\infty} f(s) \cos us \cdot \mathrm{d}s + \frac{1}{\pi} \int_{0}^{+\infty} \sin ut \,\mathrm{d}u \int_{-\infty}^{+\infty} f(s) \sin us \,\mathrm{d}s. \quad (17)$$

Wie auch in der Fourier-Reihe von Gleichung (6) zerfällt das Spektrum $g(u)$ in zwei Anteile

$$g_a(u) = \int_{-\infty}^{+\infty} f(s) \cos us \cdot \mathrm{d}s \quad \text{und}$$

$$g_b(u) = \int_{-\infty}^{+\infty} f(s) \sin us \cdot \mathrm{d}s,$$

die wieder die Phasenbeziehungen des Spektrums beinhalten. Das reine Amplitudenspektrum muß ganz analog zu Gleichung (8) als quadratisches Mittel berechnet werden:

$$G(u) = \sqrt{g_a(u)^2 + g_b(u)^2}. \quad (18)$$

Die Rücktransformation kann aber wiederum nur über die Teilspektren vorgenommen werden. Auch das verdeutlicht vielleicht ein wenig den Vorteil der komplexen Schreibweise der Gleichungen (14) und (15). Allerdings kommt man auch mit der komplexen Amplitudenfunktion $g(u)$ aus Gleichung (15) nicht um die Berechnung des quadratischen Mittelwerts herum, wenn man die Absolutwerte der Amplituden haben will. Er tritt in Gestalt des Absolutbetrages von $g(u)$ auf.

Im übrigen muß $g(u)$ in allen Spielarten als *Amplitudendichte* des Spektrums interpretiert werden, weil ja u eine kontinuierliche Variable ist. Das ist jedoch bei allen kontinuierlichen Verteilungen so. Die Amplitude im Frequenzbereich zwischen u und $u + \Delta u$ ist dann gegeben durch $g(u) \cdot \Delta u$.

Falls die Originalfunktion $f(t)$ *Symmetrieeigenschaften* hat, vereinfacht sich auch das Fourier-Integral recht deutlich. Das sieht man am besten an der Gleichung (17). Die wichtigsten Symmetrien entstehen wieder für gerade oder ungerade Funktionen $f(t)$. Für eine *gerade Funktion* $f(t)$ bzw. $f(s)$ verschwindet der gesamte zweite Summand von Gleichung (17), weil das Integral

$$\int_{-\infty}^{+\infty} f(s) \cdot \sin us \cdot \mathrm{d}s$$

Null wird. Begründung: Die Sinusfunktion ist ungerade, $f(s)$ gerade. Deshalb wird das Produkt ungerade, und jedes Integral, das über gleich große positive und negative Bereiche geht, muß Null werden (siehe Figur 4). Im ersten Summanden braucht im s-Integral nur von 0 bis ∞ integriert zu werden, wenn man den Faktor 2 vors Integral schreibt, weil das Integral über den negativen Bereich genauso groß ist wie das Integral über den positiven Bereich. Für gerade Funktionen $f(t)$ gilt also:

$$f(t) = \frac{2}{\pi} \cdot \int_{0}^{+\infty} \cos ut \cdot \mathrm{d}u \cdot \int_{0}^{+\infty} f(s) \cdot \cos us \cdot \mathrm{d}s.$$

Für *ungerade Funktionen* erhält man mit einer ganz analogen Begründung aus Gleichung (17) die Formel:

$$f(t) = \frac{2}{\pi} \cdot \int_{0}^{+\infty} \sin ut \cdot du \cdot \int_{0}^{+\infty} f(s) \cdot \sin us \cdot ds.$$

Anwendungen und Beispiele

Ganz allgemein wird eine Funktion $f(t)$ durch ein $g(u)$-Spektrum analysiert, wobei der Zusammenhang $u \sim 1/t$ besteht. Deutet man t als Zeit, so ist u eine Frequenz; wenn t ein örtlicher Verlauf ist, so bedeutet u eine Wellenzahl. Existiert zusätzlich ein physikalischer Zusammenhang, wie z. B. die Verbindung von Wellenlänge, Frequenz und Ausbreitungsgeschwindigkeit bei einer Welle, so können beide Aspekte miteinander verbunden werden. Darauf beruht die Vielzahl physikalischer Anwendungsmöglichkeiten der Fourier-Transformation.

Beispiel 1

Warum klingen die Saiten eines Klaviers nach, wenn man den Klavierdeckel zufallen läßt? Das Schallsignal, das der Klavierdeckel erzeugt, wenn er auffällt, ist kurz und laut (Knall). Wir nähern es durch ein hochkant stehendes Rechteck der Höhe h und der Breite b an (Figur 8). Das zugehörige Frequenzspektrum lautet nach Gleichung (15):

$$g(u) = \frac{1}{\sqrt{2\pi}} \cdot \int_{-\infty}^{+\infty} f(t) \cdot e^{-iut} \cdot dt.$$

Da $f(t) = h$ für $t = 0$ bis $t = b$ und $f(t) = 0$ für alle anderen Werte von t ist, reduziert sich das Integral auf

$$g(u) = \frac{1}{\sqrt{2\pi}} \cdot \int_{0}^{b} h \cdot e^{-iut} \cdot dt =$$

$$= \frac{h}{\sqrt{2\pi}} \cdot \frac{1}{-iu} \cdot e^{-iut} \Big|_{0}^{b} =$$

$$= \frac{h}{\sqrt{2\pi}} \cdot \frac{i}{u} \cdot (e^{-iub} - 1) =$$

$$= \frac{h}{\sqrt{2\pi}} \cdot \frac{i}{u} \cdot [\cos ub - i \cdot \sin ub - 1] =$$

$$= \frac{h}{\sqrt{2\pi}} \cdot \frac{1}{u} \cdot [\sin ub + i \cdot (\cos ub - 1)].$$

Die Phasenbeziehungen zwischen den Einzelfrequenzen interessieren uns bei Schallwellen nicht; nur das (phasenunab-

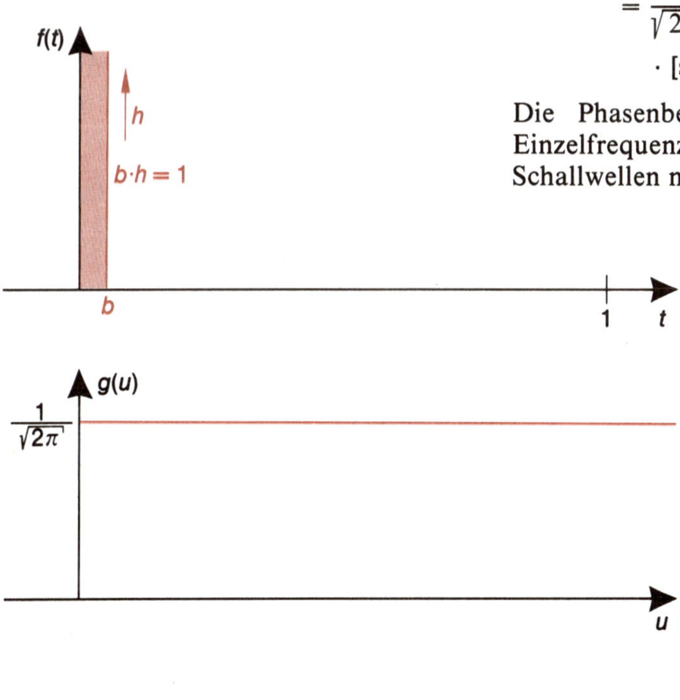

Fourier-Analyse (Figur 8): Originalfunktion *(oben)* und Fourier-Transformation *(unten)* einer sehr hohen und schmalen Rechteckfunktion; wenn bei gleichem Flächeninhalt das Rechteck unendlich hoch und zugleich unendlich schmal wird, nähert es sich der Diracschen Deltafunktion, deren Fourier-Spektrum eine Konstante darstellt.

hängige) Frequenzspektrum ist ausschlaggebend für Resonanzerscheinungen zwischen Knall und Klaviersaiten. Wir bilden deshalb den Absolutbetrag des komplexen Spektrums, $|g(u)|$:

$$|g(u)| = \frac{h}{\sqrt{2\pi}} \cdot \frac{1}{u} \cdot$$

$$\cdot \sqrt{\sin^2 u\,b + (\cos u\,b - 1)^2} =$$

$$= \frac{h}{\sqrt{2\pi}} \cdot \frac{1}{u} \cdot \sqrt{2 - 2\cos u\,b} =$$

$$= \frac{h}{\sqrt{2\pi}} \cdot \frac{1}{u} \cdot 2\sin\left(\frac{ub}{2}\right).$$

Für diese letzten Umformungen habe ich die fundamentalen Beziehungen

$$\sin^2\alpha + \cos^2\alpha = 1$$

$$\text{bzw. } \sin\frac{\alpha}{2} = \sqrt{\frac{1}{2} - \frac{1}{2}\cos\alpha}\,.$$

benutzt.

Um diese letzte Formel für $|g(u)|$ noch etwas zu vereinfachen, idealisieren wir den ›Knall‹: Wir nehmen an, daß die Höhe h des Knallsignals sehr groß ist und dafür die Zeitdauer b sehr kurz. Dabei soll aber der Flächeninhalt $b \cdot h$ konstant bleiben und 1 sein. Diese Idealisierungen sind physikalisch nicht so einschneidend, wie es scheint. Ein kurzer, dafür aber sehr lauter Knall kommt diesen Bedingungen ja sehr nahe. Damit wird aber die folgende Rechnung ganz einfach. Wir führen eine neue Frequenzvariable w ein: $w = u \cdot b/2$ oder $u = 2w/b$. Einsetzen ergibt

$$|g(u)| = \frac{1}{\sqrt{2\pi}} \cdot \frac{2}{b \cdot \frac{2w}{b}} \cdot \sin w =$$

$$= \frac{1}{\sqrt{2\pi}} \cdot \frac{\sin w}{w}.$$

Wenn b sehr klein ist, wird auch w sehr klein, und das Verhältnis $\sin w/w$ wird nahezu 1. Damit erhalten wir

$$|g(u)| \approx \frac{1}{\sqrt{2\pi}} = \text{konst.}$$

Das Frequenzspektrum eines Knalls ist also eine Konstante. Das bedeutet, daß *alle* Frequenzen mit gleicher Amplitude vertreten sind. Es ist deshalb nicht verwunderlich, wenn *alle* Klaviersaiten bei einem Knall mitschwingen: Jede gerät zwar nur bei ihren Eigenfrequenzen in Resonanz, aber es sind eben alle Frequenzen vorhanden, so daß jede Saite ihre Resonanzfrequenz empfängt. Übrigens ist die Idealisierung der ›Knallfunktion‹ als unendlich schmale Zacke, die dafür unendlich hoch ist, als *Diracsche Deltafunktion* den Theoretikern wohlbekannt.

Beispiel 2

Die → Unschärferelation besagt, daß von einem quantenmechanischen Teilchen nicht *gleichzeitig* Ort *und* Impuls beliebig genau bekannt sein können. Geben wir die Ortsfunktion als $f(x)$ an, so stellt jede Wellenzahl $k = 2\pi/x$ einen Impuls dar $(p = \hbar \cdot k)$. Die Analyse der Ortsfunktion über eine Fourier-Transformation ergibt deshalb die Impulsfunktion $g(k)$. Physikalisch vereinfacht ausgedrückt: Die Impulsverteilung ist die Fourier-Transformierte der Ortsverteilung, und die Ortsfunktion beschreibt die Aufenthaltswahrscheinlichkeit des Teilchens.

Die → Quantenmechanik (→ Dualismus von Welle und Teilchen) ordnet jedem Teilchen ein ›Wellenpaket‹ zu. Wie sieht die Impulsfunktion für ein gegebenes Wellenpaket aus? Dies wollen wir nun anhand eines konkreten Beispiels ausrechnen. Wir stellen uns vor, daß die Ortsfunktion des Teilchens etwa aussieht wie in Figur 9 gezeichnet, und beschreiben sie durch die Funktion $f(x) = e^{-|x|}$. Dies ist eine gerade Funktion, und wir dürfen die Gleichung (18) anwenden:

$$g(k) = \frac{2}{\pi} \cdot \int_0^{+\infty} e^{-s} \cdot \cos ks \, ds \, .$$

Dieses Integral kann man (durch zweimalige partielle Integration) noch relativ leicht berechnen. Ich will es nicht vorführen, sondern nur das Ergebnis angeben:

$$g(k) = \frac{2}{\pi} \cdot \frac{1}{1 + k^2} \, .$$

Der Faktor $2/\pi$ hat für den physikalischen Inhalt des Ergebnisses wenig Bedeutung. Er gibt nur eine Eichkonstante wieder, die den Maßstab der $g(u)$-Achse regelt. Deshalb ist es auch nicht so wichtig, vor welchem der beiden Integrale aus Gleichung (15) er steht (dort lautet er $\frac{1}{2}\pi$). Wir haben eine symmetrische Aufspaltung in

$$\frac{1}{\sqrt{2\pi}} \cdot \frac{1}{\sqrt{2\pi}}$$

gewählt, aber das ist offenbar nicht zwingend. In anderen Darstellungen findet man oft den Faktor $\frac{1}{2}\pi$ *nur* vor dem $g(u)$-Integral. Das hat den Vorzug, daß dieses Verfahren immer gewählt werden kann, auch im Fall der reellen Darstellung.

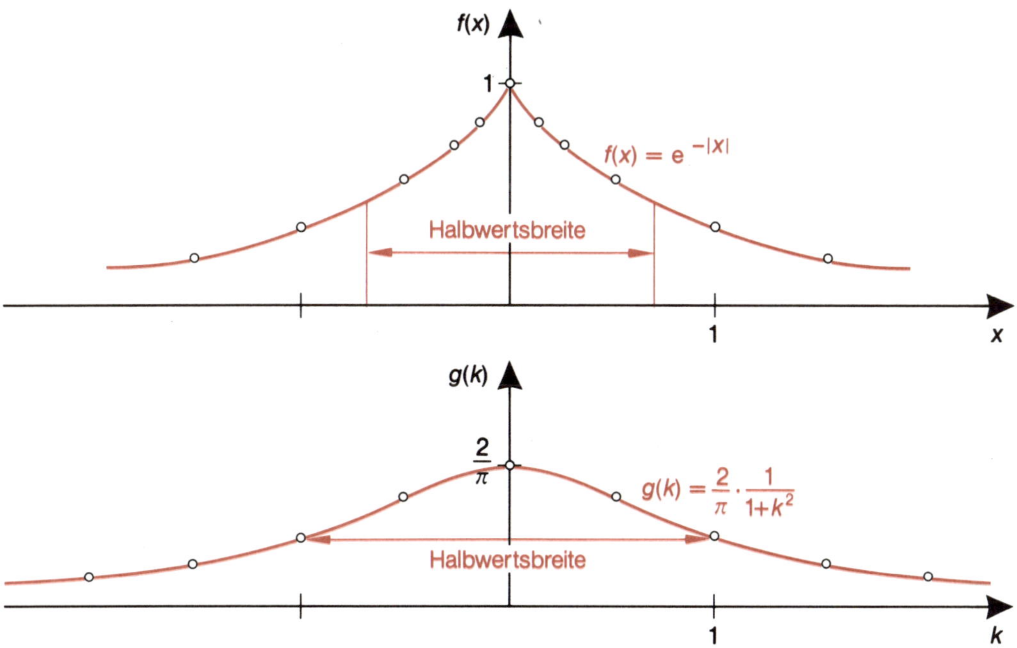

Fourier-Analyse (Figur 9): *oben* Originalfunktion *f(x)* für eine willkürlich angenommene Ortsfunktion eines Teilchens (schematisch für ein Wellenpaket dargestellt); *unten* die zugehörige Impulsfunktion *g(k)* weist dann ebenfalls eine breite Verteilung auf.

Fraunhofersche Linien

Zerlegt man das Sonnenlicht mit Hilfe eines Spektralapparates (→ Spektroskopie) in seine Bestandteile, so beobachtet man bei geringer Auflösung ein kontinuierliches Spektrum ›aller Regenbogenfarben‹, wie man es von einem glühenden Körper erwartet und wie man es z. B. an jeder Glühlampe sehen kann.
Schon mit einem mittelmäßig gut auflösenden Spektroskop erscheinen aber im Sonnenspektrum dunkle Linien, die man nach *Joseph von Fraunhofer* (1787–1826) benannt hat. Es sind dies *Absorptionslinien,* die entstehen, weil die kühleren äußeren Schichten der Sonnenatmosphäre das aus dem Sonneninneren kommende weiße Licht bereits teilweise wieder absorbieren können. Der Vergleich mit den entsprechenden Emissionsspektren, wie man sie im Labor erzeugen kann, gibt Aufschluß über die in der äußeren Sonnenatmosphäre vorhandenen Atome und Ionen und ermöglicht so Aussagen über die chemische Zusammensetzung der Sonne (→ Spektrallinie, → Spektrum). – Photo unten.

Freie Weglänge

Der Weg, den ein Gasmolekül zwischen zwei Stößen zurücklegt, heißt *freie Weglänge l.* Da sich alle Gasmoleküle in ständiger Bewegung befinden, ist die Größe von l sehr unterschiedlich. Als sinnvolle Angabe kann deshalb nur der statistische Mittelwert von l, die *mittlere freie Weglänge* $\bar{l}$, gelten. Sie folgt aus den Ansätzen der → kinetischen Gastheorie zu

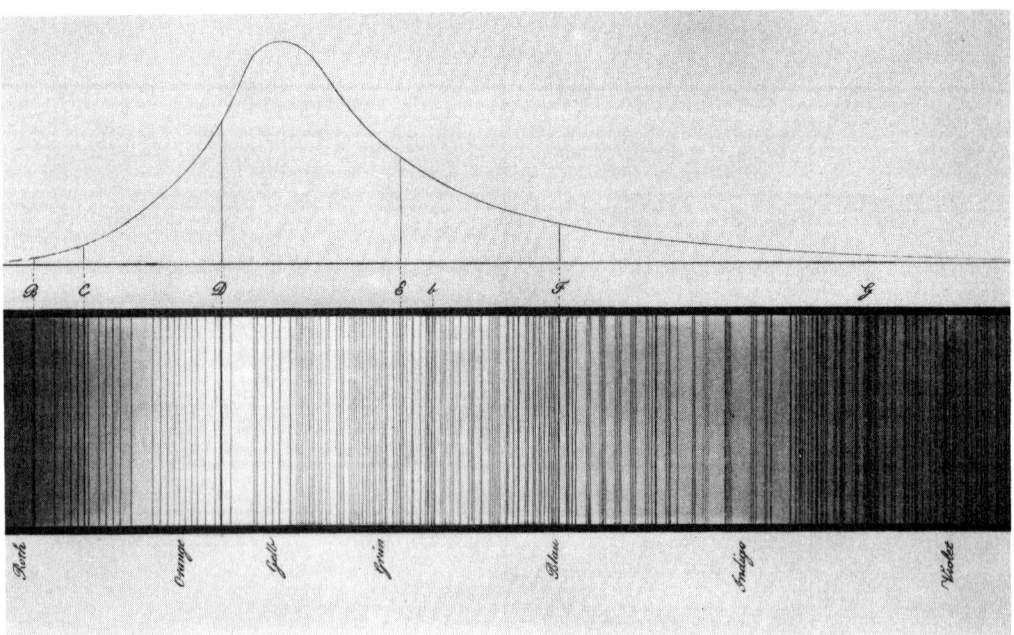

Fraunhofersche Linien: Sonnenspektrum mit Fraunhoferschen Linien, festgehalten auf einem Kupferstich aus dem Jahr 1814; über dem Spektrum sieht man die spektrale Empfindlichkeitskurve des menschlichen Auges mit ihrem Maximum im gelb-grünen Wellenlängenbereich und nach beiden Seiten abnehmender Empfindlichkeit. © Deutsches Museum, München.

$$\bar{l} = \frac{1}{\pi\sqrt{2}} \cdot \frac{1}{d^2 \cdot n}. \qquad (1)$$

Dabei bezeichnet d den Durchmesser eines Moleküls und n die Anzahldichte der Moleküle. Für n gibt es aber einige Beziehungen mit anderen, makroskopischen Größen. So ist z. B.

$$n = \rho \cdot \frac{M}{L}$$

oder (2)

$$n = p \cdot \frac{1}{kT}.$$

Dabei bedeuten ρ = Gasdichte, M = = Molmasse, L = Loschmidtsche Zahl, p = Gasdruck, k = Boltzmann-Konstante, T = absolute Temperatur. Bei konstanter Temperatur ist also die mittlere f. W. der Dichte und dem Druck des Gases umgekehrt proportional. Unter Normalbedingungen hat $\bar{l}$ für sehr viele Gase die Größenordnung 10^{-7} m, ist also sehr klein.

Freiheitsgrad

Wenn ein System (oder ein Körper) n Möglichkeiten hat, *voneinander unabhängige* Bewegungen auszuführen, so sagt man, es habe n *Freiheitsgrade.* Ein Massenpunkt kann sich z. B. in den 3 Raumrichtungen bewegen, hat also 3 F. Da er auch 3 voneinander unabhängige *Koordinaten* hat, setzt man manchmal die Zahl der F. eines Systems mit der Zahl der unabhängigen Koordinaten gleich. Auf diese Weise kommt man für den ideal starren, ausgedehnten Körper auf 6 F. Man kann 6 Koordinaten frei wählen, um seine Lage festzulegen, nämlich 3 Koordinaten für einen seiner Punkte und nochmals 3 für die Richtung einer seiner inneren Verbindungslinien. Interpretiert man diese F. wieder als Zahl unabhängiger Bewegungsmöglichkeiten, so entpuppen sie sich als die 3 Translationsbewegungen im Raum und 3 Drehungen um verschiedene Achsen.

Für manche Zwecke, vor allem in der Thermodynamik, ist es besser, die Zahl der F. als die Anzahl von Möglichkeiten eines Systems zu definieren, unabhängig voneinander Energie zu speichern. Diese Definition paßt auch auf die eben angeführten Systeme: Der Massenpunkt kann in 3 Raumrichtungen kinetische Energie haben, der starre Körper zusätzlich noch 3 Rotationsenergien. Jetzt fügt sich aber auch leicht ein System wie z. B. ein mehratomiges Molekül in das Schema ein: Zu den Rotations- und Translationsfreiheitsgraden können auch noch Schwingungsfreiheitsgrade treten, denn jede Schwingung speichert ebenfalls Energie.

Frequenz

Die F. bezeichnet bei periodischen Vorgängen (→ Schwingungen, → Wellen) die Zahl dieser Vorgänge pro Sekunde. Formelzeichen der Frequenz sind f oder ν. Das 2πfache von f heißt Kreisfrequenz ω der Schwingung bzw. der Welle. Wenn man die Schwingungsdauer (Periodenlänge) mit T bezeichnet, gilt $f = 1/T$ und $\omega = 2\pi f$. Man mißt Frequenzen in Hertz (Hz = 1/s), benannt nach *Heinrich Hertz* (1857–1894); 1 Hz ist eine Schwingung pro Sekunde (→ Maße und Maßsysteme).

G

G Abk. für die Vorsilbe →Giga- bei Maßeinheiten (→Maße und Maßsysteme).

g **1)** Abk. für die Masseneinheit Gramm (→Maße und Maßsysteme);
2) Formelzeichen für die →Erdbeschleunigung.

Galvanometer

Das G. ist ein Instrument zum Messen sehr kleiner Ströme bzw. Spannungen (10^{-9} A bzw. 10^{-7} V). Die auch heute noch gebräuchlichste Ausführung bildet das *Drehspulgalvanometer,* meist als Spiegelgalvanometer ausgeführt. Dabei hängt eine Spule an einem dünnen elastischen Faden im Feld eines starken Permanentmagneten. Schon kleinste Ströme erzeugen in der Spule ein Magnetfeld, das auf die Spule im Feld des Permanentmagneten ein Drehmoment ausübt. Da die Rückstellkraft eines Torsionsfadens sehr klein ist, ergibt sich ein relativ großer Ausschlag bis zum Gleichgewicht (→Schwingungen). Die Ablesung erfolgt über einen Lichtstrahl (z. B. einen Laserstrahl), der von einem Spiegel reflektiert wird, der knapp über der Spule am Torsionsfaden befestigt ist. Weil man die Länge dieses ›Lichtzeigers‹ sehr groß (einige Meter) machen kann, ist nicht nur die Empfindlichkeit, sondern auch die Ablesegenauigkeit des Instrumentes beachtlich.

Gammastrahlen

Der kurzwellige Bereich des →elektromagnetischen Spektrums wird von den *Gammastrahlen* oder *Gammaquanten* überdeckt. Der Name hat historischen Ursprung: Schon bald nach der Entdekkung der →Radioaktivität konnte man drei Strahlungsarten auseinanderhalten, die beim Kernzerfall auftraten, und benannte sie einfach nach den Anfangsbuchstaben des griechischen Alphabets. Heute kennt man die wahre Natur dieser Strahlungen genau, hat aber die alten Namen trotzdem beibehalten.
Obwohl sich die Gammastrahlung ihrer Natur nach nicht vom Licht unterscheidet und sich mit der →Röntgenstrahlung sogar in einem bestimmten Frequenzbereich deckt, verdient sie ihren eigenen Namen wegen ihrer Entstehung: Gammaquanten entstehen im *Atomkern,* während Röntgenstrahlung durch Prozesse in den inneren Schalen der *Elektronenhülle* produziert wird. Einmal emittiert, kann man aber durch kein noch so kompliziertes Experiment ein Röntgenquant von einem Gammaquant gleicher Energie unterscheiden. Auch die Wechselwirkungen mit Materie sind dieselben wie bei den Röntgenstrahlen: Die drei wichtigsten Prozesse, die ein Gammaquant bewirken kann, sind der innere →Photoeffekt, der →Compton-Effekt und die →Paarbildung, wobei die letztere mit zunehmender Energie des Gammaquants so stark an Einfluß gewinnt, daß von etwa 10 MeV an die Paarbildung praktisch die einzige Wechselwirkungsmöglichkeit eines Gammaquants ist. Gammastrahlung hoher Energie ist deshalb sehr durchdringend. Findet beim Durchgang durch Materie eine Paarbildung statt, so lösen die dabei entstehenden Teilchen (ein Elektron und ein Positron) eine ganze Kette von Folgeprozessen (im wesentlichen Photoeffekte) aus, bis schließlich die ge-

samte ursprüngliche Energie auf den Absorber übertragen worden ist.
Der *Nachweis* der Gammastrahlung kann über Photoplatten, Geiger-Zählrohre, Halbleiter-Detektoren oder Szintillationszähler erfolgen. Man nützt in jedem Fall die ionisierende Wirkung des Gammaquants oder seiner Folgeteilchen aus (→ Kernphysik).
Die größte bei einem natürlichen Zerfall freigesetzte Gammaenergie liegt bei etwa 17 MeV. Es sind aber weit höhere Gammaenergien künstlich erzeugbar, nämlich als → Bremsstrahlung. Schließt man sich jedoch der heute gängigen Meinung an, daß eine Wellenlänge von $l_0 \approx 10^{-15}$ m so etwas wie eine ›Elementarlänge‹ ist, dann wird eine kleinere Wellenlänge sinnlos – mit der Konsequenz, daß die Grenzenergie für elektromagnetische Strahlung bei etwa 1 GeV liegen sollte. Tatsächlich ist diese Annahme nur soweit richtig, daß für Gammaquanten dieser Energie Welleneigenschaften nicht mehr nachweisbar sind.

Gasentladung

Fließt ein elektrischer Strom durch ein Gas oder ein Plasma, dann bezeichnet man diesen Vorgang als G. Die Einteilung der G. wird zum Teil nach inneren Gesichtspunkten, zum Teil nach äußeren Erscheinungen vorgenommen. Um sie zu verstehen, klären wir zunächst die physikalischen Voraussetzungen und Grundprozesse.

Grundlagen

Damit überhaupt ein Strom fließt, muß ein elektrisches Feld vorhanden sein, das wir uns durch zwei Elektroden verwirklicht denken, zwischen denen eine Spannung *U* herrscht (Anode = positive Elektrode, Kathode = negative Elektrode). Diese Elektroden sind in den meisten Geräten aus Metall, können aber auch aus anderen Stoffen bestehen (z. B. Wolken und Erdboden!). Ein geladenes Teilchen wird im elektrischen Feld beschleunigt, und zwar so lange, bis es mit einem anderen, neutralen Teilchen (Gasatom) zusammenstößt. Die Beschleunigungsstrecke ist mit der mittleren → freien Weglänge $\bar{l}$ des Teilchens identisch, die wiederum vom Gasdruck und von der Temperatur abhängt. Die gewonnene Energie ist am Ende der Beschleunigungsstrecke $\bar{l}$ für ein Elektron genauso groß wie für ein einfach positiv geladenes Ion. Trotzdem verhalten sich die beiden unterschiedlich. Das *Elektron* hat (bei gleicher Ladung) die sehr viel kleinere Masse und deshalb die wesentlich größere Geschwindigkeit ($E \approx \frac{1}{2} mv^2$). Es ist daher um Größenordnungen beweglicher als das Ion. Hinzu kommt, daß es bei einem Stoß kaum Impuls überträgt. Es prallt gegen ein Atom wie gegen eine Wand, es sei denn, die Energie des Elektrons ist ausreichend groß, um ein anderes, sekundäres Elektron aus dem Atom herauszuschlagen *(Ionisierungsenergie).* In diesem Fall erzeugt es ein weiteres Elektron-Ion-Paar. Erreicht das Elektron zwar nicht die Ionisierungsenergie, wohl aber eine *Anregungsenergie* des Außenelektrons (→ Atomphysik), so kommt es zur *Stoßanregung,* der – beim Zurückfallen des angeregten Hüllenelektrons in den Grundzustand – meist eine Lichtaussendung folgt.
Ein *Ion* ist dagegen nicht nur langsam, es hat auch praktisch dieselbe Masse wie ein neutrales Atom. Bei einem zentralen Stoß überträgt es seine ganze Energie und seinen Impuls auf den Stoßpartner. Wegen des Impulserhaltungssatzes kann die Bewegungsenergie des Ions daher nur schwer dazu benutzt werden, ein Elektron aus einem neutralen Gasatom her-

auszuschlagen oder ein Atom anzuregen. Nur wenn es auf eine Elektrode prallt, die den Impuls aufnehmen kann, ist eine Elektronenauslösung wahrscheinlich.
Beide Ladungsträger, Elektronen wie positive Ionen, tragen zum Strom in einer G. bei. Ionen sind nur wesentlich langsamer als Elektronen, so daß es zu Gebieten kommen kann, die mit positiven Ionen ›überfüllt‹ sind. Derartige *Raumladungen* schlucken dann Feldlinien, die an ihnen enden (→ elektrisches Feld). Man kann also nicht davon ausgehen, daß die elektrische Feldstärke überall zwischen den Elektroden dieselbe ist. Vor diesem Hintergrund werden die verschiedenen G. wenigstens qualitativ verständlich.

Unselbständige Gasentladungen
So nennt man elektrische Ströme in Gasen, die zu ihrer Erhaltung außer dem angelegten Feld noch einen äußeren Ladungserzeuger brauchen. ›Schaltet‹ man diese Ladungsquelle ab, erlischt die Entladung, obwohl an den Elektroden nach wie vor Spannung liegt. Als Ladungsträgerquelle kann ein Glühdraht dienen, der Elektronen emittiert *(Glühkathode),* oder ein ionisierendes Teilchen, das durch das Gasvolumen fliegt und dabei viele Ion-Elektron-Paare hinterläßt. Letzteres ist z. B. in Ionisationskammern und in manchen Zählrohren zum Nachweis radioaktiver Strahlung der Fall. Die entstehenden Ionen und Elektronen rekombinieren teilweise wieder zu neutralen Gasatomen. Ist aber das angelegte Feld groß genug, so werden sie immer häufiger getrennt und im Feld beschleunigt. Je nach Feldstärke erreichen auch immer mehr oder weniger Elektronen, deren mittlere freie Weglänge genügend groß ist (statistische Verteilung), eine Energie, die zur Anregung von Atomen *(Leuchten)* oder sogar zur Ionisation weiterer Elektronen ausreicht.
Auch bei der unselbständigen Entladung erfolgt also bereits eine Vermehrung der primären Ladungsträger durch *Sekundärionisation,* die aber zum Aufrechterhalten des Gesamtstromes nicht ausreicht, wenn die primären Ladungsträger verschwinden.

Selbständige Gasentladung
Ist die Sekundärionisation, genauer die ›Ersatzbeschaffung‹ an Ladungsträgern durch die primären Ladungsträger, mindestens so groß, daß jede Ladung sozusagen auf irgendeine Weise für ihren eigenen Ersatz sorgt, dann brennt die Entladung auch dann weiter, wenn die primären Ladungsträger verschwinden: Die Entladung ist selbständig geworden. Sie kann nur noch dadurch erlöschen, daß das angelegte Feld verschwindet, entweder weil der Strom abgeschaltet wird oder weil die das Feld verursachenden Ladungen durch die Entladung abgeflossen sind. Der erste Fall tritt bei allen technischen Geräten auf, die G. verwenden, z. B. bei der *Leuchtstoffröhre.* Den zweiten Fall findet man in der Natur bei jedem Blitz. Es gibt praktisch überall freie Ladungsträger, erzeugt durch die ionisierende Wirkung der kosmischen Strahlung. Wenn daher irgendwo eine genügend große elektrische Feldstärke auftritt, wird auch eine selbständige Entladung beginnen. In technischen Geräten wie z. B. Leuchtstoffröhren ist die Feldstärke durch die Spannung U zwischen den Elektroden vorgegeben und näherungsweise einfach U/d, wobei d der Abstand der Elektroden ist. Streng genommen gilt diese Beziehung nur für die Feldstärke in einem Plattenkondensator exakt; für Abschätzungen läßt sie sich aber auch allgemein verwenden.
Die *Zündspannung,* bei der eine selbständige Entladung einsetzt, ist sicher dann erreicht, wenn die kinetische Energie

W_{ion} der Elektronen im Mittel zur Ionisierung eines Atoms ausreicht. Dann muß sein

$$e \cdot E \cdot \bar{l} = W_{ion}, \qquad (1)$$

e ist die Elektronenladung, E die elektrische Feldstärke, $\bar{l}$ die mittlere freie Weglänge. Die Ionisierungsenergie liegt für die meisten Gase bei einigen Elektronvolt (eV), $\bar{l}$ ist umgekehrt proportional dem Gasdruck. Für die Zündspannung *(Durchschlagspannung)* in Luft bei Atmosphärendruck ergibt sich ein Wert von etwa 10^4 V/cm oder 1000 V/mm.

Wenn die Entladung erst einmal brennt und die Elektrodenspannung aufrechterhalten wird, treten noch andere Mechanismen der Ladungserzeugung auf: Positive Ionen treffen auf die Kathode auf und lösen dort neue Elektronen aus. Ist die Stromdichte groß, dann wird die Kathode durch den ständigen Aufprall von Ionen so heiß, daß sie anfängt zu glühen und noch mehr Elektronen durch Glühemission aussendet. Wegen dieses ›Überangebots‹ von Ladungsträgern kann dann die Elektrodenspannung beträchtlich absinken, ohne daß die selbständige Entladung erlischt *(Brennspannung)*. Leuchtstoffröhren sind so konstruiert, daß die Brennspannung bei etwa 200 V liegt. Sie müssen daher mit einer höheren Spannung gezündet werden, die man durch einen Induktionszünder erzeugt.

Verschiedene Typen selbständiger Entladungen

Die *Dunkelentladung* kann nur bei kleinen Gasdrucken und minimalen Stromdichten brennen. Die *Glimmentladung* braucht einen noch kleineren Gasdruck (≈ 10 Pa). Genaue Daten hängen aber sowohl vom Gas als auch vom Elektrodenmaterial ab, weil ein Großteil der Sekundärelektronen durch Ionenaufprall an der Kathode ausgelöst wird. Das Hauptkennzeichen der Glimmentladung ist die intensive Lichtaussendung an verschiedenen Stellen im Gasraum, hervorgerufen durch die Anregung der neutralen Gasatome durch Stöße mit Ladungsträgern. Die Stromdichten bei der Glimmentladung sind immer noch relativ klein. Bei großen Stromdichten setzt die → Bogenentladung ein. Die hohen Leuchtdichten werden aber dabei nicht so sehr vom Gas selbst, sondern vielmehr von den glühenden Elektroden geliefert. Der *elektrische Funke* oder der *Blitz* ist ein Mittelding zwischen Glimmentladung und Bogenentladung, wobei der Entladungsweg eng begrenzt ist (›Stromröhre‹). Er erlischt, weil die verfügbare Ladungsmenge, die das Feld erzeugt, durch die Entladung abgebaut wird.

Gasgleichung

Der Zustand einer bestimmten Masse M eines Gases ist durch zwei weitere Größen festgelegt: das Volumen V und den Druck p. Es hat sich nämlich herausgestellt, daß man aus Masse, Volumen und Druck auch die Temperatur T eindeutig berechnen kann. Die Begründung für diese zunächst erstaunliche Tatsache gibt die → kinetische Gastheorie. Der Zusammenhang zwischen Druck, Volumen, Masse und Temperatur ist durch folgende Gleichung gegeben:

$$p \cdot V = \gamma \cdot R \cdot T. \qquad (1)$$

Dabei muß die Temperatur T in Kelvin eingesetzt werden.

Man nennt diese Gleichung die *Zustandsgleichung des idealen Gases*. Die Masse M steckt in dem Produkt $\gamma \cdot R$, genauer in der Anzahl γ der Molmassen des fraglichen Gases (→ Molekulargewicht). R ist dann die auf ein Mol bezogene Gaskonstante, die sich als Produkt aus der Boltzmann-Konstanten k und der Loschmidtschen Zahl L (→ Naturkonstanten) erweist. Für eine gegebene Gasmasse ist also der Ausdruck $p \cdot V/T$ eine Konstante. Dahinter stecken drei schon viel früher formulierte Gasgesetze, nämlich:

1. Das *Boyle-Mariottesche* Gesetz, von *Robert Boyle* (1627–1691) und *Edme Mariotte* (1620–1684) entdeckt, sagt aus, daß bei konstanter Temperatur das Produkt aus Druck und Volumen eines Gases sich nicht ändert. Verdoppelt man das verfügbare Gasvolumen, sinkt der Druck darin auf die Hälfte.

2. Das *Gay-Lussacsche Gesetz*, von *Louis Gay-Lussac* (1778–1850) entdeckt, sagt aus, daß bei konstantem Volumen der Druck eines Gases seiner (absoluten) Temperatur proportional ist.

3. Das oft ebenfalls nach Gay-Lussac benannte *Gesetz der Proportionalität* von Volumen V_T und Temperatur T eines Gases bei konstantem Druck definiert den räumlichen Ausdehnungskoeffizienten eines Gases als $\gamma = 1/273{,}2 = 0{,}00366$ pro Kelvin, wenn als Bezugsvolumen V_0 das bei 0 °C (≈ 273,2 K) eingenommene Volumen dient und T_C die in °C gemessene Temperatur ist:

$$V_T = V_0 \cdot (1 + \gamma T_C). \qquad (2)$$

Für diese Gasgesetze gibt es sehr viele Anwendungsmöglichkeiten. So sinkt z. B. der Luftdruck in einem Autoreifen, wenn es kalt wird, die Luftpumpe wird beim Aufpumpen heiß, heiße Luft hat eine kleinere Dichte als kalte, weil sie ein größeres Volumen beansprucht. Aus diesem Grund steigt die Luft über erwärmten Erdboden auf, ein Heißluftballon kann fliegen usw. Die wichtigste Anwendung ist das → Gasthermometer.

Gleichung (1) gilt für ein ›ideales Gas‹. Was ist das? Nach der kinetischen Gastheorie besteht es aus Teilchen verschwindender Größe, die – außer bei einem Zusammenstoß – keinerlei Kräfte aufeinander ausüben. Es ist klar, daß diese Eigenschaften nur näherungsweise erfüllt sein können, am besten wahrscheinlich für die Gase mit der kleinsten Molekülmasse. In der Tat sind Wasserstoffgas (H_2) oder Heliumgas (He) nahezu ideale Gase. Das zeigt sich auch im kubischen Ausdehnungskoeffizienten von Gleichung (2), der für H_2 0,003662 und für He sogar 0,003660 beträgt. Wann immer man also mit den Gesetzmäßigkeiten eines idealen Gases arbeiten will, wird man Heliumgas verwenden.

Reale Gasmoleküle haben aber weder verschwindendes Eigenvolumen, noch nehmen sie voneinander keine Notiz. *Johannes van der Waals* (1837–1923) hat daher eine Zustandsgleichung der realen Gase aufgestellt *(van-der-Waalssche Gleichung)*. Sie lautet, bezogen auf 1 Mol eines Gases,

$$\left(p + \frac{a}{V^2}\right) \cdot (V - b) = RT. \qquad (3)$$

Statt des ungestörten Gasdrucks wirkt jetzt ein etwas größerer Druck. Der Ausdruck a/V^2 heißt *Binnendruck*. Er kommt auf ähnliche Weise zustande wie die → Oberflächenspannung einer Flüssigkeit. Der Subtrahend b ist das *Kovolumen* des Gases. Es ist gleich dem vierfachen Eigenvolumen der Moleküle, weil man die Verluste an Volumen in Rechnung stellen muß, die durch Stöße für den freien Impulsweg entstehen. Die van-der-Waalssche Gleichung erklärt die Abweichung der Isothermen von der Hyperbelgestalt in völlig befriedigender Weise (Figur 1) und beschreibt sogar das Verhalten der Flüssigkeit, wenn man die beiden

Schleifen nach der *Regel von Maxwell* durch eine Gerade verbindet (→ Aggregatzustand). Selbst die Schleifen können wenigstens teilweise tatsächlich durchfahren werden. Sie entsprechen von der Gasseite her einem übersättigten Dampf *(Übersättigung);* von der Flüssigkeitsseite her einer überdehnten Flüssigkeit. Der erste Fall kann auftreten, wenn Kondensationskeime, der zweite Fall, wenn ›Dampfkeime‹ fehlen. Das letztere ist oft auch beim Sieden die Ursache für eine Überhitzung der Flüssigkeit, die sich dann in einer explosionsartigen Verdampfung löst. Das ist nicht ungefährlich, besonders in Gefäßen mit engem Hals, z. B. bei Laborgefäßen.

Gasthermometer

Die nahezu idealen Eigenschaften des Wasserstoffs oder des Heliums gestatten die Konstruktion eines Temperaturmeßgerätes mit linearer Skala, das aufgrund des Gay-Lussacschen Gesetzes (→ Gasgleichung) funktioniert. Man setzt ein Gasvolumen, dessen Druck p_0 man bei einer bestimmten Temperatur T_0 (z. B. 0 °C) kennt, der zu messenden Temperatur T aus und mißt den sich dann einstellenden Gleichgewichtsdruck p z. B. mit einer Quecksilbersäule (→ Torricellischer Versuch) oder mit einem anderen Manometer. Wenn man sicherstellt, daß das Gasvolumen absolut gleichbleibt (hier liegt die eigentliche Schwierigkeit), läßt sich die Temperatur direkt aus

$$T = T_0 \cdot \frac{p}{p_0}$$

ablesen. Das erste Gerät dieser Art wurde von *Philipp Jolly* (1809–1884) konstruiert.

Geiger-Müller-Zähler

Gerät zum Nachweis radioaktiver Strahlung, das von *Hans Geiger* (1882–1945) zusammen mit *Walter M. M. Müller* (*1905) entwickelt wurde. Es besteht aus einer evakuierten Röhre, die mit sehr wenig Gas bestimmter Zusammensetzung gefüllt ist und in deren Achse ein dünner Draht gespannt ist, der auf ein hohes elektrisches Potential gebracht wird (1–2 kV). Jedes einfallende ionisierende Quant löst dann eine → Gasentladung aus, deren Stromstoß mit einer geeigneten Schaltung registriert werden kann.

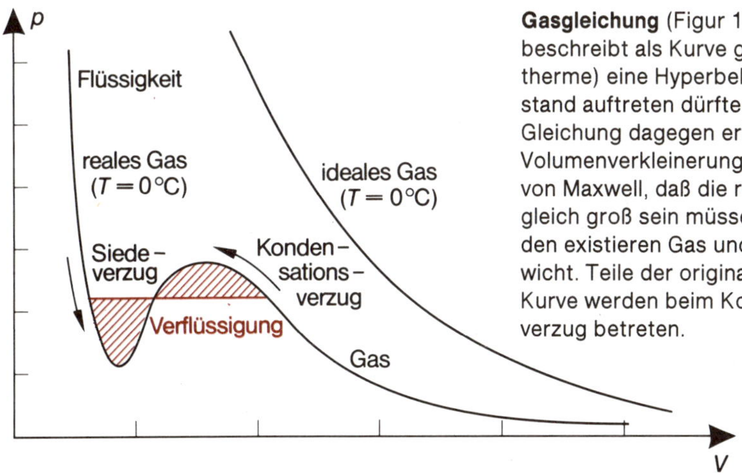

Gasgleichung (Figur 1): Die ideale Gasgleichung beschreibt als Kurve gleicher Temperatur (Isotherme) eine Hyperbel, wobei kein flüssiger Zustand auftreten dürfte. Die van-der-Waalssche Gleichung dagegen erklärt die Verflüssigung bei Volumenverkleinerung. Dabei besagt die Regel von Maxwell, daß die rotschraffierten Flächen gleich groß sein müssen. Längs der roten Geraden existieren Gas und Flüssigkeit im Gleichgewicht. Teile der originalen van-der-Waalsschen Kurve werden beim Kondensations- bzw. Siedeverzug betreten.

Heute gibt es viele Arten von gasgefüllten Zählrohren, deren Grundidee aber immer noch auf dem G.-M.-Z. beruht.

Geschwindigkeit

Die konstante Geschwindigkeit v eines Körpers ist die Strecke s, die er zurücklegt, dividiert durch die Zeit t, die er dazu benötigt:

$$v = \frac{s}{t}. \quad (1)$$

Man rechnet zwar oft mit konstanten G., weil es einfach ist; in der Wirklichkeit kommen aber konstante G. kaum vor. Die Regel sind variable G., und sie lassen sich nur infinitesimal definieren. Die *Momentangeschwindigkeit* eines Körpers wird auf eine ›sehr kleine‹ (infinitesimale) Zeit bezogen und ist die Änderung des Weges mit der Zeit:

$$v = \frac{ds}{dt}. \quad (2)$$

Die G. hat eine Richtung. Ihre mathematisch angemessene Beschreibung muß durch einen → Vektor erfolgen. Da auch der ›Weg‹ ein (Orts-)Vektor ist, fügt sich diese Forderung problemlos in den Formalismus ein:

$$\vec{v} = \frac{d\vec{s}}{dt}. \quad (3)$$

Lange Zeit glaubte man, daß in der Natur beliebig große G. vorkommen können. Erstaunlicherweise hat man aber bisher *keine größere Geschwindigkeit* gefunden als die *Lichtgeschwindigkeit c.* Die Lichtgeschwindigkeit ($c \approx 299\,792$ km/s $\approx$ $\approx 3 \cdot 10^8$ m/s) ist anscheinend eine Grenzgeschwindigkeit, die weder von einem materiellen Körper erreicht noch von einem Signal überschritten werden kann. Es wird oft behauptet, *A. Einstein* habe in seiner → Relativitätstheorie diese Tatsache *erklärt.* Dies ist falsch. Die Relativitätstheorie macht den *experimentellen Befund* der Lichtgeschwindigkeit als Grenzgeschwindigkeit lediglich zur Grundlage ihrer Untersuchungen und zieht die *logischen Konsequenzen* aus diesem Befund. Eine Antwort auf die Frage, *warum* es keine größere G. geben sollte, gibt sie nicht. In Wahrheit weiß niemand, warum kein Körper schneller sein sollte als das Licht. Die Frage berührt zutiefst die Baupläne der Natur. Eine neue, umfassende Theorie der → Elementarteilchen kann sie möglicherweise beantworten.

Gewicht

Das G. eines Körpers spüren wir unmittelbar, wenn wir versuchen, ihn vom Boden aufzuheben. Es ist die Kraft, die ihn zum Erdboden hinzieht (Gewichtskraft). Die Ursache ist die Massenanziehung, die zwei Massen einander zu nähern sucht. Das G. eines Körpers folgt also aus dem → Gravitationsgesetz. Wir sagen meist, daß ›die Erde alle Körper anzieht‹ und vergessen oft, daß umgekehrt diese Körper auch die Erde zu sich heranziehen (→ Newtonsche Gesetze). Die tatsächliche Bewegung der beiden fällt wegen des extremen Massenverhältnisses sehr zuungunsten der Erde aus, denn kein Körper auf der Erdoberfläche kann eine Masse haben, die in die Nähe der Erdmasse kommt.

Man definiert heute das G. wie jede andere Kraft als Masse mal (Erd-)Beschleunigung. G. werden daher in der Krafteinheit *Newton* (Abk. N) gemessen (→ Maße und Maßsysteme). Früher war das nicht üblich, und vielfach wurde die Masseneinheit Kilogramm (kg) mit der alten Gewichtseinheit Kilopond (kp) durcheinandergebracht. Auch heute noch muß man auf den Unterschied zwischen → Masse und G. vielfach hinweisen. Immerhin war der Mensch bereits auf dem Mond und hat dort die unmittelbare Erfahrung seines wesentlich kleineren G. gemacht. Die neue Gewichtseinheit Newton macht jetzt sicherlich den Unterschied zwischen G. und Masse deutlicher.

Die Masse eines Körpers ist (nahezu) unveränderlich. Das G. dieser Masse ist jedoch davon abhängig, wie stark das Gravitationsfeld ist, dem sie ausgesetzt ist. Die Feldstärke auf der Erde heißt gewöhnlich Fallbeschleunigung g, und die Gewichtskraft F_G einer Masse m ist dann gegeben durch:

$$F_G = m \cdot g. \qquad (1)$$

Dieses G. hat schon auf der Erde Werte, die geringfügig von der geographischen Breite abhängen (→ Erdbeschleunigung), weil unsere Erde nicht ganz kugelförmig ist. Der Mond aber zieht an derselben Masse m mit einer wesentlich geringeren Kraft als die Erde (grob etwa ⅙). Um das zu verstehen, setzen wir zunächst das Gravitationsgesetz für die Erde an:

$$F = \gamma \cdot m \cdot \frac{M_E}{R^2} \qquad (2)$$

(M_E = Erdmasse, R = Erdradius, γ = Gravitationskonstante). Die Gleichsetzung von Gravitationskraft F und Gewichtskraft F_G kann zur Berechnung (oder Messung) der Erdmasse dienen, wenn man den Erdradius kennt:

$$g = \gamma \cdot \frac{M_E}{R^2}. \qquad (3)$$

Sie kann aber auch dazu dienen, die Fallbeschleunigung z. B. des Mondes (g_M) aus seiner Masse M_M und seinem Radius R_M zu berechnen. Man erhält dabei $g_M \approx 1/6\, g_E$. Ein Körper auf dem Mond hat also nur ein Sechstel seines G. auf der Erde. In ähnlicher Weise lassen sich die G. von Körpern auf anderen Planeten ausrechnen.

Könnte man (theoretisch) z. B. auf der Sonnenoberfläche stehen, so müßte man der ›Fallbeschleunigung‹

$$g_S = \gamma \cdot \frac{M_S}{R_S^2}$$

widerstehen. Mit $R_S \approx 109\, R_E$ und $M_S \approx 333\,000\, M_E$ ergibt sich g_S zu $\approx 28\, g_E$. Ein Mensch, der auf der Sonnenoberfläche stehen könnte, müßte das 28fache seines irdischen G. verkraften. Er könnte also keinesfalls stehen, und auch im Liegen würde er nur kurze Zeit überleben.

Gibbssche Phasenregel

Diese nach *Josiah Willard Gibbs* (1830–1903) benannte Beziehung zwischen Materiezuständen (→ Aggregatzustand) stellt einen Zusammenhang her zwischen den Freiheitsgraden f eines Systems, der Anzahl k seiner Komponenten und den beteiligten Phasen p; es gilt die Beziehung:

$$f = k - p + 2.$$

Giga-

Abk. G, Vorsilbe bei Maßeinheiten (→ Maße und Maßsysteme), bezeichnet das 10^9fache einer Grundeinheit, z. B. ein Gigajoule (GJ) = 10^9 Joule.

Gleichstrom

Der elektrische Strom ist eine Bewegung von Ladungsträgern, d. h. Elektronen oder Ionen. Sehr oft handelt es sich dabei um die Leitungselektronen von Metallen (→ Bändermodell). Die Ursache dieser Ladungsbewegung ist ein elektrisches Feld, hervorgerufen durch ladungstrennende Anordnungen chemischer oder mechanischer Art, z. B. → elektrochemische Stromquellen oder Generatoren. Die Spannungsquellen heißen in diesem Zusammenhang *elektromotorische Kräfte* (Abk. EMK).

Die Lichtmaschine im Auto ist also eine EMK, genauso wie die Monozelle in der Taschenlampe oder der Bleiakkumulator. Verbindet man die beiden Pole einer EMK auf irgendeine Weise, gleichgültig über wie viele Verzweigungen, miteinander, so entsteht ein *Stromkreis,* die Ladungen bewegen sich. Sind es Elektronen, so fließen sie vom negativen Pol zum positiven Pol der EMK. Die *technische Stromrichtung* nimmt auf die Polarität der Ladungsträger keine Rücksicht. Sie wurde schon festgelegt, als man die Elektronen als solche noch nicht kannte und geht deshalb unglücklicherweise vom positiven zum negativen Pol der EMK. Obwohl dies manchmal etwas verwirrend ist, beeinträchtigt die Stromrichtung die meisten Formeln nicht. Wo es anders ist, weise ich eigens darauf hin.

Stromkreise mit konstanter EMK heißen *Gleichstromkreise.* Die Ladungsbewegung in ihnen ist – abgesehen vom Einschalten und Ausschalten – stationär; es fließt ein *Gleichstrom.* Das ist nur möglich, weil die Leitermaterialien der Ladungsbewegung einen Widerstand entgegensetzen, sonst käme es nicht zur Ausbildung eines Gleichgewichts (→ elektrischer Widerstand). Im übrigen ist die Geschwindigkeit der Elektronen in einem Draht klein. Sie liegt in der Größenordnung von Millimetern pro Sekunde (für ›normale‹ Spannungen). Daß beim Einschalten des Lichtschalters die Glühlampe trotzdem ›sofort‹ aufflammt, liegt daran, daß jedes Elektron das nächste mit seinem Feld ›anstößt‹. Die Fortpflanzung dieser Feldänderung durch den Leiter erfolgt nahezu mit Lichtgeschwindigkeit, so daß die Elektronen im Glühdraht der Lampe fast zur selben Zeit anfangen, sich zu bewegen wie die Elektronen im Schalter.

Der Spannungsabfall

Der Gleichgewichtszustand in einem Stromkreis läßt sich verstehen, wenn man jedem Widerstand R eine ›Treiberspannung‹ $I \cdot R$ zuordnet, die dem → Ohmschen Gesetz entspricht und dazu verwendet wird, um die Elektronen durch den Widerstand zu drücken. Diese Spannung muß von der EMK aufgebracht werden und ›fällt‹ am Widerstand ›ab‹. Man nennt sie deshalb auch *Spannungsabfall* am Widerstand R. Gleichgewicht herrscht dann, wenn der gesamte Spannungsabfall an den Widerständen gleich der EMK ist.

Die Maschenregel (2. Kirchhoffsche Regel)

Die Formulierung dieses Gleichgewichts für einen unverzweigten Strom›kreis‹ ist nicht schwierig. Man wählt einen beliebigen Umlaufsinn und addiert die Spannungen aller EMK's vorzeichenrichtig. Wenn etwas Negatives dabei herauskommt, so bedeutet das nur, daß der Strom entgegen dem gewählten Umlaufsinn fließt. Diese Summe ist gleich der Summe aller Spannungsabfälle $I \cdot R_i$:

$$\sum U_{\mathrm{EMK}} = I \cdot \sum_i R_i \,. \qquad (1)$$

Die Stromstärke I darf vor das Summenzeichen gezogen werden, weil sie in einem Kreis für jeden Teil des Kreises dieselbe sein muß. Diese nach *Gustav Kirchhoff* (1824–1887) benannte *Maschenregel* gilt aber auch für Teile von komplizierter aufgebauten Schaltungen, nämlich für jede einzelne Masche getrennt. Das muß so sein, sonst würde der Strom in einer Masche dauernd ansteigen oder absinken. Die Maschenregel nach Gleichung (1) gilt also ganz allgemein (Figur 1).

Die Knotenregel (1. Kirchhoffsche Regel)
Noch einfacher zu verstehen ist die Knotenregel (Figur 2). Sie ist eine Folge des Prinzips der Ladungserhaltung und besagt, daß an jeder Verzweigungsstelle (Knoten) einer Schaltung die Summe der einfließenden Ströme gleich der Summe der abfließenden Ströme sein muß. Wäre das nicht so, dann müßte der Knoten dauernd Ladung aus dem Stromkreis abziehen oder in ihn einspeisen. Das ist natürlich unmöglich. Die Summe aller Ströme am Knoten ist deshalb Null:

$$\sum_i I_i = 0 . \qquad (2)$$

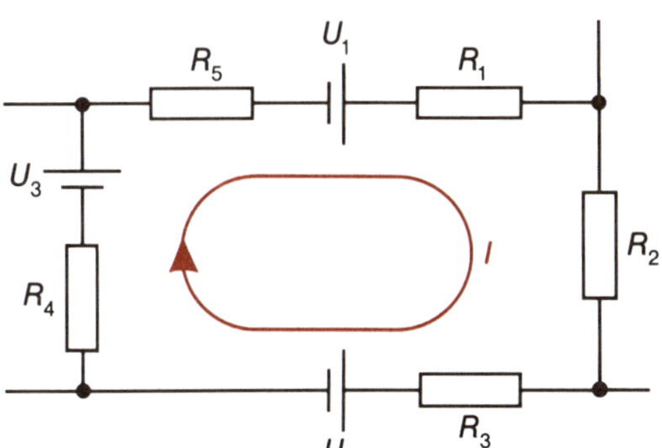

Gleichstrom (Figur 1): In der Masche wird die Stromrichtung I festgelegt; dann ist $U_1 - U_2 + U_3 = I \cdot (R_1 + R_2 + R_3 + R_4 + R_5)$; U_2 wird negativ gezählt, weil sie U_1 entgegengesetzt ist.

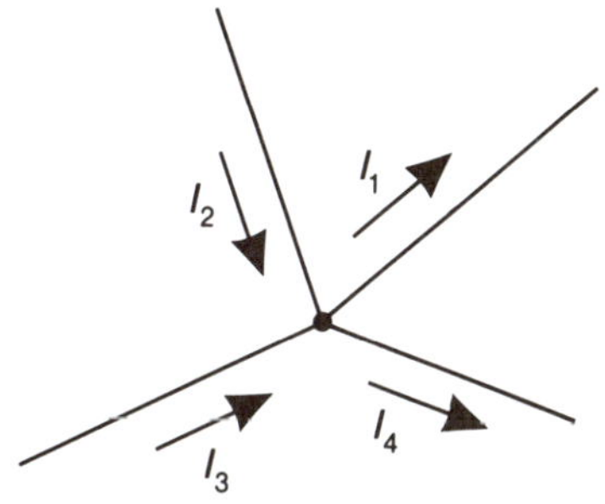

Gleichstrom (Figur 2): Die Summe aller in den Knoten mündenden Ströme muß gleich der Summe aller vom Knoten ausgehenden Ströme sein; es gilt daher: $I_2 + I_3 = I_1 + I_4$.

Anwendungen
Die beiden Kirchhoffschen Regeln erlauben es, für jede beliebige Schaltung eine Anzahl von Gleichungen aufzustellen, aus denen man z. B. die Teilströme berechnen kann, wenn man die elektromotorischen Kräfte (Spannungen) und die Widerstände kennt. Natürlich wächst die Zahl der Gleichungen mit zunehmend komplizierteren Schaltungen rasch so stark an, daß die rechnerische Bewältigung nur noch mit Hilfe eines Computers möglich ist.
Oft ist es das Ziel der Rechnung, für eine komplizierte Schaltung mit nur einer EMK den *Ersatzwiderstand* zu berechnen, d. h. den Widerstand, der, an die EMK angeschlossen, genau dieselbe Wirkung hat wie die ursprüngliche Schaltung. Das ist besonders einfach, wenn man die Knoten- und Maschenregeln benutzt.

Beispiel 1: Serienschaltung von Widerständen
Der Ersatzwiderstand für eine beliebige Anzahl von hintereinandergeschalteten Widerständen ist einfach der Summenwiderstand (Figur 3). Das folgt sofort aus dem Ohmschen Gesetz für den Ersatzwiderstand R $(U = R \cdot I)$ und der Maschen-

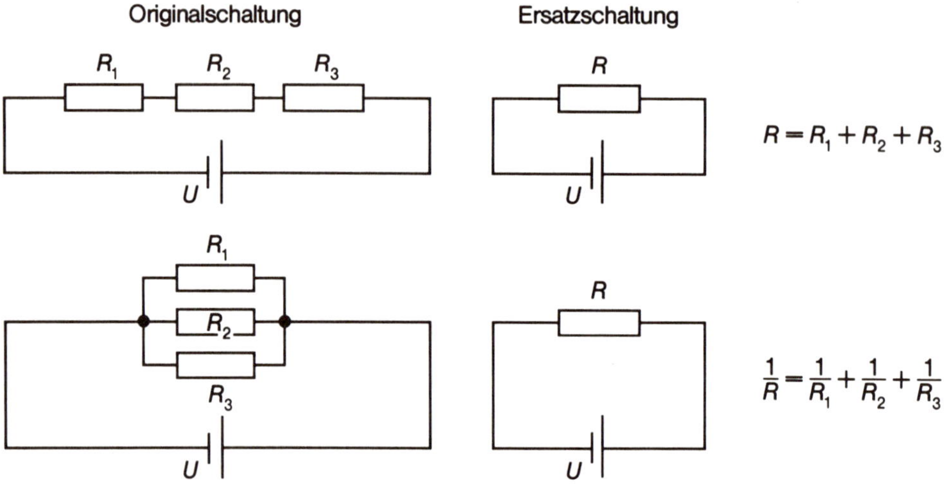

Gleichstrom (Figur 3): *Oben* Serienschaltung, *unten* Parallelschaltung von Widerständen

regel von Gleichung (1) durch direkten Vergleich:

$$R = \sum_i R_i . \qquad (3)$$

Beispiel 2: Parallelschaltung von Widerständen
Die Maschenregel, angewandt auf die Maschen *ohne* EMK, ergibt $I_1 \cdot R_1 = I_2 \cdot R_2 = I_3 \cdot R_3$. Das ist einleuchtend, weil die EMK (U) an allen Widerständen gleichermaßen anliegt. Die Knotenregel liefert im Verzweigungspunkt:

$$I = I_1 + I_2 + I_3 = \frac{U}{R_1} + \frac{U}{R_2} + \frac{U}{R_3} .$$

Auch der Ersatzwiderstand R muß dem Ohmschen Gesetz folgen: $I = U/R$, also ist:

$$\frac{1}{R} = \sum_i \frac{1}{R_i} . \qquad (4)$$

Die so abgeleiteten Gleichungen (3) und (4) gelten aber auch dann noch, wenn die Widerstände nicht mehr von ohmschem Charakter sind (→ Kapazität, → Induktivität).

Elektrische Arbeit und elektrische Leistung
Um die Ladungsträger durch einen Widerstand zu drücken, muß eine Kraft aufgewandt werden, die längs des ganzen Elektronenweges wirkt. Es wird also im Widerstand Arbeit verrichtet. Stationäre Verhältnisse vorausgesetzt (Gleichstrom), ist die Kraft F, die auf die Ladungsmenge q im Widerstand R wirkt, gleich der elektrischen Feldstärke E im Widerstand, multipliziert mit der Größe der bewegten Ladung q. Die Feldstärke wiederum ist gegeben durch die Potentialdifferenz (d. h. die Spannung) an den Enden, dividiert durch die Länge s des Widerstandes (Figur 4). Nehmen wir an, die Ladungsmenge q benötigt die Zeit t, um den Widerstand zu durchqueren. Dann hat sie die Arbeit

$$A = F \cdot s = E \cdot q \cdot s = \frac{U}{s} \cdot q \cdot s = q \cdot U$$

verrichtet. Dividieren wir durch die benötigte Zeit, so ist $A/t = N$ die Leistung im

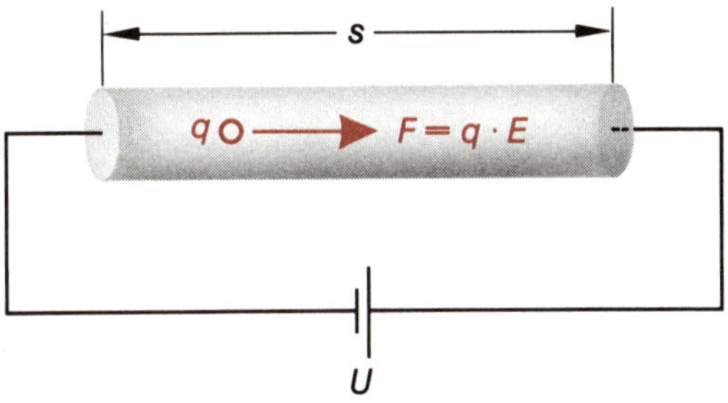

Gleichstrom (Figur 4): Zur Ableitung der elektrischen Arbeit und Leistung in einem Widerstand

Temperatur	Farbe
600 °C	Dunkelrot
700 °C	Kirschrot
800 °C	Hellrot
900 °C	Lachsrot
1000 °C	Gelb
1200 °C	Weiß
> 1200 °C	Bläulichweiß (mit UV-Anteilen)

Tabelle: Glühfarben bei verschiedenen Temperaturen

Widerstand, und es gilt $N = U \cdot q/t$. Der Ausdruck q/t ist aber auch gerade die Ladung, die in der Zeiteinheit durch den Widerstand fließt, d. h. die Stromstärke I. Die Leistung im Widerstand berechnet sich demnach einfach als Produkt von angelegter Spannung und Stromstärke:

$$N = U \cdot I. \qquad (5)$$

Die elektrische Arbeit im Widerstand ist die mit der Zeit multiplizierte Leistung:

$$A = U \cdot I \cdot t. \qquad (6)$$

Kombiniert man die Gleichung (5) noch mit dem Ohmschen Gesetz $(U = R \cdot I)$, so erhält man die nützlichen Beziehungen

$$N = \frac{U^2}{R} \text{ bzw. } N = I^2 \cdot R. \qquad (7)$$

Natürlich geht die Energie, die als Arbeit im Widerstand verrichtet wird, nicht einfach verloren. Sie wird lediglich in andere Energieformen umgewandelt. Der Löwenanteil verwandelt sich in Wärme: Der Widerstand wird heiß. Ein Teil wird – wie bei einer Glühlampe – in Strahlungsenergie umgesetzt; andere Widerstände wandeln elektrische Energie in chemische Energie um. Außerdem erzeugt jeder Strom ein Magnetfeld um sich herum (→ Biot-Savartsches Gesetz), in dem ebenfalls Energie steckt. Nur bei sehr tiefen Temperaturen (einige Kelvin) können in manchen Materialien Gleichströme auch ohne treibende Kraft unbegrenzt lange fließen (→ Supraleitung).

Glühen

Die durch hohe Temperatur bedingte Strahlung eines Körpers enthält auch Wellenlängen, die im sichtbaren Bereich liegen (schwächste Rotglut bereits bei etwa 300 °C). Die Sichtbarkeit und die Farbe hängen zwar von vielen, auch physiologischen Faktoren ab, sind aber grob durch die Tabelle oben bestimmt (→ Strahlungsgesetze, → Farbe).

GPS

Das **G**lobal **P**ositioning **S**ystem ist ein satellitengestütztes erdballumspannendes Navigationssystem, das primär für militärische Zwecke eingerichtet worden ist, mittlerweile aber auch in eingeschränkter Form zivil genutzt werden kann. Die Einrichtung besteht aus 24 Erdsatelliten, von denen je vier in gleichen Abständen auf einer Umlaufbahn kreisen. Jede dieser kreisförmigen Umlaufbahnen ist um 55 Grad gegen die Äquatorebene geneigt und verläuft in einer Höhe von 20 200 km. Die sechs Umlaufbahnen sind gegeneinander um 60 Grad in der Äquatorebene versetzt, so daß man von jedem Punkt auf der Erdoberfläche zu jeder Zeit mindestens 6 von ihnen empfangen kann. Ihre Umlaufzeiten betragen genau 12 Stunden. Sie stehen daher zweimal täglich (gemessen in Sternzeit) an derselben Position am Himmel. Die Position dieser Satelliten wird von der Erde aus mit Kontrollstationen sehr genau überwacht. Jeder Satellit hat je zwei Cäsium- und zwei Rubidium-Atomuhren an Bord, deren Gang von den Kontrollstationen überwacht und gegebenenfalls korrigiert werden kann. Jeder Sender schickt auf zwei verschiedenen Frequenzen (1575,42 MHz und 1227,6 MHz) die Zeit und seine Umlaufdaten zur Erde. Im GPS-Empfangsgerät werden die Laufzeiten der Signale von mindestens 4 verschiedenen Satelliten gemessen und daraus ihre Entfernung berechnet. Umgekehrt kann man aus den Positionen der beteiligten Satelliten mit Hilfe der Geometrie nun auch die Position des Empfangsgerätes berechnen.

Dieses System gestattet die Positionsbestimmung, also die Navigation, sehr präzise durchzuführen (gegenwärtig auf etwa 20 Meter genau). Diese hohe Genauigkeit ist allerdings nur für das Militär verfügbar. Im zivilen Bereich führt man eine künstliche Ungenauigkeit ein (Rauschen des Signals), die nur mit Hilfe eines bestimmten Codes eliminiert werden kann. Dann sinkt die Genauigkeit der Positionsbestimmung auf etwa 100 Meter. Dies reicht aber in aller Regel sowohl für Schiffe als auch für Flugzeuge völlig aus.

Das GPS wird aber auch zur Übermittlung der Zeit verwendet, und dabei reicht *ein* Satellit aus, wenn man die genaue Position des Beobachters (z. B. eines Observatoriums) kennt. Je weniger genau man diese Daten zur Verfügung hat, weil man sich beispielsweise irgendwie bewegt, desto mehr Satelliten müssen zur Zeitübermittlung herangezogen werden. Im Flugzeug braucht man wie zur Positionsbestimmung vier Satelliten. Kennt man aber z. B. die Höhe über Grund, weil man mit einem Schiff auf dem Meer unterwegs ist, reichen drei Satelliten aus. Die GPS-Empfänger sind aber mit noch mehr Funktionen ausgestattet. So lassen sich auch Merkpunkte speichern, Kurse und Geschwindigkeiten festhalten und vieles mehr.

Grad

1) Zeichen °, Einheit des ebenen Winkels (→ Maße und Maßsysteme); 1° ist der 90. Teil eines rechten Winkels.

2) Einheit verschiedener Temperaturskalen.

Gramm

Abk. g, Masseneinheit, 1 g = 1/1000 Kilogramm (→ Maße und Maßsysteme).

Gravitation

Eine der vier bekannten → Wechselwirkungen der Materie ist die *Massenanziehung* oder *Gravitation* (›Schwerkraft‹). Obwohl sie bei weitem die schwächste aller Kräfte ist, hält sie die Planeten auf ihrer Bahn um die Sonne, die Satelliten auf der Bahn um die Erde und regiert überhaupt das ganze Universum im großen. Das hat zwei Ursachen. Einmal gibt es

nach aller Erfahrung nur eine Gravitations*anziehung*, niemals eine Abstoßung zweier Massen. Zum anderen fällt die Massenanziehungskraft nur mit dem Quadrat des Abstandes ab (→ Gravitationsgesetz). Sie hat also eine große – theoretisch unendliche – Reichweite. Wenn nur genügend großc Massen beteiligt sind, überwindet deshalb die G. alle anderen Kräfte (→ Astrophysik).
Niemand weiß bis heute, *warum* sich zwei Massen gegenseitig anziehen. *Wie* sie es tun, wird durch das *Gravitationsfeld* befriedigend beschrieben, wenngleich es auch noch nicht gelungen ist, die ›Feldquanten‹ *(Gravitonen)* des Gravitationsfeldes zu finden. *Albert Einstein* hat in seiner allgemeinen → Relativitätstheorie immerhin die Äquivalenz eines gleichmäßig beschleunigten Systems mit einem System gezeigt, das einem *homogenen* Gravitationsfeld ausgesetzt ist. Er hat daraus geschlossen, daß die Massenverteilung im Weltall dessen Struktur (Metrik) bestimmt, d. h. den Raum selbst beeinflußt.

Gravitationsgesetz

Warum fällt ein Stein zu Boden, wenn man ihn losläßt? Der Legende nach war es ein Apfel am Baum und der gleichzeitige Anblick des Mondes, der *Sir Isaac Newton* (1642–1727) auf den Gedanken brachte, daß die Kraft, die den Mond auf seiner Bahn hält, und die, welche den Apfel zu Boden fallen läßt, dieselbe sein könnte. Die Wirklichkeit war wohl ein wenig prosaischer. Die Analyse der → Keplerschen Gesetze der Planetenbewegung brachte Newton wahrscheinlich dazu, sein *Gravitationsgesetz* aufzustellen, das in unveränderter Form bis heute gilt:
Zwei Körper mit den Massen m_1 und m_2, deren Schwerpunkte sich im Abstand r voneinander befinden, ziehen sich mit einer Kraft an, die proportional zu m_1 und m_2 und umgekehrt proportional zum Quadrat ihres Abstandes r ist. Dieser Sachverhalt läßt sich in einer einfachen Formel ausdrücken:

$$F = \gamma \cdot \frac{m_1 \cdot m_2}{r^2}. \qquad (1)$$

Die Proportionalitätskonstante $\gamma \approx 6{,}67 \cdot 10^{-11}\ \mathrm{Nm^2/kg^2}$ ist unter dem Namen *Gravitationskonstante* bekannt. Die Massenanziehungskraft erscheint zunächst verschwindend klein zu sein. So ziehen sich z. B. zwei Massen von je 1 kg, die sich in einem Abstand von 1 m voneinander befinden, nur mit einer Kraft von $6{,}67 \cdot 10^{-11}$ N an – das ist nur etwa ein Hundertmilliardstel ihres Gewichtes! Weil aber die Gravitationskraft stets anziehend wirkt und ihre Reichweite so groß ist, daß beliebig große Massen zu ihrer Gesamtwirkung beisteuern können, überwiegt sie schließlich jede andere Kraft im Universum (→ Wechselwirkung, → Astrophysik). Schließlich ist ja auch das → Gewicht eines Körpes nichts anderes als die Gravitationskraft, die die Masse der Erde auf ihn ausübt.
Die Tatsache, daß die Massenanziehung auf den → Schwerpunkt eines Körpers wirkt, ist der Abhängigkeit vom Faktor $1/r^2$ in Gleichung (1) zuzuschreiben und läßt sich verhältnismäßig leicht ableiten, indem man die (vektorielle) Kräftesumme bildet, die von einer Punktmasse auf einen ausgedehnten Körper ausgeübt wird. Es ist erstaunlich, daß man die Gravitationskräfte selbst zwischen kleinen Massen von Kilogrammgröße im Labor ohne weiteres messen kann. Man benutzt dazu *Drehwaagen.* Sie bestehen im Prinzip aus einem sehr dünnen ›Faden‹, an dessen Ende eine hantelförmige Probemasse hängt (Figur 1). Wenn die beiden Prüfmassen sich in Stellung (A) befinden, hat

die Hantel eine etwas andere Ruhelage als bei Stellung (B) der Prüfmassen. Der Unterschied läßt sich sehr genau messen, indem man mit einem Laserstrahl einen ›Lichtzeiger‹ auf den kleinen Spiegel schießt, der mit der Hantel fest verbunden ist, und den reflektierten Strahl in großer Entfernung (einige Meter) registriert. Schon eine winzige Winkeldifferenz wird den Endpunkt dieses Lichtzeigers deutlich sichtbar verschieben. Aus den Daten der Drehwaage (Massen, Fadenabmessungen, Rückstellkraft usw.) kann man dann die Gravitationskonstante ausrechnen.

Das Gravitationsfeld

Wenn – wie im Fall der Erde und ihrer Bewohner – eine der beiden Massen im Gravitationsgesetz wesentlich größer ist als die andere, so ist es sinnvoll, die kleine ›Probemasse‹ aus der Formel herauszuziehen und die Restglieder zu einer Größe zusammenzufassen, die man sich als unabhängig von der Probemasse vorhanden denkt. Im Fall der Erde erhält man:

$$F = m \cdot \left[\gamma \cdot \frac{M_E}{r^2}\right]. \qquad (2)$$

Man sagt dann, die Kraft F auf die Probemasse sei gleich dem Produkt aus Probemasse und Feldstärke am Ort r:

$$\vec{F} = m \cdot \vec{g}_E(r) \text{ mit } g_E(r) = \gamma \cdot \frac{M_E}{r^2}. \qquad (3)$$

Dabei bedeutet M_E die Masse der Erde. Die Feldstärke $\vec{g}$ ist ein Vektor, weil auch $\vec{F}$ ein Vektor ist (die Größe m ist dagegen nur eine Zahl). Um genau zu sein, muß man schreiben:

$$\vec{g} = \gamma \frac{M_E}{r^2} \cdot \frac{\vec{r}}{|r|};$$

dabei ist $\vec{r}/|r|$ der Einheitsvektor in r-Richtung. Die Größe g ist nichts anderes als die Fallbeschleunigung am Ort r. Die Feldvor-

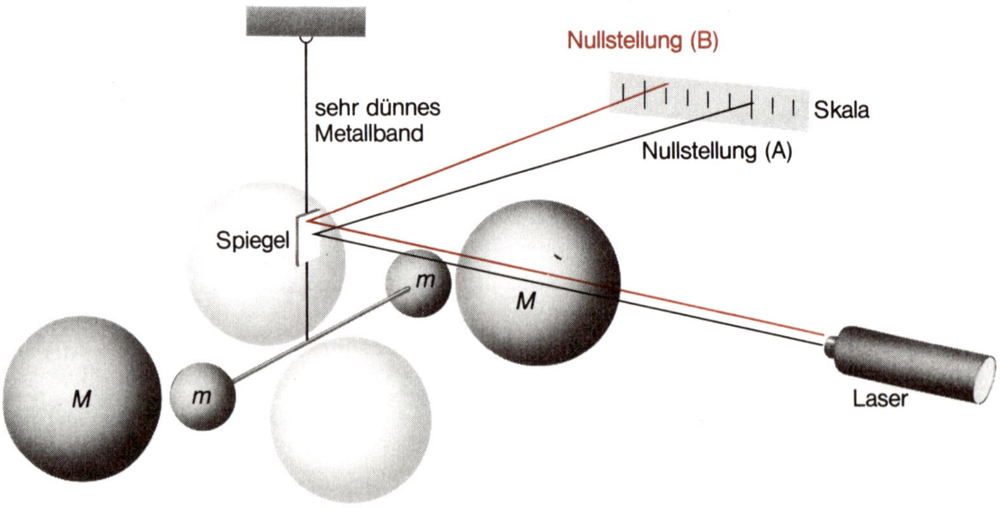

Gravitationsgesetz (Figur 1): Nachweis der Gravitation mit der Drehwaage; die Massen M können in zwei Stellungen ›rechts‹ (A) oder ›links‹ (B) zu den Massen m des Waagebalkens angebracht werden. Wegen ihrer Massenanziehung auf die Massen m hat die Waage für Stellung A eine andere Nullstellung als für Stellung B, der Unterschied wird auf der Skala angezeigt.

stellung geht davon aus, daß an einem bestimmten Ort *r* auch dann die zugehörige Fallbeschleunigung $g(r)$ herrscht, wenn sich gerade *kein* Probekörper dort befindet, um sie direkt nachzuweisen.
Wie die Kräftevektoren lassen sich auch die Feldstärken *verschiedener* Felder vektoriell zu einer resultierenden Feldstärke zusammensetzen. Man kann auf diese Weise die Gravitationsfelder von mehreren Himmelskörpern bilden. So ist z. B. das Summenfeld von Mond und Erde für die Berechnung der Flugbahnen von Mondfähren praktisch. Nichts hindert uns schließlich daran, auch dem Probekörper ein Feld zuzuschreiben, dessen Feldstärke zu allen anderen Feldstärken addiert werden muß.

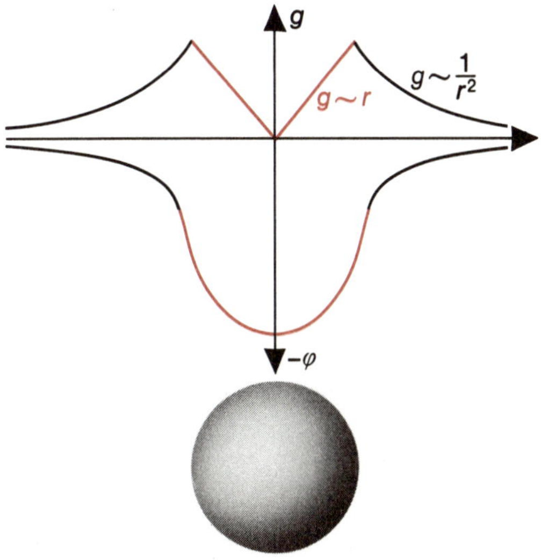

Gravitationsgesetz (Figur 2): Feldstärke und Potentialverlauf im Inneren und Äußeren einer aus einem homogenen Material bestehenden Kugel.

Das Gravitationspotential

Jeder Probekörper hat im Gravitationsfeld eine potentielle → Energie, die als diejenige → Arbeit definiert ist, die gegen das Gravitationsfeld aufgebracht werden muß, um ihn vom Unendlichen aus an eben seinen Ort zu bringen. Im Falle der Gravitation ist diese Arbeit negativ: Der Körper fällt ja ›freiwillig‹ und gewinnt dadurch kinetische Energie. Außerdem ist es gleichgültig, auf welchem Weg man den Körper an seinen Ort bringt, weil Zentralkräfte wie die Gravitation konservativ (energieerhaltend) sind. Daher gilt wieder für den Fall der Erde:

$$E_{\text{pot}} = \int_{-\infty}^{r} F \, \mathrm{d}r = = -m \cdot \gamma \cdot \frac{M_E}{r} = -m \cdot g \cdot r. \qquad (4)$$

Wieder zieht man die Masse des Probekörpers aus der Formel heraus und bezeichnet den Rest als ›Potential‹ φ. Es ist also

$$E_{\text{pot}} = -m \cdot \varphi(r).$$

Bei φ handelt es sich aber um eine skalare Größe, auch wenn sie von einem Vektor $(\vec{r})$ abhängt. Aus diesem Grund wird der ganze Aufwand getrieben, denn jetzt läßt sich auch die Feldstärke aus dem Potential durch eine einfache Operation herleiten (→ Vektoren), und es gilt:

$$\vec{g}(\vec{r}) = -\operatorname{grad} \varphi(\vec{r}). \qquad (5)$$

Die Feldstärke ist also gleich der Potentialänderung, ihre Richtung weist in die des stärksten Potentialgefälles. Dies ist der Inhalt der Gradientenbildung.

Die Gravitation im Innern der Erde

Eine Masse in Form einer Hohlkugel hat auf einen Probekörper in ihrem *Inneren* keine Gravitationswirkung, weil sich die Anziehungskräfte aller Massen genau kompensieren. Dies ist eine Eigenschaft, die alle Zentralkräfte mit einer Abhängigkeit von $1/r^2$ haben (→ Faradayscher Käfig). Die Feldstärke im Inneren einer kugelförmigen Masse vermindert sich also gegenüber der an der Oberfläche um so mehr, je tiefer der Probekörper eindringt. Wäre das nicht so, müßte die Feldstärke wegen $g \approx 1/r^2$ im Erdmittelpunkt unendlich groß sein. Die gleichzeitig abnehmende wirksame Masse (sie nimmt mit $1/r^3$ ab) verhindert diese unbefriedigende Singularität. Auch das Potential erreicht im Zentrum der Kugel nur einen endlichen (negativen) Wert (Figur 2). Für die Masse $M(r)$ einer homogenen Kugel mit dem Radius r und der Dichte ρ ergibt sich

$$M(r) = \rho \cdot V = \rho \cdot \frac{4}{3} r^3 \pi. \qquad (6)$$
$$g = \gamma \cdot \frac{M(r)}{r^2} = \gamma \cdot \frac{4}{3} \pi \cdot r.$$

Die Feldstärke nimmt also linear mit r bis auf Null im Zentrum ab, das Potential nimmt im Kugelinneren wegen Gleichung (5) wie eine Parabelkurve ab.

Ausblicke

Manche Physiker glauben, daß sich die Gravitationskonstante γ im Lauf der Zeit geändert hat. Sollte sich diese Annahme bestätigen – nichts Greifbares deutet gegenwärtig darauf hin –, so müßte die gesamte Kosmologie neu aufgebaut werden. Abgesehen von dieser Problematik herrscht aber die Meinung vor, daß die Gravitationswechselwirkung schon wegen ihrer Kleinheit irgendwie schon in den anderen Wechselwirkungen enthalten sein sollte. Würde dies zutreffen, so müßte sich die Gravitationskonstante durch die anderen → Naturkonstanten ausdrücken lassen – und eventuell eine Funktion der Zeit sein.

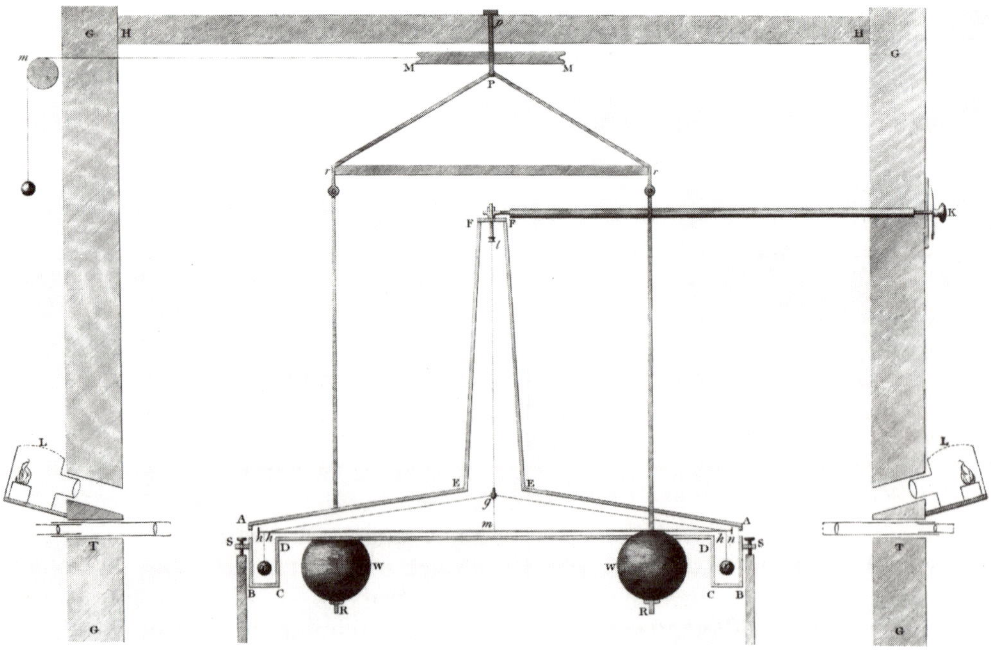

Gravitationsgesetz: Mit dieser Versuchsanordnung bestimmte *Henry Cavendish* (1731–1810) erstmals die Gravitationskonstante. © Deutsches Museum, München

Gravitonen

Als G. bezeichnet man die – hypothetischen – Feldquanten des Gravitationsfeldes. Niemand hat sie bisher nachweisen können, obwohl sie ja jede Schwerewirkung vermitteln sollten. In besonders großer Anzahl müßten sie auftreten, wenn es sich um rasch veränderliche Massenverteilungen handelt, z. B. im astronomischen Bereich bei kollabierenden Sternen. Man schreibt den G. den Spin 2 zu (→ Elementarteilchen, → Gravitation).

Gray

Abk. Gy, seit 1986 allein zulässige Einheit der Energiedosis, benannt nach *Louis Harald Gray* (1905–1965); 1 Gy = 1 J/kg = 100 rad (→ Maße und Maßsysteme, → Strahlenbelastung und Strahlenschutz).

Gruppengeschwindigkeit

Die G. (auch *Signalgeschwindigkeit)* ist die Geschwindigkeit einer Gruppe von Wellen verschiedener Frequenz. Im Gegensatz dazu steht die *Phasengeschwindigkeit* als Geschwindigkeit eines bestimmten Zustands (Phase) einer monofrequenten Welle. Die G. ist gleich der Phasengeschwindigkeit, wenn das Medium keine → Dispersion zeigt (→ Wellen).

Gy

Abk. für → Gray, die Maßeinheit der Energiedosis.

H Abk. für → Henry, die Maßeinheit der magnetischen Induktivität (→ Maße und Maßsysteme).

h **1)** Abk. für die Vorsilbe → Hekto- bei Maßeinheiten (→ Maße und Maßsysteme);
2) Formelzeichen für das → Plancksche Wirkungsquantum;
3) Abk. für Stunde (von lat. hora).

ha

Abk. für das Flächenmaß → Hektar, 1 ha = 10 000 m^2.

Hadronen

Alle Teilchen, die der starken Wechselwirkung unterliegen (→ Elementarteilchen), werden als H. bezeichnet.

Hagen-Poiseuillesches Gesetz

Der deutsche Ingenieur *Hagen* untersuchte 1839 die Strömung von Flüssigkeiten in Röhren, unabhängig und nahezu gleichzeitig mit dem französischen Arzt *Poiseuille*, der sich der Erforschung des Blutkreislaufs widmete. Beide fanden den heute nach ihnen benannten Zusammenhang zwischen Rohrradius r, Druckgefälle $(p_1 - p_2)/l$, Zähigkeit der strömenden Flüssigkeit η und dem pro Sekunde durch den Rohrquerschnitt strömenden Flüssigkeitsvolumen V/t. Er lautet:

$$\frac{V}{t} = \frac{\pi}{8} \cdot r^4 \cdot \frac{p_1 - p_2}{l \cdot \eta}. \qquad (1)$$

Das ›Druckgefälle‹ ist die Druckdifferenz $p_1 - p_2$ der Drücke am Anfang und am Ende des Rohres, dividiert durch dessen Länge l. Die Gleichung (1) hat folgende Annahmen zur Voraussetzung: Die Strömung im Rohr erfolgt *laminar,* d. h. in Schichten, ohne Wirbel, wobei die Strömungsgeschwindigkeit an der Wand durch → Adhäsion Null ist und in der Rohrmitte ihren größten Wert erreicht. Auf diese Weise kommt ein parabolisches Geschwindigkeitsprofil zustande, das sich mit gefärbter Flüssigkeit experimentell sehr gut nachweisen läßt (Figur 1). Führen wir eine mittlere Strömungsgeschwindigkeit v_m ein, so muß gelten $V/t = r^2 \pi \cdot v_m$. Andererseits ist $r^2 \pi \cdot (p_1 - p_2)$ die Kraft, die die Flüssigkeit durch das Rohr treibt. Diese ist wiederum

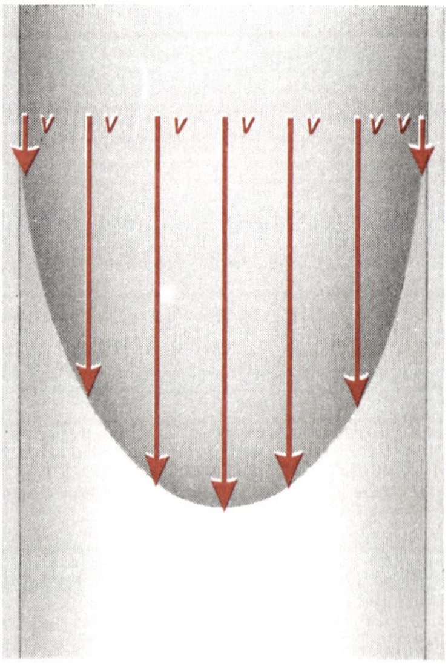

Hagen-Poiseuillesches Gesetz (Figur 1): Die Strömungsgeschwindigkeit *v* einer Flüssigkeit in einem Rohr nimmt von der Wand zur Rohrmitte hin gleichmäßig zu, solange die Strömung laminar verläuft, also keine Wirbel bildet.

zahlenmäßig gleich dem Reibungswiderstand *W*, den das Rohr der Länge *l* der Strömung entgegensetzt. In diesen Größen ausgedrückt lautet das H.-P. G.:

$$W = 8\pi \cdot \eta \cdot l \cdot v_m. \qquad (2)$$

In dieser Form ist es zum Vergleich mit anderen Strömungswiderständen geeignet (→ Reynoldssche Zahl, → Stokessches Gesetz, → Aerodynamik).

Die Gleichung (1) ist in verschiedener Hinsicht aufschlußreicher. Einmal dient sie direkt zur experimentellen Bestimmung der Zähigkeit η von Flüssigkeiten und Gasen. Eine experimentelle Anordnung ist z. B. in Figur 2 dargestellt. Die Größe $(p_1 - p_2)$ ist konstant gleich $\rho g h$, solange der Flüssigkeitsspiegel in der Flasche oberhalb der Mündung des Ausflußrohres liegt. Die anderen Größen *l, r* und V/t lassen sich ebenfalls leicht messen.

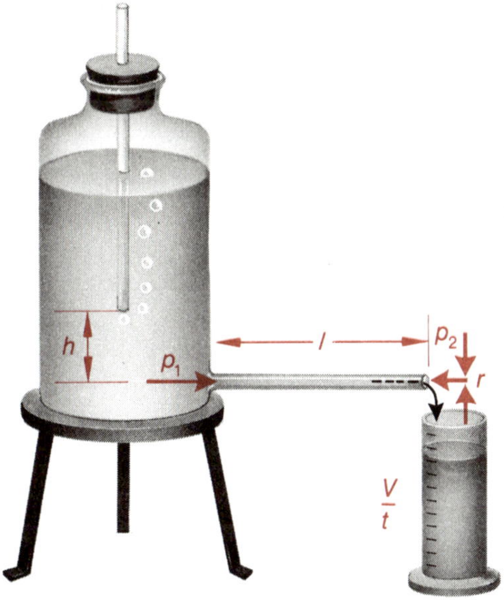

Hagen-Poiseuillesches Gesetz (Figur 2): Experimentelle Anordnung zur Bestimmung der Zähigkeit η einer Flüssigkeit mit Hilfe der Hagen-Poiseuilleschen Gleichung

Man muß nur sicher sein, daß die Strömung wirklich *laminar* erfolgt (Rohreinlauf abrunden, Rohrdurchmesser geeignet wählen).

Der menschliche (und tierische) Blutkreislauf ist gegenüber den durch die Umwelt gestellten Erfordernissen äußerst anpassungsfähig. Je nach Belastung pumpt das Herz mehr oder weniger Blut in die Peripherie, um den zur Muskelbewegung erforderlichen Sauerstoff heranzuschaffen. Nur durch Erhöhung des Blutdrucks wäre es dazu aber ohne Gefährdung des Gesamtsystems nicht imstande. Wir verfügen glücklicherweise über die Möglichkeit, den Durchmesser unserer feinsten Adern (Kapillarsystem) geringfügig zu erweitern. Dank der Tatsache, daß der Kapillarradius mit der vierten (!) Potenz in die Gleichung (1) eingeht, können wir die Durchflußmenge des Blutes verdoppeln, ohne den Druck zu erhöhen, wenn sich die Kapillaren nur um etwa 20 % (das $\sqrt[4]{2}$fache) erweitern. Diese Erklärung für die Anpassungsfähigkeit des menschlichen Kreislaufs hatte auch der Arzt Poiseuille gesucht, als er seine Strömungsexperimente durchführte.

Halbleiterelektronik

Die elektrischen Eigenschaften eines reinen *Halbleiters* folgen aus dem → Bändermodell. Sie konnten allerdings erst verwirklicht werden, seit es Herstellungsmethoden gibt, die Reinheitsgrade von 10^{-10} und mehr zulassen, d. h. weniger als 1 Fremdatom auf 10^{10} Halbleiteratome (bzw. Moleküle). Reine Halbleiter sind entweder vierwertige Einkristalle wie Germanium oder Silicium oder äquivalente Legierungen von Elementen, deren Wertigkeiten sich zu acht ergänzen. Dann bilden zwei Atome ein Quasimolekül des

Halbleiters mit einer abgeschlossenen Elektronenschale. Derartige Halbleiter sind Zinksulfid (ZnS) oder Galliumarsenid (GaAs). Ebenfalls Halbleitereigenschaften haben Metalloxide wie Cu_2O, die in *MOS-Bausteinen* (Abk. für engl. M*etal*-O*xid*-S*emiconductor*) zur Anwendung kommen. Die Leitfähigkeit reiner Halbleiter ist sehr klein und temperaturabhängig. Sie steigt aber um viele Größenordnungen, wenn man gezielt bestimmte Verunreinigungen zusetzt.

n-Leiter und p-Leiter

Die gezielte Verunreinigung eines Halbleiters *(Dotierung)* kann zwei verschiedene Leiterarten erzeugen. Baut man in ein Germanium- oder Siliciumgitter, dessen Atome jeweils 4 Außenelektronen haben, Atome mit 5 Außenelektronen ein, dann entsteht ein *n-Leiter* (von n*egativ*). Jedes Atom wird nämlich am Gitterplatz eines Vierelektronenatoms gebunden, so daß das überzählige Elektron leicht aus seiner Schale gelöst werden kann. Die Energiezustände der Elektronen dieser *Donatoren (Spender)* liegen knapp unterhalb des Leitfähigkeitsbandes (Figur 1).

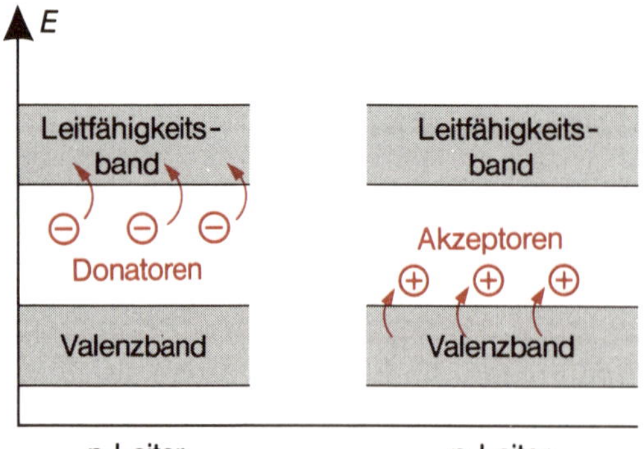

Halbleiterelektronik (Figur 1): Bändermodell für n-Leiter und p-Leiter; Donatoren geben ihr Überschußelektron ins Leitfähigkeitsband ab und erzeugen die Elektronenleitung. Akzeptoren ziehen Elektronen aus dem Valenzband und erzeugen so die Mangel- oder Löcherleitung.

Baut man andererseits in dasselbe Grundgitter Atome mit nur 3 Außenelektronen ein, dann werden auch diese wie Vierelektronenatome behandelt, denen ein Elektron ›fehlt‹. Dieses *Defektelektron* wirkt wie ein besonders leicht abzugebendes ›Elektronenloch‹, das sich im Kristallverband verhält wie eine positive Ladung. Die Energiezustände dieser Elektronenfehlstellen sitzen im Bändermodell knapp über dem Valenzband (Figur 1) und können aus diesem leicht ein Elektron abziehen *(Akzeptoren).* Dann entsteht im Valenzband ein ›Loch‹, das wie ein positiver Ladungsträger wirkt. Halbleiter mit dieser Dotierung heißen *p-Leiter* (von p*ositiv*).

All das wäre wohl nicht der Mühe wert, wenn man nicht n-Halbleiter und p-Halbleiter in *einem* Grundkristall herstellen könnte, indem man bestimmte Bereiche des Kristalls ganz gezielt mit Fremdatomen dotiert.

Die pn-Junktion

Eine innere Berührungsschicht von n-dotiertem und p-dotiertem Material in ein- und demselben Halbleiterkristall nennt man *Sperrschicht, Intrinsicschicht* oder *Junktion* (engl.; dt. Verbindung). Aufgrund der thermischen → Diffusion gleichen sich dort die Ladungsträger aus (die Elektronen ›fallen in die Löcher‹), so daß sich innerhalb einer gewissen Schichtdicke die (sehr kleine) Eigenleitfähigkeit eines nahezu reinen Halbleiterkristalls einstellt. Im Vergleich zu den n-leitenden bzw. p-leitenden Bereichen hat die Intrinsicschicht einen sehr hohen Widerstand (daher Sperrschicht). Gleichzeitig bilden sich *Raumladungen* aus, denn n-leitendes Material, das mit Löchern rekombiniert, ist natürlich positiv geladen, während p-leitendes Material, das Elektronen zur Löcherauffüllung angesaugt hat, negativ geladen ist. Diese Raumladungen zu bei-

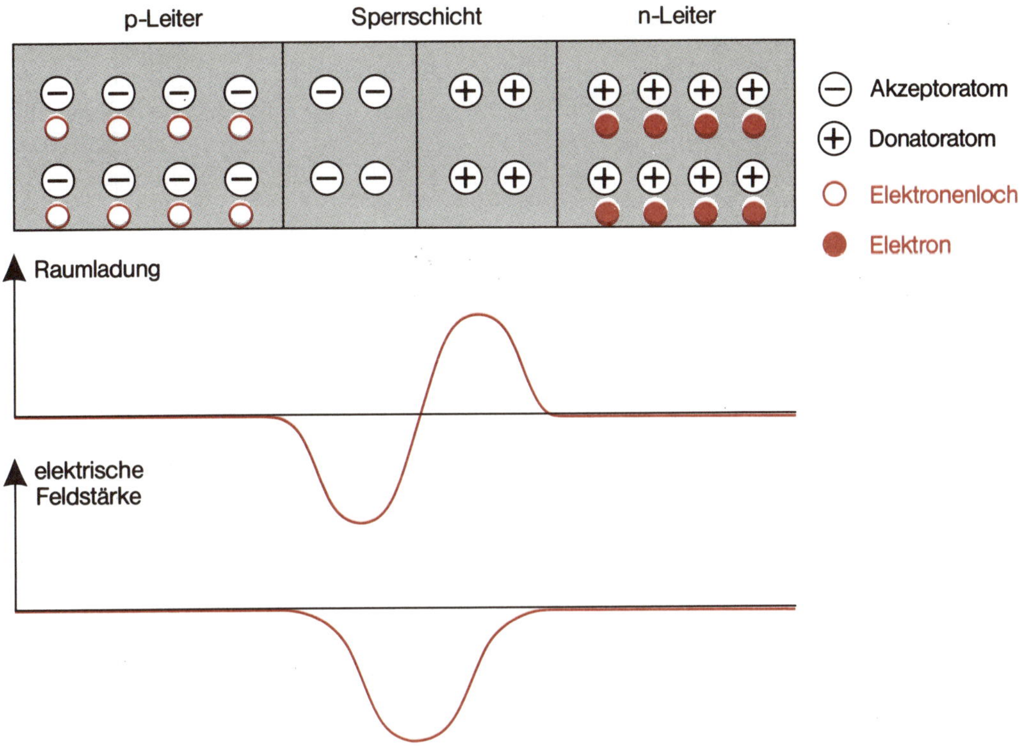

Halbleiterelektronik (Figur 2): Schematische Darstellung des pn-Übergangs ohne Einwirkung eines äußeren Feldes; in der Sperrschicht baut sich ein elektrisches Feld auf.

den Seiten der Berührungsstelle erzeugen ein starkes → elektrisches Feld in der Sperrschicht (Figur 2). Die elektrische Feldstärke hängt von der Ladungsträgerkonzentration, also der Dotierung ab und natürlich vom Gittermaterial. Für Germanium und gängige Dotierungen (10^{16} Fremdatome pro Kubikzentimeter) erhält man bei Zimmertemperatur (300 K) Sperrschichtdicken von etwa 10 µm (10^{-2} mm) und Feldstärken von 500 V/cm.

Die Bedeutung der Sperrschicht wird jedoch erst klar, wenn man ein zusätzliches äußeres Feld überlagert. Das geschieht, indem man im n-Bereich und im p-Bereich je einen Kontakt anbringt und eine Spannung anlegt. Polt man diese Spannung so, daß der positive Pol an der n-Schicht, der negative Pol an der p-Schicht liegt, dann zieht das äußere Feld nach beiden Seiten die komplementären Ladungsträger in Richtung der Kontakte ab (Figur 3) und *verbreitert* damit die Sperrschicht. Man sagt, der *pn-Übergang* wird in *Sperr-Richtung* betrieben. Bei umgekehrter Polung (›plus‹ an p-Schicht, ›minus‹ an n-Schicht) wird die Sperrschicht abgebaut, der Widerstand der Anordnung vermindert sich um viele Größenordnungen, es fließt ein Strom. Man sagt, der *pn-Übergang* wird in *Durchlaßrichtung* betrieben. Sie sehen, der normale pn-Übergang läßt den Strom praktisch nur in einer Richtung durch. Er wirkt als *Gleichrichter.* Ich beschreibe im folgenden die

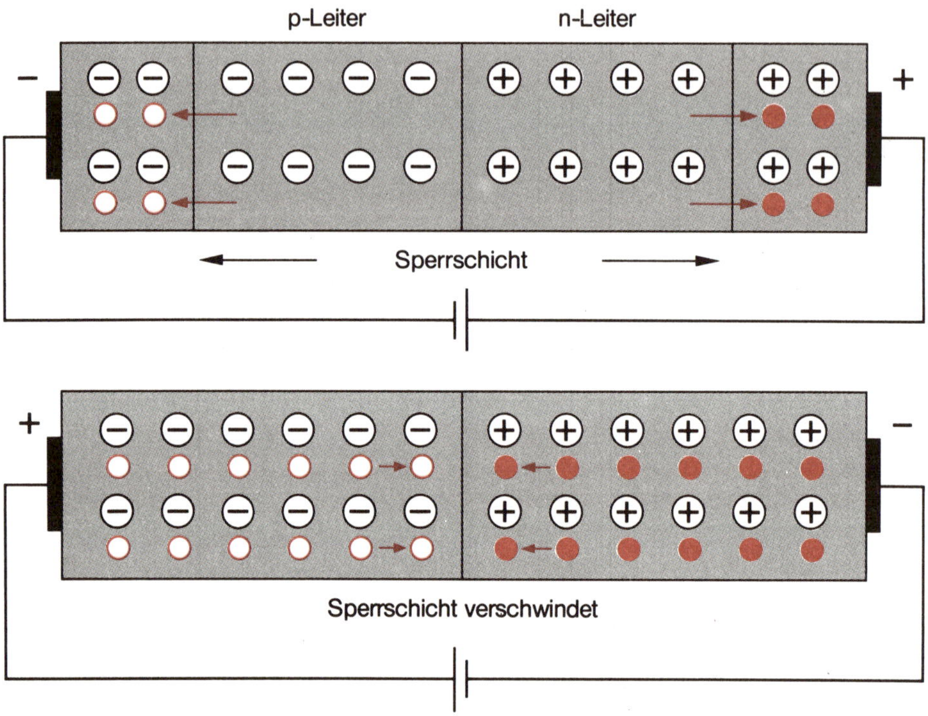

Halbleiterelektronik (Figur 3): *Oben* Betrieb des pn-Übergangs in Sperr-Richtung mit breiter Sperrschicht, *unten* Betrieb in Durchlaßrichtung mit verschwindender Sperrschicht

einfachsten elektronischen Bauelemente, die sich mit solchen pn-Übergängen herstellen lassen.

Dioden

Dioden sind Bauelemente, die den Strom in einer Richtung durchlassen, ihn aber in der anderen Richtung sperren. Wie Sie gesehen haben, erfüllt der pn-Übergang genau diese Forderung. Je nach den einzelnen Erfordernissen der Schaltung werden aber viele verschiedene Diodenarten hergestellt, zu deren vollständiger Aufzählung hier der Platz fehlt. Die wichtigsten sind folgende:

1. *Gleichrichter-Dioden* (oft aus Silicium) werden sowohl für kleine Wechselspannungsfrequenzen, dafür aber hohe Sperrspannungen hergestellt als auch (HF-Diode) für hohe Frequenzen, aber geringe Spannungen. Sie werden auch als Schalter vor allem in der Computertechnik verwendet, obwohl man in Kauf nehmen muß, daß ein Diodenschalter im Gegensatz zu einem geöffneten Kontakt einen kleinen Sperrstrom durchläßt. Dafür sind aber die Schaltzeiten um Größenordnungen kürzer als etwa bei einem Relais.
2. *Z-Dioden* oder *Zener-Dioden* (benannt nach *Clarence Zener,* * 1905) funktionieren sogar dadurch, daß eine gegebene Sperrschicht nur begrenzte Sperrspannungen aushält. Wird die Feldstärke in der Sperrschicht zu groß, so werden Elektronen aus dem Valenzband ›herausgerissen‹ und erzeugen eine Ladungslawine, die das Feld zusammenbrechen läßt, ohne aber die Diode zu zerstören. Durch

geeignete Materialien und Dotierungen kann man praktisch Z-Dioden für jede Durchbruchspannung herstellen. Man verwendet sie meist als Schutzdioden, die ein empfindliches Bauteil vor Überspannung bewahren, indem sie einfach leitend werden und damit einen Kurzschluß erzeugen, wenn ihre Durchbruchspannung erreicht ist. Auch als Bauelemente zur Spannungsstabilisierung werden sie oft benutzt.

3. *Photodioden* werden so gebaut, daß ihre Sperrschicht von Licht getroffen werden kann. Die durch den inneren → Photoeffekt erzeugten Ladungsträger erhöhen die Leitfähigkeit der Sperrschicht, wenn sie in Sperr-Richtung betrieben wird. Man hat auf diese Weise einen Widerstand zur Verfügung, dessen Größe von der Belichtung abhängt. Verzichtet man auf das Anlegen einer äußeren Spannung, so werden die durch das Licht erzeugten Ladungsträger vom Feld der Sperrschicht abgesaugt und bauen eine Spannung zwischen der p-Schicht und der n-Schicht auf, deren Größe wieder von der Belichtung abhängt. Man spricht dann besser von einem *Photoelement*, weil dabei offenbar eine elektromotorische Kraft entsteht. Photodioden werden meistens als Photoelemente gebaut und verwendet, weil man beleuchtungsabhängige Widerstände auch aus anderen Materialien wie Cadmiumsulfid (CdS) herstellen kann, die ohne Sperrschicht betrieben werden können.

4. *Leuchtdioden* oder *Lumineszenzdioden* (engl. L*ight* E*mitting* D*iode*, Abk. LED) werden in Durchlaßrichtung betrieben. Die Rekombination von Elektronen und Löchern setzt Energie in Form von Lichtquanten frei. Spezielle Dotierungen und Halbleitermaterialien gestatten die Konstruktion von Leuchtdioden, die recht schmale Wellenlängenbereiche aussenden und dann in verschiedenen Farben aufleuchten (Rot, Grün, Gelb usw.). Man verwendet sie meist als Signallampen, weil sie nur niedrige Betriebsspannungen brauchen und mit einer gegenüber Glühlampen wesentlich größeren Lichtausbeute aufwarten.

Transistoren

Schaltet man zwei pn-Übergänge hintereinander, so ergibt sich ein Bauelement, das sich wie ein steuerbarer Widerstand verhält (engl. *trans-resistor,* dt. Durchgangswiderstand). Dabei gibt es zwei Typen, die man durch die Aufeinanderfolge ihrer Leiterschichten kennzeichnet: *pnp-Transistoren* und *npn-Transistoren.* Die drei Schichten werden mit Kontakten versehen und tragen die Namen *Emitter* (E), *Basis* (B) und *Kollektor* (C). Im Betrieb werden vom Emitter Ladungsträger emittiert, die vom Kollektor wieder ›eingesammelt‹ werden. Die Basis ist die Grund- und Steuerschicht, auf der sich die beiden Sperrschichten aufbauen. Um die Wirkungsweise zu erklären, gehe ich von einem pnp-Transistor aus (Figur 4). Am einfachsten stellen wir uns Emitter, Basis und Kollektor zunächst kurzgeschlossen vor. Dann gibt es zwei Sperrschichten wie in Figur 2 mit entsprechend großen Widerständen. Trennen wir jetzt die Verbindung von der Basis zum Emitter und zum Kollektor auf und löten eine Spannungsquelle U_B ein, so daß die Basis gegen die beiden anderen Schichten negativ wird, dann schrumpfen nach Figur 3 die beiden Sperrschichten, und die Widerstände werden kleiner. Es fließt dann zwar ein Durchlaßstrom von der Basis durch die beiden anderen Schichten ab, aber dieser wird klein, wenn man z. B. die Basis recht dünn macht. Trennt man nun den Emitter-Kollektor-Kurzschluß auf und fügt statt dessen eine Spannungsquelle U_{EC} ein (Figur 4), ändert sich am Verhalten des Emitter-Kol-

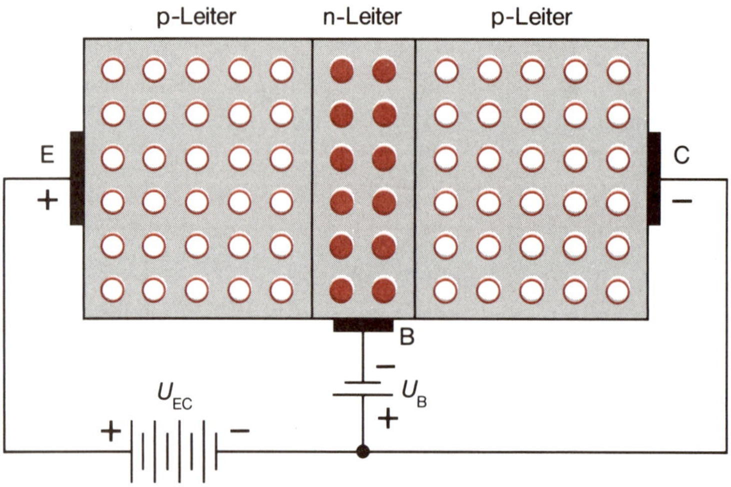

Halbleiterelektronik (Figur 4): Schema zur Funktion eines pnp-Transistors (E Emitter, B Basis, C Kollektor); die kleine Steuerspannung U_B verursacht einen großen, durch U_{EC} angetriebenen Strom von E nach C.

lektor-Widerstandes nichts. Er bleibt nach wie vor stark von der Basisspannung abhängig. Der Strom aber, der vom Emitter zum Kollektor fließen kann, ist einige Zehnerpotenzen größer als der Basisstrom. Es existiert also die Möglichkeit, den Transistor wie einen *Stromverstärker* einzusetzen. Selbstverständlich läßt sich dasselbe Widerstandsverhalten auch am npn-Transistor zeigen – mit entsprechend umgepolten Spannungen. Man kennt auch höchst unterschiedliche Bauformen von Transistoren, die z. B. Spannungsverstärkung erlauben oder die ähnlich wie Photodioden durch Lichteinstrahlung gesteuert werden. Diese technischen Spezialgebiete müssen aber anderen Büchern vorbehalten bleiben. Ich will hier nur noch kurz einen völlig anders konzipierten Transistor erwähnen, der wegen seiner geringen Verlustleistung vor allem in den logischen Schaltungen der Computertechnik größte Bedeutung erlangt hat:

Der *Feldeffekt-Transistor (FET)* unterscheidet sich von den bipolaren pnp- oder npn-Transistoren dadurch, daß nur *eine* Sorte von Ladungsträgern den Stromtransport übernimmt. Wir beschränken uns auf n-leitendes Material. Man bezeichnet die beiden Durchgangselektroden eines FET's als *Source (Quelle)* und *Drain (Abfluß)*, die Steuerelektrode als *Gate (Tor)*. Man kennt zwei Möglichkeiten, den Strom im n-Leiter durch das bloße Anlegen eines elektrischen Feldes zu steuern. Die erste *(Sperrschicht-FET)* engt einen n-leitenden Kanal durch ihn umgebende Sperrschichten geometrisch so ein, daß der Widerstand bis zur Abschnürung des Kanals anwächst. Da die Sperrschichten (Figur 5 oben) ziemlich dick sind, fließt auch nur ein sehr geringer Gate-Strom (Widerstand des Gate-Kanals $\approx 10^{11}\ \Omega$). Der andere, wichtigere FET-Typ wird auf einem p-leitenden Silicium-Substrat hergestellt. Auch er besitzt Source und Drain, die durch einen n-leitenden, aber sehr schwach dotierten Kanal verbunden sind. Das Gate aber ist wie ein Kondensator ausgebildet und vom Kanal durch das Substrat (Figur 5 unten) und durch eine Metalloxidschicht getrennt *(MOSFET)*. Legt man an den Gate-Kondensator eine geeignete Spannung, so werden freie Ladungsträger an die Grenzschichten des Kondensators mit dem Kanal getrieben

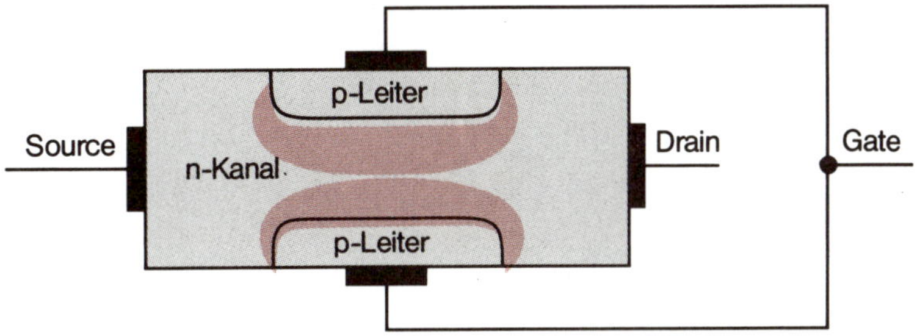

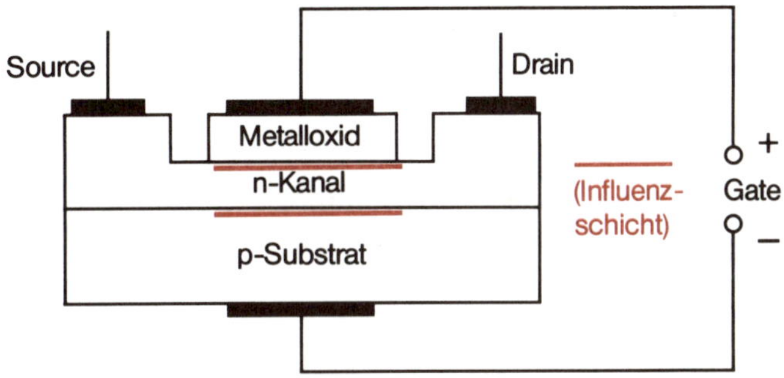

Halbleiterelektronik (Figur 5): Schematische Darstellung eines Sperrschicht-FET *(oben)* und eines MOSFET *(unten)*

und verändern die Leitfähigkeit des Kanals um viele Größenordnungen. All das geschieht praktisch leistungslos, denn der Widerstand der Metalloxidschicht ist nahezu unendlich groß ($\approx 10^{15}\,\Omega$).

Halbwertszeit

Es gibt viele Vorgänge in der Natur, die durch eine Wachstums- oder Dämpfungsfunktion beschrieben werden können. Insbesondere gehören statistisch verlaufende Prozesse dazu, bei denen die Einzelereignisse *voneinander unabhängig* (›entkoppelt‹) mit einer gewissen Wahrscheinlichkeit eintreten. Sehr exakt trifft das beim Zerfall radioaktiver Substanzen zu. Ein Atomkern ist unabhängig vom anderen, er zerfällt ›für sich allein‹ mit einer gewissen Wahrscheinlichkeit. Deshalb ist die Zahl der Zerfälle pro Zeiteinheit $\mathrm{d}N/\mathrm{d}t$ nur proportional zur Anzahl $N(t)$ der gerade vorhandenen Kerne:

$$\frac{\mathrm{d}N}{\mathrm{d}t} = -\lambda\, N(t). \qquad (1)$$

Der Proportionalitätsfaktor λ ist *nicht* zeitabhängig, sondern ein Maß für die Wahrscheinlichkeit, mit der ein Kern in der nächsten Zeiteinheit zerfällt. Das Minuszeichen drückt aus, daß *$N(t)$ abnimmt.* Die Integration dieser einfachen Differentialgleichung liefert die Dämpfungsfunktion:

$$N(t) = N(0) \cdot \mathrm{e}^{-\lambda t}, \qquad (2)$$

e = Eulersche Zahl, $N(0)$ = Anzahl der vorhandenen Kerne zur Zeit $t = 0$ (Anfang der Messung). Der Umgang mit λ ist etwas unhandlich: nach der Zeit

$$t = \frac{1}{\lambda} \text{ ist } N(t) = \frac{N(0)}{\mathrm{e}},$$

die Anzahl also auf $1/\mathrm{e} \approx 36{,}9\,\%$ zurückgegangen. Im Umgang mit radioaktiven

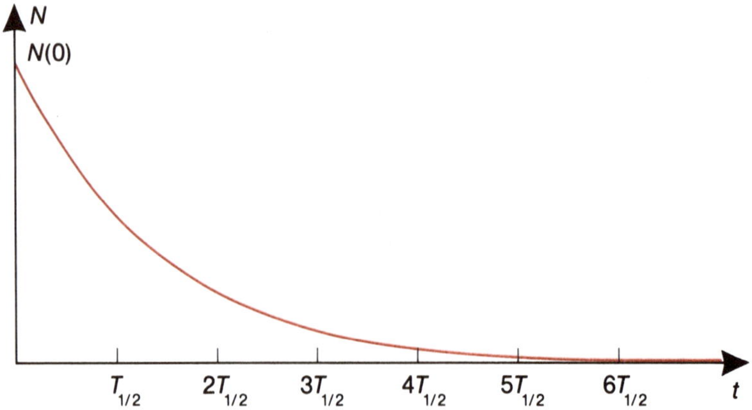

Halbwertszeit (Figur 1): Zeitlicher Verlauf der Anzahl *N* der Kerne eines radioaktiven Isotops; nach jeweils einer Halbwertszeit ist die Hälfte der vorhandenen Kerne zerfallen.

Stoffen rechnet man lieber mit der Zeit $T_{1/2}$, nach der die Zahl der aktiven Kerne *auf die Hälfte* zurückgegangen ist. Diese *Halbwertszeit* ergibt sich sehr leicht aus der Gleichung (2). Setzt man $t = T_{1/2}$ ein, so soll $N(t) = N(0)/2$ sein:

$$\frac{N(0)}{2} = N(0) \cdot e^{-\lambda \cdot T_{1/2}}$$

$$\text{oder } 2 \cdot e^{-\lambda \cdot T_{1/2}} = 1 .$$

Logarithmieren auf beiden Seiten ergibt:

$$\ln 2 - \lambda T_{1/2} = 0$$

Der Ausdruck ln 2 ist der natürliche Logarithmus (zur Basis e) von 2. Er hat den Zahlenwert von etwa 0,69. Damit erhält man schließlich

$$T_{1/2} \approx \frac{0{,}69}{\lambda} = 0{,}69 \cdot \tau. \qquad (3)$$

Die Größe τ ist die mittlere → Lebensdauer eines der betrachteten radioaktiven Kerne.

Nach der Halbwertszeit $T_{1/2}$ ist die Hälfte der Kerne zerfallen, nun aber nach einer weiteren Zeitspanne $T_{1/2}$ nicht der gesamte Rest, sondern wieder nur die Hälfte der vorhandenen Kerne usw. (Figur 1). *Ganz* verschwindet eine radioaktive Substanz also theoretisch ›nie‹. Praktisch aber wird natürlich irgendwann einmal der Zeitpunkt erreicht, wo nur noch *ein* Kern vorhanden ist, und spätestens dann hat jede Statistik ein Ende. Solange man es aber noch mit vielen Kernen zu tun hat – und das ist auch bei sehr verdünnten Substanzen noch der Fall –, ist die Halbwertszeit eine vorzügliche Meßgröße. Sie ist so präzise konstant, daß man sie sogar zur Zeitbestimmung einsetzen kann.

Ein recht bekanntes Beispiel dafür ist die sog. *C^{14}-Methode.* Das radioaktive Kohlenstoffisotop 14 wird in der Atmosphäre ständig neu gebildet, so daß in der Atemluft ein stets gleicher Anteil an C^{14} vorhanden ist. *Lebende* Organismen stehen im Gleichgewicht mit ihrer Umwelt. Ihr Kohlenstoffgehalt hat daher den gleichen C^{14}-Anteil, wie ihn auch ihre Umwelt aufweist. Stirbt ein Organismus, wird der Stoffaustausch mit der Umgebung unterbrochen. Die radioaktiven Kohlenstoffverbindungen werden nicht durch neue ersetzt, und das vorhandene C^{14} zerfällt mit der ihm eigenen Halbwertszeit von 5570 Jahren. Mißt man also den Gesamtgehalt eines Fossils an Kohlenstoff und zugleich die Restaktivität von C^{14}, so läßt sich das Todesdatum der Substanz recht gut bestimmen. An geologischen Zeiträumen gemessen, sind auch 5000 Jahre nicht viel. Man kann also einigermaßen sicher sein, daß sich der Gehalt der Atmosphäre an C^{14} über viele Halbwertszeiten hinweg nicht geändert hat. Mit dieser Konstanz steht und fällt natürlich die Methode. Da in unserem Jahrhundert der CO_2-Gehalt der Atmosphäre ständig steigt (Verbrennung riesiger Kohlenstoffmengen durch die Menschen), wird sich auch der C^{14}-Gehalt der Atmosphäre verändern. Für kommende Jahrtausende wird deshalb die C^{14}-Methode ohne Ergänzungen, die diesen Anstieg berücksichtigen, nicht mehr anwendbar sein.

Hall-Effekt

Eine direkte Konsequenz der → Lorentz-Kraft wurde schon 1879 von *Edwin Hall* (1855–1938) nachgewiesen. In einem bandförmigen Leiter der Breite *b*, dessen Fläche (Figur 1) senkrecht von einem Magnetfeld $\vec{B}$ durchsetzt wird, wirkt auf die Ladungsträger aufgrund ihrer Driftgeschwindigkeit $\vec{v}$ die Lorentz-Kraft $\vec{F} = e \cdot \vec{v} \times \vec{B}$ und treibt sie solange an die Schmalseite des Leiters, bis sich wegen der angehäuften Ladungsdichte ein → elektrisches Feld ausgebildet hat (innerhalb von etwa 10^{-10} Sekunden), dessen Wirkung auf die Ladungsträger der Lorentz-Kraft das Gleichgewicht hält. Diese Feldstärke $\vec{E}$ kann als Spannung $U_H = E \cdot b$ zwischen den Schmalseiten des Leiters gemessen werden *(Hall-Spannung)*. Die Hall-Spannung pro cm Leiterbreite ist als Materialeigenschaft um so größer, je größer die Driftgeschwindigkeit $\vec{v}$ der Ladungsträger, d. h. je größer deren Beweglichkeit ist. Deshalb sind für Halbleiter die Hall-Spannungen am größten, in Indiumarsenid, InAs, z. B. bis zu 1 V (→ Halbleiterelektronik, → Bändermodell).

Die Hall-Querspannung läßt sich auf vielerlei Weise ausnutzen. Sie ist (bei gegebenem Strom) ein direktes Maß für die Größe von $\vec{B}$. Hall-Sonden dienen deshalb zur Ausmessung von Magnetfeldern. Der *Quanten-Hall-Effekt* (*von-Klitzing-Effekt,* nach *Klaus von Klitzing,* * 1943), tritt bei sehr niedrigen Temperaturen in sehr dünnen, monomolekularen Leiterschichten auf, wenn man große Magnetfelder anlegt (zweidimensionales ›Elektronengas‹). Dann zeigt sich, daß die Hall-Spannung einer solchen Schicht in Sprüngen zunimmt, die allerdings mit abnehmendem Magnetfeld rasch kleiner werden, aber den Widerstand der Größe h/e^2 definieren (h = Plancksches Wirkungsquantum). Der Quanten-Hall-Effekt kann deshalb als Widerstands-Normal eingesetzt werden.

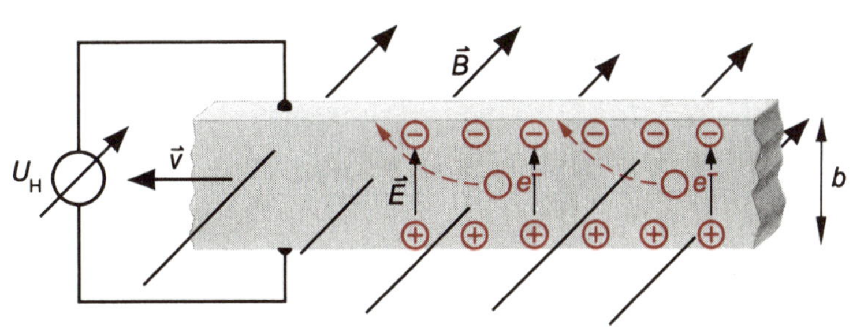

Hall-Effekt (Figur 1): Die Entstehung der Hall-Spannung U_H in einem bandförmigen Leiter der Breite *b*, der quer zur Stromrichtung von einem Magnetfeld $\vec{B}$ durchsetzt wird.

Hamiltonsches Prinzip

Der Versuch, die Gesetze der Mechanik (Bewegung von Massenpunkten) durch ein möglichst einfaches Prinzip festzulegen, ist fast so alt wie die Mechanik selbst. *Sir William Rowan Hamilton* (1805–1865) gelang bereits die Formulierung des *Prinzips der kleinsten Wirkung*, das allen mechanischen Systemen eine Funktion L zuschreibt, deren Integral über die Zeit zu einem *Minimum* wird:

$$S = \int_{t_1}^{t_2} L \cdot \mathrm{d}t .$$

L heißt *Lagrange-Funktion* (nach *Joseph-Louis Lagrange*, 1736–1813), sie hängt für ein abgeschlossenes System nur von den Orts- und Geschwindigkeitskoordinaten der Teilchen ab und bedeutet (für die meisten Systeme) die *freie Energie* ($E_{\mathrm{kin}} - E_{\mathrm{pot}}$). S hat die Dimension einer *Wirkung* (Energie mal Zeit).

Die genaue Beschreibung des H. P. ist noch wesentlich abstrakter. Das Extremalprinzip der kleinsten Wirkung läßt sich auch mit der Hamilton-Funktion H durchführen, die nun von den Orts- und *Impuls*koordinaten abhängt und für die meisten Systeme die *Gesamtenergie* ($E_{\mathrm{kin}} + E_{\mathrm{pot}}$) bedeutet. Für solche Systeme gilt dann der Zusammenhang

$$\sum_{\substack{\text{alle}\\ \text{Teilchen}}} p_i v_i = H(x, p) + L(x, v).$$

Dabei steht x für die Gesamtheit der Ortskoordinaten, p für die Impulskoordinaten und v für die Geschwindigkeiten. Die Bewegungsgleichungen des Systems ergeben sich aus der Lagrange-Funktion als Satz von Differentialgleichungen:

$$\frac{\mathrm{d}}{\mathrm{d}t} \cdot \frac{\partial L}{\partial v_i} = \frac{\partial L}{\partial x_i}.$$

Aus der Hamilton-Funktion erhält man ebenfalls die Bewegungsgleichungen, aber in der symmetrischen Form:

$$\frac{\mathrm{d}x_i}{\mathrm{d}t} = \frac{\partial H}{\partial p_i} \text{ und } \frac{\mathrm{d}p_i}{\mathrm{d}t} = -\frac{\partial H}{\partial x_i}.$$

Die klassische Mechanik bevorzugt die Schreibweise nach Lagrange, aber die Schreibweise nach Hamilton ist durch die → Quantenmechanik wieder populär geworden, weil sie in direkter Analogie zu den quantenmechanischen Operatoren steht.

Auch das Wirkungsintegral wird durch die Quantenmechanik nur soweit modifiziert, als es eine absolut *kleinste* Wirkung gibt, dargestellt durch das → Plancksche Wirkungsquantum.

Die – zugegebenermaßen – recht abstrakte Formulierung der Mechanik eignet sich zudem zur Ableitung der klassischen → Erhaltungssätze. Es wäre noch anzumerken, daß es noch weitere Darstellungsmöglichkeiten desselben Prinzips gibt, die aber keine so große Bedeutung erlangt haben wie die angegebenen.

Härte

Die Widerstandskraft eines festen Körpers gegen das Eindringen eines anderen ist eine Eigenschaft der molekularen Struktur, eng verknüpft mit der → Elastizität. Im allgemeinen haben sehr harte Stoffe auch einen großen Elastizitätsmodul. Es gibt mehrere Methoden, die H. eines Stoffes mit einer Zahl zu kennzeichnen: *Friedrich Mohs* (1773–1839) teilte die Stoffe nach ihrer Ritzfestigkeit ein: Der härtere ritzt den weniger harten. Die *Härteskala nach Mohs* umfaßt zehn Stufen:

1 Talk	6 Feldspat (Orthoklas)
2 Gips	7 Quarz
3 Kalkspat (Calcit)	8 Topas
4 Flußspat (Fluorit)	9 Korund
5 Apatit	10 Diamant

Eine besser definierbare Härte ist nach *August Brinell* (1849–1925) meßbar. Eine Stahlkugel mit einem Durchmesser d von 5, 10, 15 oder 20 mm wird mit einer bestimmten Kraft F gegen eine ebene Oberfläche des Prüflings gepreßt. Kraft und Kugeldurchmesser werden so gewählt, daß die Kugel einen Eindruck vom Durchmesser D hinterläßt, so daß $D \approx \approx d/2$ ist. Dann ist die *Brinellhärte* H_B das Verhältnis zwischen angewandter Kraft und Fläche des Eindrucks:

$$H_B = \frac{F}{A} = \frac{2}{\pi} \cdot \frac{F}{d(d - \sqrt{d^2 - D^2})}.$$

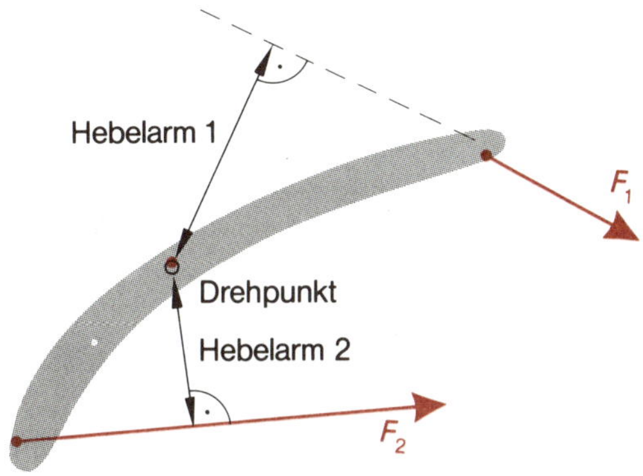

Hebel (Figur 1): Ein Hebel ist ein beliebiger starrer Körper, an dem zwei entgegengesetzt gleiche Kräfte angreifen; als Hebelarm bezeichnet man jeweils die senkrechte Entfernung der Kraftlinie vom Drehpunkt.

Hebel

Jeder starre Körper kann als H. dienen, wenn man ihn um einen seiner Punkte drehbar macht. Ein H. kann nur dann im Gleichgewicht sein, wenn kein resultierendes → Drehmoment auf ihn wirkt. Andernfalls würde er beschleunigt rotieren. Wenn also irgendwelche Drehmomente am H. angreifen und er trotzdem im Gleichgewicht ist, müssen sich die Drehmomente gegenseitig aufheben.

H. im engeren Sinne sind starre Körper, auf die *zwei* entgegengesetzte gleiche Drehmomente einwirken. Jedes Drehmoment ist durch $\vec{D} = \vec{r} \times \vec{F}$, also *Kraft mal Hebelarm*, gegeben. Der Hebelarm ist dabei die senkrechte Entfernung der Kraftlinie vom Drehzentrum (Figur 1).

Einer der bekanntesten *gleicharmigen Hebel* ist die (Balken-)Waage. Obwohl die genaue Theorie der Waage nicht ganz so einfach ist, besteht sie im Prinzip nur aus dem Waagebalken, der in der Mitte drehbar gelagert ist. An beiden Enden können Massen aufgelegt werden. Sie erzeugen die Gewichtskräfte $F_1 = m_1 \cdot g$ und $F_2 = m_2 \cdot g$ (g = Erdbeschleunigung). Da die zugehörigen Hebelarme gleich sind, muß im Gleichgewichtsfall $m_1 = m_2$ sein. Man kann also mit Hilfe der Balkenwaage *Massen* vergleichen. Eine wirklich im Schwerpunkt des Balkens gelagerte Waage wäre allerdings recht unpraktisch und wegen der Lagerreibung auch unempfindlich. Man formt deshalb den Waagebalken so, daß sein Schwerpunkt *unterhalb* des Drehpunktes zu liegen kommt. Das hat zwei Vorteile: Erstens kann man das Lager aus einer scharfen Schneide machen, die sich auf einer sehr harten Unterlage dreht (z. B. Achat). Damit wird die Lagerreibung äußerst klein. Zweitens fängt die Waage nicht an zu rotieren, wenn sie *nicht* im Gleichgewicht ist, sondern stellt sich mit einem gewissen Ausschlag zur Nullage ein, der durch die Anhebung des Schwerpunktes gegeben ist. Auch eine nicht ausgeglichene Balkenwaage kann also im Gleichgewicht sein, weil das *dritte* Drehmoment dafür sorgt, das im Schwerpunkt angreift, sobald dieser sich aus der Senkrechten unter der Schneide herausbewegt (Figur 2).

Der *ungleicharmige Hebel* kommt im täglichen Leben so oft vor, daß wir ihn schon gar nicht mehr wahrnehmen. Türklinken, Zangen, Brechstangen, Kurbeln,

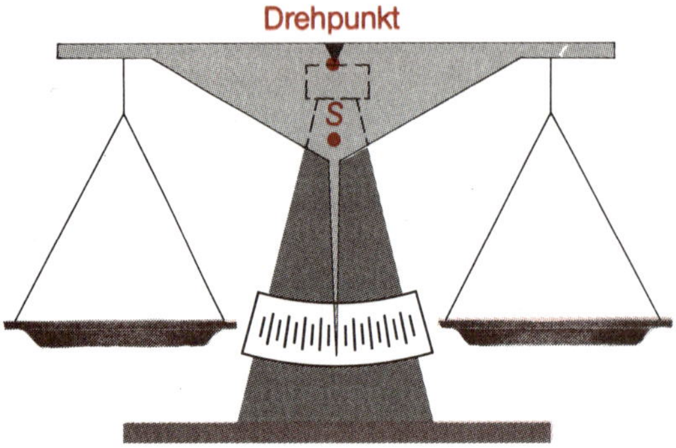

Hebel (Figur 2): Der gleicharmige Hebel wird durch aufgelegte Massen ins Gleichgewicht gebracht. Der unter dem Drehpunkt liegende Schwerpunkt *S* übt dann kein Drehmoment aus, wenn die Waage völlig im Gleichgewicht ist.

Schraubenschlüssel, Pedale am Auto genauso wie das Lenkrad sind ungleicharmige H., ebenso wie Spaten, Hacken und eine Unzahl anderer Geräte. Der ungleicharmige H. wird meist dazu verwendet, eine kleine Kraft (z. B. die Muskelkraft) in eine große Kraft zu übersetzen, die dafür nur auf einem kleinen Weg wirken muß. Bezeichnen wir mit F_M die Muskelkraft am langen Hebelarm r_M, so läßt sich am Ende des kurzen Hebelarms r die Kraft F der Größe

$$F = \frac{r_M}{r} \cdot F_M$$

freisetzen. Das Verhältnis r_M/r heißt auch manchmal *Übersetzung*, vor allem in Zahnradgetrieben. Wenn auch der technischen Ausführung Grenzen gesetzt sind, so kann doch die Übersetzung im Prinzip beliebig groß gemacht werden. Mit einem geeigneten Bolzenschneider kann ein Mensch beispielsweise mühelos mit seiner Muskelkraft zentimeterdicke Stahlbolzen durchtrennen. Der berühmte Satz: ›Gebt mir einen festen Drehpunkt, und ich hebe die Erde aus den Angeln‹ soll von Archimedes stammen und drückt recht gut die Macht des Hebelgesetzes aus. Tatsächlich ist der H. neben der →schiefen Ebene die wohl wichtigste ›Maschine‹ der technischen Physik.

Hektar

Abk. ha, ein Flächenmaß (→Maße und Maßsysteme); 1 ha = 10 000 m^2.

Hekto-

Abk. h, Vorsilbe bei Maßeinheiten (→Maße und Maßsysteme), bezeichnet das 100fache einer Grundeinheit, z. B. 1 Hektoliter (hl) = 100 Liter.

Henry

Abk. H, Maßeinheit der magnetischen Induktivität (→Maße und Maßsysteme), benannt nach dem amerikanischen Physiker *Joseph Henry* (1797–1878); 1 H = 1 Vs/A.

Hertz

Abk. Hz, die Maßeinheit der Frequenz (→Maße und Maßsysteme), benannt nach *Heinrich Hertz* (1857–1894); 1 Hz = 1 Schwingung pro Sekunde (1/s).

Höhenstrahlung

Der alte Name H. (heute meist als *kosmische Strahlung* bezeichnet) bezieht sich darauf, daß sie in großen Höhen (Satelliten, Ballons, Gebirge) wesentlich intensiver ist als am Erdboden. Die H. besteht aus verschiedenen Elementarteilchen, meist Protonen, deren Ursprung nicht genau bekannt ist. Sie haben durch lange

Laufstrecken in interstellaren Gravitationsfeldern teilweise wesentlich höhere Energien, als wir sie in Beschleunigern auf geladene Teilchen übertragen können (bis zu 10^9 GeV) und erzeugen daher primär Kernreaktionen in den Oberschichten der Atmosphäre, die einen Kern buchstäblich zertrümmern. Die Bruchstücke lösen in Hunderten von sekundären Kernreaktionen ganze Schauer von Teilchen aus. Die H. ist eine Hauptkomponente der natürlichen Strahlenbelastung aller Lebewesen und wahrscheinlich durch die Mutationen, die sie erzeugen kann, ein Hauptfaktor in der Evolutionsgeschichte der Erde (→ Strahlenbelastung und Strahlenschutz).

Hohlraumstrahlung

Die Temperaturstrahlung eines → Schwarzen Körpers (→ Strahlungsgesetze) ist am besten durch die eines Hohlkörpers zu verwirklichen, der mit der Außenwelt nur durch ein kleines Loch in Verbindung steht. Die Strahlung im Inneren eines Hohlraums und damit auch das Spektrum und die Intensitätsverteilung der Strahlung, die von dem Loch emittiert wird, sind Gegenstand des *Planckschen Strahlungsgesetzes.*

Holographie

Bei einer normalen Photographie wird das Wellenfeld, das von einem Gegenstand als Lichtquelle ausgeht, in einer bestimmten Ebene (photographische Schicht) gespeichert. Dabei wird allerdings nur die Intensität der Wellen, also das Amplitudenquadrat, als Schwärzung festgehalten. Die Phase des Wellenfeldes im einzelnen geht durch Mittelung verloren. Das durch Projektion oder direktes Betrachten rekonstruierte Bild hat deshalb nur die Dimension der photographischen Schicht selbst: es ist zweidimensional. Es gibt aber ein Verfahren, die Phase des Wellenfeldes auch noch festzuhalten und damit gemäß dem Huygensschen Prinzip das gesamte Wellenfeld aus einer Schnittebene, eben der photographischen Schicht heraus, zu rekonstruieren. Dieses Verfahren wird als *Holographie* (griech.; dt. etwa ›vollständige Aufzeichnung‹) bezeichnet. Es wurde von *Dennis Gabor* (1900–1979) schon 1947 ausgearbeitet, konnte aber praktisch erst verwirklicht werden, als Lichtquellen großer Kohärenzlänge (→ Laser) zur Verfügung standen.

Das Verfahren besteht einfach darin, dem vom Gegenstand kommenden Wellenfeld ein zweites Wellenfeld bekannter Phasenlage (z. B. eine ebene Welle, Figur 1) zu überlagern. In der Photoschicht entsteht dann natürlich kein konventionelles Bild mehr (man verwendet auch keine Optik), sondern ein System von Interferenzstreifen, aus deren Anordnung die Phasenverteilung im originalen Wellenfeld ermittelt werden kann, wenn man die Phasenverteilung im Referenzfeld kennt. Am einfachsten rekonstruiert man dieses Originalfeld dadurch, daß man das aufgezeichnete Interferenzbild *(Hologramm)* mit einer Welle beleuchtet, die dem Referenzlicht genau gleicht. Damit entsteht durch Beugung am Interferenzbild wieder ein Wellenfeld, das genauso aussieht wie das Originalfeld, das vom Gegenstand her kam. Jedes optische Instrument und auch das Auge, das in dieses rekonstruierte Wellenfeld gebracht wird, kann nichts anderes registrieren als das Bild, das auch vom Original gekommen wäre.

Die Rekonstruktion aus einem Hologramm erzeugt also einen *dreidimensionalen* Eindruck, den man ohne irgendwelche Zusatzinstrumente wie Brillen oder

Holographie (Figur 1): Die holographische Aufnahme eines leuchtenden Punktes ergibt als Hologramm eine Fresnelsche Zonenplatte *(oben).* Die Wiedergabe (Rekonstruktion) ergibt das Wellenbild eines leuchtenden Punktes *(unten).* Bei anderen, räumlichen Gegenständen wird das Hologramm wesentlich komplizierter, läßt sich aber ebenso rekonstruieren.

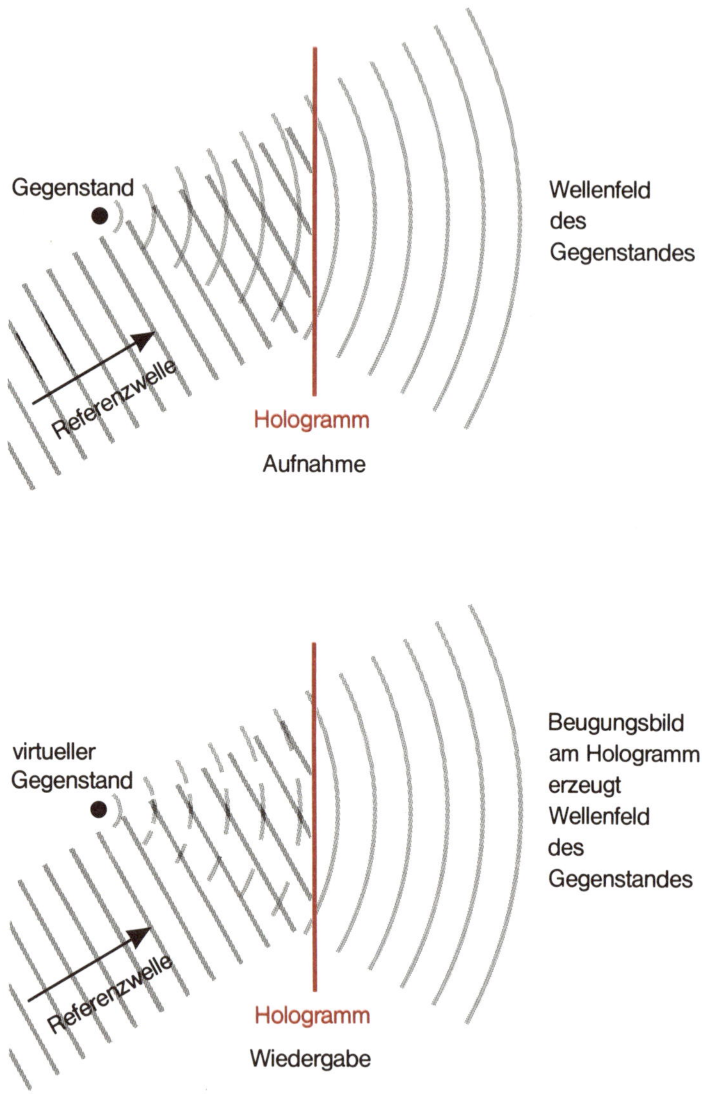

ähnliches erlebt. Wenn das Hologramm richtig beleuchtet wird, kann man das räumliche Bild aus verschiedenen Blickwinkeln betrachten – ein ganz verblüffendes Phänomen.

Der Grund, weshalb man überhaupt ›normale‹ zweidimensionale Photographien macht, liegt darin, daß natürliches Licht von der Sonne oder von Blitzlichtern und sonstigen Lichtquellen eine viel zu kleine Kohärenzlänge hat (etwa 0,1 – 0,5 mm), um als Referenzwelle verwendet werden zu können. Erst der Laser mit seinen bis zu kilometerlangen zusammenhängenden Lichtwellen hat dieses Problem gelöst und praktische Holographie möglich gemacht.

Hologramme werden meist auf Platten aufgenommen. Die lichtempfindliche Schicht ist auf einer Glasplatte aufgetragen. Zerbricht man ein solches Hologramm, so ist auf jedem Bruchstück noch ein vollständiges Bild des Gegenstandes als Interferenzfigur gespeichert. Nur das Auflösungsvermögen, also die Schärfe des Bildes, wird kleiner, wenn die Anzahl der Interferenzstreifen sich verringert. Auch lassen sich Hologramme durchaus mit ›monochromatischem‹ Licht aus einem farbigen normalen Scheinwerfer betrachten, wieder mit einem Verlust an Schärfe, der durch die Breite des Wellenlängenbereiches gegeben ist, den das Farbfilter erzeugt. Man kann sogar ein Hologramm, das z. B. mit rotem Laserlicht aufgenommen worden ist, mit einer anderen Lichtfarbe (z. B. Grün) rekonstruieren, erhält dabei aber andere Größenverhältnisse als mit der Originalwellenlänge. Selbst *farbige* Hologramme lassen sich durch Überlagerung dreier Komplementärhologramme herstellen und betrachten (→ Farbe). Schließlich gibt es Vielschichthologramme, die man mit normalem weißem Licht betrachten kann, die aber je nach Blickwinkel und Beleuchtungswinkel auch verschiedene Farben der Rekonstruktion zeigen *(Weißlichthologramme)*.

hPa

Abk. für Hektopascal, die heutige Einheit des Luftdrucks (→ Maße und Maßsysteme); in Meereshöhe herrscht unter Normalbedingungen ein Luftdruck von 1013,25 hPa.

Huygens-Fresnelsches Prinzip

Das nach *Christian Huygens* (1629–1695) und *Augustin Jean Fresnel* (1788–1827) benannte Prinzip ist eine äußerst leistungsfähige Modellvorstellung von der Ausbreitung einer Welle. Es besagt, daß jeder Punkt, den eine Welle erreicht, seinerseits zum Ausgangspunkt einer elementaren Kugelwelle wird. Die aktuelle Wellenfront ergibt sich aus der Überlagerung aller Elementarwellen, die natürlich alle miteinander interferieren können. Mit Hilfe dieser Vorstellung läßt sich nicht nur die Reflexion von Wellen verstehen, man kann damit auch die Brechung und die Beugung erklären.

Hydraulik

Die Lehre von der Kraftübertragung durch ein Flüssigkeitssystem bezeichnet man ebenso als Hydraulik wie die Anlagen, die nach diesen Erkenntnissen arbeiten. Der Name weist zwar auf die Verwendung von Wasser hin (griech. hydor), man benutzt aber wegen des höheren Siedepunktes heute fast ausschließlich Öl. Die physikalischen Grundlagen sind einfach: Flüssigkeiten sind fast inkompressibel, aber ihre Teilchen sind frei verschieblich. Daraus folgt, daß sich ein irgendwo in einem abgeschlossenen Flüssigkeitsvolumen ausgeübter Druck sehr schnell und *nach allen Seiten* hin ausbreitet. Der Druck wirkt also in allen Ecken und Winkeln eines Flüssigkeitssystems, auch wenn es noch so kompliziert aufgebaut ist. Man kann daher große Kräfte auch durch dünne Flüssigkeitsfäden übertragen (z. B. *hydraulische Bremse* beim Auto). Auch Kraftübersetzungen nach Art des Hebelprinzips sind möglich *(hydraulische Presse)* und werden in vielen Geräten (z. B. Wagenheber) benutzt.

Hydrodynamik

Die Lehre von den bewegten Flüssigkeiten geht von der → inkompressiblen Flüssigkeit aus (→ Elastizität) und benutzt im wesentlichen die → Bernoullische Gleichung für die Näherung der reibungsfreien, ›idealen‹ Flüssigkeit. Außerdem verwendet sie das → Stokessche Gesetz (für zähe Flüssigkeiten) und das → Hagen-Poiseuillesche Gesetz für laminare Strömungen in Röhren (→ Aerodynamik).

Hydrostatik

Die Lehre von den Kräften in einer ruhenden Flüssigkeit; Ausgangspunkt ist die → inkompressible Flüssigkeit. Die H. behandelt sowohl den durch die Erdanziehungskraft hervorgerufenen Auftrieb (→ Archimedisches Prinzip) als auch die molekularen Kräfte der → Kohäsion und der → Adhäsion, die zu den Erscheinungen der → Oberflächenspannung und der → Kapillarität führen.

Hygrometer

Geräte zur Messung der → Luftfeuchtigkeit heißen H. Die gängigen *Haarhygrometer* übertragen die Längenänderung eines hygroskopischen Fadens bei verschiedenen relativen Luftfeuchtigkeiten auf ein Zeigerwerk. Früher benutzte man dünne Stränge aus menschlichen Haaren, heute verwendet man auch andere Stoffe, deren Elastizität sich mit ihrem Feuchtigkeitsgehalt ändert. Genauere Meßergebnisse liefern *Taupunkthygrometer* und *Aspirationspsychrometer.* Erstere bestimmen die Temperatur, bei der sich die erste Feuchtigkeit auf einem Spiegel als Tau niederschlägt *(Taupunkt).* Diese Temperatur muß gleich derjenigen sein, bei der die vorhandene Luftfeuchtigkeit zur Sättigung der Luft ausreicht. Beim Aspirationspsychrometer bestimmt man die Temperaturerniedrigung in einem feuchten Gewebe, das einem konstanten Luftstrom ausgesetzt ist. Je trockener die Luft, desto mehr verdunstet aus dem Gewebe und entzieht ihm Wärmeenergie (›Verdunstungskälte‹). Die Luftfeuchtigkeit wird aus der Lufttemperatur und der Temperaturerniedrigung mittels Tabellen bestimmt.

Hysteresis

Als Hysteresis oder *Hysterese* bezeichnet man das ›Nachhinken‹ einer Wirkung hinter ihrer Ursache. Fast alle Materialgrößen zeigen H. Man unterscheidet z. B. in der Physik mechanische, elektrische und magnetische H. Alle H.-Erscheinungen folgen einem typischen Verlauf im ›Ursache-Wirkungs-Diagramm‹, der sog. *Hystereseschleife,* deren Urbild in Figur 1 dargestellt ist. Die Breite dieser Schleife kann für unterschiedliche Vorgänge verschieden sein, auch hängt der Verlauf bei sehr großen positiven bzw. negativen Werten der Ursache-Variablen davon ab, ob eine vollständige Sättigung der Wir-

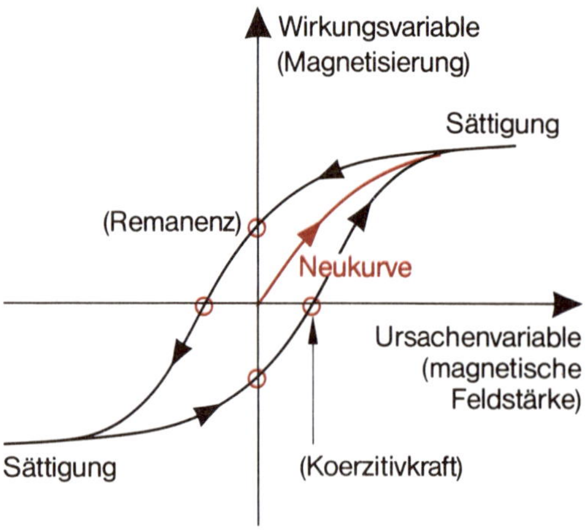

Hysteresis (Figur 1): Hystereseschleife und Neukurve (rot); die Fläche der Schleife gibt die jeweils in Wärme umgewandelte Energie an.

kungs-Meßgröße eintritt oder nur eine teilweise. Immer aber gibt es eine ›jungfräuliche‹ *Neukurve,* die von einem Material stammt, das noch keiner Ursache ausgesetzt war. Ändert man die Ursache-Variable so, daß die ganze Hystereseschleife durchlaufen wird, dann hat man eine Energie aufbringen müssen, die irreversibel in Wärme umgewandelt worden ist. Diese *Verlustenergie* ist immer proportional zur *Fläche* der Hystereseschleife. Ich beschreibe nun kurz, was im Einzelfall unter Ursache und Wirkung gemeint sein kann.

Mechanische oder elastische Hysteresis
Ursache ist eine Spannung (Zug), Wirkung eine Dehnung. Das *Hookesche Gesetz* (→ Elastizität) gilt nicht in voller Strenge. Die Dehnung geht nicht wieder ganz genau auf Null zurück, wenn die Spannung verschwindet. Man muß eine bestimmte *negative* Spannung (Druck) anwenden, um die Dehnung wieder völlig rückgängig zu machen. Steigert man nun die negative Spannung, so wird auch die Dehnung negativ, der Körper wird gestaucht. Beim Verschwinden des Drucks wird aber auch die Stauchung nicht mehr völlig verschwinden. Das Material ist nun nicht mehr jungfräulich. Bei einem vollständigen Hysteresezyklus verbleibt ein (kleiner) Prozentsatz der aufgewendeten Energie als Wärme im Material.

Magnetische Hysteresis
Ursache ist ein → Magnetfeld, Wirkung die Ausrichtung der Elementarmagnete (→ Magnetismus) bzw. die Magnetisierung eines Stoffes. Besonders bei Ferromagneten (z. B. Eisen, Nickel oder Kobalt) ist die H. dieses Prozesses groß und hat überhaupt den Anlaß zu ihrer Entdekkung gegeben. Trägt man die Magnetisierung M eines Eisenstückes gegen die angelegte magnetische Feldstärke H auf, so ergibt sich wieder eine Hystereseschleife. Die Neukurve geht vom Nullpunkt aus und gilt für ein anfangs unmagnetisches Eisenstück. Mit zunehmender Feldstärke erreicht die Magnetisierung schließlich ihren Sättigungswert. Alle Elementarmagnete sind jetzt ausgerichtet. Die Zurücknahme der Feldstärke auf den Wert Null führt aber die Magnetisierung nicht ebenfalls wieder auf Null zurück. Ein Teil der Elementarmagnete bleibt ausgerichtet, obwohl die Feldstärke verschwunden ist. Diese Restmagnetisierung heißt *Remanenz.* Um sie zu beseitigen, muß man die Richtung des Feldes umkehren und eine gewisse negative Feldstärke anwenden, die man *Koerzitivkraft* nennt.
Das Anwachsen des Feldes ins Negative hinein führt die Magnetisierung schließlich zur negativen Sättigung. Jetzt sind alle Elementarmagnete in umgekehrter Richtung ausgerichtet. Eine Zurücknahme des Feldes auf Null hinterläßt die negative Remanenz, und ein abermaliges Anwachsen der Feldstärke schließt die Hystereseschleife schließlich bei der positiven Sättigung. Sie sehen: Der Nullpunkt ist auf diese Weise nicht wieder zu erreichen! Deshalb ist es schwierig, durch Anwendung eines Magnetfeldes einen bereits magnetischen Stoff wieder zu entmagnetisieren. Es geht nur mit einem Trick: Man muß die Hystereseschleife mit immer kleineren Endfeldstärken immer wieder durchlaufen. In der Praxis bringt man den zu entmagnetisierenden Körper (z. B. ein Uhrenteil) in ein magnetisches Wechselfeld und entfernt ihn dann langsam aus dem Gebiet meßbarer Feldstärke, ohne das Wechselfeld abzuschalten.
Die Wärmeverluste, die in einem Eisenstück durch ständiges Ummagnetisieren auftreten, sind beträchtlich. Für Transfor-

matoren muß man daher ›weiches‹ Eisen(-blech) mit möglichst kleiner Remanenz benutzen. Andererseits ist ein Permanentmagnet um so wirkungsvoller, je ›härter‹ er ist, d. h. je größer seine Remanenz und vor allem seine Koerzitivkraft sind. Letztere entscheidet ja, wie stark die Magnetfelder sein dürfen, die ein Permanentmagnet ohne Schaden übersteht.

Hyperonen

Teilchen, die schwerer sind als die Nukleonen (Proton, Neutron, → Elementarteilchen) werden als H. bezeichnet.

Hz

Abk. für → Hertz, die Maßeinheit der Frequenz (→ Maße und Maßsysteme).

I

Impuls

Mit dem Begriff Impuls ist hier nicht ein kurzzeitiger Vorgang wie ein ›Spannungsimpuls‹ gemeint, sondern eine physikalische Größe der Mechanik, die man auch (besser) als *Bewegungsgröße* bezeichnet. Im nichtrelativistischen Bereich ›kleiner‹ Geschwindigkeiten ist die Bewegungsgröße $\vec{p}$ eines Körpers das Produkt aus seiner Masse m und Geschwindigkeit $\vec{v}$:

$$\vec{p} = m \cdot \vec{v}. \qquad (1)$$

Da die Geschwindigkeit als Vektor geschrieben werden muß (sie hat einen Betrag und eine Richtung), die Masse aber ein Skalar ist, muß auch der I. $\vec{p}$ ein Vektor sein. Auch I. haben daher Betrag und Richtung. Darüber hinaus können mehrere I. nach den Regeln der Vektorrechnung zusammengesetzt werden.
I. sind wie Geschwindigkeiten relative Größen. Sie hängen vom Bezugssystem ab, in dem sie gemessen werden. Beispielsweise ist der I. eines fahrenden Autos gleich $m \cdot \vec{v}$, wenn wir $\vec{v}$ von der Straße aus messen. Benutzen wir jedoch das Auto selbst als Bezugssystem so wird $\vec{v}' = 0$ und damit auch $\vec{p}' = 0$.
Auch wenn sich ein System aus vielen Einzelteilen zusammensetzt, die alle irgendwelche I. haben, läßt sich immer ein Bezugssystem finden, bezüglich dessen der *Gesamtimpuls* (d. h. die Vektorsumme aller I.) Null ist. Dieser Satz ist gleichbedeutend mit dem sog. *Impulserhaltungssatz* (→ Erhaltungssätze), der besagt, daß die Vektorsumme aller I. eines Systems sich zeitlich nicht ändert, wenn man sich auf ein bestimmtes festes Koordinatensystem bezieht. Für den Fall, daß diese Vektorsumme den Gesamtimpuls Null ergibt, fällt das zugehörige Koordinatensystem mit dem Schwerpunktsystem zusammen. Das läßt sich leicht zeigen: Wenn
$\vec{p} = \vec{p}_1 + \vec{p}_2 + \vec{p}_3 + \ldots =$
$= m_1 \vec{v}_1 + m_2 \vec{v}_2 + m_3 \vec{v}_3 + \ldots = 0$ ist,

dann ist auch

$$\frac{\mathrm{d}}{\mathrm{d}t}(m_1 \vec{r}_1 + m_2 \vec{r}_2 + m_3 \vec{r}_3 + \ldots) = 0. \qquad (2)$$

Dies muß wegen

$$\vec{v} = \frac{\mathrm{d}}{\mathrm{d}t} \vec{r}$$

so sein (die Geschwindigkeit ist die zeitliche Änderung des Ortes). Die zeitliche Ableitung des Klammerausdrucks in Gleichung (2) kann nur Null sein, wenn die Klammer selbst eine Konstante darstellt. Da aber die Klammer die Koordinate des Systemschwerpunkts definiert, muß der → Schwerpunkt im System ruhen, sein Ortsvektor also konstant sein.
Die Konsequenzen aus dem Impulssatz sind vielfältig. Sie gelten für Elementarteilchen ebenso wie für Raketen. Als Beispiel betrachten wir Fahrzeugantriebe etwas genauer. Um einen Körper zu beschleunigen, bedarf es einer Kraft, d. h. einer Wechselwirkung zwischen diesem Körper und seiner Umgebung. Bei Autos, Booten und Fußgängern liefert die Reibung diese Wechselwirkung: Autos übertragen die Antriebskraft über die Reifen auf die Straße, Fußgänger über ihre Schuhsohlen. Schiffe benutzen die Schrauben zur Kraftübertragung und nähern sich damit schon wie Propellerflugzeuge dem Raketenprinzip. Alle diese Antriebe nutzen den Impulssatz. Autos

und Fußgänger beschleunigen die Straße (d. h. die Erde) unter sich nach rückwärts, um sich selbst nach vorn zu beschleunigen. Wegen der vergleichsweise riesigen Masse der Erde merkt man von ihrer Bewegung jedoch nichts. Bei Schiffen oder Flugzeugen dagegen sieht oder fühlt man die Umgebung schon deutlich nach rückwärts strömen, ehe sich dieser I. durch Wirbel und Reibung wiederum auf die Erde als Ganzes überträgt. Im Weltraum aber gibt es keine Umgebung mehr, auf die man I. übertragen könnte. Trotzdem kann man den Impulssatz immer noch zur Beschleunigung ausnützen. Wenn eine Rakete ihre Verbrennungsgase mit hoher Geschwindigkeit nach hinten ausschleudert, gibt sie einen beachtlichen I. ab. Der Gesamtimpuls kann nur erhalten bleiben, wenn sie selbst nach vorn beschleunigt wird. Dieses Prinzip funktioniert offenbar auch *ohne* umgebendes Medium wie Luft oder Wasser. Es ist tatsächlich das derzeit einzige Antriebssystem für Raumschiffe.

Der Impuls elektromagnetischer Wellen
Jeder bewegte Körper trägt Energie und I. Da eine elektromagnetische Welle wie das Licht Energie transportiert, muß man ihr auch einen I. zuschreiben. Experimentell äußert sich dieser I. im *Strahlungsdruck*, den auch das Licht auf ein Hindernis ausübt. Er ist allerdings äußerst gering. Im Zusammenhang mit den ›körperlichen‹ Eigenschaften von Lichtwellen spricht man besser von *Photonen (Lichtquanten)*. Die Energie eines Photons beträgt $E = \hbar \cdot \omega$. Die Größe $\hbar$ ist das → Plancksche Wirkungsquantum, dividiert durch 2π, ω die Kreisfrequenz der Welle. Der I. des Photons ist nun gegeben durch $\vec{p} = \hbar \cdot \vec{k}$, wobei $\vec{k}$ den Wellenvektor des Photons bedeutet ($|k| = 2\pi/\lambda$, λ = Wellenlänge).
Das Photon hat die Ruhmasse Null, bewegt sich aber mit Lichtgeschwindigkeit c. Man muß deshalb den relativistischen Ausdruck für den I. ansetzen, genommen für ein Teilchen der Ruhmasse Null:

$$p = \frac{E}{c} = \frac{\hbar\omega}{c}. \qquad (3)$$

Wegen c = Frequenz · Wellenlänge = $= \omega/k$ gilt damit auch $p = \hbar \cdot k$ (→ Relativitätstheorie, → Wellen, → Dualismus von Welle und Teilchen).

Induktion

Eine Leiterschleife in einem → Magnetfeld soll mit einem Spannungsmesser verbunden sein, der eine an den Enden der Schleife entstehende elektrische Spannung sofort anzeigt. Wenn alles in Ruhe ist (stationäre Anordnung), tritt an den Enden der Schleife keine Spannung auf. Ändert sich aber der magnetische Fluß, den die Schleife einfängt, so entsteht eine Spannung, und zwar ganz unabhängig davon, auf welche Weise die Flußänderung zustande kommt und woher das Magnetfeld stammt. Man kann also z. B. die Schleife in das Feld eines Stabmagneten hineinbewegen oder den Magnet aus der Schleife herausziehen. Benutzt man das Feld einer Spule als *Induktor*, so kann man den Fluß auch ändern, indem man den Spulenstrom ändert, ihn also z. B. ein- oder ausschaltet. Natürlich führen auch Kombinationen aus mechanischer und elektrischer Feldänderung zum Auftreten des Effektes (Figur 1). Die derart *induzierte* Spannung $U_{\text{ind.}}$ ist genauso groß wie die Flußänderung, hat aber das negative Vorzeichen; die mathematische Formulierung lautet:

$$U_{\text{ind.}} = -\frac{d\Phi}{dt}. \qquad (1)$$

Diese Gleichung läßt sich auch noch anders formulieren, wenn man bedenkt, daß jede elektrische Spannung das Linienintegral über die elektrische Feldstärke E ist:

$$U_{\text{ind.}} = \oint \vec{E}\,d\vec{s} = -\frac{d\Phi}{dt}. \quad (2)$$

Das Rundintegral bedeutet einfach, daß der Integrationsweg geschlossen ist (Leiterschleife!). In dieser Form ist das Induktionsgesetz eine Spezialform einer der Maxwellschen Gleichungen, die aussagt, daß jedes zeitlich veränderliche Magnetfeld ein elektrisches Feld erzeugt. An den Enden eines Leiters äußert sich dieses E-Feld eben als elektrische Spannung. Es ist aber auch überall sonst im Raum vorhanden.

Das *Induktionsgesetz* in Form der Gleichungen (1) oder (2) ist nach dem genialen Experimentator *Michael Faraday* (1791–1867) benannt, der es etwa 1831 entdeckt hat.

Induzierte Ströme und die Lenzsche Regel

Es hängt vom ohmschen Widerstand R der Leiterschleife ab, wie groß der Strom ist, den die induzierte Spannung hindurchtreibt. Wenn aber überhaupt ein Strom fließt, so erzeugt er seinerseits ein Magnetfeld. Wegen des Energieerhaltungssatzes muß das Feld des induzierten Stromes so gerichtet sein, daß es die ursächliche Flußänderung auszugleichen sucht. Daraus ergibt sich die *Richtung* des induzierten Stromes. Dieser von *Hermann Lenz* (1804–1865) schon 1834 entdeckte Zusammenhang läßt sich auch so formulieren: Der induzierte Strom ist stets so gerichtet, daß zu seiner Erzeugung Arbeit aufgewendet werden muß. Die Arbeit kann in der Bewegung gegen die magnetische Kraft bestehen, die zwischen dem induzierenden und dem induzierten Magnetfeld auftritt. Daraus ergibt sich wieder die Polung des Feldes und damit die Richtung des induzierten Stromes; diese Richtung geht auch unmittelbar aus der → Lorentz-Kraft hervor.

Induktion in einer Spule

Der magnetische Fluß Φ, der durch eine Leiterschleife geht, ist gleich der Zahl der magnetischen Feldlinien, die von ihr eingeschlossen werden. Wenn man wie üblich (→ Feld) von der Flußdichte $\vec{B}$ ausgeht und die Leiterschleife die Fläche $\vec{A}$ umschließt (der Vektor $\vec{A}$ ist der Flächenvektor und zeigt in die Richtung der Flä-

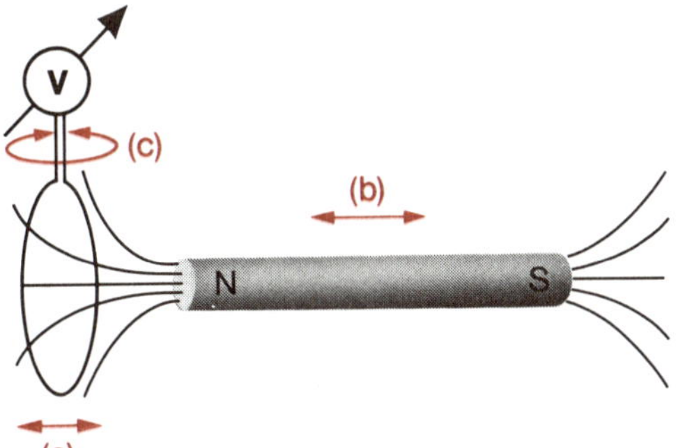

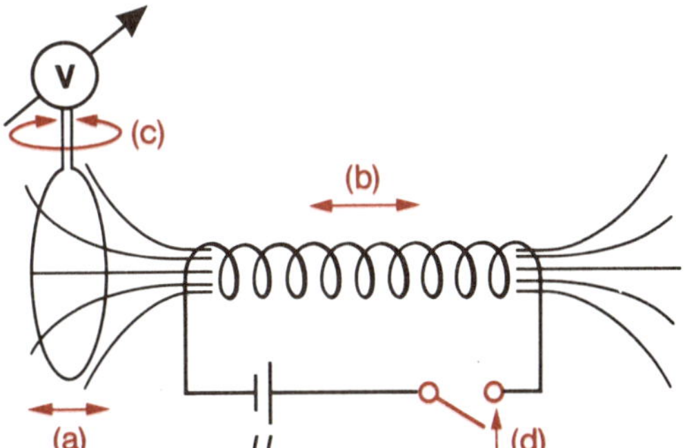

Induktion (Figur 1): Schematische Darstellung einiger Induktionsmöglichkeiten im Feld eines Stabmagneten *(links)* und einer Magnetspule *(rechts)*: Sowohl die Leiterschleife (a) kann gegenüber dem Magnetfeld bewegt werden als auch das Magnetfeld gegen die Schleife (b). Man kann auch die Schleife drehen (c) oder den Strom ein- und ausschalten (d).

chennormalen), so wird $\Phi = \vec{B} \cdot \vec{A}$, und die Gleichung (1) läßt sich schreiben als

$$U_{\text{ind.}} = -\frac{\mathrm{d}(\vec{B} \cdot \vec{A})}{\mathrm{d}t} = = -\left(\frac{\mathrm{d}\vec{B}}{\mathrm{d}t} \cdot \vec{A} + \vec{B} \cdot \frac{\mathrm{d}\vec{A}}{\mathrm{d}t}\right). \quad (3)$$

Was kann man tun, um $U_{\text{ind.}}$ möglichst groß zu machen? Offenbar besteht eine Methode darin, Fläche A groß zu wählen. Am besten schafft man das, indem man viele Leiterschleifen so hintereinander schaltet, daß sich die induzierten Spannungen in jeder Schleife addieren. Was dabei entsteht, ist eine *Spule*, deren Gesamtfläche man im Sinne des Induktionsgesetzes als Windungszahl mal Windungsfläche definieren muß. Die induzierte Spannung an den Enden einer solchen Spule wächst proportional zu ihrer Windungszahl, wenn alle sonstigen Bedingungen gleich bleiben. Daraus ergibt sich das Prinzip des → Transformators.

Selbstinduktion

Das Induktionsgesetz stellt eine Beziehung zwischen induzierter Spannung und Flußänderung her. Es macht keine Aussage darüber, woher der sich ändernde Fluß stammt. Wenn wir als Quelle des magnetischen Flusses die Leiterschleife selbst benutzen, indem wir einen von außen angetriebenen Strom hindurchschikken, dann können wir sicher keine Induktionsspannung dadurch erzeugen, daß wir die Leiterschleife irgendwie bewegen, denn dabei schleppt sie ihr Magnetfeld ja mit, und es tritt keine Änderung des Flusses durch die Leiterschleife ein. Wie aber, wenn wir die äußere Stromquelle einfach abschalten, den Stromkreis unterbrechen? Dann ändert sich notgedrungen das Magnetfeld der Leiterschleife, indem es zusammenbricht. Dabei wird nun aber tatsächlich *auch* eine Spannung induziert. Sie ist nach der Lenzschen Regel so gerichtet, daß sie die Stromunterbrechung in der Leiterschleife zu verhindern sucht. Das kann natürlich auf die Dauer nicht gelingen, die Stromstärke wird doch Null, und das Magnetfeld der Leiterschleife verschwindet schließlich auch. Die *Selbstinduktion*, wie dieser Vorgang genannt wird, *verzögert* aber das Ganze ein wenig, sie verleiht dem Magnetfeld so etwas wie ›Trägheit‹. Beim *Einschalten* wirkt die Selbstinduktion genau umgekehrt, verzögert also den Aufbau des Magnetfeldes (→ Induktivität). Besonders groß werden diese Effekte, wenn wir nicht nur eine Leiterschleife, sondern eine Spule mit vielen Windungen benutzen, deren Selbstinduktion entsprechend groß ist. Wenn dann die Stromunterbrechung besonders rasch geschieht, wird auch die induzierte Spannung hoch, unter Umständen sehr viel höher als die Spannung, die ursprünglich – vor dem Unterbrechen – den Stromkreis in Gang gehalten hat. Deshalb beobachten wir an Schaltern und Kabelbrüchen oft *Öffnungsfunken*, die in Luft nur entstehen können (→ Gasentladung), wenn die Spannung einige kV beträgt. Am besten kann man diese Funken in Gleichspannungskreisen beobachten, sie können aber auch bei Wechselströmen entstehen, wenn die Stromunterbrechung gerade bei hoher Stromstärke erfolgt.

Da in einer gegebenen Spule der magnetische Fluß nur der Stromstärke I proportional ist, muß

$$\frac{\mathrm{d}\Phi}{\mathrm{d}t} = \frac{\mathrm{d}I}{\mathrm{d}t}$$

sein. Die durch Selbstinduktion induzierte Spannung $U_{\text{ind.}}$ ist also proportional der Änderung der Stromstärke. Der Proportionalitätsfaktor heißt *Selbstinduktionskoeffizient* oder *Induktivität L.*

Anwendungen

1. *Wirbelströme* entstehen, wenn räumlich ausgedehnte Leiterstücke, z. B. Bleche oder Metallklötze, einer magnetischen Flußänderung ausgesetzt werden, denn in einem Vollmaterial gibt es ungezählte geschlossene ›Leiterschleifen‹, in denen Strom induziert wird. Zieht man beispielsweise ein Kupferblech durch das inhomogene Magnetfeld eines starken Hufeisenmagneten, dann setzt es wegen der hohen induzierten Wirbelstromstärken nach der Lenzschen Regel dieser Bewegung einen beachtlichen Widerstand entgegen. Es fühlt sich an, als würde man das Blech durch zähen Sirup ziehen. Da man in den meisten Fällen die Wirbelströme nicht nutzen kann (sie heizen einfach den Metallklotz auf), versucht man, sie zu vermeiden, indem man Bleche mit vielen Schlitzen versieht oder massive Metallkörper aus vielen Blechen herstellt, deren Ebene senkrecht zu der Ebene der induzierten Kreisströme steht, die deshalb erst gar nicht zustande kommen. Motorenanker und Transformatorenkerne sind so konstruiert, um Wirbelstromverluste weitgehend zu verhindern. Bringt man dagegen ein Blech frei beweglich in einem veränderlichen Magnetfeld an, so versucht es, der Feldbewegung zu folgen. Dieses Prinzip nutzen z. B. Tachometer in Autos und auch die Stromzähler, nach denen das Elektrizitätswerk unseren Energieverbrauch im Haushalt berechnet.

2. Der *Wechselstromgenerator* ist im Prinzip nur eine Leiterschleife, die sich in einem (konstanten) Magnetfeld dreht (Figur 2). Wenn die Drehung mit konstanter Winkelgeschwindigkeit erfolgt, wird an den Enden der Schleife oder Spule eine Spannung induziert, die zwischen positiven und negativen Werten hin- und herschwankt (→ Wechselstrom) und dabei einen sinusförmigen zeitlichen Verlauf hat. In der Praxis sind derartige Wechselstromgeneratoren mit vielen zusätzlichen Feinheiten ausgestattet und entsprechend komplizierter, aber am Induktionsprinzip ändert sich dabei nichts. Auch *Gleichstromgeneratoren* kann man durch Drehen vieler gekoppelter Schleifen herstellen. Man hat nur dafür zu sorgen, daß – über entsprechend viele Schleifkontakte (›Bürsten‹ oder ›Kohlen‹) – immer die Spannung der richtigen Leiterschleife mit maximaler Induktionsspannung nach außen geführt wird. Außerdem muß man den immer noch ein wenig ›schwankenden‹ Gleichstrom durch Kondensatoren glätten. Auf diese technischen Probleme gehen wir aber hier nicht ein.

3. Der *Kurzschlußläufer* in Drehstrommotoren besteht einfach aus einem geschlossenen Metallring, der sich im Magnetfeld des Motors drehen kann. In ihm wird ein Strom induziert, der ihn dem Magnetfeld nachführt, wenn sich dieses verändert. Erzeugt man also ein Magnetfeld, das sich im Motor dreht, so wird der Metallring – mit einer kleinen Verzögerung – diese Drehung mitmachen (→ Drehstrom). Drehfelder sind aber durch geeignete Phasenverschiebungen zwischen mehreren (mindestens zwei) sinusförmigen Wechselfeldern leicht herzustellen.

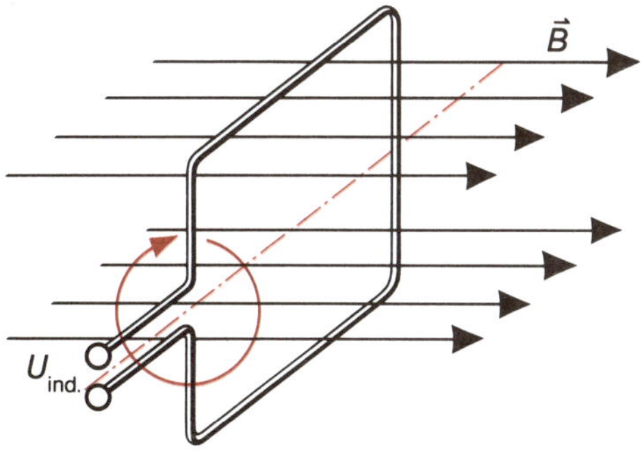

Induktion (Figur 2): Die Zahl der von der Schleife umfaßten Feldlinien (d. h. der magnetische Fluß) ändert sich periodisch, wenn man die Schleife mit konstanter Winkelgeschwindigkeit dreht.

Induktivität

Bei der Selbstinduktion z. B. in einer *Spule* (→ Induktion) kann die ursächliche Änderung des magnetischen Flusses $d\Phi/dt$ nur auf eine Änderung der Stromstärke und nicht auf eine Bewegung zurückzuführen sein. Deshalb muß die Flußänderung proportional der Stromstärkeänderung sein. Das Induktionsgesetz lautet also in diesem Fall:

$$U_{\text{ind.}} = -L \cdot \frac{dI}{dt}. \tag{1}$$

Der Proportionalitätsfaktor L heißt *Induktivität* (oder *Selbstinduktionskoeffizient*). Der Name wird aber auch oft – etwas ungenau – für die Spule selbst verwendet. Die Größe von L hängt nur von der Bauart der Spule und vom Material ab, in das sie eingebettet ist, und wird in *Henry* (Abk. H) gemessen, nach *Joseph Henry* (1797–1878); 1 H = 1 Vs/A (→ Maße und Maßsysteme). Nach der Lenzschen Regel ist die selbstinduzierte Spannung so gerichtet, daß sie die auslösende Stromänderung verzögert. Das macht sich besonders beim Einschalten oder Ausschalten eines Stromkreises mit Induktivität bemerkbar (Figur 1), aber auch als Blindwiderstand in Wechselstromkreisen (→ elektrischer Widerstand). Enthält der Stromkreis noch einen ohmschen Widerstand R, so läßt sich der Stromverlauf beim *Einschalten* berechnen, indem man die Summe aller Spannungen vorzeichenrichtig anschreibt:

$$U - R \cdot I - L \cdot \frac{dI}{dt} = 0. \tag{2}$$

Diese Differentialgleichung wird durch folgenden Ansatz gelöst:

$$I(t) = \frac{U}{R} \cdot \left(1 - e^{-\frac{R}{L} \cdot t}\right). \tag{3}$$

Die Größe $U/R = I_\infty$ ist die Stromstärke, die *ohne* die Induktivität L fließen würde. Sie wird bei Anwesenheit von L erst nach (theoretisch) unendlich langer Zeit erreicht. Praktisch ist I schon nach $t \approx 10\,L/R$ nicht mehr von I_0 zu unterscheiden, weil auch Stromschwankungen durch Temperaturbewegung auftreten, die sehr feine Stromstärkenunterschiede überdecken (→ Rauschen).

Die Differentialgleichung, die das *Ausschalten* beschreibt, ist noch einfacher als Gleichung (2), weil jetzt $U = 0$ wird.

$$R \cdot I + L \cdot \frac{dI}{dt} = 0. \tag{4}$$

Sie hat die Lösung

$$I(t) = I_0 \cdot e^{-\frac{R}{L} \cdot t}. \tag{5}$$

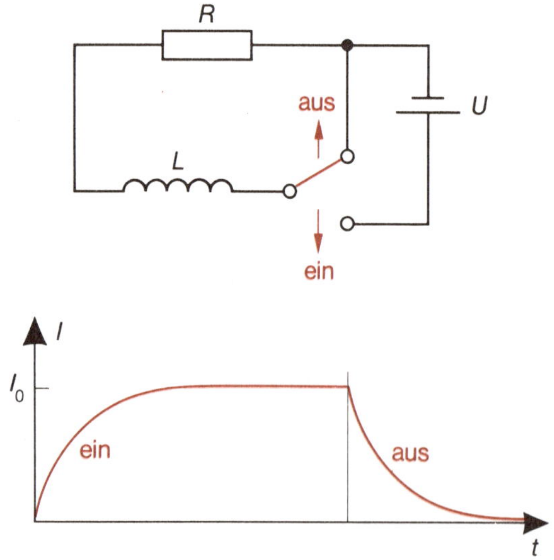

Induktivität (Figur 1): Darstellung des Stromverlaufs in einem Stromkreis mit dem Widerstand R und der Induktivität L beim Ein- und Ausschalten der Spannung U.

I_0 ergibt sich aus den Anfangsbedingungen und bedeutet die Stromstärke *vor* dem Ausschalten (Figur 1).
Induktivitäten können nur für ziemlich einfache Leiteranordnungen berechnet werden. Meist ist man auf das Experiment angewiesen. Für eine ›lange‹ Zylinderspule (Länge l, Windungszahl N, Querschnittsfläche A) gilt ebenso wie für eine Ringspule, die wie ein Fahrradschlauch in sich geschlossen ist ($l = 2\pi D$)

$$L = \mu N^2 \cdot \frac{A}{l}. \qquad (6)$$

Der Faktor μ bedeutet dabei die → Permeabilität des Stoffes im Spuleninneren.
Der Wechselstromwiderstand einer Induktivität hat für einen sinusförmigen Strom der Kreisfrequenz ω den Wert

$$R_\mathrm{L} = \omega L. \qquad (7)$$

Inertialsystem

Ein Koordinatensystem, auf das keine äußeren Kräfte wirken und dessen Massen sich daher nach dem Trägheitsgesetz geradlinig und gleichförmig bewegen, stellt ein Inertialsystem dar (lat. inertia; dt. Untätigkeit, Trägheit). Alle derartigen Systeme sind zur Beschreibung der physikalischen Gesetze gleich gut geeignet, d. h., die Gesetze der Mechanik haben in allen I. die gleiche Form.
Es gibt auch kein ›absolut ruhendes‹ I., weil es nicht möglich ist, absolute Geschwindigkeiten zu messen. Diese Erkenntnis ist einer der beiden Grundpfeiler der → Relativitätstheorie (der andere ist die Konstanz der Lichtgeschwindigkeit). Als praktisches Beispiel für ein I. wird meist ein antriebslos durchs Weltall gleitendes Raumschiff weitab von allen Sternen angeführt.

Influenz

Bringt man einen Körper in ein → elektrisches Feld, so werden seine inneren Ladungen vom Feld beeinflußt. Handelt es sich um ein Metall mit frei beweglichen Ladungsträgern (Elektronen), sammeln diese sich entsprechend der elektrischen Kräfte an der Oberfläche. Man sagt dann, es sind Ladungen *influenziert* worden (lat., dt. etwa ›einhauchen‹), obwohl man sich darüber klar sein muß, daß es sich nur um eine *Trennung* von Ladungen, keineswegs um eine Erzeugung handelt. In einem → Dielektrikum sind die Ladungsträger nicht frei beweglich. Trotzdem werden sie im elektrischen Feld so verschoben, daß an den Oberflächen ebenfalls eine Ladungsdichte auftritt, die sog. *Verschiebungsdichte*.

Infrarot

Der Name Infrarot, Abk. IR, bezeichnet den Bereich des → elektromagnetischen Spektrums, der langwelliger als das sichtbare Rot ist, d. h. die *Wärmestrahlung* (→ Strahlungsgesetze). Gelegentlich wird statt I. auch der Begriff *Ultrarot*, Abk. UR, verwendet.

Infraschall

Schallwellen mit einer Frequenz von weniger als 16 Hz, d. h. unter der Hörschwelle liegend, bezeichnet man als Infraschall (→ Akustik).

Inkohärent

Der Begriff inkohärent bedeutet auf deutsch ›nicht zusammenhängend‹ und wird meist im Zusammenhang mit → Wellen gebraucht. Wellenzüge sind i., wenn keine feste Phasenbeziehung zwischen ihnen besteht. Licht von zwei kleinen Glühbirnen ist i., weil die Aussendung der Wellenzüge aus jeder Lichtquelle statistisch geschieht und deshalb alle Interferenzen zufällig und rasch wechselnd erfolgen, d. h. nicht feststellbar sind.

Inkompressibel

Das Wort bedeutet ›nicht zusammendrückbar‹ und wird meist im Zusammenhang mit Flüssigkeiten angewandt, die aber nur *nahezu* inkompressibel sind. In Wirklichkeit ist jeder Körper kompressibel, aber die Kompressibilität (→ Elastizität) ist für Flüssigkeiten und Festkörper so klein, daß man vor allem in der Hydrostatik fast keinen Fehler macht, wenn man sie gleich Null setzt.

Inkorporation

Der Begriff bedeutet ganz allgemein die Aufnahme radioaktiver Stoffe in den Körper, sei es durch die Haut, durch Essen oder durch Einatmen. Auch die medizinische Verabreichung von Radionukliden zum Zweck der Diagnose oder der Therapie stellt eine I. dar (→ Strahlenbelastung und Strahlenschutz).

Intensität

Die I. einer Strahlung wird definiert als die *Strahlungsenergie*, die pro Zeiteinheit durch die Flächeneinheit senkrecht zur Ausbreitungsrichtung hindurchtritt. Für Strahlungen, die man sich aus Teilchen bestehend denken kann (z. B. α-Strahlen), läßt sich die I. recht einfach durch Summieren über die einzelnen Teilchenenergien berechnen oder messen. Für Wellenstrahlungen wie den Schall (→ Akustik) oder das → Licht stellt sich heraus, daß die I. proportional zur *Amplitude im Quadrat* ist. Da man bei den meisten Wellenvorgängen nicht Amplituden, sondern I. wahrnimmt bzw. mißt, muß man sich immer dessen bewußt sein, daß es sich dabei um Quadrate von Amplituden handelt, während bei Überlagerungen von Wellen (Interferenz) die Amplituden selbst addiert werden. Auch in der → Quantenmechanik ist dieser Unterschied zwischen Wellenamplitude und I. von größter Bedeutung.

Interferenz

Wenn mehrere Wellen am gleichen Ort auftreten, so überlagern sich ihre Amplituden. Da diese Amplituden zeitabhängig sind und sich dabei nicht nur der Größe nach ändern, sondern auch das Vorzeichen wechseln, führen Überlagerungen gleichen Vorzeichens zur Amplitudenvergrößerung *(konstruktive Interferenz)*, solche ungleichen Vorzeichens zur Amplitudenverkleinerung *(destruktive Interferenz)* bis hin zur völligen Auslöschung. Damit diese *Interferenzerscheinungen* über einen größeren Ortsbereich und über eine längere Zeitspanne erhalten bleiben, muß zwischen den interferierenden Wellen eine *feste* Phasenbeziehung bestehen. Man sagt, die Wellen müssen *kohärent* sein. Wir unterscheiden zwei Arten der I. Ein *konstanter* Phasenunterschied führt auf eine stationäre I.; dabei müssen offenbar die Frequenzen (und somit die Wellenlängen) der interferierenden Wellen übereinstimmen. Im Fall zweier ebener Wellen ξ_1 und ξ_2 hat man die Gleichungen

$$\xi_1 = A \cdot \sin(\omega t - kx) \quad \text{und} \quad \xi_2 = B \cdot \sin(\omega t - kx + \varphi) \qquad (1)$$

zu addieren, um die Summenamplitude –

eben das Interferenzbild – zu erhalten. Dabei bedeuten ω die Frequenz, k die Wellenzahl und φ die Phase jeder Teilwelle. Der *Phasenwinkel* $\varphi = 0$ bedeutet, daß die Welle zur Zeit $t = 0$ am Ort $x = 0$ die Auslenkung Null hat und in Richtung der positiven x-Achse läuft. Ein Phasenwinkel φ läßt sich deuten als *Zeitverschiebung* $t_2 = \varphi/\omega$, mit der die Welle gegenüber der Welle mit $\varphi = 0$ später losläuft, oder als *Gangunterschied* $x_2 = \varphi/k$, mit dem die Welle gegenüber der Welle mit $\varphi = 0$ räumlich verschoben ist. Natürlich führt beides zum gleichen Ergebnis: Der Gangunterschied der beiden Wellen bleibt zeitlich und räumlich konstant.

Im Fall zweier räumlicher Wellen entsteht ein stationäres Interferenzbild. Zweidimensionale Interferenzbilder (Figur 1) kennt jeder, der schon einmal Pfützenoberflächen bei Regen genau betrachtet hat. Zwei Tropfen, die im Abstand a voneinander mit dem Zeitunterschied Δt ins Wasser fallen, lösen zwei Kreiswellen mit dem Phasenunterschied $\varphi = \omega \cdot \Delta t$ aus, die miteinander interferieren, sobald sie sich treffen. Man kann solche I. mit seichten Wasserflächen und mechanischen Tupfern sehr schön im Labor herstellen. Dreidimensionale Kugelwellen sind nur für den longitudinalen Fall leicht vorstellbar (z. B. bei Schallwellen), erzeugen aber auch im transversalen Fall (z. B. bei elektromagnetischen Wellen wie Licht) eine räumliche Interferenzfigur, wenn sie von zwei kohärenten Quellen ausgehen. Beim Licht mußte man früher einen ziemlichen Aufwand betreiben, um eine Interferenzfigur zu erzeugen, denn natürliche Lichtquellen oder Glühbirnen sind nicht kohärent, auch wenn ihre ausgesandten Wellenlängen übereinstimmen. Das liegt an der Kürze der Wellenzüge, aus denen sich dieses Licht zusammensetzt. Erst die → Laser liefern in neuerer Zeit Licht derartiger Kohärenz, daß nahezu jede Versuchsanordnung Interferenzfiguren erzeugt.

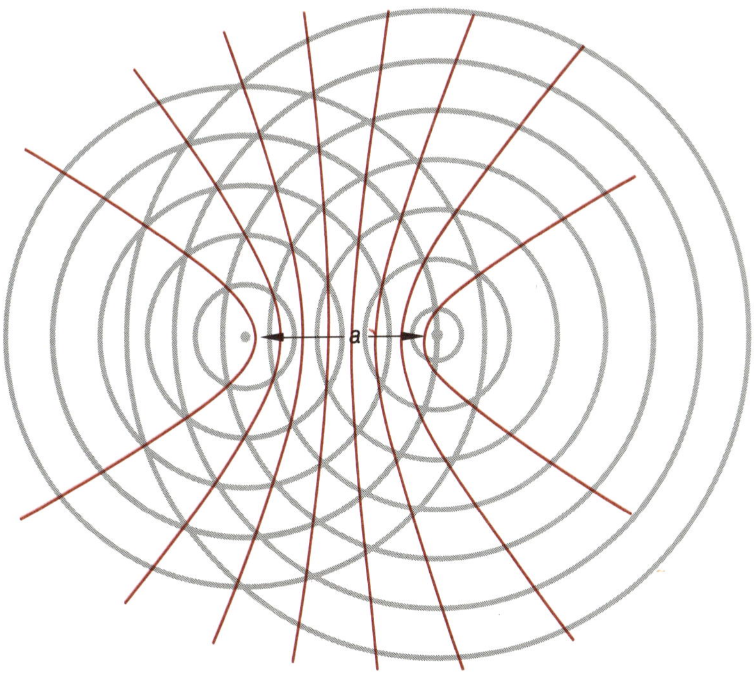

Interferenz (Figur 1): Interferenzfigur zweier Kreiswellen; wenn die schwarzen Kreise jeweils Wellenberge bedeuten, dann geben die roten Hyperbeln die Orte der Interferenzmaxima an.

Die zweite Art der I. benötigt ebenfalls eine feste Phasenbeziehung, läßt aber deren Zeit- und Ortsabhängigkeit offen. Das bedeutet, daß man eine I. auch dann erwartet, wenn sich irgend zwei kohärente Wellenzüge überlagern, selbst wenn sie weder in der Frequenz noch in der Wellenzahl (Wellenlänge) übereinstimmen. Sie müssen nur so ›lang‹ sein – kohärent bedeutet ja ›zusammenhängend‹ –, daß sich die Phasendifferenz für jeden Ort berechnen läßt:

$$\xi_1 = A \cdot \sin(\omega_1 t - k_1 x) \quad \text{und} \quad \xi_2 = B \cdot \sin(\omega_2 t - k_2 x). \tag{2}$$

Die Situation entspricht der Überlagerung zweier → Schwingungen verschiedener Frequenz.

Im Fall ebener Wellen bildet sich dann eine Art ›räumlicher Schwebung‹ aus. Die Amplitude bildet selbst eine Sinuswelle, die Interferenzfigur besteht aus einer Kette von Wellenpaketen (Figur 2). Betrachtet man diese Pakete oder Wellengruppen als eigenständige Gebilde, so ergibt sich für sie die *Gruppenfrequenz* $\omega_1 - \omega_2$ und die *Gruppenwellenzahl* $k_1 - k_2$. Die Ausbreitungsgeschwindigkeit c_{gr} dieser Gruppen ergibt sich wie bei allen Wellen aus Kreisfrequenz geteilt durch Wellenzahl zu

$$c_{gr} = \frac{\omega_1 - \omega_2}{k_1 - k_2}. \tag{3}$$

Diese *Gruppengeschwindigkeit* kann sich

Interferenz: Beispiel für die Interferenz von Wasserwellen bei der Überlagerung zweier punktförmiger Erregungszentren (z. B. bei zwei in geringer Entfernung voneinander ins Wasser geworfenen Steinen); im Gegensatz zu Figur 1 sind hier die beiden Quellen *in Phase.*

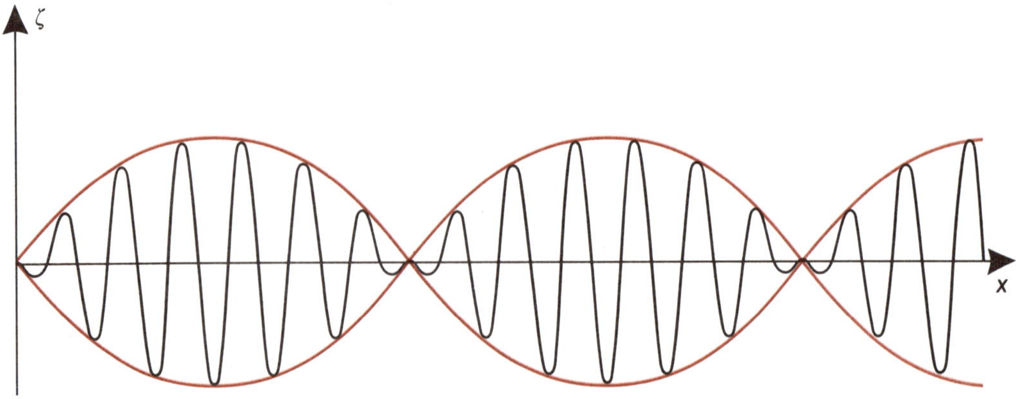

Interferenz (Figur 2): Momentaufnahme der Überlagerungsfigur zweier ebener Wellen mit etwas unterschiedlicher Frequenz und/oder sich geringfügig unterscheidender Wellenlänge von der Geschwindigkeit eines einzelnen Wellenberges (der Phase) völlig unterscheiden, wenn diese Phasengeschwindigkeit für verschiedene Frequenzen verschieden ist (→ Dispersion). Im Grenzfall der Interferenz benachbarter Frequenzen und Wellenlängen wird aus Gleichung (3) der Differentialquotient

$$c_{gr} = \frac{d\omega}{dk}.$$

Ion

Ein Atom, dessen Elektronenanzahl in der Hülle nicht mit der Protonenzahl im Kern übereinstimmt, heißt *Ion*. Es ist positiv oder negativ geladen, und zwar immer in ganzzahligen Vielfachen der → Elementarladung *e*. Ionen in Flüssigkeiten oder Gasen bewegen sich unter dem Einfluß eines → elektrischen Feldes in Richtung der Feldlinien. Dieser Tatsache verdanken sie ihren Namen (griech., dt. ›gehend‹). Atome, deren Elektronenhüllen nahezu abgeschlossene Außenschalen haben (→ chemische Bindung, → Atomphysik), lassen sich besonders leicht ionisieren. Die positiven Ionen sind dann wesentlich kleiner als die neutralen Atome, weil sie ein oder zwei einzelne Außenelektronen verloren haben. Die negativen Ionen haben dagegen Elektronen aufgenommen und sind daher auch räumlich ›größer‹ geworden. Ionen spielen vor allem in wässerigen Lösungen eine große Rolle. So liegen beispielsweise die Alkalimetalle (Na, K, Ca usw.) ebenso wie die Halogene (Cl, J, Br usw.) in allen Lebewesen ausschließlich ionisiert vor. Die → elektrische Leitfähigkeit der Gase und Flüssigkeiten hängt von der Existenz von Ionen ab (→ Gasentladung, → Elektrolyse).

Ionisation

Als *Ionisation* oder *Ionisierung* bezeichnet man den Prozeß, bei dem von einem neutralen Atom ein oder mehrere Elektronen abgespalten werden. Dann bleibt ein einfach oder mehrfach geladener Atomrumpf, das *Ion*, zurück. *Primär* entstehen daher bei einer Ionisierung nur positive Ionen. Erst wenn sich die ebenfalls vorhandenen freien Elektronen an andere Atome binden, entstehen *sekundär* auch negative Ionen. Die maßgebliche Größe bei der Ionisation ist die *Ionisierungsenergie*, die angibt, welche Arbeit aufgewendet werden muß, um ein Außenelektron aus einem gebundenen Zustand im Atom in einen freien Zustand zu ›heben‹. Die Ionisierungsenergien für Außenelektronen sind recht verschieden, folgen aber dem → Periodensystem und bewegen sich in der Größenordnung einiger Elektronvolt. Die hauptsächlichen Ionisierungsprozesse sind die Stoßionisation, die thermische Ionisation und die elektrolytische Dissoziation.

Bei der *Stoßionisation* bedarf es eines stoßenden Teilchens genügend hoher Energie, das mit dem Atom einen inelastischen Stoß ausführt und dabei ein Elektron herausschlägt. Im weiteren Sinne rechnet man auch elektromagnetische Quanten zu diesen stoßenden Teilchen (→ Photoeffekt, → Compton-Effekt).

Bei der *thermischen Ionisation* (in einem Gas) ist die Temperaturbewegung der Teilchen so groß, daß bei manchen Zusammenstößen *Ionisierung* auftritt. Es handelt sich also eigentlich ebenfalls um Stoßionisation. Bei einer festen Temperatur stellt sich ein dynamisches Gleichgewicht ein zwischen ständiger Ionisierung und Rekombination. Der Ionisierungsgrad steigt mit der Temperatur und ist in Sternen (→ Astrophysik) so groß, daß mehrfach ionisiert wird, bis das Gas schließlich nur noch Elektronen und nackte Atomkerne oder Ionen enthält. Dieser Zustand wird dann *Plasma* genannt. Zu seiner Entstehung in Gasen mit hohen Drücken bedarf es allerdings sehr hoher Temperaturen (einige Millionen Grad).

Die *elektrolytische Dissoziation* ist dagegen mehr ein physikalisch-chemischer Vorgang, hervorgerufen durch eine besondere Eigenschaft der Wassermoleküle (elektrisches Dipolmoment). Sie betrifft auch nur Moleküle, die vorwiegend heteropolar gebunden sind (→ chemische Bindung). Ein derartiges Molekül ist z. B. das Kochsalzmolekül (NaCl), das sozusagen schon in der ›vorgefertigten‹ Form $Na^+ Cl^-$ existiert.

Löst man einen Kochsalzkristall in Wasser, so drängen sich die H-O-H-Dipole jeweils mit der komplementären Ladung an die beiden ›Molekülionen‹ heran und trennen sie schließlich: Ein *Ionenpaar* ist entstanden.

Irreversibel

Irreversibel, d. h. nicht umkehrbar, sind alle Vielteilchenprozesse, die von selbst ablaufen. Die Begründung gibt die → Thermodynamik mit Hilfe der statistischen Wahrscheinlichkeit eines Zustands bzw. der Entropie des Systems. In irreversiblen Prozessen nimmt die Entropie insgesamt zu. Das betrifft z. B. alle Vorgänge, in denen die → Reibung eine Rolle spielt. Praktisch bedeutet dies, daß es in der makroskopischen Welt überhaupt keine anderen als *irreversible Vorgänge* gibt. Nur Elementarteilchenreaktionen sind umkehrbar (→ reversibel).

Isenthalpe

Als I. (griech.; dt. ›von gleicher Enthalpie‹) bezeichnet man eine Linie gleicher Enthalpie auf der Zustandsfläche (→ Aggregatzustand) oder in einem Zustandsdiagramm. Der → Joule-Thomson-Prozeß verläuft z. B. isenthalp.

Isentrope

Als I. (griech.; dt. ›von gleicher Entropie‹) bezeichnet man eine Linie gleicher Entropie S auf der Zustandsfläche oder in einem Zustandsdiagramm (→ Aggregatzustand). Wegen $dS = dQ/T$ bleibt für Prozesse, die ohne Entropieänderung ablaufen, auch die Wärmemenge konstant. Deshalb ist die I. mit der → Adiabate identisch.

Isobare

Als I. (griech.; dt. ›von gleichem Druck‹) bezeichnet man eine Linie gleichen Drucks z. B. im V-T-Diagramm eines Stoffes, aber auch in einer Wetterkarte. I. lassen sich thermodynamisch als Schnitte mit der Zustandsfläche auffassen (→ Aggregatzustand), wobei die Schnittebenen parallel zur V-T-Ebene gelegt werden (also horizontal).

Isochore

Als I. (griech.; dt. ›von gleichem Volumen‹) bezeichnet man eine Linie gleichen Volumens im p-T-Diagramm eines Stoffes. Die I. sind Schnittlinien der Zustandsfläche (→ Aggregatzustand) mit Ebenen parallel zur p-T-Ebene.

Isomerie

Unter I. (griech.; dt. ›mit gleichen Teilen‹) versteht man ein unterschiedliches Verhalten von Systemen, die aus densel-

ben Teilchen aufgebaut sind. Natürlich unterscheiden sich die betreffenden Systeme in einer anderen inneren Größe. Isomere Systeme bestehen daher vorzugsweise aus *vielen* Teilchen. Besonders wichtig ist die I. in der organischen Chemie, wo die bloße Summenformel einer Verbindung (z. B. C_6H_{14}) mit steigender Zahl der beteiligten Atome immer weniger über das chemische Verhalten aussagt, weil es immer mehr Strukturen gibt, die aus den gegebenen Teilchen gebildet werden können. Im Extremfall biologischer Makromoleküle ist die Summenformel fast ohne Bedeutung.
Auch die Physik der → Atomkerne verwendet den Begriff der I. Man erkennt eine solche Kernisomerie z. B. bei instabilen Kernen an den unterschiedlichen Zerfallszeiten für ein- und dasselbe Isotop. Der Strukturunterschied liegt hier in unterschiedlichen Drehimpulsquantenzahlen des Grundzustandes.

Isospin

Ordnet man die → Elementarteilchen nach ihrer Masse, so kommen gewisse Gruppen mit annähernd gleicher Masse, aber verschiedenen elektrischen Ladungen vor; man erhält sog. *Multipletts*, ähnlich den Liniengruppen bei optischen Spektren (→ Spektrum). Entsprechend zur → Atomphysik, wo man das Auftreten dieser Multipletts den verschiedenen Einstellungen des Drehimpulses *(Spin)* zuschreibt, erklärt man die Elementarteilchenmultipletts durch die verschiedenen Einstellungen einer *Isospin* (auch *Isospin-Vektor*) genannten Größe und beschreibt sie durch die ›Drei-Komponente‹ I_3 des Isospins. Da sich die verschiedenen I_3-Werte nur um ganzzahlige Werte unterscheiden können (→ Quantenmechanik), gehören zum Isospin I genau $2I+1$

Isospin	I_3	*Multiplizität*
0	0	1 (Singulett)
½	+ ½, − ½	2 (Dublett)
1	+ 1, 0, − 1	3 (Triplett)
3/2	+ 3/2, + ½, − ½, − 3/2	4 (Quartett)

Tabelle: Zusammenhang zwischen Isospin, I_3 und Multiplizität

verschiedene Einstellungen. Die Tabelle zeigt die Möglichkeiten:
Da es Dubletts gibt (z. B. Neutron, Proton), muß I halbzahlig sein wie der gewöhnliche Spin auch. Der Isospin hat aber mit einem Drehimpuls nichts zu tun, sondern beschreibt lediglich die Multiplizität von Teilchenzuständen.

Isotherme

Als I. (griech.; dt. ›von gleicher Temperatur‹) bezeichnet man eine Linie gleicher Temperatur im p-V-Diagramm eines Stoffes. Man kann auch sagen, die I. sind Schnittlinien der Zustandsfläche (→ Aggregatzustand) mit Parallelebenen zur p-V-Ebene.

Isotope

Der Name Isotop (griech.; dt. ›von gleicher Struktur‹) wurde ursprünglich für → Atomkerne gebraucht, die bei gleicher Ordnungszahl (Protonenzahl oder Kernladungszahl) unterschiedlich viele Neutronen aufweisen und sich dadurch zwar in der Masse ein wenig unterscheiden, nicht aber in ihrem chemischen Verhalten, weil dieses fast ausschließlich durch die – unveränderte – Elektronenhülle bestimmt wird. Später hat sich der Name I. als Synonym für *Nuklid* oder *Kern* eingebürgert, wenn man einen bestimmten

Kern bezeichnen wollte und nicht nur das chemische Element.
Die Isotopenkennzeichnung geschieht durch die Angabe des Elementsymbols (mit oder ohne Ordnungszahl) und nachfolgender Massenzahl. Das → Atomgewicht eines Isotops stimmt nicht exakt mit der Massenzahl überein, sondern weicht – wegen der → Bindungsenergie und dem damit verbundenen Massendefekt (→ Kernphysik) – geringfügig von ihr ab. Es gibt etwa 300 stabile I.; die große Mehrzahl aller I. (wir kennen heute mehr als 1700) ist radioaktiv, also instabil.
Die meisten der natürlich vorkommenden Elemente sind *Isotopengemische.* Diese Tatsache ist auch dafür verantwortlich, daß die Atomgewichte dieser Elemente oft weit von ganzen Zahlen entfernt sind. Zur Gewinnung einzelner Isotope aus diesen Gemischen muß man zu langwierigen (und teuren) Prozessen greifen, die auf dem physikalischen Unterschied der Isotopenmassen beruhen. Chemische Reaktionen sind ja für I. desselben Elements (fast) völlig identisch. An Isotopentrennungs- und Gewinnungsverfahren seien erwähnt:
1. Die Trennung mit dem → Massenspektrographen. Sie ist zwar vollständig, aber nur im Mikromaßstab durchführbar und daher zwar sehr gut zur Analyse einer Probe, aber nur bedingt zur großtechnischen Gewinnung geeignet, obwohl das Isotop U^{235}, das als Spaltmaterial für die erste Atombombe diente, auf diese Weise hergestellt wurde (Produktionsrate: einige Milligramm pro Stunde!).
2. Die Diffusionsgeschwindigkeit (→ Diffusion) der Isotope eines Elements ist wegen der unterschiedlichen Masse verschieden. Dieser Effekt liegt dem *Clusiusschen Trennrohr* zugrunde, mit dem ein Isotopen-Gas-Gemisch durch *Thermodiffusion* teilweise entmischt wird. Erfolgversprechend ist dieses Verfahren erst, wenn man viele Trennrohre in einer *Kaskade* hintereinanderschaltet. Dann lassen sich Anreicherungen eines I. bis auf wenige Promille Verunreinigungen erzielen.
3. Die *Ultrazentrifuge* setzt ein Isotopengemisch sehr hohen Beschleunigungen aus (bis zum Milliardenfachen der Erdbeschleunigung). Dann bewirken auch schon kleine Massendifferenzen eine unterschiedliche Sedimentierung.
4. Andere Verfahren beruhen auf der Auftrennung eines Gasgemisches aus Isotopen beim Durchströmen von bestimmten Düsen (Laval-Düsen) und der unterschiedlich schnellen elektrolytischen Abscheidung, letzteres dient vor allem zur Gewinnung von H^2 (Deuterium).
5. Das wichtigste Verfahren zur Erzeugung von *Radioisotopen* (radioaktiven I.) ist die Bestrahlung eines geeigneten Ausgangsstoffes mit thermischen Neutronen im → Kernreaktor. Dabei erfolgt durch Neutroneneinfang eine Kernumwandlung, die auf ein Radioisotop führt, das sich meist durch β-Zerfall in ein neues *Element* umwandelt, worauf eine *chemische Trennung* in vielen Fällen leicht durchzuführen ist. Dies ist auch die Hauptquelle für die in der Medizin verwendeten Radioisotope.
6. Neue I. entstehen im wissenschaftlichen (Mikro-)Maßstab auch in allen Beschleunigern und ganz allgemein bei jeder Kernreaktion. Der Schwerpunkt liegt hier allerdings beim Einzelnachweis eines I., seiner Zuordnung, der Messung seiner Lebensdauer oder seines Zerfallsschemas. Die Entdeckung der meisten radioaktiven I. fand in Labors statt.
Eine Zusammenfassung aller I. wird jährlich in Form einer *Nuklidkarte* herausgegeben, in der nicht nur die I., sondern auch ihre Zerfallsschemata samt Halbwertszeiten in übersichtlicher Form zusammengefaßt sind (rechts ein Ausschnitt).

Isotope: Ausschnitt aus einer Nuklidkarte; für jedes Element werden die Isotope mit ihrer eventuellen Halbwertszeit und der Zerfallsart aufgeführt. © Kernforschungszentrum Karlsruhe GmbH

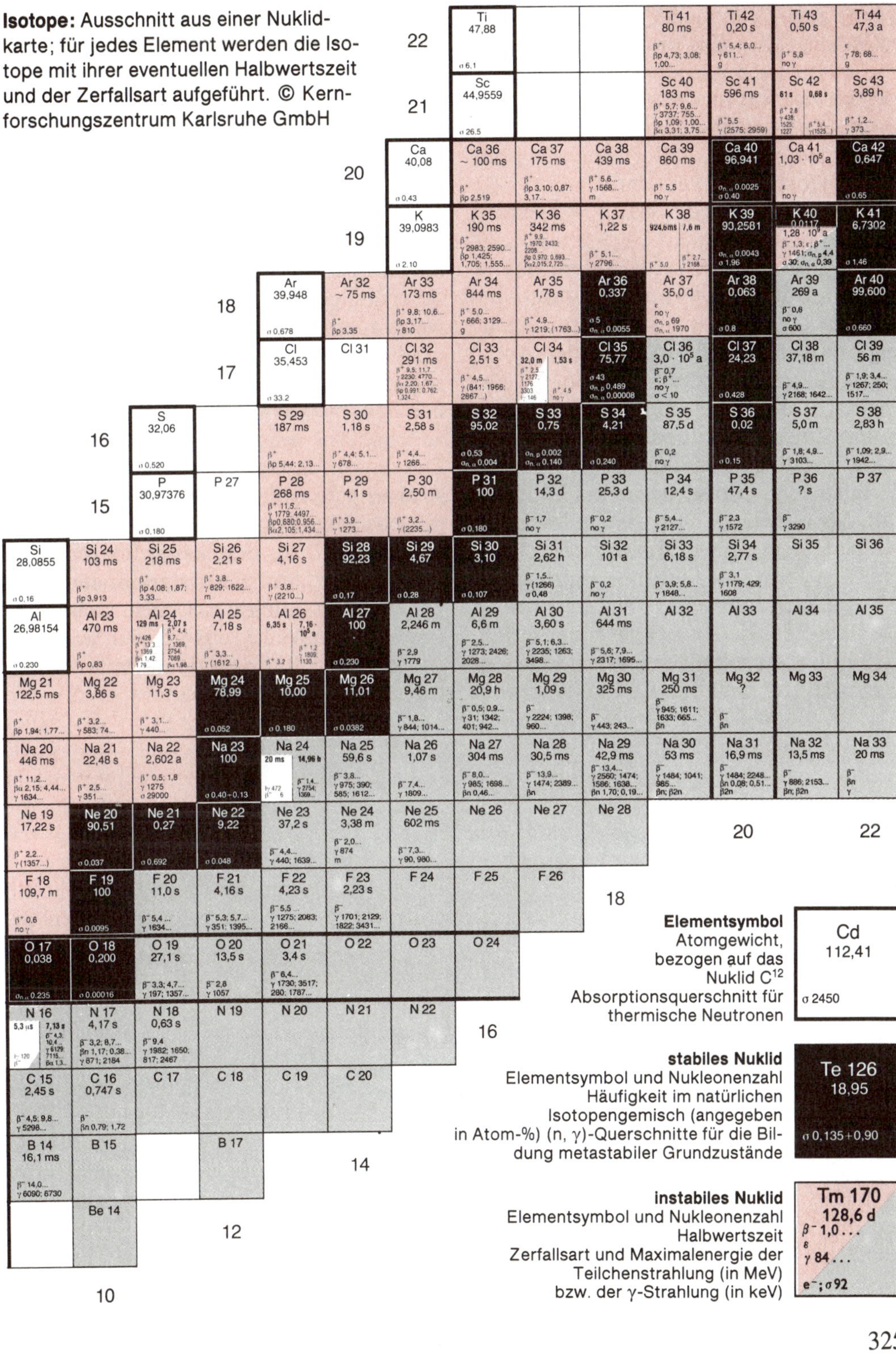

Die folgende Tabelle ist bei weitem nicht vollständig. Sie gibt die stabilen Isotope an, soweit sie natürlich vorkommen. Es werden nur Radioisotope mit Halbwertszeiten von mehr als ungefähr einer Stunde aufgeführt, d. h., wenn sie praktisch (medizinisch) verwendbar sind oder als radioaktive Schadstoffe Bedeutung haben.
In der Spalte 1 der Tabelle steht das jeweilige Isotop mit Kernladungs- und Massenzahl (schwarz: stabil, rot: instabil), in der Spalte 2 erscheint der Anteil am natürlichen Vorkommen in %. Die Spalten 3 und 4 sind nur für radioaktive Isotope ausgefüllt: Spalte 3 enthält die → Halbwertszeit, Spalte 4 die gesamte Zerfallsenergie (in Millionen → Elektronvolt, MeV) und die Hauptzerfallsart. Dabei bedeuten, min = Minuten, h = Stunden, d = Tage, a = Jahre, α = Alpha-Zerfall (Aussendung von Heliumkernen), β = Beta-Zerfall, β^+ = Positronenzerfall, EC = Elektronenkonversion (oder *K-Einfang:* der Einfang eines Elektrons aus der K-Schale der Hülle mit Umwandlung eines Kern-Protons in ein Neutron), Sp. = spontane Spaltung. In fast allen Fällen werden zusätzlich noch Gammaquanten ausgestrahlt (→ Radioaktivität).

Isotrop

Körper werden bezüglich einer physikalischen Eigenschaft als isotrop bezeichnet, wenn diese unabhängig von einer Richtung sind. So sind beispielsweise Flüssigkeiten oder Gase i. hinsichtlich des in ihnen herrschenden Druckes. Im Gegensatz zu i. steht → anisotrop.
Der Begriff i. wird aber auch noch abstrakter verwendet. So geht z. B. die theoretische Physik davon aus, daß der Raum als solcher i. ist, d. h. keine Vorzugsrichtung besitzt, und leitet daraus den Satz von der Erhaltung des Drehimpulses ab. In ähnlicher Weise folgt aus der Isotropie der Zeit der Satz von der Erhaltung der Energie (→ Erhaltungssätze).

1	2	3	4
n^{1}		12 min	0,78 β
$_{1}H^{1}$	99,985		
$_{1}H^{2}$ (D)	0,015		
$_{1}H^{3}$ (T)		12,26a	0,02 β
$_{2}He^{3}$	0,00013		
$_{2}He^{4}$	100		
$_{3}Li^{6}$	7,42		
$_{3}Li^{7}$	92,58		
$_{4}Be^{7}$		53,37 d	0,86 EC
$_{4}Be^{9}$	100		
$_{4}Be^{10}$		$2{,}5 \cdot 10^{6}$a	0,55 β
$_{5}B^{10}$	19,78		
$_{5}B^{11}$	80,22		
$_{6}C^{12}$	98,89		
$_{6}C^{13}$	1,11		
$_{6}C^{14}$		5730 a	0,16 β
$_{7}N^{14}$	99,63		
$_{7}N^{15}$	0,37		
$_{8}O^{16}$	99,759		
$_{8}O^{17}$	0,037		
$_{8}O^{18}$	0,204		
$_{9}F^{18}$		110 min	0,64 β, EC
$_{9}F^{19}$	100		
$_{10}Ne^{20}$	90,92		
$_{10}Ne^{21}$	0,257		
$_{10}Ne^{22}$	8,82		
$_{11}Na^{22}$		2,6 a	β^{+}, EC
$_{11}Na^{23}$	100		
$_{11}Na^{24}$		15 h	5,51 β
$_{12}Mg^{24}$	78,70		
$_{12}Mg^{25}$	10,13		
$_{12}Mg^{26}$	11,17		
$_{12}Mg^{28}$		21 h	1,84 β
$_{13}Al^{26}$		$7{,}4 \cdot 10^{5}$a	4,0 β, EC
$_{13}Al^{27}$	100		
$_{14}Si^{28}$	92,21		
$_{14}Si^{29}$	4,70		
$_{14}Si^{30}$	3,09		
$_{14}Si^{31}$		2,6 h	1,48 β
$_{14}Si^{32}$		650 a	0,21 β

1	2	3	4
$_{15}P^{31}$	100		
$_{15}P^{32}$		14,3 d	1,71 β
$_{15}P^{33}$		25 d	0,25 β
$_{16}S^{32}$	95,0		
$_{16}S^{33}$	0,76		
$_{16}S^{34}$	4,22		
$_{16}S^{35}$		88 d	4,8 β
$_{16}S^{36}$	0,014		
$_{16}S^{38}$		2,87 h	3,0 β
$_{17}Cl^{35}$	75,53		
$_{17}Cl^{36}$		$3{,}1 \cdot 10^{5}$a	1,14 β^{-}, β^{+}, EC
$_{17}Cl^{37}$	24,47		
$_{18}Ar^{36}$	0,337		
$_{18}Ar^{37}$		35 d	0,84 EC
$_{18}Ar^{38}$	0,063		
$_{18}Ar^{39}$		265 a	3,44 β
$_{18}Ar^{40}$	99,60		
$_{18}Ar^{41}$		1,83 h	2,49 β
$_{18}Ar^{42}$		33 a	0,60 β
$_{19}K^{39}$	93,1		
$_{19}K^{40}$	0,00118	$1{,}28 \cdot 10^{9}$a	1,5β^{+},51,4β,EC
$_{19}K^{41}$	6,88		
$_{19}K^{42}$		12,4 h	0,60 β
$_{19}K^{43}$		22,4 h	1,82 β
$_{20}Ca^{40}$	96,947		
$_{20}Ca^{41}$		$8 \cdot 10^{4}$a	0,42 EC
$_{20}Ca^{42}$	0,646		
$_{20}Ca^{43}$	0,135		
$_{20}Ca^{44}$	2,083		
$_{20}Ca^{45}$		165 d	0,25 β
$_{20}Ca^{46}$	0,186		
$_{20}Ca^{47}$		4,5 d	1,98 β
$_{20}Ca^{48}$	0,18		
$_{21}Sc^{45}$	100		
$_{21}Sc^{46}$		83 d	2,37 β
$_{21}Sc^{47}$		3,4 d	0,6 β
$_{21}Sc^{48}$		1,8 d	4,0 β
$_{22}Ti^{44}$		48 a	0,16 EC
$_{22}Ti^{46}$	7,93		
$_{22}Ti^{47}$	7,28		
$_{22}Ti^{48}$	73,94		
$_{22}Ti^{49}$	5,51		
$_{22}Ti^{50}$	5,34		
$_{23}V^{48}$		16 d	4,0 β^{+}, EC
$_{23}V^{49}$		330 d	0,6 EC
$_{23}V^{50}$	0,24	$6 \cdot 10^{15}$a	EC
$_{23}V^{51}$	99,76		

1	2	3	4
$_{24}Cr^{48}$		23 h	1,4 EC
$_{24}Cr^{50}$	4,31		
$_{24}Cr^{51}$		27,8 d	0,75 EC
$_{24}Cr^{52}$	83,76		
$_{24}Cr^{53}$	9,55		
$_{24}Cr^{54}$	2,38		
$_{25}Mn^{52}$		5,7 d	4,7 β^+, EC
$_{25}Mn^{53}$		$2 \cdot 10^6$a	0,6 EC
$_{25}Mn^{54}$		303 d	1,4 EC
$_{25}Mn^{55}$	100		
$_{25}Mn^{56}$		2,57 h	3,7 β
$_{26}Fe^{52}$		8,2 h	2,37 β^+, EC
$_{26}Fe^{54}$	5,82		
$_{26}Fe^{55}$		2,6 a	0,23 EC
$_{26}Fe^{56}$	91,66		
$_{26}Fe^{57}$	2,19		
$_{26}Fe^{58}$	0,33		
$_{26}Fe^{59}$		45 d	1,6 β
$_{26}Fe^{60}$		$3 \cdot 10^5$a	0,14 β
$_{27}Co^{55}$		18,2 h	3,46 β^+, EC
$_{27}Co^{56}$		77 d	4,57 β^+, EC
$_{27}Co^{57}$		270 d	0,8 EC
$_{27}Co^{58}$		71,3 d	2,3 β^+, EC
$_{27}Co^{59}$	100		
$_{27}Co^{60}$		5,26 a	2,8 β
$_{28}Ni^{56}$		6,1 d	2,11 EC
$_{28}Ni^{57}$		36 h	3,24 β^+, EC
$_{28}Ni^{58}$	68,274		
$_{28}Ni^{59}$		$8 \cdot 10^4$a	1,07 EC
$_{28}Ni^{60}$	26,095		
$_{28}Ni^{61}$	1,134		
$_{28}Ni^{62}$	3,593		
$_{28}Ni^{63}$		92 a	0,067 β
$_{28}Ni^{64}$	0,904		
$_{28}Ni^{65}$		2,5 h	2,14 β
$_{28}Ni^{66}$		55 h	0,2 β
$_{29}Cu^{63}$	69,09		
$_{29}Cu^{64}$		12,9 h	0,57 β; 1,7 β^+, EC
$_{29}Cu^{65}$	30,91		
$_{29}Cu^{67}$		62 h	0,57 β
$_{30}Zn^{64}$	48,89		
$_{30}Zn^{65}$		243,6 d	1,35 β^+, EC
$_{30}Zn^{66}$	27,81		
$_{30}Zn^{67}$	4,11		
$_{30}Zn^{68}$	18,57		
$_{30}Zn^{70}$	0,62		
$_{30}Zn^{72}$		46,5 h	0,45 β

1	2	3	4
$_{31}Ga^{66}$		9,4 h	5,17 β^+, EC
$_{31}Ga^{67}$		78 h	1,0 EC
$_{31}Ga^{69}$	60,4		
$_{31}Ga^{71}$	39,6		
$_{31}Ga^{72}$		14 h	4,0 β
$_{31}Ga^{73}$		4,9 h	1,55 β
$_{32}Ge^{66}$		9,4 h	3,0 β^+, EC
$_{32}Ge^{68}$		287 d	0,7 EC
$_{32}Ge^{69}$		39 h	2,22 β^+, EC
$_{32}Ge^{70}$	20,52		
$_{32}Ge^{71}$		11,4 d	0,24 EC
$_{32}Ge^{72}$	27,43		
$_{32}Ge^{73}$	7,73		
$_{32}Ge^{74}$	36,54		
$_{32}Ge^{75}$		1,4 h	1,2 β
$_{32}Ge^{76}$	7,76		
$_{32}Ge^{77}$		11,3 h	2,75 β
$_{32}Ge^{78}$		1,5 h	0,99 β
$_{33}As^{71}$		62 h	2,01 β^+, EC
$_{33}As^{72}$		26 h	4,36 β^+, EC
$_{33}As^{73}$		80,3 d	0,37 EC
$_{33}As^{74}$		17,9 d	1,35 β; 1,5 β^+, EC
$_{33}As^{75}$	100		
$_{33}As^{76}$		26,5 h	2,97 β
$_{33}As^{77}$		38,8 h	0,69 β
$_{34}Se^{72}$		8,4 d	0,6 EC
$_{34}Se^{73}$		7,1 h	2,75 β^+, EC
$_{34}Se^{74}$	0,87		
$_{34}Se^{75}$		120 d	0,865 β
$_{34}Se^{76}$	9,02		
$_{34}Se^{77}$	7,58		
$_{34}Se^{78}$	23,52		
$_{34}Se^{79}$		$6,5 \cdot 10^4$a	0,15 β
$_{34}Se^{80}$	49,82		
$_{34}Se^{82}$	9,19		
$_{35}Br^{75}$		1,7 h	2,72 β^+, EC
$_{35}Br^{76}$		16,1 h	4,6 β^+, EC
$_{35}Br^{77}$		57 h	1,36 β^+, EC
$_{35}Br^{79}$	50,54		
$_{35}Br^{81}$	49,46		
$_{35}Br^{82}$		35,5 h	3,09 β
$_{35}Br^{83}$		2,41 h	0,97 β
$_{36}Kr^{77}$		1,2 h	2,99 β^+, EC
$_{36}Kr^{78}$	0,35		
$_{36}Kr^{79}$		34,9 h	1,62 β^+, EC
$_{36}Kr^{80}$	2,27		
$_{36}Kr^{81}$		$2,1 \cdot 10^5$a	0,29 EC
$_{36}Kr^{82}$	11,56		
$_{36}Kr^{83}$	11,55		
$_{36}Kr^{84}$	56,90		

1	2	3	4
$_{36}Kr^{85}$		10,7 a	0,67 β
$_{36}Kr^{86}$	17,37		
$_{37}Rb^{81}$		4,7 h	2,26 β⁺, EC
$_{37}Rb^{83}$		83 d	0,83 EC
$_{37}Rb^{84}$		33 d	2,68 β⁺, EC
$_{37}Rb^{85}$	72,15		
$_{37}Rb^{86}$		18,66 d	1,78 β
$_{37}Rb^{87}$	27,85	$5 \cdot 10^{11}$a	0,27 β⁻
$_{38}Sr^{82}$		25 d	0,4 EC
$_{38}Sr^{83}$		33 h	2,21 β⁺
$_{38}Sr^{84}$	0,56		
$_{38}Sr^{85}$		64 d	1,11 EC
$_{38}Sr^{86}$	9,86		
$_{38}Sr^{87}$	7,02		
$_{38}Sr^{88}$	82,56		
$_{38}Sr^{89}$		52 d	1,46 β
$_{38}Sr^{90}$		28,1 a	0,546 β
$_{38}Sr^{91}$		9,67 h	2,67 β
$_{38}Sr^{92}$		2,7 h	1,9 β
$_{39}Y^{85}$		5,0 h	3,26 β⁺, EC
$_{39}Y^{86}$		14,6 h	5,27 β⁺, EC
$_{39}Y^{87}$		80 h	1,7 β⁺, EC
$_{39}Y^{88}$		106,6 d	3,62 β⁺, EC
$_{39}Y^{89}$	100		
$_{39}Y^{90}$		64 h	2,27 β
$_{39}Y^{91}$		58,8 d	1,54 β
$_{39}Y^{92}$		3,5 h	3,63 β
$_{39}Y^{93}$		10,2 h	2,89 β
$_{40}Zr^{86}$		16,5 h	1,2 β⁺, EC
$_{40}Zr^{88}$		85 d	0,5 EC
$_{40}Zr^{89}$		78,4 h	2,83 β⁺, EC
$_{40}Zr^{90}$	51,46		
$_{40}Zr^{91}$	11,23		
$_{40}Zr^{92}$	17,11		
$_{40}Zr^{93}$		$1,5 \cdot 10^{6}$a	0,09 β
$_{40}Zr^{94}$	17,40		
$_{40}Zr^{95}$		65 d	1,12 β
$_{40}Zr^{96}$	2,80	$>3,6 \cdot 10^{17}$a	
$_{40}Zr^{97}$		17 h	2,67 β
$_{41}Nb^{89}$		1,9 h	3,9 β⁺, EC
$_{41}Nb^{90}$		14,6 h	6,11 β⁺, EC
$_{41}Nb^{93}$	100		
$_{41}Nb^{94}$		$2 \cdot 10^{4}$a	2,06 β
$_{41}Nb^{95}$		35,15 d	0,925 β
$_{41}Nb^{96}$		23,4 h	3,15 β
$_{42}Mo^{90}$		5,7 h	1,46 β⁺, EC
$_{42}Mo^{92}$	15,84		
$_{42}Mo^{94}$	9,04		
$_{42}Mo^{95}$	15,72		
$_{42}Mo^{96}$	16,53		
$_{42}Mo^{97}$	9,46		
$_{42}Mo^{98}$	23,78		
$_{42}Mo^{99}$		66,69 h	1,37 β
$_{42}Mo^{100}$	9,63		
$_{43}Tc^{93}$		2,7 h	3,19 β⁺, EC
$_{43}Tc^{95}$		20 h	1,66 EC
$_{43}Tc^{97}$		$2,6 \cdot 10^{6}$a	0,3 EC
$_{43}Tc^{98}$		$1,5 \cdot 10^{6}$a	1,7 β
$_{43}Tc^{99}$		$2,12 \cdot 10^{5}$a	0,29 β
$_{44}Ru^{95}$		1,7 h	2,03 β⁺, EC
$_{44}Ru^{96}$	5,51		
$_{44}Ru^{97}$		2,9 d	1,2 EC
$_{44}Ru^{98}$	1,87		
$_{44}Ru^{99}$	12,72		
$_{44}Ru^{100}$	12,62		
$_{44}Ru^{101}$	17,07		
$_{44}Ru^{102}$	31,61		
$_{44}Ru^{103}$		39,6 d	0,74 β
$_{44}Ru^{104}$	18,58		
$_{44}Ru^{105}$		4,44 h	1,87 β
$_{44}Ru^{106}$		367 d	0,04 β
$_{45}Rh^{99}$		16 d	2,05 β⁺, EC
$_{45}Rh^{100}$		20 h	3,64 β⁺, EC
$_{45}Rh^{101}$		3,1 a	0,56 EC
$_{45}Rh^{102}$		2,9 a	2,3 EC
$_{45}Rh^{103}$	100		
$_{45}Rh^{105}$		35,9 h	0,56 β
$_{46}Pd^{100}$		4,0 d	0,6 EC
$_{46}Pd^{101}$		8,4 h	1,99 β⁺, EC
$_{46}Pd^{102}$	0,96		
$_{46}Pd^{103}$		17 d	0,56 EC
$_{46}Pd^{104}$	10,97		
$_{46}Pd^{105}$	22,23		
$_{46}Pd^{106}$	27,33		
$_{46}Pd^{107}$		$7 \cdot 10^{6}$a	0,035 β
$_{46}Pd^{108}$	26,71		
$_{46}Pd^{109}$		13,47 h	1,11 β
$_{46}Pd^{110}$	11,81		
$_{46}Pd^{112}$		21 h	0,3 β
$_{47}Ag^{107}$	51,82		
$_{47}Ag^{109}$	48,18		
$_{47}Ag^{111}$		7,5 d	1,05 β
$_{47}Ag^{112}$		3,2 h	4,01 β
$_{47}Ag^{113}$		5,3 h	2,0 β

1	2	3	4
$_{48}Cd^{106}$	1,22		
$_{48}Cd^{107}$		6,5 h	1,417 β^+, EC
$_{48}Cd^{108}$	0,88		
$_{48}Cd^{109}$		450 d	0,16 EC
$_{48}Cd^{110}$	12,39		
$_{48}Cd^{111}$	12,75		
$_{48}Cd^{112}$	24,07		
$_{48}Cd^{113}$	12,26		
$_{48}Cd^{114}$	28,86		
$_{48}Cd^{115}$		53,5 h	1,45 β
$_{48}Cd^{116}$	7,58		
$_{48}Cd^{117}$		2,4 h	2,52 β
$_{49}In^{109}$		4,3 h	2,02 β^+, EC
$_{49}In^{111}$		2,81 d	
$_{49}In^{113}$	4,28		
$_{49}In^{115}$	95,72		
$_{50}Sn^{112}$	0,96		
$_{50}Sn^{113}$		115 d	1,02 EC
$_{50}Sn^{114}$	0,66		
$_{50}Sn^{115}$	0,35		
$_{50}Sn^{116}$	14,30		
$_{50}Sn^{117}$	7,61		
$_{50}Sn^{118}$	24,03		
$_{50}Sn^{119}$	8,58		
$_{50}Sn^{120}$	32,85		
$_{50}Sn^{121}$		27 h	0,38 β
$_{50}Sn^{122}$	4,72		
$_{50}Sn^{124}$	5,94		
$_{50}Sn^{125}$		9,4 d	2,34 β
$_{50}Sn^{126}$		10^5a	0,3 β
$_{50}Sn^{127}$		2,1 h	1,5 β
$_{51}Sb^{117}$		2,8 h	1,82 β^+, EC
$_{51}Sb^{119}$		38 h	EC
$_{51}Sb^{121}$	57,25		
$_{51}Sb^{122}$		2,8 d	1,97 β, 1,62 β^+, EC
$_{51}Sb^{123}$	42,75		
$_{51}Sb^{124}$		60,3 d	2,9 β
$_{51}Sb^{125}$		2,7 a	0,76 β
$_{51}Sb^{126}$		12,5 d	3,7 β
$_{51}Sb^{127}$		93 h	1,6 β
$_{51}Sb^{129}$		4,3 h	2,5 β
$_{52}Te^{116}$		2,5 h	1,6 β^+, EC
$_{52}Te^{118}$		6,0 d	0,3 EC
$_{52}Te^{119}$		15,9 h	2,29 β^+, EC
$_{52}Te^{120}$	0,089		
$_{52}Te^{121}$		17 d	1,29 EC
$_{52}Te^{122}$	2,46		
$_{52}Te^{123}$	0,87	$1{,}2 \cdot 10^{13}$a	0,06 EC
$_{52}Te^{124}$	4,61		
$_{52}Te^{125}$	6,99		
$_{52}Te^{126}$	18,71		
$_{52}Te^{127}$		9,4 h	0,69 β
$_{52}Te^{128}$	31,79		
$_{52}Te^{130}$	34,48		
$_{52}Te^{132}$		78 h	0,50 β
$_{53}J^{120}$		1,3 h	5,6 β^+, EC
$_{53}J^{121}$		2,1 h	2,36 β^+, EC
$_{53}J^{123}$		13,3 h	1,4 EC
$_{53}J^{124}$		4,2 d	3,17 β^+, EC
$_{53}J^{125}$		60 d	0,15 EC
$_{53}J^{126}$		13 d	2,15 β^+, EC
$_{53}J^{127}$	100		
$_{53}J^{129}$		$1{,}7 \cdot 10^7$a	0,19 β
$_{53}J^{130}$		12,3 h	2,99 β
$_{53}J^{131}$		8,070 d	0,97 β
$_{53}J^{132}$		2,3 h	3,56 β
$_{53}J^{133}$		20,9 h	180 β
$_{53}J^{135}$		6,7 h	2,8 β
$_{54}Xe^{123}$		2,1 h	2,8 β^+, EC
$_{54}Xe^{124}$	0,096		
$_{54}Xe^{125}$		17 h	EC
$_{54}Xe^{126}$	0,090		
$_{54}Xe^{127}$		36,4 d	0,44 EC
$_{54}Xe^{128}$	1,92		
$_{54}Xe^{129}$	26,44		
$_{54}Xe^{130}$	4,08		
$_{54}Xe^{131}$	21,18		
$_{54}Xe^{132}$	26,89		
$_{54}Xe^{133}$		5,27 d	0,427 β
$_{54}Xe^{134}$	10,44		
$_{54}Xe^{135}$		9,2 h	1,16 β
$_{54}Xe^{136}$	8,87		
$_{55}Cs^{127}$		6,2 h	2,1 β^+, EC
$_{55}Cs^{129}$		32 h	1,1 EC
$_{55}Cs^{131}$		9,7 d	0,35 EC
$_{55}Cs^{132}$		6,5 d	2,09 β^+, EC
$_{55}Cs^{133}$	100		
$_{55}Cs^{134}$		2,05 a	2,06 β
$_{55}Cs^{135}$		$3 \cdot 10^6$a	2,10 β
$_{55}Cs^{136}$		13 d	2,54 β
$_{55}Cs^{137}$		30,23 a	1,17 β
$_{56}Ba^{130}$	0,1		
$_{56}Ba^{131}$		12 d	1,16 EC
$_{56}Ba^{132}$	0,097		
$_{56}Ba^{134}$	2,42		
$_{56}Ba^{135}$	6,59		
$_{56}Ba^{136}$	7,81		
$_{56}Ba^{137}$	11,32		
$_{56}Ba^{138}$	71,66		
$_{56}Ba^{139}$		1,3 h	2,34 β
$_{56}Ba^{140}$		12,8 d	1,05 β

1	2	3	4
$_{57}La^{131}$		1 h	2,96 β^+, EC
$_{57}La^{132}$		4,5 h	5,3 β^+, EC
$_{57}La^{133}$		4,0 h	2,2 β^+, EC
$_{57}La^{135}$		19,5 h	1,2 EC
$_{57}La^{137}$		$6 \cdot 10^4$ a	0,5 EC
$_{57}La^{138}$	0,089		
$_{57}La^{139}$	99,911		
$_{57}La^{140}$		40,22 h	3,77 β
$_{57}La^{141}$		3,9 h	2,43 β
$_{57}La^{142}$		1,5 h	4,51 β
$_{58}Ce^{132}$		4,2 h	1,2 EC
$_{58}Ce^{133}$		6,3 h	2,8 β^+, EC
$_{58}Ce^{134}$		72 h	0,16 EC
$_{58}Ce^{135}$		17,2 h	2,1 β^+, EC
$_{58}Ce^{136}$	0,193		
$_{58}Ce^{137}$		9 h	β^+, EC
$_{58}Ce^{138}$	0,250		
$_{58}Ce^{139}$		140 d	0,27 EC
$_{58}Ce^{140}$	88,48		
$_{58}Ce^{141}$		33 d	0,581 β
$_{58}Ce^{142}$	11,07		
$_{58}Ce^{143}$		33 h	1,44 β
$_{58}Ce^{144}$		284,9 d	0,31 β
$_{59}Pr^{137}$		1,5 h	2,7 β^+, EC
$_{59}Pr^{138}$		2,1 h	4,79 β^+, EC
$_{59}Pr^{139}$		4,5 h	2,11 β^+, EC
$_{59}Pr^{141}$	100		
$_{59}Pr^{142}$		19,2 h	2,16 β
$_{59}Pr^{143}$		13,7 d	0,93 β
$_{59}Pr^{145}$		6 h	1,80 β
$_{60}Nd^{139}$		5,2 h	4,1 EC, 3,3 β^+
$_{60}Nd^{140}$		3,3 d	EC
$_{60}Nd^{141}$		2,5 h	1,8 β^+, EC
$_{60}Nd^{142}$	27,11		
$_{60}Nd^{143}$	12,17		
$_{60}Nd^{144}$	23,81	$5 \cdot 10^{15}$ a	1,8 α
$_{60}Nd^{145}$	8,30		
$_{60}Nd^{146}$	17,62		
$_{60}Nd^{147}$		11,1 d	0,91 β
$_{60}Nd^{148}$	5,73		
$_{60}Nd^{149}$		1,7 h	1,66 β
$_{60}Nd^{150}$	5,62		
$_{61}Pm^{143}$		265 d	1,1 EC
$_{61}Pm^{144}$		400 d	EC
$_{61}Pm^{145}$		17,7 a	0,14 EC
$_{61}Pm^{146}$		710 d	1,7 β, EC
$_{61}Pm^{147}$		2,5 a	0,22 β
$_{61}Pm^{148}$		5,39 d	2,46 β
$_{61}Pm^{149}$		53,1 h	1,06 β
$_{61}Pm^{150}$		2,7 h	3,43 β
$_{61}Pm^{151}$		28 h	1,19 β

1	2	3	4
$_{62}Sm^{144}$	3,09		
$_{62}Sm^{145}$		340 d	0,65 EC
$_{62}Sm^{146}$		$7 \cdot 10^7$ a	2,55 α
$_{62}Sm^{147}$	14,97	$1,06 \cdot 10^{11}$ a	2,31 α
$_{62}Sm^{148}$	11,24	$1,2 \cdot 10^{13}$ a	2,00 α
$_{62}Sm^{149}$	13,83	$4 \cdot 10^{14}$ a	1,90 α
$_{62}Sm^{150}$	7,44		
$_{62}Sm^{151}$		93 a	0,076 β
$_{62}Sm^{152}$	26,72		
$_{62}Sm^{153}$		46,8 h	0,80 β
$_{62}Sm^{154}$	22,71		
$_{62}Sm^{156}$		9,4 h	0,72 β
$_{63}Eu^{146}$		4,6 d	3,86 β^+, EC
$_{63}Eu^{147}$		22 d	1,8 β^+, EC
$_{63}Eu^{148}$		54 d	3,11 β^+, EC
$_{63}Eu^{149}$		106 d	0,80 EC
$_{63}Eu^{150}$		5 a	2,25 EC
$_{63}Eu^{151}$	47,82		
$_{63}Eu^{152}$		13 a	1,86 β^+, EC
$_{63}Eu^{153}$	52,18		
$_{63}Eu^{154}$		16 a	1,97 β
$_{63}Eu^{155}$		1,81 a	0,25 β
$_{63}Eu^{156}$		15 d	2,45 β
$_{63}Eu^{157}$		15,2 h	1,34 β
$_{64}Gd^{146}$		4,6 d	1,1 EC
$_{64}Gd^{147}$		35 h	2,2 β^+, EC
$_{64}Gd^{148}$		130 a	3,27 α
$_{64}Gd^{149}$		9 d	3,17 α, EC
$_{64}Gd^{150}$		$2,1 \cdot 10^6$ a	2,80 α
$_{64}Gd^{151}$		120 d	2,61 α, EC
$_{64}Gd^{152}$	0,20	$1,1 \cdot 10^{14}$ a	2,24 α
$_{64}Gd^{153}$		242 d	0,24 EC
$_{64}Gd^{154}$	2,15		
$_{64}Gd^{155}$	14,73		
$_{64}Gd^{156}$	20,47		
$_{64}Gd^{157}$	15,68		
$_{64}Gd^{158}$	24,87		
$_{64}Gd^{159}$		18 h	0,95 β
$_{64}Gd^{160}$	21,90		
$_{65}Tb^{149}$		4,1 h	4,06 α, EC
$_{65}Tb^{150}$		3,1 h	4,79 β^+, EC
$_{65}Tb^{151}$		18 h	3,49 α, EC
$_{65}Tb^{152}$		18 h	4,2 β^+, EC
$_{65}Tb^{153}$		55 h	EC
$_{65}Tb^{154}$		8,5 h	EC
$_{65}Tb^{156}$		5,4 h	EC
$_{65}Tb^{157}$		150 a	0,06 EC
$_{65}Tb^{158}$		$1,2 \cdot 10^3$ a	1,20 EC, β
$_{65}Tb^{159}$	100		
$_{65}Tb^{160}$		73 d	1,72 β
$_{65}Tb^{161}$		6,9 d	0,58 β
$_{65}Tb^{163}$		6,5 h	1,68 β

1	2	3	4
$_{66}Dy^{152}$		2,5 h	3,7 α, 0,4 β^+, EC
$_{66}Dy^{153}$		6,4 h	3,48 α, 2,1 β^+, EC
$_{66}Dy^{154}$		10^6a	2,93 α
$_{66}Dy^{155}$		10,2 h	1,08 β^+, EC
$_{66}Dy^{156}$	0,052		
$_{66}Dy^{158}$	0,090		
$_{66}Dy^{160}$	2,29		
$_{66}Dy^{161}$	18,88		
$_{66}Dy^{162}$	25,53		
$_{66}Dy^{163}$	24,97		
$_{66}Dy^{164}$	28,18		
$_{66}Dy^{165}$		2,3 h	1,30 β
$_{66}Dy^{166}$		81,5 h	0,48 β
$_{67}Ho^{165}$	100		
$_{67}Ho^{166}$		26,9 h	1,85 β
$_{67}Ho^{167}$		3,1 h	1,0 β
$_{68}Er^{158}$		2,5 h	0,8 β^+, EC
$_{68}Er^{161}$		3,1 h	2,4 β^+, EC
$_{68}Er^{162}$	0,136		
$_{68}Er^{164}$	1,56		
$_{68}Er^{166}$	33,41		
$_{68}Er^{167}$	22,94		
$_{68}Er^{168}$	27,07		
$_{68}Er^{169}$		9,4 d	0,34 β
$_{68}Er^{170}$	14,88		
$_{68}Er^{171}$		7,52 h	1,49 β
$_{68}Er^{172}$		49 h	0,91 β
$_{69}Tm^{165}$		30,1 h	1,57 β^+, EC
$_{69}Tm^{166}$		7,7 h	3,04 β^+, EC
$_{69}Tm^{167}$		9,6 d	1,16 EC
$_{69}Tm^{168}$		87 d	1,72 EC
$_{69}Tm^{169}$	100		
$_{69}Tm^{170}$		128,6 d	0,967 β
$_{69}Tm^{171}$		1,92 a	0,098 β
$_{69}Tm^{172}$		63,6 h	1,88 β
$_{69}Tm^{173}$		8,2 h	1,32 β
$_{70}Yb^{168}$	0,135		
$_{70}Yb^{170}$	3,03		
$_{70}Yb^{171}$	14,31		
$_{70}Yb^{172}$	21,82		
$_{70}Yb^{173}$	16,13		
$_{70}Yb^{174}$	31,84		
$_{70}Yb^{175}$		101 h	0,467 β
$_{70}Yb^{176}$	12,73		
$_{70}Yb^{177}$		1,9 h	1,40 β
$_{71}Lu^{169}$		34 h	2,26 β^+, EC
$_{71}Lu^{170}$		2 d	3,41 β^+, EC
$_{71}Lu^{171}$		8,3 d	1,6 β^+, EC
$_{71}Lu^{172}$		6,7 d	2,7 EC
$_{71}Lu^{174}$		3,6 a	1,5 EC
$_{71}Lu^{175}$	97,41		

1	2	3	4
$_{71}Lu^{176}$	2,59		
$_{71}Lu^{177}$		6,7 d	0,497 β
$_{71}Lu^{179}$		4,6 d	1,34 β
$_{72}Hf^{174}$	0,18	$2{,}0 \cdot 10^{15}$a	2,55 α
$_{72}Hf^{175}$		70 d	0,59 EC
$_{72}Hf^{176}$	5,20		
$_{72}Hf^{177}$	18,50		
$_{72}Hf^{178}$	27,14		
$_{72}Hf^{179}$	13,75		
$_{72}Hf^{180}$	35,24		
$_{72}Hf^{181}$		42,4 d	1,023 β
$_{72}Hf^{182}$		$9 \cdot 10^6$a	0,5 β
$_{72}Hf^{183}$		1,1 h	2,2 β
$_{73}Ta^{178}$		2,1 h	1,9 β^+, EC
$_{73}Ta^{179}$		600 a	0,115 EC
$_{73}Ta^{180}$	0,012	10^{13}a	β, EC
$_{73}Ta^{181}$	99,988		
$_{73}Ta^{182}$		115 d	1,81 β
$_{73}Ta^{183}$		5,1 d	1,068 β
$_{73}Ta^{184}$		8,7 h	2,75 β
$_{74}W^{180}$	0,14		
$_{74}W^{181}$		140 d	0,19 EC
$_{74}W^{182}$	26,41		
$_{74}W^{183}$	14,40		
$_{74}W^{184}$	30,64		
$_{74}W^{185}$		75,8 d	0,432 β
$_{74}W^{186}$	28,41		
$_{74}W^{187}$		24 h	1,31 β
$_{74}W^{188}$		69 d	0,349 β
$_{75}Re^{180}$		20 h	2,9 β^+, EC
$_{75}Re^{182}$		12,7 h	2,86 β^+, EC
$_{75}Re^{185}$	37,50		
$_{75}Re^{186}$		90 h	1,07 β
$_{75}Re^{187}$	62,50	$7 \cdot 10^{10}$a	0,01 β
$_{75}Re^{188}$		16,7 h	2,12 β
$_{75}Re^{189}$		24 h	1,0 β
$_{76}Os^{184}$	0,018		
$_{76}Os^{185}$		94 d	0,98 EC
$_{76}Os^{186}$	1,59		
$_{76}Os^{187}$	1,64		
$_{76}Os^{188}$	13,3		
$_{76}Os^{189}$	16,1		
$_{76}Os^{190}$	26,4		
$_{76}Os^{191}$		15 d	0,31 β
$_{76}Os^{192}$	39,95		
$_{76}Os^{193}$		31 h	1,13 β
$_{76}Os^{194}$		6,0 a	0,097 β

1	2	3	4
$_{77}Ir^{186}$		16 h	3,83 β^+, EC
$_{77}Ir^{188}$		41 h	1,66 β^+, EC
$_{77}Ir^{190}$		11 d	2,1 EC
$_{77}Ir^{191}$	37,4		
$_{77}Ir^{192}$		74 d	1,45 β; 1,2 β^+, EC
$_{77}Ir^{193}$	62,6		
$_{77}Ir^{194}$		17,4 h	2,24 β
$_{77}Ir^{195}$		4,2 h	1,0 β
$_{78}Pt^{186}$		3 h	4,32 α, EC
$_{78}Pt^{190}$	0,0127	$6 \cdot 10^{11}$ a	3,18 α
$_{78}Pt^{192}$	0,78	10^{15} a	2,6 α
$_{78}Pt^{194}$	32,9		
$_{78}Pt^{195}$	33,8		
$_{78}Pt^{196}$	25,3		
$_{78}Pt^{197}$		18 h	0,75 β
$_{78}Pt^{198}$	7,21		
$_{78}Pt^{200}$		11,5 h	0,7 β
$_{79}Au^{192}$		4,1 h	3,24 β^+, EC
$_{79}Au^{194}$		39,5 h	2,51 β^+, EC
$_{79}Au^{195}$		183 d	0,23 EC
$_{79}Au^{196}$		6,18 d	1,48 β^+, EC; β
$_{79}Au^{197}$	100		
$_{79}Au^{198}$		2,69 d	1,37 β
$_{79}Au^{199}$		3,15 d	0,46 β
$_{80}Hg^{196}$	0,146		
$_{80}Hg^{197}$		65 h	0,42 EC
$_{80}Hg^{198}$	10,02		
$_{80}Hg^{199}$	16,84		
$_{80}Hg^{200}$	23,13		
$_{80}Hg^{201}$	13,22		
$_{80}Hg^{202}$	29,80		
$_{80}Hg^{203}$		46,57 d	0,492 β
$_{80}Hg^{204}$	6,85		
$_{81}Tl^{195}$		1,2 h	1,8 β^+, EC
$_{81}Tl^{196}$		1,84 h	4,6 EC
$_{81}Tl^{197}$		2,8 h	2,2 EC
$_{81}Tl^{198}$		5,3 h	3,5 β^+, EC
$_{81}Tl^{199}$		7,4 h	1,1 EC
$_{81}Tl^{200}$		26,1 h	2,45 β^+, EC
$_{81}Tl^{202}$		12,0 d	1,1 EC
$_{81}Tl^{203}$	29,50		
$_{81}Tl^{204}$		3,8 a	0,76 β, EC
$_{81}Tl^{205}$	70,50		
$_{82}Pb^{199}$		1,5 h	2,8 β^+, EC
$_{82}Pb^{202}$		$3 \cdot 10^5$ a	0,05 EC
$_{82}Pb^{203}$		52,1 h	0,96 EC
$_{82}Pb^{204}$	1,48		
$_{82}Pb^{205}$		$3 \cdot 10^7$ a	0,035 EC
$_{82}Pb^{206}$	23,6		
$_{82}Pb^{207}$	22,6		

1	2	3	4
$_{82}Pb^{208}$	52,3		
$_{82}Pb^{209}$		3,3 h	0,635 β
$_{82}Pb^{210}$		21 a	0,061 β; 3,72 α
$_{82}Pb^{212}$		10,6 h	0,58 β
$_{83}Bi^{203}$		11,8 h	4,4 β^+, EC; 4,3 α
$_{83}Bi^{205}$		15,3 d	2,7 β^+, EC
$_{83}Bi^{206}$		6,24 d	3,65 β^+, EC
$_{83}Bi^{207}$		30 a	2,40 EC
$_{83}Bi^{208}$		$3,7 \cdot 10^5$ a	2,87 EC
$_{83}Bi^{209}$	100		
$_{83}Bi^{210}$		5,01 d	1,16 β; 5,04 α
$_{84}Po^{204}$		3,6 h	5,48 α; 2,5 EC
$_{84}Po^{207}$		5,7 h	2,91 EC
$_{84}Po^{208}$		2,93 a	5,21 α
$_{84}Po^{209}$		103 a	4,98 α
$_{84}Po^{210}$		138,4 d	5,41 α
$_{85}At^{207}$		1,8 h	5,87 α; 3,7 EC
$_{85}At^{209}$		5,5 h	3,5 EC
$_{85}At^{210}$		8,3 h	3,9 EC
$_{85}At^{211}$		7,2 h	5,98 α; 0,8 EC
$_{86}Rn^{210}$		2,42 h	6,16 α
$_{86}Rn^{211}$		15 h	5,97 α; 2,9 EC
$_{86}Rn^{222}$		3,823 d	5,49 α
$_{87}Fr^{212}$		19 min	6,53 α; 5,2 EC
$_{87}Fr^{223}$		22 min	1,15 β
$_{88}Ra^{223}$		11,43 d	5,98 α
$_{88}Ra^{224}$		3,64 d	5,79 α
$_{88}Ra^{226}$		1600 a	4,78 α
$_{88}Ra^{228}$		5,77 a	0,055 β
$_{89}Ac^{224}$		2,9 h	1,38 EC; 6,32 α
$_{89}Ac^{225}$		10,0 d	5,93 α
$_{89}Ac^{226}$		29 h	1,12 β; 0,77 EC
$_{89}Ac^{227}$		21,6 a	0,043 β; 5,04 α
$_{89}Ac^{228}$		6,13 h	2,14 β
$_{90}Th^{227}$		18,5 d	6,145 α
$_{90}Th^{228}$		1,91 a	5,52 α
$_{90}Th^{229}$		7340 a	5,17 α
$_{90}Th^{230}$		$8 \cdot 10^4$ a	4,77 α
$_{90}Th^{231}$		25,5 h	0,38 β
$_{90}Th^{232}$	100	$1,41 \cdot 10^{10}$ a	4,08 α
$_{90}Th^{234}$		24,1 d	0,26 β
$_{91}Pa^{228}$		26 h	2,10 EC, 6,23 α
$_{91}Pa^{229}$		1,5 d	0,22 EC
$_{91}Pa^{230}$		17,7 d	1,3 EC; 0,56 β; 5,44 α
$_{91}Pa^{231}$		$3,25 \cdot 10^4$ a	5,15 α
$_{91}Pa^{232}$		1,31 d	1,34 β
$_{91}Pa^{233}$		27,0 d	0,57 β

1	2	3	4
$_{91}Pa^{234}$		6,75 h	2,23 β
$_{92}U^{230}$		20,8 d	5,99 α
$_{92}U^{231}$		4,3 d	0,36 EC
$_{92}U^{232}$		73,6 a	5,41 α; Sp.
$_{92}U^{233}$		$1{,}62 \cdot 10^5$ a	4,91 α
$_{92}U^{234}$	0,005	$2{,}47 \cdot 10^5$ a	4,86 α
$_{92}U^{235}$	0,720	$7{,}1 \cdot 10^8$ a	4,68 α; Sp.
$_{92}U^{236}$		$2{,}39 \cdot 10^7$ a	4,57 α; Sp.
$_{92}U^{237}$		6,75 d	0,52 β
$_{92}U^{238}$	99,275	$4{,}5 \cdot 10^9$ a	4,27 α; Sp.
$_{92}U^{240}$		14,1 h	0,5 β
$_{93}Np^{234}$		4,4 d	1,8 EC
$_{93}Np^{235}$		410 d	1,23 EC
$_{93}Np^{236}$		22 h	0,52 β; 0,91 EC
$_{93}Np^{237}$		$2{,}14 \cdot 10^6$ a	4,96 α
$_{93}Np^{238}$		2,1 d	1,29 β
$_{93}Np^{239}$		2,35 d	0,72 β
$_{94}Pu^{234}$		9,0 h	0,4 EC; 6,3 α
$_{94}Pu^{236}$		2,85 a	5,87 α; Sp.
$_{94}Pu^{237}$		45,6 d	0,22 EC; Sp.
$_{94}Pu^{238}$		86 a	5,59 α; Sp.
$_{94}Pu^{239}$		24400 a	5,24 α; Sp.
$_{94}Pu^{240}$		6580 a	5,26 α; Sp.
$_{94}Pu^{241}$		13,2 a	0,02 β
$_{94}Pu^{242}$		$3{,}79 \cdot 10^5$ a	4,98 α
$_{94}Pu^{243}$		4,98 h	0,59 β
$_{94}Pu^{244}$		$8 \cdot 10^7$ a	4,66 α; Sp.
$_{95}Am^{239}$		12,1 h	0,81 EC
$_{95}Am^{241}$		458 a	5,64 α
$_{95}Am^{242}$		16 h	0,67 β; 0,73 EC
$_{95}Am^{243}$		$7{,}37 \cdot 10^3$ a	5,44 α
$_{95}Am^{244}$		10,1 h	1,43 β
$_{95}Am^{245}$		2,1 h	0,91 β
$_{96}Cm^{240}$		26,8 d	6,44 α; Sp.
$_{96}Cm^{241}$		35 d	0,77 EC
$_{96}Cm^{242}$		163 d	6,12 α; Sp.
$_{96}Cm^{243}$		32 a	6,17 α
$_{96}Cm^{244}$		17,6 a	5,90 α; Sp.
$_{96}Cm^{245}$		$9{,}3 \cdot 10^3$ a	5,62 α
$_{96}Cm^{246}$		$5{,}5 \cdot 10^3$ a	5,48 α; Sp.
$_{96}Cm^{247}$		$1{,}6 \cdot 10^7$ a	5,3 α
$_{96}Cm^{248}$		$4{,}7 \cdot 10^5$ a	5,16 α; Sp.
$_{96}Cm^{250}$		$1{,}7 \cdot 10^4$ a	Sp.
$_{97}Bk^{243}$		4,6 h	1,51 EC
$_{97}Bk^{244}$		4,4 h	2,2 EC
$_{97}Bk^{245}$		4,98 d	0,82 EC
$_{97}Bk^{246}$		1,8 d	1,5 EC
$_{97}Bk^{247}$		$1{,}4 \cdot 10^3$ a	5,86 α
$_{97}Bk^{248}$		16 h	0,65 β, EC
$_{97}Bk^{249}$		314 d	0,13 β; Sp.
$_{98}Cf^{246}$		36 h	6,87 α; Sp.
$_{98}Cf^{248}$		360 d	6,37 α; Sp.
$_{98}Cf^{249}$		360 a	6,30 α; Sp.
$_{98}Cf^{250}$		13 a	6,13 α; Sp.
$_{98}Cf^{251}$		800 a	5,94 α
$_{98}Cf^{252}$		2,65 a	6,22 α; Sp.
$_{98}Cf^{253}$		17,6 d	0,27 β
$_{98}Cf^{254}$		60,5 d	5,93 α; Sp.
$_{99}Es^{249}$		2 h	1,4 EC
$_{99}Es^{250}$		8 h	2,1 EC
$_{99}Es^{251}$		1,5 d	0,4 EC
$_{99}Es^{252}$		140 d	6,75 α
$_{99}Es^{253}$		20,47 d	6,75 α; Sp.
$_{99}Es^{254}$		276 d	6,62 α
$_{99}Es^{255}$		38 d	0,5 β
$_{100}Fm^{251}$		7 h	1,6 EC
$_{100}Fm^{252}$		23 h	7,17 EC
$_{100}Fm^{253}$		3 d	0,4 EC; 7,3 α
$_{100}Fm^{254}$		3,24 h	7,31 α; Sp.
$_{100}Fm^{255}$		20,1 h	7,24 α
$_{100}Fm^{256}$		2,7 h	Sp.
$_{100}Fm^{257}$		80 d	6,87 α
$_{101}Md^{256}$		1,5 h	1,4 EC
$_{101}Md^{257}$		3 h	EC

Joule

Abk. J, die Maßeinheit der Energie (→ Maße und Maßsysteme), benannt nach *James Prescott Joule* (1818–1889); 1 J = 1 Newtonmeter (Nm) = 1 Wattsekunde (Ws).

Joulesche Wärme

James Prescott Joule (1818–1889) entdeckte den Zusammenhang zwischen elektrischem Strom und der von ihm verrichteten Arbeit. Die Wärmemenge Q, die in einem Leiter vom Widerstand R dadurch entsteht, daß der Strom I durch ihn ›hindurchgepreßt‹ wird, ist als *Joulesche Wärme* bekannt und beträgt

$$Q = R \cdot I^2 \cdot t = U \cdot I \cdot t. \quad (1)$$

Dabei wird die Wärmemenge Q direkt in J (Joule) gemessen. Früher benutzte man eigene Wärmeenergie-Einheiten (Kalorie, → Maße und Maßsysteme) und mußte deshalb mechanische oder elektrische Energieeinheiten auf kalorische umrechnen. Dazu diente das ›mechanische Wärmeäquivalent‹ $c = 4{,}1868$ J/cal, dessen Bedeutung heute nur darin liegt, daß die Messung dieser Konstante den Nachweis der Äquivalenz von Wärmeenergie und elektrischer oder mechanischer Energie erbracht hat.

Joule-Thomson-Effekt

Dieser nach *James Prescott Joule* (1818–1889) und *Sir William Thomson* (1824–1907) benannte Effekt besteht in einer Temperaturänderung bei der ›gedrosselten Entspannung‹ eines *realen* Gases (→ Gasgleichung). Diese Entspannung erfolgt im Idealfall bei konstantem Produkt aus Druck p und Volumen V und ohne daß Beschleunigungsarbeit geleistet wird, d. h. ohne Änderung der inneren Energie U des Gases. Da die Enthalpie gerade $J = p \cdot V + U$ ist, ändert sie sich bei diesem Prozeß nicht. Die gedrosselte Entspannung ist eine isenthalpe Zustandsänderung. Bei einem idealen Gas ändert sich dann auch die Temperatur nicht. Ein reales Gas jedoch kühlt sich dabei ab oder erwärmt sich, je nachdem, welche Steigung die zugehörige Isenthalpe im p-T-Diagramm gerade hat (Figur 1). Der Punkt auf den Isenthalpen mit der Steigung Null markiert jeweils die *Inversionstemperatur*, wo die Abkühlung des Gases bei Entspannung in eine Erwärmung umschlägt. Nur das Gebiet innerhalb der Inversionskurve kann als

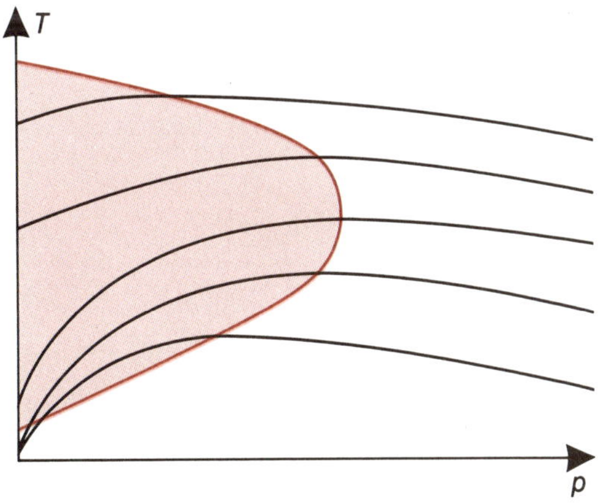

Joule-Thomson-Effekt (Figur 1): Kurven gleicher Enthalpie im p-T-Diagramm eines realen Gases; nur im rotschraffierten Bereich tritt Abkühlung bei gedrosselter Entspannung auf.

Ausgangszustand für eine Abkühlung durch Entspannung verwendet werden (z. B. beim *Linde-Verfahren* zur Herstellung flüssiger Luft). Praktisch geht es auch noch in einem kleinen Bereich jenseits der Inversionskurve, weil die gedrosselte Entspannung eines Gases nicht unendlich langsam erfolgen kann.
Dadurch bleibt zwar der Prozeß nicht isenthalp, wird aber dafür adiabatisch, was ebenfalls noch zu einer Abkühlung führt (→ Adiabate).

K Abk. für → Kelvin, die Maßeinheit der absoluten Temperatur (→ Maße und Maßsysteme).

k **1)** Abk. für die Vorsilbe → Kilo- bei Maßeinheiten (→ Maße und Maßsysteme);
2) Symbol für die → Boltzmann-Konstante (→ Naturkonstanten).

Kalorie

Abk. cal, nicht mehr zulässige Energieeinheit (→ Maße und Maßsysteme); 1 cal = 4,18 Joule (J).

Kapazität

Stellt man zwei Metallbleche parallel im Abstand d voneinander auf und bringt sie durch Anlegen einer Spannungsquelle auf unterschiedliches Potential, so entsteht zwischen den Platten ein → elektrisches Feld mit der Feldstärke U/d, wobei U die Potentialdifferenz der beiden Platten, d. h. die Spannung ist, die zwischen ihnen herrscht. Da dieses elektrische Feld nur im Plattenzwischenraum vorhanden ist, müssen die Feldlinien an Ladungen entspringen und enden, die an den Innenseiten der Anordnung sitzen.
Die Arbeit, die man aufwenden muß, um Ladungen zwischen den Platten anzuhäufen, ist gerade gleich der Energie, die im elektrischen Feld steckt. Die Anordnung speichert also elektrische Ladung, wenn man Spannung an sie legt. Man bezeichnet sie deshalb als *Kondensator* (›Verdichter‹). Die Ladungsmenge Q muß der angelegten Spannung U proportional sein, denn die Ladungsdichte ist der Feldstärke proportional und diese wiederum der Spannung:

$$Q = C \cdot U. \qquad (1)$$

Der Proportionalitätsfaktor C heißt *Kapazität* oder *Aufnahmevermögen.* Der Name wird oft – ungenau – anstelle der Bezeichnung Kondensator für das Bauelement selbst verwendet. Der Wert von C hängt nur von der Bauart des Kondensators und vom Material ab, das sich zwischen den Platten befindet (→ Dielektrikum), und wird in der Einheit *Farad* (Abk. F) gemessen, benannt nach *Michael Faraday* (1791–1867), 1 F = 1 As/V (→ Maße und Maßsysteme, → Induktion).
Ein Kondensator, der in einen Stromkreis mit einem ohmschen Widerstand geschaltet ist, verzögert den Aufbau der Spannung, weil es einige Zeit dauert, bis das Feld in ihm entstanden ist. Das äußert sich besonders beim Ein- oder Ausschalten einer Spannungsquelle (Figur 1), der Effekt tritt aber auch als *Blindwiderstand* in Wechselstromkreisen auf (→ elektrischer Widerstand). Die Berechnung des Spannungsverlaufes erfolgt mit Hilfe der Kirchhoffschen Maschenregel (→ Gleichstrom), indem man die Summe aller Spannungen anschreibt:

$$U - \frac{Q}{C} - R \cdot I = 0. \qquad (2)$$

Eine übersichtliche Form erhält diese Gleichung erst, wenn man die Ladung Q durch den Strom I ersetzt. Da $I = \mathrm{d}Q/\mathrm{d}t$ ist, erreicht man das einfach dadurch, daß man die ganze Gleichung nach der Zeit t ableitet. Für den Fall, daß die äußere Spannung U konstant ist, wird $\mathrm{d}U/\mathrm{d}t = 0$, und es ergibt sich:

$$\frac{1}{C} \cdot I + R \cdot \frac{\mathrm{d}I}{\mathrm{d}t} = 0. \qquad (3)$$

Diese Differentialgleichung hat sowohl für den Lade- als auch für den Entladevorgang die gleiche Form. Nur das Vorzeichen von I ist einmal positiv, das andere Mal negativ. Ihre Lösung lautet:

$$I(t) = \pm\, I_0 \cdot \mathrm{e}^{-\frac{1}{RC} \cdot t}. \qquad (4)$$

I_0 ist jeweils der Anfangsstrom (für $t = 0$) mit dem Betrag U/R. Die Spannung am Kondensator ergibt sich daraus durch eine weitere Integration. Es ist ja

$$U_C = \frac{Q}{C} \text{ oder } \frac{\mathrm{d}U_C}{\mathrm{d}t} = \frac{1}{C} \cdot I.$$

Die Integration liefert wegen der unterschiedlichen Anfangsbedingungen beim

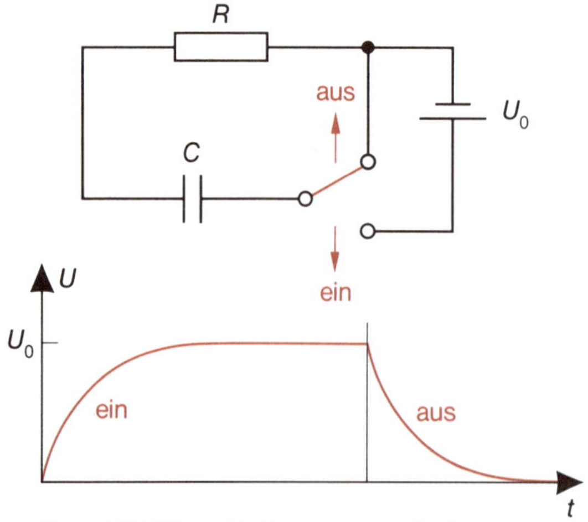

Kapazität (Figur 1): Spannungsverlauf an einem Kondensator in einem Stromkreis mit dem ohmschen Widerstand R beim Laden und Entladen der Kapazität als Funktion der Zeit t

Laden bzw. Entladen des Kondensators auch verschiedene Funktionen:

$$\text{Laden: } U_C = U_0 \cdot \left(1 - \mathrm{e}^{-\frac{1}{RC} \cdot t}\right);$$

$$\text{Entladen: } U_C = U_0 \cdot \mathrm{e}^{-\frac{1}{RC} \cdot t}. \qquad (5)$$

U_0 ist die angelegte Ladespannung. Sie wird am Kondensator theoretisch erst nach unendlich langer Zeit erreicht, liegt aber praktisch nach etwa $t \approx 10\, RC$ an, weil unvermeidliche Schwankungen (z. B. durch die Temperaturbewegung) die kleineren Abweichungen überdecken. Auch beim Entladen verschwindet die Spannung am Kondensator theoretisch nie, geht aber praktisch bald im → Rauschen unter.

Kapazitäten kann man für einfache Anordnungen relativ leicht berechnen. Bei komplizierteren Kondensatorformen ist man jedoch auf die Messung angewiesen. Nachstehend sind einige Formeln für die einfachsten Kondensatoren angeführt:

Plattenkondensator mit der Plattenfläche A, dem Plattenabstand d und der Dielektrizitätskonstante ε des Füllmaterials:

$$C = \varepsilon \cdot \frac{A}{d}. \qquad (6)$$

Zylinderkondensator mit den Radien R_a und R_i und der Länge l und der Dielektrizitätskonstanten ε:

$$C = 2\,\pi\,\varepsilon \cdot \frac{l}{\ln \frac{R_a}{R_i}}. \qquad (7)$$

Der *Wechselstromwiderstand* einer Kapazität beträgt für sinusförmige Wechselspannungen der Frequenz ω:

$$R_C = \frac{1}{\omega C}. \qquad (8)$$

Kapillarität

Das Verhalten von Flüssigkeiten in engen Röhren (Kapillaren) wird unter dem Begriff *Kapillarität* zusammengefaßt. Es hängt davon ab, ob beim Kontakt der Flüssigkeit mit einem anderen Medium Energie frei wird oder nicht (→ Adhäsion). Im ersten Fall heißt die Flüssigkeit *benetzend*, und man geht davon aus, daß sich der betreffende Körper über die Eintauchgrenze hinaus mit einer dünnen Schicht der Flüssigkeit überzieht, auch *gegen* die Schwerkraft (vollständige Benetzung). Taucht man eine enge Kapillare in eine benetzende Flüssigkeit, so steigt die Flüssigkeit in der Kapillare hoch. Sie folgt damit dem Prinzip der Oberflächenverkleinerung (→ Oberflächenspannung). Um die Steighöhe h in einer Kapillare vom Innenradius r auszurechnen, die in eine benetzende Flüssigkeit der Dichte ρ getaucht wird, muß man lediglich das Gleichgewicht der Kräfte formulieren, das zwischen der Oberflächenspannung $\sigma = F_{\text{Oberfl.}}/s$ und der Schwerkraft F_G herrscht (Figur 1). Der fragliche Rand s der Oberfläche, an dem $F_{\text{Oberfl.}}$ angreift, ist gleich dem Innenumfang $2\pi r$ der Kapillare, die Schwerkraft F_G zieht an der Flüssigkeitssäule in der Kapillare mit $F_G = m \cdot g$, und die Masse in der Flüssigkeitssäule ist einfach $\rho \cdot r^2\pi \cdot h$. Damit erhalten wir $2\pi r \cdot \sigma = \rho \cdot r^2\pi \cdot h \cdot g$, oder

$$\text{Steighöhe } h = \frac{2\sigma}{\rho \cdot g \cdot r}. \qquad (1)$$

Die Steighöhe in einer Kapillare ist also umgekehrt proportional zu r. Mißt man r in Millimetern und h in Zentimetern, so gilt für Wasser bei Zimmertemperatur ungefähr die Faustformel $h = 1/r$. In einem Röhrchen von 2 mm Durchmesser (r ist der Radius!) steigt also das Wasser etwa 1 cm hoch; sehr enge Kapillaren bringen es auf Steighöhen von der Größenordnung Meter. Die Natur der Pflanzen ist voller Beispiele zur K., denn die Wasserzufuhr ist ohne sie nicht denkbar. Selbst in hohen Bäumen liefert die K. gegen die Schwerkraft die Feuchtigkeit nach, die durch die Blätter verdunstet. Natürlich gibt es auch im täglichen Leben und in der Technik viele Anwendungen der K.: Denken Sie nur an Löschblätter, Schwämme, Kriechöl, Feuchtigkeit in Mauern usw.

Taucht man ein Röhrchen in *nichtbenetzende* Flüssigkeiten, verkleinert sich die

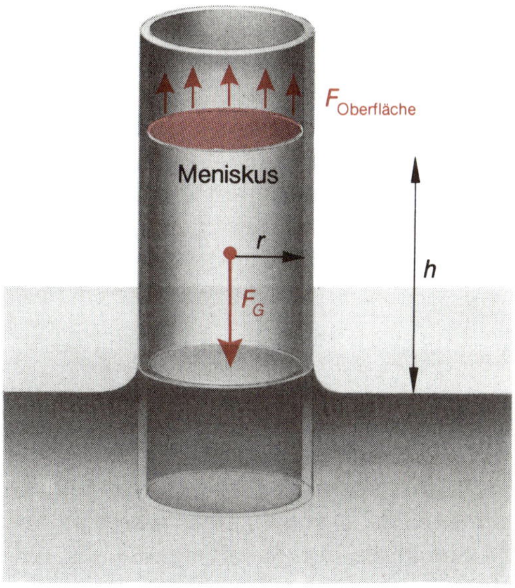

Kapillarität (Figur 1): Die Kraft $F_{\text{Oberfl.}}$ der Oberflächenspannung zieht am Rand der Flüssigkeit in der Kapillare nach oben, um die Flüssigkeitsoberfläche zu verkleinern. Die Flüssigkeit steigt solange, bis die Schwerkraft F_G der Kraft $F_{\text{Oberfl.}}$ das Gleichgewicht hält. Der Flüssigkeitsrand schmiegt sich bei vollständiger Benetzung an das Kapillarenmaterial an, so daß sich im Inneren ein Meniskus ausbildet.

Oberfläche, wenn die Flüssigkeit, statt in der Kapillare hochzusteigen, in ihr unter den Flüssigkeitsspiegel absinkt *(Kapillardepression).* Auch der Meniskus (Figur 1) ist dann nach außen gewölbt. Die Rechnung bleibt aber dieselbe, weil sich nur die Vorzeichen aller Kräfte umkehren. Deshalb gibt die Gleichung (1) auch die Depressionshöhe einer Kapillare in einer nichtbenetzenden Flüssigkeit an. Bekanntestes Beispiel für diesen Vorgang ist Quecksilber, das z. B. Glas nicht benetzt. Ein in Quecksilber getauchtes Glasröhrchen zeigt daher im Inneren einen niedrigeren Flüssigkeitsspiegel und einen nach oben gewölbten Meniskus.

Kathode

Der negativ geladene Pol in → elektrochemischen Stromquellen oder ›Batterien‹ bzw. die negative Elektrode in Elektronenröhrchen oder sonstigen Geräten wird als K. bezeichnet, ihr Gegenstück ist die → Anode. Alle positiven Ionen, die sich auf die Kathode zu bewegen, heißen *Katïonen.*

Kausalität

Wenn man von der ›Ursächlichkeit‹ eines Ereignisses spricht (lat. causa, dt. die Ursache), dann meint zumindest der Physiker das *Prinzip von Ursache und Wirkung.* Es drückt die feste Überzeugung aus, daß jedes Ereignis eine Ursache hat, die ihm zeitlich vorausgeht. Diese Meinung hat sich während der jahrhundertelangen Entwicklung der Naturwissenschaften zur ›unumstößlichen‹ Gewißheit herausgebildet. Wahrscheinlich ist das Bedürfnis, jedem Ereignis eine Ursache zuzuschreiben, fast so alt wie die Menschheit selber. Wie sonst wären die vielen Götter zustande gekommen, deren Wille als Ursache so mancher sonst unerklärlicher Ereignisse wie Regelmäßigkeit von Sonnen- und Mondbewegung, Blitz und Donner, Wechsel der Jahreszeiten usw. herhalten mußte?

Die Formulierung immer neuer Naturgesetze hat die Naturgötter entthront und an ihre Stelle die Naturwissenschaft gesetzt – allen voran die Physik. Es war daher ein Schock – und ist es für Physiker immer noch –, als gerade durch diese Naturwissenschaft das Kausalitätsprinzip eingeschränkt wurde, und zwar von zwei Forschungsgebieten her. Die → Relativitätstheorie *Albert Einsteins* behandelte zum erstenmal das Wesen der Zeit vom experimentellen Standpunkt aus. Es stellte sich heraus, daß sich die intuitive Vorstellung einer gleichmäßig ablaufenden, im ganzen Weltall gleichen, ›absoluten‹ Zeit nicht aufrechterhalten läßt.

Der Grund liegt im Grenzcharakter der Lichtgeschwindigkeit, die in allen gleichmäßig bewegten Systemen den gleichen Wert hat, unabhängig davon, ob sich die Lichtquelle oder der Empfänger oder beide bewegen. Wenn sich wirklich kein Signal, geschweige denn ein materieller Körper, schneller bewegen kann als das Licht, dann gibt es Ereignisse (man nennt sie *raumartig*), die nicht durch die Lichtgeschwindigkeit miteinander verknüpft werden können. Diese Ereignisse sind wahrhaft unabhängig voneinander: Keines kann die Ursache des anderen sein.

Die K. zwischen zwei Ereignissen ist also durch die Geschwindigkeit des Lichtes eingeschränkt: Der Lichtkegel im *Raum-Zeit-Kontinuum* trennt raumartige von zeitartigen Ereignissen. Alle kausalen Zusammenhänge müssen innerhalb des Lichtkegels liegen.

Diese Einschränkung des Kausalitätsprinzips erscheint vielen Menschen unbedeutend, weil es sich ja scheinbar nur auf

kosmische Ereignisse in fernen Lichtstraßensystemen auswirkt. Dem ist jedoch absolut nicht so. Die heutigen Computer arbeiten beispielsweise überwiegend linear. Eine Operation folgt auf die andere. Wenn Speicherplätze dazwischengeschaltet werden sollen, dürfen sie nicht außerhalb des Lichtkegels liegen, sonst ist eine kausale Beziehung nicht mehr möglich. Diese Bedingung schränkt z. B. die Signalzeiten ein und wirkt sich auf die Steuerzeiten der Zentraleinheit aus. Die Einschränkung der Kausalität durch die Chaostheorie betrifft die hier gemeinte strenge K. dagegen nicht, sondern bezieht sich nur auf die ›starke‹ K. (→ Chaos).
Wesentlich befremdlicher ist die zweite Einschränkung der K. durch die → Quantenmechanik. Das einfachste Beispiel dazu ist der radioaktive Zerfall. Die Quantenmechanik ist nicht imstande, etwas anderes als statistische Vorhersagen über diesen Vorgang zu machen. Ihr Formalismus ist so aufgebaut, daß er (über das Quadrat der Wellenfunktion) lediglich Wahrscheinlichkeiten zu berechnen gestattet. Haben wir einen *einzelnen* radioaktiven Kern vor uns, dann können wir erst sagen, daß er wirklich radioaktiv war, wenn er zerfallen ist. Weder der genaue Zeitpunkt des Zerfalls noch die unmittelbare Ursache dieses Zerfalls sind angebbar. Das Zerfallsereignis läßt sich *nicht* mit einem vorangegangenen Ereignis als Ursache verbinden.
Diese einschneidende Einschränkung des Kausalitätsprinzips, die allen Elementarprozessen eigen ist, läßt sich auch nicht (wie es oft geschieht) dadurch ungeschehen machen, daß man die Unschärfe auf den Meßprozeß abwälzt. Sie bleibt auch dann prinzipieller Natur. Offenbar muß man den Zeitbegriff selbst überdenken, um das Unbehagen zu beseitigen, das die Quantenmechanik erzeugt, und möglicherweise zu erklären versuchen, *warum* die Lichtgeschwindigkeit eine Grenzgeschwindigkeit ist.

Kavitation

Als K. bezeichnet man die plötzliche, durch Unterdruck verursachte Hohlraumbildung in einer Flüssigkeit. Hochfrequenter Ultraschall erzeugt in Flüssigkeiten Beschleunigungsamplituden, die leicht ausreichen, um die Flüssigkeit zu zerreißen. Auch in Strömungen kann der statische Druck (→ Bernoullische Gleichung) Null oder sogar negativ werden, wenn die Strömungsgeschwindigkeit den Wert $v_k = \sqrt{2\,p_0/\rho}$ erreicht (p_0 = Druck in der ruhenden Flüssigkeit, ρ = Dichte). Schon in der Nähe von v_k bilden sich Gasblasen; wird v_k überschritten, zerreißt die Flüssigkeit. Bedenkt man, daß v_k für Wasser bei nur etwa $14\ \mathrm{m/s} \approx 50\ \mathrm{km/h}$ liegt und also von schnellen Schiffen und selbst von langsameren Schiffen an bestimmten Stellen (z. B. Antriebsschraube) leicht überschritten wird, erkennt man die technische Bedeutung des Vorgangs. Dabei ist nicht so sehr das Zerreißen der Flüssigkeit, sondern vielmehr das Zusammenstürzen der Hohlräume gefährlich und für beschleunigte Korrosion verantwortlich, weil es sehr schnell erfolgt (nahezu Schallgeschwindigkeit) und beim Zusammenprallen der Flüssigkeitswände ungeheure Drücke auftreten.
Der Effekt ist in Ultraschall-Reinigungsgeräten aber durchaus gewollt: Die starken Erschütterungen lockern nahezu jeden Schmutz, ohne das zu reinigende Gerät oder Schmuckstück selbst anzugreifen (→ Akustik).

Kelvin

Abk. K, Maßeinheit der absoluten Temperatur (→ Maße und Maßsysteme); $0\ \mathrm{K} = -273{,}15\ °\mathrm{C}$.

Keplersche Gesetze

Diese heute noch in ausgezeichneter Näherung geltenden Gesetze der Planetenbewegung wurden von *Johannes Kepler* (1571–1630) entdeckt und in verschiedenen Schriften publiziert. Ihre Gültigkeit erstreckt sich auf alle Zentralfelder. Damit die K. G. zwischen der Sonne und einem der Planeten angewendet werden können, müssen folgende Voraussetzungen erfüllt sein:
Erstens muß die Masse der Sonne wesentlich größer sein als die des Planeten, so daß die Sonne als praktisch ruhend angesehen werden kann. Diese Näherung gilt für alle, auch die schwersten Planeten, denn der jeweils gemeinsame Schwerpunkt liegt meist weit im Inneren der Sonne. Zweitens muß der Einfluß von dritten Planeten auf den untersuchten Planeten vernachlässigbar klein sein. Tatsächlich gibt es Bahnstörungen von Planeten, für die andere Planeten verantwortlich gemacht werden müssen. Man kann diese Abweichungen aber stets als ›klein‹ betrachten – obwohl sie nicht unwichtig sind, denn solchen Störungen verdanken wir die Entdeckung der äußersten Planeten. Die K. G. lassen sich heute aus allgemeinen physikalischen Erkenntnissen ableiten, die Kepler damals noch nicht kannte. Er mußte seine Gesetze aus mühsamen Planetenbeobachtungen und Bahnberechnungen erschließen. Die Gesetze lauten:

1. Alle Planeten bewegen sich auf Ellipsenbahnen. Die Sonne steht dabei in einem Brennpunkt der Ellipse.
Ergänzend ist noch zu sagen, daß alle diese Ellipsen für unser Sonnensystem nahezu in einer Ebene liegen und daß der Umlaufsinn der Bahn für alle Planeten gleich ist. Das gibt aber nur einen Hinweis auf die gemeinsame Entstehung aller Planeten und hat mit dem 1. K. G. nichts zu tun. Die Ellipsenbahnen der Planeten sind ein Spezialfall für gebundene Systeme unter dem Einfluß einer Zentralkraft, wie es z. B. auch die elektrischen Ladungen bilden können (→ Atomphysik). Von außen betrachtet sind die Ellipsenbahnen der Planeten von Kreisen kaum zu unterscheiden, mit Ausnahme vielleicht der Bahnen von Merkur und Pluto. Man gibt die Abweichung von der Kreisbahn, die Streckung der Ellipsen, in Form der *(numerischen) Exzentrizität* e/a an, wobei e der Abstand des Brennpunktes vom Ellipsenzentrum ist und a die große Halbachse bedeutet. Das Verhältnis aus kleinstem und größtem Bahndurchmesser ist nach den Regeln der Geometrie

$$\frac{b}{a} = \sqrt{1 - \left(\frac{e}{a}\right)^2}\,.$$

Für Merkur beträgt $b/a \approx 0{,}971$, für Pluto ist $b/a \approx 0{,}968$; alle anderen Planeten haben ein b/a größer als 0,996.
2. Der ›Fahrstrahl‹ des Planeten (Verbindungslinie Sonne – Planet) überstreicht in gleichen Zeiten gleiche Flächen (Figur 1). Dieses 2. K. G. folgt aus dem Erhaltungssatz des → Drehimpulses. Der Bahndrehimpuls J eines Planeten ist ja

$$J = m r^2 \cdot \omega = m r^2 \cdot \frac{d\varphi}{dt}$$

(r = Radius, m = Masse und ω = Winkelgeschwindigkeit des Planeten). Die Masse m ist eine Konstante, also muß auch $r^2 \cdot d\varphi/dt$ konstant bleiben. Betrachtet man nur gleiche Zeitabschnitte (dt = konstant), so muß $r^2 \cdot d\varphi$ ebenfalls konstant sein. Das ist aber nichts anderes als die doppelte Fläche, die der Fahrstrahl im Zeitabschnitt dt überstrichen hat.

3. Die Quadrate der Umlaufzeiten der Planeten verhalten sich wie die dritten Potenzen der großen Halbachsen ihrer Bahnellipsen:

$$\frac{T^2}{a^3} = \text{konstant.}$$

Dieses Gesetz läßt sich aus dem → Gravitationsgesetz herleiten (obwohl die Sache geschichtlich gerade umgekehrt verlief). Nimmt man eine Kreisbahn des Planeten an (der einfacheren Rechnung wegen), so müßte T^2/r^3 = konstant sein. Die Gleichsetzung von *Gravitationskraft*

$$F_G = \gamma \cdot \frac{m \cdot M_S}{r^2}$$

und *Zentripetalkraft* $F_Z = m\omega^2 r$ ergibt

$$\gamma \cdot \frac{m \cdot M_S}{r^2} = m\omega^2 \cdot r \text{ oder } \gamma \cdot M_S = \omega^2 \cdot r^3.$$

Nun ist ω (die Winkelgeschwindigkeit des Planeten) umgekehrt proportional zur Umlaufzeit T, während auf der linken Seite nur konstante Größen stehen. Damit ist das 3. K. G. bestätigt.

Kernladungszahl

Die Kernladungszahl (Symbol Z) bezeichnet die Anzahl positiver Elementarladungen im Kern eines → Atoms. Die K. ist identisch mit der Ordnungszahl im → Periodensystem.

Kernphysik

Die Physik der Atomkerne (kurz ›Kerne‹) ist um einiges komplizierter als die Physik der Atomhüllen (→ Atomphysik), nicht nur, weil der Kern eines Atoms noch viel kleiner ist als das Atom selbst, sondern weil im Kern nicht nur eine, sondern drei der vier Wechselwirkungen berücksichtigt werden müssen, nämlich die starke, die elektromagnetische (Coulomb-Kraft) und die schwache Wechselwirkung. Die vierte Grundkraft, die Gravitation, kann im Kernbereich gegenüber den anderen drei Kräften vernachlässigt werden.

Meßmethoden und Meßgeräte

Die Kernphysiker arbeiten im wesentli-

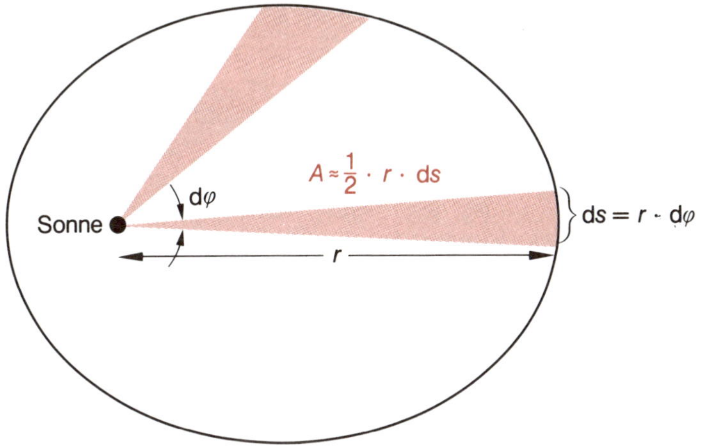

Keplersche Gesetze (Figur 1): Zur Ableitung des 2. Keplerschen Gesetzes ist die Ellipsenbahn des Planeten hier stark übertrieben dargestellt. Die Fläche, die der Fahrstrahl in der Zeit t überstreicht, ist gleich der Dreiecksfläche $\frac{1}{2} r \cdot ds = \frac{1}{2} r \cdot r \cdot d\varphi$. Diese Fläche ändert sich nicht, weil die Größe $mr^2\omega$ (der Drehimpuls) $= mr^2 \cdot d\varphi/dt$ konstant bleiben muß.

chen mit vier Meßmethoden. Sie führen erstens *Zählexperimente* an instabilen Kernen durch und bestimmen damit deren Lebensdauer. Die *Massenspektroskopie* gibt als zweite Methode genauen Aufschluß über die Massen der Atomkerne. Die dritte und wichtigste Forschungsmethode beruht auf *Streuexperimenten.* Dabei schießt man bestimmte, wohldefinierte Teilchen auf ein *Target* aus einer ebenfalls wohldefinierten Kernsorte (z. B. Protonen auf Eisenkerne) und beobachtet, ob und wie die Geschosse durch die Kerne abgelenkt werden. Wenn die Geschosse den Treffer sozusagen ›unversehrt‹ überleben, handelt es sich um eine Streuung. Ist das nicht der Fall, kommen also aus dem Targetkern andere Teilchen heraus als hineingeschossen wurden, so spricht man von *Kernreaktionen,* und die Untersuchung dieser Vorgänge (wieder anhand der Winkelverteilungen der Reaktionspartner) bildet die vierte Meßmethode der Kernphysiker.

Entsprechend vielseitig sind auch die Meßgeräte, die in der K. benutzt werden. Schon für einfache Zählexperimente gibt es eine Vielzahl von Meßgeräten. Alle beruhen darauf, daß die ionisierende Wirkung der Teilchen ausgenutzt wird, die man zählen will. Das einfachste ist das *Geiger-(Müller-)Zählrohr* (nach *Hans Geiger,* 1882–1945), eine weitgehend evakuierte Glasröhre mit einem Metallfaden, der an einer Hochspannung liegt. Ionisiert ein Teilchen das Restgas in der Röhre, so entsteht eine Raumladung, die (stark vereinfacht) vom Draht aufgesammelt und in einen Spannungsimpuls transformiert werden kann. Es gibt mittlerweile Dutzende unterschiedlicher Zählrohre für alle möglichen Zwecke, sogar solche, deren Puls proportional zur Teilchenenergie ist *(Proportionalzählrohre).* Eine Abwandlung dieser Zähler entsteht, wenn man nicht verdünntes Gas, sondern einen Halbleiterkristall als Medium benutzt, in dem die Ionisation stattfindet. Diese *Halbleiterzähler* (aus Germanium oder Silicium) sind vor allem zum Zählen von Gammaquanten geeignet. Sie können nicht nur das Quant selbst, sondern auch seine Energie registrieren. Eine andere Bauart sind *Szintillationszähler.* Dabei erzeugt das Quant einen Lichtblitz in einem geeigneten Kristall (z. B. Natriumjodid), dessen Stärke über einen Photoelektronen-Vervielfacher *(Photo-Multiplier)* in einen Stromstoß übersetzt wird.

Eine Gruppe anderer Geräte kann nicht nur ein Quant registrieren und seine Energie feststellen, sondern zeichnet die ganze Bahn auf, die das Teilchen im Detektor zurücklegt. Wieder ist die Ionisation durch das Teilchen der Auslöser des Meßprozesses. In der *Nebelkammer* erzeugt ein ionisierendes Teilchen in übersättigtem Wasserdampf eine Tröpfchenspur, in der *Blasenkammer* eine Blasenspur in einer überhitzten Flüssigkeit, in der *Funkenkammer* wird in einem von einigen tausend Kondensatoren ein Funken erzeugt. Jedesmal dienen ionisierte Atome als Kondensations- oder Siedekeime oder lösen den Überschlag aus. Die entstehenden Bahnen hält man photographisch fest. Alle diese Meßgeräte werden natürlich nicht nur zum reinen Zählen eingesetzt, sondern auch als Detektoren bei Streuexperimenten oder Kernreaktionen.

Ein direkter und ebenfalls oft benutzter Weg zur Feststellung von Teilchenbahnen und Teilchenenergien sind *Kernspurplatten,* d. h. Packungen photographischer Schichten, deren Ionisationsspuren beim Durchgang eines Teilchens durch die Entwicklung sichtbar gemacht werden. Besonders interessant sind diese ›Aufnahmen‹ natürlich dann, wenn innerhalb der Schicht eine Kernreaktion stattfindet.

Man kann dabei ein wenig nachhelfen, indem man bestimmte Kernsorten neben dem Silberjodid der empfindlichen Schicht anreichert. Die Kernspurplatten spielen trotz ihrer Einfachheit immer noch eine große Rolle vor allem zur Aufzeichnung von Prozessen, die durch die kosmische Strahlung verursacht werden.
Massenspektrometer (→ Spektroskopie) schließlich sind komplizierte Geräte, die im Zusammenwirken von elektrischen und magnetischen Feldern die Massenbestimmung von Ionen möglich machen.
Die Geschosse, die man für Streuexperimente und Kernreaktionen braucht, entstammen im wesentlichen vier Quellen: Ganz umsonst liefert sie die kosmische Strahlung (→ Höhenstrahlung), sogar bis in Energiebereiche hinein, die selbst den größten Beschleunigungsanlagen noch unzugänglich sind. Leider treten diese Teilchen nur in geringer Anzahl auf und treffen vor allem unvorhersehbar in der Versuchsanordnung ein. Kontrollierte Teilchenströme erzeugt man daher besser mit Beschleunigern (→ Elementarteilchen). Die dritte Teilchenquelle, in erster Linie für Neutronen, ist der Kernreaktor. Schließlich benutzt man auch noch radioaktive Präparate als Teilchenquellen, die meist in Kernreaktoren hergestellt werden.

Grundeigenschaften der Kerne

Experimente mit Kathodenstrahlen in Entladungsröhren erbrachten schon um etwa 1900 (*Philipp Lenard,* 1862–1947) Hinweise darauf, daß das Atom zum überwiegenden Anteil leer sein mußte. Die in Hochspannungsröhren entstehenden Elektronen (30 bis 40 keV) durchdringen nämlich mühelos dünne Aluminiumfenster (etwa 5 µm) und sind außerhalb der Röhre nachzuweisen, obwohl sie dabei etwa 10000 Atomlagen durchqueren müssen. Ungefähr zehn Jahre später wiesen dann *Ernest Rutherford* (1871–1937) und andere durch Streuung von α-Teilchen an einer ähnlich dünnen Goldfolie nach, daß das Atom einen schweren, positiv geladenen Kern besitzt, der nahezu die gesamte Atommasse in sich vereinigt und der von Elektronen ›umkreist‹ wird. Diese Elektronenwolke bestimmt den Außendurchmesser eines Atoms, während der Kerndurchmesser nur ungefähr ein Zehntausendstel davon ist. Spätere Messungen haben gezeigt, daß der Kernradius r proportional zur dritten Wurzel des *Atomgewichts A* ist, einer Verhältniszahl, die die Masse eines Atomkerns in Einheiten von 1/12 des Kohlenstoffisotops 12 angibt (→ Atome, → Isotope).
Es gilt die Beziehung

$$r = 1{,}2 \cdot 10^{-15} \sqrt[3]{A}\,[\mathrm{m}]\,. \qquad (1)$$

Wir wissen heute, daß der Atomkern etwas Zusammengesetztes ist: Er besteht aus *Nukleonen,* und zwar aus so vielen, wie sein Atomgewicht (ungefähr) angibt. Der Kernradius ist also auch der dritten Wurzel aus der Nukleonenzahl proportional. Rechnet man das Kernvolumen aus, so fällt die dritte Wurzel weg: Das Kernvolumen ist der Anzahl der Nukleonen direkt proportional. Das bedeutet, daß die Nukleonen im Kern dicht gepackt sein müssen, ohne viel Zwischenraum, und daß die *Kerndichte* ρ deshalb für alle Kerne (nahezu) gleich groß ist. Sie hat den unglaublich großen Wert von

$$\rho \approx 2 \cdot 10^{17} \left[\frac{\mathrm{kg}}{\mathrm{m}^3}\right]. \qquad (2)$$

Es gibt zwei Arten von Nukleonen, die sich nur um etwa 1,5‰ in ihrer Masse unterscheiden: das schwerere, elektrisch neutrale *Neutron* und das *Proton* mit einer positiven Elementarladung. Die schon in der Atomphysik definierte Ordnungszahl Z ist identisch mit der Anzahl der Protonen im Kern *(Kernladungszahl).* Die Neutronenzahl N und die Kernladungszahl Z addieren sich zur *Massenzahl* $A = N + Z$. Um Verwirrungen vorzubeugen: Die Massenzahl ist fast, aber nicht ganz identisch mit dem *Isotopengewicht.* Das *Atomgewicht* dagegen ist meistens der Mittelwert aus einigen Isotopengewichten, entsprechend der Zusammensetzung des chemischen Elements aus verschiedenen Isotopen (Atomen mit gleicher Protonenzahl, aber unterschiedlicher Neutronenzahl). Kerne ›gleicher Sorte‹ nennt man *Nuklide.* Die Eigenschaften aller bekannten Nuklide (Massenzahl, Häufigkeit im natürlichen Isotopengemisch, Zerfallsarten und -energien bei instabilen Nukliden, Halbwertszeiten usw.) sind in der sog. *Nuklidkarte* dargestellt, die von Zeit zu Zeit auf den jeweils neuesten Stand gebracht wird. Die Anordnung der stabilen Kerne in der Nuklidkarte gibt Figur 1 schematisch wieder. In der Elementarteilchenphysik werden Proton und Neutron als Nukleonendublett aufgefaßt, d. h. man glaubt, daß sie nur zwei verschiedene Zustände desselben Teilchens sind. Dafür spricht, daß ein ›freies‹, nicht in einem Kern gebundenes Neutron instabil ist und mit einer Halbwertszeit von 13½ Minuten in ein Proton, ein Elektron und ein Antineutrino zerfällt. Neue vereinheitlichte Feldtheorien, die alle drei Wechselwirkungen im Kern als Ausdruck ein und derselben

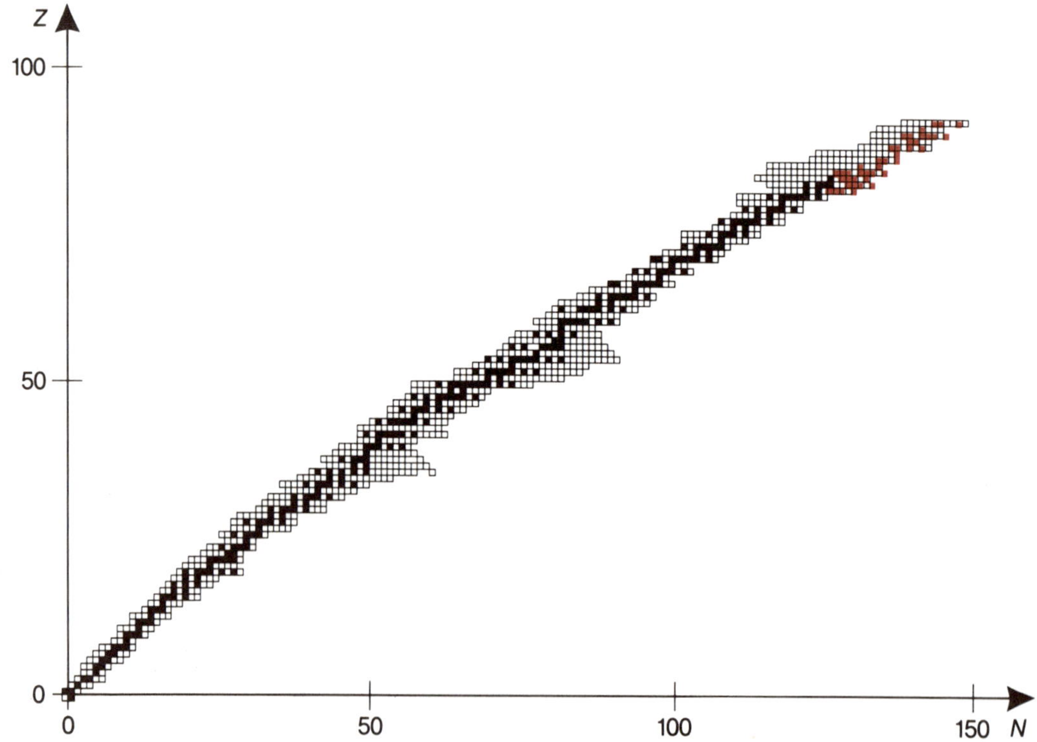

Kernphysik (Figur 1): Stark verkleinerte Darstellung einer Nuklidkarte; stabile Nuklide und Nuklide mit Halbwertszeiten von über 10^{10} Jahren sind schwarz eingetragen, in der Natur auftretende radioaktive Nuklide rot dargestellt, weiß sind künstlich radioaktive Nuklide.

Kraft begreifen, sagen sogar eine Instabilität des Protons voraus. Obwohl man aber gegenwärtig die Meßmethoden so verfeinert hat, daß noch eine Lebensdauer des Protons meßbar wäre, die kleiner als 10^{32} Jahre (!) wäre, hat man bisher keinen Beweis für einen Protonenzerfall gefunden. Das Proton scheint genauso stabil zu sein wie das Elektron.
Beide Nukleonen haben den Drehimpuls $\frac{1}{2}\hbar$ ($\hbar = h/2\pi$; h = Plancksches Wirkungsquantum, → Naturkonstanten, → Quantenmechanik). Sie sind daher → Fermionen und folgen dem → Pauli-Prinzip. Im Kern sind die Nukleonen so dicht gepackt, daß man besonders stabile Kerneigenschaften erwartet, wenn sich die Spins beider Nukleonensorten ausgleichen können. In der Tat sind die stabilsten Kerne diejenigen mit gerader Protonenzahl und gerader Neutronenzahl, sog. *gg-Kerne*. Sie haben den Drehimpuls Null und das magnetische Moment Null. Kerne mit gerader Protonen- und ungerader Neutronenzahl *(gu-Kerne)* oder ungerader Protonen- und gerader Neutronenzahl *(ug-Kerne)* stellen in der Vielzahl aller Kerne nur ein Drittel, weil sie bereits viel weniger stabil sind als die gg-Kerne. Stabile *uu-Kerne* (ungerade Protonen- und Neutronenzahl) schließlich gibt es nur acht.
Die *Kernkraft*, die *starke Wechselwirkung* also, muß eine besonders effektive Wirkung zwischen Proton und Neutron haben. Zwischen Protonen allein und Neutronen allein ist sie zwar vorhanden, aber offensichtlich bei weitem nicht so wirksam: Es gibt weder ein Di-Proton noch ein Di-Neutron. Wenn mehrere Protonen in einem Kern sind, müssen sie sich wegen der Coulomb-Wechselwirkung als gleichnamige Ladungen abstoßen. Das führt dazu, daß mit zunehmender Massenzahl immer mehr die Neutronen im Kern überwiegen, bis schließlich bei den schweren bis schwersten Kernen die Coulomb-Abstoßung so groß wird, daß diese Kerne instabil werden und meist unter Aussendung eines α-Teilchens (He-Kern) zerfallen. Dies bringt sie einem stabilen Protonen-Neutronen-Verhältnis näher, ohne daß der Kerndrehimpuls unzulässig erhöht würde (der He-Kern ist ein gg-Kern!).

Bindungsenergien

Die Ruhmasse des Neutrons wie auch die des Protons sind sehr genau bekannt (→ Naturkonstanten). Auch die Massen der Kerne sind mit Massenspektrographen genau gemessen worden. Dabei hat sich gezeigt, daß die Masse eines Kerns zwar ungefähr, aber nicht genau gleich der Summe der Protonen- bzw. Neutronenmassen ist, aus denen er besteht, sondern etwas kleiner.
Dieser *Massendefekt* ist eine direkte Bestätigung der Einsteinschen Äquivalenz von Masse und Energie (→ Relativitätstheorie). Tatsächlich muß ja Energie *aufgewandt* werden, um die Teile eines gebundenen Systems wie des Atomkerns voneinander zu trennen, andernfalls würde er von selbst ›explodieren‹. Deshalb muß die Summe der Ruhmassen der Bestandteile nach der Gleichung $\Delta E = \Delta m \cdot c^2$ um ΔE *größer* sein als die Masse des gebundenen Systems. Man nennt ΔE deshalb auch *Bindungsenergie* und schreibt sie manchmal negativ, wenn man als Energie-Nullpunkt die Ruhmasse der Bestandteile definiert. Die anschaulichste Form zur Darstellung der Bindungsenergie besteht darin, sie *pro Nukleon* anzugeben. Man kann dann beispielsweise die Nuklidkarte dreidimensional anlegen, indem man als z-Koordinate die (negative) Bindungsenergie pro Nukleon einträgt. Dann erhält der breite Bereich stabiler Kerne in Figur 1 die Form einer Rinne (›Energietal‹), dessen

tiefste Orte durch die ausgezogene Linie in Figur 2 miteinander verbunden sind. Eine ebene Darstellung dieser Linie gibt Figur 3. Man sieht, daß die mittlere Bindungsenergie (pro Nukleon) für sehr leichte Kerne und für die schweren Kerne kleiner ist als für die mittleren Kerne etwa zwischen $A = 50$ und $A = 100$.

Dieser unscheinbare Verlauf der Bindungsenergie bildet die physikalische Grundlage sowohl für Kernreaktoren und Kernwaffen als auch für die Vorgänge in der Sonne und den Sternen. Nimmt man z. B. einen schweren Kern ($A \approx 240$) und zerbricht ihn in zwei ungefähr gleich schwere Teile, dann ergibt sich folgende Energiebilanz: Um den schweren Kern völlig in seine Bestandteile zu zerlegen, bräuchte man eine Gesamtenergie von $E_{\text{schwer}} \approx 7{,}5 \cdot 240$ MeV $= 1800$ MeV. Die beiden leichten Kerne dagegen sind erst mit einer Energie von zusammen etwa $2E_{\text{leicht}} \approx 2 \cdot (8{,}4 \cdot 120)$ MeV ≈ 2000 MeV zu zerlegen. Sie sind also um etwa 200 MeV fester gebunden, und diese Energiedifferenz wird bei dem Vorgang *frei*. Rechnet man sie in Ws um (1 eV $= 1{,}6 \cdot 10^{-19}$ Ws), so erhält man ungefähr $3{,}2 \cdot 10^{-11}$ Ws für jeden schweren Kern, den man auf diese Weise in zwei leichtere ›spaltet‹. Das scheint auf den ersten Blick nicht viel zu sein. Wenn man aber bedenkt, daß ein Kilogramm schwerer Kerne aus annähernd $2{,}5 \cdot 10^{24}$ Kernen besteht, sieht die Sache ganz anders aus: Die Spaltung all dieser Kerne liefert eine Überschußenergie von $3{,}2 \cdot 10^{-11} \cdot 2{,}5 \cdot 10^{24}$ Ws $= 8 \cdot 10^{13}$ Ws

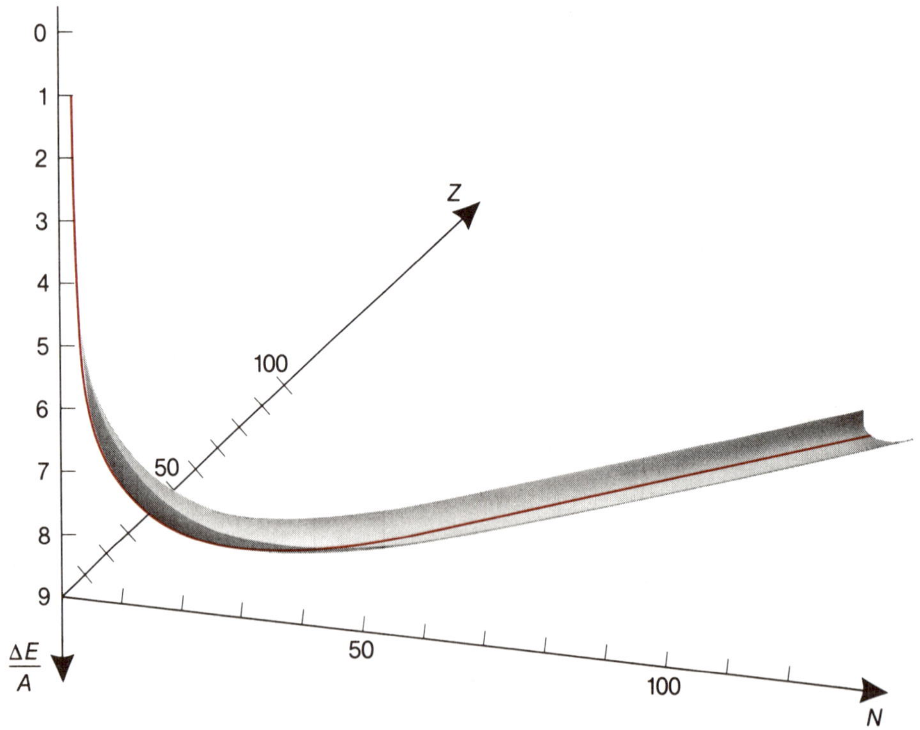

Kernphysik (Figur 2): Schematische Darstellung des sog. Tales der Stabilität; die rote Linie markiert die Talsohle und damit den Ort der größten Bindungsenergie bei gg-Kernen, die stabilsten Nuklide finden sich demnach im Bereich der Ordnungszahl um 50.

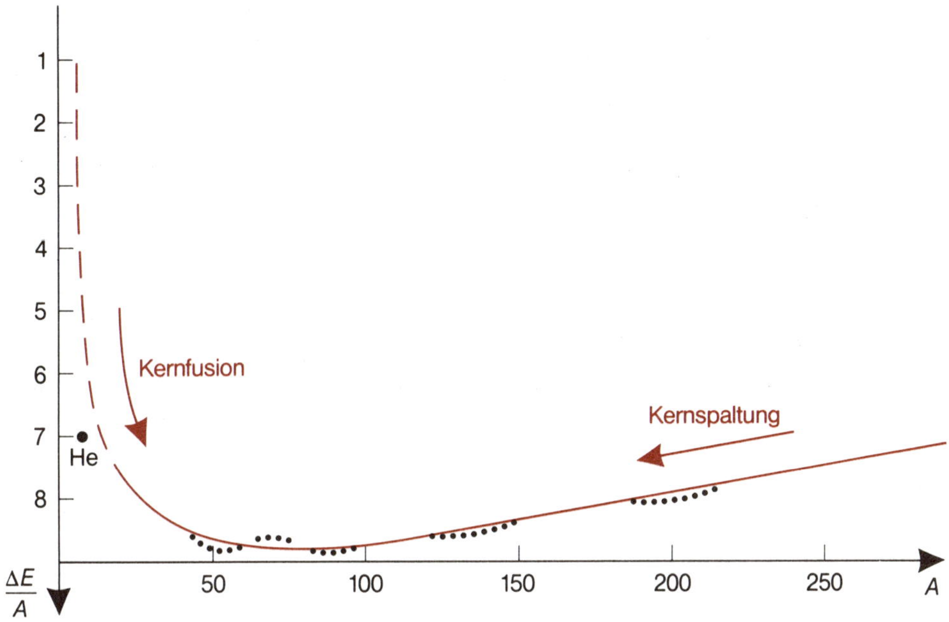

Kernphysik (Figur 3): Die Stabilitätskurve für gg-Kerne nach dem Tröpfchenmodell (rote Kurve), die schwarzen Punkte entsprechen Abweichungen in der Nähe von magischen Zahlen.

oder $2{,}2 \cdot 10^7$ kWh, in Worten: 22 Millionen Kilowattstunden. Das ist der Jahresenergieverbrauch einer Kleinstadt mit etwa 5000 Einwohnern. Eine *Uranbombe* setzt eine ähnliche Energiemenge im Bruchteil einer Sekunde frei – mit Auswirkungen, wie wir sie seit Hiroshima und Nagasaki kennen (→ Kernwaffen).

Eine Uranbombe ist im Grunde nicht kompliziert aufgebaut, sondern explodiert sozusagen ›von selbst‹, weil sich die Spaltung in einer *Kettenreaktion* aufschaukelt. Es ist aber auch möglich, diese Kettenreaktion zu steuern, und genau das macht man in Spaltungsreaktoren (→ Kernreaktor). Das Prinzip der Kettenreaktion ist schon in der Nuklidkarte enthalten. Zunehmende Massenzahlen bedeuten ja auch zunehmenden *Neutronenüberschuß*. Bei der Spaltung eines schweren Kerns entstehen Bruchstücke, die weit vom ›stabilen Tal‹ der Figur 2 entfernt sind, weil sie für ihre Massenzahl zu viele Neutronen besitzen. Einige dieser Bruchstücke leben lange genug, um auf ›friedlichem‹ Weg, z. B. durch Beta-Zerfall, die Talsohle zu erreichen. Die meisten aber ›verdampfen‹ einfach ihre überzähligen Neutronen. Wenn man nun als schweren Ursprungskern einen Kern verwendet, der sich bei einem Treffer durch ein Neutron spaltet (wie z. B. Uran 235), so sind die bei der Spaltung frei werdenden Neutronen (im Mittel 2,5) imstande, neue Kerne zu spalten, wobei wieder Neutronen entstehen, die abermals Kerne spalten usw. Es bildet sich eine lawinenartige Kettenreaktion aus, die – ungebremst – in einer ungeheuren Explosion gipfelt. In Reaktoren verwendet man stark neutronenabsorbierende Cadmiumstäbe, um die ›Fortpflanzungsrate‹ der Neutronen annähernd bei 1 zu halten.

Die Bindungsenergie-Kurve (Figur 3) läßt sich auch anders lesen: Eine noch wesentlich größere Bindungsenergie als bei der Spaltung schwerer Kerne kann pro kg Material freigesetzt werden, wenn man möglichst leichte Kerne (vor allem Wasserstoff) zu schweren Kernen zusammensetzt. Man nennt diesen Vorgang *Kernfusion.* Es gibt einige Möglichkeiten, derartige Kernverschmelzungen durchzuführen. Die meisten erzeugen den besonders fest gebundenen Heliumkern als Reaktionsprodukt. So kann man z. B. *Deuterium* (›schwerer‹ Wasserstoff, $_1H^2$) auf das leichte Lithiumnuklid $_3Li^6$ schießen und erhält zwei He-Kerne ($_2He^4$), wobei eine Energie von etwa 22 MeV pro Reaktion frei wird. Man kann auch die Kernverschmelzung in mehreren Stufen ablaufen lassen, so, wie es im Sonneninneren geschieht (sog. *p-p-Reaktion*).

$$2 \times \left| \begin{array}{l} _1H^1 + {_1H^1} \rightarrow {_1H^2} + e^+ ; \\ _1H^2 + {_1H^1} \rightarrow {_2He^3} + \gamma ; \end{array} \right. \quad (3)$$

$$_2He^3 + {_2He^3} \rightarrow {_2He^4} + 2\,{_1H^1} .$$

Bei diesem Zyklus werden pro gebildetem He^4-Kern etwas über 26 MeV frei. Ein weiterer Fusionszyklus, der ebenfalls in Sternen abläuft, benutzt Kohlenstoff $_6C^{12}$ als Katalysator (*CNO-Zyklus* oder *Bethe-Weizsäcker-Zyklus*) und liefert pro He-Kern ebenfalls ungefähr 25 MeV.

Es ist noch eine ganze Reihe weiterer Fusionsreaktionen möglich, die aber alle weniger Energie pro erzeugtem Heliumkern abgeben, weil sie von höheren Massenzahlen ausgehen als der des Protons (Wasserstoff). Sämtliche Reaktionen sind in Beschleunigerexperimenten nachgewiesen worden. Trotzdem gibt es ungeachtet heftiger Bemühungen noch keinen *Fusionsreaktor*, wohl aber die *H-Bombe (Fusionsbombe).* Woran liegt das?

Zwei wesentliche Faktoren machen die Energiegewinnung durch Kernfusion im Gegensatz zur Kernspaltung *(Fission)* zu einem schwierigen Unterfangen: Erstens löst nicht ein neutrales Teilchen (Neutron) die Reaktion aus, sondern ein geladenes Teilchen. Um solche Teilchen genügend nahe an den Zielkern heranzubringen, muß die Coulomb-Abstoßung überwunden werden, wenigstens soweit, daß mit einiger Wahrscheinlichkeit die Kernverschmelzung über den → Tunneleffekt möglich wird; dazu bedarf es einer ziemlich großen Anfangsenergie. Wie schon gesagt, bringen selbst mittlere Beschleuniger diese Startenergie leicht auf, aber die Ausbeute an Fusionsreaktionen ist wegen der kleinen Strahldichten so gering, daß sie für einen Reaktor nicht in Frage kommt.

Zweitens entsteht keine Kettenreaktion, die eine Fusion in Gang halten würde, wenn sie erst einmal gezündet worden wäre. *Alle* Geschosse müssen die Startenergie mitbringen, die sie in Kernnähe bringt und eine Fusion wahrscheinlich macht. Der naheliegende Weg, allen Reaktionspartnern hohe kinetische Energien zu verleihen, ist, sie auf so hohe Temperaturen zu bringen, wie sie im Innern der Sterne herrschen (100 Millionen Grad). In der Wasserstoffbombe geht das unglücklicherweise leicht. Eine ›normale‹ Spaltungsbombe als Zünder erzeugt ohne weiteres die benötigten hohen Temperaturen. Das technische Problem dabei besteht lediglich darin, einen Mantel aus leichten Elementen (Lithium und Deuterium) solange zusammenzuhalten, daß ein möglichst hoher Prozentsatz des Fusionsmaterials auch fusioniert. Die Tatsache, daß H-Bomben eine tausendfach stärkere Wirkung haben als Spaltungsbomben, beweist überzeugend, wie gut dieses Problem gelöst wurde. Dagegen ist es bisher nicht gelungen, die Fusion *kontrolliert* in technisch vernünftigem Maßstab ablaufen zu lassen, einfach weil man die Fusionspartner mit den bisherigen

Methoden nicht genügend lange auf so hohen Temperaturen halten kann.

Kernmodelle

Um es vorwegzunehmen: Es gibt bis heute keine geschlossene Modellvorstellung, die – ähnlich wie bei der Elektronenhülle – alle Eigenschaften von Kernen in befriedigender Weise erklären würde. Vielmehr existiert eine Vielzahl unterschiedlicher, sich sogar teilweise widersprechender Modelle, von denen jedes bestimmte Aspekte des Kernverhaltens deuten kann. Ich will die wichtigsten Kernmodelle andeutungsweise beschreiben, ohne auf die zugehörige Mathematik einzugehen.

Das Tröpfchenmodell

Dieses Modell trägt den schon erwähnten Grundtatsachen über Kerne Rechnung: Das Volumen des Kerns ist der Masse proportional – wie bei einem Festkörper oder einer Flüssigkeit. Die Bindungsenergie eines Kerns ist ganz grob der Anzahl der Nukleonen proportional, wenn man einmal von den leichtesten Kernen absieht. Das kann man sofort aus Figur 3 ablesen, die ja die Bindungsenergie *pro Nukleon* annähernd konstant wiedergibt. Würde jedes Nukleon im Kern mit allen anderen Nukleonen gleichmäßig wechselwirken, so würde man eine Bindungsenergie erwarten, die proportional $A \cdot (A-1)$ wäre. Das ergäbe eine Kurve, die Parabeleigenschaften hätte. Wir schließen daher aus dem eher geradlinigen Verlauf von Figur 3, daß die Nukleonen im Kern nur an ihre unmittelbaren Nachbarn gebunden sind – wie die Moleküle in einer Flüssigkeit. Vor diesem Hintergrund hat *Carl Friedrich von Weizsäcker* (*1912) schon 1935 eine Formel für die Bindungsenergie aufgestellt, die viele Einzelheiten beschreibt. Sie lautet:

$$\Delta E = a_1 \cdot A - a_2 \cdot A^{\frac{2}{3}} - a_3 \cdot Z^2 \cdot A^{-\frac{1}{3}} - a_4 \cdot \frac{(Z-N)^2}{A} + a_5 \cdot \lambda \cdot A^{-\frac{1}{2}}. \quad (4)$$

ΔE ist die Bindungsenergie, A die Massenzahl, Z die Kernladungszahl und N die Neutronenzahl *($A-Z$)*. Die Zahlen a_1 bis a_5 sind empirische Größen, die folgendermaßen gewählt werden:
$a_1 = 15{,}56$ MeV, $a_2 = 17{,}23$ MeV,
$a_3 = 0{,}72$ MeV, $a_4 = 23{,}29$ MeV und
$a_5 = 12$ MeV.

Es ist recht aufschlußreich, die Beziehung der einzelnen Terme von Gleichung (4) zu einem Tröpfchen kurz zu analysieren. Das erste Glied $a_1 \cdot A$ gibt die erwähnte Konstanz der Bindungsenergie pro Nukleon wieder. Alles weitere sind Korrekturglieder. Das zweite Glied setzt die Endlichkeit des Tröpfchens in Rechnung. Die Nukleonen an der Oberfläche des Kerns haben ja weniger Nachbarn als die im Kerninneren. Folglich beanspruchen sie auch weniger Bindungsenergie, es resultiert eine → Oberflächenspannung wie bei einem Flüssigkeitstropfen. Der ganze Effekt ist proportional zur Größe der Kernoberfläche, also bei Kugelgestalt zu R^2 oder $V^{2/3}$ bzw. $A^{2/3}$. Das dritte Glied berücksichtigt die Abstoßungskräfte der elektrischen Ladungen der Protonen untereinander. Die zu deren Überwindung nötige Energie ist einmal nach dem → Coulombschen Gesetz proportional zum Quadrat der Ladung, also zu Z^2, außerdem umgekehrt proportional zum Durchmesser, den man mit $A^{1/3}$ angibt. Das vierte Glied ist ein sog. Symmetrieterm. Er stellt sicher, daß Kerne mit gleicher Protonen- und Neutronenzahl am stabilsten sind und daß die Instabilität mit zunehmendem Neutronenüberschuß quadratisch zunimmt. Nach dem Pauli-Prinzip können zwei identische Fermionen nicht denselben Energiezustand einnehmen. So füllen die Protonen und Neutronen unabhängig voneinander die Energieniveaus auf, wobei der energetisch günstigste Zustand für gleiche Protonen- und Neutronenanzahl gegeben wäre. Dieses Prinzip ist sicher auch für den Kern gültig, wird aber von der Coulomb-Energie des dritten Gliedes gestört. Das letzte Glied schließlich ist ein Korrekturterm, der die Absättigung der Spins ausdrückt. Wie schon erwähnt, sind gg-Kerne mit dem Gesamtdrehimpuls 0 am stabilsten, uu-Kerne mit zweifach ungesättigtem Spin am instabilsten. Man setzt daher $\lambda = 0$ für ug- oder gu-Kerne, $\lambda = +1$ für gg-Kerne und $\lambda = -1$ für uu-Kerne. Die Weizsäckersche Formel beschreibt also eigentlich *drei* Energiekurven, wobei die gg-Kurve am tiefsten liegt und der Darstellung von Figur 3 entspricht. Die Formel wird durch die in Gleichung (4) angegebenen Konstanten a_1 bis a_5 dem experimentellen Befund angepaßt, beschreibt aber dann den Verlauf der Bindungsenergien über den gesamten Nuklidbereich in ausgezeichneter Weise.

Das Schalenmodell

Betrachtet man die Nuklidkarte etwas genauer, so fällt die Häufigkeit bestimmter Zahlen auf, die man als *magische Zahlen* bezeichnet. So gibt es z. B. fünf stabile Nuklide für $N = 20$, aber überhaupt keines für $N = 19$ oder $N = 21$. Für $Z = 20$ gibt es sechs stabile Nuklide, für $Z = 21$ nur eines und für $Z = 19$ lediglich zwei. $N = 50$ zeigt eine ähnliche Häufung, und für $Z = 50$ gibt es sogar zehn stabile Nuklide (allesamt Zinn-Isotope). Solche Diskontinuitäten in der Nuklidkarte treten mehr oder weniger deutlich bei den Zahlen 2, 8, 20, 28, 50, 82 und 126 auf. Verfolgt man andere Eigenschaften der Nuklide, z. B. die Neutroneneinfangquerschnitte (siehe unten), so beobachtet man ebenfalls eine auffällige Stabilität bei denselben Neutronenzahlen. Die *Quadrupolmomente*, die die Abweichung der Kerne von der Kugelsymmetrie beschreiben, zeigen Nulldurchgänge für magische Zahlen. *Doppelt magische Kerne* wie z. B. Blei 208 ($Z = 82$, $N = 126$) sind kugelförmig.

Die Kerne verhalten sich in der Nähe magischer Zahlen ähnlich wie die Atome in der Nähe der Edelgaskonfiguration der Elektronen. Es liegt deshalb nahe, für die Kerne ein ähnliches Schalenmodell anzulegen wie das der Elektronenschalen für Atome.

Dabei treten allerdings zwei Schwierigkeiten auf: Erstens sind die magischen Zahlen der Kerne andere als für Atome, und zweitens sitzen im Kern zweierlei Nukleonen, also nicht nur eine Teilchensorte wie die Elektronen in der Atomhülle. Da es im Kern kein physikalisches Zentrum gibt wie im Atom, muß die Theorie die ›Nukleonenbahnen‹ eines Teilchens im Feld der übrigen Nukleonen beschreiben. Damit entsteht eine willkürliche Singularität im Kern, für die es zunächst keinen einleuchtenden Grund gibt. Trotzdem ist es gelungen, die magischen Zahlen lückenlos durch Teilchenzustände zu erklären, allerdings nur unter der Annahme einer starken Spin-Bahn-Kopplung bei *allen* Kernen, während man eine ähnliche Annahme bei den Atomen nur für die innersten Schalen der schwersten Atome machen muß. Der Unterschied ist wiederum plausibel, denn schließlich unterliegen die Nukleonen im Kern der starken Wechselwirkung, während die Elektronen im Atom nur mit der Coulomb-Wechselwirkung zu tun haben.

Das kollektive Modell

Dieses Modell vereinigt in gewisser Weise die Vorteile von Tröpfchen- und Schalenmodell, wobei es gleichzeitig die

Widersprüche zwischen den beiden mildert. Es zeigt große Wirkung vor allem im Bereich *zwischen* den magischen Zahlen und beschreibt den Kern mit Einteilchenzuständen wie das Schalenmodell, die sich aber kollektiven Zuständen des Kernrumpfes überlagern. Als solche gelten Rotationen und Vibrationen, die ähnliche Bandenstrukturen in den Kernspektren verursachen wie die entsprechenden Zustände bei Molekülen in der Umgebung des sichtbaren Lichts.

Allgemeines über Kernreaktionen

Zwei der technisch bedeutsamsten Kernreaktionen habe ich schon im Rahmen der Bindungsenergie erwähnt: die Kernspaltung und die Kernfusion. Es gibt aber noch eine Vielzahl anderer Reaktionen, nahezu beliebig viele, wenn man schwere Teilchen ebenfalls als Geschosse verwendet, wie es heute geschieht. Ich klammere hier die reinen Zerfälle natürlich instabiler Kerne aus, die unter dem Stichwort → Radioaktivität behandelt werden. Demnach kann man alle verbleibenden Kernreaktionen wie folgt einteilen: Ein Teilchen g wird auf einen Kern K (Target = Zielscheibe) geschossen. Man sagt, der *Eingangskanal* zur Kernreaktion ist $g + K$. Nun kann mit dem Kern alles mögliche passieren, auf das ich im einzelnen noch eingehen werde. Nach einer Weile bleibt ein Kern K' zurück, und ein (oder mehrere) Teilchen g_i' fliegen davon. Jede Kombination $K' + g_i'$ wird auch als *Ausgangskanal* der Reaktion bezeichnet. Welchen Verlauf die Kernreaktion im einzelnen nimmt, d. h. welcher Ausgangskanal sich für einen bestimmten Eingangskanal ergibt, hängt im wesentlichen von der Energie des Eingangsteilchens g ab, allgemein von den Quantenzahlen des Eingangskanals. Man ordnet jeder möglichen Kombination von Eingangs- und Ausgangskanal eine Meßgröße zu, die der Häufigkeit ihres Auftretens entspricht. Diese Meßgröße heißt *Wirkungsquerschnitt*. Sie läßt sich folgendermaßen veranschaulichen: Man faßt das Geschoß g als punktförmig auf. Dann kennzeichnet der Wirkungsquerschnitt σ einer Reaktion diejenige kreisförmige Fläche mit dem Targetkern als Zentrum, die das Teilchen treffen muß, damit die gewünschte Reaktion eintritt. Demnach hat der Wirkungsquerschnitt die Dimension einer *Fläche* (Querschnitt!). Da ja der Kern einen nur winzigen Durchmesser hat und viele Reaktionen (aber bei weitem nicht alle!) tatsächlich nur ablaufen, wenn das Teilchen den Kern innerhalb seiner Abmessungen trifft, ist der Kernquerschnitt oft mit dem Wirkungsquerschnitt vergleichbar. Quantenmechanisch ist der Wirkungsquerschnitt einer Reaktion jedoch immer als Wahrscheinlichkeitsangabe aufzufassen, die nur dann eine zuverlässige Meßgröße ist, wenn es um *sehr viele* gleichartige Reaktionen geht. Der Grund für diese Definition liegt in den experimentellen Gegebenheiten. Man schießt mit einem Teilchenstrahl bekannter Dichte (n Teilchen pro cm^2 und s) auf eine Targetfläche, die eine bekannte Anzahl N von Targetkernen enthält. Die gemessene Zahl x von Ereignissen pro Sekunde läßt sich am bequemsten in einen Wirkungsquerschnitt σ umrechnen, denn es muß gelten: $x = N \cdot n \cdot \sigma$, d. h. x ist proportional zur Zahl n der Geschosse pro Flächeneinheit und Sekunde und zur Anzahl der Targetkerne N sowie zur Reaktionswahrscheinlichkeit σ. Wenn man also die Strahldichte als bequemes Maß für die Eingangsgeschosse verwendet, ergibt sich die Reaktionswahrscheinlichkeit zwangsläufig als ›Auftrefffläche‹. Aus Gleichung (1) folgt für den geometrischen Querschnitt eines Kerns mittlerer Größe ($A = 125$) ungefähr der Wert

$$F \approx \pi \cdot r^2 \approx (6 \cdot 10^{-15}\,\mathrm{m})^2 \cdot \pi \approx$$

$$\approx 10^{-28}\,\mathrm{m}^2 = 10^{-24}\,\mathrm{cm}^2.$$

Die Kernphysiker benutzen für diese Flächeneinheit einen eigenen Namen: 1 *barn* = $10^{-24}\,\mathrm{cm}^2 = 10^2\,\mathrm{fm}^2$ (der engl. Name barn, dt. Scheune, wurde während des Zweiten Weltkrieges in den USA als Tarnname benutzt, denn die Kernforschung war damals höchstes Staatsgeheimnis). Obwohl das barn nach den neuesten Vorschriften nicht mehr zulässig ist (→ Maße und Maßsysteme), wird es wohl noch einige Zeit verwendet werden. Bei einem typischen Streuexperiment registriert man im Ausgangskanal nur Teilchen, die in einem bestimmten Raumwinkelelement $\mathrm{d}\Omega$ ankommen (Figur 4). Der Wirkungsquerschnitt für diese spezielle Teilreaktion heißt *differentieller Wirkungsquerschnitt* $\mathrm{d}\sigma/\mathrm{d}\Omega$. Fast immer ist diese Größe von der Richtung abhängig, so daß man σ als Vektor auffassen muß. Aus der genauen Messung derartiger *Winkelverteilungen*

$$\frac{\mathrm{d}\sigma}{\mathrm{d}\Omega}(\varphi, \theta)$$

zieht man Schlüsse über die innere Struktur eines Atomkerns oder eines Elemen-

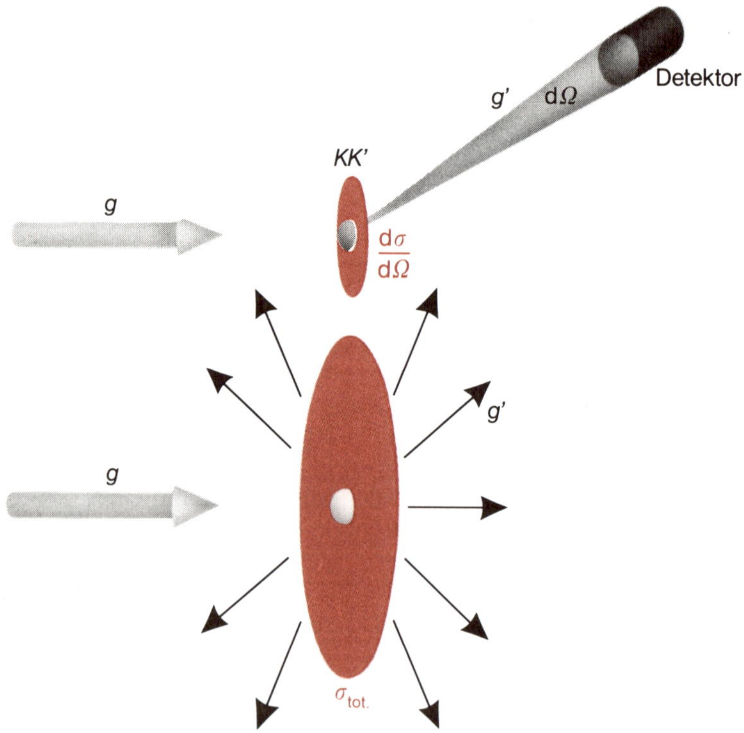

Kernphysik (Figur 4): Das Geschoß *g* trifft den Targetkern *K*; das Ausgangsteilchen *g'* wird in ein bestimmtes Raumwinkelelement $\mathrm{d}\Omega$ geschleudert, das vom Detektor definiert ist. Die Wahrscheinlichkeit für diesen Vorgang wird ausgedrückt durch die Fläche, die *g* treffen muß (*oben*, kleine rote Scheibe) und heißt differentieller Wirkungsquerschnitt. Der totale Wirkungsquerschnitt $\sigma_{tot.}$ *(unten)* ist die auf gleiche Weise symbolisierte Wahrscheinlichkeit dafür, daß überhaupt eine Reaktion mit dem Ausgangsteilchen *g'* stattfindet.

tarteilchens. Integriert man den differentiellen Wirkungsquerschnitt über den ganzen Raumwinkel, so erhält man den *totalen Wirkungsquerschnitt,* der sich nun auf die Reaktion als solche bezieht, unabhängig davon, welche Winkelverteilung für den Ausgangskanal gilt. Die Maßzahlen für totale Wirkungsquerschnitte reichen von wenigen Millibarn bis hin zu 250000 barn (Neutroneneinfangquerschnitt von Gadolinium). Viele Kernreaktionen laufen also auch dann nur mit kleiner Wahrscheinlichkeit ab, wenn der Kern zentral getroffen wird. Andere wieder fangen sich den Reaktionspartner sogar dann noch ein, wenn er weit am Kern vorbeifliegen würde. Diese Vorgänge sind offenbar nur mit den Methoden der → Quantenmechanik (→ Dualismus von Welle und Teilchen) zu verstehen. Als Überblick müssen diese Andeutungen genügen.

Die wichtigsten Kernreaktionen

Ich gebe im folgenden die wichtigsten Reaktionen an, die mit ›kleinen‹ Teilchen als Geschossen ablaufen können. Die Kurzschreibweise für solche Reaktionen lautet manchmal $K\,(g,\,g')\,K'$; wenn aber noch die Energieausbeute für die Reaktionen angegeben wird, bevorzugt man Reaktionsgleichungen, wie sie auch die Chemiker verwenden. Es werden folgende Geschosse g verwendet: p (Protonen, Wasserstoffkerne), d (Deuteronen, Deuteriumkerne), n (Neutronen), α (Alphateilchen, Heliumkerne) und γ (Gammaquanten, → elektromagnetisches Spektrum).

Nach der *Zeitdauer* der Gesamtreaktion lassen sich die Kernreaktionen ebenfalls einteilen. Da man gewöhnlich die Geschosse auf hohe Energien beschleunigt, liegt die reine ›Durchflugzeit‹ eines Teilchens durch den Targetkern bei etwa $10^{-14}\ m/c \approx 10^{-22}$ Sekunden (c ist die Lichtgeschwindigkeit). Reaktionen, die in dieser kurzen Zeit ablaufen, nennt man *direkte Reaktionen.* In vielen Fällen dringt aber das Geschoß in den Kern ein und teilt seine Energie allen Nukleonen mit. Es entsteht ein *Zwischenkern (Compound-Kern),* der etwa eine Million Durchflugzeiten überlebt (10^{-14} s), bevor er zerfällt. Diese *Compound-Reaktionen* haben meist viele Ausgangskanäle, die stark von den Parametern des Eingangskanals abhängen. Als *elastische Streuung* wird jede Reaktion bezeichnet, die im Ausgangskanal dieselben Teilchen enthält wie im Eingangskanal und die den Kern nicht in einem angeregten Zustand zurückläßt.

Beispiele

1. *Neutronen-Einfangreaktionen* $K(\mathrm{n},\gamma)\,K'$ werden heute bereits in großem Umfang auch technisch genutzt, um z. B. ganz bestimmte Isotope in brauchbaren Mengen herzustellen, die in der Natur sonst nicht vorkommen. Diese *Radionuklide* setzt man außer in wissenschaftlichen Experimenten auch in der Medizin ein. Als Neutronenquelle dient ein Kernreaktor, die Einfangquerschnitte sind für sog. *thermische Neutronen* niedriger Energie am größten, weil das elektrisch neutrale Teilchen mit dem positiven elektrischen Feld des Kerns *(Coulomb-Barriere)* nicht reagiert und deshalb ungehindert in den Kern eindringen kann, sobald es in seine Reichweite kommt.

Der alte Traum der Alchimisten, die Gewinnung von Gold aus einem unedlen Metall, wird über die Neutroneneinfangreaktion ebenfalls wahr, witzigerweise sogar mit dem Ausgangsmaterial Quecksilber, das auch die Alchimisten im Mittelalter bereits erfolglos verwendeten:

$$_{80}\mathrm{Hg}^{196} + \mathrm{n} \rightarrow {}_{80}\mathrm{Hg}^{197}$$

$$_{80}\mathrm{Hg}^{197} \overset{\mathrm{EC}}{\rightarrow} {}_{79}\mathrm{Au}^{197}$$

Das Quecksilberisotop 196 wandelt sich durch Neutroneneinfang in das instabile Quecksilberisotop 197 um, das durch den Einfang eines seiner Hüllenelektronen (*Elektronenkonversion* oder *K-Einfang*) seine Kernladungszahl um eins erniedrigt und dadurch zu einem Goldisotop wird. Die Herstellung von Gold aus Quecksilber auf diesem Weg ist allerdings so unverhältnismäßig viel teurer als der bergmännische Abbau, daß dieses Verfahren kaum je wirtschaftlich genutzt werden dürfte.

2. Die mehrdeutige Reaktion

$$_5B^{11} + p \rightarrow 3\,_2He^4,$$

bei der ein Proton auf einen Borkern ($Z = 5$, $A = 11$) geschossen wird, läßt sich als Fusionsreaktion auffassen, denn insgesamt werden etwa 8,5 MeV an Energie frei. Man könnte das aber auch schreiben

$$_5B^{11}\,(p, 2\,\alpha)\,_2He^4$$

oder sogar

$$_5B^{11} + p \rightarrow 3\,\alpha\,.$$

3. Die *Transurane,* Elemente mit höheren Ordnungszahlen als 92, sind größtenteils überhaupt erst durch Neutroneneinfang gewonnen worden. Neuerdings stellt man sie jedoch auch in Schwerionenbeschleunigern durch Beschuß von Uran mit schweren Kernen her, z. B. durch

$$_{92}U^{238} + {}_{10}Ne^{22} \rightarrow {}_{102}No^{255} + 5\,n.$$

Man schießt einen Neonkern auf Uran 238, wobei ein Nobeliumkern ($Z = 102$, $A = 255$) und fünf Neutronen entstehen. Auf ähnliche Weise versucht man, die hypothetische *Insel der Stabilität* zu erreichen, die man wegen der hypothetischen magischen Neutronenzahl 184 bei etwa $Z = 114$ erwartet.

Kernreaktor

Man hört oft den Satz ›Kernreaktoren sind kontrollierte Atombomben‹. Das stimmt nur hinsichtlich einer einzigen Beziehung: K. und Spaltungsbomben nutzen denselben nuklearen Prozeß zur Energiegewinnung, nämlich die → Kernspaltung. Die Kettenreaktion, wie sie in → Kernwaffen abläuft, führt innerhalb einer Mikrosekunde zur Explosion. Eine mechanische Steuerung innerhalb dieser Zeit ist natürlich völlig undenkbar. Deshalb werden K. nach ganz anderen Prinzipien gebaut und gesteuert. Es ist grundsätzlich unmöglich, daß ein K. etwa wie eine Uranbombe explodiert. Trotzdem sind Unfälle möglich, die einen Reaktor zerstören. Darauf gehe ich weiter unten noch ein. Wenden wir uns zunächst dem Prinzip zu.

Steuerung der Kettenreaktion bei Kernreaktoren

Spaltet ein Neutron z. B. einen Kern Uran 235, so werden im Mittel etwa 2,5 Neutronen frei. Diese Neutronen sind ›schnell‹, haben also eine mittlere Energie von rund 2 MeV. Über 99% der Spaltneutronen werden bei der Spaltung oder sehr kurze Zeit danach ›verdampft‹. Sie entstehen *prompt,* d. h. ohne Verzögerung. Gäbe es in einem Reaktor nur prompte Neutronen, wäre er genausowenig zu steuern wie die Uranbombe. Einige Spaltprodukte setzen das Neutron aber erst nach einiger Zeit frei. Man kennt annähernd 100 Reaktionsketten, die nach der Spaltung noch ein Neutron freisetzen, und zwar mit unterschiedlichen Halbwertszeiten. Knapp 1% der Neutronen sind also *verzögert,* mit Verzögerungszeiten bis zu 1 Minute. Diese Zeit reicht aber nun leicht aus, um mechanische Regelmechanismen in Gang zu setzen, die den Neutronenfluß steuern können. Im wesentlichen benutzt man dazu Stäbe aus Cadmium oder Borcarbid. Diese Materialien haben einen besonders großen Einfangquerschnitt für Neutronen (→ Kernphysik), ihr Einfahren (oder im Notfall Hineinschießen) in den Reaktor stoppt die Kettenreaktion sehr schnell, denn es ist höchst unwahrscheinlich, daß ein Reaktor durch einen Reaktivitätssprung ›prompt überkritisch‹ wird, d. h. die verzögerten Neutronen zu seinem Betrieb überhaupt nicht mehr braucht. Damit, so sollte man meinen, sind Reaktorunfälle eine Utopie. Leider ist das nicht so. Wenn auch durch einen *Notstop (Scram)* die Kettenreaktion sofort unterbrochen wird, so sind doch zahlreiche Spaltprodukte vorhanden, die zum größten Teil mit kurzen Halbwertszeiten zerfallen und dabei Energie freisetzen, die sich in Form von *Nachwärme* äußert. Unmittelbar nach dem Abschalten beträgt die Nachwärme rund 7% der thermischen Nennleistung, fällt nach drei Stunden auf etwa 1% ab und erst nach einem Monat auf 0,1%. Bedenkt man, daß *Kernkraftwerke* mit Leistungen von über tausend Megawatt (!) betrieben werden, kann man sich leicht vorstellen, was passiert, wenn diese Nachwärme nicht abgeführt werden kann, etwa weil alle Kühlkreisläufe ausgefallen sind: Der Reaktorkern erhitzt sich so stark, daß er schmilzt, unter Umständen sogar durch Wandungen und Fundamente hindurch ›bis nach China‹ (von Amerika aus gesehen). Ein derartiger GAU (Abk. für *G*rö*ß*ter *A*nzu*nehmender* *U*nfall, in den USA auch *China-Syndrom* genannt) wurde von vielen Fachleuten für ausgeschlossen gehalten, bis der Unfall von Tschernobyl (ehemalige UdSSR) im April 1986 drastisch das Gegenteil bewiesen hat. Natürlich hat dabei der geschmolzene Reaktorkern nicht den Erdball durchquert, aber er hat den Graphitmoderator entzündet, und die Explosion zerstörte das Reaktorgebäude, so daß durch den Brand große Mengen ($\approx 10^{20}$ Bq) radioaktiver Spaltprodukte freigesetzt wurden.

Mögliche Typen von Kernreaktoren

An dieser Stelle sollen nicht technische Einzelheiten der einzelnen Reaktortypen besprochen werden. Dies muß der entsprechenden Spezialliteratur überlassen bleiben. Die Vielfalt ergibt sich jedoch aus einigen wenigen physikalischen Grundtatsachen. Zwei wesentliche Wirkungsquerschnitte sind für die Ausbeute von Überschußneutronen in einem K. verantwortlich: erstens der *Spaltungsquerschnitt,* und zweitens – sozusagen als Gegenspieler – der *Absorptionsquerschnitt,* d. h. die Wahrscheinlichkeit dafür, daß ein Neutron lediglich absorbiert wird, *ohne* eine Spaltung auszulösen. Die Wirkungsquerschnitte sind außerdem von der Neutronenenergie abhängig. Die genauere Berechnung der Neutronenausbeute zeigt, daß für die spaltbaren Kerne $_{92}U^{235}$ und $_{94}Pu^{239}$ (und auch $_{92}U^{233}$) eine große Neutronenausbeute nur für relativ ›langsame‹ Neutronen (< 1 eV, sog. *thermische Neutronen*) oder aber für *schnelle Neutronen* (> 200 keV) erreichbar ist. Demnach baut man thermische Reaktoren und schnelle Reaktoren.

In *thermischen Reaktoren* müssen die energiereichen prompten Spaltneutronen erst auf thermische Geschwindigkeiten abgebremst werden, damit sie eine neue Spaltung auslösen können. Zu diesem Zweck umgibt man die Brennelemente mit einem *Moderator,* einem Material, das die Energie der Neutronen aufnehmen kann, *ohne* sie zu absorbieren. Dafür eignet sich Wasserstoff (in Form von Wasser), Deuterium (schweres Wasser) oder Graphit (Kohlenstoff). Da Natururan sehr viel (99,3%) Uran 238 enthält, dieses aber knapp oberhalb der thermi-

schen Energie einen besonders großen Absorptionsquerschnitt für Neutronen hat (Resonanzabsorption), erreichen die meisten Neutronen die kleine thermische Energie erst gar nicht, wenn die Brennelemente zuviel Uran 238 enthalten. Dann ist auch keine Kettenreaktion möglich. Thermische K. müssen daher mit *angereichertem Uran* 235 arbeiten.
Schnelle Reaktoren brauchen keine Moderatorsubstanz, eine genügend hohe Neutronenausbeute entsteht aber nur, wenn sie mit Plutonium 239 betrieben werden. Dieses jedoch kommt in der Natur nicht vor. Es entsteht in thermischen Reaktoren durch Neutroneneinfang aus Uran 238 und anschließendem (zweimaligen) Betazerfall zunächst als Abfallprodukt und muß aus den Brennelementen chemisch abgetrennt werden. Dann allerdings steht im *schnellen Brutreaktor* ein Instrument zur Verfügung, das nicht nur Energie ›erzeugt‹, sondern darüber hinaus neues Spaltmaterial (nämlich weiteres Plutonium) ›erbrütet‹. Wie geht das? Man baut einen schnellen Reaktor, beschickt ihn mit Brennelementen aus einem Plutonium-Uran-238-Gemisch und umgibt ihn mit einem Mantel aus Uran 238. Bei geschickter Auslegung entsteht in den Brennelementen für jeden gespaltenen Plutoniumkern ein neuer durch Neutroneneinfang im Uran. Darüber hinaus entsteht auch im Uranmantel Plutonium, das später abgetrennt werden kann. Der schnelle Brüter erzeugt also aus dem sonst inaktiven Uran 238 mehr spaltbares Material, als er verbraucht. Das hört sich nach einem Perpetuum mobile an. Es ist natürlich keines, denn das Verfahren hat spätestens dann ein Ende, wenn das gesamte Uran 238 aufgebraucht ist. Da aber die Uranvorräte auf der Erde recht beachtlich sind, würde die Kernenergie über den Weg des schnellen Brüters einige tausend Jahre ausreichen, um die Menschen mit Energie zu versorgen. Bis jetzt allerdings gibt es nur wenige schnelle Brüter, die konventionell zur Energieerzeugung eingesetzt werden. Die technischen Schwierigkeiten sind bei diesem Reaktortyp besonders groß (z. B. muß mit flüssigem Natrium gekühlt werden und ähnliches mehr).
Die meisten der heutigen Kernkraftwerke arbeiten daher mit dem seltenen Uranisotop 235, und die Weltvorräte dieses Nuklids dürften in spätestens 50 Jahren weitgehend erschöpft sein.

Wiederaufarbeitung und radioaktive Abfälle
Die intensive Nutzung der Kernenergie ist wohl für das nächste Jahrhundert unumgänglich. Eine wesentliche Voraussetzung dafür sind jedoch große Wiederaufarbeitungsanlagen, um die wertvollen Anteile unverbrauchten Spaltmaterials aus den abgebrannten Brennelementen herauszuholen und, vor allem, das erbrütete Plutonium aus dem Uran abzutrennen. Dabei bekommt man es mit Aktivitäten beträchtlicher Größenordnung zu tun. Ein 1000-MW-Kernkraftwerk erzeugt jährlich etwa 10^{21} Becquerel (Bq) an Spaltprodukt-Aktivität, die nach einem Jahr (Abklingen der Nuklide mit kurzen Halbwertszeiten) auf etwa $5 \cdot 10^{18}$ Bq abgesunken ist. Weltweit ist man von einer Gesamtleistung von 10^6 MW nicht mehr weit entfernt. Es fallen also jährlich radioaktive Spaltprodukte von 10^{24} Bq an bzw. nach einem Jahr etwa $5 \cdot 10^{21}$ Bq. Dabei handelt es sich nun um Stoffe, die erst nach mindestens 1000 Jahren ihre Radioaktivität weitgehend verloren haben. Es müssen daher Methoden entwickelt werden (zur Endlagerung dieser Aktivitäten), die mehr als 500 Jahre allen möglichen Einflüssen standhalten, kriegerische Auseinandersetzungen eingeschlossen. Die Tatsache, daß alle bisheri-

gen Technologien eine Lebensdauer von allenfalls 50 Jahren hatten, mag das Ausmaß der Probleme andeuten, die noch zu lösen sind.

Kernspaltung

Bei der Teilung *(Spaltung, Fission)* eines schweren Atomkerns (Massenzahl größer als 220) in zwei leichtere Spaltprodukte wird eine Energiemenge frei, die dem Unterschied der Bindungsenergien entspricht (→ Kernphysik), pro Spaltung etwa 200 MeV. Die hohe Stabilität der mittelschweren Kerne gegenüber einer Spaltung erklärt sich aus dem Tröpfchenmodell. Bei schweren Kernen wird eine Deformation zwar von der abstoßenden Coulomb-Kraft unterstützt (die Protonen im Kern tragen alle gleichnamige Ladungen!), muß aber die Oberflächenspannung des Kerns überwinden, die bei geringen Verformungen viel stärker anwächst als die Coulomb-Kraft. Es entsteht eine Potentialschwelle, die zuerst überwunden werden muß, ehe der Kern in zwei meist unsymmetrische Teile ›zerplatzt‹ (Figur 1). Diese Spaltprodukte in der Umgebung der Massenzahlen 100 und 140 haben dann einen beachtlichen Neutronenüberschuß, denn der relative Neutronengehalt ist bei den schweren Kernen höher als bei den leichten. Sie werden diese Überschußneutronen (im Mittel 2,5 pro Spaltung) los, indem sie sie schon sehr bald nach der Spaltung ›verdampfen‹.

Für einige schwere Kerne wie Uran 235 oder Plutonium 239 ist die Potentialschwelle zur Spaltung sehr niedrig. Sie überschreiten sie teils mit einer gewissen Wahrscheinlichkeit von selbst *(spontane Spaltung)*, teils schon durch die Energie eines angelagerten Neutrons (→ Kernwaffen, → Kernreaktor).

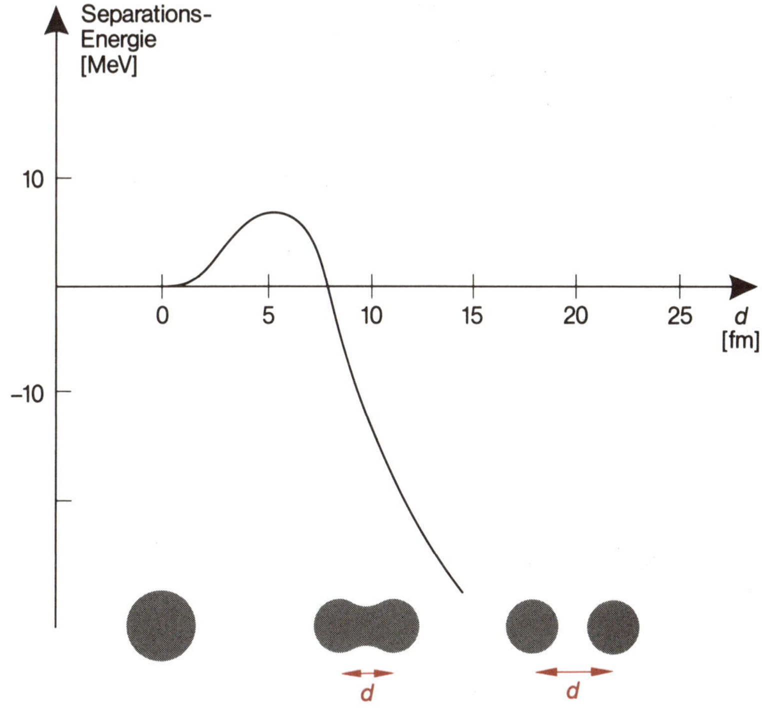

Kernspaltung (Figur 1): Wird ein Urankern ($A = 235$) deformiert, so muß man zunächst eine kleine Energie aufbringen, weil die Oberflächenspannung schneller anwächst als die elektrostatische Abstoßung der Protonen im Kern. Schon bald aber wird die Gesamtenergie negativ, der Kern spaltet sich in zwei ungleich große Bruchstücke.

Kernwaffen

Der Verlauf der Bindungsenergiekurve der Atomkerne läßt zweierlei Kernprozesse zu, bei denen Energie freigesetzt wird. Die Kernspaltung schwerer Kerne setzt etwa 200 MeV pro Spaltung frei, die Kernfusion leichter Kerne je nach Prozeß pro Fusion 15–25 MeV. Beide Prozesse setzt man zur militärischen Verwendung in Waffen ein.

Die Spaltungsbombe

Diese oft und falsch als ›Atombombe‹ bezeichnete Waffe bezieht ihre Wirkung aus der Kernspaltung. Der Prozeß als solcher kann nur deshalb explosionsartig verlaufen, weil es erstens Nuklide gibt (Uran 235 und Plutonium 239), die schon bei der geringsten Anregung z. B. durch ein sich anlagerndes Neutron gespalten werden, und weil zweitens beim Zerfall eines schweren Kerns in zwei leichtere Überschußneutronen frei werden. Diese pro Spaltung frei werdenden zwei bis drei Neutronen können ihrerseits wieder neue Kerne spalten, wobei wieder Neutronen frei werden usw. Es entsteht eine *Kettenreaktion,* wenn die Neutronen nicht aus dem Material entweichen können, ehe sie von neuen Kernen eingefangen worden sind. Die Zahl der Spaltungen wächst dann innerhalb sehr kurzer Zeit (etwa 1 Millionstel Sekunde) auf astronomische Werte der Größenordnung 10^{23} an, bis die frei werdende Energie das gesamte Material buchstäblich in einem Schlag verdampfen läßt. Da in einem Klotz Uran 235 immer auch spontane Spaltungen stattfinden, gibt es auch immer Neutronen, die als Auslöser dieser Kettenreaktionen wirken können, wenn eben genügend spaltbares Material vorhanden ist (sog. *kritische Masse*). Dabei spielt es auch noch eine Rolle, wie diese Masse geometrisch geformt ist. Damit möglichst wenige Neutronen das Material verlassen können, muß die Oberfläche möglichst klein sein. Das günstigste Verhältnis von Volumen und Oberfläche hat deshalb die Kugel. Das kritische Volumen einer Uran-235-Kugel liegt schon bei 0,8 l (rd. 15 kg); der Durchmesser einer solchen Kugel beträgt knapp 12 cm. Die Zündung der kritischen Masse erfolgt *von selbst.* Alles, was man tun muß, ist, zwei oder mehr Uran-235-Massen, jede für sich unterkritisch und damit harmlos, zu einer überkritischen Masse zusammenzufügen. Im Prinzip kann man das bereits mit verheerenden Wirkungen erreichen, indem man zwei Halbkugeln kräftig zu einer Kugel zusammenknallt.

Zum Glück kommt Plutonium 239 in der Natur überhaupt nicht, Uran 235 nur zu 0,7% im Natururan vor, und die Abtrennung dieses Isotopenanteils aus dem Uran ist so schwierig, daß es die Möglichkeiten eines Heimlabors bei weitem übersteigt. Um eine *Uranbombe* mit den aus Hiroshima oder Nagasaki bekannten Wirkungen zu zünden, bedarf es außerdem noch einiger technischer Feinheiten. So schließt man die Teilmassen in einen möglichst festen Stahlbehälter ein und schießt sie mittels herkömmlichem Sprengstoff zu überkritischen Massen zusammen. Dadurch bleiben die Teile eine Winzigkeit länger zusammen, was die Energieausbeute ganz wesentlich steigert. Schafft man es auf diese Weise, aus der überkritischen Masse etwa 1 kg zu spalten, so werden etwa 22 Millionen kWh frei. Das weitaus meiste Spaltmaterial verpufft also wirkungslos. Die ›Maßeinheit‹ TNT der Sprengkraft wird durch den Vergleich mit herkömmlichem Sprengstoff (T*ri*-N*itro*-T*oluol*) hergestellt. Die 1-kg-Uran-Spaltmasse entspricht etwa 20 000 Tonnen TNT, oft kurz mit 20 Kilotonnen (kt) ausgedrückt.

Die Wirkung eines derartigen Sprengsatzes ist bereits gewaltig. Zunächst entsteht ein *Lichtblitz,* der alles blendet, was ihm zufällig zugewandt ist, begleitet von einem Impuls elektromagnetischer Strahlung, die nahezu das gesamte übrige Spektrum überdeckt. Es bildet sich also auch eine *Hitzewelle,* die im Umkreis von einigen Kilometern alles Brennbare entflammt. Das Strahlengewitter einer Kernwaffendetonation schädigt darüber hinaus nahezu alle elektrischen Einrichtungen, von elektronischen Geräten ganz zu schweigen. Vom Zentrum der Explosion breitet sich außerdem eine gewaltige *Druckwelle* aus, der ebenfalls im Umkreis von einigen Kilometern so gut wie kein Gebäude standzuhalten vermag. In diesem Umkreis gibt es natürlich auch kaum Überlebende. Druck und Hitze am Explosionsort sind auch für das Entstehen des *Atompilzes* verantwortlich, der ja mittlerweile fast zum Wahrzeichen unseres Zeitalters geworden ist. Die orkanartigen Aufwinde reißen viele Tonnen Staub und sonstiges Material mit sich, das durch Neutronenbeschuß teilweise radioaktiv geworden ist (→ Kernphysik). Außerdem enthält der Pilz auch die feinzerstäubten Spaltprodukte, die sich anschließend als *Fallout,* d. h. als radioaktiver Niederschlag, auf die Umgebung verteilen. Besonders in den ersten Tagen nach der Explosion sorgen die kurzlebigen Spaltprodukte in diesem Gebiet für einen hohen Strahlenpegel vor allem von β- und γ-Strahlung. Eine Bombe dieser Wirkung bezeichnet man heute als ›klein‹.

Die Fusionsbombe

Spaltungsbomben lassen sich nur mit beträchtlichem Aufwand wesentlich vergrößern. Da die Einzelmassen des Spaltmaterials vor der Explosion unterkritisch bleiben müssen, wäre man gezwungen, sehr viele Teile zeitlich synchron zu vereinigen, und zwar mit der Genauigkeit einer Mikrosekunde. Es gibt jedoch eine Möglichkeit, Bomben mit der 10000fachen Sprengkraft einer Spaltungsbombe herzustellen, indem man die Energie der *Kernfusion* freisetzt. Verschmilzt man z. B. Lithium und Deuterium (schwerer Wasserstoff, $_1H^2$) zu zwei Alphateilchen, so werden pro Fusion rd. 22 MeV frei. Das ist – auf das Kilogramm Ausgangsmaterial gerechnet – sogar das Dreifache der Spaltungsenergie. Die beiden Ausgangsstoffe können sogar als chemische Verbindung *(Lithiumdeuterid)* eingesetzt werden, die sich zudem leicht verarbeiten läßt, weil sie in fester Form vorliegt. Die Schwierigkeit, die Kernfusion auszulösen, liegt darin, daß die Reaktionspartner (der Li-Kern und der H-Kern) positiv geladen sind und sich deshalb kräftig abstoßen. Zur Überwindung dieser Coulomb-Barriere muß man den Kernen eine bereits sehr hohe Anfangsenergie mitgeben. Um eine größere Anzahl von Kernen mit so hohen Energien auszustatten, gibt es bisher nur einen Weg: Man muß eine Spaltungsbombe im Inneren des Fusionsmaterials zünden. Dann entstehen Temperaturen von annähernd 100 Millionen Grad, und die leichten Kerne erhalten eine genügend große thermische Bewegungsenergie, um die Coulomb-Abstoßung zu überwinden und zu einem merklichen Prozentsatz zu fusionieren. Man nennt diese Art von Bombe deshalb auch *thermonuklear.* Die Bezeichnung *H-Bombe (Wasserstoffbombe)* bezieht sich auf den einen Teil des Fusionsmaterials, nämlich den (schweren) Wasserstoff.

Die H-Bombe besteht also aus einer normalen Uran- oder Plutoniumbombe, die von einem dicken Mantel (bis einige hundert Kilogramm!) Fusionsmaterial umgeben ist. Nach oben hin besteht mengenmäßig keine Grenze. Die bisher größte Sprengkraft einer H-Bombe betrug etwa 60 Megatonnen TNT. Der Zerstörungsradius bemißt sich dann nach Hunderten von Kilometern. Eine derartige Bombe, über München zur Explosion gebracht, würde auch noch Stuttgart, Regensburg, Salzburg und Passau zerstören.

Kobaltbombe
Wenn man eine Spaltungsbombe mit einem Mantel aus Kobalt umgibt, entsteht bei der Detonation in großen Mengen das radioaktive Nuklid Co 60 durch Neutroneneinfang. Dieses Nuklid hat eine für den Menschen besonders gefährliche Halbwertszeit von etwa 5 Jahren und zerfällt darüber hinaus unter Aussendung sehr hochenergetischer Gammaquanten (etwa 1,2 MeV). Eine derart ›schmutzige‹ Bombe eignet sich daher in besonderem Maße dazu, ein Gebiet so radioaktiv zu verseuchen, daß es auf ein Menschenalter unbewohnbar wird.

Neutronenbombe
Ein anderer teuflischer Trick besteht darin, Spaltungsbomben geringer Sprengkraft mit einem geeigneten Mantel zu umgeben (z. B. Beryllium), der bei der Detonation möglichst viele Neutronen aussendet. Die Wirkung von Neutronenstrahlen auf den lebenden Organismus ist nämlich besonders verheerend (die Militärs sprechen von ›Versaften‹), während materielle Körper wie Fabriken oder Waffen weniger stark geschädigt werden.

Kernwaffen-Potential und nuklearer Winter
Spaltungsbomben geringer Sprengkraft kann man heute so klein machen, daß man sie in einer Granate vom Kaliber 150 mm verschießen kann. Die Zahl dieser sog. *taktischen Kernwaffen* läßt sich kaum schätzen. Die größeren, meist mit Kurz-, Mittel- oder Langstreckenraketen verbundenen Kernwaffen sind ihrer Zahl nach einigermaßen bekannt. Das Potential all dieser Waffen reicht aus, um die größeren Städte dieser Erde nicht nur einmal, sondern etwa *zehnmal* in Schutt und Asche zu legen (sog. *Overkill).* Die Militärs der Atommächte bemühen sich auch seit längerer Zeit, einen ›begrenzten‹ Atomkrieg durchführbar zu machen. Es sind Szenarien für Konflikte ausgearbeitet worden, die sich vor allem in Europa oder im Nahen Osten abspielen könnten, wobei kein Zweifel darüber besteht, daß das Land, in dem sich ein begrenzter Atomkrieg ereignen würde, dabei völlig zerstört würde. Darüber hinaus haben aber jüngere Modellrechnungen ergeben, daß selbst ein derartiger Krieg einen meteorologischen Effekt auslösen würde, an den man bisher noch nicht gedacht hatte: Flächenbrände größten Ausmaßes müßten nämlich so große Ruß- und Staubmengen in die Atmosphäre schleudern, daß die Sonne für die Zeit von einigen Wochen nahezu völlig abgeschirmt würde. Die Temperaturen müßten weit unter den Gefrierpunkt sinken, Pflanzen und andere Lebewesen würden diesen *nuklearen Winter* wohl nicht überleben. Dabei ist zu bedenken, daß diese Katastrophe auch völlig unbeteiligte Länder treffen würde, und daß es keine Möglichkeit gibt, sich vor ihr zu schützen.

Kerr-Effekte

Der britische Physiker *John Kerr* (1824 bis 1907) untersuchte unter anderem den Zusammenhang zwischen Materialien, die durch elektrische oder magnetische Felder ausgerichtet werden, und einer auf sie einwirkenden elektromagnetischen Strahlung. Er entdeckte dabei zwei Effekte, die beide seinen Namen tragen.

Der elektrooptische Kerr-Effekt
Dieser Effekt tritt vor allem in durchsichtigen Flüssigkeiten auf, kommt aber auch

in Gasen vor. Einige mehratomige Flüssigkeiten (z. B. Nitrobenzol) werden doppelbrechend, wenn man sie durch starke elektrische Felder ausrichtet. Schickt man polarisiertes Licht durch eine derart ›elektrisch gespannte‹ Flüssigkeit *(Kerr-Zelle),* so dreht sich seine Polarisationsebene in Abhängigkeit von der angelegten Spannung (→ Doppelbrechung). Änderungen des elektrischen Feldes äußern sich fast trägheitslos als Änderungen des Drehwinkels. Mit Hilfe eines Polarisationsfilters kann man diese Winkeländerungen in Intensitätsschwankungen umsetzen und auf diese Weise einem Lichtstrahl eine Nachricht aufmodulieren. Das Verfahren funktioniert bis zu Modulationsfrequenzen von einigen Gigahertz.

Der magnetooptische Kerr-Effekt
Auch die Reflexion von Licht an Oberflächen eines stark magnetisierten Materials (z. B. Eisen oder Nickel) dreht die Polarisationsebene des Lichts ein wenig. Außerdem wird aus linear polarisiertem Licht bei Reflexion an einem Metall elliptisch polarisiertes; diese Erscheinung überlagert sich der Drehung. Der Effekt ist jedoch klein und wird gegenwärtig technisch noch nicht genutzt.

Kilo-

Abk. k, Vorsilbe bei Maßeinheiten, (→ Maße und Maßsysteme), bezeichnet das 1000fache einer Grundeinheit, z. B. 1 Kilometer (km) = 1000 Meter.

Kilopond

Abk. kp, heute nicht mehr zulässige Maßeinheit des Gewichts oder der Kraft (→ Maße und Maßsysteme); 1 kp = = 9,80665 Newton (N).

Kilopondmeter

Abk. kpm oder mkp *(Meterkilopond),* nicht mehr zulässige Maßeinheit für die Arbeit oder Energie (→ Maße und Maßsysteme); 1 kpm = 9,807 Joule (J).

Kinematik

Die Lehre von der Bewegung von Massenpunkten heißt *Kinematik.* Die K. arbeitet vor allem mit den Begriffen → Geschwindigkeit und → Beschleunigung und untersucht Bewegungen mit bestimmter Geschwindigkeit oder Beschleunigung (→ Bewegung, → Fallgesetze).

Kinetisch

Der griech. Begriff *kinetisch* steht für in Bewegung befindliche Körper. Die *Kinetik* oder → Kinematik bildet ein eigenes Teilgebiet der Mechanik und befaßt sich mit den bei der Bewegung von Körpern auftretenden Gesetzmäßigkeiten (→ Geschwindigkeit, → Beschleunigung).

Kinetische Gastheorie

Nahezu die ganze Vielfalt der thermodynamischen Erscheinungen – zumindest in Gasen – läßt sich mit einem sehr einfachen Modell erklären, d. h. auf wenige Grundannahmen zurückführen. Diese Voraussetzungen sind:
1. Wärme ist Bewegungsenergie *(kinetische Energie),* steckt aber im ungeordneten Durcheinander der Moleküle.
2. Die Temperatur ist der mittleren Energie eines → Freiheitsgrades der Moleküle proportional. Diese Formulierung geht schon etwas über die ursprüngliche Idee hinaus, in der man nur die mittlere Trans-

lationsenergie kugelförmiger Moleküle im Auge hatte.
3. Das *ideale Gas* besteht aus elastischen Teilchen der Masse *m*, die nur im direkten Stoß Energie und Impuls austauschen können. Das Eigenvolumen dieser Gasteilchen ist so klein, daß man es gegenüber dem Gasvolumen vernachlässigen kann.
Die letzte Voraussetzung kann so abgeändert werden, daß sie den wirklichen Verhältnissen sehr nahekommt (→ Gasgleichung). Hier behandeln wir aber nur das Modell des idealen Gases allein.
Die mittlere thermische Energie für ein Molekül ist gegeben durch

$$\overline{E}_{\text{therm}} = f \cdot \frac{1}{2} kT. \qquad (1)$$

Speziell für die Translationsbewegung gilt mit $f = 3$:

$$\overline{E}_{\text{trans}} = \frac{1}{2} m\overline{v^2} = \frac{3}{2} kT. \qquad (1a)$$

Um diese thermische Energie an einer großen Zahl von Teilchen gleicher Masse und gegebener Geschwindigkeitsverteilung (→ statistische Mechanik) zu berechnen, muß man alle Geschwindigkeiten quadrieren (→ Energie) und dann den Mittelwert bilden. Dies soll durch $\overline{v^2}$ (sprich ›v-Quadrat-quer‹) symbolisiert werden. Die Größe f bedeutet die Zahl der Freiheitsgrade, k ist die Boltzmann-Konstante (→ Gasgleichung, → Naturkonstanten), und T schließlich ist ein Temperaturmaß, das bei einem absoluten Nullpunkt anfangen muß, weil die kinetische Energie im extremsten Fall Null sein, aber nicht negativ werden kann. Die Konstante k ist gerade so gewählt, daß die Temperatureinheit auch dieser → absoluten Temperatur genauso groß ist wie die Einheit der Celsius-Skala. Mit dieser Einheitenwahl ist T (in Kelvin) gleich der Temperatur in Celsius-Graden plus 273,15. Beachten Sie: Wenn das Gas aus kugelförmigen Teilchen besteht, hat es *nur* Translationsenergie. Dann ist $f = 3$ und $\overline{E}_{\text{therm}} = \overline{E}_{\text{trans}}$. Höhere Freiheitsgrade kommen dadurch zustande, daß mehratomige Moleküle rotieren oder gegeneinander schwingen können. Dann sind $\overline{E}_{\text{therm}}$ und $\overline{E}_{\text{trans}}$ unterschiedlich groß!

Der Gasdruck und die Gasgleichung

Eine der herausragendsten Leistungen der kinetischen Gastheorie ist die Ableitung des Zusammenhangs von Druck, Temperatur und Volumen für ideale Gase aus den oben gemachten einfachen Annahmen. Es ist eine Erfahrungstatsache, daß ein Gas *jedes* angebotene Volumen ausfüllt. Das folgt auch aus der Vorstellung von bewegten Gasteilchen ganz zwanglos. Schließt man ein Gas in ein vorgegebenes Gefäßvolumen ein, so übt dieser ›verhinderte Ausbreitungsdrang‹ einen Druck auf die Gefäßwände aus. Wie kann man diesen Druck durch die Bewegung der Gasteilchen erklären? Auch das ist nicht so schwierig, wenn man bedenkt, daß ein Teilchen, das an eine Gefäßwand stößt und reflektiert wird, seinen Impuls um $2mv$ ändert. Die dazu erforderliche Kraft muß die Wand aushalten. Die Gesamtkraft auf eine Wand ist gleich der Anzahl von stoßenden Teilchen pro Zeiteinheit, multipliziert mit dem Impuls, den jedes Teilchen beim Stoß auf die Wand überträgt. Um den Druck zu erhalten, muß man lediglich noch durch die Fläche der Wand dividieren.
Der Impuls eines Teilchens hängt linear von der Geschwindigkeit ab (mv). Der Gesamtimpuls aller eingeschlossenen Gasteilchen ist Null. Deshalb ist folgendes Gedankenexperiment zulässig: Wir

denken uns das Gefäß als Würfel mit der Kantenlänge a (Figur 1). Dann ändert sich im Gesamtimpuls nichts, wenn alle Teilchen genau in Richtung der Würfelkanten, also senkrecht zu den Wänden, fliegen. Je ⅙ aller Teilchen fliegt dann auf jede Würfelfläche zu, und zwar mit einer mittleren Geschwindigkeit v. Durch Stöße ändert sich an diesem Bild nichts, denn jeder Stoß kehrt lediglich die Geschwindigkeit um, und das geschieht an jeder Wand gleich häufig. Wenn N die Zahl der Teilchen im Würfel und $V = a^3$ das Volumen des Würfels ist, dann ist die Teilchenzahldichte $n = N/a^3$. Andererseits ist die Zahl von Molekülen, die pro Sekunde eine Wand treffen, ⅙ aller Moleküle, die sich innerhalb der Entfernung $v \cdot 1\,\text{s}$ von der Wand befinden, d. h. $\frac{1}{6} n \cdot v \cdot a^2$. Jedes überträgt den Impuls $2mv$, so daß der auf diese Wand ausgeübte Druck gegeben ist als

$$p = \frac{1}{a^2}\,2mv \cdot \frac{1}{6} n \cdot a^2 \cdot v = \frac{1}{3}\,\frac{N}{V} \cdot mv^2.$$

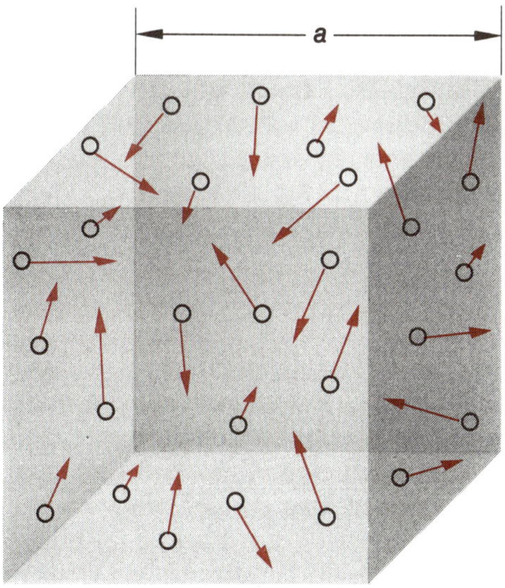

Kinetische Gastheorie (Figur 1): Im Mittel bewegt sich ⅙ der Moleküle auf jede Würfelwand zu und gibt dort den Impuls $2mv$ ab.

Da nun das Quadrat der Geschwindigkeit eingeht, ist als Mittelwert derselbe wie in Gleichung (1a) zu nehmen,

$$p = \frac{1}{3}\,\frac{N}{V} \cdot m\overline{v^2} = \frac{1}{3}\,\frac{N}{V} \cdot 3kT = \frac{N}{V} \cdot kT. \quad (2)$$

Bringt man V noch auf die linke Seite der Gleichung, so ergibt sich

$$p \cdot V = N \cdot kT. \quad (3)$$

Die Teilchenzahl N kann als Molzahl ν, multipliziert mit der → Loschmidtschen Zahl N_L, ausgedrückt werden, und $k \cdot N_\text{L}$ ist nichts anderes als die allgemeine Gaskonstante R. Die so formulierte Beziehung

$$p \cdot V = \nu \cdot RT$$

ist aber die Zustandsgleichung des idealen Gases.

Der Energiesatz für das ideale Gas

Die *innere Energie U* eines idealen Gases läßt sich aus Gleichung (1) sofort angeben, wenn man voraussetzt, daß keine Energie von außen zugeführt wird oder nach außen abgegeben wird (abgeschlossenes System). Dann ist

$$U = N \cdot \overline{E}_\text{therm} = N \cdot \frac{f}{2} \cdot kT.$$

Welche Möglichkeiten gibt es, diese innere Energie zu ändern? Für das ideale Gas bestehen offenbar nur zwei Möglichkeiten: Entweder ändert man das Volumen oder den Druck. Eine *Volumenänderung* bedeutet, daß sich das Gefäß geometrisch ändert, indem sich z. B. ein verschiebbarer Kolben bewegt. Natürlich wäre auch das Zerplatzen des Gefäßes eine Volumenänderung. Damit man aber kontrollierte Verhältnisse untersuchen kann, stellt man sich lieber einen – reibungsfrei – beweglichen Kolben vor. Nach der Gleichung (3) hat eine Volumenänderung bei einem abgeschlossenen System auch eine Druck- bzw. Temperaturänderung zur Folge.

Eine *Druckänderung* kann dagegen im *abgeschlossenen* System überhaupt nicht stattfinden, wenn das Volumen konstant bleibt, denn sie muß ja durch eine Impulsänderung getragen werden. Eine dennoch stattfindende Druckänderung bei konstantem Volumen bedeutet deshalb, daß die Wärmeenergie des Systems verändert wird. Damit hat der *1. Hauptsatz* der → Thermodynamik seine kinetische Erklärung zunächst für das ideale Gas gefunden. In differentieller Formulierung lautet er:

$$\mathrm{d}U = \mathrm{d}Q - p \cdot \mathrm{d}V. \qquad (4)$$

Nach außen geleistete Arbeit (Volumenvergrößerung) muß vom Gas aufgebracht werden, geht also der inneren Energie verloren. Die Größe $\mathrm{d}Q$ ist die Änderung der Wärmeenergie des Gases, $\mathrm{d}U$ die Änderung der inneren Energie. Man bevorzugt die differentielle Formulierung deshalb, weil sie unabhängig von irgendwelchen Maßstäben gilt. Es ist für Gleichung (4) gleichgültig, wie der Nullpunkt von U oder Q gewählt wird, denn sie bezieht sich nur auf die jeweiligen *Änderungen*.

Spezifische Wärmen bei Gasen

Die Wärmekapazität eines Stoffes ist definitionsgemäß gegeben durch das Verhältnis aus zugeführter Wärmemenge $\mathrm{d}Q$ zur Temperaturerhöhung $\mathrm{d}T$. Die *spezifische Wärmekapazität* (kurz: *spezifische Wärme*) bezieht sich auf die Einheitsmasse dieses Stoffes:

$$c = \frac{1}{M} \cdot \frac{\mathrm{d}Q}{\mathrm{d}T}. \qquad (5)$$

Da nach Gleichung (1) für ein ideales Gas die innere Energie nur aus $\overline{E}_{\text{therm}}$ besteht, ist $U = N \cdot f \cdot ½kT$ und

$$\mathrm{d}U = N \cdot f \cdot \frac{1}{2}k \cdot \mathrm{d}T. \qquad (6)$$

In den Energiesatz nach Gleichung (4) eingesetzt, erhält man

$$\mathrm{d}Q - p \cdot \mathrm{d}V = N \cdot f \cdot \frac{1}{2}k \cdot \mathrm{d}T.$$

Eine Division durch die Temperaturänderung ergibt

$$\frac{\mathrm{d}Q}{\mathrm{d}T} = p \cdot \frac{\mathrm{d}V}{\mathrm{d}T} + N \cdot f \cdot \frac{1}{2}k. \qquad (7)$$

Wenn V bei der Erwärmung des Gases konstant bleibt, ist $\mathrm{d}V/\mathrm{d}T = 0$, und es wird $\mathrm{d}Q/\mathrm{d}T = N \cdot f \cdot ½\,k$. Ein Vergleich mit Gleichung (5) liefert:

$$c_V = \frac{1}{M} \cdot N \cdot f \cdot \frac{1}{2}k.$$

Die Zahl der Gasmoleküle N kann man als Vielfaches der Loschmidtschen Zahl N_L schreiben: $N = \nu \cdot N_L$. Auch M, die Masse des Gases, läßt sich als Vielfaches der Molmasse angeben: $M = \nu \cdot M_{\text{mol}}$. Das Produkt $N_L \cdot k$ ist als allgemeine Gaskonstante R bekannt. So wird schließlich die *spezifische Wärmekapazität bei konstantem Volumen*

$$c_V = \frac{R}{M_{\text{mol}}} \cdot \frac{f}{2}. \qquad (8)$$

Wenn bei der Erwärmung dagegen der Druck des Gases konstant bleiben soll, kann das Volumen nicht konstant sein. Wir berechnen also $\mathrm{d}V/\mathrm{d}T$, indem wir V als Funktion von T ausdrücken und dafür die Gleichung (3) benutzen:

$$V = \frac{N \cdot k \cdot T}{p};$$

$$\frac{dV}{dT} = \frac{N \cdot k}{p}.$$

In Gleichung (7) eingesetzt, erhalten wir jetzt für dQ/dT:

$$\frac{dQ}{dT} = N \cdot k + N \cdot f \cdot \frac{1}{2} k = = (1 + \frac{f}{2}) \cdot Nk. \quad (9)$$

Die *spezifische Wärmekapazität c_p bei konstantem Druck* ergibt sich wieder durch Einsetzen in Gleichung (5) zu

$$c_p = \frac{R}{M_{\text{mol}}} \cdot (1 + \frac{f}{2}). \quad (10)$$

Speziell für die Ausbreitung des Schalls in Gasen (→ Akustik) ist der Quotient $\kappa = c_p/c_V$ von Bedeutung. Er wird durch die kinetische Gastheorie in höchst eindrucksvoller Weise als Quotient der Gleichungen (10) und (8) geliefert:

$$\kappa = \frac{c_p}{c_V} = \frac{2+f}{f} = 1 + \frac{2}{f}. \quad (11)$$

Die Größe Kappa *(κ)* läßt sich auf vielerlei Weise messen und befindet sich in bester Übereinstimmung selbst mit dieser einfachen Theorie. Für → Luft (2atomiges Gas mit $f = 5$) beträgt κ theoretisch = 1,40. Die Messung ergibt sowohl für Stickstoffgas (N_2) als auch für Sauerstoffgas (O_2) den κ-Wert von 1,40.

Allgemeine Folgerungen aus der kinetischen Gastheorie

1. Die mittlere Geschwindigkeit von Gasmolekülen hängt – bei gleicher Temperatur – nach Gleichung (1a) von ihrer Masse ab. Schwere Gasmoleküle bewegen sich langsamer als leichte, wenn sie dieselbe Energie haben. Da der Impuls durch $mv = \sqrt{2mE}$ gegeben ist, nimmt $v = \sqrt{2E/m}$ bei gleicher Energie mit der Wurzel aus der Molekülmasse ab. Luftmoleküle, d. h. N_2 und O_2, haben bei Zimmertemperatur eine annähernd gleiche mittlere Geschwindigkeit von etwa 500 m/s. Wasserstoffmoleküle oder Heliumatome sind bei derselben Temperatur fast viermal so schnell, weil sie nur etwa 1/16 der Sauerstoffmasse haben.

2. Der Schall ist durch die Ausbreitung von Druckschwankungen in der Luft gekennzeichnet. Aus dem kinetischen Modell folgt sofort, daß eine Druckschwankung sich nicht schneller in einem Gas ausbreiten kann, als die Moleküle fliegen. Die Schallgeschwindigkeit muß in Luft also kleiner als 500 m/s sein. In der Tat liegt sie bei 330 m/s.

3. Die *adiabatische Zustandsgleichung* für ein ideales Gas ergibt sich aus Gleichung (4), wenn man $dQ = 0$ setzt (adiabatisch heißt ohne Wärmeänderung), für dU die Gleichung (6) einsetzt und aus Gleichung (3) $p = NkT/V$ nimmt:

$$N \cdot \frac{f}{2} \cdot k \cdot dT = -\frac{NkT}{V} \cdot dV$$

$$\text{oder} \quad \frac{dV}{dT} = -\frac{f}{2} \cdot \frac{V}{T}.$$

Diese Differentialgleichung wird durch

$$V = \text{konst.} \cdot T^{-\frac{f}{2}}$$

gelöst. Wegen $\kappa = 1 + 2/f$ ergeben sich mit Gleichung (3) die folgenden Beziehungen:

V ist proportional $T^{-\frac{f}{2}} = T^{\frac{1}{1-\kappa}}$;

p ist proportional $V^{-\kappa}$;

und p ist proportional $T^{\frac{\kappa}{\kappa-1}}$.

Klassische Mechanik

Dieser Begriff wird als Gegensatz sowohl zur → Quantenmechanik als auch zur relativistischen Mechanik (→ Relativitätstheorie) gebraucht. Die k. M. geht von der Existenz sog. *Punktmassen* aus, die einen definierten Ort und Impuls haben und die sich mit beliebigen Geschwindigkeiten bewegen können. Obwohl dieses Bild im Grunde überhaupt nicht stimmt, sind die Formeln der k. M. für die Physik des täglichen Lebens bis in nahezu alle Einzelheiten hinein voll ausreichend. Unter ›normalen‹ Bedingungen sind die Fehler unmeßbar klein. Falls man es nicht mit Elementarteilchenprozessen zu tun hat oder mit Geschwindigkeiten nahe der Lichtgeschwindigkeit rechnen muß, wird man die Methoden und Ergebnisse der k. M. benutzen.

Kohärenz

Zwei Wellenzüge sind kohärent (griech., dt. ›zusammenhängend‹), wenn eine feste Phasenbeziehung zwischen ihnen existiert. Nur dann kann man ihre Amplituden gezielt überlagern *(Interferenz)* und erwarten, etwas anderes als nur statistische Schwankungen zu sehen. Der Begriff bezieht sich meist auf das Licht, und dort ist die K. zweier Wellen tatsächlich selten. Das liegt daran, daß das Licht von einzelnen Atomen ausgesandt (emittiert) wird, die meist keinerlei Beziehung zueinander haben. In der Wendel einer Glühbirne z. B. strahlen die einzelnen Metallatome völlig willkürlich ihre Wellenzüge mit beliebigen Polarisationen in beliebige Raumwinkel aus. Jedes Atom ist vom anderen unabhängig. Natürliches Licht ist daher *inkohärent.* Um mit diesem Licht Interferenzerscheinungen zu erhalten, muß man sozusagen das Licht *jedes Einzelatoms* in zwei Teile zerlegen, diese verschiedene Wege durchlaufen lassen und schließlich wieder vereinigen. Früher hat man mit sinnreichen Anordnungen aus Spiegeln oder Prismen tatsächlich auf diese Weise zwei kohärente Lichtbündel erzeugt. Dabei stellte sich bald heraus, daß der Wegunterschied, den man den beiden Lichtbündeln aufzwang, nicht allzu groß sein durfte, wenn man noch Interferenzen sehen wollte. Der Grund liegt darin, daß ein Wellenzug, den eine natürliche Lichtquelle aussendet, eine bestimmte Länge hat. Wird der ›Umweg‹ größer als diese *Kohärenzlänge,* so können die beiden Strahlen nicht mehr miteinander interferieren, obwohl sie Teile desselben Wellenzuges sind. Die Kohärenzlänge L ergibt sich aus der Lebensdauer τ des angeregten Zustands, von dem der Wellenzug stammt, und der Ausbreitungsgeschwindigkeit c zu $L = \tau \cdot c$. Mit $c \approx 3 \cdot 10^8$ m/s und einer typischen Lebensdauer von etwa 10^{-8} s (für isolierte Atome in Spezialanordnungen) kommt man theoretisch auf Kohärenzlängen von einigen Metern. Ein Meter war aber etwa das Beste, was man vor der Erfindung des → Lasers mit hochkomplizierten Apparaturen erreichen konnte, denn hohe Temperaturen und große Dichte der leuchtenden Materie lassen die Kohärenzlänge drastisch schrumpfen. Daran sind Wechselwirkungen der einzelnen Atome untereinander und die Temperaturbewegung der Atome schuld, die das Licht aussenden. Die Kohärenzlänge bestimmt nämlich auch die *Schärfe* der ausgestrahlten Frequenz *und umgekehrt*: $\tau \approx 1/\Delta f$. Das kann man rechnerisch zeigen (Fourier-Analyse), aber auch durch folgende einfache Überlegung einsehen: Die Genauigkeit, mit der man die Wellenlänge λ einer Welle bestimmen kann, die nur in Form eines endlichen Wellenzuges vorliegt, hängt offenbar von der Anzahl der ›Wellenberge‹ ab, aus denen der Wellenzug besteht. Je größer L ist, desto kleiner wird $\Delta\lambda$ und damit auch Δf. Umgekehrt ist L um so kleiner, je größer die Frequenzunschärfe Δf ist: $L \approx c \cdot 1/\Delta f$. Die Kohärenzlänge eines Lichtstrahls hängt daher auch von der Güte des *Filters* ab, das ihn aus einem Frequenzgemisch herausgesiebt hat. Die Kohärenzlänge einer Glühlampe, gefiltert durch ein gutes monochromatisches Filter, liegt aus all diesen Gründen nur bei etwa 0,1 mm.

Ein anderer Faktor, der das Entstehen von Interferenzen verhindern kann, ist die räumliche Ausdehnung der Lichtquelle. Je größer deren Durchmesser d ist, desto kleiner muß der Winkel sein, unter dem man die Quelle betrachtet (Öffnungswinkel α). Sonst kann es vorkommen, daß die verschiedenen Teile (Ränder) der Lichtquelle die Interferenz zerstören, weil sie für einen Gangunterschied von $\lambda/2$ sorgen (→ Wellen). Diese räumliche Kohärenzbedingung lautet:

$$d < \frac{\lambda}{4\alpha}.$$

Kohäsion

Der Zusammenhalt zwischen Molekülen gleicher Art bei Flüssigkeiten heißt *Kohäsion* (bei verschiedenen Molekülsorten spricht man von → Adhäsion). Die K. wird durch elektromagnetische Wechselwirkung (z. B. Dipol-Anziehung) hervorgerufen, ist aber schwächer als die quantenmechanisch - elektromagnetische Wechselwirkung der chemischen Bindung. Kohäsionskräfte bezeichnet man oft auch als *van-der-Waals-Kräfte* (→ kinetische Gastheorie, → Gasgleichung); sie existieren nicht nur in Flüssigkeiten, sondern – schwächer – in Gasen und – stärker – auch in Festkörpern.

Kondensation

Unter einer K. versteht man den Übergang eines gasförmigen Stoffes in den flüssigen Zustand (→ Aggregatzustand).

Kontamination

Eine K. ist eine Verunreinigung mit radioaktiven Stoffen. Das Beseitigen einer K. durch Waschen, Putzen oder andere Verfahren heißt *Dekontaminierung.*

Kontinuierlich

Der Begriff kontinuierlich steht für fließend, ohne Lücken, gleichmäßig verteilt, im Gegensatz dazu verhalten sich diskontinuierliche Ereignisse sprunghaft. Die → klassische Mechanik geht z. B. von einer Kontinuität aller Größen aus, während die → Quantenmechanik mindestens eine sprunghafte Änderung der Wirkung voraussetzen muß (→ Plancksches Wirkungsquantum).

Konvektion

Die K. ist die Bewegung einer physikalischen Größe durch ein strömendes Medium. Der Begriff wird vorzugsweise im Zusammenhang mit dem Wärmetransport verwendet. Eine Möglichkeit, Wärme an einen anderen Ort zu bringen, ist die Durchmischung des wärmehaltigen Stoffes z. B. mit Rührern oder durch das Auftreten von Dichteschwankungen im Schwerefeld der Erde (z. B. ›Thermik‹ aufsteigender heißer Luft).

Kopfwellen

Bewegt sich ein Wellensender, z. B. eine Schallquelle, schneller, als sich die von ihm ausgesandten Wellen ausbreiten können, so holt die Quelle (theoretisch) die

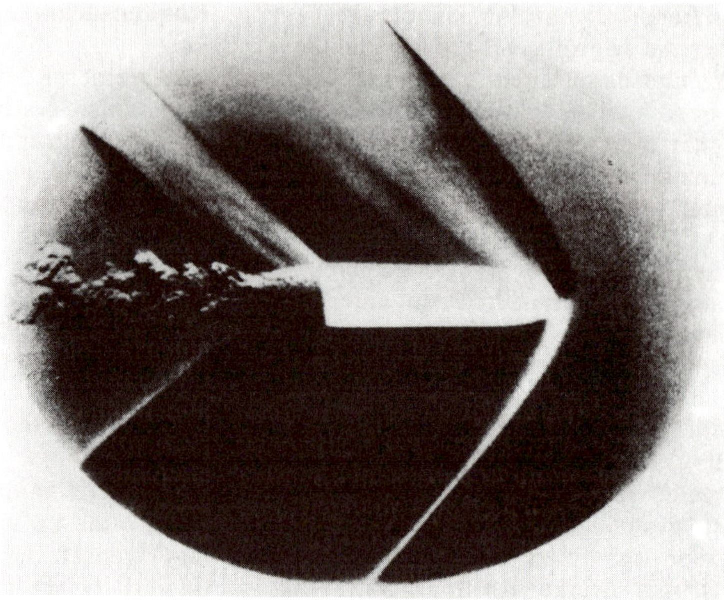

Kopfwellen: Diese von *Ernst Mach* (1838–1916) im Jahr 1895 angefertigte Aufnahme zeigt deutlich den an der Spitze auftretenden Überschallkegel eines Geschosses. © Deutsches Museum, München

von ihr ausgesandten Wellen ein. So weit kommt es natürlich nicht. Vielmehr sind in der Bewegungsrichtung der Quelle überhaupt keine Wellen mehr zu finden, denn es entsteht eine *Kopfwelle:* eine Keilwelle in der Ebene oder im Raum ein Wellenkegel (Machscher Kegel). Der *Kegelwinkel* α (= halber Öffnungswinkel des Keils) ist gegeben durch

$$\sin\alpha = \frac{c}{v}\left(= \frac{1}{M}\right).$$

Dabei ist c die Ausbreitungsgeschwindigkeit der Wellen, v die Geschwindigkeit des Senders und – im Falle von Schallwellen (→ Akustik) – M die *Machsche Zahl* (nach *Ernst Mach,* 1838–1916).

K. treten jedoch nicht nur in der Akustik auf. Bewegt sich z. B. ein Teilchen in einem Medium mit positivem Brechungsindex (z. B. Wasser) schneller als das Licht, d. h., ist v größer als die Phasengeschwindigkeit des Lichts (→ Wellen), so entsteht auch hier eine K., wenn das Teilchen Licht aussendet. Tatsächlich beobachtet man die *Bremsstrahlung* schneller Teilchen (z. B. Elektronen) als *Tscherenkow-Strahlung* (nach *Pawel Alexejewitsch Tscherenkow,* *1904) beispielsweise an Kernreaktoren vom ›Swimming-Pool‹-Typ, wenn man in das Reaktorbecken hineinschaut. Man sieht dann um den Reaktorkern herum ein intensives blaues Leuchten. Die blaue Farbe entsteht einmal durch die Dispersion des Lichts im Wasser und zum anderen durch das Maximum der Empfindlichkeit unseres Auges, das ja im grünen Frequenzbereich des Lichts liegt. Die Bremsstrahlung hat zunächst ein kontinuierliches Spektrum, enthält also alle Wellenlängen mit gleicher Häufigkeit. Die Phasengeschwindigkeit für kleine Wellenlängen (Grün, Blau) ist jedoch *in Wasser* kleiner als für größere Wellenlängen (Gelb, Rot). Deshalb haben die ›roten‹ K. einen größeren Keilwinkel α als die ›blauen‹, sind daher annähernd parallel und können sich gegenseitig durch Interferenz eher auslöschen. Übrig bleibt daher mehr blaues Licht.

Beachten Sie aber, daß *im Vakuum* keine

K. für Licht entstehen kann, weil dort die Geschwindigkeit eines Teilchens *immer kleiner* bleibt als die Lichtgeschwindigkeit (→ Relativitätstheorie).

Kopplung

Als K. bezeichnet man die gegenseitige Beeinflussung zweier oder mehrerer physikalischer Systeme durch eine → Kraft bzw. eine → Wechselwirkung. Bekannte Beispiele sind die K. zweier Oszillatoren, die Schwebungen erzeugt (→ Schwingung) oder die K. zwischen Drehimpulsen im Atom (→ Atomphysik). Der Begriff K. spielt aber eine so zentrale Rolle, daß er oft als Ersatz für ›Kraft‹ und ›Gegenkraft‹ gebraucht wird.

Korrespondenzprinzip

Die → klassische Mechanik hat sich seit Newton so gut bewährt, daß sie trotz der Entwicklung der → Quantenmechanik nicht gänzlich ›falsch‹ sein kann. Tatsächlich geht die Quantenmechanik für große Quantenzahlen in die klassische Mechanik über, d. h., beide Theorien liefern dieselben beobachtbaren Größen. Dies drückt das *Korrespondenzprinzip* aus.

Kosmologie

Die Lehre vom Kosmos (Weltall, Universum) als Ganzem, vor allem seiner Entstehung und seiner Entwicklung, wird als *Kosmologie* bezeichnet. Sie befaßt sich mit der Aufstellung von Weltmodellen, deren Folgerungen durch astronomische Beobachtungen überprüft werden müssen. Als Voraussetzungen sind vor allem die Ergebnisse der allgemeinen → Relativitätstheorie zu nennen.

Experimentelle Grundtatsachen
Das Licht, das von den Sternen zu uns gelangt, kann mit Hilfe von Spektralapparaten analysiert werden. Dabei zeigt sich, daß es offenbar von denselben Atomsorten ausgesandt worden ist, wie sie auch in unserem Sonnensystem vorkommen. Die Messung bestimmter Spektrallinienguppierungen gestattet sogar die Identifizierung eines ganz bestimmten chemischen Elements (→ Atomphysik). Die Physiker gehen daher von der ganz allgemeinen Annahme aus, daß die im Kosmos verteilte Materie aus denselben Bausteinen besteht, wie sie auch auf unserer Erde vorhanden sind.
Allerdings zeigt es sich, daß alle Spektrallinien, die von Objekten außerhalb unserer eigenen Galaxie kommen, gegenüber den entsprechenden irdischen Spektren frequenzverschoben sind, und zwar erstens zum Roten hin *(Rotverschiebung)* und zweitens um so stärker, je weiter die entsprechenden Objekte von uns entfernt sind, und dies (fast) unabhängig von der Beobachtungsrichtung. Deutet man diese Rotverschiebung mit dem *Doppler-Effekt* (→ Akustik, → Wellen), so folgt daraus, daß sich alle Sternsysteme *von uns entfernen,* und zwar mit um so größerer Geschwindigkeit, je weiter sie von uns entfernt sind.

Kosmologische Modelle
Alle Vorstellungen über das Weltall müssen zunächst davon ausgehen, daß sich die physikalischen Gesetze zumindest über sehr lange Zeiträume nicht geändert haben. Obwohl die Tatsache, daß wir überhaupt Sterne und Sternsysteme sehen, für diese Annahme spricht, haben doch alle Weltmodelle noch einen deutlich spekulativen Charakter.
Wenn wir annehmen, daß die Rotverschiebung wirklich eine Fluchtbewegung der Galaxien von uns weg anzeigt, so bietet sich folgende Deutung an:

Die gesamte Materie war ursprünglich in einem sehr engen Raumgebiet vereinigt, etwa vom Durchmesser unseres Sonnensystems, noch extremer: in einem ›Punkt‹. Der ›Schöpfungsakt‹ bestand darin, daß diese riesigen Massen in einer ungeheuren Explosion auseinandergeschleudert wurden *(Urknall)*. Wenn dabei alle möglichen Geschwindigkeiten bei den Teilmassen aufgetreten sind, dann wäre außer der Rotverschiebung auch noch erklärt, daß die mittlere Dichte des Weltalls, grob gerechnet, nach Beobachtungsdaten überall gleich ist, daß also die Massenverteilung im Weltall einigermaßen gleichmäßig ist *(kosmologisches Prinzip)*. In diesem Modell des expandierenden Universums entfernen sich tatsächlich alle Sternsysteme voneinander, und die schnellsten haben sich am weitesten von uns entfernt. (Auf welchem Stern man auch immer sitzt, man wird alle anderen von sich wegfliegen sehen, und zwar diejenigen am schnellsten, die am weitesten entfernt sind).

Aus der Fluchtgeschwindigkeit der Galaxien und ihrem Abstand von uns läßt sich die Zeit berechnen, die seit dem Urknall vergangen ist. Sie wird als *Hubble-Zeit* T_H bezeichnet, ihr Kehrwert als *Hubble-Konstante H* (nach *Edwin Powell Hubble*, 1889–1953). Ihr Zahlenwert beträgt

$$H = (75 \pm 25)\,\frac{\text{km}}{\text{s}} \cdot \frac{1}{\text{Mpc}} = \frac{1}{1{,}3 \cdot 10^{10}\ \text{Jahre}}. \qquad (1)$$

Die Entfernung 1 Mpc *(Megaparsec)* entspricht 3,26 Millionen Lichtjahren, d. h. der Strecke, die das Licht in 3,26 Millionen Jahren zurücklegt (→ Maße und Maßsysteme). T_H beträgt demnach etwa 13 Milliarden Jahre.

Unsere optischen Geräte (Spiegelteleskope) und Radioteleskope nehmen noch Objekte wahr, die sich etwa 10 Milliarden Lichtjahre entfernt befinden. Dabei haben die äußersten Objekte, die sog. *Quasare* (Abk. für *Quasistellare Objekte*, auch *QSO*), eine extreme Rotverschiebung von bis zu 3,5 und damit eine Fluchtgeschwindigkeit von mehr als 90 % der Lichtgeschwindigkeit. Es gibt nun Anzeichen dafür, daß man denselben Quasar in der entgegengesetzten Himmelsrichtung – als ›Antipodenquasar‹ – ebenfalls sieht. Wenn die Vorstellung der allgemeinen Relativitätstheorie richtig ist, kann eine Masse den Raum in sich zu einem geschlossenen Volumen krümmen, wenn sie nur groß genug ist. Dann *könnten* Antipodenquasare nicht nur auftreten, sie *müßten* es sogar. Der tatsächliche Nachweis ist aber - bei einer geschätzten Quasar-Anzahl von mehreren Milliarden – doch recht schwierig.

Immerhin zweifeln die meisten Physiker heute nicht daran, daß es einen Urknall gegeben hat und daß sich das Universum seither ausdehnt. Auch die Zeitdauer vom Urknall bis jetzt – etwa 13 Milliarden Jahre – folgt aus so vielen unterschiedlichen Beobachtungen (Alter der Erde aus Gesteinsanalysen, Sonnentätigkeit), daß kaum noch Zweifel bestehen. Hinzu kommt als weitere experimentelle Beobachtung die Entdeckung der *2,7-K-Hintergrundstrahlung* (1965 durch *Arno Allan Penzias*, *1933, und *Robert Woodrow Wilson*, *1936): Kurz nach dem Urknall bestand das Universum nur aus Hadronen, aus denen sich dann die Elemente bildeten, und zwar in einer heißen Masse mit der Temperatur von etwa einer Milliarde Grad. Faßt man dieses Volumen als → Schwarzen Körper auf, der sich adiabatisch (ohne Temperaturausgleich) ausdehnt, so ›verdünnt‹ sich die Anfangsenergie immer mehr. Für die *Strahlungsenergie* bedeutet das, daß die Wellenlänge immer größer – bzw. die Frequenz immer kleiner – wird.

Falls dieses Modell richtig ist, muß zum gegenwärtigen Zeitpunkt eine elektromagnetische Strahlung den Raum erfüllen, die erstens isotrop ist, also in gleicher Stärke aus allen Richtungen kommt, und zweitens das Spektrum des Hohlraumstrahlers hat, mit einem Maximum der Intensität bei einer Energie, die der Temperaturstrahlung von 2,7 K entspricht. Dies ergibt sich aus dem angenommenen Radius R des Weltalls von ungefähr $R \approx c/H \approx 13$ Milliarden Lichtjahren ($\approx 1{,}3 \cdot 10^{26}$ m), auf den sich das Universum seit dem Urknall ausgedehnt hat. Es scheint, als hätten Penzias und Wilson diese Strahlung gefunden. Völlige Sicherheit besteht allerdings noch nicht.

Gehen wir also von einem sich ausdehnenden Universum aus, dann gibt es drei Möglichkeiten des zukünftigen Verhaltens, die davon abhängen, wie groß die Gesamtenergie einer Galaxis ist. Die potentielle Energie einer Masse m am Ort r einer masseerfüllten Kugel ist ja durch das → Gravitationsgesetz gegeben:

$$E_{pot} = -\gamma \cdot \frac{M(r)}{r}. \qquad (2)$$

M(r) ist dabei die Masse, die *innerhalb* des Kugelradius r liegt. Nimmt man eine homogene Massenverteilung mit der Dichte ρ an, so gilt

$$M(r) = \frac{4\pi}{3} r^3 \cdot \rho$$
und $\qquad (3)$
$$E_{pot} = -\gamma \cdot \frac{4\pi}{3} r^2 \cdot \rho.$$

Wenn die Radialgeschwindigkeit dieser Galaxis $v = \mathrm{d}r/\mathrm{d}t$ beträgt, so beläuft sich die kinetische Energie nach der Relativitätstheorie auf

$$E_{kin} = mc^2 - m_0c^2 = \frac{m_0c^2}{\sqrt{1-\frac{v^2}{c^2}}} - m_0c^2. \qquad (4)$$

Wenn die Gesamtenergie $E = E_{kin} + E_{pot}$ der Galaxie größer als Null ist, wird sie den bremsenden Gravitationskräften enteilen können. In diesem Fall dehnt sich das Universum für alle Zeiten aus, zwar mit abnehmender Geschwindigkeit, aber kontinuierlich.

Wenn $E = E_{kin} + E_{pot} = 0$ ist, so erfolgt ebenfalls eine Expansion bis ins Unendliche, wobei das Universum im Unendlichen zur Ruhe kommen sollte. Dieser Fall wird wegen seiner geringen Wahrscheinlichkeit kaum diskutiert. Ist schließlich E kleiner als Null, so wird durch die Gravitation des Universums schließlich jede Fluchtgeschwindigkeit auf Null abgebremst, die Galaxie ›kehrt um‹, die Sternsysteme stürzen mit wachsender Geschwindigkeit aufeinander zu und finden entweder in einem gigantischen Feuerball ein Ende, oder sie durchdringen einander und fliegen anschließend wieder auseinander. Der Kosmos fände dann zum Anfang zurück, oder es gäbe sogar ein *pulsierendes Universum.*

Welches dieser drei Modelle zutreffend ist, kann mit unserem heutigen Wissen nicht entschieden werden. Alle drei beruhen im wesentlichen auf der Deutung der Rotverschiebung durch den Doppler-Effekt.

Es gibt noch andere, zur Zeit aber kaum beachtete Weltmodelle, die von einem ›erweiterten‹ kosmologischen Prinzip ausgehen, das nicht nur einen homogenen räumlichen Kosmos fordert (mittlere Dichte ist überall gleich), sondern auch noch eine zeitliche Homogenität (der Zustand der Welt ändert sich im Mittel der

Zeit nicht). Eines dieser Modelle (sog. *Steady-State-Modell*) kann sogar ein expandierendes Weltall akzeptieren, wenn man dafür annimmt, daß in entsprechendem Ausmaß neue Materie ›aus dem Nichts‹ entsteht, um den Dichteverlust durch die Expansion auszugleichen. Die Neubildungsrate wäre so klein, daß sie vorläufig weit außerhalb jeder Nachweismöglichkeit läge.
Wieder andere Modelle deuten die Rotverschiebung anders, z. B. durch ›Lichtermüdung‹ oder durch die Annahme, daß die → Naturkonstanten nicht konstant, sondern doch zeitabhängig sind, derart, daß die Atome vor Milliarden von Jahren eben gegen Rot verschobene Spektrallinien ausgesandt haben, die wir heute noch sehen. Es spricht zur Zeit aber kein experimenteller Befund dafür, eine andere als die kosmologische Theorie vom expandierenden Weltall ernsthaft in Erwägung zu ziehen (→ Astrophysik), obwohl es in jüngster Zeit Hinweise darauf gibt, daß Neutrinos (→ Elementarteilchen) *doch* eine – sehr kleine – Ruhmasse haben. Wegen ihrer riesigen Anzahl im Universum wäre ihre Gesamtmasse dann so groß, daß sich der Kosmos möglicherweise völlig anders verhalten würde.

kp

Abk. für → Kilopond, eine nicht mehr zulässige Maßeinheit für Kraft und Gewicht (→ Maße und Maßsysteme).

kpm

Abk. für → Kilopondmeter, eine nicht mehr zulässige Maßeinheit für Energie und Arbeit (→ Maße und Maßsysteme).

Kraft

Viele physikalische Begriffe sind aus der Umgangssprache entnommen. Wir hören das Wort ›Kraft‹ und verbinden mit ihm die Vorstellung von ›stark‹, ›muskulös‹ und ähnlichem. Leider führen diese umgangssprachlichen Deutungen oft in die Irre, sobald man das Wesen der Begriffe zu fassen versucht. Auch für den Kraftbegriff trifft das zu, vor allem, wenn er in der Mikrophysik angewendet werden soll. Wenn zwischen zwei Teilchen ›nichts‹ mehr ist, wie soll dann eine K. übertragen werden und wie schnell? Wie kommt die K. zustande, die uns auf die Erdoberfläche zieht oder die den Mond auf seiner Bahn um die Erde hält? Übertragen wir eine K. über ein Seil (z. B. beim Abschleppen eines Autos), so ist das nur oberflächlich problemlos, denn was hält die Seil-Teilchen zusammen? Ich muß gestehen, es gibt keine wirklich erschöpfenden Antworten auf derartige Fragen. Niemand weiß wirklich, was eine K. ist. Die moderne Physik neigt dazu, den Begriff der K. überhaupt nicht mehr zu verwenden und statt dessen den Begriff der → Wechselwirkung zu benützen. Wir beschreiben hier trotzdem noch den *Newtonschen Kraftbegriff.*

Kraft und Masse

Alle Versuche, den Kraftbegriff zu präzisieren, laufen darauf hinaus, die K. auf einen Körper wirken zu lassen, der der Änderung seines Zustandes einen Widerstand entgegensetzt, den man üblicherweise mit *Massenträgheit* bezeichnet. Die (träge) Masse eines Körpers stellt sich als die Eigenschaft eines Körpers heraus, auf die eine K. wirken kann. Die ›Wirkung‹ der K. auf die Masse hat dann eine Änderung des Zustands dieses Körpers zur Folge.

In der klassischen Physik wird so getan, als gäbe es äußere Kräfte, die auf einen Körper einwirken. Dann gilt nach *Isaak Newton* (1643–1727) das sog. *Aktionsprinzip.* Die zeitliche Änderung der *Bewegungsgröße* eines Körpers ist gleich der Kraft *F,* die auf ihn einwirkt:

$$\frac{\mathrm{d}}{\mathrm{d}t} \cdot (\vec{p}) = \vec{F}. \qquad (1)$$

Die Bewegungsgröße $\vec{p}$, auch *Impuls* genannt, enthält sowohl die *Masse m* als auch die *Geschwindigkeit* v des Körpers und ist im klassischen Fall eines Körpers, der aus sehr vielen Elementarteilchen besteht, einfach das Produkt dieser Größen:

$$\vec{p} = m \cdot \vec{v}. \qquad (2)$$

Da die Geschwindigkeit eine gerichtete Größe ist, die durch einen *Vektor* dargestellt werden muß, gilt dies sowohl für den Impuls als auch für die Impulsänderung, die *Kraft.* Das hat zur Folge, daß man Kräfte nicht einfach zahlenmäßig addieren darf, sondern sie behandeln muß wie *Vektoren:* Ihre Addition muß nach Richtung *und* Betrag erfolgen (*Kräfteparallelogramm,* → Vektor). Die Verschiebung eines Kraftvektors längs seiner Pfeilrichtung (Wirkungslinie) ändert die Wirkung nicht, aber eine Parallelverschiebung aus der Angriffslinie heraus ist im allgemeinen *nicht* erlaubt, weil entgegengesetzte Kräfte, deren Angriffslinien nicht zusammenfallen, ein → Drehmoment bilden.

Wenn man Gleichung (2) in Gleichung (1) einsetzt, so erhält man:

$$\vec{F} = \frac{\mathrm{d}\vec{p}}{\mathrm{d}t} = \frac{\mathrm{d}(m \cdot \vec{v})}{\mathrm{d}t} =$$

$$= \vec{v} \cdot \frac{\mathrm{d}m}{\mathrm{d}t} + m \cdot \frac{\mathrm{d}\vec{v}}{\mathrm{d}t}.$$

Die Masse ist erst merklich veränderlich, wenn die Geschwindigkeit in die Nähe der Lichtgeschwindigkeit *c* kommt (→ Relativitätstheorie). Für ›normale‹ Geschwindigkeiten ist die Masse eines Körpers eine Konstante, so daß die zeitliche Änderung $\mathrm{d}m/\mathrm{d}t$ Null wird:

$$\vec{F} = m \cdot \frac{\mathrm{d}\vec{v}}{\mathrm{d}t} = m \cdot \vec{b}. \qquad (3)$$

Dabei bedeutet $\vec{b}$ die Beschleunigung (zeitliche Änderung der Geschwindigkeit), und Gleichung (3) ist als *Grundgesetz der klassischen Mechanik* bekannt: *Kraft ist Masse mal Beschleunigung.* In der allgemeineren Fassung von Gleichung (1) enthält dieses Gesetz auch noch das sog. *Newtonsche Trägheitsprinzip.* Wenn nämlich die Kraft $\vec{F}$ Null ist, so ist nach Gleichung (1) auch die Änderung des Impulses Null. Dies läßt sich auch so formulieren: Ein Körper ändert seinen Bewegungszustand nicht, wenn keine K. an ihm angreift. Er ›verharrt also im Zustand der Ruhe‹ oder der ›gleichförmig geradlinigen Bewegung‹.

Das ganze Konzept setzt voraus, daß von einem festen → Bezugssystem aus gemessen wird. Selbst von gleichförmig gegeneinander bewegten Inertialsystemen aus haben Impulse *verschiedene Werte,* obwohl ansonsten die physikalischen Gesetze für alle Inertialsysteme dieselben sind. Geht man aber von einem Bezugssystem auf ein anderes über, so ändern sich alle Impulse, d. h., es treten Kräfte auf. Das klingt recht unwahrscheinlich, obwohl Sie es täglich Dutzende von Malen erleben, wenn Sie Autofahrer sind. Solange Sie samt Ihrem Fahrzeug stehen, haben Sie sowohl bezüglich der Erdoberfläche den Impuls Null als auch in bezug auf das System, das mit Ihrem Auto fest verbunden ist. Auch wenn Sie Ihren Wagen in Bewegung gesetzt haben und

gleichmäßig dahinrollen, ist Ihr Impuls gegenüber dem ›Autosystem‹ nach wie vor Null, nicht mehr jedoch in bezug auf die Erdoberfläche. Sollten Sie nun aus dem Wagen springen und damit das Bewegungssystem wechseln, dann würden Sie die dabei auftretenden Kräfte sehr drastisch spüren. Weniger zerstörerisch treten sie auf, wenn Sie das Auto einfach abbremsen. Dann spüren Sie eine K. in der ursprünglichen Bewegungsrichtung. Die entsprechende *Trägheitskraft* tritt natürlich auch beim Anfahren auf, nur wirkt sie dann in der umgekehrten Richtung und drückt Sie in den Sitz Ihres Autos.
Aus Gleichung (3) geht auch hervor, in welchen Einheiten wir Kräfte messen. Zu Ehren Isaak Newtons heißt das Kraftmaß $kg \cdot m/s^2$ auch *Newton* (Abk. N; → Maße und Maßsysteme).

Kraft und Gegenkraft
Schon Newton hat das *Reaktionsprinzip* formuliert als ›actio est reactio‹: *Jede Kraft erzeugt eine Gegenkraft,* die ihr entgegengesetzt gleich ist, so daß *nach außen* hin überhaupt nichts passiert, wenn das *System abgeschlossen* ist. Dieser Satz, so einfach er auch klingt, ist viel weitreichender, als man zunächst glaubt. Er sagt nicht mehr und nicht weniger, als daß es *isolierte Einzelkräfte* nicht gibt, sondern daß eine solche vermeintliche Einzelkraft, auf der ja auch Gleichung (1) beruht, nur die eine Hälfte eines Kraft-Gegenkraft-Paares ist, oder mit anderen Worten, daß Kräfte nur auf *nicht abgeschlossene* Teilsysteme wirken können, während sie außerhalb des Gesamtsystems nicht mehr in Erscheinung treten. *Es gibt überhaupt keine äußeren Kräfte, sondern nur innere.* Diese inneren Kräfte nennt man wegen ihres symmetrischen Charakters auch *Wechselwirkungen.*
Vielleicht denken Sie jetzt an unser Autobeispiel, wo doch das Auto allein eine K. zu entwickeln scheint. Bei näherer Betrachtung stimmt das aber nicht. Ohne auf die Vorgänge im Motor einzugehen, die aber Schritt für Schritt von der chemischen Umwandlung in den Zylindern bis zu den Antriebsrädern in Wechselwirkungen zerlegt werden können, betrachten wir nur die Beschleunigung des Autos allein: Falls das Auto sich überhaupt in Bewegung setzen soll, muß die K. von den Rädern auf die Straße übertragen werden. Dies geschieht über den Mechanismus der → Reibung und ist keinesfalls selbstverständlich, wie jeder weiß, der schon einmal versucht hat, bei Glatteis anzufahren. Angenommen die Reifenhaftung ist so gut, daß eine Beschleunigung stattfinden kann, dann wird nicht nur das Auto beschleunigt, sondern – in entgegengesetzter Richtung – *auch die Straße* und damit die ganze Erde. Wir brauchen das nur deshalb nicht zu berücksichtigen, weil das Massenverhältnis Auto – Erde unendlich klein ist.

Kräfte bei Elementarteilchen
Mag bei Systemen mit sehr vielen Teilchen der Symmetriecharakter der Kräfte auch manchmal verwischt sein, in Mikrosystemen wie Atomen, Kernen oder Elementarteilchenumwandlungen tritt er so klar zutage, daß man statt von Kraftwirkung lieber von einer *Kopplung* der Teilchen spricht und wegen des Wellencharakters der Elementarteilchen sogar die Vorstellung einer *Austauschkraft* benutzt, wobei ähnlich wie bei gekoppelten Oszillatoren der Energieaustausch zwischen den Teilchen in der Form von Austauschquanten vor sich gehen soll, die sich die Teilchen sozusagen ›zuwerfen‹. Daß ein solches ›Ballspiel‹ auch makroskopisch mit einer Kraftwirkung einhergeht, weiß jeder, der einen schnellen Ball (mit hoher Energie) auffängt. Der Vergleich hinkt in-

sofern, als beim Ballspielen nur *abstoßende* Kräfte entstehen, während es im Bereich der Elementarteilchen ja auch anziehende Kräfte gibt. Um sie ebenfalls als Austauschkräfte zu deuten, müßte man annehmen, daß die Partner sozusagen ›Rücken an Rücken‹ stehen und der Ball durch irgendwelche Reflexionsmechanismen im Raum reflektiert wird. Trotz dieser anschaulichen Schwäche ist die Theorie der Austauschkräfte wegen ihrer mathematischen Vorzüge sehr beliebt. Die Stärke der einzelnen Wechselwirkungen läßt sich dann nämlich durch die Eigenschaften der *Austauschquanten* ausdrücken und – im Wellenbild – als Kopplungsstärke angeben.

Kraftstoß

Die → Kraft $\vec{F}$ auf einen Körper bewirkt eine Änderung seines Bewegungszustandes (→ Impuls). Wegen $\vec{F} = \mathrm{d}p/\mathrm{d}t$ gilt auch:

$$\vec{p} = \int \vec{F} \cdot \mathrm{d}t. \qquad (1)$$

Diese Beziehung erklärt auch den Namen *Impuls* für den Kraftstoß, den man sich ursprünglich als etwas Kurzes, Plötzliches vorgestellt hat.

Kreisel

Physikalische K. sind starre, rotierende Körper mit mindestens *einem* raumfesten Punkt. ›Raumfest‹ bedeutet dabei unbeweglich bezüglich eines Koordinatensystems, das nicht Schwerpunktsystem des K. ist. Diese Definition deckt jedoch den umgangssprachlichen Begriff des K. nicht völlig ab. So wird z. B. ein Kinderkreisel, der mit der Peitsche geschlagen wird, nicht mit erfaßt, und wir haben mit diesem Beispiel auch gleich einen Grenzfall erwähnt, der bisher mathematisch nicht erfaßt werden konnte.

In voller Allgemeinheit ist auch das Bewegungsproblem des physikalischen K. nicht gelöst. Es gibt exakte Lösungen der Bewegungsgleichungen nur für einige, allerdings praktisch wichtige Spezialfälle. Näherungslösungen sind für die meisten anderen bekannt.

Warum ist die Berechnung der Kreisel bewegung so schwierig? Bei der Rotation eines Körpers treten *Trägheitskräfte (Fliehkräfte)* auf, die seine Lage im allgemeinen zu verändern suchen, während er sich dreht. Wenn nur ein Punkt raumfest ist, kann der rotierende Körper diesen Kräften während der Drehung nachgeben. Dadurch aber verändern sich wiederum die wirksamen Kräfte. Der resultierende Bewegungsablauf ist deshalb alles andere als einfach. Nur dann, wenn der Körper um eine seiner Hauptträgheitsachsen rotiert (genauer: um die Achse seines größten oder kleinsten → Trägheitsmomentes), ist seine Bewegung stabil, solange keine äußeren Kräfte auf ihn einwirken.

In diesem Fall sind Drehimpuls $\vec{J}$ und Winkelgeschwindigkeit Ω konstant, und ihre Richtungen fallen zusammen.

In allen anderen Fällen *ohne äußere Kräfte* bleibt nur der Drehimpulsvektor konstant, während sich die Winkelgeschwindigkeit und die Drehachse ständig ändern. Kommen noch äußere Kräfte hinzu, bleibt im allgemeinen auch der Drehimpuls nicht mehr konstant. Ausschlaggebend für die Kreiselbewegung ist aber in jedem Fall der *Trägheitstensor* des Körpers, d. h. die durch seine geometrische Massenverteilung bestimmten Trägheitsmomente bezüglich aller möglichen Achsen. Wir teilen die K. daher je nach der Kompliziertheit ihrer Trägheitstensoren ein in *Kugelkreisel* (Trägheitsmoment ist in jeder Richtung gleich), *symmetrische*

Kreisel (Trägheitsmoment ist bezüglich aller Achsen, die in einer bestimmten Ebene liegen, gleich) und *unsymmetrische Kreisel.* Darüber hinaus unterscheiden wir *kräftefreie Kreisel,* bei denen keine *äußere* Kraft wirksam ist, und *schwere Kreisel,* die in einem homogenen Kraftfeld rotieren. Das kann das Schwerefeld der Erde sein (angenähert, denn es ist in Wirklichkeit ein Zentralfeld), aber auch ein elektrisches Feld oder ein Magnetfeld. Schließlich läßt sich auch noch die Kreiselbewegung in einem Zentralfeld (die Kräfte sind auf ein Zentrum gerichtet) rechnerisch erfassen. Das ist recht wichtig, denn unsere Erde stellt einen derartigen K. dar.

Ausgangspunkt für alle Berechnungen sind die *Eulerschen Gleichungen* (nach *Leonhard Euler,* 1707–1783), ein System von gekoppelten Differentialgleichungen, in denen außer den Hauptträgheitsmomenten θ_x, θ_y und θ_z noch die Komponenten der Winkelgeschwindigkeit ω_x, ω_y und ω_z und die zeitliche Änderung dieser Komponenten enthalten sind. Um die Zusammenhänge zu vereinfachen, bezieht sich das System der Eulerschen Gleichungen nicht auf ein ruhendes Koordinatensystem, sondern auf eines, das mit dem rotierenden Körper fest verbunden ist und dessen Achsen in die Richtung der Hauptträgheitsachsen des Körpers zeigen. Das Gleichungssystem lautet dann:

$$\theta_x \cdot \frac{d\omega_x}{dt} + (\theta_z - \theta_y) \cdot \omega_y \cdot \omega_z = D_x;$$
$$\theta_y \cdot \frac{d\omega_y}{dt} + (\theta_x - \theta_z) \cdot \omega_z \cdot \omega_x = D_y; \qquad (1)$$
$$\theta_z \cdot \frac{d\omega_z}{dt} + (\theta_y - \theta_x) \cdot \omega_x \cdot \omega_y = D_z.$$

Die Komponenten D_x, D_y und D_z sind die Drehmomentkomponenten, die von außen auf den Körper einwirken.

Der kräftefreie Kreisel

Das Gleichungssystem (1) vereinfacht sich sehr, wenn die rechts stehenden Ausdrücke verschwinden, d. h., wenn auf den K. von außen keine Drehmomente einwirken. Man spricht dann auch von *freier Rotation.* Diese Situation ist für starre Körper im Weltraum verwirklicht, wenn sie sich frei bewegen können. Ein gutes Beispiel ist der Mond, aber auch künstliche Satelliten, Meteoriten und – in recht guter Näherung – Planeten gehören dazu, obwohl sie keine starren Körper sind, ebensowenig wie Sterne, für die die Kreiselgleichungen daher nur noch mit Einschränkungen gelten.

Für den kräftefreien K. existieren von vornherein zwei Integrale der Eulerschen Gleichungen: die Erhaltungssätze von Energie und Drehimpuls. Es muß gelten:

$$\frac{1}{2}\theta_x\omega_x^2 + \frac{1}{2}\theta_y\omega_y^2 + \frac{1}{2}\theta_z\omega_z^2 = E = \text{konstant}; \qquad (2)$$
$$\theta_x^2\omega_x^2 + \theta_y^2\omega_y^2 + \theta_z^2\omega_z^2 = J^2 = \text{konstant}.$$

Nun ist aber $\vec{J} = \theta \cdot \vec{\omega}$, und für die Hauptträgheitsachsen eines Körpers gilt diese Beziehung auch komponentenweise (sonst *nicht,* weil θ ein Tensor ist!).

Daher lassen sich die Gleichungen (2) umformen zu

$$\frac{J_x^2}{\theta_x} + \frac{J_y^2}{\theta_y} + \frac{J_z^2}{\theta_z} = 2E; \qquad (3a)$$
$$J_x^2 + J_y^2 + J_z^2 = J^2. \qquad (3b)$$

In einem Koordinatensystem mit den Achsen J_x, J_y, J_z, die ja in Richtung der Hauptträgheitsachsen des K. zeigen, beschreiben diese Gleichungen, geometrisch gesehen, die Oberfläche eines Ellipsoids (Gleichung 3a) bzw. die Oberfläche einer Kugel (Gleichung 3b), wobei das Ellipsoid die Halbachsen $\sqrt{2E\theta_x}$, $\sqrt{2E\theta_y}$ und $\sqrt{2E\theta_z}$ hat und die Kugel den Radius J. Der frei rotierende K. hat eine bestimmte Energie E und einen bestimmten Drehimpuls J, die beide unveränderlich sind, aber nicht unabhängig voneinander, wie folgende Überlegung zeigt: Der K. muß die Gleichungen (3) insgesamt erfüllen, d. h., die tatsächliche Bewegungskurve ist die Schnittkurve von Kugel und Ellipsoid. Das bedeutet, daß der Kugelradius J nicht kleiner sein kann als die kleinste Halbachse des Ellipsoids und nicht größer als die größte, sonst gibt es keinen Schnitt! Wir können, ohne zu spezialisieren, annehmen, daß θ_x das kleinste, θ_z das größte Trägheitsmoment des K. sei. Dann läßt sich die eben anschaulich begründete Beziehung wie folgt formulieren:

$$2E\theta_x \leqq J^2 \leqq 2E\theta_z. \qquad (4)$$

Alle Drehimpulse, die der K. annehmen kann, müssen zwischen diesen beiden Grenzwerten $\sqrt{2E\theta_x}$ und $\sqrt{2E\theta_z}$ liegen. Die möglichen Schnittkurven der beiden Flächen der Gleichungen (3a) und (3b) beschreiben nun die Bahnen des Drehimpulsvektors $\vec{J}$ bezüglich des Kreiselkörpers (Figur 1). Stabile Rotationen, bei denen Drehimpulsrichtung und Drehachse übereinstimmen, sind überhaupt nur um Achsen möglich, hinsichtlich der der K. sein kleinstes *(θ_x)* oder sein größtes *(θ_z)* Trägheitsmoment hat. Nur dort berühren sich Kugel und Ellipsoid entsprechend den Gleichungen (3a) und (3b). Die Drehachse des mittleren Hauptträgheitsmomentes *(θ_y)* ist labil. Die geringste Abweichung von dieser Drehachse erzeugt Kräfte, die die Abweichung vergrößern. Die Drehimpulsbahn verläuft längs der Linien, die in Figur 1 die y-Achse schneiden. Bei kleinen Abweichungen von den beiden stabilen Kreiselachsen kehrt der Drehimpulsvektor zwar auch nicht mehr in die stabile Richtung zurück, aber er rotiert lediglich auf einem Kegelmantel um die stabile Achse. In jedem Fall aber beschreibt der Drehimpulsvektor bezüglich des körperfesten Koordinatensystems *periodische Bewegungen,* die man *reguläre Präzession* oder auch *Nutation* nennt.

Spezialfälle des kräftefreien Kreisels

Der vorangegangene Abschnitt gilt für den *unsymmetrischen Kreisel,* dessen Hauptträgheitsmomente alle voneinander verschieden sind. In Technik und Natur treten aber glücklicherweise recht häufig *symmetrische Kreisel* auf. Die Bezeichnung bedeutet eigentlich nur, daß mindestens zwei Hauptträgheitsmomente übereinstimmen. Das kann auch bei einem

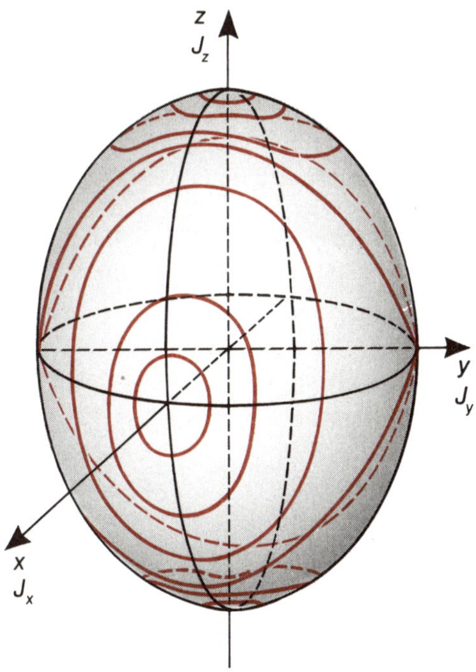

Kreisel (Figur 1): Bahnkurven des Drehimpulsvektors $\vec{J}$ bezüglich der drei Körperachsen eines Kreisels

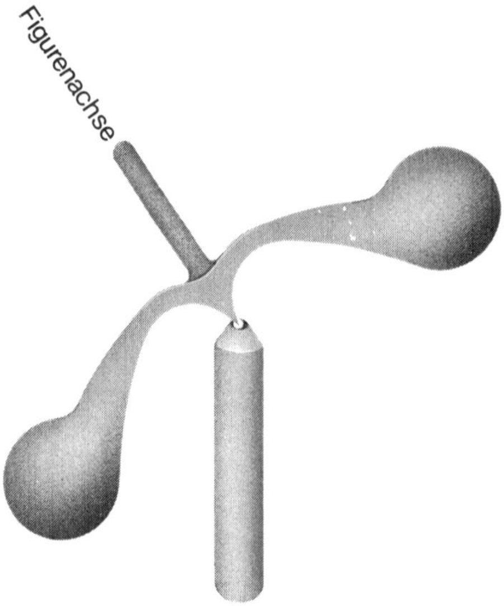

Kreisel (Figur 2): Beim Kleinschen Kreisel liegt der Schwerpunkt *S* genau im Unterstützungspunkt, um den er sich dreht.

Kreisel: Kreisel-Demonstrationsmodell mit kardanischer Aufhängung, im Zentrum der eigentliche Kreisel. © Anschütz & Co. GmbH, Kiel

geometrisch unsymmetrischen Körper der Fall sein, wird aber immer auf Körper zutreffen, die äußerlich symmetrisch sind, z. B. weil sie auf einer Drehbank hergestellt worden sind. Die Symmetrieachse eines derartigen K. heißt dann *Figurenachse*.

Damit derartige Körper im Schwerefeld der Erde kräftefrei rotieren können, müs-

Kreisel (Figur 3): Aufbau eines Luftkissenkreisels

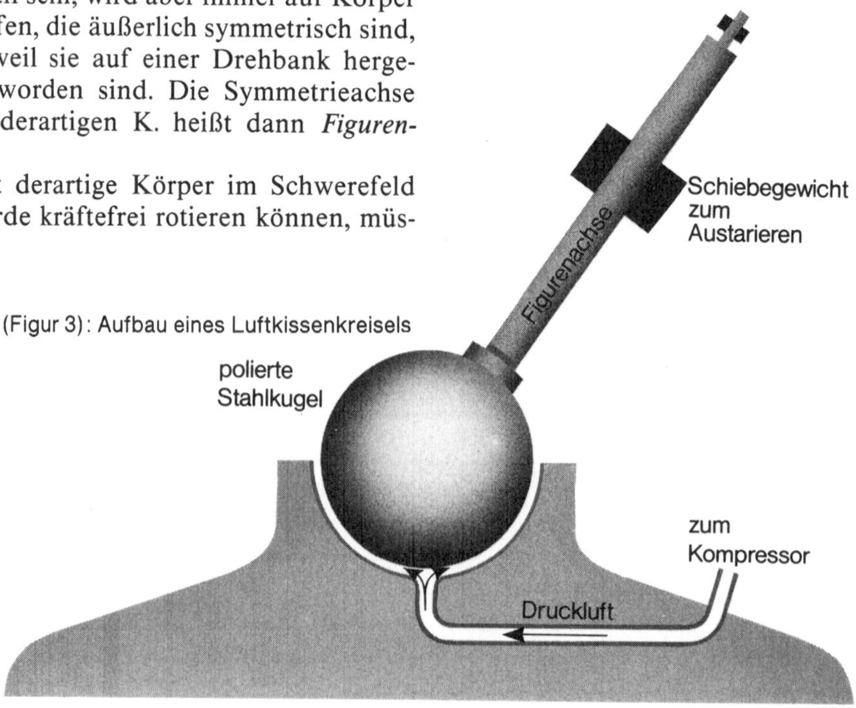

sen sie entweder frei fallen (oder sich in einer Erdumlaufbahn befinden), oder man muß sie im Schwerpunkt unterstützen. Ein bekanntes Beispiel ist der *Kleinsche Kreisel,* der so geformt ist, daß der Schwerpunkt genau in der Spitze liegt, auf der er sich dreht (Figur 2). Gleichbedeutend mit der Unterstützung im Schwerpunkt ist eine *kardanische Lagerung.* Der rotierende Körper ist in einem drehbaren Ringsystem so aufgehängt, daß es unmöglich ist, ein Drehmoment auf ihn zu übertragen. Eine moderne, der kardanischen Aufhängung entsprechende Art der Lagerung benutzt ein Luftkissen, auf dem der kugelförmige Kreiselkörper ›schwimmt‹ (Figur 3). Auch hier ist es möglich, den K. so auszuwuchten, daß er kräftefrei rotiert. Sowohl der Kleinsche Kreisel als auch der *Luftkissenkreisel* sind symmetrische K. mit deutlich hervorgehobener Figurenachse.

Wenn zwei Hauptträgheitsachsen des K. gleich sind, z. B. $\theta_x = \theta_y$, dann sind alle Trägheitsmomente bezüglich Achsen, die in der xy-Ebene liegen, gleich. Das Trägheitsellipsoid des K. wird rotationssymmetrisch, genauso wie das Ellipsoid der Gleichung (3a), und die Eulerschen Gleichungen (1) erhalten folgende Gestalt:

$$\theta_x \cdot \frac{d\omega_x}{dt} + (\theta_z - \theta_x)\omega_y \cdot \omega_z = 0;$$

$$\theta_x \cdot \frac{d\omega_y}{dt} + (\theta_x - \theta_z)\omega_x \cdot \omega_z = 0;$$

$$\theta_z \cdot \frac{d\omega_z}{dt} = 0.$$

Aus der letzten Gleichung folgt $\omega_z =$ konst., d. h., die Komponente der Winkelgeschwindigkeit in Richtung der Figurenachse ist konstant. Die weitere Behandlung des Gleichungssystems zeigt, daß auch $\omega_x^2 + \omega_y^2$ eine Konstante ist. Das bedeutet, daß $\vec{\omega}$ mit konstanter Winkelgeschwindigkeit um die Figurenachse rotiert. Vom ruhenden Laborsystem aus gesehen ergibt sich also folgendes Bild: der *Drehimpulsvektor* des K. ändert weder seine Richtung noch seinen Betrag (Drehimpulserhaltung!). Die *Figurenachse* des K. rotiert auf einem Kegelmantel um den Drehimpulsvektor, und der *Winkelgeschwindigkeitsvektor* (die sog. *momentane Drehachse)* rotiert ebenfalls auf einem (anderen) Kegelmantel um den Drehimpulsvektor (Figur 4) so, daß Figurenachse, Drehimpulsachse und momentane Drehachse in einer Ebene liegen. Diese Bewegung läßt sich als Abrollen zweier Kegel aufeinander beschreiben. Man denkt sich mit der Figurenachse fest verbunden den *Polhodiekegel* (*Gangpolkegel* oder *Laufkegel*). Der Drehimpulsvektor ist Achse des *Herpolhodiekegels* (*Rastpolkegel* oder *Spurkegel*). Die Spitzen der beiden Kegel fallen im Schnittpunkt von Figurenachse und Drehimpulsvektor zusammen und markieren gleichzeitig die Spitze des *Präzessionskegels* (oder *Nuta-*

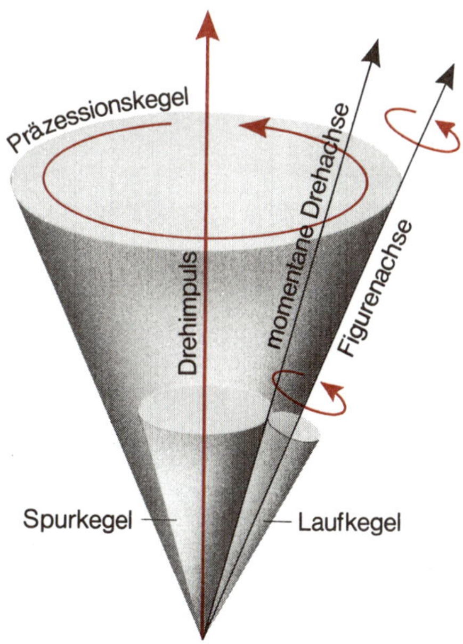

Kreisel (Figur 4): Darstellung des Bewegungsverlaufs bei einem zigarrenförmigen (verlängerten) Kreisel *tionskegels*), auf dessen Mantel die Figurenachse um den Drehimpulsvektor rotiert. Die Berührungslinie zwischen Laufkegel und Spurkegel ist die momentane Drehachse. Nun sind zwei Fälle möglich: Beim diskusförmigen K. (wie in Figur 2) bildet die Figurenachse die Achse des größten Trägheitsmomentes. Daher berührt der Spurkegel den Laufkegel von innen, die Drehung des K. um die Figurenachse und die gleichzeitige Präzession um den Drehimpulsvektor verlaufen gegensinnig (Figur 5).

Der zigarrenförmige K. dagegen hat eine Figurenachse, die das kleinste Trägheitsmoment markiert (wie in Figur 3). Spurkegel und Laufkegel berühren sich außen, die Eigendrehung des K. und die Präzessionsbewegung sind gleichsinnig (Figur 4).

Der *Kugelkreisel* ist der Spezialfall mit der größten Symmetrie. Seine drei Hauptträgheitsmomente stimmen überein, und damit auch alle anderen Trägheitsmomente um beliebige Schwerpunktachsen. Für eine homogene Kugel ist das nicht weiter verwunderlich. Erstaunlicherweise gibt es jedoch Körper *ohne* Kugelgeometrie, die trotzdem Kugelkreisel sind, weil ihre drei Hauptträgheitsmomente übereinstimmen. Bekanntestes Beispiel hierfür ist ein homogener Zylinder, dessen Höhe das $\sqrt{3}$fache des Radius ist. Die Eulerschen Gleichungen (1) für den kräftefreien Kugelkreisel vereinfachen sich zu

$$\frac{\mathrm{d}\omega_x}{\mathrm{d}t} = \frac{\mathrm{d}\omega_y}{\mathrm{d}t} = \frac{\mathrm{d}\omega_z}{\mathrm{d}t} = 0.$$

Die Winkelgeschwindigkeit $\vec{\omega}$ wird eine Vektorkonstante, ihre Richtung deckt sich mit der des Drehimpulses: Es gibt keine Präzession.

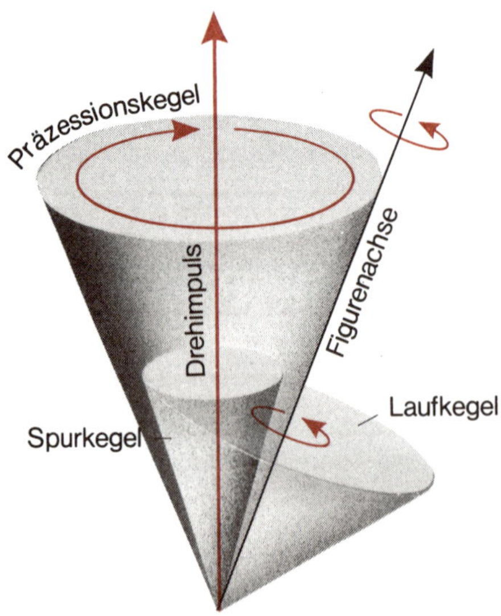

Kreisel (Figur 5): Darstellung des Bewegungsverlaufs bei einem diskusförmigen (abgeplatteten) Kreisel

Der schwere Kreisel

Ein K., der dem Schwerefeld der Erde ausgesetzt ist, aber nicht im Schwerpunkt unterstützt wird, erfährt eine Kraft, die zusammen mit der Gegenkraft des Lagerpunktes ein Kräftepaar bildet und somit ein Drehmoment auf den K. ausübt (Figur 6). Ein derartiger schwerer K. reagiert ungewöhnlich: Er gibt der Kraft nicht unmittelbar nach, sondern weicht senkrecht zu ihr aus. Diese Bewegung überlagert sich noch der ohnehin bereits recht komplizierten Taumelbewegung, die der unsymmetrische K. im allgemeinen ausführt.

Etwas einfacher werden die Verhältnisse beim *symmetrischen schweren Kreisel*, wie er z. B. in Figur 6 dargestellt ist. Wir betrachten für das folgende nur diesen Fall. Wie kommt es zu dem Ausweichen des K. senkrecht zur angreifenden Kraft? Das entstehende Drehmoment $\vec{D}$ erzeugt in der Zeit dt einen Drehimpuls d $\vec{J}$, der in die Richtung von $\vec{D}$ zeigt, in der Figur 7 also nach *hinten*. Er muß vektoriell zum bestehenden Drehimpuls $\vec{J}$ addiert wer-

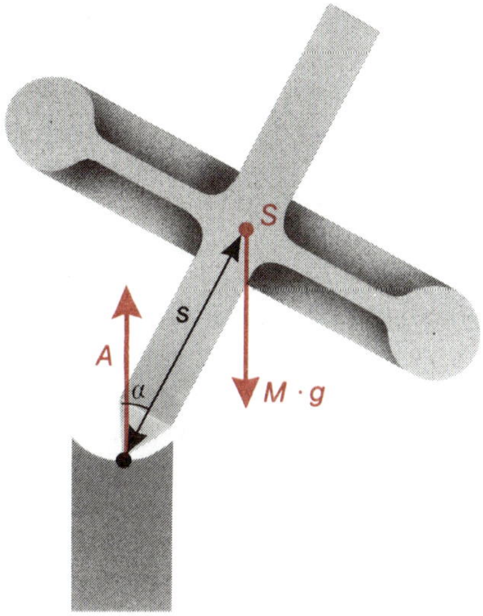

Kreisel (Figur 6): Darstellung der Kräfteverhältnisse bei einem schweren symmetrischen Kreisel; da der Schwerpunkt *S* nicht im Unterstützungspunkt liegt, wirkt auf ihn das Kräftepaar $M \cdot g$ und $A = -M \cdot g$, wobei *M* die Kreiselmasse und *g* die Erdbeschleunigung bedeuten. Der Kreisel erfährt das Drehmoment $\vec{D} = M \cdot g \cdot \sin\alpha$. Die Strecke *s* bezeichnet den Abstand zwischen dem Lagerpunkt des Kreisels und seinem Schwerpunkt, α ist der Neigungswinkel der Kreiselachse gegenüber der Senkrechten.

den und verschiebt $\vec{J}$ ›seitlich‹, ohne den Betrag zu ändern. Diese Verschiebung findet in jedem Augenblick dt statt, solange das Drehmoment wirkt, so daß die Spitze des Drehimpulsvektors einen Kreis beschreibt. Der K. präzediert um die Senkrechte.

Man kann diese Präzession in einem verblüffenden Versuch zeigen, wenn man einen waagrecht rotierenden K. mit einem Ende auf eine Spitze stellt oder an ein Seil hängt (Figur 8). Er führt dann eine Präzessionsbewegung in der Waagrechten aus, ohne herunterzufallen. Bremst man den K. ab, so fällt er natürlich sofort herunter.

Die beschriebene Bewegung führt der symmetrische schwere K. nur dann aus, wenn er wirklich um die Figurenachse ro-

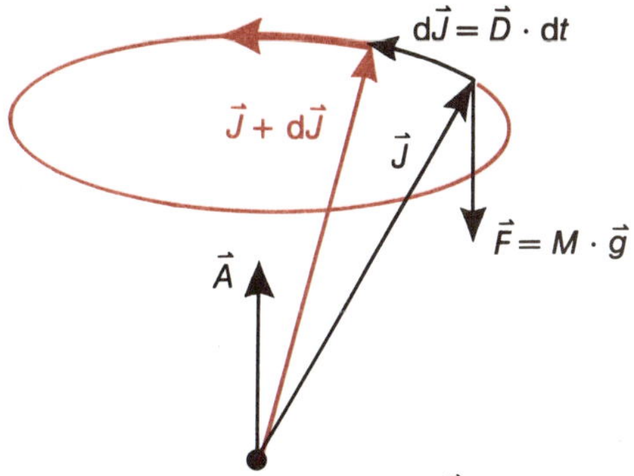

Kreisel (Figur 7): Die Schwerkraft $\vec{F}$ erzeugt zusammen mit der Auflagerkraft $\vec{A}$ das Drehmoment $\vec{D}$ senkrecht zu $\vec{F}$ und zur Figurenachse, die ja mit $\vec{J}$ zusammenfällt. Das Drehmoment $\vec{D}$ seinerseits erzeugt innerhalb der kleinen Zeitspanne dt den Drehimpuls d$\vec{J}$, der sich zu $\vec{J}$ aufaddiert und so den neuen Vektor $\vec{J} + d\vec{J}$ ergibt. Da dieser Vorgang kontinuierlich stattfindet, wandert der Vektor $\vec{J}$ langsam auf dem (rot eingezeichneten) Präzessionskreis.

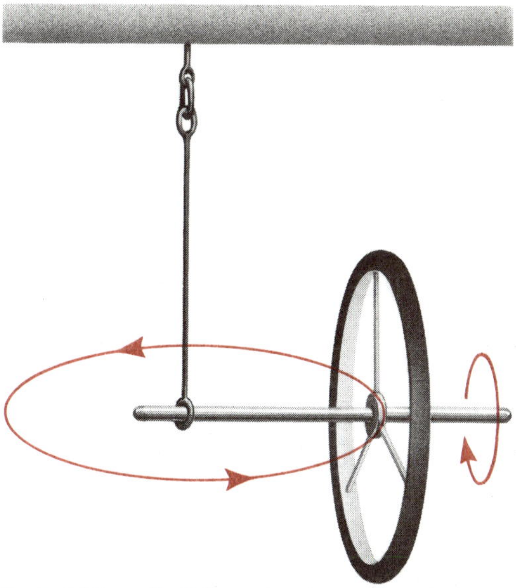

Kreisel (Figur 8): Präzessionsbewegung eines schweren, waagrecht an einem Seil hängenden Kreisels im Raum, der sich z. B. mittels einer Fahrradfelge verwirklichen läßt.

tiert. Versetzt man ihm einen Schlag oder läßt man ihn nach dem Andrehen unvermittelt los, so präzediert er zwar auch, rotiert aber im allgemeinen um eine momentane Drehachse, die wiederum um den Drehimpulsvektor rotiert. Diese Präzession, von einer Nutation überlagert, ist aus den Eulerschen Gleichungen abzuleiten, führt allerdings auf elliptische Integrale, die wir hier nicht angeben können. Die Spitze der Figurenachse bewegt sich dabei zwischen zwei Präzessionskegeln hin und her und beschreibt eine der drei Figuren in Figur 9.

Anwendungen

Die meisten technischen Anwendungen des K. nützen den Satz von der Drehimpulserhaltung, der sich mit einem K. von hoher Drehgeschwindigkeit und möglichst großem Trägheitsmoment besonders gut in die Praxis umsetzen läßt. Hierzu gehören Flugnavigationsgeräte wie der Wendezeiger oder der künstliche Horizont, aber auch Flugstabilisatoren und Satellitensteuerungsgeräte. Viele Geräte beruhen auf der Tatsache, daß ein kardanisch aufgehängter K. eine raumfeste Achse markiert, weil auf ihn kein Drehmoment übertragen werden kann.

Eine andere Gerätegruppe nutzt K. mit hohem Drehimpuls als Funktionsprinzip, die jedoch fest in einem Fahrzeug (Schiff, Flugzeug) gelagert sind und durch ihre Trägheit der Fahrzeugstabilisierung dienen.

Einen Sonderfall bildet der *Kreiselkompaß*. Er beruht auf der Koppelung zweier K. Dabei treten Drehmomente auf, die die beiden Figurenachsen so einzustellen versuchen, daß sie parallel werden und die beiden Drehungen im gleichen Umlaufsinn erfolgen. Beim Kreiselkompaß koppelt man einen schnellen, kleinen K. mit der Erde, die ja wegen ihrer täglichen Drehung selbst einen K. darstellt. Die Koppelung erfolgt, indem man die Figurenachse des Kompaßkreisels nur horizontal frei beweglich macht, vertikal aber festhält. Das geschieht zum Beispiel, wenn man einen waagrecht angeordneten K. auf einer Flüssigkeit schwimmen läßt. Dann wird dem Kompaßkreisel durch die Erddrehung ein Drehmoment übertragen, das eine Änderung des Kreiseldrehimpulses erzwingt. Die vektorielle Addition ergibt eine Änderung der Figurenachse des K. in Richtung auf die Drehachse der Erde, also in Nord-Süd-Richtung.

Auch die Erde ändert die Richtung ihrer Achse ein wenig, aber wegen ihres riesigen Drehimpulses nur um einen unmeßbar winzigen Betrag. Der Kompaßkreisel erfährt auch, je nach seiner geographischen Breite, ein mehr oder weniger großes Drehmoment um eine horizontale Achse, das ihn aus der Waagrechten aufzurichten versucht. Dies wird jedoch durch die Lagerung verhindert, so daß er nur in der Ebene der Erdoberfläche nachgeben kann. Der Drehimpulsvektor der Erde zeigt nach Norden; deshalb wird

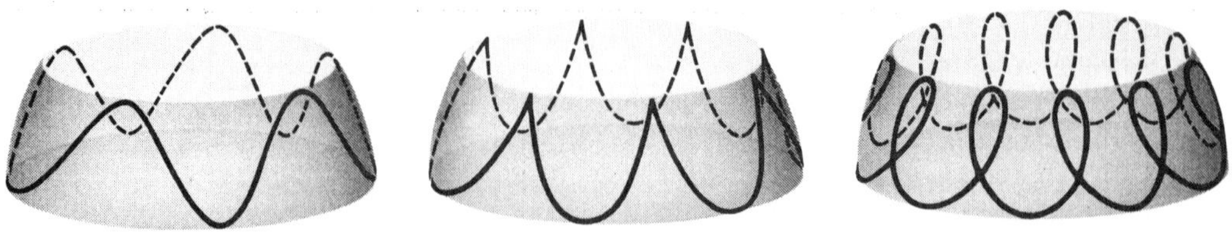

Kreisel (Figur 9): Kurven, die die Figurenachse eines präzedierenden und nutierenden Kreisels in Abhängigkeit von der Drehgeschwindigkeit und der Hauptträgheitsmomente beschreibt.

sich der Drehimpulsvektor des Kreiselkompasses so einstellen, daß er ebenfalls nach Norden zeigt.
Gegenüber dem Magnetkompaß hat der Kreiselkompaß bei Schiffen den Vorteil der exakten Nord-Angabe und der Unempfindlichkeit gegenüber Magnetfeldern und Eisenmassen im Schiff. Dafür muß man insbesondere bei hohen Geschwindigkeiten eine Mißweisung in Kauf nehmen, die daraus resultiert, daß das Schiff sich auf der Wasseroberfläche, d. h. auf einer Kreisbahn, bewegt und deshalb ebenfalls ein Drehmoment auf den K. ausübt, das sich jedoch aus der Schiffsgeschwindigkeit berechnen läßt.

Kreisfrequenz

Die K. ist mit der Winkelgeschwindigkeit ω bei der → Drehung identisch. Sie wird vor allem auch bei Schwingungen benutzt, weil dadurch die Schwingungsgleichungen etwas einfacher formuliert werden können. Die → Frequenz f eines periodischen Vorgangs (Anzahl vollendeter Schwingungen pro Sekunde) und seine K. ω unterscheiden sich nur durch die Zahl $2\pi \approx 6{,}283\ldots$; es gilt $\omega = 2\pi f$. Bezogen auf eine Drehung als periodischem Vorgang hat ω eine anschauliche Bedeutung. Während f die Zahl der Umläufe pro Sekunde angibt, ist ω der pro Sekunde überstrichene Winkel (im Bogenmaß). Die Einheit der K. ist $[\omega] = [1/s]$, während man für die Frequenz statt 1/s das Wort Hertz (Abk. Hz) verwendet (→ Maße und Maßsysteme).

Kreisprozesse

Eine Maschine, die dauernd irgendwelche Energieumwandlungen vornehmen soll, ohne sich selbst zu verbrauchen wie ein galvanisches Element, kann nur periodisch arbeiten. Der Zyklus, den sie durchläuft, muß dann identische Anfangs- und Endzustände haben. Derartige Zyklen *(Kreisprozesse)* kommen vornehmlich bei der Umwandlung von Wärmeenergie in mechanische Arbeit – und umgekehrt – vor. Alle *Wärmekraftmaschinen* arbeiten zyklisch. Jede Umdrehung eines Automotors beschreibt einen Zyklus, genauso wie die einer Dampfmaschine.
Alle K. lassen sich als Kurvenzug auf der Zustandsfläche (→ Aggregatzustand) darstellen. Deshalb bilden sie auch im p-V-Diagramm eine geschlossene Kurve, weil dieses die Projektion der Zustandsfläche auf die p-V-Ebene ist. Im p-V-Diagramm gezeichnete K. sind recht anschaulich, vor allem auch weil die vom Kurvenzug umschlossene Fläche mit der vom System geleisteten oder aufgenommenen Arbeit identisch ist. Oft erweist sich aber auch das T-S-Diagramm als nützlich. Gemeinsames Kennzeichen aller thermodynamischen Kreisprozesse sind zwei *Wärmereservoire,* ein ›kaltes‹ und ein ›heißes‹, deren Wärmekapazität man als unendlich groß ansieht und die zum geeigneten Zeitpunkt mit dem System in Verbindung gebracht werden müssen, um den K. in Gang zu halten.

Der Carnotsche Kreisprozeß

Dieser von *Sadi Carnot* (1796–1832) formulierte ideale K. mit maximalem Wirkungsgrad soll hier stellvertretend für alle anderen K. besprochen werden, weil er die oberste Grenze dessen darstellt, was technisch und theoretisch denkbar ist. Das kommt daher, daß der Carnotsche Kreisprozeß *reversibel* ist, d. h. sowohl unter Arbeitsaufnahme als auch unter Arbeitsabgabe ›gleich gut‹ ablaufen kann. Ganz allgemein bezeichnet man Maschinen, die Wärme in mechanische Arbeit umwandeln, als *Wärmekraftmaschinen,*

Kreisprozesse (Figur 1): *Links* jeweils Kolbenbewegung beim Carnotschen Kreisprozeß, *rechts* die zugehörige Darstellung im *p-V*-Diagramm

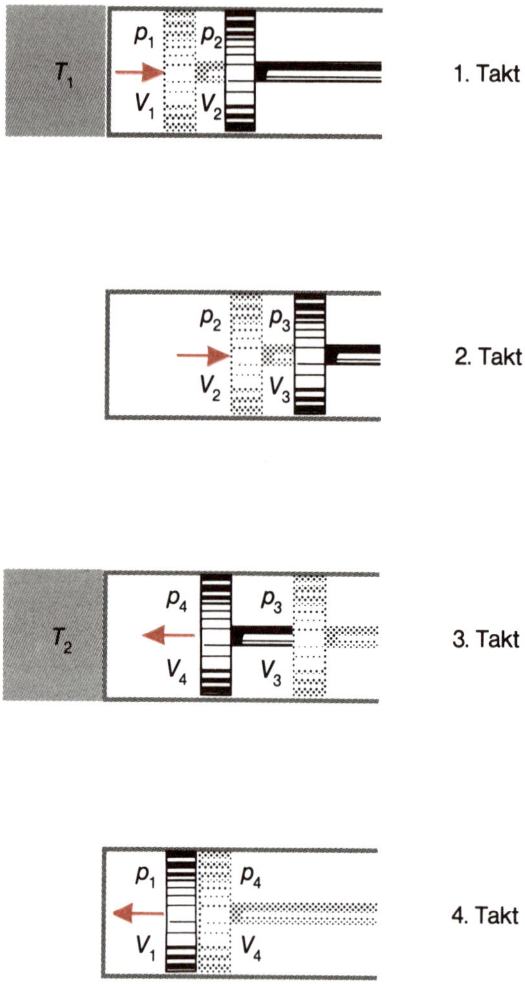

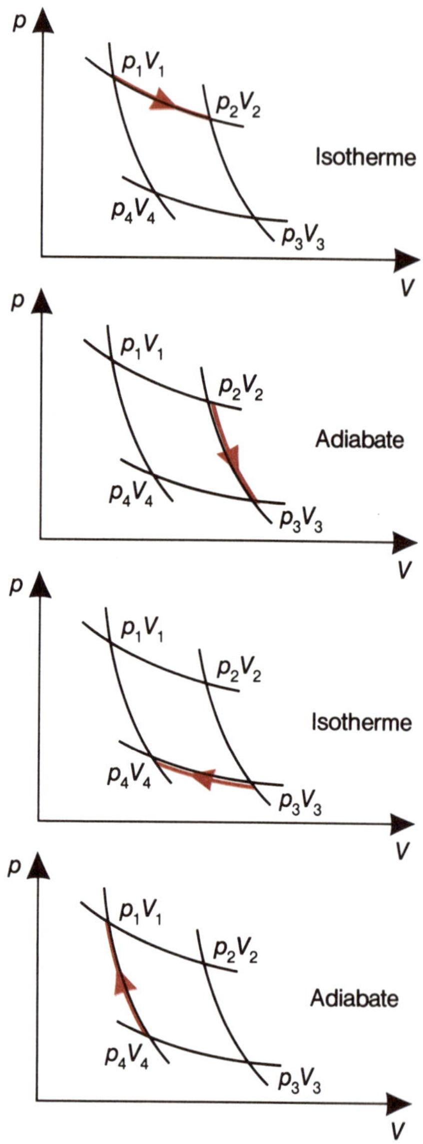

während andererseits Maschinen, die unter Aufwendung mechanischer Arbeit Wärme transportieren, *Wärmepumpen* heißen. In der modernen Thermodynamik steht die Bezeichnung ›Carnot-Prozeß‹ für jeden thermodynamisch reversiblen K., gleichgültig wie kompliziert er sein mag und in welcher Richtung er abläuft. Um ihn zu erläutern, halten wir uns an das klassische Konzept: Die Carnot-Maschine soll als Wärmekraftmaschine zwischen zwei Isothermen und zwei Adiabaten (Figur 1) arbeiten. Die Maschine selbst besteht einfach aus einem Gasvolumen, das wahlweise mit einem Wärmereservoir der Temperatur T_1 und einem anderen Wärmereservoir der Temperatur T_2 in Verbindung gebracht werden kann. Außerdem soll der Gasbehälter einen beweglichen Kolben haben, mit dem (natürlich reibungsfrei!) dem Gas Arbeit zugeführt oder entnommen werden kann. Der Zyklus dieser Maschine besteht aus vier Takten:

1. Takt: Das Gas steht unter dem Druck p_1 und nimmt das Volumen V_1 ein. Man bringt es mit dem heißen Wärmereservoir (Temperatur T_1) in Verbindung und vergrößert das Volumen auf V_2. Dabei verringert sich auch der Druck auf p_2, aber die Temperatur bleibt konstant. Das System bewegt sich auf einer *Isotherme* und leistet die Arbeit

$$A_{12} = \nu R T_1 \cdot \ln \frac{V_2}{V_1}. \qquad (1)$$

Sie ergibt sich aus der → Gasgleichung für das ideale Gas unter der Voraussetzung $\Delta T = 0$ (Isotherme). Diese Arbeit wird dem Wärmereservoir T_1 entnommen, so daß auch die vom System während der isothermen Expansion aufgenommene Wärmemenge $Q_{12} = A_{12}$ ist.

2. Takt: Um das System bei einer kleineren Temperatur, d. h. auch mit kleinerem Arbeitsaufwand, wieder in die Ausgangsposition zurückfahren zu können, muß man ohne Wärmezufuhr die Temperatur erniedrigen. Dies gelingt mit einer weiteren, aber *adiabatischen Expansion.* Das System wird vom Wärmereservoir T_1 abgekoppelt und nach außen isoliert. Dann läßt man es ohne Wärmeaustausch mit der Umgebung von V_2 auf V_3 expandieren. Der Druck sinkt dabei von p_2 auf p_3, die Temperatur von T_1 auf T_2. Die nach außen abgegebene Arbeit wird aus der Adiabatengleichung (→ kinetische Gastheorie) berechnet und beträgt

$$A_{23} = \frac{\nu R}{\kappa - 1} (T_1 - T_2). \qquad (2)$$

Die zugeführte Wärmemenge ist nach Voraussetzung $Q_{23} = 0$.

3. Takt: Jetzt besitzt das System eine tiefere Temperatur T_2 und kann auf der Isothermen T_2 wieder komprimiert werden. Dazu muß man es mit einem Wärmereservoir T_2 in Verbindung bringen, das die entstehende Kompressionswärme aufnimmt. Das Volumen verkleinert sich von V_3 auf V_4, der Druck nimmt von p_3 auf p_4 zu, und die dem System zugeführte Arbeit ergibt sich zu

$$A_{34} = \nu R T_2 \cdot \ln \frac{V_4}{V_3}. \qquad (3)$$

Die Arbeit A_{34} ist negativ, weil $V_4 < V_3$ ist. Die dem System zugeführte Wärmemenge ist wieder $Q_{34} = A_{34}$, also ebenfalls negativ, denn das System muß ja bei der Kompression vom Wärmereservoir T_2 gekühlt werden.

4. Takt: Um den Ausgangspunkt $(p_1 V_1)$ auf der Isotherme T_1 ohne Arbeitsleistung wieder zu erreichen, komprimiert man das System adiabatisch von V_4 auf V_1, indem man es vom Wärmereservoir T_2 abkoppelt, isoliert und dann von außen die Arbeit A_{41} zuführt (Hineinschieben des Kolbens). Es ist dann

$$A_{41} = \frac{\nu R}{\kappa - 1} (T_2 - T_1). \qquad (4)$$

Die aufgenommene Wärmemenge ist dabei wieder $Q_{41} = 0$.

Dieser Zyklus hat folgendes Endresultat gebracht: Das System hat insgesamt die Arbeit $A = A_{12} + A_{23} + A_{34} + A_{41}$ nach außen geleistet, dem Wärmereservoir T_1 ist die Wärmemenge Q_{12} entnommen worden, und dem Wärmereservoir T_2 ist die Wärmemenge Q_{34} zugeführt worden. Die Arbeit A ergibt sich aus der Summe der Gleichungen (1) bis (4) zu

$$A = \nu R\,(T_1 \cdot \ln \frac{V_2}{V_1} + T_2 \cdot \ln \frac{V_4}{V_3}). \quad (5)$$

Diese Arbeit ist genauso groß wie die Differenz der Wärmemengen $Q_{12} + Q_{34}$ (Q_{34} ist negativ!). Es ist also selbst mit der reversiblen Carnot-Maschine *nicht* möglich, *die gesamte,* dem heißen Reservoir entnommene *Wärme* Q_{12} in mechanische Arbeit umzuwandeln, sondern nur den Bruchteil

$$\eta = \frac{Q_{12} + Q_{34}}{Q_{12}}. \quad (6)$$

Da die Volumina V_1, V_2, V_3 und V_4 jeweils auf Adiabaten liegen, gilt

$$\frac{V_3}{V_2} = \frac{V_4}{V_1} \text{ und daher } \frac{V_2}{V_1} = \frac{V_3}{V_4}.$$

Wegen $\ln V_4/V_3 = -\ln V_3/V_4$ erhalten wir für diesen Bruchteil η unter Verwendung der Gleichungen (1) und (5):

$$\eta = \frac{T_1 - T_2}{T_1} = 1 - \frac{T_2}{T_1}. \quad (7)$$

Diese Zahl wird als *thermischer Wirkungsgrad* des Carnot-Prozesses bezeichnet. Da eine Carnot-Maschine reversibel arbeitet, muß dieser Wirkungsgrad der größtmögliche sein. Wäre er es nicht, so könnte man eine kombinierte Maschine konstruieren, deren eine Hälfte mit dem größeren Wirkungsgrad Wärme in Arbeit verwandelt, während die zweite Hälfte als Carnot-Maschine lediglich das System wieder in den Ausgangszustand zurückzubefördern hätte. Insgesamt wäre dann nichts anderes geschehen, als *eine* Wärmequelle abzukühlen und Arbeit zu leisten, *ohne* gleichzeitig eine andere Wärmesenke aufzuheizen, und das ohne jede weitere Veränderung. Dies ist aber nach dem 2. Hauptsatz der → Thermodynamik nicht möglich. Deshalb muß eine Carnot-Maschine die überhaupt optimal wirkende Wärmekraftmaschine sein. Alle realen Maschinen haben einen kleineren Wirkungsgrad.

Der Carnot-Prozeß kann zwar weniger anschaulich, aber sehr viel einfacher in einem *T*-*S*-Diagramm beschrieben werden, wobei S die Entropie des Systems bedeutet. Für Entropieänderungen in einem idealen Gas gilt bei konstanter Temperatur

$$\Delta S = \frac{\Delta Q}{T}. \quad (8)$$

Der erste Takt des Carnot-Zyklus ist durch $T = T_1$ charakterisiert. Das wird im *T*-*S*-Diagramm durch eine Senkrechte bei T_1 dargestellt (Figur 2). Ganz entsprechend wird der dritte Takt durch eine Senkrechte bei $T = T_2$ dargestellt. Der zweite Takt und der vierte Takt dagegen sind jeweils durch $\Delta Q = 0$ charakterisiert. Ihre Diagrammkurven sind deshalb nach Gleichung (8) Waagrechte. Der ganze Zyklus ergibt im *T*-*S*-Diagramm ein Rechteck als graphische Darstellung.

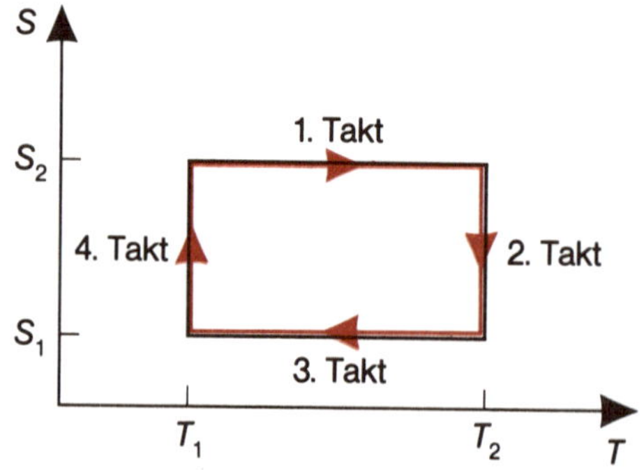

Kreisprozesse (Figur 2): Im *T*-*S*-Diagramm ergibt die Darstellung des Carnotschen Kreisprozesses ein Rechteck.

Andere Kreisprozesse
Auf der Zustandsfläche eines idealen Gases – und natürlich auch auf der eines realen Gases – kann man beliebig viele K. einzeichnen. Ein Beispiel dafür ist der *Stirling-Motor,* dessen Zyklus im p-V-Diagramm aus zwei Isothermen ($\Delta T = 0$) und zwei Isochoren ($\Delta V = 0$) besteht. Selbst Prozesse, die noch andere Energieumwandlungen wie z. B. chemische Reaktionen enthalten, können K. sein. Beispiele dafür sind der Ottozyklus oder der Dieselzyklus, der den Verbrennungsmotoren der Kraftfahrzeuge zugrunde liegt. Alle diese Maschinen sind aber *nicht* reversibel. Sie verlieren Energie durch Erwärmungen, die sich nicht wieder rückgängig machen lassen. Reale Maschinen haben darüber hinaus Arbeitsdiagramme (Zyklen im p-V-Diagramm oder im T-S-Diagramm), deren Ecken nicht mehr scharf ausgefahren werden.

Wärmekraftmaschinen
Wenn auch die Carnot-Maschine in der oben beschriebenen Weise nur eine theoretische, ideale Wärmekraftmaschine ist, so sind viele Ergebnisse doch auch auf reale Maschinen übertragbar. Das wichtigste davon betrifft den → Wirkungsgrad. Aus

$$\eta = 1 - \frac{T_2}{T_1}$$

folgt, daß dieser um so besser wird, je kleiner der Bruch T_2/T_1 wird, d. h. je größer man T_1 (Temperatur des heißen Wärmereservoirs) und je kleiner man T_2 macht. Da T_2 in den weitaus meisten Fällen höchstens der Umgebungstemperatur (300 K) entspricht, in aller Regel aber noch wesentlich höher liegt (Auspuffkrümmertemperatur bei Verbrennungsmotoren!), muß man T_1 so hoch wie möglich machen, um einen halbwegs vernünftigen Wirkungsgrad zu erzielen. Trotzdem heizen die meisten Verbrennungsmotoren in erster Linie die Umgebung. Nur wenige dieser Motoren erreichen einen Gesamtwirkungsgrad, der über 30% liegt. Am besten schneidet der Dieselmotor ab (auch wegen noch anderer Vorteile).
Die von einer Wärmekraftmaschine nach außen abgegebene mechanische Arbeit ist gleich der Fläche, die der Zyklus im p-V-Diagramm umschließt. Sie ist positiv, wenn ihr wesentlicher Teil *im Uhrzeigersinn* durchlaufen wird. Bei Verbrennungsmotoren gibt es teilweise sich überschneidende Kurven, so daß kleine Flächenstücke negative Arbeit enthalten können. Darauf können wir aber hier nicht weiter eingehen.

Kältemaschinen und Wärmepumpen
Jeder thermodynamische K. kann auch ›rückwärts‹ laufen, wenn er reversibel oder wenigstens zum größten Teil reversibel ist (das gilt für Verbrennungszyklen nicht!). Die Fläche des Zyklus im p-V-Diagramm ist dann *negativ,* die Kurve wird *gegen den Uhrzeigersinn* durchfahren. Man steckt mechanische Arbeit in den Zyklus und schafft Wärme aus dem kälteren Reservoir in das wärmere, heizt also letzteres noch mehr auf und kühlt das erstere dafür. Offenbar kann eine solche Maschine auf zweierlei Weise eingesetzt werden: zum Kühlen eines Wärmereservoirs oder zum Heizen eines anderen Wärmereservoirs. Natürlich macht jede derartige Maschine *beides,* es kommt nur darauf an, welches Reservoir man als Nutzgebiet ansieht. Beim *Kühlschrank* ist es das kalte Reservoir. Daß der Kühlschrank das Zimmer heizt, während er sein Inneres abkühlt, ist manchem noch nicht bewußt geworden, wohl deshalb, weil man den auf der Rückseite angebrachten Wärmetauscher meistens nicht sieht. Stirling-Maschinen, als Kältemaschinen betrieben, werden immer mehr

zur Verflüssigung von Gasen eingesetzt. Der theoretische Wirkungsgrad einer reversibel arbeitenden Kältemaschine ist gegeben durch das Verhältnis der aus dem Kühlraum entzogenen Wärmemenge zur aufgewandten Arbeit, für den Carnot-Prozeß also (siehe Gleichungen 6 und 7)

$$\varepsilon = \frac{T_2}{T_1 - T_2}. \qquad (9)$$

Man vermeidet hier das Wort Wirkungsgrad zugunsten der Bezeichnung *Gütezahl* oder *Leistungszahl* für ε, weil ε im allgemeinen *größer* als 1 wird. Man sieht leicht aus Gleichung (9), daß ε um so größer wird, je größer T_2 (Kühlraumtemperatur) und je kleiner $T_1 - T_2$ (Unterschied zwischen drinnen und draußen) ist. Für $T_2 = 278$ K (= 5 °C) und $T_1 - T_2 = 20$ K (T_1 entspricht 25 °C Zimmertemperatur) ergibt sich $\varepsilon = 13{,}9$. Es ist eben nicht schwierig, Wärme zwischen Reservoiren zu transportieren, die sich nur wenig in ihrer Temperatur unterscheiden.

Die *Wärmepumpe* ist gegenwärtig die wohl spektakulärste Anwendung eines thermodynamischen K. Sie arbeitet wie ein Kühlschrank, von dem nur der Heizkörper im Zimmer steht, während der Kühlschrank selbst mit geöffneter Tür vor dem Haus steht. Eine derartige Maschine stellt das bei weitem wirkungsvollste Gerät zum Heizen eines Hauses dar. Sie muß natürlich ihrem Zweck angepaßt sein; ein echter Kühlschrank tut's nicht!

Der theoretische Wirkungsgrad (Gütezahl) einer idealen (reversiblen) Wärmepumpe ist sogar noch etwas besser als der von Kältemaschinen, weil T_1 im allgemeinen viel größer ist als T_2. Aus den Formeln für den Carnot-Prozeß (Gleichungen 6 und 7) ergibt sich für das Verhältnis aus der dem zu heizenden Raum zugeführten Wärmemenge zur aufgewendeten Arbeit:

$$\varepsilon = \frac{T_1}{T_1 - T_2}. \qquad (10)$$

Hat man z. B. einen See als kaltes Reservoir T_2 zur Verfügung ($T_2 = 4\,°\text{C} = 277$ K), und will man sein Haus auf eine Wohntemperatur von $T_1 = 23\,°\text{C} = 296$ K bringen, so schafft das eine Wärmepumpe mit der theoretischen Leistungszahl von $\varepsilon = 296/19 \approx 15{,}6$. Natürlich sind die praktisch erzielbaren Leistungzahlen wesentlich kleiner (kein See, sondern Grundwasser, Leitungsverluste, weil man tief bohren muß usw.), liegen aber immer noch wesentlich höher als 1. Man kann sich diesen hohen ›Wirkungsgrad‹ dadurch verständlich machen, daß eben auch das (für unsere Sinne) ›kalte‹ Reservoir von 4 °C bereits fast so große Wärmemengen birgt wie eines, das nur einige Grade wärmer ist. Deshalb ›kostet‹ der Transport fast nichts. Wärmepumpen sind – einmal in Betrieb – die bei weitem wirtschaftlichste (und umweltfreundlichste) Art zu heizen. Man muß allerdings die Herstellungskosten ins Verhältnis zur Lebensdauer setzen, um die Wirtschaftlichkeit beurteilen zu können.

Kristall

Feste Körper können strukturlos (amorph) sein wie eine Flüssigkeit. Beispiele sind Ruß, Wachs oder auch Glas. Diese Stoffe haben keinen definierten Schmelzpunkt, sie werden mit zunehmender Temperatur allmählich immer weicher. Selbst im ›festen‹ Zustand fließen sie, wenn nur die ausgeübten Kräfte genügend groß sind. Man ordnet sie in ihren physikalischen Eigenschaften deshalb tatsächlich am besten den Flüssigkeiten zu (mit sehr großer → Viskosität).

Eigentliche Festkörper sind regelmäßig aufgebaut, haben also eine *Gitterstruktur.* Der Ausdruck K. wird für diese Stoffe aus historischen Gründen gebraucht: Man hat schon sehr früh die Regelmäßigkeit von Oberflächen verschiedener, natürlich vorkommender Mineralien geschätzt und sie als Schmucksteine benutzt. Der moderne Kristallbegriff schließt Eigenschaften wie Durchsichtigkeit oder makroskopische Kristalloberflächen nicht ein, sondern ist identisch mit dem des Festkörpers. Sehr viele natürliche Festkörper lassen ihre Kristallstruktur nur unter dem Mikroskop oder bei Röntgenbeugungsexperimenten erkennen. Sie bestehen aus *Mikrokristalliten,* die aber natürlich im atomaren Maßstab immer noch Milliarden von Teilchen enthalten. Der ideale Festkörper ist der *Einkristall,* im Labormaßstab regelmäßig aufgebaut, allenfalls mit einigen wenigen Fehlern (siehe weiter unten).

Kristallklassifizierungen

Die Einteilung der K. bezieht sich auf Einkristalle. Man erhält ein System von räumlich regelmäßigen Anordnungen (Raumgitter) durch rein mathematische Überlegungen. Ausgangspunkte dabei sind die Basismoleküle oder -atome (kurz *Basis* genannt), die, immer wieder in regelmäßigen Abständen aneinandergereiht, das Gitter bilden, und das zugehörige mathematische *Punktgitter,* das man so wählt, daß zu jedem Gitterpunkt eine Atom- bzw. Molekülgruppe gehört. Man ordnet nun jedem Gitterpunkt außerdem ein Volumen zu, derart, daß diese *Elementarzellen* den gesamten K. lückenlos ausfüllen. Bei genauerer Überlegung sieht man, daß die Bildung dieser Elementarzellen durchaus nicht eindeutig sein muß, jedoch gibt es immer Elementarzellen, die genau einem Gitterpunkt und einer Basis zugeordnet sind. Aus diesen Elementarzellen läßt sich nun das ganze Gitter durch *Symmetrieoperationen* aufbauen. Je nachdem, welche Operationen das sind (es gibt Translationen, Drehungen und Spiegelungen), ergeben sich verschiedene Baupläne. Jedes Gitter ist beispielsweise translationssymmetrisch bezüglich dreier Achsen. Jeder, der Ziegelsteine aufeinander schichtet, bildet ein solches Gitter. Allerdings müssen die drei Achsen nicht rechtwinklig aufeinanderstehen wie bei der ›Elementarzelle Ziegelstein‹, sondern dürfen auch schiefwinklig sein. Die verschiedenen Bedingungen schließen einander jedoch teilweise aus. So kann ein schiefwinkliges Gitter beispielsweise nicht mehr spiegelsymmetrisch sein, als Drehwinkel für Rotationsgruppen im Raum kommen nur bestimmte Teiler von 360° in Betracht, nämlich 2, 3, 4 und 6 usw. Aus all diesen Randbedingungen ergeben sich 14 elementare Gitter, die schon vor über hundert Jahren von *Auguste Bravais* (1811–1863) entdeckt und benannt worden sind (Figur 1).

Millersche Indizes

Für viele Experimente ist es notwendig, bestimmte Ebenen des K. zu bezeichnen. Wenn man die drei Translationsrichtungen im K. durch die Vektoren $\vec{a}, \vec{b},$ und $\vec{c}$ charakterisiert, dann spannen diese drei Vektoren ein schiefwinkliges Koordinatensystem auf (Figur 2), in dem man jede Kristallebene durch die Angabe ihrer Achsenabschnitte kennzeichnen kann. Diese sind immer ganzzahlige Vielfache der Translationsvektoren, weil es nur Sinn hat, Ebenen im K. zu kennzeichnen, in denen Gitterpunkte (auf denen z. B. Atome sitzen) liegen. Zwischenebenen haben keine physikalische Funktion. Die Untersuchung dieser Ebenen geschieht aber fast immer durch Beugungsexperimente (z. B. mit Röntgenstrahlen). Des-

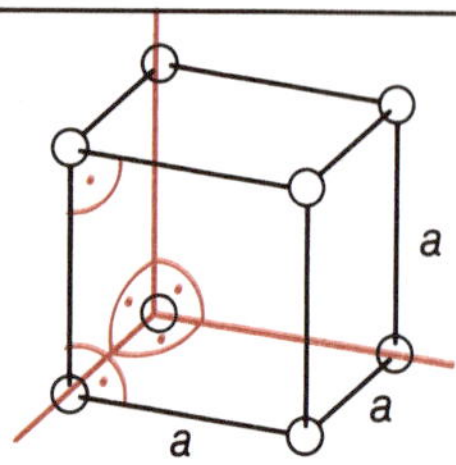

kubisch

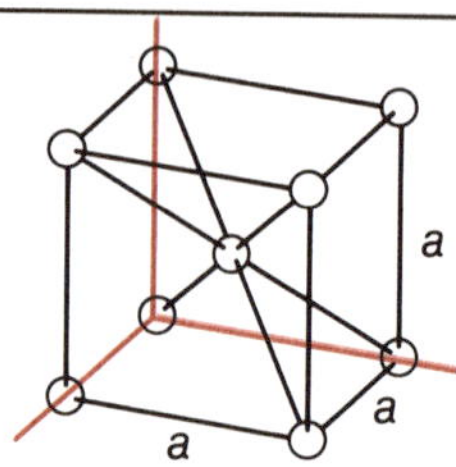

kubisch-raumzentriert

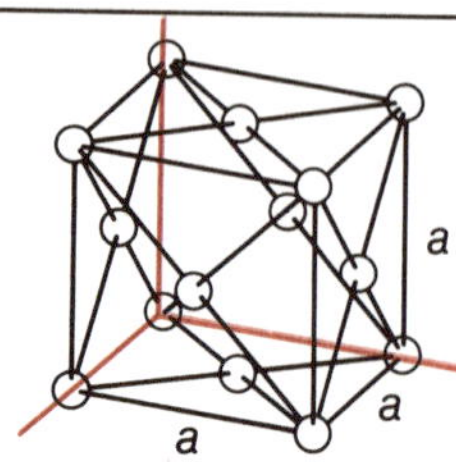

kubisch-flächenzentriert

tetragonal

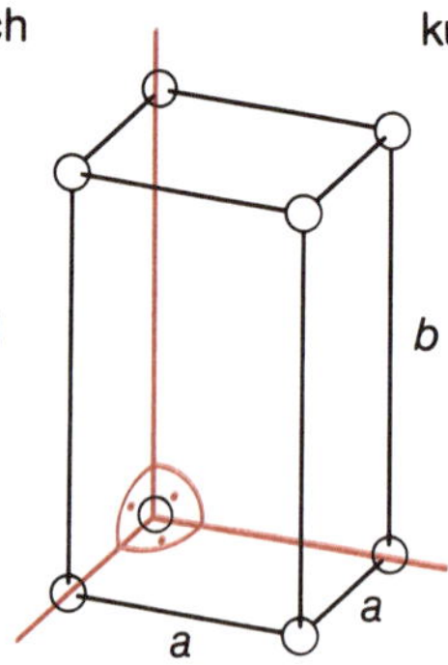

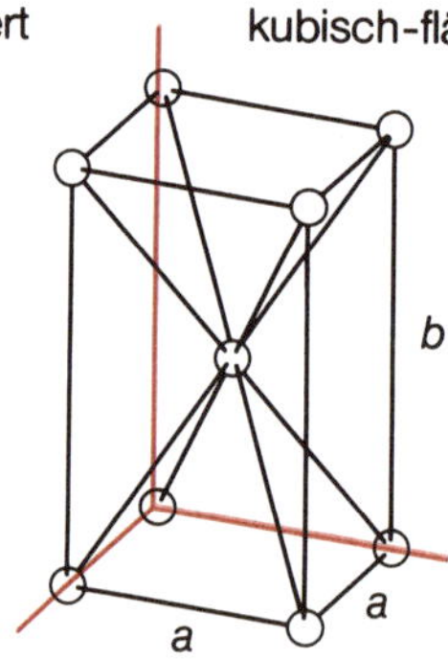

tetragonal-raumzentriert

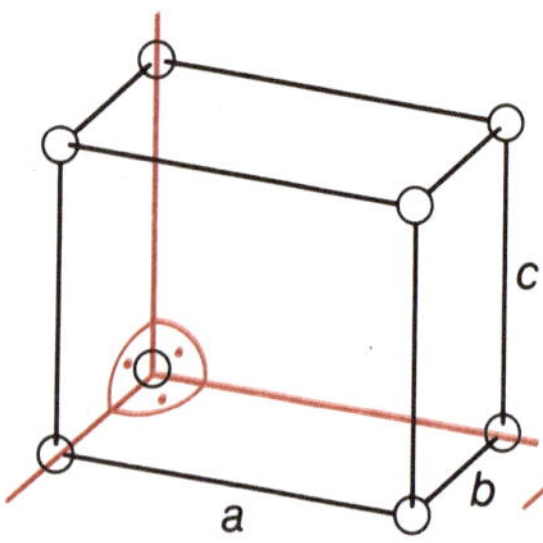

orthorhombisch

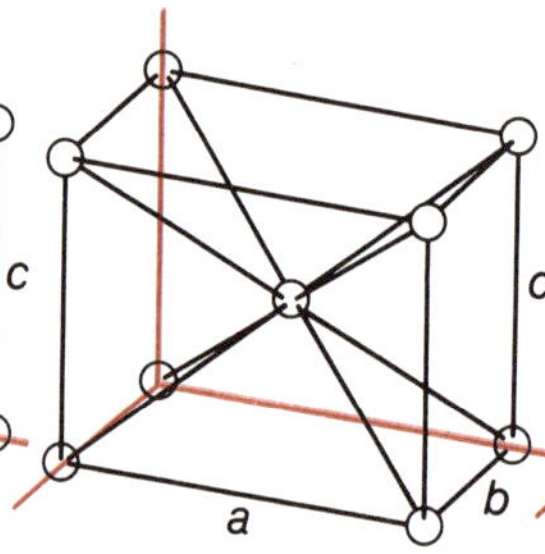

orthorhombisch-raumzentriert

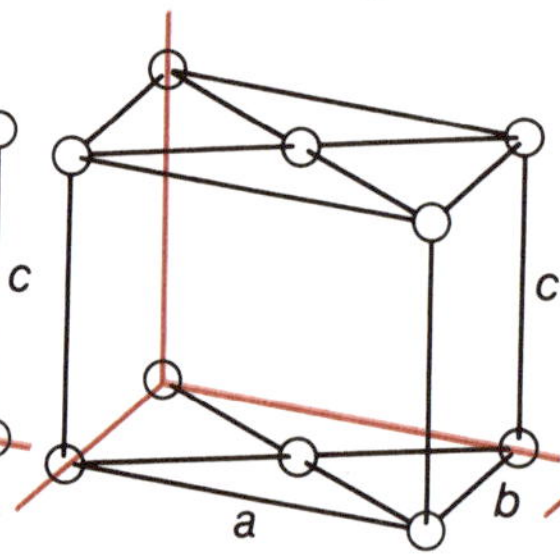

orthorhombisch zweiseitig flächenzentriert

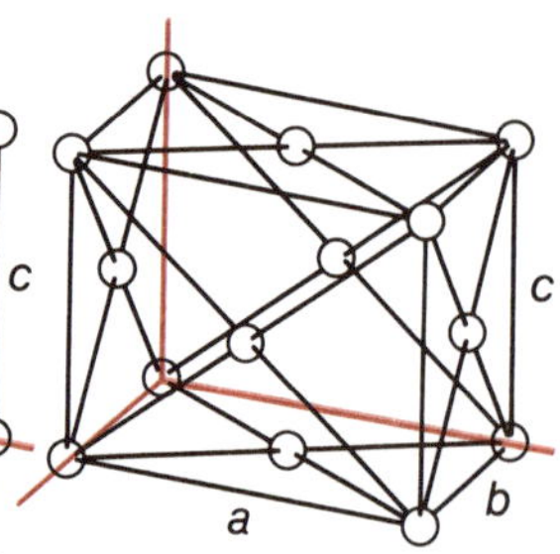

orthorhombisch allseitig flächenzentriert

hexagonal

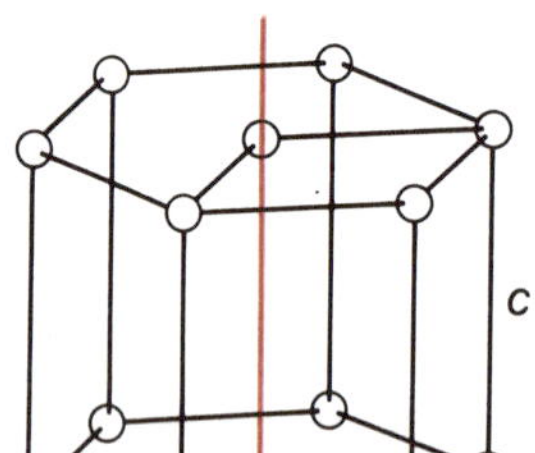

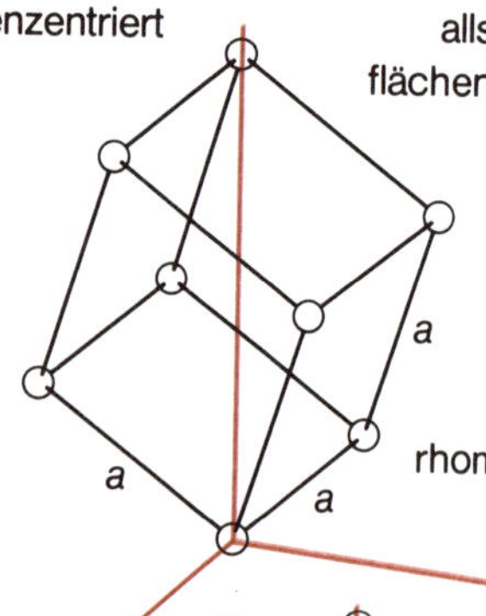

rhomboedrisch

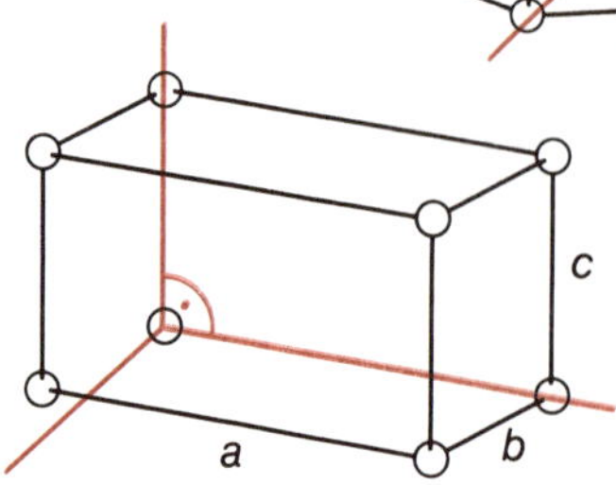

monoklin

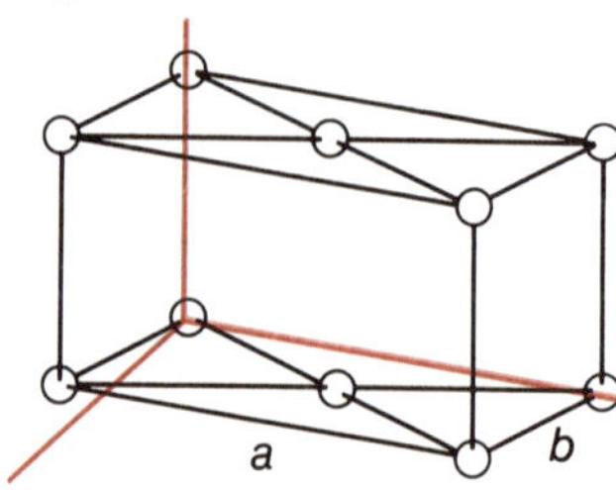

monoklin-flächenzentriert

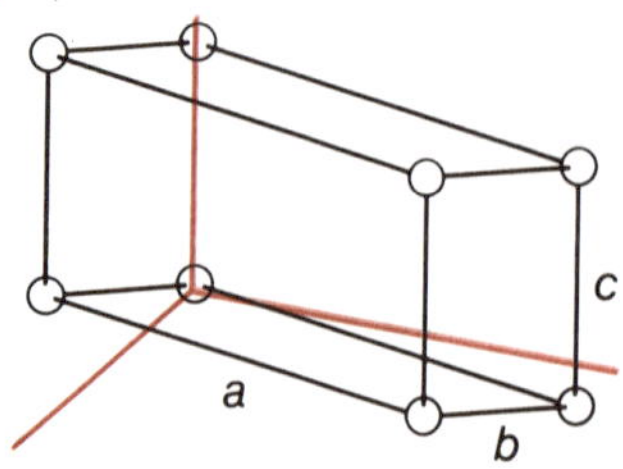

triklin

Kristall (Figur 1): Die vierzehn verschiedenen Bravais-Gitter, rot eingezeichnet jeweils die Gitterachsen, die Größen *a, b* und *c* bezeichnen die Kantenlängen der Elementarzellen

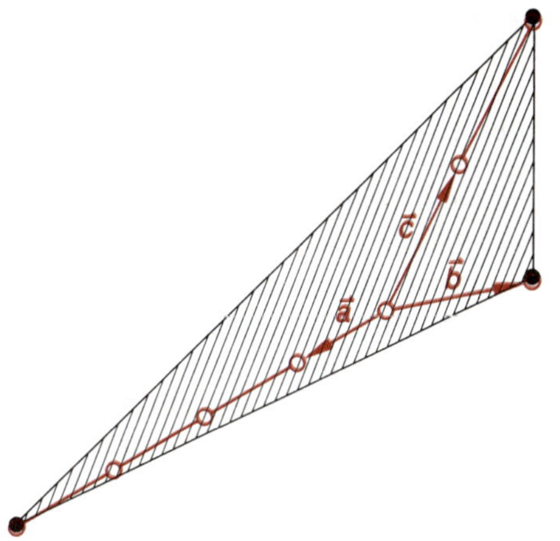

Kristall (Figur 2): Kennzeichnung einer Netzebene (rot) im Kristall durch ganzzahlige Vielfache der Gittervektoren *a, b* und *c*, aus dem sich die Millerschen Indizes – hier (241) – ergeben.

halb müßte die direkte Angabe der Achsenabschnitte zuerst ins Beugungsbild umgerechnet werden. Aus praktischen Gründen wendet man deshalb lieber die von *William Hallowes Miller* (1801–1880) angegebene Methode zur Ebenenkennzeichnung an.

Sie benutzt drei ganze Zahlen, die aus den Achsenabschnitten dadurch entstehen, daß man ihre Kehrwerte in Einheiten von $\vec{a}$, $\vec{b}$ und $\vec{c}$ berechnet und dann das kleinste Vielfache nimmt, das für jeden Kehrwert wieder auf eine ganze Zahl führt. Um ›Nullabschnitte‹ zu vermeiden, deren Kehrwert ja Unendlich wäre, legt man die fragliche Ebene nie so, daß sie den Nullpunkt enthält, sondern notfalls eine Vektorlänge davon entfernt. Wenn sich (bei Parallelebenen zu $\vec{a}$, $\vec{b}$ oder $\vec{c}$) Achsenabschnitte ergeben, die im Unendlichen liegen, so ist deren Kehrwert Null. *Beispiel:* Eine Gitterebene schneidet die Koordinatenachsen des Translationssystems in den Abschnitten $2\,\vec{a}$, $1\,\vec{b}$ und $4\,\vec{c}$ (Figur 2). Die Kehrwerte in Einheiten der Gittervektoren sind also ½, 1 und ¼. Um ganze Zahlen zu erhalten, multiplizieren wir alles mit 4. Die *Millerschen Indizes* dieser Ebene lauten deshalb (241), und man spricht einfach von der (241)-Ebene. Einige Beispiele für Würfel-Netzebenen zeigt Figur 3.

Reziprokes Gitter und Röntgenbeugung

Grundlage der Strukturanalyse von K. ist die Röntgenbeugung, genauer die *Bragg-Reflexion* an den Netzebenen des K. (→ Röntgenstrahlung). Ein rotierendes Kristallpulver, das mit Röntgenlicht durchleuchtet wird, produziert eine Anzahl regelmäßiger Glanzlichter auf der photographischen Schicht (ein sog. *Laue-Diagramm,* nach *Max von Laue,* 1875–1960). Man kann zeigen, daß diese Reflexe ein Abbild des sog. reziproken Kristallgitters sind. Die Berechnung dieses reziproken Gitters ist eigentlich eine Fourier-Transformation (→ Fourier-Analyse) der ›richtigen‹ Gitterstruktur. Sie wird ähnlich gehandhabt wie die der Millerschen Indizes. Details würden hier allerdings zu weit führen.

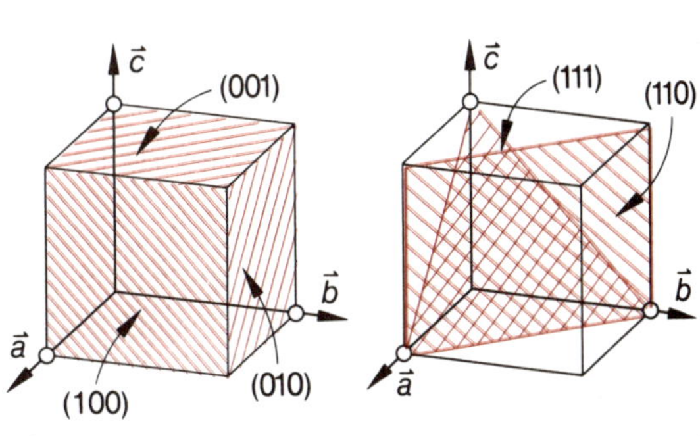

Kristall (Figur 3): Einige Beispiele für die Charakterisierung und Festlegung von Kristallebenen in einem kubischen Gitter durch die Millerschen Indizes

Gitterfehler

Wenn es auch heute möglich ist, Einkristalle großer Reinheit zu züchten, so steckt der reale Normalkristall doch voller Fehler. Vielfach sind es sogar gerade diese Fehler, die ganz wesentliche Kristalleigenschaften erklären. Wir können hier nur einige wenige Gitterbaufehler andeuten und ihre Folgen kurz umreißen. Eine *Gitterfehlstelle* ist ein unbesetzter Platz, ein echtes ›Loch‹ im Gitter. Fehlstellen verändern die Leitfähigkeit, die Diffusionsgeschwindigkeit im K., die Dichte und viele andere Eigenschaften. Wird ein negatives Loch in einem Ionenkristall wie Kochsalz von einem Elektron besetzt, entsteht ein sog. *F-Zentrum* (F für Farbe). F-Zentren in genügender Anzahl verändern das Absorptionsvermögen eines K. für Licht und ›färben‹ ihn auf diese Weise. Nebeneinanderliegende Fehlstellen können andere Arten von Farbzentren bilden.

Wieder andere Kristallfehler sind *Zwischengitteratome,* die an Plätzen sitzen, wo normalerweise kein Atom hingehört. Auch *Fremdatome* können in Kristallgitter eingebaut werden (→ Halbleiterelektronik) und dort je nach Ladung recht unterschiedliche Effekte auslösen. Das geht bei den Metallen bis zu regelrechten *Mischkristallen,* für die man aber viele Bedingungen hinsichtlich Größe oder Ladung der ›Mischatome‹ herausgefunden hat. Das technisch so bedeutende Gebiet der *Legierungen* gehört ebenfalls hierher. Aus den Grenzen der Mischbarkeit ergeben sich richtige Phasendiagramme (→ Phase). Im richtigen Verhältnis legierte Mischungen können nämlich einen geordneten K. bilden, wo z. B. ein Atom der Sorte A immer im Zentrum von würfelförmig angeordneten Atomen der Sorte B sitzt. Beide Atomsorten können aber auch statistisch über den K. verteilt sein. Die so entstandenen K. besitzen jedoch unterschiedliche potentielle Energien: Es gibt also einen Phasenübergang zwischen diesen Zuständen.

Die mechanischen Eigenschaften von K. wie Härte, Schubfestigkeit, Sprödigkeit und vieles mehr werden in ganz entscheidendem Maße von Gitterbaufehlern beeinflußt. Die wichtigsten dieser Flächenfehler sind *Stufenversetzungen, Schraubenversetzungen* bis hin zu *Korngrenzen,* die einzelne Mikrokristalle voneinander trennen. Versetzungen ›verkrallen‹ die Kristallstruktur und machen so den K. widerstandsfähiger gegen plastische Verformungen, die man sich als Gleiten von Kristallflächen aneinander vorstellt. Versetzungen lassen sich durch Hämmern, Biegen usw., aber auch durch Erhitzen erzeugen, wie überhaupt alle Kristallfehler von der Temperaturbewegung abhängen. Langsames Abkühlen läßt dem K. Zeit, die Gitterfehler durch Diffusion auszuheilen, schnelles Abschrecken dagegen friert die Gitterfehler ein. So kommt es, daß man bestimmte Stähle durch Glühen und langsames Abkühlen weich macht, durch schnelles Abschrecken aber härten kann. Noch ein weiteres Beispiel: Durch Druckpolieren macht man die Oberfläche von Metallen so hart, daß sie mechanischen Angriffen einen großen Widerstand entgegensetzen. Wer je ein Bohrloch mit einem stumpfen Bohrer ›poliert‹ hat, wird feststellen, daß anschließend auch ein neuer Bohrer dort nicht mehr schneidet.

Das ganze Gebiet der *Kristallphysik* hat in den letzten Jahren eine ständig wachsende Bedeutung erlangt, nicht zuletzt auch wegen des rasch steigenden Einsatzes von immer stärker integrierten Halbleiterschaltungen.

Kristalloptik

Sammelbegriff für die optischen Erscheinungen, die sich beim Durchstrahlen lichtdurchlässiger Kristalle infolge ihrer Anisotropie, d.h. unterschiedlichen Brechzahlen bei verschiedenen Strahlrichtungen im Kristall, ergeben. Es sind dies vor allem Doppelbrechung, Anisotropie des Drehvermögens für polarisiertes Licht und andere Erscheinungen. *Optisch einachsig* sind Kristalle, die nur einer, *optisch zweiachsig* solche, die in zwei bestimmten Richtungen durch den Kristall keine Doppelbrechung zeigen; als *optisch isotrop* bezeichnet man Kristalle ohne Doppelbrechung.

Kritische Masse

Bei der Kernspaltung von schweren Nukliden wie z.B. Uran 235 oder Plutonium werden pro Spaltung einige Neutronen freigesetzt, die weitere Spaltungen auslösen und damit eine Kettenreaktion einleiten können, falls die vorhandene Menge an spaltbarem Material so groß ist, daß nicht zu viele Neutronen durch Absorption verloren gehen oder einfach den Bereich des Spaltmaterials verlassen. Die Masse, die ein Anlaufen der Kettenreaktion erlaubt, wird als *kritische Masse* bezeichnet. Ihre Menge hängt – außer von der Art des Spaltstoffs selbst – wesentlich von der geometrischen Form ab, die man ihr gibt, aber auch von der Umgebung, z.B. von einem Neutronenreflektor als Ummantelung. Für reines Uran 235 beträgt die k.M. etwa 10 kg, das entspricht einer Kugel mit einem Durchmesser von etwa 10 cm. Auch beim Umgang mit Spaltstofflösungen muß darauf geachtet werden, daß sich keine k.M. bilden (→ Kernwaffen, → Kernreaktor).

Kritischer Punkt

Der kritische Punkt ist der Zustandspunkt eines Stoffes, gegeben durch bestimmte Werte des Molvolumens, der Temperatur und des Druckes, bei dem die Phasengrenze (Trennfläche) zwischen Flüssigkeit und Gas verschwindet (→ Aggregatzustand).

Krümmung des Raumes

Lichtstrahlen werden auch von den Gravitationsfeldern der Sterne und Galaxien des Universums abgelenkt. Deshalb gibt es keine Methode, eine Gerade im Universum festzulegen, denn alle anderen physikalischen Signalträger unterliegen erst recht den Wirkungen der Gravitation. Darüber hinaus scheinen die astronomischen Messungen zu belegen, daß unser Weltall begrenzt ist. Allen diesen Tatsachen wird eine Beschreibung gerecht, die den Raum höher als dreidimensional ansetzt und die Massenverteilung als *Krümmung des dreidimensionalen Unterraums* beschreibt (→ Relativitätstheorie, → Kosmologie).

Kryostat

Der Name ›Kryostat‹ (griech., dt. Kältebad) bezeichnet ein Gerät, mit der eine Versuchsanordnung auf sehr tiefen Temperaturen gehalten wird, z.B. auf der Temperatur von flüssiger Luft oder flüssigem Helium (4 K). Es handelt sich meist um mehrwandige Gefäße, deren Zwischenwände teils evakuiert, teils mit ›Superisolationsfolien‹ gefüllt oder verspiegelt sind und die mit flüssigem Stickstoff vorgekühlt werden. Man kann heute in guten K. Temperaturen von unter 1 K viele Tage aufrechterhalten.

Kubik-

Vorsilbe zur Abkürzung der Potenz ›hoch drei‹, meist in Verbindung mit Längen maßen zur Bezeichnung von Volumenmaßen verwendet, z. B. 1 Kubikmeter (m^3) = 1000 Liter (→ Maße und Maßsysteme).

Kybernetik

Der Begriff Kybernetik (griech. kybernetes, dt. Steuermann) umfaßt die Wissenschaft von der Steuerung und Regelung komplexer Systeme; die Namengebung und die erste grundsätzliche Darstellung erfolgte 1948 durch *Norbert Wiener* (1894–1964). Ihren Ursprung hat die K. in der Technik (vor allem der Luft- und Raumfahrt), erst später wurde ihre weitreichende Gültigkeit auch für Steuerungs- und Regelkreise in der belebten Natur erkannt (Biokybernetik).
In kybernetischen Modellen unterscheidet man zwischen einem angestrebten Zustand (Soll-Wert) und einem tatsächlichen Zustand (Ist-Wert). Soll-Wert kann z. B. ein bestimmter Druck eines Dampfkessels, die Flugbahn einer Rakete oder die menschliche Körpertemperatur sein. Der Ist-Wert weicht durch Störungen vom Soll-Wert ab, die Abweichung wird auf irgendeine Weise gemessen, der anschließende Regelungsvorgang wirkt der Abweichung entgegen. Im allgemeinen pendelt der Ist-Wert geringfügig um den Soll-Wert, ohne ihn endgültig zu erreichen. Bei ungünstig ausgelegter Regelung können sich die Schwankungen um den Ist-Wert aufschaukeln, es kommt dann zur Regelungskatastrophe.
Die K. hat sich durch den Ausbau ihrer mathematischen Grundlagen in der Informationstheorie und durch die Möglichkeit umfassender Datenverarbeitung in Computern in jüngster Zeit zu einer bedeutenden übergeordneten Wissenschaft entwickelt. Sie hat aus technischen und biologischen Gebieten gemeinsame Begriffe herausgefiltert und sie unter einem neuen Aspekt erweitert. Anwendungsbereiche der K. liegen in der Automations- und Informationstechnik, Linguistik [Grammatik, mathematische Logik, Medizin (besonders Physiologie)], Physik und vielen anderen Gebieten.

L Abk. für die → Loschmidtsche Zahl.

l Abk. für das Volumenmaß Liter, 1 l = 1000 cm^3 (→ Maße und Maßsysteme).

Lambertsches Gesetz

Es mag manchem schon aufgefallen sein, daß der Vollmond am Himmel wie eine Scheibe aussieht, obwohl er doch, wie wir wissen, in sehr guter Näherung eine Kugel ist. Warum sieht man die schräg zu uns gewandten Oberflächenteile genauso hell wie die frontalen Teile? Bereits im 18. Jh. hat *Johann Heinrich Lambert* (1728–1777) die Vermutung formuliert, daß die → Lichtstärke I_φ eines Körpers mit ›ideal‹ streuender Oberfläche proportional ist zur Fläche des Körpers mal dem Kosinus des Streuwinkels (Figur 1):

$$I_\varphi = I_0 \cdot \cos\varphi.$$

Dieses *Lambertsche Gesetz* gilt in guter Näherung auch für selbstleuchtende Körper wie matte Lampen, glühende Metalle oder auch Sterne, streng jedoch nur für die → Hohlraumstrahlung.

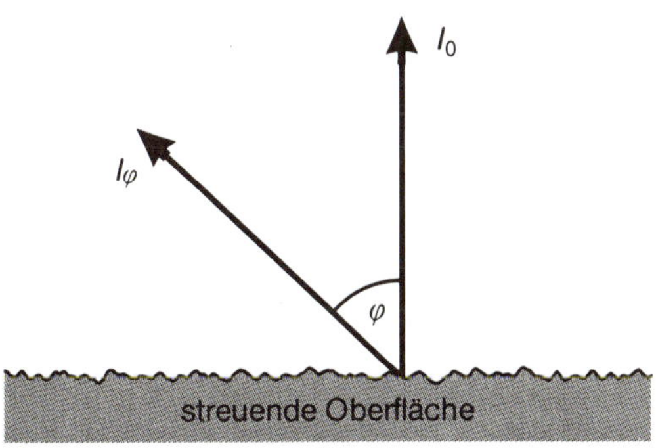

Lambertsches Gesetz (Figur 1): Die Lichtstärke einer diffus reflektierenden Oberfläche ist proportional zu cos φ.

Eine genauere Betrachtung für reale Körper zeigt, daß die Leuchtdichte für φ von 0°–70° nahezu konstant ist, bei 70° ein schwach ausgeprägtes Maximum hat und für noch größere Winkel rasch gegen Null geht.
Da die *Leuchtdichte (Flächenhelligkeit)* wiederum gleich der Lichtstärke ist, dividiert durch die sichtbare Fläche, erscheint eine leuchtende oder diffus reflektierende Fläche tatsächlich von allen Betrachtungswinkeln aus gleich hell.

Laser

Der L. (Abk. für engl. L*ight* A*mplification by* S*timulated* E*mission of* R*adiation,* dt. Verstärkung von Licht durch induzierte Strahlungsemission) ist zunächst ein *Verstärker* für Wellenlängen im optischen Bereich. Von der Entwicklung her folgte der L. auf den *Maser* (Abk. für engl. M*icrowave* A*mplification by* S*timulated* E*mission of* R*adiation*), also auf den *Mikrowellenverstärker,* der Molekülschwingungen zur Grundlage hat (→ Uhr). Der erste L. war ein *Rubinlaser* und wurde 1960 von *T. H. Maiman* gebaut. Heute gibt es Gaslaser, Farbstofflaser, Festkörperlaser und Halbleiterlaser für jede im sichtbaren Bereich liegende Frequenz und die angrenzenden Frequenzen.

Das Prinzip der Lichtverstärkung

Es ist technisch nicht möglich, → elektrische Schwingkreise zu konstruieren, deren Frequenz auch nur in die Nähe der Lichtfrequenz von etwa 10^{14} Hz kommt.

Man muß zur Verstärkung des Lichts daher als Oszillatoren die Atome selbst benutzen, und zwar solche, die sich in einem angeregten Zustand befinden (→ Atomphysik), aus dem sie die zu verstärkende Welle in einen Zustand niedrigerer Energie stößt. Das ist möglich, wenn die ankommende Welle mit einer Frequenz ν schwingt, die der Energie $(h \cdot \nu)$ entspricht, die bei der *spontanen Emission* ebenfalls frei würde (*induzierte Emission;* → Strahlungsgesetze). Das von einer passenden Welle ›geschüttelte‹ Atom sendet dann beim Übergang in den tieferen Energiezustand (das muß nicht unbedingt der Grundzustand sein) eine Welle aus, die sich an die anregende Welle ›anhängt‹ und sie damit verstärkt. Natürlich kann dieser Vorgang nur ablaufen, wenn es genügend angeregte Atome gibt, die zur Verstärkung beitragen können. Man sagt, das angeregte Niveau muß ausreichend besetzt sein. Außerdem muß die Lebensdauer des Zustands genügend lang sein, damit das Elektron nicht von selber (spontan) in den Grundzustand zurückfällt und seine Verstärkungskraft sozusagen unkontrolliert verpufft. Glücklicherweise gibt es viele im sichtbaren Bereich liegende Übergänge in zahlreichen Atomen, die diese letzte Bedingung erfüllen. Das Problem ist nur, sie anzuregen. Man schafft es z. B. mit Hilfe fokussierter Blitzlampen, innerhalb einiger Millisekunden genügend Atome durch Strahlungsabsorption anzuregen, die dann Licht kleinerer Frequenz verstärken können, und nennt dieses Verfahren *optisches Pumpen* (Figur 1). Der Verstärkungsvorgang stellt eine Art induzierter Fluoreszens dar (→ Lumineszens), die dem auslösenden Lichtstrahl (der passenden Wellenlänge) folgt. Andere Möglichkeiten der Anregung sind: Gasentladungen, die kontinuierlich die Besetzung des Laserniveaus garantieren (Gaslaser, z. B. He-Ne-Laser) oder auch direkte elektrische Anregung in einer Festkörperdiode (Laserdiode). In beiden Fällen wird nicht nur ein Laser-Lichtblitz erzeugt, sondern ein kontinuierlicher Lichtstrahl.

Resonator und Selbsterregung

Wenn man einen Teil der Ausgangsenergie eines Verstärkers wieder dem Eingang zuführt, betreibt man eine *Rückkoppelung*. Bei richtiger Phasenlage gerät der Verstärker durch die positive Rückkoppelung in Resonanz, die Ausgangsamplitude wird so lange immer größer, bis sie durch innere Widerstände des Verstärkers begrenzt wird. In der → Akustik kann man dies als schrilles Pfeifen wahrnehmen, das auftritt, wenn man ein Mikrophon in die Nähe des zugehörigen Lautsprechers bringt. Diese Resonanzverstärkung fängt sogar ›von selbst‹ an, weil es immer eine passende Eingangsgröße im Rauschen gibt.

Der Lichtresonator funktioniert im Prinzip nicht anders. Das verstärkende Lasermaterial ist ja z. B. ein Stück Rubinkri-

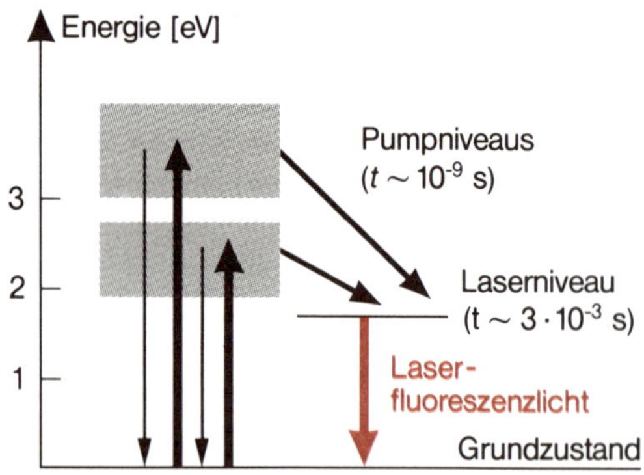

Laser (Figur 1): Beispiel eines Laser-Verstärkungsschemas (Rubinlaser); die Pumpenergie (Blitzlicht) schafft viele im Rubin enthaltene Chromatome in angeregte Zustände (dicke Pfeile), Übergänge in das Laserniveau erfolgen sehr viel häufiger als die direkte Rückkehr in den Grundzustand (dünne Pfeile), vom Laserniveau geht das Laserlicht aus (roter Pfeil).

stall oder eine Gassäule. Schließt man dieses Volumen vorne und hinten durch ›halbdurchlässige‹ Spiegel ab, wird der verstärkte Lichtstrahl teilweise reflektiert und durchquert den Verstärker abermals, trifft nach der Verstärkung wieder auf einen Spiegel und wird wieder in den Verstärker zurückreflektiert usw. Resonanz entsteht, wenn die beiden Spiegel möglichst parallel sind. Dann reicht eine spontan emittierte Welle, die zufällig senkrecht zu einem der Spiegel ausgesandt wird, aus, um den ganzen Vorgang in Gang zu bringen. Beim *gepulsten L.* werden innerhalb kurzer Zeit alle angeregten Atome zur Emission veranlaßt und erzeugen einen Lichtblitz sehr hoher Intensität. Der Prozeß findet ein Ende, wenn alle Atome ihre Anregungsenergie abgegeben haben. Im *Dauerstrichlaser* werden die emittierenden Energiezustände zwar immer wieder nachgeliefert, z. B. durch Stöße zweiter Art (→ Stoßgesetze), aber das geht nicht so schnell, so daß – bisher – nur ein kleiner Verstärkungsfaktor zustande kommt.

Eigenschaften des Laserstrahls

Wie sieht nun der emittierte Lichtstrahl aus, wenn er den L. durch einen der teildurchlässigen Spiegel schließlich nach außen verläßt? Einmal wird er – bedingt durch die Parallelität der Resonatorspiegel – sehr scharf gebündelt sein, so scharf, wie es kein Linsensystem der Welt mit einem normalen Scheinwerfer zustande bringt, ohne gleichzeitig die Intensität in untragbarer Weise zu reduzieren. Zum anderen ›hängen‹ sich die induziert emittierten Lichtstrahlen an das ›Ende‹ der Primärwelle an, so daß eine Welle entsteht, die sehr lang wird. Diese zusammenhängende *Kohärenzlänge* ist theoretisch nur durch die Pulslänge begrenzt, wenn der L. erst einmal in Resonanz schwingt. Bei Dauerstrichlasern (z. B.

Laser: Zur Erzeugung spezieller Lichteffekte werden heute vielfach sog. *Theaterlaser* verwendet. © Siemens AG, München

dem Helium-Neon-Gaslaser) erreicht man Kohärenzlängen von mehr als 1000 km. Der Öffnungswinkel des austretenden Strahls ist dann nur noch durch die → Beugung bestimmt. Er liegt gegenwärtig etwa bei 10^{-6} rad (→ Maße und Maßsysteme) für Speziallaser. Man kann also von der Erde aus einen Laserstrahl auf den Mond richten und dabei einen Fleck von weniger als 200 m Durchmesser beleuchten!

Die Strahlungsleistungen, die in einem Laserstrahl zur Verfügung stehen, liegen zwischen einigen Milliwatt (Helium-Neon-Gaslaser) und einigen Kilowatt für CO_2-Gaslaser und andere Dauerstrichlaser. Gepulste L. erzeugen – sehr kurzzeitig – unvorstellbar hohe Leistungen. Yttrium-Aluminium-Granat-(YAG-) Laser geben z. B. Riesenimpulse bis zu

10^{17} Watt ab, allerdings nur mit einer Dauer von 10^{-12} s, ihre Leistung pro Impuls beträgt also 10^5 Ws oder 0,027 kWh. Die neue Lichtquelle L. bietet also gegenüber ›normalen‹ Lichtquellen entscheidende Vorteile: Die riesige Kohärenzlänge gestattet Interferenzanordnungen über weite Entfernungen hinweg (→ Holographie). Gleichzeitig garantiert sie eine bisher unerreichte Frequenzgenauigkeit, denn eine Laserwelle ist praktisch ›unendlich‹ lang, ihre Fourier-Analyse liefert deshalb nur eine einzige Frequenzkomponente. Die möglichen enormen Strahlungsleistungen sind auf die Parallelität des Strahls zurückzuführen. Eine speziell auf Laserwellenlänge abgestimmte Linse ist imstande, im Fokus (→ optische Abbildung) den Strahl auf einen Durchmesser von etwa einer Wellenlänge zu bündeln. Diese Intensitäten reichen aus, um jedes Material sofort zu verdampfen, ja sogar Kernfusion einzuleiten. Man benutzt L. heute schon zu Operationen (Blutstillen, Netzhaut-Schweißen), aber auch industriell zum Schneiden und Bohren. Moduliertes Laserlicht dient der Nachrichtenübertragung auf kleinstem Frequenzbereich (Trägerfrequenz $\approx 10^{14}$ Hz!). Die künftigen Einsatzmöglichkeiten des L. sind noch gar nicht abzusehen.

Latente Wärme

Der Begriff l. W. bezeichnet ›versteckte‹, gebundene Wärme, die in der potentiellen Energie von Stoffen verborgen ist. Phasenübergänge müssen derartige Energieschranken überwinden, dabei treten diese Wärmemengen dann zutage. Um z. B. Eis zum Schmelzen zu bringen, muß Wärme zugeführt werden, auch wenn das Eis bereits eine Temperatur von 0 °C hat. Das Aufbrechen der zwischen den Eismolekülen bestehenden Kristallbindungen erfordert Energie, die als Wärme dem Stoff zugeführt werden muß. In der Flüssigkeit ist die Wärme *latent* vorhanden und wird wieder frei, wenn das Wasser zu Eis erstarrt *(Schmelzwärme)*. Beim Übergang von der Flüssigkeit zum Gas muß wiederum Wärme aufgewendet werden, um die enge Flüssigkeitsbindung zu überwinden *(Verdampfungswärme)*. Eine verdunstende Flüssigkeit entzieht diese Wärme ihrer Umgebung und kühlt sie dadurch ab *(Verdunstungskälte)*. Im Gas ist diese Wärme dann latent enthalten und wird beim Kondensieren wieder frei (→ Aggregatzustand).

Lebensdauer

In der Physik bezeichnet die L. die *mittlere* Zeitdauer der Existenz eines instabilen Zustands, d. h. bei vielen gleichartigen instabilen Systemen die Zeit, nach der sich ihre Anzahl auf 1/e vermindert hat (e = Eulersche Zahl = 2,718...); $1/e \approx 36{,}8\,\%$. Die Lebensdauer τ ist mit der → Halbwertszeit eines instabilen Systems durch die Beziehung $T_{1/2} = \tau \cdot \ln 2 \approx 0{,}69\,\tau$ verbunden. Diese Zusammenhänge beruhen auf der allgemeinen Zerfallsgleichung

$$N(t) = N(0) \cdot e^{-\frac{t}{\tau}}.$$

Sie ist anwendbar auf den radioaktiven Zerfall, wo man dann vorzugsweise von der Halbwertszeit spricht, aber auch auf die angeregten Zustände von Atomen oder Atomkernen. In diesem Fall ist die L. mit der Energieunschärfe des Zustands über die → Unschärferelation verknüpft:

$$\tau \cdot \Delta E \geq \hbar \qquad (1)$$

($\hbar$ ist das Plancksche Wirkungsquantum, geteilt durch 2π). Je länger also ein angeregter Zustand im Mittel existiert, desto schärfer ist die Energie der Teilchen oder Photonen, die beim Zerfall ausgesandt werden. Diese Energieschärfe äußert sich in der *natürlichen Linienbreite* der zugehörigen → Spektrallinie, die dann ebenfalls sehr klein ist. Die optischen Zustände in einem Atom haben eine mittlere L. von etwa 10^{-8} s. Die Energie des Photons (z. B. von grünem Licht) beträgt $h \cdot \nu$ mit $h \approx 6{,}6 \cdot 10^{-34}$ Js und $\nu \approx 6 \cdot 10^{14}$ Hz. Setzen wir diese Werte in Gleichung (1) ein, so erhalten wir

$$10^{-8}\,\mathrm{s} \cdot h \cdot \Delta\nu = \frac{h}{2\pi}\,.$$

Daraus ergibt sich eine Frequenzunschärfe von $\Delta\nu \approx 1{,}6 \cdot 10^{7}$ Hz. Die relative Energieschärfe des sichtbaren Lichts ist also sehr groß ($\approx 4 \cdot 10^{-7}$).

Leistung

Unter L. versteht man die auf die Zeiteinheit bezogene → Arbeit:

$$\text{Leistung} = \frac{\text{Arbeit}}{\text{Zeit}}\,.$$

Die L. wird in Watt (Joule pro Sekunde) gemessen (→ Maße und Maßsysteme). Für konstante Kräfte und Geschwindigkeiten kann man auch sagen:
Leistung = Kraft mal Geschwindigkeit.

Im Zusammenhang mit Motoren wird die L. oft auf Antriebswellen bezogen. Dann gilt:
Leistung = Drehmoment mal Drehzahl.

In der Elektrotechnik ist sie gegeben durch:
Leistung = Spannung mal Stromstärke.

In der Praxis wird die L. gemessen, indem man an einem genau bekannten Widerstand eine dann ebenfalls genau definierte Arbeit pro Zeiteinheit abgibt. Bei einem Motor benutzt man z. B. einen Reibungswiderstand.

Lenzsche Regel

Die Richtung eines wie auch immer induzierten Stromes (→ Induktion) ist stets so gerichtet, daß er ein Magnetfeld erzeugt, das der Induktionsursache entgegengerichtet ist (*Lenzsche Regel,* benannt nach *Heinrich F. E. Lenz,* 1804–1865). Anders gesagt: Induktionsströme werden stets gegen einen Widerstand erzeugt oder vernichtet. Man muß sowohl zu ihrer Erzeugung als auch zu ihrer Vernichtung Arbeit leisten. In den meisten Fällen werden Induktionsströme durch die Reibung des → elektrischen Widerstandes in Wärme umgesetzt. Bei Supraleitern ist das allerdings anders (→ Supraleitung).

Leptonen

Ordnet man die → Elementarteilchen nach ihrer Ruhmasse, dann bezeichnet man die ›leichten‹ Teilchen als L. Außer den Neutrinos (ν) sind dies das Elektron (e), das Myon (μ) und das Tauon (τ), jeweils mit ihren Antiteilchen. Beim Tau-Teilchen stimmt die ursprüngliche Deutung (leicht) nicht mehr. Trotzdem beläßt man es aus Gründen der Systematik in dieser Gruppe. Die L. sind die Träger der schwachen Wechselwirkung und anscheinend nicht weiter zerlegbar. Die *Leptonenzahl* ist wie die *Baryonenzahl* eine Erhaltungsgröße (→ Erhaltungssätze).

Licht

Das sichtbare Licht ist nur ein kleiner Ausschnitt aus dem → elektromagnetischen Spektrum, mit Wellenlängen von etwa 400 nm bis 750 nm, für die die Netzhaut unseres Auges empfindlich ist (→ Photon, → Relativitätstheorie, → Dualismus von Welle und Teilchen).

Lichtgeschwindigkeit

Formelzeichen *c*, die Geschwindigkeit des Lichts im leeren Raum, eine → Naturkonstante und die größtmögliche Geschwindigkeit, mit der sich ein Signal ausbreiten kann; $c = 2{,}99792458 \cdot 10^8 \, \mathrm{m/s}$ (→ Maße und Maßsysteme).

Meßmethoden

Vor etwa 400 Jahren tauchte der Gedanke auf, das Licht könnte sich mit endlicher Geschwindigkeit ausbreiten. Bis dahin war man intuitiv von einer momentanen Lichtausbreitung (also einer unendlichen L.) ausgegangen. Direkte Messungen (von Berg zu Berg) wurden schon von Galilei vorgeschlagen, hatten aber keinen Erfolg. Mittlerweile gibt es eine ganze Reihe von Möglichkeiten, die L. zu messen.

a) Astronomische Meßmethoden

Olaf Römer (1644 – 1710) beobachtete schon 1676 die Zeiten, zu denen die Jupitermonde im Jupiterschatten verschwanden, über das ganze Jahr hinweg. Er stellte fest, daß der Beginn der ›Mondfinsternis‹ um $\Delta t = 1000$ Sekunden später eintrat, wenn die Erde am weitesten vom Jupiter entfernt war, verglichen mit dem Beginn der Mondfinsternis ein halbes Jahr früher, und schrieb diese Differenz dem größeren Weg zu, den das Licht zurücklegen mußte, um zur Erde zu gelangen. Dieser zusätzliche Weg entspricht dem Bahndurchmesser *D* der Erde um die Sonne (etwa $299 \cdot 10^6$ km). Die Lichtgeschwindigkeit *c* war deshalb aus $c = D/\Delta t$ zu $\sim 299\,000$ km/s zu berechnen. Römer hatte weder sehr gute Uhren noch den genauen Wert von *D* und fand daher den schlechteren Wert von 215 000 km/s.

James Bradley berechnete die L. aus dem Aberrationswinkel von 20,6", um den man ein Fernrohr ›vorhalten‹ muß, um einen Stern senkrecht zur Bahngeschwindigkeit der Erde ($\sim 29{,}77$ km/s) zu beobachten, und kam auf den schon recht guten Wert von $c = 297\,700$ km/s.

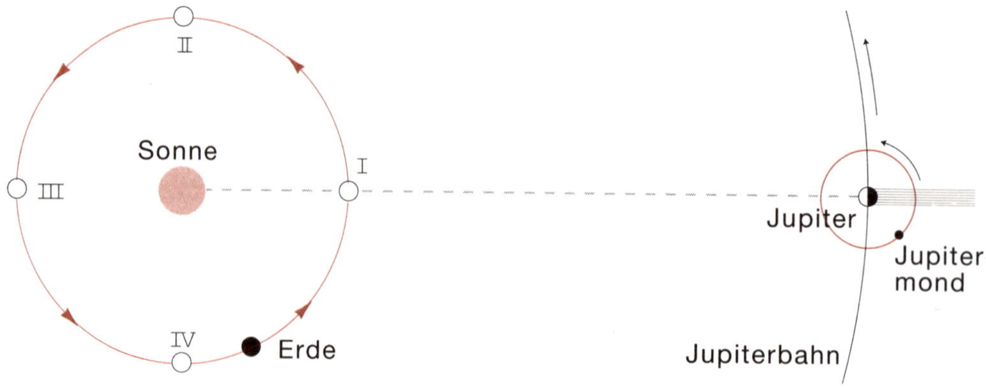

Lichtgeschwindigkeit (Figur 1): Messung nach dem Verfahren von O. Römer durch Beobachtung der Verfinsterung der Jupitermonde von verschiedenen Positionen (I – IV) der Erdbahn um die Sonne.

b) Labormessungen

Der Durchbruch in der Genauigkeit der *c*-Bestimmung kam aber erst, als man Meßanordnungen im Labor ersann. Hier gibt es direkte und indirekte Methoden: Die *direkte Methode* besteht darin, den Weg Δs zu messen, den ein spezieller Lichtstrahl zurücklegt, und die Zeit Δt, die er dazu braucht. *Armand H. L. Fizeau* benutzte 1849 dazu ein Zahnrad. Er schickte das Licht durch die Zahnlücken auf einen 8,633 km langen Weg, an dessen Ende er einen Spiegel stellte, der den Strahl zurück zum Zahnrad warf. Dann versetzte er das Zahnrad in so rasche Umdrehungen, daß das zurückgeworfene Licht nicht mehr auf eine Lücke, sondern auf einen Zahn traf. Das ließ sich gut beobachten, denn für den Experimentator hinter dem Zahnrad verschwand dabei die Lichtquelle im Spiegel. Aus der Zahl der Zähne, der Rotationsgeschwindigkeit und dem Lichtweg läßt sich die L. berechnen. Fizeau kam auf einen Wert von 313 290 km/s, weil er die Umdrehungszahl des Zahnrades mit den damaligen technischen Mitteln nicht gut genug konstant halten konnte.

Im Jahr 1901 erreichte *J. A. Perrotin* mit derselben Methode den schon sehr genauen Wert von 299 776 ± 80 km/s.

Wieder etwas anders ging *Jean B. L. Foucault* im Jahre 1850 vor. Er schickte das Licht auf einen sich drehenden Spiegel und von dort auf die Reise, ließ es ebenfalls in sich zurückspiegeln und wieder auf den Drehspiegel fallen, der aber mittlerweile eine etwas andere Stellung hatte. Aus der Winkeldifferenz und dem Lichtweg läßt sich ebenfalls *c* berechnen. Die Foucaultsche Drehspiegelmethode läßt sich gut im Hörsaal vorführen und ergibt recht genaue Werte. Foucaults erste Messung führte auf $c = 300\,900$ km/s.

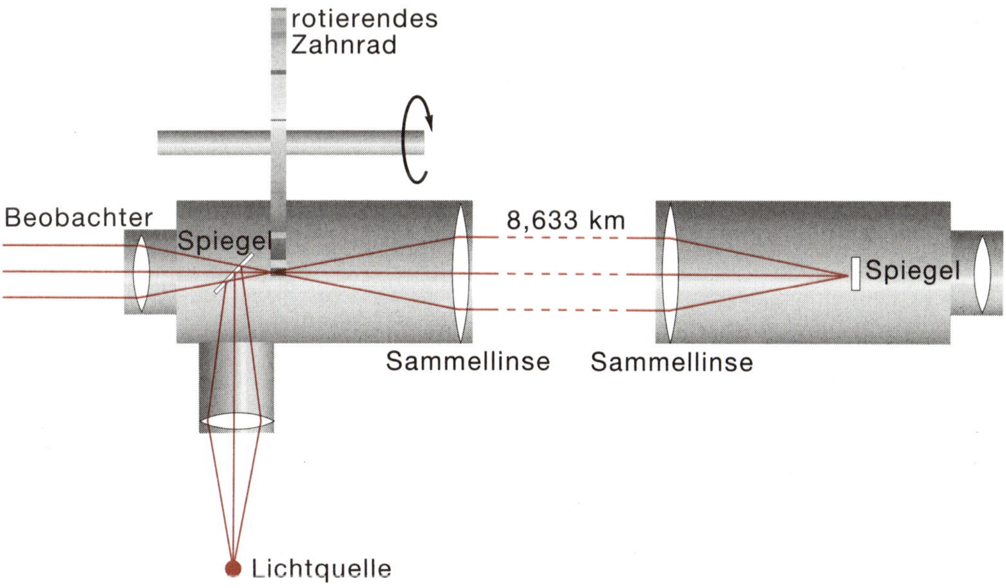

Lichtgeschwindigkeit (Figur 2): Anordnung von A. H. L. Fizeau zur Messung der Lichtgeschwindigkeit; das Licht wird an einem halbdurchlässigen Spiegel (Sp) reflektiert und über die Lücken eines rotierenden Zahnrads nach Durchlaufen einer Wegstrecke von 8,633 km beobachtet.

Spätere Messungen nach dem gleichen Prinzip führten auf immer genauere Werte. *Michelson* (1929) kam auf 299 774 ± 11 km/s, andere Experimentatoren benutzten andere Methoden zum Erzeugen der Lichtblitze (z.B. eine Kerrzelle oder eine Ultraschallzelle) und erreichten 1964 bereits einen Wert für $c = 299\,792{,}5 \pm 15$ km/s (Messungen von Karolus/Helmberger).

Mit der Relativitätstheorie und der Elektrodynamik, die das Licht als elektromagnetische Welle erkannten, wurden auch *indirekte Methoden* zugänglich. Da die Ausbreitungsgeschwindigkeit einer jeden → Welle das Produkt aus Frequenz und Wellenlänge ist, kann man die L. prinzipiell auch durch voneinander unabhängige Messungen dieser beiden Größen bestimmen. Voraussetzung ist allerdings eine Lichtquelle mit sehr scharfer Frequenz. Heutige Laser erfüllen diese Voraussetzung. So wurde 1972 mit einem methanstabilisierten Helium-Neon-Laser der Wert $c = 299\,792\,456{,}2 \pm 1{,}1$ km/s gemessen (R. L. Barger und J. L. Hall).
Die Genauigkeit der Zeitmessung (also auch der Frequenzmessung) liegt derzeit bei 10^{-14} (→ Uhr), die der Längenmessung aber nur bei etwa 10^{-9} (→ Maße und Maßsysteme). Um ebenfalls auf 10^{-14} zu kommen, müßte man für Licht von 500 nm eine Länge von 5000 km Maximum für Maximum auszählen. Das ist sicher unpraktikabel.
Deshalb hat man den Spieß umgedreht, vertraut mit der → Relativitätstheorie auf die Lichtgeschwindigkeit als Universalkonstante und hat seit 1983 die Länge als Primärmaß aufgegeben und statt dessen die Lichtgeschwindigkeit zum Primärmaß erhoben. Sie ist seither definiert als exakt

$$c = 299\,792\,458 \text{ m/s}.$$

Lichtstärke

Die L. ist ein Maß für die Menge der von einer Lichtquelle in einen bestimmten Raumwinkel ausgestrahlten Lichtstrahlen, gemessen in Candela (→ Maße und Maßsysteme).
In der Technik der optischen Geräte versteht man unter der L. das Quadrat des Wertes aus Blendendurchmesser dividiert durch Brennweite. Je größer bei Photoapparaten die L. ist, desto weniger ›Licht‹ wird für eine Aufnahme benötigt, um so kürzer kann also die Belichtungszeit sein.

Lichtstrom

Der L. ist ein Maß für die Strahlungsleistung einer Lichtquelle, gemessen in Lumen (→ Maße und Maßsysteme).

Liter

Abk. l, ein Volumenmaß, $1\text{ l} = 1000\text{ cm}^3$ (→ Maße und Maßsysteme).

lm

Abk. für Lumen, die Maßeinheit des Lichtstroms (→ Maße und Maßsysteme).

Lorentz-Kraft

Eine Ladung, die in einem → Magnetfeld ruht, erfährt keine Kraft. Sie verhält sich so, als sei das Magnetfeld überhaupt nicht vorhanden. Ein Magnet zieht zwar Eisen an, aber keine Elektronen. Das ändert sich, wenn sich das Elektron relativ zum Magnetfeld *bewegt*. Jetzt plötzlich wird es abgelenkt, und zwar *senkrecht* zu seiner Bewegungsrichtung und *senkrecht* zur Richtung des Magnetfeldes. Andere elektrische Ladungen als das Elektron verhalten sich ganz entsprechend, und es zeigt sich, daß die Kraft $\vec{F}$, die auf eine Ladung q in einem Magnetfeld $\vec{B}$ wirkt, wenn sie sich mit der Geschwindigkeit $\vec{v}$ bewegt, betragsmäßig sowohl q und $\vec{B}$ wie auch $\vec{v}$ proportional ist. Der Zusammenhang ist nach *Hendrik Lorentz* (1853–1928) benannt und läßt sich als einfache Vektorgleichung formulieren:

$$\vec{F} = q \cdot \vec{v} \times \vec{B}. \qquad (1)$$

Hat man es nicht mit einer einzelnen Ladung, sondern mit einem elektrischen Strom der Stärke I zu tun, der ja aus bewegten Ladungen besteht, die z. B. in einem Draht fließen, so ändert sich die Gleichung (1) in:

$$\vec{F} = I \cdot \vec{s} \times \vec{B}. \qquad (2)$$

Die Größe s ist dabei die in Stromrichtung gedachte Länge des betrachteten Leiterstücks im Feld $\vec{B}$. Die Richtung der Kraft wird dabei jedesmal durch die *Rechte-Hand-Regel* bestimmt (→ Vektor): Wenn der ausgestreckte Zeigefinger, der Mittelfinger und der Daumen der rechten Hand ein Dreibein bilden, so symbolisiert der Zeigefinger die positive Stromrichtung, der Mittelfinger das Magnetfeld und der Daumen die Lorentz-Kraft. Beachten Sie, daß bewegte *negative* Ladungsträger wie Elektronen einen negativen Strom bilden! Die Lorentz-Kraft erklärt nicht nur die → Induktion und den Hall-Effekt, sondern auch den → Pincheffekt und überhaupt alle magnetischen Kräfte. Man kann mit ihr das Magnetfeld genauso definieren wie das → elektrische Feld mit der Coulomb-Kraft.

Verbindungen zur Relativitätstheorie
Die Existenz von $\vec{v}$ in der Gleichung (1) legt den Gedanken nahe, ein Bezugssystem zu suchen, in dem diese Geschwindigkeit Null wird. Ein derartiges System ist mit der bewegten Ladung selbst verankert. Ein Beobachter auf ihr würde dennoch die Lorentz-Kraft feststellen, könnte sie aber nur einem → elektrischen Feld zuschreiben, das durch die Bewegung des Magnetfeldes verursacht sein müßte. Eine andere aufschlußreiche Betrachtung ergibt sich aus der Tatsache, daß der elektrische Strom, der das Magnetfeld $\vec{B}$ erzeugt, ja seinerseits aus bewegten Ladungen besteht, so daß man statt Gleichung (1) eine Beziehung erhält, in der *zwei* Geschwindigkeiten vorkommen. Überlegungen dieser Art waren Ausgangspunkt der *Lorentz-Transformation* und damit der → Relativitätstheorie. Sie zeigen, daß man das Magnetfeld als einen relativistischen Effekt ansehen kann, der nur deshalb gegenüber dem elektrischen Coulomb-Feld zwischen isolierten Ladungen eine Rolle spielt, weil die Ladungsbewegung *in einem Leiter* stattfindet, der insgesamt elektrisch neutral ist.

Loschmidtsche Zahl

Die Anzahl L der Atome oder Moleküle eines beliebigen Stoffes, die in einem Mol enthalten ist, wird als *Loschmidtsche* oder *Avogadrosche Zahl* bezeichnet. Ihr Wert ist immer derselbe und beträgt etwa $6{,}023 \cdot 10^{23}$ (→ Naturkonstanten). Das Mol bedeutet eine Masse, die dem Molekulargewicht dieses Stoffes in Gramm entspricht. Die Molekülzahl N pro Kubikzentimeter errechnet sich aus der Dichte ρ dieses Stoffes, seinem Molekulargewicht A und der Zahl L zu

$$N = L \cdot \frac{\rho}{A} \; (\rho \text{ in g/cm}^3).$$

Stoff	Dichte [in g/cm³]	Molekulargewicht	N [pro cm³]
Luft (0° C, Normaldruck)	$1{,}29 \cdot 10^{-3}$	29	$2{,}6 \cdot 10^{19}$
Aluminium	2,7	29,88	$5{,}4 \cdot 10^{22}$
Eisen	7,8	55,85	$8{,}4 \cdot 10^{22}$
Gold	18,9	196,97	$5{,}8 \cdot 10^{22}$

Tabelle: Molekülzahl N je cm³ bei einigen Stoffen

Diese Formel läßt sich auch auf Stoffgemische wie Luft anwenden; man muß dann allerdings ein ›mittleres Molekulargewicht‹ ausrechnen, das sich anteilig aus den Bestandteilen des Gemisches ergibt. Die Tabelle enthält einige Beispiele für Molekülzahlen.
Ganz grob kann man bei festen und flüssigen Stoffen mit etwa $5 \cdot 10^{22}$ Molekülen pro cm³ rechnen, während es bei Gasen nur etwa ein Zweitausendstel davon sind.

Luft

Unsere Atemluft besteht (bis in einer Höhe von etwa 60 km) aus einem nahezu gleichmäßigen Gasgemisch. Berücksichtigt man den immer vorhandenen Wasserdampf nicht, so besteht staubfreie Luft aus 78,08% Stickstoffgas (N_2), 20,95% Sauerstoffgas (O_2) und 0,93% Argon (Ar, einem Edelgas). Der geringe Anteil (0,03%) an Kohlendioxid (CO_2) darf nicht darüber hinwegtäuschen, daß gerade dieses Gas entscheidend für die Durchlässigkeit unserer Lufthülle für infrarote (Wärme-)Strahlung ist. Der CO_2-Gehalt unserer Atmosphäre steigt durch die Verbrennung von fossilen Brennstoffen (Kohle, Erdöl) ständig an. Es besteht dadurch die Möglichkeit, daß sich das globale Klima verändert (Treibhauseffekt, → Strahlungsgesetze). Die restlichen 0,01 Volumprozent entfallen auf andere Gase wie Helium, Neon, Krypton, Xenon, Radon und Ozon.

Luftdruck

Die Gewichtskraft, die die Atmosphäre durch die Erdanziehungskraft in Meereshöhe auf ihre Unterlage ausübt, liegt im Mittel bei 101315 Newton pro Quadratmeter. Der L. beträgt demnach 1013,15 hPa (Abk. für Hektopascal; → Maße und Maßsysteme), wenn man sich auf Meereshöhe befindet. Er schwankt etwa um 10%, je nach Wetterlage. Hochdruckgebiete bringen höheren L., Tiefdruckgebiete niedrigeren. Da sich Luft komprimieren läßt, ist ihr Druck $p(h)$ in der Höhe h proportional zur dort herrschenden Dichte $\rho(h)$:

$$p(h) = \text{konst.} \cdot \rho(h), \text{ d. h. } \frac{p}{\rho} = \frac{p_0}{\rho_0}$$
(in Meereshöhe).

Andererseits hat eine Luftschicht der Dicke $\mathrm{d}h$ die Masse $\mathrm{d}M = A \cdot \mathrm{d}h \cdot \rho$ und damit das Gewicht

$$\mathrm{d}F = g \cdot \mathrm{d}M = A \cdot \rho \cdot g \cdot \mathrm{d}h.$$

Sie erhöht demnach den Druck um $-\mathrm{d}p = -\mathrm{d}F/A$, weil h nach oben gezählt wird, F aber nach unten wirkt. Mit diesen Beziehungen erhalten wir schließlich:

$$-\mathrm{d}p = \rho(h) \cdot g \cdot \mathrm{d}h = \frac{\rho_0}{p_0} \cdot p(h) \cdot g \cdot \mathrm{d}h$$

oder auch

$$-\frac{\mathrm{d}p}{p} = \frac{\rho_0}{p_0} \cdot g \cdot \mathrm{d}h.$$

Die Integration liefert

$$-\ln p = \frac{\rho_0}{p_0} \cdot g \cdot h$$

oder schließlich

$$p = \text{konst.} \cdot e^{-\frac{\rho_0}{p_0} \cdot g \cdot h}$$

In der Höhe $h = 0$ muß $p = p_0$ sein, also ist auch die Integrationskonstante gleich p_0, und wir erhalten die Abhängigkeit des L. $p(h)$ von der Höhe h als

$$p(h) = p_0 \cdot e^{-\frac{h}{H}}. \quad (1)$$

Dieser Zusammenhang ist als *Barometerformel* oder *barometrische Höhenformel* bekannt. Die *Skalenhöhe*

$$H = \frac{p_0}{\rho_0 \cdot g}$$

hat mit den bekannten Werten ($\rho_0 = 1{,}29\ \text{kg/m}^3$ und $g = 9{,}81\ \text{m/s}^2$) den Zahlenwert ≈ 8006 m. In dieser Höhe ist also der L. auf $1/e$ abgefallen. Umgerechnet auf die *Halbwertshöhe* erhalten wir $H_{1/2} = H \cdot \ln 2 \approx 5545$ m. In einer Höhe von etwa 5,5 km herrscht demnach nur noch der halbe ›Normaldruck‹, und jedes weitere Steigen um 5,5 km halbiert den L. abermals. In 160 km Höhe (etwa 30 Halbwertshöhen) haben wir also nur noch den Wert $10^{-10}\,p_0$, d. h. praktisch luftleeren Raum.

Luftfeuchtigkeit

Normale Luft ist mehr oder weniger feucht, enthält also Wasser, selbst wenn sie kälter ist als 0 °C. Die Ursachen sind offene Wasserflächen (Seen, Flüsse, Meere), aus denen Wasser verdunstet, und Pflanzen, die Wasserdampf abgeben. Der in der Luft vorhandene Wasserdampf übt einen Druck auf die Erdoberfläche aus, der einen Teil des → Luftdrucks ausmacht. Dieser Partialdruck kann einen Sättigungswert erreichen, der vor allem von der Temperatur abhängt. Bei Siedetemperatur ist er genauso groß wie der Luftdruck. Die Dichte des Wasserdampfes in der Luft läßt sich aus dem Partialdruck berechnen, während dieser wiederum eine Stoffeigenschaft ist. Die tatsächliche Wasserdampfdichte in der Luft entspricht aber meistens nicht dem Sättigungswert. Deshalb genügt die Dampfdruckkurve des Wassers allein nicht zur Angabe der L. Man braucht vielmehr noch die Temperatur und den Sättigungsgrad.

In der Praxis gibt man die L. auf zweierlei Art an. Die *absolute Luftfeuchtigkeit* wird in g/m^3 gemessen und ist – unabhängig von der Temperatur – die Masse des Wasserdampfes, die in einem Kubikmeter Luft vorhanden ist. Sie ist die für wissenschaftliche Zwecke geeignete Größe. Das Wohlbefinden des Menschen (allgemein von Lebewesen) aber läßt sich viel eher mit dem Sättigungsgrad in Zusammenhang bringen, den man als *relative Luftfeuchtigkeit* bezeichnet und in % angibt. Der Grund ist darin zu sehen, daß die Grenzflächen von Lebewesen (vor allem der Schleimhäute) ihre Wasserabscheidung auf die Aufnahmefähigkeit der Luft einstellen müssen, die wiederum in erster Linie vom Sättigungsgrad abhängt. Diese Tatsache führt zu recht verwirrenden Erscheinungen. So schwankt die absolute L. *gesättigter* Luft zwischen 0,33 g (bei –30 °C) und 55,3 g (bei +40 °C). 0,33 g Wasserdampf in der Luft entsprechen also bei starkem Frost bereits 100% relativer L., bei +40 °C aber nur 0,6%.

Wir Menschen fühlen uns weder in sehr feuchter noch in sehr trockener Luft wohl, sondern bevorzugen eine relative L.

zwischen 40% und 60%. Im Winter kann diese Forderung zum Problem werden, vor allem in Wohnungen mit Heizungen, die keinen Wasserdampf als Verbrennungsprodukt abscheiden (Heizkörper). Die zum Lüften von draußen kommende Luft enthält nämlich recht wenig Wasserdampf. Selbst neblige Luft von 0 °C bringt es nur auf 4,8 g/m^3, ein Wert, der bei 20 °C nur eine relative Feuchtigkeit von knapp 28% garantiert. So kommt es, daß in unseren modernen Wohnungen im Winter nicht nur unsere Schleimhäute angegriffen werden, sondern auch Holzmöbel Risse bekommen, da sie austrocknen. Ein Kubikmeter Luft enthält bei einer relativen Feuchtigkeit von 50% x Gramm Wasser, wenn die Temperatur t °C beträgt; die Tabelle enthält einige Werte für t und x:

t (°C)	x ($\frac{g}{m^3}$ bei 50 %)
−30	0,17
−20	0,44
−10	1,07
0	2,42
10	4,7
20	8,7
30	15,2
40	27,7

Tabelle: Wassergehalt der Luft bei verschiedenen Temperaturen und einer relativen Feuchtigkeit von 50 %

Lumen

Abk. lm, die Maßeinheit des Lichtstroms (→ Maße und Maßsysteme).

Lumineszenz

Man nennt die Erscheinung der L. auch *kaltes Leuchten,* weil sie im Gegensatz zum → Glühen keine Temperaturstrahlung ist (→ Strahlungsgesetze). Das Licht entsteht aber immer auf die gleiche Weise. Ein Atomelektron fällt von einem höheren Energiezustand in einen niedrigeren, wobei die Energiedifferenz als Photon (Lichtquant) ausgestrahlt wird. Das ›Anheben‹ des Elektrons in den angeregten Zustand geschieht beim Glühen durch thermische Stöße. Es gibt aber noch viele andere Möglichkeiten: Chemische Bindungen können zerbrechen und dabei die Anregungsenergie liefern *(Chemolumineszenz).* Vorgänge dieser Art sind wohl die Ursache der Lichtausstrahlung bei einem Glühwürmchen. In Gasentladungsröhren wird die Anregung durch Stöße von geladenen Teilchen vermittelt, die im elektrischen Feld beschleunigt worden sind (→ Gasentladung). In Halbleiterkristallen kann etwas Ähnliches geschehen (Leuchtdiode, → Halbleiterelektronik). Auch das Zerbrechen eines Kristalls kann entlang der Bruchstellen Atomelektronen in angeregte Zustände versetzen und so Leuchterscheinungen auslösen *(Tribolumineszenz).*

Am wichtigsten ist aber wohl die Anregung durch Bestrahlen mit Licht *(Photolumineszenz).* Man spricht dann von Nachleuchten und unterscheidet zwischen Fluoreszenz und Phosphoreszenz.

Bei der *Fluoreszenz* fallen die angeregten Atome praktisch sofort (innerhalb von etwa 10^{-8} Sekunden) wieder in den Grundzustand zurück. Wird der Grundzustand in einem Sprung wieder erreicht, spricht man von *Resonanzfluoreszenz.* Bekanntestes Beispiel ist Natriumdampf, der in der charakteristischen Farbe der Natrium-D-Linien aufleuchtet, sobald man ihn mit gelbem Licht bestrahlt, das diese Wellenlängen enthält. Übrigens tritt Resonanzfluoreszenz auch noch bei den sehr viel kürzeren Wellenlängen der Gammastrahlung auf, die vom *Atomkern* absorbiert und ausgestrahlt werden

(→ Mößbauer-Effekt). Im allgemeinen wird jedoch nicht mit der gleichen Frequenz fluoresziert, mit der eingestrahlt worden ist, sondern mit einer oder mehreren niedrigeren Frequenzen (d. h. niedrigeren Photonenenergien). Das kann man verstehen, wenn das Zurückfallen in den Grundzustand in mehreren Sprüngen, d. h. über mehrere Niveaus erfolgt, wobei bei jedem Einzelsprung ein Photon ausgesandt wird *(Stokessche Regel)*. So kommt es, daß viele Stoffe (z. B. Zahnschmelz) intensives sichtbares Licht aussenden, wenn man sie mit dem – viel kurzwelligeren – ultravioletten Licht bestrahlt. Auch die Tatsache, daß man eine UV-Lampe nur verschwommen und bläulich sehen kann, ist auf Fluoreszenz zurückzuführen, die im Inneren unseres Augapfels Licht erzeugt, das natürlich der Scharfeinstellung durch die Augenlinse entzogen ist.
Die Vorgänge bei der Fluoreszenz sind komplizierter, wenn thermische Stöße eine Rolle spielen. So kann z. B. die Anregungsenergie durch einen Stoß abgeführt werden und in Wärme übergehen. Dann wird überhaupt kein Licht abgestrahlt *(Fluoreszenzabschwächung)*. Es kann auch sein, daß im bestrahlten Stoff schon *vor* der Bestrahlung angeregte Zustände vorhanden waren, die aus irgendwelchen Gründen (z. B. Drehimpulserhaltung) nicht von selbst in den Grundzustand zurückkehren konnten. Diese verbotenen Übergänge können durch eine zusätzliche Anregung umgangen werden. Dann kann es vorkommen, daß sogar Photonen höherer Energie ausgesandt werden, als in der Anregungsstrahlung vorhanden war (darauf beruht z.B. die Funktion von Laser und Maser).
Eine weitere Komplikation tritt ein, wenn die Anregung auf einen Energiezustand führt (eine ›Falle‹, engl. trap), der erst durch einen thermischen Stoß wieder verlassen werden kann und dann zur Lichtaussendung führt. Stoffe mit dieser Eigenschaft ›speichern‹ das Licht unter Umständen bis zu vielen Stunden und geben es während dieser Zeit kontinuierlich ab, wobei das Leuchten durch Temperaturerhöhung verstärkt und die Speicherzeit verkürzt werden kann (die ›Lichtsumme‹ bleibt konstant). Man nennt diese Stoffe *Phosphore* (nach dem Element Phosphor) und die Erscheinung selbst *Phosphoreszenz*. Es gibt auch schon Phosphore mit sehr kurzen Speicherzeiten (einige Millisekunden), wie sie für Oszillographenröhren und Fernsehbildschirme verwendet werden.

Lupe

Ein normales ›Vergrößerungsglas‹ ist eine Sammellinse mit einer Brennweite von etwa 2 – 5 cm. Könnte man einen Gegenstand sehr dicht ans Auge halten und dabei noch scharf sehen, wäre jede L. überflüssig, denn die Augenlinse müßte dann ein entsprechend großes Bild auf der Netzhaut erzeugen. Leider ist jedoch die Brennweite der Augenlinse nicht beliebig klein zu machen. Beim normalen Auge ist die kürzeste Brennweite erreicht, wenn der Gegenstand etwa 25 cm *(deutliche Sehweite)* vom Auge entfernt scharf eingestellt wird (→ optische Abbildung). Für kürzere Gegenstandsweiten müßte man die Augenlinse noch stärker zusammenziehen. Dies ist nur in geringem Maße bei jungen Menschen möglich.
Die L. verkürzt die deutliche Sehweite, wenn man sie folgendermaßen benutzt (Figur 1): Man bringt den Gegenstand in die Brennebene der L. Dann laufen die von ihm ausgehenden Lichtstrahlen parallel auf das Auge zu und können mit völlig entspannter Augenlinse betrachet werden. Es ist genauso, als könnte man

den Gegenstand im Brennweitenabstand der L. noch scharf fixieren. Dabei ist es offenbar gleichgültig, in welcher Entfernung vom Auge sich die L. befindet. Das *Gesichtsfeld* allerdings, das die L. vermittelt, wird um so kleiner, je weiter sie vom Auge entfernt ist. Deshalb ist es am besten, das Auge ebenfalls in Brennweitenabstand von der L. zu bringen. Uhrmacherlupen werden z. B. direkt vors Auge geklemmt (oder auf die Brille gesteckt).

Die Vergrößerung einer L. wird als Winkelvergrößerung definiert, d. h. als Verhältnis des Winkels ε, unter dem man den Gegenstand hinter der L. sieht, zum Winkel ε_0, unter dem er in deutlicher Sehweite (25 cm) erscheinen würde. Dieses Verhältnis ergibt sich aus der Figur zu

$$\frac{\varepsilon}{\varepsilon_0} = \frac{25\ \text{cm}}{f}.$$

Je kleiner man f macht, um $\varepsilon/\varepsilon_0$ zu erhöhen, desto geringer wird der Tiefenbereich des Objekts, der noch scharf eingestellt werden kann. Maximalvergrößerungen von $\varepsilon/\varepsilon_0 = 20$ empfehlen sich deshalb nur, wenn man ebene Objekte betrachten will. Uhrmacherlupen stellt man wegen der räumlichen Objekte selten mit $\varepsilon/\varepsilon_0 > 10$ her; dies entspricht einer Brennweite von 2,5 cm.

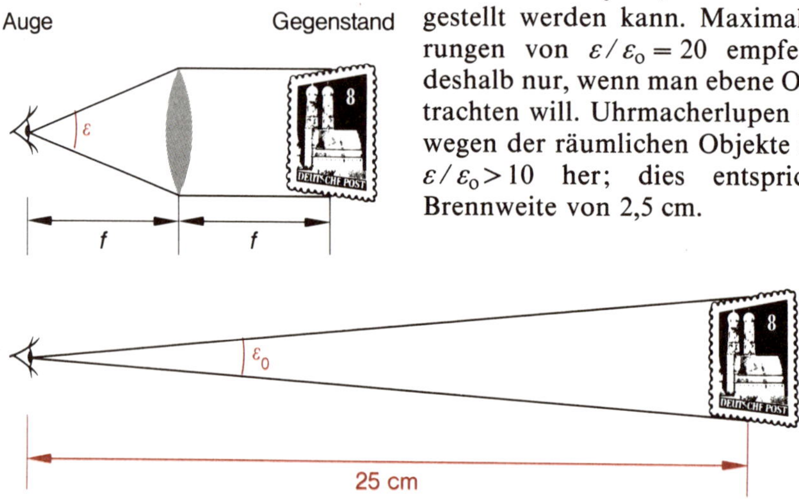

Lupe (Figur 1): Die Vergrößerung einer Lupe ist definiert als Verhältnis des Winkels ε, unter dem man den Gegenstand hinter der Lupe sieht, zum Winkel ε_0 in Sehweite (25 cm).

M

M **1)** Abk. für die Vorsilbe → Mega- bei Maßeinheiten (→ Maße und Maßsysteme);
2) Abk. für Maxwell, die Maßeinheit des magnetischen Flusses; 1 M = 10^{-8} Weber (→ Maße und Maßsysteme).

m **1)** Abk. für die Vorsilbe → Milli- bei Maßeinheiten (→ Maße u. Maßsysteme);
2) Abk. für die Längeneinheit → Meter.

Machsche Zahl

Die M. Z. ist ein Geschwindigkeitsmaß, das angibt, in welchem Verhältnis die Geschwindigkeit eines Flugzeugs zur Schallgeschwindigkeit steht. So bedeutet z. B. *Mach 3* dreifache Schallgeschwindigkeit. Die M. Z. bestimmt auch die Größe des Kegelwinkels der entstehenden → Kopfwelle.

Magnet

Ursprünglich verstand man unter einem M. einen Körper, der Eisenstücke anzog, ohne daß man sich diese Wirkung erklären konnte. Heute kennt man den Zusammenhang zwischen → Magnetfeld und elektrischem Strom (→ Lorentz-Kraft) und kann künstlich viel stärkere M. erzeugen *(Elektromagnet)*, als sie in der Natur vorkommen. Trotzdem haben die ›natürlichen‹ M. *(Permanentmagnete)* viele Begriffe geprägt, die man auch heute noch benutzt. So hat man an stabförmigen M. die Kraftlinien mittels Eisenfeilspänen sichtbar gemacht und dabei einen Verlauf gefunden, der den Kraftlinien zwischen einer positiven und einer negativen Ladung zum Verwechseln ähnlich sieht. Der Schluß auf positive und negative ›magnetische Ladungen‹ war aber falsch. Zwar hatte man das schon sehr bald erkannt, weil ein Stabmagnet, den man in der Mitte zerbricht, keineswegs in zwei Pole zerfällt, sondern vielmehr zwei neue, zweipolige M. bildet. Die vermeintlichen ›Pole‹ existieren also in Wirklichkeit nicht. Das Magnetfeld eines Körpers wird lediglich wegen der Kraftlinien so dargestellt, als hätte es Quellen und Senken. Diese Praxis hat schon zu so vielen Mißverständnissen und Irrtümern geführt, daß man besser auf den Begriff des *Magnetpols* völlig verzichten sollte.
Nun hat auch unsere Erde ein Magnetfeld, und die zugeordneten Pole liegen in der Nähe der Rotationsachse. Überdies kann man eine Magnetnadel benutzen, um die Richtung zu bestimmen, in der die magnetischen Pole der Erde liegen. So wird es wohl auch in Zukunft ein Wunsch bleiben, die magnetischen Pole abzuschaffen und statt dessen von Kreisströmen zu sprechen, die in sich geschlossene magnetische Feldlinien erzeugen, wie es physikalisch viel sinnvoller wäre.
Auf einer höheren Ebene (→ Elementarteilchen) wird schließlich auch von Physikern in letzter Zeit intensiv nach einer magnetischen Elementarladung gesucht. Gefunden hat allerdings den *magnetischen Monopol* bis jetzt niemand, obwohl seine Existenz von einigen Theoretikern gefordert wird.

Magnetfeld

Viele Verständnisschwierigkeiten in der Elektrodynamik treten nur deswegen auf, weil zwischen *Magnetfeld* ($\vec{H}$ bzw. $\vec{B}$) und *elektrischem Feld* ($\vec{E}$ bzw. $\vec{D}$) Analogien aufgestellt werden. Diese Vergleiche drängen sich zwar teilweise förmlich auf, führen aber immer zu Widersprüchen, weil man für verschiedene Anwendungen unterschiedliche Entsprechungen ansetzen muß. Fast alle moderneren Lehrbücher verzichten daher ganz auf irgendwelche Gegenüberstellungen und benutzen zur Beschreibung des elektrischen Feldes nur noch $\vec{E}$ und zur Beschreibung des M. nur noch $\vec{B}$, auch wenn dadurch die Formeln etwas komplizierter werden.

Das M. ist zunächst eine Konstruktion, d. h. eine Rechengröße, mit der man die Kräfte beschreibt, die bewegte Ladungen aufeinander ausüben. Diese Kräfte sind ihrer Natur nach relativistisch (→ Relativitätstheorie), weil sie eben nur von der Relativbewegung zwischen Ladungen abhängen. Da relativistische Kräfte bei kleinen Geschwindigkeiten normalerweise nicht ins Gewicht fallen, fragt man sich daher, warum wir magnetische Kräfte im täglichen Leben gegenüber den sehr viel größeren Coulomb-Kräften überhaupt bemerken. Dafür gibt es nur eine Erklärung: Die bewegten Ladungen üben nach außen hin keine elektrischen Kräfte aus, weil sie exakt durch entsprechende positive Kräfte neutralisiert werden. Das ist bei einem elektrischen Strom, der in einem Draht fließt, genauso wie bei den Kreisströmen der Elektronen im Atom, wo die negativen Ladungen vom positiven Kern elektrisch im Gleichgewicht gehalten werden.

Felder ladungsneutraler stationärer Ströme

Die Ableitung der Feldgrößen ist von verschiedenen Ausgangspunkten her möglich. Man kann das → Biot-Savartsche Gesetz benutzen oder die Maxwellschen Gleichungen der → Elektrodynamik, oder man geht von relativistischen Betrachtungen aus. Das letzte Verfahren vermittelt zweifellos das tiefste Verständnis, und ich werde wenigstens einige dieser Aspekte weiter unten beschreiben. Alle Methoden liefern natürlich dieselben Ergebnisse, die ich für die einfachsten Anordnungen aufzähle.

1. Das M. eines langen, geraden Leiters umgibt diesen Leiter. Die Feldlinien bilden konzentrische Ringe (Figur 1), die Feldstärke $\vec{B}$ nimmt mit $1/r$ ab und ist der Stromstärke I im Leiter proportional:

$$|B| = \frac{\mu_0}{2\pi} \cdot \frac{I}{r}. \qquad (1)$$

$\vec{B}$ ist so gerichtet, daß die Feldlinien im Uhrzeigersinn den Draht umlaufen, wenn man in die positive Stromrichtung schaut, r ist der Abstand vom Draht, und μ_0 be-

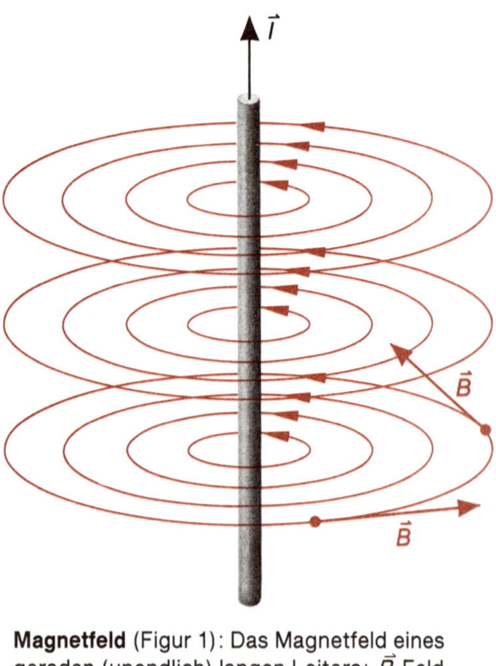

Magnetfeld (Figur 1): Das Magnetfeld eines geraden (unendlich) langen Leiters; $\vec{B}$ Feldstärke, $\vec{I}$ Stromstärke im Leiter zeichnet die *magnetische Feldkonstante* (→ Permeabilität). Sie ergibt sich aus der elektrischen Feldkonstanten ε_0 und der Lichtgeschwindigkeit c durch:

$$\mu_0 = \frac{1}{\varepsilon_0 \cdot c^2}. \qquad (2)$$

Der Zusammenhang zwischen den Richtungen der Vektoren $\vec{B}$ und $\vec{I}$ wird oft mit der *Rechte-Hand-Regel* beschrieben: Wenn der Daumen der rechten Hand in die Stromrichtung weist, so zeigen die gekrümmten Finger den Umlaufsinn des M. an (siehe Figur 1). Dabei muß man beachten, daß $\vec{I}$ der Strom der positiven Ladungsträger sein soll, also der technischen Stromrichtung entspricht.

2. Das M. eines Kreisstromes ist eigentlich das physikalisch vorrangige M., denn es tritt als einziges in jedem Magneten auf. Seine Ähnlichkeit mit einem Dipolfeld (→ Dipol) hat zur Einführung von Begriffen wie der ›Polstärke‹ für Magneten geführt, die aber nur verwirren, weil sie falsche Vorstellungen über die Natur des M. hervorrufen (Figur 2). Die Feldstärke im Mittelpunkt des Kreisstromes beträgt

$$|B| = \frac{\mu_0}{2} \cdot \frac{I}{r}. \qquad (3)$$

Die Richtung von $\vec{B}$ ergibt sich auch hier durch die Rechte-Hand-Regel.

3. Eine lange, gerade Spule (mit N Windungen) hat ein Feld, das sich aus dem von N Kreisströmen zusammensetzt, die sich überlagern. Die Feldstärke $\vec{B}$ ist im Innern der Spule homogen und hat die Größe

$$|B| = \mu_0 \cdot \frac{N \cdot I}{l}. \qquad (4)$$

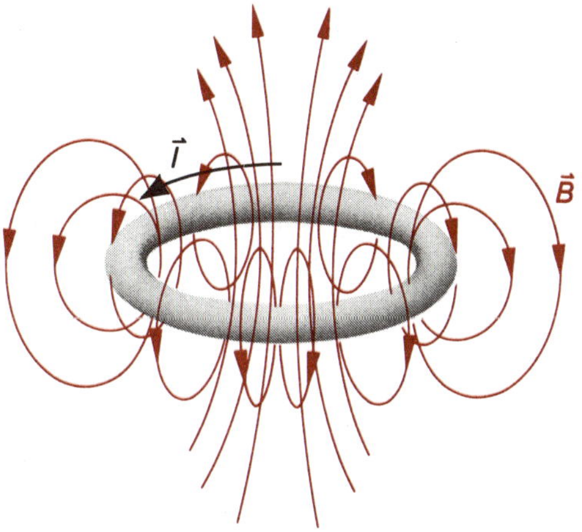

Magnetfeld (Figur 2): Das Magnetfeld eines Kreisstromes ähnelt dem eines Dipolfeldes; $\vec{B}$ Feldstärke, $\vec{I}$ Stromstärke im Leiter.

Dabei ist l die Länge der Spule (Figur 3). Die Größe $N \cdot I$ heißt auch *Amperewindungszahl* oder *Stromwindungszahl.*

Magnetfeld und Materie

Alle bisher angegebenen Formeln gelten

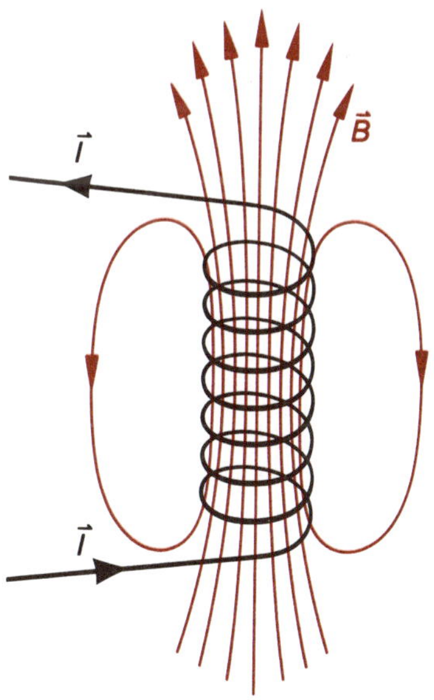

Magnetfeld (Figur 3): Das Magnetfeld einer langen Spule ist im Inneren homogen; $\vec{B}$ Feldstärke, $\vec{I}$ Stromstärke im Leiter.

für Leiter in Luft (genauer im Vakuum). Jede Materie besteht aber aus Atomen, die von Elektronen umgebene positiv geladene Massen darstellen (→ Atomphysik). Diese Elektronen besitzen Bahndrehimpuls und Eigendrehimpuls und bilden daher Kreisströme, die sozusagen den Stoffen schon ›eingeprägt‹ sind. Natürlich erzeugen auch diese Kreisströme M., die mit äußeren Feldern in Wechselwirkung treten, sobald solche auftreten (→ Magnetisierung). Man beobachtet also das seltsame Phänomen, daß die beobachtete Feldstärke $\vec{B}$ sich ändert, wenn Materie im Feldbereich ist. Besonders auffällig ist diese Erscheinung bei Anwesenheit ferromagnetischer Materialien (z. B. Eisen). Die Ausrichtung dieser bereits ›kristallisierten‹ Magnete bewirkt eine Erhöhung der Feldstärke um oft mehr als das Tausendfache. Man hat deshalb in einer Zeit, als man dieses Phänomen noch nicht richtig zu erklären wußte, eine neue Feldgröße $\vec{H}$ geschaffen, um von den Materialeigenschaften unabhängig zu sein. Der Zusammenhang zwischen $\vec{H}$ und $\vec{B}$ im Vakuum lautet

$$\vec{H} = \frac{1}{\mu_0} \cdot \vec{B} = \varepsilon_0 \cdot c^2 \cdot \vec{B}. \qquad (5)$$

Im materieerfüllten Raum setzt man

$$\vec{H} = \frac{1}{\mu} \cdot \vec{B}, \qquad (6)$$

wobei $\mu = \mu_r \cdot \mu_0$ als *Permeabilität* bezeichnet wird. Die Stoffeigenschaft steckt lediglich in der Permeabilitätszahl μ_r (früher als *relative Permeabilität* bezeichnet). Die Größe $\vec{B}$ wird dann als *Induktionsflußdichte* eingeführt. Bedenkt man aber, daß im Flüssigkeitsmodell (→ Feld) die Feldliniendichte als Feldstärke definiert ist, erscheint es logischer, $\vec{B}$ als Feldstärke zu bezeichnen und $\vec{H}$ nicht zu verwenden, wie es heute auch die meisten modernen Lehrbücher tun.

Auch ein Vergleich zwischen → Lorentz-Kraft $(q \cdot \vec{v} \times \vec{B})$ auf eine bewegte Ladung im M. und Coulomb-Kraft $(q \cdot \vec{E})$ auf eine Ladung im elektrostatischen Feld spricht für eine Definition der $\vec{B}$-Feldlinien als Kraftlinien.

Der Unterschied zwischen $\vec{B}$ und $\vec{H}$ ergibt sich aus ähnlichen Überlegungen wie der Unterschied zwischen $\vec{E}$ und $\vec{D}$: Für das $\vec{H}$-Feld gibt es nur ›freie‹ Ströme. Die ›gebundenen‹ Ströme der Atomelektronen werden durch μ_r eliminiert. Das $\vec{B}$-Feld dagegen beschreibt alle Ströme.

Die Energie des Magnetfeldes

Auch das M. speichert Energie, genau wie das elektrische Feld. Im Einzelfall muß sie aufgebracht werden, um den Strom gegen die Selbstinduktion L in Gang zu setzen (→ Induktion). Diese Energie E ergibt sich zu

$$E = \frac{1}{2} L \cdot I^2. \qquad (7)$$

Die zugehörige mikroskopische Größe ist die *Energiedichte* w des M., sie ist auf jedes M. anwendbar und beträgt im Vakuum

$$w = \frac{1}{2} \cdot \frac{1}{\mu_0} \cdot B^2 = \frac{1}{2} \cdot \varepsilon_0 \cdot c^2 \cdot B^2. \qquad (8)$$

In Materie ist μ_0 durch μ zu ersetzen.

Relativistischer Zusammenhang zwischen elektrischem Feld und Magnetfeld

Ein ungefähres Gefühl dafür, wie M. relativistisch zu beschreiben sind, mag das folgende Gedankenexperiment vermitteln. Zwei Elektronen sollen sich im Laborsystem im Abstand R voneinander befinden. Dann stoßen sie sich mit einer Kraft $\vec{F}_C$ ab, die sich aus dem Coulombschen Gesetz ergibt. Wie wird diese Kraft vermittelt? Nach der Quantenfeldtheorie dadurch, daß die beiden Elektronen Feldquanten austauschen, nämlich *Photonen,* also ›Lichtquanten‹. Diese fliegen mit Lichtgeschwindigkeit zwischen den Ladungen hin und her und übertragen dabei den Impuls, dessen Änderung gerade gleich der wirkenden Kraft ist. Was ändert sich an diesem Bild, wenn die beiden Elektronen sich parallel zueinander relativ zum Laborsystem mit der Geschwindigkeit v bewegen? Für einen mitbewegten Beobachter bleibt alles beim alten: Er sieht die Photonendichte n, der ein Impulsübertrag von der Größe der Coulomb-Kraft entspricht, und registriert damit dieselbe Abstoßung wie vorher. Für den im Laborsystem ruhenden Beobachter aber müssen die Feldquanten einen größeren Weg zwischen den Elektronen quer zur Fahrtrichtung zurücklegen, nämlich

$$R \cdot \frac{1}{\sqrt{1 - \frac{v^2}{c^2}}}$$

(→ Relativitätstheorie). Nun ist der Impulsaustausch aber umgekehrt proportional zum Quadrat des Abstands. Anders ausgedrückt: Die Photonendichte nimmt mit dem Quadrat des Abstandes ab. Es wird also für den Laborbeobachter weniger Impuls übertragen, und zwar um den Faktor $1 - v^2/c^2$. Er sieht die Abstoßung zwischen den Elektronen um den Faktor v^2/c^2 vermindert und schreibt dies der Wirkung eines M. von der Größe

$$B = -\frac{v^2}{c^2} \cdot \frac{1}{4\pi\varepsilon_0} \cdot \frac{e^2}{R^2}$$

zu. Benutzt man die Vektoren $\vec{v}$ und $\vec{E}$, so ergeben sich genau die Formeln für die Lorentz-Kraft. Wenn es sich nicht um zwei freie Elektronen handelt, sondern um viele Elektronen, die sich in zwei für das Laborsystem elektrisch neutralen Drähten bewegen, dann ändert sich an der eben geschilderten Rechnung nur, daß im Laborsystem kein $\vec{E}$-Feld existiert, weil es von den positiven Ionen der Drähte neutralisiert wird. Die Abnahme der Wechselwirkung zwischen den bewegten Elektronen bleibt aber bestehen und auch die daraus resultierende Anziehungskraft zwischen parallelen stromführenden Leitern (→ Pincheffekt), die der Laborbeobachter natürlich wiederum einem M. zuschreibt. Die Anziehungskraft F pro Längeneinheit l zwischen zwei parallelen Leitern ergibt sich in voller Übereinstimmung mit dieser Betrachtung zu

$$\frac{F}{l} = \mu_0 \cdot \frac{I^2}{2\pi \cdot R}. \qquad (9)$$

Magnetisierung

Wenn man einen Körper in ein → Magnetfeld bringt, werden in seinen Atomen Kreisströme induziert oder vorhandene Kreisströme ausgerichtet. Diesen Vorgang bezeichnet man als *Magnetisierung* $\vec{M}$ dieses Körpers. Die Größe $\vec{M}$ ist daher gleich der Summe der magnetischen Momente (→ Dipol), die in einem gewissen Volumen induziert oder ausgerichtet worden sind, dividiert durch dieses Volumen. Dabei hängt $\vec{M}$ natürlich vom magnetisierenden Feld $\vec{B}_0$ ab, das man z. B. durch äußere Ströme erzeugt. Die gesamte magnetische Flußdichte $\vec{B}$ muß also sein:

$$\vec{B} = \vec{B}_0 + \mu_0 \cdot \vec{M}. \qquad (1)$$

Benutzt man statt der Flußdichte $\vec{B}$ die Größe

$$\vec{H} = \frac{1}{\mu_0} \cdot \vec{B}_0,$$

dann ist

$$\vec{B} = \mu_0 \cdot (\vec{H} + \vec{M}). \qquad (2)$$

Das Verhältnis der Magnetisierung $|M|$ zur Erregerfeldstärke $|H|$ heißt *magnetische Suszeptibilität* κ:

$$\kappa = \frac{M}{H} \text{ oder } \vec{M} = \kappa \cdot \vec{H}. \qquad (3)$$

Eingesetzt in Gleichung (2) erhält man:

$$\vec{B} = \mu_0 \cdot (1 + \kappa) \cdot \vec{H}. \qquad (4)$$

Andererseits ist die relative Permeabilität (besser: Permeabilitätszahl) μ_r aus der Beziehung $\vec{B} = \mu_0 \cdot \mu_r \cdot \vec{H}$ bekannt, so daß für die Suszeptibilität folgt:

$$\kappa = \mu_r - 1. \qquad (5)$$

Für *diamagnetische* und *paramagnetische Stoffe* ist κ in sehr guter Näherung konstant (und klein gegenüber 1). Nur bei *Ferromagnetika*, deren magnetische Momente bereits in größeren Bereichen vollständig ausgerichtet sind, ist κ stark von $\vec{H}$ abhängig. Dann verliert die Zahl κ als Proportionalitätsfaktor natürlich ihren Sinn, und man hält sich besser direkt an eine Magnetisierungskurve (→ Hysteresis). Im übrigen ist die paramagnetische Suszeptibilität auch temperaturabhängig (→ Magnetismus).

Magnetismus

Schon im Altertum kannte man Materialien (z. B. Magneteisenstein, Magnetit, Fe_3O_4), die ohne erkennbare Ursache auf gewisse andere Stoffe wie Eisen Kräfte ausüben konnten, sobald sie in deren Nähe kamen. Diese Materialien wurden nach der Landschaft *Magnesia* (in Griechenland) als magnetisch klassifiziert. Noch heute benutzen Nichtphysiker den Namen M. für ›unerklärliche‹ Kraftwirkungen, die vor allem im parapsychologischen Bereich zur Geltung kommen sollen.

Glücklicherweise haben die Physiker mittlerweile eine Erklärung für das Verhalten des Magnetits gefunden, die bisher allen Nachprüfungen standgehalten hat. Sie beruht auf den Eigenschaften des → Magnetfeldes als einer Veränderung des Raumes, die durch bewegte Ladungen zustande kommt. Ein Magnet ist in diesem Bild nichts anderes als ein Kreisstrom, und das magnetische Verhalten der Materie ist durch elementare Kreisströme und ihre Koppelung an → Drehimpulse erklärbar.

Elementarmagnete

Eigentlich muß man zur Beschreibung des magnetischen Moments (→ Dipol) eines Atoms die Quantenmechanik bemühen. Um sich aber das magnetische Verhalten von Atomen anschaulich vorzustellen, benutzt man meistens das halbklassische Bild des → Atoms als eines Systems von Elektronen, die auf bestimmten Bahnen um den Atomkern kreisen und dabei auch noch um ihre eigene Achse rotieren *(Elektronenspin)*. Beide Bewegungen müssen zur Erklärung der magnetischen Eigenschaften von Stoffen herangezogen werden. Die → Atomphysik zeigt, daß sich zumindest die Spins der Elektronen in den meisten Elementen paarweise kompensieren. Abgeschlossene Elektronenschalen haben überhaupt keinen resultierenden Drehimpuls und bilden daher nach außen hin auch keinen Kreisstrom. Ungeradzahlige Elektronen dagegen haben mindestens einen überzähligen Spin, der als Kreisstrom auch nach außen hin in Erscheinung tritt. Atome mit ungerader Kernladungszahl haben deshalb *immer* ein resultierendes magnetisches Moment. Es gibt aber auch Atome mit gerader Kernladungszahl, vor allem solche mit nicht abgeschlossenen inneren Schalen (z. B. Eisen, aber auch Übergangselemente wie Gadolinium), deren resultierendes magnetisches Moment nicht Null ist. Diese Atome verhalten sich wie kleine Elementarmagnete, die man in einem äußeren Magnetfeld ausrichten kann oder die sich sogar gegenseitig so beeinflussen, daß größere Gebiete ausgerichteter magnetischer Momente entstehen.

Diamagnetismus

Auch die zunächst magnetisch neutralen Atome zeigen eine Wirkung, wenn man sie in ein Magnetfeld bringt. Der Grund ist die Kopplung von Drehimpuls und Ladung für jedes einzelne Elektron. Das Magnetfeld versucht, jedes magnetische Moment in die Richtung von $\vec{B}$ zu drehen, und dieses Drehmoment wirkt auf alle Elektronenspins in gleicher Weise. Wegen des Drehimpulses können sie dem äußeren Drehmoment nicht folgen, sondern sie präzedieren wie jeder → Kreisel um die Richtung von $\vec{B}$ herum. Diese Präzessionsbewegung führt aber wiederum eine Ladung im Kreis herum, ist also ein induzierter Strom in Inneren jedes Atoms. Nach der → Lenzschen Regel ist dieser Strom für alle Elektronen so gerichtet, daß sein Magnetfeld das äußere $\vec{B}$-Feld schwächt. Das Atom verhält sich also insgesamt wie ein induzierter magnetischer → Dipol. Bringt man es in ein inhomogenes Magnetfeld, dann erfährt es eine Kraft in Richtung kleinerer Feldstärke. Aus dieser Begründung geht hervor, daß zunächst alle Atome ein *diamagnetisches* (griech. dia; dt. entgegengesetzt) *Verhalten* zeigen. Allerdings sind die diamagnetischen Kräfte sehr klein. Die *diamagnetische Suszeptibilität* ist daher klein und negativ (→ Magnetisierung). Wismut ist mit $\kappa \approx -1{,}6 \cdot 10^{-4}$ einer der stärksten diamagnetischen Stoffe; typisch sind Werte zwischen 10^{-4} und 10^{-5}.

Paramagnetismus

Der natürliche Diamagnetismus kann überdeckt werden, wenn das Atom ein Elementarmagnet ist, also z. B. eine ungerade Anzahl von Elektronen besitzt. Dann wird sich dieses Atom im äußeren Feld ausrichten, d. h. dieses Feld verstärken. Die Temperaturbewegung stört zwar diese Ausrichtung, so daß die zugehörige Suszeptibilität zwar positiv, aber temperaturabhängig sein muß. Trotzdem ist der Betrag von κ meistens größer als beim Diamagneten. Man nennt dieses Verhalten *paramagnetisch* (griech. para; dt. gleichgerichtet). Die Abhängigkeit von der absoluten Temperatur T ist durch das *Curiesche Gesetz* gegeben (nach *Pierre Curie,* 1859–1906):

$$\kappa = \text{konst.} \cdot \frac{1}{T}. \tag{1}$$

Stark paramagnetische Stoffe sind z. B. Kobaltchlorid, $CoCl_2$ ($\kappa \approx 4{,}3 \cdot 10^{-3}$) oder Chlorwasserstoff, HCl ($\kappa \approx$ $\approx 1{,}6 \cdot 10^{-2}$).

Ferromagnetismus

Die paramagnetischen Elementarmagnete sind in einigen Metallen (Eisen, Nickel, Kobalt), den Seltenen Erden Gadolinium, Dysprosium und Erbium und verschiedenen Mangan-Legierungen so stark aneinander gekoppelt, daß unterhalb einer bestimmten Temperatur *(Curie-Temperatur, Curie-Punkt)* T_C ganze Kristallbereiche magnetisch ›eingefroren‹, d. h. vollständig ausgerichtet sind. Diese Bereiche (*Weissche Bezirke,* → Barkhausen-Effekt) stimmen nicht immer mit den Korngrenzen der Kristallite überein. Richtet man sie jedoch aus, so hat man praktisch einen ›magnetischen Einkristall‹, der bis zur völligen Sättigung magnetisiert ist. Dieses Verhalten nennt man *ferromagnetisch.* Alle *Permanentmagneten (Dauermagneten)* bestehen aus derartigen Ferromagneten. Dabei bevorzugt man Legierungen, die auch nach dem Abschalten des ausrichtenden Magnetfeldes möglichst nahe an ihrer Sättigungsmagnetisierung bleiben, deren → Hysteresis also möglichst groß ist. Diese Stoffe bezeichnet man als *magnetisch hart.* Ein *magnetisch weiches* Material *(Weicheisen)* setzt dagegen einer Ummagnetisierung keinen großen Widerstand entgegen. Beim Abschalten des Feldes wird es dafür wieder nahezu unmagnetisch.

Die Curie-Temperatur T_C (ebenfalls nach *Pierre Curie* benannt) erklärt man sich qualitativ leicht durch die zunehmende thermische Bewegungsenergie der Atome, die schließlich die magnetische Ausrichtung aufbricht. T_C liegt für Eisen bei 744 °C, für Gadolinium aber bei nur 17 °C. Oberhalb ihrer Curie-Temperatur verlieren alle Magnete ihren Ferromagnetismus und sind dann nur noch paramagnetisch. Eine prinzipiell sehr einfache Methode, den unerwünschten Magnetismus eines Stahlteils zu beseitigen, besteht einfach darin, es über die Curie-Temperatur hinaus zu erhitzen. Leider verliert es dadurch teilweise auch seine elastischen Eigenschaften, so daß man in der Praxis die Wechselfeldmethode bevorzugt. Das Magnetisieren eines Ferromagnetikums ist dagegen verhältnismäßig einfach: Man muß es nur einem genügend starken Magnetfeld aussetzen. Weicheisen kann man z. B. schon dadurch magnetisieren, daß man es dem Magnetfeld der Erde aussetzt oder indem man mit einem anderen, bereits magnetisierten Eisenstück darüber hinwegstreicht. Die Suszeptibilität mancher Ferromagnetika erreicht Werte von $\kappa \approx 200\,000$ (z. B. die Legierung Hyperm 900). Da diese Stoffe alle magnetischen Feldlinien ›in sich hineinsaugen‹, sind sie zur magnetischen Abschirmung sehr geeignet.

Antiferromagnetismus und Ferrimagnetismus

Bestimmte chemische Verbindungen (vor allem des Mangans) haben auch spontan ausgerichtete magnetische Momente wie die Ferromagnetika, aber sie sind einander paarweise entgegengesetzt und heben sich daher gegenseitig auf. Man erkennt solche Stoffe trotzdem am anomalen Verhalten ihrer magnetischen Suszeptibilität. Diese *Antiferromagnetika* haben nämlich eine kritische Temperatur (ähnlich T_C), bei der κ ein Maximum durchläuft.

Wenn die magnetischen Elementardipole zwar antiparallel ausgerichtet sind, aber ungleiches Dipolmoment haben, bleibt ein dem Ferromagnetismus ähnliches Verhalten, allerdings mit sehr viel niedrigeren Werten von κ; diese Stoffe heißen *ferrimagnetisch.* Kurioserweise gehört der eingangs erwähnte Magnetit, dem man die Entdeckung des Magnetismus verdankt, zu dieser sehr komplizierten Stoffgruppe. Eine Abwandlung der Fe_3O_4-Struktur durch Fremdatome (Aluminium, Magnesium) ergibt die bedeutsamen *Ferrite.* Man kann sie mit allen möglichen magnetischen Eigenschaften herstellen, und sie sind im Gegensatz zu den Ferromagnetika Nichtleiter, erzeugen also z. B. in Transformatoren keine Wirbelstromverluste (→ Induktion). Aus diesem Grund eignen sie sich auch als Kerne von ›Spulenantennen‹, wie sie in vielen Empfangsgeräten verwendet werden *(Ferritantenne).*

Magnetokalorischer Effekt

Es gibt einen Zusammenhang zwischen der Magnetisierung eines Materials und der in ihm enthaltenen Wärmemenge (lat. calor; dt. die Wärme), den man sich folgendermaßen erklären kann: Ein Stoff im magnetisierten Zustand (→ Magnetisierung) hat im allgemeinen eine kleinere innere Energie als im unmagnetisierten Zustand. Der Übergang vom magnetisierten in den unmagnetisierten Zustand ist daher von einer Temperaturerniedrigung begleitet, wenn zwei Bedingungen erfüllt sind: Erstens muß das System nach außen wärmeisoliert sein, die Entmagnetisierung also *adiabatisch* erfolgen. Zweitens muß die Temperatur des Systems oberhalb derjenigen liegen, bei der die spontane Ausrichtung der Elementarmagnete im eigenen Magnetfeld zur Wirkung kommt *(magnetische Kondensation).* In der *Tieftemperaturphysik* spielt diese *adiabatische Entmagnetisierung* (eines paramagnetischen Salzes) eine große Rolle, weil nahe des absoluten Nullpunkts viele andere Kühlmethoden längst versagen. Der magnetische Kondensationspunkt paramagnetischer Salze liegt bei einigen Millikelvin. Er ist durch adiabatische Entmagnetisierung erreichbar. Um auf noch tiefere Temperaturen zu kommen, muß man andere Verfahren benutzen, z. B. die adiabatische Entmagnetisierung der Kerne (theoretische Grenze bei einigen Mikrokelvin). Je näher man aber dem absoluten Nullpunkt kommt, desto kleiner werden auch die abführbaren Wärmemengen und desto mühsamer die entsprechenden Verfahren.

Magnetostriktion

Da die → Magnetisierung eines ferromagnetischen Materials mit Umorientierungen im Kristallgefüge verbunden ist und sich dabei sicher auch die Bindungsenergie eines Atoms gegenüber seinen Nachbarn ändert, ist es nicht verwunderlich, daß dabei auch eine mechanische Längenänderung des Materials vorkommt. Man nennt diese Erscheinung *Magnetostriktion* (›Verkürzung durch Magnetisierung‹), obwohl durchaus nicht alle Ferromagnetika beim Magnetisieren kürzer werden. Einige Nickel-Eisen-Legierungen werden sogar länger, reines Eisen wird bei kleinen Feldstärken länger, bei großen kürzer, andere Materialien verhalten sich umgekehrt. Die genaue molekulartheoretische Untersuchung dieser *magneto-elastischen* Erscheinungen ist recht aufwendig und übersteigt den Rahmen dieses Buches bei weitem. Alle erreichbaren Längenänderungen $\Delta l/l$ sind jedoch sehr klein ($\approx 10^{-5}$) und können nur mit Hilfe großer Übersetzungen gemessen werden, z. B. durch einen Lichtzeiger von etwa 10 m Länge, der auch kleinste Drehungen eines Spiegels sichtbar macht.

Masse

Alle materiellen Körper setzen der Änderung ihres Bewegungszustands einen Widerstand entgegen (*Trägheitsgesetz,* → Newtonsche Gesetze). Man schreibt diesen Widerstand einer Eigenschaft der Körper zu, die man *träge Masse* nennt und deren Größe der Kraft proportional ist, die auf den Körper wirken muß, damit er seine Bewegung mit der Einheitsbeschleunigung ändert. Je größer also die Kraft ist, die man zum Beschleunigen braucht, desto größer ist auch die träge M. des Körpers. Alle Körper, die eine träge M. haben, werden von der Erde und allen anderen materiellen Körpern angezogen. Diese Anziehungskraft materieller Körper aufeinander bezeichnet man als als *Gewicht* oder *Gravitation.* Die Größe dieser Kraft ist proportional zu einer Eigenschaft, die man als *schwere Masse* bezeichnet.

Alle Messungen haben ergeben, daß schwere M. und träge M. identisch sind. Dieses Ergebnis ist keineswegs selbstverständlich. Albert Einstein hat es zu einer Grundlage seiner allgemeinen → Relativitätstheorie gemacht. Die Gleichheit von schwerer und träger M. bewirkt auch, daß alle Körper im Vakuum gleich schnell fallen (→ Fallgesetze) bzw. daß die Schwingungsdauer eines mathematischen → Pendels unabhängig von der Pendelmasse ist. Man spricht daher im allgemeinen ohne Unterschied nur noch von der *Masse eines Körpers.* Die *Maßeinheit* der M. ist das *Kilogramm* (Abk. kg, → Maße und Maßsysteme).

Die Massenbestimmung geschieht durch Vergleich mit einer Einheitsmasse (eben dem Kilogramm), meist mittels der Hebelgesetze *(Balkenwaage)* oder auf der Erdoberfläche auch durch den Vergleich des Gewichtes mit anderen, geeichten Kräften *(Federwaage).*

Bis *Albert Einstein* (1879–1955) betrachtete man die M. eines Körpers als zeitlich unveränderliche Eigenschaft, für die man sogar einen → Erhaltungssatz formulierte. Die spezielle Relativitätstheorie aber hat gezeigt, daß die M. eines Körpers auch von seiner Geschwindigkeit abhängt:

$$m = \frac{m_0}{\sqrt{1 - \frac{v^2}{c^2}}} \qquad (1)$$

(c = Lichtgeschwindigkeit, v = Geschwindigkeit des Körpers, m = beobachtete Masse, m_0 = Ruhmasse). Deshalb sieht man sich gezwungen, eine M. zu definieren, die man dem Körper zuschreibt, wenn er relativ zum Beobachter ruht *(Ruhmasse).* Jede M. ist nach Einstein äquivalent zu einer → Energie der Größe

$$E = m \cdot c^2. \qquad (2)$$

Als zeitlich unveränderlich kann daher nur die Summe aus Massenenergie und sonstiger Energie angesehen werden. Dieser (erweiterte) Energiesatz hat sich bisher in jedem Fall als richtig erwiesen.

Angesichts der Größe der Lichtgeschwindigkeit ($c \approx 3 \cdot 10^8$ m/s) können wir bei den im täglichen Leben auftretenden Geschwindigkeiten die M. eines Körpers als konstant betrachten. Ein Nachweis der Masse-Energie-Beziehung aus Gleichung (2) gelingt auch nur in extremsten Experimenten in der → Kernphysik und der Elementarteilchenphysik (→ Elementarteilchen).

Obwohl wir mit M. im täglichen Leben und in allen möglichen Experimenten umgehen, wissen wir letztlich nicht, was M. eigentlich ist. Genauer gesagt, wir wissen nicht, *warum* M. träge ist und *warum* sich M. gegenseitig anziehen. Auch die Relativitätstheorie gibt dafür eigentlich keine Erklärung.

Massenspektrograph

Der M. ist ein Gerät zur Untersuchung von Teilchengemischen verschiedener Massen (→ Spektroskopie).

Massenzahl

Alle → Isotope haben Atomgewichte, die in sehr guter Näherung ganzzahlige Vielfache des Atomgewichts von Wasserstoff sind. Die Erklärung liegt im Aufbau der Atomkerne aus Protonen und Neutronen, die annähernd gleiche Masse aufweisen. Deshalb benutzt man die M. zur Kennzeichnung eines Isotops. Sie ist gleichbedeutend mit der Anzahl der Nukleonen im Kern, d. h., sie ist ganzzahlig (→ Atomgewicht, → Kernphysik).

Maße und Maßsysteme

Jede Messung ist ihrem Wesen nach ein *Vergleich* mit festen, aber willkürlich gewählten *Einheiten.* Dieser Vergleich kann *direkt,* z. B. durch Anlegen eines Meterstabes, durch Massenvergleich beim Wägen usw., oder *indirekt* durch eine rechnerische Verknüpfung (›Formel‹) verschiedener Meßgrößen vorgenommen werden. In jedem Fall handelt es sich aber dabei um einen Größenvergleich mit der entsprechenden Maßeinheit. Deshalb besteht jede *Meßgröße* – kurz auch ›Größe‹ – aus einer *Maßzahl,* die das jeweilige Vielfache der Maßeinheit angibt, und der zugehörigen *Maßeinheit.* Die Physiker nennen die Größenart solcher Maßeinheiten auch *Dimension* (z. B. Länge, Zeit, Energie usw.). Mit dieser Feststellung können wir bereits zwei Tatsachen verstehen, die uns zwar täglich begegnen, denen wir aber infolge jahrelanger Gewöhnung normalerweise keinerlei Aufmerksamkeit mehr schenken:

1. Alle gängigen Maßeinheiten haben Größenordnungen, die dem Menschen und seinem (begrenzten) Anschauungsvermögen entsprechen. So liegt die menschliche Körpergröße etwa zwischen einer und zwei ›Längeneinheiten‹ (Meter). Die Länge seines Schrittes beträgt ungefähr einen Meter, die Zeitdauer eines Schrittes etwa eine Sekunde usw. In neuerer Zeit wurden viele Meßverfahren entwickelt, die in ihrer Genauigkeit zum Teil die Begriffsfähigkeit des Menschen weit übersteigen. Trotzdem hält man nach wie vor an Maßeinheiten fest, die der Mensch begreifen kann, obwohl natürlich diese Einheiten durch ständig verbesserte Meßverfahren immer genauer festgelegt werden.
2. Je nach ihrer historischen Entwicklung benutzen die Völker unterschiedliche Maßeinheiten, die zwar alle etwa die gleiche Größenordnung haben, aber doch deutlich voneinander abweichen. So benutzen die angelsächsischen Länder nach wie vor die Maße Fuß, Zoll, Inch usw. zur Längenmessung. Die Zusammenfassung aller zusammengehörigen Maßeinheiten nennt man ein Maßsystem. Im täglichen Gebrauch der verschiedenen Völker gibt es daher sehr viele *verschiedene Maßsysteme.*

Es ist klar, daß eine derartige Vielfalt von Maßsystemen für den Austausch wissenschaftlicher, technischer und sogar alltäglicher Daten äußerst hinderlich ist. In neuerer Zeit hat man deshalb versucht, erstens alle Menschen für *ein* Maßsystem zu gewinnen und zweitens die Vielzahl ähnlicher Maßeinheiten abzuschaffen. Das geschieht auf sogenannten Allgemeinen Konferenzen für Maße und Gewicht und hat bereits beachtliche Ergebnisse gezeigt. Praktisch alle Wissenschaftler der ganzen Welt benutzen das cgs-System, dessen Grundeinheiten Zentimeter (cm), Gramm (g) und Sekunde (s) sind. Außerdem sieht es so aus, als würde in absehbarer Zeit die ganze Welt das *metrische System* benutzen, mit dem Meter als Längeneinheit und dezimalen Unterteilungen.

Für die Praxis der Techniker und auch des Bürgers wäre eine Beschränkung auf die Einheiten eines derartigen Maßsystems jedoch unbequem. Man käme zu unhandlichen großen oder kleinen Maßzahlen und komplizierten Benennungen (Größenarten). Außer den Grundeinheiten eines Maßsystems verwendet man daher auch Abkürzungen für abgeleitete Maßeinheiten. Auf den folgenden Seiten werden wir die wichtigsten Maßsysteme samt den darin benutzten Grundeinheiten, den abgeleiteten Einheiten und eventuellen Umrechnungszahlen aufführen. Wir beziehen uns dabei meist auf die Festlegungen der 17. Allgemeinen Konferenz für Maße und Gewicht, die 1983 stattgefunden hat.

Dezimale Bruchteile und Vielfache, Potenzschreibweise

Viele Meßgrößen können sehr verschiedenartige Maßzahlen haben. Längenmessungen reichen z. B. von einem Trilliardstel eines Meters (bei den Abmessungen von Elementarteilchen) bis zu Quintillionen von Metern (bei den Abmessungen des Weltraums). Bei Zeiten sind die Unterschiede womöglich noch krasser. Um die Übersicht zu behalten und lästige Schreibarbeit zu vermeiden, gibt man solche Zahlen in *Zehnerpotenzen* an. Für gewisse Zehnerpotenzen haben sich (meist lateinische) Abkürzungsvorsilben eingebürgert, die man gegebenenfalls einfach vor die Einheitsbezeichnung setzt.

Ein Kilometer (km) hat also 1000 Meter, ein Mikrometer (µm) ist ein millionstel Meter usw. Verschiedene dieser Abkürzungen sind nur in Verbindung mit bestimmten Einheiten gebräuchlich, z. B. hl (Hektoliter) oder dm (Dezimeter).

Um Verunreinigungen geringen oder geringsten Ausmaßes anzugeben, bedient man sich relativer Bezeichnungen. Neben dem bekannten Prozent (%, pro Hundert) und dem Promille (‰, pro Tausend) haben sich mit zunehmender Verfeinerung der Meßtechniken für geringe Beimischungen die ›Parts per Million‹ (ppm, pro Million) und die ›Parts per Billion‹ (ppb, pro Milliarde) eingebürgert. Beachten Sie dabei, daß die englische Zahl ›billion‹ nicht mit unserer Billion (10^{12}) übereinstimmt, sondern der Milliarde (10^9) entspricht. Diese letzteren Relativmaße beziehen sich bei Verunreinigungen in Gasen meist auf das Volumen, bei anderen Stoffen dagegen auf die *Masse*. Was von beiden wirklich gemeint ist, wird leider oft nicht deutlich angegeben.

Die wichtigsten metrischen Maßsysteme

Die Größenarten der Grundeinheiten jedes Maßsystems (sog. Basisgrößenarten) sind jene, von denen man glaubt, daß sie *unabhängig voneinander* definiert werden

Bruchteile einer Einheit

Das -fache	einer Einheit heißt:	Abkürzung	deutsch
10^{-1}	Dezi-	d	Zehntel
10^{-2}	Zenti-	c	Hundertstel
10^{-3}	Milli-	m	Tausendstel
10^{-6}	Mikro-	µ	Millionstel
10^{-9}	Nano-	n	Milliardstel
10^{-12}	Piko-	p	Billionstel
10^{-15}	Femto-	f	Billiardstel
10^{-18}	Atto-	a	Trillionstel
10^{-21}	Zepto-	z	Trilliardstel
10^{-24}	Yocto-	y	Quadrillionstel

Vielfache einer Einheit

Das -fache	einer Einheit heißt:	Abkürzung	deutsch
10	Deka-	da	Zehn
10^2	Hekto-	h	Hundert
10^3	Kilo-	k	Tausend
10^6	Mega-	M	Million
10^9	Giga-	G	Milliarde
10^{12}	Tera-	T	Billion
10^{15}	Peta-	P	Billiarde
10^{18}	Exa-	E	Trillion
10^{21}	Zetta-	Z	Trilliarde
10^{24}	Yotta-	Y	Quadrillion

sollten. Dabei spielen sowohl physikalische Zusammenhänge (→ Naturkonstanten) als auch Überlegungen eine Rolle, die mit der Bequemlichkeit der Handhabung, der Größe der auftretenden Maßzahlen und nicht zuletzt mit der Durchführbarkeit einfacher Messungen zu tun haben. So benutzen die theoretischen Physiker manchmal ein Maßsystem mit nur einer Größenart, meist der Zeit, als Grundeinheit. Alle anderen Einheiten sind dann wegen der Existenz von Naturkonstanten wie der Lichtgeschwindigkeit *c* oder des Planckschen Wirkungsquantums *h* festgelegt. Was aber hier für die Theorie zweckmäßig sein mag, ist für die Praxis äußerst unhandlich. Man benutzt heute in Physik und Technik im wesentlichen drei Maßsysteme:

1. Das bereits erwähnte *cgs-System* (vor allem in der Physik; c für Zentimeter, g für Gramm und s für Sekunde).
2. Das sog. *MKSA-System* (M für Meter, K für Kilogramm, S für Sekunde und A für Ampere). Es ist das am häufigsten verwendete System.
3. Das *technische System.* Hier wurde früher eine eigene Grundeinheit für die Kraft (Kilopond, kp) definiert. Es ist nicht mehr zulässig und verschwindet mehr und mehr aus den Publikationen.

Alle drei haben eine vom Meter abgeleitete Grundeinheit der Länge, sind also *metrisch.*

Um alle physikalischen Erscheinungen zu messen, benutzt man das MKSA-System und ergänzt es durch eine Temperatureinheit und eine photometrische Einheit.

Die Grundeinheiten (Basiseinheiten)

Länge: Einheit ist das *Meter* (m), ursprünglich als 10 000 000ster Teil des Erdquadranten (Entfernung Äquator-Pol) gedacht, dann festgelegt durch einen speziell geformten Stab aus Platin-Iridium *(Urmeter),* der in Paris aufbewahrt wird. Am 14. Oktober 1960 wurde das Meter definiert als das 1 650 763,73fache der Wellenlänge der orangeroten Spektrallinie von Krypton 86 (Übergang $5\,d_5 \rightarrow 2\,p_{10}$ im Vakuum). Die 17. Allgemeine Konferenz für Maße und Gewicht im Oktober 1983 ging von der eigenständigen Längeneinheit gänzlich ab und definierte das Meter als diejenige Länge, die das Licht im Vakuum in der Zeit von 1/299 792 458 Sekunden zurücklegt. Damit wurde die Lichtgeschwindigkeit *c* als Naturkonstante endgültig festgelegt und die Längendefinition von der Zeitdefinition abhängig gemacht. Im cgs-System ist die Einheit ein Hundertstel dieses Meters (cm, Zentimeter).

Masse: Die Einheit der sog. trägen Masse, die durch den Widerstand definiert ist, den sie jeder Veränderung ihres Bewegungszustandes entgegensetzt, ist das *Kilogramm* (kg). Es wird festgelegt durch einen Zylinder aus Platin-Iridium (Urkilogramm), der ebenfalls in Paris aufbewahrt wird. Im cgs-System ist die Einheit ein Tausendstel dieses Kilogramms (g, Gramm).

Zeit: Die Einheit ist die *Sekunde* (s). Sie war ursprünglich definiert als der 86 400ste Teil eines mittleren Sonnentages, bezog sich also auf die Rotation der Erde um sich selbst. Die *Weltzeit UT (Universal Time)* war die mittlere Sonnenzeit des Nullmeridians (Greenwich); die Zonenzeiten der Erde leiten sich auch heute noch durch Hinzufügen oder Abziehen von ganzen Stunden daraus ab. So ist die *Mitteleuropäische Zeit* (MEZ) gleich der Weltzeit plus eine Stunde und die *Mitteleuropäische Sommerzeit* (MESZ) gleich der Weltzeit plus zwei Stunden.

Es stellte sich jedoch heraus, daß die Eigenrotation der Erde wegen ihrer unregelmäßigen Schwankungen (etwa 1 ms pro Tag) als Zeitnormal ungeeignet ist, obwohl man zunächst den regelmäßigen

Polhöhenschwankungen und den jahreszeitlich bedingten Änderungen des Erdträgheitsmoments Rechnung getragen hatte (UT1 und UT2). Man bezog deshalb die Sekunde auf die Rotation der Erde um die Sonne *(Ephemeridenzeit)* und legte 1956 die Ephemeridensekunde als den 31 556 925,9747ten Teil des tropischen Jahres 1900 fest.

Die Überprüfung der immer hochfrequenteren Zeitnormale der Physiker durch astronomische Vorgänge (Sternkulminationen) stieß jedoch bald an eine Grenze: Selbst mit den besten Teleskopen ist der ›Augenblick‹ eines Sterndurchgangs nur auf einige Millisekunden genau zu bestimmen. Auch wenn die Beobachtungszeit 1 Jahr beträgt, erreicht man so nur eine relative Meßgenauigkeit von etwa 10^{-10}.

Man wandte sich deshalb von der astronomischen Zeitdefinition ab und definierte 1967 die *atomphysikalisch* begründete Sekunde als 9 192 631 770 Schwingungen des Caesiumatoms in der sog. ›Atomuhr‹ (Cs 133, Hyperfeinstrukturübergang des Grundzustands $2\ S_{1/2}$ von $M = 0$; $F = 4$ nach $M = 0$; $F = 3$).

Seit 1978 liegt diese Definition der gesetzlichen Zeit in Deutschland zugrunde. Sie wird verwirklicht durch etwa 200 Caesium-Atomuhren, deren Daten durch das ›Internationale Büro für Maße und Gewicht‹ (BIPM) zusammengefaßt und zur Ausgabe der ›Internationalen Atomzeit‹ (TAI) verwendet werden. Die Genauigkeit dieser Zeitskala liegt gegenwärtig bei etwa 10^{-14} (d. h. etwa1 Mikrosekunde pro Jahr).

Für die alltäglichen Belange ist jedoch nach wie vor eine Zeitskala wünschenswert, die sich auf die Erdrotation bezieht (also UT1). Wegen der Gezeitenreibung dreht sich – unabhängig von den erwähnten unregelmäßigen Schwankungen – die Erde jedoch ständig langsamer (etwa 1 Millisekunde pro Jahr). Schon bei der Einführung der Atomzeit war die TAI-Sekunde etwas zu kurz gegenüber der UT1-Sekunde, denn man hatte die Ephemeridensekunde als Bezugszeit für die Atomuhren verwendet, die aber auf der Erdrotation zwischen 1700 und 1900 beruht! Um die beiden Zeitskalen UT1 und TAI nicht zu sehr auseinanderdriften zu lassen und trotzdem über die Genauigkeit einer Atomzeit-Skala verfügen zu können, hat man die *Koordinierte Weltzeit* UTC eingeführt. Man erhält sie aus UT1, indem man eine *Schaltsekunde* einfügt, sobald sich UT1 um mehr als 0,9 Sekunden von TAI entfernt. Es gilt also UTC = TAI + $n \cdot$ (1 Sekunde). 1998 war $n = 31$ und jedes Jahr kommt etwa 1 Sekunde hinzu.

Elektrische Stromstärke: Einheit ist das *Ampere* (A). Es ist die Stärke eines konstanten Stromes durch zwei geradlinige Paralleldrähte von vernachlässigbarem Querschnitt, die einen Abstand von 1 m haben und zwischen denen eine elektrodynamische Kraft von $0{,}2 \cdot 10^{-6}\ \mathrm{m} \cdot \mathrm{kg/s^2}$ (N) pro Meter Leitung wirkt. Praktisch wird die Stromeinheit (sog. absolutes Ampere) aber nicht durch eine solche Kraftmessung realisiert, sondern über Normspannungen (Batterien von vorgeschriebener chemischer Zusammensetzung) und Normwiderstände (internationales Ampere). Gegenüber solchen früheren Definitionen treten aber Abweichungen auf, bedingt durch die ungenaue Angabe der Normwiderstände, die zu verschiedenen Stromstärkedefinitionen führten (A_{ab} und A_{int}). Die Abweichungen zwischen beiden betragen aber nur knapp 0,2% (das A_{int} ist etwas größer). Es steht zu erwarten, daß beide Definitionen in absehbarer Zeit durch eine sowohl allgemeine als auch jederzeit realisierbare Festlegung ersetzt werden, z. B. durch die Angabe eines Widerstands aus dem quantisierten → Hall-Effekt (v. Klitzing-Effekt). Im cgs-

System wird die Stromstärke als abgeleitete Einheit betrachtet und über elektrostatische (esu) oder elektromagnetische (emu) Kräfte definiert. Eine genaue Definition des Ampere wäre auch über die elektrische Elementarladung möglich, z. B. als Strom konstanter Stärke, bei dem pro Sekunde $6{,}24145 \cdot 10^{18}$ Elektronen einen beliebigen Leiterquerschnitt passieren. Das setzt jedoch eine Apparatur voraus, die Elektronen zählen kann.

Temperatur: Einheit der Temperatur ist das *Kelvin* (K). Es ist definiert durch den absoluten Nullpunkt (0 K) und den Tripelpunkt des Wassers, eine Temperatur, bei der Eis, Wasser und Wasserdampf gleichzeitig existieren können, ohne daß eine Umwandlung geschieht. Ihm werden 273,16 K zugeordnet. Der Gefrierpunkt reinen Wassers bei Normaldruck liegt bei 273,15 K und entspricht 0 °C der Celsiusskala. 1 °C Temperaturdifferenz entspricht 1 K Temperaturdifferenz, so daß Celsiusgrade + 273,15 = Kelvin ist.

Lichtstärke: Einheit ist die *Candela* (cd). Seit 1979 ist das die Lichtstärke einer Strahlungsquelle, die monochromatisches Licht von $540 \cdot 10^{12}$ Hz (bzw. einer Wellenlänge von 555 nm) aussendet, und zwar mit einer Leistung von $\frac{1}{673}$ Watt/Steradiant (W/sr).

Stoffmenge: Die Einheit der Stoffmenge ist das *Mol* (mol). Es bezeichnet die Stoffmenge eines Systems bestimmter Zusammensetzung, das aus ebenso vielen Teilchen besteht, wie Atome in 12 g des Nuklids Kohlenstoff 12 enthalten sind. Ein Mol eines Stoffes entspricht also der Masse von $6{,}022045 \cdot 10^{23}$ Molekülen dieses Stoffes.

Atomphysikalische Energieeinheit: Ihre Einheit ist das *Elektronvolt (Elektronenvolt; eV).* Es ist definiert als die Energie, die ein Elektron beim Durchlaufen einer Potentialdifferenz von 1 Volt im Vakuum gewinnt.

Kraft: Die abgeleitete MKSA-Einheit ist das *Newton* (N). Dies ist die Kraft, die eine Masse von 1 kg mit 1 m/s^2 beschleunigt; $1\ N = 1\ m \cdot kg/s^2$. Die frühere Einheit der Kraft im technischen Maßsystem war das Kilopond (kp). Dies war die Kraft, mit der eine Masse von 1 kg unter dem Einfluß der Schwerkraft an einem Ort der geografischen Breite 45° auf ihre Unterlage drückt oder an ihrem Aufhängepunkt zieht.

Die eben beschriebenen Einheiten sind als Internationales Einheitensystem (Système International d'Unités; Abk. SI) bekannt. Sie sind von Gesetzes wegen seit 1. Januar 1978 in Deutschland für den amtlichen und geschäftlichen Verkehr die allein gültigen: Meter, Kilogramm, Sekunde, Ampere, Kelvin, Candela, Mol und Elektronvolt. Als mit ihnen zusammenhängend (kohärent) bezeichnet man alle dezimalen Vielfachen der Grundeinheiten sowie alle abgeleiteten Einheiten, die nur Zehnerpotenzen als Zahlenfaktoren enthalten. Alle anderen Einheiten heißen systemfrei. Wir geben nun in den nachfolgenden Tabellen die wichtigsten kohärenten und systemfreien Einheiten samt ihren Umrechnungsfaktoren an, wobei wir nach Größenarten vorgehen.

Längenmaße

Bezeichnung	Symbol	Anmerkungen	Zahlenwert in Metern
Meter	m	Basiseinheit, SI-Einheit	1 m
Dezimeter	dm		10^{-1} m = 0,1 m
Zentimeter	cm		10^{-2} m = 0,01 m
Millimeter	mm		10^{-3} m
Mikrometer	µm		10^{-6} m
Nanometer	nm		10^{-9} m
Ångström	Å	nicht mehr zulässig	10^{-10} m
Fermi	fm		10^{-15} m
Kilometer	km		10^{3} m
Astronomische Einheit	AE	mittlere Entfernung Erde-Sonne	$1{,}49457 \cdot 10^{11}$ m
Lichtjahr	Lj	Strecke, die das Licht in 1 Jahr zurücklegt	$9{,}46 \cdot 10^{15}$ m
Parallaxensekunde	parsec	Entfernung, in der sich ein Stern befindet, von dem aus der Durchmesser der Erdbahn unter einem Winkel (Parallaxe) von 1 Winkelsekunde gesehen wird	$3{,}08 \cdot 10^{16}$ m
Zoll oder Inch	″ oder in	englisches bzw. amerikanisches Längenmaß	0,0254 m = = 2,54 cm
Fuß	ft	1 ft = 12 Zoll (12″)	0,3048 m
Yard	yd	1 yd = 3 ft	0,9144 m
Meile	stat. mile	1 stat. mile = 1760 yd	1609 m
Meile	naut. mile	1 naut. mile = 2027 yd	1853,5 m
Deutsche Landmeile		nicht mehr zulässig	7500 m
Geographische Meile		1/15 des Äquatorgrades; nicht mehr zulässig	7420,4 m
Seemeile		1/60 des Meridiangrades; nicht mehr zulässig	1852 m
Werst		russisches Entfernungsmaß	1066,8 m
Punkt		nicht mehr zulässige Einheit der Schriftgröße in der Drucktechnik	$0{,}376 \cdot 10^{-3}$ m = = 0,376 mm
Linie	‴	nicht mehr zulässige Längeneinheit in der Uhrmacherei	1‴ = 2,256 mm

Flächenmaße

Bezeichnung	Symbol	Anmerkungen	Zahlenwert in Quadratmetern
Quadratmeter	m^2	SI-Einheit	$1\ m^2$
Quadratdezimeter	dm^2		$10^{-2}\ m^2$
Quadratzentimeter	cm^2		$10^{-4}\ m^2$
Ar	a	landwirtschaftliches Flächenmaß	$100\ m^2$
Hektar	ha	= 100 a	$10000\ m^2$
Quadratkilometer	km^2		$10^6\ m^2$
Barn	b	nicht mehr zulässige Einheit in der Kernphysik für die Größe des Wirkungsquerschnitts	$10^{-28}\ m^2$

Raum- oder Volumenmaße

Bezeichnung	Symbol	Anmerkungen	Zahlenwert in Kubikmetern
Kubikmeter	m^3	SI-Einheit	$1\ m^3$
Kubikdezimeter oder Liter	dm^3 bzw. l		$10^{-3}\ m^3$
Kubikzentimeter oder Milliliter	cm^3 bzw. ml		$10^{-6}\ m^3$
Zentiliter	cl	beim Spirituosenausschank üblich 1 cl = 0,01 l = 10 cm^3	$10^{-5}\ m^3$
US-Gallone	US-gallon	= 3,785 l	$3{,}785 \cdot 10^{-3}\ m^3$

Massenmaße

Bezeichnung	Symbol	Anmerkungen	Zahlenwert in Kilogramm oder Gramm
Kilogramm	kg	Basiseinheit, SI-Einheit	1 kg
Gramm	g		10^{-3} kg
Tonne	t		10^{3} kg
Zentner	Ztr.	auf deutschen Märkten üblich	50 kg
Doppelzentner	dz		100 kg
Pfund	℔	1 Ztr. = 100 ℔	0,5 kg
Karat	ct	bei Edelsteinen	0,2 g
Karat	ct	bei Goldlegierungen; 24karätiges Gold ist rein	1/24 Masseanteil Gold
Atomare Masseeinheit	u	1/12 der Masse von Kohlenstoff 12	$1{,}66043 \cdot 10^{-27}$ kg

Zeit- und Frequenzmaße

Bezeichnung	Symbol	Anmerkungen	Zahlenwert und MKSA-Dimension
Sekunde	s	Basiseinheit, SI-Einheit	1 s
Minute	min		60 s
Stunde	h	1 h = 60 min	3600 s
Tag	d	1 d = 24 h	86400 s
Hertz	Hz	Zahl der vollständigen Schwingungen pro Sekunde (Frequenz)	s^{-1}
Kilohertz	kHz	1 kHz = 10^3 Hz	$10^3\,s^{-1}$
Megahertz	MHz	1 MHz = 10^6 Hz	$10^6\,s^{-1}$
Gigahertz	GHz	1 GHz = 10^9 Hz	$10^9\,s^{-1}$

Bei Kreisbewegungen oder davon abgeleiteten Bewegungen gibt man manchmal die Kreisfrequenz an. Das ist der Winkel, der pro Sekunde überstrichen wird, gemessen im Bogenmaß. Der Zusammenhang zwischen Frequenz ν und der Kreisfrequenz ω einer Schwingung lautet $\omega = 2\pi\nu$. Die Dimension ist ebenfalls s^{-1}. Um Verwechslungen zu vermeiden, gibt man Frequenzen immer in Hertz an, Kreisfrequenzen dagegen in s^{-1}. Drehzahlen sind ebenfalls Frequenzmaße. Man gibt sie meist in Umdrehungen pro Minute an (UpM bzw. rpm, von engl. revolutions per minute). Es gilt die Beziehung 1 Hz = 60 UpM.

Geschwindigkeitsmaße

Dimensionsgleichung:
Geschwindigkeit = Länge/Zeit.
Die Einheit der Geschwindigkeit im MKSA-System ergibt sich durch Einsetzen der Basiseinheiten: 1 m/s (Meter pro Sekunde).

Bezeichnung	Symbol	Anmerkungen	Zahlenwert und MKSA-Dimension
Kilometer pro Stunde	$\frac{km}{h}$	Geschwindigkeitsmaß bei Kraftfahrzeugen	$\frac{1}{3{,}6} \frac{m}{s} = 0{,}278 \frac{m}{s}$
Meilen pro Stunde	mph	in den USA üblich; $1 \text{ mph} = 1{,}609 \frac{km}{h}$	$0{,}447 \frac{m}{s}$
Knoten	kn	$1 \text{ kn} = \frac{1 \text{ naut. mile}}{h} = 1{,}853 \frac{km}{h}$	$0{,}515 \frac{m}{s}$
Mach	mach	in der Luftfahrt üblich; 1 mach = Schallgeschwindigkeit in Luft $= 1192 \frac{km}{h}$	$331 \frac{m}{s}$

Die Winkelgeschwindigkeit hat die Dimensionsgleichung Winkelgeschwindigkeit = Winkel/Zeit. Da man den Winkel hier meist im Bogenmaß angibt, ist sie identisch mit der bereits erwähnten Kreisfrequenz.

Beschleunigungsmaße

Dimensionsgleichung mechanisch:

$$\text{Beschleunigung} = \frac{\text{Geschwindigkeit}}{\text{Zeit}}.$$

Die Einheit der Beschleunigung ergibt sich durch Einsetzen der Basiseinheiten: 1 m/s^2. Vielfach wird in Einheiten der mittleren Erdbeschleunigung *(g)* gemessen. Es gilt:

$$1\, g = 9{,}80665 \frac{m}{s^2}.$$

Im cgs-System war die Einheit früher 1 Gal (nach Galilei) = 1 cm/s^2, d. h. $1 \text{ Gal} = 10^{-2} \text{ m/s}^2$.

Kraft- oder Gewichtsmaße

Dimensionsgleichung mechanisch: Kraft = Masse mal Beschleunigung. Die Einheit der Kraft im MKSA-System ergibt sich durch Einsetzen der Basiseinheiten in die Dimensionsgleichung: $1\ \text{kg} \cdot 1\ \text{m}/\text{s}^2$.

Bezeichnung	Symbol	Anmerkungen	Zahlenwert und MKSA-Dimension
Newton	N	SI-Einheit	$1\ \frac{\text{m kg}}{\text{s}^2}$
Kilopond	kp	Basiseinheit im technischen Maßsystem; nicht mehr zulässig	$9{,}80665\ \frac{\text{m kg}}{\text{s}^2}$
Pond	p	$1\ \text{p} = 10^{-3}\ \text{kp}$; nicht mehr zulässig	$9{,}80665 \cdot 10^{-3}\ \frac{\text{m kg}}{\text{s}^2}$
Dyn	dyn	Einheit des cgs-Systems; $1\ \text{dyn} = 1\ \frac{\text{cm g}}{\text{s}^2}$; nicht mehr zulässig	$10^{-5}\ \frac{\text{m kg}}{\text{s}^2}$

Druckmaße

Dimensionsgleichung:
Druck = Kraft/Fläche. Die Druckeinheit ist daher 1 N/m². Sie ist aber für die Praxis sehr klein. Man benutzt deshalb größere Einheiten wie das Hektopascal oder wie das Bar.

Bezeichnung	Symbol	Anmerkungen	Zahlenwert in $\frac{N}{m^2}$
Pascal	Pa	SI-Einheit	$1 \frac{N}{m^2}$
Hektopascal	hPa	zur Messung des Atmosphärendrucks; 1 hPa = 1 mbar	$10^2 \frac{N}{m^2}$
Bar	bar		$10^5 \frac{N}{m^2}$
Millibar	mbar	1 mbar = 1 hPa	$10^2 \frac{N}{m^2}$
Physikalische Atmosphäre	atm	Druck, den eine 760 mm hohe Säule aus Quecksilber (bei 0 °C und 1 *g*) auf ihre Unterlage ausübt; nicht mehr zulässig	$101\,325 \frac{N}{m^2} =$ = 1013,25 hPa
Torr	Torr = 1 mm Quecksilbersäule	760 Torr = 1 atm; nicht mehr zulässig; die Einheit mmHg noch zur Angabe des Blutdrucks erlaubt	$133{,}3224 \frac{N}{m^2}$
Technische Atmosphäre	at	$1\ at = \frac{1\ kp}{cm^2}$; nicht mehr zulässig	$98\,066{,}5 \frac{N}{m^2}$

Außerdem sind in der Technik immer noch eigene Bezeichnungen für sog. absolute Drücke (technische Atmosphären in at oder ata) und Überdrücke (bei Druckflaschen, Autoreifen usw.) üblich (wenn auch gesetzlich nicht mehr zulässig). Es gilt: 1 atü (Atmosphäre Überdruck) = = 1 at – Luftdruck; 1 ata = Gesamtdruck = Überdruck + Luftdruck.
Der Normaldruck in Meereshöhe ist gleich 1013,25 hPa (= 1 atm); die Einheit hPa hat hier die Einheit mbar ersetzt.

Arbeits- und Energiemaße

Physikalisch gesehen ist Arbeit und Energie dasselbe. Der Unterschied liegt in der Betrachtungsweise: Energie ist das Vermögen, Arbeit zu leisten. Der Arbeitsbegriff ist jedoch mehr physiologischer Natur (Bewegen einer Last, verbunden mit Mühe usw.), der also lediglich einen menschlichen Aspekt der Energie verkörpert. Die Physiker verwenden vorzugsweise den Energiebegriff. Dimensionsgleichung (mechanisch): Arbeit = Kraft mal Weg; die Einheit der Energie ist daher

$1\ \text{N} \cdot \text{m} = 1\ \text{m}^2\text{kg/s}^2$.

Bezeichnung	Symbol	Anmerkungen	Zahlenwert und MKSA-Dimension
Joule	J	SI-Einheit; 1 J = 1 Nm	$1\ \frac{m^2\ kg}{s^2}$
Wattsekunde	Ws	1 J = 1 Ws	$1\ \frac{m^2\ kg}{s^2}$
Kilowattstunde	kWh		$3{,}6 \cdot 10^6\ \frac{m^2\ kg}{s^2}$
Kilopondmeter oder Meterkilopond	kpm oder mkp	1 mkp = 9,80665 Nm; technische Energieeinheit; nicht mehr zulässig	$9{,}80665\ \frac{m^2\ kg}{s^2}$
Erg	erg	$1\ \text{erg} = 1\ \frac{cm^2\ g}{s^2}$; Einheit im cgs-System; nicht mehr zulässig	$10^{-7}\ \frac{m^2\ kg}{s^2}$
Elektronvolt	eV	atomphysikalische Basiseinheit der Energie; die Energie, die ein Elektron gewinnt, wenn man es durch eine Spannung von 1 V beschleunigt	$1{,}6022 \cdot 10^{-19}\ \frac{m^2\ kg}{s^2}$
Megaelektronvolt	MeV	1 MeV = 10^6 eV	$1{,}6022 \cdot 10^{-13}\ \frac{m^2\ kg}{s^2}$
Kilokalorie	kcal	nicht mehr zulässige wärmetechnische Energieeinheit, gleich der Wärmemenge, die nötig ist, um 1 kg Wasser bei 1013 hPa von 14,5 °C auf 15,5 °C zu erwärmen	$4{,}1868 \cdot 10^3\ \frac{m^2\ kg}{s^2}$
Kalorie	cal	1 kcal = 1000 cal; nicht mehr zulässig	$4{,}1868\ \frac{m^2\ kg}{s^2}$
Steinkohleeinheit	SKE	1 Tonne SKE = 1 t SKE; ältere Einheit, vor allem zur Angabe großer Energiemengen	1 t SKE ≈ ≈ $29 \cdot 10^9\ \frac{m^2\ kg}{s^2}$

Leistungsmaße

Dimensionsgleichung:
Leistung = Arbeit/Zeit.
Die MKSA-Einheit ist 1 J/s = 1 Nm/s = = 1 m^2kg/s^3 = 1 Watt (W), die Einheit Watt ist gleichzeitig SI-Einheit der elektrischen Leistung.

Bezeichnung	Symbol	Anmerkungen	Zahlenwert in Watt
Kilowatt	kW		1000 W
Pferdestärke	PS	veraltete Einheit in der Kraftfahrzeugtechnik; $1\,PS = 75\,\frac{mkp}{s}$	735,5 W
Meterkilopond pro Sekunde	$\frac{mkp}{s}$	Einheit des technischen Maßsystems; nicht mehr zulässig	9,80665 W
Erg pro Sekunde	$\frac{erg}{s}$	Einheit des cgs-Systems; nicht mehr zulässig	10^{-7} W

Maße elektrischer und magnetischer Größen

Bezeichnung	Symbol	Anmerkungen und Dimensionsgleichungen	Zahlenwert und MKSA-Dimension
Ampere	A	Basiseinheit der Stromstärke; SI-Einheit	1 A
Milliampere	mA		10^{-3} A
Coulomb	C oder Cb	SI-Einheit der elektrischen Ladung = Stromstärke mal Zeit; 1 C ist die Ladung, die bei einem Strom von 1 A in der Zeiteinheit durch den Leiterquerschnitt geht	1 As
Watt	W	SI-Einheit der elektrischen Leistung = mechanische Leistung; $1\,W = \frac{1\,J}{1\,s} = 1\,\frac{m^2\,kg}{s^3} = 1\,VA$	$1\,\frac{m^2\,kg}{s^3}$
Kilowatt	kW		10^3 W
Milliwatt	mW		10^{-3} W

Bezeichnung	Symbol	Anmerkungen und Dimensionsgleichungen	Zahlenwert und MKSA-Dimension
Volt	V	SI-Einheit der elektrischen Spannung $= \frac{\text{Leistung}}{\text{Stromstärke}}$; 1 V ist die Spannung, die an einem Leiter anliegen muß, damit ein Strom von 1 A die Leistung 1 W erbringt	$1\,\frac{m^2\,kg}{s^3\,A}$
Millivolt	mV		10^{-3} V
Kilovolt	kV		10^3 V
Ohm	Ω	SI-Einheit des elektrischen Widerstands $= \frac{\text{Spannung}}{\text{Stromstärke}}$; 1 Ω ist der Widerstand, den ein Leiter hat, wenn eine Spannung von 1 V in ihm einen Strom von 1 A fließen läßt; $1\,\Omega = \frac{1\,V}{1\,A}$	$1\,\frac{m^2\,kg}{s^3 A^2}$
Kiloohm	kΩ		$10^3\,\Omega$
Megohm	MΩ		$10^6\,\Omega$
Siemens	S	SI-Einheit des elektrischen Leitwerts $= \frac{\text{Stromstärke}}{\text{Spannung}}$; $1\,S = \frac{1}{1\,\Omega} = \frac{1\,A}{1\,V}$	$1\,\frac{s^3\,A^2}{m^2\,kg}$
Farad	F	SI-Einheit der Kapazität $= \frac{\text{Ladung}}{\text{Spannung}}$; $1\,F = \frac{1\,C}{1\,V}$ ist die Kapazität, die ein Kondensator hat, wenn er bei 1 Volt Spannung 1 Coulomb Ladung speichert	$1\,\frac{s^4\,A^2}{m^2\,kg}$
Millifarad	mF		10^{-3} F
Mikrofarad	µF		10^{-6} F
Nanofarad	nF		10^{-9} F
Henry	H	SI-Einheit der magnetischen Induktivität; $1\,H = 1\,\frac{Vs}{A} = 1\,\frac{Wb}{A}$	$1\,\frac{m^2\,kg}{s^2\,A^2}$

Bezeichnung	Symbol	Anmerkungen und Dimensionsgleichungen	Zahlenwert und MKSA-Dimension
Weber	Wb	SI-Einheit des magnetischen Flusses; $1\,\mathrm{Wb} = 1\,\mathrm{Vs} = 1\,\frac{\mathrm{J}}{\mathrm{A}}$	$1\,\frac{\mathrm{m^2\,kg}}{\mathrm{s^2\,A}}$
Maxwell	M	$1\,\mathrm{M} = 10^{-8}\,\mathrm{Wb}$	
Tesla	T	SI-Einheit der magnetischen Induktion; $1\,\mathrm{T} = 1\,\frac{\mathrm{Wb}}{\mathrm{m^2}} = 1\,\frac{\mathrm{Vs}}{\mathrm{m^2}}$	$1\,\frac{\mathrm{kg}}{\mathrm{s^2\,A}}$
Gauß	G	cgs-Einheit der magnetischen Induktion; $1\,\mathrm{G} = 10^{-4}\,\mathrm{T}$	$10^{-4}\,\frac{\mathrm{kg}}{\mathrm{s^2A}}$
Volt pro Meter	$\frac{\mathrm{V}}{\mathrm{m}}$	Einheit der elektrischen Feldstärke	$1\,\frac{\mathrm{kg\,m}}{\mathrm{s^3\,A}}$
Ampere pro Meter	$\frac{\mathrm{A}}{\mathrm{m}}$	Einheit der magnetischen Feldstärke	$1\,\frac{\mathrm{A}}{\mathrm{m}}$

Temperaturmaße

Die Einheit der Temperatur ist das Kelvin (siehe Basiseinheiten). Die Kelvinskala hat dieselbe Einteilung wie die Celsiusskala, nur der Nullpunkt liegt anders. Daneben kommen noch vor: die Fahrenheitskala (in den USA) und, selten, die Réaumurskala, die durch die Fixpunkte des Wassers definiert sind und sowohl in der Einteilung als auch im Nullpunkt von der Kelvinskala abweichen. Schließlich kennt man noch die Rankineskala, die mit der Kelvinskala den Nullpunkt gemeinsam hat, aber die Fahrenheit-Einteilung benutzt und heute noch in den USA und Großbritannien in der Thermodynamik verwendet wird.

Mit Hilfe der Boltzmann-Konstante (→ Naturkonstanten) kann man die Temperatur zurückführen auf die Bewegungsenergie eines Moleküls (in einem idealen Gas von 1 K), das gerade die wahrscheinlichste Geschwindigkeit hat. 1 K entspricht dann einer Energie von $1{,}3805 \cdot 10^{-23}\,\mathrm{J} = 8{,}617 \cdot 10^{-5}\,\mathrm{eV}$.

Skala	Symbol	Absoluter Nullpunkt	Eispunkt von reinem Wasser bei 1013 hPa	Siedepunkt von reinem Wasser bei 1013 hPa
Kelvin	K	0 K	273,15 K	373,15 K
Rankine	°R	0 °R	491,67 °R	671,67 °R
Celsius	°C	−273,15 °C	0 °C	100 °C
Fahrenheit	°F	−459,67 °F	32 °F	212 °F
Réaumur	°Re	−218,52 °Re	0 °Re	80 °Re

Beleuchtungsmaße

Beleuchtungsmaße sind etwas schwierig, weil sie sich nur auf das dem Auge sichtbare Wellenlängengebiet der elektromagnetischen Strahlung beziehen. Darüber hinaus sind die gängigen Lichtquellen von komplizierter Gestalt und strahlen nicht homogen. Man hat es daher meist mit Integralen zu tun. Unter der Voraussetzung hinreichend einfacher geometrischer Anordnungen und gleichmäßiger Strahlenverteilung gelten für Beleuchtungsmaße die folgenden Einheiten:

Bezeichnung	Symbol	Anmerkungen	Zahlenwert und Dimension
Candela	cd	Basiseinheit der Lichtstärke, SI-Einheit. Eine Lichtquelle, die monochromatisches Licht der Wellenlänge 555 nm (bzw. $540 \cdot 10^{12}$ Hz) mit 1/673 W/sr aussendet, hat 1 Candela.	1 cd
Lumen	lm	SI-Einheit des Lichtstromes; Lichtstrom = Lichtstärke mal Raumwinkel	1 cd · sr
Lux	lx	SI-Einheit der Beleuchtungsstärke; Beleuchtungsstärke = $= \frac{\text{Lichtstrom}}{\text{Fläche}}$	$1 \frac{\text{lm}}{\text{m}^2}$
Lumensekunde	lms	SI-Einheit der Lichtmenge; Lichtmenge = Lichtstrom mal Zeit	1 lm · 1 s
Lumenstunde	lmh	abgeleitete Einheit	3600 lms
Lumen pro Watt	$\frac{\text{lm}}{\text{W}}$	Lichtausbeute	$\frac{\text{lms}}{\text{J}}$
Luxsekunde	lxs	SI-Einheit der Belichtung; Belichtung = Beleuchtungsstärke mal Zeit	$1 \frac{\text{lm s}}{\text{m}^2}$

Maße in der Strahlungstechnik

Mit Strahlung ist hier ionisierende Strahlung gemeint, d. h. vor allem radioaktive Strahlung. Zentrale Begriffe sind die Aktivität = Anzahl von Ereignissen (Umwandlungen, Zerfällen) pro Zeiteinheit und die Dosis = absorbierte Strahlung pro Kilogramm bestrahlter Materie. Hier ist vor allem die Energiedosis interessant.

Bezeichnung	Symbol	Anmerkungen	Zahlenwert und Dimension
Becquerel (reziproke Sekunde)	Bq oder $\frac{1}{s}$	SI-Einheit für die Stärke der Radioaktivität; ersetzt seit 1986 die Einheit Curie	1 Bq = $= 2{,}7 \cdot 10^{-11}$ Ci
Curie	Ci	Aktivität eines radioaktiven Nuklids mit $3{,}700 \cdot 10^{10}$ Zerfällen pro Sekunde. Das Curie ist eine sehr große Einheit. Untereinheiten sind das Millicurie (mCi) und das Mikrocurie (μCi). Das Curie ist 1986 durch die Einheit Becquerel ersetzt worden.	1 Ci = $= 3{,}7 \cdot 10^{10} \frac{\text{Zerfälle}}{\text{s}}$ $1\ \text{Ci} = 3{,}7 \cdot 10^{10}\ \text{Bq}$ $1\ \text{mCi} = 10^{-3}\ \text{Ci}$ $1\ \text{mCi} = 3{,}7 \cdot 10^{7}\ \text{Bq}$ $1\ \mu\text{Ci} = 10^{-6}\ \text{Ci}$ $1\ \mu\text{Ci} = 3{,}7 \cdot 10^{4}\ \text{Bq}$
Energiedosis			
1. Gray	Gy	SI-Einheit, bezeichnet die absorbierte Strahlungsenergie pro Kilogramm bestrahlter Materie; ersetzt seit 1986 die Einheit Rad	$1\ \text{Gy} = 1 \frac{\text{J}}{\text{kg}}$
2. Rad	rad	radiation absorbed dose; seit 1986 durch die Einheit Gray ersetzt	$1\ \text{rad} = 10^{-2} \frac{\text{J}}{\text{kg}}$ $= 10^{-2}\ \text{Gy}$
Ionendosis			
1. Coulumb pro Kilogramm	$\frac{\text{C}}{\text{kg}}$	SI-Einheit der Ionendosis, definiert als diejenige Dosis, die bei der Erzeugung von Ionen eines Vorzeichens mit der elektrischen Ladung 1 C in Luft der Masse 1 kg durch ionisierende Strahlung räumlich konstanter Energieflußdichte entsteht; ersetzt seit 1986 die Einheit Röntgen	$1 \frac{\text{C}}{\text{kg}} = 1 \frac{\text{As}}{\text{kg}} =$ $= 3876\ \text{R}$

Bezeichnung	Symbol	Anmerkungen	Zahlenwert und Dimension
2. Röntgen	R	seit 1986 durch die Einheit Coulomb/Kilogramm ersetzt	$1\ \text{R} = 2{,}58 \cdot 10^{-4}\ \frac{\text{C}}{\text{kg}}$ $= 2{,}58 \cdot 10^{-4}\ \frac{\text{As}}{\text{kg}}$
Äquivalentdosis		Äquivalentdosis = Energiedosis mal Bewertungsfaktor q (→ Strahlenbelastung und Strahlenschutz)	
1. Sievert	Sv	SI-Einheit, ersetzt seit 1986 die Einheit Rem	$1\ \text{Sv} = 1\ \frac{\text{J}}{\text{kg}} =$ $= 100\ \text{Rem}$
2. Rem	rem	Röntgen equivalent man, seit 1986 durch die Einheit Sievert ersetzt	$1\ \text{rem} = 10^{-2}\ \frac{\text{J}}{\text{kg}}$ $= 10^{-2}\ \text{Sv}$
Ionendosisleistung		Äquivalentdosis pro Zeitraum, in dem die Dosis empfangen wurde. Eine Dosis, die mit kleiner Dosisleistung (langer Zeitraum) empfangen wurde, erzeugt weniger Dauerschäden als dieselbe Dosis mit großer Dosisleistung (kurzer Zeitraum).	
1. Ampere pro Kilogramm	$\frac{\text{A}}{\text{kg}}$	SI-Einheit, definiert als die Ionendosisleistung, bei der durch eine ionisierende Strahlung zeitlich unveränderlicher Energieflußdichte die Ionendosis 1 C/kg in 1 s entsteht (eigentlich wäre damit die genaue Benennung C/(kg · s), aber C/s = A). Die Einheit A/kg ersetzt seit 1986 die Einheit Röntgen/h.	$1\ \frac{\text{A}}{\text{kg}} =$ $= 1{,}39 \cdot 10^{7}\ \frac{\text{R}}{\text{h}}$
2. Röntgen pro Stunde	$\frac{\text{R}}{\text{h}}$	seit 1986 durch die Einheit Ampere/Kilogramm ersetzt	$1\ \frac{\text{R}}{\text{h}} =$ $= 7{,}16 \cdot 10^{-8}\ \frac{\text{A}}{\text{kg}}$

Logarithmische Pseudomaße

Pseudomaße sind nur Bezeichnungen ohne Dimension. Sie kennzeichnen lediglich Verhältnisse oder deren Logarithmen, werden aber wie Einheiten benutzt, was oft recht irreführend sein kann. Man gebraucht sie vorzugsweise im Zusammenhang mit Verstärkungen oder Schwächungen von Signalen oder zur Kennzeichnung von Größen, für die es eine sinnvolle untere Grenze gibt, auf die man sich bezieht. Man spricht dann von sog. Pegeln. Dekadische Logarithmen von Größenverhältnissen tragen die Namen Phon (für Schallpegel) oder Bel (B) bzw. Dezibel (dB) für Spannungspegel, Leistungspegel, Verstärkungen usw. Natürliche Logarithmen solcher Größenverhältnisse tragen den Namen Neper (Np).

Bezeichnung	Symbol	Anmerkungen	Zahlenwert
Phon	phon	bezogen auf den Schalldruck der Hörschwelle $p_0 = 2 \cdot 10^{-5} \frac{\text{N}}{\text{m}^2}$ wird der zwanzigfache Zehnerlogarithmus des Verhältnisses $\frac{p}{p_0}$ mit dem Namen Phon gekennzeichnet	$20 \log \frac{p}{p_0}$; Hörschwelle: 0 phon; Schmerzgrenze: 130 phon
Dezibel	dB oder db	diese Bezeichnung wird ebenso wie Phon gebraucht, kann sich aber auch auf andere Größen als den Schalldruck beziehen; 20 db bezeichnen ein Verhältnis von 10:1	
Neper	Np	verwendet man natürliche statt dekadischer Logarithmen, so benennt man die Verhältnisse mit Neper statt mit Dezibel; die Umrechnungsfaktoren sind durch die Größe der Zahl e (2,71828...) gegeben	1 Np = 8,686 dB 1 dB = 0,1151 Np

Winkelmaße

Umrechnung von Grad (°)	Gon (gon)	Bogen (rad)
in Grad	–	1 gon = 0,9° = 54′ 1 cgon = 0,54′ = 32,4″ 1 mgon = 0,324″	1 rad ≈ 57° 17′ 45″ = =57,29578°
Gon 1° = 1,111... gon 1′ = 0,018519... gon 1″ = 0,000309... gon	–	1 rad ≈ 63,6620 gon
Bogen arc 1° ≈ 0,017453 rad arc 1′ ≈ 0,000291 rad arc 1″ ≈ 0,00000485 rad	1 gon ≈ 0,015708 rad	–

Winkelmaße sind zwar etwas Mathematisches, aber auch aus der Physik nicht wegzudenken.

1. Das Gradmaß (Altgrad) beruht auf der Einteilung des Vollkreises in 360 Abschnitte (Grad, °). Diese Zahl wie auch weitere Unterteilungen sind nur historisch zu erklären (Zahl der Tage des Jahres, babylonisches Sexagesimalsystem).
2. Das Neugrad (Gon) beruht auf der Unterteilung des Vollwinkels in 400 Gon. Es hat sich nicht durchsetzen können.
3. Das Bogenmaß benutzt den Umfang des Einheitskreises (2π) als Maß für den Vollwinkel. Winkel im Bogenmaß werden durch die Pseudoeinheit rad (von Radiant) abgekürzt. 1 rad entspricht dem Winkel, dessen Bogen 1 ist.

Einen Überblick über die verschiedenen wichtigen Winkelmaße und ihre Umrechnungsfaktoren gibt die oben stehende Tabelle.

4. Der Raumwinkel leitet sich aus dem Bogenmaß ab. Der volle Raumwinkel ist 4π (= Oberfläche der Einheitskugel). Raumwinkel haben die Pseudoeinheit sr (von Steradiant). 1 sr ist der Raumwinkel, der auf der Einheitskugel die Fläche 1 ausschneidet.

Materie

Dieser Begriff erscheint zunächst einfach, und man ist geneigt, ›materiell‹ mit ›stofflich‹ zu umschreiben. Was aber ist ein *Stoff*? Die Physiker waren lange der Überzeugung, M. sei alles, was *Masse* besitzt. Seit *Albert Einsteins* → Relativitätstheorie weiß man aber, daß Masse und Energie einander äquivalent sind und daß Masse (bzw. Energie) vom Bewegungszustand abhängig ist, genauer gesagt vom Bezugssystem, das der Beobachter der bewegten Masse wählt. Damit ist auch die Masse nichts Absolutes mehr. Die Elementarteilchenphysik versucht, dem Problem durch *Symmetrien* auf den Grund zu gehen. Bisher gibt es jedoch keine sichere Definition, allenfalls die, daß M. alles ist, was *Ruhmasse* besitzt (→ Elementarteilchen).

Materiewellen

Der zunächst unverständliche Dualismus zwischen *Teilcheneigenschaften* (Energie, Impuls, definierbarer Ort) und *Welleneigenschaften* (Wellenlänge, Frequenz) mußte in der Optik akzeptiert werden, um alle physikalischen Experimente zu erklären, die man mit elektromagnetischen Wellen, d. h. auch mit Licht, durchführen kann. Dabei ging man in der Optik von der Wellenvorstellung aus und mußte schließlich für Emissions-, Absorptions- und Stoßversuche auch das Teilchenbild heranziehen.
Aus Symmetriegründen war aber nicht einzusehen, warum man nicht auch vom Teilchenbild ausgehend die Wellenbeschreibung einführen sollte. *Louis-Victor de Broglie* (1892–1987) erkannte dieses Problem bereits 1924 und löste es, indem er die Teilcheneigenschaften Energie E und Impuls p wie bei den Photonen mit den Welleneigenschaften Frequenz ν und Wellenlänge λ verknüpfte. Zwischen E und ν sollte der von *Max Planck* (1858–1947) gefundene Zusammenhang

$$E = h \cdot \nu \text{ oder } E = \hbar \cdot \omega \qquad (1)$$

(ω = Kreisfrequenz = $2\pi\nu$, $\hbar = h/2\pi$) auch im Fall materieller Teilchen gelten. Zwischen p und λ setzte er den entsprechenden Zusammenhang an:

$$p = \frac{h}{\lambda} \text{ oder } p = \hbar \cdot k \qquad (2)$$

($k = 2\pi/\lambda$ = Wellenzahl).
Die Gleichung (2) sollte sogar für alle drei Impulskomponenten im Raum gelten, so daß man $\vec{p}$ und $\vec{k}$ als Vektoren schreiben kann:

$$\vec{p} = \hbar \cdot \vec{k}. \qquad (3)$$

Die Veranschaulichung dieser Gleichungen stößt bei materiellen Teilchen jedoch auf Schwierigkeiten, weil wir es im Gegensatz zu den Photonen bei Neutronen oder z. B. auch einem Eisenkügelchen mit Dingen zu tun haben, die *im Ruhezustand* existieren können, d. h. eine *Ruhmasse* m_0 haben.

Die Relativitätstheorie leitet die Äquivalenz von Masse und Energie ab, die zu der berühmten Formel $E = m \cdot c^2$ führt. Wenn ein Teilchen der Masse m_0 in unserem Beobachtungssystem also ruht, so hat es den Impuls $p = 0$, aber die Energie $E = m_0 \cdot c^2$. Gemäß Gleichung (1) müßte die zugehörige Materiewelle die Frequenz

$$\nu = \frac{m_0 \cdot c^2}{\hbar}$$

haben, die offenbar von Null verschieden ist; gemäß Gleichung (2) aber erhalten wir die Wellenzahl $k = 0$, d. h. wegen $k = 1/\lambda$ eine unendlich große Wellenlänge! Auch die Frequenz liegt für ›normale‹ Teilchen in unmeßbar kleinen Bereichen: Für die Frequenz einer Masse von 1 kg ergibt sich z. B. ein Wert von $8{,}6 \cdot 10^{50}$ Hz. Derartige Ergebnisse würden jede Theorie von vornherein disqualifizieren, kämen nicht für *bewegte* materielle Teilchen Werte heraus, die jeder experimentellen Nachprüfung standhalten!

Beispiel 1: Ein Elektron, dessen Geschwindigkeit nicht allzu hoch ist, jedenfalls wesentlich kleiner als die Lichtgeschwindigkeit, hat die *de-Broglie-Wellenlänge*

$$\lambda = \frac{h}{p} = \frac{h}{m_0 \cdot v}.$$

Läuft es auf einer ›Kreisbahn‹ um einen Atomkern herum, wie es das → Bohrsche Atommodell annimmt, so kann es sicher nur auf solchen Radien umlaufen, die verhindern, daß es sich sozusagen durch Interferenz selbst auslöscht. Der Umfang $2\pi \cdot r$ der Kreisbahn muß also ein ganzzahliges Vielfaches seiner Wellenlänge sein. Dann kann man sagen, daß das Elektron in einer stationären stehenden Welle ›rund um den Kern‹ schwingt.

Die Bedingung $2\pi \cdot r = n \cdot \lambda$ oder $2\pi \cdot r = n \cdot h/m_0 \cdot v$ oder schließlich $r \cdot m_0 \cdot v = n \cdot \hbar$ ist genau die zunächst recht willkürlich erscheinende Quantenbedingung von Bohr für den Bahndrehimpuls, die demnach aus der Wellenvorstellung vom Elektron ganz plausibel abzuleiten ist. Dieser Erfolg verhalf der Theorie der Materiewellen zum Durchbruch.

Beispiel 2: Ein Kernreaktor erzeugt nicht nur Energie, er stellt auch eine für die Forschung wertvolle Neutronenquelle dar. Wenn die Neutronen, die über geeignete Kanäle den Kern des Reaktors verlassen können, sehr ›langsam‹ sind *(thermische Neutronen)*, also eine Energie von etwa 1/40 eV haben, besitzen sie eine Geschwindigkeit von rund 2000 m/s. Dem entspricht eine de-Broglie-Wellenlänge von 0,2 nm. Röntgenstrahlen dieser Wellenlänge haben eine Energie von etwa 2 keV und zeigen beim Durchgang durch Kristalle ausgeprägte Beugungserscheinungen. Thermische Neutronen zeigen nun ganz genau dieselben Beugungserscheinungen, wenn man sie durch einen geeigneten Kristall schießt. Damit steht der Wellencharakter der Neutronen außer Zweifel, und die Annahme von Materiewellen erweist sich als durchaus gerechtfertigt.

Zur Lösung des Problems für ein ruhendes Teilchen mit der Masse m_0 muß man tatsächlich eine unendlich große Wellenlänge annehmen. Schon minimale Geschwindigkeiten selbst submikroskopischer Teilchen führen wegen der Kleinheit von h zu winzigen Wellenlängen. So hat z. B. ein ultrakaltes Wasserstoffatom (Masse $\approx m_p$) mit einer Geschwindigkeit von nur 1 mm/s einen Impuls von rd. $2 \cdot 10^{-30}$ kg · m/s, dem eine Wellenlänge von $3 \cdot 10^{-4}$ m, also 0,3 mm zuzuordnen wäre. Der Sprung von ziemlich großen in recht winzige Größenordnungen erfolgt also sehr plötzlich.

Das ist aber noch nicht alles! Die *Phasengeschwindigkeit* einer → Welle ist ja gegeben durch $u_{ph} = \lambda \cdot \nu$. Da für ein ruhendes Teilchen ν endlich (und sehr groß) ist und λ gar gegen unendlich geht, wird auch die Phasengeschwindigkeit der Materiewelle unendlich groß. Die allgemeine Gleichung für die Phasengeschwindigkeit ergibt sich, wenn wir für

$$\lambda = \frac{h}{p} = \frac{h}{m \cdot v} \text{ und für}$$

$$\nu = \frac{E}{h} = \frac{mc^2}{h} \text{ setzen:}$$

$$u_{ph} = \frac{c^2}{v}. \qquad (4)$$

Nun verlangt die → Relativitätstheorie, daß kein Signal und damit auch kein materieller Körper die Lichtgeschwindigkeit erreichen oder gar überschreiten kann. Die Phasengeschwindigkeit einer Welle kann allerdings kein Signal übermitteln. Soweit entsteht also auch bei Phasengeschwindigkeiten, die größer als die Lichtgeschwindigkeit sind, kein Widerspruch zur Relativitätstheorie. Wie kommt aber der materielle Körper zustande? Er ist doch real meßbar und bewegt sich keineswegs schneller als das Licht. Die Erklärung liegt in der → Dispersion, der die Materiewellen ausgesetzt sind. Die Phasengeschwindigkeit hängt ja von der Wellenlänge ab. Das sieht man ein, wenn man in Gleichung (4) für v den Ausdruck $h/m \cdot \lambda$ einsetzt, der aus Gleichung (2) mit $p = m \cdot v$ folgt:

$$u_{ph} = \frac{c^2}{h} \cdot m \cdot \lambda. \qquad (5)$$

Wenn aber die Phasengeschwindigkeit von der Wellenlänge abhängt, dann kann man durch Überlagerung vieler Wellenlängen ein *Wellenpaket* bilden, dessen Ausbreitungsgeschwindigkeit v_{gr}, die *Gruppengeschwindigkeit* des Pakets, genau mit der Teilchengeschwindigkeit v übereinstimmt.

Allerdings haben wir damit nur auf den ersten Blick die Schwierigkeiten beseitigt. Das Materiewellenpaket, das nun unser Teilchen sein soll, ist nämlich zeitlich nicht konstant, sondern ›läuft auseinander‹, wird also immer breiter und ist daher zur Beschreibung unseres Teilchens offenbar ungeeignet, das ja nach aller Erfahrung unverändert bleibt. So bestechend die Annahme von Materiewellen auch ist und trotz aller Erfolge, die man mit ihnen bei der Beschreibung bisher unverständlicher Naturerscheinungen erzielt hat, in diesem letzten Punkt ist die Theorie noch unvollständig.

Wahrscheinlich ist eine Lösung des Widerspruchs nur zu erwarten, wenn man den Begriff der *Zeit* radikal erneuert. Ansatzpunkte hierfür können sowohl die Relativitätstheorie als auch der Materiewellen-Ansatz sein. Es ist anzunehmen, daß dann auch die Gravitation eine neue Bedeutung erhält und die Lösung in einer Neufassung der allgemeinen Relativitätstheorie liegt.

Mechanik

Die *klassische (Newtonsche) Mechanik* behandelt die Bewegungen von Massenpunkten unter der Einwirkung von Kräften. Dabei werden die Begriffe ›Massenpunkt‹ und ›Kraft‹ intuitiv verwendet. Als unausgesprochene Voraussetzungen werden die absolute → Zeit (eine gültige Zeit für alle Systeme) und der absolute → Raum hingenommen, in denen sich alle Kräfte und Bewegungen anordnen lassen. Die wichtigsten Erkenntnisse der klassischen Mechanik sind die → Newtonschen Gesetze, die → Keplerschen Gesetze mit dem → Gravitationsgesetz und die klassischen → Erhaltungssätze der → Energie, des → Impulses und des → Drehimpulses. Das Ziel, das mit der klassischen Mechanik bereits erreicht zu sein schien, war die Beschreibung des vergangenen und zukünftigen Weltgeschehens unter nur einer einzigen Voraussetzung: der Kenntnis der Orte und Geschwindigkeiten *aller* Massenpunkte zu einem beliebigen Zeitpunkt. Die Erfolge vor allem bei der Berechnung der Planetenbahnen stimmten die Physiker euphorisch. Man glaubte, *alles* mechanisch erklären zu können. Erst die Entwicklung der → Quantenmechanik und der → Relativitätstheorie dämpfte die Begeisterung ein wenig. Die Einschränkung des Kausalitätsprinzips durch diese neuen Theorien (→ Kausalität) eröffnete dem menschlichen Entdeckergeist neue Möglichkeiten.

Mega-

Abk. M, Vorsilbe bei Maßeinheiten (→ Maße und Maßsysteme), bezeichnet das 10^6fache einer Grundeinheit, z. B. 1 Megahertz (MHz) = 10^6 Hertz.

Meridian

Das Gradnetz der Koordinaten auf der Erdkugel besteht aus Großkreisen, die durch Nordpol und Südpol gehen und auf dem Äquator senkrecht stehen (*Längenkreise* oder *Meridiane*), und den *Breitenkreisen* parallel zum Äquator. Die Meridiane geben die *geographische* Länge an, und zwar in Winkelgraden. Der *Nullmeridian* geht aus historischen Gründen durch Greenwich (England). Von dort aus wird nach beiden Seiten (östliche bzw. westliche Länge) bis 180° gezählt. Der 180°-Meridian verläuft durch die Fidschi-Inselgruppe und geht östlich an Neuseeland vorbei.

Mesonen

Ordnet man die → Elementarteilchen nach ihrer Ruhmasse, dann liegen die langlebigen, ›stabilen‹ Mesonen zwischen den Leptonen und den Baryonen. Die M. sind maßgeblich am Zusammenhalt der Atomkerne beteiligt (→ Kernphysik). Alle M. haben einen ganzzahligen Spin, sind also → Bosonen.

Metalle

Alle Metalle bestehen aus Atomen, deren Außenelektronen besonders leicht gebunden sind. Es entsteht so ein Kristall, der ›freie‹ Elektronen enthält, weil die Atome in der *Metallbindung* die Außenelektronen nicht mehr einzeln binden, sondern sie an den Kristall als Ganzes abgeben. Man spricht deshalb von einem *Elektronengas*, das im Metallvolumen steckt, oder, bei sehr tiefen Temperaturen, von einer *Elektronenflüssigkeit.*
Das Modell des Elektronengases erklärt viele charakteristische Metalleigenschaften, z. B. die Leitfähigkeit (→ Ohmsches Gesetz) oder auch das → Wiedemann-Franzsche Gesetz, außerdem die Undurchsichtigkeit der Metalle. Trotzdem handelt es sich nicht um ein Gas im herkömmlichen Sinn, bei dem jedes Teilchen beliebige Impulse und Energien haben kann. Wäre das so, dann müßte das Elektronengas denselben Beitrag zur spezifischen Wärmekapazität leisten wie die Rumpfionen des Gitters (→ Dulong-Petitsche Regel, → kinetische Gastheorie). Experimente beweisen, daß das Elektronengas zwar Wärme transportieren, aber nicht speichern kann. Die Erklärung liegt in der Wechselwirkung eines Elektrons mit dem ganzen Kristall über → Phononen (Gitterschwingungen). Man muß deshalb den ganzen Kristall als quantenmechanisches System behandeln. Ich will die Ausgangspunkte kurz skizzieren.

Metallelektronen als entartetes Fermigas
Elektronen haben die Spinquantenzahl ½ (→ Elementarteilchen), sie sind also → Fermionen und befolgen in einem zusammenhängenden System wie dem Metallblock das → Pauli-Prinzip, wonach nicht zwei völlig identische Elektronen denselben quantenmechanischen Zustand einnehmen können. Die ›freien‹

Metallelektronen können aber nur zwei charakteristische Größen vorweisen, in denen sie sich unterscheiden könnten: ihren Spin und ihren → Impuls. Da es nur zwei Spinzustände gibt, kann jeder Impulszustand lediglich zweimal besetzt sein. Die Impulszustände können aber nicht beliebig scharf sein, denn nach der Heisenbergschen → Unschärferelation hätte das Elektron dann überhaupt keinen definierten Ort mehr. Im Kristall muß es aber doch wenigstens sein. Deshalb haben die Impulszustände eine Breite von mindestens $\Delta p \approx h/s$, wobei h das → Plancksche Wirkungsquantum und s eine typische Länge des Metallblocks ist. Hat also ein Elektron den Impuls p, so kann innerhalb einer Umgebung von Δp kein anderer Elektronenimpuls besetzt sein. Die Größe h ist zwar winzig, aber die Zahl der beteiligten Elektronen ist sehr groß. Bedenkt man ferner, daß jedem Elektronenimpuls auch eine Energie entspricht, so müssen die Impulszustände in einer Weise besetzt sein, die insgesamt eine minimale Energie ergibt. Sie sind also ›von unten‹ her besetzt. Die genaue Rechnung benutzt den Begriff *Impulsraum* und ergibt für die Energien der obersten Impulszustände Beträge, die weit oberhalb der thermischen Energie $\frac{3}{2}kT$ liegen, die ein Metall aushalten kann, ohne zu schmelzen oder gar zu verdampfen. Man nennt diese Energie E_F die der *Fermi-Kante*. Sie entspricht einer Temperatur T_F von mehr als 2000 °C bis 10 000 °C.

Die Metallelektronen sind also energetisch ›eingefroren‹. Sie bilden einen *Fermi-See*, von dem nur die Oberfläche ein wenig aufgeweicht ist. Lediglich die Elektronen eines schmalen Impulsbereichs an dieser Fermi-Kante sind imstande, Energie der Größenordnung kT aufzunehmen oder abzugeben, so daß die Wärmekapazität der Metallelektronen tatsächlich fast nicht zählt. Ein derart ›eingefrorenes‹ Elektronengas nennt man in Anlehnung an die mehrfach besetzten Energiezustände im Atom (→ Atomphysik) *entartet.*

Die Wärmeleitfähigkeit eines Metalls wird dagegen (in reinen Metallen) zum größten Teil von den Elektronen verursacht. Allerdings stellt man sich dies halbklassisch so vor, daß das ganze Gas im Kristall ›herumschwappt‹ und dabei selber eine Art Kristallgitter bildet, das verschiedene Eigenschwingungen ausführen kann, ohne mit dem Rumpfgitter der Atome zu kollidieren. Diese Vorstellung erklärt auch qualitativ, weshalb die elektrische Leitfähigkeit nicht durch Stöße mit den Atomrümpfen beeinträchtigt wird, sondern nur durch Verunreinigungen (Fremdatome), Kristallbaufehler (→ Kristall) und die thermischen Gitterschwingungen der Atome.

Meter

Abk. m, Maßeinheit der Länge (→ Maße und Maßsysteme); 1 m ist seit 1983 als diejenige Strecke definiert, die das Licht im Vakuum in der Zeit von 1 / 299 792 458 Sekunden zurücklegt. Mit dieser Definition wurde die Lichtgeschwindigkeit c genau auf den Wert 299 792 458 m / s festgelegt und die Definition der Länge von der Definition der Zeit abhängig gemacht.

MeV

Abk. für Megaelektronvolt (10^6 eV), eine vor allem in der Kernphysik und Elementarteilchenphysik übliche Maßeinheit der Energie (→ Maße und Maßsysteme); 1 MeV = $1{,}602 \cdot 10^{-13}$ Joule.

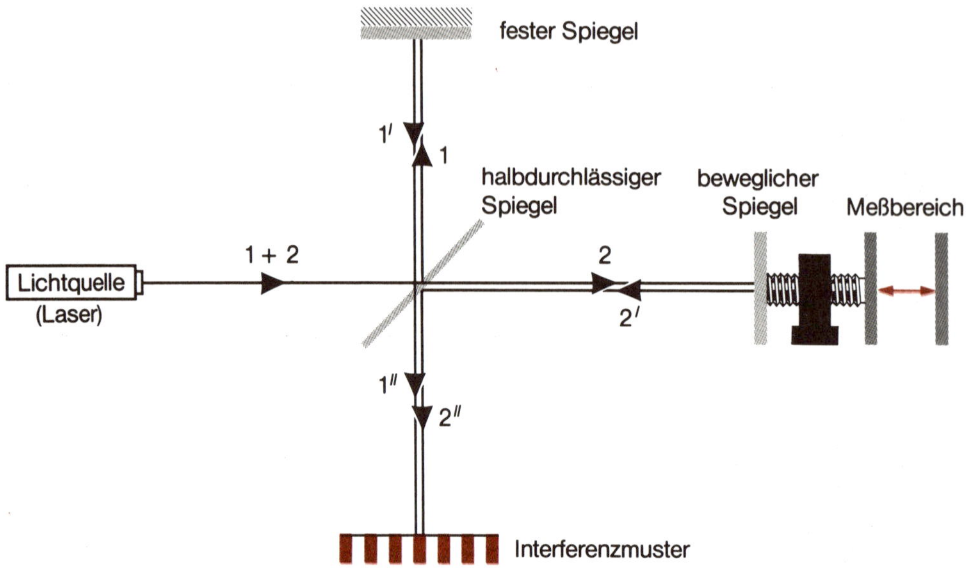

Michelson-Interferometer (Figur 1): Schematische Darstellung der Verwendung des Michelson-Interferometers als Längenmeßgerät; der halbdurchlässige Spiegel in der Mitte spaltet den von der Lichtquelle kommenden Strahl in zwei Teilstrahlen 1 und 2, die unterschiedliche Wege durchlaufen und von Spiegeln reflektiert werden (1′ und 2′). Ein Teil geht zwar wieder durch den halbdurchlässigen Spiegel hindurch (von 2′) oder wird reflektiert (von 1′), der andere Teil (1″ und 2″) interferiert jedoch und erzeugt ein Interferenzmuster.

Michelson-Interferometer

Dieses nach *Albert Michelson* (1852–1931) benannte Gerät benutzt dasselbe Prinzip, das zum Schlüsselexperiment der → Relativitätstheorie verwendet worden ist. Ein monochromatischer (einfarbiger) Lichtstrahl wird von einem halbdurchlässigen Spiegel geteilt (Figur 1). Jede Strahlhälfte wird auf einen anderen Weg geschickt, an je einem Spiegel reflektiert und dann wieder durch den halbdurchlässigen Spiegel geschickt. Dabei wird ein Teil der ursprünglichen Strahlhälften wieder vereinigt, wobei sich Interferenzverstärkungen bzw. -auslöschungen ergeben. Je nach dem Öffnungswinkel des Strahlengangs sieht man auf dem Beobachtungsschirm ein Streifen- oder Ringmuster. Schon die geringste Veränderung eines der beiden Lichtwege ändert auch das Interferenzmuster. Verschiebt man z. B. einen der Spiegel mit einer Mikrometerschraube, dann verschieben sich die Interferenzstreifen, bzw. das Ringsystem quillt auf (oder schrumpft ein).

Nimmt man als Lichtquelle einen He-Ne-Glaslaser (→ Laser), dessen rotes Licht eine Wellenlänge von 632,8 nm hat, lassen sich Spiegelverschiebungen von nur 10 nm ohne weiteres messen. Mit speziellen Meßanordnungen der Lichtintensität geht es sogar noch eine Größenordnung genauer. Das M.-I. kann also zu sehr feinen Längenmessungen benutzt werden. Andererseits kann es natürlich auch verschiedene Wellenlängen auflösen, denn jede Wellenlänge erzeugt ein anderes Streifenmuster. Es ist aber wie jedes hochauflösende Spektrometer nur in einem engen Wellenlängenbereich einsetzbar. Zur Untersuchung eines Spektrums mit dem M.-I. muß man daher das Licht durch geeignete Spektrometer niedrigerer Auflösung, z. B. ein Prisma, vorzerlegen.

Mikro-

Zeichen μ, Vorsilbe bei Maßeinheiten (→ Maße und Maßsysteme), bezeichnet das 10^{-6}fache einer Grundeinheit, z. B. 1 Mikrometer (μm) = 10^{-6} Meter.

Mikroskop

Das M. ist ein optisches Gerät, dessen Zweck darin besteht, kleine Gegenstände sichtbar zu machen. Es ist also der → Lupe verwandt. Die Vergrößerung der Lupe ist aber allenfalls mit dem Faktor 30 erschöpft. Das M. erreicht bis etwa 1000fache Vergrößerungen durch folgenden Trick: Ein *Objektiv* bildet den Gegenstand in ein Zwischenbild ab, das mit dem *Okular* als Lupe betrachtet wird (Figur 1). Da die Gegenstände meist recht lichtschwach sind, montiert man die ganze Anordnung in einem Rohr, dem *Tubus.*

Die Länge dieses Tubus legt die maximale Größe des Zwischenbildes fest. Das Objektiv muß daher eine kleine Brennweite haben, und das Objekt muß sich fast im Brennpunkt befinden, damit die optimale Größe des Zwischenbildes erreicht wird. Rein optisch sind auch stärkere Vergrößerungen als 1000 ($\approx 30 \times 30$) erreichbar, aber wegen der endlichen Wellenlänge des Lichts nicht sinnvoll. Warum?

Ein Objekt, dessen Abmessungen die Größenordnung der Lichtwellenlänge erreichen, mit der man es beobachten möchte, wird zum Ausgangspunkt von Huygensschen Kugelwellen (→ Wellen). Zwei derartige Objekte ›verschmelzen‹ zu einem, wenn ihr Abstand kleiner wird als eine halbe Wellenlänge, weil dann die Interferenz der beiden Kugelwellen nirgends mehr eine vollständige Interferenzauslöschung ergibt. Um sie voneinander zu trennen, sie also aufzulösen, muß mindestens ein Interferenzminimum im Strahlengang enthalten sein. Der Winkel α, unter dem das Objekt noch durch das Gerät sichtbares Licht aussendet, hängt vom Durchmesser des Objektivs und vom Brechungsindex n des Mediums zwischen Objekt und Objektiv ab. Wenn dieses Luft ist, so wird die Auflösungsgrenze von einer halben Wellenlänge längst nicht erreicht, weil der verwertbare Strahlungswinkel des Objekts kleiner als 90° wird. Die Rechnung ergibt für den trennungsfähigen Abstand d zweier Objektpunkte den Ausdruck

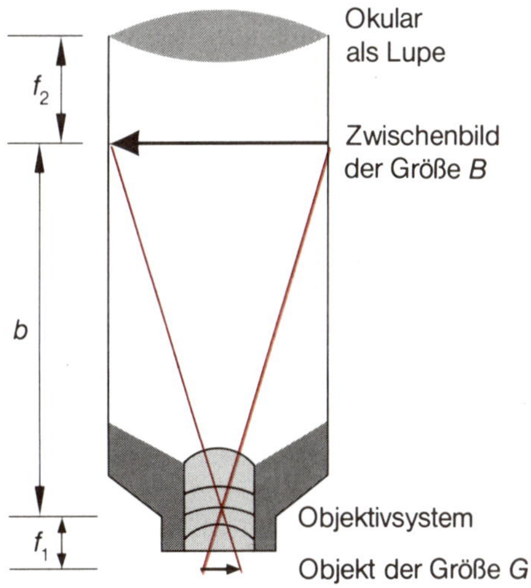

Mikroskop (Figur 1): Schematische Darstellung der Wirkungsweise eines Mikroskops; das Objektiv bildet das fast in der Brennebene liegende Objekt auf das Zwischenbild ab. Dabei ist die Vergrößerung gegeben durch den Ausdruck $B/G = b/g \approx b/f_1$. Man betrachtet dieses (seitenverkehrte) Bild mit der Okularlupe, deren Vergrößerung nochmals 25 cm/f_2 beträgt. Insgesamt erreicht man so eine Vergrößerung um den Faktor (25 cm) · $b/f_1 f_2$.

$$d = \frac{\lambda}{n \cdot \sin\alpha}. \qquad (1)$$

Dabei ist λ die Wellenlänge des verwendeten Lichts und $n \cdot \sin\alpha$ die *numerische Apertur* des Objektivs. Das Einbringen eines durchsichtigen Stoffes von hohem Brechungsindex *(Ölimmersion)* vermag daher die Wirksamkeit eines Lichtmikroskops noch etwa um den Faktor 1,5 zu steigern.

Selbstverständlich sind weder das Objektiv noch das Okular eine einzelne Linse. Besonders an das Mikroskopobjektiv werden hohe Anforderungen gestellt. Zur Korrektur der → Abbildungsfehler sind viellinsige Systeme nötig. Kleinere Brennweiten als 1 mm sind kaum erreichbar, aber auch nicht nötig. Man kann durchaus sagen, daß Lichtmikroskope heute durch Nutzung aller technischen Möglichkeiten die Grenzen ihrer prinzipiellen Leistungsfähigkeit erreicht haben.

Milchstraße

Der Sternverband, dessen Mitglied unser Sonnensystem ist, wird als M. bezeichnet (→ Astronomie).

Milli-

Abk. m, Vorsilbe bei Maßeinheiten (→ Maße und Maßsysteme), bezeichnet das 10^{-3}fache ($^1/_{1000}$) einer Grundeinheit, z. B. 1 Millimeter (mm) = $^1/_{1000}$ Meter.

Millikan-Versuch

Robert Millikan (1868–1953) bestimmte den genauen Wert der elektrischen → Elementarladung nach folgender Methode: Er brachte kleine Öltröpfchen aus einem Zerstäuber in das senkrecht gerichtete → elektrische Feld eines Plattenkondensators und beobachtete sie durch ein Mikroskop. Sucht man sich ein Teilchen heraus und mißt zunächst seine Fallgeschwindigkeit ohne angelegtes Feld, dann läßt sich daraus mit Hilfe des → Stokesschen Gesetzes seine Masse m bestimmen. Legt man nun eine geeignete Spannung U an den Kondensator, so beobachtet man erst einmal eine Veränderung der Fallgeschwindigkeit. Das zeigt, daß die Tröpfchen eine elektrische Ladung q tragen, die sie beim Ablösen aus dem Zerstäuber durch Reibungselektrizität erhalten – oder durch Photoeffekt nach dem Beschuß mit → Röntgenstrahlung. Die Spannung läßt sich so einstellen, daß das Tröpfchen die Fallgeschwindigkeit Null hat, d. h., daß es schwebt. Natürlich muß man sich dabei auf ein Tröpfchen konzentrieren, dessen Masse man zu Anfang des Versuches gemessen hat, und darf es nicht aus den Augen verlieren. Dann aber hat man einen Gleichgewichtszustand zwischen der elektrischen Kraft

$$q \cdot E = q \cdot \frac{U}{d}$$

und der Gravitationskraft $m \cdot g$ registriert (d = Plattenabstand des Kondensators, g = Erdbeschleunigung) und kann daraus die Ladung q des Tröpfchens berechnen:

$$q = \frac{m \cdot g \cdot d}{U}.$$

Millikan stellte fest, daß q stets ein kleines ganzzahliges Vielfaches einer Ladung e war, die er als *Elementarladung* erkannte und deren Wert ($\approx 1{,}6 \cdot 10^{-19}$ C) er mit einer Genauigkeit von etwa einem Promille bestimmte.

MKSA-System

Auf den Einheiten Meter, Kilogramm, Sekunde und Ampere beruhendes Maßsystem, das durch Hinzunahme einer Temperatureinheit und einer photometrischen Einheit zum *SI-System* erweitert wurde (→ Maße und Maßsysteme).

mm Hg

Abk. für Millimeter Quecksilbersäule, eine nur noch zur Angabe des Blutdrucks zulässige Druckeinheit; 1 mm Hg = = 133,3224 Pascal (→ Maße und Maßsysteme).

Mol

Zeichen mol, die Einheit der Stoffmenge, bezeichnet die Stoffmenge eines Systems bestimmter Zusammensetzung, das aus ebenso vielen Teilchen besteht, wie Atome in 12 g des Nuklids Kohlenstoff 12 enthalten sind.

Molekulargewicht

Diese Verhältniszahl gibt das Massenverhältnis eines Moleküls des fraglichen Stoffes zum Kohlenstoffisotop 12 an; es ist daher auch gleich dem Verhältnis der Massen jeweils gleicher Anzahlen von Molekülen der beiden Stoffe. Das M., in Gramm ausgedrückt, bezeichnet für jede Substanz eine Stoffmenge, die jeweils dieselbe Anzahl Moleküle enthält, nämlich die Avogadrosche oder → Loschmidtsche Zahl. Diese Stoffmenge heißt auch 1 → Mol (→ Maße und Maßsysteme).

Monochromatisch

Der Begriff monochromatisch (griech., dt. einfarbig) wird allgemein zur Kennzeichnung von Strahlung einer Wellenlänge oder für Teilchen gleicher Energie verwendet (→ Laser).

Mößbauer-Effekt

Vorbetrachtungen über Kernresonanzfluoreszenz

Die Emission eines Photons erfolgt bei einem Übergang eines Atoms oder Kerns von einem höheren Energiezustand in einen niedrigeren. Auf den ersten Blick würde man glauben, daß ein derart ausgestrahltes Photon, das auf einen potentiellen Empfänger im Grundzustand trifft, von diesem absorbiert wird, wobei er in den entsprechenden angeregten Zustand übergeht (der natürlich nach kurzer Zeit wieder unter Aussendung des Photons zerfällt). Tatsächlich beobachtet man diese *Resonanzfluoreszenz* zwar bei sichtbarem Licht, normalerweise aber *nicht* bei Gammastrahlen. Um diesen Befund zu verstehen, muß man sich zwei Grundtatsachen vor Augen führen:

1. Die *natürliche Linienbreite* einer → Spektrallinie ist nach der → Unschärferelation gleich dem Kehrwert der mittleren → Lebensdauer τ. Es ist

$$\tau \cdot \Delta E \geq \hbar, \text{ und mit}$$
$$\Delta E = \hbar \cdot \Delta\omega \text{ ergibt sich}$$
$$\omega \approx \frac{1}{\tau}.$$

Dies folgt übrigens auch aus dem Frequenzspektrum, das sich aus der Fourier-Transformation (→ Fourier-Analyse) einer entsprechend τ gedämpften Schwingung ergibt! Diese natürliche Linienbreite ist nur bei Temperaturen nahe dem absoluten Nullpunkt zu beobachten. Mit zunehmender Temperatur besitzen die Sender- oder Empfängeratome eine immer größere thermische Geschwindigkeit, die wegen ihrer statistischen Verteilung eine *Doppler-Verbreiterung* der Spektrallinien verursacht. Wählen wir als Beispiel einen typischen optischen Übergang der Lebensdauer 10^{-8} s. Die zugehörige natürliche Linienbreite ist $\Delta\omega = 10^8\ 1/\text{s}$ oder, in Energieeinheiten ausgedrückt, etwa $7 \cdot 10^{-8}$ eV. Ein ›grünes‹ Photon hat eine Wellenlänge von rd. 500 nm, d. h. eine Frequenz von

$$\frac{c}{\lambda} \approx \frac{3 \cdot 10^8}{5 \cdot 10^{-7}}\ \frac{1}{\text{s}} = 6 \cdot 10^{14}\ \frac{1}{\text{s}}$$

und eine Energie von etwa 2,5 eV. Die relative Breite einer natürlichen Spektrallinie im optischen Bereich liegt daher bei

$$\frac{\Delta E}{E} = \frac{7 \cdot 10^{-8}}{2{,}5} = 3 \cdot 10^{-8}.$$

Um einen Schätzwert für die Doppler-Verbreiterung zu erhalten, gehen wir von einer mittleren thermischen Energie eines Freiheitsgrades bei Zimmertemperatur von $\frac{1}{2}\,kT \approx 2 \cdot 10^{-21}\ \text{m}^2 \cdot \text{kg}/\text{s}^2$ aus. Mit der Masse eines ›Luftmoleküls‹ von etwa $6 \cdot 10^{-26}$ kg entspricht dies einer mittleren Geschwindigkeit von

$$\overline{v} = \sqrt{\frac{2E}{m}} = \sqrt{\frac{4 \cdot 10^{-21}}{6 \cdot 10^{-26}}}\ \frac{\text{m}}{\text{s}} \approx 250\,\frac{\text{m}}{\text{s}}.$$

Die Doppler-Verschiebung ist von der Größe

$$\Delta\nu = \frac{v}{c} \cdot \nu.$$

Da c die Lichtgeschwindigkeit ist, wird $\Delta\nu/\nu \approx 250/3 \cdot 10^8 \approx 10^{-6}$. Die Doppler-Verbreiterung ist also beim sichtbaren Licht, ganz grob geschätzt, etwa 10mal so groß wie die natürliche Linienbreite.

Die Energiezustände von *Atomkernen*, die zur Emission von Gammaquanten gehören, haben im allgemeinen eine wesentlich kürzere Lebensdauer als die Energiezustände der Elektronenhülle, zeigen aber hierbei größere Unterschiede. Dafür ist die Energie der Gammastrahlen etwa um den Faktor $10^5 - 10^6$ größer als die des sichtbaren Lichts. Insgesamt ergibt sich eine etwa 1000fach kleinere relative Breite der emittierten Gammalinien ($\approx 10^{-10}$). Bestimmte, besonders langlebige Zustände in einigen Kernen führen aber auf Gammalinien, die extrem scharf sind (relative Breite 10^{-13} und kleiner!). Gerade diese Linien sind für den Mößbauer-Effekt geeignet, wie wir noch sehen werden. Ist der strahlende Atomkern Teil eines Gases (oder sonst frei beweglich), so tritt dieselbe Doppler-Verbreiterung von $\Delta\nu/\nu \approx 10^{-6}$ auf wie beim sichtbaren Licht. Diesmal beträgt sie allerdings das 10^2- bis 10^6fache der natürlichen Linienbreite.

2. Jedes Photon hat einen *Impuls* der Größe $h \cdot \nu/c$. Im Fall des ›grünen‹ Photons ist $p \approx 1{,}3 \cdot 10^{-27}\ \text{m} \cdot \text{kg}/\text{s}$. Für ein Gammaquant von 25 keV liegt er etwa bei $1{,}3 \cdot 10^{-23}\ \text{m} \cdot \text{kg}/\text{s}$, ist also 10000mal so groß. Da sowohl bei der Emission wie bei der Absorption der Impuls erhalten werden muß, ist das Atom wie auch der Kern einem entsprechenden *Rückstoß* ausgesetzt. Die zu diesem Rückstoß gehörige kinetische Energie geht dem Photon bei der Emission verloren oder muß von ihm bei der Absorption aufgebracht werden. Sowohl die Emissions- wie die Absorptionslinie verschieben sich daher einseitig um einen gewissen Betrag gegenüber den rückstoßfreien Energiewerten. Für ein Eisenatom (oder -kern) mit der Masse $M \approx 10^{-25}$ kg läßt sich diese Rückstoßenergie aus $E = p^2/2\,M$ berechnen. Setzt man $p = E_\gamma/c$ ein, so erhält man

$$E_{\text{rück}} = \frac{E_\gamma^{\,2}}{2\,Mc^2}.$$

Der Wert von $2\,Mc^2$ liegt ungefähr bei 100 GeV $= 10^{11}$ eV. Das ›grüne‹ Photon

($E_\gamma = 2{,}5$ eV) liefert also eine Rückstoßenergie von 10^{-10} eV. Sie verschiebt die Photonenenergie nur um den Faktor $E_{rück} / E_\gamma = 10^{-10}/2{,}5 = 4 \cdot 10^{-11}$, d. h. nur um etwa ein Hundertstel der natürlichen Linienbreite.

Ganz anders liegen die Verhältnisse beim γ-Quant. Hier ist $E_{rück} \approx (2{,}5 \cdot 10^4)^2/10^{11} \approx 10^{-2}$ eV. Das Verhältnis $E_{rück} / E_\gamma$ wird damit $10^{-2}/2{,}5 \cdot 10^4 = 4 \cdot 10^{-7}$. Das ist das Tausend- bis Millionenfache der natürlichen Linienbreite.

Normalerweise kann also kein γ-Quant von ›seinem‹ (oder einem identischen) Kern wieder absorbiert werden, weil es bei der Emission soviel Rückstoßenergie abgeben muß, daß es nicht mehr in die ›Anregungslücke‹ paßt.

Man hat sich jedoch überlegt, ob es nicht doch möglich ist, die volle Quantenenergie aus dem emittierenden Kern zu erhalten, wenn man ihn ›fest‹ in ein Kristallgitter einbaut. Muß nämlich der Kristall als Ganzes den Rückstoß aufnehmen, wird der Energieverlust des Photons wegen der im Vergleich zu einem Einzelkern riesigen Masse des Kristalls verschwindend klein. Er vermindert sich ja um einen Faktor der Größenordnung 10^{22} (das entspricht der Zahl von Atomen, die sich ungefähr in einem Kubikzentimeter fester Materie befindet). Man spricht dann von *rückstoßfreier Emission* und entsprechend von *rückstoßfreier Absorption.* Es übersteigt unseren Rahmen, die Bedingungen auszurechnen, die ein Kristall erfüllen muß, damit er die Rückstoßenergie eines Kerns als Ganzes aufnehmen kann. Die thermischen Gitterschwankungen müssen genau berücksichtigt werden, und das Ergebnis ist eine Zahl *(Debye-Waller-Faktor)*, die angibt, wie groß der Anteil der rückstoßfreien Atome in einem Kristall ist, wenn er eine bestimmte Temperatur hat. Ganz grob ist auch ohne diese komplizierte Rechnung klar, daß die rückstoßfreie Emission und Absorption um so wahrscheinlicher werden, je niedriger die Temperatur in der Quelle bzw. im Absorberkristall liegt. Es gibt aber auch schon bei Zimmertemperatur geeignete Quellen und Kristalle. Das wohl berühmteste Beispiel ist das Eisenisotop 57 als Strahlungsquelle, das man in einen Eisenkristall einbauen kann. Es sendet eine 14-keV-Linie mit besonders kleiner Li-

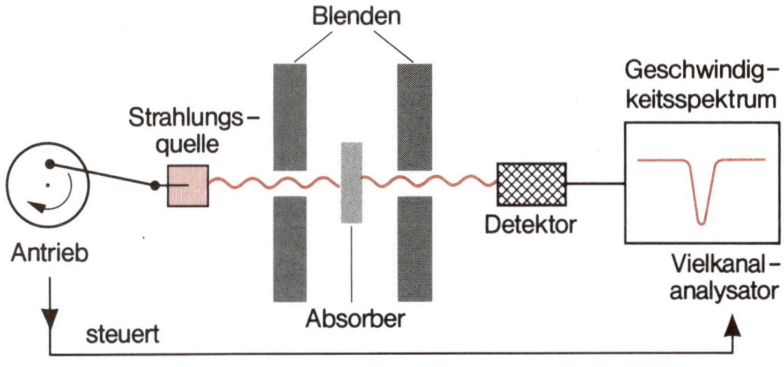

Mößbauer-Effekt (Figur 1): Schematische Darstellung des Versuchsaufbaus bei einem Mößbauer-Experiment; jede Stellung des Antriebsmotors entspricht einer bestimmten Geschwindigkeit der Mößbauer-Quelle. Entsprechend dieser Geschwindigkeit wird ein bestimmter Kanal des Vielkanalanalysators auf den Detektor geschaltet. Bei der Quellengeschwindigkeit Null erfolgt im Grundexperiment die größte Absorption, schon eine kleine Geschwindigkeit der Strahlungsquelle reicht aber aus, um den Resonanzbereich zu verlassen; die Absorptionslinie *(Mößbauer-Linie)* ist extrem scharf ausgebildet.

nienbreite rückstoßfrei aus, so daß diese γ-Quanten von einem Absorberkristall, der ebenfalls Fe^{57} enthält, *resonant* absorbiert werden. Es findet also *Kernresonanzfluoreszenz* statt. Sie fragen sich vielleicht, wieso man überhaupt etwas davon merkt, da doch der durch die Absorption angeregte Kern wieder zerfällt und das eben absorbierte γ-Quant wieder aussendet. Die zugehörige Versuchsanordnung zeigt Figur 1, und der ›Trick‹ liegt darin, daß die Re-Emission im Absorber unter beliebigen Winkeln stattfindet, das Fluoreszenzquant also irgendwohin ausgesandt wird und den Detektor meist nicht mehr trifft. Eine weitere Frage könnte sein, woher die Anregung in der Strahlungsquelle stammt. Die Antwort ist einfach: Man nimmt nicht Fe^{57}, sondern Co^{57} als Strahlungsquelle, dieser Kern zerfällt unter Elektroneneinfang (→ Radioaktivität) in Fe^{57}, aber eben nicht sofort in den Grundzustand, sondern in einen hochangeregten Zustand, der über verschiedene Niveaus unter Aussendung von Gammastrahlung in den Grundzustand übergeht. Eines dieser Niveaus besitzt die erwünschte lange Lebensdauer und die Energie von 14 keV. *Rudolf Mößbauer* (* 1929) hat diese Kernresonanzfluoreszenz zuerst nachgewiesen, indem er sie mit einer simplen Methode ›ein- und ausschaltete‹, seitdem trägt diese Erscheinung den Namen *Mößbauer-Effekt.*

Störung der Kernresonanzfluoreszenz

Wie schon erwähnt, sind die *Mößbauer-Linien* wegen der langen Lebensdauer des zugehörigen Übergangs äußerst scharf. Schon eine kleine Energieverschiebung bei der Strahlungsquelle oder beim Absorber reicht aus, um den Resonanzbereich zu verlassen. Man kann den *Doppler-Effekt* (→ Akustik) nutzen, um eine derartige Energieverschiebung zu erzeugen, aber auch innere Energien im Quellen- oder Absorberkristall. Mößbauer selbst wählte zuerst den Doppler-Effekt, wobei er den Absorber (samt Kühlung) auf einem Plattenspieler rotieren ließ und den Strahlengang durch Bleiblenden so festlegte, daß eine wohldefinierte Geschwindigkeitskomponente des Absorbers eine genau berechenbare Doppler-Verschiebung der Linie erzeugte.

Trägt man die Zählrate im Detektor gegen die Relativgeschwindigkeit zwischen Quelle und Absorber auf, so erhält man bei der Geschwindigkeit Null eine hohe Absorption, d. h. eine niedrige Zählrate (*Mößbauer-Spektrum,* siehe Figur 2). Die Geschwindigkeit v des Absorbers (oder der Quelle in Richtung Quelle – Detektor; Figur 1) erzeugt eine exakte Doppler-Verschiebung von

$$\Delta\nu = \frac{v}{c} \cdot \nu$$

für *alle* Quanten und entspricht daher einer *definierten* Energieverschiebung von

$$\Delta E = h \cdot \Delta\nu = h \cdot \frac{v}{c} \cdot \nu .$$

Wenn die Linienbreite für Resonanzabsorption bei $\Delta E / E \approx 10^{-13}$ liegt (E = 14 keV), genügt bereits eine Geschwindigkeit von $3 \cdot 10^{-13} \cdot c \approx$

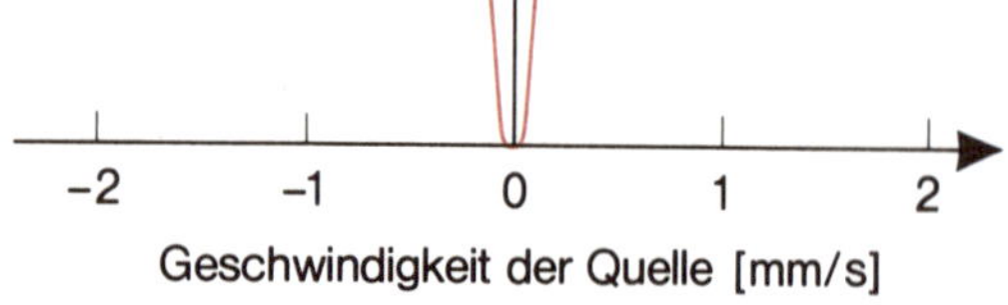

Mößbauer-Effekt (Figur 2): Das sich bereits aus einem einfachen Mößbauer-Experiment ergebende Geschwindigkeitsspektrum weist bei der Relativgeschwindigkeit Null zwischen Quelle und Absorber die niedrigste Zählrate auf.

≈ 0,1 mm/s, um die Resonanz völlig zu zerstören.
Die Möglichkeit, mit einer so relativ einfachen Methode derart winzige Energiedifferenzen messen zu können, begründete den Ruhm des M.-E. Es gibt heute viele Forschergruppen, die nur *Mößbauer-Spektroskopie* betreiben und eine stattliche Reihe Bücher veröffentlicht haben über ihre Anwendungsmöglichkeiten, die vor allem die Festkörperphysik betreffen wie die Messung der energetischen Eigenschaften von Kristallen, z. B. magnetische Hyperfeinstrukturen, Linienbreiten von Kernniveaus, Eigenschaften der chemischen Bindung. Figur 3 zeigt ein kompliziertes Mößbauer-Spektrum. Sogar eine direkte Bestätigung der allgemeinen Relativitätstheorie gelang mit Hilfe des M.-E., nämlich der Nachweis, daß Photonen vom Gravitationsfeld der Erde angezogen werden. Bewegen sich Photonen von der Erde weg, müssen sie Energie aufbringen, um das Schwerefeld der Erde zu überwinden. Dieser Energieverlust äußert sich in einer winzigen Verschiebung ihrer Wellenlänge (Rotverschiebung). Es ist heute mit Hilfe äußerst aufwendiger Versuchsanordnungen sogar möglich, den Energieverlust nachzuweisen, den ein γ-Quant erleidet, wenn es sich nur einen einzigen Meter gegen das Gravitationsfeld der Erde bewegt. In der Praxis führt man Mößbauer-Experimente so durch, daß man (meist) die Quelle beweglich macht und ihre Bewegung mit einer entsprechenden Elektronik so mit den einzelnen Kanälen eines Vielkanalanalysators koppelt, daß in einem bestimmten Zählkanal nur diejenigen Ereignisse gespeichert werden, die zu einer bestimmten Geschwindigkeit der Quelle gehören. Die Quelle führt meist eine Sinusbewegung aus und überstreicht damit einen gewissen Geschwindigkeits- und damit Energiebereich.

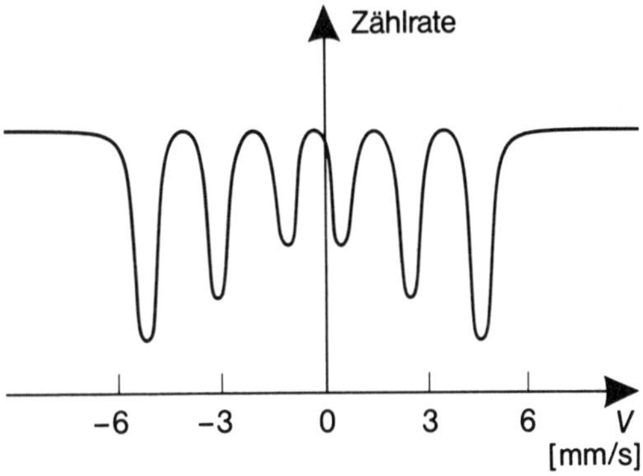

Mößbauer-Effekt (Figur 3): Beispiel für ein kompliziertes Mößbauer-Spektrum mit Fe^{57} in einem ferromagnetischen Eisenabsorber; Quelle ist unmagnetisches Co^{57} in Platin.

Multiplett

Zunächst wurde der Begriff M. nur zur Kennzeichnung eng benachbarter Linien in einem optischen Spektrum verwendet (→ Spektrallinie, → Spektrum). Die Quantenmechanik erklärte diese M. mit der Aufspaltung ursprünglich entarteter Energiezustände, wobei der Grad der Entartung (die *Multiplizität*, dt. Vielfachheit) mit den Einstellmöglichkeiten einer quantisierten Größe, nämlich bei Atomen des Drehimpulses (Spin), erklärt wurde. Später fand man auch im Massenspektrum der → Elementarteilchen eng benachbarte Zustände. Beispielsweise treten die Nukleonen (Kernteilchen) in zwei Zuständen auf, die sich nur wenig in der Masse unterscheiden: als Proton und als Neutron. Man sagt, sie bilden *ein Multiplett* (genauer gesagt *Dublett*) und erklärt dieses Verhalten durch zwei Einstellmöglichkeiten einer spinähnlichen Nukleoneneigenschaft, des Isospins.
Je nach Anzahl der zusammengehörigen Zustände spricht man von einem Dublett (zwei Zustände), Triplett (drei Zustände), Quartett (vier Zustände) usw.

N

N Abk. für → Newton, die Maßeinheit der Kraft (→ Maße und Maßsysteme).

n Abk. für die Vorsilbe → Nano- bei Maßeinheiten (→ Maße und Maßsysteme).

Nano-

Abk. n, Vorsilbe bei Maßeinheiten (→ Maße und Maßsysteme), bezeichnet das 10^{-9}fache einer Grundeinheit, z. B. 1 Nanometer (nm) = 10^{-9} Meter.

Naturkonstanten

Die Frage, auf wie viele Größen die gesamte physikalische Welt zurückgeführt werden kann, hat die Physiker schon beschäftigt, seit es Naturwissenschaft oder Naturphilosophie gibt. Mit fortschreitender wissenschaftlicher Forschung hat man eine Reihe von anscheinend unveränderlichen ›universellen‹ *Naturkonstanten* gefunden und mit immer größerer Genauigkeit gemessen. Die bekanntesten und wohl auch wichtigsten N. sind in der Tabelle aufgelistet.

Von diesen Konstanten sind die Boltzmann-Konstante, die elektrische Feldkonstante und die Loschmidtsche Zahl aus den anderen Größen ableitbar. Die Massen von Proton und Neutron unterscheiden sich nicht sehr. Die Differenz beträgt etwa das 2,5fach der Elektronenmasse, so daß man nur die Massen von Proton und Elektron als wirklich fundamental auffaßt. Es bleiben also noch sechs *Fundamentalkonstanten* übrig (m_e, m_p, h, c, e und γ), die allesamt durch Kombinationen von nur drei Dimensionsgrößen (Meter für Länge, Sekunde für Zeit und kg für Masse) ausgedrückt werden können.

Es ist deshalb möglich, drei dieser Konstanten durch die übrigen drei auszudrükken, indem man geeignete Produkte bildet, die *reine Zahlen*, also dimensionslose Größen darstellen. Wir schließen uns der gängigen Auffassung an, nicht h, sondern vielmehr $\hbar = h/2\pi$ als die eigentlich fundamentale Größe anzunehmen (→ Quantenmechanik). Dann ist

$$e^2 \approx 2{,}307 \cdot 10^{-28} \frac{\mathrm{m^3 \cdot kg}}{\mathrm{s^2}} \qquad \text{(I)}$$

$$\hbar \cdot c \approx 3{,}162 \cdot 10^{-26} \frac{\mathrm{m^3 \cdot kg}}{\mathrm{s^2}} \qquad \text{(II)}$$

$$\gamma \cdot m_p^2 \approx 1{,}867 \cdot 10^{-64} \frac{\mathrm{m^3 \cdot kg}}{\mathrm{s^2}} \qquad \text{(III)}$$

$$\gamma \cdot m_e^2 \approx 5{,}537 \cdot 10^{-71} \frac{\mathrm{m^3 \cdot kg}}{\mathrm{s^2}} \qquad \text{(IV)}$$

Diese vier Größen haben alle die Dimension [Energie mal Länge], so daß der Quotient je zweier von ihnen etwas Dimensionsloses ergibt. So ist (II):(I) = $= \hbar c / e^2 = 137{,}06$, die berühmte *Sommerfeldsche Feinstrukturkonstante,* die in der Atomphysik immer wieder auftaucht. (III) : (IV) läßt sich besser durch $m_p / m_e = 1836{,}15$ ausdrücken, das Massenverhältnis von Proton und Elektron. Diese beiden Zahlenwerte liegen (verglichen mit den Dimensionen der Ausgangswerte) etwa in derselben Größenordnung, so daß die Hoffnung besteht, m_e, m_p, $\hbar$ und c in einer einheitlichen Mikrotheorie voneinander ableiten zu können. Aus dem Rahmen fallen nur Verhältnisse, die (III) oder (IV) enthalten, wie z. B.

Symbol	*Bedeutung*	*Zahlenwert mit Fehlergrenzen und Dimension*
c	Lichtgeschwindigkeit im Vakuum	$2{,}99792458 \cdot 10^{8} \frac{m}{s}$ (genau)
h	kleinste Wirkung (Plancksches Wirkungsquantum)	$(6{,}626176 \pm 0{,}000036) \cdot 10^{-34} \frac{m^2 \cdot kg}{s} =$ $= (4{,}135701 \pm 0{,}000023) \cdot 10^{-15}$ eVs
$\hbar$	(sprich h quer) = $\frac{h}{2\pi}$	$(1{,}0545887 \pm 0{,}0000057) \cdot 10^{-34} \frac{m^2 \cdot kg}{s} =$ $= (6{,}582173 \pm 0{,}000037) \cdot 10^{-16}$ eVs
e	Elementarladung	$(1{,}6021892 \pm 0{,}0000046) \cdot 10^{-19}$ As = $= (1{,}5189186 \pm 0{,}0000045) \cdot 10^{-14}$ $kg^{1/2} \cdot m^{3/2} \cdot s^{-1}$
ε_0	elektrische Feldkonstante	$8{,}85418782$ (gerundet) $\cdot 10^{-12} \frac{F}{m}$
m_e	Ruhmasse des Elektrons	$(9{,}109534 \pm 0{,}000047) \cdot 10^{-31}$ kg
m_p	Ruhmasse des Protons	$(1{,}6726485 \pm 0{,}0000086) \cdot 10^{-27}$ kg
m_n	Ruhmasse des Neutrons	$(1{,}6749543 \pm 0{,}0000086) \cdot 10^{-27}$ kg
k	Boltzmann-Konstante	$(1{,}380662 \pm 0{,}000044) \cdot 10^{-23} \frac{m^2 \cdot kg}{s^2 \cdot Grad}$
γ	Gravitationskonstante	$(6{,}6720 \pm 0{,}0041) \cdot 10^{-11} \frac{m^3}{kg \cdot s^2}$
L	Loschmidtsche Zahl (Teilchenzahl pro Mol eines Stoffes, bei Gasen in 22,4136 Liter unter Normalbedingungen)	$(6{,}022045 \pm 0{,}000031) \cdot 10^{23}$

Tabelle: Zusammenstellung der wichtigsten Naturkonstanten

$$\frac{(III)}{(I)} = 8{,}09 \cdot 10^{-37} \text{ bzw. } \frac{(I)}{(III)} = 1{,}24 \cdot 10^{36};$$
$$\frac{(IV)}{(I)} = 2{,}4 \cdot 10^{-43} \text{ bzw. } \frac{(I)}{(IV)} = 2{,}30 \cdot 10^{42};$$
$$\frac{(III)}{(II)} = 5{,}90 \cdot 10^{-39} \text{ bzw. } \frac{(II)}{(III)} = 1{,}69 \cdot 10^{38};$$
$$\frac{(IV)}{(II)} = 1{,}75 \cdot 10^{-45} \text{ bzw. } \frac{(II)}{(IV)} = 5{,}71 \cdot 10^{44}.$$

Die ungeheure Kleinheit (bzw. Größe) dieser Zahlen kann sicher nur von einer Theorie erklärt werden, die kosmische Dimensionen enthält. Das ist auch nicht weiter verwunderlich, weil ja die Gravitationskonstante γ in diesen Verhältnissen enthalten ist. Die beiden ersten Zahlen (I) : (III) bzw. (I) : (IV) geben ja auch das Verhältnis der elektrostatischen Kraft zur Gravitations-Kraft zwischen zwei Protonen bzw. zwei Elektronen an.

Erstaunlich – und bisher nicht erklärt – ist nur die Tatsache, daß der Radius des Weltalls in Einheiten der *Elementarlänge* $l_0 \approx 10^{-15}$ m ebenfalls etwa 10^{40} beträgt und die Zahl der Protonen im Weltall bei etwa $10^{80} = (10^{40})^2$ liegt. Vieles deutet darauf hin, daß es hier Zusammenhänge gibt, und wir dürfen mit Spannung eine einheitliche Theorie erwarten, die sie erklärt (→ Atomphysik, → Quantenmechanik, → Materiewellen, → Kosmologie).

Neper

Abk. Np, eine Kenngröße zur Charakterisierung von Verstärkung und Dämpfung elektrischer Geräte, gebildet als der natürliche Logarithmus des Verhältnisses von Eingangs- und Ausgangsspannung (→ Maße und Maßsysteme).

Neutron

Name eines Elementarteilchens mit der Masse $1{,}675 \cdot 10^{-27}$ kg, das keine elektrische Ladung, aber ein magnetisches Moment von $-0{,}965 \cdot 10^{-26}$ J / T trägt (→ Elementarteilchen, → Naturkonstanten). Das freie N. ist nicht stabil, sondern zerfällt nach einer mittleren Lebensdauer von etwa 15 min (932 s) in ein Proton, ein Elektron und ein Antineutrino. Im Atomkern gebunden ist das N. innerhalb weiter Grenzen stabil (→ Radioaktivität). Proton und N. bilden das sog. *Nukleonendublett* mit dem → Isospin ½ (→ Kernspaltung, → Kernphysik).

Neutronenquelle

Ein Stoff, der Neutronen aussendet, kommt unter den natürlichen radioaktiven Nukliden so gut wie nicht vor. Für Laborzwecke läßt sich aber ein Gemisch aus einem Alphastrahler (z. B. Radium) und einem Nuklid, das eine (α, n)-Reaktion mit annehmbarem Wirkungsquerschnitt erlaubt, einsetzen. Als Partner eignet sich Beryllium ($_4Be^9$), das nach der Reaktionsgleichung

$$_4Be^9 + \alpha \rightarrow {_6C^{12}} + n$$

für jedes reagierende α-Teilchen ein Neutron liefert. Sehr ergiebige Neutronenquellen sind die Spaltungsreaktoren (→ Kernreaktor), die in der Forschung vorzugsweise benutzt werden. Sie erzeugen je nach Auslegung sehr hohe Neutronenflüsse bis 10^{16} Neutronen pro Sekunde und Quadratzentimeter.

Newton

Abk. N, nach *Sir Isaac Newton* (1642 bis 1727) benannte Maßeinheit der Kraft (→ Maße und Maßsysteme).
1 N verleiht einem Körper der Masse 1 kg die Beschleunigung 1 m / s²; $1\ N = 1\ kg \cdot m / s^2$.

Newtonsche Gesetze

Unter diesem Namen (auch als *Newtonsche Axiome* bezeichnet) sind Zusammenhänge zu verstehen, die bereits von *Sir Isaac Newton* (1642–1727) formuliert wurden und die sich auf das Wesen von Kräften beziehen (→ Kraft). Sie lauten:

1. Jeder Körper verharrt im Zustand der Ruhe oder der geradlinig gleichmäßigen Bewegung, wenn keine Kraft auf ihn wirkt *(Trägheitsgesetz)*.
2. Jede Änderung des Bewegungszustandes eines Körpers erfordert eine Kraft, die gleich der Änderung seiner Bewegungsgröße, d. h. seines Impulses ist. Für Körper, die auch im Ruhezustand eine Masse (Ruhmasse) haben, entspricht die Bewegungsgröße *p* dem Produkt aus (träger) Masse und Geschwindigkeit (→ Relativitätstheorie).
3. Kräfte treten immer *paarweise* auf, und zwar so, daß es zu jeder wirkenden Kraft eine entgegengesetzt wirkende Gegenkraft gibt, die ihr das Gleichgewicht hält.

Das zweite Axiom wird auch *Aktionsgesetz* genannt, das dritte ist unter der Bezeichnung *Reaktionsgesetz* bekannt (ursprünglich ›actio est reactio‹). Die mathematische Formulierung lautet:

$$\vec{F} = \frac{d\vec{p}}{dt} = \frac{d\,(m \cdot \vec{v})}{dt}. \qquad (1)$$

Im Fall kleiner Geschwindigkeiten (im Vergleich zur Lichtgeschwindigkeit) darf die Masse m als konstant angesehen werden. Dann vereinfacht sich die Formel zu

$$\vec{F} = m \cdot \frac{d\vec{v}}{dt} = m \cdot \vec{b}, \qquad (2)$$

in Worten: Kraft gleich Masse mal Beschleunigung.
Das dritte Axiom setzt voraus, daß man den Widerstand, den ein massiver Körper der Veränderung seines Bewegungszustands entgegensetzt, ebenfalls als Kraft (Trägheitskraft) auffaßt, ein Standpunkt, der vor allem auch durch die allgemeine Relativitätstheorie nahegelegt wird (→ Trägheitskräfte).

Newtonsche Ringe

Bei der Durchsicht von Dias in Rähmchen mit Glasscheiben beobachtet man manchmal ein System unregelmäßig geformter bunter Ringe, die ihre Gestalt ändern, wenn man das Rähmchen anfaßt und drückt. Es handelt sich dabei um ein Interferenzphänomen des Lichtes, das schon 1704 von *Sir Isaac Newton* (1642–1727) beschrieben worden ist. Es tritt immer auf, wenn ein durchsichtiges Medium durch einen dünnen Luftspalt von einem Spiegel oder auch einem zweiten durchsichtigen Medium getrennt ist. Um aber genau nachvollziehbare Verhältnisse zu haben, erklärt man die Erscheinung an einer Plankonvex-Linse, die auf einer planen Platte aufliegt (Figur 1).
Beobachtet man diese Anordnung in Reflexion, dann sieht man in der Mitte einen dunklen Fleck, der von hellen und dunklen Ringen umgeben ist. Die Ringradien für Interferenzauslöschung ergeben sich für die Luftspaltdicken

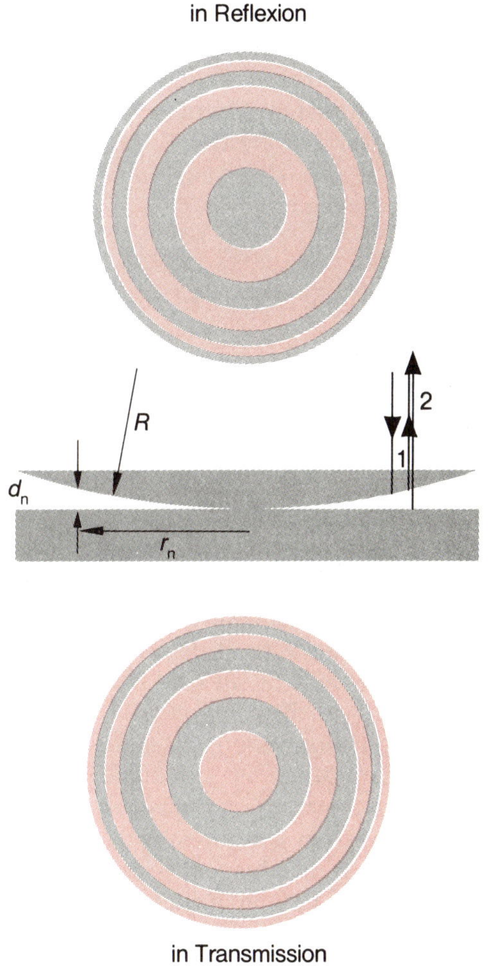

Newtonsche Ringe (Figur 1): Newtonsche Ringe in Reflexion und Transmission; die Anordnung besteht aus einer planparallelen Platte und einer auf der Linse aufliegenden plankonvexen Linse. Nach elementaren geometrischen Überlegungen muß $r_n^2 = (2R - d_n) \cdot d_n$ sein. Für $d_n \ll R$ ist $r_n^2 \approx 2R \cdot d_n$ oder $r_n = \sqrt{2R \cdot d_n}$. Interferenzabschwächung in Reflexion findet statt, wenn der Gangunterschied zwischen den reflektierten Strahlen 1 (an der gekrümmten Linsenseite) und 2 (an der Platte) ein ganzzahliges Vielfaches der halben Wellenlänge beträgt.

$d_n = n \cdot \lambda/2$, wobei λ die Wellenlänge des Lichts bedeutet. Man muß bei der Rechnung berücksichtigen, daß bei der Reflexion am dichteren Medium, also am Übergang Luft-Glas, ein Phasensprung der reflektierten Welle von π auftritt (→ Wellen), während dies bei der Reflexion am dünneren Medium (Glas-Luft) nicht passiert. Die Radien r_n der dunklen Ringe ergeben sich aus $d_n = n \cdot \lambda / 2$ ($n = 1, 2, \ldots$) zu

$$r_n \approx \sqrt{n \cdot \lambda \cdot R} \quad (n = 1, 2, 3 \ldots). \qquad (1)$$

Dabei bedeutet R den Krümmungsradius der konvexen Linsenseite.

Beleuchtet man die Anordnung mit weißem Licht, so sind die dunklen Ringe von Farbsäumen umgeben, weil die Ringradien von der Wellenlänge abhängen. Der langwellige rote Anteil des Lichts erzeugt daher größere Ringradien als der kurzwellige blaue. N. R. sind – wesentlich schwächer – auch in Durchsicht der Anordnung (Transmission) zu sehen. Dort, wo bei der Reflexion ein dunkler Ring auftritt, erscheint in Transmission ein heller, das Zentrum ist immer hell. Daß die Interferenzen in Transmission so viel schwächer sind als in Reflexion, hat seinen Grund darin, daß an der Glasfläche nur etwa 4% der Intensität reflektiert werden. Helligkeitsschwankungen im reflektierten Licht wirken sich daher viel stärker aus als im durchgelassenen.

Obwohl schon so lange bekannt, spielen N. R. auch heute noch eine große Rolle in der optischen Industrie. Man nutzt sie zu Prüfverfahren beim Schleifen von Linsen oder ebenen Platten und kann so plane Glasplatten und Kugelflächen mit einer Genauigkeit bis zu 1/10 der Lichtwellenlänge ($\approx$ 50 nm) herstellen.

Nichtlineare Effekte

Die Abhängigkeit einer Größe von einer anderen läßt sich oft graphisch darstellen und ergibt dann eine Kurve in einem Diagramm. Wenn diese Kurve eine Gerade ist, so sagt man, der zugehörige Effekt sei *linear*; gleichwertig damit ist der Zusammenhang der *Proportionalität.*

Ein Beispiel ist die Dehnung $\Delta l / l$ eines Drahtes in Abhängigkeit von der angewandten Kraft (→ Elastizität). Die Dehnung ist proportional zur Kraft, der Effekt ist linear. Die Zusammenhänge verlassen meist die Linearität, wenn die unabhängige Größe einen gewissen Bereich verläßt. Wächst in unserem Beispiel die Kraft über eine gewisse Grenze, so tritt plastische Verformung des Drahtes ein, und schließlich wird er abreißen: Die Dehnung ist *nichtlinear* geworden.

Die Physiker gehen immer davon aus, daß kleine Veränderungen zunächst lineare Auswirkungen haben. Das ist fast immer richtig und läßt sich sogar mathematisch beweisen, weil das erste Glied der Reihenentwicklung der zugehörigen Funktion eben linear ist. Lineare Größen kann man einfach (oder vektoriell) addieren: Es gilt das Prinzip der ungestörten Superposition. Im nichtlinearen Bereich geht dieser Vorteil verloren. Ein modernes Anwendungs- und Forschungsgebiet ist die sog. *nichtlineare Optik.* Die Lichtpulse von → Lasern können so hohe Feldstärken haben, daß sich zwei Lichtstrahlen nicht mehr ungestört durchkreuzen. Dann tritt keine normale Interferenz mehr auf, und auch die Wechselwirkung mit Materie verändert sich. So wird z. B. der Brechungsindex intensitätsabhängig. Effekte der → Quantenmechanik sind im einzelnen Fall natürlich ebenfalls nichtlinear. Statistisch gesehen ist jedoch hier die Linearität vieler Abhängigkeiten noch erhalten.

Normzustand

Der Normzustand *(Normalzustand)* ist ein Bezugszustand zur Normierung physikalischer Größen, die druck- und temperaturabhängig sind. Ein Gas befindet sich im *physikalischen Normzustand,* wenn seine Temperatur 0° C und sein Druck 1013,25 hPa betragen (entsprechend der früheren Druckeinheit physikalische Atmosphäre). Beim *technischen Normzustand* herrschen eine Temperatur von 20° C und ein Druck von 980,6 hPa (entsprechend der früheren Druckeinheit technische Atmosphäre).

Np

Abk. für das logarithmische Pseudomaß → Neper (→ Maße und Maßsysteme).

Nukleonen

Die Teilchen, aus denen sich die Atomkerne zusammensetzen, nämlich Proton und Neutron, nennt man Nukleonen. Nach anderer Ausdrucksweise sind Proton und Neutron zwei ›Zustände‹ eines Nukleons mit unterschiedlicher Isospinkomponente I_3 (→ Elementarteilchen).

Nuklidkarte

Die graphische Darstellung aller bekannten natürlichen oder künstlich hergestellten Atomkerne *(Nuklide)* wird als *Nuklidkarte* bezeichnet. Ein Ausschnitt aus einer Nuklidkarte findet sich beim Stichwort Isotope.

Nullmethode

Höchstempfindliche Meßgeräte weisen immer nur einen entsprechend kleinen Meßbereich auf. Sie lassen sich deshalb nur zum Messen eines ›kleinen Restes‹ verwenden, während der größte Anteil der Meßgröße kompensiert werden muß. Vor allem im elektrischen Bereich bevorzugt man *Kompensationsschaltungen mit Nullabgleich,* wobei dann das empfindlichste Gerät zur genauen Bestimmung des Gleichgewichts benutzt wird. Diese N. strebt man aber in allen anderen Bereichen der Meßtechnik ebenfalls an. Soll beispielsweise die Länge eines Rubinkristalls von einigen Zentimetern auf Lichtwellengenauigkeit ($\approx 10^{-7}$ m) bestimmt werden, kompensiert man zunächst grob und mißt die kleine Differenz z. B. mit einem → Michelson-Interferometer.

O

Oberflächenspannung

In jedem Material ziehen sich die Moleküle mehr oder weniger an, auch ohne chemisch gebunden zu sein. Die Ursachen liegen im Bau der Atomhüllen und der Moleküle (→ Kohäsion). Bei Gasen sind diese inneren Anziehungskräfte zu schwach, um die Materie zusammenzuhalten, in Festkörpern wiederum sind sie so stark, daß sich die Einzelmoleküle nicht mehr frei bewegen können (→ Aggregatzustand). Wegen dieser inneren Kräfte muß die Energie eines Teilchens in der Nähe der Oberfläche größer sein als im Inneren. Das läßt sich leicht verstehen (Figur 1): Im Inneren wirken die molekularen Anziehungskräfte symmetrisch auf ein Teilchen ein (Gleichgewicht). In der Randschicht jedoch ziehen an einem Teilchen der Kräfte überwiegend nach innen. Es muß daher Energie aufgebracht werden, wenn man ein Teilchen aus dem Inneren in die Randzone schaffen will, d. h., es existieren ›oberflächenmindernde‹ Kräfte. Bei Gasen muß man spezielle Versuche machen, um diese Kräfte zu messen, bei Flüssigkeiten aber sind sie direkt zu sehen. Der energetisch niedrigste Zustand für eine Flüssigkeit ist der mit der *kleinsten Oberfläche.* Genaugenommen gilt dieses Prinzip nur für die Grenzflächen von Flüssigkeiten, die an Gase stoßen (notfalls an ihren eigenen Dampf). Die Begrenzungsflächen mit Festkörpern haben noch andere Wirkungen (→ Kapillarität, → Adhäsion).

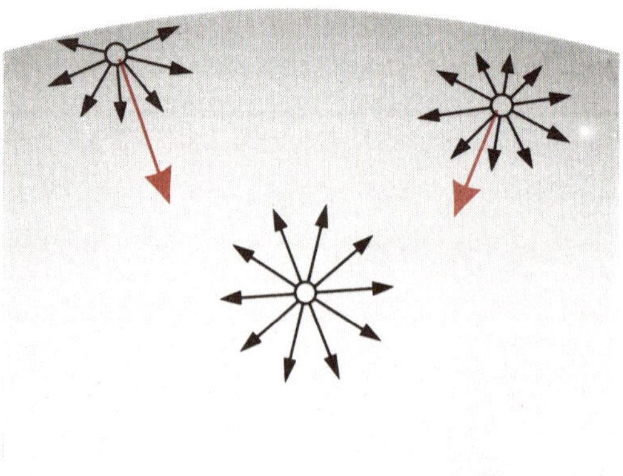

Oberflächenspannung (Figur 1): Die inneren Anziehungskräfte sind für ein Teilchen im Inneren des Körpers symmetrisch, in der Randzone wirken sie aber einseitig und erzeugen resultierende Kräfte, die ins Innere zeigen.

Das Bestreben der Flüssigkeit, ihre Oberfläche zu verkleinern, formuliert man wie folgt: Die O. ergibt sich aus der Energie $E_{\text{Oberfl.}}$, die man aufbringen muß, um die Oberfläche um eine Fläche der Größe A zu vergrößern, als

$$\sigma = \frac{E_{\text{Oberfl.}}}{A}. \qquad (1)$$

Dieses Ergebnis läßt sich noch ein wenig umformen. Denkt man sich die Möglichkeit der Oberflächenzunahme auf eine Seite eines Rechtecks beschränkt (Figur 2), dann wird $E_{\text{Oberfl.}}$ = Kraft mal Weg = $F_{\text{Oberfl.}} \cdot \Delta x$. Andererseits kann man die Flächenzunahme mit $s \cdot \Delta x$ angeben, wobei s die Länge der beweglichen Rechteckseite bedeutet. Setzt man dies in Gleichung (1) ein, so erhält man

$$\sigma = \frac{F_{\text{Oberfl.}}}{s}. \qquad (2)$$

Dies ist wirklich eine *Spannung* (Kraft pro Längeneinheit). Die Größe $F_{\text{Oberfl.}}$ wirkt tangential zur Oberfläche und senk-

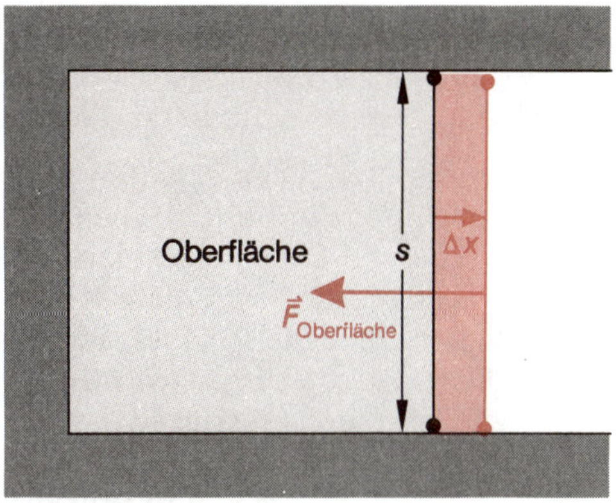

Oberflächenspannung (Figur 2): Zur Vergrößerung der Oberfläche um $\Delta x \cdot s$ muß man die Arbeit $E_{\text{Oberfl.}} = F_{\text{Oberfl.}} \cdot \Delta x$ leisten.

recht zum Rand *s*; sie ist so gerichtet, daß sie die Oberfläche zu verkleinern sucht. Wenn also auf eine Flüssigkeit keine andere Kraft wirkt als die *Oberflächenspannung*, wird sie eine Form annehmen, die eine minimale Oberfläche hat: die Kugeloberfläche. Wasser, das im Raum schwebt oder frei fällt, nimmt deshalb Kugelform an. Ein fallender Wasserstrahl zerfällt in einzelne Tropfen und bleibt nicht etwa als Zylinder erhalten. Experimente im Weltraum haben gezeigt, daß große Tropfen sogar gegenüber beträchtlichen Vibrationsenergien noch stabil sind. Auch die Tatsache, daß ein Tropfen am Wasserhahn hängen kann, ohne herunterzufallen, ist der O. zuzuschreiben, die ihn hält.

Für Wasser bei Zimmertemperatur beträgt die O. (gegen Luft) etwa 0,07 N / m, das flüssige Metall Quecksilber hat dagegen den viel größeren Wert von 0,47 N / m. Kleinere Tropfen freien Quecksilbers zeigen selbst gegenüber der Wirkung der Schwerkraft noch nahezu kugelförmige Gestalt (und rollen überall herum). Davon kann jeder ein Lied singen, der jemals ein Quecksilberthermometer zerbrochen hat. Die Verwendung von Quecksilber in Thermometern hat seinen Grund zum Teil auch in der hohen O. dieses Metalls: Die Meßsäulen reißen nicht so leicht ab.

Objektiv

Die dem Gegenstand zugewandte Linse bzw. Linsenkombination eines optischen Gerätes wird als *Objektiv* bezeichnet (→ Fernrohr, → Mikroskop). Beim Photoapparat ist das O. einfach das abbildende Linsensystem (→ optische Abbildung). Derartige O. müssen bezüglich aller Linsenfehler korrigiert sein (→ Abbildungsfehler) und tragen daher oft Namen wie Aplanat, Anastigmat usw. Es ist klar, daß zu diesem Zweck ganze Linsensysteme zusammengestellt werden müssen: Zwölflinsige O. sind heute keine Seltenheit mehr. Die Leistungsfähigkeit eines O. wird einmal durch sein → Öffnungsverhältnis charakterisiert, denn die Korrektur über große Linsendurchmesser (d. h. Blenden) ist äußerst schwierig und entsprechend teuer. Zum anderen ist die *Brennweite* des O. eine weitere Kenngröße. Sehr kurzbrennweitige O. haben einen großen Blickwinkel *(Froschauge)* und bilden entsprechend große Gegenstandsbereiche ab; sie heißen deshalb *Weitwinkelobjektive.* Sehr langbrennweitige O. dagegen erfassen nur einen kleinen Blickwinkel, bilden aber dafür auch weit entfernte Gegenstände groß ab. Diese *Teleobjektive* verwendet man daher zum ›Heranholen‹. Die in letzter Zeit immer mehr verbreiteten *Zoomobjektive* (ein amerikanischer Comik-Ausdruck), manchmal auch *Gummilinse* genannt, sind so gebaut, daß man durch Verändern der Linsenabstände die Brennweite verstellen kann, ohne die bildseitige Brennebene zu ändern. Trotz der enormen Schwierigkeiten, die dabei auftreten, gibt

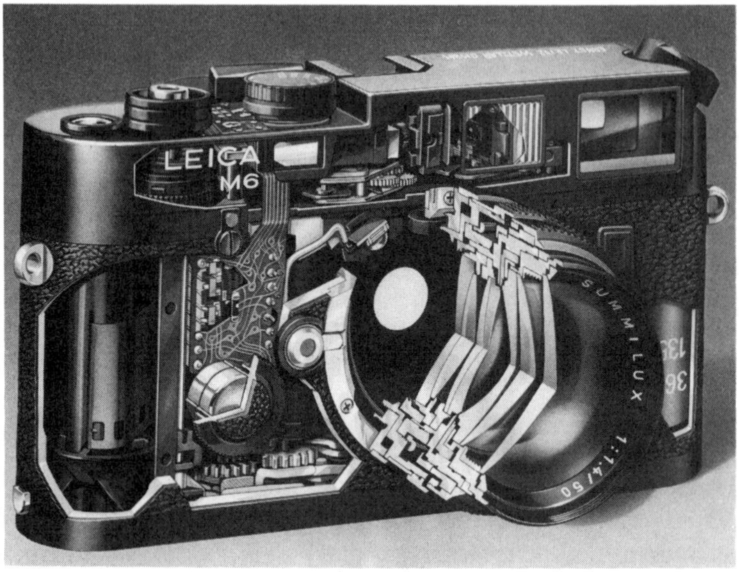

Objektiv: Schnitt durch ein hochwertiges Kameraobjektiv; deutlich sichtbar sind die einzelnen in ihrer Wirkung aufeinander abgestimmten Linsen. © E. Leitz, Wetzlar

es Zoomobjektive mittlerweile nicht nur für Filmkameras, wo die exakte Scharfeinstellung wegen der Bewegung keine so überragende Rolle spielt, sondern auch für Photoapparate. Die Einzellinsen müssen dabei auf komplizierten Bewegungskurven geführt werden, es darf kein Spiel auftreten, und die Abbildungsfehler müssen über den gesamten Brennweitenbereich weitgehend korrigiert sein!

Öffnungsverhältnis

Das Verhältnis aus Blendendurchmesser zu Brennweite (bildseitig) eines → Objektivs bezeichnet man als *Öffnungsverhältnis* (auch: *relative Öffnung*). Beim → Fernrohr oder beim → Mikroskop ist das Ö. mit der Öffnung identisch, weil diese Instrumente keine verstellbare Blende haben. Damit wird der Blendendurchmesser (die Eingangspupille) gleich dem Objektivdurchmesser. Beim Photoapparat dagegen kann man verschiedene Blendendurchmesser einstellen und benutzt dann zur Kennzeichnung der relativen Öffnung die *Blendenzahl*. Sie ist einfach der Kehrwert der relativen Öffnung. Die Blendenzahlen z sind bei Photoapparaten international auf die in folgender Tabelle aufgeführten Werte festgelegt. Sie sehen, daß diese Zahlen grobe Annäherungen an die Folge $\sqrt{2^n}$ mit $n = 0, 1, 2 \ldots$ sind. Die Blendenabstufungen sind dadurch so gewählt, daß sich das Quadrat des Öffnungsverhältnisses von Stufe zu Stufe verdoppelt bzw. halbiert.

z	z^2	n	2^n	$\sqrt{2^n}$
1	1	0	1	1
1,4	1,96	1	2	1,414
2	4	2	4	2
2,8	7,84	3	8	2,828
4	16	4	16	4
5,6	31,36	5	32	5,657
8	64	6	64	8
11	121	7	128	11,314
16	256	8	256	16
22	484	9	528	22,63

Tabelle: International gültige Blendenzahlen z

Der Grund liegt darin, daß die Lichtstärke in der Bildebene dem Quadrat des Blendendurchmessers proportional und dem Quadrat der Brennweite umgekehrt proportional ist. Ersteres ist sofort klar, weil die eingefangene Lichtmenge mit der Fläche der Öffnung wächst und diese dem Quadrat des Durchmessers proportional ist ($A = \pi \cdot d^2 / 4$). Die Brennweite bestimmt dagegen die Größe des Bildes, und halbe Brennweite bedeutet (nahezu) halbe Bildgröße, d. h. ein Viertel der Bildfläche. Die Intensität pro Fläche (Lichtstärke) kann also tatsächlich durch das Quadrat des Ö. ausgedrückt werden. Eine Änderung der Blendenzahl um eine Stufe ändert daher die Lichtstärke um den Faktor 2. In vielen Photolehrbüchern wird das Ö. direkt der Lichtstärke gleichgesetzt. Das ist physikalisch unsinnig und kann nur Verwirrung schaffen.
Auf den Photoobjektiven ist die Öffnung (d. h. das maximale Ö.) angegeben und meist auch noch die Brennweite in Millimetern. Die Angabe 1 : 2,8 / 45 kennzeichnet also ein Objektiv mit einer Brennweite von 45 mm und einem Ö. von 1 : 2,8. Die maximal einstellbare Blendenzahl dieses Objektivs beträgt – bei völlig geöffneter Blende – 2,8 (→ optische Abbildung).

Ohm

Zeichen Ω, nach *Georg Simon Ohm* (1789–1854) benannte Maßeinheit des elektrischen Widerstandes (→ Maße und Maßsysteme); ein Widerstand besitzt den Wert 1 Ω, wenn durch ihn bei einer Spannung von 1 V ein Strom von 1 A fließt.

Ohmsches Gesetz

Georg Simon Ohm (1789–1854) formulierte bereits 1826 das nach ihm benannte Gesetz der Proportionalität zwischen angelegter Spannung U und dadurch fließendem Strom I:

$$U = R \cdot I \,. \tag{1}$$

Der Proportionalitätsfaktor R heißt → elektrischer Widerstand des betreffenden Leiters, er wird in der Maßeinheit → Ohm, Zeichen Ω, gemessen, 1 Ω = 1 V / 1 A (→ Maße und Maßsysteme). Obwohl das O. G. in der Form von Gleichung (1) für die meisten praktischen Anwendungen am besten geeignet ist, sagt es noch nicht sehr viel über die mikrophysikalischen Zusammenhänge aus. Aus der Betrachtung der geometrischen Eigenschaften des Widerstandes (Draht der Länge l mit dem Querschnitt A) ergibt sich:

$$\frac{U}{l} = \rho \cdot \frac{I}{A} \,. \tag{2}$$

Dabei bedeutet ρ den spezifischen elektrischen Widerstand des Materials. Da U/l gleich der elektrischen Feldstärke E und I/A gleich der elektrischen Stromdichte j ist, läßt sich das O. G. mit $\sigma = 1/\rho$ auch vektoriell schreiben:

$$\vec{j} = \sigma \cdot \vec{E} \,. \tag{3}$$

Die Größe σ ist nun eine reine Materialeigenschaft, man bezeichnet sie als → elektrische Leitfähigkeit. In der Form von Gleichung (3) gilt das O. G. für beliebige, auch flüssige Leiter mit variablem Querschnitt, es ist zum ›mikroskopischen‹ Gesetz geworden.

Okular

In optischen Instrumenten ist das O. die dem Auge zugewandte Linse, an die meist keine großen Anforderungen gestellt werden müssen, im Gegensatz zum

→Objektiv. O. sind daher höchstens zweilinsige Systeme aus Sammellinsen (→Mikroskop) oder Zerstreuungslinsen (→Fernrohr).

Optik

Licht ist elektromagnetische Energie, die O. muß also eigentlich als Teilgebiet der →Elektrodynamik aufgefaßt werden. Wegen der speziellen Bedeutung, die der sichtbare Wellenlängenbereich für uns Menschen hat, wird die O. auch in modernen Lehrbüchern noch als die Lehre vom Licht getrennt von den übrigen elektromagnetischen Erscheinungen beschrieben.

Ursprünglich wurde das Licht als Teilchenstrom, später als Wellenerscheinung erklärt. Heute wissen wir, daß beides richtig ist. Der →Dualismus von Welle und Teilchen legt für kleine Wellenlängen mehr den Teilchencharakter, für große Wellenlängen mehr den Wellencharakter eines Energietransports nahe.

Was dabei als ›groß‹ oder ›klein‹ anzusehen ist, hängt davon ab, mit welchen Anordnungen das Licht in Berührung kommt. Da die Wellenlänge zwischen etwa 400 und 700 nm liegt, also weniger als ein Tausendstel Millimeter beträgt, muß man sie meist als klein gegenüber den Versuchsanordnungen (z. B. Linsen) ansehen. Die Gesetze der →optischen Abbildung gehen deshalb von einer geradlinigen Lichtausbreitung aus, wie sie ein Teilchenstrom zeigen würde. Man faßt die Gesamtheit aller Erscheinungen, die unter diesem Aspekt beschrieben werden können, als *geometrische Optik* zusammen. Grundlage ist dann das *Fermatsche Prinzip*, aus dem die Gesetze der →Reflexion und der →Brechung folgen, ebenso wie (größtenteils) die Abbildungsgesetze und schließlich auch die optischen Geräte (z. B. →Fernrohr oder →Mikroskop).

Sobald das Licht auf Gegenstände trifft, deren Abmessungen mit der Wellenlänge vergleichbar werden, treten typische Wellenerscheinungen wie →Beugung und →Interferenz auf (→Wellen). Alle diese Phänomene beschreibt die *Wellenoptik.* Das zugrundeliegende Prinzip ist dann das der Huygensschen Kugelwellen. Man muß allerdings sagen, daß sich das Fermatsche Prinzip aus dem Huygensschen ableiten läßt, so daß auch die geometrische Optik durchaus mit den Mitteln der Wellenoptik behandelt werden kann – allerdings mathematisch ziemlich unbequem.

Echte Teilcheneffekte dagegen sind die →Emission und →Absorption von Licht, die man – wie auch z. B. den →Laser – nur unter dem Aspekt der →Quantenmechanik verstehen kann. Diese Erscheinungen sind deshalb unter dem Begriff der *Quantenoptik* zusammengefaßt.

Optische Abbildung

Wer hätte noch nicht mit einem ›Brennglas‹ an einem sonnigen Tag Löcher in Papier und Holz gebrannt und sich am aufsteigenden Rauchfaden erfreut? Was geschieht dabei? Sonnenstrahlen fallen durch einen linsenförmig geschliffenen Glaskörper (die ›Linse‹) und vereinigen sich im ›Brennpunkt‹, wo sie eine so hohe Dichte erreichen, daß die Entzündungstemperatur des Papiers überschritten wird. Etwas genauer gesagt ist es gar nicht das sichtbare Licht, das diesen Effekt auslöst, sondern die langwelligere Infrarotstrahlung, die im Sonnenlicht ebenfalls vorhanden ist. Wenn man genau hinschaut, sieht man auf dem Papier – ehe es verkohlt – ein kleines, sehr helles Abbild der Sonne.

Mit demselben Brennglas kann man auch ein Bild z. B. der Deckenlampe auf der Tischdecke erzeugen, wenn man die Linse an bestimmte Stellen zwischen Lampe und Tisch hält. Welche Gesetzmäßigkeiten liegen solchen Abbildungen zugrunde? Die Mathematiker bezeichnen Abbildungen, die keine Verzerrungen, sondern höchstens formerhaltende Größenänderungen bewirken, als *perspektiv* oder *kollinear.*

Derartige Kollineationen führen Ebenen in Ebenen und Gerade in Gerade über und lassen alle Teilverhältnisse ungeändert. Das müssen wir von unserer o. A. ebenfalls fordern, wenn sie ihren wörtlichen Sinn erfüllen soll. Die physikalischen Grundlagen o. A. sind die → Spiegelung und die → Brechung von Licht. Inwieweit läßt sich damit das Ideal der Kollineation erreichen? Es stellt sich heraus, daß wir zwar in sehr guter Näherung ein kollineares Abbildungssystem herstellen können, aber eben nicht exakt. Daher sind auch alle Formeln, die wir nun für die o. A. aufstellen werden, nur angenähert zu verwirklichen.

Gegenstand und Bild einer Abbildung entsprechen sich, sind zueinander *konjugiert.* Es gibt dabei – auch schon im Fall unseres Brennglases – zwei ausgezeichnete Ebenen, nämlich die Bildebene des unendlich fernen Gegenstands und die Gegenstandsebene, die ein unendlich fernes Bild erzeugt: Man nennt sie *Brennebenen.* Unsere Glaslinse erzeugt das Sonnenbild in eben dieser Brennebene, denn die Sonne ist so weit von uns entfernt, daß ihre Strahlen parallel einfallen. Anders ausgedrückt kann man sagen, daß ein Parallelstrahlbündel in einem Punkt der Brennebene vereinigt wird oder daß eine punktförmige Lichtquelle in der Brennebene ein paralleles Strahlenbündel hinter der Linse erzeugt. In unserem einfachen Fall einer ›dünnen Linse‹ heißt der Abstand einer Brennebene von der Linsenmitte auch *Brennweite* und wird mit dem Buchstaben f gekennzeichnet. Der Schnittpunkt der Symmetrieachse des Systems (sog. *optische Achse*) mit der Brennebene heißt *Brennpunkt* (lat. focus). Außerdem gehen bei dünnen Linsen Strahlen, die den Linsenmittelpunkt treffen, (nahezu) ungebrochen hindurch. Aus diesen wenigen Annahmen können wir bereits eine Konstruktionsvorschrift für Abbildungen im Endlichen herleiten (Figur 1):

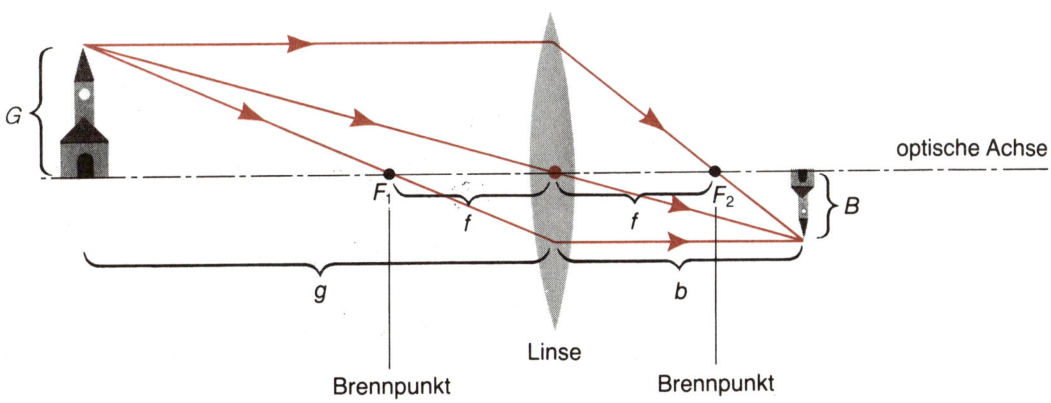

Optische Abbildung (Figur 1): Abbildung durch eine dünne Linse mit eingezeichnetem Verlauf des mathematischen Strahlengangs zur Bildkonstruktion (bereits zwei Strahlen genügen).

1. Alle zur optischen Achse auf der Gegenstandsseite parallelen Strahlen schneiden sich im bildseitigen Brennpunkt.
2. Alle Strahlen, die durch die Linsenmitte gehen, bleiben ungebrochen.
3. Alle Strahlen, die durch den Gegenstands-Brennpunkt gehen, sind auf der Bildseite parallel zur optischen Achse.

Außerdem gibt es ein allgemeines Gesetz, das für die gesamte (geometrische) Optik gilt und das Satz 1 und 3 zusammenfaßt: *Strahlengänge sind umkehrbar.*

Wegen der Gleichheit von Streckenverhältnissen in ähnlichen Dreiecken ergeben sich aus diesen Sätzen die *Abbildungsgesetze für dünne Linsen*:

$$\frac{1}{g} + \frac{1}{b} = \frac{1}{f} \quad \text{und } G : B = g : b \,. \tag{1}$$

In diesen beiden Formeln bedeuten g die Gegenstandsweite, b die Bildweite, f die Brennweite, G die Gegenstandsgröße und B die Bildgröße. Die in Figur 1 skizzierte Abbildung wird sicher falsch, wenn man statt einer Linse mehrere benutzt, d. h. ein Abbildungssystem betrachtet, wie es ja z. B. in jedem modernen Photoapparat vorhanden ist. Um auch diese Systeme in den Griff zu bekommen, ist es zweckmäßig, nur von den beiden Brennebenen auszugehen und zur Angabe von Gegenstands- oder Bildgrößen *gleichsinnige* Koordinatenachsen zu verwenden, die in den Brennebenen und auf der optischen Achse liegen (Figur 2). Die Koordinaten unseres Gegenstands sind $(x_1|y_1)$, die des Bildes $(x_2|y_2)$.

In Figur 2 haben x_1 und y_2 *negative* Werte, weil sie links bzw. unterhalb des Koordinatenursprungs liegen.

Jede ideale Abbildung wird dann durch die *Newtonschen Abbildungsgleichungen* beschrieben:

$$x_1 \cdot x_2 = -f^2 \,; \tag{2}$$

$$\left.\begin{aligned} x_1 \cdot y_2 &= f \cdot y_1 \,; \\ x_2 \cdot y_1 &= -f \cdot y_2 \,. \end{aligned}\right\} \quad (3)$$

Die Größe f ist zunächst eine durch das System gegebene Konstante. Der Zusammenhang mit den Abbildungsgleichungen für dünne Linsen ist gegeben durch:

$$\left.\begin{aligned} x_1 &= f - g \,; \\ y_1 &= G \,; \end{aligned}\right\} \quad (4)$$

$$\left.\begin{aligned} x_2 &= b - f \,; \\ y_2 &= -B \,. \end{aligned}\right\} \quad (5)$$

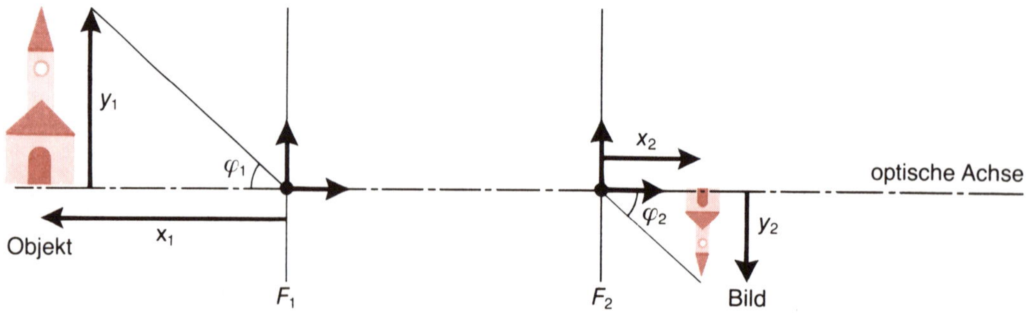

Optische Abbildung (Figur 2): Darstellung eines allgemeinen abbildenden Systems mit Angabe der wichtigsten Abbildungsgrößen bei Verwendung der Newtonschen Abbildungsgleichungen.

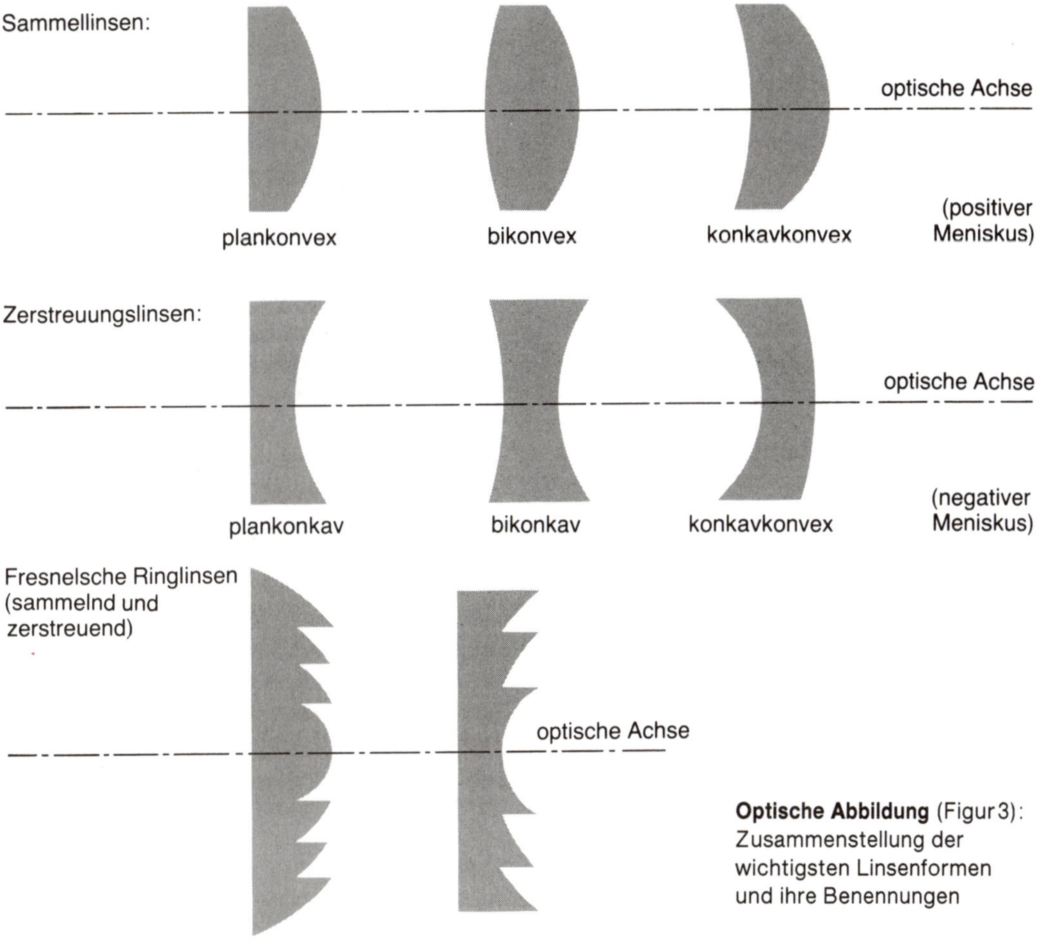

Optische Abbildung (Figur 3): Zusammenstellung der wichtigsten Linsenformen und ihre Benennungen

Setzt man die Gleichungen (4) und (5) in (2) und (3) ein, so ergeben sich sofort wieder die Abbildungsgleichungen, so daß f für den Fall dünner Linsen auch in den Gleichungen (1) und (2) die Brennweite bedeutet. Für komplizierte Linsensysteme ist aber f nicht mehr gleich dem halben Abstand der beiden Brennebenen, sondern muß anders definiert werden. Dazu bilden wir aus Figur 2 die seitliche (Lateral-)Vergrößerung k:

$$k = \frac{y_2}{y_1} = \frac{f}{x_1} = -\frac{x_2}{f}. \qquad (6)$$

Es gibt offenbar zwei zueinander konjugierte Ebenen, für die $k_2 = +1$ wird, die sich also gegenseitig identisch abbilden. Sie haben die Koordinaten $x_1 = f$ und $x_2 = -f$, liegen also beide innerhalb des Brennebenenabstandes. Man nennt sie die *Hauptebenen* des Linsensystems. Die Brennweite f ist also der Abstand der Brennebene von der zugehörigen Hauptebene. Im Fall dünner Linsen fallen die Hauptebenen zusammen, und der Brennebenenabstand wird $2f$.

Die optische Industrie stellt fast ausschließlich Linsen mit planen oder sphärischen (Kugel-)Oberflächen her. Je nachdem, ob die Oberflächen nach außen oder innen gekrümmt sind, heißen sie *konvex* oder *konkav* (Figur 3) oder haben zusammengesetzte Bezeichnungen. Linsen, die ein Parallelstrahlbündel im bildseitigen Brennpunkt vereinigen, heißen *Sammellinsen*. Hierher gehören nicht nur unser Brennglas, sondern auch (fast) alle Photoobjektive und als wichtigstes – unsere Augenlinse.

Man beschreibt solche Linsen durch *positive* Brennweiten und erkennt sie (z. B. bei Brillen) auf einen einzigen Blick: Schaut man nämlich einen Gegenstand durch eine Sammellinse an, so erscheint er vergrößert.

Im Gegensatz dazu haben *Zerstreuungslinsen negative* Brennweiten, sie zerstreuen ein Parallelstrahlbündel so, daß es vom Brennpunkt auf der Gegenstandsseite herzukommen scheint, und beim Hindurchschauen sehen die Gegenstände kleiner aus.

Es hängt von den Brechungszahlen des Linsenmaterials und der Umgebung ab, ob konvexe Linsenformen Sammellinsen sind oder nicht. Glaslinsen in Luft sind Sammellinsen, wenn sie in der Mitte dikker sind als am Rand. Auch Wassertropfen auf der Haut wirken als Sammellinsen (Sonnenbrand!), ebenso Tau oder Gießwasser auf Pflanzen. Rasensprengen bei vollem Sonnenschein kann Gräser verbrennen!

Dagegen wirkt eine Luftblase im Wasser als Zerstreuungslinse, obwohl auch sie konvex ist, weil der Brechungsindex von Wasser größer ist als der von Luft.

Die Newtonschen Abbildungsgleichungen beschreiben nicht nur Abbildungen durch Linsensysteme, sondern erfassen auch Abbildungen durch Spiegel. Aber sie lassen sich – abgesehen vom Planspiegel – durch Linsensysteme nur für enge Strahlenbündel in Achsennähe realisieren. Die ideale optische Abbildung ist für beliebige Öffnungswinkel mit Linsen nicht möglich, wie immer man sie auch schleifen mag.

Der Grund ist prinzipieller Art: Wie *Pierre Fermat* (1601–1665) bereits erkannte, breitet sich das Licht von einem Punkt A zu einem Punkt B nur längs eines Extremalweges aus (der meist ein Minimum darstellt, manchmal aber auch maximal wird). Die *optische Weglänge* ist dabei gleich der Summe aller geometrischen Weglängen l, multipliziert mit dem jeweils zugehörigen Brechungsindex n. Im allgemeinsten Fall mit kontinuierlich veränderlichen Brechzahlen muß man anstatt der Summe ein Integral schreiben:

$$E = \int_A^B n \cdot \mathrm{d}l\,.$$

Die optische Weglänge E heißt auch *Eikonal*, und die Anwendung dieses Satzes führt auf die sog. ›Sinusbedingung‹, die bei allen Abbildungen erfüllt sein muß, die überhaupt scharfe Bilder erzeugen (Figur 2):

$$\frac{n_1 \cdot \sin \varphi_1}{n_2 \cdot \sin \varphi_2} = \frac{y_2}{y_1} = \text{konst.}$$

Falls $n_1 = n_2$, wird $\sin \varphi_1 / \sin \varphi_2 = y_2 / y_1$.

Bei Kollineationen ist aber mathematisch nicht das Sinusverhältnis, sondern das Tangensverhältnis konstant: $\tan \varphi_1 / \tan \varphi_2 = \text{konst.}$

Die Forderungen a) scharfe Abbildung und b) verhältnistreue Abbildung widersprechen also einander, und zwar um so gravierender, je größer die Öffnungswinkel φ_1 und φ_2 der verwendeten Lichtbündel sind. Diese Tatsache ist unabhängig von der Linsenform! Jede wirkliche Abbildung erzeugt daher eine ganze Reihe von → Abbildungsfehlern, die sich im Bild mehr oder weniger stark auswirken.

Optische Aktivität

Asymmetrisch gebaute Moleküle können zirkular doppelbrechend wirken, und zwar sowohl kristallisiert (→ Doppelbrechung) als auch gelöst. Schickt man linear polarisiertes Licht (→ Wellen) durch einen derartigen Stoff, so wird die Polarisationsebene gedreht. Es gibt stets zwei isomere Moleküle mit derselben Asymmetrie, von denen aber eins das Spiegelbild des anderen ist, wie die linke und die rechte Hand zueinander spiegelbildlich sind. Wenn das eine Molekül die Polarisation des Lichts im Uhrzeigersinn dreht, so dreht das andere gerade entgegengesetzt. Der Drehwinkel ist proportional zur durchstrahlten Dicke und zur Konzentration des gelösten Stoffes.
Einige Kristalle wie Quarzglas, aber auch andere Substanzen, werden optisch aktiv, wenn man sie einem Magnetfeld aussetzt, das der Strahlrichtung parallel gerichtet ist *(Faraday-Effekt)*.

Osmose

Ein Stoff, der in einem anderen gelöst ist, verhält sich genauso wie ein Gas, dem das gleiche Volumen zur Verfügung stünde: Die gelösten Moleküle bewegen sich weitgehend unabhängig voneinander mit einer mittleren Geschwindigkeit, die ihrer Temperatur entspricht (→ kinetische Gastheorie). Da aber in einer Flüssigkeit die Teilchenzahldichte rund 1000mal so groß ist wie in einem Gas, haben die gelösten Teilchen eine um viele Größenordnungen kleinere Beweglichkeit als die Gasteilchen (→ Diffusion). Der Ausgleich von Konzentrationsunterschieden erfolgt deshalb viel langsamer als bei einem Gas. Die *Gesetze der Osmose* wurden schon im vorigen Jahrhundert von *Jacobus Hendrik van't Hoff* (1852–1911) gefunden. Er setzte für den Druck, den der gelöste Stoff ausübt, die Gleichung des idealen Gases an. Freilich mußte er dabei von einer ›idealen Lösung‹ ausgehen, mit ähnlichen Einschränkungen wie beim Gas. Das Ergebnis ist eine Art *Lösungsgleichung* (→ Gasgleichung):

$$p_{\text{os}} \cdot V = \nu \cdot RT. \qquad (1)$$

Darin bedeuten: p_{os} den Druck des gelösten Stoffes, den man als *osmotischen Druck* bezeichnet, V das Volumen der Lösung, ν die Molzahl des gelösten Stoffes, R die Gaskonstante und T die absolute Temperatur. Auch die Beziehung

$$p_{\text{os}} = n \cdot kT \qquad (2)$$

läßt sich anwenden, mit n = Teilchenzahldichte des gelösten Stoffes und k = → Boltzmann-Konstante. Da die Teilchenzahldichte n selbst in einer sehr verdünnten Lösung viel größer sein kann als z. B. in Luft unter Normalbedingungen, ergeben sich für p_{os} recht beachtliche Werte: Das Hundertfache des Atmosphärendrucks ist leicht erreichbar. Man fragt sich natürlich sofort, warum eine Lösung nicht augenblicklich auseinanderplatzt, wenn in ihr ein derartiger Druck herrscht. Des Rätsels Lösung ist die offene Oberfläche der Flüssigkeit, die dafür sorgt, daß im Gleichgewicht überall nur der Außendruck bzw. in abgeschlossenen Systemen der Dampfdruck der Flüssigkeit herrscht. Normalerweise kann man den osmotischen Druck eines gelösten Stoffes also nicht ›sehen‹, ebensowenig wie den ›inneren‹ thermischen Druck des Lösungsmittels, der ja ebenfalls vorhanden ist. Um seine Auswirkungen zu zeigen, muß man die Flüssigkeit in ein *abgeschlossenes Volumen* bringen. Schließt man das Lösungsmittel beispielsweise in ein Metallgefäß ein und erhöht dann die

Temperatur, so steigt der Druck gemäß den Gleichungen (1) oder (2) an, und das Gefäß zerplatzt sehr schnell.
Es gibt ein Verfahren, das es gestattet, den osmotischen Druck im eigentlichen Sinne, nämlich nur den des gelösten Stoffes, zur Wirkung kommen zu lassen. Es besteht darin, ein abgeschlossenes Volumen zwar für den gelösten Stoff, nicht aber für das Lösungsmittel zu schaffen, indem man *semipermeable (halbdurchlässige)* Wände benutzt, die zwar die Moleküle des Lösungsmittels, nicht aber die des gelösten Stoffes durchlassen. Der Prototyp eines solchen Gefäßes ist die *Pfeffersche Zelle* (Figur 1), nach *Wilhelm Friedrich Pfeffer* (1845–1920). Sie arbeitet vorzugsweise in wässerigen Lösungen, die natürlich weitaus am wichtigsten für uns selbst und unsere Umwelt sind. Ein

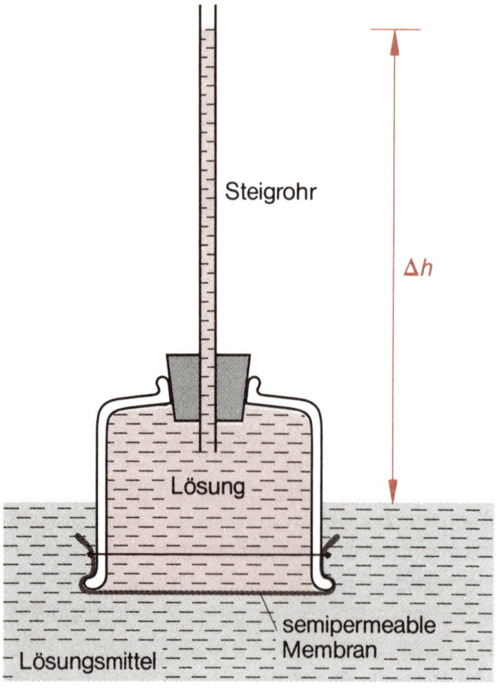

Osmose (Figur 1): Der osmotische Druck einer Lösung der Dichte ρ berechnet sich aus der Steighöhe Δh zu $p_{os} = \rho \cdot g \cdot \Delta h$.

poröses Tongefäß wird mit Kupfersulfatlösung gefüllt und in eine Lösung aus gelbem Blutlaugensalz gestellt. Im Inneren des Tons treffen sich die beiden Lösungen und bilden eine semipermeable Membran aus Kupferhexacyanoferrat. Das Tongerüst gibt dieser Membran die nötige mechanische Festigkeit. Andere halbdurchlässige Membranen sind z. B. tierische Gewebe (Schweinsblase) oder auch synthetisch hergestellte Stoffe.
Hängt man eine derartige Zelle, gefüllt mit einer Lösung, in ein Medium mit reinem Lösungsmittel, so herrscht zwischen drinnen und draußen eine Druckdifferenz von der Größe des osmotischen Drucks, die eine exakt halbdurchlässige Zelle platzen läßt. Natürliche Zellmembranen sind meistens nur teilweise halbdurchlässig, so daß der Innendruck (der *Turgor*) keine gefährlichen Werte erreichen kann. So sind z. B. Pflanzen aufgrund des osmotischen Drucks formstabil, wobei dem Innendruck durch Verdunstung nach außen eine Grenze gesetzt wird. Unterbindet man den Nachschub reinen Lösungsmittels (Wasser), der den Turgor aufrechterhält, so sinkt der Zelldruck ab, die Pflanze wird welk.
Der osmotische Druck läßt sich direkt messen, wenn man an einer Pfefferschen Zelle ein Steigrohr anbringt. Die Lösung steigt in diesem Rohr hinauf, wobei der äußere Druck durch die semipermeable Membran reines Lösungsmittel drückt und so die Lösung verdünnt, so lange, bis schließlich ein Höhenunterschied Δh entstanden ist, der dem dann noch vorhandenen osmotischen Druck das Gleichgewicht hält. Damit die durch Lösungsmittelnachschub entstandene Konzentrationsverminderung die Messung nicht allzusehr verfälscht, muß das Steigrohr ein Volumen haben, das möglichst klein gegen den Inhalt der Zelle ist.

Die Gleichung (1) enthält das Volumen V *der Lösung,* aber die Molzahl ν des gelösten Stoffes. Bezieht man sich auf das Molvolumen des Lösungsmittels V_0, dann ist $V = V_0 \cdot (\nu + \nu_0)$, und man erhält:

$$p_{os} \cdot V_0 = \frac{\nu}{\nu + \nu_0} \cdot RT. \qquad (3)$$

Da das Molekulargewicht von Wasser etwa 18 beträgt, ist das Molvolumen von Wasser $18\,cm^3 = 18 \cdot 10^{-6}\,m^3$, und die Molzahl eines Liters beträgt $\nu_0 = 55{,}5$. Mit R = Boltzmann-Konstante mal Loschmidtsche Zahl $\approx 8{,}3$ Nm / K und bei Zimmertemperatur (20 °C ≈ 293 K) erhält man daher

$$\frac{RT}{V_0} = \frac{8{,}3 \cdot 293}{18 \cdot 10^{-6}} \frac{Nm}{m^2} \approx$$

$$\approx 135 \cdot 10^6 \frac{N}{m^2} = 1350\,bar.$$

Für alle einmolaren wässerigen Lösungen bei 20 °C (1 mol gelöster Stoff auf 1 Liter reines Wasser) gilt $\nu = 1$ und $\nu_0 = 55{,}5$, also

$$p_{os}(\text{einmolar}) = \frac{1}{56{,}5} \cdot 1350\,bar \approx 23{,}9\,bar.$$

Dieser Wert zeigt die Größe des osmotischen Drucks schon bei niedrigen Konzentrationen (einmolare Lösungen sind relativ ›verdünnt‹).

Aus Gleichung (3) ergibt sich unmittelbar eine Methode, das Molekulargewicht eines in Wasser gelösten Stoffes zu berechnen: Wenn man den osmotischen Druck mit einer Pfefferschen Zelle mißt und die Masse des gelösten Stoffes kennt, kann auch die Molzahl ν und damit das Molekulargewicht dieses Stoffes bestimmt werden.

P

P **1)** Abk. für die Vorsilbe → Peta- bei Maßeinheiten (→ Maße und Maßsysteme); **2)** Abk. für → Poise, eine nicht mehr zulässige Einheit der Viskosität.

p **1)** Abk. für die Vorsilbe → Piko- bei Maßeinheiten (→ Maße und Maßsysteme); **2)** Abk. für die nicht mehr zulässige Gewichtseinheit → Pond.

Pa Abk. für die Druckeinheit → Pascal (→ Maße und Maßsysteme).

Paarbildung

Wenn die Energie eines Gammaquants mehr als 1022 keV beträgt, kann es sich im Feld eines Kerns (Impulserhaltung!) in Materie umwandeln, die in Form eines Elektrons und eines Positrons entsteht. Allgemein ist eine *Materialisation* immer dann möglich, wenn die Ruhmasse des Teilchenpaares in Form von Energie zur Verfügung steht. Die Materialisation läßt stets ein Teilchen-Antiteilchen-Paar entstehen, wie z. B. das Elektron-Positron-Paar (→ Elementarteilchen). In größeren Beschleunigeranlagen kann man aber auch z. B. Proton-Antiproton-Paare erzeugen.

Paarvernichtung

Der Umkehrprozeß zur → Paarbildung wandelt Masse direkt in (Strahlungs-) Energie um. Allgemein kann es beim Zusammentreffen eines Teilchens mit seinem Antiteilchen zum ›Zerstrahlen‹ in mindestens zwei Gammaquanten (bzw. andere Feldquanten) kommen. Diese Entmaterialisation ist ein direkter Beweis für die von der speziellen → Relativitätstheorie behauptete Äquivalenz von Masse und Energie. Positronen aus dem → Beta-Zerfall erleiden nach ihrer Abbremsung in Materie immer das Schicksal der Zerstrahlung, weil sie zwangsläufig auf ein Elektron treffen. Es entstehen dann zwei Gammaquanten von je 511 keV Energie, die zueinander im Winkel von 180° abgestrahlt werden.

Parallaxe

Versucht man, mit einem dicken Lineal auf dem Papier eine Entfernung zu messen, muß man genau senkrecht auf den Maßstab und den Meßpunkt blicken, um keinen Fehler zu machen. Der Grund ist, daß man Punkte miteinander vergleichen muß, die vom Auge aus gemessen hintereinander liegen. Ihr Seitenabstand hängt deshalb von der Blickrichtung ab. Die Änderung dieses Abstands (oder Winkelabstands) mit der Blickrichtung heißt *Parallaxe.* Sie kann zu Fehlern führen, wie sie beim Ablesen von Maßstäben an Meßinstrumenten auftreten; sie kann aber auch als Grundlage für Entfernungsmessungen dienen (→ Astronomie). Viele Meßgeräte sind mit Spiegelskalen versehen, um den *Parallaxenfehler* zu vermeiden. Der Zeiger bewegt sich vor diesem Spiegel, und zur Ablesung muß die Blickrichtung so gewählt werden, daß das Spiegelbild des Zeigers von ihm verdeckt wird. Man hat dann die Gewähr, daß man senkrecht zum Spiegel abgelesen hat.

Parität

Eine *Paritätsoperation* besteht im Vorzeichenwechsel aller Raumkoordinaten: $\vec{r} \rightarrow -\vec{r}$. Wenn bei dieser Operation sich die Wellenfunktion (→ Schrödinger-Gleichung) eines Teilchens oder eines Systems nur in der Weise ›ändert‹, daß sie entweder gleich bleibt oder aber das Vorzeichen wechselt, dann sagt man, das betreffende Teilchen hat eine *definierte (innere) Parität*. Auch Übergänge von einem Teilchenzustand in einen anderen können eine definierte P. haben, wenn dies sowohl für den ersten wie für den zweiten Zustand gilt (d. h., wenn der ›Übergangsoperator‹ nicht von der Vertauschung der Koordinatenvorzeichen abhängt). In diesen Fällen ist die P. eine *Erhaltungsgröße*. So ist z. B. bei optischen Elektronenübergängen (Emission oder Absorption eines Lichtquants) die P. ebenso erhalten wie überhaupt bei der elektromagnetischen und der starken Wechselwirkung (→ Elementarteilchen, → Erhaltungssätze).

Parsec

Abk. für Parallaxensekunde, ein astronomisches Längenmaß (→ Maße und Maßsysteme).

Partialdruck

In einem Gemisch idealer Gase (→ kinetische Gastheorie, → Gasgleichung) verhält sich jede Gassorte so, als wären die anderen Partner nicht vorhanden. Jeder Gemischanteil erzeugt einen *Partialdruck (Teildruck)*, der dem prozentualen Anteil seiner Teilchen an der Gesamtheit entspricht. Luft besteht ganz grob zu $1/5$ aus Sauerstoff- und zu $4/5$ aus Stickstoffgas. Dementsprechend beträgt der P. des Sauerstoffs $1/5$, der des Stickstoffes $4/5$ des Gesamtdrucks.

Pascal

Abk. Pa, die abgeleitete SI-Einheit des Drucks (→ Maße und Maßsysteme); 1 Pa ist gleich dem auf eine Fläche gleichmäßig wirkenden Druck, bei dem senkrecht auf die Fläche von $1\ m^2$ die Kraft von 1 Newton ausgeübt wird; 1 Pa = = $1\ N/m^2 = 10^{-5}$ bar = $1/100$ mbar.

Pauli-Prinzip

Das nach *Wolfgang Pauli* (1900–1958) benannte *Ausschließungsprinzip* betrifft alle *Fermionen* (Teilchen mit unganzzahligem Spin). Es besagt, daß nicht zwei gleiche Fermionen in einem gebundenen Zustand in allen Quantenzahlen übereinstimmen können. Eine andere Formulierung dieses Prinzips lautet: Zwei Fermionen können im ›Phasenraum‹ nicht am selben Ort sein – so wie im ›Normalraum‹ zwei Steine nicht am selben Ort sein können. Sie müßten sich gegenseitig durchdringen – und das kann nicht vorkommen, weder bei Steinen am Strand noch bei Fermionen im Phasenraum.

Besondere Bedeutung hat das P.-P. für Elektronen erlangt. Elektronen sind ja wegen ihres unganzzahligen Spins Fermionen. In gebundenem Zustand kommen sie in der Elektronenhülle des Atoms genauso vor wie im Elektronengas eines metallischen Leiters. In allen Fällen muß zur Berechnung die Quantenmechanik herangezogen werden.

Man geht dort davon aus, daß der ›gebundene Zustand‹ zweier Teilchen vorliegt, wenn die Wellenfunktionen denselben Randbedingungen unterliegen. Es können dann *Interferenzen* auftreten, falls die beiden Wellenfunktionen exakt gleich sind. Die Gesamtwellenfunktion der beiden Teilchen ist – wie sich empirisch immer wieder bestätigt hat – *symmetrisch* gegenüber der Vertauschung dieser Teilchen, wenn sie jeweils einen *ganzzahligen Spin* haben, und *antisymmetrisch* gegen die Vertauschung, wenn sie jeweils einen *unganzzahligen Spin* haben. Ein drittes

gleichartiges Fermion mit denselben Randbedingungen müßte, mit einem der beiden bereits vorhandenen Teilchen kombiniert, jeweils durch eine antisymmetrische Wellenfunktion beschrieben werden. Alle drei auf einmal würden aber durch Interferenz verschwinden.
Für die symmetrische Wellenfunktion der Bosonenkombination existiert dieses Problem offenbar nicht. Beliebig viele Bosonen kombinieren immer wieder zu einer symmetrischen Gesamtwellenfunktion, ohne daß irgendwelche Interferenzauslöschungen auftreten. *Warum* aber halbzahlige Spins auf antisymmetrische Gesamtwellenfunktionen führen, ist noch nicht ableitbar. Das P.-P. muß daher als äußerst weitreichendes und folgenschweres Grundgesetz betrachtet werden (etwa wie der Impuls- oder Energiesatz), dessen eigentlicher Ursprung jedoch noch unbekannt ist.

PCT-Invarianz

Die PCT-Invarianz (Abk. für engl. P = P*arity*, C = C*harge* und T = T*ime*) fordert die Erhaltung der physikalischen Gesetze gegenüber der gekoppelten Umkehr von Parität, Ladung und Zeit (→ Erhaltungssätze). Das PCT-Theorem besagt, daß alle Elementarprozesse gegenüber dieser gekoppelten Vorzeichenumkehr invariant sind, d. h., daß es zu jedem Prozeß einen anderen gibt, der genauso wahrscheinlich ist und der dem ersten aufs Haar gleicht, wenn man die Vorzeichen von Parität, Ladung und Zeit umkehrt.

Peltier-Effekt

Dieser von *Jean Peltier* (1785–1845) entdeckte und nach ihm benannte Effekt ist die Umkehrung des thermoelektrischen Effektes. Sowohl das → Thermoelement als auch das *Peltier-Element* nutzen die Tatsache, daß die Kontaktspannung zwischen zwei Leitern temperaturabhängig ist. Ein Leiterkreis aus zwei Materialien, die an zwei Stellen S_1 und S_2 miteinander verlötet sind, zeigt den P.-E., wenn man ihn an eine äußere Stromquelle anschließt. Je nach Stromrichtung kühlt sich die eine Lötstelle S_1 ab, während sich die andere (S_2) erwärmt. Man nutzt den P.-E. zum Bau punktueller Kühlkörper z. B. in elektronischen Schaltungen, aber auch zur Konstruktion kleiner Kühlschränke, z. B. in Autos.

Pendel

Unter einem P. stellt man sich etwa ›einen Stein vor, der an einer Schnur hängt und sanft hin und her schwingt‹. Diese

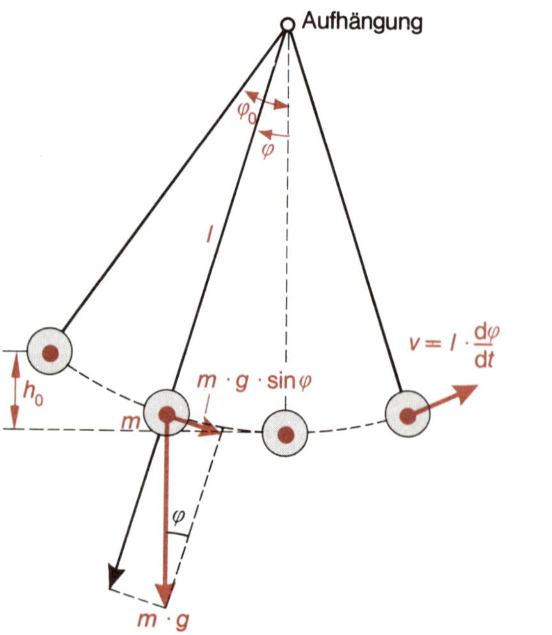

Pendel (Figur 1): Zur Ableitung der Bewegungsgleichung des mathematischen Pendels

Vorstellung ist zwar nicht falsch, aber unvollständig. Für den Physiker ist ein P. ein mechanischer *Oszillator,* dessen Hauptarten im folgenden besprochen werden sollen.

Mathematisches Pendel und Fadenpendel

Das einfachste Modell für ein P. ist ein ›Massenpunkt‹ m, der an einem ›masselosen‹ Faden der Länge l aufgehängt, aber ansonsten frei beweglich ist *(mathematisches Pendel).* Lenkt man die Masse m um einen Winkel φ_0 aus ihrer Ruhelage aus (Figur 1), wird sie unter dem Einfluß der Schwerkraft in die Ruhelage zurückkehren, wegen ihrer Trägheit jedoch über sie hinausschwingen und so eine periodische Bewegung ausführen, deren Bewegungsgleichung sich aus der Grundgleichung der Mechanik ableitet: Kraft = Masse mal Beschleunigung. Bleibt φ unter 90°, so ergibt die Zerlegung nach dem Kräfteparallelogramm (→ Kraft) die Gleichung

$$m \cdot g \cdot \sin\varphi = -m \cdot l \cdot \frac{d^2\varphi}{dt^2}, \qquad (1)$$

mit φ = Auslenkungswinkel aus der Ruhelage (positiv im Gegenuhrzeigersinn!), gemessen im Bogenmaß, l = Pendellänge, g = Erdbeschleunigung. Die Größe $d^2\varphi/dt^2$ ist die zweite Ableitung des Winkels nach der Zeit (Winkelbeschleunigung, $l \cdot d^2\varphi/dt^2$ ist demnach die Tangentialbeschleunigung des P. (die Radialbeschleunigung wird von der Aufhängung aufgenommen). Die Größe m bedeutet strenggenommen zweierlei: Auf der linken Seite der Gleichung steht m für die ›schwere Masse‹ (Angriffspunkt der Gravitationskraft), auf der rechten Seite für die ›träge Masse‹ (Angriffspunkt der Trägheitskraft). Daß beide Massen identisch sind *(Äquivalenzprinzip),* mußte erst durch Pendelversuche bewiesen werden. In diesem Fall nämlich wird Gleichung (1) unabhängig von m und damit die Schwingungsdauer unabhängig von der Pendelmasse:

$$g \cdot \sin\varphi = -l \cdot \frac{d^2\varphi}{dt^2}$$

$$\text{oder:} \quad \frac{d^2\varphi}{dt^2} + \frac{g}{l} \cdot \sin\varphi = 0. \qquad (2)$$

Die exakte Lösung dieser – nichtlinearen – Differentialgleichung führt auf das elliptische Integral erster Gattung, dessen numerische Werte man in Tabellen nachschlagen kann. Eine geschlossene Darstellung erreicht man nur über Näherungsmethoden. Wir benützen die Reihenentwicklung der Sinusfunktion $\sin\varphi = \varphi - \frac{1}{6}\varphi^3 + \frac{1}{120}\varphi^5 - \frac{1}{5040}\varphi^7 + \ldots$ (φ im Bogenmaß!).

Für kleine Winkel φ gilt in guter Näherung $\sin\varphi \approx \varphi$. Damit wird aus Gleichung (2) die Gleichung des harmonischen Oszillators

$$\frac{d^2\varphi}{dt^2} + \frac{g}{l} \cdot \varphi = 0, \qquad (2a)$$

dessen Lösung sich elementar angeben läßt:

$$\varphi = c_1 \cdot \sin\omega t + c_2 \cdot \cos\omega t \text{ mit } \omega = \sqrt{\frac{g}{l}}. \qquad (2b)$$

Die Integrationskonstanten c_1 und c_2 werden durch Anfangsbedingungen festgelegt. Meist wählt man den Zeitnullpunkt so, daß das P. gerade durch die Ruhelage schwingt ($\varphi = 0$ für $t = 0 \rightarrow c_2 = 0$). Dann ergibt sich c_1 als Maximalausschlag φ_0 des P., und die Lösung lautet

$$\varphi = \varphi_0 \cdot \sin\omega t. \qquad (2c)$$

Die Schwingungsdauer T einer vollständigen Schwingung ergibt sich daraus zu $\omega T = 2\pi$ oder

$$T = 2\pi \cdot \sqrt{\frac{l}{g}}\,. \qquad (3)$$

Der exakte Wert für T, den man durch Integration der Gleichung (2) erhält, beträgt dagegen:

$$T = 2\pi \sqrt{\frac{l}{g}}\left(1 + \frac{1}{16}\varphi_o^2 + \frac{11}{3072}\varphi_o^4 + \ldots\right). \qquad (4)$$

Die Schwingungsdauer T hängt also vom Maximalausschlag des P. ab und wird mit zunehmender Amplitude größer. Der Fehler beträgt für $\varphi_o = 45°$ immerhin fast 4%! Zwischenwerte enthält die Tabelle 1.
Der Fehler sieht für kleine Winkel tatsächlich klein aus. Er wirkt sich aber doch aus: Eine Pendeluhr, die z. B. ihre Amplitude von 1° auf 2° erhöht, geht täglich etwa 5 Sekunden nach!
Unabhängig vom Maximalausschlag gilt für das mathematische P. jedoch der Energiesatz (→ Erhaltungssätze), der – wie in vielen anderen physikalischen Systemen – eine elementare erste Integration der Bewegungsgleichung ermöglicht. Da es beim mathematischen P. keine Reibung gibt, läßt sich der Energiesatz leicht formulieren: Die *kinetische Energie* des P. ist

$$E_{\text{kin}} = \frac{1}{2} m v^2 = \frac{1}{2} m l^2 \cdot \left(\frac{\mathrm{d}\varphi}{\mathrm{d}t}\right)^2.$$

Die *potentielle Energie* des P. ist

$$E_{\text{pot}} = m \cdot g \cdot h,$$

wenn man E_{pot} für die Ruhelage gleich Null setzt.
Die Summe $E_{\text{kin}} + E_{\text{pot}}$ muß nun wegen des Energiesatzes konstant sein, und zwar gleich der potentiellen Energie in einem der Umkehrpunkte, weil dort ja die kinetische Energie verschwindet. Es gilt also

$$\frac{1}{2} m l^2 \cdot \left(\frac{\mathrm{d}\varphi}{\mathrm{d}t}\right)^2 + m \cdot g \cdot h = m \cdot g \cdot h_o,$$

und mit $h = l \cdot (1 - \cos\varphi)$ wird daraus ein erstes Integral der Bewegungsgleichung (2), in der außer φ nur noch die *erste* Ableitung $\mathrm{d}\varphi / \mathrm{d}t$ vorkommt:

$$\frac{1}{2} l^2 \cdot \left(\frac{\mathrm{d}\varphi}{\mathrm{d}t}\right)^2 + g \cdot l \cdot (1 - \cos\varphi) = \\ = g \cdot l \cdot (1 - \cos\varphi_o)$$

oder, nach Vereinfachung:

$$\left(\frac{\mathrm{d}\varphi}{\mathrm{d}t}\right)^2 - \frac{2g}{l} \cdot (\cos\varphi - \cos\varphi_o) = 0. \qquad (5)$$

Das Fadenpendel – unser Stein an der Schnur – stellt eine recht gute Näherung an die idealen Verhältnisse dar, so daß sich die Gleichungen (1) – (4) unmittelbar darauf anwenden lassen. Schwere P. sind – obwohl schon seit Urzeiten bekannt – auch heute noch präzise physikalische Meßanordnungen, z. B. um die Erdbeschleunigung g zu bestimmen, indem man – bei bekannter Pendellänge – die Schwingungsdauer bestimmt. Üblicherweise bezeichnet T die Zeitdauer einer vollständigen Schwingung (hin und zurück). Beim sog. *Sekundenpendel* ist die

φ_o *[in Grad]*	ΔT *[in %]*
1	0,0019
2	0,0076
5	0,048
10	0,191
20	0,764
30	1,74
45	3,99
60	7,32

Tabelle 1: Zusammenhang zwischen Maximalausschlag φ_o und Fehler ΔT beim mathematischen Pendel

Geographische Breite [in Grad]	Länge des Sekundenpendels [in cm]
0	99,0961
10	99,1119
20	99,1571
30	99,2268
40	99,3121
50	99,4033
60	99,4891
70	99,5590
80	99,6047
90	99,6207

Tabelle 2: Länge des Sekundenpendels in Abhängigkeit von der geographischen Breite

Länge jedoch so bemessen, daß eine *Halbschwingung* genau eine Sekunde dauert. Da die Erdbeschleunigung g von der geographischen Breite abhängt, ist auch die Länge des Sekundenpendels unterschiedlich. Sie liegt etwa bei 1 m; genauere Werte enthält die Tabelle 2.

Physisches oder physikalisches Pendel

Jedes reale P. hat eine räumliche Ausdehnung, da sowohl der Pendelkörper wie auch die Aufhängung starre Körper sind. Es ist daher notwendig, die Bewegungsgleichung eines derartigen Körpers zu finden, der um eine Achse drehbar gelagert ist und unter dem Einfluß der Schwerkraft schwingt (Figur 2). Die Grundgleichung der Mechanik, bezogen auf die Drehbewegung eines starren Körpers, lautet:

Drehmoment = Trägheitsmoment mal Winkelbeschleunigung.

Das → Drehmoment greift im Schwerpunkt S an und ist gegeben durch $l_s \cdot m \cdot g \cdot \sin\varphi$, die Winkelbeschleunigung ist $\mathrm{d}^2\varphi/\mathrm{d}t^2$, und das → Trägheitsmoment bezüglich der Drehachse A nennen wir θ_A. Es muß für jeden Einzelfall des schwingenden Körpers berechnet werden. Da Auslenkung und rücktreibendes Drehmoment einander entgegengerichtet sind, erhalten wir:

$$\theta_A \cdot \frac{\mathrm{d}^2\varphi}{\mathrm{d}t^2} = -l_s \cdot m \cdot g \cdot \sin\varphi$$

oder

$$\frac{\mathrm{d}^2\varphi}{\mathrm{d}t^2} + \frac{l_s \cdot mg}{\theta_A} \cdot \sin\varphi = 0. \qquad (6)$$

Diese Gleichung schließt natürlich auch die des mathematischen P. ein, denn das Trägheitsmoment einer Punktmasse m, bezogen auf eine Drehachse im Abstand l, ist gegeben durch $\theta = m \cdot l^2$. Setzen wir in Gleichung (6) für θ_A / ml_s die Größe l_r *(reduzierte Pendellänge)*, so erhalten wir:

$$\frac{\mathrm{d}^2\varphi}{\mathrm{d}t^2} + \frac{g}{l_r} \cdot \sin\varphi = 0. \qquad (7)$$

Dies ist jedoch exakt die Bewegungsgleichung des mathematischen P. aus Gleichung (2), nur daß anstelle der mathema-

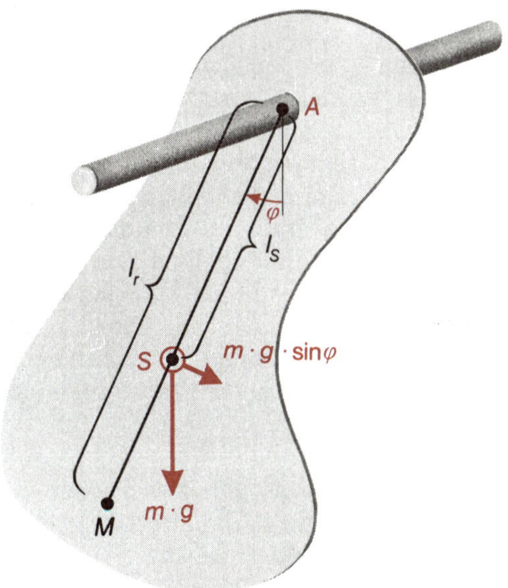

Pendel (Figur 2): Zur Ableitung der Bewegungsgleichung des physischen Pendels tischen Pendellänge l die reduzierte Pendellänge l_r steht. Wir können daher alle Ergebnisse aus dem ersten Abschnitt einfach übernehmen und erhalten für die Schwingungsdauer des *physischen Pendels:*

$$T = 2\pi \cdot \sqrt{\frac{l_r}{g}} = 2\pi \cdot \sqrt{\frac{\theta_A}{m\, l_s\, g}}\,, \quad (8)$$

für kleine Winkel φ_0 beziehungsweise für beliebige Winkel φ_0 (im Bogenmaß!):

$$T = 2\pi \sqrt{\frac{\theta_A}{m l_s g}}\left(1 + \frac{1}{16}\varphi_0^2 + \frac{11}{3072}\varphi_0^4 + \ldots\right). \quad (9)$$

Die reduzierte Pendellänge und der Schwerpunktabstand von der Drehachse sind durch den *Steinerschen Satz* miteinander verknüpft:

Wegen $\theta_A = \theta_s + m \cdot l_s^2$ und $l_r = \dfrac{\theta_A}{m \cdot l_s}$

gilt $m \cdot l_s \cdot l_r = \theta_s + m \cdot l_s^2$ oder

$$l_r = l_s + \frac{\theta_s}{m \cdot l_s}. \quad (10)$$

Die Größe θ_s ist dabei das Trägheitsmoment des Pendelkörpers bezüglich einer zu A parallelen Achse durch den Schwerpunkt S. Gleichung (10) macht deutlich, daß die ›reduzierte‹ Pendellänge l_r immer größer ist als die Entfernung l_s des Schwerpunkts von der Drehachse. Der durch l_r gegebene Punkt M heißt auch *Schwingungsmittelpunkt des Pendels.* Er entspricht dem Endpunkt eines mathematischen P. mit derselben Schwingungsdauer.

Das Reversionspendel (Umkehrpendel)
Legt man in (Figur 2) die Drehachse statt durch A durch M, so geht l_s über in $l_s' = l_r - l_s$. Berechnen wir nun die neue reduzierte Pendellänge l_r', so erhalten wir aus Gleichung (10)

$$l_r - l_s = \frac{\theta_s}{m \cdot l_s},$$

$$\text{d. h. } l_s' = \frac{\theta_s}{m \cdot l_s}$$

$$\text{oder auch } l_s = \frac{\theta_s}{m \cdot l_s'}.$$

Gleichung (10) muß aber auch für die ›gestrichenen‹ Größen gelten:

$$l_r' = l_s' + \frac{\theta_s}{m \cdot l_s'}$$

oder mit dem Ergebnis von vorhin:

$$l_r' = l_s' + l_s.$$

Der Wert $l_s' + l_s$ entspricht aber gerade l_r, so daß gilt $l_r' = l_r$.
In Worten: Die reduzierte Pendellänge – und damit die Schwingungsdauer – eines

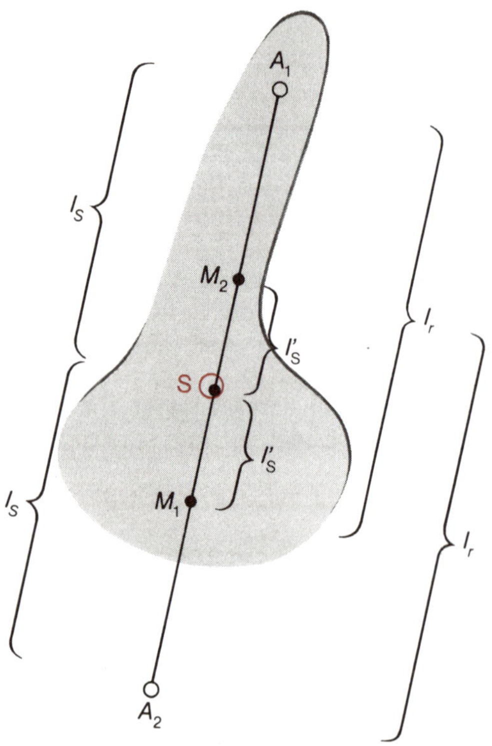

Pendel (Figur 3): Aufhängungspunkte gleicher Schwingungsdauer beim Reversionspendel

P. ändert sich nicht, wenn man die Drehachse in den Schwingungsmittelpunkt legt. Dieser Satz ermöglicht es, reduzierte Pendellängen experimentell zu bestimmen, indem man zu einem Aufhängepunkt A den Schwingungsmittelpunkt M sucht, um den das P. dieselbe Schwingungsdauer hat.

Aus Symmetriegründen gibt es aber auf jeder Geraden durch S *vier* Drehpunkte (A_1, A_2, M_1 und M_2) mit gleicher Schwingungsdauer des P. (Figur 3). Man muß darauf achten, zwei davon so auszuwählen, daß der Schwerpunkt zwar zwischen ihnen, aber nicht in der Mitte liegt (also A_1 und M_1 oder A_2 und M_2). In der Praxis sind die Drehachsen als Schneiden ausgebildet (Figur 4), die man auf Achatunterlagen legt. Ein Schneidenpaar ist verschiebbar. Man legt das P. bei A auf und bestimmt seine Schwingungsdauer T_A. Das ist sehr genau möglich, weil man viele Schwingungen abzählen kann. Dann dreht man das P. um und legt es bei M auf. Wieder mißt man die Schwingungsdauer T_M und verschiebt die Schneiden bei M solange, bis $T_A = T_M$. Jetzt ist der Abstand $A-M$ gleich der reduzierten Pendellänge l_r, so daß aus Gleichung (9) die Erdbeschleunigung g sehr genau bestimmt werden kann.

Kompensationspendel und Minimalpendel

Ein Haupteinsatzgebiet des P. war lange Zeit hindurch die Zeitmessung. Wenn auch heute die mechanischen Uhren mehr und mehr von Quarzuhren oder Atomuhren verdrängt werden, sind doch die Überlegungen erwähnenswert, die man zur Verbesserung der Genauigkeit von P. angestellt hat.

Zwei Hauptprobleme plagten schon immer die Uhrenkonstrukteure: die *Längenkompensation* des P. bei Temperaturschwankungen und der *Isochronismus,* d. h. die Gleichmäßigkeit der Schwingungsdauer bei verschieden großen Ausschlägen des P.

Zum ersten Punkt: Die Längenausdehnung eines P. bei Erwärmung verändert l_s und damit auch l_r und T. Es gibt viele sinnreiche Vorrichtungen, um sie zu kompensieren, auch verschiedene Hebelmechanismen. Eine recht verbreitete Methode nutzte jedoch die unterschiedlichen Ausdehnungskoeffizienten verschiedener Materialien (z. B. Eisen und Messing). Durch Anordnungen, die ähnlich wie das *Rostpendel* (Figur 5) arbeiten, gelingt es, den Schwerpunktabstand zum Aufhängepunkt konstant zu machen (dabei verändert sich allerdings das Trägheitsmoment θ_s geringfügig!). Hierzu gehören auch Konstruktionen wie das *Quecksilberkompensationspendel* (Figur 6) oder das *Nikkelstahl-Kompensationspendel* von *Riefler* (Figur 7). Etwas tiefschürfender ist die Kompensationsidee des *Minimalpendels* (oder *Ausgleichspendels*). Es beruht auf

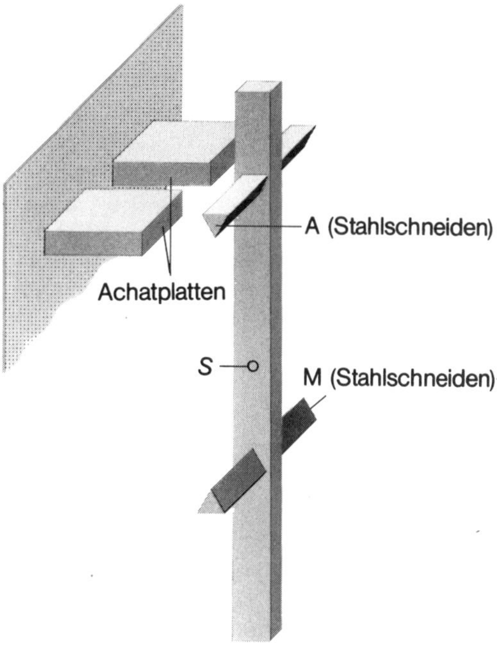

Pendel (Figur 4): Aufbau eines Reversionspendels zur Bestimmung der Erdbeschleunigung

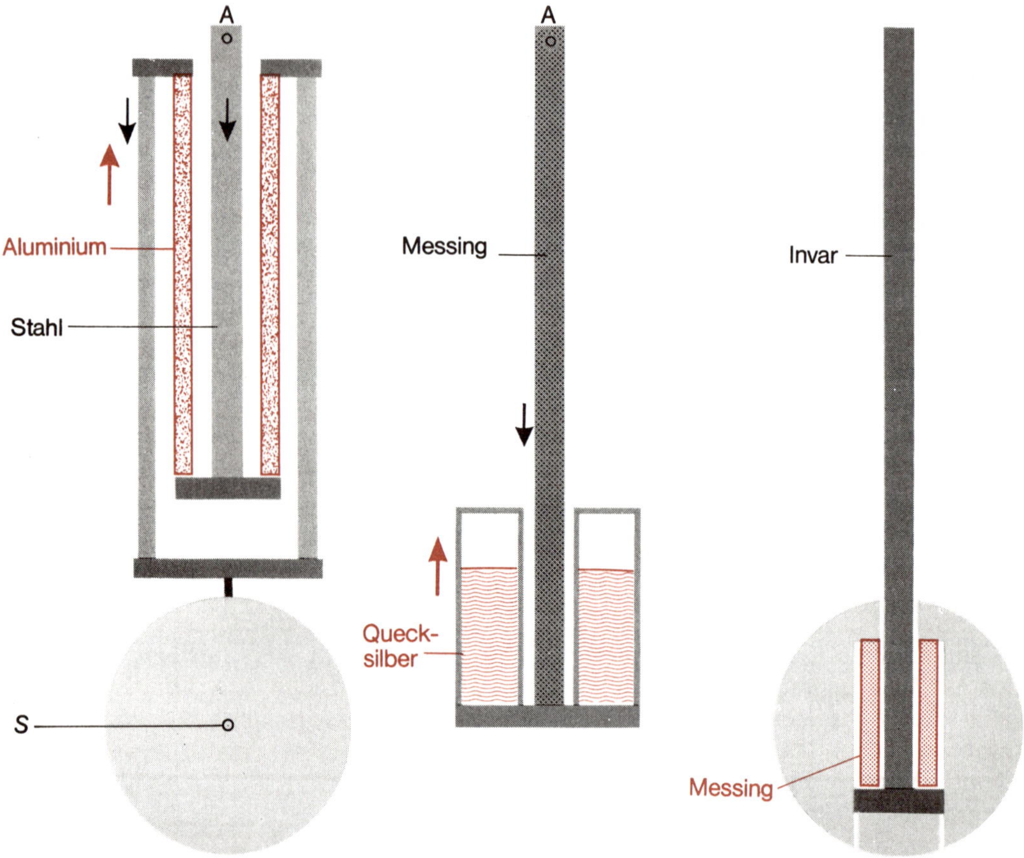

Pendel (Figur 5–7): Beim *Rostpendel* (Figur 5) dehnen sich bei Erwärmung die innerste Stange und die Außenstange des ›Rostes‹ wenig aus, die (roten) Mittelstangen dagegen stark, so daß der Schwerpunktabstand *A–S* unverändert bleibt; Materialien mit geeigneten Wärmeausdehnungskoeffizienten sind z. B. Aluminium (mit $\alpha = 24 \cdot 10^{-6}/{}^\circ C$) und Stahl ($\alpha = 12 \cdot 10^{-6}/{}^\circ C$).
Beim *Quecksilberkompensationspendel* (Figur 6) wird die Pendelstange bei Erwärmung länger, aber das Quecksilber in beiden Glasgefäßen dehnt sich ebenfalls aus und schiebt den Schwerpunkt nach oben; Materialbeispiele sind Messing ($\alpha = 18 \cdot 10^{-6}/{}^\circ C$) und Quecksilber (mit $\alpha = 60 \cdot 10^{-6}/{}^\circ C$).
Beim *Nickel-Kompensationspendel* (Figur 7) übernimmt eine Messing- oder Stahlhülse die Funktion des Rostes von Figur 5. Da Invar eine sehr kleine Wärmeausdehnung hat (mit $\alpha = 1{,}1 \cdot 10^{-6}/{}^\circ C$), reicht die relativ kurze Hülse bereits vollkommen zur Kompensation der Wärmeausdehnung aus.

folgender Überlegung: Wie kann man den Aufhängepunkt A so festlegen, daß eine Änderung von l_s durch eine Temperaturschwankung keine Änderung der reduzierten Pendellänge l_r nach sich zieht? Daß es so einen Punkt geben muß, sieht man anhand der Figur 8 ein, die eine ungefähre graphische Darstellung der Gleichung (10) darstellt: Für große Werte von l_s wird nämlich $l_r \approx l_s$; für sehr kleine Werte von l_s ist dagegen

$$l_r \approx \frac{\theta_s}{m} \cdot \frac{1}{l_s}.$$

Dazwischen muß irgendwo ein Minimum von l_r liegen, das man natürlich auch ausrechnen kann, wenn man $dl_r / dl_s = 0$ setzt. Aus $l_r = l_s + \theta_s / m \cdot l_s$ gewinnt man

$$\frac{dl_r}{dl_s} = 1 - \frac{\theta_s}{m} \cdot \frac{1}{l_s^2}.$$

Daraus errechnet sich:

$$l_{s_0} = \sqrt{\frac{\theta_s}{m}} \text{ und } l_{r_0} = 2\sqrt{\frac{\theta_s}{m}}.$$

Damit ist der Aufhängepunkt bestimmt, der sich ergibt, wenn A_1 und M_2 zusammenfallen (Figur 3). Dann liegt nämlich der Schwerpunkt genau in der Mitte zwischen A_1 und M_1, wie es unsere Rechnung fordert. P. dieser Art wurden für die genauesten astronomischen Pendeluhren (nach *Schuler*) verwendet. Da l_r (Figur 8) an dieser Stelle ein Minimum durchläuft, gilt dies auch für die Schwingungsdauer *T*. Jede Änderung des Aufhängepunkts eines Minimalpendels *verlängert* also seine Schwingungsdauer.

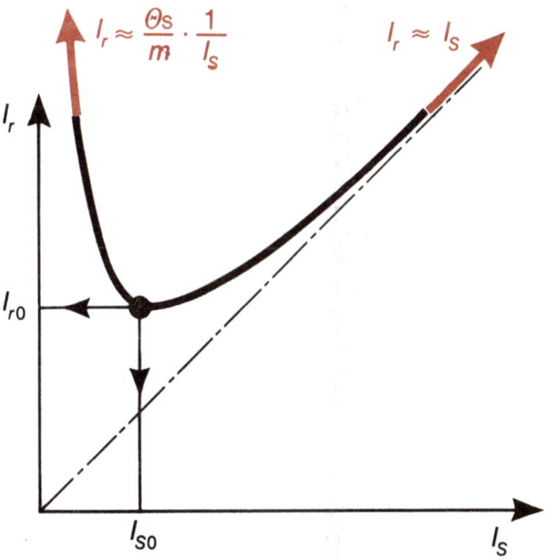

Pendel (Figur 8): Zur Herleitung der mathematischen Beziehungen beim Minimalpendel

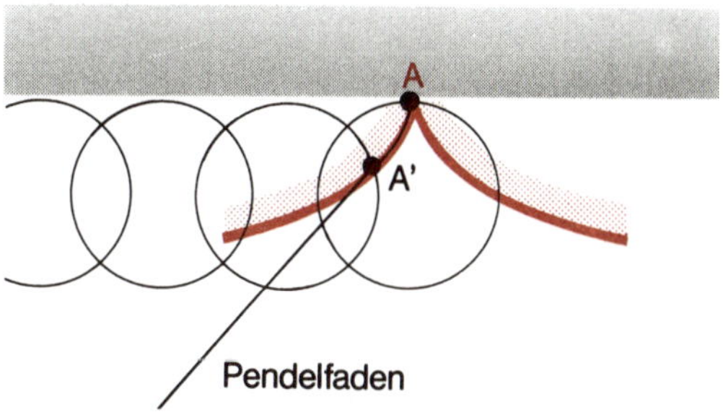

Pendel (Figur 9): Aufbau eines Fadenpendels; der Pendelfaden legt sich beim Ausschwingen einer Zykloide an.

Isochronismus, Zykloidenpendel und Pendelfeder

Das mathematische und auch das physische P. haben nach Gleichung (4) eine vom Ausschlag abhängige Schwingungsdauer. Obwohl diese Tatsache für die meisten Anwendungen (auch Uhren!) von nicht allzu großer Bedeutung ist, weil sich der Pendelausschlag nicht sehr verändert, hat sich bereits *Christiaan Huygens* (1629–1695), der Erfinder des Uhrenpendels, Gedanken darüber gemacht, wie man das Pendel *isochron* (griech. iso; dt. gleich, und griech. chronos; dt. die Zeit) machen könnte. Er kam auf eine geniale Lösung. Da bei großen Auslenkwinkeln das P. langsamer schwingt, muß man seine effektive Länge verkürzen. Beim *Fadenpendel* läßt sich dies auf einfache Weise erreichen, wenn man am Aufhängepunkt eine Kurve anbringt (Figur 9), an die sich der Faden beim Ausschwingen mehr und mehr anlegt. Die Rechnung zeigt, daß diese Kurve eine *Zykloide* (Kreisabrollkurve) sein muß. Fadenaufhängungen sind jedoch für viele Zwecke (auch Uhren) unpraktisch und ungenau. Daher hat das *Zykloidenpendel* nur historischen Wert. Ein anderer Weg zum Isochronismus besteht darin, zur Erdanziehung als rücktreibender Kraft eine weitere Kraft hinzu-

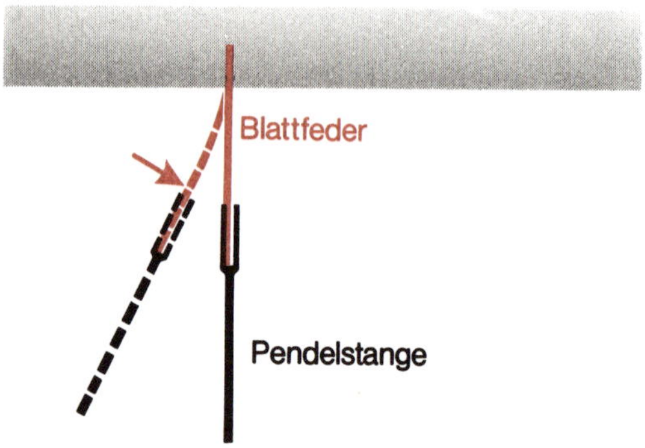

Pendel (Figur 10): Isochronismus des Pendels durch die Rückstellkraft einer Blattfeder

zufügen, die mit zunehmendem Ausschlag größer wird. Das ist recht leicht mit einer Blattfeder zu bewerkstelligen, an die man das Pendel hängt. Eine entsprechende Stärke und Länge dieser *Pendelfeder* (die Sie fast in jeder guten Penduhr vorfinden) sorgt nun innerhalb weiter Grenzen für einen Isochronismus des P. (Figur 10).

Torsionspendel, Federpendel und Drehpendel

Anstatt wie beim Schwerependel die Erdanziehungskraft als rücktreibende Kraft zu nutzen, kann man dazu auch die elastischen Eigenschaften fester Körper verwenden. Für kleine Veränderungen (Verdrehungen, Dehnungen, Biegungen), die dem Hookeschen Gesetz (→ Elastizität) gehorchen, gilt dabei stets, daß die rücktreibende Kraft proportional zur Veränderung ist. Die *Torsion (Verdrillung)* kann direkt zur Erzeugung von Schwingungen ausgenutzt werden. Man braucht nur einen Körper (mit dem Trägheitsmoment θ) fest mit einem Stahldraht zu verbinden und ihm einen kleinen Drehimpuls zu geben (Figur 11). Er wird Drehschwingungen ausführen, weil die Momentengleichung gelten muß:

$$D = \theta \cdot \frac{d^2\varphi}{dt^2} = -D_0 \cdot \varphi.$$

Die Größe D_0 ist das sog. *Direktionsmoment*. Sein Wert ist gleich dem Drehmoment, das man aufbringen muß, um den Stahldraht um den Winkel 1 (im Bogenmaß!) zu verdrillen. Wir erhalten so die Differentialgleichung

$$\frac{d^2\varphi}{dt^2} + \frac{D_0}{\theta} \cdot \varphi = 0. \qquad (11)$$

Diese Gleichung, die innerhalb der Gültigkeit des Hookeschen Gesetzes (bis auf die → Dämpfung) *exakt* gilt, stimmt mit der angenäherten Schwingungsgleichung des mathematischen P. nach Gleichung (2a) überein und hat natürlich auch dieselbe Lösung wie Gleichung (3c), nur daß diesmal

$$\omega = \sqrt{\frac{D_0}{\theta}}$$

gilt. Auch die Schwingungsdauer läßt sich aus Gleichung (3) direkt übernehmen:

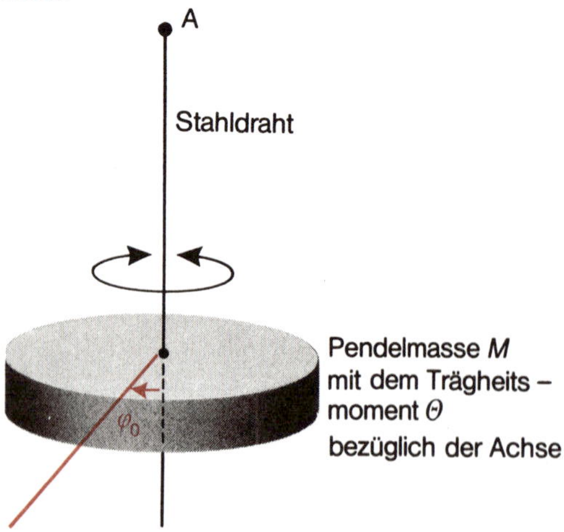

Pendel (Figur 11): Beim Torsionspendel versetzt eine Auslenkung um den Winkel φ_0 den Körper M in Drehschwingungen.

$$T = 2\pi \cdot \sqrt{\frac{\theta}{D_0}}\,. \qquad (12)$$

Das *Torsionspendel* hat (außer in Jahresuhren) kaum Einsatzgebiete, jedenfalls nicht als P. (wohl aber bei der Berechnung von Torsionsresonanzen in Motorenwellen und Starrachsen usw.!). Eine weitreichende Anwendung der elastischen Verformung ergibt sich aber daraus, daß man die Verformungswinkel beliebig groß machen kann, *ohne* den Hookeschen Bereich zu verlassen, wenn man nur den Draht (Figur 11) genügend lang macht.

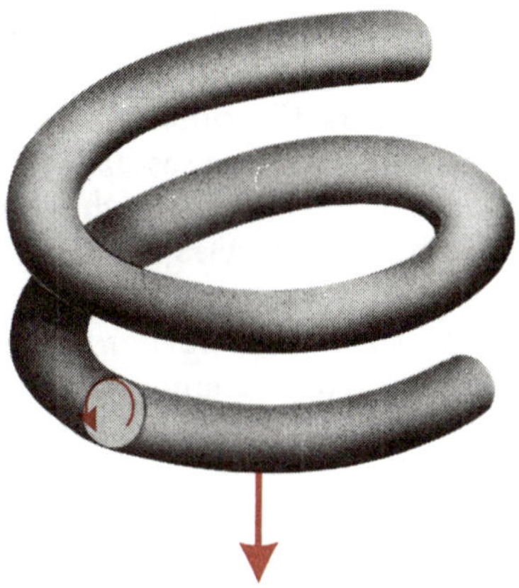

Pendel (Figur 12): Wirkungsweise des Federpendels; bei Dehnung der Feder wird der Federdraht nicht gedehnt, sondern verdrillt.

Pendel (Figur 13): Aufbau eines linear schwingenden Federpendels

Das geht auch noch, wenn man ihn z. B. zu einer Spirale aufwindet (Figur 12). Wir haben damit die Anordnung einer gewöhnlichen *Feder*, deren Wirkung demnach nicht auf einer Längenänderung des Federdrahtes, sondern vielmehr auf seiner Verdrillung beruht. Nichtsdestoweniger läßt sich mit Hilfe einer Feder ein ausgezeichnetes *Federpendel* konstruieren (Figur 13), das *linear* schwingt und der Gleichung

$$M \cdot \frac{d^2x}{dt^2} = -K_0 \cdot x \qquad (13)$$

genügt. K_0 ist hier die *Direktionskraft* der Feder, die über die Gesetze der elastischen Verformung mit D_0 von Gleichung (12) zusammenhängt, M ist die Federmasse.

Die Lösung von Gleichung (13) ist die des mechanischen harmonischen Oszillators (→ Schwingungen) und lautet

$$x(t) = x_0 \cdot \sin \omega t \text{ mit } \omega = \sqrt{\frac{K_0}{M}}\,.$$

Die *Schwingungsdauer* ist gegeben durch

$$T = 2\pi \cdot \sqrt{\frac{M}{K_0}}\,. \qquad (14)$$

Mit Hilfe einer Spiralfeder aus Stahlband (Figur 14) können wir nun auch ein *Dreh*pendel bauen, dessen Rückstellmoment D_0 zwar nicht durch Torsion, sondern durch *Biegung* erzeugt wird, dessen formale Behandlung aber genau mit dem Torsionspendel übereinstimmt. Die Gleichungen (11) und (12) gelten also mit denselben Bezeichnungen für jedes Dreh-

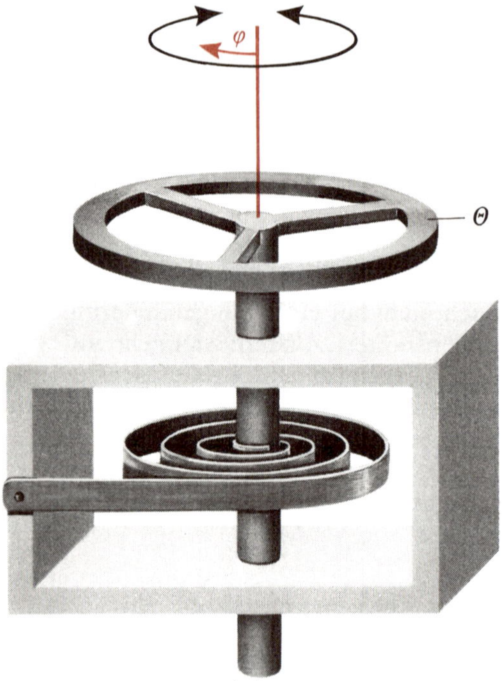

Pendel (Figur 14): Drehpendel mit Spiralfeder; das Rückstellmoment entsteht bei diesem Pendel durch Biegung.

pendel (nur die Ableitung von D_0 ist unterschiedlich). Drehpendel schwingen im Gegensatz zu Schwerependeln immer isochron, denn die Gleichungen (11) und (12) sind exakt. Deshalb waren Drehpendel bis in unsere Zeit hinein beliebte Zeitnormale. Jeder von uns kennt sie noch als *Unruhschwinger* in Uhren aller Art. Ihre Schwingungsdauer ließ sich so konstant halten, daß sie als Zeitmesser erst von elektronisch gesteuerten Quarzschwingern zu verdrängen waren.

Periode

Die Periode einer Schwingung, auch Schwingungsdauer T genannt, ist die Zeit, die verstreicht, bis das System eine volle Schwingung durchlaufen hat. Die P. ist der Kehrwert der Frequenz: $T = 1/f$ (→ Schwingungen).

Periodensystem

Ordnet man die → chemischen Elemente nach steigenden Atomgewichten, so stellt man fest, daß sich in dieser Reihe die chemischen Eigenschaften in bestimmten Abständen sehr ähnlich sind. Diese Beobachtung haben schon 1869 *Dimitri Mendelejew* (1834–1907) und *Lothar Meyer* (1830–1895) zur Einordnung der Elemente in ein Periodisches System geführt, obwohl damals noch längst nicht alle Elemente bekannt waren. Das P. führte dann sogar umgekehrt zur Entdeckung der ›fehlenden‹ Elemente, denn man wußte jetzt, nach welchen chemischen Eigenschaften man zu suchen hatte. Der Erfolg dieser Bemühungen überzeugte die letzten Zweifler.

Der → Atomphysik schließlich gelang es, nicht nur die Periodizität als Eigenart im Schalenaufbau der Elektronenhülle zu erklären, sondern darüber hinaus auch die chemischen Wertigkeiten und weitgehend die chemischen Eigenschaften überhaupt. Im P. stehen die chemisch ähnlichen Elemente untereinander. Grob bestimmt wird diese Ähnlichkeit durch die Anzahl der Elektronen in der äußersten Schale. Die nachfolgende Tabelle gibt die Elektronenkonfiguration für alle Elemente an. Abgeschlossene Elektronenschalen (Edelgasschalen) bedeuten nahezu völlige chemische Inaktivität. Am aktivsten sind diejenigen Elemente, die nur ein Elektron in der Außenschale haben (Alkalimetalle: Li, Na, K, Rb, Cs, Fr) oder denen ein Elektron zu einer abgeschlossenen Schale fehlt (Halogene: F, Cl, Br, J).

Die ›magischen‹ Schalenbesetzungszahlen, die für den Abschluß einer Schale oder eine besondere Stabilität innerhalb einer größeren Besetzungszahl sorgen, sind gegeben durch $2\,n^2$ ($n = 1, 2, \ldots$), also 2, 8, 18, 32, 50, ...; diese Stabilität kann so groß sein, daß eine ›neue‹ Elektronenschale besetzt wird, bevor die alte ganz aufgefüllt ist (z. B. bei K). Beim anschließenden Auffüllen der inneren Schalen entsteht dann eine Reihe chemisch recht ähnlicher Elemente (die Lanthanoide und die Actinoide). Auch kommt es vor, wenn es energetisch günstiger ist, daß im Zuge des schrittweisen Elektronenaufbaus ein Elektron, das bereits in einer äußeren Schale eingebaut war, in eine innere Schale ›zurückgeholt‹ wird (z. B. beim Cu oder bei Nb und Pd). Näheres zeigt die Tabelle S. 486 - 488.

Das ganze Schema ist natürlich durch die zur jeweiligen Ordnungszahl vorgegebene Bindungsenergie der Elektronen eindeutig bestimmt, so daß man es im Prinzip ausrechnen kann. In der Praxis sind solche Rechnungen aber sehr kompliziert und im Einzelfall nur näherungsweise durchführbar. Die in der Tabelle angegebenen Kürzel für die *Schalen* und *Unterschalen* entstammen der Atomphysik und sind historisch bedingt.

Trotz seiner bestechenden Eleganz weist das P. einige Ungereimtheiten auf, die sich erst nach einiger Rechnung klären lassen. So ist z. B. Silber (Ag) trotz abgeschlossener Teilschale plus ›Einzelelektron‹ recht reaktionsträge, oxidiert an der Luft nicht und bildet nur mit Chlor von selbst eine Verbindung.

Permeabilität

Die Durchlässigkeit eines Stoffes für Magnetfelder wird als seine *Permeabilität* μ bezeichnet. Die P. μ_0 des Vakuums heißt auch *magnetische Feldkonstante* ($\mu_0 = 4\,\pi \cdot 10^{-7}\,\frac{\text{Vs}}{\text{Am}} = 1{,}25664 \cdot 10^{-6}\,\frac{\text{Vs}}{\text{Am}}$). Bezieht man sich auf μ_0 als ›Einheitspermeabilität‹, dann schreibt man $\mu = \mu_r \cdot \mu_0$ und nennt μ_r *Permeablilitätszahl* (oft auch noch *relative Permeabilität*). Die Größe μ_r ist eine Stoffkonstante, die für diamagnetische Stoffe wenig kleiner, für paramagnetische Stoffe wenig größer als 1 ist. Ferromagnetika haben sehr große und feldabhängige P., weil sie durch Ausrichtung ihrer Elementarmagnete dem äußeren Feld sozusagen viele neue Feldlinien ›hinzufügen‹ (→ Magnetfeld).

Perpetuum mobile

Das *Perpetuum mobile 1. Art* (lat.; dt. fortwährend beweglich) ist ein Gerät, das dauernd nach außen Arbeit abgibt oder sich zumindest gegen die Reibungskräfte selbst in Bewegung hält, ohne daß es irgendeine Energie zugeführt bekommt. Die Existenz einer solchen Maschine ist gleichbedeutend mit der Verletzung des Energiesatzes. Obwohl es mittlerweile Hunderte von Konstruktionen gibt, die ein Perpetuum mobile darstellen sollen, hat bisher nicht eine einzige dieser Maschinen wirklich funktioniert. Es gibt auch in der Physik keinen Anhaltspunkt dafür, daß der Energiesatz (→ Erhaltungssätze) verletzt sein sollte, geschweige denn einen experimentellen Nachweis. Die Folgerung aus diesem gesammelten empirischen Material ist: *Ein Perpetuum mobile 1. Art gibt es nicht.*

Das *Perpetuum mobile 2. Art* ist dagegen eine Maschine, die die Wärmeenergie eines Körpers periodisch in mechanische Arbeit umwandelt, ohne gleichzeitig noch andere Körper zu erwärmen. Eine andere Definition sagt, das Perpetuum mobile 2. Art sei eine Maschine, die ausschließlich ungeordnete Wärmebewegung in geordnete mechanische Bewegung umwandelt,

Fortsetzung S. 489

Periode/ Schale	Elektronen-anordnung	a I b (Alkalimetalle / Kupfergruppe)	a II b (Erdalkalimetalle / Zinkgruppe)	a III b (Borgruppe / Metalle der Seltenen Erden)	a IV b (Kohlenstoffgruppe / Titangruppe)	a V b (Stickstoffgruppe / Vanadingruppe)	a VI b (Chalkogene / Chromgruppe)	a VII b (Halogene / Mangangruppe)	VIII b Eisen- und Platingruppe			Edelgase	Anzahl
1 K	1s	**1 H** Wasserstoff 1,0079 *1*										**2 He** Helium 4,00260 *2*	2
2 L	2p 2s	**3 Li** Lithium 6,941 *1*	**4 Be** Beryllium 9,01218 *2*	**5 B** Bor 10,81 *1* *2*	**6 C** Kohlenstoff 12,011 *2* *2*	**7 N** Stickstoff 14,0067 *3* *2*	**8 O** Sauerstoff 15,9994 *4* *2*	**9 F** Fluor 18,998 *5* *2*				**10 Ne** Neon 20,183 *6* *2*	8
3 M	3p 3s	**11 Na** Natrium 22,98977 *1*	**12 Mg** Magnesium 24,305 *2*	**13 Al** Aluminium 26,98154 *1* *2*	**14 Si** Silicium 28,086 *2* *2*	**15 P** Phosphor 30,97376 *3* *2*	**16 S** Schwefel 32,06 *4* *2*	**17 Cl** Chlor 35,453 *5* *2*				**18 Ar** Argon 39,948 *6* *2*	8
4 N	3d 4s	**19 K** Kalium 39,098 *1*	**20 Ca** Calcium 40,08 *2*	**21 Sc** *1* Scandium *2* 44,9559	**22 Ti** *2* Titan *2* 47,90	**23 V** *3* Vanadin *2* 50,9414	**24 Cr** *5* Chrom *1* 51,996	**25 Mn** *5* Mangan *2* 54,9380	**26 Fe** *6* Eisen *2* 55,847	**27 Co** *7* Kobalt *2* 58,9332	**28 Ni** *8* Nickel *2* 58,70		18
	4p 3d 4s	**29 Cu** *10* Kupfer *1* 63,546	**30 Zn** *10* Zink *2* 65,38	**31 Ga** Gallium 69,72 *1* *10* *2*	**32 Ge** Germanium 72,59 *2* *10* *2*	**33 As** Arsen 74,9216 *3* *10* *2*	**34 Se** Selen 78,96 *4* *10* *2*	**35 Br** Brom 79,904 *5* *10* *2*				**36 Kr** Krypton 83,80 *6* *10* *2*	
5	4d 5s	**37 Rb** Rubidium 85,4678 *1*	**38 Sr** Strontium 87,62 *2*	**39 Y** *1* Yttrium *2* 88,9059	**40 Zr** *2* Zirkonium *2* 91,22	**41 Nb** *4* Niob *1* 92,9064	**42 Mo** *5* Molybdän *1* 95,94	**43 Tc** *6* Technetium *1* 97	**44 Ru** *7* Ruthenium *1* 101,07	**45 Rh** *8* Rhodium *1* 102,9055	**46 Pd** *10* Palladium 106,4		18
	5p 4d 5s	**47 Ag** *10* Silber *1* 107,868	**48 Cd** *10* Cadmium *2* 112,40	**49 In** Indium 114,82 *1* *10* *2*	**50 Sn** Zinn 118,69 *2* *10* *2*	**51 Sb** Antimon 121,75 *3* *10* *2*	**52 Te** Tellur 127,60 *4* *10* *2*	**53 J** Jod 126,9045 *5* *10* *2*				**54 Xe** Xenon 131,30 *6* *10* *2*	
6 P	5d 6s	**55 Cs** Caesium 132,9055 *1*	**56 Ba** Barium 137,34 *2*	*) **57 La** *1* Lanthan *2* 138,9055	**72 Hf** *2* Hafnium *2* 178,49	**73 Ta** *3* Tantal *2* 180,9479	**74 W** *4* Wolfram *2* 183,85	**75 Re** *5* Rhenium *2* 186,207	**76 Os** *6* Osmium *2* 190,2	**77 Ir** *7* Iridium *2* 192,22	**78 Pt** *9* Platin *1* 195,09		32
	6p 5d 6s	**79 Au** *10* Gold *1* 196,9665	**80 Hg** *10* Quecksilber *2* 200,59	**81 Tl** Thallium 204,37 *1* *10* *2*	**82 Pb** Blei 207,19 *2* *10* *2*	**83 Bi** Wismut 208,9806 *3* *10* *2*	**84 Po** Polonium 210 *4* *10* *2*	**85 At** Astat 210 *5* *10* *2*				**86 Rn** Radon 222 *6* *10* *2*	
7 Q	6d 7s	**87 Fr** Francium 223 *1*	**88 Ra** Radium 226,0254 *2*	**) **89 Ac** *1* Actinium *2* 227	**104 Ku** *2* Kurtschatovium *2*	**105 (Ha)** *3* (Hahnium) *2*	**106** *4* *2*	**107** *5* *2*					

*) Lanthanoide

5d 6s 4f														
	58 Ce Cer *2* 140,12 *2*	**59 Pr** Praseodym *2* 140,9077 *3*	**60 Nd** Neodym *2* 144,24 *4*	**61 Pm** Promethium *2* 145 *5*	**62 Sm** Samarium *2* 150,4 *6*	**63 Eu** Europium *2* 151,96 *7*	**64 Gd** *1* Gadolinium *2* 157,25 *7*	**65 Tb** Terbium *2* 158,9254 *9*	**66 Dy** Dysprosium *2* 162,50 *10*	**67 Ho** Holmium *2* 164,9304 *11*	**68 Er** Erbium *2* 167,26 *12*	**69 Tm** Thulium *2* 168,93 *13*	**70 Yb** Ytterbium *2* 173,04 *14*	**71 Lu** *1* Lutetium *2* 174,97 *14*

**) Actinoide

6d 7s 5f														
	90 Th Thorium *2* *2* 232,03	**91 Pa** Protacti- *1* nium *2* 321,03 *2*	**92 U** Uran *1* *2* 238,029 *3*	**93 Np** Neptu- *1* nium *2* 237,04 *4*	**94 Pu** Plutonium *1* *2* 244 *5*	**95 Am** Ameri- *1* cium *2* 243 *6*	**96 Cm** Curium *1* *2* 247 *7*	**97 Bk** Berke- *1* lium *2* 247 *8*	**98 Cf** Califor- *1* nium *2* 251 *9*	**99 Es** Einstei- *1* nium *2* 254 *10*	**100 Fm** Fer- *1* mium *2* 257 *11*	**101 Md** Mende- *1* levium *2* 258 *12*	**102 No** Nobelium *1* *2* 255 , *13*	**103 Lr** Lawren- *1* cium *2* 260 *14*

Ordnungszahl	*Symbol*	*Schalenbezeichnung, Schalenfolge und Elektronenbesetzung* K s	L s	L p	M s	M p	M d	N s	N p	N d	N f	O s	O p	O d	O f	
1	H	1														
2	He	2														abgeschlossene K-Schale
3	Li	2	1													
4	Be		2													
5	B			1												
6	C			2												
7	N			3												
8	O			4												
9	F			5												
10	Ne	2	2	6												abgeschlossene L-Schale
11	Na				1											
12	Mg				2											
13	Al					1										
14	Si					2										
15	P					3										
16	S					4										
17	Cl					5										abgeschlossene Unterschale
18	Ar	2	2	6	2	6										der M-Schale
19	K							1								abgeschlossene Unterschale
20	Ca							2								der N-Schale
21	Sc						1	2								
22	Ti						2	2								Hier wird die Regelmäßigkeit
23	V						3	2								des Aufbaus zugunsten ge-
24	Cr						5	1								ringerer Bindungsenergie
25	Mn						5	2								durchbrochen. Sogar die ab-
26	Fe						6	2								geschlossene Unterschale
27	Co						7	2								der N-Schale wird wieder auf-
28	Ni						8	2								gelöst!
29	Cu						10	1								abgeschlossene M-Schale
30	Zn							2								abgeschlossene Unterschale der N-Schale
31	Ga							2	1							
32	Ge								2							
33	As								3							
34	Se								4							
35	Br								5							abgeschlossene Unterschale
36	Kr	2	2	6	2	6	10	2	6							der N-Schale
37	Rb											1				abgeschlossene Unterschale
38	Sr											2				der O-Schale
39	Y									1	·	2				
40	Zr									2	·	2				
41	Nb									4	·	1				
42	Mo									5	·	1				
43	Tc									6	·	1				
44	Ru									7	·	1				wieder aufgebrochene Unter-
45	Rh									8	·	1				schale der O-Schale
46	Pd									10	·	0				vorläufig abgeschlossene
47	Ag									10	·	1				N-Schale
48	Cd										·	2				abgeschlossene Unterschale der O-Schale
49	In										·	2	1			
50	Sn										·		2			
51	Sb										·		3			
52	Te										·		4			
53	J										·		5			abgeschlossene Unterschale
54	Xe	2	2	6	2	6	10	2	6	10	·	2	6			der O-Schale

Ordnungszahl	*Symbol*	*Schalenbezeichnung, Schalenfolge und Elektronenbesetzung*																						
		K	L		M			N				O				P				Q				
		s	s	p	s	p	d	s	p	d	f	s	p	d	f	s	p	d	f	s	p	d	f	
55	Cs	2	2	6	2	6	10	2	6	10		2	6	·	·	1								abgeschlossene Unterschale der P-Schale
56	Ba													·	·	2								
57	La													1	·	2								
58	Ce	2	2	6	2	6	10	2	6	10	2	2	6	·	·	2								
59	Pr										3			·	·									
60	Nd										4			·	·									
61	Pm										5			·	·									
62	Sm										6			·	·									
63	Eu										7			·	·									Lanthanoide (Auffüllung der N-Schale)
64	Gd										7			1	·									
65	Tb										9			·	·									
66	Dy										10			·	·									
67	Ho										11			·	·									
68	Er										12			·	·									
69	Tm										13			·	·									abgeschlossene N-Schale
70	Yb										14			·	·									
71	Lu	2	2	6	2	6	10	2	6	10	14	2	6	1	·	2								
72	Hf													2	·	2								
73	Ta													3	·	2								
74	W													4	·	2								
75	Re													5	·	2								
76	Os													6	·	2								
77	Ir													7	·	2								
78	Pt													9	·	1								abgeschlossene Unterschale der O-Schale
79	Au													10	·	1								
80	Hg														·	2								
81	Ti														·	2	1							
82	Pb														·	2	2							
83	Bi														·	2	3							
84	Po														·	2	4							
85	At														·	2	5							abgeschlossene Unterschale der P-Schale
86	Rn														·	2	6							
87	Fr	2	2	6	2	6	10	2	6	10	14	2	6	10	·	2	6			1				abgeschlossene Unterschale der Q-Schale
88	Ra														·					2				
89	Ac														·			1		2				
90	Th														·			2		2				
91	Pa														2			1		2				
92	U														3			1		2				
93	Np														4			1		2				
94	Pu														6			·		2				
95	Am														7			·		2				Actinoide (Auffüllung der O-Schale)
96	Cm														7			1		2				
97	Bk														9			·		2				
98	Cf														10			·		2				
99	Es														11			·		2				
100	Fm														12			·		2				
101	Md														13			·		2				
102	No														14			·		2				abgeschlossene O-Schale
103	Lr														14			1		2				
104	Ku																	2		2				Auffüllung einer Unterschale der P-Schale
105	Ha																	3		2				
106																		4		2				

die also beispielsweise einen Berg hinaufklettert, indem sie sich abkühlt *und sonst nichts*. Der Zusatz ist erforderlich, denn Wärmekraftmaschinen kühlen auch ein Wärmereservoir ab und leisten dabei mechanische Arbeit. Sie erwärmen aber außerdem noch ein zweites Reservoir niedrigerer Temperatur. Beachten Sie: Ein Perpetuum mobile 2. Art verstößt durchaus nicht gegen den Energiesatz! Es widerspricht aber der Wahrscheinlichkeitsrechnung, denn es verlangt, daß sich z. B. alle Moleküle eines Körpers, die sich bis dahin regellos bewegen, auf Kommando plötzlich *in eine Richtung* bewegen. Dieser Vorgang ist zwar nicht unmöglich, aber wegen der großen Molekülzahlen so extrem unwahrscheinlich, daß er praktisch nicht vorkommt. Schon für die Masse eines Stecknadelkopfes ist die Wahrscheinlichkeit dieses Vorgangs so klein, daß er auch während der milliardenfachen Zeit, die das Weltall bisher existiert, nicht beobachtet werden könnte. Auch *ein Perpetuum mobile 2. Art ist* aus diesem Grund *unmöglich*.

Perpetuum mobile: Aus dem 17. Jahrhundert stammende Darstellung eines Perpetuum mobiles © Deutsches Museum, München

Peta-

Abk. P, Vorsilbe bei Maßeinheiten (→ Maße und Maßsysteme), bezeichnet das 10^{15}fache einer Grundeinheit, z. B. 1 Petajoule (PJ) = 10^{15} Joule.

Pferdestärke

Abk. PS, nicht mehr zulässige Einheit der Leistung (→ Maße und Maßsysteme); 1 PS = 735,5 Watt.

Phase

1) Ein physikalisch einheitlicher Bestandteil eines Stoffgemisches wird als *Phase* bezeichnet. So hat man z. B. beim Goldwaschen in der Waschpfanne eine Aufschwemmung von Sand und (hoffentlich) Goldstaub in Wasser. Das Gemisch besteht folglich aus *drei* Ph. Der Begriff wird vorzugsweise auch als Synonym für → Aggregatzustand gebraucht, wenn das Gemisch aus verschiedenen Zustandsformen desselben chemischen Stoffes besteht. Im täglichen Leben kennen wir z. B. die Ph. des Wassers: die feste (Eis), die flüssige und die gasförmige (Wasserdampf). Insbesondere für Änderungen des Aggregatzustands hat sich der Name *Phasenübergang* durchgesetzt, weil er nicht nur für Vorgänge wie Schmelzen, Gefrieren, Verdampfen, Kondensieren oder Sublimieren geeignet ist, sondern auch Übergänge zwischen verschiedenen festen Modifikationen (z. B. beim Schwefel) beschreiben kann.

2) In der Schwingungslehre und der Wellenlehre hat der Begriff Ph. eine mehrfache Bedeutung. Ganz formal ist die Ph. eine additive Konstante im Argument einer Winkelfunktion, speziell einer Sinus- bzw. Kosinusfunktion. In diesem Zusammenhang ist auch der Name *Phasenwinkel* gebräuchlich. So ist z. B. in $f(t) = \sin(\omega t + \varphi_0)$ die Größe φ_0 die Ph. oder der Phasenwinkel im Argument $(\omega t + \varphi_0)$ der Winkelfunktion. In *einer* derartigen Funktion kann man die Ph. Null setzen, wenn man den Nullpunkt der Variablen geeignet wählt. Setzt man z. B.

$$t = t' - \frac{\varphi_0}{\omega},$$

so wird

$$f(t') = \sin\left[\omega\left(t' - \frac{\varphi_0}{\omega}\right) + \varphi_0\right] = \sin \omega t',$$

wobei sich die Frequenz ω *nicht* ändert. Aus diesem Grund spielt die Ph. bei vielen Anwendungen, wo nur *eine* Sinus- oder Kosinusfunktion vorkommt, keine Rolle. Anders dagegen ist die Sachlage, wenn mehrere Sinusfunktionen einander überlagern. Dann müssen die Phasenbeziehungen meistens sehr genau beachtet werden (→ Interferenz, → Wellen, → Schwingungen).

Im übertragenen Sinn bezeichnet man auch eine bestimmte Stelle der Sinuswelle als Ph., z. B. den Nulldurchgang mit positivem Anstieg, das Maximum oder das Minimum. Die Geschwindigkeit, mit der sich eine solche definierte Stelle ausbreitet, nennt man dann *Phasengeschwindigkeit* der Welle. Im Gegensatz dazu bezieht sich die *Gruppengeschwindigkeit* auf die Geschwindigkeit eines durch Interferenz entstandenen Wellenzuges. Beide sind meist unterschiedlich groß (→ Dispersion).

Phasengeschwindigkeit

Ein unendlich ausgedehnter Wellenzug bewegt sich mit der Phasengeschwindigkeit c_{ph}. Da es einen ›Anfang‹ oder ein ›Ende‹ einer derartigen Welle offenbar nicht gibt, kann man diese Eigenschaften auch nicht zur Geschwindigkeitsmessung heranziehen. Vielmehr muß man einen bestimmten ›inneren‹ Wellenzustand als Merkmal benutzen, dessen Fortpflanzungsgeschwindigkeit man *allein* zur Wellenausbreitungsgeschwindigkeit erklären kann. Ein solches Merkmal kann nur eine → Phase der Welle sein, also z. B. das Maximum der Schwingung *(Wellenberg)* oder das Minimum *(Wellental)* oder auch der Durchgang durch den Nullpunkt der Schwingung, allgemein jeder Phasenpunkt. Die *Phasengeschwindigkeit* einer Welle ist aber nur für die Überlagerung verschiedener Wellenlängen von Bedeutung. Sie kann also nicht als Geschwindigkeit eines Signals bezeichnet werden, denn jede Phase stimmt mit ihrer Vorgängerin oder Nachfolgerin (im Abstand 2 π) genau überein. Um ein *Signal* zu übermitteln, bedarf es einer *Änderung* des Wellenzustands (z. B. Anfang oder Ende). Diese Änderung ist jedoch nur durch eine Überlagerung mehrerer Wellen zu erzeugen, die sich dann mit eventuell verschiedener Ausbreitungsgeschwindigkeit überlagern (→ Dispersion), so daß die Fortpflanzungsgeschwindigkeit eines Signals nicht mit der Ph. einer Einzelwellenlänge übereinstimmen muß (→ Gruppengeschwindigkeit, → Wellen).

Phon

Zeichen phon, logarithmisches Pseudomaß der Lautstärke (→ Maße und Maßsysteme).

Phonon

Elastische Wellen in Kristallen (›Schall‹) können sich wie Teilchen verhalten, wenn sie sehr kurzwellig und damit energiereich sind. Um die Emission und Absorption dieser ›Schallquanten‹ und vor allem ihre Wechselwirkung mit anderen Gitterteilchen zu beschreiben, bezeichnet man sie als *Phononen.* Sie haben Energie und Impuls und bewegen sich im Kristall mit Schallgeschwindigkeit. Da sie Gitterschwingungsquanten sind, müssen auf sie die Regeln der → Quantenmechanik angewandt werden (→ Akustik, → Teilchen).

Photoeffekt

Wenn ein Lichtquant (Photon) bei einem Stoß mit einem gebundenen Elektron diesem seine gesamte Energie überträgt und dabei verschwindet, so nennt man diesen Vorgang *Photoeffekt,* falls die Photonenenergie ausreicht, um das Elektron aus einer Bindung zu lösen. Bleibt das Elektron dagegen auch nach der Absorption des Photons in einem zwar angeregten, aber noch gebundenen Zustand, so fällt es nach einer mehr oder weniger langen Zeitspanne wieder in seinen Ausgangszustand zurück, wobei das Photon im allgemeinen wieder ausgesandt wird. Dieser Vorgang heißt *Streuung.*

Je nach der vorhandenen Photonenenergie können Elektronen aus einem Metall befreit werden, aus äußeren Elektronenschalen oder sogar aus den inneren Elektronenschalen eines Atoms herausgeschlagen werden. Man spricht dann von *äußerem* bzw. *innerem Photoeffekt.* Der äußere Ph. kann schon mit sichtbarem Licht beobachtet werden, der innere dagegen braucht die hohen Energien von Röntgen- oder Gammastrahlen. Hier soll nur der äußere Ph. beschrieben werden (für den inneren Ph. → Röntgenstrahlung und → Gammastrahlen).

Die Energie E eines Photons ist nach *Max Planck* (1858–1947) und *Albert Einstein* (1879–1955) proportional seiner Frequenz:

$$E = h \cdot \nu; \qquad (1)$$

h ist das → Plancksche Wirkungsquantum ($\approx 6{,}63 \cdot 10^{-34}$ Js). Wenn die Bindungsenergie A des Elektrons kleiner als E ist, so besitzt das herausgeschlagene *Photoelektron* die Energie

$$W = E - A = h \cdot \nu - A. \qquad (2)$$

Da die Energie W in dieser sog. ›Einstein-Gleichung‹ dem *freien* Elektron zuzuschreiben ist, kann es sich nur um Bewegungsenergie handeln:

$$W = \frac{1}{2} m_e v^2.$$

Man mißt sie, indem man die Photoelektronen gegen eine Spannung U anlaufen läßt. Wenn $W = e \cdot U$ ist, erreicht kein Elektron mehr die Anode. Um diesen Ph. zu zeigen, verbindet man z. B. eine (frisch abgeschmirgelte) Zinkplatte mit einem einfachen Ladungsmesser (Blättchenelektrometer) und lädt sie mit einer Spannungsquelle oder auch nur durch Reibungselektrizität auf. Dann beleuchtet man sie mit einer UV-Lampe und stellt fest, daß sie nur entladen wird, wenn sie *negativ* aufgeladen ist. Eine feinere Anordnung ist die *Photozelle,* bei der die Metallschicht aus Kalium oder Caesium besteht. Hier ist die Austrittsarbeit A wesentlich kleiner als bei Zink, so daß diese Zelle schon mit sichtbarem Licht arbeitet. Die heute üblichen Photozellen bestehen aus Halbleitermaterialien wie Germanium oder Silicium (→ Halbleiterelektronik).

Die Folgen der Entdeckung des Ph. durch *Wilhelm Hallwachs* (1859–1922) für die Physik waren gewaltig: Die bis dahin unangefochtene Wellentheorie des Lichtes erwies sich als nicht mehr haltbar. Der Ph. ist ein eindeutiger Beweis für die Existenz von Lichtteilchen, den *Lichtquanten* oder *Photonen.* Daß die Energie eines Photons einer Frequenz proportional ist, beweist aber die wenigstens teilweise Gültigkeit der Wellenvorstellung. Heute hat man sich darauf geeinigt, daß in der Natur nur Welle und Teilchen *zugleich* vorkommen (→ Dualismus von Welle und Teilchen).

Photometrie

In jedem Strahlungsfeld lassen sich Meßgrößen definieren wie Strahlungsleistung (abgestrahlte Energie pro Zeiteinheit), Strahlungsstärke = Strahlungsleistung pro Raumwinkelelement, Intensität = Strahlungsleistung pro Flächenelement = Strahlungsflußdichte. In der Ph. interessieren diese Größen nur in bezug auf die Strahlung, die durch das sichtbare Licht gegeben ist. Da im Auge verschiedene Rezeptoren für verschiedene Wellenlängenbereiche vorhanden sind (→ Farbe), sind die physiologischen Entsprechungen der Strahlungsmeßgrößen recht komplizierte Größen, ihre Berechnung führt auf verwickelte Integrale, die alle die Empfindlichkeitskurven des Auges enthalten bzw. auf sie bezogen sind.

Ich gebe in der Tabelle deshalb nur eine Gegenüberstellung der Strahlungsfeldgrößen und der photometrischen Größen an (→ Maße und Maßsysteme, → Strahlungsgesetze).

Zu beachten ist, daß die Fläche dA immer senkrecht zur Strahlrichtung zu wählen ist. Liegt A anders, so ist mit dem Kosinus des Normalenwinkels zu multiplizieren (→ Lambertsches Gesetz).

allgemeine Strahlungsfeldgröße	*Symbol* [Einheit]	*photometrische Größe* [Einheit]
Strahlungsleistung (= Strahlungsfluß)	Φ [Watt]	Lichtstrom [lm]
Strahlungsmenge	J oder Q [Ws]	Lichtmenge [lms]
Strahlungsstärke	$\frac{d\Phi}{d\Omega}\left[\frac{W}{sterad}\right]$	Lichtstärke [cd]
Intensität (= Strahlungsflußdichte)	$\frac{d\Phi}{dA}\left[\frac{W}{m^2}\right]$	Intensität [lx]
Bestrahlung	$\int \frac{d\Phi}{dA} \cdot dt \left[\frac{Ws}{m^2}\right]$	Belichtung [lxs]

Tabelle: Gegenüberstellung von Strahlungsfeldgrößen und photometrischen Größen

Photon

Obwohl sich das Licht wie eine Welle ausbreitet und die einzelnen Wellenzüge einander überlagern, erfolgt die Entstehung *(Emission)* oder Vernichtung *(Absorption)* von Licht portionenweise. Um dieser Tatsache gerecht zu werden, nennt man die bei der Emission oder Absorption auftretenden *Lichtquanten* auch *Photonen.* Man muß ihnen einige merkwürdige Eigenschaften zuschreiben:

1. Ph. bewegen sich immer mit Lichtgeschwindigkeit. In Ruhe existieren sie nicht. Sie haben die *Ruhmasse Null.*
2. Die *Energie* eines Ph. ist proportional der Frequenz ν der zugehörigen Lichtwelle:

$$E = h \cdot \nu; \qquad (1)$$

h ist das Plancksche Wirkungsquantum (→ Naturkonstanten). Nach *Einstein* entspricht jeder Energie E eine Masse

$m = E/c^2$ (c = Lichtgeschwindigkeit). Auch das Ph. hat daher die Masse

$$m_{ph} = \frac{h \cdot \nu}{c^2}. \qquad (2)$$

Dies ist kein Widerspruch zu Satz 1, weil diese Masse untrennbar mit der *Bewegungsenergie* des Ph. verbunden ist. Trotzdem verhält sich die Photonenmasse wie jede träge und schwere Masse. Sie muß bei Stoßprozessen in Rechnung gestellt werden (→ Compton-Effekt) und wird im Schwerefeld abgelenkt.

3. Das Ph. hat einen *Impuls*, der sich aus der Masse $h \cdot \nu/c^2$ und der Geschwindigkeit c nach der Formel

$$p = m_{ph} \cdot c = \frac{h \cdot \nu}{c} \qquad (3)$$

ergibt. Bei Stößen muß dieser Impuls in die Gesamtbilanz einbezogen werden, ebenso wie bei der Emission oder Absorption. So hat der Impuls eines emittierten Ph. einen *Rückstoß* des emittierenden Atoms oder Kerns zur Folge. Beim → Mößbauer-Effekt spielt dieser Rückstoß eine wesentliche Rolle.

Auch der → Strahlungsdruck des Lichts läßt sich direkt aus dem Impuls ableiten (→ Dualismus von Welle und Teilchen).

Photozelle

Diese heute nur noch selten verwendete Anordnung besteht aus einer kleinen Vakuumröhre, in der der → Photoeffekt an einer Kathode (oft mit Kalium überzogen) stattfindet, wenn von außen Licht in die Röhre fällt. Die Anode bildet meist ein dünner Platindraht, weil an ihm möglichst kein Photoeffekt stattfinden soll. Legt man eine (niedrige) Spannung von einigen Volt an diese Ph., so werden die durch den Photoeffekt frei gewordenen Elektronen von der Anode aufgesammelt und bilden den (sehr schwachen) *Photostrom,* der jedoch proportional zur eingestrahlten Intensität ist, wenn die Energie der Lichtquanten einmal eine gewisse Schwelle überschritten hat, d. h., wenn die Wellenlänge des Lichts unterhalb einer entsprechenden Grenze liegt. Statt der Ph. wird heute immer mehr die *Photodiode* benutzt (→ Halbleiterelektronik).

Piezoelektrizität

Kristalle aus polaren Molekülen zeigen unterhalb einer bestimmten Temperatur *(Curie-Temperatur)* eine spontane Ausrichtung; man sagt, sie sind *ferroelektrisch.* Der Name hat sich als Entsprechung zur → Magnetisierung eingebürgert. Wie vom Magnet spricht man dann auch von einem *Elektret.* Der Ausrichtungsmechanismus im Kristall kann verschiedene Ursachen haben: Deformation des gesamten Gitters wie beim Bariumtitanat ($BaTiO_3$) und beim Quarz (SiO_2) oder auch Ausrichtung von Wasserstoffbrücken wie beim Seignette-Salz.

Bringt man einen derartigen Kristall in ein elektrisches Feld, so ist dies mit einer Ladungsverschiebung und mit einer weiteren Gitterdeformation verbunden *(Elektrostriktion).* Umgekehrt wird eine mechanische Deformation von außen im Kristall ein zusätzliches elektrisches Feld erzeugen, das sich in Form von Oberflächenladungen an zwei entgegengesetzten Kristallflächen äußert *(Piezoeffekt).* Beide Effekte finden zahlreiche praktische Anwendungen. Periodische Wechselfelder erzeugen Schwingungen im Kristall. Wenn deren Frequenz mit einer der Eigenfrequenzen des Kristalls übereinstimmt, kann man die angelegte Frequenz mit großer Genauigkeit stabilisieren

(→ Uhr). Der mechanische Druck auf einen *Piezokristall* kann an den Enden so große Spannungen hervorrufen, daß eine Luftschicht von mehreren Millimetern durchschlagen wird (Funkenerzeugung in Feuerzeugen). Selbst kleinste Druckschwankungen erzeugen bereits gut verwertbare Spannungen. Piezokristalle werden deshalb auch als Mikrophone (→ Akustik) eingesetzt. Selbstverständlich muß z. B. ein Quarzkristall in ganz bestimmter Weise geschnitten werden, um den Piezoeffekt maximal zu machen. Je nach Schnittrichtung kann sogar ein transversaler Effekt auftreten: Die Längendeformation erfolgt dann senkrecht zum angelegten Feld. Es gibt auch Kristalle, die in jeder Richtung eine Elektrostriktion zeigen, die dann dem Quadrat der Feldstärke proportional, aber insgesamt etwa 10^5mal kleiner ist.

Piko-

Abk. p, Vorsilbe bei Maßeinheiten (→ Maße und Maßsysteme), bezeichnet das 10^{-12}fache einer Grundeinheit, z. B. 1 Pikofarad (pF) = 10^{-12} Farad.

Pincheffekt

Wenn man sich vorstellt, daß ein → Gleichstrom in einem Leiter in einzelnen ›Stromfäden‹ fließt, dann muß jeder Stromfaden von einem Magnetfeld umgeben sein. Die gegenseitige Wechselwirkung all dieser Magnetfelder besteht darin (→ Magnetfeld), anziehende Kräfte zwischen den Stromfäden zu vermitteln, d. h. den gesamten Strom zur Mitte des Leiters hin zu konzentrieren, ihn einzuschnüren (engl. to pinch). Diese Kräfte können so stark sein, daß sie mechanische Deformationen des Leiters bewirken, wenn die Stromstärke genügend hoch ist. Bei etwa 10^5–10^6 A werden flächenförmige Leiter durch den P. zerknüllt, röhrenförmige zerquetscht usw. Ein → Plasma läßt sich durch den P. so einschnüren, daß es einmal wegen der adiabatischen Kompression sehr heiß wird und zum anderen die Wände nicht mehr berührt. Beide Wirkungen eignen sich zum Erreichen sehr hoher Temperaturen und werden in einigen Versuchsanlagen zur Kernfusion (→ Kernphysik) eingesetzt.

Plancksches Wirkungsquantum

Die kleinstmögliche Wirkung (= Energie mal Zeit), die auf ein physikalisches Objekt ausgeübt werden kann oder die es selbst ausüben kann, ist nach *Max Planck* (1858–1947) durch das *Wirkungsquantum h* gegeben:

$$h = (6{,}626176 \pm 0{,}000036) \cdot 10^{-34}\ \frac{\mathrm{m^2kg}}{\mathrm{s}}.$$

Die → Quantenmechanik bevorzugt statt der Größe *h* die auf den Umfang des Einheitskreises 2π bezogene kleinste Wirkung $\hbar$ (sprich h quer):

$$\hbar = \frac{h}{2\pi} = (1{,}0545887 \pm 0{,}0000057) \cdot 10^{-34}\,\frac{\mathrm{m^2kg}}{\mathrm{s}}.$$

Planck entdeckte diese Fundamentalkonstante, als er das Spektrum des sog. *Schwarzen Strahlers,* eines abgeschlossenen Hohlraumes, zu erklären versuchte. *Albert Einstein* (1879–1955) beschrieb mit Hilfe des Wirkungsquantums den bis dahin unverstandenen äußeren → Photoeffekt.

Das Wirkungsquantum spielt eine höchst bedeutungsvolle Rolle in der → Atomphysik, der Elementarteilchenphysik (→ Elementarteilchen) und überhaupt bei allen mikrophysikalischen Prozessen. Daß es im täglichen Leben auf den ersten Blick nicht zu bemerken ist, liegt an seiner unvorstellbaren Kleinheit. In der physikalischen Größenordnung des Menschen hat man es meistens mit unübersehbaren Anzahlen von Wirkungsquanten gleichzeitig zu tun, so daß für uns fast alle Vorgänge *kontinuierlich,* d. h. stetig fließend erscheinen, obwohl sie es bei genauer Betrachtungsweise keineswegs sind.

Planet

Die *Planeten* oder *Wandelsterne* sind Himmelskörper, die nicht wie die Sonne selbst leuchten, sondern vielmehr das Licht der Sonne reflektieren. Die P. erscheinen uns nur deshalb so hell, weil sie uns so nahe sind (z. B. die Venus als ›Morgen-‹ oder ›Abendstern‹). Die P. bilden zusammen mit ihren Trabanten (Monden) das *Sonnensystem.* Alle Planeten bewegen sich nahezu in einer Ebene, so daß das Sonnensystem von außen eher ›scheibenförmig‹ aussehen müßte. Außerdem haben alle P. bezüglich der Sonne denselben Umlaufsinn. Die Planetenbahnen sind in erster Näherung Kreise (→ Keplersche Gesetze). Wir kennen neun P. (siehe Tabelle), die man vom sonnennächsten (Merkur) bis zum sonnenfernsten (Pluto) durchnumeriert hat. Es gibt aber möglicherweise noch einen zehnten P. jenseits der Plutobahn. Die Erde ist der dritte P. Man bezeichnet oft die P., die innerhalb der Erdbahn umlaufen (Merkur und Venus), als *innere,* die anderen als *äußere* P. Zwischen der Mars- und der Jupiterbahn gibt es einige zigtausend kleinerer Gesteinsbrocken (*Asteroiden* oder *Planetoiden*), deren Umlaufbahnen weit streuen. Es ist sogar wahrscheinlich, daß einige davon im Laufe der Erdgeschichte mit unserer Erde kollidiert sind. Zum Planetensystem unserer Sonne gehören ferner die Kometen, deren Umlaufbahnen sich durch extreme Exzentrizitäten auszeichnen.

Name	*Durchmesser am Äquator* [km]	*Masse* [Erde = 1]	*Dichte* [g/cm³]	*Volumen* [Erde = 1]	*Rotationszeit*	*Umlaufzeit um die Sonne* [in Jahren]	*Zahl der Monde*	*mittlerer Abstand von der Sonne* [in Mio. km]	[in Astronomischen Einheiten]
Merkur	4840	0,053	5,4	0,055	58,5 d	0,24	–	58	0,387
Venus	12400	0,815	4,95	0,91	243 d*	0,62	–	108	0,721
Erde	12757	1,000	5,52	1,000	23 h 56 min 4 s	1,00	1	149,6	1,000
Mars	6790	0,107	3,95	0,150	24 h 37 min 23 s	1,88	2	228,0	1,524
Jupiter	142800	318,00	1,33	1317	9 h 50 min 30 s	11,86	16**	778,3	5,203
Saturn	120800	95,22	0,69	762	10 h 39 min 54 s	29,46	23**	1428	9,546
Uranus	52400	14,54	1,58	50,0	rd. 15 h	84,02	15**	2872	19,20
Neptun	44600	17,23	2,27	42,0	zw. 15 und 18 h	164,79	2	4501	30,09
Pluto	3000 (?)	0,05–0,09	3–5	≈ 0,1	153 h 17 min	249,17	1	5912	39,52

* = rückläufig; ** = Zahl der Monde nach bisheriger Auswertung der 1979 (Jupiter) und 80 bzw. 81 (Saturn) und 86 (Uranus) übermittelten Aufnahmen der Weltraumsonden Voyager 1 und 2

Tabelle: Die Planeten des Sonnensystems und ihre wichtigsten Daten

Höchstwahrscheinlich wird nicht nur unsere Sonne, sondern die Mehrzahl aller Sterne von P. begleitet, auch wenn der Nachweis bisher nur für einige Sterne gelungen ist (→ Astronomie).

Plasma

Der sog. ›vierte‹ → Aggregatzustand ist ein hochionisiertes Gas, das dann aus positiven Ionen und freien Elektronen besteht. Es gibt verschiedene Ionisationsgrade dieser Plasmen. Im extremsten Fall ist es ein Gemisch aus nackten Atomkernen und freien Elektronen. Zwischen diesem P. und einem elektrisch neutralen Gas sind alle Übergänge möglich. Solange Ionen und Elektronen gleichmäßig verteilt dasselbe Volumen erfüllen, ist das P. nach außen hin ungeladen *(quasineutral)*. Man kann Plasmen im wesentlichen durch zwei Mechanismen erzeugen: erstens durch Beschuß mit ionisierenden Teilchen oder Strahlen *(kaltes Plasma)*, zweitens durch Stoßionisation der Teilchen selbst durch hohe thermische Geschwindigkeiten *(heißes Plasma)*. In beiden Fällen ist der Plasmazustand ein dynamisches Geschehen. Ionen und Elektronen rekombinieren immer wieder zu neutralen Atomen, werden aber durch neue Ionisation wieder gespalten. Die Plasmakonzentration läßt sich durch die Teilchenzahldichte n der freien Elektronen messen.

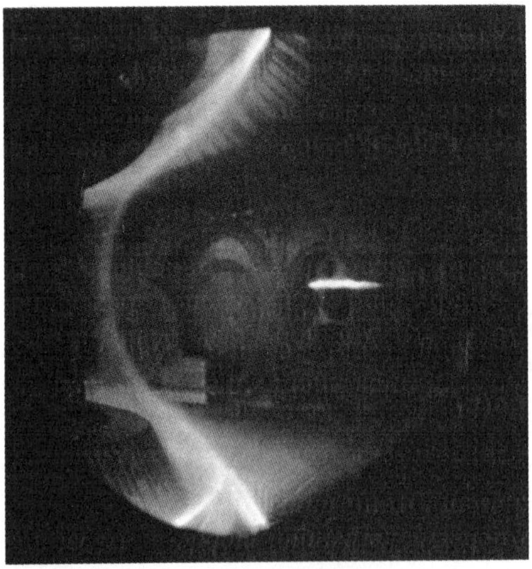

Plasma: In einem über 10 Millionen Grad heißen Plasma verdampft hier ein Wasserstoffkügelchen, das in tiefgefrorenem Zustand von rechts in das Vakuumgefäß eingeschossen wurde.
© MPI für Plasmaphysik, Garching

Kalte Plasmen treten in Glimmentladungen (→ Gasentladung) und in der Ionosphäre (etwa 100 – 10 000 km Höhe) auf, heiße Plasmen findet man vor allem in Sternen. Von einer Temperatur von etwa 5000 K an befindet sich praktisch jedes Gas im Plasmazustand. Die Erzeugung sehr hoher Temperaturen z. B. zur Kernfusion (→ Kernphysik) verläuft deshalb auch immer über ein P. Das hat technische Vorteile, weil ein P. sowohl durch elektrische wie auch durch magnetische Felder zu beeinflussen ist (→ Pincheffekt, → Plasmafrequenz). Man ist aber trotzdem von der rein thermischen, kontrollierten Kernfusion noch weit entfernt.

Plasmafrequenz

Ein → Plasma ist zu → Schwingungen fähig, weil das elektrische Feld zwischen Elektronen und Ionen fast nur die Elektronen beschleunigt, während die Ionen im Vergleich dazu wegen ihrer wesentlich größeren Masse nahezu ›ruhen‹. Wenn die rücktreibende Kraft der Elektronenwolke gegen die Ionenwolke nur durch elektrostatische Kräfte gegeben ist, kann man die Eigenfrequenz eines Plasmas durch folgende vereinfachte Überlegung finden. Im Gleichgewichtszustand haben Ionen und Elektronen denselben Ladungsschwerpunkt. Betrachten wir eine Schicht der Dicke d im Plasma, deren Ausdehnung die Fläche A einnimmt, und nehmen wir an, daß sich die Elektronenwolke dieser Schicht um Δd aus der Gleichgewichtslage entfernt, dann entstehen an den Endflächen der Schicht Überschußladungen der Größe $n \cdot e \cdot A \cdot \Delta d$; dabei bedeuten n die Teilchenzahldichte der Elektronen und e die Elementarladung. Diese Überschußladungen bilden flächenhafte *Raumladungswolken,* deren Abstand voneinander gleich d ist. Die Verhältnisse entsprechen denen in einem Plattenkondensator; wir können daher die Feldstärke E zwischen den Überschußladungen wie im Kondensator ansetzen: $E = U/d$ und $U = Q/C$. Die Größe Q kennen wir bereits, und C entspricht der Kapazität eines Kondensators mit der Fläche A und dem Plattenabstand d:

$$C = \varepsilon_0 \cdot \frac{A}{d}. \qquad (1)$$

Setzen wir alles in $E = U/d$ ein, so erhalten wir

$$E = \frac{e \cdot n}{\varepsilon_0} \cdot \Delta d. \qquad (2)$$

Sie sehen, daß von der Geometrie (Fläche A und Dicke d) der betrachteten Schicht nichts übrigbleibt. Die durch die Ladungsverschiebung erzeugte Feldstärke ist nur noch proportional der Verschiebung selbst (Δd). Die rücktreibende Kraft $F = -e \cdot E$, die auf ein Elektron wirkt, beträgt

$$F = -\frac{e^2 \cdot n}{\varepsilon_0} \cdot \Delta d, \qquad (3)$$

ist also proportional zur Auslenkung Δd des Elektrons. Wir haben denselben Zusammenhang wie beim mechanischen Federoszillator und damit auch dieselbe Lösung der Differentialgleichung

$$F = m \cdot b, \qquad (4)$$

nämlich eine harmonische Schwingung mit der Kreisfrequenz

$$\omega_e = \sqrt{\frac{D}{m}} = \sqrt{\frac{e^2 \cdot n}{m \cdot \varepsilon_0}}. \qquad (5)$$

Die Eigenfrequenz des Plasmas

$$f_e = \frac{1}{2\pi} \cdot \omega_e$$

hängt nur noch von der Teilchenzahldichte n der Elektronen ab. Setzt man sie in der Einheit [Elektronen pro Kubikzentimeter] ein, so erhält man zahlenmäßig:

$$f_e \approx 8{,}98 \cdot \sqrt{n}\ [\text{kHz}]. \qquad (6)$$

In vollionisierten Plasmen, bei denen jedes Atom ein Elektron verloren hat, liegt n in der Größenordnung der Loschmidtschen Zahl, dividiert durch das Molvolumen des Gases, also etwa $n = 3 \cdot 10^{19}$ pro cm^3, wenn Normaldruck herrscht. Die P. ist also sehr hoch, was bei der geringen Masse der Elektronen und damit fast verschwindender Trägheit natürlich nicht erstaunlich ist.

Die Elektronendichten in der Ionosphäre schwanken zwischen 10^5 (nachts) und 10^7 pro cm^3 (am Tag). Die zugehörigen Höchstwerte der P. liegen also bei 3–30 MHz. In unterschiedlichen Höhen treten auch voneinander abweichende Elektronendichten auf, so daß alle Frequenzen innerhalb dieser Grenzen irgendwo als P. vorkommen. Die Konsequenzen für die Ausbreitung elektromagnetischer Wellen sind bekannt: Stimmt eine Funkfrequenz mit einer P. überein, so kann sie sich im Plasma nicht ausbreiten; sie wird totalreflektiert oder absorbiert. Auf diese Weise erklärt sich die große Reichweite der Kurzwellen (Reflexion an der Ionosphäre), während die energiereicheren Ultrakurzwellen durch die Ionosphäre hindurchgehen. Ebenso erklären sich die Schwankungen im Radioempfang bei Tag und Nacht.

Poise

Abk. P, nicht mehr zulässige Maßeinheit der Viskosität, zu ersetzen durch die SI-Einheit Pascalsekunde (Pas); 1 P = = 0,1 Pas (→ Maße und Maßsysteme).

Pol

Orte von Quellen oder Senken von Kraftlinien (→ Feld) bezeichnet man als *Pole.* Mathematisch gesehen wird dort eine Größe *singulär,* d. h., sie macht einen Sprung oder geht gegen unendlich. In diesem Sinn ist eine elektrische Ladung als P. zu betrachten. Selbst Massen sind P. der Schwerkraft (Schwarze Löcher, → Astrophysik). Die gängige Bezeichnung der *Erdpole* hat dagegen nur einen Sinn, wenn man damit die Durchstoßpunkte der Rotationsachse durch die Erdoberfläche meint. Die magnetischen P. der Erde sind in Wirklichkeit keine echten Quellen oder Senken des → Magnetfeldes, denn die Feldlinien setzen sich im Erdinneren fort, genau wie auch im Inneren eines Permanentmagneten.

Polarisation

Der Begriff P. wird immer im Sinne von ›Ausrichtung‹ verwendet. Dabei müssen nicht unbedingt → Pole auftreten. So kann man beispielsweise → Wellen polarisieren, wenn sie transversal schwingen. Auch Materie läßt sich polarisieren, wenn sie elektrische oder magnetische → Dipole enthält (→ Dielektrikum, → Magnetisierung, → Doppelbrechung).

Polarisationsfilter

Ein P. ist eine Vorrichtung, um speziell polarisiertes Licht zu erzeugen. Einfache P. bestehen aus Folien, die polarisierte Moleküle enthalten und so nur *eine* Polarisationsrichtung der Lichtwellen durchlassen (→ Wellen, → Polarisation).

Pond

Abk. p, heute nicht mehr zulässige Einheit der Kraft oder des Gewichts, zu ersetzen durch die Einheit Newton (N); 1 p = 0,0098 N (→ Maße und Maßsysteme).

Positron

Das Antiteilchen des Elektrons ist Träger der positiven Elementarladung und heißt deshalb *Positron* (→ Elementarteilchen). Solange es auf kein Teilchen trifft, ist es stabil. Stößt es mit einem Elektron zusammen, so zerstrahlen beide schließlich zu zwei oder drei Gammaquanten (Photonen), nachdem ein relativ langlebiger Zwischenzustand (→ Positronium) durchlaufen worden ist *(Paarvernichtung).* Das P. tritt in der Natur in der Höhenstrahlung und beim → Beta-Zerfall auf.
Künstlich kann man große Mengen P. durch Einschuß hochenergetischer Photonen in Materie erzeugen *(Paarbildung).* Im Coulomb-Feld eines Atoms, dessen Wechselwirkung für die Erhaltung des

Impulses sorgt, entsteht dann ein Elektron-Positron-Paar.
Paul Dirac (1902–1984) deutete das P. als ›Loch‹ in einem ›See‹ von Elektronen negativer Energie, der – gefüllt – keinerlei physikalische Wirkungen zeigt.

Positronium

Ein sog. *Positroniumatom* besteht aus dem *Elektron* und seinem Antiteilchen, dem *Positron*, die vor der Zerstrahlung einen relativ langlebigen gebundenen Zustand bilden, der bezüglich beider Teilchen symmetrisch ist. Je nachdem, ob sie dabei ihren Eigendrehimpuls (Spin) antiparallel oder parallel eingestellt haben, hat dieses P. den Spin 0 und bildet ein *Singulett* mit $\tau \approx 8 \cdot 10^{-9}$ s, oder es hat den Spin 1 und bildet ein *Triplett* mit einer Lebensdauer τ von etwa $7 \cdot 10^{-6}$ s. Solche ›Teilchenzustände‹ gelten in der Elementarteilchenphysik schon als *stabil,* was sicher berechtigt ist, wenn man bedenkt, daß ein gebundener Quark-Zustand (starke Wechselwirkung) eine typische Lebensdauer von etwa 10^{-23} s hat. Der Unterschied zwischen beiden verhält sich ja wie eine Sekunde zu einer Million Jahren! Das Positroniumatom kann man als zwei sich umkreisende → Elementarteilchen auffassen, deren Kreisfrequenz so hoch ist, daß die Zentrifugalkraft der Coulomb-Anziehung das Gleichgewicht hält, und die eine stehende Welle bilden (→ Dualismus von Welle und Teilchen).

Potential

Das P. ist eine Rechengröße, mit deren Hilfe es möglich ist, bestimmte Eigenschaften von Feldern einfacher darzustellen als mit der Feldstärke selbst. Die physikalische Deutung des P. ist die einer auf die ›Einheitsladung‹ normierten potentiellen → Energie. Diese Deutung trifft auf sog. skalare P. wie das elektrostatische P. oder das Gravitationspotential zu.

Skalare Potentiale
Kraftfelder, die keine in sich geschlossenen Feldlinien haben, bezeichnet man als *wirbelfrei.* Zu diesem Typ gehören sowohl Gravitationsfelder als auch elektrostatische (Coulomb-)Felder. Nach den Regeln der Vektoranalysis kann man diese Vektorfelder als räumliche Ableitung eines skalaren Feldes darstellen, nämlich des *Potentialfeldes.* Skalare P. sind immer nur bis auf eine additive Konstante bestimmt. Man kann den Potential-Nullpunkt also beliebig festsetzen; meistens legt man ihn an eine Stelle, wo das Feld verschwindet (d. h. keine meßbare Kraft mehr ausübt). Das ist im allgemeinen das Unendliche. Die Wahl des Nullpunkts ist aber gar nicht so wichtig, weil meist nur *Potentialdifferenzen* benötigt werden.

Beispiel 1: Gravitationsfelder leiten sich aus dem → Gravitationsgesetz ab, ihre Feldstärke ist die Schwerebeschleunigung. Die Kraft beträgt

$$\vec{F} = m \cdot \vec{g}. \qquad (1)$$

Das *Gravitationspotential* $\varphi(\vec{r})$ ist die Arbeit, die man aufwenden muß, um die Einheitsmasse vom Unendlichen an den Ort mit den Koordinaten $\vec{r} = (x, y, z)$ zu schaffen. Der Nullpunkt des Koordinatensystems wird dabei ins *Gravitationszentrum* gelegt, auf das jeder Feldstärkevektor $\vec{g}$ hinzeigt (→ Zentralkraft). Der Zusammenhang zwischen Gravitationspotential φ und Feldstärke $\vec{g}$ ist die räumliche Ableitung (→ Vektor):

$$\vec{g} = -\text{grad}\ \varphi(\vec{r}). \qquad (2)$$

Eine Potentialdifferenz entspricht einer Energiedifferenz (›Höhenunterschied‹). Das negative Vorzeichen sagt, daß die Kraft *anziehend* wirkt. Die potentielle Energie eines Körpers der Masse m an der Stelle $(\vec{r})$ hat den Wert

$$E_{\text{pot}} = m \cdot \varphi(\vec{r}). \quad (3)$$

Beispiel 2: Elektrostatische Felder leiten sich aus dem → Coulombschen Gesetz ab. Die Kraft ist

$$\vec{F} = q \cdot \vec{E}. \quad (4)$$

Das *elektrostatische Potential* $\varphi(\vec{r})$ bezeichnet die Arbeit, die man aufwenden muß, um die Einheitsladung vom Unendlichen an den Ort mit den Koordinaten $\vec{r} = (x, y, z)$ zu schaffen. Die Potentialdifferenz zwischen zwei Punkten des Feldes heißt *Spannung U.* Auch die elektrostatische Kraft $\vec{F}$ ist eine Zentralkraft, und es gilt:

$$\vec{E} = -\operatorname{grad} \varphi(\vec{r}). \quad (5)$$

Im Unterschied zum Gravitationsfeld kann aber hier q positiv oder negativ sein. Die Quellen des elektrischen Feldes sind die Ladungen. Man kann daher schreiben:

$$\operatorname{div} \vec{E} = -\operatorname{div} \operatorname{grad} \varphi(\vec{r}) = \frac{1}{\varepsilon_0} \cdot \rho(\vec{r}). \quad (6)$$

Die Größe $\rho(\vec{r})$ ist die Ladungsdichte, der die Feldstärke $\vec{E}$ entspringt. Der Ausdruck

$$\operatorname{div} \operatorname{grad} = \Delta = \frac{\partial^2}{\partial x^2} + \frac{\partial^2}{\partial y^2} + \frac{\partial^2}{\partial z^2}$$

heißt *Laplace-Operator* oder *Deltaoperator,* und die Beziehung

$$\Delta \varphi = -\frac{1}{\varepsilon_0} \cdot \rho(\vec{r}) \quad (7)$$

ist als *Poisson-Gleichung* bekannt. Wenn keine Ladungen vorhanden sind (in einem gerade betrachteten Volumen), so ist

$$\Delta \varphi = 0. \quad (8)$$

Diese Gleichung heißt *Laplace-Gleichung* nach *Pierre Simon de Laplace* (1749–1827). Auch wenn sie einfach aussieht, ist ihre Lösung doch kompliziert, weil sie ja eine räumliche, partielle Differentialgleichung darstellt.
Die *Potentialtheorie* befaßt sich nur mit der Lösung von Potentialgleichungen der Art von Gleichung (7) oder (8) unter vorgegebenen Randbedingungen (z. B. leitenden Wänden).

Vektorpotential
Kraftfelder, die keine Quellen haben, bezeichnet man als *quellenfrei.* Alle ihre Kraftlinien sind aus diesem Grund in sich geschlossen (→ Magnetfeld). Derartige Felder kann man aber ebenfalls auf ein P. zurückführen, das dann Vektorcharakter hat. Die Ableitung eines Vektorfeldes aus einem anderen mag auf den ersten Blick etwas umständlich erscheinen, erhält ihren Sinn aber durch die Relativitätstheorie, in der das *skalare Potential* und das *Vektorpotential* zu einem *Viererpotential* verschmelzen.

Potentiometer

Ein P. kann ein Drahtwiderstand mit einem einstellbaren Schleifkontakt sein. Läßt man durch den Widerstand den Strom I fließen, dann liegt an seinen Enden der Spannungsabfall $R \cdot I$. Wenn der

Schleifkontakt einen Teilwiderstand R_S abgreift, so liegt an ihm die Teilspannung (das → Potential) $R_S \cdot I$ an. Ein P. kann daher auch als Spannungsteiler benutzt werden, außerdem aber natürlich einfach als regelbarer Widerstand zum Einstellen bestimmter Betriebsspannungen bei vielen Experimenten.

ppb

Abk. für engl. p*arts* p*er* b*illion* (= 1 : 10^9), eine Konzentrationsangabe (→ Maße und Maßsysteme), wobei zu beachten ist, daß die engl. Billion der dt. Milliarde (10^9) entspricht, 1 ppb in einem Gas bezeichnet damit das Vorhandensein eines Fremdatoms auf 10^9 andere Gasatome; 1 ppb = 0,001 → ppm.

ppm

Abk. für engl. p*arts* p*er* m*illion* (= 1 : 10^6), eine Konzentrationsangabe (→ Maße und Maßsysteme); 1 ppm in einem Gas bezeichnet das Vorhandensein eines Fremdatoms auf 1 Million anderer Gasatome (→ ppb).

Präzession

Als P. bezeichnet man die Drehbewegung eines Kreisels unter dem Einfluß einer äußeren Kraft (→ Kreisel).

Prisma

Das optische P. ist ein durchsichtiger (Glas-)Körper, keilförmig geschnitten und poliert, der wegen seiner → Dispersion zum Zerlegen des Lichts in seine Spektralfarben dient (Figur 1). Ein P. ist

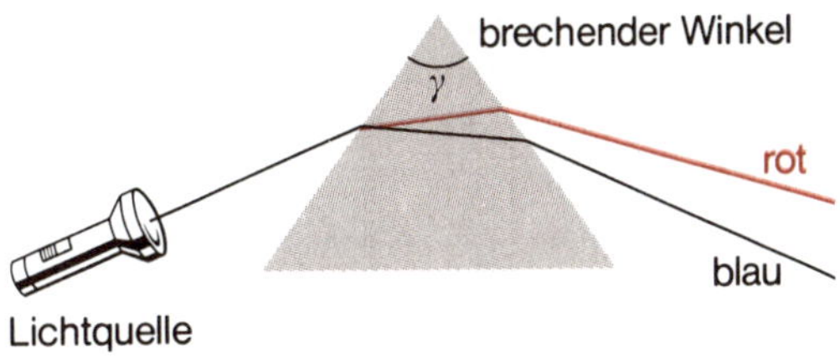

Prisma (Figur 1): Ein Prisma zerlegt weißes Licht wegen seiner unterschiedlichen Brechkraft für die einzelnen Farbanteile in die Spektralfarben.

daher wesentlicher Bestandteil von *Prismenspektrographen* (→ Spektroskopie). Die zur Spektralanalyse dienenden P. sind meist gleichseitig (brechender Winkel 60°). In Fernrohren werden 90°-Prismen oder auch *Pentagonprismen* verwendet, um den Strahlengang umzukehren. Dieser Effekt beruht auf der → Totalreflexion, die beim Übergang von Glas ($n = 1{,}5$) nach Luft bereits bei einem Winkel von 41° auftritt (Figur 2). Läßt man Licht in ein 90°-Prisma senkrecht zu einer Kathetenfläche eintreten, so trifft es unter 45° auf die Hypotenuse, wird totalreflektiert und tritt wieder senkrecht durch die andere Kathetenfläche aus. Durch Aneinanderkitten verschiedener Prismen kann man sogar erreichen, daß

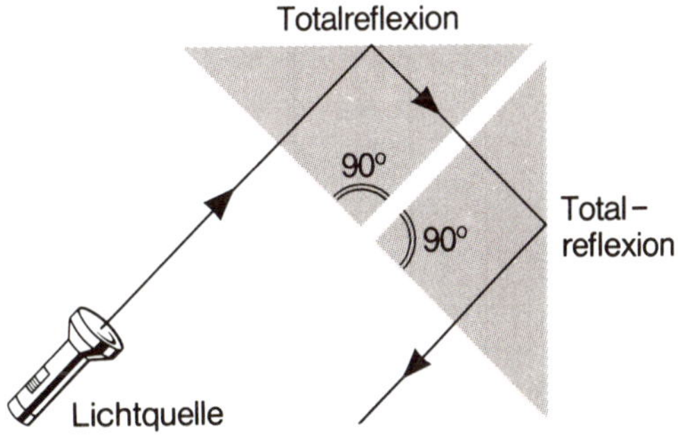

Prisma (Figur 2): Ein Prisma läßt sich unter der Verwendung der Totalreflexion auch zur Strahlumkehr einsetzen.

zwar eine spektrale Zerlegung eines Lichtstrahls eintritt, der Gesamtstrahl aber im Mittel nicht abgelenkt wird (sog. *Geradsichtprisma*).

Projektionsapparat

Zur vergrößerten Abbildung eines durchsichtigen Dias beleuchtet man es mit einer starken Lichtquelle und bildet es im Prinzip mit einer Linse (→ Objektiv) ab, ein derartiges Gerät bezeichnet man als Projektionsapparat. Dabei gelten die Gesetze der → optischen Abbildung. Um die Lichtstärke zu steigern, verwendet man einige Hilfsmittel. Ein *Lampenspiegel* wirft das sonst ungenutzt nach hinten abgestrahlte Licht wieder in die Bildrichtung zurück und verdoppelt so die Lichtstärke der Lampe. Ein *Kondensor* ist zwischen Lampe und Dia angebracht und besteht meist aus einer zweilinsigen Kombination, deren Brennweite so gewählt wird, daß die Lampe vom Kondensor ins Objektiv abgebildet wird (Figur 1). Auch undurchsichtige Objekte (z. B. eine Buchseite) können mit einem ähnlichen Gerät, dem *Episkop*, projiziert werden. Man beleuchtet sie dazu von oben und lenkt das reflektierte Licht über einen Spiegel durch die Abbildungsoptik.

Proton

Das P. ist Träger der positiven Elementarladung, hat die Baryonenzahl 1 und die Masse $m_p = 1{,}672 \cdot 10^{-27}$ kg. Außerdem besitzt das P. die Spinquantenzahl ½ und ein magnetisches Moment von $1{,}41 \cdot 10^{-26}$ J/T = 2,79 ›Kernmagnetonen‹ (→ Bohrsches Magneton, → Naturkonstanten). Das P. tritt als Atomkern des Elementes Wasserstoff auf. P. bilden zusammen mit → Neutronen alle Atomkerne. Man bezeichnet P. und Neutronen deshalb als *Nukleonen*. Das freie P. scheint *stabil* zu sein; es ist jedenfalls noch nie ein spontaner Protonenzerfall beobachtet worden, obwohl seit einiger Zeit viele Experimentatoren nach einem derartigen Zerfall suchen – die Halbwertszeit wird bei mehr als 10^{31} Jahren vermutet (→ Elementarteilchen, → Atomphysik).

PS

Abk. für die nicht mehr zulässige Leistungseinheit → Pferdestärke.

Pyroelektrizität

Piezoelektrische Kristalle sind meist auch *pyroelektrisch*, d. h., sie laden sich an entgegengesetzten Flächen stark auf, wenn

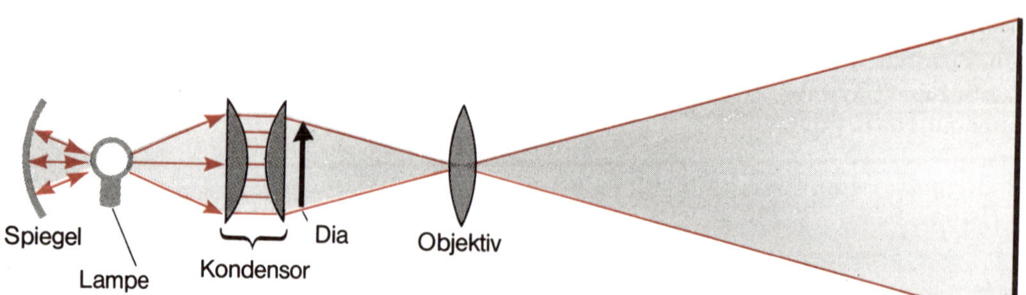

Projektionsapparat (Figur 1): Schnittbild durch ein Diaskop; das von der Lampe ausgehende Licht wird durch den Kondensor gesammelt und durch das (auf dem Kopf stehende) Dia gestrahlt. Das Objektiv erzeugt ein vergrößertes, aufrechtstehendes Bild auf der Leinwand.

man sie abkühlt oder erhitzt. Umgekehrt kühlen sie sich ab oder erwärmen sich, wenn man sie elektrischen Feldern aussetzt *(elektrokalorischer Effekt)*. Die Erscheinung beruht auf denselben Voraussetzungen wie die → Piezoelektrizität. Die Kristalle bestehen aus elektrischen Dipolen, deren Ausrichtung auch durch die thermischen Längenänderungen des Kristalls beeinflußt wird. Die elektrostatische Energie im Kristall ist deshalb auch mit der thermischen verknüpft. Die genaue Berechnung der elektrokalorischen Effekte ist jedoch keineswegs einfach und übersteigt unseren Rahmen bei weitem.

Pyrometrie

Unter P. versteht man die Messung der Temperatur eines Körpers, der nur durch seine Strahlung in Erscheinung tritt. Die Voraussetzungen zur P. liefern die → Strahlungsgesetze. Dabei gibt es zwei Möglichkeiten.
1. Methode: Man kennt die Gesamtenergie der ausgesandten Strahlung. Dann kann man aus der Messung der Energie eines gewissen Spektralbereichs die Temperatur berechnen, die der Körper hätte, wenn er ein *schwarzer Körper* wäre (sog. ›schwarze Temperatur‹). Da die meisten Körper (z. B. Sterne) nicht ideal schwarz sind, ist ihre wahre Temperatur höher als die auf diese Weise errechnete. Die Differenz muß aus anderen Gesetzmäßigkeiten erschlossen werden.
2. Methode: Man vergleicht die Strahlung des Meßobjekts mit der eines bekannten Objekts (z. B. eines Glühfadens), dessen Intensität man in bestimmter Weise verändern kann. Der Frequenzbereich des Intensitätsvergleichs wird durch ein entsprechendes Farbfilter definiert, durch das man beide Objekte betrachtet. Bei den meisten Objekten ist der Temperaturbereich bis etwa 10000 K interessant. So hat die Sonnenoberfläche beispielsweise eine schwarze Temperatur von etwa 6000 K. Deshalb eignet sich ein Frequenzbereich, der etwa einem roten Farbton entspricht, für diesen Temperaturbereich recht gut.
Optische Pyrometer bestehen aus einem Objektiv, das das Meßobjekt in eine Ebene abbildet, in der gleichzeitig der Glühfaden montiert ist. Beides kann mit einer Lupe durch ein Rotfilter beobachtet werden. Die Temperatur des Glühfadens ist durch die Stromstärke gegeben, die durch ihn fließt und ihn zum Glühen bringt. Der Regelwiderstand ist direkt in Kelvin geeicht. Die Temperatur des Fadens wird dann als mit der des Meßobjekts übereinstimmend angenommen, wenn der Faden vor dem Hintergrund der Abbildung des Objekts nicht mehr zu sehen ist. Dabei setzt man voraus, daß der Glühfaden in seinen Strahlungseigenschaften ebenso vom schwarzen Strahler abweicht wie das Meßobjekt, was natürlich im allgemeinen keineswegs exakt zutrifft. Eventuell an der Messung anzubringende Korrekturen werden jedoch von anderen physikalischen Eigenschaften der Körper verursacht und verlangen im allgemeinen komplizierte Berechnungen.

Q

Quantenfeldtheorien

Eine *Quantenfeldtheorie* ist ein mathematisches Modell zur Beschreibung eines Feldes und seiner Feldquanten. Die Ursache eines Feldes wird in der Eigenschaft einer – verallgemeinerten – *Ladung* gesehen. Das Feld ist hinsichtlich seiner Wechselwirkung mit der Ladung gequantelt (Energiequantelung), außerdem aber auch noch hinsichtlich der Anzahl seiner Quanten. Im Modell drückt man das durch Erzeugungs- und Vernichtungsoperatoren aus, die der Emission bzw. Absorption eines Quants entsprechen. Im Wellenbild bezieht sich die erste Quantelung auf die Frequenz der Welle ($E = h \cdot \nu$), der eine bestimmte Energie entspricht, die zweite Quantelung auf die Amplitude der Welle. Weil die Intensität einer Strahlung dem Amplitudenquadrat proportional ist, die Anzahl der Quanten aber ebenfalls, entspricht dies einer Definition der Feldquantenzahl.

Beispiele für Qu. sind:

1. Die *Quantenelektrodynamik* (QED) mit der elektrischen Ladung als Feldursache und den Photonen als Feldquanten.
2. Die *Quantenchromodynamik* (QCD) mit den ›Farbladungen‹ der Quarks als Feldursache und den Gluonen als Feldquanten.

Die Suche nach einer umfassenden Feldtheorie aller Wechselwirkungen ist noch nicht abgeschlossen (→ Quantenmechanik, → Elementarteilchen).

Quantenmechanik

Die *Quantenmechanik* ist eine Theorie zur Beschreibung der Vorgänge im atomaren und subatomaren Bereich. Sie ist identisch mit der *Wellenmechanik* und der *Matrizenmechanik.* Alle diese Ausdrücke benennen lediglich verschiedene Aspekte der neuen Theorie: Bestimmte Größen treten nur in Portionen auf *(Quanten),* die Teilchen verhalten sich wie Wellen und umgekehrt, und die physikalischen Beobachtungsgrößen werden berechnet, indem man mit den Zustandsfunktionen wie mit den Komponenten von Vektoren umgeht. Übergangswahrscheinlichkeiten zwischen Zuständen erscheinen als Elemente einer Matrix und werden auch so geschrieben. Für viele (auch Physiker!) ist diese Vielfalt neuartiger Betrachtungsweisen so unanschaulich, daß sie der Qu. mit größtem Mißtrauen begegnen.

Sie vergessen dabei, daß auch die ›klassischen‹ Modelle bei näherer Betrachtung keineswegs anschaulich sind und es auch nicht sein können. Nur die Macht der Gewohnheit macht es möglich, daß wir glauben, uns etwa unter einem ›Massenpunkt‹ wirklich etwas vorstellen zu können. Die Qu. ist wohl die erste physikalische Theorie, deren Modelle rein mathematisch sind. Wahrscheinlich ist sie auch deshalb so leistungsfähig. Sie erklärt ja nicht nur den Atombau und die chemische Bindung im Detail – samt den zahlenmäßigen Werten der beobachteten Bindungsenergien, der ungeheuren Vielfalt der Elektronenübergänge, die wir als optische Spektren beobachten können, wieder mit den Zahlenwerten der beobachteten Lichtwellenlängen –, sondern sie macht auch den Festkörper (Kristall) mit seinen verwirrenden Eigenschaften verständlich, bis hin zur Supraleitung. Die Thermodynamik konnte mit der Qu. ebenso verbunden werden wie die Elek-

trodynamik und die spezielle (nicht die allgemeine!) Relativitätstheorie, und im Bereich der Kernphysik und der Elementarteilchenphysik ist ohne Qu. und ihre weiterführenden Ausleger (Quantenfeldtheorie, Quantenchromodynamik usw.) überhaupt kein Vorgang mehr zu verstehen.
Ich will hier trotzdem versuchen, die Qu. so anschaulich wie möglich darzustellen und wenigstens die Grundtatsachen beschreiben. Weitergehende Informationen und vor allem den vollständigen mathematischen Formalismus muß ich der einschlägigen umfangreichen Fachliteratur überlassen.

Prinzipien der Quantenmechanik

1. Der Welle-Teilchen-Dualismus

Die Experimente mit Elementarteilchen und vor allem dem Licht liefern widersprüchliche Ergebnisse. Einerseits verhält sich das Licht so, als ob es *aus Teilchen* bestünde. Untersucht man beispielsweise das Emissions- oder Absorptionsverhalten von Licht, so wird man den Tatsachen nur gerecht, wenn man annimmt, daß das Licht in ›Portionen‹, den Quanten, auftritt, deren Energie der Frequenz der Strahlung proportional ist:

$$E = \hbar \cdot \omega. \qquad (1)$$

Dabei ist ω die Kreisfrequenz der Strahlung, und $\hbar$ (sprich h quer) die Proportionalitätskonstante ($\hbar = 1{,}0546 \cdot 10^{-34}$ Js).
Nur so läßt sich z. B. der → Photoeffekt verstehen, bei dem die Lichtquanten aus einem Metall Elektronen herauslösen. Sie können das aber nur schaffen, wenn die Energie der Lichtquanten *(Photonen)* mindestens so groß ist wie die Bindungsenergie der Elektronen im Metall. ›Langwelligere‹ Photonen befreien *überhaupt kein* Elektron mehr aus dem Metall, auch wenn sie in Abermilliarden auftreffen.
Auch der → Compton-Effekt kann nur mit Hilfe des Lichts als Teilchenstrahlung verstanden werden. Man mißt nämlich nach der Streuung von Licht an Elektronen ein Streulicht anderer (niedrigerer) *Frequenz*, und zwar in Abhängigkeit vom Streuwinkel. Wenn man Energie- und Impulssatz auf den Stoß von Photonen mit Elektronen anwendet, ist die gesamte Streuverteilung auch *quantitativ richtig*. Diese Art von Experimenten läßt uns keine Wahl: Das Licht muß aus Teilchen, den Photonen, bestehen, die sowohl eine Energie als auch einen Impuls haben.
Eine Reihe anderer Versuche mit Licht, nämlich alle Beugungs- und Interferenzerscheinungen, belegt genauso eindringlich, daß das Licht *eine Wellenerscheinung,* nämlich eine elektromagnetische Welle bestimmter Wellenlänge ist, deren Intensität durch das Amplitudenquadrat dieser Welle gegeben ist.

Man kann sich leicht vorstellen, daß diese Doppelnatur des Lichts Generationen von Physikern in größte Verlegenheit brachte und noch bringt. Zu fest sind die Vorstellungen von Welle und Teilchen als einander widersprechende Modelle in unserem Denken verankert, als daß wir leichten Herzens die einzig mögliche Schlußfolgerung akzeptieren könnten, die den Widerspruch beseitigt: Das Licht ist beides, *sowohl Teilchen als auch Welle.*
Dieser Dualismus besteht überdies nicht nur für das Licht. Jedes ›materielle‹ Teilchen kann sich wie eine Welle verhalten, wenn man es nur einem entsprechenden Experiment unterwirft. So gibt es z. B. einfache Versuchsanordnungen, die eindeutig die Beugung von Kathodenstrahlen, also Elektronen, an einem Graphitstückchen oder sogar an einem geladenen Draht nachweisen. Entsprechende Anordnungen kann man auch für andere Elementarteilchen entwickeln.

Wie sind nun die charakteristischen Teilcheneigenschaften Energie und Impuls mit den ebenso charakteristischen Welleneigenschaften Frequenz und Wellenlänge verknüpft? Der erste Zusammenhang wurde schon von *Max Planck* (1858–1947) entdeckt: Die Energie E eines Teilchens entspricht der Frequenz ν der zugehörigen Welle, beide sind einander entsprechend Gleichung (1) proportional, und der Proportionalitätsfaktor $\hbar$ ist das *Plancksche Wirkungsquantum*. Der zweite Zusammenhang – zwischen Impuls p und Wellenlänge λ – ist ähnlich einfach und wurde von *Louis-Victor de Broglie* (1892–1987) gefunden:

$$p = \hbar \cdot k. \qquad (2)$$

Dabei ist k die Wellenzahl ($k = 2\pi/\lambda$) und $\hbar = h/2\pi$ wieder das durch 2π dividierte Plancksche Wirkungsquantum. Nun ist der Impuls $\vec{p}$ eines Teilchens ein Vektor und hat drei räumliche Komponenten ($\vec{p}_x, \vec{p}_y, \vec{p}_z$). Ihm entspricht dann der Wellenvektor $\vec{k}$ mit den Komponenten ($\vec{k}_x, \vec{k}_y, \vec{k}_z$).

2. Die Heisenbergsche Unschärferelation
Der Ort, an dem sich ein ›Wellenteilchen‹ gerade befindet, kann offenbar nicht so genau bestimmt werden. Wo soll man es lokalisieren? Am Wellenberg? Oder lieber im Wellental? Nun, innerhalb einer Wellenlänge wird es wohl zu finden sein! Dies stellt allerdings den bestmöglichen Fall dar, so daß wir eine *Ortsunschärfe* des Teilchens von mindestens $\Delta x = \lambda$ in Kauf nehmen müssen. Wenn der Ort ›verschmiert‹ ist, können wir aber auch die Geschwindigkeit des Teilchens nicht genau angeben: Auch sie ist nur auf λ / t genau zu bestimmen, so daß auch für den Impuls eine ›Verschmierung‹ akzeptiert werden muß, die nach Gleichung (2) mindestens $\Delta p = h/\Delta x$ ist. Diese ›Ableitung‹ hat einen sehr plausiblen Charakter und führt auf das richtige Ergebnis:

$$\Delta x \cdot \Delta p \geqq h. \qquad (3)$$

Das Größerzeichen gibt die Tatsache wieder, daß wir den bestmöglichen Fall ausgesucht haben. Die zur Ableitung benutzten ›Einzelunschärfen‹ stellen jedoch nur einen ›mittleren‹ Fall dar. Eigentlich gibt es ja keine Welle mit nur einer einzigen Wellenlänge. Im Gegenteil: Ein derartiges Signal wäre nach *Fourier* aus sehr vielen unterschiedlichen Frequenzen (und damit Wellenlängen) zusammengesetzt (→ Fourier-Analyse). Wenn die Wellenzahl k eine scharfe Größe sein soll, muß die Welle aus möglichst vielen gleichen Wellenlängen bestehen. Wo bleibt aber dann der Ort des zugehörigen Teilchens? Er wird eben zunehmend über alle diese Wellenlängen ›verschmiert‹. Die Erkenntnis, die sich in Gleichung (3) ausdrückt, ist die Tatsache, daß das *Produkt* aus Ortsunschärfe und Impulsunschärfe konstant bleibt. *Werner Heisenberg* (1901–1976) hat diese nach ihm benannte Unschärferelation erstmals formuliert. Sie ist aber eine unmittelbare Konsequenz des Welle-Teilchen-Dualismus.

Übrigens existiert nicht nur die *Orts-Impuls-Unschärfebeziehung*. Aus Gleichung (1) läßt sich ganz genauso eine *Energie-Zeit-Unschärfebeziehung* ableiten:

$$\Delta E \cdot \Delta t \geqq h. \qquad (4)$$

Die Ableitung gelingt sehr leicht, wenn man die Beziehung $\omega = 2\pi / T$ beachtet und sich überlegt, daß die Frequenzunschärfe durch die Schwingungsdauer T gegeben ist, die Energieunschärfe aber eben durch den Kehrwert dieser Schwingungsdauer.
Oft kann man auch eine andere, mehr pragmatische Erklärung der Heisenberg-

schen Unschärferelationen lesen: Versucht man, den Ort eines Teilchens zu messen, so muß man ein Streuexperiment machen. Der Meßprozeß (Teilchenstoß) beeinflußt aber das Meßobjekt, so daß bereits im Augenblick der Ortsmessung die Geschwindigkeit des Teilchens (und damit der Impuls) um so weniger genau festzustellen ist, je genauer man den Ort fixiert hat. Auch diese Erklärungsmethode führt – über entsprechende Rechnungen – auf die Gleichungen (3) und (4). Die unmittelbare Folgerung aus dem Welle-Teilchen-Dualismus ist jedoch, meine ich, einsichtiger und quantitativ leichter verständlich. Das eigentlich physikalisch Interessante ist aber – welche ›Ableitung‹ man auch wählt – die Konstante dieser Produkte, nämlich das Plancksche Wirkungsquantum h (bzw. $\hbar = h/2\pi$). Es hat, wie sein Name schon sagt, die Dimension einer *Wirkung* = [Energie mal Zeit] oder [Weg mal Masse mal Geschwindigkeit] oder [Trägheitsmoment mal Winkelgeschwindigkeit]. Es sieht gegenwärtig so aus, als kämen alle physikalischen Größen, die die Dimension einer Wirkung haben (z. B. auch der *Drehimpuls),* nur in Vielfachen von h vor. Mit anderen Worten: Alle Wirkungen können nur in Portionen übertragen werden, die gleich einem ganzzahligen Vielfachen von h sind. Die kleinste überhaupt denkbare Wirkung ist h selbst ($h = 6{,}6262 \cdot 10^{-34}$ Js). Genaugenommen tritt auch der 2πte Teil von h auf, den man als $\hbar$ bezeichnet. Für die prinzipielle, gewaltige Einschränkung der Vorgänge in der Natur durch die Existenz einer kleinsten Wirkung ist dieses Detail aber unerheblich.

3. Der Übergang zur klassischen Physik

Wer die letzten Ausführungen gelesen hat, wundert sich vielleicht, daß man mit Hilfe der ›normalen‹, *klassischen* Physik die Welt überhaupt beschreiben kann, wo doch ›alles unscharf‹ ist. Die Lösung liegt in der außerordentlichen Kleinheit des Wirkungsquantums. Die Größenordnung von 10^{-34} Js liegt weit unterhalb der Grenze, die für unser Wahrnehmungsvermögen im allgemeinen erreichbar ist (auch wenn wir einzelne Photonen sehen können!). An allen makroskopischen Vorgängen sind so riesige Vielfache von h beteiligt, daß es kaum einen Unterschied macht, ob man h als endliche oder unendlich kleine Größe ansieht. Der Fall sehr großer Quantenmengen mündet aber in die klassische Physik ein. Diese Notwendigkeit, ohne die unsere gesamte bisherige Physik plötzlich ›falsch‹ wäre, obwohl sie sich doch für so viele Probleme als brauchbar erwiesen hat, ist unter dem Namen *Korrespondenzprinzip* bekannt. Allgemein formuliert lautet es: Jede neue Theorie muß die bewährten bisherigen Theorien als Grenzfall enthalten. In der Mathematik ist dieser Satz unter dem Namen *Permanenzprinzip* für Zahlenbereichserweiterungen bekannt. Die Qu. befolgt es insofern, als sie – für sehr viele Quanten – genau dieselben Gesetze liefert wie die klassische Physik.

4. Die Aussagen der Quantenmechanik

Die Einzelvorgänge im mikroskopischen Bereich sind also nur ›unscharf‹ zu beschreiben. Welche Folgen ergeben sich daraus für die Interpretation der Messungen? Offenbar ist es nur möglich, über eine sehr große Anzahl gleichartiger Vorgänge eine gültige Aussage zu machen, d. h., alle quantenmechanischen Vorgänge besitzen *statistischen Charakter*. Alles, was man von einem *einzelnen Prozeß* angeben kann, ist seine *Wahrscheinlichkeit.* Das typische Beispiel dazu ist der *radioaktive Zerfall* (→ Radioaktivität). Ein Atomkern, der aus irgendeinem Grund energetisch instabil ist, zerfällt unter Aussendung eines Teilchens in einen anderen, möglicherweise stabilen Kern. Wenn wir ein Einzelatom dieser Art in eine Schachtel sperren und nun voraussagen sollen, *wann* es zerfällt, so müssen wir ›passen‹. Die Qu. kann Einzelprozesse wegen der Unschärferelation grundsätzlich nicht beschreiben. Alles, was die Physiker können, ist, die *Zerfallswahrscheinlichkeit* anzugeben oder, gleichwertig damit, z. B. die Zeit, nach der von einer sehr großen Zahl gleicher Atomkerne die Hälfte zerfallen ist. Da man es bei den weitaus meisten Messungen solcher Zerfälle mit Anzahlen der Größenordnung 10^{23} zu tun hat, sind die statistischen Größen wie mittlere Lebensdauer, Halbwertszeit oder Zerfallswahrscheinlichkeit äußerst genaue Angaben, deren Schwankungen zwar bei jeder Einzelmessung zutage treten, aber auf eine berechenbare Weise.

Über diesen Wahrscheinlichkeitscharakter der Aussagen der Qu. macht man sich meist nicht viele Gedanken, obwohl er doch eine direkte Folge der Unschärferelation und damit des Welle-Teilchen-Dualismus ist.

Mathematisches Modell

Man muß nun einen mathematischen Formalismus entwickeln, der alle eben erläuterten Prinzipien in sich vereinigt. Das scheint auf den ersten Blick eine sehr schwierige Aufgabe zu sein. Tatsächlich hat sie mehrere Lösungen. Die bekannteste geht auf *Erwin Schrödinger* (1887 bis 1961) zurück. Wir wollen diesen Weg aber nicht nachvollziehen, sondern gleich das Ergebnis anschreiben. Es besteht in der konsequenten Anwendung von vier *Axiomen.*

Axiom 1: Jedes Teilchen wird durch eine *Wellenfunktion* ψ beschrieben, die eine Lösung der *Schrödinger-Gleichung* sein muß. Die Schrödinger-Gleichung ist so etwas wie ein verallgemeinerter Energiesatz. Sie stellt eine Differentialgleichung für die komplexe Variable $\psi\,(\vec{r},\, t)$ dar. Komplex ist sie deshalb, weil sie Schwingungen (bzw. Wellen) enthält, die man mathematisch am einfachsten (nach Euler) durch die Beziehung

$$e^{i(\omega t + \vec{k}\vec{r})} = \cos\,(\omega t + \vec{k}\,\vec{r}) + i \sin\,(\omega t + \vec{k}\,\vec{r})$$

ausdrückt. Es sei hier angemerkt, daß der Verzicht auf die imaginäre Einheit i und damit auf die komplexe Darstellung keineswegs eine Vereinfachung bedeuten würde, obwohl er möglich wäre. Ganz im Gegenteil! Die Interferenzen der Wellenfunktion müßten über die Additionstheoreme der Winkelfunktionen beschrieben werden. Das ist mathematisch wesentlich aufwendiger als die Rechnung mit einer komplexen e-Funktion. Wer hier allerdings ›Neuland‹ betritt, wird das folgende nur noch teilweise verstehen können. Es zahlt sich aber für jeden Interessierten aus, sich mit den komplexen Zahlen und Funktionen vertraut zu machen, denn ihre Anwendung erspart einem wesentlich mehr Arbeit, als zum Erlernen der mathematischen Grundlagen aufgewendet werden muß. Obwohl ich also hier auf komplexe Funktionen nicht verzichten kann, werde ich dennoch versuchen, möglichst anschauliche Bilder zur Erklärung der Sachverhalte zu benutzen.

Axiom 2: Physikalische Größen wie Energie, Impuls, Drehimpuls, Ort, Geschwindigkeit usw. werden insofern verallgemeinert, als man sie durch *(hermitesche) Operatoren* O_H darstellt. Das ist weit weniger schlimm als es klingt, denn es sind nur *lineare* Operatoren zulässig, solche also, deren Anwendung auf eine Summe von Funktionen in der Weise geschieht, daß man jede Funktion einzeln behandelt und *dann* die Summe bildet:

$$O_H(f_1 + f_2) = O_H f_1 + O_H f_2.$$

Operatoren können so einfache Dinge sein wie $+a$ oder $\cdot a$. Der Operator $O_1 = +a$ auf die Funktion f angewandt $(O_1 f)$ bedeutet, daß a zu f zu addieren ist. Mit $O_2 = (\cdot a)$ ergibt sich $O_2 f = f \cdot a$. Für so simple mathematische Operationen lohnt sich das ganze Operatorenkonzept wohl kaum, aber man kann auch andere Operatoren definieren wie z. B. $O_3 = \partial / \partial x$. Dann bedeutet

$$O_3 f = \frac{\partial}{\partial x} f$$

die Ableitung der Funktion f nach x. Ein anderes Beispiel: $O_4 = \nabla$ ist der *Gradientenoperator (Nabla-Operator):*

$$O_4 = \nabla = \left(\frac{\partial}{\partial x}, \frac{\partial}{\partial y}, \frac{\partial}{\partial z}\right).$$

Angewandt auf eine Funktion liefert er den Steigungsvektor dieser Funktion, eben den Gradienten. Der Operator

$$O_5 = \Delta = \left(\frac{\partial^2}{\partial x^2} + \frac{\partial^2}{\partial y^2} + \frac{\partial^2}{\partial z^2}\right)$$

heißt *Laplace-Operator (Delta-Operator).* Man findet die Operatoren der entsprechenden physikalischen Größen, wenn man sie folgendermaßen übersetzt:

Ort:

$x \rightarrow x;$ $\quad z \rightarrow z;$

$y \rightarrow y;$ $\quad \vec{r}_{op} \rightarrow \vec{r}.$

Impuls:

$$p_x \rightarrow \frac{\hbar}{i} \cdot \frac{\partial}{\partial x};$$

$$p_y \rightarrow \frac{\hbar}{i} \cdot \frac{\partial}{\partial y};$$

$$p_z \rightarrow \frac{\hbar}{i} \cdot \frac{\partial}{\partial z};$$

$$\vec{p}_{op} \rightarrow \frac{\hbar}{i} \cdot \left(\frac{\partial}{\partial x}, \frac{\partial}{\partial y}, \frac{\partial}{\partial z}\right) = \frac{\hbar}{i} \cdot \nabla.$$

Kinetische Energie:

$$W_{op} = \frac{\vec{p}^{\,2}}{2m} = -\frac{\hbar^2}{2m} \cdot \left(\frac{\partial^2}{\partial x^2} + \frac{\partial^2}{\partial y^2} + \frac{\partial^2}{\partial z^2}\right) = -\frac{\hbar^2}{2m} \cdot \Delta.$$

Gesamtenergie:

$$H_{op} = \frac{\hbar}{i} \cdot \frac{\partial}{\partial t}.$$

Potentielle Energie:
$U_{op} = U(\vec{r})$ (nicht zeitabhängig).

Die Wahl dieser Operatoren ergibt sich aus der Heisenbergschen Unschärferelation. Ort und Impuls sind nicht gleichzeitig scharf zu bestimmen; wenn also der Ortsoperator x gesetzt wird, muß der zugehörige Impulsoperator die Ortsänderung $\partial / \partial x$ enthalten. Entsprechendes gilt für die Zeit t und die Energie, die ebenfalls nicht gleichzeitig scharf sein können. Noch einmal sei betont: Die Auswahl dieser Operatoren ist *empirischer* Natur, die nur dadurch gerechtfertigt ist, daß die mit ihnen gewonnenen Differentialgleichungen (Schrödinger-Gleichungen) gerade *die* Wellenfunktionen als Lösungen haben, die den Teilchenzustand richtig beschreiben!

Axiom 3: Meßbare physikalische Größen (sog. *Observable*) sind diejenigen, deren Meßwert ein Eigenwert des zugehörigen Operators ist. Das soll folgendes bedeuten: Wendet man den Operator z. B. der Energie H_{op} auf die Wellenfunktion ψ an, so resultiert daraus eine Multiplikation mit einer reellen Konstanten E (eben dem Eigenwert): $H_{op} \cdot \psi = E \cdot \psi$.

Die Konstante E ist also ein meßbarer Wert des Energieoperators H_{op}, ein *Eigenwert* von H_{op}. Die meisten Probleme der Qu. sind Eigenwertprobleme: Man sucht alle möglichen Eigenwerte einer physikalischen Größe wie z. B. der Energie (›Energiezustände‹, → Atomphysik) und findet sie, indem man die zugehörige Differentialgleichung löst. Dabei erhält man nicht nur die Eigenwerte, sondern auch die zugehörigen *Eigenfunktionen,* die das Teilchen in eben diesen Zuständen genau beschreiben. In die Alltagssprache übersetzt geht es dabei um die Welleneigenschaften des Teilchens. Ein Zustand mit definierter Energie (d. h. ein meßbarer Energie›eigen‹wert) ist bei einem lokalisierten Teilchen nur gegeben, wenn es sich wie eine stehende Welle verhält (→ Wellen), deren Eigenwerte dann durch die Anzahl der Schwingungsknoten bestimmt sind.

Axiom 4: Die Aufenthaltswahrscheinlichkeit des Teilchens ist gegeben durch das Betragsquadrat der Amplitude der Wellenfunktion. Damit wird der statistische Charakter der Aussagen der Qu. im mathematischen Modell verankert. Da die Wellenfunktion ψ komplex sein kann, schreibt man für dieses Betragsquadrat $|\psi|^2 = \psi \cdot \psi^*$, wobei ψ^* das konjugiert Komplexe zu ψ ist. Klassisch ist das Amplitudenquadrat einer Welle proportional zur Intensität dieser Welle, quantenmechanisch schwächt man es zu einer Wahrscheinlichkeit ab.

Die Schrödinger-Gleichung

Schreibt man mit den eben angegebenen Regeln den Energiesatz an, so lautet er für ein Teilchen der Masse m, das sich im Potential $U(\vec{r})$ befindet:

$$H_{\mathrm{op}}\psi = W_{\mathrm{op}}\psi + U_{\mathrm{op}}\psi \quad \text{oder} \quad -\frac{\hbar^2}{2m}\cdot\Delta\psi + U(\vec{r})\cdot\psi = \frac{\hbar}{\mathrm{i}}\cdot\frac{\partial}{\partial t}\psi. \tag{5}$$

Das ist die *zeitabhängige Schrödinger-Gleichung*. In sehr vielen Fällen (z. B. in der Atomphysik) sind aber nur solche Wellenfunktionen interessant, die *stationäre* Zustände beschreiben, Zustände also, die sich mit der Zeit nicht ändern. In derartigen Zuständen kann sich auch die Energie nicht ändern. Sie muß also ganz bestimmte Eigenwerte annehmen, und wir erhalten die *zeitunabhängige Schrödinger-Gleichung*

$$-\frac{\hbar^2}{2m}\cdot\Delta\psi + U(\vec{r})\cdot\psi = E\cdot\psi. \tag{6}$$

Der Operator $[-\hbar^2/2m\cdot\Delta + U(\vec{r})]$ wird oft mit H bezeichnet und *Hamilton-Operator* genannt (nach *Sir William Rowan Hamilton,* 1805–1865). Mit dieser Abkürzung schreibt sich die stationäre Schröder-Gleichung, wie schon angedeutet, höchst einfach

$$H\psi = E\cdot\psi. \tag{7}$$

Diese einfache Gleichung darf allerdings nicht darüber hinwegtäuschen, daß es sich dabei meistens um eine doch recht komplizierte Differentialgleichung handelt, deren Lösung aufwendige mathematische Verfahren erfordert und oft ohne Näherungsansätze überhaupt nicht möglich ist. Zur Veranschaulichung deute ich den Hamilton-Operator für ein Elektron in einem Mehrelektronenatom an:

$$H = -\frac{\hbar^2}{2m}\Delta + U(\vec{r}).$$

$U(\vec{r})$ ist zusammengesetzt aus vielen Wechselwirkungen, nämlich:

$U_1(\vec{r})$ = Wechselwirkung Elektron – Kern (proportional zu $1/|\vec{r}|^2$);
+ $U_2(\vec{r})$ = Coulomb-Wechselwirkung Elektron–Elektronen (proportional zu $1/|\vec{r}_1 - \vec{r}_2|^2$);
+ $U_3(\vec{r})$ = magnetische Wechselwirkungen (Spin–Bahn, Spin–Spin, Bahn–Bahn, Elektron–Kern);

$+ \; U_4(\vec{r})$ = Gravitationswechselwirkung (Elektron–Kern, Elektron–Elektron).

Sie sehen, welche Ausmaße der Potentialterm annehmen kann, der ja alle ›Kräfte‹ ausdrücken muß, denen das Teilchen, hier das Elektron, ausgesetzt ist.

Niemand wird von vornherein freiwillig mit derart komplizierten Hamilton-Operatoren rechnen. Zunächst versucht man immer, mit möglichst einfachen Potentialen auszukommen, auch wenn man das Problem dadurch nur näherungsweise löst. Im Fall des Atoms mit einem Außenelektron z. B. nimmt man erst einmal nur den ersten Coulomb-Term mit in die Rechnung, der die Anziehung des Elektrons durch den positiven Kern beschreibt. Das schrittweise Einbeziehen immer neuer ›Störpotentiale‹ versucht man dann durch ›kleine‹ Abänderungen der Wellenfunktion in den Griff zu bekommen. Diese *Störungsrechnung* ist das tägliche Brot aller theoretischen Physiker. In ihr treten die Details auf, in denen – wie man so schön sagt – der Teufel steckt. Wir überlassen sie deshalb auch den Fachbüchern und deuten nur kurz an, wie die Energieeigenwerte eines Teilchens aussehen, das sich in verschiedenen ›Potentialtöpfen‹ befindet. Figur 1 zeigt schematisch einige wichtige Potentiale, d. h. die Kräfte, denen das Teilchen in Abhängigkeit vom Ort ausgesetzt ist. Man kann das so interpretieren, als sei das Teilchen in einem solchen Potentialverlauf ›eingefangen‹. Dann kann es stationäre Zustände nur haben, wenn die zugehörige stehende Welle ›in den Potentialtopf paßt‹ und damit einen bestimmten Eigenwert annimmt. In Figur 1 sind diese Eigenwerte der Energie durch waagrechte Linien angedeutet. Auffällig – und meßtechnisch überprüfbar! – sind die unterschiedlichen Energieniveau-Strukturen (sog. *Termschemata*), die nur bei einem *Parabelpotential* aus äquidistanten Linien bestehen. Das *Kastenpotential* liefert Energieeigenwerte, deren Abstände nach oben hin zunehmen, während die Niveauabstände beim *Hyperbelpotential* nach oben hin immer kleiner werden. Dieses Verhalten wird bedeutungsvoll, wenn man sich klarmacht, daß das Elektron im Atom in erster Näherung nur dem Coulomb-Potential ausgesetzt ist (Hyperbel-

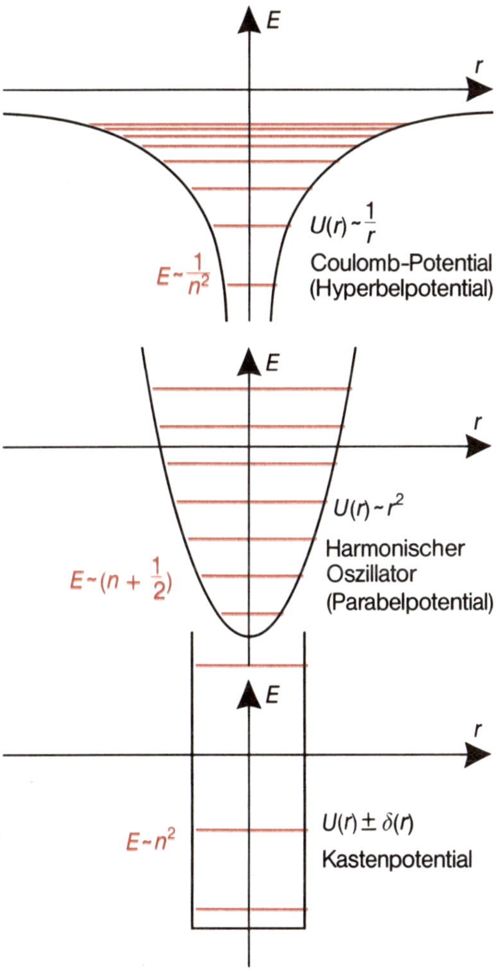

Quantenmechanik (Figur 1): Potentialverlauf und die zugehörigen Energieeigenwerte für verschiedene typische Potentialformen potential), das Atom im Kristallverband aber in guter Näherung einem Parabelpotential (harmonischer Oszillator).

Der Tunneleffekt

Im übrigen ist der Vergleich von Potentialverläufen mit geologischen Wällen, Bergen und Tälern durchaus berechtigt: Die potentielle Energie eines massiven Körpers im Gravitationsfeld der Erde ist in der Nähe der Erdoberfläche proportional zur Höhe über einer willkürlich festgelegten Nullinie: $E_{pot} = m \cdot g \cdot h$. Deshalb gibt die Höhe eines Potentialwalles sehr wohl einen Begriff von der kinetischen Energie, die ein Teilchen haben muß, um darüber hinwegzukommen.

Ein Proton im Kern eines Atoms wird von den Kräften der starken Wechselwirkung – eine Anziehungskraft von sehr kurzer Reichweite – festgehalten. Einige Protonen sitzen in diesem Potentialtopf wegen der bereits besetzten unteren Energiezustände (→ Pauli-Prinzip!) ziemlich weit oben. Kämen sie heraus, so könnten sie in tiefere Energiezustände als im Kerninnern ›rollen‹, denn außerhalb der Reichweite der Kernkräfte wirken die abstoßenden Coulomb-Kräfte zwischen gleichen (hier positiven) Ladungen. Der Potentialverlauf sieht schematisch aus, wie in Figur 2 dargestellt. Ein klassisches Teilchen, z. B. ein Stein, der in einer solchen Mulde liegt, kommt nicht auf die Idee, etwa den Rand der Mulde zu erklettern, nur weil er außerhalb weiter herabrollen könnte als in der Mulde. (Jedenfalls hat das noch nie jemand beobachtet.) Für ein quantenmechanisches Teilchen gilt aber die Unschärferelation. Seine Wellenfunktion ist an den Topfrändern nicht sofort exakt Null, sondern nimmt in Abhängigkeit von der Höhe des Randes exponentiell ab. Wenn sie den äußeren Hang des Potentials erreicht hat, ist sie noch nicht ganz auf Null abgesunken, so daß sie auch außerhalb des Topfes noch eine – wenn auch meist sehr kleine – Amplitude hat. Da die Aufenthaltswahrscheinlichkeit des (obensitzenden) Protons durch das *Quadrat* dieser Amplitude gegeben ist, muß man schließen, daß es sich mit einer zwar kleinen, aber endlichen Wahrscheinlichkeit *außerhalb* des Kerns aufhalten kann. Quantenmechanische Teilchen können – wie durch einen Tunnel – einen Potentialwall quasi ›durchdringen‹. In Wirklichkeit wird dieser ›Protonenzerfall‹ bei normalen Kernen nicht beobachtet, weil es eine

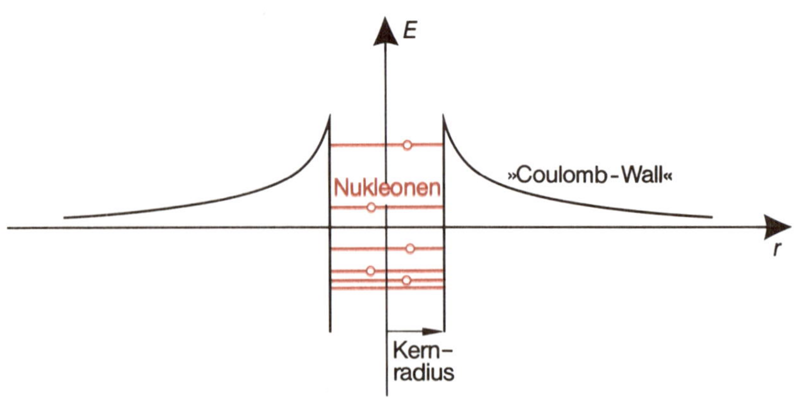

Quantenmechanik (Figur 2): Schematische Darstellung des Potentialverlaufs für ein Proton, das sich im Kern befindet, und ein Proton außerhalb des Kerns.

Nukleonengruppe gibt (das Alpha-Teilchen), deren mittlere Energie weit niedriger liegt als die eines einzelnen Protons. Dieses Alpha-Teilchen besteht aus 4 Nukleonen und hat 2 positive Ladungen, so daß der entsprechende Coulomb-Wall sogar noch höher ist als für das Proton. Trotzdem ›durchtunnelt‹ es diesen Wall mit einer nicht allzu kleinen Wahrscheinlichkeit: Der Kern hat eine begrenzte, wenn auch oft lange Lebensdauer. Er zerfällt mit einer bestimmten Wahrscheinlichkeit, indem das Alpha-Teilchen dem Kernpotential entkommt. Diese radioaktiven Kerne (sog. *Alphastrahler*) sind nur unter den schweren Elementen (z. B. Uran, Radium) zu finden. Die Qu. liefert eine erschöpfende Erklärung nicht nur dieses Sachverhalts, sondern erlaubt auch die Berechnung der entsprechenden radioaktiven Halbwertszeiten (→ Alpha-Zerfall).

Weitergehende Quantentheorien

Der Welle-Teilchen-Dualismus ist nicht nur eine Grundlage der Qu., er setzt sich in der quantenmechanischen Interpretation fort: Hat man mehr den teilchenhaften Charakter der Vorgänge im Blickfeld, so redet man von Quanten, während die Eigenzustände wieder besser als Wellenphänomene zu verstehen sind, nämlich als stehende Wellen, deren Eigenfrequenzen durch die Randbedingungen festgelegt sind.

Was bisher überhaupt noch nicht in Betracht gezogen wurde, ist alles, was die Wechselwirkung zwischen den abgeschlossenen Elektronensystemen (Atomen) und dem ›freien‹ elektromagnetischen Feld betrifft, das ja Träger der ausgesandten Photonen sein soll. Da im Teilchenbild die *Intensität* einer Strahlung durch die Teilchenzahl gegeben ist, im Wellenbild aber durch das Quadrat der Amplitude, liegt es nahe, eine mathematische Beschreibung dadurch zu versuchen, daß man nicht nur die Wellenlänge (d. h. den Impuls) quantisiert, sondern auch die Amplitude. Diese *zweite Quantisierung* erfordert mathematisch die Einführung neuer Operatoren (sog. *Teilchenzahloperatoren*), die, auf die Gesamtwellenfunktion angewandt, die Emission eines Photons oder auch die Absorption eines Photons darstellen. Man nennt diese Operatoren Erzeugungs- bzw. Aufsteigeoperator und Vernichtungs- bzw. Absteigeoperator.

Die Gesamttheorie ›Feld plus Atom‹, die in der Durchrechnung aller derartigen Probleme besteht, heißt *Quantenfeldtheorie* bzw. *Quantenelektrodynamik.* Sie löst zugleich auch die Quantenverteilung im elektromagnetischen Feld *allein,* ein Problem, das als sog. *Spektrum des Hohlraumstrahlers* bereits um die Jahrhundertwende angegangen wurde und das *Max Planck* durch die Annahme seines Wirkungsquantums löste. Was damals ein Postulat war, läßt sich heute aus der Quantenelektrodynamik ableiten. Das besagt allerdings nur, daß man mittlerweile das Fundament der Quantentheorien so verbreitert hat, daß man mit ihnen nahezu alle Vorgänge atomarer Dimensionen beschreiben kann.

Verkleinert man die Dimensionen aber noch weiter (→ Kernphysik, Physik der → Elementarteilchen), so reichen die bisherigen Theorien nicht aus. Neue Kräfte treten auf (starke Wechselwirkung), deren Quelle man heute in den *Farbladungen* der Quarks sucht und in einer neuen Elementarteilchentheorie, der sog. *Quantenchromodynamik,* zusammenfaßt.

Führt man dagegen die Ausweitung der Dimensionen über unser alltägliches Maß hinaus auf kosmische Maßstäbe weiter, so reichen die Qu. und alle mikroskopischen Theorien überhaupt zur Beschreibung der Realität nicht mehr aus. Keine dieser Theorien enthält nämlich die Gravitation. Man spekuliert zwar heftig über eine Gesamttheorie *(Weltformel)* aller vier Wechselwirkungen *(Quantengeometrodynamik),* ist aber noch weit davon entfernt (→ Kausalität, → Wechselwirkung, → Naturkonstanten).

Quantenzahlen

In allen Quantentheorien stehen Qu. für die Werte, die bestimmte beobachtbare Größen *(Observable)* annehmen können. Die Qu. können ganzzahlig, halbzahlig (z. B. Spin) oder auch drittelzahlig sein. Die *Änderung* einer quantisierten Größe ist aber *immer* ganzzahlig (→ Quantenmechanik, → Elementarteilchen).

Quarks

Man glaubt heute, daß die gesamte Materie aus *sechs Quarks* und *sechs Leptonen* aufgebaut ist (→ Elementarteilchen), obwohl man bisher ein einzelnes Qu. noch nicht hat nachweisen können. Wahrscheinlich ist dies auch nicht möglich, weil die Energie, die man zur Trennung gebundener Qu. aufwenden müßte, sich schon beim Versuch dieser Trennung in neuen Quark-Antiquark-Paaren materialisieren würde.
Qu. haben die Ladungszahlen $+\frac{2}{3}$ und $-\frac{1}{3}$, die entsprechenden *Antiquarks* (→ Antiteilchen) $-\frac{2}{3}$ und $+\frac{1}{3}$, außerdem den Spin ($\pm\frac{1}{2}$) und die Baryonenzahl $\frac{1}{3}$ (bzw. $-\frac{1}{3}$). Sie werden zusammengehalten durch die *starke Wechselwirkung,* deren Ausgangspunkt man sich in der *Farbladung* denkt, die jeder Qu. trägt und die es in drei Ausführungen gibt (Rot, Blau, Grün). Diese Farbladungen erzeugen das Feld der starken Wechselwirkung, dessen Austausch-Quanten die – wiederum farbgeladenen – *Gluonen* sein sollen.
Man ordnet die Qu. nach ihrer Ladung und ihrer Häufigkeit in drei ›Familien‹ *(Generationen)* ein:

elektrische Ladung	1. Familie	2. Familie	3. Familie
$\frac{2}{3}$	u	c	t
$-\frac{1}{3}$	d	s	b

Dabei steht
u für up, c für charm, t für top (oder truth), d für down, s für strange, b für bottom (oder beauty).
Ungeklärt ist jedoch noch die Frage, warum die Elementarladung in Dritteln auftritt, oder anders ausgedrückt: Wenn Qu. Elementarladungen tragen, warum kommt dann im freien Zustand (Elektron, Proton) immer nur das Dreifache davon vor?

Quasiteilchen

Auch angeregte Zustände eines schwingungsfähigen Systems kann man oft eindeutig mit Energie und Impuls verbinden. Man rechnet dann mit ihnen wie mit Teilchen und bezeichnet sie dementsprechend als *Quasiteilchen.* Der Begriff ist jedoch nicht glücklich gewählt. Obwohl er z. B. auf angeregte Zustände des Kristallgitters angewendet wird (Phononen), ist es ebenso gut möglich, die Phononen als Quanten eines Schallfeldes aufzufassen, und dann steht das Phonon (als Qu.) in einer Reihe mit dem Photon, dem Vektorboson usw. (→ Elementarteilchen), aber auch mit den Resonen der starken Wechselwirkung. Deshalb sollte man den Begriff ›Quasi‹ lieber weglassen und sich deutlicher mit quantenmechanischen Begriffen ausdrücken.

R

R Abk. für → Röntgen, eine heute nicht mehr zulässige Maßeinheit der Ionendosis (→ Maße und Maßsysteme).

rad

Abk. für engl. r*adiation* a*bsorbed* d*osis*, eine nicht mehr zulässige Einheit der Energiedosis (→ Maße und Maßsysteme), zu ersetzen durch die Einheit Gray (Gy); 1 rad = 0,01 Gy (→ Strahlenbelastung und Strahlenschutz).

Radioaktivität

Alle Stoffe, die ›von selbst‹ Strahlen aussenden, ohne daß man sie darin beeinflussen kann, bezeichnet man als *radioaktiv.* Man weiß heute, daß R. mit dem Zerfall von *Atomkernen* gleichbedeutend ist, und hat die Gesetzmäßigkeiten des Zerfalls weitgehend verstanden. In der Natur kommen nur solche radioaktiven Stoffe vor, deren Kerne (Nuklide) noch sehr stabil sind und daher lange leben. *Kurzlebige Radionuklide* tauchen nur als Zerfallsprodukte von *langlebigen Radionukliden* auf. Man kann aber weit über 1000 Radionuklide mit allen möglichen Lebensdauern künstlich herstellen, entweder in Teilchenbeschleunigern durch Beschuß von stabilen Kernen mit Ionen oder in Kernreaktoren durch Neutronenreaktionen (→ Kernphysik, → Kernreaktor, → Lebensdauer). Dabei treten Halbwertszeiten von weniger als 10^{-20} s ebenso auf wie solche von vielen Millionen Jahren. Für diese ›künstlich radioaktiven‹ Stoffe, die man besser ebenfalls mit der Bezeichnung Radionuklide belegt, gibt es mittlerweile ungezählte Einsatzbereiche in Wissenschaft und Technik (Meßtechnik, Materialprüfung, ›Atombatterien‹ und vieles andere), aber auch in der Medizin, z. B. in der Diagnostik oder der Strahlentherapie von Krebs.

Historisch begründet sind die Namen der drei Strahlenarten, die von den natürlichen Radionukliden ausgehen. Man nannte sie nach den ersten drei Buchstaben des griechischen Alphabets *Alpha-, Beta-* und *Gammastrahlen,* weil man sie leicht voneinander unterscheiden konnte. Alphastrahlen (→ Alphateilchen) sind doppelt positiv geladene Heliumkerne, die schon in einer dünnen Papierfolie steckenbleiben. Betastrahlen (→ Betastrahler) bestehen aus → Elektronen oder → Positronen und durchdringen nur sehr dünne Metallfolien, während → Gammastrahlen elektromagnetische Wellen hoher Energie und entsprechend ausgeprägtem Teilchencharakter darstellen. Gammastrahlen entstehen durch Übergänge von einem hochangeregten Zustand des Kerns über meist mehrere Zwischenzustände in den Grundzustand, besitzen ein hohes Durchdringungsvermögen und sind im Gegensatz zu Alpha- oder Betastrahlen durch elektrische oder magnetische Felder nicht zu beeinflussen. Radioaktive Strahlungen sind immer gesundheitsschädlich (trotz ihrer medizinischen Verwendung!). Ausführlich wird dieser Aspekt unter dem Stichwort Strahlenbelastung und Strahlenschutz dargestellt.

Natürliche Zerfallsreihen

Der Alpha-Zerfall ist das häufigste Verfahren schwerer Nuklide, um in einen stabileren Zustand zu gelangen. Da das Alphateilchen aus zwei Protonen und zwei Neutronen besteht, deren Spins sich gegenseitig aufheben, wird der Kern-Spin nicht verändert, aber die Massenzahl um vier Einheiten verringert, wobei der relative Neutronenüberschuß im Kern etwas erhöht wird. Dies bringt viele schwere Kerne (mit einer höheren Ordnungszahl als Blei) einem stabilen Zustand näher, erzeugt aber meist zuerst einmal Zwischenkerne, die ebenfalls instabil sind und weiter zerfallen. Der Beta-Zerfall ändert zwar die Kernladungszahl um 1, *nicht* aber die Massenzahl. Dies vermag nur der Alpha-Zerfall, er bewirkt in der Massenskala einen Sprung von vier Einheiten. Alle natürlichen schweren Radionuklide lassen sich deshalb in nur vier *Zerfallsreihen* unterbringen, die ausnahmslos beim Blei oder leichteren Elementen enden.

Zur anschaulichen graphischen Darstellung der natürlichen Zerfallsreihen (aber auch anderer Kernumwandlungen) benutzt man die Nuklidkarte (→ Kernphysik). Figur 1 zeigt auf diese Weise die Zerfallsreihe von Uran 238 (*Uranreihe*). Die anderen Zerfallsreihen gehen vom Thorium 232 *(Thoriumreihe)*, vom Uran 235 *(Actiniumreihe)* und vom Neptunium 237 *(Neptuniumreihe)* aus, wobei letztere in der Natur jedoch bereits abgelaufen ist, weil das Neptunium ›nur‹ eine Halbwertszeit von etwa 2 Millionen Jahren hat, während das Erdalter immerhin das

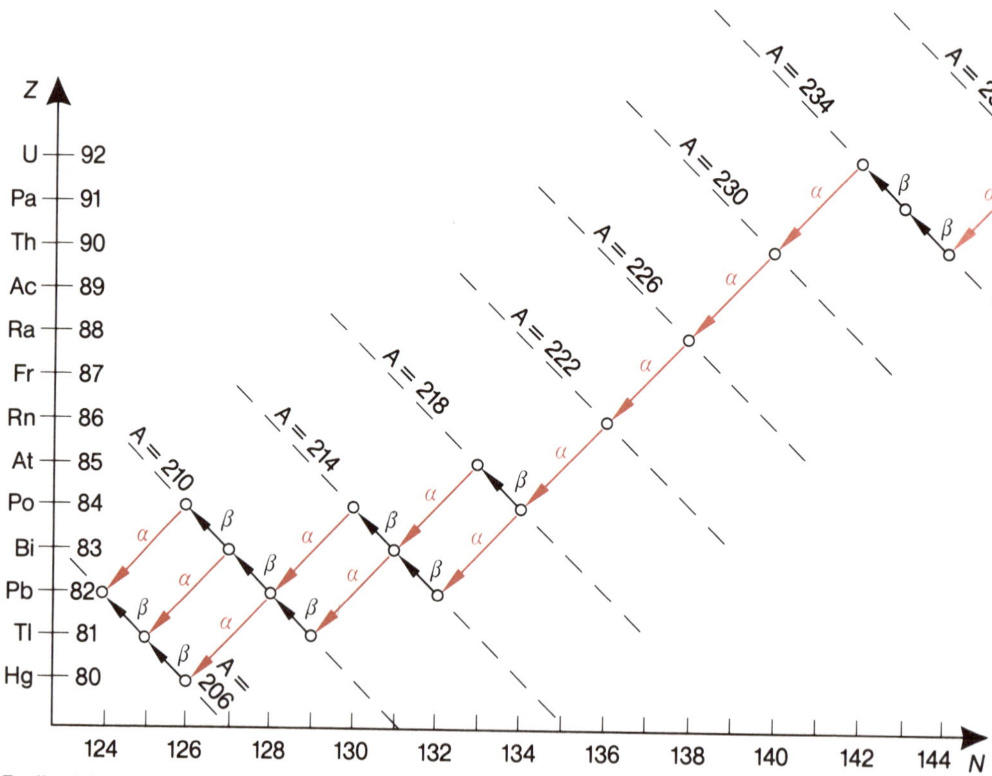

Radioaktivität (Figur 1): Die Zerfallsreihe des Uranisotops U 238 im Schema der Nuklidkarte; Linien gleicher Massenzahl sind um 45° gegen das Koordinatensystem *(N, Z)* geneigt. Ein α-Zerfall (rot) verringert die Massenzahl um 4 (Pfeil senkrecht zu den Massenzahl-Linien); ein β-Zerfall ändert die Massenzahl nicht, erhöht aber die Kernladungszahl um 1.

2000fache dieses Wertes beträgt. Die alten Namen für die Glieder der einzelnen Zerfallsreihen (Mesothorium, Radiumemanation, Radium A, B, C usw.) verwenden die Kernphysiker heute nicht mehr.
Jeder einzelne Alpha- oder Beta-Zerfall führt auf einen angeregten Zustand des Tochterkerns, der dann unter Aussendung eines oder mehrerer γ-Quanten in den Grundzustand übergeht (ohne daß sich an der Massenzahl oder der Ordnungszahl etwas ändert!). Deshalb treten neben den Alpha- oder Betastrahlen auch immer Gammastrahlen auf.

Das Zerfallsgesetz
In normaler Materie wie Kristallen oder sonstigen chemischen Verbindungen sind die Atomkerne voneinander durch Abstände getrennt, die im Vergleich zur Größe der Atomkerne geradezu riesig sind und etwa das 10-Millionenfache der Reichweite der Kernkräfte betragen. Kein Atomkern ›weiß‹ also etwas von seinem Nachbarn; jeder verhält sich so, als wäre er allein. Ein instabiler Kern zerfällt mit einer ihm ›eingepflanzten‹ Wahrscheinlichkeit, unabhängig von allen anderen. Deshalb muß die zeitliche Abnahme $-\mathrm{d}N/\mathrm{d}t$ einer Kernsorte durch Zerfall *(die Zerfallsrate)* direkt proportional sein zur gerade vorhandenen Anzahl dieser Kerne N:

$$-\frac{\mathrm{d}N}{\mathrm{d}t} = \lambda \cdot N. \qquad (1)$$

Die Integration liefert unmittelbar das *Zerfallsgesetz:*

$$N(t) = N_0 \cdot \mathrm{e}^{-\lambda t}. \qquad (2)$$

Die Größe λ ist die *Zerfallskonstante,* die man meist in Form der → Halbwertszeit ausdrückt:

$$T_{1/2} = \frac{\ln 2}{\lambda}.$$

Radioaktive Stoffe zerfallen also nach einer Dämpfungsfunktion (e-Funktion mit negativen Exponenten, $\mathrm{e} \approx 2{,}71\ldots$). Nach der Zeit $T_{1/2}$ ist nur noch die Hälfte der ursprünglich vorhandenen Kerne übrig, nach 10 Halbwertszeiten nur noch $\frac{1}{2}^{10} \approx 1$ ‰. Wartet man gar 20 Halbwertszeiten ab, so sinkt die ursprüngliche Anzahl auf ein Millionstel des Anfangswertes. Das Zerfallsgesetz ist ein typisch *statistisches* Gesetz. Der Zeitpunkt eines einzelnen Ereignisses läßt sich grundsätzlich nicht vorhersagen. Für eine große Anzahl radioaktiver Kerne wird die Vorhersage aber beliebig genau.

Radioaktives Gleichgewicht
Scheinbar in krassem Widerspruch zu Gleichung (2) findet man in natürlichen radioaktiven Mineralien Aktivitäten, die sich mit der Zeit *nicht* ändern. Der Sachverhalt klärt sich aber schnell, wenn man die ganze Zerfallsreihe in die Betrachtungen einbezieht. Wenn N die Anzahl der *Mutterkerne* und n die der *Tochterkerne* zu einem bestimmten Zeitpunkt ist, so ist der Zerfallsrate $-\mathrm{d}n/\mathrm{d}t$ der Tochterkerne wie vorher gegeben durch $\lambda_n \cdot n$, aber nun entstehen durch den Zerfall der Muttersubstanz laufend neue Tochterkerne, und zwar pro Zeiteinheit $\lambda_N \cdot N$, wenn λ_N die Zerfallskonstante des Mutternuklids ist. Insgesamt gilt also

$$-\frac{\mathrm{d}n}{\mathrm{d}t} = \lambda_n \cdot n - \lambda_N \cdot N. \qquad (3)$$

Wenn aber die Aktivität der Tochtersubstanz gleich bleibt, muß $\mathrm{d}n/\mathrm{d}t = 0$ sein, und wir haben daher die Gleichgewichtsbedingung:

$$\lambda_n \cdot n = \lambda_N \cdot N \quad \text{oder} \quad \frac{\lambda_n}{\lambda_N} = \frac{N}{n}. \qquad (4)$$

Es werden dann genauso viele Tochterkerne aus der Muttersubstanz nachgebildet, wie durch Zerfall verlorengehen.
Mit chemischen Methoden ist es oft möglich, die Muttersubstanz von allen Tochtersubstanzen zu befreien. Dann beginnt der Zerfall sozusagen ganz von vorn, und wir müssen Gleichung (3) integrieren, um den Aktivitätsverlauf der Tochtersubstanz herauszubekommen, mit dem Ergebnis:

$$n(t) = \frac{\lambda_N \cdot N}{\lambda_n} \cdot (1 - e^{-\lambda_n \cdot n}). \qquad (5)$$

Nun entspricht aber $\lambda_N \cdot N / \lambda_n$ gerade dem Gleichgewichtswert von Gleichung (4), d. h. der Anzahl von Tochterkernen, die sich nach einer ausreichend langen Zeit einstellt – unter der Voraussetzung, daß die Anzahl N der Mutterkerne nicht wesentlich abnimmt, im Idealfall konstant bleibt. Bezeichnen wir diesen Gleichgewichtswert als $n(\infty)$, so erhalten wir schließlich

$$n(t) = n(\infty) \cdot (1 - e^{-\lambda_n \cdot n}). \qquad (6)$$

Die Aktivität des Tochternuklids steigt also nach dem Start des Versuches zunächst mit derselben Zeitkonstanten an, mit der es – allein – auch zerfallen würde, bis sie den Sättigungswert $n(\infty)$ erreicht (Figur 2). Die Annahme unveränderlicher Mutteraktivität trifft nach genügend langer Zeit für jedes Glied der gesamten Zerfallsreihe zu mit Ausnahme des ersten. Letztlich zerfällt natürlich das erste Glied der Reihe über eine Anzahl von Zwischenkernen in einen stabilen Endkern.

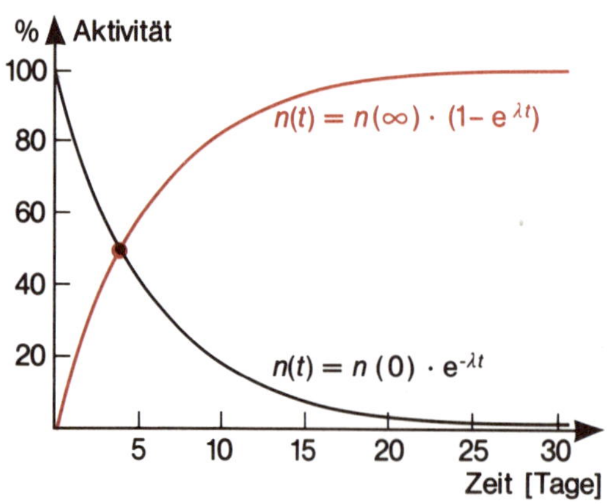

Radioaktivität (Figur 2): Das Edelgas Radon hat eine Halbwertszeit von 3,82 Tagen, es bildet sich aus Radium (Halbwertszeit 1622 Jahre); rot eingezeichnet Anstieg der Radonkonzentration in einer gereinigten Radiumprobe, schwarz die Zerfallskurve von Radon allein.

Raman-Effekt

Bestrahlt man einen Stoff mit einem aus scharfen Linien bestehenden Spektrum und mißt die Frequenzen des gestreuten Lichts (→ Streuung), dann stellt man in vielen Fällen sog. *Raman-Linien* fest (nach *Chandrasekhara Raman,* 1888 bis 1970), die sich dadurch auszeichnen, daß sie sich als ›Begleiter‹ der eingestrahlten Frequenzen in jeweils gleichen Frequenzabständen zu den eingestrahlten Linien finden. Man erklärt sich den Effekt als inelastische Streuung der Photonen am Molekül, wobei verschiedene niederenergetische Zustände des Moleküls angeregt werden können. Die direkten Übergangsfrequenzen dieser Zustände (z. B. Schwingungen) liegen meist weit im Infraroten und sind deshalb nur schwer oder gar nicht zu beobachten. Die Raman-Linien enthalten diese Energien aber als Frequenzunterschiede gegenüber der eingestrahlten Energie und können daher leicht beobachtet werden. Man nutzt die sog. *Raman-Spektroskopie* in der chemischen Analyse wieder häufiger, seitdem intensive monochromatische Lichtquellen wie der → Laser zur Verfügung stehen.

Raum

Der *physikalische Raum* ist heute nichts Absolutes mehr, wie es sich noch *Isaac Newton* (1642–1727) gedacht hatte, sondern hängt von der Verteilung der Massen in ihm ab. Nach *Albert Einsteins* (1879–1955) allgemeiner → Relativitätstheorie wird die *Metrik des Raumes* durch die Massenverteilung bestimmt. Rein formal ist der R. in der Nähe einer Masse (Stern) sogar *gekrümmt*. Das bedeutet, daß ein Lichtstrahl von einem Stern abgelenkt wird. Wir können im Weltall die mathematische Gerade ja nur durch einen Lichtstrahl realisieren. Wenn also das Licht in der Nähe eines Sterns eine ›Kurve‹ macht, können wir diese Eigenschaft auch einer *Raumkrümmung* zuschreiben, die mit der Masse verknüpft ist. Astronomische Beobachtungen zwingen zu dem Schluß, daß die Massen im All nicht gleichmäßig bis ins ›Unendliche‹ verteilt sind, sondern daß die Sternsysteme ›auf einen Haufen‹ konzentriert sind. Dieses Universum expandiert zwar, d. h., es dehnt sich aus, aber die Gesamtmasse ist so groß, daß ein Lichtstrahl, der ›nach außen‹ entweichen wollte, nach einiger Zeit ›umkehren‹ muß, weil er von der Masse des Universums in sich selbst gespiegelt wird.

Nach einer anderen Formulierung dieses Sachverhalts wird dem Universum eine Raumkrümmung zugeschrieben, die das All zwar unbegrenzt läßt, aber seinen Rauminhalt endlich macht, ähnlich wie im zweidimensionalen Fall eine Kugeloberfläche ebenfalls unbegrenzt ist, aber durchaus einen endlichen Flächeninhalt hat.

Die naheliegende Frage, was *außerhalb* dieses gekrümmten R. sei, ist vom physikalischen Standpunkt aus sinnlos, weil es keine Methode gibt, etwas über dieses ›Jenseits‹ zu erfahren. Alle diese Aussagen, wie auch die Relativitätstheorie selber, hängen aber von einer einzigen Annahme ab, die allerdings experimentell gut gesichert ist: *Die Lichtgeschwindigkeit ist die größtmögliche Geschwindigkeit.* Sie wird nur von ›Teilchen‹ der Ruhmasse Null erreicht. Bis jetzt haben wir keinen Anlaß, an dieser Grundannahme zu zweifeln.

Rauschen

Die Temperaturbewegung der Teilchen in einem Gas oder einem anderen Stoff ist ein statistisches Geschehen und wird z. B. in der → Brownschen Molekularbewegung direkt sichtbar. Sie äußert sich aber ganz allgemein in zufälligen Schwankungen sehr vieler Größen, z. B. auch in kleinen Spannungsschwankungen am Eingang eines Verstärkers, weil auch die Elektronen im Draht an der Temperaturbewegung teilnehmen. Wenn man den Verstärker ›genügend weit aufdreht‹, kann man aus einem am Ausgang angeschlossenen Lautsprecher ein *Rauschen* wahrnehmen, aus dem keine Einzelfrequenzen mehr erkennbar sind. Diese Erscheinung wurde namensgebend für alle ähnlichen Vorgänge, auch wenn sie nichts mit dem Gehör zu tun haben. Die Aufzeichnung einer *Rauschspannung* z. B. über einen Oszillographen zeigt die völlige Unregelmäßigkeit der *Rauschkurve.* Die → Fourier-Analyse einer derartigen Kurve ergibt ein gleichmäßiges Frequenzspektrum. Dies entspricht der gleichmäßigen Frequenzverteilung der elektromagnetischen Wellen in weißem Licht. Man gebraucht daher oft auch den Ausdruck *weißes Rauschen.* Es ist sinnlos, die Empfindlichkeit eines Instruments unter die *Rausch-Schwelle* zu drücken, weil dann das Signal stark verfälscht wird. Denken Sie an die ›Schneeflocken‹ auf dem Bildschirm eines Fernsehgerätes, kurz bevor der Empfang so schlecht wird, daß das Bild ganz verschwindet! Mit Hilfe von Computern ist es heute allerdings möglich, selbst in stark verrauschten Signalen die ursprüngliche Information noch aufzuspüren.

Reflexion

Unter R. versteht man die ›Spiegelung‹ von Teilchen oder Wellen an einer Trennfläche zweier Medien. Es gilt das *Reflexionsgesetz,* nach dem der Einfallswinkel gleich dem Ausfallswinkel ist. Beide Winkel beziehen sich auf die Normalenrichtung der reflektierenden Fläche; außerdem liegen Einfallsrichtung, Flächennormale und Ausfallsrichtung in einer Ebene, die im Reflexionsort senkrecht auf der reflektierenden Fläche steht (→ Wellen).

Refraktometer

Ein R. ist ein Gerät zur Bestimmung des (optischen) Brechungsindex vorzugsweise von Flüssigkeiten bzw. Lösungen. Man bestimmt dabei den *Grenzwinkel* der → Totalreflexion *(Abbesches Refraktometer),* indem man einen divergenten Lichtstrahl durch ein Glasprisma mit hohem Brechungsindex auf eine daran anschließende Flüssigkeitsschicht der Probe lenkt und dann den Einfallswinkel so lange verändert, bis gerade die eine Hälfte des divergenten Strahls reflektiert und die andere Hälfte durchgelassen wird. Diese Einstellung läßt sich mit großer Genauigkeit reproduzieren und der Einstellwinkel auf einem Teilkreis mit Nonius ablesen. Brechungsindizes von Lösungen können direkt in Lösungskonzentrationen umgerechnet werden. Das R. kann also (z. B. in der Medizin) auch zur Bestimmung der Konzentration bestimmter Lösungen benutzt werden.

Regelation

Der Begriff R. (lat.; dt. Wiedergefrieren) wird meist nur im Zusammenhang mit der Druckverflüssigung von Eis gebraucht und beruht auf der Tatsache, daß festes Eis ein um etwa 10% größeres Volumen einnimmt als die gleiche Masse Wasser. Das hat nicht nur zur Folge, daß Eis auf dem Wasser schwimmt, mit allen Konsequenzen für die Natur, sondern auch, daß man Eis in den flüssigen → Aggregatzustand ›zurückzwingen‹ kann (zumindest innerhalb gewisser Temperaturgrenzen), wenn man es nur einem ausreichend hohen Druck aussetzt. Legt man z. B. einen schweren Gegenstand auf einen Eisklotz, sinkt er im Lauf der Zeit in das Eis ein oder wandert sogar durch das Eis hindurch, ohne daß es dabei zerbricht. Man kann den Effekt besonders gut beobachten, wenn man eine dünne Drahtschlinge über eine Eisstange legt und ein schweres Gewicht dranhängt. Dann schmilzt das Eis unter dem Draht, weil dort ein großer Druck herrscht, und gefriert sofort wieder, wenn der Druck nachgelassen hat. Auf diese Weise wandert der Draht durch die Eisstange, bis er samt dem Gewicht zu Boden fällt, und hinterläßt eine unversehrte Eisstange. Die R., besser die *Druckverflüssigung* des Eises, ist Ursache vieler erstaunlicher Vorgänge in der Natur und im täglichen Leben. So erklärt sie z. B. das Wandern von Gletschern um Felsen und andere Unebenheiten herum. Auch beim Schlittschuhlaufen entsteht die geringe Kufenreibung durch diesen Effekt: Die scharfen Kufen gleiten auf einer dünnen Wasserschicht viel leichter als auf festem Eis (→ Reibung); bei sehr großer Kälte nimmt die Kufenreibung dagegen zu, und das Laufen wird kräftezehrender.

Regenbogen

Wie kommen die schönen Spektralfarben zustande, die man bei Regen sehen kann, wenn man die gleichzeitig scheinende Sonne im Rücken hat? Und warum ist der Regenbogen halbkreisförmig und wandert mit uns mit, wenn wir uns bewegen? Wie die meisten Naturerscheinungen ist auch eine genaue Erklärung des Regenbogens höchst kompliziert, sobald man ins Detail geht. Die angeschnittenen Fragen lassen sich aber mit Hilfe eines noch verhältnismäßig einfachen Modells beantworten. Der R. kommt primär durch die Brechung des Sonnenlichts in den Wassertröpfchen des Regens zustande, die wir uns als kleine Kugeln vorstellen (Figur 1). Konstruiert man die Strahlengänge vieler parallel einfallender Strahlen gleicher Wellenlänge, so sieht man, daß

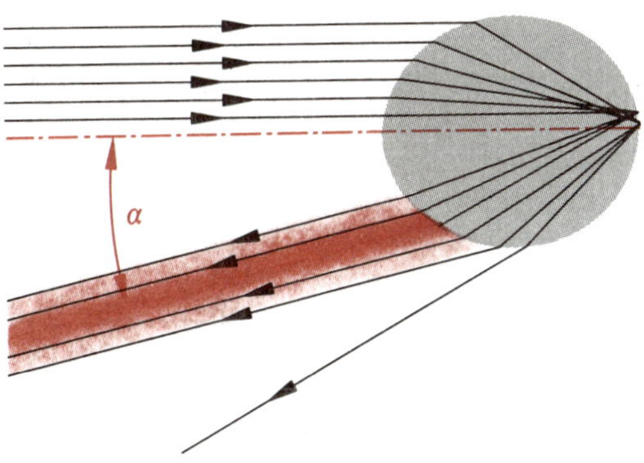

Regenbogen (Figur 1): Strahlengang in einem Tropfen (Schnitt) bei parallelem Lichteinfall, schematisch für eine Wellenlänge dargestellt

die ausfallenden Strahlen keineswegs auch parallel sind, sondern daß es ein oder zwei Ausfallrichtungen gibt, in denen die Lichtstrahlen den Tropfen bevorzugt verlassen. Die Ausfallwinkel erhöhter Intensität – relativ zur Einfallsrichtung gemessen – hängen von der Wellenlänge ab und betragen z. B. für rotes Licht 42,5 °, für blaues Licht 41 °. Alle Tropfen, die wir unter einem Winkel von 42,5 ° sehen, erscheinen daher intensiv rot, während wir die unter einem Winkel von 41 ° versammelten Tropfen leuchtend blau sehen. Dazwischen liegen die anderen Wellenlängen. Voraussetzung dabei ist, daß wir die Sonne im Rücken haben, denn die angegebenen Winkel beziehen sich auf die Einfallsrichtung der Sonnenstrahlen und sind Relativwinkel zwischen unserem Auge und dieser Einfallsrichtung. Daraus erklären sich Kreisform und ›Mitwandern‹ des Bogens.

Reibung

Wenn Sie einmal in ihrer Wohnung Möbel umgestellt haben, wissen Sie, welche Anstrengung nötig ist, um z. B. einen schweren Schrank zu rücken. Ganz allgemein gilt: Soll ein Körper unter Berührung eines anderen bewegt werden, muß Arbeit gegen Kräfte geleistet werden, die sich aus dieser Berührung ergeben. Letztlich handelt es sich dabei meist um dieselben molekularen Anziehungskräfte, die auch den Zusammenhang eines Festkörpers oder einer Flüssigkeit verursachen. Teilchen müssen beschleunigt werden (z. B. in Luft oder Flüssigkeiten), oder Bindungen müssen zerrissen werden (zwischen festen Körpern), wenn sich Materie gegeneinander bewegt. Die Kräfte, die dabei überwunden werden müssen, nennt man allgemein *Reibungskräfte.* Es ist eigentlich ganz erstaunlich, daß bei diesen komplizierten Vorgängen ziemlich einfache Gesetzmäßigkeiten auftreten, die man makroskopisch erfassen kann.

Reibung zwischen festen Körpern
Um diese Reibungskräfte zu messen, legt man einen Klotz auf eine Unterlage und versucht, ihn darauf zu ziehen, wobei man die Zugkraft mit einer Federwaage mißt (Figur 1). Solange die Zugkraft F unterhalb einer gewissen Grenze $F_{\text{Haft.}}$ bleibt, wird sich der Klotz überhaupt nicht bewegen. Wird F größer als $F_{\text{Haft.}}$, fängt der Klotz an, *beschleunigt* zu gleiten. Nun kann man die Zugkraft bis weit unter $F_{\text{Haft.}}$ senken, ohne daß der Klotz langsamer wird. Die Zugkraft $F_{\text{Gleit.}}$, die gerade ausreicht, die Geschwindigkeit konstant zu halten, ist – ganz grob – meist etwa halb so groß wie $F_{\text{Haft.}}$. Eigenartigerweise stellt sich heraus, daß bei dieser ›trockenen‹ oder *Coulomb-Reibung* die beiden Grenzwerte $F_{\text{Haft.}}$ und $F_{\text{Gleit.}}$, die wir *Haftreibungs-* und *Gleitreibungskraft* nennen, zwar der Auflagekraft proportional sind, aber *nicht* vom Auflagedruck abhängen, jedenfalls solange der Druck nicht so groß wird, daß der Klotz die Unterlage merklich deformiert. Man kann dies leicht zeigen, indem man wie in Figur 1 den Klotz einmal mit seiner Breitseite (Auflagekraft = Gewicht, kleiner Auflagedruck), das andere Mal hochkant stellt (großer Auflagedruck). Die gemessenen Werte für $F_{\text{Haft.}}$ und $F_{\text{Gleit.}}$ sind jedesmal gleich. Die Erklärung für dieses erstaunliche Phänomen liegt darin, daß die reibenden Flächen ›in Wirklichkeit‹ keine Ebenen sind, sondern eher einer zerklüfteten Hügellandschaft gleichen, wenn man sie mit dem Maßstab anschaut, der für die Reichweite der Molekülkräfte sinnvoll ist. Deshalb berührt der Klotz die Unterlage immer nur an drei Punkten ausreichend eng. Es ist daher gleichgültig, auf welcher Fläche er steht.
Wegen der Proportionalität der Reibung zur Normalkraft F_N (senkrecht zur Auflagefläche) läßt sich die Reibung in Form von dimensionslosen Zahlen, den *Reibungskoeffizienten* μ, ausdrücken:

$$F_{\text{Haft.}} = \mu_{\text{Haft.}} \cdot F_N; \quad F_{\text{Gleit.}} = \mu_{\text{Gleit.}} \cdot F_N. \qquad (1)$$

Auch die Reibungskräfte sind wie alle Kräfte Vektoren. Ihre Richtung ist der Bewegungsrichtung entgegengesetzt, d. h. sie ›bremsen‹. Wie bereits erwähnt, muß bei nahezu jeder Bewegung Arbeit gegen die Reibung geleistet werden, man steckt also dauernd Energie in die Bewegung. Sie wird bei der Coulomb-Reibung zum Abschleifen von Unebenheiten und zum Lösen molekularer Bindungskräfte verwendet, aber auch – siehe unten – zum Beschleunigen der berührten oder abgesprengten Teilchen. Dabei entsteht ungeordnete Bewegungsenergie, d. h. Wärme. Jeder kennt das: Gegeneinander reibende Teile werden heiß. Bremsen werden z. B. bei langer Talfahrt ständig benutzt und erhitzen sich manchmal bis zur Rotglut.

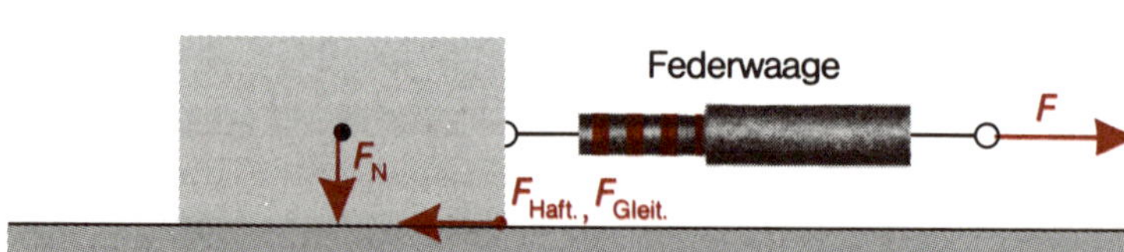

Reibung (Figur 1): Anordnung zur Messung von Reibungskräften mit einer Federwaage; $F_{\text{Haft.}}$ = Haftreibung vor Bewegung, $F_{\text{Gleit.}}$ = = Gleitreibung bei gleichmäßiger Bewegung

Der Unterschied zwischen Haft- und Gleitreibungszahl ($\mu_{Haft.} > \mu_{Gleit.}$) läßt sich dadurch erklären, daß ein bewegter Körper nicht mehr in alle Vertiefungen der Unterlage ›einrasten‹ kann. Deshalb kommen die molekularen Kräfte nicht mehr so zur Geltung wie beim ruhenden Körper.

Beispiel 1: Eine eindrucksvolle Demonstration von Haft- und Gleitreibung liefert ein Experiment, das jeder ohne Vorbereitung selbst durchführen kann. Ein beliebiges, mit einem Holzstiel versehenes Haus- oder Gartengerät, z. B. ein Besen, wird waagrecht auf die ausgestreckten Zeigefinger gelegt. Dann nähert man die beiden Zeigefinger einander, bis sie sich berühren. Dabei fällt der Besen nicht etwa von den Fingern herunter, sondern rutscht abwechselnd mal links, mal rechts, bis er auf der kleinen Unterlage, die von den sich berührenden Zeigefingern gebildet wird, immer noch stabil liegt. Die Erklärung ist nicht allzu schwierig: Zu Anfang sind die Auflagekräfte des Besens an beiden Fingern verschieden. In der Nähe der Bürste ist die Normalkraft größer als am Ende des Stiels. Bewegt man jetzt die Finger aufeinander zu, so ist auch die Haftreibung am Stielende kleiner als in Bürstennähe. Folglich gerät der Besen am Stiel ins Gleiten, und die Reibungskraft reduziert sich nochmals. Erst wenn man den gleitenden Finger so weit geschoben hat, daß die Gleitreibung dort wegen der immer mehr wachsenden Normalkraft größer wird als die Haftreibung am Bürstenende, kehren sich die Verhältnisse um. Das Spiel setzt sich solange fort, bis sich die beiden Auflagepunkte unter dem Schwerpunkt des Besens berühren.

Beispiel 2: Klettverschlüsse bestehen aus zwei Textilbändern. Eines ist mit vielen kleinen Häkchen besetzt, das andere besteht aus einer Art wolligem Filz. Drückt man die beiden Bänder zusammen, dringen die Häkchen in den Filz ein und sind nur mit Gewalt und senkrecht zueinander wieder zu trennen. In tangentialer Richtung ist der Haftreibungskoeffizient eines Klettverschlusses so groß, daß eher der Stoff zerreißt, als daß sich der Verschluß öffnet.

Beispiel 3: Für den Kofferraum von Autos gibt es seit einiger Zeit sog. *Anti-Rutschmatten.* Sie sind aus einer Art weichem Gummi, der sich – solange er trokken und staubfrei ist – den daraufgelegten Gegenständen so anschmiegt, daß sie in tangentialer Richtung praktisch nicht zu bewegen sind.

Die Unabhängigkeit der Reibungskräfte vom Auflagedruck findet ihre Grenze bei sehr hohen Drücken, d. h. bei so kleiner Auflagefläche, daß durch den Druck Vertiefungen entstehen. Beispiele dafür sind Bremsspitzen bei Bobschlitten oder auch sehr spitze Absätze von Damenschuhen auf Holzparkett.

Rollreibung

Ein rollendes Rad gleitet nicht auf seiner Unterlage. Die Relativbewegung zwischen Radfläche und Unterlage findet vielmehr stets *senkrecht* zu beiden Flächen statt, obwohl sich die Radachse tangential zum Boden bewegt (Figur 2). Deshalb sind bei mäßigen Auflagekräften nur die Molekularkräfte an drei Berührungspunkten (siehe Haftreibung) zu überwinden, Verhakungen finden nicht statt. Dementsprechend ist die Rollreibungszahl im Idealfall nahezu Null, praktisch 10- bis 100mal kleiner als die Haftreibungszahl. Verwendet man möglichst harte Räder und eine harte Unterlage, so wird $\mu_{Roll.}$ sogar kleiner als $0{,}001 \cdot \mu_{Haft.}$. Dies ist bei Eisenbahnen auf gerader Strecke der Fall. Bei Fahrzeugen setzt sich der Reibungswiderstand jedoch aus vielen Komponenten zusammen. Die

Achslagerung kann ebenfalls in rollender Reibung ausgeführt werden (Kugellager, Wälzlager) und ist daher ebenfalls widerstandsarm. Hinzu kommt aber noch die Getriebereibung (allgemein die Reibung in der ›Kraftübertragung‹). Man rechnet deshalb mit der Fahrwiderstandszahl μ_F, wenn man die Kraftverluste bei der Bewegung von Fahrzeugen betrachtet. Außerdem ist der Luftwiderstand zu berücksichtigen.

Beispiel: Die Lenkbarkeit eines Autos durch die Vorderräder ist lediglich durch den Unterschied zwischen Haftreibung und Rollreibung gegeben. Das Fahrzeug bewegt sich in Rollrichtung wesentlich leichter als senkrecht dazu. Diese Lenkbarkeit geht verloren, wenn die Räder *blockieren.* Dann nämlich tritt anstelle der Roll- oder Haftreibung die Gleitreibung, und diese ist nach allen Seiten gleich groß. Es ist dann gleichgültig, wie die Räder stehen, das Fahrzeug rutscht in die Richtung, in die es äußere Kräfte (Trägheitskräfte) treiben. Aus ähnlichen Gründen bringt auch ein ›Kavaliersstart‹ mit durchdrehenden Antriebsrädern durchaus nicht den gewünschten Effekt, nämlich eine möglichst große Beschleunigung. Die Antriebsräder können nur dann die größtmögliche Kraft des Motors auf die Straße übertragen, wenn sie haften. Die Regeln, die jeder Fahrschüler lernt, finden so ihre physikalische Erklärung.

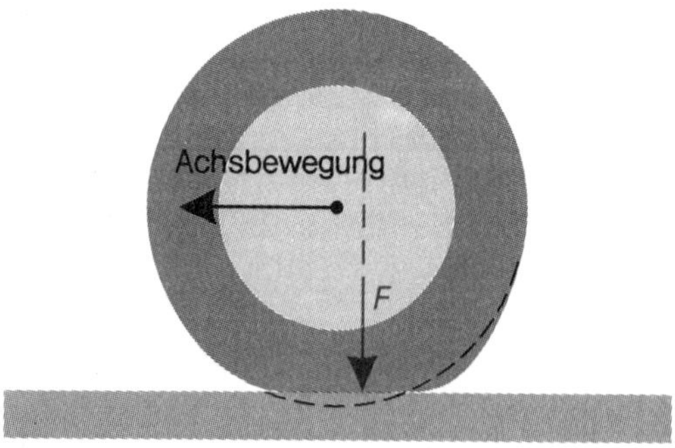

Reibung (Figur 2): Bei der Rollreibung erzeugt die Haftung an der deformierten Fläche des Rades eine Kraft *F,* die zwar senkrecht zur Bewegungsrichtung steht (keine Arbeit!), deren Wirkungslinie aber *nicht* durch den Schwerpunkt geht. Deshalb entsteht ein nach rückwärts wirkendes Drehmoment, das der Vorwärtsbewegung des Rades entgegenwirkt.

Reibung zwischen festen Körpern und Fluiden

Unter *Fluiden* versteht man Flüssigkeiten und Gase, weil sie sich in vieler Beziehung ähnlich verhalten. Bewegt sich ein fester Körper durch ein Fluid, so hängt von den Größenverhältnissen und der Relativgeschwindigkeit ab, was passiert. Wenn man das → Stokessche Gesetz anwenden kann (kleine Geschwindigkeiten, laminare Umströmung ohne Abriß der Stromlinien), so ist die Reibungskraft der Relativgeschwindigkeit und außerdem der Zähigkeit des Fluids proportional (→ Viskosität). In diesem Fall spricht man von *Stokesscher Reibung.* Übersteigt die Relativgeschwindigkeit oder die Größe des Körpers eine Grenze, die durch die *Reynoldssche Zahl* (→ Aerodynamik) gegeben ist, überwiegen Reibungskräfte, die durch die Beschleunigung von Fluid-Teilchen gegeben sind. Da die Bewegungsenergie proportional v^2 ist, gilt dies auch für die dann einsetzende *Newtonsche Reibung.* Bei all diesen Vorgängen ist es prinzipiell gleichgültig, ob sich der feste Körper oder das Fluid bewegt. Beispiele für Stokessche Reibung sind die Fische oder Unterseeboote. Für den Luftwiderstand von Fahrzeugen oder auch den Eintritt von Raumfähren in die Atmosphäre gilt dagegen die Newtonsche Reibung.

Schmierung

Die Reibung zwischen festen Körpern läßt sich drastisch vermindern, wenn man ein Schmiermittel zwischen die reibenden Flächen gibt, d. h. im allgemeinen eine

Flüssigkeit, meist ein Öl. Die Reibungszahl vermindert sich – als Faustregel – gegenüber der Gleitreibungszahl um etwa den Faktor 10. Außerdem ist sie geschwindigkeitsabhängig wie die anderen Reibungszahlen im Zusammenhang mit Flüssigkeiten, nimmt aber nur mit $\sqrt{v}$ zu. Man verwendet die Schmierung überall dort, wo Rollkörper nicht angebracht werden können, also in allen Gleitlagern, den Zylindern von Motoren usw. Eine höchst unerwünschte Schmierung tritt bei *Glatteis* auf. Wäre das Eis *trocken,* so hätte es einen ähnlichen Haftreibungskoeffizienten gegen Schuhsohlen oder Autoreifen wie andere Feststoffe auch. Es ist aber naß, und selbst trockenes Eis schmilzt unter dem Druck des darauf lastenden Fahrzeuges an. Daher kommt es zu einer Flüssigkeitsschmierung, mit den bekannten Folgen, die uns jeder Winter aufs neue beschert. Übrigens ist auch das leichte Gleiten von Schlittschuhen auf dem Eis auf diese Wasserschmierung zurückzuführen, die durch den Druck der Kufen auf das Eis entsteht (→ Regelation). Einige Anhaltswerte für Reibungszahlen gibt die Tabelle.

Material	μ_{Haft} trocken	μ_{Haft} geschmiert	μ_{Gleit} trocken	μ_{Gleit} geschmiert
Stahl auf Stahl	≈ 0,7	≈ 0,08	≈ 0,4	≈ 0,07
Reifen auf Straße mit festem Belag	≈ 0,6	≈ 0,3	≈ 0,4	≈ 0,2
Reifen auf Eis (−20 °C)	≈ 0,2		≈ 0,1	
Reifen auf Eis (0 °C)		≈ 0,02		≈ 0,01
Holz auf Holz	≈ 0,6		≈ 0,4	

Tabelle: Haft- und Gleitreibungskoeffizienten für einige Materialien

Reibungselektrizität

Jeder kennt das unangenehme Gefühl, das ein Funken auslöst, wenn er von der Fingerspitze auf ein Metallteil, z. B. eine Türklinke, überspringt. Man hat bestimmte Schuhe an, läuft damit über einen bestimmten Bodenbelag – und ist ›aufgeladen‹. Diese *Reibungselektrizität (Triboelektrizität)* ist schon lange bekannt. Sie gehörte zu den ersten elektrischen Erscheinungen, die den Menschen als solche aufgefallen sind. R. tritt auch auf, wenn man z. B. einen Glasstab durch ein Katzenfell zieht. Die Ladung, die sich dann auf dem Glasstab befindet, kann man leicht mit einem → Elektrometer nachweisen. Sie entsteht nicht eigentlich durch die Reibung, sondern durch die innige Berührung zweier verschiedener Stoffe, deren Elektronen unterschiedlich stark gebunden sind. Natürlich unterstützt das Reiben den engen Kontakt, aber man darf sich nicht etwa ein ›Abstreifen‹ von Elektronen dabei vorstellen. Der Elektronenübergang erfolgt viel schneller als jedes mechanische Abstreifen, und der Ladungsübergang geschieht, um die unterschiedlichen Potentiale auszugleichen, die bei der Berührung wirksam werden (→ Thermoelektrizität).

Rekombination

Unter einer Rekombination (lat.; dt. Wiedervereinigung) versteht man den Zusammentritt von Elektron und Ion zu einem neutralen Atom nach einer vorangegangenen Ionisierung.

Relativitätstheorie

Die von *Albert Einstein* (1879–1955) zu Anfang dieses Jahrhunderts konzipierte R. befaßt sich mit der Transformation physikalischer Größen (Länge, Zeit, Impuls, Energie, aber auch Ladung, elektrisches und magnetisches Feld usw.) von einem Beobachtungssystem in ein anderes. Insbesondere die *Zeit* war vor Einführung der R. als absolute, über jedes Bezugssystem erhabene Größe betrachtet worden. Nun zeigt es sich, daß sie vom Bezugssystem abhängig ist, d. h. relativ zu einem solchen System gesehen werden muß. Diese Tatsache hat der R. ihren Namen gegeben – und damit viele Irrtümer ausgelöst (›alles ist relativ‹).

Einstein hat zunächst in seiner *speziellen* R. die Transformationen zwischen sog. *Inertialsystemen* behandelt. Darunter versteht man Systeme, die sich geradlinig gleichförmig bewegen, wie eine Masse, die man sich selbst überläßt und auf die keine äußeren Kräfte wirken. Später hat er erkannt, daß man gleichmäßig beschleunigte Systeme von Systemen in einem Gravitationsfeld nicht unterscheiden kann. Die Konsequenzen aus diesem Gedanken sind Gegenstand der *allgemeinen Relativitätstheorie,* die demnach eher eine Theorie der Gravitation ist.

Voraussetzungen der speziellen Relativitätstheorie

Die *Newtonsche, klassische Mechanik* postuliert einen absoluten Raum und eine gleichmäßig fließende, absolute Zeit, in denen sich alle Naturvorgänge abspielen. Wenn sich daher zwei Systeme mit einer konstanten Geschwindigkeit gegeneinander bewegen, so geht der ›gesunde Menschenverstand‹ davon aus, daß sich alle Vorgänge von dem einen ins andere System transformieren lassen, indem man den Weg $v \cdot t$ in Rechnung stellt, den das eine System während der Zeit t gegen das andere System zurückgelegt hat. Ich wähle zur Erläuterung ein bereits von Einstein selbst benutztes anschauliches Beispiel, um diesen Sachverhalt klarzumachen. Das ruhende System K soll die Erdoberfläche sein. Dabei sehen wir zunächst sowohl von der Erdkrümmung ab als auch von der Bewegung der Erde.

Alle Orte (in einem gewissen Umkreis) geben wir in kartesischen Koordinaten (x, y, z) an, wobei wir als Nullpunkt einen Kilometerstein an einem Bahndamm wählen und die x-Achse in Richtung der Schienen legen. Das bewegte System soll mit einem Zug verbunden sein, der mit konstanter Geschwindigkeit v auf diesen Schienen fährt. Der Nullpunkt dieses Koordinatensystems ist mit der Lokomotive fest verbunden. Ein mitfahrender Physiker gibt alle Orte ebenfalls in kartesischen Koordinaten (x', y', z') an und legt die x'-Achse ebenfalls in Schienenrichtung. Für den *Physiker am Bahndamm* ist die Welt in Ruhe, nur der Zug bewegt sich für ihn längs der x-Richtung mit der Geschwindigkeit v. Für den *Physiker im Zug* dagegen ist der Zug in Ruhe. Dafür bewegt sich die ganze Umgebung um den Zug herum mit der Geschwindigkeit $-v$ in Richtung der x'-Achse. Wenn im Augenblick $t = 0$ die Nullpunkte beider Systeme übereinstimmen, d. h. die Lokomotive gerade an dem speziellen Kilometerstein vorüberfährt (Figur 1), so müssen folgende Umrechnungsformeln zwischen den Koordinaten (x, y, z) und (x', y', z') sowie zwischen der Zeit t (am Bahndamm) und der Zeit t' (im Zug) gelten:

$$\begin{aligned} x' &= x - v \cdot t; \\ y' &= y; \\ z' &= z; \\ t' &= t. \end{aligned} \qquad (1)$$

Diese sog. *Galilei-Transformation* ist nach *Galileo Galilei* (1564–1642) benannt, und man fragt sich, weshalb man wegen einer solchen ›Selbstverständlichkeit‹ einen derartigen Aufwand treibt. Die Antwort

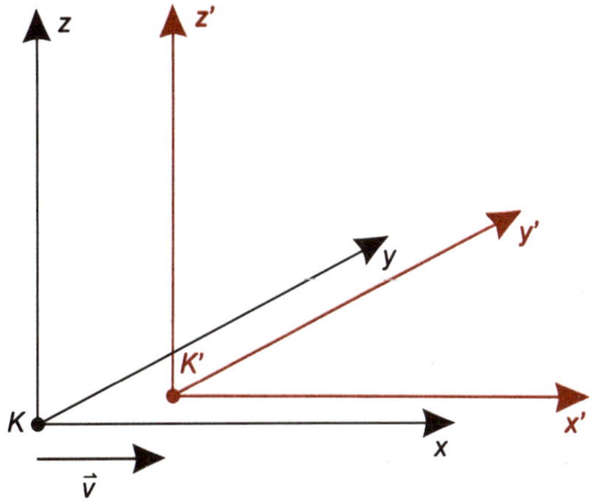

Relativitätstheorie (Figur 1): Das System *K* soll mit dem Bahndamm, das System *K'* mit dem rollenden Zug fest verbunden sein.

ist ebenso einfach wie unglaublich: Es hat sich herausgestellt, daß die Galilei-Transformation den tatsächlichen Gegebenheiten nicht entspricht. Wenn man am Bahndamm einen Lichtblitz zündet, der den Zug von hinten her überholt, und die Ausbreitungsgeschwindigkeit des Lichts mißt, so findet der Physiker am Bahndamm natürlich die Lichtgeschwindigkeit *c*, während der Physiker im Zug nach Gleichung (1) die etwas kleinere Geschwindigkeit $c' = c - v$ erwartet. Er mißt aber dieselbe Geschwindigkeit wie sein Kollege am Bahndamm. Kehrt man das Experiment um und zündet den Lichtblitz im fahrenden Zug, so messen wieder *beide* Beobachter dieselbe Lichtgeschwindigkeit *c*. Diese Aussage widerspricht der Anschauung so sehr, daß ich etwas näher auf das Experiment eingehen will, dessen Ergebnis sie war. Es wurde zuerst von *Albert Abraham Michelson* (1852–1931) zusammen mit *Edward Williams Morley* (1838–1923) durchgeführt und ist als *Michelson-Morley-Versuch* bekannt. Um es zu verstehen, machen wir ein Gedankenexperiment mit Schallwellen. Da sich Schall in Luft als Medium ausbreitet, haben wir es jetzt mit drei Systemen zu tun, wobei das Schallausbreitungsmedium Luft relativ zum Bahndamm ruhen soll. Wenn der Physiker am Bahndamm die Schallgeschwindigkeit mißt, findet er in jeder Raumrichtung denselben Wert c_s. Ganz anders sein Kollege im Zug. Wir erlauben ihm eine offene Experimentierplattform, auf der er ebenfalls die Schallgeschwindigkeit messen soll. In Fahrtrichtung wird er dann den Wert $c_s - v$ finden, gegen die Fahrtrichtung $c_s + v$. Selbst *quer* zur Fahrtrichtung wird er nicht den Wert c_s messen, weil er den Schallsender etwas ›vorhalten‹ muß, um den Empfänger zu treffen, der sich ja inzwischen ein Stückchen bewegt hat. Aus Figur 2 liest man ab, daß quer zur Fahrtrichtung der Wert

$$c_s \cdot \sqrt{1 - \frac{v^2}{c^2}}$$

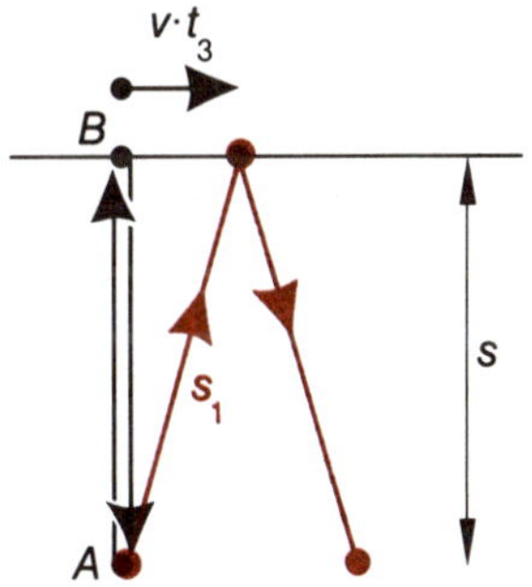

Relativitätstheorie (Figur 2): Ein Schallsignal, das im ruhenden System die Strecke $s = AB$ zurücklegt, benötigt dazu die Zeit $t_0 = s/c_s$ (c_s Geschwindigkeit des Schallsignals). Im bewegten System muß es (vom ruhenden System aus betrachtet) die etwas größere Strecke $s_1 = c_s \cdot t_3 = \sqrt{s^2 + v^2 \cdot t_3^2}$ bewältigen. Dazu benötigt es die Zeit t_3, und es gilt die Beziehung $c_s^2 \cdot t_3^2 = s^2 + v^2 \cdot t_3^2$, oder anders ausgedrückt: $t_3 = s/\sqrt{c_s^2 - v^2}$. Für den mitbewegten Beobachter beträgt die gemessene Schallgeschwindigkeit dagegen $s/t_3 = \sqrt{c_s^2 - v^2}$.

herauskommt. Nun messen wir zwei genau gleich lange Strecken s ab, eine in Fahrtrichtung und eine senkrecht dazu, deren Enden wir mit einem Reflektor versehen. Ein Schallsignal soll gleichzeitig in beide Richtungen loslaufen, reflektiert werden und wieder zum Ausgangspunkt zurückkommen, und wir wollen dann sehen, ob sie zur gleichen Zeit eintreffen. Stellen wir das Gerät am Bahndamm auf, so messen wir als Zeitdifferenz Δt zwischen den beiden Schallwegen natürlich Null, denn die Schallgeschwindigkeit ist ja in allen Richtungen gleich groß. Machen wir aber dasselbe Experiment auf dem Zug, dann wird die Sache unübersichtlicher, wir müssen das Ergebnis ausrechnen. Das Signal in Fahrtrichtung braucht die Zeit

$$t_1 = \frac{s}{c_s - v};$$

gegen die Fahrtrichtung erhalten wir

$$t_2 = \frac{s}{c_s + v}.$$

Quer zur Fahrtrichtung dagegen ist

$$t_3 = \frac{s}{c_s} \cdot \frac{1}{\sqrt{1 - \frac{v^2}{c_s^2}}}$$

und zwar in beiden Richtungen. Die Zeitdifferenz zwischen den beiden Wegen beträgt also

$$\Delta t = t_1 + t_2 - 2t_3 =$$

$$= s \cdot \left(\frac{1}{c_s - v} + \frac{1}{c_s + v} - \frac{2}{c_s \cdot \sqrt{1 - \frac{v^2}{c_s^2}}} \right).$$

Diese Zeitdifferenz ist aber *nicht* Null. Wir errechnen eine Näherung Δt für den Fall, daß v wesentlich kleiner ist als c_s (Züge fahren wesentlich langsamer, als sich der Schall ausbreitet). Dazu ziehen wir $1 / c_s$ aus der Klammer heraus:

$$\Delta t = \frac{s}{c_s} \cdot \left(\frac{1}{1 - \frac{v}{c_s}} + \frac{1}{1 + \frac{v}{c_s}} - 2 \cdot \frac{1}{\sqrt{1 - \frac{v^2}{c_s^2}}} \right).$$

Da v / c_s wesentlich kleiner als 1 ist, dürfen wir die Reihenentwicklung der einzelnen Brüche in guter Näherung schon nach dem quadratischen Glied abbrechen:

$$\frac{1}{1 - \frac{v}{c_s}} \approx 1 + \frac{v}{c_s} + \frac{v^2}{c_s^2};$$

$$\frac{1}{1 + \frac{v}{c_s}} \approx 1 - \frac{v}{c_s} + \frac{v^2}{c_s^2};$$

$$\frac{2}{\sqrt{1 - \frac{v^2}{c_s^2}}} \approx 2 \cdot \left(1 + \frac{1}{2} \cdot \frac{v^2}{c_s^2}\right) = 2 + \frac{v^2}{c_s^2}.$$

Zusammengefaßt ergibt sich:

$$\Delta t \approx \frac{s}{c_s} \cdot \frac{v^2}{c_s^2}. \qquad (2)$$

Mit Hilfe dieses Experiments kann der Physiker also feststellen, ob das Medium der Schallausbreitung, die Luft, in seinem Beobachtungssystem ruht oder nicht, denn im ersten Fall erhält er die Zeitdifferenz Null wie der Physiker am Bahndamm, im zweiten Fall dagegen tritt eine Zeitdifferenz nach Gleichung (2) auf wie beim Experiment auf dem fahrenden Zug.

Das *Licht* breitet sich wie der Schall als Welle aus, wobei allerdings nicht die Luft schwingt, sondern das elektromagnetische Feld. Entsprechend zum Schall nahm man auch für das Licht ein Ausbreitungsmedium an, den *Äther*. Dabei entstanden bald große Schwierigkeiten, denn der Äther mußte hochelastisch sein, wenn er die hohe Ausbreitungsgeschwindigkeit des Lichts erklären sollte. Gleichzeitig mußte er aber von verschwindender materieller Dichte sein, sonst könnten ihn die Gestirne und Planeten nicht so ungehindert durchqueren, wie sie es ganz offensichtlich tun. Michelson und Morley versuchten mit ihrem Experiment herauszufinden, ob sich dieser Äther relativ zur Erde bewegt. Sie bauten einen Apparat, mit dem sie die Laufzeitdifferenz zweier Lichtwellen messen konnten. Er sieht prinzipiell genauso aus wie das bereits beschriebene Experiment mit Schallwellen. Die Reflektoren sind Spiegel, und die Zeitdifferenz Δt wird als *Phasendifferenz* der Lichtwellen gemessen, d. h. als Verschiebung der Interferenzstreifen, die bei der Überlagerung der beiden Teilwellen entstehen (Figur 3). Diese Verschiebung müßte auftreten, wenn man die Apparatur um 90° dreht, wenn also einmal der eine, dann der andere Lichtweg im ›Ätherwind‹ steht. Da sich die Erde mit etwa 30 km pro Sekunde um die Sonne bewegt, ergibt sich (bei einem im Weltall ruhenden Äther und der Lichtgeschwindigkeit $c \approx 300\,000$ km/s) eine Zeitdifferenz von $\Delta t = (10^{-4})^2 \cdot s/c$.

Macht man die Lichtwege je 3 m lang, so erhalten wir schließlich $\Delta t = 10^{-16}$ Sekunden. Das ist zwar nur ein kleiner Wert, da aber die Frequenz des Lichts sehr hoch ist, z. B. für rotes Licht von 600 nm Wellenlänge bei etwa $5 \cdot 10^{14}$ Hz liegt, erzeugt die angegebene Zeitdifferenz eine Verschiebung der Wellenlänge von immerhin $1/20$ der Wellenlänge. Eine derartige Verschiebung liegt weit innerhalb der Meßgenauigkeit und muß unter allen Umständen registriert werden – wenn sie existiert.

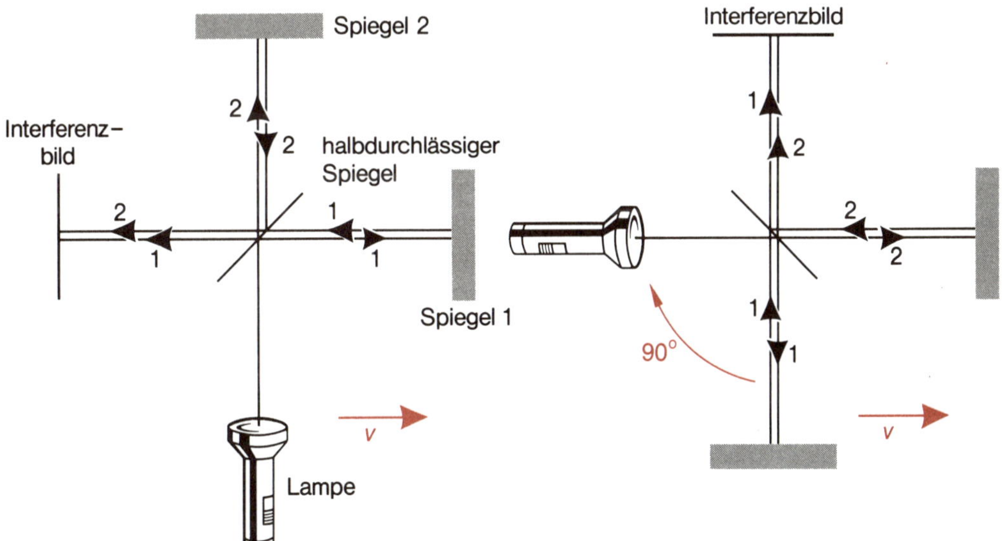

Relativitätstheorie (Figur 3): Aufbau des Experiments von *Michelson* und *Morley;* in der *linken* Stellung der Apparatur haben die beiden Teilstrahlen 1 und 2 eine Zeitdifferenz Δt, die zu einer bestimmten Interferenzfigur führt. Bei einer Drehung der Apparatur um 90° *(rechts)* vertauschen die Teilstrahlen 1 und 2 ihre Lage bezüglich der Bewegungsrichtung; die Interferenzfigur müßte bei ruhendem Ausbreitungsmedium eine Verschiebung um $2\Delta t$ aufweisen.

Das Experiment wurde nicht nur von Michelson und Morley, sondern noch von vielen anderen Experimentatoren durchgeführt, zu jeder Tages- und Nachtzeit, zu allen Jahreszeiten und sogar mit Sternenlicht. Das Ergebnis war immer dasselbe: *keine Relativbewegung des Äthers,* die Lichtgeschwindigkeit ist auch in unserem bewegten Erdsystem *isotrop.* Auf unser Zugexperiment übertragen: Wenn am Bahndamm eine Lampe steht, und der Physiker am Bahndamm mißt die Lichtgeschwindigkeit, so mißt er *c.* Der Physiker im fahrenden Zug findet für die Geschwindigkeit *desselben* Lichtes wiederum *c.* Stellen sie die Lampe in den fahrenden Zug, so messen sie wieder *beide* dieselbe Lichtgeschwindigkeit. Unglaublich, aber wahr: Die Lichtgeschwindigkeit hat in allen gleichförmig-geradlinig zueinander bewegten Systemen denselben Wert, gleichgültig, wo die Lichtquelle sitzt. Dieses Ergebnis ist mit der bisher als gültig betrachteten Galilei-Transformation nicht vereinbar. Man muß nach einer neuen Transformationsformel suchen, die diesem experimentellen Befund gerecht wird.

Die Lorentz-Transformation

Die Physiker stellen dabei ein Prinzip in den Vordergrund, das eine grundsätzliche Symmetrie des Universums ausdrückt. Offenbar ist es ja nicht möglich, ein ausgezeichnetes Bezugssystem durch physikalische Messungen zu finden, das man als *absolut ruhend* bezeichnen könnte. Wenn man einen ruhenden Äther hätte nachweisen können, wäre er dieses System gewesen. Nachdem aber alle Versuche fehlgeschlagen sind, muß man sich wohl mit der Formulierung des *Relativitätsprinzips* zufriedengeben. Es lautet: Alle Naturgesetze sind gleich in Systemen, die sich gleichförmig-geradlinig gegeneinander bewegen. Jedes System kann mit gleicher Berechtigung als ruhend angesehen werden. Alle überhaupt meßbaren Geschwindigkeiten sind daher *Relativgeschwindigkeiten.*

Nimmt man noch das experimentell gesicherte Prinzip von der Konstanz der Lichtgeschwindigkeit in *allen* diesen Systemen hinzu, sind sämtliche Voraussetzungen für eine neue Theorie gegeben.
Die Galilei-Transformation von Gleichung (1) gilt nicht mehr. Als nächst einfachen Ansatz versuchen wir

$$x' = \alpha \cdot (x - v \cdot t). \qquad (3)$$

Dabei gehen wir wieder von zwei Systemen K und K' aus, die sich längs der x- bzw. x'-Achse gegeneinander bewegen. Wegen des Relativitätsprinzips muß die Rücktransformation ganz genauso aussehen, nur ist v durch $-v$ zu ersetzen, denn von K' aus gesehen bewegt sich K rückwärts:

$$x = \alpha \cdot (x' + v \cdot t'). \qquad (4)$$

Die Konstanz der Lichtgeschwindigkeit führt auf die Gleichungen:

$$x = c \cdot t \text{ und } x' = c \cdot t', \qquad (5)$$

wobei in beiden Gleichungen *dieselbe* Lichtgeschwindigkeit c steht. Sie beschreiben die Koordinaten eines Lichtsignals, das zur Zeit $t = t' = 0$ im Koordinatenursprung startet und sich sowohl in K wie in K' mit der Geschwindigkeit c ausbreitet. Setzt man x bzw. x' aus den Gleichungen (5) in die Gleichungen (3) und (4) ein, so ergibt sich

$$c \cdot t' = \alpha \cdot (c \cdot t - v \cdot t) \text{ bzw.}$$

$$t' = \alpha \cdot \left(1 - \frac{v}{c}\right) \cdot t. \qquad (6a)$$

und $c \cdot t = \alpha \cdot (c \cdot t' + v \cdot t')$ bzw.

$$t = \alpha \cdot \left(1 + \frac{v}{c}\right) \cdot t'. \qquad (6b)$$

Wir machen nun eine Zeit-Rücktransformation, indem wir t' aus Gleichung (6a) in (6b) einsetzen:

$$t = \alpha \cdot \left(1 + \frac{v}{c}\right) \cdot \alpha \cdot \left(1 - \frac{v}{c}\right) \cdot t.$$

Da jetzt links und rechts dasselbe t vorkommt, muß der Faktor auf der rechten Seite der Gleichung eins sein:

$$\alpha^2 \cdot \left(1 + \frac{v}{c}\right) \cdot \left(1 - \frac{v}{c}\right) = 1$$

$$\text{bzw. } \alpha^2 = \frac{1}{1 - \frac{v^2}{c^2}},$$

oder schließlich:

$$\alpha = \frac{1}{\sqrt{1 - \frac{v^2}{c^2}}}. \qquad (7)$$

Damit haben wir die Formel für die Ortstransformation bereits abgeleitet:

$$x' = \frac{x - v \cdot t}{\sqrt{1 - \frac{v^2}{c^2}}}.$$

Die Zeittransformation ergibt sich durch Einsetzen von x' in den zweiten Ausdruck von Gleichung (5), nachdem man sie nach t' aufgelöst hat:

$$t' = \frac{x'}{c} = \frac{\frac{x}{c} - \frac{v}{c} \cdot t}{\sqrt{1 - \frac{v^2}{c^2}}},$$

oder mit $\frac{x}{c} = t$:

$$t' = \frac{t - \frac{v}{c^2} \cdot x}{\sqrt{1 - \frac{v^2}{c^2}}}.$$

Die beiden anderen Ortskoordinaten transformieren sich ohne Änderung: $y = y'$ und $z = z'$, wenn die Bewegung längs der x-Achse erfolgt. Es ist leicht einzusehen, daß man bei jeder Relativbewegung zwei Koordinatensysteme K und K' so einführen kann, daß die Bewegung längs der x-x'-Achse erfolgt. Sollte in einem der beiden Systeme eine andere Lage der Koordinaten praktischer sein, so muß man sie innerhalb K oder K' durch eine rein geometrische Transformation herstellen, indem man je nach den Erfordernissen eine Drehung oder Spiegelung durchführt. Ich verzichte darauf, um den ohnehin komplizierten Sachverhalt durch umfangreichere Formeln nicht unübersichtlicher zu machen. Die neue Transformation, die sowohl dem Relativitätsprinzip wie auch der Konstanz der Lichtgeschwindigkeit Rechnung trägt, lautet also:

$$x' = \frac{x - v \cdot t}{\sqrt{1 - \frac{v^2}{c^2}}}; \qquad x = \frac{x' + v \cdot t'}{\sqrt{1 - \frac{v^2}{c^2}}};$$

$$y' = y; \qquad y = y';$$

$$z' = z; \qquad z = z'; \qquad (8)$$

$$t' = \frac{t - \frac{v}{c^2} \cdot x}{\sqrt{1 - \frac{v^2}{c^2}}}; \qquad t = \frac{t' + \frac{v}{c^2} \cdot x'}{\sqrt{1 - \frac{v^2}{c^2}}}.$$

Diese Transformation ist unter dem Namen *Lorentz-Transformation* bekannt.

Hendrik Lorentz (1853–1928) hat sie im Zusammenhang mit der Theorie elektromagnetischer Felder schon vor Einstein entwickelt, aber erst Einstein erweiterte sie in seiner speziellen Relativitätstheorie auf *alle* Naturgesetze und zog vor allem die verblüffenden Schlußfolgerungen, die ich im folgenden darlegen werde.
Zuerst stellen wir fest, daß merkliche Abweichungen von der Galilei-Transformation nur zu erwarten sind, wenn die Geschwindigkeit zwischen den beiden Systemen sich der Lichtgeschwindigkeit nähert. Der Alltagsbereich – selbst schnellste Überschallflugzeuge ($v = 3600\,\text{km/h} = 1000\,\text{m/s}$) eingeschlossen – verändert die Galilei-Transformation nur um den Faktor $\alpha \approx 1 + 5 \cdot 10^{-12}$. Nur die empfindlichsten Meßmethoden können Zeitänderungen dieser Dimension gerade noch erfassen. Selbst für Relativgeschwindigkeiten von 0,1 c ($\approx 30\,000$ km pro Sekunde!) wird α erst etwa 1,005, d. h., auch bei so hohen Geschwindigkeiten gilt die Galilei-Transformation immer noch in sehr guter Näherung. Große Teilchenbeschleuniger allerdings erreichen nahezu Lichtgeschwindigkeit. Besonders Elektronen lassen sich ohne weiteres auf mehr als 99% der Lichtgeschwindigkeit beschleunigen, und dann sind die nun folgenden Konsequenzen aus der Relativitätstheorie nicht nur nachweisbar, sondern von größter Bedeutung.

Folgerungen aus der Lorentz-Transformation

Wir versetzen uns wieder in die Rolle des Bahndamm-Physikers und messen *vom Bahndamm aus* einige fundamentale Gegebenheiten *im Zug*. Als erstes messen wir die Länge eines Meterstabes. Um die Rechnung zu vereinfachen, wählen wir als Zeitpunkt der Messung $t = 0$ und lassen den Stab im Zug so legen, daß er von $x_0{}' = 0$ bis $x_1{}' = 1$ reicht.

Transformieren wir nun mit Hilfe der Gleichung (8) diese beiden Koordinaten ins Bahndammsystem K, so erhalten wir

$$x_0 = x_0{}' \cdot \sqrt{1 - \frac{v^2}{c^2}} + v \cdot t = 0 + 0 = 0$$

$$\text{und } x_1 = x_1{}' \cdot \sqrt{1 - \frac{v^2}{c^2}} + v \cdot t =$$

$$= 1 \cdot \sqrt{1 - \frac{v^2}{c^2}} + 0 = \sqrt{1 - \frac{v^2}{c^2}}\,.$$

Natürlich nehmen wir nicht die Rücktransformationsformel von Gleichung (8), weil wir ja über t' nichts wissen. Messen wir also im Bahndammsystem zum Zeitpunkt $t = 0$ die Koordinatendifferenz 1 am vorbeifahrenden Zug, so erhalten wir *nicht* ebenfalls 1, sondern den etwas kleineren Wert $\sqrt{1 - v^2/c^2}$. Je schneller der Zug fährt, desto kürzer wird für uns am Bahndamm der Meterstab im Zug und damit der Zug selbst! Man hat dieser Erscheinung den Namen *Lorentz-Kontraktion* gegeben, weil Lorentz sie für elektrische Ladungen schon vor Einstein postuliert hatte. Sie gilt aber für *alle* bewegten Längen in Bewegungsrichtung.

Es ist schon befremdlich genug, daß bewegte Maßstäbe oder Züge kürzer sein sollen, aber es kommt noch dicker: Auch Uhren verhalten sich im Zug anders als am Bahndamm, wenn wir sie *vom Bahndamm aus* beobachten. Dazu setzen wir eine Uhr in den Zug – der Einfachheit halber an die Stelle $x' = 0$ – und rechnen aus, was die Uhr am Bahndamm anzeigt, wenn die Zuguhr die Zeiten $t_0{}' = 0$ und $t_1{}' = 1$ anzeigt. Da wir alle mit Strich versehenen Größen kennen, benutzen wir den vierten Ausdruck von Gleichung (8):

$$t_0 = \frac{0 + \frac{v}{c^2} \cdot 0}{\sqrt{1 - \frac{v^2}{c^2}}} = 0\,;$$

$$t_1 = \frac{1 + \frac{v}{c^2} \cdot 0}{\sqrt{1 - \frac{v^2}{c^2}}} = \frac{1}{\sqrt{1 - \frac{v^2}{c^2}}}\,.$$

Das Zeitintervall $t_1 - t_0$, vom Bahndamm aus gemessen, hat den Wert $\frac{1}{\sqrt{1 - \frac{v^2}{c^2}}}$, ist also größer als 1.

Mit anderen Worten: Die bewegte Uhr geht nach. Diese *Zeitdilatation* in bewegten Systemen ist offenbar ganz unabhängig von der Bauart der Uhr, gilt also für den radioaktiven Zerfall genauso wie für mechanische oder atomphysikalische Uhren oder für biologische Systeme. Man beobachtet sie heute in vielen physikalischen Vorgängen. Ein bekanntes Experiment betrifft die Lebensdauer der My-Mesonen. Sie entstehen in den obersten Schichten der Atmosphäre durch Kernreaktionen, die die kosmische Strahlung auslöst, und haben – im Ruhesystem – eine so kurze Lebensdauer, daß nur ganz wenige die Erdoberfläche erreichen würden, wenn nicht ihre ›innere Uhr‹ wegen ihrer großen Geschwindigkeit beträchtlich ›nachgehen‹ würde. Exakt formuliert: Da wir sie von unserem Ruhesystem aus beobachten, ist für uns ihre Lebensdauer vergrößert, man kann sie auch in Meereshöhe noch gut nachweisen.

Es ist klar, daß die geschilderten Effekte – Lorentz-Kontraktion und Zeitdilatation – noch weitere Konsequenzen haben. Eine betrifft die *Addition von Geschwindigkeiten.* Lassen wir in unserem Zug einen Schützen in Fahrtrichtung eine Gewehrkugel abfeuern und messen vom Bahndamm aus in geeigneter Weise die Geschwindigkeit dieser Kugel, so hätten wir vorher erwartet, daß die Zuggeschwindigkeit v sich einfach zur Kugelgeschwindigkeit w' addiert. Jetzt wissen wir: Das kann schon wegen der Längenkontraktion nicht zutreffen! Rechnen wir das Ergebnis also aus:

Im Zug gemessen hat die Gewehrkugel die Geschwindigkeit w', sie erfüllt demnach die Gleichung $x' = w' \cdot t'$, wenn sie zur Zeit $t' = 0$ am Ort $x' = 0$ abgefeuert wurde. Setzen wir den ersten und vierten Ausdruck von Gleichung (8) ein, erhalten wir eine Gleichung für x und t:

$$\frac{x - v \cdot t}{\sqrt{1 - \frac{v^2}{c^2}}} = w' \cdot \frac{t - \frac{v}{c^2} \cdot x\,,}{\sqrt{1 - \frac{v^2}{c^2}}}\,,$$

oder, da sich die Nenner wegheben:

$$x = v \cdot t = w' \cdot (t' = \frac{v}{c^2} x).$$

Fassen wir die Glieder mit t und die Glieder mit x jeweils zusammen, erhalten wir:

$$x \left(1 + \frac{w' \cdot v}{c^2}\right) = (v + w') \cdot t\,.$$

Daraus ergibt sich die Geschwindigkeit der Gewehrkugel relativ zum Bahndamm als

$$w = \frac{x}{t} = \frac{v + w'}{1 + \frac{w' \cdot v}{c^2}}\,. \qquad (9)$$

Dieses Überlagerungsgesetz für Geschwindigkeiten *muß* entstehen, wenn das Prinzip von der Konstanz der Lichtgeschwindigkeit wieder erhalten bleiben soll, das man ja mit der Lorentz-Transformation vorausgesetzt hat. Lassen wir nämlich den Zug mit Lichtgeschwindigkeit fahren und im Zug die Gewehrkugel ebenfalls mit Lichtgeschwindigkeit fliegen, so darf die Geschwindigkeit der Kugel, vom Bahndamm aus gemessen, wiederum nur die Lichtgeschwindigkeit erreichen. Überprüfen wir das, indem wir für v und w' jeweils c in Gleichung (9) einsetzen. Dann wird

$$w = \frac{c + c}{1 + \frac{c \cdot c}{c^2}} = \frac{2c}{2} = c.$$

Alle diese Folgerungen verlieren ihre Schrecken, wenn wir uns auf ›Alltagsgeschwindigkeiten‹ beschränken, aus denen wir ja schließlich unsere Kenntnisse hinsichtlich Bewegungsvorgängen erworben haben. Die im täglichen Leben auftretenden Geschwindigkeiten sind eben soviel kleiner als die Lichtgeschwindigkeit, daß es nur zu verständlich ist, wenn der Verstand die Folgerungen aus der speziellen Relativitätstheorie nicht sofort akzeptiert. Man muß sich erst klarmachen, daß das Licht keineswegs ›unendlich‹ schnell ist, auch wenn es uns so erscheint. Im Gegenteil, kosmisch betrachtet ist die Lichtgeschwindigkeit sogar ausgesprochen klein. Zurück zur Relativitätstheorie: für $v \ll c$ verschwinden alle Probleme: Der Ausdruck $\sqrt{1 - v^2/c^2}$ geht gegen 1, aus der Lorentz-Transformation wird die Galilei-Transformation, die Längenkontraktion wird ebenso wie die Zeitdilatation vernachlässigbar klein. Auch der Nenner von Gleichung (9) geht dann gegen 1, und wir haben wieder unsere gewohnte Geschwindigkeitsaddition vorliegen.

Relativistische Massen und Energien

Auf unseren idealisierten Bahngleisen können wir auch ein Stoßexperiment durchführen. Wenn wir z. B. zwei Waggons gleicher Masse (vom Bahndamm aus gemessen!) mit einander entgegengesetzter Geschwindigkeit aufeinander zurollen lassen, bis sie sich treffen und nach dem Stoß wieder auseinanderrollen, wird der Bahndammphysiker keine Zugkatastrophe registrieren (unsere Idealzüge machen so etwas nicht!), sondern folgendes: Er befindet sich in einem System, in dem der Schwerpunkt der beiden Waggons ruht (Figur 4). Relativ dazu rollen sie mit den Geschwindigkeiten v und $-v$, und nach dem Stoß rollen sie mit vertauschten Geschwindigkeiten auseinander. Im Bahndammsystem gelten sowohl der Impulssatz wie auch der Energiesatz, einfach aus Symmetriegründen (und im-

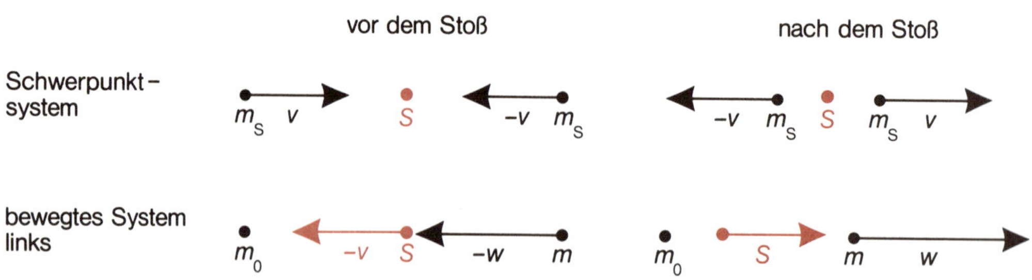

Relativitätstheorie (Figur 4): Beim symmetrischen elastischen Stoß mißt der Beobachter im Schwerpunktsystem gleiche Geschwindigkeiten v und $-v$, für den Beobachter im bewegten System aber hat zwar der Schwerpunkt die Geschwindigkeit v bzw. $-v$, der zweite Stoßpartner aber besitzt eine Geschwindigkeit, die kleiner ist als $2v$. Der bewegte Beobachter schließt deshalb auf eine Masse m, die größer sein muß als seine eigene Masse.

mer vorausgesetzt, die Puffer lassen einen idealen elastischen Stoß zu).
Für einen Physiker im linken Waggon stellt sich die Sache anders dar: Der Bahndamm bewegt sich mit $-v$ an ihm vorbei, und der andere Waggon rollt mit einer Geschwindigkeit auf ihn zu, die nicht $-2v$ beträgt, sondern nach der Additionsformel von Gleichung (9) für Geschwindigkeiten den Wert

$$-w = \frac{-2v}{1 + \frac{v^2}{c^2}}$$

hat. Nach dem Stoß sieht er den zweiten Waggon mit

$$w = \frac{2v}{1 + \frac{v^2}{c^2}}$$

davonrollen, während sich der Bahndamm mit $+v$ an ihm vorbeibewegt. Er weiß, daß ein Stoß stattgefunden hat, und er weiß auch, daß dieser Stoß symmetrisch gewesen sein muß, denn seine Relativgeschwindigkeit zum Bahndamm hat nur das Vorzeichen gewechselt. Da in seinem System wegen des Relativitätsprinzips der Impulssatz ebenfalls gilt, setzt er an:

$$m' \cdot w = (m_0 + m') \cdot v.$$

Dabei benutzt er für die Masse seines Waggons das Symbol m_0, für die des anderen Waggons aber m', denn nach seinen Messungen ist w kleiner als $2v$, folglich muß die Masse des anderen Stoßpartners sich von seiner unterscheiden. Wir lösen diese Gleichung nach w' auf:

$$m' \cdot w - m' \cdot v = m_0 \cdot v,$$

$$\text{oder } m' = \frac{v}{w - v} \cdot m_0.$$

Auch die Geschwindigkeitsformel

$$w = \frac{2v}{1 + \frac{v^2}{c^2}}$$

kann man etwas umformen zu

$$w \cdot \left(1 + \frac{v^2}{c^2}\right) = 2v.$$

Wir multiplizieren mit w und machen eine quadratische Ergänzung:

$$w^2 + \frac{w^2 \cdot v^2}{c^2} = 2v \cdot w \text{ bzw.}$$

$$w^2 - 2v \cdot w + v^2 + \frac{w^2 \cdot v^2}{c^2} - v^2 = 0.$$

Damit erhält man schließlich:

$$(w - v)^2 = v^2 \cdot \left(1 - \frac{w^2}{c^2}\right)$$

oder

$$w - v = v \cdot \sqrt{1 - \frac{w^2}{c^2}}.$$

Setzen wir diesen Ausdruck für $w - v$ oben ein, dann kürzt sich das v vor der Wurzel heraus, und es ergibt sich:

$$m' = \frac{m_0}{\sqrt{1 - \frac{w^2}{c^2}}}.$$

Diese Gleichung kann natürlich nicht von den speziellen Versuchsbedingungen (zentraler Stoß mit gleichen Massen im Schwerpunktsystem) abhängen, die ich nur deshalb so gewählt habe, damit die Ableitung der Formel einfach wird. Vielmehr handelt es sich um eine ganz allgemeine Aussage der Relativitätstheorie mit ungeheuren Konsequenzen: Eine Masse

m, die in Ruhe die Größe m_o hat, vergrößert sich um den Faktor

$$\frac{1}{\sqrt{1-\frac{v^2}{c^2}}},$$

wenn sie sich mit der Geschwindigkeit v bewegt und vom ruhenden System aus beobachtet wird. Es gilt also die Beziehung:

$$m = \frac{m_o}{\sqrt{1-\frac{v^2}{c^2}}}. \qquad (10)$$

Mit dieser relativistischen Masse wird der → Impulssatz (›die Summe aller Impulse ist konstant‹) invariant hinsichtlich der Lorentz-Transformation, gilt also in gleicher Form für alle Inertialsysteme. Formal mathematisch läßt sich die Wurzel von Gleichung (10) in eine Potenzreihe entwickeln:

$$\frac{m_o}{\sqrt{1-\frac{v^2}{c^2}}} = m_o \cdot \left(1-\frac{v^2}{c^2}\right)^{-1/2} = \qquad (11)$$
$$= m_o + \frac{1}{2} m_o \cdot \frac{v^2}{c^2} + \frac{3}{8} m_o \cdot \frac{v^4}{c^4} + \ldots$$

An dieser Reihe ist vor allem das *zweite Glied* interessant, weil es die klassische kinetische Energie $E_{kin} = ½\, m_o \cdot v^2$ enthält. Bleiben wir zunächst bei Geschwindigkeiten, die klein gegen die Lichtgeschwindigkeit sind, dann dürfen wir die höheren Glieder als in zweiter Ordnung klein vernachlässigen und erhalten

$$m \approx m_o + \frac{E_{kin}}{c^2}.$$

Eine Multiplikation mit c^2 ergibt:

$$m \cdot c^2 = m_o \cdot c^2 + E_{kin}. \qquad (12)$$

Diese Gleichung läßt sich nur so deuten: Die Energie eines bewegten Körpers besteht aus zwei Teilen: der klassischen Bewegungsenergie E_{kin} und einer Ruhenergie $m_o \cdot c^2$, die proportional zur Ruhmasse m_o ist. Damit taucht der völlig überraschende Gesichtspunkt auf, daß die Masse eine Energieform sein könnte. Man weiß heute aus vielen Experimenten, daß dies tatsächlich zutrifft und daß die Sätze von der Erhaltung der Masse und der Erhaltung der Energie miteinander kombiniert werden müssen. Beachten Sie, daß diese letzte Folgerung von der Geschwindigkeit ganz unabhängig ist! Jeder Energiebetrag gehört über die Formel

$$E = m \cdot c^2 \qquad (13)$$

zu einem bestimmten Betrag träger (und schwerer!) Masse. Wir kommen weiter unten noch darauf zurück.

Wenn man es mit hohen Geschwindigkeiten zu tun hat, wird die Vernachlässigung der höheren Glieder der Reihe von Gleichung (11) zunehmend fehlerhaft. Das ändert aber immer noch nichts an der Gleichung (13), sondern erfordert nur eine allgemeinere Definition der kinetischen Energie durch

$$E_{kin} = m \cdot c^2 - m_o \cdot c^2 =$$
$$= \frac{m_o \cdot c^2}{\sqrt{1-\frac{v^2}{c^2}}} - m_o \cdot c^2$$

oder

$$E_{kin} = m_o \cdot c^2 \cdot \left(\frac{1}{\sqrt{1-\frac{v^2}{c^2}}} - 1\right). \qquad (14)$$

Die Lichtgeschwindigkeit als Grenzgeschwindigkeit

Alle bisherigen Gleichungen besitzen eine gemeinsame Eigenschaft: sie enthalten alle den Faktor

$$\alpha = \frac{1}{\sqrt{1 - \frac{v^2}{c^2}}},$$

der nur reell bleibt, solange $|v| < c$ ist. Für Geschwindigkeiten, die größer als c sind, wird die Wurzel *imaginär*. Das muß zwar nicht heißen, daß die Transformation dann nichts Sinnvolles mehr ausdrückt (→ Materiewellen), es muß auch nicht bedeuten, daß keine Geschwindigkeiten jenseits der Lichtgeschwindigkeit möglich sind, aber es bedeutet, daß die Lichtgeschwindigkeit selbst eine *Singularität* im Geschwindigkeitsspektrum darstellt, denn für $v = c$ geht $\alpha \to \infty$. Außerdem sieht man ein, daß ein materieller Körper (Ruhmasse $m_0 > 0$) die Lichtgeschwindigkeit nie erreichen kann, weil die Masse auf dem Weg dorthin unendlich groß wird. Damit wird es mit Annäherung an die Lichtgeschwindigkeit immer schwieriger, durch die Anwendung von Kräften noch eine merkliche Beschleunigung zu erreichen, bis es schließlich ganz unmöglich wird. Wie es *jenseits* der Lichtgeschwindigkeit im Bereich imaginärer Massen aussieht, kann man bisher nicht sagen. Sicher ist nur, daß nach der speziellen Relativitätstheorie ein *kontinuierlicher* Übergang von reellen zu imaginären Massen *nicht möglich* ist.

Trotzdem gibt es physikalische Objekte, die sich mit Lichtgeschwindigkeit und *nur* mit dieser bewegen. Sie besitzen zwar die *Ruhmasse Null,* können aber durchaus eine relativistische Energie und Masse besitzen, denn für $m_0 = 0$ erhält die Massenformel von Gleichung (10) den undefinierten Wert $0/0$. Die bekanntesten derartigen ›Objekte‹ sind die *Lichtquanten (Photonen).* Sie tragen Energie und Impuls und können wegen ihrer Ruhmasse 0 nur im Bewegungszustand der Lichtgeschwindigkeit existieren. Weil Lichtquanten Energie haben, muß man ihnen auch eine Masse zuschreiben, aber eben keine Ruhmasse! Diese *träge* oder *schwere Masse* wird vom Schwerefeld der Erde genauso beeinflußt wie jede andere Masse auch. Wenn ein Lichtquant nahe an einem Stern (z. B. der Sonne) vorbeifliegt, wird es im Gravitationsfeld abgelenkt. Aufnahmen von Sternen, die bei einer totalen Sonnenfinsternis gerade nahe an diesem Himmelskörper zu sein scheinen, zeigen diese Sterne an einer anderen Stelle des Fixsternhimmels als auf einer normalen Nachtaufnahme. Die Abweichung entspricht sehr gut dem von der Relativitätstheorie vorhergesagten Wert.

Eine Sonnenfinsternis ist erforderlich, damit sonnennahe Sterne überhaupt sichtbar werden. Seit einiger Zeit existiert ein direkter experimenteller Nachweis der trägen Masse eines Lichtquants. Wenn es nämlich gegen das Schwerefeld der Erde anläuft, verliert es einen winzigen Energiebetrag, der sich als ebenso winzige Frequenzänderung bemerkbar macht. Mit Hilfe des → Mößbauer-Effekts kann man neuerdings diese Frequenzänderung schon bei Höhenunterschieden von nur 1 m (!) nachweisen.

Es läßt sich leicht berechnen, wie ungeheuer groß die Energie ist, die in jeder gewöhnlichen Masse zusammengeballt ist! Ein einziger Liter Wasser (1 kg) entspricht beispielsweise einer Energie von $1\ \text{kg} \cdot (3 \cdot 10^8\ \text{m/s})^2 = 9 \cdot 10^{16}$ J oder $2{,}5 \cdot 10^{10}$ kWh – das entspricht etwa dem jährlichen Energiebedarf einer 10-Millionen-Stadt wie London oder Tokio. Den Beweis für diese nahezu unglaubliche Rechnung liefern Uran- und Wasserstoffbomben (→ Kernwaffen). Einen weiteren

Beweis finden wir aber auch in der Existenz der Sonne. Keine andere Energiequelle könnte die seit Milliarden von Jahren andauernden Energieverluste eines Sterns decken als die direkte Umwandlung von Masse. Dabei ist der Massenverlust der Sonne zwar nicht gerade klein, fällt aber doch im Vergleich zur Gesamtmasse kaum ins Gewicht (→ Solarkonstante).

Raum-Zeit-Diagramme

In den vergangenen Abschnitten habe ich immer wieder versucht, den Übergang von einem ins andere Koordinatensystem anhand eines einfachen Modells – Bahndamm und Zug – zu veranschaulichen. Dies geschah, um so lange wie möglich an der dreidimensionalen Darstellung der Dinge festzuhalten. In mehr theoretisch ausgerichteten Darstellungen dagegen bevorzugt man die *vierdimensionale* Beschreibung. Sie ist im Grunde eigentlich auch nicht unanschaulich, besonders dann nicht, wenn man sich vor Augen hält, daß zur Darstellung eines dreidimensionalen Körpers auf dem Papier ja auch das zweidimensionale Blatt ausreicht. Ich weiß, daß dieser Vergleich hinkt, und ich will auch die anschaulichen Schwierigkeiten keineswegs herunterspielen, die notgedrungen für uns auftreten, wenn wir uns mit vier Dimensionen abgeben.

Der Grundgedanke ist folgender: Statt einen physikalischen *Ablauf* im Raum zu beschreiben, betrachtet man jeden räumlichen *Zustand* zusammen mit der zugehörigen *Zeit* als *Ereignis*. Gewöhnt man sich daran, nicht nur die drei Raumachsen zur Darstellung zu benutzen, sondern als vierte Achse noch die Zeit, so wird jedes Ereignis zu einem *Punkt* dieses *vierdimensionalen Raumes*. Ein physikalischer Ablauf stellt sich dann als eine Reihe aneinandergefügter Punkte dar, d. h. als *Linie*, die man als *Weltlinie* bezeichnet.

Der Vorteil dieser Betrachtungsweise ist, daß man zur graphischen Veranschaulichung meistens nur *eine* Raumkoordinate (z. B. die x-Achse) zu verwenden braucht, ohne daß Wesentliches verlorengeht. Oft läßt man auch zwei Raumachsen (x- und y-Achse) den dreidimensionalen Raum repräsentieren. In all diesen *Raum-Zeit-Diagrammen* ist die Welt statisch, als Ganzes enthalten. Gegenwart, Vergangenheit und Zukunft treten sozusagen in *einem* Diagramm auf: Der gesamte zeitlich Ablauf eines Vorgangs ist auf einen Blick zu übersehen. Würde man als Maßstab für die Raumachse (waagrecht) etwa das Meter, für die Zeitachse (senkrecht) die Sekunde wählen, so wären alle Weltlinien in hervorragender Näherung senkrechte Geraden. Welchen Maßstab man letztlich wählt, hängt vom Vorgang ab, den man darstellen möchte. Wichtig ist nur eines: Der Maßstab der Raumachse muß in c-fachen Einheiten der Zeitachse gewählt werden. Wenn man also auf der Zeitachse Sekunden aufträgt, sollte man, um den Tatsachen gerecht zu werden, auf der Raumachse ›Lichtsekunden‹ in denselben Einheiten auftragen. *Nur dann* verlaufen die Weltlinien der Lichtausbreitung unter 45°, wie das meistens vorausgesetzt wird. Man muß sich klarmachen, was das bedeutet: Wenn 1 cm auf der Zeitachse einer Sekunde entspricht, dann steht 1 cm auf der Raumachse für eine Lichtsekunde, den Weg also, den das Licht in einer Sekunde zurücklegt (nämlich fast 300 000 km). In vielen Veröffentlichungen wird gegen dieses Prinzip verstoßen, ohne daß darauf hingewiesen wird. Das führt dann oft genug zu Fehlinterpretationen, die wir möglichst vermeiden wollen. Der Ursprung des Koordinatensystems ist in jedem Fall die Gegenwart. Ein Ereignis, das am Ort Null zur

Zeit Null stattfindet, geschieht hier und jetzt. Am Ort des Beobachters ist die Raumkoordinate immer Null: Das ›Hier‹ ist also ganz allgemein die Zeitachse selber (Figur 5). Analog findet man für das ›Jetzt‹ die Raumachse.
Zünden wir im Koordinatenursprung (›Hier und Jetzt‹) einen Lichtblitz und wählen wir Zeit- und Raumeinheiten wie angegeben (also Raumkoordinaten in Einheiten von $c \cdot t$), so sind die Weltlinien des Lichtblitzes zwei Geraden, die den Ursprung unter $\pm 45°$ schneiden. Dieser *Lichtkegel* hat eine fundamentale Bedeutung für alle Ereignisse. Wir haben ja schon festgestellt, daß man keinen materiellen Körper auf Lichtgeschwindigkeit beschleunigen kann. Materielle Körper und das Licht selber, die im Koordinatenursprung starten, können daher nur zu Ereignissen führen, die *innerhalb* des Lichtkegels liegen. Dieses Gebiet enthält auch die *Zeitachse*. Alle Ereignisse innerhalb des Lichtkegels einschließlich seiner Grenze sind bezüglich des Ursprungs *zeitartig,* alle Ereignisse *außerhalb* des Lichtkegels dagegen *raumartig*. Nur zeitartige Ereignisse in der Vergangenheit können Ursache des Ereignisses im Ursprung sein, und dieses kann seinerseits nur Ursache für zeitartige Ereignisse in der Zukunft sein. Raumartige Ereignisse können keinerlei ursächliche Verbindung mit dem Koordinatenursprung haben. Dies bedeutet eine wesentliche Einschränkung der Kausalität.
Wenn das Koordinatensystem für ein ruhendes System rechtwinklig gezeichnet wird (Bahndammsystem), dann stellt sich heraus, daß die Achsen eines bewegten Systems (Zugsystem) gegen die des ruhenden verdreht sind. Dabei erfolgt die Drehung für die Zeitachse im *entgegengesetzten* Sinn wie die für die Raumachse

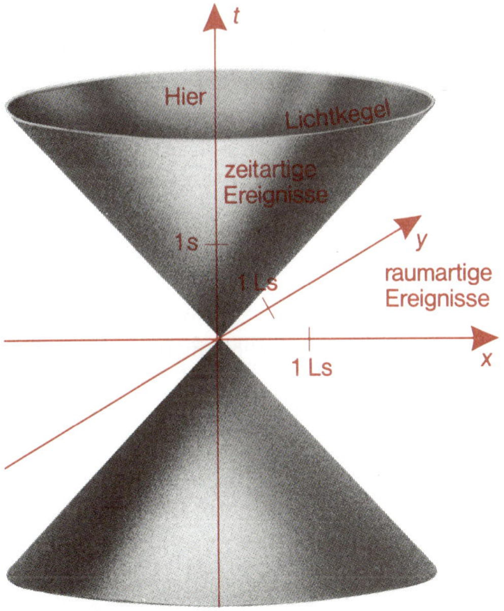

Relativitätstheorie (Figur 5): Schematische Darstellung der Raum-Zeit; die z-Achse ist nicht darstellbar, weil sie in die 4. Dimension weist.

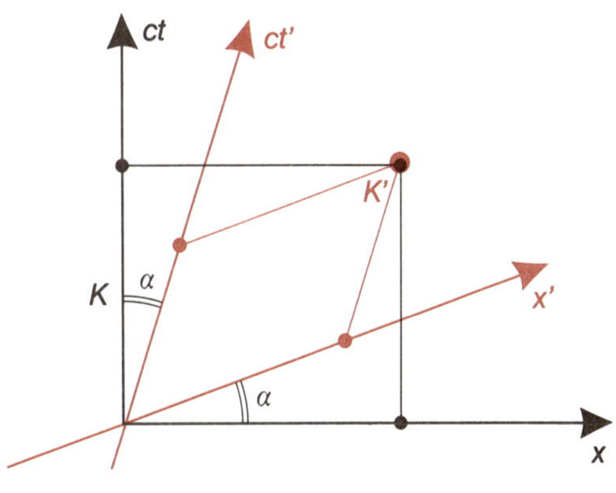

Relativitätstheorie (Figur 6): Vom ruhenden System aus gesehen ist das Raum-Zeit-Diagramm des bewegten Systems nicht mehr rechtwinklig; die x-Achse erscheint um den Winkel α *gegen* den Uhrzeigersinn verdreht, wenn v positiv ist, die ct-Achse dagegen um denselben Winkel *im* Uhrzeigersinn. Das gleiche Ereignis wird in beiden Systemen unterschiedlich eingeordnet. Die Umrechnung zwischen den Koordinaten erfolgt durch die Beziehung $\tan \alpha = v / c$.

(Figur 6). Rein mathematisch wäre die Sache viel einfacher, wenn beide Drehungen in dieselbe Richtung weisen würden. Der Übergang von einem Koordinatensystem in ein anderes, gleichförmig-geradlinig bewegtes, wäre dann eine einfache Drehung eines – wenn auch vierdimensionalen – geometrischen Koordinatensystems. Glücklicherweise gibt es eine einfache Möglichkeit, das Raum-Zeit-System so aufzubauen. Sie besteht darin, die Zeitachse *imaginär* zu wählen. Ich will Ihnen das nicht graphisch vorführen, sondern anhand einer einfachen Überlegung.

Der ›Lichtkegel‹ ist ein vierdimensionales Gebilde, das man auch so beschreiben kann: Ein Lichtblitz, im Koordinatenursprung gezündet, breitet sich als Kugelwelle mit der Geschwindigkeit c aus. Der Radius r dieser Kugel zur Zeit t beträgt $c \cdot t$. Die Gleichung der Kugelfläche lautet

$$x^2 + y^2 + z^2 = r^2 = c^2 \cdot t^2 \text{ oder auch}$$
$$x^2 + y^2 + z^2 - (c \cdot t)^2 = 0.$$

Setzt man statt der Koordinate $c \cdot t$ die Imaginärgröße $x_4 = \mathrm{i} \cdot c \cdot t$, so wird daraus

$$x^2 + y^2 + z^2 + x_4{}^2 = 0,$$

und jetzt hat es keinen Sinn mehr, x_4 anders zu behandeln als die anderen drei Ortskoordinaten. Man schreibt deshalb

$$x_1{}^2 + x_2{}^2 + x_3{}^2 + x_4{}^2 = 0.$$

Dies ist die Gleichung einer vierdimensionalen Kugel. Transformiert man jetzt in das bewegte System, so wird auch

$$x_1'^2 + x_2'^2 + x_3'^2 + x_4'^2 = 0.$$

Diese *Vierergröße* ist also Lorentz-invariant. Die mathematische Behandlung relativistischer Vorgänge wird von den Physikern wegen der angedeuteten Vereinfachungen ganz allgemein in dieser Form vorgenommen. Leider ist dies der Punkt, an dem ich in diesem Rahmen die Darstellung abbrechen muß, um Sie nicht mit zuviel theoretischer Physik zu belasten. Ich will nur noch erwähnen, daß alle Ereignisse als ›Vierervektoren‹ dargestellt und Impuls und Energie zu einem ›Tensor‹ zusammengefaßt werden können. Auch elektrodynamische Größen passen in dieses Konzept und ermöglichen z. B. die Vereinigung von Coulomb-Kraft und Lorentz-Kraft.

Die allgemeine Relativitätstheorie

Ausgangspunkt und Konsequenz der speziellen Relativitätstheorie lassen sich auch so formulieren: Alle Versuche, einen absoluten Bezugspunkt im Universum zu finden, gegen den eine absolute Bewegung meßbar ist, sind fehlgeschlagen. Wir haben keine Möglichkeit, eine absolute ›gleichförmig geradlinige‹ Bewegung festzustellen. Einstein blieb an diesem Punkt jedoch nicht stehen. Die Frage, ob wir die Möglichkeit haben, eine Beschleunigung zweifelsfrei festzustellen, war für ihn der Anstoß zur Formulierung der *allgemeinen Relativitätstheorie.* Ich will eine seiner Ausgangsüberlegungen wiedergeben:

Ein Laboratorium (samt zugehörigem Physiker) befindet sich im ›leeren Raum‹. Das Zimmer, in dem die Experimente aufgebaut sind, schwebt also frei im Raum. Wir wissen, daß dann auch die Gegenstände im Zimmer frei herumschweben, und auch der Physiker kann sich ›schwerelos‹ in seinem Labor bewegen. Nun befestigt jemand außen ein Seil am Labor und zieht mit konstanter Kraft daran. Was geschieht? Alle Geräte im Labor verharren wegen der Trägheit im Raum, während die ›Hülle‹ (also die ›Laborschachtel‹) beschleunigt wird. Innerhalb kurzer Zeit haben sich alle Gegenstände und der Physiker an der Wand gegenüber dem Zugpunkt versammelt, die der Physiker von nun an als ›Fußboden‹ bezeichnet. Im weiteren Verlauf stellt er Experimente an. Er hält z. B. einen Gegenstand in der Hand und stellt fest, daß er eine Kraft aufwenden muß, um den Gegenstand mit dem Labor mitzubeschleunigen. Läßt er ihn los, so bleibt der Gegenstand hinter der Laborbeschleunigung zurück, bis ihn schließlich der ›Fußboden‹ mitnimmt.

Der beschleunigte Physiker findet alles genauso, als sei plötzlich ein Schwerefeld ›eingeschaltet‹ worden, dem alle Massen ausgesetzt sind. Auch dann muß er eine Kraft aufwenden, um eine Masse zu halten. Läßt er sie los, so fällt sie beschleunigt zu Boden. Selbst wenn er aus der Laborkabine hinausklettert, findet er an der ›Decke‹ einen Haken mit einem straff gespannten Seil daran. Er zieht mit Recht die Folgerung, daß sein Labor an diesem Seil aufgehängt ist – in einem Schwerefeld. Unser beschleunigter Physiker kann noch eine Reihe wesentlich komplizierterer Versuche durchführen. Er wird sie alle sowohl durch eine konstante Beschleunigung als auch durch ein lineares Schwerefeld deuten können. Mit anderen Worten: Es ist nicht möglich, ein gleichmäßig beschleunigtes System von einem System in einem linearen Schwerefeld zu unterscheiden. Diese Betrachtungsweise erklärt in höchst einfacher und eleganter Weise, daß *träge Masse* (die der Beschleunigung einen Widerstand entgegensetzt) und *schwere* Masse (die von anderen Massen angezogen wird) einander proportional sind, eine Tatsache, die man bisher zwar mit Erstaunen registrierte, aber nicht deuten konnte.

Die Folgerungen aus diesem allgemeinen Relativitätsprinzip sind vielfältig. Sie betreffen ebenfalls – jetzt beschleunigte – Maßstäbe und Uhren und führen auf ähnliche Effekte wie in der speziellen Relativitätstheorie. Auch in Gravitationsfeldern sind also Maßstäbe verkürzt, und Uhren laufen langsamer. Man hat die *Gravitationsdilatation* bisher an drei Vorgängen nachgewiesen: An der bereits erwähnten Wechselwirkung von Gravitation und Lichtquanten, außerdem aber auch noch an der Rosettenbahn des Planeten Merkur (sog. *Perihelverschiebung*) und, ganz direkt, am Nachgehen einer Uhr, die mit einem Raumfahrzeug ständig um die Erde herumfliegt, gegenüber einer auf der Erde befindlichen Uhr.

Das Nachdenken über Raum und Zeit führt – wie wir gesehen haben – zu Änderungen unseres physikalischen Verständnisses. Es ist deshalb nicht verwunderlich, daß die Relativitätstheorie vor allem für die Wissenschaft vom Universum, d. h. für die → Kosmologie und die Astronomie, von höchster Bedeutung ist. Die Relativitätstheorie hat unsere ›Weltanschauung‹ gründlich verändert, man kann sogar sagen, daß sie der Anstoß gewesen ist, überhaupt über die Entstehung und die Evolution des Kosmos nachzudenken. Heute glaubt man im Einklang mit der allgemeinen Relativitätstheorie, daß unser Weltall ›gekrümmt‹ ist, in gewisser Weise wie eine Kartoffeloberfläche mit vielen kleinen ›Dellen‹, die durch zusammengeballte Massen erzeugt werden, aber insgesamt so, daß es ein endliches, aber unbegrenztes Volumen einschließt, das sich zudem zeitlich vergrößert oder unter Umständen sogar pulsiert. Es ist klar, daß die exakte Formulierung einer solchen Theorie diesen Rahmen bei weitem übersteigen muß. Die Grundtatsachen der Relativitätstheorie gehen aber von so einfachen Überlegungen aus, wie wir sie hier nachvollzogen haben.

Relaxation

Ein thermodynamisches System kann oft erst untersucht werden, wenn es sich im Gleichgewicht befindet. Das bedeutet, daß sich die Mittelwerte der Zustandsgrößen mit der Zeit nicht mehr ändern. Bringt man ein derartiges System durch eine Störung aus dem Gleichgewicht, dann setzt ein statistischer Prozeß ein, der das System nach einer gewissen Zeit, der *Relaxationszeit* (lat.; dt. Ausgleichszeit), wieder ins Gleichgewicht steuert. Theoretisch dauert dieser Ausgleich zwar oft unendlich lange (z. B. beim Entladen eines Kondensators; → Kapazität), praktisch läßt sich aber immer eine endliche Relaxationszeit angeben, nach der ein Unterschied des Systemzustands vom Gleichgewichtszustand nicht mehr feststellbar ist (→ statistische Mechanik).

Rem

Zeichen rem, Abk. für engl. r*oentgen* e*quivalent* m*an;* nicht mehr zulässige, auf die biologische Wirksamkeit bezogene Einheit der Äquivalentdosis, zu ersetzen durch die Einheit Sievert (Sv); 1 rem = = 0,01 Sv (→ Maße und Maßsysteme, → Strahlenbelastung und Strahlenschutz).

Resonanz

Das Mitschwingen eines Systems bezeichnet man als *Resonanz,* wenn die Anregung mit der Eigenfrequenz dieses Systems erfolgt (→ Schwingungen). In Abhängigkeit von der Dämpfung des Systems kommt es dann zu *Resonanzschwingungen,* deren Amplitude jedes vorgegebene Maß übersteigen kann *(Resonanzkatastrophe).* Als Anregung für einen ›Resonator‹ eignet sich ganz besonders eine → Welle, da sie einen periodischen Vorgang darstellt. Trifft eine Welle auf ein schwingungsfähiges System, das mit ihr in Wechselwirkung treten kann, so ist es möglich, daß sie ihre Energie an dieses System teilweise oder ganz abgibt. Beispiele sind Schallwellen, elektromagnetische Wellen, auch Licht usw. So beruht die gesamte Funktechnik auch auf R. Da alle → Teilchen auch als Wellen verstanden werden können, stellt die R. einen möglicherweise universalen Energieübertragungs-Mechanismus dar, der nicht nur in makroskopischen Systemen wie Motoren oder elektrischen Schwingkreisen von Bedeutung ist, sondern der auch für atomare Systeme eine große Rolle spielt. Ganz allgemein sind *Resonanzexperimente* das Genaueste, was in der Experimentalphysik möglich ist. Das kommt prinzipiell daher, daß beim Vergleich zweier Frequenzen *Schwebungen* auftreten. Die Schwebungsfrequenz ist jedoch (näherungsweise) gleich der *Differenz* der beiden zu vergleichenden Frequenzen. Jede Messung, die auf dem *Vergleich zweier Frequenzen* beruht, ist daher *differentiell,* d. h., es wird nicht nur der Meßwert selbst, sondern auch noch seine erste Ableitung zum Vergleich herangezogen; daher erreichen derartige Messungen auch höchste Genauigkeit (→ Atomphysik).

Resultierende

Die Summen gerichteter Größen (→ Vektor) werden manchmal als *Resultierende* bezeichnet, z. B. bei der Überlagerung von Kräften oder Geschwindigkeiten. Die R. zweier Kräfte ist die Diagonale in einem Parallelogramm, dessen Seiten durch die beiden Kräfte gebildet werden (Figur 1). Das *Kräfteparallelogramm* ist ein gängiges Darstellungs- und Rechen-

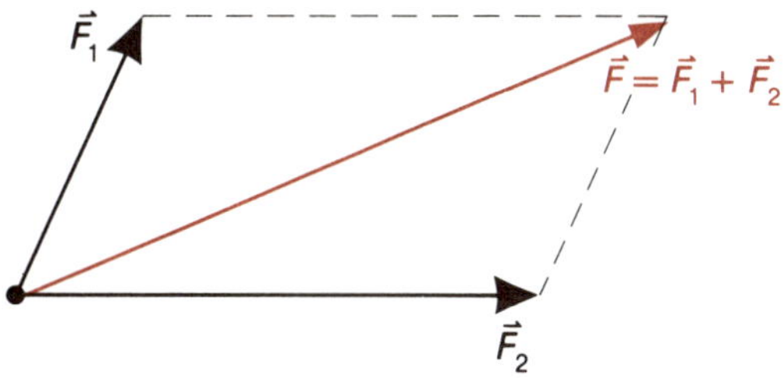

Resultierende (Figur 1): Die beiden Kräfte $\vec{F}_1$ und $\vec{F}_2$ greifen an einem gemeinsamen Punkt an, dann ist die Ersatzkraft $\vec{F}$ die Resultierende (Vektorsumme) aus den beiden Kräften und erweist sich als Diagonale des Parallelogramms.

mittel – nicht nur der Statiker. Beispiele finden sich überall dort, wo auf die Richtung von Kräften geachtet werden muß.

Reversibel

Der Ausdruck *reversibel* (lat.; dt. umkehrbar) wird für thermodynamische Prozesse verwendet. Er kennzeichnet solche Vorgänge, die in einer Richtung (z. B. Volumenvergrößerung) und anschließend umgekehrter Richtung (Volumenverkleinerung) wieder zum Ausgangspunkt ablaufen können, ohne daß man danach feststellen könnte, daß überhaupt etwas geschehen ist. Die *Reversibilität eines Vorgangs* ist eine Idealisierung, die in der makroskopischen Physik nur als mehr oder weniger grobe Näherung vorausgesetzt werden kann. Es läßt sich zeigen, daß jeder reversible Prozeß über eine unendliche Folge von Gleichgewichtszuständen laufen muß und daher unendlich lange dauert. Außerdem kann man beweisen, daß in einem abgeschlossenen System, also unter Einbeziehung aller Wärmespeicher, ein Prozeß nur dann reversibel sein kann, wenn sich die Gesamtentropie des Systems nicht ändert (→ Thermodynamik). Das bedeutet nicht, daß sich in Teilen des Systems die Entropie nicht ändern könnte, sondern nur, daß sie sich *insgesamt* nicht ändert. Da reversible Vorgänge nur über Gleichgewichtszustände ablaufen, können sie nie *von selbst* in Gang kommen. Alle Prozesse, die von selbst ablaufen, sind daher *irreversibel.*

Reynoldssche Zahl

Diese nach dem Physiker *Osborne Reynolds* (1842–1912) benannte Zahl (Abk. *Re-Zahl*) ist ein Kriterium dafür, ob eine Strömung laminar (wirbelfrei) verläuft oder nicht. Kleine Re-Zahlen charakterisieren laminare Strömungen (Re < 1000), große turbulente. Die Re-Zahl errechnet sich nach der Formel:

$$\text{Re-Zahl} = \frac{l \cdot \rho \cdot v}{\eta}. \qquad (1)$$

Dabei bedeuten l eine ›charakteristische Länge‹ des umströmten Körpers (z. B. sein Durchmesser), ρ die Dichte, v die Strömungsgeschwindigkeit und η die → Viskosität des strömenden Mediums.

Die Re-Zahl ist *dimensionslos.* Sie läßt sich also auf Gegenstände unterschiedlicher Größe anwenden. In erster Näherung gilt: Wenn die Re-Zahl für unterschiedliche Modelle gleich ist, sind die Strömungseigenschaften dieselben. Diese Aussage ist als *Reynoldssches Ähnlichkeitsgesetz* bekannt. Man kann daher Modelle im Windkanal testen, indem man z. B. v im gleichen Verhältnis erhöht, wie l verkleinert wird.

Da der Strömungswiderstand bei turbulenter Strömung wesentlich größer ist als bei laminarer, ist es wirtschaftlich interessant, z. B. Pipelines so zu bemessen, daß die Re-Zahl im laminaren Bereich bleibt.

Röntgen

Abk. R, nach *Wilhelm Conrad Röntgen* (1845–1923) benannte, heute nicht mehr zulässige Einheit der Ionendosis für Röntgen- und Gammastrahlung (→ Maße und Maßsysteme), zu ersetzen durch die Einheit Coulomb/Kilogramm (C/kg); 1 R = 2,580 · 10^{-4} C/kg.

Röntgenstrahlung

Der Wellenlängenbereich des elektromagnetischen Spektrums zwischen etwa 10^{-8} m (≈ 100 eV) und 10^{-12} m (≈ 1 MeV) wird von den *Röntgenstrahlen* eingenommen, benannt nach *Wilhelm Conrad Röntgen* (1845–1923), der diese Strahlen 1895 entdeckte (engl. Bezeichnung *x-Rays*). Dieser Bereich überschneidet sich im langwelligen Gebiet mit der Ultraviolettstrahlung, im kurzwelligen mit den Gammastrahlen (→ elektromagnetisches Spektrum). Je kurzwelliger die R. ist, desto ›härter‹ ist sie, d. h., desto energiereicher sind die zugehörigen Röntgenquanten. Wir werden weiter unten noch zeigen, daß *harte Röntgenstrahlung* von Materie weniger absorbiert wird als weiche. Auf dem Absorptionsverhalten der Röntgenstrahlen beruht ja ihre medizinische Bedeutung.

Erzeugung und spektrale Zusammensetzung

Röntgenstrahlen entstehen, wenn man schnelle Elektronen in Materie abbremst. Üblicherweise verwendet man *Röntgenröhren,* d. h. evakuierte Glaskolben mit einer Glühkathode, die zahlreiche freie Elektronen erzeugt. Durch das Anlegen einer Hochspannung beschleunigt man diese Elektronen auf die zugehörigen Energien (etwa 30–50 keV) und schießt sie dann in ein Bremsmaterial (sog. *Antikathode*), z. B. Kupfer oder Molybdän. Notwendig ist ein gut wärmeleitendes

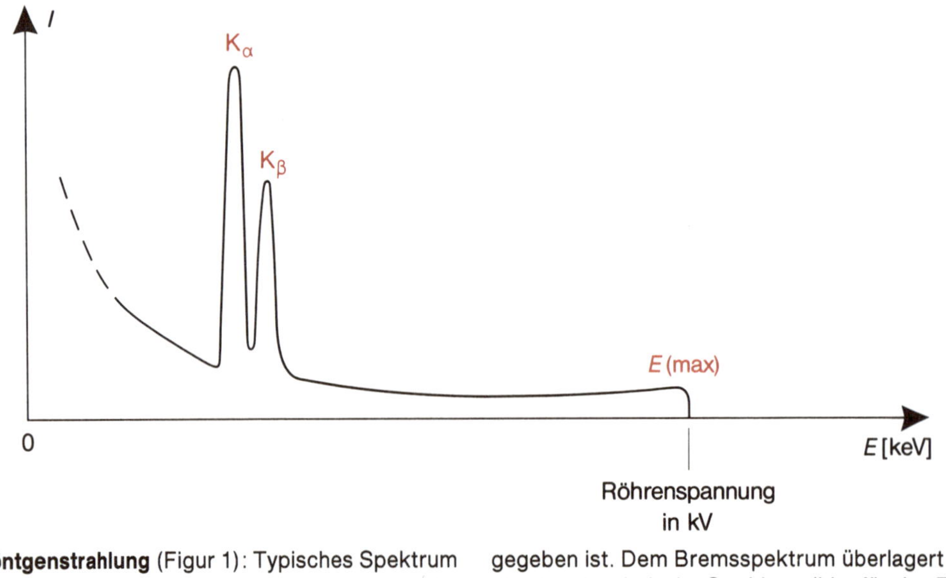

Röntgenstrahlung (Figur 1): Typisches Spektrum einer Röntgenröhre, das Bremskontinuum reicht bis zu einer ›Abbruchkante‹ *E* (max), die durch die Maximalenergie der Elektronen vor dem Stoß gegeben ist. Dem Bremsspektrum überlagert ist die charakteristische Strahlung (hier für das Element Molybdän dargestellt), wobei die K-Strahlung den Hauptanteil stellt.

Material, weil beim Abbremsen der Elektronen der weitaus größte Energieanteil (mehr als 99% der Gesamtleistung) nicht als Strahlung frei wird, sondern in Wärme umgesetzt wird und so die Antikathode aufheizt. Hochleistungsröntgenröhren besitzen daher oft eine eigene Antikathoden-Kühlung oder verfügen über sog. Drehanoden, aber das sind technische Details, die uns hier nicht weiter interessieren sollen.

Was geschieht nun beim Abbremsen der Elektronen? Zum einen sendet jede beschleunigte (also auch verzögerte) Ladung elektromagnetische Strahlung aus (→ Bremsstrahlung). Dabei werden alle Wellenlängen erzeugt, bis hin zu der Maximalfrequenz, deren Energie mit der Elektronenenergie vor Beginn der Abbremsung übereinstimmt. Der Röntgenanteil dieses Spektrums ist daher in seiner Energie unabhängig vom Antikathodenmaterial ebenfalls kontinuierlich, jedenfalls bis zur ›Abbruchkante‹ der Elektronenenergie (Figur 1). Neben dieser *Röntgenbremsstrahlung* treten aber auch noch scharfe Röntgenlinien auf, die dem Bremsspektrum überlagert sind und deren Energien vom Material der Bremskathode abhängen. Diese *charakterische* R. entsteht auf folgende Weise.

Das Elektron überträgt einen großen Teil seiner Energie in *einem* Stoß auf ein Elektron des Atoms und schlägt es aus dem Atomverband heraus, *ohne selber* dessen Platz einzunehmen (wir hätten es sonst mit einer elastischen Streuung zu tun, bei der das stoßende Elektron nicht merklich Energie verlieren, sondern nur aus seiner Bahn gelenkt werden würde). Bei diesem Prozeß muß aber nicht nur die Energiebilanz stimmen, sondern auch der Impulssatz erfüllt werden. Das ist nur möglich, wenn ein *dritter* Stoßpartner die Impulsbilanz aufrechterhält. Andere Atomelektronen kommen für diesen Zweck nicht in Frage, weil sie fest gebunden sind und deshalb schon definierte Quantenzahlen für Energie und Drehimpuls haben. Nur der *Atomkern* selbst, d. h. die Masse des Atoms als Ganzes, kann überschüssige Impulse aufnehmen. Dies erfolgt um so leichter, je enger das Elektron an den Kern gebunden ist, das bei dem Stoß herausgeschlagen wird. Die Wahrscheinlichkeit dafür, daß eines der innersten, d. h. eines der K-Elektronen betroffen ist, ist deshalb am größten.

Unmittelbar nach dem Stoß *fehlt* in der innersten Schale ein Elektron. Man spricht auch von einem *Ein-Loch-Zustand* in der K-Schale. Dieses Loch kann auf verschiedene Weise aufgefüllt werden: Einmal dadurch, daß von einer der Außenschalen (L, M, N, O usw.) ein Elektron in die K-Schale ›fällt‹. Dabei wandert das Loch schrittweise oder sofort immer weiter nach außen, bis es schließlich durch den Einfang eines freien Elektrons endgültig aufgefüllt wird. Das Atom ist dann wieder neutral. Jeder Elektronenübergang, der den Lochzustand nach außen transportiert, ist aber von der Emission eines Lichtquants begleitet, und eben diese Photonen bilden die *charakteristische Röntgenstrahlung,* die bei dem ganzen Vorgang frei wird (Figur 2). Die zweite Möglichkeit, das Loch in der K-Schale zu schließen, besteht im → Auger-Effekt. Dabei wird die beim ›Nachrutschen‹ freiwerdende Energie nicht zur Emission eines Photons verwandt, sondern zum *nochmaligen* Herausschleudern eines weiteren Elektrons. Man hat dann einen – weiter außen liegenden – *Zwei-Loch-Zustand,* der wieder durch Elektronenübergänge oder abermalige Auger-Effekte nach außen wandert. Ein Loch in der K-Schale erzeugt also nicht eine von vornherein festgelegte Zahl charakteristischer Röntgenquanten, sondern nur eine

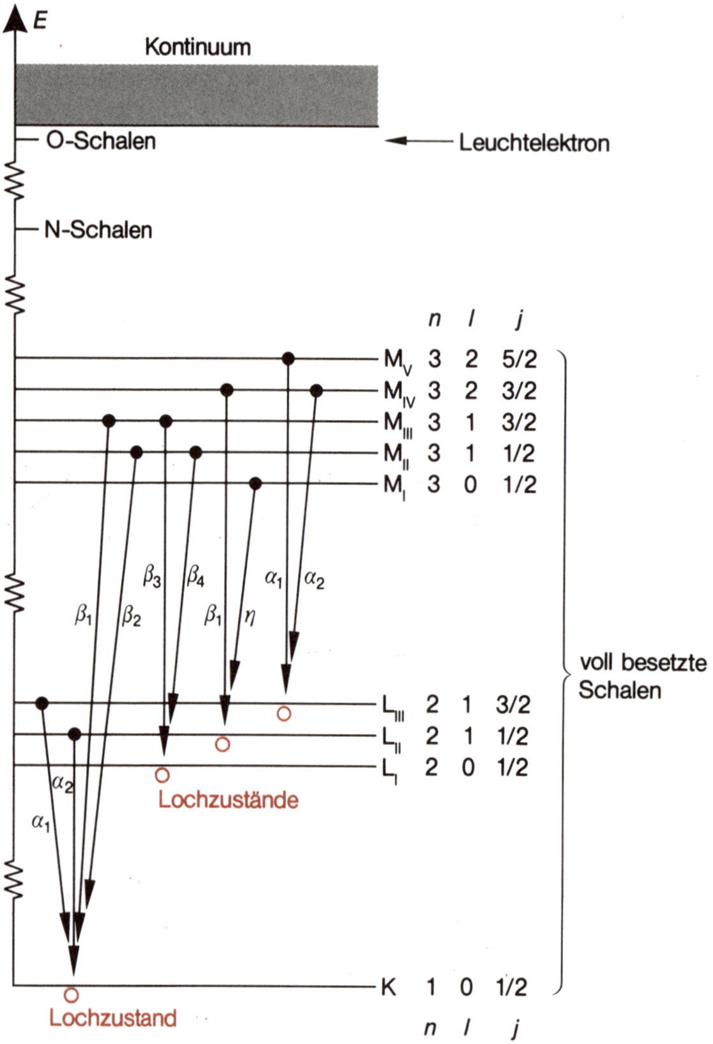

Röntgenstrahlung (Figur 2): Ausschnitt aus dem Termschema von Molybdän mit einigen Elektronenübergängen in Lochzustände; die zugehörigen Quantenzahlen sind jeweils rechts angegeben. Zur Kennzeichnung der speziellen Röntgenlinien verwendet man den spektroskopischen Term des Lochzustands (also K, L, M usw.) und dazu griechische Buchstaben als Index, deren Systematisierung leider unübersichtlich ist, da die Übergangswahrscheinlichkeiten mit eingehen. Alle Übergänge, die ein K-Loch füllen, werden als K-Linien bezeichnet, alle Übergänge, die ein L-Loch füllen, als L-Linien usw. Beachten Sie, daß der Energiemaßstab mehrfach unterbrochen ist. Das optische Geschehen (wie Lichtemission und -absorption) findet im Vergleich zum Röntgengeschehen ganz dicht unterhalb des Kontinuums freier Elektronen statt.

Wahrscheinlichkeitsverteilung derartiger Quanten. Das Verhältnis

$$W = \frac{\text{Zahl der emittierten Röntgenquanten}}{\text{Zahl der erzeugten Lochzustände}}$$

nennt man *Fluoreszenzausbeute*. Man kann sie – nach komplizierten Messungen – für jede Schale angeben. Dabei stellt sich eine starke Abhängigkeit von der Kernladungszahl Z heraus: Löcher in der K-Schale werden schon ab etwa $Z = 40$ fast immer von einem Elektronenübergang unter Photonenemission gefüllt, Löcher in der L-Schale erreichen dagegen selbst für die schwersten Kerne ($Z = 90$) kaum eine Photonenausbeute von 50% (Figur 3). Löcher in noch weiter außen liegenden Schalen senden noch wesentlich weniger häufig Photonen aus. In der Praxis besteht die charakteristische Strahlung einer Röntgenröhre fast nur aus den beiden K-Linien.

Sieht man sich das Röntgenspektrum einer Röntgenröhre mit hochauflösenden

Geräten an (z. B. einem Drehkristall-Spektrometer), so beobachtet man eine Feinstruktur aller Linien. Ihre Entstehung läßt sich jedoch durch die Erkenntnisse der → Atomphysik bis in alle Details erklären. Da die verschiedenen Drehimpulszustände einer Schale nicht *genau* die gleiche Energie haben, sondern je nach Bahndrehimpuls und Gesamtdrehimpuls (Figur 3) aufgespalten sind, gibt es (unter Berücksichtigung der Auswahlregeln) Übergänge mit etwas unterschiedlicher Energie, die eben die Feinstruktur des Röntgenspektrums ausmachen.

Absorption von Röntgenstrahlen in Materie

Typische Röntgenenergien (10–30 keV, siehe Figur 4) wirken ionisierend. Die Ionisierung eines Moleküls in einer lebenden Zelle hat aber meist zur Folge, daß das getroffene Molekül zerbricht, d. h. für die Funktion der Zelle unbrauchbar wird. In vielen Fällen geschieht weiter nichts; die zerstörte Substanz wird von der Zelle abgebaut und ersetzt. Oft aber sind *DNS-Moleküle* betroffen. Besonders in den Keimzellen sind derartige Schäden *irreparabel,* können zu Genumwandlungen *(Mutationen)* führen und erhöhen so das Risiko von Mißgeburten. Röntgenstrahlen sind daher *gefährlich,* besonders deshalb, weil unser Körper kein Sinnesorgan für ihre Feststellung hat. Er reagiert zwar auf die Zellzerstörungen mit dem üblichen Krankheitsbild (Entzündung, Veränderung des Blutbildes usw.), aber dann ist es bereits zu spät. Genauere Hinweise zum Thema Strahlenschutz – auch anderer als Röntgenstrahlen – finden sich unter dem Stichwort Strahlenbelastung und Strahlenschutz.

Welche Prozesse können sich im einzelnen abspielen, wenn R. auf Materie trifft? Es sind im wesentlichen *vier* Prozesse, die mit *energieabhängiger* Wahrscheinlichkeit ablaufen.

1. Der Photoeffekt

Bei Röntgenstrahlen kommt allein der *innere Photoeffekt* zur Wirkung. Dabei überträgt das Röntgenquant seine gesamte Energie auf ein gebundenes Elek-

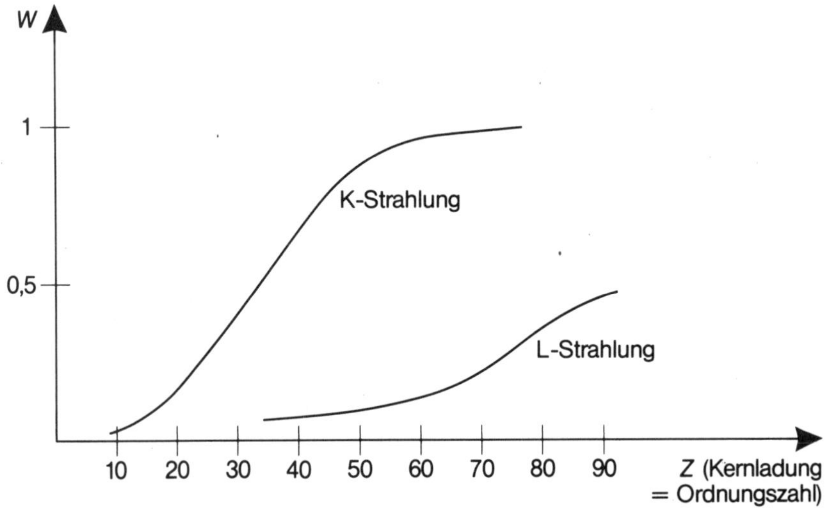

Röntgenstrahlung (Figur 3): Fluoreszenzausbeute W für K- und L-Strahlung in Abhängigkeit von der Ordnungszahl Z des Antikathodenmaterials (L-Strahlung erst ab $Z = 50$ merklich)

tron. Das Röntgenquant verschwindet. Dafür entsteht ein freies Elektron mit einer kinetischen Energie, die der Differenz der Photonenenergie und der Bindungsenergie des gestoßenen Elektrons entspricht. Außerdem bleibt – wie beim Elektronenstoß in der Röntgenröhre – ein Loch-Zustand zurück, der unter Emission

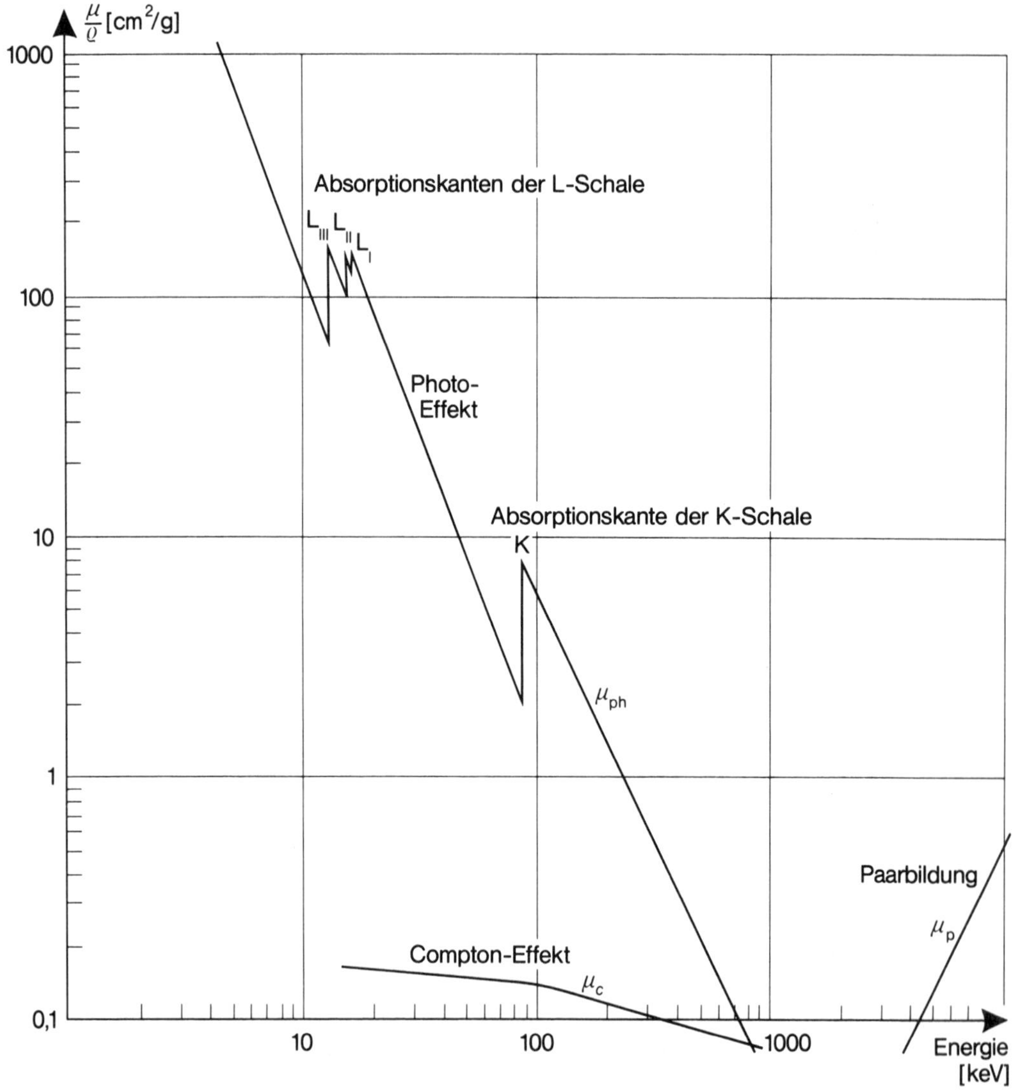

Röntgenstrahlung (Figur 4): Massenabsorptionskoeffizienten für Photoeffekt, Compton-Effekt und Paarbildung, dargestellt am Element Blei ($Z = 82$). Um daraus die Dicke einer Bleischicht zu berechnen, die notwendig ist, um die Intensität der Strahlung auf die Hälfte zu verringern, geht man von der Formel $d_{1/2} = \ln 2/\mu$ aus. *Beispiel:* Soll die Bleischicht eine Röntgenstrahlung von 50 keV auf die Hälfte verringern, liest man aus dem Diagramm bei 50 keV den Wert $\mu/\rho = 6\ \mathrm{cm}^2/\mathrm{g}$ ab. Multipliziert mit der Dichte von Blei ($\rho = 11\ \mathrm{g/cm}^3$) erhält man den Wert $\mu = 66\ \mathrm{cm}^{-1}$. Die Halbwertsdicke beträgt also $d_{1/2} = \ln 2/66 \approx 0{,}69/66 \approx 0{,}01\ \mathrm{cm}^3 = 0{,}1$ mm. 10 Halbwertsdicken schwächen bereits um den Faktor $(1/2)^{10} = 1/1024$.

der charakteristischen R. wieder aufgefüllt wird. Man spricht von *Röntgenfluoreszenz.* Offenbar kann auch hier der Impulssatz nur erfüllt sein, wenn der Atomkern mitbeteiligt wird. Deshalb ist auch die Wahrscheinlichkeit für den inneren Photoeffekt um so größer, je enger die Kopplung zwischen Photoelektron und Kern ist. Er findet also um so eher statt, je näher das Elektron dem Kern ist (innere Schalen) und je größer die Kernladungszahl Z ist. Grundvoraussetzung ist allerdings, daß die Energie des Röntgenquants größer ist als die Bindungsenergie des Elektrons.

2. Der Compton-Effekt

Das Röntgenquant stößt mit einem ›freien‹ Elektron des Absorbermaterials zusammen. Das kann auch ein schwach gebundenes Außenelektron sein, dessen Bindungsenergie ja nur noch einige eV beträgt. Beim Stoß überträgt das Photon Energie und Impuls, ändert also seine Wellenlänge. Der → Compton-Effekt spielt nur bei hohen Photonenenergien *und* niedrigen Kernladungszahlen eine große Rolle (z. B. bei Kohlenstoff mit $Z = 6$).

3. Die elastische Streuung

An gebundenen Elektronen kann das Photon auch elastisch gestreut werden. Es ändert dabei nur seine Richtung, nicht seine Frequenz oder seine Energie. Die Wahrscheinlichkeit der Streuung nimmt mit zunehmender Photonenenergie zwar zu, aber gleichzeitig nimmt der Streuwinkel ab, so daß im Endeffekt zwar der Röntgenstrahl etwas ›verbreitert‹ wird, aber kaum eine Schwächung eintritt.

4. Die Paarbildung

Dieser Prozeß kann erst einsetzen, wenn die Photonenenergie den Wert der doppelten Elektronenruhmasse $E = 2\,m_e \cdot c^2 = 1{,}022$ MeV übersteigt. Er tritt daher eigentlich erst im Gammastrahlenbereich auf; nur sehr harte Röntgenstrahlen (> 1 MeV) können eine → Paarbildung verursachen.

Alle vier Prozesse sind weitgehend voneinander unabhängig. Geht man davon aus, daß jedes Quant, das einen der vier Prozesse durchläuft, als absorbiert gilt, so führt jeder Prozeß für sich zu einer Intensitätsabnahme des ursprünglichen Röntgenstrahls, die zur vorhandenen Intensität proportional ist. Alle diese Vorgänge lassen sich durch eine Differentialgleichung beschreiben, deren Lösung die als *Dämpfungsfunktion* bekannte Exponentialfunktion ist:

$$I(d) = I_0 \cdot e^{-\mu \cdot d}; \qquad (1)$$

dabei sind d die Dicke des durchstrahlten Materials und μ der Absorptionskoeffizient. Aus praktischen Gründen gibt man μ meistens als μ/ρ in Einheiten der Flächenbelegung (Masse pro Flächeneinheit) an und nennt den Ausdruck μ/ρ *Massenabsorptionskoeffizient* (ρ ist dabei die Dichte des Absorptionsmaterials).

Jeder der vier Absorptionsprozesse wird also durch seinen eigenen Absorptionskoeffizienten beschrieben, und es gilt wegen der gegenseitigen Unabhängigkeit der Prozesse die Gesamtbeziehung

$$\mu = \mu_{ph} + \mu_c + \mu_{el} + \mu_p = \mu_{total}, \qquad (2)$$

mit $\mu_{ph} = \mu$ (Photoeffekt), $\mu_c = \mu$ (Compton-Effekt), $\mu_{el} = \mu$ (elastische Streuung) und $\mu_p = \mu$ (Paarbildung). Nun sind aber die einzelnen μ-Werte keineswegs Konstanten. Sie hängen vielmehr in komplizierter Weise von der Röntgenenergie und der Kernladungszahl des Absorbers ab. Figur 4 gibt die einzelnen μ-Werte und den totalen Massenabsorptionskoeffizienten in Abhängigkeit von der Rönt-

genenergie an, und zwar für einen Absorber der Ordnungszahl 82 (Blei). Für jeden anderen Absorber sehen die Kurven zwar ähnlich aus, unterscheiden sich aber doch in ihrem Verlauf. Sie können sich leicht vorstellen, daß die Berechnung der Massenabsorptionskoeffizienten zusammengesetzter Absorber recht kompliziert wird.
Von besonderem Interesse sind die eigenartigen ›Zacken‹, die in der Kurve von μ_{ph} auftreten. Diese *Absorptionskanten* entstehen dadurch, daß die Photonen mit zunehmender Energie plötzlich in einer noch weiter innen liegenden Elektronenschale den Photoeffekt auslösen können. Dabei steigt der Absorptionskoeffizient sprunghaft an, um dann aber wieder wie vorher mit etwa E^{-3} abzunehmen, bis er eine neue Kante erreicht. Jenseits der K-Kante gibt es dann keine neue mehr, und μ_{ph} fällt nun etwa mit $1/E^3$ (bzw. λ^3) bis auf unmeßbar kleine Werte ab. Die genaue Messung der Absorptionskanten gibt deshalb wertvolle Aufschlüsse über die ansonsten unzugänglichen Bindungsenergien der inneren, vollbesetzten Elektronenschalen eines Atoms.

Röntgenspektroskopie
Wie mißt man ein Röntgenspektrum? Obwohl Röntgenstrahlen ebenso elektromagnetische Wellen sind wie das Licht, zeigen sie beim Durchlaufen eines Prismas keine Brechung. Die Frequenzen liegen weit jenseits der Elektronenresonanzen, so daß der Brechungsindex für Röntgenlicht praktisch Eins ist. Um wie beim optischen Gitterspektrographen die Beugung an einem Strichgitter (→ Wellen) zur Wellenlängenbestimmung auszunutzen, müßte man äußerst feine Gitter haben, denn die Strichabstände müssen ja in der Größenordnung der Röntgenwellenlängen liegen. Für eine Strahlung von 30 keV ergibt sich so ein Gitterabstand von etwa der Größe eines Atomdurchmessers (10^{-10} m). Es ist klar, daß derartige Gitter technisch nur unter größten Schwierigkeiten und nur für ›streifenden Einfall‹ her-

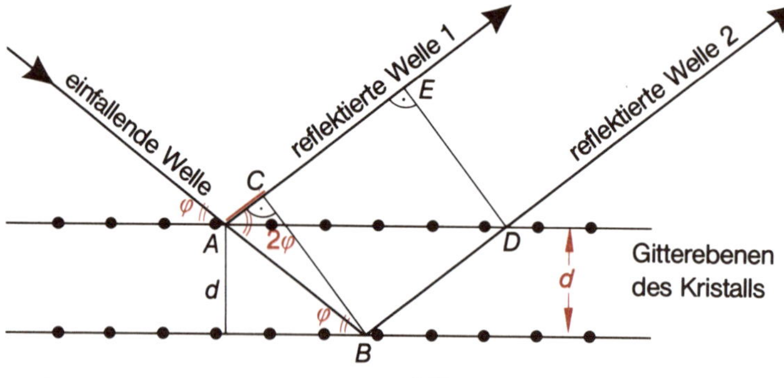

Röntgenstrahlung (Figur 5): Eine Bragg-Reflexion an einem Kristallgitter tritt nur auf, wenn zwischen Einfallswinkel φ, Netzebenenabstand d und Wellenlänge λ der Röntgenstrahlen die Bragg-Beziehung $2d \cdot \sin\varphi = n \cdot \lambda$ ($n = 1,2,3...$) erfüllt ist. Daß die Gangdifferenz $\overline{AB} + \overline{BD} - (\overline{AC} + \overline{CE}) = l$ zwischen Welle 1 und Welle 2 wirklich $2d \cdot \sin\varphi$ beträgt, ergibt sich aus der Beziehung $\overline{AB} = \overline{BD} = \overline{CE}$ und den Winkelbeziehungen am rechtwinkligen Dreieck: $d/\overline{AB} / \sin\varphi$ und $\overline{AC}/\overline{AB} = \cos 2\varphi$.
Aus der ersten Beziehung folgt $l = \overline{AB} - \overline{AC} = \overline{AB} \cdot (1 - \overline{AC}/\overline{AB})$.
Setzt man die beiden Winkelbeziehungen ein, so erhält man
$l = d \cdot (1 - \cos 2\varphi)/\sin\varphi =$
$= d \cdot [1 - (1 - 2\sin^2\varphi)]/\sin\varphi = 2d \cdot \sin\varphi$.
Beachten Sie, daß hier im Gegensatz zur normalen Lichtreflexion der Einfallswinkel von der reflektierten Ebene aus gemessen wird.

gestellt werden können. Glücklicherweise gibt es aber *natürliche* Gitter mit ›Strichabständen‹ in der richtigen Größe, nämlich alle *Kristalle.* Es stellt sich nämlich heraus, daß die *Netzebenen* eines Kristalls wie räumliche Gitterebenen wirken und daß tatsächlich Röntgenstrahlen an diesen Gitterebenen nur unter ganz bestimmten Glanzwinkeln reflektiert werden. Diese nach *Sir William Henry Bragg* (1862–1942) benannte Beugung an einem Kristallgitter schlägt zwei Fliegen mit einer Klappe: Zum einen benutzt man sie zur genauen Vermessung der Röntgenwellenlänge (und damit auch der Energie), zum anderen erforscht man mit ihrer Hilfe die Struktur der Kristalle. Letzteres bildet neben der medizinischen Röntgendiagnostik das Hauptanwendungsgebiet der Röntgenphysik.

Die *Bragg-Reflexion* läßt sich anhand Figur 5 leicht verstehen. Eine Interferenz zwischen allen reflektierten Teilstrahlen tritt nur dann auf, wenn der Gangunterschied zwischen zwei benachbarten Strahlen jeweils ein ganzzahliges Vielfaches der Wellenlänge ist:

$$2d \cdot \sin\varphi = n \cdot \lambda \; (n = 1, 2, 3 \ldots). \qquad (3)$$

In dieser *Bragg-Bedingung* bedeutet d den Abstand der Netzebenen, die als Gitterebenen verwendet werden (da gibt es natürlich in jedem Kristall mehrere!), φ ist der Glanzwinkel, λ die Wellenlänge der Strahlung und n die ›Ordnung‹ der Reflexion.

Man hat die Bragg-Reflexion zur Grundlage eines Spektrometers gemacht (*Drehkristallmethode,* Figur 6), das es gestattet, mit sehr hoher Auflösung auch äußerst feine Einzelheiten im Röntgenspektrum zu erkennen.

In neuerer Zeit gewinnt eine spezielle Art energieauflösender Detektoren immer mehr Bedeutung: die *Halbleiterzähler.*

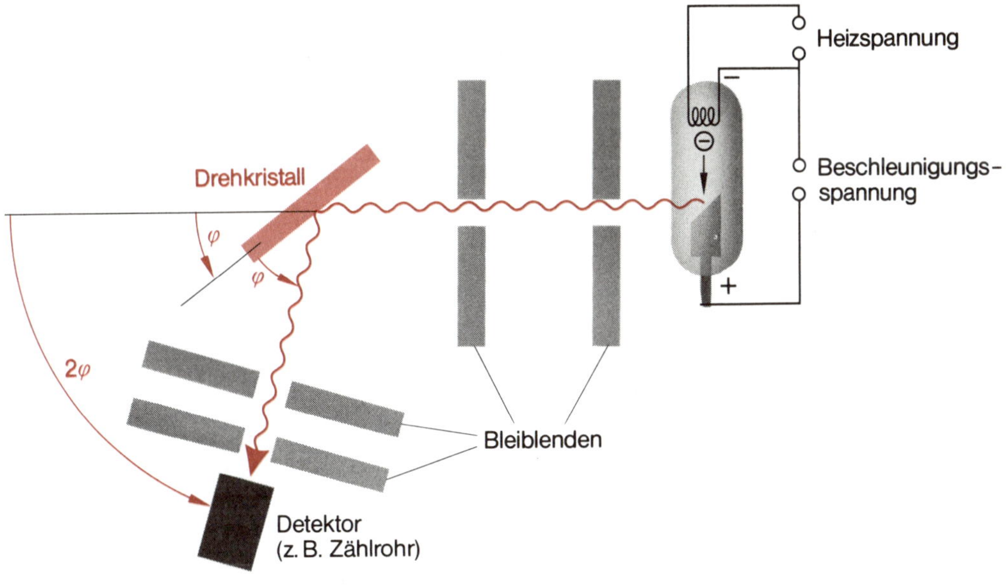

Röntgenstrahlung (Figur 6): Schematischer Aufbau eines Röntgen-Drehkristall-Spektrometers; die Strahlbegrenzungsblenden müssen im Interesse hoher spektraler Auflösung möglichst eng gemacht werden; um trotzdem annehmbare Meßzeiten zu erreichen, muß die Röntgenquelle eine sehr hohe Leistung aufweisen; Detektor im Winkel 2φ zum Winkel φ des Kristalls.

Dabei ›zerlegt‹ man die Photonenenergie in sehr viele Photoelektronen (äußerer → Photoeffekt), sammelt sie zu einem Stromimpuls und ordnet dessen Größe elektronisch automatisch die richtige Energie zu. Ein *Germaniumdetektor* erreicht auf diese Weise eine prinzipielle Auflösungsgrenze von 2,3 eV. Dabei sind jedoch schon recht aufwendige Techniken nötig (Kühlung mit flüssigem Stickstoff, elektronische Aufbereitung der Impulsform usw.). Auch *Szintillationszähler* kann man – mit wesentlich schlechterer Auflösung – als Röntgendetektoren zur Energiemessung einsetzen. Dabei nutzt man die Photoelektronen auf dem Umweg über die Lichtblitze, die in bestimmten Kristallen (z. B. Natriumjodid, NaJ) nach den primären Photoeffekten entstehen, die jedes Röntgenquant auslöst. Die technischen Einzelheiten führen hier jedoch zu weit.

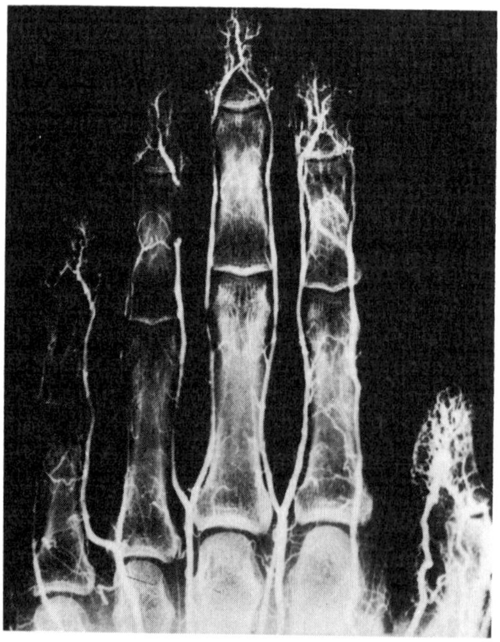

Röntgenstrahlung: Mit modernster Röntgentechnik angefertigte Röntgenaufnahme einer Hand © Siemens AG, München

Abbildung mit Röntgenstrahlen und das ›Durchleuchten‹

Wegen ihrer großen Energie zeigen Röntgenstrahlen ein hohes Durchdringungsvermögen. Selbst Blei muß in beachtlichen Dicken eingesetzt werden, um harte Röntgenstrahlen abzuschirmen. Der aus organischen Verbindungen bestehende menschliche Körper ist daher für Röntgenstrahlen kein ernstzunehmendes Hindernis. Man kann aber die Energie der Röntgenstrahlen so wählen, daß Weichteile wenig, Knochen oder spezielle Kontrastmittel (z. B. Barium) dagegen stark absorbieren. Dann läßt sich ein Bild vom Inneren eines Organismus aufnehmen.

Wir wissen schon, daß der Brechungsindex aller Materialien für Röntgenstrahlen nahezu 1 ist. Man kann also leider kein Linsensystem konstruieren, das man in einem ›Röntgenphotoapparat‹ verwenden könnte. Lichtempfindliche Filme (z. B. eine Silberbromid-Emulsion) werden jedoch auch durch Röntgenstrahlen geschwärzt. So ist es möglich, eine Röntgenaufnahme einfach als Schattenriß zu machen. Neben der richtigen Auswahl der Photonenenergie, d. h. der Röntgenspannung und des Antikathodenmaterials, ist dazu nur erforderlich, die Lichtquelle nahezu punktförmig zu gestalten (→ Optik). Man muß also in medizinischen Röntgenröhren den Brennfleck durch geeignete Fokussierung der beschleunigten Elektronen möglichst klein machen, was wiederum besondere Anforderungen an die Kühlung der Röhre stellt.

Trotz vieler Verbesserungen in der medizinischen Röntgentechnik zerstört jede Röntgenaufnahme durch die ionisierende Wirkung der Strahlung eine Vielzahl organischer Verbindungen und sogar ganze Zellen. Eine Röntgenaufnahme ist also nur gerechtfertigt, wenn sie tatsächlich zur Diagnose unumgänglich notwendig ist und sozusagen das kleinere Übel darstellt (→ Strahlenbelastung und Strahlenschutz).

Rückkopplung

Die *Rückkopplung* bezeichnet ein allgemeines Steuerungsprinzip und einen fundamentalen Begriff der *Kybernetik*. Ein System ist rückgekoppelt, wenn eine seiner Ausgangsgrößen(-daten) auf einen Eingangskanal gelegt wird (also als Eingangsgröße benützt wird), d. h., wenn es sich selbst steuert. Wesentlich dabei ist, daß dem System eine Energiequelle zur Verfügung steht, die nicht vom Eingangssignal abhängt.
Man spricht von *positiver Rückkopplung,* wenn die Rückführung auf den Eingang das Ausgangssignal verstärkt, von *negativer Rückkopplung* oder *Gegenkopplung,* wenn das Gegenteil der Fall ist. Bei periodischen Vorgängen hängt das von der Phasenverschiebung zwischen Eingang und Ausgang ab: Ein Phasensprung von 0, 2π, 4π usw. koppelt positiv, einer von π, 3π, 5π usw. negativ (→ Schwingungen).
Beispiel 1: Ein Verstärker wird von einem Mikrophon ›angesteuert‹ (Eingangssignal). Das von der unabhängigen Energiequelle (Netz) verstärkte Signal speist einen Lautsprecher (Ausgangssignal). Wenn nun das Mikrophon wiederum die Lautsprechersignale aufnimmt, haben wir eine *(akustische) Rückkopplung* vor uns. Sie ist positiv, wenn sich das Mikrophon in der Nähe des Lautsprechers befindet, weil die Verarbeitungszeit im Verstärker vernachlässigbar klein gegen die Schallausbreitung ist. Positive akustische R. macht sich oft bei Musikübertragungen und Rednern mit einem durchdringenden Pfeifen bemerkbar.
Beispiel 2: Sie steuern ein Auto. Ihre Augen als Sensoren, das Gehirn und schließlich die Muskulatur, die das Steuerrad bedient, bilden ein Signal-(Daten-)Verarbeitungssystem. Wenn die Eingangsdaten melden, daß der Wagen nach links abweicht, reagieren Sie mit einer Gegenkopplung: Sie steuern im Normalfall den Wagen nach rechts, um nicht auf die Gegenfahrbahn zu geraten.
Beispiel 3: Eine Population vermehrt sich ungehemmt; dadurch verbraucht sie in steigendem Tempo Nahrungsmittel und erzeugt immer mehr Abfallprodukte. Es entsteht eine R.: Die knapper werdenden Vorräte wirken bremsend auf die Vermehrungsrate ein. Wenn die Lebensdauer der Einzelindividuen der Population (wie beim Menschen) groß genug ist, kann aber der Rückkopplungseffekt so stark verzögert sein, daß die Gegenkopplung, wenn sie endlich einsetzt, eine drastische Wirkung hat (›Katastrophe‹).

Rückstoß

Aus dem Erhaltungssatz des → Impulses (→ Erhaltungssätze) folgt, daß ein System, das eine Masse ausstößt, nicht selbst in Ruhe bleiben kann. Bezeichnet man die Masse des ausgestoßenen Körpers mit m_1 und seine Geschwindigkeit mit v_1, dann muß nach der Trennung beider Massen gelten

$$m_1 \cdot \vec{v}_1 + m_2 \cdot \vec{v}_2 = 0. \qquad (1)$$

Dabei bedeuten m_2 die Masse und v_2 die Geschwindigkeit des Restsystems. Beide Geschwindigkeiten $\vec{v}_1$ und $\vec{v}_2$ sind im Schwerpunktsystem zu messen, das vor – und nach – dem Trennungsvorgang in Ruhe ist. Die Gleichung (1) ist gut auf Vorgänge anwendbar, bei denen nur die Endgeschwindigkeiten *beider* Körper nach der Trennung interessieren. Da $m_1 \cdot \vec{v}_1 = -m_2 \cdot \vec{v}_2$ ist, sind diese Geschwindigkeiten einander entgegengesetzt, weil Massen nicht negativ sein können. Will man etwas über die *Kräfte* erfahren, die während der Trennung der Massen auftreten, dann muß man Einzelheiten über den Trennungsvorgang kennen. Der interessanteste Fall ist wohl der einer Rakete oder eines Strahltriebwerkes in einem Flugzeug. Ein Rückstoßantrieb dieser Art ist ja die einzige Möglichkeit für einen Körper (Rakete, Raumschiff, Satellit usw.), in Abwesenheit äußerer Kräfte seinen eigenen Impuls zu ändern. Die Situation ist also ganz anders als beim Laufen oder Autofahren, wo äußere Kräfte (Reibung) zur Verfügung stehen, die Impulse übertragen können.

Nun sind Strahltriebwerke oder Raketenantriebe im allgemeinen so konstruiert, daß sie die Treibgase mit konstanter Geschwindigkeit *relativ zur Rakete,* also *nicht* relativ zum gemeinsamen Schwerpunkt ausstoßen. Natürlich gilt die Gleichung (1) auch hier, aber sie nützt uns nicht viel, weil sich beim Ausstoßen der Treibgase nicht nur die Geschwindigkeit der Rakete, sondern auch ihre Masse ändert.
Wir müssen den Impulssatz daher in seiner differentiellen Form benutzen. Dazu bezeichnen wir mit dem Index 1 die Raketengrößen, mit dem Index 2 die Treibgasgrößen.

Der Gesamtimpuls $p_1 + p_2$ des Systems ist konstant, seine zeitliche Änderung also Null:

$$\frac{d(p_1 + p_2)}{dt} = 0 = \frac{dp_1}{dt} + \frac{dp_2}{dt}. \qquad (2)$$

Rechnen wir nichtrelativistisch, was bei irdischen Raketen durchaus angebracht ist (→ Relativitätstheorie), so gilt:

$$p_1 = m_1(t) \cdot v_1(t) \text{ und } p_2 = m_2(t) \cdot v_2(t).$$

Deshalb erhalten wir aus Gleichung (2) die Beziehung:

$$0 = m_1 \cdot \frac{dv_1}{dt} + v_1 \cdot \frac{dm_1}{dt} + m_2 \cdot \frac{dv_2}{dt} + v_2 \cdot \frac{dm_2}{dt}. \qquad (3)$$

Einmal ausgestoßene Raketengase werden nicht weiter beschleunigt. Deshalb ist $dv_2/dt = 0$. Außerdem muß die Abnahme der Raketenmasse (dm_1/dt) gleich der Zunahme der ausgestoßenen Gasmasse sein:

$$\frac{dm_1}{dt} = -\frac{dm_2}{dt}.$$

Das negative Vorzeichen drückt aus, daß die Massenänderung bei beiden Objekten entgegengesetzt ist. Setzen wir das in Gleichung (3) ein, so erhalten wir:

$$m_1 \cdot \frac{dv_1}{dt} + (v_1 - v_2) \cdot \frac{dm_1}{dt} = 0.$$

Ohne weitere Annahmen über den Ausstoßprozeß kommen wir jetzt nicht mehr weiter. Die oben bereits erwähnte konstante Ausstoßgeschwindigkeit w der Treibgase relativ zur Rakete bedeutet $w = v_1 - v_2$. Jetzt können wir die Indizes auch weglassen, weil nur noch Raketengrößen vorkommen. Die endgültige Beziehung lautet dann:

$$m \cdot \frac{dv}{dt} + w \cdot \frac{dm}{dt} = 0. \qquad (4)$$

Das erste Glied dieser Gleichung drückt die Kraft aus, die die Rakete momentan beschleunigt, und das zweite Glied bezeichnen die Techniker als *Schub.* Das Ganze stellt eine Differentialgleichung für v dar, die man auch als

$$dv = -w \cdot \frac{1}{m} \cdot dm$$

schreiben kann. Ihre Lösung lautet

$$v = -w \cdot \ln m + \text{konst.}$$

Die Konstante erhält man aus der Randbedingung, daß bei $v = 0$ die Anfangsmasse m_0 vorgelegen haben soll:

$$\text{konst.} = +w \cdot \ln m_0.$$

Setzen wir ein und fassen zusammen, dann erhalten wir schließlich:

$$v = w \cdot \ln \frac{m_0}{m}. \qquad (5)$$

Wenn man noch den zeitlichen Verlauf von v erhalten will, muß man eine weitere Annahme über die Ausstoßrate dm/dt machen. Angenommen, sie ist ebenfalls konstant, gleich γ, dann gilt

$$m = m_0 - \gamma \cdot t,$$

und aus Gleichung (5) wird

$$v = w \cdot \ln \frac{m_0}{m_0 - \gamma \cdot t}. \qquad (6)$$

Die Ausströmgeschwindigkeit w beträgt bei einer Sauerstoff-Wasserstoff-Verbrennung etwa 3000 m/s. Das Verhältnis der Massen m_0/m kann bei einer Rakete allenfalls 10:1 gemacht werden, denn auch leere Tanks haben eine Masse, genauso wie Steuerorgane und – nicht zuletzt – die eigentliche Nutzlast. Damit ergibt sich für die Endgeschwindigkeit einer einstufigen Rakete bestenfalls ein Wert von 7000 m/s. Das entspricht nur etwa 60% der Fluchtgeschwindigkeit, die man benötigt, um den Anziehungsbereich der Erde zu verlassen (→ Erdsatelliten). Mit einer einstufigen Rakete ist also z. B. der Flug zum Mond nicht zu schaffen; man muß deshalb mehrstufige Raketen verwenden. Damit kann man die schweren Brennkammern ausgebrannter Triebwerksstufen abwerfen und sozusagen mit einer bereits großen Anfangsgeschwindigkeit ›von vorn‹ anfangen.
Vor dem Hintergrund dieser einfachen Rechnung wird vielleicht klar, welcher technischen Anstrengungen es bedurfte, nicht nur auf dem Mond zu landen, sondern von dort auch wieder zur Erde zurückzukommen.

Ruhmasse

Die → Relativitätstheorie hat gezeigt, daß die beobachtbare Masse eines Körpers keine Konstante ist, sondern von seinem Bewegungszustand abhängt. Deshalb ist es sinnvoll, die Masse, die der Körper hat, wenn er ruht, als *Ruhmasse* m_0 zu bezeichnen. Direkt messen kann man die R. nur in einem System, das relativ zum Meßobjekt in Ruhe ist. Die R. ist die *kleinstmögliche* Masse, die man an einem Körper feststellen kann. Allerdings sind bei den Geschwindigkeiten, die für uns direkt erreichbar sind, keine Unterschiede zwischen tatsächlicher Masse und R. feststellbar.

S Abk. für → Siemens, die Maßeinheit des elektrischen Leitwerts (→ Maße und Maßsysteme).

s Abk. für die Zeiteinheit → Sekunde (→ Maße und Maßsysteme).

Saite

Ein unendlich langer Draht, der unter Zugspannung steht, kann zum Träger einer linearen Welle werden, wenn man ihn an einer Stelle auslenkt. Ist eine derartige *Saite* an beiden Enden fest eingespannt, bilden sich *stehende Wellen,* deren Wellenlänge λ aber wegen der Randbedingungen so beschaffen sein muß, daß die Saitenlänge l ein ganzzahliges Vielfaches der halben Wellenlänge $\lambda/2$ ist:

$$n \cdot \frac{\lambda}{2} = l \text{ oder}$$

$$\lambda = \frac{2l}{n} \quad (n = 1, 2, 3 \ldots).$$

Bleibt die Ausbreitungsgeschwindigkeit auch für kleinere Wellenlängen konstant, so hat dies auch zur Folge, daß die zulässigen Frequenzen der stehenden Welle (Eigenfrequenzen) ganzzahlige Vielfache einer Grundfrequenz f_0 sind:

$$f = n \cdot f_0 \quad (n = 1, 2, 3 \ldots).$$

Da man oft (ungenau!) Systeme mit stehenden Wellen als ›Oszillatoren‹ bezeichnet, hat sich auch der Ausdruck *harmonischer Oszillator* für saitenähnliche Systeme eingebürgert, weil sich aus ganzzahligen Frequenzverhältnissen in der Musik Harmonien bilden lassen. Weil in der Quantenmechanik die Energie eines Systems seiner Schwingungsfrequenz proportional ist, bezeichnet speziell dort ein harmonischer Oszillator ein System, dessen Energiezustände sämtlich gleiche ›Energieabstände‹ voneinander haben (→ Akustik, → Schwingungen, → Wellen, → Atomphysik).

Schalenmodell

Die Vorstellung, daß der innere Aufbau von Atomen und Atomkernen durch Gruppen energetisch nahezu gleicher Teilchen beschrieben werden kann, ist unter dem Namen *Schalenmodell* bekannt. Beim Atom bilden die Elektronen die ›Schalen‹, beim Atomkern die Nukleonen. Sch. machen vor allem die Existenz von *magischen Zahlen* verständlich, die eine besonders große Stabilität des zugehörigen physikalischen Gebildes anzeigen. So sind beim Atom die Elektronenzahlen 2, 8, 18, allgemein $2 \cdot n^2$ ($n = 1$, 2, 3...) magisch, weil sie abgeschlossenen *Elektronenschalen* entsprechen, deren Gesamtdrehimpuls Null ist. Beim Atomkern ist das Sch. nicht ganz so überzeugend, erklärt aber immerhin auch hier – im Verein mit der größeren Wechselwirkung der Nukleonen untereinander – die magischen Zahlen 2, 8, 20, 28, 50, 82 und 126 (→ Atomphysik, → Kernphysik).

Schärfentiefe

Der Entfernungsbereich, der bei vorgegebener Brennweite, Entfernungseinstellung und Blende auf dem Film eines Photoapparates scharf abgebildet wird, heißt

Schärfentiefe oder *Tiefenschärfe.* Der Streit um den richtigen Ausdruck ist müßig, weil weder die Tiefe scharf noch die Schärfe tief ist. Man müßte eigentlich *Schärfenbereich* sagen.
Nach der Abbildungsgleichung

$$\frac{1}{f} = \frac{1}{b} + \frac{1}{g}$$

(→ optische Abbildung) kann es nur *eine* Entfernung *g* geben, in der ein Gegenstand bei einer entsprechenden Bildweite *b*, die dem Filmabstand von der Hauptebene entspricht, scharf abgebildet wird. Alle anderen Gegenstände, deren Entfernungen die Abbildungsgleichung nicht erfüllen, erzeugen auf dem Film ein unscharfes Bild. Dahinter steckt kein Beugungseffekt, sondern nur reine geometrische Optik. Wenn das entwickelte Bild, mit bloßem Auge betrachtet, scharf aussehen soll, dürfen die Bildpunkte nicht größer als etwa 20 μm sein. Rechnet man (Kleinbildkamera) Bildvergrößerungen von 1 : 4 mit ein, so ergibt sich für die Korngröße des Films ein Wert von etwa 5 μm. Unterhalb dieser Abmessungen gibt es keine Schärfe auf der Filmschicht, und deshalb wird auch alles innerhalb der Korngröße ›scharf‹ abgebildet, was keine größere Unschärfe hat als eben diese Korngröße. Wie groß dieser Schärfenbereich ist, wenn man ihn auf die entsprechenden Gegenstandsentfernungen überträgt, hängt von drei Größen ab:
1. *Entfernungseinstellung:* Je größer die eingestellte Entfernung, desto näher ist die Filmebene der Brennebene des Objektivs, desto größer daher auch der Schärfenbereich.
2. *Brennweite:* Je kleiner die Brennweite, desto näher ist die Bildebene der Brennebene, und desto weniger wirken sich Schwankungen auf die Bildgröße aus. Objektive mit kleinen Brennweiten erzeugen daher große Schärfenbereiche, während Objektive mit großen Brennweiten (Teleobjektive) nur sehr kleine Schärfenbereiche haben.
3. *Blende:* Je kleiner die Blende (→ Öffnungsverhältnis) ist, desto weniger divergent ist das Lichtbündel, das sich in der Bildebene zu einem Bildpunkt vereinigen soll. Deshalb fällt auch die Unschärfe der Abbildung kleiner aus, wenn die Bildweite nicht genau stimmt. Der Schärfenbereich wächst also mit kleinerem Blendendurchmesser.

Schiefe Ebene

Die sch. E. zählt zu den ›einfachen Maschinen‹, weil sie eine Kräftezerlegung ermöglicht, die das Transportieren eines Gegenstandes über einen Höhenunterschied hinweg erleichtert. Die Wirkung der sch. E. geht aus Figur 1 hervor. Die Gewichtskraft $G = m \cdot g$ wirkt immer senkrecht nach unten. Durch den vorgegebenen Steigungswinkel α der Ebene läßt sie sich in zwei Komponenten zerlegen: Die *Hangkraft* $F_{\parallel}$ hat den Betrag $G \cdot \sin\alpha$, die *Auflagerkraft* $F_{\perp}$ den Betrag $G \cdot \cos\alpha$. Zieht man an dem Körper mit einer Kraft *F*, die dem Betrag nach wenig größer als die Hangkraft und die Reibungskraft zusammen, aber hangaufwärts gerichtet ist, so setzt sich der Körper nach oben in Bewegung. Wenn man die Reibung klein hält (Räder oder Rollen), kann man *F* sehr viel kleiner machen als *G* und den Klotz trotzdem nach oben befördern. Die (ohne Reibung) geleistete Arbeit ist aber genauso groß wie die durch senkrechtes Anheben geschaffene potentielle Energie, nämlich $m \cdot g \cdot \Delta h$: Was man an Kraft ›eingespart‹ hat, muß man an Transportweg ›zulegen‹ *(Goldene Regel der Mechanik).*
Die sch. E. läßt sich umgekehrt auch zum Kraftgewinn benützen, wie beim Keil

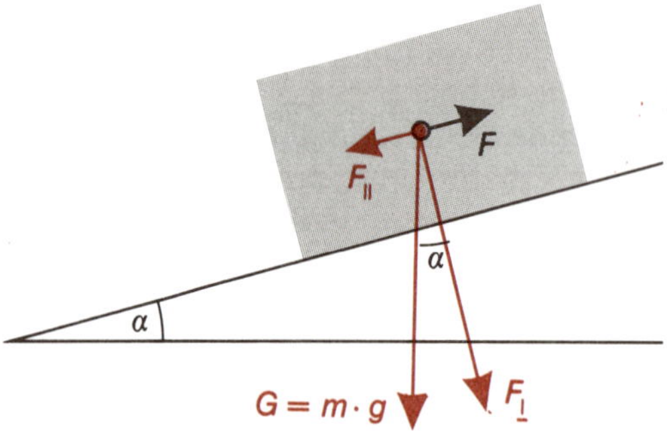

Schiefe Ebene (Figur 1): Auf der schiefen Ebene genügt die Kraft $F = -F_{\parallel}$, um der Masse m (ohne Berücksichtigung von Reibungskräften) das Gleichgewicht zu halten.

oder – technisch am bedeutungsvollsten – bei der Schraube. Das Aufwickeln der sch. E. um einen Zylinder ändert nichts an ihrer Linearität. Dreht man die Schraube zu, dann setzt man wie in Figur 1 die Kraft F ein; an den Gängen wirkt aber die Auflagerkraft $F_{\perp}$ und erzeugt beim Verkeilen enorme Reibungskräfte.

Schmelzwärme

Um die Moleküle eines Stoffes aus den gebundenen Kristallzuständen zu befreien und so den Stoff vom festen in den flüssigen → Aggregatzustand zu befördern, muß Arbeit aufgewendet werden. Sie läßt sich nach der Clausius-Clapeyronschen Gleichung berechnen und steckt als → latente Wärme in der Flüssigkeit. Diese Energie heißt beim Phasenübergang fest-flüssig *Schmelzwärme,* beim umgekehrten Übergang flüssig-fest *Erstarrungswärme.* Für Wasser bzw. Eis beträgt diese Energie ungefähr 340 kJ/kg. Um 1 kg Eis in Wasser (beides bei 0 °C!) zu verwandeln, muß man also dieselbe Energie aufwenden, die nötig wäre, um diese Eismasse um 34,6 km zu heben!

Schrödinger-Gleichung

Die Vorgänge in Mikrosystemen wie Atomkernen, Atomen oder Molekülen entziehen sich der Beschreibung durch die klassische Physik. Selbst makroskopische Systeme wie Metalle, Halbleiter oder supraleitende Stoffe sind ohne Quantenmechanik nicht zu verstehen. Das zugrunde liegende Modell ist dabei rein *mathematisch.* Der physikalische Zustand eines Systems wird durch eine *Wellenfunktion* oder *Zustandsfunktion* $\psi(\vec{r}, t)$ beschrieben, deren Zahlenwert man als (komplexe) Amplitude der Aufenthaltswahrscheinlichkeit am Ort $\vec{r}$ zur Zeit t versteht. Diese Ausdrucksweise ist zwar ungewohnt, aber notwendig. Die reelle Aufenthaltswahrscheinlichkeit ist dann (analog zu anderen → Wellen) als Betragsquadrat dieser Amplitude gegeben wie die *Intensität* einer reellen Welle.

Die Berechnung dieser Wellenfunktion erfolgt durch das Lösen der *Schrödinger-Gleichung* (nach *Erwin Schrödinger,* 1887–1961). Der Modellcharakter dieses Konzepts besteht in der Formulierung der Sch.-G. Sie läßt sich nämlich *nicht ableiten,* sondern ist als *Regel* zu verstehen, deren richtige Anwendung das physikalische Geschehen dann auch richtig beschreibt. Dabei geht man folgendermaßen vor:

Alle physikalischen Größen werden durch *mathematische Operatoren* ausgedrückt (genauer durch sog. *lineare hermitesche Operatoren*). Das sind Größen, die auf die Zustandsfunktion ›angewandt‹ werden und diese dabei verändern. Es gibt eigentlich nur drei verschiedene Operatoren:

1. Der *Ortsoperator* $\vec{r}_{op}$ ist mit der Ortskoordinate $\vec{r}$ identisch. Die Anwendung des Ortsoperators auf die Wellenfunktion besteht einfach in der Multiplikation der Wellenfunktion mit der Ortskoordinate:

$\vec{r}_{op} = \vec{r} = (x, y, z)$. Die Größe $\vec{r}$ ist natürlich ein Vektor, und

$$\vec{r}_{op}\,[\psi(\vec{r}, t)] = \vec{r} \cdot \psi(\vec{r}, t). \quad (1)$$

2. Der *Impulsoperator* weicht von unserer herkömmlichen Vorstellung (Masse mal Geschwindigkeit) ab. Er bezieht sich auf die Übereinstimmung von Impuls und Wellenvektor, die aber hier komplex angesetzt wird. Auch der Impulsoperator ist eine vektorielle Größe (→ Vektoren):

$$\vec{p}_{op} = \frac{\hbar}{i}\left(\frac{\partial}{\partial x}, \frac{\partial}{\partial y}, \frac{\partial}{\partial z}\right) = \frac{\hbar}{i} \cdot \nabla. \quad (2)$$

Die Größe ∇ ist der Nabla-Operator, dessen Komponenten die Ableitungen nach den Ortskoordinaten sind. Der Wellenvektor $\vec{k}$ sieht ganz ähnlich aus:

$$\vec{k} = (k_x, k_y, k_z) = 2\pi \cdot \left(\frac{1}{\lambda_x}, \frac{1}{\lambda_y}, \frac{1}{\lambda_z}\right).$$

Die Anwendung des Impulsoperators auf die Wellenfunktion besteht also in einer Multiplikation mit $\hbar/i$ und anschließender partieller Ableitung nach den Ortskoordinaten. Das ergibt (in kartesischen Koordinaten) drei Gleichungen der Form

$$\begin{aligned} p_{x\,op}\,[\psi(\vec{r}, t)] &= \frac{\hbar}{i} \cdot \frac{\partial}{\partial x} \cdot \psi(\vec{r}, t); \\ p_{y\,op}\,[\psi(\vec{r}, t)] &= \frac{\hbar}{i} \cdot \frac{\partial}{\partial y} \cdot \psi(\vec{r}, t); \quad (3) \\ p_{z\,op}\,[\psi(\vec{r}, t)] &= \frac{\hbar}{i} \cdot \frac{\partial}{\partial z} \cdot \psi(\vec{r}, t). \end{aligned}$$

3. Der *Frequenzoperator* ist ein Skalar wie die Frequenz. Er entsteht analog wie der Impulsoperator durch

$$\omega_{op} = \frac{1}{i} \cdot \frac{\partial}{\partial t}. \quad (4)$$

Vergleichen Sie damit die Frequenz $\omega' = 2\pi/T$. Die Anwendung ω_{op} auf die Wellenfunktion $\psi(\vec{r}, t)$ ergibt eine Art ›komplexer Momentanfrequenz‹ dieser Wellenfunktion. Nach der Planckschen Beziehung ist aber die Energie E proportional zur Frequenz: $E = \hbar \cdot \omega$. Der *Energieoperator* ist also mit

$$\frac{\hbar}{i} \cdot \frac{\partial}{\partial t}$$

anzusetzen.

Andererseits ist aber die Energie E gleich der Summe aus kinetischer Energie $E_{kin} = p^2/2m$ und potentieller Energie E_{pot}. Falls die potentielle Energie nur von den Ortskoordinaten abhängt (das gilt für alle sog. ›konservativen‹ Kräfte wie elektrostatische Kräfte oder auch die Gravitation), ist $E_{pot\,op} = U(\vec{r})$, d. h., der Operator der potentiellen Energie ist eine Funktion des Ortsoperators allein. Der Operator der kinetischen Energie dagegen läßt sich durch den Impulsoperator ausdrükken:

$$E_{kin\,op} = \frac{1}{2m} \cdot \left(\frac{\hbar}{i} \cdot \nabla\right)^2 = -\frac{\hbar^2}{2m} \cdot \Delta. \quad (5)$$

Dabei bedeutet Δ *(Deltaoperator)* das Skalarprodukt des Nabla-Operators mit sich selbst, $\Delta = \nabla \cdot \nabla$, das nach den üblichen Vektorregeln ausgeführt wird:

$$\left(\frac{\partial}{\partial x}, \frac{\partial}{\partial y}, \frac{\partial}{\partial z}\right) \cdot \left(\frac{\partial}{\partial x}, \frac{\partial}{\partial y}, \frac{\partial}{\partial z}\right) = \\ = \frac{\partial^2}{\partial x^2} + \frac{\partial^2}{\partial y^2} + \frac{\partial^2}{\partial z^2} = \Delta.$$

Die Summe der Operatoren aus potentieller und kinetischer Energie ist der *Hamilton-Operator H* (nach *Sir William Rowan Hamilton,* 1805–1865):

$$H = E_{kin\,op} + E_{pot\,op} = -\frac{\hbar^2}{2m} \cdot \Delta + U(\vec{r}). \quad (6)$$

Die Anwendung dieses Hamilton-Operators auf die Wellenfunktion muß aber dasselbe ergeben wie die Anwendung des Energieoperators

$$\frac{\hbar}{i} \cdot \frac{\partial}{\partial t}.$$

Schreiben wir diesen quantenmechanischen Energiesatz an, so erhalten wir die Sch.-G. in ihrer *zeitabhängigen Form:*

$$-\frac{\hbar^2}{2m} \cdot \Delta \psi(\vec{r}, t) + U(\vec{r}) \cdot \psi(\vec{r}, t) = = \frac{\hbar}{i} \cdot \frac{\partial \psi(\vec{r}, t)}{\partial t}. \qquad (7)$$

Viele Anwendungen zielen aber nur darauf ab, die Zustände eines Systems auszurechnen, bei denen sich die Gesamtenergie nicht ändert, d. h. zeitlich unveränderlich bleibt. Das bedeutet, daß bei der Ableitung nach der Zeit alle Glieder verschwinden müssen, die t explizit enthalten. Die Wellenfunktion reduziert sich auf einen ortsabhängigen Anteil $\varphi(\vec{r})$, und die rechte Seite der Sch.-G. kann allenfalls aus einer Konstanten bestehen, multipliziert mit $\varphi(\vec{r})$:

$$-\frac{\hbar^2}{2m} \cdot \Delta\varphi(\vec{r}) + U(\vec{r}) \cdot \varphi(\vec{r}) = E \cdot \varphi(\vec{r}).$$

Diese *zeitunabhängige* Sch.-G. schreibt man meist in der Kurzform:

$$H\varphi(\vec{r}) = E \cdot \varphi(\vec{r}). \qquad (8)$$

Die Konstante E heißt dann *Eigenwert* zum Energieoperator. Setzt man z. B. für m die Masse des Elektrons und für $U(\vec{r})$ das Coulomb-Potential einer positiven Punktladung, so hat man in erster Näherung die Differentialgleichung für ein Wasserstoffatom oder ein wasserstoffähnliches Einelektronensystem (→ Atomphysik, → Quantenmechanik).

Schwarzer Körper

Ein Gegenstand, der jede auftreffende elektromagnetische Strahlung absorbiert, ist nicht nur im sichtbaren Bereich, sondern überall ›absolut schwarz‹. Alle tatsächlichen Oberflächen, auch wenn sie mit noch so komplizierten Schichten überzogen sind, können aber *nicht ideal schwarz* sein; irgendwelche Wellenlängen werden immer teilweise reflektiert. Der einzige ›Gegenstand‹, der wirklich schwarz ist, wird durch ein Loch dargestellt, hinter dem sich ein möglichst großer Hohlraum befindet. Wenn das Loch klein und der Hohlraum so gestaltet ist, daß die in den Hohlraum eintretende Strahlung diesen nicht wieder verlassen kann, haben wir einen *Schwarzen Körper* vor uns. Erhitzt man die ganze Anordnung (Hohlraum samt Loch), so gibt das Loch auch die im Inneren entstehende Strahlung nach außen ab *(Hohlraumstrahlung).* Nach den → Strahlungsgesetzen ist dann das strahlende Loch heller als die Oberfläche jedes realen Gegenstandes.

Schwebung

Überlagert man zwei → Schwingungen oder → Wellen mit benachbarten Frequenzen bzw. Wellenlängen, so bildet die Summe eine Schwingung mit periodisch variabler Amplitude. Läßt man zwei Tongeneratoren (oder Stimmgabeln, Klaviersaiten usw.) mit den Frequenzen ω_1 und $\omega_2 = \omega_1 + \Delta\omega$ gleichzeitig nebeneinander erklingen, so hört man nur *einen* Ton, diesen aber mit wechselnder Lautstärke, wobei die *Schwebungsfrequenz* ω_S dieser Lautstärkeschwingung näherungsweise durch

$$\omega_S = \frac{\omega_2 - \omega_1}{2} = \frac{1}{2}\Delta\omega$$

gegeben ist. Zwei Töne, die sich um 2 Hz in der Frequenz unterscheiden, erzeugen also eine Sch. von 1 Hz.

Schwerpunkt

Der → Impuls einer Massenverteilung, also eines starren Körpers oder auch eines Systems von ›Massenpunkten‹, ist zwar zeitlich unveränderlich, wenn das System nach außen hin abgeschlossen ist, aber die Größe des Impulses hängt vom → Bezugssystem ab, in dem man ihn berechnet. Am besten eignen sich als Bezugssysteme sog. *Inertialsysteme* (d. h. solche, die sich mit gleichförmiger Geschwindigkeit bewegen), aber auch hier gibt es beliebig viele Möglichkeiten. Nehmen wir an, eines davon sei unser Laborsystem K. Dann ist der Gesamtimpuls des mechanischen Gebildes, das wir untersuchen, gleich der (vektoriellen) Summe aller Einzelimpulse:

$$\vec{p} = \Sigma m_i \cdot \vec{v}_i. \qquad (1)$$

Das Summenzeichen verstehen wir immer so, daß über alle i Einzelteilchen summiert wird. Gehen wir nun von diesem Laborsystem K zu einem anderen Inertialsystem K' über, das sich gegenüber dem Laborsystem K mit der Geschwindigkeit v bewegt, dann muß man zu allen Einzelgeschwindigkeiten v_i' in diesem neuen System die Systemgeschwindigkeit v addieren, um die Laborgeschwindigkeiten v_i zu erhalten:

$$\vec{v}_i = \vec{v}_i' + \vec{v}. \qquad (2)$$

Auch im neuen System hat die Massenverteilung einen Impuls p', nämlich:

$$\vec{p}' = \Sigma m_i \cdot \vec{v}_i'. \qquad (3)$$

Setzen wir Gleichung (2) in Gleichung (1) ein, so erhalten wir

$$\vec{p} = \Sigma m_i \cdot (\vec{v}_i' + \vec{v}) = \Sigma m_i \cdot \vec{v}_i' + \Sigma m_i \cdot \vec{v}.$$

Die erste Summe auf der rechten Seite ist $\vec{p}'$, und aus der zweiten Summe kann man $\vec{v}$ herausziehen, weil es für alle i Massenpunkte dasselbe ist. Das ergibt:

$$\vec{p} = \vec{p}' + \vec{v} \cdot \Sigma m_i. \qquad (4)$$

Wir wählen nun das Bezugssystem K' so, daß in ihm $\vec{p}' = 0$ wird. Das ist offenbar immer möglich. Man muß seine Geschwindigkeit $\vec{v}$ zum Laborsystem nach Gleichung (4) nur so einrichten, daß

$$\vec{v} = \frac{\vec{p}}{\Sigma m_i} = \frac{\Sigma m_i \cdot \vec{v}_i}{\Sigma m_i} \qquad (5)$$

wird. Die Geschwindigkeit $\vec{v}$ erhält jetzt eine doppelte Bedeutung. Einerseits ist der Impuls der Massenverteilung Σm_i nach Voraussetzung Null in einem System, das sich mit $\vec{v}$ bewegt, andererseits ist $\vec{v} \cdot \Sigma m_i$ gleich dem Impuls im Laborsystem. Man faßt deshalb $\vec{v}$ als die Geschwindigkeit eines Punktes S auf ($v = \mathrm{d}\vec{r}_s / \mathrm{d}t$), dessen Ortsvektor $\vec{r}_s$ im Laborsystem durch die folgende Gleichung gegeben ist:

$$\vec{r}_s = \frac{\Sigma m_i \cdot r_i}{\Sigma m_i}. \qquad (6)$$

Die Vektoren $\vec{r}_i$ geben die Orte der einzelnen Massen m_i an. Der Punkt S verhält sich in bezug auf den Impuls der Massenverteilung so, als wäre in ihm die ganze Masse Σm_i vereinigt. Man nennt ihn daher den *Schwerpunkt* der Massenverteilung.

Alles Bisherige bezieht sich auf ein System von Massenpunkten. Eine *kontinuierliche* Massenverteilung ist dagegen durch ihre Dichtefunktion $\rho(\vec{r})$ bestimmt. Dann ist das Massenelement dm gegeben durch die Dichte $\rho(\vec{r})$, multipliziert mit dem Volumenelement dV. Alle Summen über m_i sind durch die Integrale über $\int \rho(\vec{r}) \cdot \mathrm{d}V$ zu ersetzen, und die Koordinatengleichung (6) des Schwerpunkts erhält die Form

$$\vec{r}_s = \frac{\int \vec{r} \cdot \rho(\vec{r}) \cdot \mathrm{d}V}{\int \rho(\vec{r}) \cdot \mathrm{d}V} = \frac{\int \vec{r}\,\mathrm{d}m}{\int \mathrm{d}m}. \quad (7)$$

Das Integral erstreckt sich über den ganzen Körper, und $\int \rho(\vec{r})\,\mathrm{d}V$ ist natürlich nichts anderes als die Gesamtmasse der Verteilung.

Die Eigenschaften des Schwerpunktsystems, also des Bezugssystems K', in dem der Sch. ruht, werden in vielen Problemstellungen benutzt. Vor allem Stöße lassen sich im Schwerpunktsystem besonders einfach behandeln. Auch in homogenen Kraftfeldern verhält sich der Sch. so, als sei in ihm die gesamte Masse des Körpers vereinigt. Hängt man einen Körper beispielsweise im Schwerefeld der Erde auf, dann wird er eine Gleichgewichtslage anstreben, bei der der Sch. senkrecht unter dem Aufhängepunkt liegt. Dieser Eigenschaft verdankt er auch seinen Namen. Unterstützt man einen Körper im Sch., so ist er im *indifferenten Gleichgewicht,* verharrt also in jeder Lage, die man ihm gibt.

Beachten Sie, daß der Sch. *kein* körpereigener Punkt sein muß, sondern bei ungewöhnlich geformten Massenverteilungen durchaus auch außerhalb des Körpers liegen kann. *Beispiel:* Der Sch. eines zu einem Kreis gebogenen Drahtes liegt im Mittelpunkt des Kreises.

Schwingungen

Unsere normale Vorstellungskraft verbindet mit dem Begriff der *Schwingung* etwas ›Hin- und Hergehendes‹. Darin steckt als wesentlicher Inhalt die zeitliche Regelmäßigkeit *(Periodizität),* wenngleich man natürlich auch darüber nachzudenken hat, was → Zeit eigentlich ist. Nimmt man jedoch den Zeitbegriff einmal als gegeben, so stellt sich zunächst die Frage, *was* denn hin- und hergehen kann, damit eine Sch. entsteht, und dann *warum* es eine solche Bewegung ausführen kann. Man denkt zuerst an materielle Körper, und es gibt tatsächlich eine ganze Reihe materieller schwingungsfähiger Gebilde, z. B. das → Pendel. Genauere Betrachtungen z. B. der elektromagnetischen Erscheinungen zeigen aber, daß es damit nicht getan ist. Die Überlegungen, *was* schwingen kann, führen so schnell auf unübersichtliches Gebiet, daß man geneigt ist, sie vorerst zurückzustellen zugunsten einer anderen Frage, nämlich der, was bei einem Schwingungsvorgang eigentlich geschieht. Die wohl gegenwärtig tiefgreifendste Antwort darauf ist, daß es sich um einen Vorgang handelt, bei dem *zwei Energieformen* periodisch ineinander umgewandelt werden. Diese Definition unterscheidet die Sch. von der → Drehung, die ja ebenfalls ein zeitlich periodischer Vorgang ist.

Die Frage nach dem ›Warum‹ einer Sch. ist noch viel schwieriger, erlaubt in vielen Fällen nur oberflächliche Antworten und harrt in einigen Fällen immer noch einer Klärung. Das Problem liegt in der Natur dessen, was man → Kraft nennt. Es sind nämlich Kräfte, die als Ursachen von Sch. gelten müssen, und wir nehmen sie hier als gegeben hin. Zur Beschreibung der grundlegenden Eigenschaften von Sch. bediene ich mich der mechanischen Systeme, nicht zuletzt deshalb, weil sie auch anschaulich noch einigermaßen zugänglich sind.

Der mechanische harmonische Oszillator

Das Standardbeispiel für ein schwingungsfähiges System ist eine Spiralfeder mit einem daran aufgehängten Gewicht (Figur 1). Zieht man – innerhalb gewisser Grenzen – an dem Gewicht und läßt es dann los, so schwingt es auf und ab. Derartige eindimensionale Sch. kennzeichnen den *linearen Oszillator*. Es treten dabei folgende Meßgrößen auf: Die maximale Auslenkung x_0 nach oben oder nach unten nennt man *Amplitude* der Sch., die Zeitdauer T einer vollen Sch. (einmal ›auf und ab‹) heißt *Schwingungsdauer,* und der Kehrwert dieser Zeit, $1/T = f$, ist die Anzahl der Schwingungen pro Zeiteinheit oder die *Frequenz* des Oszillators. Eine weitere Meßgröße, die aber erst später eine Rolle spielen wird, ist die Stellung des Oszillators zu einem gegebenen Zeitpunkt t_0, die sog. *Phase* des Systems.

Vernachlässigt man zunächst die Reibung, so läßt sich eine Bewegungsgleichung des Oszillators finden, wenn man weiß, wie groß die Kraft $F(x)$ sein muß, die man aufwenden muß, um die Auslenkung *(Elongation)* x zu erreichen. Wählt man die Amplitude x_0 nicht zu groß, so gilt für eine Feder ein besonders einfacher Zusammenhang: Die aufzuwendende Kraft ist proportional zur Elongation. Anders ausgedrückt: Dehnt man die Feder um einen Betrag x_1, so ›versucht‹ sie, mit einer Kraft F_1 in ihre Ruhelage zurückzukehren. Verdoppelt man die Dehnung, so wird auch die Rückstellkraft doppelt so groß. Der Zusammenhang erfüllt die lineare Gleichung

$$F(x) = -D \cdot x. \qquad (1)$$

Die Größe D heißt *Direktionskraft* oder (hier) *Federkonstante,* das negative Vorzeichen entspricht der Tatsache, daß die Federkraft der Auslenkung x entgegengesetzt ist. Nun werden Sie vielleicht fragen, was denn bei einer Auslenkung nach *oben* geschieht. Es gilt dann derselbe Zusammenhang von Gleichung (1), weil die Feder durch das Gewicht G bereits eine Vorspannung hat. Allerdings muß die Amplitude x_0 so klein sein, daß auch im oberen Umkehrpunkt noch eine Federkraft auf die angehängte Masse wirkt.

Unter diesen Voraussetzungen können wir nun die Grundgleichung der Mecha-

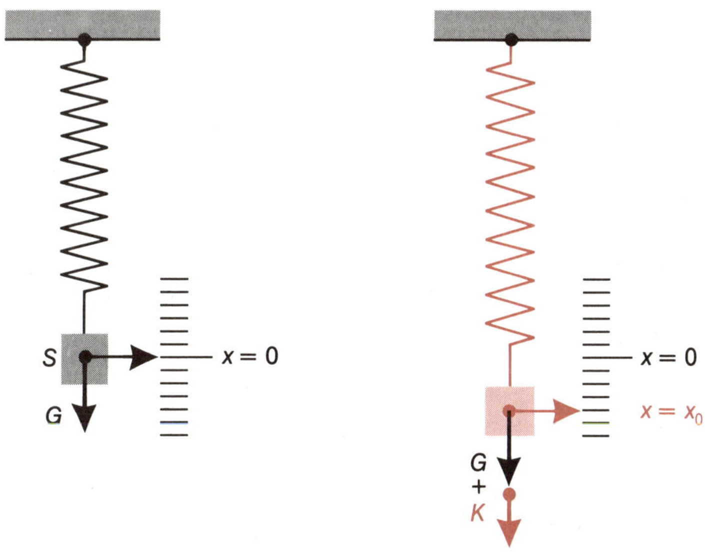

Schwingungen (Figur 1): Der Federoszillator im Ruhezustand *(links)* und im Zustand maximaler Auslenkung *(rechts)*

nik – Kraft F ist Masse m mal Beschleunigung – anwenden oder, was gleichbedeutend damit ist, die Summe aller Kräfte bilden, die in einem abgeschlossenen System ja gleich Null sein muß. Da die Beschleunigung die zweite Ableitung des Weges nach der Zeit ist, erhalten wir:

$$F(x) = m \cdot \frac{d^2x}{dt^2}. \qquad (2)$$

Setzen wir $F(x)$ aus Gleichung (1) ein und formen ein wenig um, so ergibt sich die Differentialgleichung

$$\frac{d^2x}{dt^2} + \frac{D}{m} \cdot x = 0. \qquad (3)$$

Dies ist eine gewöhnliche Differentialgleichung zweiter Ordnung, die in der gesamten Physik eine große Rolle spielt. Sie ist unter dem Namen *Gleichung des ungedämpften harmonischen Oszillators* bekannt und hat die Lösung

$$x(t) = x_0 \cdot \sin\left(\sqrt{\frac{D}{m}} \cdot t + \varphi_0\right). \qquad (4)$$

Setzen wir den Nullpunkt der Zeitskala so, daß $x(0) = x_0$ wird, so verschwindet der Phasenwinkel φ_0, und wir erhalten

$$x(t) = x_0 \cdot \sin \omega_0 t \text{ mit } \omega_0 = \sqrt{\frac{D}{m}}. \qquad (5)$$

Diese Sinusfunktion wiederholt ihre Werte nach Ablauf von $\omega_0 t = 2\pi$. Andererseits muß dann gerade die Schwingungsdauer T abgelaufen sein, also muß gelten

$$\omega_0 T = 2\pi \text{ oder } \omega_0 = \frac{2\pi}{T} = 2\pi \cdot f. \qquad (6)$$

Die Größe ω_0 und die Frequenz f der Sch. unterscheiden sich also nur um den Faktor 2π. Man nennt ω_0 deshalb auch die *Kreisfrequenz* der Sch.

Eine gleichwertige Lösung von Gleichung (3) ist die entsprechende Kosinusfunktion. Man erhält sie auch, wenn man den Nullpunkt der Zeitskala so setzt, daß $\varphi_0 = \pi/2$ gewählt wird. All das ändert nichts an den folgenden Ausführungen, so daß wir uns der Einfachheit halber immer auf die Sinusfunktion beziehen. Oszillatoren, deren Bewegungsablauf einer Sinusfunktion entspricht, heißen *harmonisch*. Der Grund dafür liegt offensichtlich in dem linearen Kraftgesetz von Gleichung (1). Wir können also schon jetzt vermuten, daß nichtlineare Rückstellkräfte möglicherweise auch anharmonische Sch. zur Folge haben.

Eine *harmonische Schwingung* aber entspricht der Projektion eines Punktes, der sich mit der Winkelgeschwindigkeit ω_0 auf dem Umfang eines Kreises bewegt, auf eine Ebene senkrecht zu diesem Kreis (Figur 2).

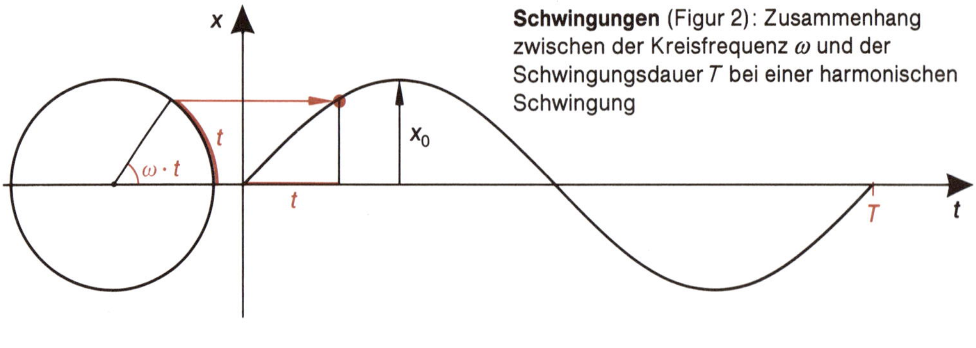

Schwingungen (Figur 2): Zusammenhang zwischen der Kreisfrequenz ω und der Schwingungsdauer T bei einer harmonischen Schwingung

Beispiele für harmonische Oszillatoren sind in guter Näherung alle *Pendel*. So ist das hier gewählte Beispiel auch unter dem Namen *Federpendel* bekannt. Darüber hinaus können aber auch gespannte Saiten, Metallstäbe, Quarzscheiben, elektromagnetische Schaltungen, Kristalle und Atome zu Sch. angeregt werden, die alle in erster Näherung harmonisch sind. Die Pendel unterscheiden sich von anderen schwingungsfähigen Systemen dadurch, daß sie lediglich in einer einzigen Eigenfrequenz schwingen können. Für die anderen Oszillatoren liefert die Lösung der zugehörigen Differentialgleichungen eine ganze Reihe möglicher Frequenzen (→ Akustik). Bei harmonischen Oszillatoren jedoch sind diese *Oberschwingungen* sämtlich ganzzahlige Vielfache der niedrigstmöglichen Grundfrequenz (→ Wellen).

Die beiden Energieformen, die wir eingangs zur Definition der Sch. herangezogen haben, sind für den mechanischen Oszillator die potentielle und die kinetische Energie (Energie der Lage und der Bewegung). Die *potentielle Energie* beim Federoszillator ist in den Umkehrpunkten der Bewegung maximal, die *kinetische Energie* während des Nulldurchgangs. Da die Energie eine Erhaltungsgröße ist, muß die Summe aus beiden eine Konstante sein. Die maximale potentielle Energie ist deshalb genauso groß wie die maximale kinetische Energie. Letztere erhalten wir aus der Gleichung $E_{kin} = \frac{1}{2} m \cdot v_o^2$, wenn wir die Maximalgeschwindigkeit v_o aus der Gleichung (5) durch Differentiation berechnen:

$$v(t) = x_o \cdot \omega_o \cdot \cos \omega_o t = v_o \cdot \cos \omega_o t. \quad (7)$$

Da $v_o = x_o \cdot \omega_o$ und nach Gleichung (1) $x_o = -F_o / D$ ist, gilt

$$E_{kin} = \frac{1}{2} m \cdot \frac{F_o^2 \cdot \omega_o^2}{D^2}. \quad (8)$$

Die potentielle Energie ist das Integral über die Kraft von der Ruhelage zur Maximalauslenkung:

$$E_{pot} = -\int_{x=0}^{x=x_o} F(x) \cdot dx = \int_{x=0}^{x=x_o} + D \cdot x \cdot dx = = +\frac{1}{2} D \cdot x_o^2. \quad (9)$$

Setzen wir $\omega_o^2 = D/m$ und $F_o^2 = D^2 \cdot x_o^2$ in Gleichung (8) ein, so folgt daraus $E_{kin} = E_{pot}$ und damit die Gesamtenergie E des Oszillators:

$$E = 2 \cdot E_{kin} = 2 \cdot E_{pot} = D \cdot x_o^2. \quad (10)$$

Sie sehen, daß E weder von der Frequenz noch von der Masse des schwingenden Körpers abhängt, sondern nur von der Direktionskraft der Feder (einer Materialkonstanten) und von der Auslenkung.

Der gedämpfte harmonische Oszillator

Alles, was wir über unseren Federoszillator bisher erarbeitet haben, gilt nur näherungsweise, denn wir haben innere und äußere Reibung nicht berücksichtigt. Beide aber entziehen dem Oszillator ständig Energie, was nach Gleichung (10) eine dauernde Abnahme der Amplitude x_o zur Folge hat, bis das System schließlich ganz zum Stillstand kommt. Die Energie geht dabei natürlich nicht verloren, sondern wird nur in eine dritte Form, die Wärme, umgewandelt. Wie sieht die Bewegungsgleichung des Oszillators aus, wenn man diesen Vorgang nicht vernachlässigt?

Die einfachste Näherung nimmt die Reibungskraft F_r als streng geschwindigkeitsabhängig an. Da sie der Bewegung entgegengesetzt ist, erhält man

$$F_r = -\mu \cdot \frac{dx}{dt}, \qquad (11)$$

wobei μ den Reibungskoeffizienten bedeuten soll. Fügen wir diese Kraft noch in die Gleichung (2) ein, so erhalten wir die Differentialgleichung des *gedämpften harmonischen Oszillators:*

$$m \cdot \frac{d^2x}{dt^2} + \mu \cdot \frac{dx}{dt} + D \cdot x = 0, \qquad (12)$$

deren Lösung für $\mu^2 \leq 4D \cdot m$ in Analogie zur Gleichung (5) lautet:

$$x(t) = x_0 \cdot e^{-\frac{\mu}{2m} \cdot t} \cdot \sin\left(\sqrt{\frac{D}{m} - \frac{\mu^2}{4m^2}} \cdot t\right). \qquad (13)$$

Üblicherweise verwendet man die Abkürzung $\delta = \mu / 2m$ und nennt δ die *Dämpfungskonstante.* Setzt man außerdem $\omega_0{}^2 = D/m$ (die Frequenz des ungedämpften Oszillators) ein, so ergibt sich:

$$x(t) = x_0 \cdot e^{-\delta t} \cdot \sin\left(\sqrt{\omega_0{}^2 - \delta^2} \cdot t\right). \qquad (14)$$

Offenbar entspricht der Ausdruck $\sqrt{\omega_0{}^2 - \delta^2} = \omega$ der – geänderten – Frequenz des gedämpften Oszillators, während $x_0 \cdot e^{-\delta t}$ die neue, jetzt zeitabhängige Amplitude darstellt. Sie nimmt nach einer e-Funktion ab, und die *gedämpfte Schwingung* hat als graphische Darstellung die Figur 3. Das interessanteste Ergebnis dieser Rechnung ist jedoch, daß die Eigenfrequenz ω des gedämpften Oszillators gegenüber der des ungedämpften (ω_0) *kleiner* geworden ist. Es ist sogar möglich, daß ω gleich Null wird, nämlich dann, wenn $\omega_0{}^2 = \delta^2$ oder $\mu^2 = 4D \cdot m$ ist. In diesem Fall schwingt das System überhaupt nicht mehr: Bei einer Auslenkung kriecht der ›Oszillator‹ langsam in seine Ruhelage zurück, ohne sie zu überschreiten (sog. *aperiodischer Grenzfall*).

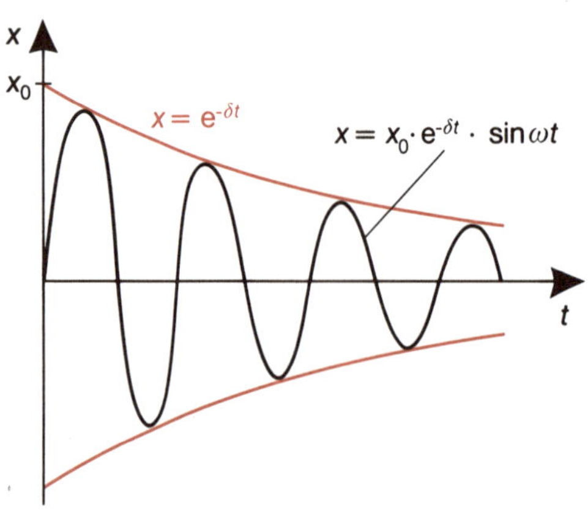

Schwingungen (Figur 3): Graphische Darstellung der Schwingungsform eines gedämpften harmonischen Oszillators

Erzwungene Schwingungen und Resonanz
Ein Federoszillator wird, einmal angestoßen, eine gedämpfte harmonische Sch. ausführen, wenn man ihn sich selbst überläßt. Dieses Verhalten ist für fast alle freien Oszillatoren typisch. Nur sehr wenige Versuchsanordnungen, wie z. B. ein supraleitender Schwingkreis, sind zu ungedämpften freien Sch. fähig. Im allgemeinen muß man jedoch einem Oszillator dauernd Energie zuführen, wenn er ungedämpfte Sch. ausführen soll. Wir untersuchen daher das Verhalten eines Oszillators, auf den von außen eine periodische Anregung $F_a = F_0 \cdot \sin \omega t$ einwirkt. Aus der Differentialgleichung (3) bzw. (12) wird dann für den harmonischen Fall:

$$m \cdot \frac{d^2x}{dt^2} + \mu \cdot \frac{dx}{dt} + D \cdot x = F_0 \cdot \sin\omega t. \qquad (15)$$

Die Lösung dieser Gleichung ist im allgemeinen Fall recht kompliziert und übersteigt unseren Rahmen. Wir überlegen uns daher anhand des einfachen Federoszillators einige Spezialfälle.

Da jetzt eine Kraft im Spiel ist, die bereits mit der Frequenz ω periodisch ist, wird auch die Phase des Oszillators eine Rolle spielen. Genauer betrachtet ist es die *Phasendifferenz* zwischen Anregung und dadurch erzwungener Sch., die zu einer charakteristischen Größe wird.

Wenn wir uns vorstellen, der Federoszillator von Figur 1 wäre nicht fest aufgehängt, sondern wir hielten ihn in der Hand, so lassen sich einige Gedankenexperimente anstellen (die Sie mit einer Feder natürlich jederzeit praktisch ausprobieren können!). Bewegen wir die Feder samt dem daran befestigten Gewicht sehr langsam auf und ab, so reagiert die Feder kaum mit einer eigenen Dehnung. Das Gewicht folgt der Hand fast so, als hinge es nicht an einer Feder, sondern an einem Faden. Der Federoszillator übernimmt die Frequenz und die Amplitude der anregenden Hand im Gleichtakt (Phasendifferenz Null).

Die Situation ändert sich, wenn wir unsere Hand schneller auf und ab bewegen. Jetzt dehnt sich die Feder periodisch, das Gewicht folgt der Handbewegung mit einer kleinen Verzögerung *(Phasendifferenz)* und schwingt mit einer etwas größeren Amplitude, als sie die Hand vorgibt. Nähern wir uns mit der Anregungsfrequenz der Eigenfrequenz des Oszillators, so werden die Bewegungen des Gewichts rasch unkontrollierbar. Die Amplitude wird so groß, daß eine geordnete Bewegung nicht mehr möglich ist. Dabei eilt die Anregungsbewegung der Massenbewegung des Oszillators eine viertel Sch. voraus (Phasendifferenz $\pi/2$ oder $90°$): Das Federpendel schaukelt sich im Takt seiner Eigenfrequenz auf, wenn die Anregungsenergie im richtigen Augenblick zugeführt wird. Dieser Vorgang wird als *Resonanz* bezeichnet. Er spielt in der gesamten Physik eine äußerst wichtige Rolle. Überall, wo Sch. möglich sind, gibt es Resonanz: in der Akustik, aus der auch der Name ›Resonanz‹ stammt (lat. resonare; dt. widerhallen), in der Elektrodynamik, der Optik (z. B. der Laserphysik), der Atomphysik, der Elementarteilchenphysik usw. Die Resonanz mechanischer Oszillatoren ist am leichtesten zu verstehen: Vergrößert man jeweils im Augenblick maximaler potentieller Energie diese zusätzlich, so erhöht sich die Gesamtenergie des Oszillators mit jeder Sch. Damit dieser Vorgang optimal abläuft, muß offenbar die maximale kinetische Anregungsenergie genau mit der maximalen potentiellen Energie des Resonators zusammenfallen. Daraus ergibt sich sofort die bereits erwähnte Phasendifferenz von $90°$. Theoretisch wächst bei Resonanz die Amplitude des Oszillators ins Unendliche (Figur 4). In der Praxis setzt jedoch die stets vorhandene Dämpfung dem Aufschaukeln meist ein Ende. Reicht die Dämpfung jedoch nicht aus, so endet die resonante Anregung mit der Zerstörung des Oszillators. Dafür gibt es viele verblüffende Beispiele. So zerbrach am 7. November 1940 die Tacoma-Brücke (Washington, USA) als Folge der Resonanzanregung durch den Wind. Auch viele Schäden an Motoren (Wellenlagern) sind auf Resonanz zurückzuführen. Beschallt man ein Glas mit seiner Eigenfrequenz, so zerspringt es. Manchen Sängerinnen wird die Fähigkeit nachgesagt, Weingläser zu ›zersingen‹. Es gibt aber viel alltäglichere Beispiele. Wer hätte sich als Autofahrer nicht schon über das vibrierende Lenkrad geärgert, das mit nicht ausgewuchteten Vorderrädern bei bestimmten Geschwindigkeiten auftritt, oder verzweifelt nach der Ursache eines undefinierbaren Dröhnens oder Klirrens gesucht, das nur bei gewissen Motordrehzahlen zu hören ist? Beide Male geraten mechanische Systeme durch periodische Anregungen der Räder oder des Motors

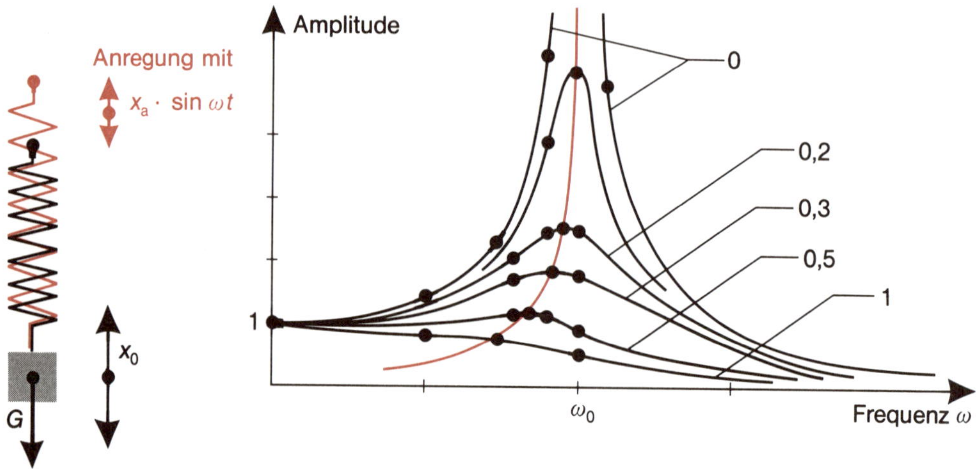

Schwingungen (Figur 4): Eine Anregung des Federoszillators zu erzwungenen Schwingungen *(links)* ergibt bei unterschiedlichen Dämpfungskonstanten die relativen Resonanzkurven *(rechts)*. Die rote Kurve gibt jeweils die Lage der Resonanzfrequenz an, die Amplitude ist in Einheiten von x_r/x_a angegeben, die Größe δ in Einheiten von ω_0.

in Resonanz. Die meist vorhandene große Dämpfung verhindert, daß dann die Lenkung zerbricht oder das Auto auseinanderfällt – obwohl selbst diese Dinge schon vorgekommen sind.
Zurück zu unserem Handversuch mit dem Federpendel. Erhöhen wir die Anregungsfrequenz über die Eigenfrequenz des Oszillators hinaus, so wird die Auslenkung der schwingenden Masse wieder kleiner, bis sie nahezu zum Stillstand kommt, obwohl die Hand rasche Anregungsbewegungen ausführt. Oszillator und Anregung sind dann in ›Gegenphase‹, haben also eine Phasendifferenz von 180° (π) oder einer halben Sch. Figur 5 zeigt den Verlauf der Phasendifferenz in Abhängigkeit von der Anregungsfrequenz. Figur 4 dagegen enthält den Amplitudenverlauf bei verschiedenen Dämpfungskonstanten δ. Mit zunehmender Dämpfung spricht der Oszillator erwartungsgemäß immer weniger auf irgendwelche Anregungsfrequenzen an. Je

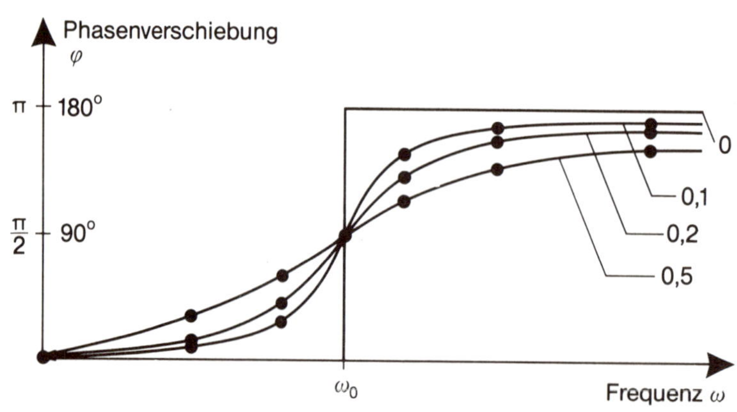

Schwingungen (Figur 5): Die Phasenverschiebung der erzwungenen Schwingung gegenüber der anregenden Frequenz für verschiedene Dämpfungskonstanten (in Einheiten von ω_0).

weniger Dämpfung vorhanden ist, desto ›schärfer‹ wird die Frequenz, die zur Resonanz führt, und um so größer wird auch die dadurch erzeugte Amplitude. Außerdem sieht man, daß sich mit zunehmender Dämpfung die Resonanzfrequenz verkleinert, wie wir ja bereits festgestellt hatten.
Die den Kurven zugrunde liegenden Formeln lauten:
Die Amplitude x_r des gedämpften harmonischen Oszillators, angeregt mit der Frequenz ω, beträgt

$$x_r = x_a \cdot \frac{\omega_o^2}{\sqrt{(\omega_o^2 - \omega^2)^2 + 4\delta^2 \cdot \omega^2}} \cdot \quad (16)$$

Die Bewegungsgleichung des Oszillators mit der Anregung $x_a \cdot \sin \omega t$ lautet

$$x(t) = x_r \cdot \sin(\omega t - \varphi). \quad (17)$$

Der Phasenwinkel φ zwischen anregender und erzwungener Sch. ist gegeben durch

$$\tan \varphi = \frac{2\delta \cdot \omega}{\omega_o^2 - \omega^2}. \quad (18)$$

Dabei ist δ die Dämpfungskonstante von Gleichung (14) und ω_o wie in Gleichung (5) die Eigenfrequenz des ungedämpften harmonischen Oszillators.
Zur Darstellung wurden relative Einheiten gewählt, um die wesentlichen Eigenschaften unabhängig von der Masse m und der Anregungsamplitude x_a zu zeigen.
Die Dämpfungskonstante δ, von der in diesem Abschnitt gesprochen wird, bezieht sich natürlich auf das freie System. Durch die dauernd zugeführte Anregungsenergie werden die im System vorhandenen Reibungsverluste ja nicht verhindert, wohl aber ausgeglichen, so daß im allgemeinen ein dynamisches Gleichgewicht entsteht. Das äußert sich nach außen hin so, daß der Oszillator mit konstanter Amplitude schwingt wie ein ungedämpftes System. Erst wenn die Anregung unterbrochen wird, klingt die Schwingung des Oszillators wieder gemäß der Dämpfungskonstanten ab.
Geeignet gedämpfte Oszillatoren kann man also selbst in ihrer Eigenfrequenz ungedämpft schwingen lassen, wenn man die Anregungsenergie richtig dosiert. Davon machen viele Apparate Gebrauch, die uns täglich umgeben, wie z. B. Uhren, Radio- und Fernsehgeräte, Taschenrechner und Computer.

Der anharmonische Oszillator
Die Bedingung des harmonischen Oszillators, daß nämlich die ›rücktreibende Kraft‹ stets proportional zur Auslenkung sein muß, ist zwar für viele Systeme in sehr guter Näherung, aber niemals streng erfüllt. In allen technischen Oszillatoren stehen so viele Teile und Teilchen miteinander in Wechselwirkung, daß eine strenge Proportionalität nicht zu erreichen ist. Die Geräte arbeiten trotzdem befriedigend, einmal, weil die Näherung recht gut ist, zum anderen, weil die wesentlichen Eigenschaften von Oszillatoren auch dann existieren, wenn sie *nicht* harmonisch schwingen. So gibt es auch beim anharmonischen Oszillator eine Eigenfrequenz, und das gedämpfte System läßt sich ebenfalls zu Sch. konstanter Amplitude anregen. Nur die Bewegungsgleichungen sind wesentlich komplizierter, wenn die rücktreibende Kraft nicht mehr proportional zur Auslenkung ist, sondern einem anderen Gesetz gehorcht. Das extreme Beispiel für eine anharmonische Sch., deren Bewegung also nicht mehr durch eine Sinusfunktion beschrieben werden kann, ist die *Kippschwingung*, oft

auch nach ihrer Kurvenform *Sägezahn* genannt (Figur 6). Sie läßt sich als elektrischer Spannungsverlauf leicht verwirklichen und ist in einem Fernsehgerät beispielsweise zur Zeilenablenkung des Elektronenstrahles unbedingt erforderlich.
Auf den ersten Blick hat eine Sägezahnkurve keinerlei Ähnlichkeit mehr mit einer Sinuskurve. Der physikalische Zusammenhang liegt jedoch in der Tatsache, daß man jede periodische Funktion, wie sie auch aussehen mag, durch eine – gegebenenfalls unendliche – Summe von Sinus- und Kosinusfunktionen ausdrükken kann. Diese in der Mathematik unter dem Namen →Fourier-Analyse oder Fourier-Transformation bekannte Eigenschaft periodischer Funktionen gilt auch für die Bewegung des anharmonischen Oszillators. Seine Bewegungsgleichung läßt sich also immer als Summe harmonischer Funktionen auffassen. Keine Frage: Das Verhalten bei Fremdanregung und Dämpfung bleibt genauso kompliziert wie vorher, aber der harmonische Oszillator als Grundmodell auch für den anharmonischen Fall wird dadurch gerechtfertigt.

Gekoppelte Schwingungen

In unserer physikalischen Umwelt gibt es eigentlich kaum isolierte Oszillatoren. Meist sind es sehr viele schwingungsfähige Gebilde, die miteinander in Verbindung stehen, so daß Energie von einem Oszillator auf einen anderen übergehen kann. Diese *Kopplung* kann durch die unterschiedlichsten Mechanismen bewerkstelligt werden. Auch hier sind wir zunächst wieder gezwungen, den Begriff der ›Kraft‹ zu benutzen, ohne davon mehr als eine intuitive Vorstellung zu haben.
Wir untersuchen als einfachsten Fall das Verhalten zweier gleichartiger mechanischer Oszillatoren, die durch eine ebenfalls mechanische Vorrichtung miteinander elastisch verbunden sind. Als Oszillatoren verwenden wir zwei Federpendel, als Kopplungsmechanismus eine Spiralfeder, die zwischen den beiden Pendelmassen eingespannt ist (Figur 7). Stößt man eines der Pendel (z. B. das linke) an, so übt es auf das andere infolge seiner Sch. eine periodische Kraft aus. Das rechte Federpendel fängt also ebenfalls an zu schwingen, aber mit einer Phasenverschiebung von einer viertel Sch. (90° oder $\pi/2$). Da es die gleiche Schwingungsdauer hat wie das linke Pendel, ändert sich diese Phasendifferenz nicht, so daß das erste Pendel als Erreger so lange Energie an das zweite Pendel abgeben muß, bis seine Amplitude Null geworden ist. Jetzt schwingt der rechte Federoszillator mit voller Amplitude, der linke ruht, die beiden Oszillatoren tauschen ihre Rollen. Das rechte Pendel zieht das linke

Schwingungen (Figur 6): Die Kippschwingung (Sägezahnkurve) als Spezialfall einer anharmonischen Schwingung, ihre Fourier-Zerlegung lautet: $x = x_0\left[\frac{1}{2} - \frac{1}{\pi}\left(\frac{\sin\omega t}{1} + \frac{\sin\omega t}{2} + \ldots\right)\right]$.

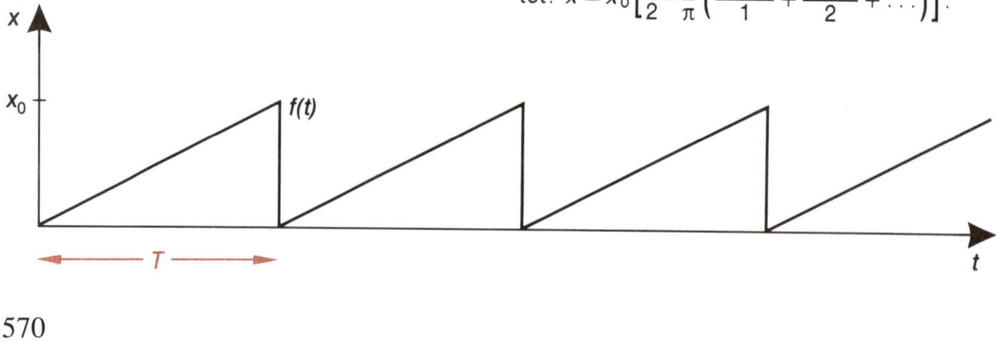

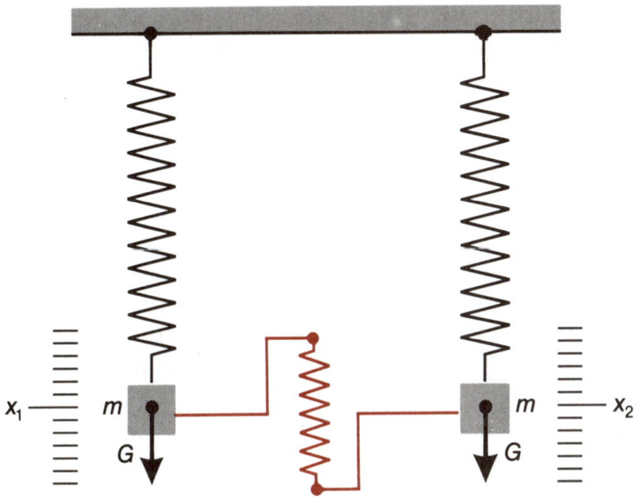

Schwingungen (Figur 7): Schematische Darstellung einfacher gekoppelter Oszillatoren; *m* Masse, *G* Gewicht, x_1 und x_2 Auslenkung

hinter sich her, wird dabei gebremst und kann seine Führung nicht eher abgeben, bis es seine gesamte Energie wieder auf das linke Pendel übertragen hat – es beginnt ein erneuter Durchgang.

Das Spiel geht solange hin und her, bis die Dämpfung die gesamte Energie beider Pendel ›aufgezehrt‹ hat, wobei sich bei jedem Rollentausch die Phase um eine halbe Sch. (π) ändert. Dieser *Phasensprung* ist das wichtigste an dem ganzen Vorgang. Man könnte sagen, er garantiert den Rollentausch, aber natürlich erfolgt er zwangsläufig.

Das Ergebnis dieser ›Energiependelung‹ ist ein Bewegungsverlauf, der – in der

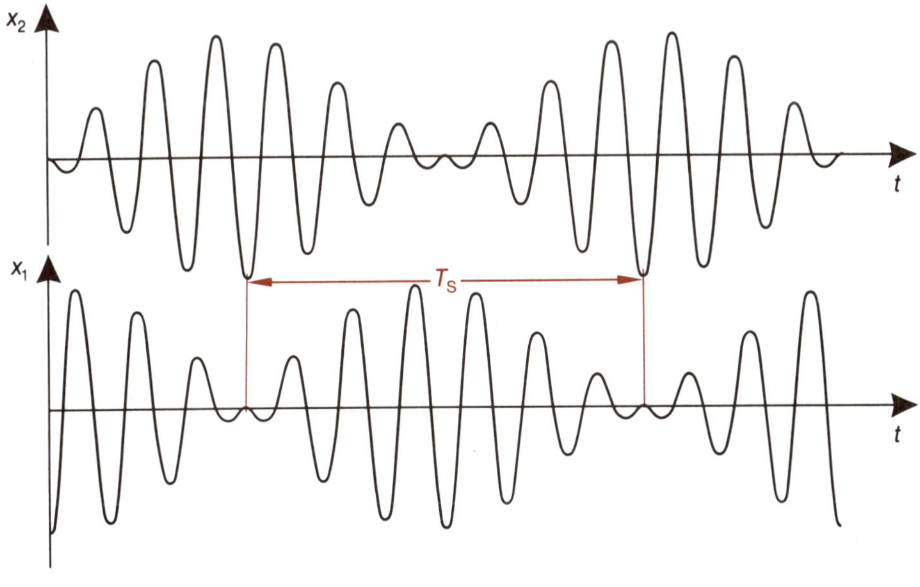

Schwingungen (Figur 8): Der Bewegungsablauf gekoppelter Oszillatoren ist durch eine periodisch veränderliche Amplitude gekennzeichnet (Schwebung); T_S Schwebungsdauer.

Akustik – als *Schwebung* bekannt ist (Figur 8) und der immer zustande kommt, wenn zwei Sch. überlagert werden, deren Frequenzen sich nur wenig unterscheiden. Handelt es sich um Töne, so hört man zwar nur *einen* Ton, aber mit auf- und abschwellender Lautstärke. Auch in unserem Fall hat ja jedes Pendel eine Amplitude, deren Größe sich periodisch mit einer *Schwebungsfrequenz* ändert. Um das Problem mathematisch anzupacken, muß man offenbar ein System von zwei Differentialgleichungen lösen, die man wieder durch Anschreiben der beteiligten Kräfte und Beschleunigungen erhält. Dabei nehmen wir an, daß die Rückstellkraft D_K der Kopplungsfeder wesentlich kleiner sein soll als die der beiden Oszillatorfedern, so daß die Ruhelage durch die Vorspannung der Kopplungsfedern nicht merklich gestört wird. Dann gilt für den linken Oszillator die Gleichung

$$m \cdot \frac{d^2x_1}{dt^2} + D \cdot x_1 + D_K(x_1 - x_2) = 0 \quad (19)$$

und für den rechten Oszillator entsprechend:

$$m \cdot \frac{d^2x_2}{dt^2} + D \cdot x_2 + D_K(x_2 - x_1) = 0. \quad (20)$$

Eine Lösung, in der der Zeitnullpunkt geeignet gewählt wird, ist

$$x_2(t) = x_o \sin\left(\frac{\omega' - \omega''}{2} t\right) \cdot \sin\left(\frac{\omega' + \omega''}{2} t\right);$$
$$x_1(t) = x_o \cos\left(\frac{\omega' - \omega''}{2} \cdot t\right) \cdot \cos\left(\frac{\omega' + \omega''}{2} t\right). \quad (21)$$

Die Sinusfunktion für x_2 und die Kosinusfunktion für x_1 drücken den Phasenunterschied zwischen den beiden Bewegungen aus; ω' und ω'' bedeuten die beiden *Fundamentalfrequenzen* des Systems. Man erhält sie, indem man diejenigen Schwingungszustände des Gesamtsystems betrachtet, bei denen überhaupt keine Schwebung auftritt, oder anders ausgedrückt, bei denen die Gesamtenergie gleichmäßig auf die Oszillatoren verteilt ist. Bei der einen Fundamentalschwingung des Systems bewegen sich die beiden Oszillatoren im Gleichtakt (ohne Phasenverschiebung) auf und ab. Offenbar wird dann die Kopplungsfeder überhaupt nicht beansprucht, die Frequenz ω'' muß genauso groß sein wie die Frequenz ω_o eines einzigen freien Oszillators. Die zweite Fundamentalschwingung des Systems liegt vor, wenn die beiden Oszillatoren im Gegentakt schwingen (Phasenunterschied 180° oder π). Dann addiert sich die doppelte Direktionskraft der Kopplungsfeder zur Direktionskraft jeder Oszillatorfeder, und man erhält entsprechend zu Gleichung (5) die Frequenz

$$\omega' = \sqrt{\frac{D}{m} + 2 \cdot \frac{D_K}{m}} = \sqrt{\omega_o^2 + 2 \cdot \frac{D_K}{m}}.$$

Die beiden Fundamentalfrequenzen des Systems sind also

$$\omega'' = \omega_o \text{ und } \omega' = \sqrt{\omega_o^2 + 2 \cdot \frac{D_K}{m}}. \quad (22)$$

Wenn die Kopplung ›schwach‹ ist, d. h. wenn ω_o^2 viel größer ist als $2 \cdot D_K / m$, kann man für die Wurzel näherungsweise schreiben

$$\sqrt{\omega_o^2 + 2 \cdot \frac{D_K}{m}} = \omega_o \cdot \sqrt{1 + 2 \cdot \frac{D_K}{m \cdot \omega_o^2}} \approx$$
$$\approx \omega_o \cdot \left(1 + \frac{D_K}{m \cdot \omega_o^2}\right)$$

Dann wird

$$\omega' + \omega'' \approx \omega_0 + \omega_0 \cdot \left(1 + \frac{D_K}{m \cdot \omega_0^2}\right) \approx 2\,\omega_0$$

und

$$\omega' - \omega'' \approx \omega_0 \cdot \left(1 + \frac{D_K}{m \cdot \omega_0^2}\right) - \omega_0 = \frac{D_K}{m \cdot \omega_0}.$$

Damit schreiben sich – für schwache Kopplung – die Gleichungen (21) wie folgt:

$$x_2(t) = x_0 \cdot (\sin \omega_s t) \cdot \sin \omega_0 t;$$
$$x_1(t) = x_0 \cdot (\cos \omega_s t) \cdot \cos \omega_0 t, \quad (23)$$

wobei ω_S die Schwebungsfrequenz ist:

$$\omega_S = \frac{D_K}{2m \cdot \omega_0}.$$

Das einfache Beispiel zweier gekoppelter Oszillatoren, das wir hier für gleiche Massen und Federkonstanten durchgerechnet haben, kommt in der Natur nicht häufig vor. Meist ist es nur im Experiment verwirklicht, um daran die grundlegenden Eigenschaften gekoppelter Sch. zu studieren, und hier gibt es einige gute Anordnungen: Man kann zwei Schwerependel mit einer Schraubenfeder verbinden, zwei elektrische Schwingkreise über einen Kondensator koppeln usw.

Die Natur ist jedoch ungleich komplizierter. Meistens handelt es sich um buchstäblich ›unzählige‹ Oszillatoren, die miteinander gekoppelt sind. Denken wir nur an die Schwingungen einer Saite oder eines Metallstabes: In jedem Fall sind Teilchenzahlen in der Größenordnung von 10^{23} (!) beteiligt. Soviel Atome oder Moleküle enthält nämlich ungefähr jeder Kubikzentimeter fester Materie. Jedes dieser Teilchen ist durch Kräfte mit seinen Nachbarn verbunden, die sich mit dem Abstand ändern, und kann somit auch Sch. ausführen. Wir haben es also mit Systemen gekoppelter Oszillatoren zu tun, deren Anzahl die unvorstellbare Größe von etwa 100 Trilliarden hat.

Es ist klar, daß man Bewegungsgleichungen, die als Lösungen derartig vieler miteinander gekoppelter Differentialgleichungen entstehen, selbst mit den modernsten Computern nicht mehr errechnen kann. Daß sie trotzdem sinnvolle Aussagen über derart verwickelte Vorgänge machen können, verdanken die Physiker zum einen der Statistik, zum andern so mächtigen Begriffen wie der Energie, dem Impuls, d. h. den Erhaltungsgrößen, oder eben auch dem System der Fundamentalschwingungen, das sich für viele ›Vielteilchen-Oszillatoren‹ recht problemlos aufstellen läßt.

Rückkopplung

Wir haben gesehen, daß wegen der stets vorhandenen Dämpfung jede Sch. nach mehr oder weniger langer Zeit zum Stillstand kommt, wenn man ihr nicht Energie zuführt. Dabei muß die Aufschaukelung ebenfalls periodisch sein, und zwar mit derselben Frequenz wie die Sch., die sie anregen soll.

Bei allen ungedämpften (technischen) Sch. benutzt man den Oszillator zur Selbststeuerung: Man läßt ihn in einem geeigneten Augenblick seines Schwingungsverlaufs sozusagen ein ›Ventil‹ öffnen, aus dem dann für eine kurze Zeit soviel Energie strömt, daß die Dämpfungsverluste ausgeglichen werden. Diesen Vorgang der *Selbststeuerung* nennt man auch *Rückkopplung*. Natürlich entstammt die zugeführte Energie einem Reservoir, das vom Oszillator die meiste Zeit getrennt ist. Nur im Augenblick der Rückkopplung sind beide Systeme miteinander verbunden.

Beispiele für rückgekoppelte Schwingungssysteme gibt es viele: Das bekannteste ist vielleicht die Uhr. Mechanische Uhren verfügen fast immer über eine *Hemmung,* die den Oszillator – Pendel oder Unruh – im richtigen Zeitpunkt (beim Nulldurchgang) mit dem Energiereservoir – der aufgezogenen Feder oder dem angehobenen Gewicht – verbindet und ihn aufschaukelt. Aber auch die moderne Quarzuhr ist – wie jeder technische ungedämpfte Oszillator – ein rückgekoppeltes System, wobei durch den Quarz die Energiezufuhr aus der Batterie gesteuert wird, die ihn weiterschwingen läßt.
Ein weiteres bekanntes Beispiel für eine Rückkopplung kommt aus der Elektroakustik. Das System Mikrophon – Verstärker – Lautsprecher kann eine recht drastische Rückkopplungsschleife bilden, wenn man das Mikrophon zu nahe an den Lautsprecher hält. Es nimmt dann den eben verstärkten Schall wieder auf, schickt ihn wiederum durch den Verstärker zum Lautsprecher usw. Das Resultat ist Ihnen allen bekannt: Aus dem Lautsprecher tönt ein durchdringendes Pfeifen und Heulen, das in seiner Lautstärke nur durch die Eigenschaften des Verstärkers begrenzt ist.

Sekunde

Abk. s, Maßeinheit der Zeit (→ Maße und Maßsysteme); 1 s ist definiert als die Zeitdauer von 9 192 631 770 Schwingungen bestimmter Art im Caesiumatom.

Seltsamkeit

Der Begriff S. ist eine dt. Übersetzung des häufiger gebrauchten engl. Ausdrucks *Strangeness* für eine bestimmte Eigenschaft von → Elementarteilchen.

Siemens

Abk. S, Maßeinheit des elektrischen Leitwerts (→ Maße und Maßsysteme), benannt nach *Werner von Siemens* (1816–1892); 1 S = 1/Ω.

Sievert

Abk. Sv, Maßeinheit der Äquivalentdosis (→ Maße und Maßsysteme), benannt nach dem schwedischen Physiker *R. Sievert* (1896–1966); die Einheit S. soll seit 1986 die Einheit Rem ersetzen; 1 Sv = 100 rem.

SI-System

Name eines von der Generalkonferenz für Maß und Gewicht empfohlenen Einheitssystems, das durch Bundesgesetz vom 2. 7. 1969 auch für die Bundesrepublik Deutschland im amtlichen und technischen Schriftverkehr verbindlich ist. Das Einheitensystem fußt auf 7 Basiseinheiten, aus denen alle übrigen Einheiten ableitbar sind (→ Maße und Maßsysteme).

Skalar

Wenn eine Größe in einem räumlich ausgedehnten Körper für jeden Raumpunkt nur durch *eine* Zahl angegeben werden kann, so handelt es sich bei dieser Größe um einen *Skalar.* Skalare Größen sind z. B. die Zeit, die → Temperatur oder das → Potential. Ist innerhalb eines Raumgebietes jedem Raumpunkt ein S. zugeordnet wie z. B. die Temperatur jedem Punkt in einem Metallklotz, so spricht man von einem *skalaren Feld.* Sehr viele physikalische Größen sind aber *nicht* durch einen S. darstellbar, weil sie nicht nur eine Größe, sondern auch eine Richtung haben. Beispiele sind Geschwindigkeit, Beschleunigung, Kräfte aller Art und vieles mehr. Derartige Größen müssen durch → Vektoren beschrieben werden.

SKE

Abk. für *Steinkohle-Einheit,* eine nicht gesetzliche, aber zulässige Maßeinheit der Energie. 1 kg SKE ist die Energie, die 1 kg Steinkohle beim Verbrennen in Wärme umsetzt. Große Energiemengen (Energieressourcen) gibt man in Tonnen SKE an (t SKE). 1 t SKE $\approx 29 \cdot 10^9$ Joule (→ Maße und Maßsysteme).

Skineffekt

Die Leitung des elektrischen Stromes in einem Metall ist ein komplizierter Vorgang, der nicht nur von der Temperatur abhängt (→ Supraleitung), sondern auch von der Reinheit des Metalls. Wenn es sich darüber hinaus um einen → Wechselstrom handelt, der durch das Metall hindurchgetrieben werden soll, ergibt sich auch noch eine Abhängigkeit der Leitfähigkeit von der Frequenz ω, die man exakt aus den Maxwellschen Gleichungen ableitet. Bei hochfrequenten Wechselströmen tritt infolge der inneren Induktion im Leiter der *Skineffekt* auf (engl. skin; dt. Haut). Die Stromfäden werden an die Leiteroberfläche gedrängt, die Elektronen im Inneren nehmen an der Leitung des Stromes nicht mehr teil. Der elektrische Leitwert eines Drahtes ist dann nicht mehr dem Drahtquerschnitt proportional, sondern dem Umfang. Die *Eindringtiefe d* des Stromes in den Leiter ist definiert als die Tiefe, in der die Stromdichte auf $1/e \approx 0{,}37$ des Oberflächenwertes abgefallen ist. Die Größe *d* ist zunächst proportional zu $\sqrt{1/\omega}$, solange die Frequenz ω des Stromes unterhalb der Stoßfrequenz $1/\tau$ der Elektronen im Metall bleibt. Bei höheren Frequenzen führen die Elektronen im Metall Plasmaschwingungen aus. Die Eindringtiefe ist sehr klein, bleibt aber etwa konstant, bis die Frequenz die → Plasmafrequenz erreicht. Bei so hohen Frequenzen spricht man nicht mehr von ›Wechselströmen‹, sondern besser von elektromagnetischen Wellen. Die geringe Eindringtiefe von Wellen unterhalb der Plasmafrequenz entspricht der → Totalreflexion (→ Wellen). Bei noch größeren Frequenzen kommen die Metallelektronen mit den Schwingungen ›nicht mehr mit‹, und das Metall wird wieder durchlässig. Dafür treten allmählich Teilcheneffekte auf, die zu inelastischen Stößen führen, zuerst mit den Elektronenhüllen der Rumpfionen (→ Photoeffekt, → Röntgenstrahlung), dann auch mit den Kernen (→ Mößbauer-Effekt). Die Tabelle enthält eine Zusammenfassung all dieser Erscheinungen für Kupfer etwa bei Zimmertemperatur.

Frequenz des Stromes [in Hz]	*Eindringtiefe*	*allgemeine Bezeichnung*
0	∞	Gleichstrom, Ohmsches Gesetz
$10^2 - 10^{12}$	1 cm bis 0,1 µm	normaler Skineffekt; $\frac{1}{\sqrt{\omega}}$-Gesetz
$10^{12} - 10^{16}$	etwa 0,1 µm	anormaler Skineffekt (Totalreflexion)
$> 10^{16}$	durch Teilcheneffekte bestimmt	–

Tabelle: Abhängigkeit von Stromfrequenz und Eindringtiefe

Solarkonstante

Die gesamte Energie (mit Ausnahme der Kernenergie), mit der wir auf der Erde umgehen, stammt letztlich von der Sonne. Ihre Strahlung hat in Erdentfernung noch eine Intensität von 1,353 kW/m^2 (→ Photometrie). Diese Größe wird als *Solarkonstante* bezeichnet. Die Erde fängt mit ihrem Durchmesser von etwa 12400 km auf einer Fläche von rd. 120 Millionen Quadratkilometern die Sonnenenergie ein. Das entspricht einer eingestrahlten Leistung von

$$1{,}2 \cdot 10^{14} \cdot 1{,}35 \cdot 10^3\ \mathrm{W} \approx 1{,}6 \cdot 10^{17}\ \mathrm{W}.$$

Die gesamte mittlere elektrische Leistung aller Kraftwerke der Erde liegt bei etwa 10^{12} Watt. Man müßte also – ganz grob abgeschätzt – nur etwa 0,01 Promille der Erdoberfläche ($\approx 7500\ km^2$) ständig der Sonneneinstrahlung aussetzen und die eingefangene Strahlungsenergie vollständig in elektrische Energie umwandeln, um den Energiebedarf der Menschheit zu decken. Bei einem Wirkungsgrad der Solarzellen von derzeit kaum mehr als 10% verzehnfacht sich diese Fläche. Dann kommt man auf ein Quadrat von rd. 300 km Seitenlänge, das mit Solarzellen überdeckt werden müßte. Wenn dabei auch noch sehr viele ungelöste und prinzipielle Probleme auftreten, so ist doch kaum daran zu zweifeln, daß der Energiebedarf der Menschheit auf die Dauer nur durch derartige Sonnenkraftwerke gedeckt werden kann.

Ein ganz anderes Problem, das sich aus der Existenz und der Größe der Solarkonstante ergibt, ist der Massenverlust der Sonne durch die dauernde Energieabstrahlung. Da die mittlere Entfernung R der Erde von der Sonne bei etwa 150 Millionen Kilometern liegt, muß man die Gesamtfläche O einer Kugel mit diesem Radius berechnen, um die gesamte Strahlungsleistung der Sonne zu erhalten. Wegen $O = 4\pi \cdot R^2$ kommt man auf den unvorstellbaren Wert von

$$L_S \approx 4 \cdot 10^{26}\ \mathrm{W}.$$

Die Sonne strahlt also pro Sekunde die Energie von $4 \cdot 10^{26}$ J ab. Nach der → Relativitätstheorie entspricht das einem Massenverlust von $\Delta m = E/c^2 \approx 4{,}2 \cdot 10^9$ kg pro Sekunde oder $1{,}2 \cdot 10^{17}$ kg pro Jahr. Für uns erscheint dieser Aderlaß riesig, in astronomischen Maßstäben gesehen aber ist er geradezu winzig. Da die Sonnenmasse bei $2 \cdot 10^{30}$ kg liegt, beträgt der Massenverlust der Sonne selbst in einer Milliarde Jahre nur etwa ⅒ Promille ihrer Masse, ist also so vernachlässigbar klein, daß die Sonne noch etliche Milliarden Jahre unverändert strahlen dürfte.

Solarzelle

Anordnungen zur direkten Umwandlung von Strahlungsenergie in elektrische Energie sind identisch mit Photoelementen (→ Halbleiterelektronik). Obwohl man mit S. die Sonnenenergie direkt ausnutzen kann und dies in Spezialfällen auch macht (Satellitenversorgung, Kleinverbraucher wie Armbanduhren oder Kleinsender), liegt doch der Wirkungsgrad dieser Zellen mit maximal 20% noch zu niedrig für eine großtechnische Nutzung. Auch die Lebensdauer einer S. im Vergleich zur Herstellungsenergie, der wesentlichste Bewertungsfaktor für eine großtechnische Nutzung, ist noch zu klein. Das ganze Konzept wird ja erst rentabel (auch prinzipiell!), wenn die Energie, die eine S. während ihrer Lebensdauer ›einspielt‹, wesentlich größer ist als die Energie, die zu ihrer Herstellung und Wartung gebraucht wird.

Solarzelle: Zur Versorgung einer Richtfunkstrecke auf der Sinai-Halbinsel dienende Solarzellen-Anlage © Siemens AG, München

Sonne

Unser Heimatstern ist wie die meisten anderen Fixsterne ein glühender Gasball (→ Erde, → Astrophysik, → Astronomie) mit einem Durchmesser von $1{,}392 \cdot 10^6$ km (109facher Erddurchmesser) und einer Masse von $1{,}991 \cdot 10^{30}$ kg (330 000 Erdmassen). Sie strahlt pro Sekunde eine Energie von $4 \cdot 10^{26}$ J aus, die sie aus Kernfusionsreaktionen bezieht, die in ihrem Inneren stattfinden. Die Erde fängt von dieser ungeheuren Energie nur einen winzigen Bruchteil ein (→ Solarkonstante), weil sie die S. in einem mittleren Abstand von $150 \cdot 10^6$ km umkreist.

Auch die S. rotiert um sich selbst, allerdings nicht überall mit der gleichen Frequenz. Der Äquator besitzt eine Umlaufzeit von etwa 25 Tagen. Die Messungen werden möglich, weil die Sonnenoberfläche ›Flecken‹ aufweist, riesige Gasausbrüche, die man gut über längere Zeit beobachten kann. Diese *Sonnenflecken* sind auch der Ursprung gewaltiger Gaseruptionen, die man bei entsprechender Abdunklung der Sonnenscheibe als Protuberanzen am Sonnenrand sehen kann. Sie gelten auch als Ausgangspunkt einer Strahlung *(Sonnenwind)*, die aus geladenen Teilchen besteht, unsere Erde mit etwa 400 km/s trifft und dabei das Magnetfeld und die Ionosphäre erheblich verzerrt. Das führt vor allem im Kurzwellen-Funkverkehr zu Störungen, ist aber auch die Ursache für die Entstehung von Polarlichtern. Alle diese Phänomene schwanken im Rhythmus der Sonnenfleckentätigkeit (etwa 11 Jahre) und sind mit einer periodischen Umpolung der mit den Flecken verbundenen Magnetfelder der S. gekoppelt.

Sonnentag

Der Zeitabstand zwischen zwei aufeinanderfolgenden Sonnenhöchstständen (Kulminationen) ist der *wahre Sonnentag.* Seine Länge schwankt im Laufe eines Jahres beträchtlich (*Zeitgleichung;* → Zeit). Deshalb liegt der Tageslänge der *mittlere Sonnentag* (des Jahres 1900) zugrunde (→ Sterntag).

Spannungsmeßgerät

Ein Sp. dient zur Messung elektrischer Spannungen, es wird daher auch *Voltmeter* genannt. Das *elektrostatische Voltmeter* (→ Elektrometer) setzt die Kräfte zwischen Ladungen stromlos in einen Zeigerausschlag um, ist aber wenig empfindlich und nur für hohe Spannungen zu gebrauchen. Alle anderen Spannungsmesser sind eigentlich Strommeßgeräte (→ Amperemeter). Die Stromstärke wird über den bekannten Innenwiderstand direkt in einen Spannungsabfall umgerechnet (→ Ohmsches Gesetz, → Gleichstrom) und als solcher angezeigt. Der Meßbereich dieser Instrumente läßt sich durch *Vorwiderstände* innerhalb weiter Grenzen verändern. Da das Instrument die Meßspannung möglichst wenig verändern soll, muß es einen hohen Eingangswiderstand haben. Ein weithin benutztes empfindliches und vielseitiges Sp. ist die → Braunsche Röhre in Form des Oszillographen.

Spannungsreihe

Die elektrochemische Spannungsreihe
Taucht man ein Metall ins Wasser, so übt das elektrische Dipolmoment (→ Dipol) der Wassermoleküle starke Kräfte auf die im Kristallgitter gebundenen Rumpfionen des Metalls aus. Einige der Ionen gehen deshalb in Lösung und bilden eine positive Raumladung um das Metall herum, während das Metall durch die in ihm verbleibenden Elektronen negativ geladen wird, bis das entstehende elektrische Feld nach einiger Zeit die Lösung weiterer Ionen verhindert. Es stellt sich ein *dynamisches Gleichgewicht* ein, das durch eine Spannung zwischen Metall und Lösung gekennzeichnet ist. Man kann diese Spannung zwar nicht direkt messen, weil man dazu weitere Metalle mit der Lösung und dem Metall in Berührung bringen müßte. Für alle praktischen Zwecke genügt aber die Angabe der *Spannungsdifferenz*, die zwischen *zwei* Metallen entsteht, wenn man sie in dieselbe Lösung taucht. Man bezieht sie auf eine *Wasserstoff-Elektrode*, deren Spannung man (willkürlich) Null setzt. Die Einordnung aller anderen Elemente (eigentlich der anderen chemischen Verbindungen) nach der Größe ihrer Differenzspannungen gegenüber Wasserstoff ergibt die sog. *elektrochemische Spannungsreihe* (Tabelle 1). Um nun die aktuelle Spannungsdifferenz zu finden, die zwei Elemente der Sp. gegeneinander bilden, wenn sie in eine gemeinsame wässerige Lösung tauchen, muß man einfach die Differenz der zugehörigen Werte in der

Metalle	*Normalspannung* [in Volt]	*Nichtmetalle*
Lithium	−3,04	
Kalium	−2,93	
Calcium	−2,87	
Natrium	−2,71	
Magnesium	−2,37	
Aluminium	−1,66	
Mangan	−1,18	
	−1,14	Tellur
	−0,92	Selen
Zink	−0,76	
Chrom (3+)	−0,74	
	−0,48	Schwefel
Eisen (2+)	−0,45	
Cadmium	−0,40	
Kobalt	−0,28	
Nickel	−0,26	
Zinn	−0,14	
Blei	−0,13	
Wasserstoff	0	Wasserstoff
Kupfer (2+)	0,34	
	0,54	Jod
Silber	0,80	
Quecksilber	0,85	
	1,07	Brom
Platin	1,12	
	1,36	Chlor
Gold (1+)	1,70	
	2,87	Fluor

Tabelle 1: Die elektrochemische Spannungsreihe (Auswahl)

Sp. bilden. Anordnungen dieser Art heißen *galvanische Elemente*. Sie können als → elektrochemische Stromquellen benutzt werden. Verbindet man nämlich die Elektroden *von außen*, so wird das elektrische Feld abgebaut, das die Lösung weiterer Ionen verhindert hatte: Es fließt ein Strom. Natürlich gehen insgesamt nicht an *beiden* Elektroden Ionen in Lösung, sondern nur an der Elektrode, die in der Spannungsreihe das größere elektronegative Potential aufweist. Die andere Elektrode wird durch das Feld der gelösten Ionen in ihrer Wirkung sogar ›umgedreht‹: Die gelösten Ionen entnehmen ihr *Elektronen*, um selbst durch Rekombination wieder neutral zu werden. Damit ist der Kreislauf geschlossen. Wenn man dafür sorgt (durch geeignete Wasserzusätze, d. h. durch einen passenden → Elektrolyten), daß die neutralisierten Atome die positive Elektrode nicht blockieren können, indem sie sich an ihr niederschlagen, dann liefert ein derartiges Element so lange Strom, bis die negative Elektrode vollständig in Lösung gegangen ist. Die praktische Bedeutung dieser galvanischen Elemente ist jedem in Form einer *Batterie* bekannt.

Die thermoelektrische Spannungsreihe

Die → Austrittsarbeit der Elektronen ist bei Metallen eine sinnvolle Größe, weil es dort freie Elektronen gibt, kann aber auch für alle anderen Stoffe definiert werden (→ Reibungselektrizität). Sie hat zwar für alle Metalle dieselbe Größenordnung, schwankt aber doch um etwa den Faktor 2,5. Wenn man daher zwei Metalle miteinander in Kontakt bringt, so wechseln so lange Elektronen vom einen Metall in das andere über (durch → Diffusion), bis die entstehende Potentialdifferenz den Unterschied der Austrittsarbeiten ausgleicht (*Seebeck-Effekt*, nach *Thomas Seebeck*, 1770–1831). Es entsteht eine *Kontaktspannung*, die sich zwar nur schwer direkt messen läßt, weil man zur Spannungsmessung keine neuen Kontakte anbringen darf, die aber wegen der Temperaturabhängigkeit der Austrittsarbeit ebenfalls temperaturabhängig ist. Wie bei der elektrochemischen Spannung gelingt hier die Messung leicht, wenn man *zwei* Kontakte verwendet, die unterschiedliche Temperatur haben (→ Thermoelektrizität). Die Spannungsdifferenzen zwischen den beiden Kontakten folgen aus der groben Abschätzung $e \cdot \Delta U \approx k \cdot \Delta T$ zu etwa

$$\frac{\Delta U}{\Delta T} \approx \frac{k}{e} \approx 10^{-4} \frac{\mathrm{V}}{\mathrm{Grad}}.$$

Die Meßwerte hängen aber von den Materialeigenschaften in so komplizierter Weise ab, daß man lediglich eine empirisch aufgestellte *thermoelektrische Spannungsreihe* benutzen kann, die ganz ähnlich wie die elektrochemische Sp. gehandhabt wird und (willkürlich) auf Blei als

Metall	*Thermospannung gegen Blei* [in µV pro Kelvin]
Germanium	+302
Antimon	+ 36
Eisen	+ 16
Platin-Iridium (85:15)	+ 14
Zink	+ 3
Kupfer	+ 2,7
Silber	+ 2,5
Zinn	+ 0,07
Blei	0
Aluminium	− 0,4
Platin	− 3
Nickel	− 19
Konstantan (60 % Cn, 40 % Ni)	− 38
Wismut	− 44
Silicium	−408

Tabelle 2: Die thermoelektrische Spannungsreihe (Auswahl)

Nullpunkt bezogen ist (Tabelle 2). Um eine aktuelle Thermospannung zu berechnen, bildet man aus der Sp. die Differenz für die entsprechenden Metalle und multipliziert mit der Temperaturdifferenz ΔT zwischen den Kontakten, wobei der kalte Kontakt auf 0 °C liegen soll. Anordnungen dieser Art werden in der Praxis oft als → Thermoelemente eingesetzt, um Temperaturdifferenzen zu messen, oder auch zum Heizen bzw. Kühlen verwendet (→ Peltier-Effekt).
Die Daten dieser Tabelle sind jedoch nur als Anhaltspunkte gedacht, denn schon kleine Verunreinigungen können die Zahlenwerte erheblich ändern. Außerdem muß man beachten, daß sich die Thermospannungen auch mit der Temperatur ändern, und zwar nicht einmal linear. Für genaue Werte muß man daher spezielle Tabellenwerke zu Rate ziehen.

Spektralanalyse

Da die Elemente und ihre Verbindungen unverwechselbare Spektren entweder als Emissionsspektren aussenden oder als Absorptionsspektren ›filtern‹, kann man aus der Analyse derartiger Spektren auf die chemische Zusammensetzung des untersuchten Stoffes schließen. Man verdampft beispielsweise die Probesubstanz und nimmt das Emissionsspektrum des glühenden Gases auf. Dann lassen sich aus Linienverbreiterungen und -aufspaltungen oft die chemischen Verbindungen angeben, die in der Probe auftreten. Man hat mit den Mitteln der Sp. nicht nur die Zusammensetzung der Sonne erforscht *(Fraunhofersche Linien)*, sondern sogar chemische Elemente entdeckt (z. B. Helium, Rubidium, Caesium). Heute bedienen sich nicht nur viele Industriezweige der Sp. z. B. zur Fertigungskontrolle oder zur Materialanalyse. Auch die Kriminalistik verwendet diese Methode mit großem Erfolg, weil man damit auch kleinste Spuren analysieren kann. So ist es z. B. ohne weiteres möglich, in einer Vergleichsanalyse die Marke eines Nagellacks oder die Zusammensetzung einer Glassorte einwandfrei zu bestimmen.

Spektrallinie

Viele Spektren (→ Spektrum) bestehen aus Linien. Setzt man ein unendlich hohes Auflösungsvermögen des Spektral-

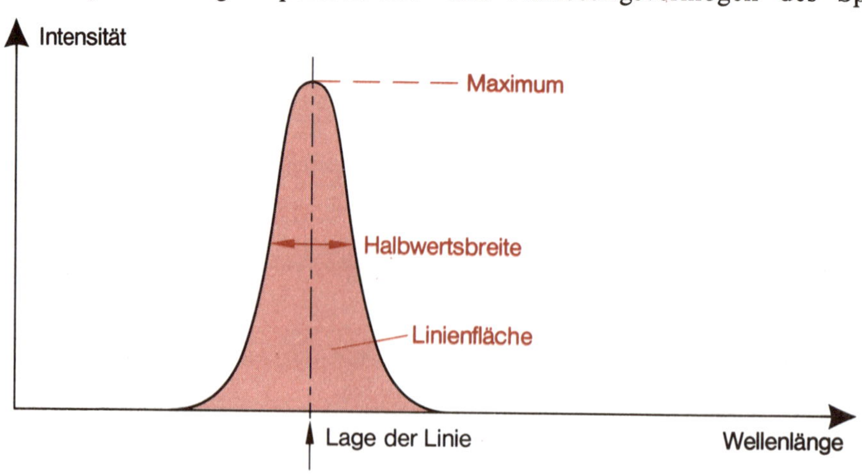

Spektrallinie (Figur 1): Bestimmungsgrößen bei einer Spektrallinie apparates voraus (→ Spektroskopie), so erweist sich jede Linie trotzdem als strukturiert und hat im allgemeinen eine Gestalt, die Figur 1 entspricht. Die Lage des Maximums ist eine Meßgröße der Linie, ihre Fläche ebenfalls. Statt der Fläche nimmt man oft die *Linienbreite* oder *Halbwertsbreite*, auch *FWHM* genannt (Abk. für engl. F*ull* W*idth of* H*alf* M*aximum*). Dieses Vorgehen ist dann gerechtfertigt, wenn man weiß, welche *mathematische Form* (meist ist es eine Gauß-Verteilung) die Linie hat. Obwohl der Ausdruck Sp. meistens im Zusammenhang mit optischen Spektren gebraucht wird, ist er bei jedem Spektrum zulässig.

Spektroskopie

Unter Sp. versteht man im weitesten Sinn die Erzeugung und Untersuchung von Spektren. Ein → Spektrum erzeugt man mit einem Spektralapparat, wobei ein Spektralapparat alles mögliche sein kann: die Radarfalle der Polizei ebenso wie ein optisches Gitter oder eine Anordnung von Tausenden von Teilchendetektoren.

Die meisten Spektralapparate analysieren die zu untersuchenden Teilchen (oder Wellen) mit Hilfe der Winkelverteilung, d. h. der Ablenkung in einen bestimmten Raumwinkel in Abhängigkeit von der Größe, deren Spektrum man aufnehmen will.

Optische Spektroskopie

Die Aufgabe der optischen Sp. ist die Erzeugung von Wellenlängen- bzw. Frequenzspektren elektromagnetischer Wellen (Licht), wobei verschiedene Effekte als Grundlage für Spektralapparate dienen können.

Der *Prismenspektrograph* nutzt die → Dispersion von Gläsern für elektromagnetische Wellen etwa im Bereich des sichtbaren Lichtes. Sein Kernstück ist ein → Prisma, weil es kurzwelliges Licht (blau) stärker ablenkt als langwelliges (rot). Den unterschiedlichen Wellenlängen entsprechen daher verschiedene Ablenkwinkel. Mit anderen Worten: Der Prismenspektrograph erzeugt eine Winkelverteilung in Abhängigkeit von der Wellenlänge (Figur 1).

Der *Gitterspektrograph* nutzt die Abhängigkeit der Lage der Beugungsmaxima eines Strichgitters von der Wellenlänge, wobei diesmal der Ablenkwinkel für kurzwelliges Licht (blau) kleiner ist als für langwelliges (rot, → Wellen). Kernstück ist ein Gitter, das möglichst viele Spalte (›Striche‹) enthält, die zudem möglichst eng angeordnet sind. Die *Gitterkonstante D* (Abstand zweier Striche) ist für das Auflösungsvermögen hinsichtlich der Wellenlänge, die Gesamtzahl der Striche

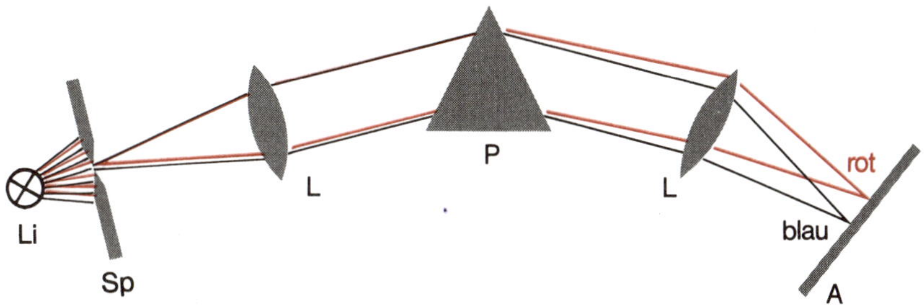

Spektroskopie (Figur 1): Schema eines Prismenspektrographen; Li zu untersuchende Lichtquelle, Sp Spalt, L Linse, P Prisma, A Auffänger (z. B. Mattscheibe oder Photoplatte)

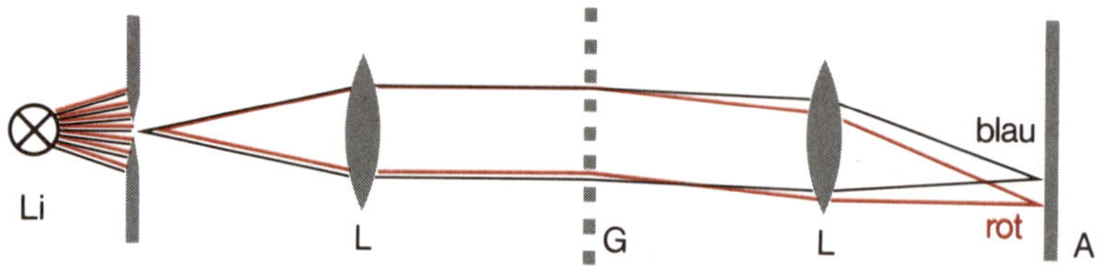

Spektroskopie (Figur 2): Schema eines Gitterspektrographen; G Gitter, übrige Bezeichnungen siehe Figur 1

für die Schärfe der Abbildung verantwortlich. Auch der Gitterspektrograph erzeugt eine Winkelverteilung in Abhängigkeit von der Wellenlänge (Figur 2).

Die *Interferenzspektroskopie* verwendet Interferenzen sehr hoher Ordnung. Die Ordnung einer Interferenzerscheinung ist durch den ganzzahligen Anteil des Gangunterschieds (in Wellenlängen) der Strahlen gegeben, die miteinander interferieren. Hohe Ordnung bedeutet also, daß dieser Gangunterschied möglichst groß sein soll. Auch die Interferometer liefern eine Winkelverteilung in Abhängigkeit von der Wellenlänge, aber mit sehr viel größerer Auflösung als z. B. Prismenspektrographen. Das bedeutet einerseits, daß man Feinheiten im Spektrum viel besser sieht als mit anderen Spektralapparaten, andererseits ist jedoch der Wellenlängenbereich, den das Instrument erfaßt, recht klein. Beispiele für Interferometer: das → Michelson-Interferometer, Anordnungen von Fabry-Perot, Lummer und Gehrke, das Stufengitter von Michelson.

Das *Massenspektrometer* erzeugt eine Winkelverteilung in Abhängigkeit von der *Masse* der untersuchten Teilchen (Atome oder Moleküle). Grundlage dafür bildet die Ablenkung geladener Teilchen (Ionen) in elektrischen Feldern und auch in Magnetfeldern. Damit diese Effekte wirksam werden, muß die untersuchte Substanz in ionisierter Form vorliegen. Das erreicht man in einer *Ionenquelle* durch Aufheizen (→ Plasma). Der bekannteste Massenspektrograph (nach *Francis William Aston*, 1877–1945) ist doppelfokussierend, d. h., er vereinigt alle Teilchen gleicher Masse in einem Punkt der Photoplatte, obwohl sie unter verschiedenen Winkeln und mit unterschiedlichen Geschwindigkeiten ausgesandt werden (Figur 3).

Bei der *Kernresonanzspektroskopie* wird die ›Umklappfrequenz‹ von Wasserstoffkernen gemessen. Der zugrunde liegende Effekt ist die Resonanz zwischen einem Hochfrequenzfeld und Wasserstoffkernen, die in einem konstanten äußeren Magnetfeld präzedieren (→ Kreisel). Wenn die äußere Frequenz des Feldes

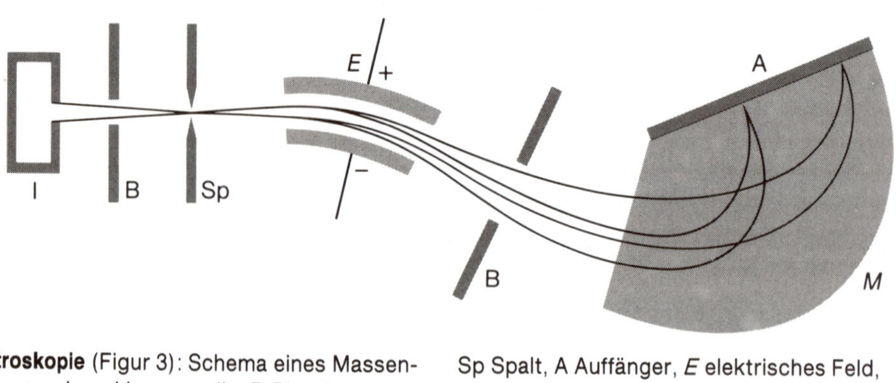

Spektroskopie (Figur 3): Schema eines Massenspektrographen; I Ionenquelle, B Blende, Sp Spalt, A Auffänger, *E* elektrisches Feld, *M* Magnetfeld, senkrecht zur Zeichenebene

mit der inneren Präzessionsfrequenz *(Larmor-Frequenz)* der Kerne übereinstimmt, tritt Resonanz (→ Schwingungen) auf: Die Wasserstoffkerne nehmen aus dem Hochfrequenzfeld Energie auf. Die Frequenz, bei der sich dieser Vorgang abspielt, ist einerseits sehr genau meßbar und hängt andererseits von dem Bindungszustand des Wasserstoffatoms, also auch von seinen Nachbaratomen, ab. Man erhält so Aufschluß über die chemische Bindung von Wasserstoffatomen z. B. in Kohlenstoffketten und anderen organischen Verbindungen.

Die *Kernspektroskopie* ist ganz allgemein das Verfahren der Untersuchung von Kernreaktionen, sei es bei Kernreaktionen oder Zerfällen von → Elementarteilchen oder Kernen. Die angewandten Methoden sind recht unterschiedlich, beruhen aber alle auf Streuexperimenten, die man in Beschleunigern anstellt und deren Ergebnisse mit verschiedenen Geräten (Kernemulsionsplatten, Blasenkammer usw.) festgehalten werden.

Die *Mößbauer-Spektroskopie* stellt eine neue Methode zur Untersuchung sehr feiner Abweichungen der Kernenergiezustände, beispielsweise durch Kristalleffekte, dar. Der zugrunde liegende Prozeß ist die von *Rudolf Mößbauer* (* 1929) nachgewiesene *Kernresonanzfluoreszenz.* Dabei handelt es sich um folgende Erscheinung: Die Gammaquanten, die ein angeregter Kern aussendet, werden von einem anderen Kern derselben Art wieder absorbiert, der damit seinerseits angeregt wird und das Quant nach einiger Zeit wiederum aussendet (Resonanzfluoreszenz). Das geht aber nur, wenn sich die Energie des Gammaquants sehr genau mit der Anregungsenergie des Kerns deckt, weil die Linienbreite eines solchen Kerngammaquants sehr klein ist. (Die Halbwertsbreite der Linie beträgt etwa das 10^{-13}fache ihrer Energie; → Spektrallinie.) Diese Übereinstimmung ist aber normalerweise (freie Atome, hohe Gammaenergien) nicht gegeben: Durch den Rückstoß, den der Kern beim Aussenden des Gammaquants aufnehmen muß, erfährt die Wellenlänge des Quants eine Doppler-Verschiebung (→ Wellen), die viel größer ist als die Linienbreite. Ein anderer Kern, auf den das so veränderte Gammaquant trifft, kann nicht mehr mit Resonanz reagieren. Das ändert sich, wenn einige Bedingungen erfüllt sind:

1. Der ›Senderkern‹ muß so in einen Kristall eingebaut sein, daß der Rückstoß vom gesamten Kristall aufgenommen wird. Wegen seiner riesigen Masse ändert sich dann die Energie des ausgesandten Quants so gut wie nicht, weil sich der Senderkern im Kristall kaum bewegen kann.
2. Die Energie des Gammaquants darf nicht zu groß sein, damit der Rückstoßkern die Kopplung an den Gesamtkristall nicht einfach ›vergißt‹.

Beide Bedingungen sind, exakt formuliert, wesentlich komplizierter als hier angegeben. Das Auffinden von *Mößbauer-Linien* erfordert deshalb einen ganz beträchtlichen mathematischen und experimentellen Aufwand. Dafür sind die Ergebnisse der Mößbauer-Spektroskopie um so spektakulärer: Die hohe Auflösung, bedingt durch die extrem schmalen Gammalinien, erlaubt Untersuchungen der Kristallbindung, die bisherige Methoden an Genauigkeit weit übertreffen (z. B. Auswirkung des Ferromagnetismus auf den Atomkern, Messung der Frequenzverschiebung eines Lichtquants im Feld der Erde und anderes).

Spektrum

Unter einem Spektrum (lat.; dt. Bild, Vorstellung) versteht man im weiteren Sinn jede Gesamtdarstellung einer physikalischen Größe. Es gibt Massenspektren, Impuls-, Energie-, Farbspektren usw. Im engeren Sinn versteht man darunter das *optische Spektrum*, d. h. die Darstellung eines Wellenlängenbereiches der elektromagnetischen Wellen, der nicht sehr weit über das sichtbare Licht hinausgeht.

Mit der Aufnahme und Untersuchung von Sp. befaßt sich die → Spektroskopie. Die Aufnahmeapparaturen heißen *Spektralapparate* oder, wenn das Sp. aufgezeichnet wird, *Spektrographen.* Das Aufzeichnungsmaterial für optische Sp. ist der Film, d. h. die photographische Schicht, in neuerer Zeit aber auch der mit Mikroprozessoren ausgestattete *optische Vielkanalanalysator*, kurz *OMA* (Abk. für engl. O*ptical* M*ultichannel*-A*nalyzer*).

Das Kernstück eines optischen Spektrographen ist entweder ein Beugungsgitter (→ Wellen) oder ein Glasprisma (manchmal auch mehrere Prismen). Die Wirkung des *Gitterspektrographen* beruht auf der Beugung, denn der Winkel, unter dem ein Beugungsmaximum auftritt, hängt von der Wellenlänge des untersuchten Lichts ab. Dagegen beruht die Wirkung eines *Prismenspektrographen* auf der → Dispersion des Glases. Beide Apparate haben aber senkrechte Symmetrieebenen: entweder wegen der senkrechten Anordnung der Gitterstriche oder der Prismenkante. Alle Lichtstrahlen, die entlang einer Senkrechten in die Apparaturen einfallen, werden im gleichen Winkel abgelenkt bzw. zerlegt.

Bildet man daher die Eingangsblende der Lichtstrahlen als senkrechten Spalt aus *(Spaltblende)*, so läßt sich dieser Spalt durch alle Auswirkungen des Spektrographen hindurch am Ende wieder als Spalt abbilden. Auf dem Film erscheint eine einzelne Wellenlänge also als scharfes Abbild des Spaltes (Linie, Strich). Dies ist die Erklärung für die Ausdrücke *Spektrallinie, Linienspektrum* usw., die man auch in Bereiche übernommen hat, die mit der optischen Spektroskopie nichts mehr zu tun haben. Je genauer die Wellenlänge bestimmt ist, um so schärfer wird der Spalt auf die Linie abgebildet. Man spricht kurz von ›scharfen Linien‹ oder von ›breiten Linien‹. Da die Energie einer Welle meist nur ›ungefähr‹ gemessen werden kann (→ Unschärferelation), hat jede → Spektrallinie eine endliche Breite; man gibt sie oft als *Halbwertsbreite* an.

Für alle optischen Sp. (und viele andere auch) sind folgende Ausdrücke gebräuchlich:

Linienspektren enthalten mehr oder weniger viele, voneinander getrennte Spektrallinien. Jede Atomsorte sendet ein charakteristisches Linienspektrum aus, das ihr ›aufgeprägt‹ ist wie ein Fingerabdruck (→ Atomphysik). Diese Sp. erkennt man an charakteristischen Liniengruppen sogar dann wieder, wenn sie frequenzverschoben sind, d. h., wenn sie z. B. von einem schnell bewegten Stern kommen. Nur deshalb war es möglich, aus der *Rotverschiebung* (nach größeren Wellenlängen hin) auf die Fluchtgeschwindigkeit von Sternsystemen zu schließen. Ein zweites Anwendungsgebiet dieser Unverwechselbarkeit des Sp. einer Atomsorte ist die → Spektralanalyse (→ Akustik, → elektromagnetisches Spektrum).

Kontinuierliche Spektren enthalten dagegen alle Wellenlängen, im sichtbaren Bereich also alle *Spektralfarben.* Der Spalt der Spektralapparate wird einfach als breites Band abgebildet, in dem jeder Stelle eine Wellenlänge entspricht. Die Wassertröpfchen einer Regenwolke wirken unter bestimmten Beleuchtungswinkeln wie ein Spektralapparat (→ Regenbogen). Mit so geringer Auflösung betrachtet, erscheint das Sonnenspektrum kontinuierlich.

Ein *Emissionsspektrum* stellt die Gesamtheit der Linien dar, die angeregte Atome einer Sorte aussenden können. (Beachten Sie meine absichtlich schlampige Ausdrucksweise: Sie entspricht der gängigen Terminologie, ›Linien‹ werden mit ›Lichtquanten einer Sorte‹ durchaus gleichgesetzt!). Emissionsspektren sind meistens Linienspektren.

Als *Absorptionsspektrum* bezeichnet man dagegen ein Sp., das aus einem kontinuierlichen Sp. dadurch entsteht, daß Gasatome einer Sorte die ›passenden‹ Anregungsenergien herausgefiltert haben. Ein Absorptionsspektrum enthält also alle Wellenlängen mit Ausnahme einiger ganz bestimmter. Dies drückt sich durch das Auftreten ›schwarzer‹ Linien aus. Die Sonne hat ein Sp., das eine Überlagerung aus einem kontinuierlichen Sp. mit vielen Absorptionslinien ist, die von den kühleren äußeren Schichten der Sonnenatmosphäre herausgefiltert worden sind *(Fraunhofersche Linien).* Beachten Sie, daß ein Absorptionsspektrum *nicht* das genaue Negativ des entsprechenden Emissionsspektrums ist. Im Emissionsspektrum kommen nämlich viele Übergänge vor (→ Atomphysik), die nicht zum Grundzustand führen, während die Absorptionslinien alle vom Grundzustand ausgehen.

Zum Abschluß noch ein Beispiel für ein Sp. ganz besonderer Art:

Ein Radarkontrollwagen der Verkehrspolizei nimmt die Geschwindigkeiten von 3000 Pkw in einer innerstädtischen Durchgangsstraße auf und trägt das Ergebnis graphisch als ›Geschwindigkeitsspektrum‹ auf (Geschwindigkeit über der Anzahl der Pkw mit dieser Geschwindigkeit). Dann wird das Ergebnis (in Deutschland) möglicherweise aussehen wie in Figur 1: Eine breite Linie mit einem Maximum bei etwa 55 km/h signalisiert, daß sich ein Großteil der Autofahrer ans Tempolimit hält. Nicht zu übersehen ist der Hang zu leichten Geschwindigkeitsüberschreitungen bei der Mehrzahl der Fahrer, während ausgesprochene ›Raser‹ nur noch in geringer Zahl vorkommen.

Spezifisches Gewicht

Das Gewicht eines Körpers, dividiert durch sein Volumen, müßte heute in der Dimension N/m^3 angegeben werden. Dieses *spezifische Gewicht* σ (auch *Wichte* genannt) wird jedoch heute kaum noch benutzt, weil es keine Stoffkonstante dar-

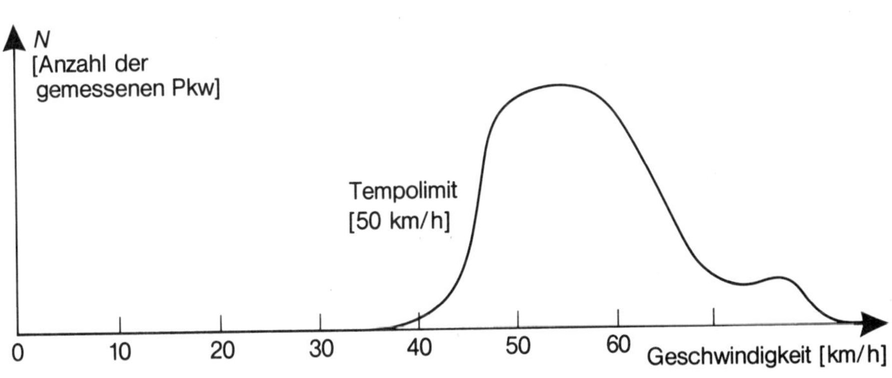

Spektrum (Figur 1): Graphische Darstellung eines Geschwindigkeitsspektrums bei einer Radarkontrolle und einer vorgeschriebenen Höchstgeschwindigkeit von 50 km/h stellt, sondern von geographischen Gegebenheiten abhängt und beispielsweise in einem Raumschiff ganz verschwindet. Die maßgebliche Stoffkonstante für die Trägheit eines Körpers ist die → Dichte ρ, aus der sich die Wichte auf der Erdoberfläche leicht aus der Beziehung

$$\sigma = \rho \cdot g$$

berechnen läßt, wobei g die Erdbeschleunigung ($\approx 9{,}81$ m / s^2) bedeutet.

Spezifische Wärme

Die Wärmemenge, die nötig ist, um ein Gramm eines Stoffes um ein Grad Celsius (°C) oder, damit gleichbedeutend, um ein Kelvin (K) zu erhöhen, heißt *spezifische Wärme c* dieses Stoffes. Sie wird heute in der Einheit Joule pro Gramm und Kelvin (J / g · K) gemessen. Die ursprüngliche Wärmeeinheit (die *Kalorie*) war so gewählt, daß die sp. W. des Wassers 1 cal pro g und °C wurde (bei 14,5 °C).
Da sich jeder Stoff beim Erwärmen ausdehnt, muß man eigentlich zwischen einer sp. W. bei *konstantem Druck* (c_p) und einer bei *konstantem Volumen* (c_V) unterscheiden. Bei Festkörpern und Flüssigkeiten ist der Unterschied zwischen den beiden so klein, daß er nicht ins Gewicht fällt. Bei Gasen ist das jedoch anders (→ Gasgleichung, → kinetische Gastheorie).

Spiegel

Anordnungen, die irgendwelche Teilchen- oder Wellenstrahlungen nach dem Reflexionsgesetz (→ Wellen) zurückwerfen, nennt man *Spiegel.* Elektromagnetische Wellen großer Wellenlänge werden schon von weitmaschigen Metallnetzen vollständig reflektiert. Es genügt, wenn die Maschenweite etwa die Größenordnung der Wellenlänge hat. Der Mechanismus der (vollständigen) Spiegelung elektromagnetischer Wellen ist immer eine (nahezu) verlustlose Anregung von elektrischen Dipolschwingungen, die aber nur in der Nähe der Oberfläche stattfinden kann, weil die Leitfähigkeit im Inneren die Ausbildung einer Feldstärke nicht zuläßt. Für *optische Spiegel* verwendet man daher nur dünne Metallschichten, die auf Glas aufgedampft werden. Wenn allerdings die Strahlungsfrequenz größer wird als die → Plasmafrequenz des Metalls, wird die Strahlung nicht mehr reflektiert, sondern dringt ins Metall ein und wird im Inneren aufgrund verschiedener Prozesse mehr oder weniger rasch absorbiert.

Spiegelung

Sie stehen vor Ihrem Badezimmerspiegel. Das Wesen, das Sie sehen, bewegt seine linke Hand, wenn Sie Ihre rechte Hand bewegen. Der Spiegel vertauscht also links und rechts. Warum vertauscht er nicht auch oben und unten? Denken Sie ein wenig über diese knifflige Frage nach, ehe Sie weiterlesen!
Die Ansicht, der Spiegel vertausche links mit rechts, hat ihren Ursprung darin, daß wir unsere senkrechte Körperachse als Bezugsachse bevorzugen. In Wirklichkeit vertauscht ein vertikal aufgestellter Spiegel weder links mit rechts noch oben mit unten, wenn wir frontal davorstehen, sondern vorn mit hinten! Selbstverständlich kann er auch oben mit unten vertauschen. Man braucht sich nur auf einen Spiegelfußboden zu stellen. Niemand käme auf die Idee, dann noch zu sagen, der Spiegel vertausche links und rechts. In Wahrheit macht eine *ebene Spiegelung* aus einem linkshändigen Koordinatensystem ein rechtshändiges und umgekehrt, indem sie das Vorzeichen einer der Koordinaten-

achsen ändert. Es ist dann weitgehend Geschmackssache, auf welche der Achsen man den Vorzeichenwechsel abwälzt (→ Parität).

Spin

Der Eigendrehimpuls von → Elementarteilchen (z. B. Elektronen) wird gemeinhin als *Spin* bezeichnet. Da der Drehimpuls in Mikrosystemen gequantelt ist, gibt man meist nur die *Spinquantenzahl* an, nicht den Betrag des zugehörigen Drehimpulsvektors $\vec{s}$. Der Zusammenhang zwischen $|\vec{s}|$ und $\vec{s}$ ist durch $|\vec{s}| = \hbar \cdot \sqrt{\vec{s}\,(\vec{s}+1)}$ gegeben und folgt aus der → Quantenmechanik.
So anschaulich und verlockend es auch sein mag, sich unter einem ›spinenden‹ Elektron ein um sich selbst rotierendes Kügelchen vorzustellen, – bleiben Sie sich immer der Tatsache bewußt, daß es sich dabei nur um eine Modellvorstellung handelt! Schon die Größe des magnetischen Moments, das ja mit einer rotierenden Ladung verbunden ist, stimmt nicht mit der überein, die man nach dieser einfachen Vorstellung erwartet (→ Bohrsches Magneton). Nach *Paul Dirac* (* 1902) ist der Elektronenspin eine Folge der Quantelung der vierten ›zeitlichen‹ Koordinate der relativistischen Elektronengleichung. Auch die Tatsache, daß sich Teilchen mit halbzahligem Spin (→ Fermionen) statistisch ganz anders verhalten als Teilchen mit ganzzahligem Spin (→ Bosonen), deutet darauf hin, daß der Spin eher eine universellere Eigenschaft eines Teilchens ist als die bloße Eigenrotation.

Spitzenentladung

Die Kraft $q \cdot \vec{E}$, die ein → elektrisches Feld auf ein Elektron an der Oberfläche eines Leiters ausübt, kann – bei ausreichend hoher Feldstärke ($\approx 10^9$ V/m) – so groß sein, daß es aus der Oberfläche herausgerissen wird. Dabei wird die Potentialschwelle der Grenzschicht überwunden und die → Austrittsarbeit geleistet. Diese Feldemission läßt sich leicht an einer feinen Metallspitze in Gang setzen, die auf eine negative Spannung von einigen kV aufgeladen wird, weil die Feldstärke bei gegebenem Potential U umgekehrt proportional zum Krümmungsradius R wächst:

$$E = \frac{U}{R}.$$

Feldstärken von 10^9 V/m . herrschen schon an einer Nadelspitze von 1 μm Ra-

Spitzenentladung: Zwischen zwei Punkten auftretende Spitzenentladung, darunter ein Faradayscher Käfig © Deutsches Museum, München dius, die auf 1 kV aufgeladen ist. Dort findet dann eine dauernde Sp. statt, bis die Feldstärke abgebaut worden ist. Wenn man daher mit Hochspannungen umgehen will (z. B. in Überlandleitungen und Hochspannungsgeräten), muß man nicht nur gute Isolatoren verwenden, sondern auch alle scharfen Leiterkanten und -spitzen vermeiden. Andererseits bildet die Sp. die Grundlage für das höchstauflösende Mikroskop, das uns heute zur Verfügung steht, nämlich das → Feldelektronenmikroskop.

Standardabweichung

Wenn eine Größe durch viele zufällige Einzelereignisse zustande kommt, ist sie selbst auch zufällig. Je mehr Einzelereignisse jedoch daran beteiligt sind, desto schärfer ist die Größe trotz ihrer Zufälligkeit – oder gerade deswegen – bestimmt (→ statistische Mechanik). Als Beispiel kann der *radioaktive Zerfall* dienen. Eine Zählrate setzt sich aus vielen Einzelzerfällen zusammen, von denen jeder einzelne rein zufällig, nur mit einer gewissen Wahrscheinlichkeit erfolgt. Mißt man eine Zählrate (z. B. die Zahl der Zerfälle einer Substanz innerhalb von dreißig Sekunden) mehrmals, dann wird man jedesmal einen anderen Wert herausbekommen. Die Streuung σ^2 dieser Werte läßt sich nach mathematischen Gesetzen berechnen. Sie ist die Quadratsumme der Einzelabweichungen vom Mittelwert, dividiert durch die Anzahl der Messungen. Falls nun das Einzelereignis entweder eintritt oder nicht – beides mit gleicher Wahrscheinlichkeit –, so ist die Wurzel aus der mittleren Streuung $\sqrt{\sigma^2}$ gleich der Wurzel aus der Zahl n der Einzelereignisse. Man nennt $\sigma = \sqrt{n}$ die *Standardabweichung der Größe*. Es läßt sich zeigen, daß die Meßgröße mit der Wahrscheinlichkeit von 68,3 % innerhalb der Grenzen $\bar{x}-\sigma$ und $\bar{x}+\sigma$ liegt, wenn $\bar{x}$ den Mittelwert der Meßgröße darstellt, den man bei unendlich langer Meßzeit erhalten würde. Der Bereich $\bar{x}-2\sigma$ und $\bar{x}+2\sigma$ wird bereits mit 95,4% Wahrscheinlichkeit getroffen, und für $\bar{x}+3\sigma$ bzw. $\bar{x}-3\sigma$ ergibt sich eine Trefferwahrscheinlichkeit von mehr als 99%. Wenn also jemand in 30 Sekunden 100 Zerfälle mißt, dann liegt die tatsächliche Zerfallszahl, die man z. B. in einer Woche messen würde (natürlich wieder auf 30 Sekunden zurückgerechnet), mit 68% Wahrscheinlichkeit zwischen 90 und 110, mit 95% Wahrscheinlichkeit zwischen 80 und 120 und mit 99,7% Wahrscheinlichkeit zwischen 70 und 130. Noch größere Fehler sind bereits extrem unwahrscheinlich.
Für die meisten Experimente mit zufälligen Fehlern genügt es, die Fehlergrenzen auf diese Weise abzuschätzen. Deshalb beziehen sich auch fast alle Fehlerangaben bei derartigen Messungen auf die Standardabweichung.

Statik

Starre, ruhende Körper, auf die Kräfte einwirken und die dabei nicht zerstört werden, befinden sich im statischen (ruhenden) Gleichgewicht. Die St. berechnet die Kräfte und Verformungen, die unter solchen Umständen auftreten. Sie bedient sich dabei in erster Linie der Vektordarstellung der Kräfte, um die verschiedenen angreifenden Kräfte und ihre Richtungen zu ermitteln, nutzt aber auch die Elastizitätstheorie für Beanspruchung und mögliche Bruchgrenzen von beteiligten Stoffen. Die Anwendungen der St. liegen vor allem in der Konstruktionstechnik und der Baustatik.

Statistische Mechanik

Vor der Entdeckung der experimentellen Tatsachen, die schließlich zur → Quantenmechanik führten, glaubten die Physiker, im Prinzip jeden vergangenen oder auch zukünftigen Zustand der Welt genau angeben zu können, wenn sie nur für einen einzigen Augenblick die Orte und Geschwindigkeiten aller Teilchen aufgelistet bekämen. Wir wissen heute, daß diese Kenntnis auch prinzipiell nicht möglich ist (→ Unschärferelation, → Dualismus von Welle und Teilchen). Aber selbst angenommen, es wäre machbar, wir müßten angesichts der unüberblickbaren Datenmenge kapitulieren. Ein Fingerhut, gefüllt mit Luft bei Normaldruck, enthält etwa 10^{20} Gasmoleküle, ionisierende Teilchen aus der Höhenstrahlung, Staub- und andere Schwebeteilchen und eine Anzahl Lichtquanten unterschiedlichster Energie. Auch wenn man sich nur auf die Gasmoleküle beschränkt: Von jedem Teilchen sind drei Ortskoordinaten und drei Geschwindigkeitskoordinaten aufzunehmen und zu verarbeiten. Das schafft nicht einmal ein Super-Computer in fernen Jahrhunderten, denn die Zahl 10^{20} ist so unvorstellbar groß, daß unser Vorstellungsvermögen sie nicht faßt. Ich versuche ein paar dürftige Vergleiche, ohne viel Hoffnung, mehr als eine geringe Ahnung zu vermitteln. Die Gasmoleküle im Fingerhut ergäben, zu einer Kette aneinandergereiht, eine Länge von 10^{10} Metern. Das sind 10 Millionen Kilometer. Man könnte diese Molekülkette also 250mal um die Erde herumwickeln. Würde man die Gasmoleküle so groß machen, daß sie unserem Vorstellungsvermögen gut zugänglich werden, z. B. auf einen Durchmesser von 1 mm aufblähen, würden sie ungefähr ein Fünftel der Erdoberfläche, also fast alle Länder der Erde, dicht an dicht bedecken. Diese Riesenzahl von Molekülen schwirrt in unserem Fingerhut völlig ungeordnet, wirr durcheinander und vollführt Myriaden von Stößen untereinander, die alle nach den → Stoßgesetzen berechnet werden müßten. Das Ganze ist aussichtslos.

Die einzige Möglichkeit, diese riesigen Datenmengen mathematisch zu bearbeiten, ist, sie mit Hilfe *statistischer Methoden* zu behandeln. Das bedeutet, daß man mit *Mittelwerten* rechnen muß. Gerade wegen der riesigen Teilchenzahlen werden diese Mittelwerte mit einer so großen Genauigkeit eingehalten, daß es nur wenige Effekte gibt, die die wahre Natur des Gases überhaupt zeigen (z. B. die → Brownsche Molekularbewegung oder das → Rauschen). Deshalb hat es ja auch so lange gedauert, bis man die Atome als solche entdeckt hat. Diese statistische Behandlung geht aber zunächst immer noch von der klassischen Möglichkeit gleichzeitiger Orts- und Impulsbestimmung aus, ignoriert also die Unschärferelation. Erst zur Deutung der Eigenschaften spezieller Gase (wie z. B. dem ›Elektronengas‹ in → Metallen oder dem Verhalten von Helium bei sehr tiefen Temperaturen) muß man Quanteneffekte in Rechnung stellen, die dann auf Statistiken führen, die von der klassischen Statistik abweichen (Fermi-Dirac-Statistik für → Fermionen und Bose-Einstein-Statistik für → Bosonen).

Mittelwerte

Die Grundvoraussetzung der statistischen Mechanik ist die sog. *Ergodenhypothese.* Sie besagt, daß es bei der Berechnung von Wahrscheinlichkeitsverteilungen in physikalischen Systemen (z. B. in einem Gas) nicht darauf ankommt, ob man dasselbe System zu vielen verschiedenen Zeitpunkten anschaut, also einen zeitlichen Mittelwert bildet, oder ob man viele verschiedene, aber gleichartige Systeme (eine ›Schar‹) zur Mittelwertbildung heranzieht. In eine kurze Formel gepreßt, heißt das:

$$\text{Zeitmittel} = \text{Scharmittel} \qquad (1)$$

Man kann Systeme konstruieren, in denen diese Gleichheit nicht gilt. Sie sind aber so extrem unwahrscheinlich, daß sie in der Natur nicht vorkommen. Es ist natürlich klar, daß die Ergodenhypothese auch nur für Gleichgewichtszustände gelten kann, denn das Zeitmittel hat nur dann einen Sinn. Anders formuliert bedeutet die Aussage (1) auch, daß die zeitliche Verteilung von variablen Größen innerhalb eines statistischen Systems der Physik so behandelt werden darf, als handle es sich um *Zufallsgrößen* wie z. B. die Augenzahl beim Werfen eines Würfels. Wem diese Annahme als zu gewagt erscheint, der halte sich nochmals die Riesenzahl der Teilchen samt ihren Wechselwirkungen vor Augen, und er wird die Zufallsverteilung z. B. der Geschwindigkeit der Gasatome sicher plausibel finden.

Der Gleichverteilungssatz

Obwohl von vornherein eigentlich einleuchtend, ist dieser Satz streng nur zu beweisen, wenn man recht tiefgehende Untersuchungen der Statistik von Vielteilchensystemen durchführt. Hier ist nicht der Ort dafür. Trotzdem will ich einige Argumente anführen, die diesen von *Ludwig Boltzmann* (1844–1906) formulierten Grundsatz untermauern sollen. Er lautet:

Wenn ein System f Möglichkeiten (Freiheitsgrade) hat, Energie zu speichern, und wenn diese Energiezustände miteinander in Verbindung stehen und wechselwirken können, dann verteilt sich die Gesamtenergie im Gleichgewichtsfall so, daß auf jeden Freiheitsgrad *im Mittel* dieselbe Energie entfällt. Der Gleichgewichtsfall heißt auch *stationärer Zustand* und zeichnet sich dadurch aus, daß seine Mittelwerte zeitlich unveränderlich sind *(dynamisches Gleichgewicht)*.

Die Situation ähnelt dem Werfen sehr vieler gleicher Würfel. Wenn Sie z. B. 6000 Würfel werfen, wird im Mittel jede Zahl (von 1 bis 6) tausendmal vorkommen, ihre relative Häufigkeit beträgt ⅙. Wenn auch die Wahrscheinlichkeit, daß jede Zahl *genau* 1000mal fällt, recht klein ist und bei noch mehr Würfen die Wahrscheinlichkeit *exakter* Gleichverteilung immer kleiner wird, nähert sich trotzdem die relative Häufigkeit dem Wert ⅙ immer mehr an. Bei hundert Billiarden Würfen spielt es keine Rolle mehr, ob die 6 eine Million mal häufiger vorkommt, als sie sollte. Die relative Häufigkeit ›spürt‹ diesen Unterschied überhaupt nicht.

In ähnlicher Weise muß der Gleichverteilungssatz aufgefaßt werden. Die Wechselwirkung besteht in der eingangs erwähnten Unzahl von Stößen, die jede Sekunde stattfinden. Der Zusammenhang zwischen der Energie eines Freiheitsgrades der Bewegung und der absoluten Temperatur T ist bei einem idealen Gas (→ kinetische Gastheorie) gegeben durch

$$\overline{E}_{\mathrm{f}} = \frac{1}{2}\, kT. \qquad (2)$$

Dabei bedeuten k die Boltzmann-Konstante (→ Naturkonstanten) und T die → Temperatur (in Kelvin).

Die Geschwindigkeitsverteilung in einem Gas

Um eine ›elementare‹ Geschwindigkeitsverteilung der Gasmoleküle zum Ausgangspunkt der weiteren Betrachtungen zu machen, gehen wir von der Geschwindigkeit in einer Richtung, z. B. der x-

Richtung, aus. Stellen Sie sich vor, wir betrachten das Schattenbild des Gases, registrieren die Geschwindigkeit jedes Teilchens und notieren nur die waagrechte Komponente. Alle Teilchen, die genau nach vorn oder nach hinten oder auch nach oben bzw. unten fliegen, haben in unserem Schattenriß die waagrechte Geschwindigkeit Null. Sehr viele Teilchen haben kleine Geschwindigkeitswerte, und nur wenige werden in unserem Schatten wirklich große Geschwindigkeiten in waagrechter Richtung haben. Man sieht unmittelbar zwei wesentliche Eigenschaften an diesem Modell ein: Erstens ist die Geschwindigkeitsverteilung symmetrisch zur Null. Sicherlich wird man genauso viele Komponenten registrieren, die nach links weisen, wie solche, die nach rechts weisen. Zweitens war offensichtlich die Wahl der Waagrechten völlig willkürlich. Wir hätten genausogut die Senkrechte benutzen können oder irgendeine andere Richtung und würden dieselbe Verteilung erwarten. Die mathematische Formulierung dieser beiden Eigenschaften lautet:

1. Die Geschwindigkeiten sind räumlich isotrop verteilt.
2. Der Mittelwert der Geschwindigkeit jeder Raumkomponente ist Null.

Nun brauchen wir nur noch einen vernünftigen Ansatz für die tatsächliche Verteilung der Geschwindigkeit in jeder Raumrichtung. Diese liefert uns der Grenzwertsatz der Wahrscheinlichkeitsrechnung, der besagt, daß praktisch jede Verteilung, die ›hinreichend vernünftig‹ ist und sich aus Beiträgen vieler Partner zusammensetzt, eine *Gaußsche Verteilung* ist. Hinreichend vernünftig heißt, daß jedes Teilchen etwa im gleichen Maß zur Gesamtheit beiträgt. Das ist bei einem Gas mit lauter gleichberechtigten Molekülen sicher der Fall. Auch die große Anzahl der Partner ist ganz bestimmt vorhanden. Die Gauß-Verteilung um einen Mittelwert $\bar{v}_x$ schreibt sich nun folgendermaßen:

$$\mathrm{d}p(v_x) = C \cdot \mathrm{e}^{-\beta \cdot (v_x - \bar{v}_x)^2} \cdot \mathrm{d}v_x .$$

Da $\bar{v}_x = 0$ ist, wird daraus:

$$\mathrm{d}p(v_x) = C \cdot \mathrm{e}^{-\beta \cdot v_x^2} \cdot \mathrm{d}v_x . \qquad (3)$$

Das sieht kompliziert aus, sagt aber nur, daß die Abweichungen vom Mittelwert $(v_x - \bar{v}_x)$ mit wachsender Größe exponentiell abnehmen (Figur 1). Das Quadrat im Exponenten ist notwendig, weil die Wahrscheinlichkeit der Abweichung nicht von ihrem Vorzeichen abhängen kann (Isotropie der Verteilung!).

Die Größe $p(v_x)$ ist eine Wahrscheinlichkeitsdichte, denn es kommen ja nicht nur

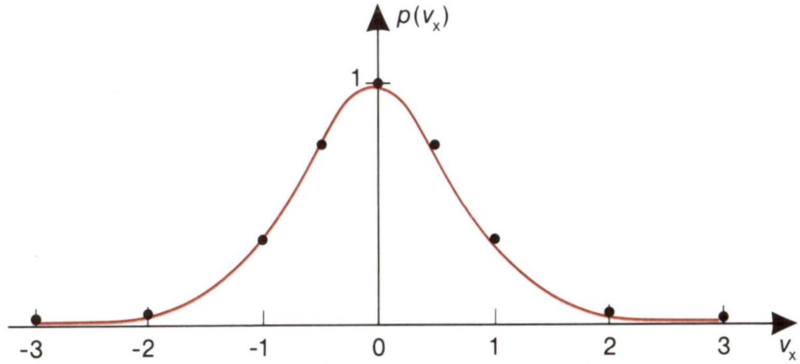

Statistische Mechanik (Figur 1): Die Gaußsche Verteilung *einer* Geschwindigkeitskomponente für $\beta = 1$ und $C = 1$.

diskrete, sondern kontinuierlich alle Abweichungen vor. Um genau zu sein, muß die Gleichung deshalb folgendermaßen interpretiert werden: Die Wahrscheinlichkeit, ein Teilchen mit einer x-Geschwindigkeit zwischen v_x und $v_x + \mathrm{d}v_x$ zu finden, ist gegeben durch Gleichung (3). Die Größe $\mathrm{d}v_x$ ist also die Breite des Geschwindigkeitsintervalls, in dem wir suchen, und $p(v_x)$ muß auf diese Breite $\mathrm{d}v_x$ bezogen werden. Die Konstanten C und β lassen sich auf folgende Weise bestimmen:

1. Die Wahrscheinlichkeit dafür, daß das Teilchen irgendeine beliebige Geschwindigkeitskomponente v_x zwischen $-\infty$ und $+\infty$ hat, ist natürlich 1. Deshalb gilt:

$$\int_{-\infty}^{+\infty} C \cdot \mathrm{e}^{-\beta \cdot v_x^2} \cdot \mathrm{d}v_x = 1\,. \qquad (4)$$

Eine Bedingung wie diese ist jeder Wahrscheinlichkeitsverteilung eigen (Normierung auf die Wahrscheinlichkeit 1 als Sicherheit). Die Berechnung des Integrals liefert die Beziehung:

$$C = \sqrt{\frac{\beta}{\pi}}\,. \qquad (5)$$

2. Die mittlere Bewegungsenergie eines Freiheitsgrades ist nach dem Gleichverteilungssatz ½ kT. Nun ist aber die x-Richtung ein solcher Freiheitsgrad, und die kinetische → Energie eines Teilchens in dieser Richtung beträgt ½ $m \cdot \overline{v_x^2}$. Es gilt also

$$\frac{1}{2} m \cdot \overline{v_x^2} = \frac{1}{2} k T \text{ oder} \qquad (6)$$
$$\overline{v_x^2} = \frac{1}{m} \cdot kT.$$

Dabei ist $\overline{v_x^2}$ der quadratische Mittelwert von v_x. Um ihn zu berechnen, muß man jeden Wert von v_x^2 mit der zugehörigen Wahrscheinlichkeit $\mathrm{d}p(v_x)$ multiplizieren und über alle Werte von v_x summieren bzw. integrieren:

$$\overline{v_x^2} = \int_{-\infty}^{+\infty} v_x^2 \cdot C \cdot \mathrm{e}^{-\beta \cdot v_x^2} \cdot \mathrm{d}v_x\,. \qquad (7)$$

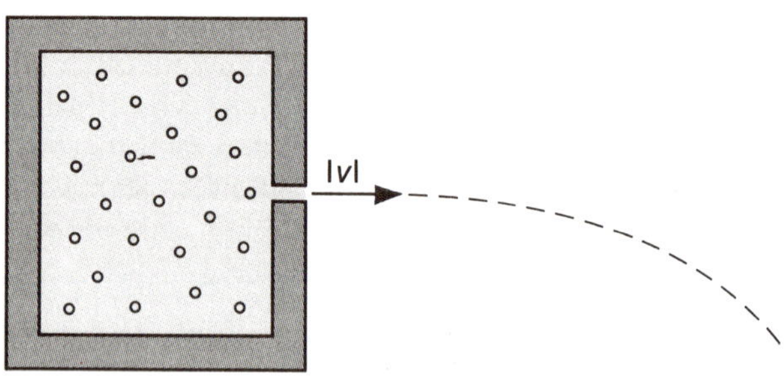

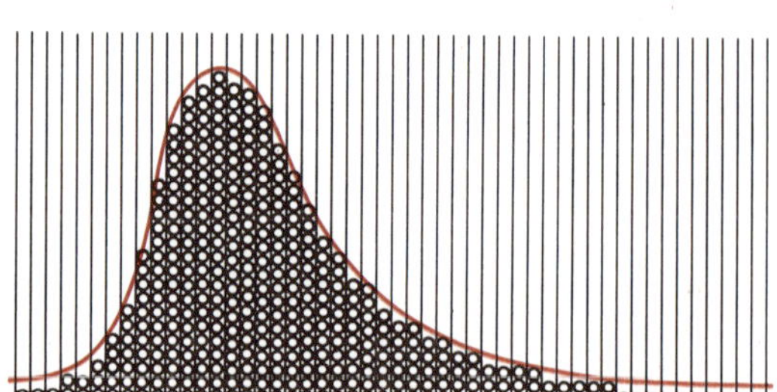

Statistische Mechanik (Figur 2): Modell zur Messung der Maxwellschen Geschwindigkeitsverteilung (*rot*). Das ›Gas‹ besteht aus mechanisch bewegten Stahlkugeln, die Blende läßt nur waagrecht nach rechts fliegende Teilchen durch, die außerhalb des Behälters eine Wurfparabel beschreiben, deren Weite proportional zur Geschwindigkeit ist. Am Ende fällt die Kugel in eines der Fächer und markiert so die Anzahl der Teilchen pro Geschwindigkeitsintervall.

Die Auswertung dieses Integrals ergibt

$$\overline{v_x^2} = \frac{1}{2\beta} \text{ oder } \beta = \frac{m}{2kT}. \qquad (8)$$

Zusammen mit den Gleichungen (3) und (5) haben wir damit die Geschwindigkeitsverteilung für *einen* Freiheitsgrad gefunden. Sie lautet:

$$\mathrm{d}p(v_x) = \sqrt{\frac{m}{2\pi \cdot kT}} \cdot e^{-\frac{m \cdot v_x^2}{2kT}} \mathrm{d}v_x. \qquad (9)$$

Dabei ist v_x nur die Projektion der Geschwindigkeit v auf die x-Achse und eignet sich daher schlecht für eine Messung. Dagegen ist z. B. $|\vec{v}|$, der Betrag der tatsächlichen Teilchengeschwindigkeit, durchaus in einer Messung erfaßbar (Figur 2). Die Verteilungsfunktion $p(|\vec{v}|)$ läßt sich aber leicht aus Gleichung (3) ableiten. Dazu muß man von der Tatsache ausgehen, daß die Wahrscheinlichkeit eines zusammengesetzten Ereignisses durch das Produkt der Einzelwahrscheinlichkeiten gegeben ist. Wenn wir also die Wahrscheinlichkeit von: ›Ein Teilchen hat eine Geschwindigkeitskomponente in x-Richtung zwischen v_x und $v_x + \mathrm{d}v_x$ und eine Geschwindigkeitskomponente in y-Richtung zwischen v_y und $v_y + \mathrm{d}v_y$ und eine Geschwindigkeitskomponente in z-Richtung zwischen v_z und $v_z + \mathrm{d}v_z$‹ berechnen wollen, müssen wir drei Funktionen der Art von Gleichung (3) miteinander multiplizieren:

$$\begin{aligned}\mathrm{d}p(\vec{v}) &= \mathrm{d}p(v_x) \cdot \mathrm{d}p(v_y) \cdot \mathrm{d}p(v_z) = \\ &= C^3 \cdot e^{-\beta(v_x^2+v_y^2+v_z^2)} \cdot \mathrm{d}v_x \cdot \mathrm{d}v_y \cdot \mathrm{d}v_z.\end{aligned} \qquad (10)$$

Auf der rechten Seite dieser Gleichung steht im Exponenten bereits das Quadrat des Geschwindigkeitsbetrags, denn $|\vec{v}|^2 = v_x^2 + v_y^2 + v_z^2$ (→ Vektor). Die

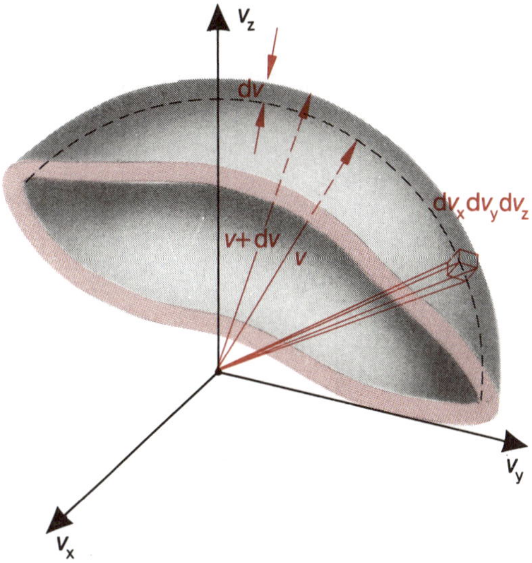

Statistische Mechanik (Figur 3): Vergleich zwischen dem Einheitsvolumen $\mathrm{d}v_x\mathrm{d}v_y\mathrm{d}v_z$ im Geschwindigkeitsraum und dem einer Kugelschale der Dicke $\mathrm{d}v$; das Verhältnis ist $4\pi v^2:1$.

linke Seite gibt jedoch nur eine mögliche Kombination wieder, die Geschwindigkeit v aus drei Komponenten zusammenzusetzen, und nicht etwa $\mathrm{d}p(|\vec{v}|)$. Um das letztere zu erhalten, müssen wir berechnen, wie viele Möglichkeiten es gibt, denselben Wert von $|\vec{v}|$ aus verschiedenen Werten von v_x, v_y und v_z zusammenzusetzen. Die Rechnung ist nicht schwierig und besonders dann leicht zu begreifen, wenn man die Größen $\vec{v}$, v_x, v_y und v_z in einem Geschwindigkeitsraum darstellt (Figur 3). Während sich $p(\vec{v})$ auf ein Bündel von Vektoren bezieht, deren Spitzen das Einheitsvolumen $\mathrm{d}v_x \cdot \mathrm{d}v_y \cdot \mathrm{d}v_z$ bilden, gehört $p(|\vec{v}|)$ zu allen Vektoren, deren Endpunkte zwischen den Kugelschalen mit den Radien $|v|$ und $|v + \mathrm{d}v|$ liegen. Das Volumen dieser Schicht ist aber keineswegs das Einheitsvolumen, sondern hat den Wert $4\pi \cdot |\vec{v}|^2 \cdot \mathrm{d}v$. Der Wert $\mathrm{d}p(|\vec{v}|)$ ist also um $4\pi \cdot |\vec{v}|^2$ größer als $\mathrm{d}p(\vec{v})$! Nun können wir die Vektorpfeile weglassen: v bedeutet immer den

Betrag der Geschwindigkeit. Die Wahrscheinlichkeit dafür, ein Teilchen mit einem Geschwindigkeitsbetrag zwischen v und $v + dv$ anzutreffen, lautet also:

$$dp(v) = 4\pi \cdot v^2 \cdot C^3 \cdot e^{-\beta \cdot v^2} \cdot dv.$$

Dies ist die *Maxwellsche Geschwindigkeitsverteilung*. Vollständig ausgeschrieben lautet sie:

$$dp(v) = 4\pi \cdot v^2 \cdot \sqrt{\left(\frac{m}{2\pi \cdot kT}\right)^3} \cdot e^{-\frac{m \cdot v^2}{2kT}} dv. \quad (11)$$

Im Exponenten steht $m \cdot v^2/2$, die kinetische Energie E_{kin} eines Teilchens. Wenn wir die Umrechnung

$$\frac{1}{2} m \cdot v^2 = E \text{ oder } v^2 = \frac{2E}{m} \text{ bzw.}$$

$$2v \cdot dv = \frac{2}{m} \cdot dE$$

benutzen, können wir auch die Formel für die *Energieverteilung* angeben. Sie lautet:

$$dp(E) = 4\pi \cdot \sqrt{\left(\frac{m}{2\pi \cdot kT}\right)^3} \cdot \frac{1}{m} \sqrt{\frac{2E}{m}} \cdot e^{-\frac{E}{kT}} dE. \quad (12)$$

Statt nach der Wahrscheinlichkeit für ein Teilchen zu fragen, ist es oft besser, die Anzahl der Teilchen bzw. die Teilchenzahldichte einzuführen. Der Übergang macht keine Schwierigkeiten. Wenn N die Gesamtzahl der Teilchen ist und V das Volumen, das sie einnehmen, ist $n = N/V$ die *Teilchenzahldichte*. Multipliziert man n mit der Wahrscheinlichkeit p, so erhält man offenbar die Teilchenzahldichte mit der geforderten Eigenschaft. Es gilt also:

$$n(v) = \frac{N}{V} \cdot dp(v) \text{ und}$$

$$n(E) = \frac{N}{V} \cdot dp(E). \quad (13)$$

Quantenstatistiken

Alles bisher Gesagte war auf die eingangs erwähnten klassischen Teilchen bezogen. Die Physiker kennen aber auch Systeme, die man so nicht mehr behandeln kann. Die wichtigsten Beispiele sind die freien Elektronen in einem Metall (sog. *Fermi-Gas*) und die Helium-4-Atome in flüssigem Helium unterhalb 2,18 K *(Bose-Flüssigkeit)*. Elektronen haben als Fermionen halbzahligen Spin und antisymmetrische Wellenfunktionen (→ Quantenmechanik). Wenn sie so dicht gepackt sind wie in einem Metall, tritt das Pauli-Prinzip in Aktion. Es hat zur Folge, daß es nicht mehr als zwei Elektronen (mit entgegengesetztem Spin) geben kann, die exakt dieselbe Energie haben. Es ist klar, daß dies die Energieverteilung des Gases gegenüber der Maxwell-Boltzmann-Verteilung verändern muß. Die für Fermionen gültige Verteilung heißt nach *Enrico Fermi* (1901–1954) und *Paul Dirac* (*1902) *Fermi-Dirac-Statistik.*

Für Bosonen (mit ganzzahligem Spin) gilt zwar nicht das Pauli-Prinzip. Da aber ihre Wellenfunktionen symmetrisch sind, zeigen sie eine Neigung zu konstruktiver Interferenz, d. h. zur Ansammlung vieler (im Extremfall: *aller*) Teilchen im selben Energiezustand. Diese ›Klumpungstendenz‹ hat ebenfalls zur Folge, daß die zugehörige Energieverteilung von der Maxwell-Verteilung abweicht. *Satyendra Nath Bose* (1894–1974) und *Albert Einstein* (1879–1955) haben die zugehörige Verteilung gefunden. Sie heißt deshalb *Bose-Einstein-Statistik.*

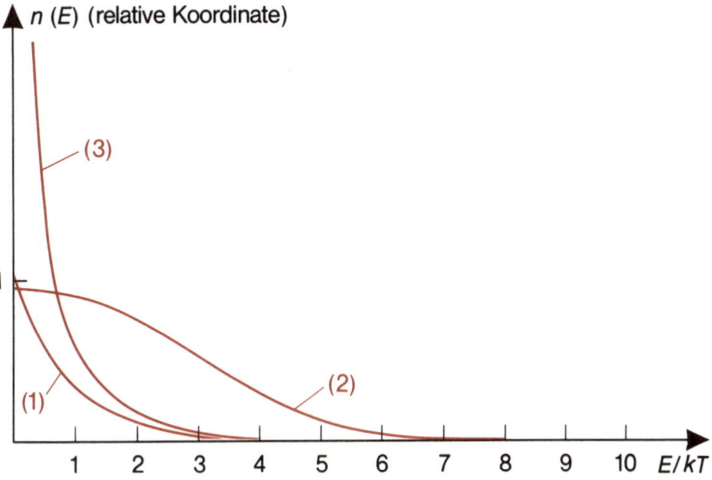

Statistische Mechanik (Figur 4): Energieverteilungen der Maxwell-Boltzmann-Statistik (1), der Fermi-Dirac-Statistik (2) für $E_F/kT = 3$ und der Bose-Einstein-Statistik (3); bei sehr großen Energien unterscheiden sich alle drei Verteilungen beliebig wenig voneinander.

Wir können auf die Ableitung der Quantenstatistiken nicht eingehen und fassen nur die Ergebnisse zusammen. Es ist

$$n(E) \approx \frac{1}{e^{E/kT}} \qquad \textit{(Maxwell-Boltzmann);}$$

$$n(E) \approx \frac{1}{e^{(E-E_F)/kT}+1} \qquad \textit{(Fermi-Dirac);}$$

$$n(E) \approx \frac{1}{e^{E/kT}-1} \qquad \textit{(Bose-Einstein).}$$

E_F bezeichnet die sog. *Fermi-Kante,* eine Grenzenergie, bis zu der (für $T \to 0$) die Zustände besetzt sind. Es gilt:

$$E_F = \sqrt{\left(\frac{3}{8\pi}\cdot\frac{N}{V}\right)^3}\cdot\frac{h^2}{2m}.$$

Die Unterschiede zwischen den drei Verteilungen sind an einem Beispiel in Figur 4 dargestellt.

Sterntag

Mißt man die Eigenrotationszeit der Erde – den *Tag* – nicht als Zeitdauer zwischen zwei Sonnenhöchstständen (→ Sonnentag), sondern zwischen zwei Kulminationen eines Fixsterns, so erhält man eine gegenüber dem mittleren Sonnentag (→ Zeit) um etwa 3 min 56,91 s kürzere Tageslänge, die man als *Sterntag* bezeichnet. Die Erklärung dieses Unterschiedes liegt in der Rotation der Erde um die Sonne, die im gleichen Sinn wie die Eigenrotation erfolgt (nämlich gegen den Uhrzeigersinn, wenn man von oben auf den Nordpol schaut). Zur Zahl ihrer Eigenumdrehungen, gemessen am Bahnmittelpunkt, kommt eine volle Umdrehung für jeden Umlauf hinzu, wenn man sich an einen außerhalb liegenden Bezugspunkt hält. Da es pro Jahr 365,2422 mittlere Sonnentage gibt, muß es im selben Zeitraum 365,2422 mittlere Sterntage geben. Der Sonnentag ist also um 3 min 56,555 Sternsekunden länger als der Sterntag. Umgekehrt ist der Sterntag um 3 min 55,909 Sonnensekunden kürzer als der Sonnentag. Noch einmal anders ausgedrückt:

1 Sterntag = 23 h 56 m 4,091 s mittlere Sonnenzeit,
1 Sonnentag = 24 h 3 m 56,555 s mittlere Sternzeit.

Stokessches Gesetz

Dieses nach *Sir George Gabriel Stokes* (1819–1903) benannte Gesetz beschreibt den Reibungswiderstand W einer Kugel mit dem Radius r, den sie in einem Medium der Zähigkeit η erfährt, wenn die Relativgeschwindigkeit zwischen Kugel und Medium v beträgt. Es lautet:

$$W = 6\pi \cdot \eta \cdot r \cdot v. \qquad (1)$$

Die Gültigkeit dieser Gleichung erstreckt sich auf Werte der → Reynoldsschen Zahl, die kleiner als 0,3 sind, d. h. auf große Werte von η oder sehr kleine Werte von r bzw. ρ (der Dichte des Mediums). Trotz dieser recht einschneidenden Bedingung hat die Gleichung große Bedeutung, besonders für den Fall kleiner Kugeln in Luft oder den Fall von Wasser unter dem Einfluß einer konstanten Kraft (z. B. der Schwerkraft). Man sieht leicht ein, daß ein kleines Kügelchen dann eine bestimmte Endgeschwindigkeit erreicht, wenn W gleich der Schwerkraft ist. Beispielhaft dafür ist die Existenz des *Nebels,* der ja aus feinen Wassertröpfchen besteht. Wäre nicht der Reibungswiderstand W, so müßten auch kleinste Tröpfchen unter dem Einfluß der Schwerkraft wie Steine zu Boden fallen, und es gäbe weder Nebel noch Wolken. Die Fallgeschwindigkeit eines Tröpfchens der Dichte ρ_1 in einem Medium der Dichte ρ_2 unter der Wirkung der Erdbeschleunigung g ergibt sich aus Gleichung (1) zu

$$v = \frac{2}{9} \cdot g \cdot (\rho_1 - \rho_2) \cdot \frac{r^2}{\eta}. \qquad (2)$$

Die Dichtedifferenz $(\rho_1 - \rho_2)$ muß in die Gleichung eingehen, wenn der → Auftrieb berücksichtigt werden soll. Für Wassertropfen in Luft und $r \approx 0{,}01$ mm erhalten wir eine Fallgeschwindigkeit von ungefähr 1 cm/s, eine Größe, die schon durch geringen Aufwind überwunden wird und praktisch einem Schweben gleichkommt. Sehr unangenehm wirken daher auch die feinen Staubteilchen, die in ungeheuren Mengen bei Vulkanausbrüchen (und Kernwaffenexplosionen) in die Atmosphäre geschleudert werden. Sie brauchen Jahre bis Jahrzehnte, bis sie zur Erdoberfläche absinken, und umkreisen als riesige (radioaktive) Staubwolken viele Male die Erdkugel, wobei sie sich immer mehr verteilen, so daß beim Erreichen des Bodens schließlich der ganze Erdball betroffen wird.

Stoßgesetze

Als *Stoß* definiert man eine Wechselwirkung zwischen zwei Körpern, die nur kurze Zeit wirkt, während vorher und nachher keinerlei Wechselwirkung zwischen den Körpern festzustellen ist. Wer genauer über diese Definition nachdenkt, wird bemerken, daß sie nur annäherungsweise gelten kann, denn mindestens die Gravitationswechselwirkung ist wegen ihrer großen Reichweite *dauernd* vorhanden. Sie ist aber gegenüber den meist wesentlich größeren Verformungskräften, die bei einer Berührung auftreten, zu vernachlässigen. Die ›Kürze‹ der Wechselwirkungsdauer ist natürlich auch ein recht verschwommener Begriff. Er besagt eigentlich nur, daß Berührungsstöße zwischen zwei Massen gemeint sind. Dann sind die Wechselwirkungen durch die elastischen Eigenschaften des Materials gegeben. Die Stoßgesetze gelten aber auch für Stöße, die *keine* Berührungsstöße sind, wo also die Wechselwirkungen durch Felder vermittelt werden oder noch kompliziertere Mechanismen ablaufen

Stoßgesetze (Figur 1): Gerader zentraler Stoß *(links)* und schiefer zentraler Stoß *(rechts)*

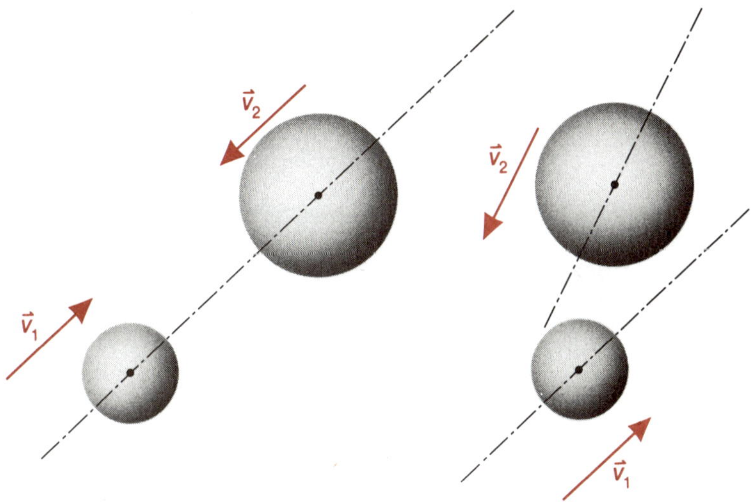

(z. B. bei Stößen zwischen → Elementarteilchen). Man hat sich jedoch darauf geeinigt, in solchen Fällen von → Streuung zu sprechen.

Stoßarten

Da die Körper eine Ausdehnung haben, können schon von den geometrischen Verhältnissen her ganz verschiedene Stöße stattfinden. Wenn die stoßenden Körper *Kugeln* sind, liegen die Schwerpunkte beider Körper und der Berührungspunkt auf einer Geraden. Dann spricht man von einem zentralen Stoß. Im allgemeinen stoßen zwei beliebig geformte Körper jedoch nicht zentral, sondern exzentrisch zusammen (z. B. bei einem Autounfall). Stimmt bei einem zentralen Stoß die erwähnte Gerade auch noch mit der Bewegungsrichtung der beiden Körper überein, handelt es sich um einen *geraden zentralen Stoß,* ansonsten um einen *schiefen zentralen Stoß* (Figur 1). Die St. haben die einfachste Formulierung, wenn die größte Symmetrie herrscht, d. h. beim zentralen Stoß. Wir leiten sie deshalb für diesen Spezialfall ab und geben dann die allgemeine Formulierung.

Alle St. folgen aus den → Erhaltungssätzen für den → Impuls, die → Energie und eventuell den → Drehimpuls. Wir systematisieren das Folgende, indem wir für die stoßenden Körper die Indizes 1 und 2 verwenden. Alle Größen *vor* dem Stoß erhalten ungestrichene Symbole, alle Größen *nach* dem Stoß gestrichene. Geschwindigkeiten bezeichnen wir mit v, Massen mit m.

Folgerungen aus der Erhaltung des Impulses

Der Gesamtimpuls beider Körper kann sich durch den Stoß nicht ändern. Unabhängig davon, was während des Stoßvorgangs im einzelnen geschieht, muß deshalb gelten:

$$m_1 \cdot \vec{v}_1 + m_2 \cdot \vec{v}_2 = m_1 \cdot \vec{v}_1{}' + m_2 \cdot \vec{v}_2{}'. \quad (1)$$

Diese Vektorgleichung gilt natürlich auch komponentenweise, weil jede derartige Gleichung die Zusammenfassung dreier Einzelgleichungen ist. Im kartesischen Koordinatensystem erhält man also:

$$m_1 \cdot v_{1x} + m_2 \cdot v_{2x} = m_1 \cdot v_{1x}' + m_2 \cdot v_{2x}';$$
$$m_1 \cdot v_{1y} + m_2 \cdot v_{2y} = m_1 \cdot v_{1y}' + m_2 \cdot v_{2y}';$$
$$m_1 \cdot v_{1z} + m_2 \cdot v_{2z} = m_1 \cdot v_{1z}' + m_2 \cdot v_{2z}'. \quad (2)$$

Diese Gleichungen gelten, wie gesagt, ganz allgemein und für jeden Stoß. Man kann diese Beziehungen aber noch ganz wesentlich dadurch vereinfachen, daß man sie in einem System betrachtet, in dem der → Schwerpunkt ruht. In diesem System muß der Gesamtimpuls nämlich verschwinden, denn so ist der Schwerpunkt definiert. Bezeichnen wir die Geschwindigkeiten im Schwerpunktsystem mit $\vec{u}$ und die Geschwindigkeit, die der Schwerpunkt im Laborsystem hat, mit $\vec{w}$, so gilt allgemein

$$\vec{v} = \vec{u} + \vec{w} \text{ und } \vec{w} = \frac{m_1 \cdot \vec{v}_1 + m_2 \cdot \vec{v}_2}{m_1 + m_2}. \quad (3)$$

Man muß einfach zu jeder Teilchengeschwindigkeit $\vec{u}$ die des Schwerpunkts (vektoriell) addieren, um ins Laborsystem zu kommen. Im Schwerpunktsystem wird aber aus Gleichung (1):

$$\begin{aligned} &m_1 \cdot \vec{u}_1 + m_2 \cdot \vec{u}_2 = 0 \text{ und} \\ &m_1 \cdot \vec{u}_1' + m_2 \cdot \vec{u}_2' = 0 \\ &\text{oder} \quad m_1 \cdot \vec{u}_1 = -m_2 \cdot \vec{u}_2 \text{ und} \\ &\qquad\quad m_1 \cdot \vec{u}_1' = -m_2 \cdot \vec{u}_2'. \end{aligned} \quad (4)$$

Die Geschwindigkeitsvektoren der beiden Stoßpartner sind also paarweise einander antiparallel und liegen alle vier in *einer Ebene,* wenn der Stoß zentral ist. Man macht sich das mit folgender einfacher Überlegung klar: Im Schwerpunktsystem laufen die beiden Kugeln mit antiparallelen Geschwindigkeiten aufeinander zu (Figur 2); $\vec{u}_1$ und $\vec{u}_2$ müssen nicht auf einer Geraden liegen, d. h., der Stoß muß nicht gerade sein. Im Augenblick der Berührung bilden die beiden Kugelmittelpunkte und der Berührpunkt eine Gerade, auf der auch der Schwerpunkt liegt. Sie liegt in der Ebene, die durch die parallelen Vektoren $\vec{u}_1$ und $\vec{u}_2$ aufgespannt wird, deren Abstand auch *Stoßparameter* heißt. Alle Kräfte zwischen den beiden Kugeln wirken nur in dieser Ebene, also können auch die Geschwindigkeitsvektoren nach dem Stoß nur in dieser Ebene liegen. Das kann sich allerdings ändern, wenn die Kugeln einen Eigendrehimpuls tragen. Davon sehen wir hier ab. Ohne Verlust der Allgemeinheit können wir eine Koordinatenebene in diese ›Reaktionsebene‹ legen und haben es dann nur noch mit zweidimensionalen Geschwindigkeitsvektoren zu tun. Wohlgemerkt, das alles gilt immer noch für jeden zentralen Stoß, ohne Rücksicht auf die tatsächlichen Vorgänge beim Stoß selbst. Jetzt wenden wir uns den beiden wichtigsten Spezialfällen beim Stoß zu.

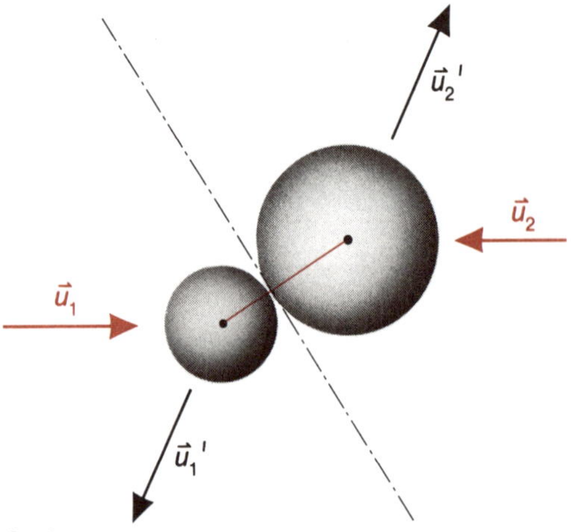

Stoßgesetze (Figur 2): Schiefer zentraler Stoß im Schwerpunktsystem; beide Kugeln werden bei elastischem Stoß an der Ebene senkrecht zur Verbindungslinie ihrer Mittelpunkte reflektiert. Die Vektoren $\vec{u}_1$ und $\vec{u}_1'$ bzw. $\vec{u}_2$ und $\vec{u}_2'$ sind zwar meist nicht gleich lang, aber die ohne bzw. mit Strich versehenen Geschwindigkeiten bleiben jeweils antiparallel.

Der ideale elastische Stoß

Wir haben bisher nur Folgerungen aus der Impulserhaltung gezogen. Bei jedem Stoßprozeß gilt aber natürlich auch der *Energiesatz*. Die Gesamtenergie vor und nach dem Stoß darf sich nicht ändern. *Vor* dem Stoß haben die beiden Stoßpartner nur ihre kinetischen Energien

$$\frac{1}{2}m_1 \cdot v_1^2 \text{ und } \frac{1}{2}m_2 \cdot v_2^2.$$

Auch *nach* dem Stoß gibt es die kinetischen Energien

$$\frac{1}{2}m_1 \cdot v_1'^2 \text{ und } \frac{1}{2}m_2 \cdot v_2'^2,$$

aber es kann sein, daß sich die Körper beim Stoß ›innerlich‹ verändert haben und dabei Energie aufgenommen oder auch abgegeben haben. Das erstere ist allerdings die Regel. Bezeichnen wir diese Energie, die beim Stoß in den Partnern als Verformungsarbeit, Schwingungsenergie, sonstige ›Anregungsenergie‹ oder auch einfach Wärme ›steckengeblieben‹ ist, als $E_{\text{unel.}}$, so müssen wir die Energiebilanz ansetzen als

$$\frac{1}{2}m_1 \cdot v_1^2 + \frac{1}{2}m_2 \cdot v_2^2 = \frac{1}{2}m_1 \cdot v_1'^2 + \frac{1}{2}m_2 \cdot v_2'^2 + E_{\text{unel.}} \tag{5}$$

Beim rein elastischen Stoß bleibt nun überhaupt keine Energie ›stecken‹, $E_{\text{unel.}}$ ist Null, und es gilt der Energiesatz für die kinetischen Energien allein:

$$m_1 \cdot v_1^2 + m_2 \cdot v_2^2 = m_1 \cdot v_1'^2 + m_2 \cdot v_2'^2. \tag{6}$$

Auch im Schwerpunktsystem gilt dieser Satz:

$$m_1 \cdot u_1^2 + m_2 \cdot u_2^2 = m_1 \cdot u_1'^2 + m_2 \cdot u_2'^2. \tag{7}$$

Zusammen mit Gleichung (4) folgt daraus, daß die Impulse betragsmäßig alle übereinstimmen müssen, und zwar vor *und* nach dem Stoß:

$$|m_1 \cdot u_1| = |m_2 \cdot u_2| = |m_1 \cdot u_1'| = |m_2 \cdot u_2'|. \tag{8}$$

Die Impulse jeder Kugel vor und nach dem Stoß, $m_1 \cdot u_1$ und $m_1 \cdot u_1'$, sind nun zwar vom gleichen Betrag, können sich aber in der Richtung unterscheiden (Figur 2). Wenn wir mit α_s den Winkel bezeichnen, um den (im Schwerpunktsystem!) jede Kugel aus ihrer ursprünglichen Bahn abgelenkt worden ist, dann können wir nach Figur 3 die Impulsänderung jeder Kugel berechnen zu

$$\Delta \vec{p}_2 = \Delta \vec{p}_1 = m_1 \cdot (\vec{u}_1 - \vec{u}_1'). \tag{9}$$

Betragsmäßig ergibt sich die Impulsänderung jeder Kugel ebenfalls aus Figur 3 zu

$$|\Delta p| = 2 \cdot m_1 \cdot |u_1| \cdot \sin\frac{\alpha_s}{2} = 2m_2 \cdot |u_2| \cdot \sin\frac{\alpha_s}{2}. \tag{10}$$

Die Energieänderung jeder Kugel ergibt sich – wieder im Schwerpunktsystem – zu

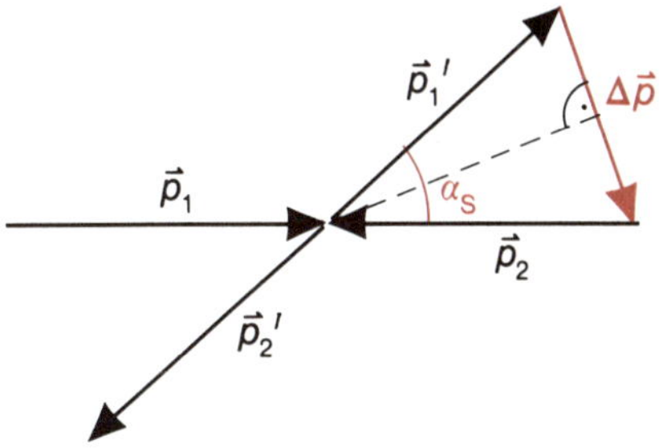

Stoßgesetze (Figur 3): Beim elastischen Stoß sind im Schwerpunktsystem alle Impulsvektoren gleich lang; $\Delta\vec{p}$ Impulsänderung, α_S Ablenkwinkel.

Null, denn in Gleichung (8) steckt auch $|u_1| = |u_1'|$ bzw. $|u_2| = |u_2'|$. Wenn aber die Geschwindigkeiten vor und nach dem Stoß übereinstimmen, dann tun das auch die kinetischen Energien.

Nun haben wir alle wichtigen Fragen im Schwerpunktsystem beantwortet und können die Ergebnisse auf unser Laborsystem übertragen. Dabei interessiert meistens besonders wiederum ein Spezialfall, nämlich der, daß ein Stoßpartner *(m_2)* ruht. Wenn wir Kugel 1 auf eine ruhende Kugel 2 schießen, dann ist $v_2 = 0$. Deshalb wird nach Gleichung (3) die Geschwindigkeit des Schwerpunkts im Labor einfach

$$\vec{w} = \frac{m_1}{m_1 + m_2} \cdot \vec{v}_1. \qquad (11)$$

Damit ist alle (Denk-)Arbeit bereits getan, denn nun brauchen wir dieses $\vec{w}$ nur noch zu den Geschwindigkeiten $\vec{u}_1'$ und $\vec{u}_2'$ zu addieren, um die zugehörigen Laborgeschwindigkeiten zu erhalten. Von besonderer Wichtigkeit ist dabei der gerade zentrale Stoß, denn er ist mit maximaler Impulsänderung verbunden. Nach Gleichung (9) ändert sich Δp beim Übergang ins Laborsystem nicht, denn es wird nur $\vec{w}$ in der Klammer addiert und wieder subtrahiert. Dann ist $|\Delta p|$ nach Gleichung (10) am größten, wenn $\alpha_s = 180°$ ist, d. h. beim geraden Stoß. Mit

$$\vec{u}_1 = \vec{v}_1 - \vec{w} = \vec{v}_1 \cdot \left(1 - \frac{m_1}{m_1 + m_2}\right)$$

wird

$$|u_1| = \left(1 - \frac{m_1}{m_1 + m_2}\right) \cdot |v_1|,$$

und wir erhalten:

$$\Delta p_{\max} = 2\, m_1 \cdot |v_1| \cdot \left(1 - \frac{m_1}{m_1 + m_2}\right).$$

Da $m_1 \cdot v_1$ der Anfangsimpuls der stoßenden Kugel im Laborsystem war, kann sie höchstens – eben beim geraden Stoß – die relative Impulsänderung

$$\frac{\Delta p}{p} = 2 \cdot \left(1 - \frac{m_1}{m_1 + m_2}\right) = 2 \cdot \frac{m_2}{m_1 + m_2} \qquad (12)$$

erfahren. Wir groß muß also die Masse des Stoßpartners sein, wenn beim Stoß die *größtmögliche Impulsänderung* erreicht werden soll? Nach Gleichung (12) offenbar so groß wie möglich. Wenn $m_2 \to \infty$, dann wird $\Delta p / p = 2$, d. h., die Änderung des Impulses wird doppelt so groß wie der Anfangsimpuls. Die stoßende Kugel wird an der unendlich schweren ruhenden (= feste Wand) einfach reflektiert und ändert dabei ihren Impuls von $+m \cdot v$ auf $-m \cdot v$, also tatsächlich um $2m \cdot v$. Wie groß muß die Masse des Stoßpartners sein, wenn die stoßende Kugel im Laborsystem den Impuls Null haben soll? Dann muß $\Delta p / p = 1$ sein. Daraus folgt

$$\frac{m_2}{m_1 + m_2} = \frac{1}{2} \text{ oder } m_2 = m_1.$$

Die stoßende Kugel kann nur dann bei einem elastischen Stoß zur Ruhe kommen, wenn sie auf eine Kugel von gleicher Masse trifft, und zwar gerade. Trifft sie schief, dann beträgt wegen $\vec{w} = \frac{1}{2}\vec{v}_1$ (siehe Gleichung 11) der Winkel zwischen m_1 und m_2 genau 90°, weil er im Schwerpunktsystem ja 180° war. Wenn man also einen Teilchenstrom möglichst effektiv abbremsen will, dann muß man ihn auf eine Anzahl ruhender Teilchen von gleicher Masse schießen.

Die *Energieänderung* der stoßenden Kugel ist im Schwerpunktsystem zwar Null, wird aber bei der Transformation ins Laborsystem von Null verschieden. Auch hier ist die maximale Energieänderung nur im geraden Stoß zu erreichen. Sie ist dann gleich der maximalen Impulsänderung Δp, multipliziert mit der Schwerpunktgeschwindigkeit w, also

$$\Delta E = 2m_1 \cdot |v_1| \cdot \left(1 - \frac{m_1}{m_1 + m_2}\right) \cdot \frac{m_1}{m_1 + m_2} \cdot |v_1|.$$

Eine Zusammenfassung ergibt:

$$\Delta E = 2m_1 \cdot v_1^2 \cdot \frac{m_1 \cdot m_2}{(m_1 + m_2)^2}. \quad (13)$$

Die relative Energieänderung der stoßenden Kugel beträgt dann:

$$\frac{\Delta E}{E} = 4 \cdot \frac{m_1 \cdot m_2}{(m_1 + m_2)^2}. \quad (14)$$

Es ist leicht einzusehen, daß dieser Ausdruck höchstens 1 werden kann, was dem völligen Energieverlust des stoßenden Teilchens im Laborsystem entspricht. Er wird für $m_1 = m_2$ erreicht, und dieser Befund deckt sich auch mit der Impulsänderung $\Delta p / p = 1$, denn die maximale Impulsänderung $\Delta p / p = 2$ läßt ja die Energie unverändert, weil sie lediglich das Vorzeichen von v_1 umkehrt. Was geschieht also, wenn sich die beiden Massen stark unterscheiden? Im Fall $m_1 \gg m_2$ ›räumt‹ die stoßende Kugel die kleine ruhende einfach aus dem Weg, ohne dabei merklich an Energie zu verlieren. Im Fall $m_1 \ll m_2$ rennt sie ›gegen einen Riesen‹ und wird einfach reflektiert. Auch dabei verliert sie fast keine Energie, sie ändert nur ihre Bewegungsrichtung.

Der ideale nichtelastische Stoß

Auch dieser Spezialfall ist im Schwerpunktsystem am einfachsten zu verstehen. Die gesamte Bewegungsenergie wird hier in die innere Energie der beiden Stoßpartner umgewandelt, so daß die beiden quasi aneinanderkleben bleiben und nach dem Stoß die Geschwindigkeiten $\vec{u}_1{}' = \vec{u}_2{}' = 0$ haben. Derartige *plastische Stöße* lassen sich mit richtigen Kugeln leichter realisieren als elastische Stöße. Man braucht nur zwei Wachskugeln aufeinander zu schießen oder – noch einfacher – die Körper beim Stoß ineinander zu klinken wie Eisenbahnwaggons. Nach dem Stoß bewegt sich der Summenkörper einfach mit der Geschwindigkeit des Schwerpunkts im Laborsystem. Es ist also (siehe Gleichung 3):

$$\vec{v}_1{}' = \vec{v}_2{}' = \vec{w} = \frac{m_1 \cdot \vec{v}_1 + m_2 \cdot \vec{v}_2}{m_1 + m_2}.$$

Betrachten wir wieder einen Stoß gegen einen im Laborsystem ruhenden Körper, so wird mit $\vec{v}_2 = 0$ wieder

$$\vec{v}_1{}' = \vec{v}_2{}' = \frac{m_1}{m_1 + m_2} \cdot \vec{v}_1.$$

Speziell im Fall gleicher Massen wird $\vec{v}_1{}' = \frac{1}{2}\vec{v}_1$. Die Energie im Schwerpunktsystem kann allerdings nur im Fall des geraden Stoßes vollständig in innere Energie umgesetzt werden. Erfolgt der Stoß *schief*, so wird ein Teil davon in Rotationsenergie verwandelt, die man ebenfalls als innere Energie des gekoppelten Systems auffassen kann. Im Einzelfall ist die Behandlung dieser Probleme aber mühsam. Man muß dann auch noch die Drehimpuls-Erhaltung berücksichtigen. Das macht die Rechnungen kompliziert; ich kann hier nicht darauf eingehen.

Stöße zweiter Art und Dreierstöße

Wenn ein Teilchen auf ein ruhendes anderes trifft, das eine gewisse Energie z. B. als Anregungsenergie gespeichert hat, dann kann es vorkommen, daß das stoßende Teilchen nicht wie oben Energie verliert, sondern im Gegenteil sogar Energie gewinnt. Man nennt solche Stöße des-

halb *Stöße zweiter Art.* Sie kommen in der → Atomphysik vor und erklären strahlungslose Übergänge von Atomen aus einem angeregten Zustand in den Grundzustand.
Impuls- und Energiesatz haben bei Stößen zwischen *zwei* Teilchen oft recht drastische Einschränkungen der Möglichkeiten zur Folge. Nahezu alle Impuls- und Energiekombinationen werden aber möglich, wenn *drei* oder mehr Teilchen an einem Stoß beteiligt sind. Die Wahrscheinlichkeit eines derartigen Ereignisses ist im allgemeinen sehr gering, denn die Stöße erfolgen meist nacheinander. Ganz anders ist es bei Zerfällen instabiler Atomkerne. So sind beispielsweise die Eigenschaften des → Beta-Zerfalls nur zu deuten, wenn man das gleichzeitige Ausstoßen eines Neutrinos postuliert, das die Energie- und Impulsbilanz in Ordnung bringt.

Stoßionisation

Teilchen mit genügend großer kinetischer Energie (> 10 eV) können in einem unelastischen Stoß aus neutralen Atomen ein Elektron ›abstreifen‹ und es so ionisieren (→ Stoßgesetze, → Gasentladung, → Atomphysik).

Strahlenbelastung und Strahlenschutz

Grundlagen

Die Welt ist voller Strahlung. Wir unterscheiden elektromagnetische Strahlung (Wellen) von Teilchenstrahlungen, obwohl diese Unterscheidung nicht mehr eindeutig ist (→ Dualismus von Welle und Teilchen). Einige Bereiche aus dem → elektromagnetischen Spektrum sind für das menschliche Leben unentbehrlich, wie das Licht oder die Wärmestrahlung. Andere Bereiche scheinen unserem Organismus neutral gegenüberzustehen wie die Radiowellen. Teilchenstrahlungen aus dem Weltall (z. B. die Neutrinos) durchsieben uns und die ganze Erde in unvorstellbaren Mengen, ohne daß wir etwas davon merken und auch ohne uns zu schaden.
Die elektromagnetischen Strahlen hoher Energie, die Röntgen- und Gammastrahlen, und auch Teilchenstrahlungen aus geladenen (Alpha- und Betastrahlen) oder ungeladenen Teilchen (Neutronen) sind für die lebende Zelle und damit auch für uns Menschen gefährlich, weil sie auf dem Weg durch die Materie mit Elektronen und Kernen zusammenstoßen. Wenn die Energie dieser Strahlen groß genug ist, um Atome zu ionisieren, also Elektronen aus einer Atom- oder Molekülbindung herauszuschlagen, oder wenn sie gar so groß ist, daß es zu Kernumwandlungen kommt, dann richten diese Strahlen auf ihrem Weg mehr oder weniger große Zerstörungen an.
Leider haben wir kein Organ, das unmittelbar auf ionisierende Strahlen anspricht und uns warnen könnte, wenn uns eine derartige Strahlung trifft. Wir merken es erst an den *Folgen,* wenn uns *zuviel* Strahlung erwischt hat und wir davon krank werden. Dann ist es aber bereits zu spät. *Strahlenschutz* muß deshalb vorbeugend wirken und uns durch geeignete Maßnahmen vor übermäßiger Strahlenbelastung bewahren. Dazu soll eine Reihe gesetzlicher Verordnungen dienen, von denen ich am Schluß einige erwähnen will, wenn zuvor geklärt ist, was sie eigentlich bedeuten.

Die wichtigsten Strahlenarten und ihre Wirkungen

1. *Alphastrahlen (α-Strahlen)* werden beim Zerfall bestimmter schwerer Atomkerne frei (→ Radioaktivität), wie sie auch in

der freien Natur vorkommen (z. B. Radium, Thorium). Es handelt sich um zweifach positiv geladene Heliumkerne, die beim → Alpha-Zerfall mit Energien bis zu etwa 10 MeV ausgeschleudert werden. Wegen ihrer doppelten Ladung und ihrer großen Masse (4 Masseneinheiten) ionisieren sie nahezu jedes Atom, mit dem sie zusammenstoßen, erzeugen also eine hohe Ionendichte und verlieren daher ihre Energie auf einem relativ kurzen Weg. Ihre Reichweite in Luft beträgt nur einige Zentimeter, in Wasser nur etwa ein Hundertstel Millimeter. Von *außen* kommend, bleiben α-Strahlen bereits in der dünnsten Sommerkleidung stecken. Selbst wo sie die Haut treffen, können sie kaum eindringen. Schon die obersten, verhornten Hautschichten schirmen uns vor α-Teilchen vollständig ab. Gefährdet sind allenfalls die Augen, wenn man sie direkt mit einem Alphastrahler in Berührung bringt. Entstehen die α-Strahlen dagegen *innerhalb* des Körpers, weil man entsprechende radioaktive Stoffe *inkorporiert* (in sich aufgenommen) hat, sind die Wirkungen fast immer fatal. Dieselben Gründe, die den Alphastrahler von außen ungefährlich erscheinen lassen, machen ihn im Innern des Körpers zur zerstörerischen Zeitbombe. Die gesamte Energie der α-Teilchen wird ja auf engstem Raum in Ionisationsenergie umgesetzt, mit entsprechenden Folgen. Eine Zelle, die von einem α-Teilchen durchquert wird, stirbt in den meisten Fällen oder erleidet Veränderungen im Zellkern. Die natürlichen Alphastrahler wie Radium sind chemisch mit Calcium verwandt (sog. ›Knochensucher‹) und werden deshalb in die Knochen eingebaut, wo sie gemäß ihrer mittleren Lebensdauer früher oder später zerfallen und das Knochenmark schädigen. Traurig-berühmte Beispiele für α-Strahlen-Geschädigte sind die Zifferblatt- und Leuchtzeigermaler früherer Zeiten (vor 1950), deren Gewohnheit, den Malpinsel mit den Lippen anzufeuchten und anzuspitzen, zu einer ständigen Aufnahme von Radium führte. Viele von ihnen starben nach wenigen Jahren an Knochensarkomen. Seit etwa 1950 enthalten Leuchtfarben deshalb kein Radium mehr.

Die noch existierenden alten Armbanduhren und Wecker enthalten jedoch Radium, sofern sie Leuchtzeiger oder -ziffern haben, und sie sollten deshalb mit Vorsicht behandelt werden.

2. *Betastrahlen (β-Strahlen)* sind Elektronen – oder Positronen – hoher Energie. Auch sie entstehen bei radioaktiven Zerfällen, aber sie kommen auch in der kosmischen Strahlung und in Elektronenröhren vor. Sie ionisieren zwar durchquerte Materie nicht so stark wie α-Strahlen, verlieren aber bei jedem Stoß mit einem anderen Elektron annähernd die Hälfte ihrer Energie, jedenfalls solange sie nicht im relativistischen Bereich sind, und werden deshalb ebenfalls rasch abgebremst. Viele Betastrahler werden durch einige Blatt Papier bereits vollständig abgeschirmt. Die Inkorporation eines Betastrahlers ist meist bei weitem nicht so gefährlich wie die eines Alphastrahlers. Manche von ihnen (z. B. Jod 131) werden als radioaktives Präparat zu diagnostischen Zwecken injiziert (beim Jod zur Untersuchung der Schilddrüse). Dabei benutzt man allerdings nicht die ausgesandten β-Teilchen – sie erreichen die Körperoberfläche nicht –, sondern die gleichzeitig emittierten Gammaquanten des Präparates.

3. Die *Gamma-* und *Röntgenstrahlen* ionisieren die Materie, die sie durchqueren, zwar am wenigsten, dafür haben sie aber mit zunehmender Energie eine so große Reichweite, daß sie den menschlichen Körper mühelos durchdringen. Hochenergetische γ-Strahlen sind auch durch zentimeterdicke Bleiabschirmungen nicht

aufzuhalten. Einerseits nutzt man diese Eigenschaft in der Medizin zum ›Durchleuchten‹ und macht Röntgenaufnahmen innerer Organe, andererseits führt sie dazu, daß Belastungen durch Röntgen- und γ-Strahlen den ganzen Körper, auch die inneren Organe, betreffen. Die Ionisationswirkung elektromagnetischer Quanten entsteht durch den → Photoeffekt, den → Compton-Effekt und, falls die Energie etwa 1 MeV übersteigt, die → Paarbildung, die wiederum eine sekundäre Ionisation durch das entstandene Elektron-Positron-Paar zur Folge hat.

4. *Neutronenstrahlen* kommen in der freien Natur (fast) nicht vor. Sie entstehen bei der Kernspaltung, also in einem Kernreaktor oder bei der Explosion einer Atombombe (→ Kernwaffen). Deshalb ist die Belastung des Körpers durch Neutronenstrahlen nur für Techniker und Wissenschaftler an Kernreaktoren, in Wiederaufarbeitungsanlagen oder – in geringem Maße – bei der Lagerung radioaktiver Abfälle von Bedeutung, jedenfalls solange wir von einem kriegerischen Einsatz von Kernwaffen verschont bleiben. Die Wirkung der Neutronen auf den Organismus vereinigt die Charakteristika der Alphastrahlung mit denen der Gammastrahlung. Einerseits reagieren Neutronen so gut wie gar nicht mit den Elektronen der Atomhüllen, weil sie keine Ladung tragen, und haben deshalb eine große Reichweite, andererseits dringen sie mühelos in den Atomkern ein, wenn sie ihn treffen (keine Coulomb-Abstoßung, große Bewegungsenergie). Die Wahrscheinlichkeit für einen ›Neutroneneinfang‹ ist für die meisten Kerne besonders groß, wenn es sich um ›langsame‹, *thermische* Neutronen handelt (Geschwindigkeit etwa 2200 m/s, die Energie entspricht dem thermischen Mittelwert bei 300 K). Wird ein Neutron eingefangen, so entsteht ein neuer Atomkern mit einer um 1 größeren Massenzahl, der in den meisten Fällen erst unter Aussenden eines Gammaquants in einen stabilen Zustand übergeht. Bei ›schnellen‹ Neutronen höherer Energie können verschiedene Kernreaktionen auftreten und z. B. ein Proton, ein Deuteron oder auch ein α-Teilchen ausgeschleudert werden. In allen Fällen produzieren Neutronenstrahlen keine direkte Ionisation, sondern erzeugen *im Gewebe* einen radioaktiven Kern, der an Ort und Stelle zerfällt und danach natürlich *chemisch anders* reagiert als der ursprüngliche Kern. Deshalb werden kompliziert aufgebaute Moleküle wie z. B. Eiweiße oder Nucleinsäuren an völlig unvorhersehbaren Stellen zerstört, wenn einer ihrer Atomkerne von einem Neutron getroffen wird.

Die physikalischen Meßgrößen

Wenn Sie sich überlegen, wie kompliziert die eben geschilderten Wirkungen der verschiedenen Strahlungsarten auf den menschlichen Körper sind, werden Sie sich sicher nicht darüber wundern, daß es kein einfaches Verfahren gibt, diese Wirkungen zu messen bzw. in Zahlen auszudrücken. Selbst die verwendeten Maßeinheiten sind immer noch im Wandel begriffen.

Man ging zunächst von der natürlichen Aktivität des Radiums aus und definierte die *Aktivitätseinheit* eines radioaktiven Stoffes als *Curie* (Ci); benannt nach dem Ehepaar *Marie Curie* (1867–1934) und *Pierre Curie* (1859–1906). 1 Ci ist etwa die Aktivität von 1 g Radium ($_{88}Ra^{226}$) und beträgt $3{,}7 \cdot 10^{10}$ Zerfälle pro Sekunde. Häufig gebrauchte Untereinheiten sind das *Millicurie* (10^{-3} Ci) und das *Mikrocurie* (10^{-6} Ci). Seit dem 1. 1. 1986 ist das Curie als Aktivitätseinheit im offiziellen und geschäftlichen Verkehr nicht mehr zugelassen. Vielmehr soll die neue Einheit *Becquerel* (Bq) benutzt werden, be-

nannt nach *Henri Becquerel* (1832–1908): 1 Bq = 1 Zerfall pro Sekunde. 1 Ci entspricht daher $3{,}7 \cdot 10^{10}$ Bq = 37 GBq (Gigabecquerel).
Die Einheit Bq ist, gemessen der natürlichen Aktivität, die im Weltraum, in Häusern und in uns selbst vorhanden ist, sehr klein. Es ist, als würde man die Höhe von Bäumen in Zehntelmillimetern messen. Man tut daher gut daran, Aktivitätsangaben stets in Strahlenbelastungen umzurechnen und mit der natürlichen Strahlenbelastung (siehe unten) zu vergleichen.

Die Messung von Aktivitäten ist verhältnismäßig einfach, wenn pro Zerfall nur ein Teilchen ausgesandt wird und wenn der betreffende Kern *nach* dem Zerfall stabil ist. Beides trifft aber normalerweise nicht zu. Dann muß man genaue Informationen über die Einzelzerfälle und die Aktivitäten der ›Tochterkerne‹ haben, um aus einem Zählexperiment auf die tatsächliche Aktivität *eines* Isotops schließen zu können. Auf Rechnungen dieser Art kann ich hier nicht eingehen. Eines ist klar: Je größer die Aktivität eines Stoffes, um so größer auch die Strahlenbelastung, die er verursacht. Diese Strahlenbelastung ist nun aber nicht nur von der Aktivität abhängig, sondern wesentlich auch von der Art der emittierten Strahlung, von ihrer Energie und natürlich von der Entfernung, die zwischen dem Strahler und z. B. dem Gewebe liegt, das die Strahlung empfängt. Letzteres ist ein rein geometrischer Effekt, weil die Strahlung statistisch nach allen Richtungen emittiert wird und deshalb ihre Intensität quadratisch mit dem Abstand von der Strahlungsquelle abnimmt. Der beste Strahlenschutz besteht deshalb allemal darin, so weit wie möglich von einer Strahlungsquelle entfernt zu sein. Diese Erkenntnis ist zwar trivial, hat aber wirksame Konsequenzen wie z. B. den Umgang mit stark radioaktiven Stoffen mittels mechanischer Greifer in sog. *Heißen Zellen.*
In der Praxis des täglichen Lebens geht es aber darum, die Strahlenbelastung an Ort und Stelle direkt zu bestimmen, wobei man oft die Strahlungsquellen nicht einmal kennt. Man muß also eine Meßgröße finden, die dic Strahlenbelastung beschreibt. Dafür bietet sich zunächst die Energiemenge an, die durch eine Strahlung auf eine Masseneinheit des Empfängers übertragen wird. Als Einheit dieser *Energiedosis* diente früher das *Rad,* Zeichen rad (Abk. für engl. R*adiation* A*bsorbed* D*ose*). Es ist

$$1\ \text{rad} = 10^{-2}\,\frac{\text{J}}{\text{kg}} = 6{,}242 \cdot 10^{7}\,\frac{\text{MeV}}{\text{g}}\,.$$

Seit dem 1. 1. 1986 ist als Einheit das *Gray* (Gy) vorgeschrieben, benannt nach *Louis Harold Gray* (1905–1965). Es gilt der Zusammenhang

$$1\ \text{Gy} = 1\,\frac{\text{J}}{\text{kg}} = 100\ \text{rad}.$$

Die *Energiedosisleistung* ist die pro Zeiteinheit abgegebene oder empfangene Energiedosis. Sie wird demnach in rad/s und seit dem 1. 1. 1986 in Gy/s angegeben. Wenn das Strahlenspektrum einer radioaktiven Quelle bekannt ist, kann man die Energiedosisleistung in einer bestimmten Entfernung aus der Aktivität berechnen.
Im menschlichen Körper ist leider die empfangene Energiedosis nur über Umwege zu messen, weil sie meistens so klein ist, daß z. B. eine durch sie verursachte Temperaturerhöhung weit unterhalb der Meßgenauigkeit liegt. Eine Energiedosis von 5 Gy = 500 rad verursacht, kurzzeitig verabreicht, nur etwa 1 Tausendstel Grad Temperaturerhöhung, ist aber bereits in mehr als 50% der

Fälle tödlich. Man benötigt also ein leicht anwendbares Verfahren, das die Energiedosis zwar nicht im menschlichen Körper, dafür aber in einem Ersatzstoff meßbar macht. Ein solches Verfahren ist die Messung der Ladung, die durch die ionisierende Wirkung der Strahlung in einem gegebenen Luftvolumen erzeugt wird (Ionisationskammern), ein anderes die Messung der Filmschwärzung, die ja ebenfalls durch Ionisation eingeleitet wird. Man benutzt also nicht die Energiedosis, sondern die *Ionendosis* zur Messung und rechnet sie mit Hilfe der bekannten mittleren Ionisationsenergien in Luft (oder einem anderen Empfänger) in eine Energiedosis um. Wir gehen nicht auf technische Details ein, sondern geben nur die Maßeinheiten der Ionendosis an:
Die alte Einheit ist das *Röntgen* (R). Es bezeichnet die Strahlungsmenge, die in 1 kg Luft die Ladungsmenge $2{,}58 \cdot 10^{-4}$ C an Elektronen oder positiven Ionen erzeugt. Anders ausgedrückt: Die Ionendosis 1 R erzeugt pro kg Luft $1{,}61 \cdot 10^{15}$ Ionenpaare. Die Ionisierungsenergie für die Bestandteile der Luft beträgt im Mittel 34 eV. Die Ionendosis 1 R entspricht damit (in Luft) einer Energiedosis von

$$\frac{1{,}61 \cdot 10^{15} \cdot 34}{6{,}242 \cdot 10^{16}} \text{ rad} = 0{,}877 \text{ rad}.$$

Ionendosis in Röntgen und Energiedosis in rad haben also für Luft etwa dieselben Zahlenwerte.

Die neue Einheit für die Ionendosis ist *Coulomb pro Kilogramm* (C/kg). Es gibt noch keinen eigenen Namen dafür. Für die Umrechnung von C/kg in Gy braucht man nur den Zahlenwert der Ionisierungsenergie (in eV) einzusetzen, weil $e = 1{,}602 \cdot 10^{-19}$ As und 1 As = 1 C bzw. $1 \text{ eV} = e \cdot 1\text{V} = 1{,}602 \cdot 10^{-19}$ Ws ist. Für Luft gilt daher:

$$1 \frac{\text{C}}{\text{kg}} \triangleq 34 \text{ Gy}.$$

Dies ist ein großer Vorteil der neuen Einheiten und gilt für alle Medien der Messung, z. B. auch für Halbleiterdioden. Man möchte meinen, daß die Energiedosis, die der Organismus empfängt, direkt als Maß für die Belastung geeignet sein müßte, die die Strahlung für den Körper darstellt. Leider ist das nicht so. Ich habe schon beschrieben, wie verschieden die *Ionisationsdichte* der einzelnen Strahlenwerte in Luft und natürlich auch im Körper ist. Von dieser ›Konzentration der absorbierten Energie‹ hängt es aber entscheidend ab, ob eine einzelne Zelle überlebt oder nicht. Die *biologische Wirksamkeit* ist bei gleicher absorbierter Energiedosis für verschiedene Strahlenarten unterschiedlich. Man hat einen *RBW-Faktor* aus verschiedenen Messungen *abgeschätzt,* der diese r*elative* b*iologische* W*irksamkeit* auf eine Röntgenstrahlung von 200 kV bezieht. Er liegt bei 1 für β-Strahlen, γ-Strahlen und Röntgenstrahlen, bei 3 für thermische Neutronen, bei 10 für α-Strahlen und schnelle Neutronen und bei 20 für schwere Ionenstrahlen. Außerdem müssen berücksichtigt werden:

1. Die Energiedosisleistung. Dieselbe Energiedosis hat einen größeren biologischen Effekt, wenn sie innerhalb kurzer Zeit einwirkt, als wenn sie über einen größeren Zeitraum aufgenommen wird.
2. Die Organaffinität. Dies muß vor allem bei Inkorporation radioaktiver Stoffe geschehen, ist aber auch bei Bestrahlung von außen nötig. Knochenzellen reagieren anders als Nervenzellen usw.
3. Die eventuelle Sensibilisierung von Zellen oder von ganzen biologischen Systemen. Man weiß z. B., daß eine Zelle viel empfindlicher auf Strahlung reagiert, wenn sie im Begriff ist, sich zu teilen. Darauf beruhen die Erfolge der Strahlen-

therapie bei der Behandlung von Krebs. Krebszellen teilen sich häufiger als normale Zellen und werden daher stärker geschädigt. Auch der Zustand der Schwerelosigkeit (Raumfahrt!) scheint den Körper sensibler für Strahlung zu machen.

Sie sehen, daß wir längst außerhalb der strengen Berechenbarkeit von Strahlenbelastungen angelangt sind. Alle Rechnungen sind in Wirklichkeit nur mehr oder weniger gute Schätzungen. Man muß insgesamt durchaus mit einem individuellen ›Wirkungsfaktor‹ von etwa 2 rechnen.

Trotzdem kann man Messungen durchführen, die z. B. die gleiche biologische Wirksamkeit für verschiedene Strahlenarten und Energien auf Individuen der gleichen Art ermitteln. Wenn es auch nicht Menschen sein können, an denen man solche Messungen anstellt, so kann es sich doch um Zellkulturen, Pflanzen oder auch Tiere handeln. Aufgrund solcher Messungen sind die RBW-Faktoren gewonnen worden, die man näherungsweise benutzt, um bei bekannter Strahlenart und -energie eine *Äquivalentdosis* auszurechnen, die nun wirklich ein Maß für die Strahlenbelastung des Menschen ist.

Die alte Einheit der Äquivalentdosis ist das *Rem,* Zeichen rem (Abk. für engl. R*öntgen* e*quivalent* m*an*), und es gilt:

1 rem = RBW · 1 rad (Röntgenstrahlung von 200 kV).

Die neue Einheit (seit dem 1. 1. 1986) ist das *Sievert* (Sv), benannt nach *R. Sievert,* (1896–1966), und steht zur Energiedosis 1 Gy im selben Verhältnis wie das rem zum rad:

1 Sv = RBW · 1 Gy (Röntgenstrahlung von 200 kV).

Wir merken uns: Strahlenbelastungen werden in Sv angegeben. Sie stimmen trotz gleicher Dimension (J/kg) zahlenmäßig meist *nicht* mit den zugehörigen Energiedosen überein.

Natürliche Strahlenbelastung und ihre Folgen

Wir sind einer Reihe von Strahlenbelastungen ausgesetzt, die man in äußere und innere einteilt. *Äußere Strahlenbelastungen* werden vor allem durch die kosmische Strahlung und die Strahlung der Erdkruste verursacht. Beide sind stark ortsabhängig. Die Energiedosisleistung der kosmischen Strahlung hängt von der geographischen Breite ab (Magnetfeld der Erde!) und natürlich von der Höhe über dem Meeresspiegel. Sie schwankt zwischen etwa $1 \cdot 10^{-3}$ Gy/Jahr (Meereshöhe am Äquator) und $10 \cdot 10^{-3}$ Gy/Jahr (6000 m Höhe im Himalaja). Die Schwankungen der Strahlung der Erdkruste (terrestrische Strahlung) sind noch größer. Sie reichen von etwa $1 \cdot 10^{-3}$ Gy/Jahr bis $100 \cdot 10^{-3}$ Gy/Jahr (an der brasilianischen Küste). Im Mittel ist jedoch die Belastung durch die kosmische Strahlung gleich der durch die terrestrische Strahlung.

Innere Strahlenbelastungen entstehen, weil unser Körper sich aus denselben Isotopengemischen zusammensetzt, wie sie auf der Erde vorkommen. Unter den natürlichen radioaktiven Isotopen sind z. B. C^{14} (Kohlenstoff 14) und K^{40} (Kalium 40), die auch unser Körper enthält, ebenso wie die Uran- und Thoriumkerne mit ihren Zerfallsprodukten. Ganz grob hat die innere Strahlenbelastung etwa denselben Wert wie die äußere, und insgesamt gemittelt sind wir einer Äquivalentdosis von etwa $160 \cdot 10^{-5}$ Sv (= 1,6 mSv = 160 mrem) pro Jahr ausgesetzt. Bei einer mittleren Lebensdauer von 75 Jahren macht das immerhin 120 mSv (= 12 rem) aus. Die Folgen von Bestrahlungen dieser Größenordnung werden gemeinhin als vernachlässigbar eingestuft. Für den einzelnen Menschen scheint dies auch zuzutreffen, wenngleich man sich nicht ganz sicher ist. Ob allerdings Langzeitbestrahlungen über viele Generationen wirkungslos sind, muß bezweifelt werden. Zumindest die Keimdrüsen speichern ja gewissermaßen in Form der Mutationen (Erbveränderungen) jede Art von Bestrahlung. Man weiß heute noch nicht genau, auf welche Faktoren die natürliche Mutationsrate zurückzuführen ist, die letztlich für die Entstehung der Arten und ihre Anpassung an die Umwelt verantwortlich gemacht werden muß. Es gilt aber als sicher, daß die natürliche Bestrahlung eine der wesentlichen Mutationsursachen war und damit auch eine der Ursachen für die Evolution alles Lebendigen ist.

Zusätzliche Strahlenbelastung durch Technik und Zivilisation

Die zivilisatorischen Strahlenbelastungen sind in noch viel größerem Maße individuell verschieden als die natürlichen Belastungen. Wir zählen sie einfach auf und geben den Mittelwert für die Gesamtbevölkerung an, weil nur dieser Mittelwert ein Maß für die zusätzliche Mutationsrate sein kann. Dabei muß man sich darüber im klaren sein, daß zum einen das Krebsrisiko des einzelnen größer ist als das Mutationsrisiko und daß zum anderen eine Einzelperson nahezu beliebig hohe künstliche Strahlungsdosen *einer* Sorte aufnehmen kann, wenn sie sich nur genügend unvernünftig verhält oder einem Strahlenunfall zum Opfer fällt. Jeder muß deshalb für sich selbst abschätzen, welchen Belastungen er persönlich ausgesetzt ist und daraus auf sein eigenes Mutations- oder Krebsrisiko schließen. Die Mutationsrate des Genvorrates der Gesamtbevölkerung ergibt sich dennoch nur aus dem Mittelwert.

Den weitaus größten Anteil der zivilisationsbedingten Strahlenbelastung trägt ausgerechnet die *Medizin.* Röntgenuntersuchungen von inneren Organen gehen selbst bei Verwendung neuester Technologie (Röntgenbildverstärker) nicht ohne Belastungen zwischen etwa 0,5 mSv (Knie) und 10 mSv (Niere) ab. Untersuchungen mit Hilfe von Injektionen radioaktiver Präparate (Nuklearmedizin) setzen das untersuchte Organ Belastungen bis zu 60 mSv aus.

Der sog. *Fall-out,* der aus *radioaktiven Spaltprodukten* von Kernwaffen-Testexplosionen resultiert, erreichte in den Jahren 1962–1968 seine größten Werte und ist seit dem Verbot von Kernwaffenexperimenten in der Atmosphäre, im Weltraum und unter Wasser auf weniger als ein Zehntel der damaligen Beträge zurückgegangen. Der Maximalwert der *genetischen* Belastung wird für 1964 mit etwa 0,25 mSv angegeben. Das ist selbst heute noch nicht wenig, wenn man bedenkt, daß die Hauptanteile dieser Radioaktivität aus langlebigen Spaltprodukten wie Strontium 90 oder Caesium 137 (beides ›Knochensucher‹) bestehen.

Dagegen ist die Strahlenbelastung, die durch den *Betrieb von Kernkraftwerken* entsteht, geradezu lächerlich gering. Trotzdem werden auch von den mit strengen Sicherheitsauflagen betriebenen Kernkraftwerken beachtliche Aktivitäten vor allem an radioaktiven Edelgasen (Krypton) in die Atmosphäre entlassen, Mengen, die jährlich bis zum Zehntausendfachen des natürlichen Gehalts an radioaktivem Krypton 85 ausmachen. So reicherten beispielsweise allein die bundesdeutschen Kernkraftwerke die Atmosphäre 1984 um 4475 Ci (rd. $1{,}6 \cdot 10^{14}$ Bq) an. Noch weitaus größere Mengen an Kr 85 entweichen aus Wiederaufarbeitungsanlagen. Überhaupt ist wohl trotz eines gewissen Unfallrisikos das Hauptproblem der Strahlenbelastung durch die Kerntechnik nicht so sehr der (störungsfreie!) Betrieb der Reaktoren als vielmehr die Aufarbeitung und Endlagerung der großen Mengen radioaktiven Abfalls, die durch den Betrieb entstehen. Ein Reaktor mit einer Leistung von 1000 MW liefert jährlich ungefähr $5 \cdot 10^{18}$ Bq (rd. 10^{8} Ci) Abbrand an eine Wiederaufarbeitungsanlage. Es müssen aber nicht nur die ausgebrannten Brennelemente in Betracht gezogen werden, sondern der gesamte Reaktorbereich. Man kann schließlich nicht damit rechnen, ein Kernkraftwerk länger als etwa 50 Jahre betreiben zu können. Nach Ablauf dieser Zeit ist aber der gesamte innere Reaktorbereich mehr oder weniger radioaktiv. Wohin damit?

Bei ordnungsgemäßem Betrieb schätzt man die Strahlenbelastung für (unbeteiligte) Einzelpersonen außerhalb des Kernkraftwerks im ungünstigsten Fall auf etwa 0,03 mSv pro Jahr. Die mittlere Belastung für die Bevölkerung ist noch wesentlich kleiner. Nicht in diese Berechnungen einbezogen ist allerdings ein ernsthafter Unfall in einem Kernkraftwerk (wie z. B. 1986 in Tschernobyl, ehem. UdSSR), einer Wiederaufarbeitungsanlage, einem Endlager – und natürlich auch kein Attentat oder gar ein kriegerischer Akt. Eine sicher unrealistische, aber vielleicht doch instruktive Rechnung: Die gesamte durch Kernreaktoren in der Bundesrepublik Deutschland bisher erzeugte Aktivität beträgt grob etwa 10^{11} Ci (d. h. etwa 10^{20} Bq). Würde man diese Aktivität gleichmäßig über die gesamte Fläche unseres Landes ($2{,}5 \cdot 10^{11}$ m^2) verteilen, so käme man auf eine Oberflächenaktivität von rd. 0,4 Ci/m^2. Niemand könnte das ohne Schaden überleben.

Weitere Quellen zivilisationsbedingter Strahlenbelastung sind Geräte, die ionisierende Strahlung als Nebenprodukt aussenden. Das bekannteste Beispiel ist vielleicht das *Fernsehgerät*. Die auf den Bildschirm auftreffenden Elektronen erzeugen eine niederenergetische Röntgenstrahlung (bis etwa 10 kV). Die Dosisleistung an Fernsehgeräten soll in 10 cm Abstand von der direkt zugänglichen Oberfläche höchstens 1 µSv pro Stunde betragen (EG-Richtlinie). Die wirklichen Werte sind derzeit noch um den Faktor 10 kleiner. Die mittlere Strahlenbelastung durch Fernsehgeräte wurde durch die Bundesregierung (1979) mit weniger als 7 µSv pro Jahr angegeben, hauptsächlich deswegen, weil weiche Röntgenstrahlen in der Luft gut absorbiert wird und der Fernsehzuschauer doch mindestens 2 m von seinem Bildschirm entfernt ist. Bei Minifernsehgeräten und Fernsehmonitoren in Computern (nicht aber bei LCD-Bildschirmen!) sieht die Sache ganz anders aus, und Kinder, die stundenlang dicht vor dem Fernsehgerät oder dem Computer sitzen, kommen auf beträchtliche Werte.

Die sonstigen Strahlenquellen, wie Leuchtfarben, Ionisationsfeuermelder, Gasleuchtröhren, Radionuklide in der Forschung usw., haben keine große Bedeutung. In merklichen Dosen erreichen sie nur noch einen begrenzten Personenkreis. Eine bemerkenswerte zusätzliche Strahlenbelastung entsteht im Zeitalter des Massentourismus durch das *Fliegen*. Da man sich als Flugpassagier in großen Höhen (etwa 10 km) befindet, ist man einer wesentlich höheren Belastung durch die kosmische Strahlung ausgesetzt als am Erdboden. Bei einem Flug von Frankfurt (M.) nach New York hat man so mit einer Äquivalentdosis von etwa 0,03 mSv (3 mrem) zu rechnen, was für den Gelegenheitsflieger wohl völlig unbedeutend ist. Für Flugbesatzungen allerdings addieren sich die Dosen immerhin zu einer jährlichen Gesamtdosis von etwa 5 mSv (500 mrem). Auch das *Rauchen* soll wegen des Gehalts der Tabakpflanzen an radioaktivem Blei (Pb 210) mit einer Strahlenbelastung der Bronchien verbunden sein (umstrittener Schätzwert für starke Raucher etwa 400–4000 mSv). Gegenüber den Schädigungen durch Zigarettenrauchen dürfte das zusätzliche Krebsrisiko durch Strahlenbelastung aber eine untergeordnete Rolle spielen.

Zusammenfassung
Die Strahlenbelastung der *Keimzellen* und damit das für die Gesamtbevölkerung maßgebliche Strahlenrisiko werden von der Bundesregierung jährlich veröffentlicht. Es werden die *mittleren* Äquivalentdosen für das vergangene Jahr angegeben, bezogen auf einen Bewohner der Bundesrepublik Deutschland und die Wirksamkeit dieser Dosis auf seine Gene. Die zusätzliche, auf die gesamte Lebenszeit bezogene Strahlenbelastung durch den Reaktorunfall von *Tschernobyl* schätzt die GSF (Gesellschaft für Strahlen- und Umweltforschung mbH) für Kinder unter 10 Jahren auf einen Wert von bis zu 6 mSv.

1. *Natürliche Strahlenbelastung pro Jahr:* insgesamt rd. 1,1 mSv
   davon durch kosmische Strahlung rd. 0,3 mSv
   durch terrestrische Strahlung rd. 0,5 mSv
   durch inkorporierte natürliche radioaktive Stoffe rd. 0,3 mSv
2. *Künstliche Strahlenbelastung pro Jahr:* insgesamt rd. 0,6 mSv
   davon durch medizinische Röntgendiagnostik rd. 0,5 mSv
   durch nuklearmedizinische Diagnostik rd. 0,02 mSv
   durch andere Belastungen (kerntechnische Anlagen, Forschung, Fall-out, berufliche Belastungen) rd. 0,08 mSv

Folgen hoher Strahlenbelastungen
Die genauere medizinische Beschreibung von Strahlenschäden übersteigt unseren Rahmen. Im wesentlichen läuft die Strahlenschädigung einer Zelle immer nach folgendem Schema ab:

1. *Physikalischer Grundvorgang:* Die Strahlenenergie wird innerhalb einer Zeit von 10^{-16} s bis 10^{-13} s absorbiert. Es entstehen Ionen und angeregte Atome oder Moleküle innerhalb und außerhalb von Zellen. Das Energiegleichgewicht (thermodynamisches Gleichgewicht) ist gestört und bildet sich während der nächsten hundertstel Sekunde neu. Dabei entstehen *bleibende Veränderungen* in der Molekülstruktur durch verschiedene physikalische und chemische Reaktionen.

2. *Biologische Folgeerscheinungen:* Die Zelle, im weiteren Verlauf der Zellverband, das Organ und schließlich der ganze Organismus müssen mit der veränderten Molekülstruktur fertig werden. Der Stoffwechsel mit geschädigten Molekülen funktioniert anders oder gar nicht mehr. Das kann sich schon nach einigen Sekunden äußern oder erst nach Tagen oder Jahren. Je nach Gesamtbelastung überlebt oder stirbt die Zelle oder auch der Gesamtorganismus.

Die Empfindlichkeit einer Zelle (und in der Folge auch des ganzen Organismus) ist um so größer, je mehr DNS sie enthält. Die DNS (Abk. für (D*esoxyribo*n*ucleins*ä*ure*) kodiert die komplizierten Synthesereaktionen in einer Zelle, sie ist sozusagen das Steuerungssystem und der Träger der Erbanlagen der Zelle. Schon eine kleine Veränderung an ihr, und die Zelle reagiert anders als vorgesehen. Deshalb ist ihre Strahlenempfindlichkeit leicht einzusehen. In Zellen, die sich besonders häufig teilen, ist die DNS am aktivsten. Das erklärt die hohe Strahlungsempfindlichkeit von menschlichen Darmwänden, Milzzellen, Blutzellen aller Art. Am ›unempfindlichsten‹ gegen Strahlen sind die Nervenzellen und das Gehirn, wahrscheinlich, weil sich diese Zellen nicht mehr teilen.

Ganz allgemein hat man folgende Beobachtungen gemacht: Es gibt stochastische und nichtstochastische Strahlenschäden. *Stochastische* Strahlenschäden sind Mutationen (Genschäden) und Krebs. Der Name wurde gewählt, weil diese Schäden mit einer Wahrscheinlichkeit auftreten, die einfach proportional zur empfangenen Äquivalentdosis ist, ohne daß es einen Grenzwert der Dosis gibt, unterhalb dessen *mit Sicherheit* keine Schädigung auftritt. Mit anderen Worten: Jede, auch die geringste Strahlendosis kann Erbschäden oder Krebs verursachen. *Nichtstochastische Schäden* sind das, was allgemein unter dem Begriff der *Strahlenkrankheit* zusammengefaßt wird. Es gibt eine Schwellendosis, ihre Symptome sind Erytheme (Hautrötung und -entzündung), Haarausfall, Linsentrübung der Augen, Veränderungen des Blutbildes, Darmschädigung. Die folgende Zusammenstellung gilt für eine einmalige, kurzzeitige Ganzkörperbestrahlung, bei der die gesamte angegebene Äquivalentdosis aufgenommen wird. Dieselbe Dosis, über einen längeren Zeitraum verteilt oder auf einen Körperteil beschränkt, hat erheblich schwächere Symptome zur Folge.

Die angegebenen Zahlen sind nur als grobe Anhaltspunkte zu verstehen, denn für die Schwere der Strahlenkrankheit spielen noch viele andere Faktoren eine Rolle, wie z. B. Alter, Geschlecht (Männer sind strahlenempfindlicher als Frauen), Vorschäden, allgemeiner Gesundheitszustand.

Äquivalentdosis bei Ganzkörperbestrahlung	*Krankheitssymptome*
bis 0,25 Sv (25 rem)	keine Beschwerden
bis 1 Sv (100 rem)	nach etwa 3 Wochen unspezifische Beschwerden wie Appetitmangel, Durchfall, allgemeine Abgeschlagenheit, Veränderungen im Blutbild. Überlebensrate nahezu 100%.
bis 4 Sv (400 rem)	nach etwa 2 Stunden Übelkeit und Erbrechen mit baldiger Erholung; etwa 2 Wochen später zunächst unspezifische Beschwerden, die sich rasch ausweiten; Fieber, Durchfall, Schleimhautzerfall in Nase, Rachen und Darm, schwere Blutbildveränderungen und Schäden in Knochenmark, Milz. Überlebensrate nur noch etwa 50%.
mehr als 7 Sv (700 rem)	weiter verstärkte Symptome, nahezu keine Erholungslücke mehr. Überlebensrate nahe Null.

Schutzmaßnahmen

Eine einmal erfolgte Bestrahlung läßt sich auf keine Weise mehr rückgängig machen. War die Dosis so hoch, daß Strahlenkrankheit aufgetreten ist, so kann die ärztliche Behandlung nur symptomatisch sein. Sie deckt sich dann im wesentlichen mit allen Maßnahmen zur Linderung von Zellschäden (Brandwundenlinderung, eventuell künstliche Ernährung bei Darmschäden usw.). Eine Inkorporation radioaktiver Nuklide läßt sich nur behandeln, indem man versucht, diese Stoffe durch Ausscheidungsbeschleunigung wieder aus dem Körper zu entfernen, bevor sie zerfallen. Dazu gibt es verschiedene Methoden, deren Wirksamkeit aber von vielen Einzelheiten abhängt, vor allem von den chemischen Eigenschaften des jeweiligen Nuklids sowie von seiner Lebensdauer. Eine Methode besteht z. B. darin, möglichst große Mengen desselben chemischen Stoffes, aber in Form stabiler Isotope, aufzunehmen. Dadurch überschwemmt man den Körper mit diesem Element, er scheidet insgesamt viel aus, darunter auch einen Teil des inkorporierten Radionuklids.

Man muß jedoch zugeben, daß die Medizin insgesamt gegenüber Strahlenschäden ziemlich hilflos ist. So ist eigentlich nur ein Schutz wirksam: So wenig Strahlenbelastung wie nur möglich! Dieses Ziel versucht der Gesetzgeber durch verschiedene Gesetzeswerke (Atomgesetz, Erste und Zweite Strahlenschutzverordnung) zu erreichen. Die Maßnahmen sind im wesentlichen folgende:

1. Herstellung, Transport, Ein- und Ausfuhr von radioaktiven Stoffen werden gesetzlich überwacht, ebenso wie die Anlagen, bei deren Betrieb ionisierende Strahlen entstehen.

2. Der Umgang mit radioaktiven Stoffen ist genehmigungspflichtig. (Die Freigrenze liegt sehr niedrig.)

3. Die Grenzwerte für die zulässige Strahlendosis beruhen auf den Schwankungen der natürlichen Strahlenbelastung an verschiedenen Orten auf der Erde, die zu keiner meßbaren Schädigung der dort lebenden Bevölkerung geführt haben.

4. Strahlenbelastete Bereiche müssen durch ein einheitliches Zeichen gekennzeichnet sein (Figur 1), ebenso Behälter mit radioaktiven Stoffen.

5. Personen, die in strahlenbelasteten Gebieten arbeiten, müssen überwacht werden. Je nach der Dosisleistung gibt es mehrere Stufen der zulässigen Belastung und Überwachung (Figur 2). Man verwendet Dosimeter verschiedener Bauart, z. B. Ionisationskammern oder Filmdosimeter. Dabei wird ein Stück Film zwischen verschiedene Absorberfolien gelegt und am Körper mitgetragen. Bei Strahlenbelastung wird auch der Film geschwärzt, und die photometrische Auswertung erlaubt recht genaue Rückschlüsse auf Art und Menge der absorbierten Strahlung.

6. Eine Reihe weiterer Vorschriften befaßt sich mit den zulässigen Grenzwerten für Kontaminationen (Verunreinigungen) sowie mit reduzierten Belastungsgrenzwerten nach Unfällen, legt Kompetenzen und Verantwortungen fest usw.

Die *maximale Ganzkörperdosis* selbst für Personen, die bei Strahlenunfällen Aufräumungsarbeiten zu leisten haben, beträgt jährlich höchstens 50 mSv. Sind nur einzelne Körperteile betroffen, liegt die gesetzlich zulässige Jahresdosis höher. So läßt man für Hände, Unterarme, Füße und Unterschenkel jährlich bis zu 600 mSv zu. Die Schilddrüse allein darf bei diesem Personenkreis mit bis zu

Strahlenbelastung und Strahlenschutz (Figur 1): Internationales Warnzeichen bei Strahlengefahr

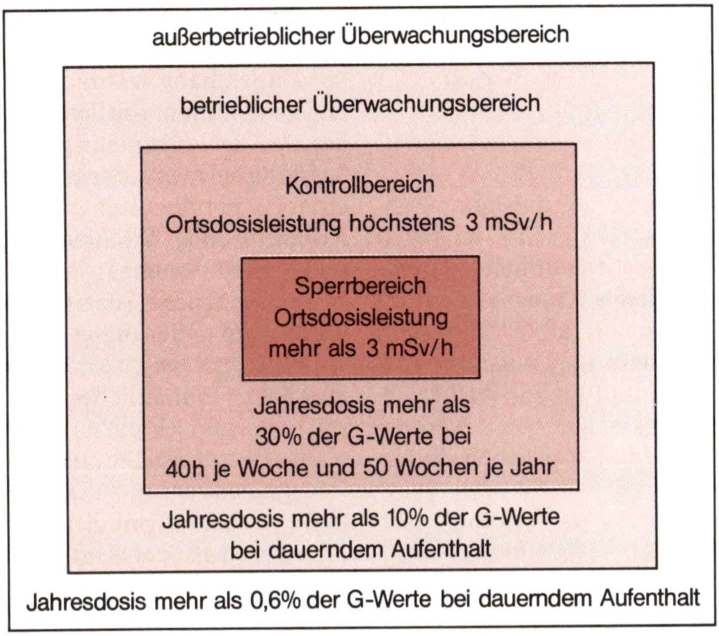

Strahlenbelastung und Strahlenschutz (Figur 2): Einteilung der Strahlenschutzbereiche um einen Kernreaktor; die einzelnen Bereiche definieren zugleich den Kreis der beruflich strahlenexponierten Personen, Kategorie A verbringt die gesetzliche Arbeitszeit im Kontrollbereich, Kategorie B im betrieblichen Überwachungsbereich, übrige außerbetrieblicher Überwachungsbereich.

300 mSv, andere Organe *allein* mit bis zu 150 mSv jährlich belastet werden. Auf die genaue Zusammensetzung bei Kombinationsbelastungen gehe ich nicht ein. Diese Werte sind die absolut höchstzulässigen (für beruflich strahlenexponierte Personen der Kategorie A). Man bezeichnet sie auch als *G-Werte*. Beruflich strahlenexponierte Personen der Kategorie B dürfen nur 3/10 der G-Werte pro Jahr empfangen, alle übrigen Personen in einem betrieblichen Überwachungsbereich 1/10 der G-Werte. In außerbetrieblichen Überwachungsbereichen liegt die zulässige Belastung bei höchstens 3/100 der G-Werte. Für die ›unbeteiligte‹ Bevölkerung gilt ein Grenzwert von 6/1000 der G-Werte. Auf die Ganzkörperdosis bezogen sind das 0,3 mSv pro Jahr, d. h. etwa 1/5 der natürlichen Strahlenbelastung.

Wie Sie sehen, ist es nicht möglich, sozusagen auf ›normalem Weg‹ strahlenkrank zu werden. Das Risiko stochastischer Strahlenschäden (Krebs, Erbschäden) dagegen kann für beruflich strahlenexponierte Personen nicht geleugnet werden. Eine Zusammenfassung ärztlicher Daten gibt das Krebsrisiko für diesen Personenkreis mit etwa $6 \cdot 10^{-4}$ an, wenn jeweils die G-Werte auch wirklich erreicht werden. Dies bedeutet, daß im Mittel von 10 000 derartig strahlenbelasteten Personen 6 an Krebs erkranken. Zum Vergleich: Der Risikofaktor für einen tödlichen Unfall in Haushalt oder Verkehr ist ungefähr halb so groß. Der Mittelwert der tatsächlichen Strahlenbelastung der in kerntechnischen Betrieben beschäftigten Personen liegt jedoch bisher nur bei 1/10 der G-Werte, so daß auch das tatsächliche Krebsrisiko dieser Personen um den Faktor 10 kleiner ist.

Strahlungsdruck

Der Druck, den eine Korpuskularstrahlung auf einen Absorber ausübt, ist gleich dem Impuls, der pro Zeiteinheit und Flächeneinheit auf diesen Absorber übertragen wird (Druck = Kraft/Fläche und Kraft = Impulsänderung). Wenn n Teilchen pro Sekunde und Quadratmeter, jedes mit dem Impuls p, absorbiert werden, ist der *Strahlungsdruck* p_s gegeben durch

$$p_s = n \cdot p \quad \textit{(Absorption).} \qquad (1)$$

Falls die Teilchen nicht absorbiert, sondern reflektiert werden, haben sie nach der Reflexion den Impuls $-p$. Sie übertragen also den *doppelten* Impuls wie bei der Absorption

$$p_s = 2n \cdot p \quad \textit{(Reflexion).} \qquad (2)$$

Auch das *Licht* (und überhaupt jede elektromagnetische Strahlung) übt einen St. aus, der sich aus den elektrodynamischen Größen bestimmen läßt. Einfacher ist allerdings die Berechnung aus dem Photonenimpuls $p = h \cdot \nu / c$. Der St. beträgt:

$$p_s = n \cdot \frac{h \cdot \nu}{c} \quad \text{(Absorption)}$$
$$\text{bzw. } p_s = 2n \cdot \frac{h \cdot \nu}{c} \quad \text{(Reflexion).} \qquad (3)$$

Dabei bedeutet n wieder die Zahl der Photonen, die pro Sekunde einen Querschnitt von 1 m^2 durchfliegen. Die Größe $n \cdot h \cdot \nu$ bezeichnet die Strahlungsleistung pro Flächeneinheit oder, in anderer Sprechweise, die *Intensität* (→ Wellen).

Hat man es mit einem Frequenzgemisch wie z. B. der Sonnenstrahlung zu tun, wird die Berechnung dadurch kompliziert, daß man die spektrale Verteilung kennen und dann über alle Frequenzen summieren muß. Rechnungen dieser Art ergeben für den *Lichtdruck* der Sonne in Erdentfernung bei Absorption den Wert von $4{,}7 \cdot 10^{-6}$ N/m^2. Betrachtet man die Erde als Spiegel der Fläche $R^2 \cdot \pi$, so wirkt auf sie eine Kraft F_L von $R^2 \cdot \pi \cdot 4{,}7$ N/m^2. Mit dem Erdradius $R \approx 6{,}3 \cdot 10^6$ m erhalten wir

$$F_L \approx 5 \cdot 10^8 \text{ N.}$$

Bei vollständiger Absorption wäre $F_L \approx 2{,}5 \cdot 10^8$ N. Der wahre Wert liegt irgendwo dazwischen. Diese Kraft drückt die Erde von der Sonne weg. Sie sieht gewaltig aus, verursacht aber wegen der riesigen Erdmasse von $6 \cdot 10^{24}$ kg nur eine Beschleunigung von etwa 10^{-18} m/s^2. Dies ist ein unmeßbar kleiner Wert, verglichen mit der durch die Massenanziehung der Sonne verursachten Zentripetalbeschleunigung, die unsere Erde auf ihre Bahn um die Sonne zwingt ($\approx 6 \cdot 10^{-3}$ m/s^2).

Strahlungsgesetze

Glühende Dinge wie Kohlen sind heiß. Ein weißglühendes Eisen ist heißer als ein rotglühendes. Diese scheinbaren Trivialitäten werfen viele Fragen auf, sobald man sich die Natur des Lichts als elektromagnetische Strahlung klarmacht und über die physikalische Natur der Temperatur nachdenkt. Die → Thermodynamik verbindet die Temperatur eines Körpers mit der ungeordneten Bewegung seiner atomaren Bestandteile. Dabei kann es sich wie bei den Gasen um freie Bewegungen mit Stößen dazwischen handeln oder, wie bei den Festkörpern, um Schwingungen der Atome um ihre ›Ruhelage‹ oder, wie in einer Flüssigkeit, um ein Gemisch aus beidem. Eine präzise Analyse ist in diesem Rahmen nicht möglich. Trotzdem fragt man sich, wie derartige Bewegungen dazu führen können, daß elektromagnetische Strahlung – Licht – ausgesandt wird. Nichts anderes ist ja das Glühen eines heißen Drahtes. Offenbar müssen dazu Ladungen gegeneinander schwingen, wie man es von einer Sendeantenne her gewohnt ist. In Frage kommen hierfür die Kerne der Atome, die gegen ihre Atomhüllen (Elektronen) schwingen können, oder Anregungen der Elektronenhüllen selbst (→ Atomphysik). Es hat sich herausgestellt, daß für unterschiedliche Strahler auch unterschiedliche Strahlungsmechanismen gelten, aber die Details führen hier zu weit.

Von besonderem Interesse war natürlich die ›Farbe‹ dieser Temperaturstrahlung, d. h. die spektrale Zusammensetzung des ausgesandten Lichts. Alle Anstrengungen, das Spektrum abzuleiten, schlugen fehl, bis *Max Planck* (1858–1947) im Jahr 1900 auf die entscheidende Idee kam:

Er nahm an, daß die elektromagnetische Strahlung nur in Portionen der Energie $h \cdot \nu$ emittiert oder absorbiert werden kann. Dabei sollte ν die Frequenz der Strahlung sein und h eine universelle Naturkonstante, die heute als *Plancksches Wirkungsquantum* bekannt ist (→ Naturkonstanten).

Das Plancksche Strahlungsgesetz

Mit diesem Gesetz gelang es Planck, das Frequenzspektrum, das eine besondere Sorte von Körpern aussendet, in Abhängigkeit von der Temperatur so zu beschreiben, daß die experimentellen Befunde in allen Einzelheiten richtig herauskommen. Gleichzeitig erklärt es einige schon früher bekannte Strahlungsformeln, die wir später noch erwähnen werden. Die Frequenzverteilung, die bei der Temperatur T auftritt *(Temperaturstrahlung)*, drücken wir durch die spektrale Energiedichte $d\rho\,(\nu, T)$ aus; $d\rho$ ist die Intensität (Energie), die pro Volumeneinheit im Frequenzbereich zwischen ν und $(\nu + \Delta\nu)$ vorhanden ist. Man kann auch sagen, $d\rho$ sei die Zahl der *Strahlungsquanten*, die sich in der Volumeneinheit befinden und die eine Energie zwischen $h \cdot \nu$ und $h \cdot (\nu + \Delta\nu)$ besitzen. Diese Dichte muß man natürlich dynamisch auffassen, denn die Strahlungsquanten bewegen sich ja mit der Lichtgeschwindigkeit c. Man kann die Plancksche Formel in ihren Grundzügen schon verstehen, wenn man nur drei Prozesse zwischen der Strahlung und dem strahlenden Körper betrachtet und dabei den strahlenden Körper wie folgt idealisiert: Seine Atome sollen nur zwei Energieniveaus haben, wobei die Energiedifferenz $\Delta E = h \cdot \nu$ ist. Das höhere Niveau wird durch Temperaturstöße angeregt, wobei der Bruchteil der angeregten Atome durch die Thermodynamik zu

$$\frac{N_1}{N_0} = e^{-\frac{\Delta E}{kT}}$$

bestimmt ist *(Boltzmann-Verteilung)*. N_0 ist die Zahl unangeregter Teilchen pro Volumeneinheit, N_1 die der angeregten. Die Emission eines Strahlungsquants erzeugt dieses Quant und überführt ein angeregtes Teilchen in ein nicht angeregtes. Die Wahrscheinlichkeit einer derartigen ›spontanen‹ Emission ist sicher proportional zur Anzahl der angeregten Zustände. Die Zahl Z der Emissionen pro Zeiteinheit und Volumeneinheit muß daher ebenfalls proportional zu N_1 sein:

$$Z\,(\text{spontane Emission}) = K_1 \cdot N_1. \quad (1)$$

Neben dieser spontanen Emission und unabhängig von ihr kann die bereits vorhandene Strahlung ein angeregtes Atom dazu veranlassen, die Anregungsenergie $h \cdot \nu$ sozusagen dem auftreffenden Quant ›anzuhängen‹. Man nennt diesen Prozeß eine *induzierte* oder *stimulierte Emission* (→ Laser). Ihre Wahrscheinlichkeit ist nicht nur proportional zu N_1, sondern auch zur Anzahl bereits vorhandener Strahlungsquanten $\mathrm{d}\rho(\nu, T)$. Für die Zahl Z dieser Emissionen (pro Zeiteinheit und Volumeneinheit) gilt daher:

$$Z\,(\text{induzierte Emission}) = K_2 \cdot N_1 \cdot \mathrm{d}\rho\,(\nu, T). \tag{2}$$

Trifft dagegen ein Strahlungsquant auf ein nicht angeregtes Atom, so geht dieses in den angeregten Zustand über, und das Quant verschwindet. Die Wahrscheinlichkeit dieser Absorption ist proportional zur Zahl der unangeregten Atome und ebenfalls zur Anzahl vorhandener Strahlungsquanten. Nimmt man an, daß *jedes* Quant beim Stoß einen Übergang provoziert – Anregung, wenn das Atom nicht angeregt war, Abstrahlung, wenn es angeregt war –, so ist sogar die Proportionalitätskonstante dieselbe wie für die induzierte Emission. Gleichwertig damit: Die Strahlung ist linear polarisiert. Dann ergibt sich für die Zahl von Absorptionsvorgängen pro Zeit- und Volumeneinheit

$$Z\,(\text{Absorption}) = K_2 \cdot N_0 \cdot \mathrm{d}\rho\,(\nu, T). \tag{3}$$

Befindet sich der Strahler im Gleichgewicht mit seiner Umgebung, dann muß Z (Absorption) $=$ Z (spontane Emission) $+$ Z (induzierte Emission) sein. Setzen wir die Ausdrücke der Gleichungen (1), (2) und (3) ein, erhalten wir:

$$K_1 N_1 + K_2 N_1 \mathrm{d}\rho(\nu, T) = K_2 N_0 \mathrm{d}\rho(\nu, T).$$

Division durch N_0 und Ersetzen von $\frac{N_1}{N_0}$ durch $e^{-\frac{h \cdot \nu}{kT}}$ ergibt:

$$K_1 \cdot e^{-\frac{h \cdot \nu}{kT}} + K_2 \cdot e^{-\frac{h \cdot \nu}{kT}} \cdot \rho\,(\nu, T) \cdot \mathrm{d}\nu =$$
$$= K_2 \cdot \rho\,(\nu, T) \cdot \mathrm{d}\nu.$$

Diese Gleichung können wir nach der Energiedichte auflösen:

$$\mathrm{d}\rho\,(\nu, T) = \frac{K_1}{K_2} \cdot \frac{e^{-\frac{h \cdot \nu}{kT}}}{1 - e^{-\frac{h \cdot \nu}{kT}}} = \frac{K_1}{K_2} \cdot \frac{1}{e^{\frac{h \cdot \nu}{kT}} - 1} \tag{4}$$

(h = Plancksches Wirkungsquantum, k = Boltzmann-Konstante, T = absolute Temperatur in Kelvin). Die neue Konstante K_1 / K_2 kann nur berechnet werden, wenn man genauere Aussagen über die Eigenschaften des strahlenden Körpers macht. Für den idealen Strahler (→ Schwarzer Körper) ergibt sich bei in einer Richtung ausgerichteter (polarisierter) Strahlung:

$$\frac{K_1}{K_2} = \frac{4\pi \cdot h}{c^3} \cdot \nu^3 \cdot \mathrm{d}\nu$$

(c = Lichtgeschwindigkeit). Das Plancksche Strahlungsgesetz für den Schwarzen Körper lautet also insgesamt

$$\mathrm{d}\rho\,(\nu, T) = \frac{4\pi \cdot h}{c^3} \cdot \nu^3 \cdot \frac{1}{e^{\frac{h \cdot \nu}{kT}} - 1} \cdot \mathrm{d}\nu. \tag{5}$$

Der Ausdruck

$$S\,(\nu) = \frac{\mathrm{d}\rho\,(\nu, T)}{\mathrm{d}\nu}$$

ist die Energiedichte der Strahlung, bezogen auf die Breite $d\nu$ des betrachteten Frequenzintervalls. $S(\nu)$ heißt deshalb auch *spektrale Energiedichte*. Da viele Geräte nicht Frequenzen, sondern Wellenlängen erfassen, ist es oft zweckmäßiger, die spektrale Energiedichte auf die Wellenlänge λ zu beziehen. Um von $S(\nu)$ auf $S(\lambda)$ zu kommen, benützen wir die allgemeine Beziehung $\nu \cdot \lambda = c$ (c = Lichtgeschwindigkeit), die für alle elektromagnetischen Wellen gilt. Wir müssen uns aber nun auch auf das Wellenlängenintervall $d\lambda$ beziehen, das wir nach den Regeln der Infinitesimalrechnung aus $\lambda = c/\nu$ bilden:

$$|d\lambda| = \frac{c}{\nu^2} \cdot |d\nu|$$

$$\text{oder } |d\nu| = \frac{\nu^2}{c} \cdot |d\lambda|$$

$$\text{oder } |d\nu| = \frac{c}{\lambda^2} \cdot |d\lambda|.$$

Setzen wir das in Gleichung (5) ein, so erhalten wir das *Plancksche Gesetz in Abhängigkeit von der Wellenlänge:*

$$d\rho(\lambda, T) = \frac{4\pi \cdot h \cdot c}{\lambda^5} \cdot \frac{1}{e^{\frac{h \cdot c}{k \cdot T \cdot \lambda}} - 1} \cdot d\lambda. \qquad (6)$$

Eine Auswahl von Kurven

$$S(\nu) = \frac{d\rho(\nu, T)}{d\nu}$$

für verschiedene Werte von T enthält Fi-

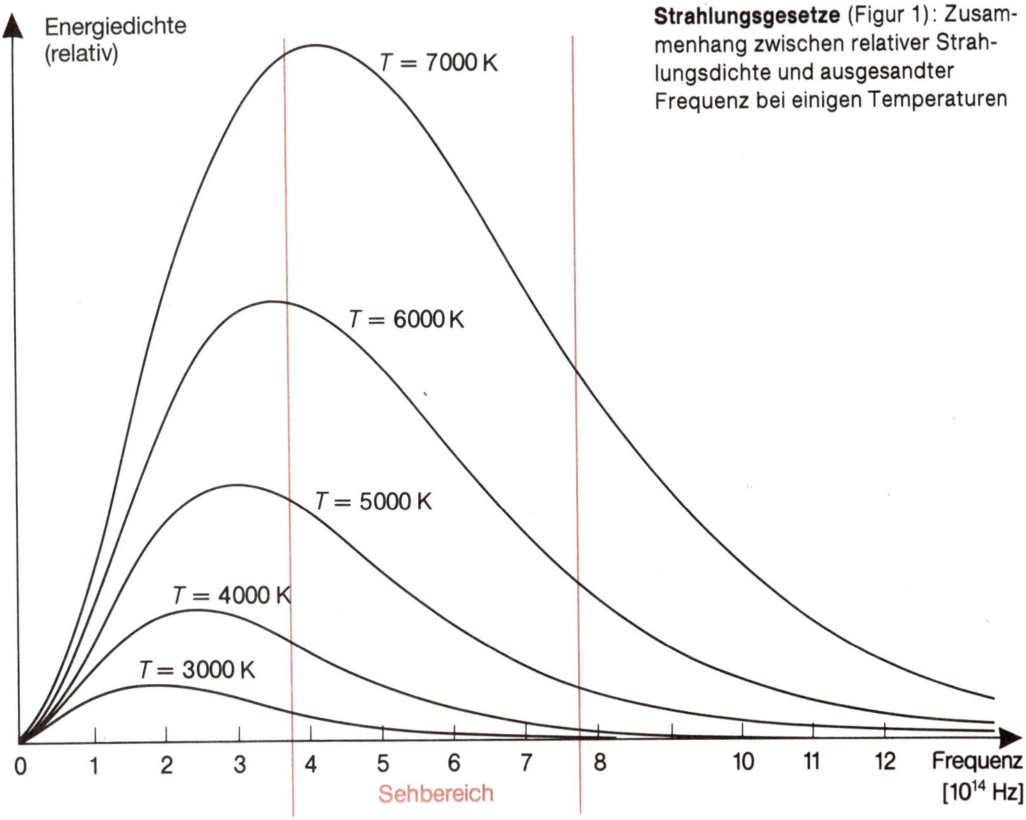

Strahlungsgesetze (Figur 1): Zusammenhang zwischen relativer Strahlungsdichte und ausgesandter Frequenz bei einigen Temperaturen gur 1, die entsprechende Auswahl von Kurven

$$S(\lambda) = \frac{d\rho(\lambda, T)}{d\lambda}$$

zeigt Figur 2. Das Plancksche Strahlungsgesetz erklärt nun tatsächlich die Temperaturstrahlung der Körper, und zwar qualitativ auch dann, wenn sie *keine* Schwarzen Körper sind. Die Folgerungen lassen sich teilweise besser aus den Gleichungen (5) oder (6), teilweise besser aus den Figuren 1 und 2 ablesen. Auf die dabei auftretenden Gesetzmäßigkeiten gehe ich im folgenden ein.

Das Wiensche Verschiebungsgesetz und das Stefan-Boltzmann-Gesetz

Als erstes fällt auf, daß die Strahlungsdichte ganz allgemein stark mit der Temperatur zunimmt. Darauf gehen wir weiter unten noch ein. Ferner hängt die Frequenz der größten Intensität von der Temperatur ab, denn die Maxima der Kurven verschieben sich von Temperatur zu Temperatur, und zwar für höhere Temperaturen zu größeren Energien (Frequenzen) hin. Man kann die Maximalfrequenz bei einer gegebenen Temperatur verhältnismäßig leicht aus der Gleichung (5) bestimmen, indem man die Regeln der Differentialrechnung anwendet (Nullsetzen der ersten Ableitung liefert die Extremstellen). Es ergibt sich die Gleichung

$$(3-x) \cdot e^x = 3 \text{ mit } x = \frac{h \cdot \nu_{max}}{kT},$$

die man graphisch oder iterativ lösen kann. Das Ergebnis ist als *Wiensches Verschiebungsgesetz* bekannt (nach *Wilhelm Wien,* 1864–1928):

$$\nu_{max} = 2{,}82 \frac{k}{h} \cdot T. \qquad (7)$$

Da k/h bekannt ist, können wir auch direkt schreiben: $\nu_{max} = 5{,}88 \cdot 10^{10}\, T$. Das Frequenzmaximum der Temperaturstrahlung ist also proportional zu dieser Temperatur (in Kelvin gemessen). Eine Verdopplung der Temperatur verschiebt das Maximum auf ebenfalls den doppelten Wert. Selbstverständlich läßt sich auch das Maximum der spektralen Energiedichte auf die Wellenlänge (bei einer gegebenen Temperatur) beziehen. Da man aber $S(\lambda)$ auf $d\lambda$ bezieht, darf man nicht einfach $\nu_{max} \cdot \lambda_{max} = c$ setzen, weil sich ν_{max} auf etwas anderes bezieht als λ_{max}. Wir müssen vielmehr

$$S(\lambda) = \frac{d\rho(\lambda, T)}{d\lambda}$$

nach λ ableiten und gleich Null setzen. Dabei ergibt sich mit

$$y = \frac{h \cdot c}{kT \cdot \lambda_{max}}$$

die Gleichung $(5-y) \cdot e^y = 5$ mit der Lösung $y \approx 4{,}96511$. Dies führt auf das Wiensche Gesetz in seiner zweiten Form:

$$\lambda_{max} \cdot T = \frac{hc}{k} \cdot \frac{1}{4{,}965} = 2{,}898 \cdot 10^{-3}\, m \cdot K. \qquad (8)$$

Die Gesamtenergie, die ein Körper mit der Temperatur T in Form von Strahlung abgibt, ist der Fläche unter der jeweiligen Planckschen Kurve (Figur 1) proportional, d. h. dem Integral

$$\int_0^\infty \rho(\nu, T) \cdot d\nu.$$

Sie hängt natürlich auch noch von den geometrischen Eigenschaften des Körpers ab, aber wir wollen jetzt nur die Temperaturabhängigkeit untersuchen. Dazu müssen wir die T-Abhängigkeit *vor* das Integral ziehen. Dies gelingt, wenn man die Variable $y = \nu / T$ einführt. Dann ist $d\nu = T \cdot dy$ und $\nu = T \cdot y$. Das Integral lautet:

$$E = \text{konst.} \cdot \int_0^\infty \nu^3 \cdot \frac{1}{e^{\frac{h \cdot \nu}{kT}} - 1} \cdot d\nu.$$

Das Einsetzen der neuen Variablen y ergibt:

$$E = \text{konst.} \cdot \int_0^\infty T^3 \cdot y^3 \cdot \frac{1}{e^{\frac{h}{k} \cdot y} - 1} \cdot T \cdot dy =$$

$$= \text{konst.} \cdot T^4 \cdot \int_0^\infty y^3 \cdot \frac{1}{e^{\frac{h}{k} \cdot y} - 1} \cdot dy.$$

Auch das bestimmte Integral, das wir nun von T befreit haben, ist ein Zahlenwert, also ebenfalls konstant. Wir erhalten so das *Stefan-Boltzmannsche Gesetz*, benannt nach *Josef Stefan* (1835–1893) und *Ludwig Boltzmann* (1844–1906), das besagt, daß die Gesamtstrahlung eines Körpers proportional zur vierten Potenz seiner Temperatur ist.

$$E = \text{konst.} \cdot T^4. \quad (9)$$

Beziehen wir uns auf die Strahlungsleistung pro Flächeneinheit eines schwarzen Strahlers, so ergibt sich die Konstante zu

$$5{,}67 \cdot 10^{-8} \frac{\text{W}}{\text{m}^2 \cdot \text{K}^4}.$$

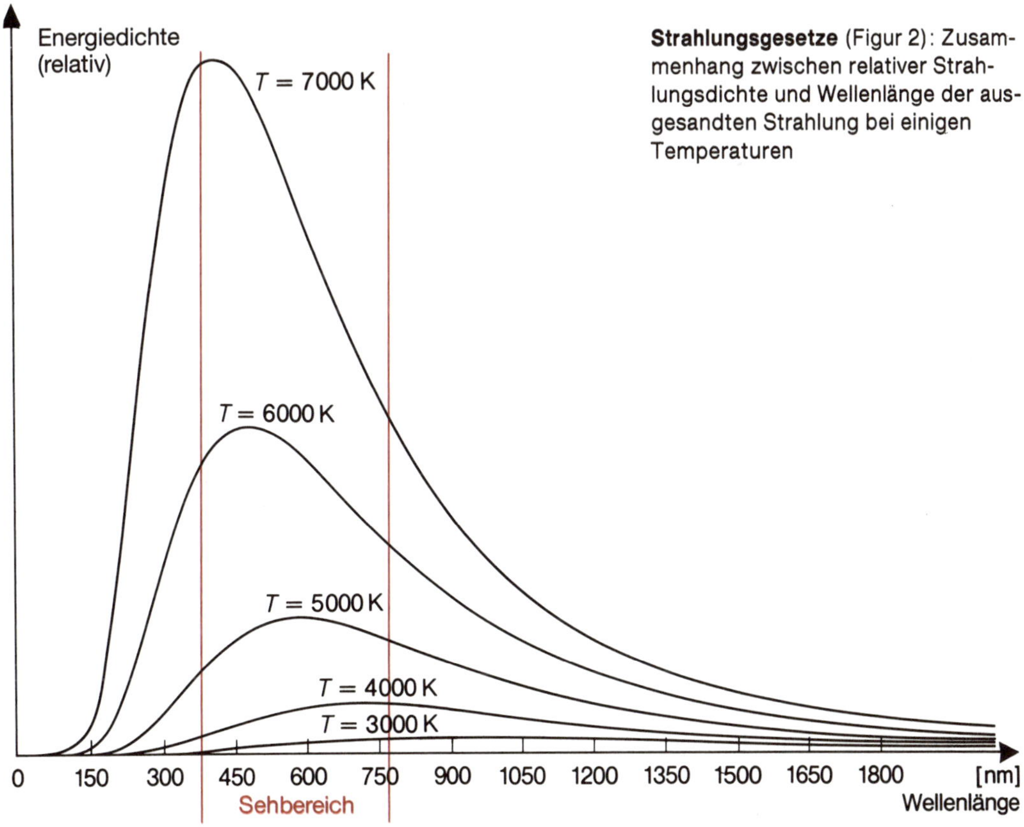

Strahlungsgesetze (Figur 2): Zusammenhang zwischen relativer Strahlungsdichte und Wellenlänge der ausgesandten Strahlung bei einigen Temperaturen

Näherungsformeln für das Plancksche Gesetz

Schon vor Planck waren zwei Strahlungsformeln bekannt, die den richtigen Verlauf innerhalb gewisser Frequenzbereiche recht genau wiedergeben. Sie sind als Grenzfälle aus der Planckschen Formel nach Gleichung (5) leicht herzuleiten. Für sehr kleine Frequenzen ν wird auch der Exponent der e-Funktion in Gleichung (5) klein. Dann gilt in guter Näherung

$$e^{\frac{h \cdot \nu}{kT}} \approx 1 + \frac{h \cdot \nu}{kT}.$$

und die Gleichung (5) vereinfacht sich zu dem Ausdruck

$$d\rho\,(\nu, T) \approx \frac{4\pi h}{c^3} \cdot \nu^3 \cdot \frac{kT}{h \cdot \nu} d\nu = \frac{4\pi kT}{c^3} \cdot \nu^2 d\nu.$$

Der Zusammenhang

$$d\rho\,(\nu, T) \approx \frac{4\pi}{c^3} \cdot kT \cdot \nu^2 \qquad (10)$$

wurde schon von *John Rayleigh* (1842–1919) und *James Jeans* (1877 bis 1946) angegeben. Er wird aber für große Werte von ν völlig falsch *(Ultraviolettkatastrophe)*. Andererseits stammt für große Frequenzen ν von Wien die Formel

$$d\rho\,(\nu, T) = \frac{4\pi\, h \cdot \nu^3}{c^3} \cdot e^{-\frac{h \cdot \nu}{kT}} d\nu, \quad (11)$$

der sich aus Gleichung (5) sofort ergibt, wenn $e^{h \cdot \nu/kT}$ sehr groß gegen 1 wird. Man verwendet die beiden Näherungen der Gleichungen (10) und (11) auch heute noch anstelle des korrekten Strahlungsgesetzes von Planck, wenn man die entsprechenden Frequenzbereiche untersucht.

Der schwarze Strahler und die Kirchhoffschen Strahlungsgesetze

Wenn ein Körper im sichtbaren Bereich alles auftreffende Licht ›verschluckt‹ *(absorbiert)* und überhaupt nichts reflektiert, dann können wir ihn nicht sehen. Der Ort, an dem er sich befindet, erscheint uns *schwarz*. Die Tatsache, daß wir alle Körper, auch ›schwarzfarbige‹, sehen können, beweist lediglich, daß es ideale Schwarze Körper in der Realität *nicht* gibt – mit einer Ausnahme. Ein Hohlraum, der nur ein kleines Loch nach außen hat, verhält sich wie ein idealer Schwarzer Körper. Wir sehen wirklich *nichts*, wenn wir das Loch anschauen – ›absolute Schwärze‹ liegt dahinter. Das liegt daran, daß ein Lichtstrahl, der durch das kleine Loch einfällt, im Hohlraum ›umherirrt‹ und den Ausgang nicht mehr wiederfinden kann. Der Hohlraum ist deshalb die beste Annäherung an den Schwarzen Körper. Freilich gibt es auch sonst brauchbare ›Schwarze‹ Körper: Mattschwarz angemalte Körper etwa sind für qualitative Demonstrationen völlig ausreichend. Man definiert jedoch:
Ein schwarzer Strahler ist ein ›Körper‹, der alle auftreffende Strahlung absorbiert.
Es stellt sich heraus, daß ein solcher Körper bei der Temperatur T genau das Spektrum emittiert, das dem Planckschen Strahlungsgesetz entspricht. Tatsächlich wurde das Plancksche Gesetz ja für den Fall des schwarzen Strahlers angesetzt. Wir können aber auch Folgerungen für nichtschwarze (›graue‹) Strahler ziehen. Dazu definiert man das Absorptionsvermögen A und das Reflexionsvermögen R eines Körpers. Es gilt

$$A = \frac{\text{Zahl der absorbierten Photonen}}{\text{Zahl der einfallenden Photonen}} =$$

$$= \frac{\text{absorbierte Energie}}{\text{einfallende Energie}};$$

$$R = \frac{\text{Zahl der reflektierten Photonen}}{\text{Zahl der einfallenden Photonen}} = \frac{\text{reflektierte Energie}}{\text{einfallende Energie}}.$$

Offenbar ist $A + R = 1$, und der Schwarze Körper hat $A = 1$ bzw. $R = 0$. Die Energie E, die ein beliebiger Körper bei der Temperatur T abstrahlt, hängt nun von seinem Absorptionsvermögen ab. Um diesen Zusammenhang zu ermitteln, genügt ein einfaches Gedankenexperiment: Wir stellen zwei Flächen dicht aneinander, die im Strahlungsgleichgewicht sein sollen. Wenn die Fläche 1 die Energie E_1 (pro Sekunde) abstrahlt und Fläche 2 die Energie E_2, und wenn sich beide Flächen so nahe sind, daß nach außen keine Energie verlorengeht, dann muß die Energiebilanz im Gleichgewichtsfall lauten:

$$E_1 + E_2 \cdot (1 - A_1) = E_2 + (1 - A_2) \cdot E_1.$$

Faßt man die entsprechenden Ausdrücke zusammen, so ergibt sich

$$\frac{E_1}{A_1} = \frac{E_2}{A_2}. \qquad (12)$$

Um von geometrischen Bedingungen unabhängig zu werden, formuliert man dieses nach *Gustav Robert Kirchhoff* (1824–1887) benannte *Kirchhoffsche Gesetz* meist, indem man E auf die Flächeneinheit und die Zeiteinheit bezieht (Energiedichte I) und noch mit der Lichtgeschwindigkeit multipliziert (Strahlungsdichte). Alle diese Größen eines Körpers sind, durch das Absorptionsvermögen A dividiert, für alle Körper konstant (bei gleicher Temperatur!). Ist der erste Körper ideal schwarz ($A_1 = 1$), so gilt die Formulierung

$$E = A \cdot E_s. \qquad (13)$$

Die Strahlungsenergie eines beliebigen Körpers beträgt also das A-fache des Schwarzen Körpers bei gleicher Temperatur. Da A immer kleiner als 1 ist, strahlt jeder Körper weniger ab als ein gleichwertiger Schwarzer Körper, genauso wie er auch weniger absorbiert. Insbesondere das Plancksche Gesetz gilt daher auch für beliebige Körper, wenn man es mit dem Faktor A modifiziert.

Anwendungen

Der ideale ›weiße‹ Körper ist derjenige mit $A = 0$ und $R = 1$, d. h. ein *Spiegel.* Er absorbiert nicht und strahlt deshalb auch nicht. Man versucht daher, alle Körper, deren Temperatur nach außen hin konstant bleiben soll, mit spiegelnden Oberflächen auszustatten. Beispiele sind Thermosflaschen oder Dewar-Gefäße. Schnee reflektiert (diffus) fast alle Strahlungen. Er schmilzt daher auch bei intensiver Sonnenbestrahlung nicht so schnell. Jeder weiß, wie stark sich Autos im Inneren aufheizen können. Der Effekt ließe sich vermindern, wenn man die Außenhaut aus poliertem Edelstahl fertigen würde.

Der sog. *Treibhauseffekt* beruht auf der Tatsache, daß Glas (und Kohlendioxid) zwar für sichtbares Licht durchsichtig sind, aber infrarotes Licht absorbieren bzw. reflektieren. So kommt es, daß zwar die von außen kommende Sonnenstrahlung zum großen Teil ins Innere eines Treibhauses durchgelassen wird, nicht aber die Temperaturstrahlung des Inneren nach außen, weil diese wegen der geringeren Temperatur vorzugsweise aus infraroten Wellen besteht.

Aus dem Wienschen Gesetz läßt sich die maximale Wellenlänge des Sonnenlichts ($\approx 480 \cdot 10^{-9}$ m) mit der Oberflächentemperatur der Sonne in Verbindung bringen. Man kommt auf etwa 6000 K, wenn man die Sonne als schwarzen Strahler betrachtet. Die maximale Empfindlichkeit unseres Auges als Sensor für elektromagnetische Strahlungen liegt übrigens bei Wellenlängen zwischen 500 und $600 \cdot 10^{-9}$ m. Diese Übereinstimmung mit der spektralen Verteilung des Sonnenlichts ist sicher kein Zufall, sondern eine Folge der Evolution.

Streuung

Fast alle Experimente mit → Elementarteilchen sind *Streuexperimente*. Das Prinzip dieser Experimente ist immer dasselbe: Man schießt Teilchen aufeinander und untersucht das, was ›dabei herauskommt‹, und zwar sowohl die räumliche Verteilung *(Winkelverteilung)* als auch das *Energie-* und *Impulsspektrum*. Dabei sind folgende Bezeichnungen üblich: Das Laborsystem kennzeichnet das ruhende Bezugssystem, in dem die Ziele des Beschusses, die *Targets* (engl.; dt. Zielscheibe) meist ebenfalls ruhen. Die stoßenden Teilchen werden oft einfach als ›Strahl‹ bezeichnet, unabhängig davon, ob sie nun besser im Wellenbild oder im Teilchenbild beschrieben werden (→ Dualismus von Welle und Teilchen). Sehr formal nennt man manchmal den Strahl den *Eingang* des Streuexperiments, die gestreuten Teilchen den *Ausgang*.

Jede St. ist ein verallgemeinerter Stoß und wird mathematisch zunächst nach den → Stoßgesetzen behandelt. Auch die Bezeichnungen, die bei makroskopischen Stößen üblich sind, werden größtenteils übernommen. So spricht man z. B. von *elastischer St.*, wenn die kinetischen Energien vor und nach dem Stoß unverändert bleiben, von *inelastischer St.*, wenn das nicht der Fall ist, wenn also Anregungen, Teilchenumwandlungen oder ähnliche Dinge geschehen. Nach dieser Terminologie stellt der → Compton-Effekt z. B. eine elastische St. von Lichtquanten an Elektronen dar, aber der → Photoeffekt ist eine inelastische St. von Photonen an Atomen. Während aber der Stoß immer ein Einzelvorgang ist, sind bei der St. immer viele Teilchen beteiligt, die entsprechend viele Stöße machen, von denen man aber die genauen Anfangsbedingungen wie z. B. den Stoßparameter (den Abstand der Stoßgeraden vom Target, Figur 1) nicht kennt. Man muß also umgekehrt vorgehen und aus den Ausgangs-

Streuung (Figur 1): Erläuterung der bei Streuexperimenten verwendeten Begriffe

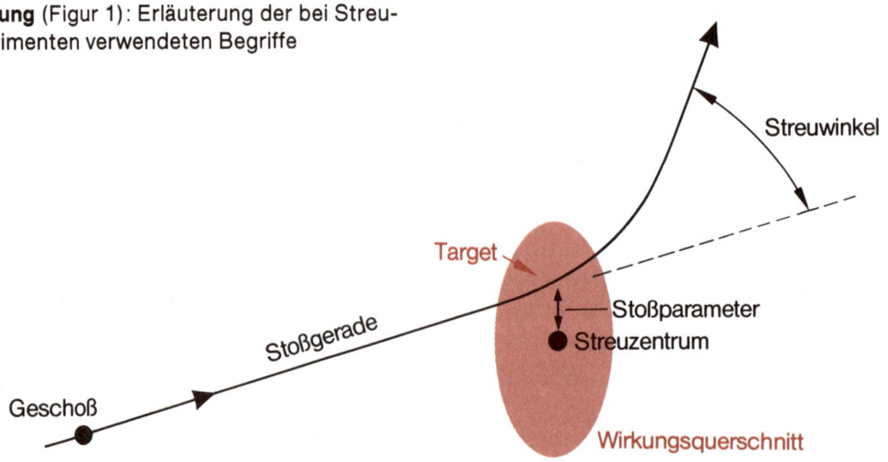

daten wie den Energien und Streuwinkeln der gestreuten Teilchen auf die ›inneren Mechanismen‹ der einzelnen Stöße schließen. Tatsächlich liegt darin der ganze Sinn der Streuexperimente.
Es ist klar, daß die Streudaten lediglich statistisch gesehen werden dürfen. Deshalb hat man einige neue Größen für Streuexperimente eingeführt, die in makroskopischen Stoßexperimenten überflüssig sind: Der *Wirkungsquerschnitt* σ ist ein Maß für die Wahrscheinlichkeit eines ganz bestimmten Streuprozesses. Er wird als Fläche angegeben, bei Elementarteilchenprozessen in Einheiten von $10^{-24}\,\mathrm{cm}^2$ (veraltet: barn; → Maße und Maßsysteme). Die Deutung ist die einer Targetfläche, die von der Stoßgeraden getroffen werden muß, um den betreffenden Streuprozeß auszulösen. Man unterscheidet dann den *differentiellen Wirkungsquerschnitt* $\mathrm{d}\sigma/\mathrm{d}\Omega$ vom *totalen Wirkungsquerschnitt* σ_{tot}: Der Wert $\mathrm{d}\sigma/\mathrm{d}\Omega$ gibt an, mit welcher Wahrscheinlichkeit das gestreute Teilchen im Raumwinkelelement $\mathrm{d}\Omega$ gemessen wird, σ_{tot} dagegen ist das Maß dafür, daß überhaupt eine St. (in einen beliebigen Raumwinkel) erfolgt.
Bei inelastischen Streuprozessen werden oft für jedes eingeschossene Teilchen mehrere andere ausgesandt, natürlich meist unter verschiedenen Winkeln. Um diesen Zusammenhängen auf die Spur zu kommen, bedarf es raffinierter elektronischer Methoden. Man verwendet dann zwei oder noch mehr Teilchendetektoren, die so geschaltet sind, daß nur die Streuereignisse registriert werden, bei denen je ein Teilchen innerhalb einer vorgegebenen Zeit jeden der Detektoren trifft. Man spricht dann von *koinzidenten* (›gleichzeitigen‹) Ereignissen bzw. von einer *Korrelation* (Beziehung, Zusammengehörigkeit) der Ereignisse. Insbesondere lassen sich aus Winkelkorrelationen bei Streuexperimenten Aussagen über die beteiligten Energien und Drehimpulse machen.

Stroboskop

Das St. ist ein Gerät zur Erzeugung sehr kurzer, periodisch wiederkehrender Lichtblitze. Beleuchtet man einen Vorgang mit einem St., so sieht man immer nur einen kurzen Zustand in regelmäßigen Abständen *(Stroboskopfrequenz).* Bei regelmäßigen Vorgängen wie → Schwingungen oder → Drehungen kann man ein scheinbar stillstehendes Bild einer bestimmten Bewegungsphase sehen, wenn man das St. genau auf die Frequenz der Bewegung einstellt. Ein Stroboskopeffekt ist jedem Kinobesucher bekannt: Speichenräder von Western-Kutschen scheinen bei gewissen Fahrzeuggeschwindigkeiten stillzustehen oder sich sogar rückwärts zu drehen. Die Ursache liegt in der Bildfrequenz des Films (etwa 25 Bilder pro Sekunde), denn die stroboskopische Natur der Kinofilme bleibt unserem trägen Auge normalerweise zwar verborgen, äußert sich aber z. B. in solchen Effekten.

Stromlinien

Bringt man sehr leichte Probeteilchen in ein Geschwindigkeitsfeld, z. B. Rauchteilchen in einen Windkanal, so beschreiben diese Teilchen Bahnen, die man als *Stromlinien* oder auch *Stromfäden* bezeichnet. Die Richtung der St. gibt die Richtung der Geschwindigkeit, ihre Dichte die Größe der Geschwindigkeit an (→ Bernoullische Gleichung). Diese Zusammenhänge werden auch zur Beschreibung aller anderen Felder verwendet (→ Feld, → elektrisches Feld, → Magnetfeld).

Stromlinien: Mit Hilfe einer speziellen photographischen Technik sichtbar gemachte Strömungsvorgänge an einer Tragfläche
© Siemens AG, München

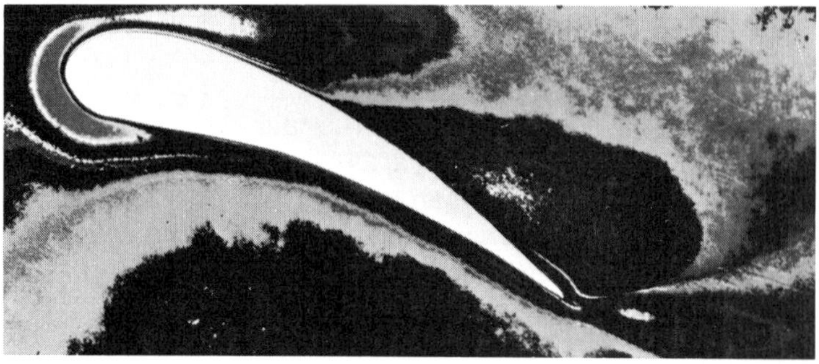

Superfluidität

Helium ist nicht nur das leichteste Atom mit abgeschlossener Elektronenschale, es hat auch noch eine Reihe weiterer besonderer Eigenschaften. So ist es z. B. nicht möglich, Helium bei Normaldruck zu verfestigen, indem man es abkühlt. Selbst am absoluten Nullpunkt wäre es noch flüssig. Das Heliumisotop 4, dessen Kern ein Alphateilchen ist, existiert jedoch unterhalb 2,18 K (sog. *Lambda-Punkt*) in einer neuen → Phase, die man *superflüssig (superfluid)* nennt. Sie zeigt die Eigenschaften einer idealen Bose-Flüssigkeit (*Onnes-Effekt*; → Supraleitung). Ihre Wärmeleitfähigkeit wird unendlich, die → Viskosität geht gegen Null. Superflüssiges Helium fließt durch dünnste Kapillaren, und zwar um so schneller, je enger die Kapillare ist (sog. *Fountain-Effekt*, von engl. fountain; dt. Springbrunnen). Es kriecht gegen die Schwerkraft die Gefäßwände hoch, so daß sich ein Gefäß ›von selbst‹ entleert. Temperaturschwankungen werden ungedämpft durch das Material weitergegeben und können ›Wärmewellen‹ bilden.

Supraleitung

Die elektrischen Eigenschaften vieler Metalle, Legierungen und Halbleiter ändern sich ganz grundlegend, wenn man sie auf Temperaturen abkühlt, die dem absoluten Nullpunkt (−273,15 °C) nahekommen. Der elektrische Widerstand dieser Stoffe sinkt nämlich ganz plötzlich bei einer gewissen *Sprungtemperatur* T_C auf den Wert Null. Jedenfalls ist der Widerstand unterhalb T_C mindestens um den Faktor 10^{20} (!) kleiner als oberhalb; man sagt, das Material sei *supraleitend* geworden. Man kennt heute weit über 1000 Supraleiter. Erstaunlicherweise werden Metalle wie Kupfer oder Silber, deren elektrische Leitfähigkeit bei Zimmertemperatur besonders groß ist, *nicht* supraleitend, ebensowenig wie die Ferromagnetika (Eisen, Nickel usw.; → Magnetisierung). Die bisher höchste gemessene Sprungtemperatur von Legierungen liegt bei etwa 21 K. Sie gilt für eine ›Niomax‹-Legierung (Niob-Aluminium-Germanium). Man muß die meisten Stoffe jedoch auf weniger als die Temperatur des siedenden Heliums abkühlen (4,18 K), um sie supraleitend zu machen. Seit einigen Jahren gibt es sog. *Hochtemperatur-Supraleiter,* die ›schon‹ bei der Temperatur des flüssigen Stickstoffs (< 77 K) supraleitend sind. Dabei handelt es sich aber nicht um metallartige Stoffe, sondern eher um sehr spröde keramikartige Verbindungen von geringer Haltbarkeit (z. B. gesinterte Mischungen aus Y_2O_3, $BaCO_3$ und CuO), so daß es noch nicht

viele technische Anwendungen gibt. Trotzdem lassen sie auf den ›Supraleiter bei Zimmertemperatur‹ hoffen.
Ein Supraleiter ist ein perfekter Diamagnet. Er drängt alle magnetischen Feldlinien ›aus sich heraus‹ (*Meißner-Effekt*, nach *Fritz Walther Meißner*, 1882–1974). Die S. selbst wurde übrigens von *Heike* Kamerlingh Onnes (1853–1926) schon im Jahr 1911 an Quecksilber entdeckt.
Das Herausdrängen der Feldlinien ist nur bis zu einer bestimmten kritischen Feldstärke B_C möglich. Setzt man einen Supraleiter einer höheren Feldstärke als B_C aus, so wird er normalleitend. Eine Erklärung für diese seltsamen Erscheinungen gibt die *BCS-Theorie*, benannt nach den Physikern *John Bardeen* (1908 – 1991), *Leon Cooper* (* 1930) und *John Schrieffer* (* 1931). Danach ist die S. ein makroskopischer Quantenzustand, bei dem die Elektronen sich zu Paaren koppeln und unfähig werden, Energie mit den Gitterschwingungen auszutauschen. Das Elektronengas bewegt sich dann in Phase.
Reine Metalle (Supraleiter vom *Typ I*) ›springen‹ bei T_C vom normalleitenden in den supraleitenden Zustand und vertragen keine großen elektrischen Ströme, weil sie sonst durch ihr eigenes Magnetfeld wieder in den normalleitenden Zustand zurückgedrängt werden. Es gibt aber viele Legierungen (Supraleiter vom *Typ II*), bei denen dieser Übergang allmählich erfolgt. Im Zwischenzustand ist ein derartiges Material teilweise supraleitend, das Magnetfeld wird in ›magnetischen Schläuchen‹, die normalleitend sind, durch das Material geschleust, ohne den Rest beeinflussen zu können. Der elektrische Widerstand dieser *harten* Supraleiter ist zwar nicht mehr Null, aber doch so klein, daß sich ohne große Verluste riesige Stromdichten (bis 10^7 A / cm^3) erreichen lassen. Der Einsatz in Höchstleistungsspulen könnte zum Aufbau riesiger Magnetfelder genutzt werden und so neue technische Verfahren ermöglichen, z. B. in Teilchenbeschleunigern und Plasmafallen zur kontrollierten Kernfusion, aber auch in technischen Geräten wie Magnetschwebebahnen oder Computern.

Sv

Abk. für → Sievert, die Maßeinheit der Äquivalentdosis (→ Maße und Maßsysteme, → Strahlenbelastung und Strahlenschutz).

T

T **1)** Abk. für die Vorsilbe → Tera- bei Maßeinheiten (→ Maße und Maßsysteme); **2)** Formelzeichen für die → Temperatur; **3)** Abk. für → Tesla, die Einheit der magnetischen Flußdichte.

t **1)** Formelzeichen für die → Zeit; **2)** Abk. für die Masseneinheit → Tonne.

Teilchen

Das Wort Teilchen (auch *Korpuskel*) wird im Sinne von → Elementarteilchen, meist aber als gegensätzlicher Begriff zur → Welle gebraucht (→ Dualismus von Welle und Teilchen). Es bezeichnet ein scharfbegrenztes Objekt, dessen Ort und Geschwindigkeit einwandfrei gemessen werden können. Die → Quantenmechanik hat gezeigt, daß sich dieser Begriff nicht mit den Objekten deckt, die in der Natur vorkommen.

Temperatur

Der Temperaturbegriff wurde ursprünglich geschaffen, um die Empfindungen ›heiß‹ und ›kalt‹ quantitativ zu erfassen. Es stellte sich nämlich heraus, daß unser Nervensystem nur imstande ist, Temperaturunterschiede subjektiv einzuschätzen. Die Konsequenz war die Konstruktion von → Thermometern, Geräten, die in möglichst engen Kontakt mit dem Meßobjekt gebracht werden müssen, so daß angenommen werden darf, daß sie *dieselbe Temperatur* annehmen wie dieses. Dabei benützt man die wesentlichste Eigenschaft der T.: Bringt man zwei Körper in Kontakt miteinander, so nehmen sie dieselbe T. an.

Erst die → kinetische Gastheorie konnte diesen Sachverhalt deuten, indem sie die T. mit der mittleren kinetischen Energie der beteiligten Teilchen in Verbindung brachte (→ Gasgleichung):

$$\overline{E}_{\text{kin}} = \frac{1}{2} f \cdot kT. \qquad (1)$$

Dabei bezeichnet f die Zahl der am Energieinhalt des Stoffes beteiligten → Freiheitsgrade und k die → Boltzmann-Konstante.

Temperaturskalen

Sieht man die Gleichung (1) als Definitionsgleichung der T. an, so wird damit eine Temperaturskala geschaffen, die linear ist und ihren Nullpunkt wegen der bereits festgelegten Einheit von E (Joule) und der Größe von k bei –273,15 °C hat. Dieser *thermodynamischen Skala* hat man das *Kelvin* als Einheit zugeordnet (→ Maße und Maßsysteme). Natürlich war der tatsächliche historische Weg gerade umgekehrt. Zuerst bildete man *Temperaturskalen*, die an *Fixpunkten* orientiert waren (Schmelz- und Siedepunkt des Wassers und anderer Stoffe), wobei man die Unterteilung anhand verschiedener thermischer Effekte festlegte. Die gängigste Einteilung erfolgte über die Wärmeausdehnung des Quecksilbers (→ Thermometer). Den Fixpunkten des Wassers wurden unterschiedliche Werte zugeordnet, so bei der *Celsius-Skala* 0 °C bzw. 100 °C. Die Einteilung der Celsiusskala wurde dann bei der Bildung der thermodynamischen Skala übernommen, so daß die Temperaturdifferenz von 1 °C genauso groß ist wie die von 1 K.

Trotz der Gleichung (1) ist eine lineare Temperaturskala nicht unbedingt die praktischste. Sie täuscht z. B. über die Unmöglichkeit hinweg, den absoluten Nullpunkt auch tatsächlich zu erreichen (→ Thermodynamik). Andersherum gesagt: Die Überwindung der Temperaturdifferenz von 1 K erfordert einen höchst unterschiedlichen Aufwand, je nachdem, wo auf der Skala man sich befindet (→ Tieftemperaturphysik). Um diesen Tatsachen gerecht zu werden, wäre eine logarithmische Temperaturskala besser geeignet, denn sie ginge von $-\infty$ bis $+\infty$. Sie hat sich aber nicht eingebürgert und bringt wohl auch für die Praxis keine so großen Vorteile, daß sich ihre Einführung lohnen würde. Figur 1 zeigt die Kelvin-Skala (benannt nach *Lord Kelvin* bzw. *Sir William Thomson,* 1824–1907) mit einigen Fixpunkten.

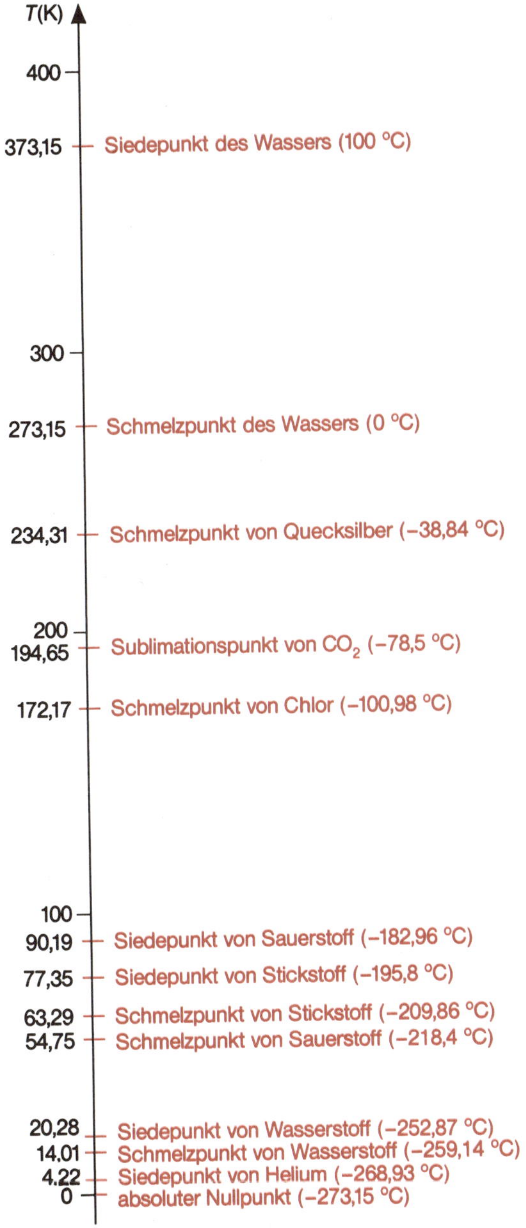

Temperatur (Figur 1): Thermodynamische Temperaturskala mit Angabe einiger Fixpunkte im Bereich zwischen 0 K und 400 K

Tera-

Abk. T, Vorsilbe bei Maßeinheiten (→ Maße und Maßsysteme), bezeichnet das 10^{12}fache einer Grundeinheit, z. B. 1 Terawatt (TW) = 10^{12} Watt.

Termschema

Die Anordnung der Energiezustände eines Atoms (oder Kerns) in einer graphischen Darstellung heißt auch *Termschema.* Die einzelnen Zustände *(Terme)* werden als waagrechte Striche dargestellt und mit den zugehörigen Quantenzahlen versehen. Übergänge zwischen den einzelnen Zuständen lassen sich sehr einfach und übersichtlich in Form von Pfeilen einzeichnen, die zwei Terme miteinander verbinden. Da bei einem möglichen Übergang die Quantenzahlen sich nur auf definierte Weise ändern können (Auswahlregeln), gibt ein T. sofort einen Überblick über ›erlaubte‹ und ›verbotene‹ Übergänge (→ Atomphysik, → Kernphysik).

Tesla

Abk. T, die Einheit der magnetischen Flußdichte (→ Maße und Maßsysteme), benannt nach dem Physiker *Nikola Tesla* (1856–1943); 1 T = 1 Weber / m².

Thermische Neutronen

Ein Neutron, dessen Bewegungsenergie der eines Gases bei Zimmertemperatur entspricht, wird als *thermisch* bezeichnet. Diese Energie errechnet sich aus $E_{\text{th}} \approx kT$ (k = Boltzmann-Konstante $\approx$ $\approx 1{,}38 \cdot 10^{-23}$ J / K; T = absolute Temperatur in Kelvin). Es ergibt sich für 300 K ein Wert von $E_{\text{th}} \approx 4 \cdot 10^{-21}$ J oder ungefähr 0,025 eV (Faustwert: thermische Energie ungefähr 1/40 eV). Die Geschwindigkeit eines derartigen Neutrons errechnet sich aus $E_{\text{th}} = \frac{1}{2}\, mv^2$ mit $m \approx 1{,}67 \cdot 10^{-27}$ kg zu

$$v_{\text{th}} = \sqrt{\frac{2 \cdot 4 \cdot 10^{-21}}{1{,}67 \cdot 10^{-27}}} \approx 2{,}2 \cdot 10^3 \frac{\text{m}}{\text{s}}.$$

Sie beträgt also immer noch $v_{\text{th}} \approx 2200$ m / s. Für die Kernphysiker sind diese Neutronen ›langsam‹; dies gilt allgemein für alle Neutronen mit kleineren Energien als 1 eV. Th. N. haben einen hohen Wirkungsquerschnitt für die Spaltung von Uran 235 und überhaupt für das Eindringen in einen Atomkern *(Neutroneneinfang)*. Sie werden daher in → Kernreaktoren gebraucht, aber auch zur Erzeugung radioaktiver Nuklide (→ Kernphysik).

Thermodynamik

Der Begriff *Thermodynamik* ist eine moderne Bezeichnung für die *Wärmelehre.* Untersuchungsfeld der Th. ist daher alles, was mit Wärme zu tun hat. Sie bedient sich dabei vor allem der thermodynamischen Zustandsgrößen und der verschiedenen Hauptsätze, die in diesen Zustandsgrößen formuliert werden. Es ist heute möglich, alle Zustandsgrößen als statistische Mittelwerte mikroskopischer Zustände der einzelnen Teilchen – vor allem Energie und Impuls – zu deuten (→ statistische Mechanik, → kinetische Gastheorie). Wenn man trotzdem bei der ›alten‹ Beschreibung der Wärmephänomene durch Zustandsgrößen geblieben ist, so deshalb, weil ihre Änderungen als *kontinuierlich* behandelt werden und daher meist leichter mathematisch erfaßbar sind als die sprunghaften Änderungen der einzelnen Teilchen. Auf kontinuierliche Größen läßt sich nämlich die Infinitesimalrechnung mit ihren einfachen Gesetzen anwenden. Außerdem sind an einem makroskopischen System (z. B. einem Gas) zumeist nur Mittelwerte wie Druck, Temperatur usw. von Interesse, deren Änderungen wegen der riesigen Teilchenzahlen ›quasikontinuierlich‹ vonstatten gehen. Es gibt allerdings auch Erscheinungen (→ Rauschen, → Brownsche Molekularbewegung), die nur durch statistische Schwankungserscheinungen erklärbar sind.

Die elementaren thermodynamischen Zustandsgrößen

Durch welche Größen ist das makroskopische Verhalten eines Systems vollständig zu beschreiben? Wir beziehen uns dabei nur auf Gleichgewichtszustände, in denen das System zeitlich unveränderlich bleibt *(thermodynamisches Gleichgewicht)* oder sich zumindest so langsam ändert, daß man sagen kann, das System durchlaufe lauter Gleichgewichtszustände, könnte also in jedem Augenblick ›stehenbleiben‹. Unter diesen Bedingungen ist eine Zustandsgröße *unabhängig* von der Vorgeschichte des Systems. Sie ist also, wie der Name sagt, durch den gegenwärtigen Zustand des Systems eindeutig bestimmt. Die Beziehungen zwischen solchen Zustandsgrößen heißen *Zustandsgleichungen.*

Es ist ein oft verwirrender Zug der Th., Zustandsgleichungen meistens in differentieller Form anzugeben. Der Grund dafür ist, daß man dadurch von den jeweiligen (oft komplizierten) Nullpunktberechnungen der Zustandsgrößen frei wird, weil man ja nur noch *Änderungen* dieser Größen untersucht. Das Verfahren ist berechtigt, weil in der Praxis auch nur Zustandsänderungen wichtig sind und meist nicht die Absolutwerte der Zustandsgrößen selbst. Eine Ausnahme bilden allenfalls die Zustandsgrößen des *idealen Gases,* die man oft auch als *elementar* bezeichnet. Es sind dies der Druck, das Volumen und die Temperatur, die durch die → Gasgleichung miteinander verknüpft sind. Das *Volumen* ist durch die Gefäßwände vorgegeben und daher von vornherein eine Zustandsgröße. Die → Temperatur wird statistisch als Mittelwert der kinetischen Energie der Teilchen gedeutet. Auch sie ist nur vom gegenwärtigen Zustand des Gases abhängig. Der *Druck* schließlich läßt sich auf den Mittelwert des Impulses der Teilchen zurückführen, ist also auch durch den Mittelwert der *Translationsenergie* der Teilchen gegeben. Beachten Sie, daß die *gesamte* kinetische Energie der Teilchen größer sein kann als die Translationsenergie, wenn es Rotations- und Schwingungsfreiheitsgrade gibt! Zum Druck tragen aber nur die Translationsfreiheitsgrade bei. Nur für das einatomige ideale Gas sind Translationsenergie und Gesamtenergie identisch.

Für viele Anwendungen erweist es sich als zweckmäßig, aus diesen elementaren Zustandsgrößen durch multiplikative und additive Verknüpfungen neue Zustandsgrößen zu bilden, weil diese dann bei bestimmten Zustandsänderungen konstant bleiben oder weil sie bei solchen Zustandsänderungen *einem Minimum zustreben,* so daß der Gleichgewichtszustand durch dieses Minimum gegeben ist. Diese Größen spielen dann für das thermodynamische System dieselbe Rolle wie die potentielle Energie im Gravitationsfeld. Eine frei bewegliche Kugel wird auf hügeligem Gelände immer das (relative) Minimum der potentiellen Energie aufsuchen, d. h. in eine Mulde rollen und nicht etwa an einem Hang verharren. Ein thermodynamisches System verhält sich unter gegebenen Umständen bezüglich der zugehörigen ›thermodynamischen Potentiale‹ ganz genauso.

Die Entropie

Eine Sonderrolle spielt in diesem Zusammenhang die Entropie S. Sie ist wie der Druck p oder die Energie E eine additive Größe, gleichzeitig aber ein Maß für die thermodynamische Wahrscheinlichkeit eines Systems. Atomistisch gedeutet hat diese Wahrscheinlichkeit etwas mit den Anordnungen der Teilchen zu tun. Da sich Wahrscheinlichkeiten von gekoppelten Systemen immer multiplizieren, nicht addieren, kann die Entropie nicht einer Wahrscheinlichkeit selbst proportional sein, sondern nur dem Logarithmus einer solchen Wahrscheinlichkeit. Die statistische Definition der Entropie ist denn auch:

$$S = k \cdot \ln P + S_0. \qquad (1)$$

Die Größe S_0 drückt aus, daß wir den Nullpunkt der Entropie hier nicht festlegen wollen. Das ist auch für alles weitere nicht nötig – und übrigens nur durch kompliziertere theoretische Berechnungen möglich, k ist die → Boltzmann-Konstante. Die empirische Definition der Entropie aus der Wärmelehre dagegen lautet für reversible (umkehrbare) Zustandsänderungen:

$$dS = \frac{dQ}{T}$$

oder bei konstanter Temperatur:

$$\Delta S = \frac{\Delta Q}{T}. \qquad (2)$$

Das sieht auf den ersten Blick völlig anders aus, und die Gleichwertigkeit beider Definitionen ist allgemein auch nicht leicht abzuleiten. Anhand eines einfachen Beispiels aber kann man wenigstens für ein ideales Gas die Übereinstimmung zeigen. Ausgangspunkt ist ein Gefäß, gefüllt mit einem idealen Gas, dessen Volumen sich mit Hilfe eines reibungsfrei beweglichen Kolbens auf das Doppelte vergrößern läßt. Diese Entspannung soll isotherm (bei gleicher Temperatur) erfolgen und damit in jedem Fall reversibel sein. Die notwendige Wärmezufuhr gewährleistet ein äußeres Wärmereservoir, das mit dem Gasvolumen in thermischem Kontakt steht (Figur 1). Die Arbeit W, die das Gas bei dieser Expansion am Kolben leistet, ist

$$W = \int_{V_1}^{V_2} p \cdot dV. \qquad (3)$$

Setzt man aus der Zustandsgleichung des idealen Gases für

$$p = \frac{1}{V} \cdot \nu \cdot RT$$

ein, so kann man das Integral ausrechnen und erhält wegen $V_2 = 2 \cdot V_1$

$$W = \nu \cdot RT \cdot \ln \frac{V_2}{V_1} = \nu \cdot RT \cdot \ln 2. \qquad (4)$$

Diese Arbeit kann nur durch die Wärmezufuhr ΔQ gedeckt worden sein, denn die Temperatur des Gases hat sich nicht geändert. Die bei diesem Vorgang erfolgte Entropieänderung ΔS muß daher folgende Größe haben:

$$\Delta S = \nu \cdot R \cdot \ln 2. \qquad (5)$$

Die Änderung ΔS ist positiv, die Entropie des Gases hat also zugenommen. Um nun den Wahrscheinlichkeitsunterschied des Systems vor und nach der Entspannung auszurechnen, müssen wir uns nur vorstellen, daß sich alle Teilchen zufällig wieder auf der linken Hälfte des Gefäßes einfinden, ohne daß sie der Kolben dazu zwingt. Die Wahrscheinlichkeit für einen solchen Vorgang ist $P = (\frac{1}{2})^N$, wobei N die Zahl der Teilchen ist. Um dieses Ergebnis zu erhalten, muß man lediglich annehmen, daß sich jedes Teilchen mit der

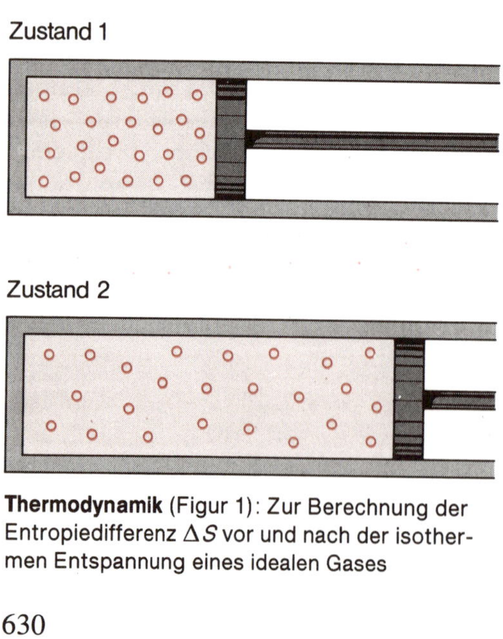

Thermodynamik (Figur 1): Zur Berechnung der Entropiedifferenz ΔS vor und nach der isothermen Entspannung eines idealen Gases

Wahrscheinlichkeit ½ in der linken Hälfte aufhält, was sicher einleuchtend ist. Bei der Riesenzahl N der Gasmoleküle (etwa 10^{20} pro cm^3) ist andererseits die Wahrscheinlichkeit dafür, daß sich die Moleküle annähernd gleichmäßig über das verfügbare Volumen verteilen, nahezu eins. Der Wahrscheinlichkeitsquotient ist also $1:(½)^N$. Mit anderen Worten: Zustand 2 ist 2^N mal wahrscheinlicher als Zustand 1. Nach Gleichung (1) gilt

$$\Delta S = k \cdot \ln P_2 + S_o - k \cdot \ln P_1 - S_o;$$
$$\Delta S = k \cdot \ln \frac{P_2}{P_1};$$
$$\Delta S = k \cdot \ln 2^N$$

und damit

$$\Delta S = k \cdot N \cdot \ln 2. \qquad (6)$$

Bedenkt man noch, daß die Teilchenzahl, multipliziert mit der Boltzmann-Konstanten, nichts anderes ist als die Gaskonstante R, multipliziert mit der Molzahl ν, dann hat man die völlige Übereinstimmung zwischen den Gleichungen (6) und (5) erreicht.

Bei Vielteilchensystemen ist – das zeigt auch dieses Beispiel – die Wahrscheinlichkeit eines irgendwie geordneten Systems extrem viel kleiner als die eines ungeordneten Systems. Die Entropie läßt sich deshalb auch als *Maß für die Unordnung* eines Systems auffassen.

Abgeschlossene Systeme – ohne irgendwelchen Kontakt zur Umgebung – werden, von minimalen Schwankungen abgesehen, deshalb immer von selbst einen Zustand einnehmen, dessen Entropie maximal ist. Der Gleichgewichtszustand eines abgeschlossenen Systems ist also immer der mit maximaler Entropie.

Der erste Hauptsatz der Thermodynamik

Wärme ist eine Form von Energie. Sie steckt in der ungeordneten Bewegung der Moleküle. Dies ist der eigentliche Inhalt des ersten Hauptsatzes. Wenn Wärme eine Energieform ist, dann muß für sie auch der Energiesatz gelten, und damit formuliert man den ersten Hauptsatz üblicherweise so:

$$\Delta U = \Delta Q + \Delta W. \qquad (7)$$

Die innere Energie eines Systems kann nur zunehmen (um ΔU), wenn man entweder eine Wärmeenergie (ΔQ) oder eine mechanische Arbeit (ΔW) oder beides hineinsteckt. Dabei kann U innere Bewegungsenergie bedeuten, aber auch irgendwelche Bindungsenergien oder potentielle Energie in einem Feld. Im Fall des idealen Gases kommt allerdings nur Bewegungsenergie vor. Beachten Sie, daß sowohl W als auch Q positiv gerechnet werden, wenn sie dem System zugeführt werden. Auf die Wärmemenge ΔQ bezogen, schreibt man Gleichung (1) als

$$\Delta Q = \Delta U - \Delta W. \qquad (8)$$

Dann interpretiert man den ersten Hauptsatz so: Die zugeführte Wärmeenergie ΔQ wird zum Teil zur Erhöhung der inneren Energie (ΔU), zum Teil zum Leisten von Arbeit nach außen ($-\Delta W$) eingesetzt. Natürlich sind beide Formulierungen gleichwertig.

Die mechanische Arbeit kann sich bei einem Festkörper z. B. im Zerbrechen äußern. Bei einem idealen Gas kommt aber immer nur die Änderung des Volumens beim Druck p vor. Dabei ist ΔW positiv, wenn das Gas Arbeit aufnimmt, d. h. wenn sich sein Volumen verkleinert:

$$\Delta W = -p \cdot \Delta V. \qquad (9)$$

Für das ideale Gas lautet also der erste Hauptsatz:

$$\Delta Q = \Delta U + p \cdot \Delta V. \qquad (10)$$

Der erste Hauptsatz der Th. wird manchmal auch als Satz von der Unmöglichkeit eines *Perpetuum mobiles 1. Art* umschrieben. Darunter versteht man eine Maschine, die aus dem Nichts Energie schöpft. Man hat bisher keinen Prozeß gefunden, der dies möglich macht. Insofern ist dieser Satz eine Erfahrungstatsache, obwohl es theoretische Möglichkeiten gibt, ihn aus allgemeineren Prinzipien herzuleiten (→ Erhaltungssätze). Der Bezug auf die Wärmelehre bedeutet nur, daß ein Perpetuum mobile 1. Art auch dann unmöglich ist, wenn man die Wärme als Energieform zuläßt.

Der zweite Hauptsatz der Thermodynamik

Für diesen Satz gibt es verschiedene Formulierungen. Die wesentliche Größe des zweiten Hauptsatzes ist die Entropie. Deshalb ist er seiner Natur nach eine *Wahrscheinlichkeitsaussage.* Seine Aussagekraft erreicht aber trotzdem die Sicherheit anderer physikalischer Sätze – womöglich sogar eine noch größere, weil sie in Zahlen ausdrückbar ist. Der Grund liegt in der ungeheuren Teilchenzahl makroskopischer Systeme und der damit verbundenen Schärfe von Wahrscheinlichkeiten. Für Systeme mit *wenigen* Teilchen allerdings verliert der zweite (und dritte) Hauptsatz seinen Sinn. Er lautet:

In einem *abgeschlossenen System* kann die Gesamtentropie nie *wesentlich* abnehmen.

Wesentlich heißt dabei: mehr als die statistische Schwankung von der Größenordnung der Boltzmannkonstanten. Ist das System im thermodynamischen Gleichgewicht, so ändert sich auch die Entropie nicht, ist es nicht im Gleichgewicht, so kann die Entropie nur *zunehmen.*

Eine andere Formulierung lautet:

Makroskopische Prozesse laufen stets so ab, daß die Gesamtentropie dabei zunimmt. Das gilt auch für Kraftmaschinen aller Art; man muß nur die Umgebung in die Entropiebetrachtung einbeziehen.

Wieder eine andere Formulierung lautet:

Es gibt *irreversible Vorgänge,* nämlich solche, in denen die Entropie zugenommen hat. Sie machen sich nie *von selbst* rückgängig.

Der Wärmeausgleich zwischen zwei Körpern unterschiedlicher Temperatur ist ein solcher Vorgang. Deshalb ist auch die folgende – und hier letzte – Formulierung des zweiten Hauptsatzes richtig:

Es gibt kein *Perpetuum mobile 2. Art,* d. h. keine Maschine, die nichts anderes macht, als *einen* Körper abzukühlen und dafür Arbeit zu leisten. Ein derartiger Prozeß müßte nämlich die selbständige Umkehrung des Temperaturausgleichs benützen, eines irreversiblen Vorgangs also. Das kann natürlich nicht gehen.

Auch die Wärmepumpe (→ Kreisprozesse) verletzt den zweiten Hauptsatz nicht. Daß man mit ihr ›Wirkungsgrade‹ größer als 1 erreicht, liegt an der Definition der ›Nutzwärme‹.

Der dritte Hauptsatz der Thermodynamik

Diese Aussage wird auch als *Nernstsches Wärmetheorem* bezeichnet, nach *Walther Nernst* (1864–1941). Sie lautet:

Die Entropie eines ›reinen‹ thermodynamischen Systems strebt gegen Null, wenn sich das System dem absoluten Nullpunkt nähert.

Man kann sich das so vorstellen: Am absoluten Nullpunkt wird jedes der identischen Teilchen die tiefstmögliche Energie besitzen, die mit der Heisenbergschen Unschärferelation verträglich ist (sog. *Nullpunktsenergie*). Es sitzt also energetisch im absoluten Grundzustand. Dann gibt es aber nur noch eine einzige mögliche Anordnung, d. h., die Wahrscheinlichkeit für diese Anordnung ist 1, die Entropie also Null. Bei gemischten Systemen aus unterschiedlichen Teilchen (z. B. Isotopengemische oder Legierungen) bleibt allerdings auch am absoluten Nullpunkt eine Mischungsentropie übrig. Darauf gehen wir nicht weiter ein. Wichtiger ist eine andere Konsequenz, die aus der Gleichung $\Delta S = \Delta Q / T$ folgt. Wenn T gegen Null geht, muß ΔQ in höherer Potenz als T gegen Null gehen, wenn ΔS ebenfalls gegen Null gehen soll. Die Wärmemenge ΔQ, die man dem System entziehen kann, nimmt schneller ab, als die Temperatur dadurch abfällt. Es ist daher unmöglich, den absoluten Nullpunkt durch laufenden Wärmeentzug auch tatsächlich zu erreichen. Er bekommt durch den dritten Hauptsatz den Charakter eines unerreichbaren Grenzwertes.

Weitere Zustandsgrößen

Weiter oben habe ich schon angedeutet, daß es je nach den Umständen außer den elementaren Zustandsgrößen noch andere, aus diesen gebildete Verknüpfungen gibt, die ebenfalls Zustandsgrößen sind und die sich vor allem zur Beschreibung bestimmter thermodynamischer Gleichgewichte besser eignen als Druck, Temperatur und Volumen allein. Natürlich handelt es sich dann nicht um abgeschlossene Systeme, denn für diese gibt ja, wie bereits gezeigt, das Maximum der Entropie den Gleichgewichtszustand an. Alle diese ›kombinierten‹ Zustandsgrößen lassen sich (für Gase) aus einer einzigen Gleichung herleiten, die man erhält, wenn man im ersten Hauptsatz ΔQ durch $T \cdot \Delta S$ ersetzt. Das ist sicher zulässig, denn in der Nähe des Gleichgewichts sind alle Zustandsänderungen in genügender Näherung reversibel. Setzt man in $\Delta U = T \cdot \Delta S + \Delta W$ noch in Rechnung, daß für ein ideales Gas ΔW nur aus $-p \cdot \Delta V$ bestehen kann, dann erhält man

$$\Delta U + p \cdot \Delta V - T \cdot \Delta S = 0. \quad (11)$$

Im thermodynamischen Gleichgewicht muß also diese Gleichung (für das ideale Gas) erfüllt sein. Nun lassen sich jedoch verschiedene Größen zwangsweise in einem System konstant halten: das Volumen durch ein festes Gefäß, die Temperatur durch ein Wärmebad, der Druck durch entsprechende Arbeitsleistung über einen Kolben oder auch die Wärmemenge durch thermische Isolation des Gases. Jede dieser Zwangsbedingungen hat ihren eigenen (griechischen) Namen: Wenn $\Delta V = 0$ (Volumen konstant) ist, heißt das System oder der Prozeß *isochor*. Die weiteren Bezeichnungen lauten: *isotherm* für konstante Temperatur ($\Delta T = 0$), *isobar* für konstanten Druck ($\Delta p = 0$) und *adiabatisch* für konstanten Wärmegehalt ($\Delta Q = T \cdot \Delta S = 0$).
Für $\Delta T = 0$ und $\Delta V = 0$ wird aus Gleichung (11) die Bedingung

$$\Delta U - T \cdot \Delta S = \Delta (U - T \cdot S) = 0. \quad (12)$$

Im Gleichgewicht ändert sich die Größe $F = U - T \cdot S$ nicht, hat also einen Extremwert (hier ein Minimum). F heißt die *freie Energie* des Systems. Sie sehen anhand dieses Beispiels, wie solche neuen Zustandsgrößen gebildet werden: Man sucht das totale Differential einer Verknüpfung, setzt es Null und hat damit die

Bedingungen festgelegt, unter denen diese Verknüpfung bzw. ihr Minimum den Gleichgewichtszustand definiert. Offenbar lassen sich aus der Gleichung (11) noch drei weitere Differentiale herausziehen.
Für $\Delta p = 0$ und $\Delta T = 0$ wird der gesamte Ausdruck zu einem vollständigen Differential:

$$\Delta (U + p \cdot V - T \cdot S) = 0. \qquad (13)$$

Das Gleichgewicht ist dann durch das Minimum der Größe $G = U + p \cdot V - T \cdot S$ gegeben. Die Größe G heißt *freie Enthalpie* oder auch *Gibbsches Potential*, nach *Josiah Gibb* (1839–1903).
Für $\Delta Q = 0$ und $\Delta p = 0$ wird

$$\Delta (U + p \cdot V) = 0. \qquad (14)$$

Jetzt liegt das Gleichgewicht des Systems im *Minimum der Enthalpie* $H = U + p \cdot V$. Schließlich können auch $\Delta Q = 0$ und $\Delta V = 0$ sein. Dann ist einfach

$$\Delta U = 0, \qquad (15)$$

und das Gleichgewicht ist durch das Minimum der inneren Energie U gegeben.
Diese neuen Zustandsgrößen finden ihre Anwendung in vielen technischen Prozessen (→ Joule-Thomson-Effekt), auf die wir hier jedoch nicht eingehen können.

Thermoelektrizität

Elektrischer Strom durch Wärme sowie eine Verbindung zwischen Wärmeenergie und elektrischer Energie sind möglich, wenn man einen Stromkreis aus zwei Leitermaterialien mit unterschiedlicher → Austrittsarbeit bildet. An den Verbindungsstellen der beiden Leiter (meist: Metalle) entsteht ein elektrisches Feld, dessen Größe von der Temperatur der Verbindung abhängt. Wenn man also die beiden Kontaktstellen auf unterschiedliche Temperaturen bringt, entsteht im Kreis ein ›Überschuß‹ an elektrischer Feldstärke, der als elektromotorische Kraft (Abk. *EMK;* → elektrochemische Stromquellen) wirkt und einen Strom durch den Kreis treibt (*Seebeck-Effekt*, → Spannungsreihe). Umgekehrt wird ein von einer anderen EMK angetriebener Strom einen der beiden Kontakte abkühlen, den anderen erwärmen (→ Peltier-Effekt). Die durch Temperaturunterschiede der beiden Kontaktstellen erreichbaren Stromstärken, die sog. *Thermoströme*, können mehrere hundert Ampere erreichen, wenn der Widerstand des Kreises entsprechend klein ist. Ihre wichtigsten Anwendungen findet die Thermoelektrizität in dem zur punktuellen Kühlung dienenden Peltier-Element und im → Thermoelement.

Thermoelement

Die → Thermoelektrizität läßt sich in Gestalt des *Thermoelements* zur Temperaturmessung verwenden. Ein Stromkreis wird aus zwei Leiterdrähten gebildet. Eine Lötstelle dient als Meßstelle, die andere wird auf eine Bezugstemperatur (z. B. Eiswasser) gebracht. Die entstehenden *Thermospannungen (Kontaktspannungen)* liegen zwar nur in der Größenordnung von einigen Millivolt (→ Spannungsreihe), können aber gut gemessen werden. Für gängige Leiterkombinationen (z. B. Eisen-Konstantan oder Platin-Platinrhodium) stehen Tabellen zur Verfügung, die die Umrechnung der gemessenen Thermospannung auf die Temperaturdifferenz gestatten. In modernen Geräten besorgt dies ein Mikroprozessor.

Thermometer

Geräte zur Messung der → Temperatur können auf recht verschiedenen Prinzipien beruhen. Am bekanntesten sind die *Ausdehnungsthermometer*, z. B. das heute schon selten gewordene Quecksilberthermometer. Eine Flüssigkeit (Quecksilber oder gefärbter Alkohol) wird in einen kleinen Glaskolben gefüllt, der mit einer sehr engen Kapillare verbunden ist. Schon eine kleine Ausdehnung der Flüssigkeit im Kolben läßt sie in der Kapillare weit aufsteigen. Die Steighöhen sind unmittelbar in Grad Celsius (°C) geeicht. Für den täglichen Gebrauch ebenfalls gut geeignet sind *Bimetallthermometer.* Sie bestehen aus einer meist spiralig gewundenen Doppelmetallfeder, die direkt mit einem Zeiger verbunden ist. Die beiden Metallschichten der Feder haben unterschiedliche Ausdehnungskoeffizienten. Die Spirale ist bei unterschiedlichen Temperaturen deshalb auch verschieden stark eingerollt. Das Zeigerwerk kann direkt in Temperaturen geeicht werden oder einen Kontakt betätigen *(Thermostat*).
Für wissenschaftliche Zwecke besser geeignet sind → Thermoelemente, Widerstandsthermometer und *Gasthermometer.* Letztere nutzen den Zusammenhang zwischen Druck und Temperatur eines nahezu idealen Gases wie Helium (→ Gasgleichung). Das *Widerstandsthermometer* setzt die Temperaturabhängigkeit von Widerständen zur Messung der Temperatur ein. Alle diese Geräte sind in einem Temperaturbereich von einigen Kelvin (Gasthermometer) bis etwa 2000 K (Thermoelement) brauchbar. Für extrem niedrige Temperaturen sind recht raffinierte Meßmethoden notwendig, z. B. die Auswertung der Magnetisierungskurven paramagnetischer Salze.
Bei Temperaturen oberhalb 2000 K sind Meßgeräten Materialgrenzen gesetzt, als einzige Meßmethode bleibt die Auswertung des Strahlungsspektrums (→ Pyrometrie, → Strahlungsgesetze).

Tieftemperaturphysik

Nach dem dritten Hauptsatz der → Thermodynamik ist der absolute Temperaturnullpunkt nicht erreichbar. Man kann ihm aber beliebig nahe kommen. Allerdings werden die dazu nötigen Apparaturen immer aufwendiger. Der Sinn dieser Anstrengungen liegt darin, daß sich bei sehr tiefen Temperaturen makroskopische Quantenzustände der Materie einstellen, die man untersuchen kann und die Aufschluß über die Struktur der Materie geben, wie z. B. die → Supraleitung oder die → Superfluidität von Helium. Es gibt noch viele andere Effekte, die man nur bei tiefen Temperaturen beobachten kann, so z. B. den erst kürzlich populär gewordenen *Quantenhalleffekt* (*Klaus von Klitzing* 1975; → Hall-Effekt).
Die T. sucht zum einen nach geeigneten Verfahren, um möglichst nahe an den absoluten Nullpunkt heranzukommen, zum anderen macht sie die dabei auftretenden Erscheinungen auch selber zum Forschungsgegenstand. Ich will hier nur einige Methoden aufzählen, die auf tiefe Temperaturen führen.
Bei Temperaturen um 300 K sind Kältemaschinen in Gebrauch, die durch → Kreisprozesse betrieben werden, z. B. der Kühlschrank. Bestimmte Kreisprozesse, die den → Joule-Thomson-Effekt nutzen, kann man bis zur Verflüssigung der Luft treiben (Siedepunkt des flüssigen Stickstoffs bei −195,8 °C ≈ 78 K).

Tieftemperaturphysik: Mit dieser Kälteanlage wurde eine Temperatur von 0,000038 K über dem absoluten Nullpunkt erreicht; das Photo zeigt den Zusammenbau der letzten Kühlstufe, in der ein Kupferblock einem extrem starken Magnetfeld zur adiabatischen Entmagnetisierung der Atomkerne ausgesetzt wird. © Kernforschungsanlage Jülich GmbH

Das Abpumpen des Dampfes entzieht der Flüssigkeit weitere Energie. Sie kühlt sich ab, bis sie gefriert. Man kommt auf diese Weise bis etwa 55 K. Luft wird bei dieser Temperatur zum Festkörper.

Der Joule-Thomson-Effekt oder auch die ›gewöhnliche‹ Gaskältemaschine (Stirling-Maschine) funktionieren auch mit anderen Gasen, der erstere allerdings nur, wenn das Gas vorher unter die *Inversionstemperatur* vorgekühlt worden ist. Man erreicht auf diese Weise selbst großtechnisch die Temperaturen des flüssigen Wasserstoffes (bei Atmosphärendruck) von etwa 30 K und die des flüssigen Heliums von 4,2 K. Durch Abpumpen von Heliumdampf läßt sich die Flüssigkeit auf 0,8 K abkühlen. Helium ist übrigens der einzige Stoff, der bei Atmosphärendruck nicht gefriert, auch wenn man ihn bis zum absoluten Nullpunkt abkühlen könnte. Man muß (bei 1 K) hohe Drücke auf die Heliumflüssigkeit ausüben – etwa 25 bar –, um sie zu verfestigen. Das alles gilt für das Heliumisotop 4, das eine Bose-Flüssigkeit darstellt, weil dieses Isotop einen ganzzahligen Spin hat (→ Elementarteilchen).

Unterhalb von 1 K wird es mühsam, noch tiefere Temperaturen zu erzielen. Eine Methode besteht darin, ein paramagnetisches Salz bei 1 K völlig zu magnetisieren und die dabei entstehende Wärme abzuführen, so daß die Temperatur bei 1 K bleibt. Isoliert man nun das Salz thermisch durch Evakuieren und schaltet das Magnetfeld ab, so geht der Verlust an Ausrichtung der Elementarmagnete auf Kosten der Temperatur: Das Salz kühlt sich ab *(adiabatische Entmagnetisierung)*. Nutzt man auf ähnliche Weise noch den Kernmagnetismus zur Kühlung, dann sind kurzzeitig Temperaturen bis hinab zu einigen μK (10^{-6} K) erzeugbar. Die wichtigsten Erscheinungen bei diesen tiefen Temperaturen sind jedoch die bereits erwähnten und auch schon bei höheren Temperaturen beobachtbaren Phänomene der Supraleitung und der Superfluidität.

Tonfrequenz

Frequenzen (auch elektromagnetische) im Bereich zwischen 16 Hz und 20000 Hz bezeichnet man in Übereinstimmung mit dem Hörbereich des Menschen als Tonfrequenzen.

Tonne

Abk. t, eine Masseneinheit (→ Maße und Maßsysteme); 1 t = 1000 kg.

Torr

Heute nicht mehr zulässige Druckeinheit (→ Maße und Maßsysteme); 1 Torr = = 1 mm Quecksilbersäule = 133,3 Pascal = 1,333 · 10^{-3} Bar (→ Torricellischer Versuch).

Torricellischer Versuch

Evangelista Torricelli (1608–1647) entdeckte den endlichen Druck der Atmosphäre und erfand das Quecksilberbarometer. Er füllte Quecksilber in eine einseitig abgeschmolzene Glasröhre von etwa 1 m Länge und stellte die gefüllte Röhre in ein Quecksilberbad. Er stellte fest, daß er keine höhere Quecksilbersäule als etwa 760 mm erreichen konnte, obwohl zwischen der Quecksilberoberfläche und dem verschlossenen Ende der Röhre ein ›leerer‹ Raum blieb, den man zunächst *Torricellische Leere*, später einfach *Vakuum* nannte.
Eine moderne Variante des Versuches verläuft folgendermaßen: Eine Glasröhre ist mit einem dicht schließenden, aber leicht verschiebbaren Stempel versehen, ähnlich einer Spritze. Man taucht die Röhre mit ganz nach unten geschobenem Stempel in eine mit Quecksilber gefüllte Wanne ein. Nun zieht man den Stempel nach oben. Das Quecksilber folgt dem Stempel, ohne einen Zwischenraum zu lassen, bis in eine Höhe von etwa 760 mm (in Meereshöhe). Die Deutung: Der äußere Luftdruck entspricht genau dem Druck, den die Quecksilbersäule ausübt (Figur 1). Strenggenommen müßte man dafür sorgen, daß der innere Zusammenhalt der Flüssigkeit keine Rolle spielen kann, etwa durch Klopfen an die Rohrwand oder durch Einstrahlen von Ultraschallwellen. Wenn die Säule die Höhe erreicht hat, die dem Außendruck entspricht, kann man den Stempel beliebig weiter hochziehen und erzeugt dadurch nur noch mehr ›leeren‹ Raum über der Säule. Genaugenommen ist dieses Volumen aber nicht leer, sondern mit Quecksilberdampf gefüllt. Bei Zimmertempera-

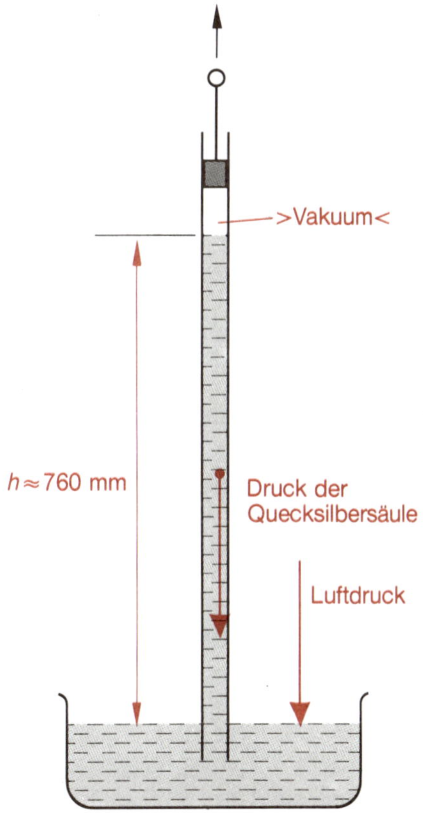

Torricellischer Versuch (Figur 1): Das Quecksilberbarometer nach Evangelista Torricelli tur ist aber der → Dampfdruck von Quecksilber so klein, daß er gegenüber dem Luftdruck keine Rolle spielt. Wenn ρ_{Hg} die Dichte des Quecksilbers ist ($\approx$ 13,6 g / cm³), dann erzeugt eine Quecksilbersäule der Höhe h den Druck

$$p = \rho_{Hg} \cdot g \cdot h$$

(g = Erdbeschleunigung $\approx$ 9,81 m / s²). Unter Normalbedingungen (Meereshöhe, 0 °C) herrscht am Erdboden der Atmosphärendruck von 1,013 bar. Daraus ergibt sich h zu 0,76 m oder eben 760 mm. Eine Anordnung wie in Figur 1 kann also zum Messen des Luftdrucks verwendet werden *(Barometer),* und früher hat man den gemessenen Druck direkt in ›Millimeter Quecksilbersäule‹ angegeben und diese Druckeinheit auch *Torr* genannt, zu Ehren Torricellis. Wenn auch diese Einheit im gesetzlichen Verkehr nicht mehr zugelassen ist (→ Maße und Maßsysteme), wird sie doch wohl noch einige Zeit in Gebrauch bleiben.

Totalreflexion

Unter einer T. versteht man die durch das Brechungsgesetz erzwungene totale Reflexion einer Welle an der Grenze von einem Medium mit kleinerer zu einem mit größerer Ausbreitungsgeschwindigkeit. In der → Optik ist die kleinere Ausbreitungsgeschwindigkeit mit dem größeren Brechungsindex gleichzusetzen. Dann tritt T. auf beim Übergang vom optisch dichteren Medium (größerer Brechungsindex) zum optisch dünneren (→ Wellen).

Trägheitskräfte

Nach dem Trägheitsgesetz (→ Newtonsche Gesetze) ändert eine Masse ihren geradlinig gleichmäßig bewegten Zustand nur, wenn sie durch eine Kraft dazu gezwungen wird. Man kann auch sagen: Ein massiver Körper setzt einer Veränderung seiner gleichmäßig geradlinigen Bewegung – das heißt einer → Beschleunigung – einen Widerstand entgegen, der seiner trägen → Masse proportional ist. Dieser Widerstand wird als *Trägheitskraft* bezeichnet. Von einem mit dem Körper mitbewegten → Bezugssystem aus gesehen wirkt auf den Körper tatsächlich eine Kraft. Von einem ›ruhenden‹ äußeren Bezugssystem *(Inertialsystem)* aus dagegen muß auf den Körper eine Kraft ausgeübt werden, um ihn auf seiner nicht geradlinig gleichförmigen Bahn zu halten. Beide Kräfte sind einander gleich, aber entgegengesetzt gerichtet. Der Übergang von einem Inertialsystem in ein beschleunigtes System ›erzeugt‹ sozusagen Kräfte, die ›von selbst‹ an allen trägen Massen angreifen. Im allgemeinen Fall ungleichmäßiger Beschleunigungen sind auch die T. ungleichmäßig. Der mathematische Aufwand für die Formulierung dieser Kräfte ist nur dann erträglich, wenn man sich auf konstante Beschleunigungen beschränkt. Außerdem untersucht man meist nur zwei Spezialfälle: Die Beschleunigung erfolgt in Richtung der Bewegung (bzw. der Geschwindigkeit wie bei der startenden Rakete), oder sie steht senkrecht zur Bewegung (wie bei der Rotation).

Trägheitskräfte in einer Rakete
Solange der Antrieb einer Rakete eingeschaltet ist, wird sie eine geradlinig beschleunigte Bewegung ausführen. Die Massen im Inneren versuchen wegen ihrer Trägheit, hinter dieser Beschleunigung zurückzubleiben. Sollen sie die Bewegung der Rakete mitmachen, so muß ihnen die Beschleunigung der Rakete aufgeprägt werden. Das geschieht einfach

durch die Raketenteile, genaugenommen also durch die mechanische Festigkeit der Konstruktion, d. h. letztlich durch die inneratomaren elektrischen Felder. Der Schalensitz, in dem der Astronaut liegt, überträgt schließlich die Raketenbeschleunigung auch auf ihn. Er spürt, daß er mit der Kraft $m \cdot b$ in den Sitz gepreßt wird (m ist seine Masse, b die Raketenbeschleunigung). Diese T. verschwindet sofort, wenn man den Raketenantrieb abschaltet, da sich Rakete und Astronaut dann kräftefrei bewegen.

Zentrifugalkraft (Fliehkraft) und Zentripetalkraft

Von besonderer Bedeutung sind die T. in gleichmäßig rotierenden Bezugssystemen. Man glaubt vielleicht zunächst, daß es bei einer derart gleichmäßigen Bewegung, wie es z. B. die Erdumdrehung ist, überhaupt keine Beschleunigung gibt, weil sich die Rotationsgeschwindigkeit nicht ändert. Das ist jedoch ein Trugschluß, denn die Geschwindigkeit ist ja ein Vektor. Auch die Änderung ihrer *Richtung* allein erfordert eine Beschleunigung. Wenn ein Körper eine Kreisbahn ausführen soll, muß er *dauernd* senkrecht zu seiner Bewegungsrichtung beschleunigt werden. Von einem Inertialsystem aus gesehen muß also eine konstante Kraft auf ihn wirken, die zum Zentrum der Kreisbahn weist: die *Zentripetalkraft.* Schleudern Sie einen Stein an einer Schnur im Kreis herum, so spüren Sie diese Kraft deutlich. Sie müssen Sie aufbringen, um den Stein auf der Kreisbahn zu halten. Im gleichen Moment, in dem Sie die Schnur loslassen, verläßt der Stein die Kreisbahn und fliegt gemäß dem Trägheitsgesetz geradlinig (tangential) weiter.

Ein rotierender Beobachter beurteilt die Lage etwas anders. Er stellt fest, daß eine Masse in seinem System nur dann auf ihrem (rotierenden) Platz bleibt, wenn man sie dort festhält. Frei bewegliche Massen streben vom Zentrum der Kreisbahn weg, so, als ob auf sie eine Kraft wirken würde. Diese Kraft heißt daher *Zentrifugalkraft* oder *Fliehkraft.* Sie wird offenbar durch die Massenträgheit hervorgerufen. Zentrifugalkraft und Zentripetalkraft sind einander entgegengesetzt gleich. Benutzt man sie beide zur Beschreibung der Kreisbewegung, dann kann man von einem Kräftegleichgewicht in der Bewegung sprechen *(dynamisches Gleichgewicht).* Zentripetal- und Zentrifugalkraft

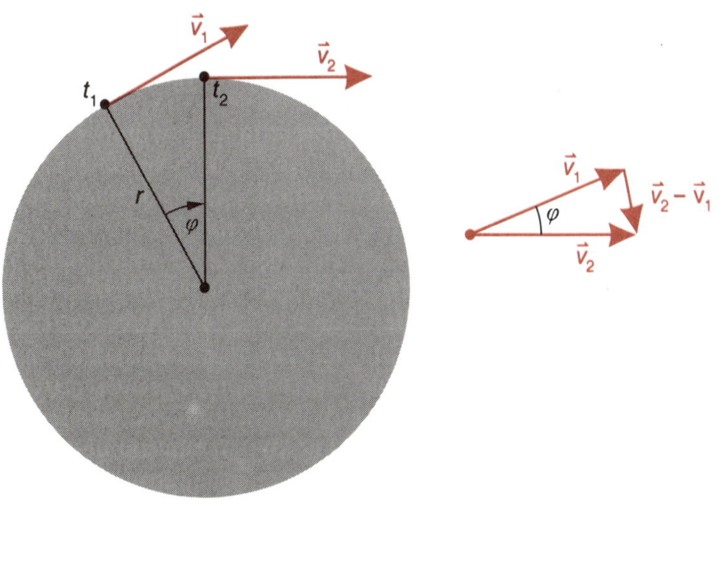

Trägheitskräfte (Figur 1): Zur Ableitung der Zentripetalkraft, es gilt $\varphi = \omega t_2 - \omega t_1$; der Winkel φ ist der Deutichkeit halber stark übertrieben gezeichnet.

spielen bei der Kreisbewegung dieselbe Rolle wie Antriebskraft und ›normale‹ Trägheitskraft bei der linearen Beschleunigung. Mit Hilfe dieser T. können bewegte Systeme kräftemäßig wie ruhende Systeme behandelt werden.
Wie groß muß nun die Zentripetalkraft sein, die einen Körper der Masse m auf einer Kreisbahn hält? Analog zur geradlinigen Bewegung setzen wir

$$\vec{F} = m \cdot \vec{b} \qquad (1)$$

und berechnen $\vec{F}$, indem wir $\vec{b} = \mathrm{d}\vec{v}/\mathrm{d}t$ durch $\Delta\vec{v}/\Delta t$ ersetzen (Figur 1). Das kann man näherungsweise immer tun, und die Näherung wird um so besser, je kleiner man $\Delta\vec{v}$ bzw. Δt macht. Die Differentiale $\mathrm{d}t$ und $\mathrm{d}\vec{v}$ sind ja auch mathematisch nichts anderes als die Grenzwerte sehr kleiner Differenzen $\Delta\vec{v} = \vec{v}_2 - \vec{v}_1$ bzw. $\Delta t = t_2 - t_1$. Mit der Kreisfrequenz ω wird der Winkel zwischen $\vec{v}_2$ und $\vec{v}_1$ zu $\varphi = \omega t_2 - \omega t_1$. Für kleine φ (Voraussetzung!) ist $|\vec{v}_2 - \vec{v}_1| \approx v \cdot \varphi = v \cdot \omega \cdot \Delta t$. Nun ist aber die Tangentialgeschwindigkeit v dem Betrag nach gleich $\omega \cdot r$, so daß für die Zentripetalbeschleunigung gilt:

$$b = \frac{|\Delta\vec{v}|}{\Delta t} = \frac{|\vec{v}_2 - \vec{v}_1|}{\Delta t} = \frac{\omega^2 \cdot r \cdot \Delta t}{\Delta t} = \omega^2 \cdot r. \qquad (2)$$

Die Zentripetalkraft F ist daher dem Betrag nach gleich

$$F = m \cdot \omega^2 \cdot r. \qquad (3)$$

Der Vektor $\vec{F}$ ist immer zum Zentrum hin gerichtet. Die Fliehkraft ist dem Betrag nach genauso groß, aber radial nach außen gerichtet. Fliehkräfte wachsen mit dem Quadrat der Winkelgeschwindigkeit oder Kreisfrequenz ω und linear mit der Entfernung vom Zentrum. Sie überschreiten daher mit zunehmender Drehzahl jede vorgegebene Grenze. Massive Körper können wegen der Fliehkräfte zerreißen, wenn man sie zu schnell rotieren läßt. Das begrenzt z. B. die Drehzahl von Flugzeugturbinen. Wie schnell müßte sich wohl die Erde drehen, damit die Gegenstände auf ihrer Oberfläche gewichtslos würden? Setzen wir die Schwerkraft $m \cdot g$ gleich der Fliehkraft $m \cdot \omega^2 \cdot R$ und lösen nach ω auf, so haben wir die Antwort

$$\omega = \sqrt{\frac{g}{R}}.$$

Da die Erdbeschleunigung $g \approx 10\ \mathrm{m/s^2}$ und der Erdradius $R \approx 6\,400$ km ist, ergibt sich $\omega \approx 1{,}25 \cdot 10^{-3}\ 1/\mathrm{s}$. Diese Winkelgeschwindigkeit entspricht einer Umdrehungsdauer von

$$T = \frac{2\pi}{\omega} \approx 5026\ \mathrm{s} = 83{,}78\ \mathrm{min}$$

oder etwa 1 Stunde und 24 Minuten.
Glücklicherweise dreht sich die Erde etwa eine Größenordnung langsamer. Der Mond aber, der uns auf einer ›Kreisbahn‹ von etwa 384 000 km Radius umkreist, muß genau die Beziehung Fliehkraft = –Gravitationskraft erfüllen, um auf seiner Bahn zu bleiben, genau wie ein Satellit, der von einer Rakete auf seine Umlaufbahn getragen wird. Bei der Berechnung dieser Umlaufzeiten darf man allerdings die Erdbeschleunigung nicht mehr als Konstante ansehen, sondern muß mit dem → Gravitationsgesetz arbeiten:

$$F = \gamma \cdot \frac{m \cdot M}{r^2}. \qquad (4)$$

M ist die Erdmasse, γ die Gravitationskonstante. Da an der Erdoberfläche $r = R$ ist und die Schwerkraft dort durch $m \cdot g$ gegeben ist, kann man γ und M auch durch g und R^2 ausdrücken:

$$F_{\text{Schwerkraft}} = F_{\text{Gravitation}},$$

$$m \cdot g = \gamma \cdot m \cdot \frac{M}{R^2},$$

oder

$$\gamma \cdot M = g \cdot R^2. \quad (5)$$

Damit gilt für Erdsatelliten (und den Mond):

$$\text{Zentripetalkraft} = \text{Gravitationskraft}$$

$$m \cdot \omega^2 \cdot r = \gamma \cdot m \cdot \frac{M}{r^2};$$

$$= g \cdot R^2 \cdot \frac{m}{r^2}.$$

Schließlich erhalten wir:

$$\omega^2 = g \cdot R^2 \cdot \frac{1}{r^3}. \quad (6)$$

Rechnen wir nach dieser Formel die sog. *geostationäre* Satellitenbahn aus! Das ist eine Bahn mit einer Umlaufzeit von 24 Stunden. Wenn diese Bahn als ›Reif‹ um den Äquator herum verläuft, dann dreht sich ein Satellit auf dieser Bahn genauso schnell um das Zentrum der Erde wie die Erdoberfläche unter ihm: Er verändert seine Lage gegenüber der Erdoberfläche nicht, sondern ›schwebt‹ scheinbar immer über demselben Ort. Es ist klar, daß derartige Satelliten zur Nachrichtenübermittlung besonders bequem sind. Der Radius dieser Bahn ist nach Gleichung (6) gegeben durch:

$$r^3 = \frac{g \cdot R^2}{\omega^2}$$

oder

$$r = \sqrt[3]{\frac{g \cdot R^2}{\omega^2}}.$$

Mit

$$\omega = 2\pi \cdot \frac{1}{24 \cdot 60 \cdot 60} \frac{1}{\text{s}},$$

$$R = 6\,400\,000 \text{ m und } g = 9{,}81 \frac{\text{m}}{\text{s}^2}$$

erhalten wir $r \approx 42\,354$ km. Dies ist der Bahnradius. Die Entfernung des geostationären Satelliten von der Erdoberfläche ist also $r - R \approx 36\,000$ km.

Coriolis-Kraft

Auf Massen, die in einem rotierenden Bezugssystem *ruhen*, wirkt die eben erläuterte Zentrifugalkraft, die *radial* angreift. Was geschieht mit einer Masse, die sich in einem solchen System bewegt? Wir werden sehen, daß – vom rotierenden System aus betrachtet – auf bewegte Massen eine *zusätzliche* Kraft wirkt, die nach *Gustave G. Coriolis* (1792–1843) benannt worden ist. Auch diese Kraft ist der Massenträgheit zuzuschreiben: Von einem Inertialsystem außerhalb des Rotationsbereiches aus ist nichts von ihr zu bemerken.

Um die Formeln für die Coriolis-Kraft zu verstehen, schaffen wir uns ein möglichst einfaches rotierendes Bezugssystem: eine Scheibe, die sich mit konstanter Winkelgeschwindigkeit dreht. Denkt man sich auf dieser Scheibe vom Zentrum aus radial nach außen Schienen montiert, auf denen ein Wagen fahren kann, so wirkt auf diesen Wagen natürlich zunächst einmal die Zentrifugalkraft, die ihn nach außen beschleunigt. Je weiter der Wagen aber nach außen rollt, desto größer muß auch seine Geschwindigkeit in *tangentialer* Richtung werden, wenn er auf den Schienen bleiben will. Die Schienen müssen eine Kraft *senkrecht zur Bewegungsrichtung* des Wagens ausüben, um ihm diese Geschwindigkeitsänderung zu vermitteln (Figur 2). Auf einen bewegten Körper, der sich auf der rotierenden Scheibe von dort aus betrachtet geradlinig bewegt, wirkt also eine Kraft senkrecht zur Bewegungsrichtung: eben die Coriolis-Kraft. Der Beobachter auf der Scheibe wird diese Kraft auch dann feststellen, wenn *keine* Schienen vorhanden sind. Wir müssen unser Gedankenexperiment nur etwas verändern, um das einzusehen. Angenommen jemand feuert ein Gewehr ab, und die Luftreibung soll vernachlässigt werden: Das Geschoß wird dann, dem Trägheitsgesetz folgend, geradlinig über die Scheibe fliegen, wenn man es *von außen* beobachtet. Von der Scheibe aus gesehen aber beschreibt das Geschoß eine Kurve, und diese Abweichung der Geschoßbahn von einer ›Scheibengeraden‹ schreibt der Experimentator natürlich einer *Kraft* zu, die auf das Geschoß wirkt.

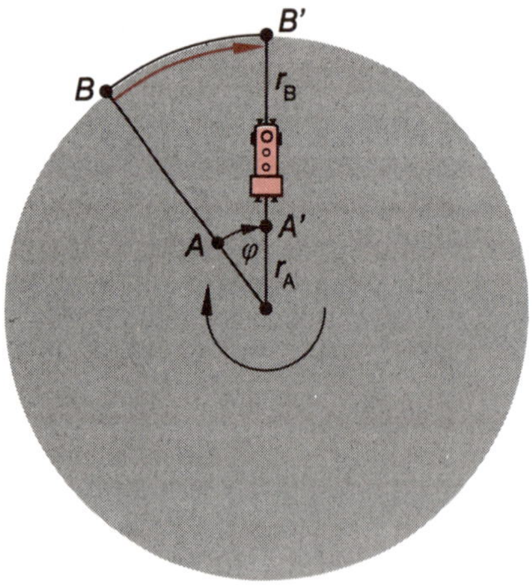

Trägheitskräfte (Figur 2): Ein Körper in *A* hat eine kleinere Tangentialgeschwindigkeit als ein Körper in *B;* bewegt man also einen Wagen auf einer Schiene von *A* nach *B*, muß ihn die Schiene *quer* zur Bewegungsrichtung beschleunigen.

Um auf die Formel für diese Kraft zu kommen, kehren wir zu unserem Schienenbeispiel zurück. Wenn der Wagen an der Stelle r angekommen ist, hat er – von außen betrachtet – den → Drehimpuls $L = m \cdot v_{\text{tang}} \cdot r$ oder, da die Tangentialgeschwindigkeit $v_{\text{tang}} = \omega \cdot r$ ist, $L = m \cdot \omega \cdot r^2$. Bewegt sich der Wagen um ein Stück weiter, so nimmt der Drehimpuls um $\mathrm{d}L$ zu. Die zeitliche Drehimpulsänderung $\mathrm{d}L/\mathrm{d}t$ wird wie üblich dem Wirken eines Drehmoments gleichgesetzt, das man als Coriolis-Kraft F_C mal Abstand r vom Zentrum deutet: $F_C \cdot r$. Die Drehimpulszunahme $\mathrm{d}L/\mathrm{d}t$ auf dem Weg $\mathrm{d}r$ beträgt daher:

$$\frac{\mathrm{d}L}{\mathrm{d}t} = F_C \cdot r = \frac{\mathrm{d}(m \cdot \omega \cdot r^2)}{\mathrm{d}t}. \quad (7)$$

Die Ausführung der Differentation bei konstantem ω ergibt:

$$F_C = m \cdot 2\,\omega \cdot \frac{\mathrm{d}r}{\mathrm{d}t}. \quad (8)$$

Ist $\mathrm{d}r/\mathrm{d}t = v$ konstant, erhalten wir:

$$F_C = 2\,m \cdot v \cdot \omega. \quad (9)$$

Es sieht so aus, als würde diese Querkraft nur wirken, wenn sich der Wagen auf einer radialen Bahn bewegt. Nehmen wir aber an, die Schienen wären längs des Scheibenrandes im Kreis herum verlegt und der Wagen hätte auf diesen Schienen (im Abstand r vom Zentrum) eine Geschwindigkeit, die gerade entgegengesetzt gleich der tangentialen Scheibengeschwindigkeit wäre (Figur 3). Eine derartige Konstellation läßt sich leicht realisieren, wenn man z. B. eine Spielzeugeisenbahn auf eine horizontale, drehbare Fahrradfelge montiert und dann die Lokomotive so schnell fahren läßt, daß die Winkelgeschwindigkeiten von Lokomotive und Felge entgegengesetzt gleich sind. Für einen Beobachter von außen sieht das Ganze dann so aus: Die Lokomotive fährt zwar, bewegt sich aber nicht von der Stelle, weil sich die Schienen unter ihr wegdrehen. Da die Lokomotive im Inertialsystem in Ruhe bleibt, kann auf sie keine Kraft wirken. Die Summe aller Kräfte muß Null sein, und das muß auch ein Beobachter auf der Scheibe herauskriegen. Wie sieht er die Lage? Die Lokomotive unterliegt von seinem Standpunkt aus mehreren Kräften. Zum einen wirkt auf sie wie auf jeden relativ zur Scheibe ruhenden Körper die Zentrifugalkraft $F_Z = m \cdot \omega^2 \cdot r$. Außerdem fährt sie auf der Scheibe den ganzen Umfang ab, bewegt sich also auf einem Kreis. Vom Standpunkt des ›Scheibenphysikers‹ aus wirkt auf sie deshalb eine zusätzliche Zentrifugalkraft $F_Z' = m \cdot \omega^2 \cdot r$, und zwar *ebenfalls nach außen.* Die Schienen üben aber offensichtlich *keine* Querkräfte auf die Lokomotive aus, um sie auf ihrem Kurs zu halten. Von der Scheibe aus kann man sich diesen Befund nur so erklären, daß auf die Lokomotivenmasse die Kraft $-2\,m \cdot \omega^2 \cdot r$ wirkt, die den erwähnten Zentrifugalkräften das Gleichgewicht hält (d. h. nach *innen* wirkt). Die Größe $\omega \cdot r$ ist jedoch nichts anderes als die Tangentialgeschwindigkeit v, mit der die Lokomotive relativ zu den Schienen fährt. Die Größe $2m \cdot \omega^2 \cdot r = 2m \cdot \omega \cdot v$ ist aber mit der Coriolis-Kraft von Gleichung (9) identisch. Die unterschiedlichen Vorzeichen könnten etwas verwirrend sein, lassen sich aber schnell durch folgende Überlegung klären: Falls sich die Scheibe, von oben betrachtet, gegen den Uhrzeigersinn (linksherum) dreht, so muß die Schiene einen nach außen fahrenden Wagen ebenfalls nach linksherum beschleunigen, damit er auf der Geraden bleibt. Die Masse des Wagens übt also auf die Schiene eine Kraft aus, die in Bewegungsrichtung gesehen *nach rechts* auf die Schiene drückt. Im zweiten Experiment muß die Lokomotive rechtsherum fahren, wenn sich die Schiene linksherum dreht, damit sie, von oben aus betrachtet, in Ruhe bleibt. Die Coriolis-Kraft weist dann nach *innen*, um den Zentrifugalkräften das Gleichgewicht zu halten, zeigt also ebenfalls in Bewegungsrichtung der Lokomotive *nach rechts.*

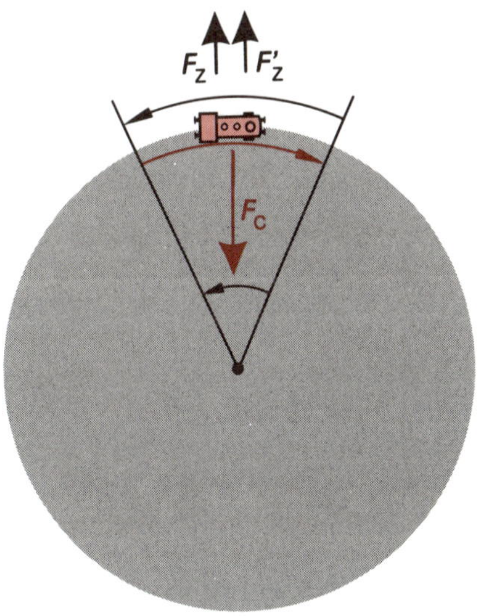

Trägheitskräfte (Figur 3): Die Lokomotive soll sich auf dem Umfang der Scheibe genauso schnell bewegen, wie die Scheibe sich unter ihr dreht, von außen gesehen ruht die Lokomotive und ist kräftefrei, von der Scheibe aus gesehen wirken Zentrifugalkraft F_Z von der Scheibendrehung, Zentrifugalkraft F_Z' von der Lokomotivbewegung und Coriolis-Kraft F_C.

Da man jede beliebig gerichtete Bewegung auf der Scheibe stets in eine Radial- und eine Tangentialbewegung zerlegen kann und die Coriolis-Teilkräfte unter denselben Winkeln wieder zusammensetzt, gilt die Existenz der Coriolis-Kraft $F_C = 2\,m \cdot v \cdot \omega$ für beliebige Bewegungsrichtungen. F_C ist stets senkrecht zu v gerichtet und weist für eine linksdrehende Scheibe nach rechts, für eine rechtsdrehende Scheibe nach links. Alle diese Eigenschaften lassen sich auf einfache Weise zusammenfassen, wenn man die Vektorschreibweise benutzt. Wenn $\vec{v}$ der Geschwindigkeitsvektor des Wagens bzw. der Lokomotive ist und $\vec{\omega}$ der Vektor der Winkelgeschwindigkeit, so ist die Coriolis-Kraft gegeben durch

$$\vec{F}_C = 2\,m \cdot \vec{v} \times \vec{\omega}. \qquad (10)$$

Damit können wir nun auch Coriolis-Beschleunigungen auf anderen rotierenden Systemen als Scheiben behandeln und kommen so zum wichtigsten Anwendungsgebiet: den Coriolis-Kräften auf unserer Erde. Unser Heimatplanet ist ja in sehr guter Näherung (→ Erde) eine Kugel, die sich mit konstanter Winkelgeschwindigkeit

$$\omega_E = \frac{2\pi}{24 \cdot 60 \cdot 60}\,\frac{1}{s} \approx 7{,}27 \cdot 10^{-5}\,\frac{1}{s}$$

dreht. Bewegt sich eine Masse auf der Oberfläche dieser Kugel, so steht die Geschwindigkeit nicht mehr senkrecht zum Vektor der Winkelgeschwindigkeit. Vielmehr muß man den Winkel berechnen, den $\vec{v}$ mit $\vec{\omega}$ (d. h. der Erdachse) bildet, denn dieser Winkel φ ist gemeint, wenn man das Vektorprodukt in Gleichung (10) ausschreibt:

$$|F_C| = 2m \cdot v \cdot \omega \cdot \sin\varphi. \qquad (11)$$

Da $\vec{v}$, $\vec{\omega}$ und F_C immer ein rechtshändiges Dreibein bilden (→ Vektoren), liegt $\vec{F}_C$ im allgemeinen bei Bewegungen auf der Erdoberfläche *nicht* ebenfalls in der Oberfläche der Erde. $\vec{F}_C$ läßt sich aber immer in eine Horizontalkomponente und eine Vertikalkomponente zerlegen. Das gilt auch dann, wenn die Geschwindigkeit $\vec{v}$ nicht mehr horizontal liegt, sondern eine beliebige Richtung hat. Die offensichtlichsten Wirkungen der Coriolis-Kraft auf der Erde rühren aber von ihrer Horizontalkomponente her, einfach deshalb, weil sich unser Lebensraum wie eine dünne Haut auf die Erdoberfläche beschränkt. Alle Bewegungen größeren Ausmaßes finden deshalb in dieser ›Horizontalfläche‹ statt, vor allem die meteorologischen Erscheinungen. Jede Satellitenaufnahme der Wolkenfelder zeigt großräumige Wirbel, die sich auf der Nordhalbkugel stets im Uhrzeigersinn drehen, auf der Südhalbkugel dagegen gegen den Uhrzeigersinn. Ganz allgemein folgt aus Gleichung (11), daß die Horizontalkomponente der Coriolis-Kraft auf der Nordhalbkugel stets eine Rechtsablenkung bewirkt. Luftströmungen vom Norden zum Äquator hin weichen also nach rechts aus, vom Süden zum Äquator hin nach links. Da wegen der Sonneneinstrahlung und der Verteilung der Landmassen solche Luftströmungen immer existieren, bestimmt die Coriolis-Kraft die Großwetterlage auf unserer Erde ganz entscheidend mit.

Daneben hat sie noch eine Reihe kleinerer bis kleinster Wirkungen, die immer wieder erwähnt werden. So sollen Flußläufe durch die Coriolis-Kraft einseitig ausgewaschen werden, Eisenbahnschienen sollen sich einseitig abnützen und derlei Dinge mehr. Schätzen Sie aber die aktuellen Kräfte aus Gleichung (11) ab, so werden Sie finden, daß in den meisten Fällen die Coriolis-Kräfte bei so kleinen Massen und Geschwindigkeiten gegenüber anderen Einflüssen vernachlässigt werden können. So drückt beispielsweise ein Intercity-Wagen mit einer Masse von 10 t, der sich mit $v \approx 150$ km/h bewegt, wegen der Coriolis-Kraft auf der geographischen Höhe von München nur mit etwa 20 N seitlich gegen die Schienen. Diese Kraft ist sicher sehr viel kleiner als die Querkräfte, die durch Schienenunebenheiten erzeugt werden.

Beim Start von Raketen oder Raumschiffen aber darf die Coriolis-Kraft auf gar keinen Fall unberücksichtigt bleiben!

Gezeitenkräfte

Die Gesamtbewegung eines starren Körpers, auf den *Gravitations-* oder *Trägheitskräfte* wirken, kann so behandelt werden, als wäre er ein ›Massenpunkt‹. Man setzt also die Formeln so an, als wäre die gesamte Masse des Körpers in seinem → Schwerpunkt vereinigt. Bei Rotationsbewegungen treten aber infolge der Trägheitskräfte *innere Kräfte* in ›starren‹ Körpern auf, die man – wegen des bekanntesten Beispiels auf unserer Erde – *Gezeitenkräfte* nennt. Wie kommen sie zustande? Das dynamische Gleichgewicht zweier umeinander kreisender Körper wie z. B. Erde und Mond entsteht, wenn die Gravitationskraft F_G, mit der sich die beiden anziehen, gerade gleich der Zentrifugalkraft F_Z ist, die nötig ist, um sie um ihren gemeinsamen Schwerpunkt kreisen zu lassen (Figur 4). Beim System Erde-Mond liegt z. B. der gemeinsame Schwerpunkt *innerhalb* der Erde, aber er fällt *nicht* mit dem Erdmittelpunkt zusammen. Rotationsgeschwindigkeit und Abstand von Erde und Mond lassen sich berechnen, als ob ihre Massen in ihren Mittelpunkten vereinigt wären. Beide Körper haben aber eine endliche Ausdehnung. Die einander zugewandten Massenteile werden deshalb stärker angezogen, weil sie ja weniger weit voneinander entfernt sind als die Massenmittelpunkte. Auf die einander abgewandten Massenteile wirkt dagegen eine größere Fliehkraft als auf die Massenmittelpunkte. Die resultierenden Kräfte wirken demnach in der Verbindungslinie der beiden Körper und versuchen, jeden der beiden in dieser Richtung zu dehnen. Wenn der Körper nachgeben kann, weil er z. B. Wasser an der Oberfläche enthält, so entsteht das Phänomen, das wir an den Weltmeeren beobachten können: Das Wasser hebt sich an der dem Mond zugewandten Seite und auf der dem Mond abgewandten Seite. Es entstehen zwei ›Wasserberge‹, unter denen sich die Erde wegdreht: die *Fluten.* Zwischen zwei Fluten hat man eine Periode des Niedrigwassers, die als *Ebbe* bekannt ist. Diese Gezeiten (auch *Tiden* genannt) sind natürlich nicht nur auf die Meere beschränkt. Auch das Festland verformt sich im Rhythmus der Tiden, aber nur um wenige Zentimeter. Der zeitliche Abstand zweier Fluten (oder Ebben)

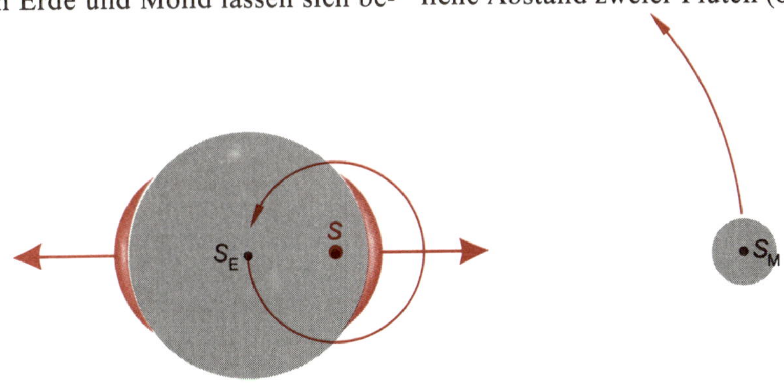

Trägheitskräfte (Figur 4): Erde und Mond bewegen sich um den im Erdinneren liegenden gemeinsamen Schwerpunkt *S*, die Schwerpunkte von Erde allein *(S_E)* und Mond allein *(S_M)* bestimmen aber Abstand und Umlaufgeschwindigkeit. Die dem Mond zugewandte Seite wird daher stärker von der Gravitationskraft beeinflußt, die dem Mond abgewandte stärker von der Zentrifugalkraft. Auf diese Weise entstehen zwei einander gegenüberliegende Flutberge.

beträgt etwas mehr als 12 Stunden, weil sich der Mond im gleichen Drehsinn um die Erde herum bewegt, der ihrer Eigenrotation entspricht. Da die Bahnebene des Mondes etwa um 5° gegen die der Erde um die Sonne geneigt ist und außerdem die Rotationsachse der Erde einen Winkel von 23,5° gegen diese Bahnachse bildet, ist die Berechnung der exakten Gezeiten recht schwierig.

Nicht nur der Mond, auch die Sonne verursacht Gezeiten auf unserer Erde. Sie sind zwar wesentlich schwächer ausgebildet als die des Mondes, kommen aber besonders dann zur Geltung, wenn Sonne, Mond und Erde annähernd in einer Linie stehen, d.h. bei Vollmond oder Neumond. Man spricht dann von einer *Springflut. Nippfluten* finden dagegen statt, wenn Sonne, Mond und Erde einen rechten Winkel bilden, d.h. bei zu- oder abnehmendem Halbmond.

Gezeitenkräfte wirken auch auf die künstlichen Erdsatelliten und Raumlabors, die die Erde umkreisen. Exakte Schwerelosigkeit herrscht deshalb nur im Schwerpunkt eines Raumlabors. Erdferne Punkte bewegen sich nach außen, erdnähere nach innen. Allerdings ist in einem Raumlabor dieser Effekt so klein, daß er praktisch nicht wahrnehmbar ist. Es gibt aber Bereiche in der Umgebung von Sternen und Planeten, wo die Gezeitenkräfte so stark werden, daß ein ausgedehnter Körper wie ein Mond von ihnen ›zerrissen‹ wird. Höchstwahrscheinlich sind die Ringe, die z. B. den Saturn umgeben, durch Gezeitenkräfte zerrissene ehemalige Monde.

Man fragt sich natürlich, wo die Energie herkommt, die z. B. auf der Erde täglich so gewaltige Wassermassen bewegt. Sie geht auf Kosten der Rotationsenergie von Erde und Mond. Der Mond hat wegen seiner im Vergleich zur Erde geringen Größe längst die Waffen gestreckt und wendet uns ständig dieselbe Seite zu. Er muß deshalb fast keine Verformungsarbeit wegen der Gezeiten leisten (von den erwähnten Schwankungen abgesehen). Bei der Erde liegen die Dinge noch anders: Sie wandelt ständig Rotationsenergie in Gezeitenreibung um und wird dadurch immer langsamer, d. h., die Tageslänge nimmt zu (→ Zeit).

Trägheitsmoment

Bei Drehbewegungen spielt das *Trägheitsmoment* dieselbe Rolle wie die träge Masse bei der geradlinigen Bewegung. Es bestimmt die ›Drehbeschleunigung‹ beim Wirken einer gegebenen ›Drehkraft‹ (dem → Drehmoment) und wird daher in der älteren Literatur auch manchmal *Drehmasse* genannt. Das T. eines Massenpunktes ist definiert als

$$\theta = m \cdot r^2, \qquad (1)$$

wobei r den Abstand des Massenpunktes m vom Drehzentrum bedeutet (Figur 1). Gemäß dieser Definitionsgleichung ist die Einheit des T. $[\theta] = [\mathrm{kg} \cdot \mathrm{m}^2]$. Die T. aller Massenpunkte eines starren Körpers bezüglich einer gegebenen Drehachse addieren sich. Um den jeweils senkrechten Abstand der Massenpunkte von der Drehachse korrekt auszudrücken, wählen wir das Koordinatensystem so, daß der Ursprung auf

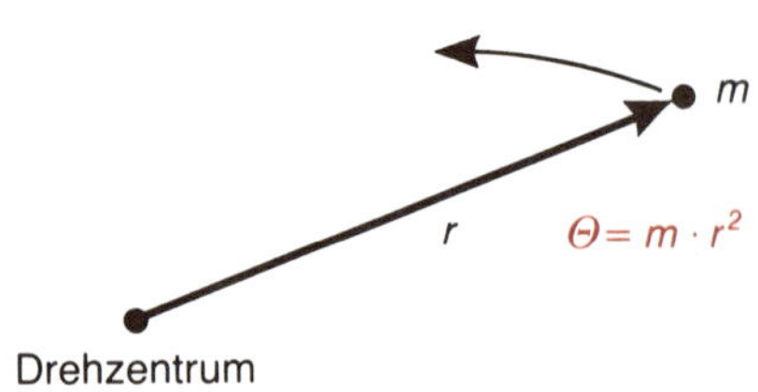

Trägheitsmoment (Figur 1): Das Trägheitsmoment eines Massenpunkts beträgt $\theta = m \cdot r^2$.

der Drehachse liegt und die z-Achse mit ihr zusammenfällt (Figur 2). Dann ist

$$\theta_z = \sum_{\Delta m} r^2 \cdot \Delta m = \sum_{\Delta m} (x^2 + y^2) \cdot \Delta m. \quad (2)$$

Falls der starre Körper aus kontinuierlich verteilten Massen besteht, wird aus der Summe das Integral

$$\theta_z = \int_{\text{alle Massen}} (x^2 + y^2) \cdot \mathrm{d}m.$$

In vielen Fällen besteht der Körper sogar aus homogenem Material gleicher Dichte. Dann gilt $\mathrm{d}m = \rho \cdot \mathrm{d}V$, wobei nun ρ die Dichte des Materials ist und $\mathrm{d}V$ das Volumenelement. Die Dichte ρ darf als Konstante vor das Integral gezogen werden, und wir erhalten schließlich:

$$\theta_z = \rho \cdot \int_V (x^2 + y^2) \cdot \mathrm{d}V. \quad (3)$$

Nach dieser Formel werden die meisten T. berechnet. Das auszurechnende bestimmte Integral hat als Integrationsgrenzen die Umrisse des Körpers, *bezogen auf die Drehachse.* Das darf man nicht dabei vergessen!

Da die Drehachse einer Anordnung nicht durch den Körper selbst, sondern durch willkürliche äußere Umstände (Lagerpunkte, Aufhängungen usw.) gegeben ist, hat jeder Körper zunächst einmal *beliebig viele* T. Es handelt sich also hier nicht um eine so einfache Stoffkonstante wie die Dichte oder die Temperatur.

Mit Hilfe des *Steinerschen Satzes* ist es aber wenigstens möglich, alle diese T. eines Körpers auf solche zurückzuführen, die um sog. Schwerpunktsachsen entstehen. Das sind Drehachsen, die den → Schwerpunkt enthalten. Angenommen wir kennen bereits das T. θ_z des Körpers bezüglich einer bestimmten Schwerpunktsachse (Figur 3) und verschieben nun diese Drehachse parallel um eine Strecke a in Richtung der x-Achse. (Das ist immer möglich, denn wir

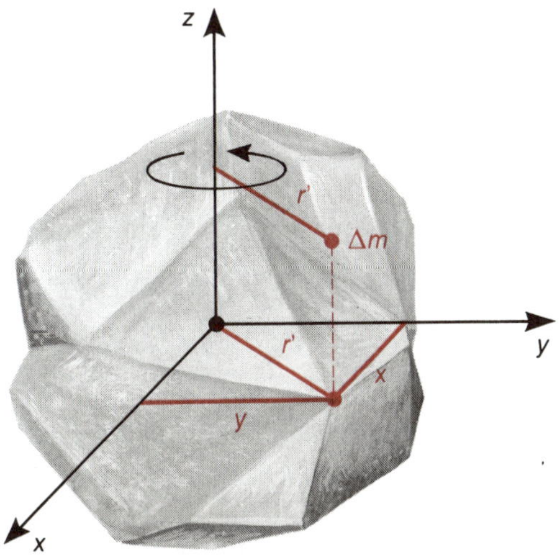

Trägheitsmoment (Figur 2): Trägheitsmoment des starren Körpers, alle Massenelemente Δm rotieren um dieselbe Drehachse z, es gilt daher $\theta_z = \int_{\text{alle Massen}} (x^2 + y^2) \cdot \mathrm{d}m.$

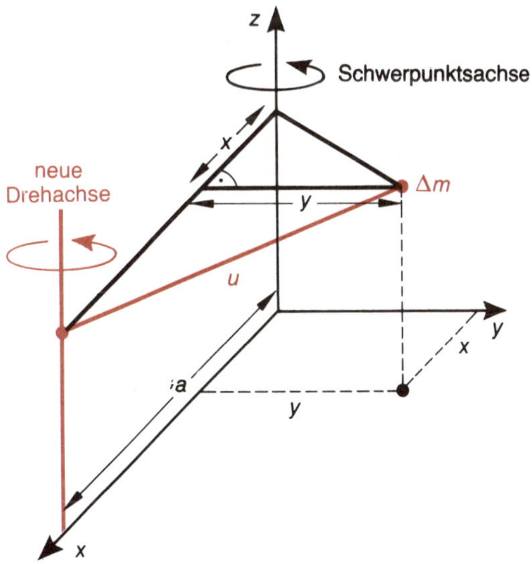

Trägheitsmoment (Figur 3): Zur Herleitung des Steinerschen Satzes

haben bisher nur die z-Achse als Drehachse festgelegt.) Dann ist

$$\theta_a = \sum u^2 \cdot \Delta m = \sum[(a-x)^2 + y^2] \cdot \Delta m = \\ = \sum[a^2 - 2ax + x^2 + y^2] \cdot \Delta m.$$

Die Größe a ist eine Konstante, man kann sie aus den Summen herausziehen:

$$\theta_a = \sum(x^2 + y^2) \cdot \Delta m - 2a \cdot \sum x \cdot \Delta m + \\ + a^2 \cdot \sum \Delta m.$$

Der erste Term ist das bereits bekannte θ_z. Der zweite Term verschwindet, weil die z-Achse als Schwerlinie ja gerade so definiert ist, daß auch $\sum x \cdot \Delta m = 0$ wird. Der dritte Term schließlich ergibt $a^2 \cdot M$, denn die Summe über alle Massenpunkte ist natürlich gleich der Gesamtmasse M des Körpers. Das Ergebnis lautet also

$$\theta_a = \theta_z + a^2 \cdot M. \qquad (4)$$

In Worten: Das T. θ_a eines Körpers bezüglich einer beliebigen Drehachse ist gleich dem T. $a^2 \cdot M$, das die Gesamtmasse M, im Schwerpunkt vereinigt, bezüglich dieser Drehachse hätte, vermehrt um das T. des Körpers bezüglich der parallelen Schwerpunktsachse.

Hauptträgheitsachsen und Hauptträgheitsmomente

Für das folgende betrachten wir ausschließlich Schwerpunktsachsen mit ihren zugehörigen T., denn alle außerhalb des Schwerpunkts liegenden Achsen können wir nun umrechnen. Die unendlich vielen T. eines starren Körpers sind nun aber keineswegs unabhängig voneinander. Sie hängen vielmehr in einer Weise voneinander ab, die sich mathematisch in der Form eines Ellipsoids beschreiben läßt (Figur 4).

Dieses sog. *Trägheitsellipsoid* wird folgendermaßen gebildet: In Richtung der gerade betrachteten Drehachse wird die reziproke Wurzel $1/\sqrt{\theta}$ des zugehörigen T.

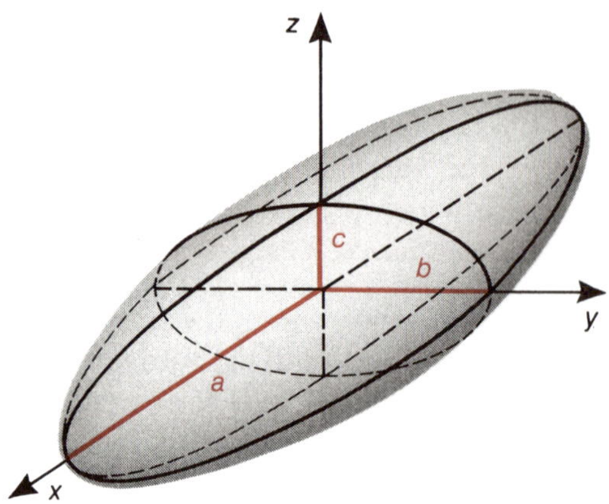

Trägheitsmoment (Figur 4): Trägheitsellipsoid eines unsymmetrischen Körpers

abgetragen. Die Endpunkte all dieser Vektoren liegen dann auf der Oberfläche des Trägheitsellipsoids. Daß ein punktsymmetrischer Körper bei diesem Verfahren entstehen muß, sieht man leicht ein: Eine Raumdrehung der Drehachse um 180° führt sie mit umgekehrtem Drehsinn in sich selbst über, und dabei bleibt natürlich das T. unverändert. Da die 180°-Drehung beliebig erfolgen kann, müssen drei Symmetrieebenen vorhanden sein, die aufeinander senkrecht stehen. Ihre Schnittgeraden legen die Achsen des Ellipsoids fest. Man nennt diese Drehachsen *Hauptträgheitsachsen* und die zugehörigen T. *Hauptträgheitsmomente.* Meist legt man das Koordinatensystem so, daß die Koordinatenachsen mit den Hauptträgheitsachsen zusammenfallen. (Der Schwerpunkt des Körpers liegt im Koordinatenursprung.) Dann bezeichnet man die Hauptträgheitsmomente als θ_x, θ_y bzw. θ_z. Ihre Beziehungen zu den Halbachsen a, b und c des Trägheitsellipsoids sind gegeben durch

$$a = \frac{1}{\sqrt{\theta_x}}, \quad b = \frac{1}{\sqrt{\theta_y}}, \quad c = \frac{1}{\sqrt{\theta_z}}.$$

Sie berechnen sich (siehe Gleichung 2) zu

$$\theta_x = \sum_{\Delta m} (y^2 + z^2) \cdot \Delta m \,;$$
$$\theta_y = \sum_{\Delta m} (x^2 + z^2) \cdot \Delta m \,; \qquad (5)$$
$$\theta_z = \sum_{\Delta m} (x^2 + y^2) \cdot \Delta m \,.$$

Beachten Sie, daß die T. symmetrisch liegen, auch wenn der Körper selber keine Symmetrie aufweist! Besitzt der Körper selbst eine Symmetrie (siehe unten), treten unter Umständen neue, zusätzliche Symmetrien am Trägheitsellipsoid auf (→ Kreisel).

Es ist klar, daß die Hauptträgheitsachsen eines Körpers bei seiner Rotation eine besondere Rolle spielen. Sie stellen die Achsen dar, um die die Rotation *kräftefrei* erfolgen kann (Kreisel). Zwei der Hauptträgheitsmomente eines unsymmetrischen T. sind extremal (Figur 4). Sie definieren die Drehachsen, um die ein Körper (auch ohne Lagerung!) stabil rotieren kann. Das dritte, »mittlere« Hauptträgheitsmoment kennzeichnet eine nur labile Drehachse. Im Fall einer exakten Lagerung erfolgt auch hier eine kräftefreie Rotation, bei freier Rotation aber führt schon eine minimale Abweichung dazu, daß der Körper die Drehachse ändert.

Der Trägheitstensor

Das T. eines starren Körpers ist ein Skalar, wenn eine Drehachse festliegt, entweder durch entsprechende Lagerung in zwei Punkten oder weil der Körper um eine der Hauptträgheitsachsen rotiert. Wenn aber nur ein Punkt des Körpers gelagert ist (z. B. auf einer Spitze) oder eine vorgegebene Bahn beschreibt (z. B. der Schwerpunkt eines rotierenden Planeten), dann ändert sich im allgemeinen die Drehachse innerhalb des Körpers ständig (und damit auch das Trägheitsmoment), so daß statt der einfachen Beziehung $J = \Theta \cdot \omega$ nur noch eine allgemeinere Vektorgleichung gültig sein kann, die den → Drehimpuls als Erhaltungsgröße enthält, nämlich

$$\vec{J} = \Theta \cdot \vec{\omega}\,. \qquad (6)$$

Da $\vec{J}$ (Drehimpuls) eine vektorielle Konstante ist, die Winkelgeschwindigkeit $\vec{\omega}$ aber nicht, muß Θ eine Größe sein, die, mit einem Vektor skalar multipliziert, wieder einen Vektor (von möglicherweise anderer Richtung) ergibt. Derartige Größen heißen *Tensoren* (zweiter Stufe). Der Ausdruck Θ heißt daher *Trägheitstensor.* Er ist ein Koeffizientenschema mit neun skalaren Größen und hat die Gestalt:

$$\Theta = \begin{pmatrix} \theta_{xx} & \theta_{xy} & \theta_{xz} \\ \theta_{yx} & \theta_{yy} & \theta_{yz} \\ \theta_{zx} & \theta_{zy} & \theta_{zz} \end{pmatrix}. \qquad (7)$$

Schreibt man damit Gleichung (6) komponentenweise, so erhält man

$$J_x = \theta_{xx} \cdot \omega_x + \theta_{xy} \cdot \omega_y + \theta_{xz} \cdot \omega_z \,;$$
$$J_y = \theta_{yx} \cdot \omega_x + \theta_{yy} \cdot \omega_y + \theta_{yz} \cdot \omega_z \,; \quad (8)$$
$$J_z = \theta_{zx} \cdot \omega_x + \theta_{zy} \cdot \omega_y + \theta_{zz} \cdot \omega_z \,.$$

Die Größen θ_{xx}, θ_{yy} und θ_{zz} stimmen mit den θ_x, θ_y und θ_z aus Gleichung (5) überein, während die ›gemischten‹ Größen θ_{xy} usw., die sog. Trägheitsprodukte (auch *Deviations-* oder *Zentrifugalmomente*), gegeben sind durch

$$\theta_{xy} = \theta_{yx} = -\sum_{\Delta m} x \cdot y \cdot \Delta m \,;$$
$$\theta_{xz} = \theta_{zx} = -\sum_{\Delta m} x \cdot z \cdot \Delta m \,;$$
$$\theta_{yz} = \theta_{zy} = -\sum_{\Delta m} y \cdot z \cdot \Delta m \,.$$

Der Trägheitstensor ist demnach symmetrisch zur Hauptdiagonalen. Derartige Tensoren (allgemein: Matrizen) lassen sich ›diagonalisieren‹: Dazu muß man das Koordinatensystem so drehen, daß die gemischten Trägheitsprodukte sämtlich verschwinden. Dies ist wegen der Symmetrie des Tensors immer möglich, und das Koordinatensystem liegt dann deckungsgleich mit den Hauptträgheitsachsen. Der Trägheitstensor hat nach dieser Transformation die folgende Gestalt:

$$\Theta = \begin{pmatrix} \theta_x & 0 & 0 \\ 0 & \theta_y & 0 \\ 0 & 0 & \theta_z \end{pmatrix}.$$

Die Gleichungen (8) reduzieren sich auf die Hauptträgheitsmomente

$$J_x = \theta_x \cdot \omega_x;$$
$$J_y = \theta_y \cdot \omega_y;$$
$$J_z = \theta_z \cdot \omega_z.$$

Wie schon weiter oben erwähnt, sind die drei Hauptträgheitsmomente nicht völlig voneinander unabhängig. Aus Gleichung (5) folgt, daß keines der drei größer sein kann als die Summe aus den beiden anderen. Der Gleichheitsfall $\theta_z = \theta_x + \theta_y$ kann nur eintreten, wenn der Körper in Richtung der z-Achse keine Ausdehnung hat. Das trifft in guter Näherung für Bleche zu, aber auch für Moleküle, deren Atome in einer Ebene liegen, wie z. B. das Wassermolekül H_2O und alle anderen dreiatomigen Moleküle. In der Molekularphysik ist auch noch ein anderer Spezialfall wichtig: Systeme, deren Teile entlang einer Geraden angeordnet sind. Hierher gehören alle zweiatomigen Moleküle wie Sauerstoff O_2, Stickstoff N_2 usw. Wählen wir die z-Achse als Verbindungsgerade, so wird

$$\theta_x = \theta_y = \sum z^2 \cdot \Delta m \text{ und } \theta_z = 0.$$

Weitere Anwendungen und Meßverfahren
Technische Bedeutung haben vor allem rotierende Körper, die man mit einer Drehmaschine herstellen kann, die also rotationssymmetrisch sind, wie z. B. Wellen, Räder, Achsen. Körper mit solcher Zylindersymmetrie haben auch ein Rotationsellipsoid als Trägheitsellipsoid: Zwei der drei Hauptträgheitsachsen sind gleich. Die geometrische Symmetrieachse des Körpers ist bei scheibenförmigen Körpern die Achse des größten T., bei stabförmigen Körpern die des kleinsten T. Die beiden anderen Hauptträgheitsachsen können – senkrecht zur Symmetrieachse und senkrecht zueinander – beliebig festgelegt werden. Sie müssen nur den Schwerpunkt enthalten.

Der höchste Symmetriegrad steckt in der Kugel. Jeder beliebige Durchmesser kann zur Hauptträgheitsachse erklärt werden, und alle T. um diese Achsen sind gleich. Was bei einer Kugel fast selbstverständlich klingt, trifft jedoch auch auf beliebig viele andere Körper zu, deren Trägheitsellipsoid zu einer Kugel ›entartet‹ ist. So hat beispielsweise ein Zylinder der Masse M, dessen Höhe gleich dem $\sqrt{3}$fachen des Radius R ist, übereinstimmende Hauptträgheitsmomente:

$$\theta_x = \theta_y = \theta_z = \frac{1}{2} M \cdot R^2.$$

Auch der Würfel hat drei gleiche Hauptträgheitsmomente – und damit überhaupt nur *eins*, gleichgültig, welche Schwerpunktachse man auch betrachtet. Man bezeichnet solche Körper als Kugelkreisel (→ Kreisel). Figur 5 zeigt die Hauptträgheitsmomente einiger technisch wichtiger Körper. Viele Körper komplizierten Aufbaus vollführen Drehungen. Um sie

Trägheitsmoment (Figur 5): Hauptträgheitsmomente einiger Körper

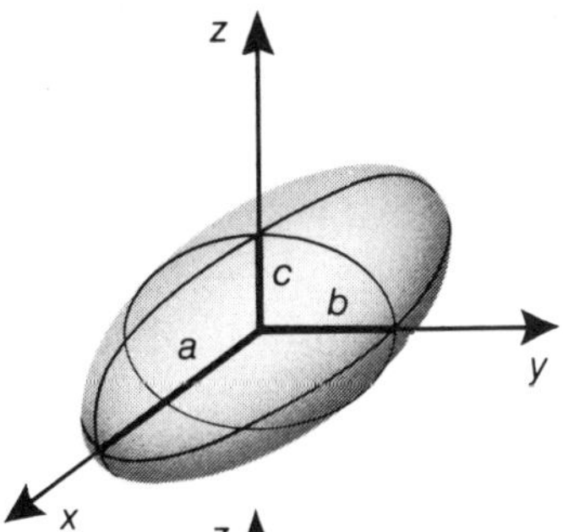

$$M = \frac{4}{3}\pi \cdot a \cdot b \cdot c \cdot \rho$$

$$\theta_x = \frac{1}{5}\, M \cdot (b^2 + c^2)$$

$$\theta_y = \frac{1}{5}\, M \cdot (a^2 + c^2)$$

$$\theta_z = \frac{1}{5}\, M \cdot (a^2 + b^2)$$

Ellipsoid mit Halbachsen *a, b, c,* der Masse *M* und der Dichte ρ

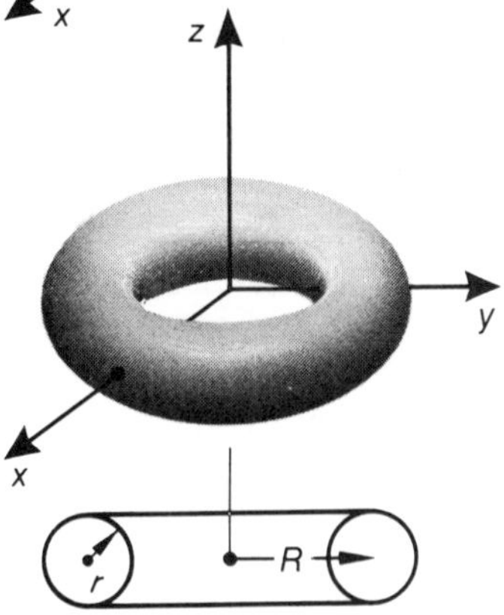

$$M = r^2\pi \cdot 2R\pi \cdot \rho$$

$$\theta_z = M \cdot (R^2 + \frac{1}{4}\, r^2)$$

$$\theta_x = \theta_y = \frac{M}{2} \cdot (R^2 + \frac{5}{4}\, r^2)$$

Torus mit Wulstradius *r,* Mittelradius *R,* Masse *M* und Dichte ρ

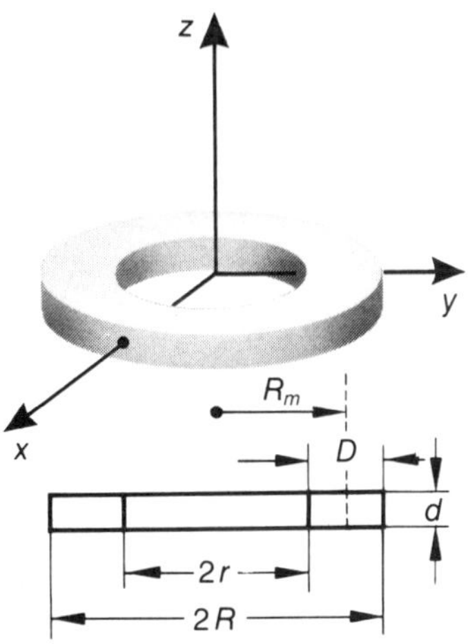

$$M = \pi \cdot d \cdot (R^2 - r^2) \cdot \rho = 2\pi R_m \cdot D \cdot d \cdot \rho$$

$$\theta_z = \frac{1}{2}\, M \cdot (R^2 + r^2) = \frac{1}{2}\, M \cdot (R_m{}^2 + \frac{D^2}{4})$$

$$\theta_x = \theta_y = \frac{1}{4}\, M \cdot (R^2 + r^2 + \frac{d^2}{3})$$

$$= \frac{1}{4}\, M \cdot (R_m{}^2 + \frac{D^2}{4} + \frac{d^2}{3})$$

Kreisring mit Dicke *d,* Innendurchmesser 2*r,* Außendurchmesser 2*R,* Masse *M*, Dichte ρ, R_m Mittelradius, *D* Ringbreite

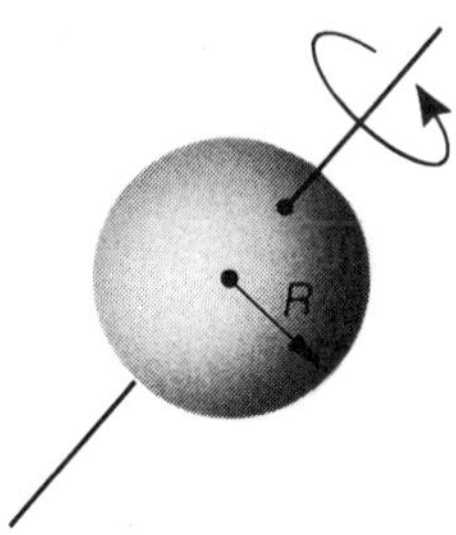

$$M = \frac{4}{3}\pi \cdot R^3 \cdot \rho$$

$$\theta \;= \frac{2}{5}\, M \cdot R^2$$

Kugel mit beliebiger Drehachse, Radius *R,* Masse *M,* Dichte ρ

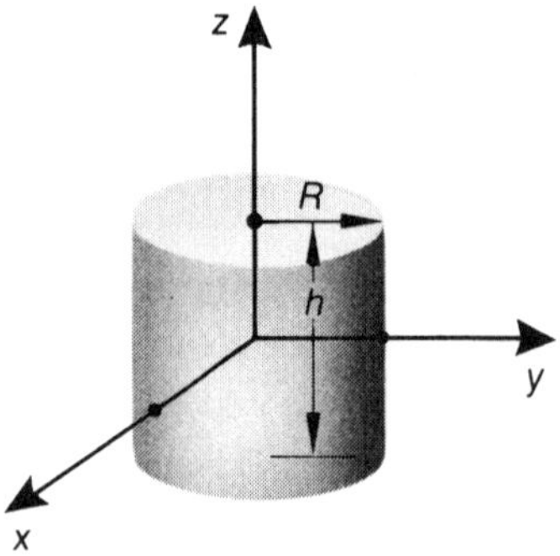

$$M = R^2 \pi \cdot h \cdot \rho$$
$$\theta_z = \frac{1}{2} M \cdot R^2$$
$$\theta_x = \theta_y = \frac{1}{4} M \cdot (R^2 + \frac{h^2}{3})$$

Kreiszylinder mit Radius *R*, Höhe *h*, Masse *M*, Dichte ρ

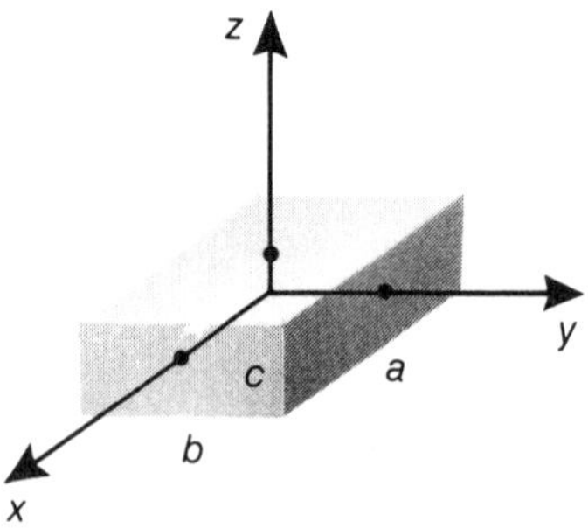

$$M = a \cdot b \cdot c \cdot \rho$$
$$\theta_x = \frac{1}{12} M \cdot (b^2 + c^2)$$
$$\theta_y = \frac{1}{12} M \cdot (a^2 + c^2)$$
$$\theta_z = \frac{1}{12} M \cdot (a^2 + b^2)$$

Quader mit den Kantenlängen *a, b, c,* der Masse *M,* und der Dichte ρ

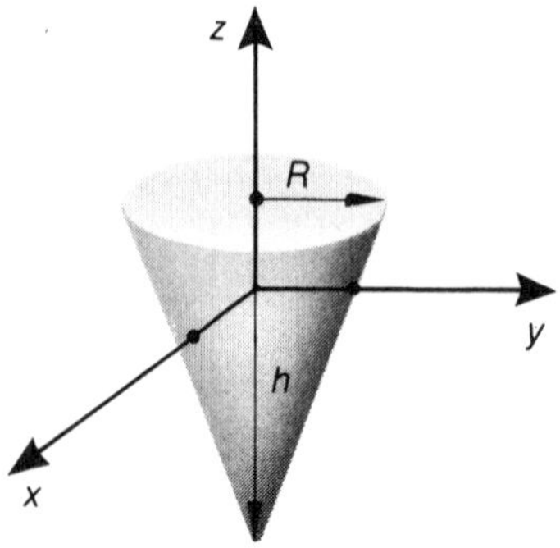

$$M = \frac{1}{3} \pi R^2 \cdot h \cdot \rho$$
$$\theta_x = \theta_y = \frac{3}{20} M \cdot (R^2 + \frac{h^2}{4})$$
$$\theta_z = \frac{3}{10} M \cdot R^2$$

Kreiskegel mit Radius *R*, Höhe *h*, Masse *M*, Dichte ρ

zu berechnen, braucht man auch ihr T. Rechnungen sind aber sehr oft sehr mühsam (z. B. für einen Autoreifen) oder gar unmöglich (z. B. für einen menschlichen Turner, der einen Salto macht). In solchen Fällen ist der einzige Ausweg die Messung. Am einfachsten ist es, den fraglichen Körper als träge Masse eines Torsionspendels (→ Pendel) zu verwenden, seine Schwingungsdauer zu messen und daraus auf das T. zu schließen. Auf diese Weise hat man sich auch Werte für das T. eines Menschen beim Turnen verschafft. Diese Werte sind wichtig, wenn es um Grenzbelastungen des Menschen im Hochleistungssport geht. Man kann dann bestimmte Figuren und Bewegungen vermeiden, denen der Knochenbau oder die Sehnen nicht gewachsen sind (und merkt es nicht erst, wenn man bereits einen Sehnenriß hat!). Das Verfahren ist einfach: Man legt den Sportler in verschiedenen Körperhaltungen auf einen federnden Drehteller (Drehpendel), stößt ihn leicht an und mißt die Zeit T, die er zum Hin- und Herschwingen braucht. Dann ist aus der Beziehung

$$T = 2\pi \cdot \sqrt{\frac{\theta}{D}}$$

das T. leicht auszurechnen, wenn man durch eine Eichmessung die Winkelrichtgröße D bestimmt hat.

Um einige Zahlenwerte zu nennen: Ein durchschnittlicher Turner (80 kg Masse, 1,80 m groß) hat aufrecht stehend ein T. bezüglich der senkrechten Mittelachse von etwa 0,5 kgm^2, in der Waage (ein Bein nach hinten gestreckt, Arme gespreizt) bezüglich derselben Achse etwa 8 kgm^2. Der langgestreckte Turner hat um die waagrechte Mittelachse gar etwa ein T. von 17 kgm^2. Er kann demnach sein T. um etwa den Faktor 30 verändern! Nicht nur Kunstspringer, Reckturner und alle anderen Sportler machen von dieser Möglichkeit ausgiebig Gebrauch, sondern auch z. B. das Kind auf einer Schaukel. Es ist ohne äußere Einwirkung von außen durch rhythmische Veränderung des T. in der Lage, die Amplitude der Schwingung zu verändern (sich ›aufzuschaukeln‹).

In der Technik sind die Anwendungen fast unübersehbar. Alle periodischen Vergänge mit diskontinuierlicher Antriebskraft, wie sie z. B. in Verbrennungsmaschinen verwendet werden, brauchen zu ihrer Aufrechterhaltung ›Schwungräder‹. Ohne Schwungrad könnte kein Automotor (Otto- oder Dieselmotor) herkömmlicher Bauart laufen. Die erste Zündung würde den Kolben nach unten treiben, und dort würde er bleiben, wenn ihn nicht das T. der Kurbelwelle und des Schwungrades in Bewegung halten würde. Ähnlich verhält es sich bei vielen anderen Maschinen. Schwungmassen sind für den ruhigen Lauf aller Maschinen verantwortlich, ob es nun eine Nähmaschine oder ein Turbinenaggregat ist. Allerdings muß die Drehachse sehr genau mit der Hauptträgheitsachse übereinstimmen, sonst zerstören die auftretenden Zentrifugalkräfte sehr rasch die Lager. Jeder Autofahrer kennt das Problem: Wenn bei höheren Geschwindigkeiten das Lenkrad vibriert, liegt es daran, daß die Vorderräder nicht ›ausgewuchtet‹ sind, d. h., daß ihre Hauptträgheitsachsen nicht mit den Radlagerachsen übereinstimmen. Es genügt dann nicht, das Rad nur aufzuhängen und mit Gewichten ins Gleichgewicht zu bringen (›statisches Auswuchten‹). Vielmehr muß man auch das laufende Rad ausmessen und sein T. durch geeignete Gewichte korrigieren (›dynamisches Auswuchten‹).

Wenn es bei der Herstellung von Schwungrädern auf ein möglichst großes T. bei möglichst geringem Materialverbrauch ankommt, wird man versuchen, gemäß der Formel $\theta = \Sigma m \cdot r^2$ die Masse m möglichst weit von der Drehachse r entfernt anzubringen, denn dieser Abstand geht ja quadratisch in die Formel ein. Deshalb bestehen reine Schwungräder oft aus einem schweren Reifen, der mit wenig Speichen gehalten wird. Die Unruhen mechanischer Uhren sind z. B. so konstruiert.

Der Energiespar-Bus (oder -Zug) ist ein Projekt, das von Zeit zu Zeit immer wieder diskutiert wird und das in einzelnen Modellen bereits verwirklicht wurde. Die Idee dabei ist, die kinetische Energie des Fahrzeugs beim Abbremsen nicht einfach wie bisher durch Reibung in den Bremsbelägen zu vernichten, sondern sie auf eine Schwungmasse im Fahrzeug zu übertragen, wo sie als Rotationsenergie so lange erhalten bleibt, bis sie zum Anfahren wieder eingesetzt werden kann. Auch hierfür benötigt man Schwungräder.

Transformator

Eine der praktisch wichtigsten Anwendungen der → Induktion bildet der *Transformator* zur Umwandlung elektrischer Spannungen und Ströme. Der einfachste T. besteht aus zwei Spulen, die durch einen geschlossenen Eisenkern miteinander induktiv verkoppelt sind (Figur 1). Eisen ›sammelt‹ wegen seiner hohen Permeabilität nahezu das ganze Magnetfeld (→ Magnetisierung) in seinem Inneren. Läßt man nun durch eine der beiden Spulen (*Primärspule,* mit Index p bezeichnet) einen elektrischen → Wechselstrom fließen, so wird in der anderen Spule (*Sekundärspule,* Index s) eine Wechselspannung induziert, die ebenfalls zu einem Wechselstrom führt, sobald man den Stromkreis schließt.
Nach dem Induktionsgesetz muß für den – zunächst unbelasteten – T. gelten

$$U_p : U_s = N_p : N_s. \qquad (1)$$

U_p und U_s sind die Spannungen in der Primär- und Sekundärspule, N_p und N_s bedeuten die Windungszahlen. Die Verluste in einem T. lassen sich bei geeigneter Konstruktion (›weiches‹ Eisen, Lamellenkern) auch bei Belastung sehr klein halten. Dann ist die Eingangsleistung P_p gleich der Ausgangsleistung P_s:

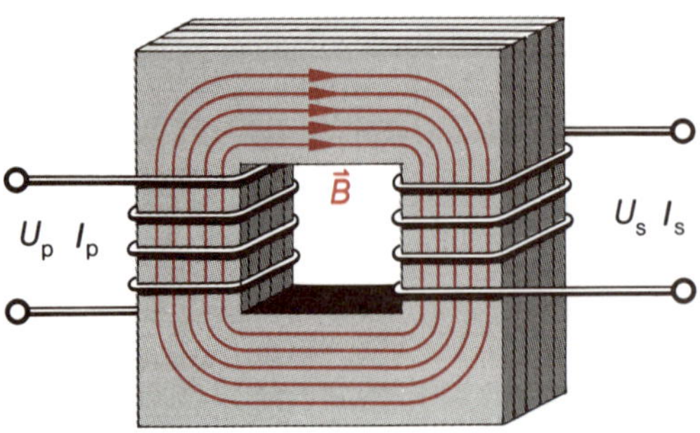

Transformator (Figur 1): Prinzipieller Aufbau, der Eisenkern besteht aus Lamellen, damit möglichst keine Wirbelströme entstehen.

$$U_p \cdot I_p = U_s \cdot I_s. \qquad (2)$$

Mit Gleichung (1) ergibt sich:

$$I_p : I_s = N_s : N_p. \qquad (3)$$

Während also Eingangs- und Ausgangsspannungen sich wie die Windungszahlen verhalten, gilt für die Stromstärken gerade das Umgekehrte.
Mit entsprechend gewickelten T. kann man eine Eingangswechselspannung nahezu beliebig herauf- bzw. heruntertransformieren. Grenzen setzt nur die Durchschlagsfestigkeit des Materials.
Die Tatsache, daß unser Haushaltsstrom ein Wechselstrom ist, wird durch die Existenz des T. erklärt. Ohne Leistungsverlust kann man so die Spannung den Erfordernissen der verschiedensten Geräte anpassen. Außerdem läßt sich Wechselstrom – wieder mit Hilfe von T. – verlustarm über große Strecken transportieren, und zwar durch dünne und damit billige Leiter. Der Spannungsverlust, der auftritt, wenn Strom durch einen Leiter der Länge l getrieben wird, ist ja (→ elektrischer Widerstand)

$$\Delta U = R \cdot I = \rho \cdot \frac{l}{A} \cdot I. \qquad (4)$$

Die Verlustleistung beträgt $\Delta P = \Delta U \cdot I = R \cdot I^2$. Wenn man also die Transportspannung vor der Leitung z. B. um den Faktor 1000 erhöht, kann man die Stromstärke um denselben Faktor 1000 senken, ohne deshalb weniger Leistung zu übertragen. Der Leistungsverlust sinkt dadurch um den Faktor 10^6.

Translation

Eine *geradlinige Bewegung* wird als T. (lat.) bezeichnet. Sie wird zum Kennzeichnen von Symmetrien (z. B. beim → Kristall) benutzt. Eine *Translationssymmetrie* liegt vor, wenn ein System nicht von einem anderen zu unterscheiden ist, das gegenüber dem ersten lediglich um eine bestimmte Strecke d verschoben ist. Beispiele dafür gibt es in beliebigdimensionalen Räumen. Ein System mit Translationssymmetrie bezeichnet man als Gitter. Die Punkte auf der Zahlengeraden, die ganze Zahlen repräsentieren, bilden ein eindimensionales Gitter. Zweidimensionale Strichgitter werden in Spektrometern benutzt (→ Interferenz, → Wellen), Kristalle stellen dreidimensionale Gitter dar.

Transportgleichung

Wenn der räumliche Größenunterschied eines Potentials φ eine Bewegung verursachen kann, dann ist der so ausgelöste Transport proportional der Potentialdifferenz. Genauer: Die Stromdichte $\vec{j}$ ist proportional dem Potentialgradienten grad φ:

$$\vec{j} = -C \cdot \text{grad}\, \varphi. \tag{1}$$

Diese Gleichung ist als *Transportgleichung* bekannt. Sie gilt für stationäre Verhältnisse, d. h., wenn sich das Potential durch die Existenz der Strömung nicht ändert. Das Minuszeichen drückt die Tatsache aus, daß jeder Strom in Richtung des Potentialgefälles geht. Die Gleichung kann auf viele Gegebenheiten angewendet werden. Sie gibt z. B. das → Ohmsche Gesetz wieder, wenn φ das elektrische Potential bedeutet und C die elektrische Leitfähigkeit, läßt sich aber auch als das 1. Ficksche Gesetz der → Diffusion deuten oder als Wärmetransportgleichung bei konstantem Temperaturgradienten (→ Wärmeleitfähigkeit).
Wenn der Transportvorgang das Potential verändert, dann muß die zeitliche Änderung $\partial\varphi / \mathrm{d}t$ proportional der Divergenz von $\vec{j}$ sein, also der Quellstärke des Stromes (→ Vektor).

$$\begin{aligned}\frac{\partial\varphi}{\mathrm{d}t} &= -C_1 \cdot \text{div}\, \vec{j} = C^* \cdot \text{div grad}\, \varphi = \\ &= C^* \cdot \Delta\varphi\end{aligned} \tag{2}$$

mit $C^* = C \cdot C_1$. Diese Gleichung wird nun allen – auch nichtstationären – Gegebenheiten gerecht. Sie beschreibt die Diffusion (als 2. Ficksches Gesetz) ebenso wie die Wärmeleitung oder die Impulsströmung in einer zähen Flüssigkeit.

Transversalwelle

Eine Welle, deren Schwingungsrichtung senkrecht zur Ausbreitungsrichtung steht (→ Wellen), wird als T. bezeichnet. Zu den T. gehören z. B. alle elektromagnetischen Wellen.

Tripelpunkt

Der ›Punkt‹ im Zustandsraum einer Substanz mit den Koordinaten T_T (Temperatur) und p_T (Druck), an dem alle drei Aggregatzustände im Gleichgewicht existieren können, wird als T. bezeichnet. Es gibt für jeden Stoff höchstens *einen* solchen Satz von Zustandsgrößen. Für Wasser ist z. B.

$$T_T = 0{,}0075\,°C \text{ und } p_T = 6{,}1 \text{ mbar}.$$

Im p-T-Diagramm stellt der T. den Schnittpunkt von Dampfdruck-, Schmelz- und Siedepunktskurve dar (→ Aggregatzustand).

Tscherenkow-Strahlung

Eine nach ihrem Entdecker, *Pawel Alexejewitsch Tscherenkow* (* 1904), benannte Strahlung, die eine → Kopfwelle des Lichts in einem Medium darstellt. Die T.-St. verursacht z. B. das bläuliche Leuchten um den Reaktorkern von Schwimmbadreaktoren: Die aus dem Reaktor austretenden Elektronen besitzen eine höhere Geschwindigkeit als die Lichtgeschwindigkeit in Wasser, sie werden im Wasser abgebremst, wobei die → Bremsstrahlung eine Kopfwelle bildet.

Tunneleffekt

Die Möglichkeit, daß ein Teilchen einen Potentialwall durchquert, der es nach klassischen Vorstellungen sicher aufhalten müßte, bezeichnet man als *Tunneleffekt.* Er folgt aus der → Quantenmechanik und erklärt unter anderem auch den → Alpha-Zerfall.

Turbulenz

Unter T. versteht man ein ungeordnetes, (noch) nicht berechenbares Durcheinander in der Strömung eines Gases oder einer Flüssigkeit (→ Reynoldssche Zahl, → Bernoullische Gleichung).

Tyndall-Effekt

John Tyndall (1820–1893) beobachtete schon vor mehr als 100 Jahren, daß kleine Schwebeteilchen in Wasser (z. B. Milch oder Mastix) das Licht streuen. Dabei treten zwei Effekte auf: Blaues Licht wird stärker gestreut als rotes, und das Streulicht ist senkrecht zur Ebene polarisiert, die von der Beobachtungsrichtung und der Lichtquelle aufgespannt wird. Das soll heißen, daß der E-Vektor des Lichts senkrecht zu dieser Ebene schwingt. Die Theorie zu dieser Art von → Streuung entwickelte *Lord Rayleigh* (1842–1919) ebenfalls schon im vorigen Jahrhundert; man nennt daher diesen Streumechanismus allgemein *Rayleigh-Streuung.*
Die Theorie geht davon aus, daß die Moleküle der Streuzentren von der einfallenden Lichtquelle polarisiert, d. h. zu erzwungenen Schwingungen angeregt werden, wobei die Lichtwellenlänge größer als die Abmessungen der Streuzentren ist. Jedes Streuzentrum wird so zu einem schwingenden Dipol. Aus der Charakteristik der → Dipolstrahlung folgt, daß die Maximalintensität senkrecht zur Schwingungsrichtung des Dipols abgestrahlt wird. Wenn man also seitlich auf die streuenden Teilchen schaut, wird man nur solche Dipole sehen können, deren Schwingungsrichtung senkrecht zur Blickrichtung und senkrecht zum Primärstrahl liegt (Figur 1). Obwohl das eingestrahlte Licht völlig unpolarisiert sein kann, ist das Streulicht polarisiert. Strahlt man umgekehrt bereits linear polarisiertes Licht ein, dann entstehen nur ausgerichtete streuende Dipole, und man sieht das Streulicht überhaupt nur in der dadurch gegebenen Ebene.
Wir haben kein Organ für die Wahrnehmung der Lichtpolarisation, wohl aber manche Insekten (z. B. Bienen) und wahrscheinlich auch Vögel. Sie können sich

Tyndall-Effekt (Figur 1): Streulicht ist linear polarisiert, das schwarz dargestellte Streulicht kann daher nur von ›schwarzen‹ Dipolen stammen, das rot dargestellte Streulicht dagegen nur von ›roten‹ Dipolen.

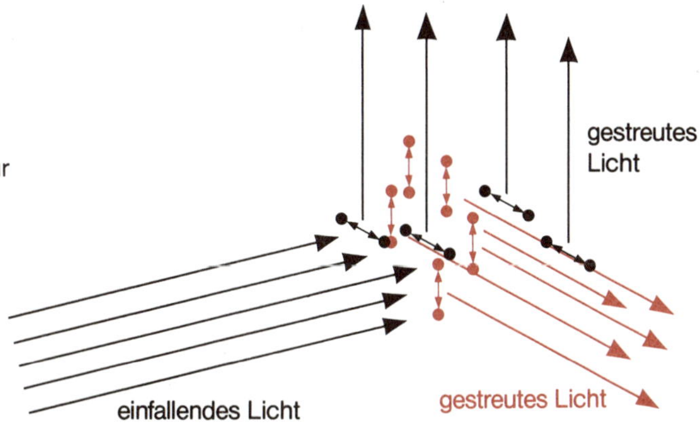

anhand der Licht-Polarisierung und des Sonnenstandes orientieren.

Die Frequenzabhängigkeit der gestreuten Lichtintensität ergibt eine genaue Rechnung als proportional zu ν^4. Kurzwelliges Licht (größeres ν) hat also eine größere Streuintensität als langwelliges. Deshalb sieht gestreutes Licht bläulich aus. Anders ausgedrückt: Der blaue Lichtanteil wird aus dem Originalstrahl schneller weggestreut als der rote. So kommt es, daß die auf- oder untergehende Sonne rot aussieht, besonders dann, wenn viele Streuzentren (Staub, Wasserteilchen) in der Luft sind, nämlich abends.

Auch die Luftmoleküle ohne Verunreinigungen streuen, und zwar aufgrund der Fluktuationen der Teilchenzahldichte (→ statistische Mechanik). Wäre die Luft nämlich auch in Bereichen homogen, die der Wellenlänge des Lichts entsprechen (≈ 500 nm), dann könnte wegen der Interferenz überhaupt keine Streuwelle zustande kommen (→ Wellen). Die Wellenfronten müßten sich nach dem Huygensschen Prinzip ausbilden, und es gäbe nur den durchgehenden Strahl. Die Fluktuationen wirken jedoch wie größere Streuzentren, die eben nicht so dicht liegen, daß sich wirklich alles, was von der Ausbreitungsrichtung abweicht, exakt durch Interferenz auslöscht. Luft streut also, und zwar ebenfalls bevorzugt blaues Licht. Dies ist der Grund dafür, daß wir bei Tageslicht den ›blauen Himmel‹ über uns sehen. Mancher, der schon auf einem hohen Berg war oder aus dem Flugzeug nach oben geblickt hat, wird bemerkt haben, daß der Himmel merkwürdig violett, ja geradezu schwärzlich aussieht. Außerhalb der Erdatmosphäre gibt es natürlich überhaupt keinen blauen Himmel mehr. Alles ist schwarz, auch unmittelbar neben der gleißend hellen Sonne.

u Abk. für atomare Masseneinheit (engl. unit), bezeichnet den 12. Teil der Masse eines Kohlenstoffatoms C 12 (→ Maße und Maßsysteme).

Uhr

Eine Uhr ist ein Gerät zur Messung von Zeitdifferenzen. Das Prinzip der Uhr lag früher im Aufzeichnen oder Sichtbarmachen eines Vorgangs, der mit konstanter Geschwindigkeit abläuft. Man nutzte dazu sowohl chemische Reaktionen *(Stundenkerze, Öluhr)* als auch den gleichmäßigen Fluß des Wassers *(Wasseruhr)* oder des Sandes durch eine enge Öffnung *(Sanduhr, Stundenglas)*. Ein anderes, weit genaueres Prinzip bezog sich auf die konstante Rotationsgeschwindigkeit der Erde, indem der Sonnenstand direkt in Zeiteinheiten geeicht wurde *(Sonnenuhr)*. Leider scheint die Sonne nur tagsüber, und auch das nicht immer, so daß die prinzipiell genaue Sonnenuhr nur begrenzt einsatzfähig ist. Dazu kommt, daß etwa sekundengenaue Sonnenuhren bereits beachtliche Größen erreichen, denn der Schattenzeiger muß dann entsprechend lang sein. Es gibt aber Beispiele für solche Instrumente, z. B. in Jaipur in Indien.

Ein wesentlicher Fortschritt war die mechanische Räderuhr, deren Präzision bis zur sagenhaften Ganggenauigkeit von 1/10 Sekunde im Jahr (!) geht. Auch sie war zunächst nach dem Prinzip der gleichmäßigen Geschwindigkeit konstruiert, mit der ein Räderwerk ablaufen sollte, das durch eine regenerierbare, d. h. immer wieder ›aufziehbare‹ Energiequelle angetrieben wurde. Das war ein Gewicht für ortsfeste Uhren oder eine Spiralfeder vor allem für kleine oder tragbare Uhren. Um das Räderwerk nicht zu schnell ablaufen zu lassen, verwendete man eine *Hemmung*, die das Werk immer wieder anhielt. Die Intervalle sollten natürlich möglichst gleichmäßig sein. Das gelang – zunächst recht unvollkommen – durch die Verwendung eines schwingenden Systems zur Steuerung der Hemmung (*Gangregler*; → Pendel). Noch war den Konstrukteuren nicht bewußt geworden, daß sie damit ein ganz neues Prinzip zur Messung von Zeitdifferenzen benutzten:

Uhr: Eine bestimmte Schwingung der Caesiumatome dient bei dieser Atomuhr zur genauen Festlegung der Länge einer Sekunde mit einer Genauigkeit von 10^{-14}.

das Abzählen der Zustände gleicher Phase eines periodischen Vorgangs (→ Schwingungen). Es wurden viel Arbeit und konstruktiver Eifer investiert, um den einzelnen Schwingungsvorgang so gleichmäßig wie möglich ablaufen zu lassen (Temperaturkompensation des Gangreglers, Lagenkompensation bis zur kardanischen Aufhängung von Schiffschronometern).
Schließlich erkannte man, daß der einzelne Schwingungsvorgang nicht so wichtig für die Zeitmessung ist, wenn man nur die Frequenz genügend hoch wählt. Heutige *Quarzarmbanduhren* schwingen mit Frequenzen bis zu 4 MHz. Ihre Genauigkeit liegt in der Größenordnung sehr guter astronomischer Pendeluhren. Dabei sind sie klein und werden meist keineswegs besonders sorgfältig behandelt. Das Zeitnormal wird aus der noch tausendmal höheren Frequenz atomarer Übergänge abgeleitet (etwa 9 GHz; → Maße und Maßsysteme), die man in *Atomuhren* zur Steuerung von äußerst frequenzgenauen elektrischen Schwingkreisen eingesetzt. Für unser Land wird dieses *Zeitnormal* über Funk von der Physikalisch Technischen Bundesanstalt (PTB) in Braunschweig verbreitet und kann durch entsprechende Empfänger praktisch überall verwendet werden (Funkuhr). Die Genauigkeit dieses Zeitnormals liegt derzeit bei etwa 10^{-14}, d. h., die Ganggenauigkeit beträgt 1 Millionstel Sekunde pro Jahr (→ Zeit).

Ultraschall

Schall mit höheren Frequenzen als der Hörgrenze (20 000 Hz) bezeichnet man als *Ultraschall,* jenseits der 1000-MHz-Grenze als *Hyperschall* (→ Akustik). U. wird wegen seiner besonderen Eigenschaften zur Ortung, Materialprüfung und in Reinigungsgeräten eingesetzt (→ Kavitation).

Ultraviolett

Der Teil des elektromagnetischen Spektrums, der ›jenseits‹ (zu kürzeren Wellenlängen hin) des violetten Lichts liegt, wird als *Ultraviolett,* Abk. *UV*, bezeichnet, wobei die Wellenlänge weniger als 350 nm beträgt. Bis etwa 280 nm spricht man von *weicher* UV-Strahlung, darunter von *harter.* Obwohl die Grenzen fließend sind, bezeichnet man Wellenlängen unterhalb etwa 100 nm bereits als Röntgenstrahlung. Kurzwelliges UV-Licht wird von der Sonne mit großer Intensität ausgestrahlt, aber in den höheren Schichten der Atmosphäre bereits zum großen Teil vom Ozon absorbiert. Es muß zwar in ausreichender Menge die menschliche Haut treffen, weil sonst kein Vitamin D gebildet werden kann (Rachitis bei ›Hinterhofkindern‹). Andererseits aber ist es in Überdosierung für vielerlei Arten von Hautkrebs verantwortlich, z. B. bei Hochgebirgsbewohnern. Wegen seiner ionisierenden Wirkung eignet sich UV-Licht (aus speziellen Lampen) zur Keimvernichtung in Operationssälen oder zur sonstigen Desinfektion. Viele Stoffe, z. B. bestimmte Farben, fluoreszieren in ultraviolettem Licht. Das nutzt man aus, um z. B. Übermalungen von Gemälden festzustellen und so ihre Echtheit zu überprüfen. Auch die Flüssigkeit im Augeninneren fluoresziert im UV-Licht. So kommt es, daß man eine UV-Lampe nicht scharf sehen kann. Das Licht, das *im Inneren* unseres Auges durch Fluoreszenz erzeugt wird, kann durch die Augenlinse natürlich nicht mehr auf die Netzhaut fokussiert werden. Auch Zahnprothesen sind im UV-Licht meist leicht zu erkennen: Sie leuchten im Gegensatz zu natürlichen

Zähnen nicht auf (→ elektromagnetisches Spektrum, → Lumineszenz).

Unschärferelation

Dieser von *Werner Heisenberg* (1901 bis 1976) schon 1927 gefundene, oft auch *Heisenbergsche Unschärferelation* oder *Unbestimmtheitsbeziehung* genannte Zusammenhang zwischen komplementären Meßgrößen ist eine der fundamentalen Erkenntnisse moderner Physik. Sie formuliert eine tiefgreifende und prinzipielle Beschränkung der Meßmöglichkeiten.
Die häufigsten komplementären Größen, um die es hier geht, sind Ort und Impuls sowie Energie und Zeit. Heisenberg sagt, daß es nicht möglich sein kann, *gleichzeitig* den Ort *und* den Impuls eines Teilchens beliebig genau zu bestimmen, und gibt sogar eine Mindestunschärfe für *das Produkt* aus beiden an:

$$\Delta x \cdot \Delta p_x \geqslant h. \qquad (1)$$

Die Größe h ist das Plancksche Wirkungsquantum. Selbstverständlich ist nicht nur die x-Komponente des Impulses gemeint, sondern auch die y- und z-Komponente. Es gilt also auch

$$\Delta y \cdot \Delta p_y \geqslant h \text{ und } \Delta z \cdot \Delta p_z \geqslant h.$$

Weiter sagt Heisenberg, daß diese prinzipielle Unschärfe auch für das Paar Energie und Zeit gilt:

$$\Delta E \cdot \Delta t \geqslant h. \qquad (2)$$

Mancher Leser wird dieser angeblich so wichtigen Erkenntnis mit einem skeptischen Lächeln begegnen und sich möglicherweise an das Beweisphoto erinnern, das eine Radarkontrolle kürzlich von seinem Fahrzeug gemacht hat und auf dem man ihm die Geschwindigkeit *und* den Ort seines Autos auf den Millimeter genau gezeigt hat. Tatsächlich besteht aber zwischen der U. und Messungen an Dingen des täglichen Lebens kein Widerspruch. Das Wirkungsquantum ist so klein ($\approx 6 \cdot 10^{-34}$ Js; → Naturkonstanten), daß jeder Nachweisversuch etwa an einem Kilogramm bewegter Masse von vornherein zum Scheitern verurteilt ist. Um so größer ist der Einfluß, den die U. auf die Messungen und Gegebenheiten im atomaren Bereich hat.

Deutungen der Unschärferelation zwischen Ort und Impuls

‚Es gibt zwei Möglichkeiten, das Zustandekommen von Unschärfen zu interpretieren. Die erste bezieht sich allein auf die Eigenschaften, die man einem Teilchen zuschreibt, versucht also eine Erklärung aufgrund ›absoluter‹ Zusammenhänge. (Der Philosoph würde sagen, diese Deutung bezieht sich auf das ›Ding an sich‹.) Die zweite geht vom Experiment aus und analysiert seinen Einfluß auf das Meßobjekt. Wenden wir uns zuerst der ›experimentfreien‹ Erklärung zu. Alle Beobachtungen an Atomen, Elementarteilchen, Lichtwellen usw. haben gezeigt, daß die Dinge sowohl Wellencharakter als auch Teilchencharakter haben (→ Dualismus von Welle und Teilchen). Formal drückt man dies aus, indem man typische Wellen- und Teilcheneigenschaften miteinander verknüpft. So ist die Energie E mit der Frequenz ν und Impuls p mit der Wellenlänge λ verknüpft durch die berühmten Gleichungen:

$$E = h \cdot \nu \text{ oder } E = \hbar \cdot \omega \qquad (3)$$

und

$$p = \frac{h}{\lambda} \text{ oder } p = \hbar \cdot k. \qquad (4)$$

Dabei bedeutet $\hbar = h/2\pi$, und $k = 2\pi/\lambda$ ist die *Wellenzahl* (bzw. in vektorieller Schreibweise der Wellenvektor) sowie $\omega = 2\pi \cdot \nu$ die *Kreisfrequenz* der Welle. Mit diesen einfachen Begriffen läßt sich die U. sozusagen als Bindeglied zwischen Welle und Teilchen verstehen.

Die Extrembegriffe sind folgende: Die Welle (Sinuswelle) ist unendlich ausgedehnt, nicht lokalisierbar, dafür aber unendlich genau in der Wellenlänge (Figur 1). Mit Gleichung (4) definiert also eine Welle einen scharfen Impuls. Dafür ist der Ort ›verschmiert‹, denn bei unendlich vielen Wellenbergen und -tälern repräsentieren eben *alle* die Welle, nicht irgendeine bestimmte Stelle. Ganz im Gegensatz dazu das Teilchen (der klassische *Massenpunkt*): Der Ort läßt sich idealisiert nur als *Deltazacke* darstellen, ist also scharf. Nach *Fourier* (→ Fourier-Analyse) bildet aber eine Deltazacke die Überlagerung unendlich vieler Wellen mit allen möglichen Wellenlängen. Da jede Wellenlänge wieder einen Impuls bedeutet, kann man dem Massenpunkt offenbar überhaupt keinen Impuls zuordnen.

Der Kompromiß liegt in der Mitte. Unser Teilchen fassen wir weder als Deltazacke auf noch als unendlich ausgedehnte Welle, sondern als Wellenberg oder auch ›einige Wellenberge‹, d. h. als sog. *Wellenpaket* (→ Materiewellen). Damit haben wir ein physikalisches Gebilde vor uns, dessen Ort nur noch innerhalb gewisser Grenzen definierbar ist und dessen Impuls nur so genau zu bestimmen ist, wie man eben die wenigen Wellenlängen angeben kann, aus denen das Paket besteht. Oft deutet man das Wellenpaket nur als einen einzigen Wellenberg. Betrachten wir Teil c) in Figur 1, so kann man den Ort x des Teilchens offenbar nur bis auf die *Ortsunschärfe* Δx genau angeben. Wie

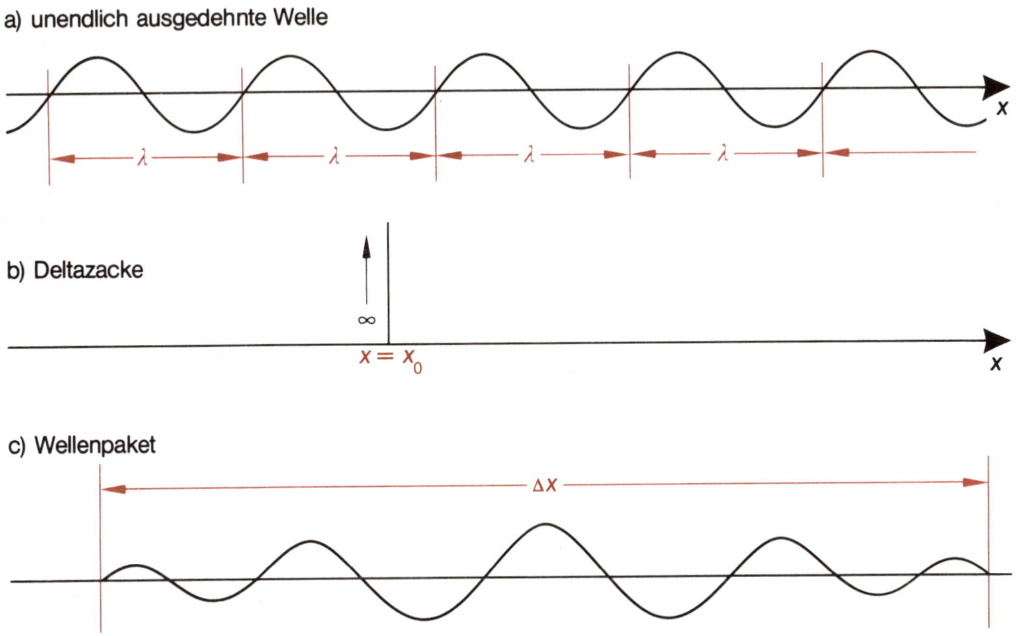

Unschärferelation (Figur 1): Teilchenbeschreibungen **a)** durch eine unendlich ausgedehnte Welle, **b)** durch einen scharfen Ort (Deltazacke), **c)** durch ein Wellenpaket; im Fall **a)** kein definierbarer Ort, im Fall **b)** kein definierbarer Impuls, im Fall **c)** verschmierter Ort und Impuls.

groß ist aber die Unsicherheit des Impulses? Wollten wir exakt vorgehen, so müßten wir das Wellenpaket einer Fourier-Analyse unterwerfen, um herauszubekommen, wie breit das Frequenzband ist, aus dem es zusammengesetzt ist. Man kann sich aber auch mit einer Plausibilitätsbetrachtung helfen. Da das Wellenpaket an den Rändern unbestimmbar ist, kann man die Zahl n der Wellenberge bestenfalls auf *eine* Einheit genau festlegen. Deshalb ist die bestmögliche Genauigkeit der Wellenzahl $2\pi/\lambda$ der n-te Teil dieser Wellenzahl:

$$\Delta k = \Delta\left(\frac{2\pi}{\lambda}\right) = \frac{2\pi}{n\cdot\lambda}$$

Beachten wir, daß für $\Delta x = n\cdot\lambda$ gilt, so erhalten wir:

$$\Delta x\cdot\Delta k = n\cdot\lambda\cdot\frac{2\pi}{n\cdot\lambda} = 2\pi.$$

Der Impuls p ist nach Gleichung (4) mit der Wellenzahl k durch $p = \hbar\cdot k$ verbunden, also muß

$$\Delta k = \frac{\Delta p}{\hbar} = \frac{\Delta p\cdot 2\pi}{h}$$

sein. Setzen wir das noch ein, so kommt unmittelbar die U. für den Ort x und den Impuls p_x heraus:

$$\Delta x\cdot\Delta p_x = h.$$

Daß in der Gleichung (1) auch noch das Größerzeichen (>) steht, liegt an der Form des Wellenpakets, das nur im günstigsten Falle eine Bestimmung der ›Ränder‹ auf eine Einheit zuläßt.

Mit dieser Plausibilitätsbetrachtung habe ich versucht, das bewegte ›Ding‹ mit der absoluten Beschreibung durch ein Wellenpaket festzulegen, mich also auf Eigenschaften des Teilchens zu beziehen, die es unabhängig von jeder Beobachtung haben sollte.

Die zweite Begründung der U. argumentiert scheinbar ganz anders. Jede Messung des Orts eines Teilchens kann ja nur dadurch geschehen, daß man es auf irgendeine Weise ›anschaut‹, also Lichtstrahlen oder sonstige Medien zur ›Beleuchtung‹ verwendet und die Wechselwirkung dieser Teststrahlung mit dem Teilchen registriert. Bei genauem Nachdenken gibt es ersichtlich keine andere Art, ein Teilchen zu sehen, als eben ein anderes Teilchen mit ihm kollidieren zu lassen. Wenn man dabei den Ort sehr genau bestimmen will, an dem sich das Teilchen zur Zeit der Kollision gerade befindet, muß man die Beobachtungsstrahlung sehr kurzwellig machen, denn die Genauigkeit des Orts kann nur bis auf etwa eine Beobachtungswellenlänge definiert werden.

Je kurzwelliger aber die Beobachtungsstrahlung ist, desto energiereicher sind nach Gleichung (3) auch ihre Quanten, desto mehr wird also auch der Impuls des beobachteten Teilchens gerade beim Beobachtungsakt verändert (z. B. durch den → Compton-Effekt), so daß man über seinen ursprünglichen Impuls immer weniger aussagen kann. Rechnet man einen derartigen Prozeß genau durch, so erhält man für das Produkt aus Orts- und Impulsunsicherheit wieder die U.

Vielleicht empfinden Sie diese beiden Deutungen der Heisenbergschen U. als ebenso entgegengesetzt wie die Begriffe Welle und Teilchen. Dann ergeht es Ihnen ebenso wie vielen Autoren von Lehrbüchern, die sich lange Zeit der einen oder anderen Deutung verschrieben haben. Im Grunde aber sind beide Deutungen identisch, da das Bild, das wir uns vom Teilchen ›an sich‹ machen, ja ausschließlich das Ergebnis solcher Beobachtungen ist. Es ist also nicht verwunderlich, daß das idealisierte Modell eben jene Eigenschaften beschreibt, die man aus den Beobachtungen herausgefiltert hat. Das Wellenpaket ist gerade die Quintessenz aus den Beobachtungsdaten und muß natürlich dieselben Eigenschaften aufweisen, die auch die Beobachtungen ergeben.

Die Unschärferelation zwischen Energie und Zeit

Wenn eine ›Teilchen-Welle‹ einen Zeitpunkt definieren soll, muß das Wellenpaket so schmal wie möglich sein. Dadurch aber wird wiederum die Zahl der durchgehenden Wellenberge immer kleiner, die man aber andererseits genau kennen muß, um die *Frequenz* der Welle zu bestimmen. Der Zusammenhang zwischen diesen beiden prinzipiellen Unsicherheitsfaktoren ergibt sich zu

$$\Delta t = \frac{1}{\Delta \nu}.$$

Das läßt sich ähnlich einleuchtend belegen wie beim Impuls oder – analog dazu – durch eine Fourier-Transformation ausrechnen. Nun ist nach Gleichung (3) $E = h \cdot \nu$ und deshalb auch $\Delta E = h \cdot \Delta \nu$, so daß unmittelbar die Gleichung (2) herauskommt:

$$\Delta t \cdot \Delta E = h.$$

Auch hier wird das eigentlich anzufügende Größerzeichen durch die spezielle Form des Wellenpakets verursacht. In welcher Weise beobachtet man diese Unschärfe in der Natur? Diese Frage ist nicht mehr ganz so leicht zu beantworten. Betrachten wir ein Atom in einem angeregten Zustand (→ Atomphysik). Innerhalb der *Lebensdauer* dieses Zustands wird ein Elektronenübergang stattfinden und dabei ein Photon emittiert werden. Macht man dieses Experiment viele Male und analysiert die emittierte Strahlung in einem → Spektralapparat, mißt also die Wellenlänge oder die Frequenz sehr genau, so wird man kleine Energieschwankungen feststellen. Der Spektralapparat registriert eine gewisse *Linienbreite* Γ (→ Spektrallinie), die mit der mittleren Lebensdauer τ des angeregten Zustands durch die U. verknüpft ist:

$$\Gamma \cdot \tau \approx \hbar. \qquad (5)$$

Eine weitere wichtige Konsequenz aus der U. betrifft Materie bei sehr tiefen Temperaturen. Früher hat man sich den absoluten Nullpunkt der Temperaturskala so vorgestellt, daß dort jede Bewegung ›eingefroren‹ sein sollte, so daß keine thermische Schwingung mehr existieren könnte. Nach der U. ist ein derartiger Zustand nicht möglich. Unendlich genau fixierte, bewegungslose Atome kann es nicht geben, weil dann wegen Gleichung (1) ihr Impuls völlig unbestimmt wäre. Auch die Energie eines solchen Teilchens kann nicht exakt Null sein, weil dann auch der Impuls Null wäre, was wiederum bedeuten würde, daß die Ortskoordinate alle Werte zwischen Null und Unendlich annehmen könnte. Die genaue Berechnung der *Nullpunktsenergie*, die deswegen jedes Atom auch am absoluten Nullpunkt noch haben muß, ist eine Aufgabe der → Quantenmechanik und hängt noch ab von der Form des Potentials, in dem sich das Teilchen befindet. Für den tiefsten Zustand im Potentialtopf kann man aber für nahezu alle realistischen Potentiale (z. B. die eines Kristalls) annehmen, daß sie einem harmonischen Oszillator entsprechen, also Parabelform haben. Dann ergibt sich für die Nullpunktsenergie der Wert

$$E_0 = \frac{1}{2} \hbar \cdot \omega_0 \qquad (6)$$

mit ω_0 = Oszillatorgrundfrequenz, gegeben durch

$$\omega_0 = \frac{2\pi \cdot h}{4m \cdot a^2},$$

wobei m = Masse des Teilchens und a = Durchmesser des Potentialtopfs bedeuten; a entspricht in einem Kristall etwa dem Atomabstand.

Zusammenfassung
Die U. sind unmittelbare Konsequenzen des Dualismus zwischen Wellen- und Teilcheneigenschaften eines physikalischen ›Massenpunkts‹. Die Theorie der → Materiewellen, der → Photonen sowie überhaupt jede Elementarteilchentheorie kommen ohne sie nicht aus. Man kann auch sagen, daß die Quantenmechanik und die U. Aussagen über denselben Sachverhalt machen.

V

V **1)** Abk. für → Volt, die Maßeinheit der elektrischen Spannung (→ Maße und Maßsysteme);
2) Formelzeichen für das → Volumen.

v Das Formelzeichen für → Geschwindigkeit.

Vakuum

Der Begriff *Vakuum* bezeichnet streng genommen einen absolut leeren Raum. In der Technik wird unter V. jedoch bereits ein mehr oder weniger stark luftverdünnter Raum verstanden, dessen ungefähre Abstufungen aus der Tabelle hervorgehen.

Ein Pumpstand zur Erzeugung eines Ultrahochvakuums besteht immer aus mehreren hintereinandergeschalteten Pumpen und arbeitet mit großem technischen Aufwand, wenn man etwa auf 10^{-12} hPa kommen will. Dagegen genügt für einen Satelliten bereits eine Umlaufbahn in 1000 km Höhe, um praktisch das Weltraumvakuum um sich herum zu haben. Bedenkt man, wie viele technische Prozesse heute im V. ablaufen müssen – besonders die Halbleitertechnik stellt höchste Anforderungen an Reinheit bei der Verarbeitung –, wird der Eifer verständlich, mit dem man Versuche in Weltraumlabors durchführt.

Bereich	*Druck* [hPa]	*freie Weglänge* [m]	*erreichbar mit*
Grobvakuum	20–1	10^{-7}–10^{-4}	Wasserstrahlpumpe
Vorvakuum	1–10^{-3}	10^{-4}–10^{-1}	Kolbenpumpe
Hochvakuum	10^{-3}–10^{-6}	10^{-1}–10^{3}	Öl-Diffusionspumpe
Ultrahochvakuum	10^{-6}–10^{-12}	> 10^{3}	Molekularpumpe plus Kühlfallen
absolutes Vakuum	10^{-18}		Weltraum

Tabelle: Übersicht über die verschiedenen Vakuumbezeichnungen

Die Abwesenheit von Materie ist nach unserer Auffassung noch kein sicheres Zeichen ›absoluter‹ Leere. Nach *Einstein* gibt es diese Leere überhaupt nicht, weil der Raum zumindest mit einem Gravitationsfeld erfüllt sein muß, um überhaupt einen Sinn zu haben (→ Relativitätstheorie). Dies kommt vor allem in den Vorstellungen der → Kosmologie zum Ausdruck, die den ›Raum‹ außerhalb des Universums nicht mehr als erfahrbar ansieht.

Vektor

Der Begriff des *Vektors* (lat.; dt. Träger) kommt eigentlich nicht aus der Physik, sondern gehört in die Mathematik. V. sind jedoch zur einfachen Beschreibung physikalischer Erscheinungen von so grundlegender Bedeutung, daß ich auch in diesem Buch kurz auf die Rechenregeln für V. eingehen muß, denn sehr viele Zusammenhänge darin werden in vektorieller Schreibweise angegeben.

V. sind *gerichtete Größen*, d. h., sie haben einen Betrag (absolute Größe, Absolutbetrag) *und* eine räumliche Orientierung. Man stellt sie graphisch durch Pfeile dar, deren Länge dem Betrag entspricht. Die weitaus meisten für uns wichtigen V. sind dreidimensional, können also durch Pfeile im gewöhnlichen (euklidischen)

Raum dargestellt werden. Beispiele dafür sind Geschwindigkeiten, Beschleunigungen, Kräfte, aber auch elektrische Feldstärken und viele andere. Man möchte fast meinen, alle physikalischen Größen seien vektoriell, aber es gibt auch Gegenbeispiele: Zeit, Temperatur, Rauminhalt und andere sind offenbar keine V., sondern *Skalare* (durch *eine* Zahl ausdrückbare Größen). Andererseits gibt es sogar Größen, zu deren Beschreibung mehr als drei Dimensionen nötig sind, z. B. mehrdimensionale V. wie in der Relativitätstheorie oder Tensoren für die Trägheitsmomente eines Körpers oder die Verteilung der inneren Spannungen bei einem deformierten elastischen Körper. Bleiben wir aber bei den gewöhnlichen dreidimensionalen V. und ihrer Darstellung.

V., die senkrecht auf einer Fläche stehen, nennt man *normal*, V., die in einer Fläche liegen, dagegen *tangential*. Normalvektoren sind z. B. Flächenvektoren selbst, aber auch Kräfte können Normalkräfte sein (→ Reibung) oder werden oft in eine Normal- und eine Tangentialkomponente zerlegt. Auch Feldstärkevektoren zerlegt man beim Übergang von einem Medium zum anderen in Normal- bzw. Tangentialkomponenten bezüglich der Trennfläche. Dadurch wird die rechnerische Behandlung solcher Übergänge oft erst ermöglicht.

Schreibweise

Zur Kennzeichnung eines V. benutzte man früher deutsche Buchstaben. Auch Frakturbuchstaben findet man noch in vielen Büchern. In den meisten modernen Fachbüchern werden V. aber als lateinische (oder sonstige) Buchstaben mit darübergestelltem Pfeil geschrieben (z. B. $\vec{v}$, $\vec{b}$ usw.). Dieser Schreibweise schließe ich mich auch hier an. Wenn die drei Koordinaten (siehe unten) eines V. aufgeführt werden, so stehen sie, durch Kommata oder Semikolon getrennt, hintereinander in einer runden Klammer, z. B. $\vec{a} = (a_x, a_y, a_z)$. Wenn nicht ausdrücklich etwas anderes vereinbart wird, sind dabei immer die *kartesischen* Komponenten des V. gemeint. Beträge von V. erscheinen ohne den Pfeil, oder, wenn besonders darauf hingewiesen werden soll, daß es sich um den Betrag handelt, zwischen Betragstrichen; also: $|\vec{a}| = a$.

Koordinaten und Komponenten eines Vektors

Die Physiker verwenden zur Beschreibung aller physikalischen Vorgänge ein Koordinatensystem, weil man sie nur so eindeutig formulieren kann. Oft wird dieser Sachverhalt nicht eigens erwähnt, aber man muß sich dessen immer bewußt sein. Am beliebtesten (wenngleich nicht immer am praktischsten) ist dabei das sog. rechtwinklige kartesische Koordinatensystem, dessen drei Achsen ein rechtes Dreibein bilden (Figur 1) und aufeinander senkrecht stehen. Meist nennt man diese Achsen die *x*-, *y*- und *z*-Achse. V., deren Anfangspunkt im Ursprung eines

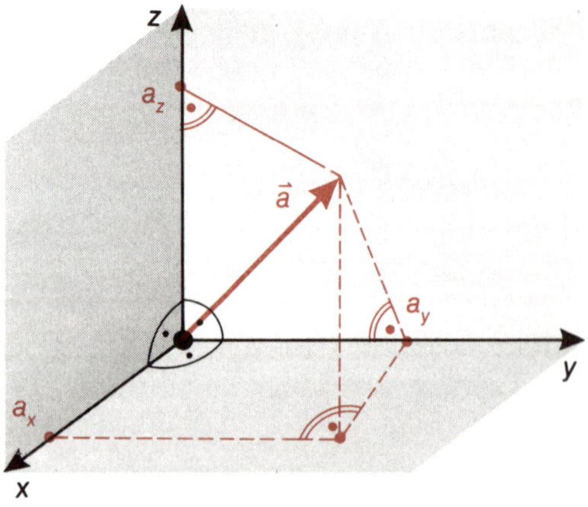

Vektor (Figur 1): Die Koordinaten a_x, a_y und a_z des Vektors $\vec{a}$ definieren seine Spitze, wenn der Anfangspunkt des Vektorpfeils in den Koordinatenursprung gelegt wird.

derartigen Koordinatensystems liegt *(Ortsvektoren)*, lassen sich recht einfach beschreiben, indem man die Koordinaten ihres Endpunkts (Pfeilspitze) angibt. Man findet sie, indem man die Pfeilspitze senkrecht auf die Koordinatenachsen projiziert.

In der *Vektorrechnung* aber ist der Anfangspunkt eines V. nicht von Bedeutung. Zwei V., die in Betrag und Richtung übereinstimmen, sind mathematisch gleich, auch wenn sie entlang ihres Richtungspfeils oder sogar parallel dazu gegeneinander verschoben sind. In der Physik ist das *nicht* immer so. Kräfte dürfen z. B. zwar entlang ihrer Wirkungslinie, meist aber nicht parallel dazu verschoben werden. Dies führt manchmal zu Verständnisschwierigkeiten (→ Kraft, → Drehmoment).

Von größerer Allgemeinheit ist die Komponentendarstellung eines V. Sie verwendet die *Vektoraddition*, die ich nachfolgend beschreibe, und setzt den V. aus drei V. zusammen, die in die Richtung der Koordinatenachsen zeigen und deren Länge gleich der entsprechenden Koordinate ist (Figur 2). Dazu führt man *Einheitsvektoren* ein, die den Betrag 1 haben und in die Richtung einer Koordinatenachse zeigen. Im dreidimensionalen Raum gibt es drei Einheitsvektoren,

$$\vec{e}_x = (1, 0, 0)$$
$$\vec{e}_y = (0, 1, 0)$$
$$\text{und } \vec{e}_z = (0, 0, 1).$$

Damit schreibt sich der Vektor $\vec{a} = (a_x, a_y, a_z)$ als Linearkombination aus den drei Einheitsvektoren, nämlich

$$\vec{a} = a_x \cdot \vec{e}_x + a_y \cdot \vec{e}_y + a_z \cdot \vec{e}_z. \quad (1)$$

Diese Darstellung ist praktischer als die Koordinatendarstellung, weil man, ohne

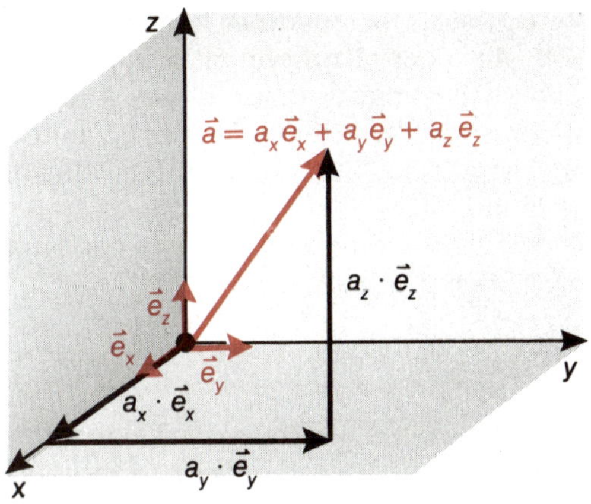

Vektor (Figur 2): Die Komponenten eines Vektors sind selbst Vektoren (Vielfache der *Einheitsvektoren*), die in die Achsenrichtung des kartesischen Koordinatensystems zeigen. Der Vektor $\vec{a}$ ergibt sich aus der Addition seiner einzelnen Vektorkomponenten $a_x e_x + a_y e_y + a_z e_z$.

das Koordinatensystem immer zu benutzen, direkt mit ihr rechnen kann. Die Länge des Vektorpfeils (der Betrag) ist im kartesischen Koordinatensystem gegeben durch

$$a = |\vec{a}| = \sqrt{a_x^2 + a_y^2 + a_z^2}. \quad (2)$$

Multiplikation mit einem Skalar, Nullvektoren

Man faßt die Multiplikation eines V. mit einer reinen Zahl (Skalar) so auf, daß nur der Betrag des V. (die Länge des Pfeils) mit der Zahl multipliziert wird, ohne daß sich die Richtung ändert. Das bedeutet, daß alle Koordinaten mit dieser Zahl multipliziert werden müssen. Es gilt also:

$$k \cdot \vec{a} = (k \cdot a_x, k \cdot a_y, k \cdot a_z)$$
$$\text{bzw. } k \cdot \vec{a} = k \cdot a_x \cdot \vec{e}_x + k \cdot a_y \cdot \vec{e}_y + k \cdot a_z \cdot \vec{e}_z. \quad (3)$$

Von dieser Übereinkunft haben wir bereits bei der Komponentendarstellung Gebrauch gemacht, denn $a_x \cdot \vec{e}_x$ ist nichts anderes als der Einheitsvektor $\vec{e}_x$, multipliziert mit der Zahl a_x (jede Koordinate ist ja eine Zahl!).
Die Multiplikation eines V. mit der Null ergibt den *Nullvektor* $\vec{0}$. Man definiert:

$$\vec{0} = (0;\ 0;\ 0).$$

Addition und Subtraktion von Vektoren
Die Addition zweier V. *gleicher Richtung* geschieht nach der einleuchtenden Regel: Die Richtung bleibt unverändert, die Beträge addieren sich. Da diese Regel auch für Einheitsvektoren gilt, erhalten wir als Additionsgesetz für V. den Zusammenhang

$$\begin{aligned}\vec{a}+\vec{b} &= a_x\vec{e}_x + a_y\vec{e}_y + a_z\vec{e}_z + \\ &\quad + b_x\vec{e}_x + b_y\vec{e}_y + b_z\vec{e}_z = \\ &= (a_x+b_x)\,\vec{e}_x + (a_y+b_y)\,\vec{e}_y + (a_z+b_z)\,\vec{e}_z\end{aligned}$$
oder
$$\vec{a}+\vec{b} = (a_x+b_x;\ a_y+b_y;\ a_z+b_z). \quad (4)$$

Da der Vektor $-\vec{b}$ aus dem Vektor $\vec{b}$ durch die Multiplikation mit (-1) hervorgeht, die das Vorzeichen aller Koordinaten umkehrt, gilt diese Regel auch für die Subtraktion:

$$\vec{a}-\vec{b} = (a_x-b_x;\ a_y-b_y;\ a_z-b_z). \quad (5)$$

Addition und Subtraktion von V. werden also durchgeführt, indem man komponentenweise addiert bzw. subtrahiert. Geometrisch übersetzt: Man setzt den Vektor $\vec{b}$ (Addition) bzw. den Vektor $(-\vec{b})$ (Subtraktion) mit seinem Anfangspunkt unter Beibehaltung seiner Richtung an den Endpunkt des Vektors $\vec{a}$ (Figur 3). Der Summen-(Differenz-)Vektor hat dann den Anfangspunkt von $\vec{a}$ und den Endpunkt von $\vec{b}$ (bzw. $-\vec{b}$).

Das Skalarprodukt
Während Additions- und Subtraktionsregeln fast unmittelbar einleuchtend und naheliegend sind, ist es nicht sofort klar, wie man die Multiplikation zweier V. de-

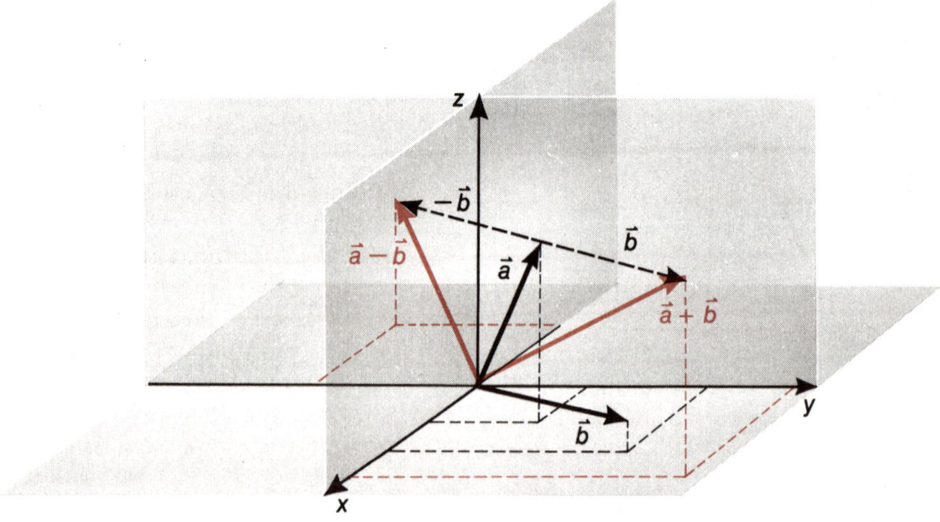

Vektor (Figur 3): Man addiert den Vektor $\vec{b}$ zum Vektor $\vec{a}$, indem man den Anfangspunkt von $\vec{b}$ an die Spitze von $\vec{a}$ ansetzt, ohne die Richtung zu verändern. Die Differenz $\vec{a}-\vec{b}$ ergibt sich als die Summe aus $\vec{a} + (-\vec{b})$, wobei nur die Richtung von $\vec{b}$ um 180° gedreht wird.

finieren soll. Tatsächlich gibt es zwei verschiedene *Vektorenprodukte*. Das erste liefert als Ergebnis einen Skalar und heißt deshalb *Skalarprodukt*. Es ist folgendermaßen definiert:

$$\vec{a} \cdot \vec{b} = a_x \cdot b_x + a_y \cdot b_y + a_z \cdot b_z. \quad (6)$$

Es läßt sich zeigen, daß dieses Skalarprodukt identisch ist mit der Beziehung

$$\vec{a} \cdot \vec{b} = |\vec{a}| \cdot |\vec{b}| \cdot \cos\varphi. \quad (6a)$$

Dabei bedeutet φ den Winkel zwischen $\vec{a}$ und $\vec{b}$ (Figur 4). Diese zweite Form ist manchmal praktischer als die erste, denn sie macht den geometrischen Zusammenhang zwischen $\vec{a}$ und $\vec{b}$ sofort klar: $|\vec{b}| \cdot \cos\varphi$ ist die Projektion des Vektors $\vec{b}$ auf $\vec{a}$ (oder $|\vec{a}| \cdot \cos\varphi$ die von $\vec{a}$ auf $\vec{b}$). Aus Gleichung (6) geht auch hervor, daß $\vec{a}$ und $\vec{b}$ im Skalarprodukt vertauscht werden dürfen, es kommt also nicht auf die Reihenfolge der Faktoren an.

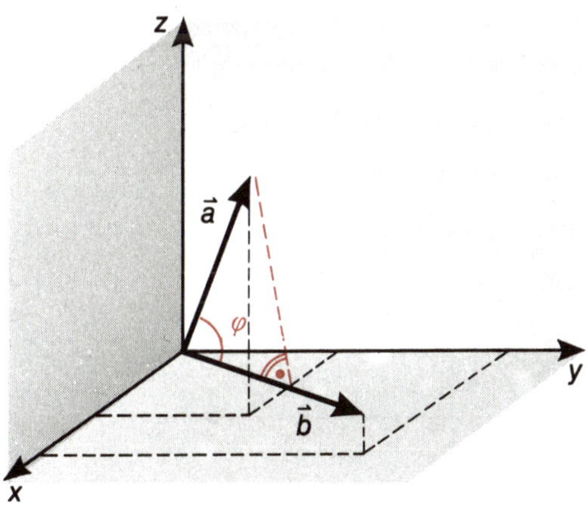

Vektor (Figur 4): Der Vektor $\vec{a}$ wird skalar mit dem Vektor $\vec{b}$ multipliziert, indem man den Betrag von $|\vec{b}|$ mit der Projektion von $\vec{a}$ auf $\vec{b}$ *oder* den Betrag von $|\vec{a}|$ mit der Projektion von $\vec{b}$ auf $\vec{a}$ multipliziert. Das Ergebnis ist eine Zahl.

Das Skalarprodukt $\vec{a} \cdot \vec{b}$ wird dann am größten, wenn $\vec{a}$ und $\vec{b}$ in dieselbe Richtung weisen. Stehen $\vec{a}$ und $\vec{b}$ aufeinander senkrecht, wird ihr Skalarprodukt Null. Diese Tatsache benutzt man in der Physik häufig, um das Senkrechtstehen zweier V. aufeinander auszudrücken: Man setzt ihr Skalarprodukt gleich Null.
Zur Schreibweise ist noch anzumerken, daß man manchmal auch den Punkt in $\vec{a} \cdot \vec{b}$ fortläßt, also nur $\vec{a}\,\vec{b}$ schreibt. Manche Autoren setzen auch Skalarprodukte grundsätzlich in runde Klammern: $\vec{a} \cdot \vec{b} = (\vec{a} \cdot \vec{b}) = (\vec{a}\,\vec{b})$.

Das Vektorprodukt
Das zweite Produkt zweier V. heißt *Vektorprodukt*. Es ist folgendermaßen definiert:

$$\begin{aligned}\vec{a} \times \vec{b} = {} & (a_y \cdot b_z - a_z \cdot b_y) \cdot \vec{e}_x + \\ & + (a_z \cdot b_x - a_x \cdot b_z) \cdot \vec{e}_y + \\ & + (a_x \cdot b_y - a_y \cdot b_x) \cdot \vec{e}_z. \quad (7)\end{aligned}$$

Statt $\vec{a} \times \vec{b}$ (sprich: $\vec{a}$ ›Kreuz‹ $\vec{b}$; alte Bezeichnung: *Kreuzprodukt*) schreibt man auch $[\vec{a} \times \vec{b}]$ oder $[\vec{a}\,\vec{b}]$. Die eckigen Klammern ohne Kreuz geben aber manchmal zu Verwechslungen Anlaß. Wir bleiben daher bei der alten Schreibweise. Auch das Vektorprodukt läßt eine geometrische Deutung zu. Es definiert nicht wie das Skalarprodukt eine Zahl, sondern einen *Vektor*. Dieser hat den Betrag $a \cdot b \cdot \sin\varphi$, wobei wieder φ den Winkel bedeutet, den $\vec{a}$ und $\vec{b}$ miteinander bilden. Die Richtung von $\vec{a} \times \vec{b}$ steht senkrecht auf $\vec{a}$ und $\vec{b}$, und zwar so, daß $\vec{a}$, $\vec{b}$ und $\vec{a} \times \vec{b}$ (in dieser Reihenfolge!) ein rechtes Dreibein bilden (Figur 5). Der Ausdruck $a \cdot b \cdot \sin\varphi$ ist der Zahlenwert der Fläche des Parallelogramms, das man aus den Vektoren $\vec{a}$ und $\vec{b}$ bilden kann, und $\vec{a} \times \vec{b}$ zeigt in die Richtung einer ›Rechtsschraube‹, deren Drehsinn durch den kürzesten Drehwinkel von $\vec{a}$ nach $\vec{b}$ definiert ist.

Hier zeigt sich eine Besonderheit des Vektorprodukts: Die Reihenfolge der Faktoren ist nicht gleichgültig; es gilt vielmehr: $\vec{a} \times \vec{b} = -[\vec{b} \times \vec{a}]$, wie man aus Gleichung (7) sofort ablesen kann. Man sagt, das Vektorprodukt sei *nicht kommutativ,* die Faktoren dürfen nicht wie beim Skalarprodukt vertauscht werden.

Das Produkt $\vec{a} \times \vec{a}$ ist deshalb immer gleich dem Nullvektor. Der Betrag des Vektorprodukts wird dann am größten, wenn die beiden V. aufeinander senkrecht stehen.

Diese Andeutungen werden bereits ausreichen, um die meisten mathematischen Formulierungen zu verstehen, die in diesem Buch mit V. verbunden sind. Die folgenden Formeln sollen helfen, Vektorumformungen zu durchschauen. Sie lassen sich leicht durch die Anwendung der Gleichungen (6) und (7) beweisen.

Skalar- und Vektorprodukte zwischen Einheitsvektoren

Für die Einheitsvektoren des kartesischen Koordinatensystems $\vec{e}_x = (1, 0, 0)$; $\vec{e}_y = (0, 1, 0)$ und $\vec{e}_z = (0, 0, 1)$ gelten folgende Beziehungen

$$\vec{e}_x \cdot \vec{e}_x = e_x^2 = 1;$$

ebenso wird $e_y^2 = 1$ und $e_z^2 = 1$;

$$\vec{e}_x \times \vec{e}_x = \vec{e}_y \times \vec{e}_y = \vec{e}_z \times \vec{e}_z = 0;$$

$$\vec{e}_x \times \vec{e}_y = \vec{e}_z; \ \vec{e}_y \times \vec{e}_z = \vec{e}_x; \ \vec{e}_z \times \vec{e}_x = \vec{e}_y.$$

Mehrfachprodukte

1. Das *Spatprodukt* $\vec{a} \cdot [\vec{b} \times \vec{c}]$ ist eine Zahl, weil die Klammer zuerst auszuführen ist. Es ist gleich dem Volumen des ›Spats‹ (= schiefer Quader), der durch die drei Vektoren $\vec{a}$, $\vec{b}$ und $\vec{c}$ aufgespannt wird. In Spatprodukten dürfen die Vektoren zyklisch vertauscht werden:

$$\vec{a} \cdot [\vec{b} \times \vec{c}] = \vec{b} \cdot [\vec{c} \times \vec{a}] = \vec{c} \cdot [\vec{a} \times \vec{b}] =$$

$$= -\vec{a} \cdot [\vec{c} \times \vec{b}] = -\vec{b} \cdot [\vec{a} \times \vec{c}] = -\vec{c} \cdot [\vec{b} \times \vec{a}].$$

2. Das *dreifache Vektorprodukt* $\vec{a} \times [\vec{b} \times \vec{c}]$ ist wieder ein V., der in der Ebene liegt, die von $\vec{b}$ *und* $\vec{c}$ gebildet wird. Dies folgt aus der Tatsache, daß $[\vec{b} \times \vec{c}]$ senkrecht auf $\vec{b}$ und $\vec{c}$ steht und $\vec{a} \times [\vec{b} \times \vec{c}]$ wieder senkrecht auf $\vec{a}$ *und* auf $[\vec{b} \times \vec{c}]$. Es ist da-

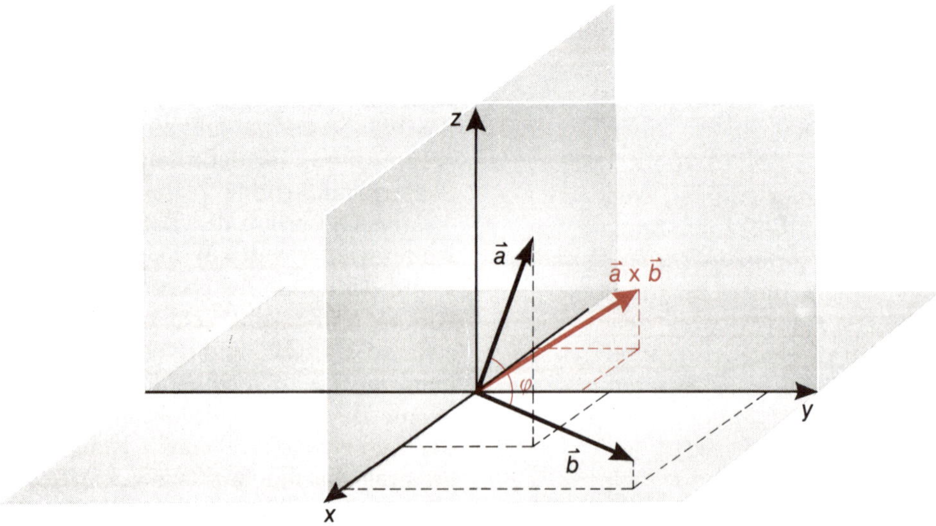

Vektor (Figur 5): Das Kreuzprodukt (Vektorprodukt) $\vec{a} \times \vec{b}$ der beiden Vektoren $\vec{a}$ und $\vec{b}$ stellt einen Vektor dar (rot), der mit den Ausgangsvektoren $\vec{a}$ und $\vec{b}$ ein rechtes Dreibein bildet. Das Kreuzprodukt verschwindet, wenn die Vektoren $\vec{a}$ und $\vec{b}$ zueinander parallel sind.

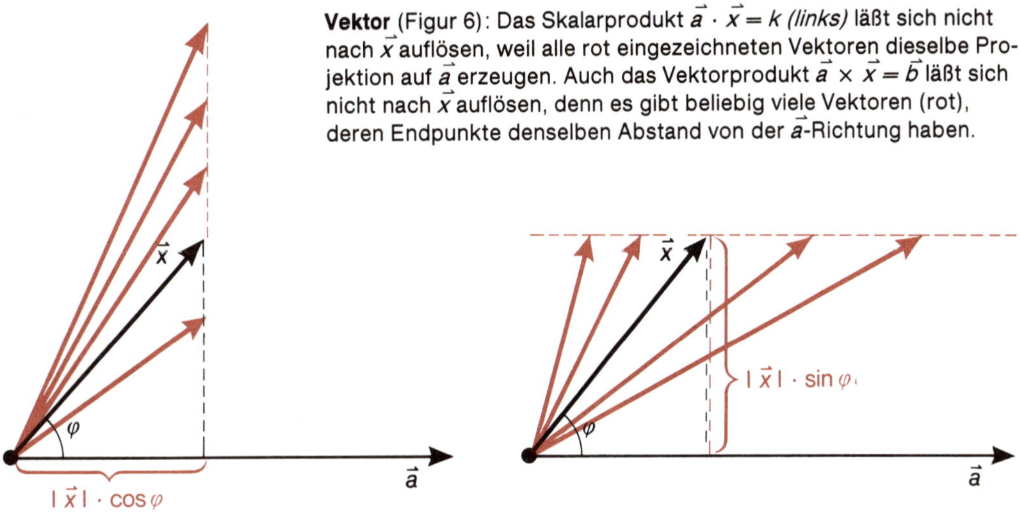

Vektor (Figur 6): Das Skalarprodukt $\vec{a} \cdot \vec{x} = k$ *(links)* läßt sich nicht nach $\vec{x}$ auflösen, weil alle rot eingezeichneten Vektoren dieselbe Projektion auf $\vec{a}$ erzeugen. Auch das Vektorprodukt $\vec{a} \times \vec{x} = \vec{b}$ läßt sich nicht nach $\vec{x}$ auflösen, denn es gibt beliebig viele Vektoren (rot), deren Endpunkte denselben Abstand von der $\vec{a}$-Richtung haben.

her nicht gleichgültig, welches der Vektorprodukte zuerst ausgeführt wird: Man muß die Reihenfolge durch eine Klammer festlegen. Die Durchrechnung in Komponenten ergibt:

$$\vec{a} \times [\vec{b} \times \vec{c}] = \vec{b} \cdot (\vec{a} \cdot \vec{c}) - \vec{c} \cdot (\vec{a} \cdot \vec{b}).$$

Vektoralgebra
Die Definitionen der Produkte mit V. lassen eine eindeutige Umkehrung nicht zu. Die Division durch einen V. ist also *nicht erklärt*. Das macht eine gewisse Umstellung erforderlich, wenn man mit einer Vektorgleichung hantieren soll. Am besten kommt man zurecht, wenn man sie als System von drei Gleichungen auffaßt – für jede Komponente eine. Dann darf man rechnen und umformen wie gewohnt. Trotzdem wird in vielen Lehrbüchern auch direkt mit Vektorgleichungen gerechnet. Dabei muß man einige Regeln beachten:
Zuerst stellen wir fest, daß schon eine so einfache Vektorgleichung wie $\vec{a} \cdot \vec{x} = k$ keine eindeutige Lösung hat: Sie läßt sich nicht nach $\vec{x}$ auflösen, auch wenn $\vec{a}$ und k bekannt sind. Dies sieht man anhand der Figur 6 sofort ein. Es ist ja $\vec{a} \cdot \vec{x} = |\vec{a}| \cdot |\vec{x}| \cdot \cos\varphi$, und $|\vec{x}| \cdot \cos\varphi$ stellt die Projektion von $\vec{x}$ auf $\vec{a}$ dar. Diese Strecke kann aber durch unendlich viele Vektoren $\vec{x}$ erzeugt werden. Einige sind angezeichnet, andere gehen aus der Papierebene heraus. Wir stellen fest: Skalarprodukte in Vektorgleichungen können nicht nach einem Faktor aufgelöst werden. Genauso ergeht es uns mit der Vektorgleichung $\vec{a} \times \vec{x} = \vec{b}$. Selbst wenn $\vec{a}$ und $\vec{b}$ bekannt sind, gibt es noch unendlich viele Vektoren $\vec{x}$, die die Gleichung erfüllen. Trotzdem ist es oft sinnvoll, Vektorgleichungen umzuformen, indem man zusätzlich mit geeigneten Vektoren multipliziert (→ Drehung, → Drehimpuls).

Infinitesimale Vektoroperationen
In der Physik hat man es häufig mit *Feldern* zu tun. Ein → Feld ist ein Raumbereich, bei dem jedem Raumpunkt (gekennzeichnet durch den Ortsvektor $\vec{r}$) eine Größe zugeordnet ist. Dabei kann es sich um eine reine Zahl handeln (einen Skalar), aber auch um einen V. oder um noch kompliziertere Größen. Beispiele für skalare Felder sind Potentialfelder (→ Potential) oder Temperaturfelder. Vektorfelder sind z. B. alle Kraftfelder

wie elektrische oder magnetische Felder, aber auch das Schwerefeld.
Es ist oft sehr bequem, Änderungen in derartigen Feldern mit den Mitteln der Infinitesimalrechnung zu beschreiben, also beispielsweise verschiedene Ableitungen bilden zu können. Denken Sie nur an den Weg, den ein Stein nimmt, wenn er einen Abhang hinunterrollt. Der Berg kann als Potentialfeld $\varphi(r)$ angesehen werden, wobei die Höhenlinien das zweidimensionale Potential kennzeichnen. Die Richtung der stärksten Neigung von φ, der unser Stein folgt, muß offenbar aus den beiden Ableitungen $d\varphi/dx$ und $d\varphi/dy$ zusammengesetzt sein und selbst einen V. darstellen.
Der *Gradient* eines skalaren Feldes ist die Erweiterung dieses Problems auf drei Dimensionen. Die Operation grad φ liefert einen V., dessen Komponenten jeweils die Ableitungen von φ nach x, y und z sind. Wendet man die Gradientenoperation auf ein skalares Feld an, so erhält man ein Vektorfeld: grad φ gibt in jedem Raumpunkt die Größe und Richtung des stärksten Abstiegs von φ an:

$$\operatorname{grad}\varphi = \left(\frac{\partial\varphi}{\partial x}, \frac{\partial\varphi}{\partial y}, \frac{\partial\varphi}{\partial z}\right) \text{ bzw.}$$
$$\operatorname{grad}\varphi = \frac{\partial\varphi}{\partial x}\cdot\vec{e}_x + \frac{\partial\varphi}{\partial y}\cdot\vec{e}_y + \frac{\partial\varphi}{\partial z}\cdot\vec{e}_z. \quad (8)$$

Die zweite Form ist Ausgangspunkt für eine etwas andere Schreibweise, bei der man die Differentialquotienten als *Operatoren* auffaßt. Der Gradient wird dann formal selbst zu einem ›Vektoroperator‹ mit den Komponenten

$$\left(\frac{\partial}{\partial x}, \frac{\partial}{\partial y}, \frac{\partial}{\partial z}\right),$$

der auf φ ›angewandt‹ wird. Dieser Operator ist unter dem Namen *Nabla-Operator* oder kurz *Nabla* (Symbol ∇) bekannt:

$$\nabla = \left(\frac{\partial}{\partial x}, \frac{\partial}{\partial y}, \frac{\partial}{\partial z}\right) \quad (9)$$
$$\text{oder} \quad \nabla = \vec{e}_x\cdot\frac{\partial}{\partial x} + \vec{e}_y\cdot\frac{\partial}{\partial y} + \vec{e}_z\cdot\frac{\partial}{\partial z}.$$

Der Gradient von φ schreibt sich dann kurz als $\nabla\varphi$. Der Vorteil dieser Schreibweise liegt darin, daß man den Nabla-Operator nun auch auf Vektoren(felder) anwenden kann, und zwar gemäß den beiden Vektorprodukten auf zweierlei Weise:

Das *Skalarprodukt* von $\nabla\cdot\vec{a}$ ergibt eine Zahl, nämlich

$$\nabla\cdot\vec{a} = \frac{\partial a_x}{\partial x} + \frac{\partial a_y}{\partial y} + \frac{\partial a_z}{\partial z}. \quad (10)$$

Das kann man leicht nachrechnen, indem man das Produkt von

$$\left(\vec{e}_x\cdot\frac{\partial}{\partial x} + \vec{e}_y\cdot\frac{\partial}{\partial y} + \vec{e}_z\cdot\frac{\partial}{\partial z}\right)$$
$$\text{mit } (a_x\cdot\vec{e}_x + a_y\cdot\vec{e}_y + a_z\cdot\vec{e}_z)$$

bildet und beachtet, daß gemischte Produkte von Einheitsvektoren verschwinden, während die Quadrate 1 ergeben. Der Ausdruck $\nabla\cdot\vec{a}$ heißt *Divergenz* des Vektorfelds $\vec{a}$ und wird auch als div $\vec{a}$ geschrieben. Die Divergenz ist ein Maß für ›Quellen‹ oder ›Senken‹ eines Feldes, d. h. Stellen, wo Feldlinien entspringen oder versickern.
Das *Vektorprodukt* von $\nabla\times\vec{a}$ ergibt einen V., nämlich

$$\nabla\times\vec{a} = \left(\frac{\partial a_z}{\partial y} - \frac{\partial a_y}{\partial z}\right)\cdot\vec{e}_x + \left(\frac{\partial a_x}{\partial z} - \frac{\partial a_z}{\partial x}\right)\cdot\vec{e}_y + \left(\frac{\partial a_y}{\partial x} - \frac{\partial a_x}{\partial y}\right)\cdot\vec{e}_z. \quad (11)$$

Auch das ist unter Berücksichtigung der Vektorprodukte der Einheitsvektoren leicht nachzurechnen. Der Ausdruck $\nabla \times \vec{a}$ heißt *Rotation* des Vektorfeldes $\vec{a}$, wird auch als rot $\vec{a}$ geschrieben. Die Rotation ist ein Maß für in sich geschlossene Feldlinien, d. h. für *Wirbel*. Für quellenfreie Vektorfelder ist die Divergenz Null, für wirbelfreie ist die Rotation Null.
Die in diesem Abschnitt mit dem Buchstaben ∂ geschriebenen Ableitungen sind partiell zu verstehen. Man muß also nur nach *den* entsprechenden Koordinaten differenzieren, die wirklich explizit vorkommen.

Verdampfungswärme

Die Wärmemenge, die – bei konstanter Temperatur – aufgebracht werden muß, um einen Stoff vom flüssigen in den gasförmigen → Aggregatzustand überzuführen, ist mit der Energie identisch, die zur Überwindung der molekularen Anziehungskräfte bei diesem Vorgang benötigt wird. Sie steckt dann als → latente Wärme im Gas und wird bei der Kondensation wieder frei. Für Wasser ist die Verdampfungswärme mit etwa 40600 J/mol ungeheuer groß. Um 18 g Wasser (1 mol) zu verdampfen, bedarf es einer Energie, die genausogut dieses Wasser in eine Höhe von 230 km schleudern könnte (→ Schmelzwärme).

Verflüssigung

Eine Verflüssigung bezeichnet den Übergang vom gasförmigen in den flüssigen Zustand nicht durch bloßen Wärmeentzug, sondern auch z. B. durch Anwendung von Druck oder durch den → Joule-Thomson-Effekt. Die Grenzen zur normalen Kondensation sind fließend (→ Aggregatzustand, → Gasgleichung).

Vergrößerung

Für die verschiedenen optischen Geräte muß die erreichbare V. unterschiedlich definiert werden. Die allgemeinste Definition ist das Verhältnis der Sehwinkel mit und ohne Gerät (→ Lupe, → Fernrohr, → Mikroskop). Bei Photoapparaten läßt sich auch ein Abbildungsmaßstab angeben, d. h. das Verhältnis zweier einander entsprechender Längen in Gegenstand und Bild (→ optische Abbildung).

Vergütung

Eine V. ist eine Verbesserung von Werkstoffeigenschaften, je nach den geforderten Beanspruchungen. So vergütet man Stahl durch Einlegieren bestimmter Nichteisen-Elemente wie Vanadium. Der Aufwand lohnt sich vor allem bei Werkstoffoberflächen, die z. B. gegen Korrosion widerstandsfähiger werden sollen. In vielen Fällen besteht die V. aus einer harten Oxidschicht, so z. B. beim Anlassen (gezieltem Erwärmen) von Stahl.
Bei optischen Systemen (→ Objektiv) dient die Glasbeschichtung zur Reflexminderung. Dazu muß die Schichtdicke so gewählt werden, daß der am meisten störende Wellenlängenbereich bei der Reflexion destruktiv interferiert (→ Wellen). Man erreicht dies durch eine $\lambda/4$-Schicht aus einem Material, dessen Brechungsindex durch

$$n = \sqrt{n_1 \cdot n_2} \qquad (1)$$

gegeben ist. Dabei bedeuten n_1 und n_2 die Brechungsindizes der beiden Materialien, an deren Übergang die Reflexion verhindert werden soll, also meist von Luft ($n_1 = 1$) und Glas ($n_2 \approx 1{,}3 - 1{,}6$). Die Gleichung (1) läßt sich mit verschiedenen

Metalloxiden erfüllen, die auf die Linsen aufgedampft werden. Die Reflexe verschwinden dabei aber nur für eine Wellenlänge. Will man zwei oder mehr Wellenlängen reflexfrei machen, muß man zwei oder mehr Oxidschichten übereinander aufdampfen, und zwar in der Reihenfolge abnehmender Brechungsindizes. Das Verfahren wird jedoch rasch unpraktikabel, so daß immer noch eine Restreflexion übrigbleibt, die man meist im blauvioletten Bereich sieht (daher zeigen auch Fernglas- und Kameralinsen einen bläulichen Schimmer).

Virtuelles Bild

Unter einem virtuellen Bild versteht man ein nur scheinbar vorhandenes Bild, das sich nicht z. B. mit einem Schirm einfangen läßt (→ optische Abbildung). Eine Zerstreuungslinse ›entwirft‹ ein Bild, das nicht hinter, sondern *vor* der Linse scharf wäre. Dort ist es aber natürlich nicht aufzufangen. Man nennt es daher *virtuell.*

Der Ausdruck wird übrigens noch in anderen Bereichen der Physik verwendet, wenn man Vorgänge beschreiben will, die nur in der Vorstellung ausgeführt werden. So spricht man beispielsweise bei → Elementarteilchen auch von kurzlebigen *virtuellen* Zuständen, bei denen sogar der Energiesatz ›überlistet‹ wird. Die theoretische Physik nutzt das ›Prinzip der virtuellen Verrückungen‹ zur Berechnung von Gleichgewichtszuständen.

Viskosität

Der ›innere Reibungskoeffizient‹ eines Fluids (Flüssigkeit oder Gas) heißt *dynamische Zähigkeit* oder *Viskosität* η. Die Größe η wird folgendermaßen definiert: Zwei Schichten des Fluids mit der Fläche A und der Dicke $\mathrm{d}s$ werden mit der Geschwindigkeit $\mathrm{d}v$ aneinander vorbeigezogen. Dann ist die dazu nötige Kraft F proportional zu A und proportional zu $\mathrm{d}v$, aber umgekehrt proportional zu $\mathrm{d}s$. Nennen wir den Proportionalitätsfaktor η, so gilt

$$F = \eta \cdot \frac{\mathrm{d}v}{\mathrm{d}s} \cdot A. \qquad (1)$$

Der Viskositätskoeffizient η wird in der Einheit $\mathrm{Ns/m^2}$ gemessen, ist gleichbedeutend mit der *Pascalsekunde* (Pa · s). Die früher benutzte Einheit *Poise,* nach *J. Poiseuille* (1799–1869), entspricht 0,1 Pa · s. Wasser hat (bei 20 °C) eine V. von 1 Millipascalsekunde. Die V. spielt eine Rolle im → Stokesschen Gesetz und im → Hagen-Poiseuilleschen Gesetz.

Volt

Abk. V, die Maßeinheit der elektrischen Spannung, benannt nach *Alessandro Volta* (1745–1810); 1 V bezeichnet die elektrische Spannung zwischen zwei Punkten eines Leiters, in dem bei einem Strom der Stärke von 1 Ampere (A) die Leistung von 1 Watt (W) umgesetzt wird; 1 V = 1 W / 1 A (→ Maße und Maßsysteme).

Volumen

Das Volumen ist der *Rauminhalt* eines materiellen Körpers oder zumindest der von denkbaren materiellen Körpern begrenzte → Raum. In kartesischen Koordinaten berechnet man das Volumen aus Länge mal Breite mal Höhe, es hat also die Dimension einer Länge zur dritten Potenz (→ Maße und Maßsysteme).

W

W Abk. für → Watt, die Einheit der Leistung (→ Maße und Maßsysteme).

Waage

Eine W. ist ein Gerät zur Bestimmung der → Masse eines Körpers. Da diese Massenbestimmung oft über den Umweg der Schwerkraft der Erde vorgenommen wird, sind fast alle W. gleichzeitig auch Meßgeräte zur Bestimmung des → Gewichtes.

Die *Balkenwaagen* nutzen die Gesetze des → Hebels unter der Wirkung der Schwerkraft. Dieser Hebel kann gleicharmig oder ungleicharmig sein. Im ersten Fall findet ein direkter Massenvergleich zwischen dem Prüfling und den Eichmassen statt, wie z. B. bei der alten *Apothekerwaage* mit ihren beiden Waagschalen. Im zweiten Fall kann man durch die Wahl eines bestimmten Übersetzungsverhältnisses (meist $1:10^n$; *Dezimalwaage*) die Zahl der Vergleichsmassen einschränken. Variable Übersetzungsverhältnisse gestatten es, bei *Laufgewichts-Waagen* mit nur einer oder zwei Vergleichsmassen auszukommen.

Dagegen nutzen die *Federwaagen* die elastischen Eigenschaften von Stahllegierungen. Die Dehnung einer Feder wird direkt in Masseneinheiten geeicht, gibt aber natürlich primär nur das Gewicht des Prüflings an. Während also eine Federwaage nur an dem Ort genau ist, für den sie gebaut worden ist, kann man eine Balkenwaage überall benutzen, wo eine Schwerkraft herrscht, z. B. auch auf dem Mond.

Bei *Präzisionswaagen* wird eine Balkenwaage mit Kompensationsgewichten grob abgeglichen (→ Nullmethode) und der verbleibende Rest durch ein Laufgewicht – oder eine Verlagerung der Schneide – gemessen. Die Meßgenauigkeit feiner Analysenwaagen liegt heute im Bereich weniger Mikrogramm.

Wärme

Man weiß heute, daß *Wärme* in der ungeordneten kinetischen Energie der Moleküle steckt. Dieses Bild ist zwar noch unvollständig, weil es die Wärmestrahlung (→ Strahlungsgesetze) zunächst ausklammert, aber es erklärt doch bereits alle anderen Eigenschaften der W. (→ kinetische Gastheorie, → statistische Mechanik, → Thermodynamik). Die *Wärmelehre* (Thermodynamik) als statistische Disziplin, zusammen mit der → Atomphysik, ist jedoch in der Lage, alle Aspekte der thermischen Erscheinungen zu deuten.

Die *Wärmeübertragung* kann nach diesem Modell auf dreierlei Weise vor sich gehen:

1. Die *Konvektion* ist eine materielle Mischung von Substanz, wie z. B. beim Umrühren im Suppentopf. Diese Art von Wärmetransport spielt vor allem in Flüssigkeiten wie den Meeren und in Gasen wie in der Atmosphäre eine große Rolle, von technischen Anwendungen ganz abgesehen.
2. In Festkörpern kann W. nur durch Kontakt übertragen werden, denn die kinetische Energie der Moleküle pflanzt sich durch Stöße fort *(Wärmeleitung)*.
3. Die gesamte Energie, die unsere Erde von der Sonne erhält, erreicht uns als elektromagnetische Strahlung. Sie ist verständlich durch die thermische

Anregung der einzelnen Atome und Moleküle, deren Energie sich beim ›Zurückfallen‹ in den Grundzustand als elektromagnetische Strahlung aus dem Stoff heraus ausbreitet.
Während man früher für die Wärmemenge eine eigene Maßeinheit (die *Kalorie*) einführen mußte, weil über ihre Natur zu wenig bekannt war, mißt man Wärmemengen heute wie jede andere Energie in Joule (→ Maße und Maßsysteme). Es ist das große Verdienst *Robert Mayers* (1814–1878), die gegenseitige Umwandelbarkeit von Wärmeenergie und mechanischer Arbeit erkannt und in einem → Erhaltungssatz formuliert zu haben. Er hat damit einem neuen – und damals durchaus umstrittenen – Naturverständnis den Weg gebahnt.
(→ Wärmeleitfähigkeit, → Wärmekapazität, → spezifische Wärme, → Dulong-Petitsche Regel, → Temperatur, → Wiedemann-Franzsches Gesetz)

Wärmeausdehnung

Die weitaus meisten Stoffe (aber nicht alle, siehe unten!) dehnen sich mit steigender Temperatur aus. Die eindimensionale (Längen-)Ausdehnung wird durch den Ansatz:

$$l = l_0 \cdot [1 + \alpha \cdot (T - T_0)] \qquad (1)$$

in guter Näherung beschrieben. Dabei bezeichnet l_0 die Länge des Körpers bei der Bezugstemperatur T_0 und α den *linearen Ausdehnungskoeffizienten*. In Wirklichkeit ist α keine Konstante, sondern hängt selber von der Temperatur ab. Die Längenausdehnung läßt sich nur für Festkörper tatsächlich nutzen (z. B. in Bimetallstreifen), obwohl sich auch ein Festkörper natürlich dreidimensional ausdehnt. Diese *Volumenausdehnung* kann aus Gleichung (1) ebenfalls berechnet werden. Für einen Würfel der Kantenlänge l gilt:

$$V = l^3 = l_0^3 \cdot [1 + \alpha \cdot (T - T_0)]^3.$$

Multipliziert man die Klammer aus, so ergibt sich:

$$[1 + \alpha \cdot (T - T_0)]^3 = 1 + 3\alpha \cdot (T - T_0) + \\ + 3\alpha^2 \cdot (T - T_0)^2 + \alpha^3 \cdot (T - T_0)^3.$$

Nun ist α eine sehr kleine Größe (gegenüber der Zahl 1). Man kann daher Glieder vernachlässigen, die α in höherer Potenz enthalten. Die Volumenausdehnung hat damit folgende Gestalt:

$$V = V_0 \cdot [1 + 3\alpha \cdot (T - T_0)] = \\ = V_0 \cdot [1 + \gamma \cdot (T - T_0)]. \qquad (2)$$

Die Größe γ heißt *Volumenausdehnungskoeffizient,* und es gilt für Festkörper $\gamma \approx 3\alpha$. Für Gase oder Flüssigkeiten hat α natürlich keinen Sinn. Auch γ liegt für Gase durch die → Gasgleichung bereits fest. Wählt man die Bezugstemperatur 0 °C (= 273,15 K), so wird

$$\gamma \approx \frac{1}{273} \cdot \frac{1}{\mathrm{K}} = 366 \cdot 10^{-5}\,\mathrm{K}^{-1}.$$

Gase, deren Temperatur wesentlich über ihrer Kondensationstemperatur liegt, halten diesen Wert mit erstaunlicher Genauigkeit ein (Abweichungen von weniger als 5% nach oben!). Die Raumausdehnungskoeffizienten der Flüssigkeiten liegen etwa bei einem Viertel dieser Werte; einige Beispiele enthält Tabelle 1. Für Festkörper gibt man lieber den Längenausdehnungskoeffizienten an. Auch hierfür sind in Tabelle 2 einige Beispiele aufgelistet. Beachten Sie, daß α trotz seiner geringen Größe den meisten Materialien selbst bei relativ geringen Temperaturdifferenzen von einigen -zig Grad bereits

Flüssigkeit	*Volumenausdehnungskoeffizient γ bei Zimmertemperatur* [in 10^{-5} K^{-1}]
Äthylalkohol (99,3 %)	112
Benzin	106
Glycerin	50
Quecksilber	18,1
Petroleum	96
Terpentin	97
Wasser	20,7

Tabelle 1: Thermische Volumenausdehnungskoeffizienten γ einiger Flüssigkeiten

Material	*Längenausdehnungskoeffizient α bei Zimmertemperatur* [in 10^{-6} K^{-1}]
Aluminium	25,5
Messing	≈ 19
Weicheisen	12,1
Eis	0,5
PVC	≈ 150 – 200
Porzellan	≈ 3
Platin	9
Gold	14,3
Silber	18,8

Tabelle 2: Thermische Längenausdehnungskoeffizienten α einiger Materialien

zu Längenänderungen verhilft, die durch die Anwendung von Kräften (→ Elastizität) niemals ohne Bruch erreichbar sind. Deshalb sind auch die Kräfte, die bei Erwärmung oder Abkühlung in einer Konstruktion auftreten können, durch Schweißen oder Nieten usw. nicht zu beherrschen. Die einzige Möglichkeit, Zerstörungen zu vermeiden, ist, diese Kräfte gar nicht erst auftreten zu lassen. Dehnungsfugen bei Eisenbahnschienen oder in Bauwerken aller Art sind die geeigneten konstruktiven Maßnahmen.
Die belebte Natur und auch wir Menschen verdanken möglicherweise unsere Existenz einer Unregelmäßigkeit im Wärmeausdehnungsverhalten des Wassers. Wasser zieht sich nämlich zwischen 0 °C und 4 °C mit steigender Temperatur zusammen, hat also in diesem Bereich einen negativen Volumenausdehnungskoeffizienten. Oberhalb von 4 °C verhält sich Wasser dann wie jede andere ›normale‹ Flüssigkeit. Als Folge dieser Anomalie ist die Dichte des Wassers mit 0,999973 g / cm³ bei 4 °C am größten. Bei 0 °C beträgt sie nur 0,999841 g / cm³, bei 8 °C ebenfalls nur 0,999849 g / cm³. Der Unterschied mag Ihnen lächerlich gering erscheinen. Er hat jedoch eine wichtige Konsequenz: Das dichtere Wasser mit einer Temperatur von 4 °C sinkt nach unten und bildet den weitaus größten Teil der Wassermenge aller Ozeane und großer Seen, denn durch das Absinken entzieht es sich den Temperatureinflüssen der Oberfläche. So kommt es, daß auch arktische Gewässer nicht bis auf den Grund zufrieren, ebensowenig wie Binnenseen. Die Folge: Meerestiere und Süßwasserfische können auch im Winter überleben, Tiefseelebewesen hausen stets in einer Zone konstanter Temperatur.

Wärmekapazität

Das Vermögen, Wärme zu speichern, ist jedem Körper eigen und hängt auch von seiner Masse ab. Die massenunabhängige Größe ist die *spezifische Wärmekapazität c,* die auf 1 kg des Stoffes bezogen und daher in J / kg gemessen wird. Da die Wärmeenergie sich auf alle Freiheitsgrade der Moleküle gleichzeitig verteilt, sollten alle Festkörper dieselbe *molare Wärmekapazität* haben (→ Dulong-Petitsche Regel). Aus quantenmechanischen Gründen gilt das aber nur näherungsweise. Bei Gasen (→ kinetische Gastheorie) hängt die W. davon ab, ob die Erwärmung bei konstantem Volumen oder bei konstantem Druck erfolgt.

Wärmeleitfähigkeit

Um den Transport von Wärme durch ein Medium ohne Konvektion, also ohne materielle Bewegung, zu beschreiben, setzen wir die → Transportgleichung an:

$$\vec{j} = -C \cdot \operatorname{grad} \varphi. \tag{1}$$

Als treibende Kraft des Wärmetransports kommt nur ein Temperaturunterschied in Frage, und $\vec{j}$ bedeutet dann die *Wärmestromdichte:*

$$\vec{j} = -\lambda \cdot \operatorname{grad} T. \tag{2}$$

Der Koeffizient λ heißt *Wärmeleitfähigkeit* und ist eine Stoffkonstante (→ Wiedemann-Franzsches Gesetz). Um λ zu messen, benötigt man eine Anordnung mit konstantem Temperaturgradienten, z. B. einen Stab, dessen Enden durch Eintauchen in Eiswasser bzw. siedendes Wasser eine konstante Temperaturdifferenz erhalten (Figur 1). Mißt man den Stabquerschnitt und die Wärmemenge, die durch den Stab hindurchgeht, so berechnet sich λ daraus nach Gleichung (2). Die W. ist für Metalle am größten, für Gase am niedrigsten. Deshalb kann es vorkommen, daß man mit der Hand an einer eiskalten Türklinke ›festklebt‹ (anfriert). Auch die wärmeisolierenden Eigenschaften von Luftpolstern in wattierten Anoraks finden so ihre Erklärung oder die Tatsache, daß man seine Hand zwar, ohne Schaden zu nehmen, kurzfristig (Sekundenbruchteil) in flüssiges Blei halten kann, beim gleichen Versuch mit heißem Wasser aber die fürchterlichsten Verbrühungen abbekommt. Die Wasserschicht auf der Außenhaut verdampft im flüssigen Blei augenblicklich und bildet eine isolierende Dampfschicht. Wasser dagegen kommt in direkten Kontakt mit der Haut. Selbst das Gehen über – nicht zu heiße – glühende Kohlen findet so eine durchaus physikalische Erklärung. Die Tabelle gibt einen Überblick über die W. einiger Stoffe. Vor allem für die Wärmetechniker spielen diese Zahlen natürlich eine große Rolle, denn ein geheiztes Haus in einer kälteren Umgebung bildet einen stationären Zustand, dessen Aufrechterhaltung von der W. der Wände und des Daches abhängt.

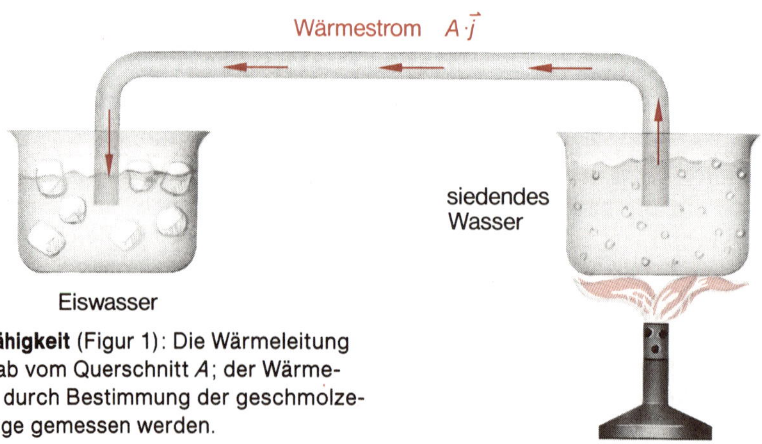

Wärmeleitfähigkeit (Figur 1): Die Wärmeleitung in einem Stab vom Querschnitt A; der Wärmestrom kann durch Bestimmung der geschmolzenen Eismenge gemessen werden.

Stoff	Wärmeleitfähigkeit λ [in $\frac{W}{m \cdot K}$]
Silber	407
Eisen	74
Blei	34,8
Eis	2,2
Beton	≈ 1
Glas	≈ 1
Wasser	0,598
Luft	0,0026

Tabelle: Wärmeleitfähigkeit λ einiger Materialien

Oft muß man jedoch auch *nichtstationäre* Gegebenheiten behandeln. Dazu benutzt man dann die nichtstationäre Transportgleichung, die sich durch

$$\frac{\partial T}{\partial t} = -C_1 \cdot \operatorname{div} \vec{j}$$

ergibt. Die Konstante C_1 ist die reziproke → Wärmekapazität eines Volumenelements, also $C_1 = 1/\rho C$, wobei ρ die Dichte des Materials ist. Man erhält so:

$$\frac{\partial T}{\partial t} = \frac{\lambda}{\rho \cdot C} \cdot \Delta T. \qquad (3)$$

Die Größe $\lambda/\rho \cdot C$ heißt *Temperaturleitwert* des Materials. Sie wird gemessen in m^2/s und ist eine charakteristische Größe zur Bestimmung der Zeit, in der sich eine Temperaturdifferenz in einem Körper ausgleicht (sog. thermische → Relaxation).

Watt

Abk. W, Einheit der Leistung (→ Maße und Maßsysteme), benannt nach *James Watt* (1736–1819); 1 W = 1 V · 1 A = = 1 Joule/s.

Wattsekunde

Abk. Ws, Maßeinheit der elektrischen Arbeit, 1 Ws = 1 Joule (→ Maße und Maßsysteme); im täglichen Leben wird statt der W. meist die Einheit *Kilowattstunde* (kWh) verwendet; 1 kWh = 3 600 000 Ws = $3{,}6 \cdot 10^6$ Ws.

Wb

Abk. für → Weber, die Maßeinheit des magnetischen Flusses (→ Maße und Maßsysteme).

Weber

Abk. Wb, die Maßeinheit des magnetischen Flusses, benannt nach *Wilhelm Eduard Weber* (1804–1891); 1 Wb = = 1 Volt · 1 Sekunde = 1 Vs (→ Maße und Maßsysteme).

Weber-Fechnersches Gesetz

Dieses nach *Ernst Heinrich Weber* (1795–1878) und *Gustav Theodor Fechner* (1801–1887) benannte ›Gesetz‹ ist eher eine näherungsweise Aussage: Unsere Sinne reagieren auf Reizschwankungen nämlich um so schlechter, je stärker der Reiz bereits ist. Das W.-F. G. formuliert dies wie folgt:

Die Empfindungsstärke ist proportional dem (Zehner-)Logarithmus der Reizstärke.

Diese Regel trifft auf Schallempfindungen recht gut zu und hat zur Definition der Lautstärkeeinheit *Phon* geführt (→ Akustik).

Wechselstrom

Im Gegensatz zum → Gleichstrom ändern beim *Wechselstrom* die Ladungsträger periodisch ihre Richtung. Da man jeden periodischen Vorgang in eine Summe von Sinusschwingungen zerlegen kann (→ Fourier-Analyse), genügt es prinzipiell, die Eigenschaften von W. zu untersuchen, bei denen die Stromstärke $I(t)$ einen sinusförmigen zeitlichen Verlauf nimmt. Darüber hinaus sind die tatsächlich verwendeten W. (z. B. der Haushaltsstrom) schon wegen ihrer Herstellung in Generatoren (gleichmäßig drehender Rotor) sinusförmig. Wir betrachten deshalb nur W. der Form

$$I(t) = I_S \cdot \sin \omega t. \quad (1)$$

Die Größe I_S ist der *Maximalwert (Scheitelwert)*, den die Stromstärke während einer Periode erreicht, ω die Kreisfrequenz (d. h. das 2πfache der Frequenz) des Stromes. In Europa beträgt die Netzfrequenz z. B. 50 Hz, die Kreisfrequenz also $50 \cdot 2\pi$ pro s $\approx 157{,}08$ pro s; in den Vereinigten Staaten führt das öffentliche Netz einen W. von 60 Hz.

Die *Wechselspannung* $U(t)$, die den Strom antreibt, hat natürlich dieselbe Frequenz wie der Strom, der Spannungsverlauf kann aber zeitlich gegenüber dem Strom versetzt sein (eine *Phasenverschiebung* haben). Wir drücken das aus durch:

$$U(t) = U_S \cdot \sin(\omega t + \varphi). \quad (2)$$

Die Größe U_S bedeutet jetzt den Scheitelwert der Spannung, φ ist der *Phasenwinkel.* Das Vorzeichen und die Größe von φ hängen davon ab, aus welchen → elektrischen Widerständen die Schaltung besteht, in der der W. fließt. Von der Art der angeschlossenen Schaltung (des ›Verbrauchers‹) hängt es auch ab, ob man sich auf die Stromstärke oder besser auf die Spannung als Ausgangsgröße beziehen soll, denn selbstverständlich kann man die Zeitachse so wählen, daß der Phasenwinkel der Spannung Null wird und dafür die Stromstärke die Phasenverschiebung ($-\varphi$) erhält. Meistens geht man von der Stromstärke aus, wenn die Verbraucherwiderstände in Serie bzw. hintereinander geschaltet sind, denn die Stromstärke ist dann in allen Widerständen gleich. Bei parallel bzw. nebeneinander geschalteten Verbraucherwiderständen ist dagegen die Spannung für alle Verbraucher dieselbe und sollte deshalb als Bezugsgröße dienen. Diese letzte Situation liegt auch fast immer im Haushalt vor, wo ja jeder Steckdosenanschluß zu allen anderen parallel liegt.

Arbeit und Leistung im Wechselstromkreis
Die für den Gleichstromkreis abgeleiteten Formeln für die elektrische Arbeit A und die elektrische Leistung N lassen sich auch für den Wechselstromkreis übernehmen. Allerdings werden sowohl die Arbeit $A(t) = U(t) \cdot I(t) \cdot t$ als auch die Leistung $N(t) = U(t) \cdot I(t)$ in sich zeitabhängig, d. h., sie ändern sich mit der Periode von $U(t)$ und $I(t)$. Um eine zweckmäßige Aussage machen zu können, muß man deshalb über eine volle Periode mitteln. Mathematisch bedeutet dies, daß man $N(t)$ oder $A(t)$ über eine volle Periode zu integrieren hat und dann durch die Periodenlänge teilen muß, um den Mittelwert zu erhalten. Glücklicherweise ist die Integration über die Sinusfunktion recht einfach: Der zeitliche Mittelwert ist Null, weil die positive Halbwelle einer Periode denselben Beitrag zum Integral liefert wie die negative. So ist also der Mittelwert der Spannung Null, ebenso wie der Mittelwert des Stromes. Das Produkt aus Spannung und Strom (Figur 1) ist aber immer positiv, wenn zwischen den beiden keine Phasenverschiebung existiert, wenn es also um die Leistung in einem ohmschen Widerstand geht. Nach dem Ohmschen Gesetz ist dann auch

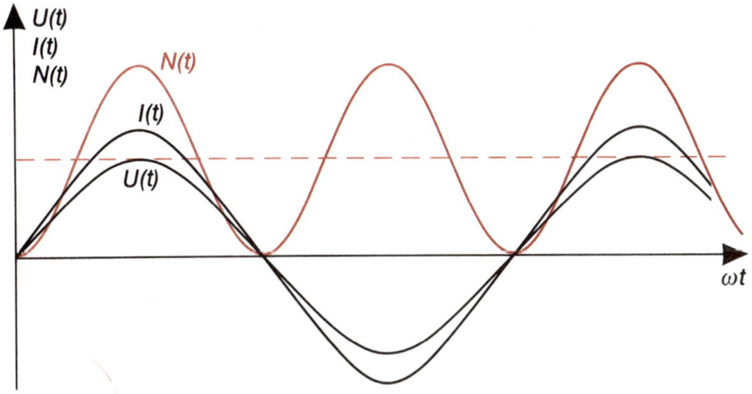

Wechselstrom (Figur 1): Die elektrische Leistung (rote Kurve) ist auch bei Wechselstrom immer positiv, solange Strom und Spannung in Phase sind; sie schwankt lediglich um den Mittelwert $N_{\text{eff}} = \frac{1}{2} U_S \cdot I_S$ (gestrichelte rote Linie).

$$R = \frac{U(t)}{I(t)} = \text{konstant},$$

so daß wir die Leistung als

$$N(t) = R \cdot I(t)^2 \text{ oder}$$
$$N(t) = \frac{1}{R} \cdot U(t)^2$$

schreiben dürfen.

In der Leistung steckt also das Quadrat der Sinusfunktion mit dem Mittelwert ½. Das sieht man etwa wie folgt ein: Der Satz von Pythagoras läßt sich als $\sin^2\omega t + \cos^2\omega t = 1$ formulieren. Sinus und Kosinus unterscheiden sich aber nur durch eine Phasenverschiebung, sind also im Mittel gleichberechtigt. Deshalb muß jede quadratische Sinusfunktion den Mittelwert ½ haben. Die mittlere Leistung im ohmschen Widerstand ergibt sich mit den Gleichungen (1) und (2) zu

$$N_{\text{eff}} = R \cdot I_S^2 \cdot \frac{1}{2} \quad \text{oder} \quad N_{\text{eff}} = \frac{1}{R} \cdot U_S^2 \cdot \frac{1}{2}. \tag{3}$$

Man nennt derartige Mittelwerte auch *Effektivgrößen,* weil sie dieselben Wirkungen zeigen wie (konstante) Gleichstromwerte. Die meisten Meßgeräte zeigen Effektivwerte an. Die entsprechenden Effektivwerte für die Spannung U_{eff} *(Effektivspannung)* und die Stromstärke I_{eff} *(effektive Stromstärke)* ergeben sich aus den zum Gleichstrom analogen Beziehungen

$$N_{\text{eff}} = R \cdot I_{\text{eff}}^2 \quad \text{und} \quad N_{\text{eff}} = \frac{1}{R} \cdot U_{\text{eff}}^2 \quad \text{und} \quad N_{\text{eff}} = U_{\text{eff}} \cdot I_{\text{eff}}. \tag{4}$$

Ein Vergleich mit den Formeln von Gleichung (3) liefert:

$$U_{\text{eff}} = \frac{1}{\sqrt{2}} \cdot U_S \quad \text{und} \quad I_{\text{eff}} = \frac{1}{\sqrt{2}} \cdot I_S. \tag{5}$$

Die Angabe von 230 V für die Netzspannung in Europa bezieht sich auf den Effektivwert. Man macht das deshalb, weil die von einem ohmschen Widerstand (z. B. einer Glühbirne) dem Netz entnommene Leistung dann nicht mehr davon abhängt, ob das Netz Gleichstrom oder W. liefert. Man kann also mit der Effektivspannung rechnen, als wäre sie eine Gleichspannung, jedenfalls für Verbraucher wie Glühlampen, Heizungen, Elektroherde usw.

Die Scheitelspannung U_S im Haushaltsnetz ist nach Gleichung (5) aber viel höher als 230 V, nämlich 325,269 V ($= \sqrt{2} \cdot 230$ V). Die größte Spannungsdifferenz bei einer Wechselspannung ist jedoch die *doppelte* Scheitelspannung, also hier etwa 650,54 V. Sie herrscht zwischen der negativen Maximalspannung und der positiven Maximalspannung. Im Haushalts-Wechselstrom wird sie nicht ausgenutzt, auch der *Dreiphasen-Wechselstrom* nutzt nur etwa 400 V dieses Maximalwertes. In anderen technischen Bereichen (z. B. der Halbleitertechnologie) sind aber die maximal auftretenden Spannungsunterschiede sehr wichtig, weil die Durchschlagsfestigkeit vieler Halbleiterschaltungen recht begrenzt ist. Deshalb hat es sich dort eingebürgert, die Spannung U_{SS} (sprich U-Spitze-Spitze) anzugeben, die nun tatsächlich den Unterschied zwischen der kleinsten (auch negativen) und der größten (positiven) auftretenden Spannung bedeutet.
Mit den Effektivwerten berechnet sich auch die elektrische Arbeit in einem *ohmschen Verbraucher* wie beim Gleichstrom:

$$A = N_{\text{eff}} \cdot t = U_{\text{eff}} \cdot I_{\text{eff}} \cdot t. \qquad (6)$$

Diese Arbeit ist es, die uns das Elektrizitätswerk berechnet, wenn es uns die ›Stromrechnung‹ schickt.

Blindleistung, Wirkleistung und Scheinleistung

Die *Wirkleistung* wird in ohmschen Widerständen umgesetzt. Im Wechselstromkreis sind aber auch kapazitive oder induktive Widerstände möglich. Der Sachverhalt wird durch die Gleichungen (1) und (2) beschrieben, wobei der Phasenwinkel φ für kapazitive Verbraucher bis zu $-\pi/2$ ($\triangleq -90°$), für induktive Verbraucher bis zu $+\pi/2$ ($\triangleq 90°$) betragen kann. Berechnet man auch für diese Extremfälle die Leistung $N(t) = U(t) \cdot I(t)$, so stellt sich heraus (Figur 2), daß sie um den Mittelwert Null schwankt. Der ›Verbraucher‹ entnimmt der Spannungsquelle im Zeitabschnitt einer Halbwelle Energie, gibt sie aber während der nächsten Halbwelle wieder zurück. Dieses Hin- und Herschaukeln von Energie belastet unter

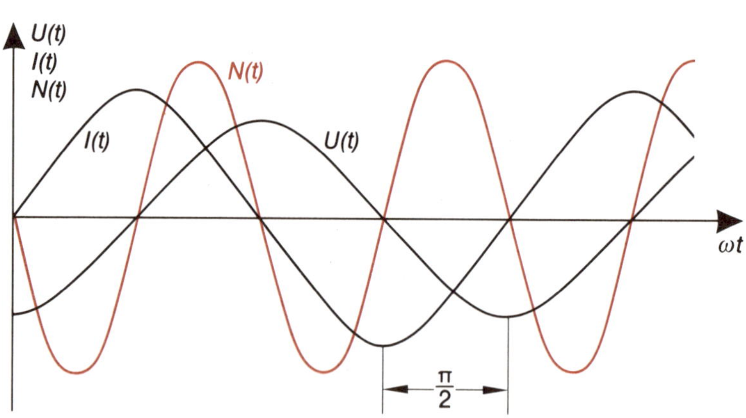

Wechselstrom (Figur 2): Bei einer Phasenverschiebung zwischen Strom und Spannung von $\omega t = \pm \pi/2$ ergibt sich für $N(t) = U(t) \cdot I(t)$ eine Sinuskurve, die mit doppelter Frequenz um den Mittelwert Null schwankt. Die Leistung wechselt zwischen positiven und negativen Werten, sie ist ›blind‹; hier dargestellt ist der Fall *kapazitiver Blindleistung*, im Falle *induktiver Blindleistung* tauschen die Strom- und die Spannungskurve nur die Plätze.

dem Strich nur die Zuleitungen (vom Elektrizitätswerk zum Abnehmer), während in der Verbraucherschaltung keine Leistung umgesetzt wird, obwohl große Ströme fließen können! Man nennt daher diese ›nur dem Namen nach‹ existierende Leistung auch *Blindleistung*.

In der täglichen Praxis gibt es jedoch keine Verbraucher, die *nur* Blindleistung aufnehmen. Immer bestehen sie auch aus Wirkwiderständen, die einen Teil der dem Netz entnommenen Energie in mechanische Arbeit oder in Wärme umsetzen. Der Phasenwinkel zwischen Strom und Spannung hat dann einen Wert φ, der *zwischen* $-\pi/2$ und $+\pi/2$ liegt. Mißt man also in einem *beliebigen Wechselstromkreis* die effektive Spannung U_{eff} und die effektive Stromstärke I_{eff}, so trägt die daraus berechnete Leistung den Namen *Scheinleistung* N_Z, weil sie Wirkleistung und Blindleistung enthält. Man mißt ja die tatsächlichen Spannungen und Ströme einschließlich der nur ›blind‹ hin- und hergeschaukelten! Die Beziehungen zwischen Wirk-, Blind- und Scheinleistung ergeben sich aus den Gleichungen (1) und (2), wenn man die Winkelbeziehung
$\sin(\omega t+\varphi)=\sin\omega t\cdot\cos\varphi+\cos\omega t\cdot\sin\varphi$
benutzt und beachtet, daß φ eine Konstante ist. Dann ist

$$N(t) = U(t)\cdot I(t) = \\ = U_S[\sin\omega t\cdot\cos\varphi+\cos\omega t\cdot\sin\varphi]\,I_S\cdot\sin\omega t$$

oder:

$$N(t) = U_S\cdot I_S\cdot\cos\varphi\cdot\sin^2\omega t + \\ + U_S\cdot I_S\cdot\sin\varphi\cdot\cos\omega t\cdot\sin\omega t.$$

Das erste Glied stellt die Wirkleistung dar (Strom und Spannung in Phase), das zweite Glied die Blindleistung ($\cos\omega t$ ist genau $\pi/2$ gegen $\sin\omega t$ phasenverschoben). Der zeitliche Mittelwert der Wirkleistung N_W ist jetzt

$$N_{W_{\text{eff}}} = U_{\text{eff}}\cdot I_{\text{eff}}\cdot\cos\varphi. \qquad (7)$$

Der zeitliche Mittelwert der Blindleistung verschwindet, weil der Mittelwert von $\cos\omega t\cdot\sin\omega t$ gleich Null ist. Die Scheinleistung $N_{Z_{\text{eff}}}$ ist das Produkt der Meßwerte U_{eff} und I_{eff}, also

$$N_{Z_{\text{eff}}} = U_{\text{eff}}\cdot I_{\text{eff}}. \qquad (8)$$

Obwohl also die ›Blindleistung‹ keine physikalische Größe ist, schreibt man ihr den Wert $N_{B_{\text{eff}}}$ zu, weil sich dann mit

$$N_{B_{\text{eff}}} = U_{\text{eff}}\cdot I_{\text{eff}}\cdot\sin\varphi \qquad (9)$$

die einfache Beziehung

$$N_{Z_{\text{eff}}} = \sqrt{N_{W_{\text{eff}}}^2 + N_{B_{\text{eff}}}^2} \qquad (10)$$

ergibt. Der Kosinus des Phasenwinkels dagegen sagt etwas aus über die ›Nutzbarkeit‹ der angebotenen Leistung. Um ein übermäßiges ›Schaukeln‹ der Energie in den Zubringerleitungen zu vermeiden, ist es notwendig, $\cos\varphi$ möglichst nahe an den Wert 1 zu bringen.
Das ist zu schaffen, wenn die Verbraucherschaltung abgestimmt, d. h. durch geeignete Blindwiderstände so ergänzt wird, daß sie nur noch Wirkleistung aufnimmt.

Zeigerdiagramme
Eine sehr bequeme Methode, all die angeschnittenen Beziehungen sowohl rechnerisch als auch graphisch zu lösen, ergibt sich, wenn man sich daran erinnert, daß die Sinusfunktion $f(t)=\sin\omega t$ eine Komponente der Kreisbewegung ist (→ Schwingungen). Sie beschreibt ja die

Wechselstrom (Figur 3): Die Serienschaltung von ohmschem Widerstand R, kapazitivem Widerstand R_C und induktivem Widerstand R_L mit dem zugehörigen Zeigerdiagramm. Die Gesamtspannung U bildet mit dem Gesamtstrom I den Phasenwinkel φ.

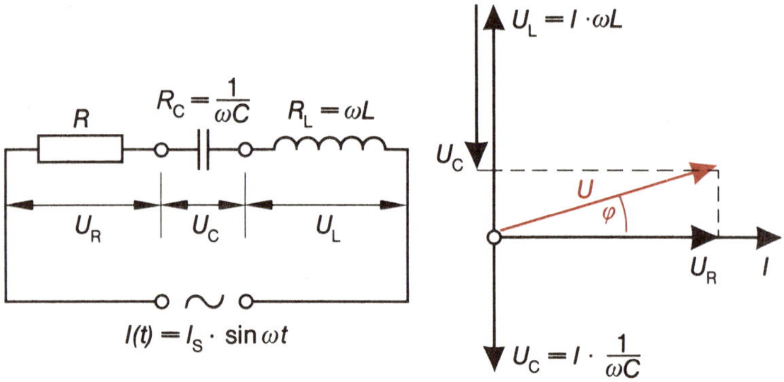

Projektion eines Kreispunktes auf einen Durchmesser, wenn der Kreis mit der konstanten Winkelgeschwindigkeit ω rotiert. Die oszillierende Spannung $U(t) = U_S \cdot \sin(\omega t + \varphi)$ kann daher ebenfalls als die Projektion eines ›Spannungszeigers‹ konstanter Länge U_S aufgefaßt werden, der sich mit konstanter Winkelgeschwindigkeit ω dreht. Das hat den großen Vorteil, daß sich der Phasenwinkel φ einfach als Winkel zwischen zwei Spannungs- oder Stromzeigern ergibt. Wir erklären das Verfahren an den zwei wichtigsten Beispielen.

Beispiel 1: Serienschaltung von ohmschem Widerstand, induktivem und kapazitivem Widerstand (Figur 3): Der Strom $I(t) = I_S \cdot \sin \omega t$ fließt durch alle drei Widerstände und ist in jedem Widerstand gleich groß. Wir setzen den Stromzeiger der Länge I_S unter dem Nullwinkel an. Die Spannung am ohmschen Widerstand R ist mit dem Strom in Phase. Der Spannungszeiger für den Widerstand weist daher in dieselbe Richtung wie der Stromzeiger. Die Spannung an der Kapazität C eilt dem Strom um $\pi/2$ nach. Der Spannungsabfall an der Kapazität muß deshalb durch einen Zeiger der Länge $I \cdot R_C$ dargestellt werden, der mit dem Stromzeiger einen Winkel von $-90°$ bildet. Bei einem Spannungsabfall $I \cdot R_L$ an einer Induktivität L ist es gerade umgekehrt: Die Spannung eilt dem Strom um $90°$ voraus. Der induktive Spannungsabfall wird daher durch einen Zeiger dargestellt, der mit dem Stromzeiger den Winkel $+90°$ bildet. Nun weist die *Wirkspannung* in die Richtung des Stromes, die *Blindspannung* ergibt sich als Summe

Wechselstrom (Figur 4): Die Parallelschaltung von ohmschem Widerstand R, kapazitivem Widerstand R_C und induktivem Widerstand R_L mit dem zugehörigen Zeigerdiagramm. Der Gesamtstrom I eilt hier der Gesamtspannung U um den Winkel φ voraus. Der positive Drehsinn von Zeigerdiagrammen ist stets der Gegenuhrzeigersinn (›links herum‹).

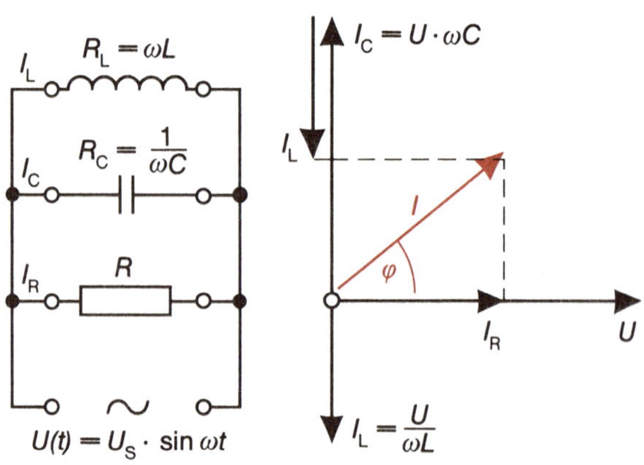

aus induktivem und kapazitivem Spannungsabfall, und die *Gesamtspannung* erhält man als geometrische Summe der Blindspannung und der Wirkspannung. Der Winkel zwischen Gesamtspannung und Strom ist der Phasenwinkel φ.

Beispiel 2: Parallelschaltung von ohmschem Widerstand, induktivem und kapazitivem Widerstand (Figur 4): Jetzt liegt die Spannung $U(t)$ an allen drei Widerständen gleichzeitig an und ist auch für jeden Widerstand gleich groß. Wir setzen deshalb den Spannungszeiger der Länge U_S unter dem Nullwinkel an und beziehen alles auf die Spannung $U(t) = U_S \cdot \sin \omega t$. Der Strom durch den ohmschen Widerstand ist wieder mit der Spannung in Phase. Der Strom durch den induktiven Widerstand R_L hinkt der Spannung um 90° hinterher, der Strom durch den kapazitiven Widerstand R_C eilt der Spannung um 90° voraus. Die entsprechenden Zeiger werden also im rechten Winkel zur Spannung angetragen. Ihre geometrische Summe ergibt den Blindstrom, die geometrische Summe aus Wirkstrom und Blindstrom schließlich den Scheinstrom. Der Winkel zwischen Scheinstrom und Spannung ist wiederum der Phasenwinkel φ.

Komplexe Darstellung

Zeigerdiagramme nutzen die Eigenschaften zweidimensionaler → Vektoren. Zum Rechnen noch praktischer als diese sind jedoch die komplexen Zahlen. Vor allem die komplexe Exponentialfunktion

$$e^{i\alpha} = \cos \alpha + i \cdot \sin \alpha$$

kann mit $\alpha = \omega t$ unmittelbar als ›rotierender Zeiger‹ gedeutet werden. Übersetzt man eine elektrische Größe wie z.B. $U(t) = U_S \cdot \cos \omega t$ ins Komplexe, so gibt der *Realteil* von

$$U(t) = U_S \cdot e^{i\omega t}$$

die tatsächlichen Verhältnisse wieder, aber mit der komplexen Gesamtfunktion läßt sich viel einfacher umgehen als mit den umständlichen Winkelfunktionen. Man kann ohne Aufwand quadrieren, mit anderen komplexen Funktionen multiplizieren, auch differenzieren oder integrieren und braucht am Ende nur den Realteil des Ergebnisses zu nehmen, um wieder zu den reellen Spannungen oder Strömen zurückzukehren. Jeder Elektrotechniker rechnet daher seine Schaltungen komplex durch.

Wechselwirkung

Im makroskopischen Bereich ist es oft eine ausgezeichnete Näherung, ein Teilchen in einem Kraftfeld oder Potential zu betrachten, das von sehr vielen anderen Teilchen erzeugt wird. Diese Näherung ist immer dann gut, wenn das ›Probeteilchen‹, dessen Verhalten man untersucht, seinerseits das Kraftfeld nur sehr wenig beeinflußt. So ist es beispielsweise sinnvoll, den Bewegungsablauf eines reifen Apfels, der vom Baum fällt, zu interpretieren als Bewegung des Probeteilchens Apfel im Schwerefeld der Erde. Daß in Wirklichkeit nicht der Apfel auf die starre Erdoberfläche fällt, sondern sich Apfel und Erde aufeinander zubewegen, kann außer Betracht bleiben, obwohl die Kraft, die von der Erde auf den Apfel ausgeübt wird, genauso groß ist wie die Gegenkraft, die der Apfel auf die Erde ausübt. Während jedoch die Erdanziehungskraft den Apfel deutlich beschleunigt, gelingt dies der ›Apfelanziehungskraft‹ mit der Erde wegen deren so sehr viel größeren Masse nur in so kleinem Ausmaß, daß man die dadurch erzeugte Erdbewegung gegenüber vielen anderen Effekten vernachlässigen kann. Das Konzept des Teilchens im Potential der Erde ist daher das einzig Sinnvolle.

Ganz anders stellt sich die Situation im mikroskopischen Bereich dar. Wenn zwei Elektronen aufeinander zufliegen, hat es keinen Sinn, ein Elektron als Probeteilchen im Feld des anderen zu betrachten, weil man den Sachverhalt genausogut umgekehrt sehen kann. Offenbar handelt es sich hier um eine gegenseitige Beeinflussung, eben eine *Wechselwirkung*. Der Mechanismus derartiger W. wird als sehr schneller Austausch von *Feldquanten* aufgefaßt, deren Verteilung um die beiden Teilchen durch ihr *Feld* beschrieben wird. Wir kennen heute *vier* derartiger Wechselwirkungsarten samt ihren Feldern, nämlich die *starke*, die *elektromagnetische*, die *schwache* und die *Gravitations-Wechselwirkung*. Nur für die elektromagnetische W. (und eventuell die schwache W.) existiert eine Theorie, die alle Einzelheiten von Feld, Ladung und Austauschquanten erschöpfend beschreibt, nämlich die *Quantenelektrodynamik*.

Austauschkräfte kann man sich durch eine zwar einfache, aber sicher unzulängliche Vorstellung zugänglich machen. Die maßgebliche Eigenschaft des Teilchens ist eine Ladung im weitesten Sinn. Sie befähigt das Teilchen, ständig, d. h. in sehr kurzen Abständen, Feldquanten auszusenden. Dieser Prozeß kann aber nur ›virtuell‹ erfolgen, solange kein zweites Teilchen in der Nähe ist. Die Feldquantenenergie kommt dabei ›aus dem Nichts‹, verletzt also den Energiesatz. Die Physiker glauben an eine solche Verletzung des Energiesatzes nur im Rahmen der → Unschärferelation, d. h. innerhalb einer Zeit $\Delta t \approx \hbar / E$, weil dann innerhalb der Zeit Δt das ausgeschickte Feldquant wieder eingefangen werden kann, ehe der Verstoß bemerkt wird. Das Teilchen ›spielt ständig Ball‹ mit seinen Feldquanten.

Man muß natürlich mit derartigen Modellvorstellungen äußerst vorsichtig sein. Sie sind eigentlich von vornherein unzulässig, weil wegen der Unschärferelation nichts über die Vorgänge ›an sich‹ ausgesagt werden kann. Wenn man sich aber ab und zu an solche grundsätzlichen Vorbehalte erinnert, sind *alle* Modellvorstellungen erlaubt, und mögen sie noch so unqualifiziert wirken, jedenfalls dann, wenn man mit ihrer Hilfe von sonst gänzlich unverständlichen Dingen wenigstens eine Ahnung bekommt.

Malen wir das Elementarteilchen-›Ballspiel‹ also noch etwas aus. Solange das Teilchen mit sich selber ›Ball spielt‹, geschieht nach außen hin nichts. Wir können aber die *Reichweite* abschätzen, die das Feld der W. hat. Feldquanten mit der Ruhmasse Null (→ Relativitätstheorie), wie sie bei der elektromagnetischen W. als *Photonen* und der Gravitation als *Gravitonen* auftreten sollen, haben prinzipiell eine unendliche Reichweite. Feldquanten mit endlicher Ruhmasse wie bei der starken W. (*Gluonen;* → Elementarteilchen) müssen dagegen nach spätestens

$$\Delta t = \frac{\hbar}{mc^2}$$

wieder eingefangen werden. Da sich das Feldquant höchstens mit Lichtgeschwindigkeit bewegt, folgt für die Reichweite

$$r = \Delta t \cdot c = \frac{\hbar}{mc}\,.$$

Anders ausgedrückt: Die Reichweite r mal der Ruhmasse m der Feldquanten ist höchstens gleich $\hbar / c$. Aus Streuexperimenten weiß man, daß die starke W., die den Atomkern zusammenhält, nur eine Reichweite von etwa $1{,}4 \cdot 10^{-15}$ m hat. Daraus ergibt sich die Ruhmasse des Feldquants zu

$$m \approx \frac{\hbar}{c} \cdot \frac{1}{r} \approx \frac{1{,}05 \cdot 10^{-34}}{3 \cdot 10^{8}} \cdot \frac{1}{1{,}4 \cdot 10^{-15}} \approx$$

$$\approx 2{,}5 \cdot 10^{-28}\,\text{kg} \approx 140\,\text{MeV}.$$

Dieses Ergebnis ist – der zu einfachen Rechnung entsprechend – auch nur in etwa richtig.
Von dieser Theorie her ist es gleichgültig, ob das Feldquant, das von einem Teilchen ausgesandt wird, von ihm selbst wieder eingefangen wird oder von einem anderen Teilchen. Der zweite Fall führt jedoch auf eine *echte Wechselwirkung*, bei der auch ein Impulsaustausch stattfindet und daher eine → Kraft auftritt.
Der Größenvergleich der bereits erwähnten vier Kräfte kann für die Gravitation und die elektromagnetische Kraft recht einfach durchgeführt werden, indem man z. B. die Kräfte ausrechnet, die auf zwei Elektronen (Ladung e, Masse m_e) wirken, die sich im Abstand r befinden. Bildet man das Verhältnis aus so errechneter elektrostatischer Anziehungskraft *(Coulomb-Kraft)* zur Gravitation, so stößt man auf das geradezu wahnwitzige Zahlenverhältnis von etwa $1:10^{-39}$. Es ist völlig sinnlos, sich eine Zahl wie 10^{-39} vorstellen zu wollen oder deren Kehrwert 10^{+39}. Nur kosmische Dimensionen werden diesen Zahlenwerten einigermaßen gerecht. Das Alter des Universums beträgt etwa 10^{18} Sekunden (!), ist also noch um 20 (!) Zehnerpotenzen von 10^{39} entfernt, aber selbst ein Wert von 10^{18} liegt ja schon weit außerhalb jeder menschlichen Vorstellungskraft. Trotzdem existieren diese und größere Zahlen im Universum. Schon unsere Erde besteht aus etwa 10^{50} Atomen!
Die beiden anderen Kräfte, die starke W. und die schwache W., können in ihrer Stärke nur indirekt eingeordnet werden, weil ihr genaues Kraftgesetz nicht bekannt ist. Trotzdem schließt man z. B. aus der Dauer von Kernreaktionen und Elementarteilchenzerfällen, daß die Kraft der starken W. noch etwa 100mal größer sein muß als die der elektromagnetischen W., während die schwache W. etwa um den Faktor 10^{13} schwächer ist.
Es ist auch noch nicht sicher, ob diese vier bekannten W. wirklich alle Kräfte abdecken, die in der Natur vorkommen. Einige Spekulationen ziehen eine *superschwache*, andere eine *superstarke* W. in Betracht. Eine Zusammenfassung der Eigenschaften der bekannten W. enthält die Tabelle.

Die Längeneinheit 10^{-15} m, die etwa der Reichweite der starken W. entspricht, wird oft als *Elementarlänge* l_0 bezeichnet. Die Reichweite der Gravitation bzw. der elektromagnetischen W. ist einfach der (geschätzte) Radius des Weltalls, gemessen in Elementarlängen. Man hat bis heute keine schlüssige Erklärung dafür, warum diese Zahl (10^{41}) dieselbe Größenordnung hat wie das Verhältnis zwischen der starken W. und der Gravitation.

Wechselwirkung	*relative Kraft* [Gravitation = 1]	*Reichweite* [in 10^{-15}m]	*Reaktionszeit* [in s]	*Feldquant*
Gravitation	1	$\geqq 10^{41}$	?	Graviton
schwache	10^{26}	etwa 0,1	10^{-10} bis 10^{3}	Vektor-Boson
elektromagnetische	10^{39}	$\geqq 10^{41}$	10^{-18} bis 10^{-16}	Photon
starke	10^{41}	1	10^{-23}	Pion (bzw. Gluon)

Tabelle: Zusammenfassung der Eigenschaften der vier Wechselwirkungsarten

Wellen

Jeder glaubt den Begriff der *Welle* zu kennen, wenn er an das Meer, einen See usw. denkt. Es ist aber nur eine sehr spezielle Art von W., die z. B. an einer Wasseroberfläche auftritt. Der allgemeine Begriff ist viel umfassender. Auch die Beispiele von Vorgängen in der Natur, die sich am einfachsten durch eine W. beschreiben lassen, sind viel zahlreicher, als man zunächst vermuten würde. Der Schall gehört hierher (→ Akustik), aber auch das → Licht und überhaupt jede Art elektromagnetischer Strahlung. Unter bestimmten Voraussetzungen ist es sogar günstig, Teilchen, also Materie, als W. aufzufassen, obwohl das paradox erscheint. Sie sehen: W. sind Modelle, die auf viele Naturvorgänge so gut passen, daß man meist den Naturvorgang selbst mit dem *Modell* identifiziert. Aber dieses Problem soll uns hier nicht beschäftigen (→ Dualismus von Welle und Teilchen). Vielmehr wollen wir anhand einfacher Versuchsanordnungen erklären, was das Wesentliche einer W. ist und welche Naturereignisse sie beschreiben kann.

Störungen in einem System gekoppelter Oszillatoren

In der klassischen Physik wird die W. als ein Energietransport verstanden, der *ohne* Materietransport vor sich geht. Energie wird z. B. in einem System gekoppelter Oszillatoren (→ Schwingungen) übertragen, wenn man einen Oszillator auslenkt. Diese *Störung* des Systems überträgt sich wegen der Kopplung mit einer zeitlichen Verzögerung auf die Nachbaroszillatoren, die ihrerseits die Auslenkung – wieder mit einer zeitlichen Verzögerung – weitergeben, so daß sich die Störung durch das gesamte System von Oszillatoren fortpflanzt. Das geschieht mit einer gewissen endlichen Geschwindigkeit, die wir *Ausbreitungsgeschwindigkeit* der Störung nennen (genauer: *Gruppengeschwindigkeit* oder auch *Signalgeschwindigkeit*). Offenbar verhält sich jeder Punkt (d. h. jeder Oszillator) wie der Ausgangspunkt einer ›neuen‹ Störung (sog. *Elementarwelle*), sobald er durch die ›ankommende‹ Störung zu Schwingungen angeregt worden ist. Diese Betrachtungsweise heißt nach ihren Entdeckern *Huygens-Fresnelsches Prinzip* und ist zur Erklärung vieler Welleneigenschaften höchst nützlich.

Elastische Wellen

Die Annahme vieler mechanischer Oszillatoren, die das *Medium* bilden, in dem sich eine W. ausbreiten kann, trifft auf elastische W. so exakt zu, daß mit ihrer Hilfe nicht nur die W. demonstriert werden, sondern sogar umgekehrt aus den Welleneigenschaften auf das Verhalten dieser Oszillatoren geschlossen wird. In einem festen Körper sind die Einzeloszillatoren ja die Atome, die Kopplungskräfte sind dieselben, die den ganzen Körper zusammenhalten.

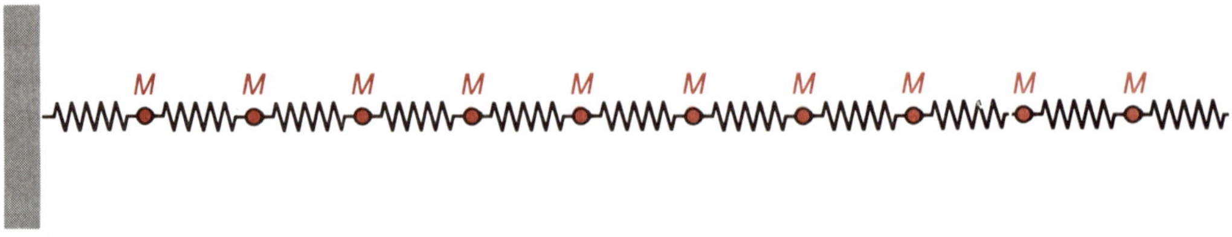

Wellen (Figur 1): In einer Kette von elastisch miteinander verbundenen Massen *M* kann jede Masse als Oszillator schwingen, so daß eine Kette gekoppelter Oszillatoren entsteht.

Wir können uns ein einfaches Modell eines elastischen Mediums machen, wenn wir uns eine lineare Kette von Massen denken, die durch Federn miteinander verbunden sind (Figur 1). Jede dieser Massen kann dann schwingen, so daß wir

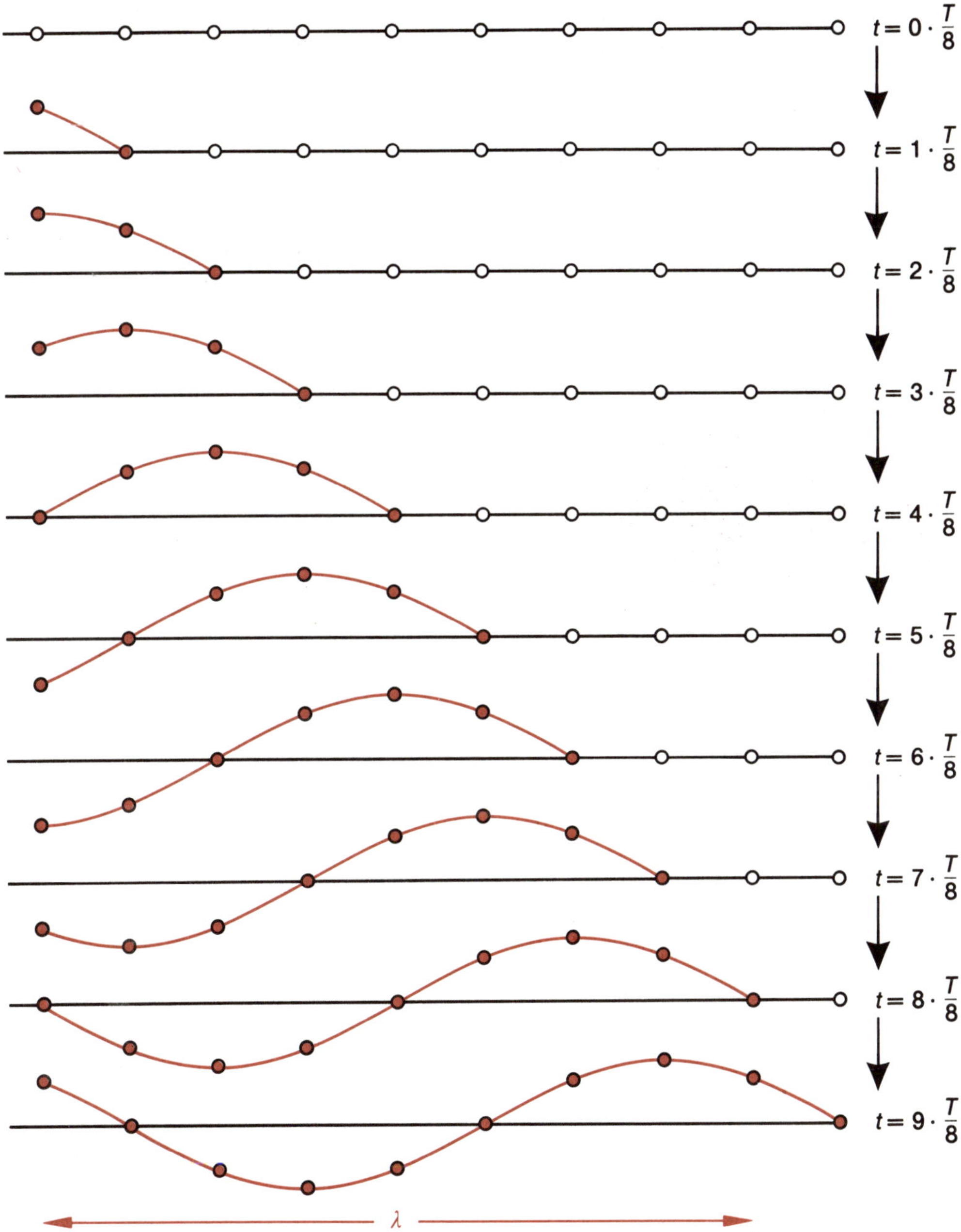

Wellen (Figur 2): Die Entstehung einer transversalen Welle; T bezeichnet die Schwingungsdauer eines Einzeloszillators, die Größe λ die Wellenlänge der Schwingung.

auch von einer Kette gekoppelter Oszillatoren sprechen können.
Nun regen wir den ersten Oszillator mit einer Sinusbewegung an. Dabei gibt es zwei Möglichkeiten: Entweder erfolgt die Anregung *quer* zur Richtung der Kette oder *in* Richtung der Kette. Im ersten Fall entsteht eine W., bei der die Oszillatoren senkrecht zur Fortpflanzungsrichtung der W. schwingen; derartige W. bezeichnet man als *transversal* (Figur 2). Im zweiten Fall entsteht eine W., bei der die Oszillatoren in Fortpflanzungsrichtung schwingen; man nennt sie dann *longitudi-*

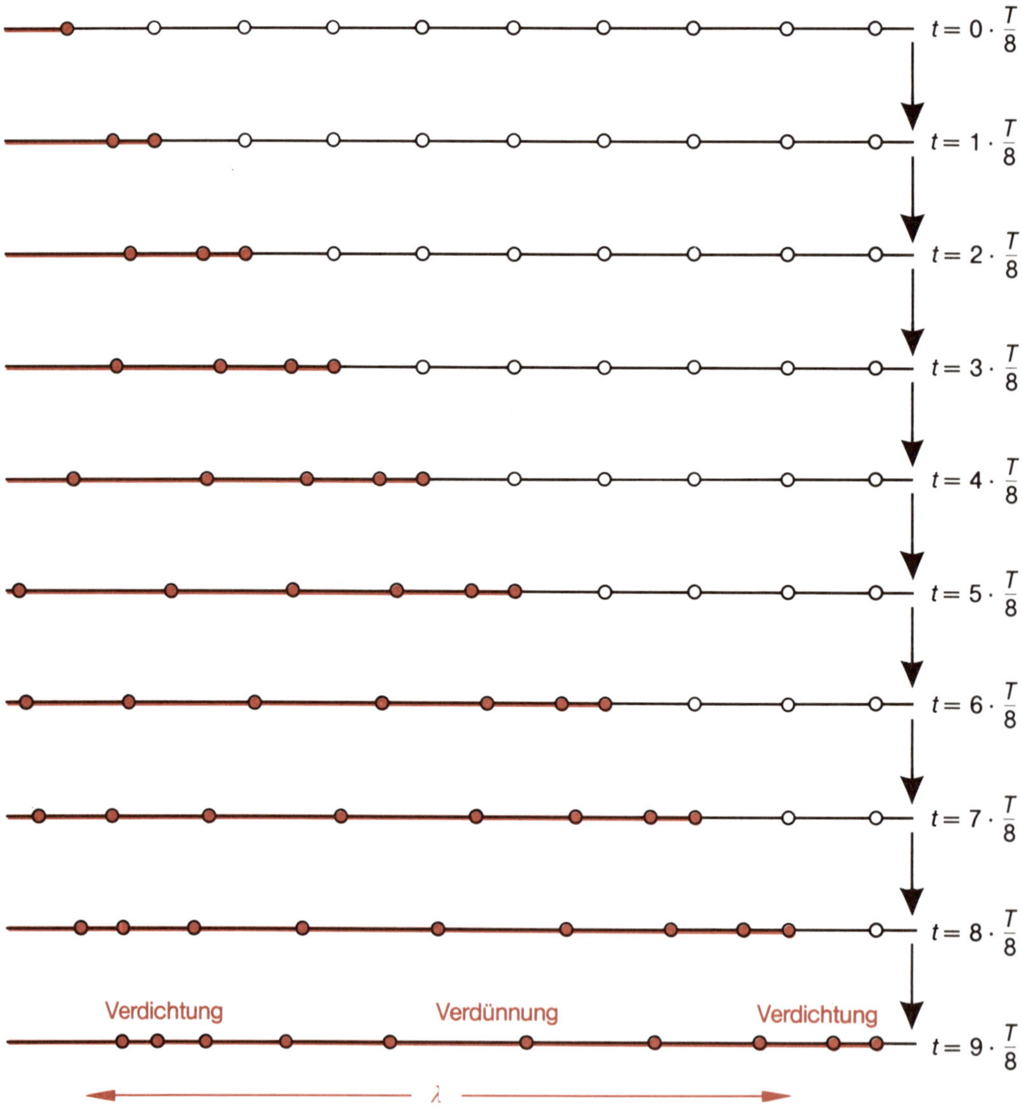

Wellen (Figur 3): Die Entstehung einer longitudinalen Welle; die Stellen maximaler Auslenkung liegen zwischen den Stellen maximaler Verdichtung bzw. Verdünnung; λ ist die Wellenlänge.

nal (Figur 3). In beiden Fällen entsteht – bei periodischer Anregung – nicht nur eine *zeitliche* Periodizität durch eben diese Anregung, sondern auch, wegen der endlichen Ausbreitungsgeschwindigkeit, eine *räumliche* Periodizität. Man findet also denselben Schwingungszustand nicht nur wie bei jeder Schwingung in regelmäßigen zeitlichen Abständen T am gleichen Ort wieder vor, sondern auch – zur gleichen Zeit – in regelmäßigen räumlichen Abständen λ. Die Größe λ heißt *Wellenlänge*. Wie bei den Schwingungen ist der Kehrwert der Schwingungsdauer T als *Frequenz* f bekannt, das 2πfache von f ist die *Kreisfrequenz* ω der W. Es gilt also

$$\omega = 2\pi \cdot \frac{1}{T}. \qquad (1)$$

In entsprechender Weise heißt das 2πfache vom Kehrwert der Wellenlänge die *Wellenzahl* k der W.:

$$k = 2\pi \cdot \frac{1}{\lambda}. \qquad (2)$$

Wellenlänge und Schwingungsdauer bestimmen die *Ausbreitungsgeschwindigkeit* c der W. Wie aus den Figuren 2 und 3 hervorgeht, ist c gleich dem Weg, den eine Wellenlänge vorgibt, geteilt durch die Schwingungsdauer T, die die W. braucht, um diesen Weg zurückzulegen:

$$c = \frac{\lambda}{T}. \qquad (3)$$

Im Zusammenhang mit den Gleichungen (1) und (2) kann man dies auch noch anders formulieren:

$$c = \frac{\omega}{k} \text{ oder } c = \lambda \cdot f. \qquad (3a)$$

Ebene, zylindrische und kugelförmige Wellen

Eine elastische W. wird nur dann der einfachen Modellvorstellung von Figur (1) entsprechen, wenn wir ganz spezielle Versuchsanordnungen benutzen: dünne Metallstäbe oder Luftröhren, gespannte Seile usw. Selbst dann wissen wir bisher noch nichts über das Verhalten dieser einfachen W. an den Enden des Stabes oder des Seiles. Das können wir erst später klären. In der Natur kommen aber ›ebene Wellen‹ so gut wie nicht vor. Viel häufiger wird eine W. von einem eng begrenzten Raumgebiet (einem Punkt) aus angeregt und breitet sich dann in alle Raumrichtungen aus. Um diese Verhaltensformen besser beschreiben zu können, benutzt man den Begriff der *Wellenfront*. Man versteht darunter eine Verbindungslinie oder -fläche aller W. gleicher Phase, also z. B. alle Orte, an denen die Wellenerregung gerade anfängt. In unserem einfachen eindimensionalen Modell (Figur 1) ist die Wellenfront lediglich ein Punkt, der sich mit der Geschwindigkeit c bewegt. Im zweidimensionalen Fall der Oberflächenwellen, also z. B. bei Wasserwellen, sind die Wellenfronten z. B. durch die Wellenberg-Linien gegeben. Das können gerade Linien sein, dann laufen die W. parallel hintereinander her, und wir haben wieder *ebene* W. Denken wir aber daran, wie Regentropfen in eine Pfütze oder einen Teich fallen: Von einem punktförmigen Erregungszentrum aus breiten sich kreisförmige Wellenfronten aus, und wir bemerken auch, daß die Wellenberge mit zunehmender Entfernung vom Kreismittelpunkt immer niedriger werden. Das muß so sein, denn die Gesamtenergie der W. bleibt gleich, wenn wir von der Dämpfung einmal absehen. Sie verteilt sich aber auf eine immer größere Wellenfront. Wenn r der Abstand der Wellenfront vom Erregungszentrum

ist, so muß für die Energie einer ebenen W. gelten: $E =$ konst., während für eine kreis- oder zylinderförmige Welle die Energie proportional zu r abnimmt: $E(r) = E / r$.
Betrachten wir dagegen Schallquellen ohne Richtwirkung, so werden die Wellenfronten Kugelschalen sein, und die Energie der Welle nimmt entsprechend mit dem *Quadrat* der Entfernung ab: $E(r) = E / r^2$.
Es wäre also durchaus realistisch, mit Kugelwellen zu rechnen, denn sie kommen in der Natur weitaus am häufigsten vor. Je weiter man sich aber vom Erregungszentrum entfernt, um so ›paralleler‹ werden die Wellenfronten, bis sie sich schließlich fast nicht mehr von denen ebener W. unterscheiden. Wir beschränken uns daher auf die Darstellung *ebener Wellen,* um so mehr, als sie doch alle wesentlichen Welleneigenschaften besitzen.

Beispiele
Elastische Transversalwellen sind nur in Medien möglich, bei denen Scherkräfte auftreten können. Deshalb gibt es transversale Schallwellen nur in festen Körpern. Im Inneren von Flüssigkeiten oder Gasen können sich nur *longitudinale Wellen* ausbilden, denn diese Medien setzen einer seitlichen Verschiebung – ohne Kompression – so wenig Widerstand entgegen, daß es praktisch nicht zu einer rücktreibenden Kraft kommt. Anders sieht es an den freien Begrenzungsflächen dieser Medien aus. Hier können auch Transversalwellen entstehen, entweder als *Schwerewellen* wie die Wasserwellen, oder, mit wesentlich kleineren Wellenlängen, wegen der → Oberflächenspannung. Schwerewellen treten übrigens nicht nur bei Flüssigkeiten auf, sondern auch bei Gasen, z. B. an der Grenzfläche zwischen warmen und kalten Luftmassen, wenn sie übereinandergeschichtet sind. Es gibt Ansätze, die Ursache der ungeklärten Einwirkungen des Föhns auf die Menschen des Alpenvorlandes in derartigen Oberflächenwellen bzw. den dadurch verursachten niederfrequenten Schallwellen zu suchen.
Alle ›normalen‹ *Schallwellen* sind dagegen longitudinale Kugelwellen. *Erdbebenwellen* (seismische W.) sind teils longitudinal, teils transversal und breiten sich nur in der Nähe der Erdoberfläche in kugelförmigen Wellenfronten aus, weil die elastischen Konstanten der Erde sehr stark mit der Tiefe schwanken.
Das Licht und alle anderen → elektromagnetischen Wellen wie Radiowellen oder Radarwellen stellen transversale W. dar. Ihr Medium ist allerdings nicht materieller Art, sondern besteht im Raum selbst. In Abhängigkeit vom Abstand von der Quelle der Strahlung und der Natur dieser Quelle können elektromagnetische W. nahezu eben sein, wie das Licht von einem Stern, aber auch zylindrisch wie die W., die eine lange Dipolantenne aussendet, oder kugelförmig wie das Licht einer Glühbirne.

Die Wellengleichung
Gehen wir von der eindimensionalen Sinuswelle der Figur 2 aus, so können wir deren Funktionsgleichung verhältnismäßig leicht anschreiben. Wir nehmen an, daß sich die W. in die positive x-Richtung fortpflanzt, und bezeichnen die momentane Auslenkung am Ort x zur Zeit t mit $\xi(x,t)$. Die Bewegungsgleichung eines Massenpunktes am Ort $x = 0$ als Funktion der Zeit ist einfach $\xi(0,t) = \xi_0 \cdot \sin(\omega t)$. Sehen wir uns nun, ohne die Zeit zu verändern, die W. eine Strecke x weiter in Ausbreitungsrichtung an, so findet sich dort ebenfalls ein harmonischer Oszillator, dessen Schwingungszustand aber um ein Zeitintervall Δt

›früher dran‹ ist, so daß seine Auslenkung gegeben ist durch
$\xi(x,t) = \xi_0 \cdot \sin[\omega \cdot (t - \Delta t)]$.
Die Größe Δt ist aber gleich x/c, wenn c die Ausbreitungsgeschwindigkeit der W. sein soll. Beachten wir die Beziehung der Gleichung (3a) mit $c = \omega/k$, so wird $\Delta t = k \cdot x/\omega$, und wir erhalten die Gleichung der *linearen harmonischen Welle:*

$$\xi(x,t) = \xi_0 \cdot \sin(\omega t - kx)$$

oder auch (4)

$$\xi(x,t) = \xi_0 \cdot \sin\left[2\pi \cdot \left(\frac{t}{T} - \frac{x}{\lambda}\right)\right].$$

Diese Gleichung ist die Lösung einer allgemeineren Differentialgleichung. Wir wollen diese unter dem Namen *Wellengleichung* bekannte Differentialgleichung kurz ableiten und benutzen dazu die einfache lineare Kette von Figur 3, aus der wir einen Ausschnitt betrachten, um die Summe aller wirkenden Kräfte anzuschreiben (Figur 4).
Die Auslenkung der mittleren Masse soll ξ sein, die des linken Nachbarn ξ_L und die des rechten Nachbarn ξ_R. Nach der Newtonschen Grundgleichung ist dann die Masse M mal der Beschleunigung $d^2\xi/dt^2$ des mittleren Oszillators gleich der Summe der wirkenden Kräfte $K_R - K_L$. Das Minuszeichen berücksichtigt die Tatsache, daß K_L und K_R in entgegengesetzte Richtungen zeigen. Nun ist

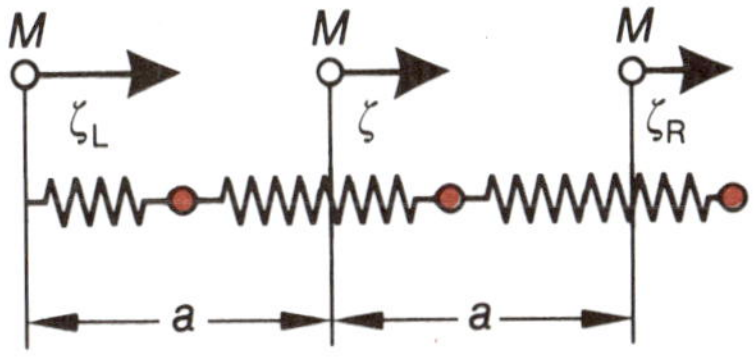

Wellen (Figur 4): Zur Ableitung der Wellengleichung: Momentanzustand der Oszillatoren

$K_L = (\xi - \xi_L) \cdot D$ und $K_R = (\xi_R - \xi) \cdot D$, wobei D die Federkonstante einer Kopplungsfeder sein soll. Es gilt also:

$$M \cdot \frac{d^2\xi}{dt^2} = (\xi_R - \xi) \cdot D - (\xi - \xi_L) \cdot D.$$

Da $\xi(x,t)$ eine Funktion des Ortes ist, kann man die Differenz $(\xi - \xi_L)$ auch als Steigung der Funktion $\xi(x,t)$ an der Stelle L schreiben, multipliziert mit dem Abstand a zweier Oszillatoren:

$$(\xi - \xi_L) = \left(\frac{d\xi}{dx}\right)_L \cdot a.$$

Entsprechendes gilt für die Differenz $(\xi_R - \xi)$:

$$(\xi_R - \xi) = \left(\frac{d\xi}{dx}\right)_R \cdot a.$$

Setzen wir oben ein, so erhalten wir

$$M \cdot \frac{d^2\xi}{dt^2} = D \cdot a \cdot \left[\left(\frac{d\xi}{dx}\right)_R - \left(\frac{d\xi}{dx}\right)_L\right].$$

Die Differenz der Ableitungen, dividiert durch a, ist aber nun die ›Steigung der Steigungsfunktion‹ an der Stelle x, d.h.

$$\left[\left(\frac{d\xi}{dx}\right)_R - \left(\frac{d\xi}{dx}\right)_L\right] = a \cdot \frac{d^2\xi}{dx^2}.$$

Insgesamt erhalten wir also:

$$\frac{\partial^2\xi}{\partial t^2} = \frac{D \cdot a^2}{M} \cdot \frac{\partial^2\xi}{\partial x^2}. \qquad (5)$$

Lassen Sie sich nicht durch das Zeichen ∂ anstatt d verwirren. Es steht lediglich als Symbol für Ableitungen, bei denen alle übrigen Variablen als konstant betrachtet werden sollen (sog. *partielle Ableitungen*).
Das Wesentliche der Wellengleichung (5) ist, daß die zweite Ableitung nach der Zeit (also die Beschleunigung) proportio-

nal der zweiten Ableitung nach dem Ort ist. Alle Lösungen dieser Wellengleichung sind sowohl zeit- als auch ortsabhängig und haben die allgemeine Form:

$$f(x,t) = f(x - c \cdot t) + g(x + c \cdot t). \quad (6)$$

Dies ist eine sehr allgemeine Aussage. $f(x - c \cdot t)$ ist eine Funktion, die sich mit der Geschwindigkeit c in die positive x-Richtung bewegt, $g(x + c \cdot t)$ bewegt sich in die negative x-Richtung. Die Gestalt dieser Funktion ist gänzlich unbestimmt, ganz in Übereinstimmung mit der wellenartigen Ausbreitung einer beliebigen Störung, was ja unser Ausgangspunkt war. Nichtsdestoweniger stellt aber auch die Sinuswelle von Gleichung (4) eine – sehr spezielle – Lösung der Wellengleichung dar. Der Vollständigkeit halber wollen wir noch den Zusammenhang der Ausbreitungsgeschwindigkeit c mit den mechanischen Größen der Federkette angeben. Zu diesem Zweck benützen wir nur die ›nach rechts‹ laufende Welle $f(x,t) = f(x - c \cdot t)$ und differenzieren je zweimal nach der Zeit und dem Ort:

$$\frac{\partial^2 f}{\partial t^2} = c^2 \cdot f''(x - c \cdot t);$$

$$\frac{\partial^2 f}{\partial x^2} = f''(x - c \cdot t).$$

Ein Vergleich mit Gleichung (5) ergibt $c^2 = D \cdot a^2 / M$. In die allgemeine Wellengleichung setzt man lieber die Ausbreitungsgeschwindigkeit c ein als irgendwelche speziellen mechanischen Größen und schreibt sie daher endgültig:

$$\frac{\partial^2 \xi}{\partial x^2} = \frac{1}{c^2} \cdot \frac{\partial^2 \xi}{\partial t^2}. \quad (7)$$

Die Erweiterung auf die räumliche Form der Wellengleichung ist jetzt auch nicht mehr schwierig: Man hat nur noch die Ableitungen für die anderen Raumrichtungen hinzuzufügen und erhält

$$\frac{\partial^2 \xi}{\partial x^2} + \frac{\partial^2 \xi}{\partial y^2} + \frac{\partial^2 \xi}{\partial z^2} = \frac{1}{c^2} \cdot \frac{\partial^2 \xi}{\partial t^2}. \quad (8)$$

Diese Gleichung sei aber nur noch der Vollständigkeit halber aufgeführt. Für das Folgende beschränken wir uns auf den eindimensionalen Fall von Gleichung (5) und betrachten darüber hinaus nur Sinuswellen (harmonische Wellen).

Der Energiegehalt elastischer Wellen
Aus Gleichung (4) läßt sich leicht die mittlere kinetische Energie pro Volumeneinheit ausrechnen. Sie ist ja gegeben durch

$$E_{\text{kin}} = \frac{1}{2}\rho \cdot v^2 = \frac{1}{2}\rho \cdot \left(\frac{d\xi}{dt}\right)^2.$$

Setzen wir $\xi = \xi_0 \cdot \sin(\omega t - kx)$ ein, so lautet die erste Ableitung

$$\frac{d\xi}{dt} = \xi_0 \cdot \omega \cdot \cos(\omega t - kx).$$

Damit wird

$$E_{\text{kin}} = \frac{1}{2} \cdot \rho \cdot \xi_0^2 \cdot \omega^2 \cdot \cos^2(\omega t - kx).$$

Das zeitliche Mittel über das Quadrat der Kosinusfunktion ist ½, so daß nun der zeitliche Mittelwert der kinetischen Energie pro Volumeneinheit lautet:

$$\langle E_{\text{kin}} \rangle = \frac{1}{4} \cdot \rho \cdot \xi_0^2 \cdot \omega^2.$$

Wie bei allen schwingenden Systemen existiert außer der kinetischen Energie noch die potentielle Energie jedes Oszillators, die aber dem Betrag nach genauso groß ist wie die kinetische. Die *mittlere Energiedichte* einer elastischen W. ist demnach gleich

$$\langle E \rangle = \frac{1}{2} \cdot \rho \cdot \omega^2 \cdot \xi_o^2 . \qquad (9)$$

Für manche Anwendungen braucht man nicht die mittlere Energiedichte, also die Energie pro Zeit- und Volumeneinheit, sondern die Energie *I*, die pro Zeiteinheit durch die Flächeneinheit transportiert wird (die *Intensität*). Um sie zu erhalten, nimmt man die mittlere Energiedichte in einem Zylinder der Fläche 1 und der Länge *c*, weil die W. pro Zeiteinheit den Weg *c* zurücklegt. Damit erhält man

$$I = \frac{1}{2} \rho \cdot \omega^2 \cdot \xi_o^2 \cdot c . \qquad (9a)$$

Dieses Ergebnis gilt in entsprechender Form für *alle* Wellenerscheinungen, auch für Gravitationswellen oder elektromagnetische W. Die Energiedichte einer W. (oder die Intensität) ist proportional dem *Quadrat* der Amplitude. Wenn man deshalb Amplituden von W. addiert, so gilt dies *nicht* für die Intensitäten! Dies ist die wesentlichste Eigenschaft von W., wie wir im nächsten Abschnitt sehen werden. Sie erklärt auch, weshalb die *Amplitude* einer Kugelwelle *nicht* mit $1/r^2$ abnimmt, wie man zunächst vermuten würde, sondern mit $1/r$. Nur für die *Energie* der W. gilt ein Erhaltungssatz, nicht für die Amplitude!

Überlagerung von Wellen, Interferenz

Für die meisten W. gilt das ›Prinzip von der ungestörten Superposition‹. Das soll bedeuten, daß sich W. gegenseitig überlagern können, ohne sich in ihrer Ausbreitung zu stören. Die Überlagerung findet in der denkbar einfachsten Weise statt: Die momentanen Auslenkungen der verschiedenen W. am gleichen Ort werden einfach addiert. Natürlich funktioniert dieses Verfahren nur solange, wie die Summen-Amplituden der beteiligten W. nicht so groß werden, daß sie die durch das Medium gesetzten Grenzen überschreiten, also z. B. einen elastischen Körper über seine Elastizitätsgrenze hinaus beanspruchen. Von solchen Fällen wollen wir absehen. Außerdem beschränken wir uns zunächst auf ebene W. Dann ist eins von vornherein klar: Deutliche bzw. überhaupt beobachtbare Effekte wird es nur geben, wenn die beteiligten Wellenzüge so ›lang‹ sind, daß sehr viele – am besten beliebig viele – Wellenlängen gleichzeitig überlagert werden können. Man sagt, die W. müssen *kohärent* (lat.; dt. zusammenhängend) sein. Anders ausgedrückt: Zwischen den sich überlagernden W. muß eine feste Phasenbeziehung existieren. Diese kann sich im einfachsten Fall so gestalten, daß zwischen zwei W. eine konstante Phasenverschiebung besteht. Dann müssen die beiden W. die gleiche Wellenlänge haben. Sollen W. mit unterschiedlicher Wellenlänge überlagert werden, wird ihre Phasenbeziehung zwar vom Ort abhängen, d. h. periodisch sein, aber eben *auch* existieren. Wellenzüge ohne eine Phasenbeziehung können nur statistisch erfaßt werden; sie können sich auch nicht kontrolliert überlagern, sind also *inkohärent*.

Die Überlagerung kohärenter W. gleicher Wellenlänge heißt *Interferenz* im engeren Sinn. Ich erläutere nun die einfachsten Interferenzerscheinungen.

Bei linearen W. gibt es nur zwei Möglichkeiten:

1. Die W. pflanzen sich in der gleichen Richtung fort; dann addieren sie sich zu einer *Summenwelle* mit zwar gleicher Wellenlänge, aber anderer Amplitude (und Phase). Das macht man sich leicht anhand der zwei Extremfälle mit Hilfe von Figur 5 klar. Hat die zweite W. gegenüber der ersten die Phasendifferenz 0, so erhält man eine Summenwelle mit der

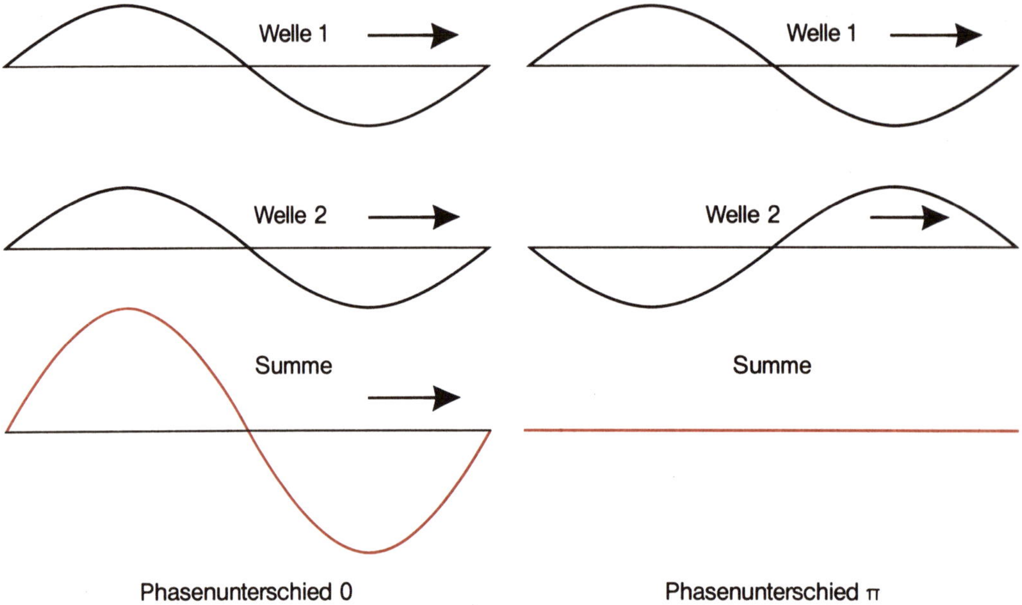

Wellen (Figur 5): Extremfälle bei der Interferenz zweier Wellen mit gleicher Amplitude und Wellenlänge; Phasenunterschied 0 ergibt eine Welle mit doppelter Amplitude (konstruktive Interferenz), ein Phasenunterschied π ergibt völlige Auslöschung (destruktive Interferenz).

Amplitudensumme (Interferenzverstärkung oder konstruktive Interferenz). Bei einer Phasendifferenz von π jedoch löschen sich die beiden W. überall aus (Interferenzauslöschung oder destruktive Interferenz).

2. Die W. laufen in entgegengesetzter Richtung aufeinander zu. Dann entsteht ein räumlicher Schwingungszustand, dem man keine Fortpflanzungsgeschwindigkeit zuordnen kann und den man daher als *stehende Welle* bezeichnet. Wir kommen noch genauer darauf zurück.

Hat man es nicht mehr mit linearen W. zu tun, sondern mit ebenen W. (z. B. Wasserwellen) oder räumlichen W. (z. B. Schall oder Licht), so gilt, Kohärenz vorausgesetzt, wieder die obige Darstellung. Allerdings wird es jetzt nur noch Bereiche von maximaler Interferenzverstärkung geben und ebenso nur bestimmte Gebiete mit Interferenzauslöschung, die sog. *Knotenlinien*. Man kann diese Bereiche sehr schön an Wasserwellen beobachten, wenn man zwei Steine nebeneinander in eine Pfütze fallen läßt. Natürlich gibt es für derartige Demonstrationen auch sinnreiche Versuchsanordnungen *(Wellenwanne),* auf die wir hier nicht näher eingehen (siehe weiter unten unter Beugung).

Wellenpakete, Gruppengeschwindigkeit und Phasengeschwindigkeit

Überlagern sich zwei W. mit wenig voneinander verschiedener Wellenlänge, so entsteht wie bei den Schwingungen eine *Schwebung*. Bringt man schließlich einen kontinuierlichen Wellenlängenbereich zur Interferenz, so entsteht ein sog. *Wellenpaket* (Figur 6). Auch die Schwebung läßt sich ja bereits als Aufeinanderfolge von Wellenpaketen auffassen. Der Begriff spielt in der →Quantenmechanik eine wichtige Rolle. Hier soll er uns dazu dienen, zwei ›Wellengeschwindigkeiten‹ auseinanderzuhalten. Das Wellenpaket ›besteht‹ aus einer ganzen Anzahl (einer Gruppe) von W. verschiedener Frequenz. Es entspricht einem Signal, seine Ankunft an einem bestimmten Ort ist ein definierbares Ereignis, das eine Information übermitteln kann. Man sagt, das Wellenpaket pflanzt sich mit *Gruppengeschwindigkeit* c_{gr} fort. Eine unendliche W. dagegen kann keine Information übermitteln. Man weiß ja weder, wo sie ›anfängt‹ oder ›aufhört‹. Trotzdem besitzt sie eine meßbare Geschwindigkeit: Man muß nur z. B. die Wellenberge zählen, die an einer bestimmten Stelle durchlaufen, und dazu die Wellenlänge messen. Dann läßt sich daraus nach Gleichung (3a) eine Geschwindigkeit c_{ph} berechnen, die wir *Phasengeschwindigkeit* nennen. Sie kennzeichnet die Ausbreitungsgeschwindigkeit eines Wellenzustandes, z. B. eines Nulldurchgangs, für eine ganz bestimmte Frequenz. Das Zählen der Wellenberge übermittelt übrigens kein Signal! Wie man bei genauerem Überlegen sofort erkennt, müßte sich die Frequenz *ändern,* damit dies als Signal gewertet werden könnte. Dies aber läßt sich nur durch Interferenzen *mehrerer* Frequenzen erreichen, was wiederum etwas Ähnliches erzeugen würde wie ein Wellenpaket.

Man möchte zunächst meinen, daß die Phasengeschwindigkeit mit der Gruppengeschwindigkeit übereinstimmen sollte. Das ist auch richtig, wenn die Phasengeschwindigkeit für jede Wellenlänge dieselbe ist, d. h. solange die Ausbreitungsgeschwindigkeit frequenzunabhängig ist. Sobald das jedoch nicht mehr der Fall ist, wenn das Medium *Dispersion* zeigt, besitzen unterschiedliche Frequenzen auch verschiedene Ausbreitungsgeschwindigkeiten, und die Gruppengeschwindigkeit unterscheidet sich von der Phasengeschwindigkeit. Da in diesem Fall die Teilfrequenzen eines Wellenpakets nicht gleich schnell laufen, wird das Wellenpaket auch seine *Form* nicht behalten können. Es wird mit der Zeit ›auseinanderlaufen‹. Das gilt ganz allgemein für jedes Signal, das sich in einem dispergierenden Medium fortpflanzt, und hat teils recht unangenehme Konsequenzen für die Nachrichtentechnik.

Wann tritt nun Dispersion in einem Medium auf? Sicher dann, wenn die Einzeloszillatoren des Mediums nicht mehr nur erzwungene Schwingungen ausführen, d. h., wenn die Frequenz der W. in die Nähe der Eigenfrequenzen der Elementaroszillatoren kommt. In diesem Fall tritt *Resonanz* auf, und die Phasenbeziehung der gekoppelten Oszillatoren ändert sich. Das hat nicht nur eine Rückwirkung auf die Dämpfung der W., sondern eben auch auf die Ausbreitungsgeschwindigkeit bestimmter Frequenzen.

Die allgemeine Beziehung zwischen Gruppen- und Phasengeschwindigkeit in einem Medium läßt sich schon für den

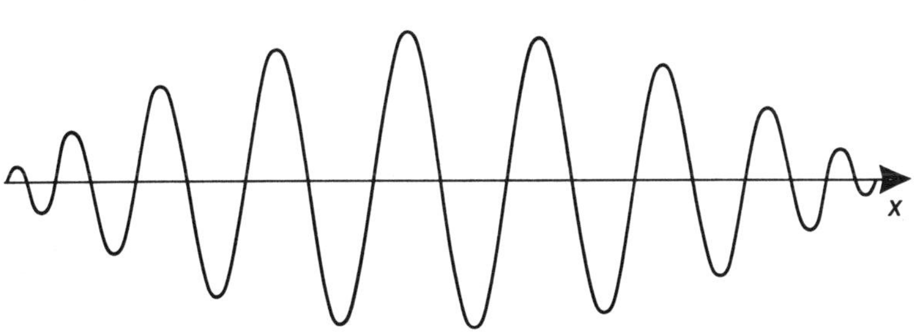

Wellen (Figur 6): Momentaufnahme eines Wellenpakets, wie es durch die Überlagerung vieler Wellen mit benachbarten Wellenlängen entsteht.

einfachen Fall der Schwebung aus der Gleichung für zwei gekoppelte Oszillatoren herleiten; sie lautet einfach:

$$c_{ph} = \frac{\lambda}{T} = \frac{\omega}{k} \text{ und}$$
$$c_{gr} = \frac{d\omega}{dk} = c_{ph} - \lambda \cdot \frac{dc_{ph}}{d\lambda}. \qquad (10)$$

Um die letzte Gleichung zu erhalten, muß man statt

$$\frac{d\omega}{dk} = \frac{d\omega}{d\lambda} \cdot \frac{d\lambda}{dk}$$

setzen, die beiden Differentialquotienten aus der ersten Gleichung von (10) berechnen und einsetzen. Wir lesen aus der zweiten Gleichung von (10) ab: Wenn die Phasengeschwindigkeit mit der Wellenlänge zunimmt ($dc_{ph}/d\lambda > 0$), so ist die Gruppengeschwindigkeit *kleiner* als die Phasengeschwindigkeit (sog. *normale* Dispersion). Nimmt dagegen die Phasengeschwindigkeit mit zunehmender Wellenlänge ab ($dc_{ph}/d\lambda < 0$), so kann die Gruppengeschwindigkeit sogar *größer* als die Phasengeschwindigkeit werden (*anomale* Dispersion).

Reflexion und stehende Wellen

Bis jetzt haben wir so getan, als könnte jede W. sich in einem unendlichen Medium ungestört ausbreiten. Das ist natürlich in der Mehrzahl der Fälle keineswegs der Fall. Vielmehr werden W. verschiedene Medien durchqueren und dabei an die Begrenzungen der einzelnen Medien stoßen. Was geschieht dabei? Wie immer suchen wir ein möglichst einfaches Modell für diesen Vorgang und betrachten Extremfälle.

Die lineare transversale W. (Figur 2) soll das Modell bilden, und wir betrachten nur eine positive Halbwelle, also einen ›Impuls‹, der auf das Ende der Oszillatorkette zulaufen soll. Wenn sich der letzte Oszillator frei bewegen kann, so wird er den Impuls aufnehmen, ausschwingen und seinerseits wieder als Störungsquelle agieren, so daß der Wellenberg einfach in die Kette zurückreflektiert wird (Figur 7). Die Reflexion an einem *freien Ende* der Kette findet also in der Weise statt, daß der Impuls oder die W. die Richtung umkehrt. Dabei wird das freie Ende stets die volle Auslenkung ausführen. Was geschieht aber, wenn wir das Ende der Kette fest einspannen? Die Frage scheint schwierig, aber wir behelfen uns mit einem Trick. Die ›Randbedingung‹ des Vorgangs läuft offenbar darauf hinaus, daß das *feste Ende* der Kette keine Bewegung ausführen kann, d. h. daß dort die Wellenbewegung dauernd die Amplitude Null haben muß. Wäre die Kette an der Einspannstelle nicht zu Ende, so ließe sich das ganz leicht dadurch erreichen, daß wir von der anderen Seite ein Spiegelbild des Impulses auf die Einspannstelle zulaufen lassen (Figur 8). Sie überzeugen sich sicher leicht davon, daß in diesem Fall sich die Impulse an der festen Stelle gerade auslöschen, nach diesem Vorfall aber ungestört weiterlaufen.

Da rein mathematisch das feste Ende einer Kette nur auf diese Weise in Ruhe bleiben kann, muß die Physik der Reflexion am festen Ende darin bestehen, daß eben durch die feste Einspannung Kräfte auf die W. ausgeübt werden, so daß sie *amplitudengespiegelt* reflektiert wird.

Die Amplitudenspiegelung bei einer W. ist aber gleichbedeutend mit einer Phasenverschiebung von π, und auch die Amplitudenspiegelung eines Wellenpaketes läuft auf einen Phasensprung von π für *alle Teilwellen* hinaus.

Wir fassen also diese wichtigen Ergebnisse zusammen: Die Reflexion am freien Ende findet *ohne* Phasensprung, die Reflexion am festen Ende mit einem *Pha-*

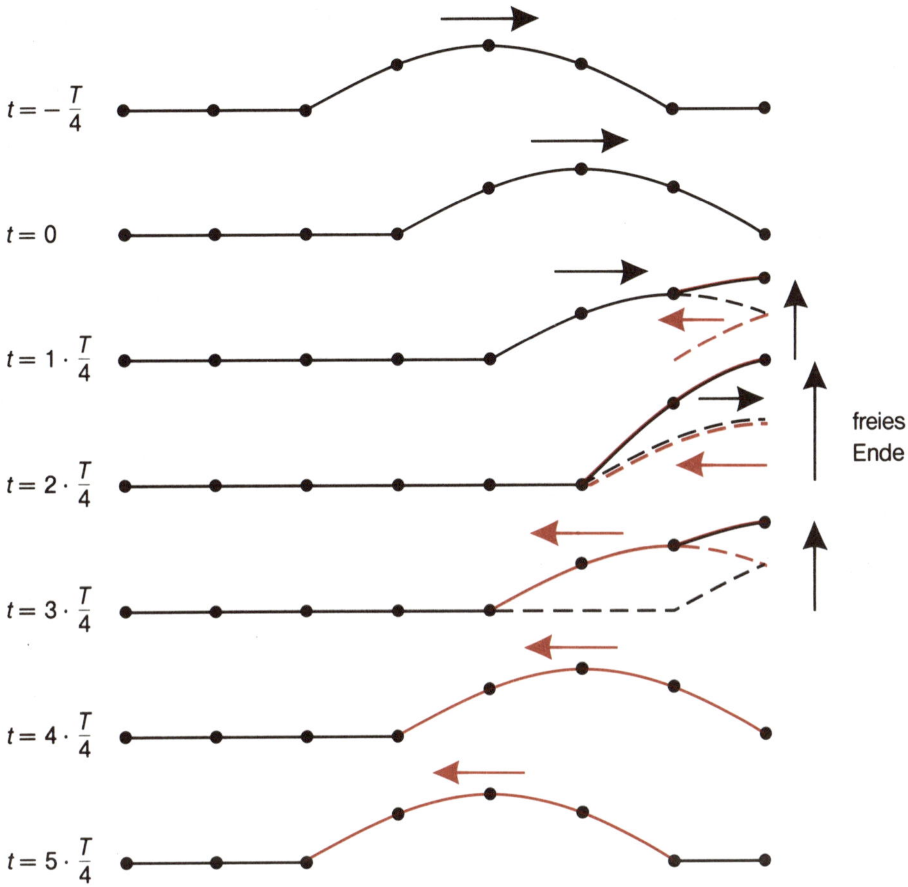

Wellen (Figur 7): Reflexion eines Impulses am freien Ende, das mit der Amplitudensumme des ankommenden und des reflektierten Impulses ausschwingen kann.

sensprung von π (180°) statt. Das feste Ende entspricht einem dichteren Medium, das freie Ende einem dünneren Medium. Selbst beim Licht gebraucht man diese Ausdrücke, wobei der größere Brechungsindex das optisch dichtere Medium kennzeichnet.

In der Wirklichkeit auftretende Reflexionen von W. sind aber nicht durch ein vollständiges Ende des Mediums gekennzeichnet, sondern vielmehr durch den Übergang in ein anderes Medium. Dann wird sich ein Teil der W. im neuen Medium fortsetzen, ein anderer Teil wird reflektiert werden, aber immer so, daß der Phasensprung π auftritt, wenn die Reflexion am dichteren Medium stattfindet.

Da wir jetzt die Vorgänge bei der Reflexion an Mediengrenzen geklärt haben, können wir auf das bei den einfachsten Interferenzerscheinungen bereits erwähnte Phänomen der *stehenden Wellen* zurückkommen. Lassen wir nämlich nicht nur einen Impuls, sondern eine beliebig lange W. auf das Ende der Oszillatorkette treffen, so wird sie in jedem Augenblick reflektiert, und wir erhalten dasselbe Bild, das sich ergibt, wenn zwei W. gleicher Frequenz und Amplitude gegeneinanderlaufen und dabei interferieren. Betrachten wir diesen Vorgang z. B. anhand der Reflexion am festen Ende, so bleibt nicht nur dieses selbst in Ruhe (Figur 9). Wegen der jetzt unendlichen Periodizität der W. verhalten sich ebenso alle Punkte des Oszillators, die vom festen Ende den Abstand $n \cdot \lambda / 2$ haben, wobei n alle ganzen Zahlen durchläuft. Diese *Knotenpunkte* schwingen überhaupt nicht mehr, während die auf halber Länge dazwi-

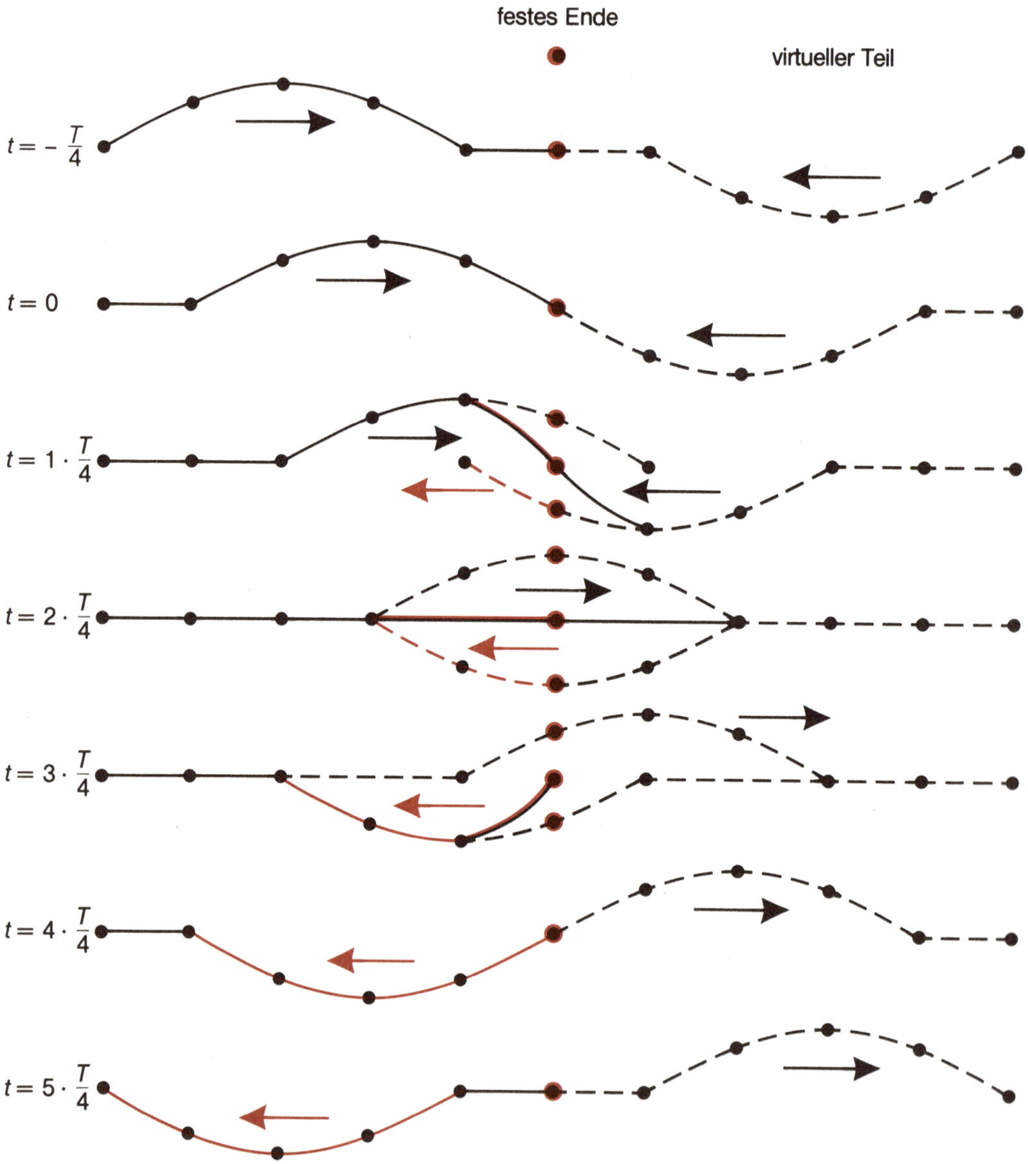

Wellen (Figur 8): Reflexion am festen Ende; die auf den Impuls ausgeübten Kräfte wirken, als ob sich ein punktsymmetrisch gespiegelter Impuls dem Originalimpuls überlagern würde. Das Ergebnis ist ein mit dem Phasensprung π reflektierter Impuls.

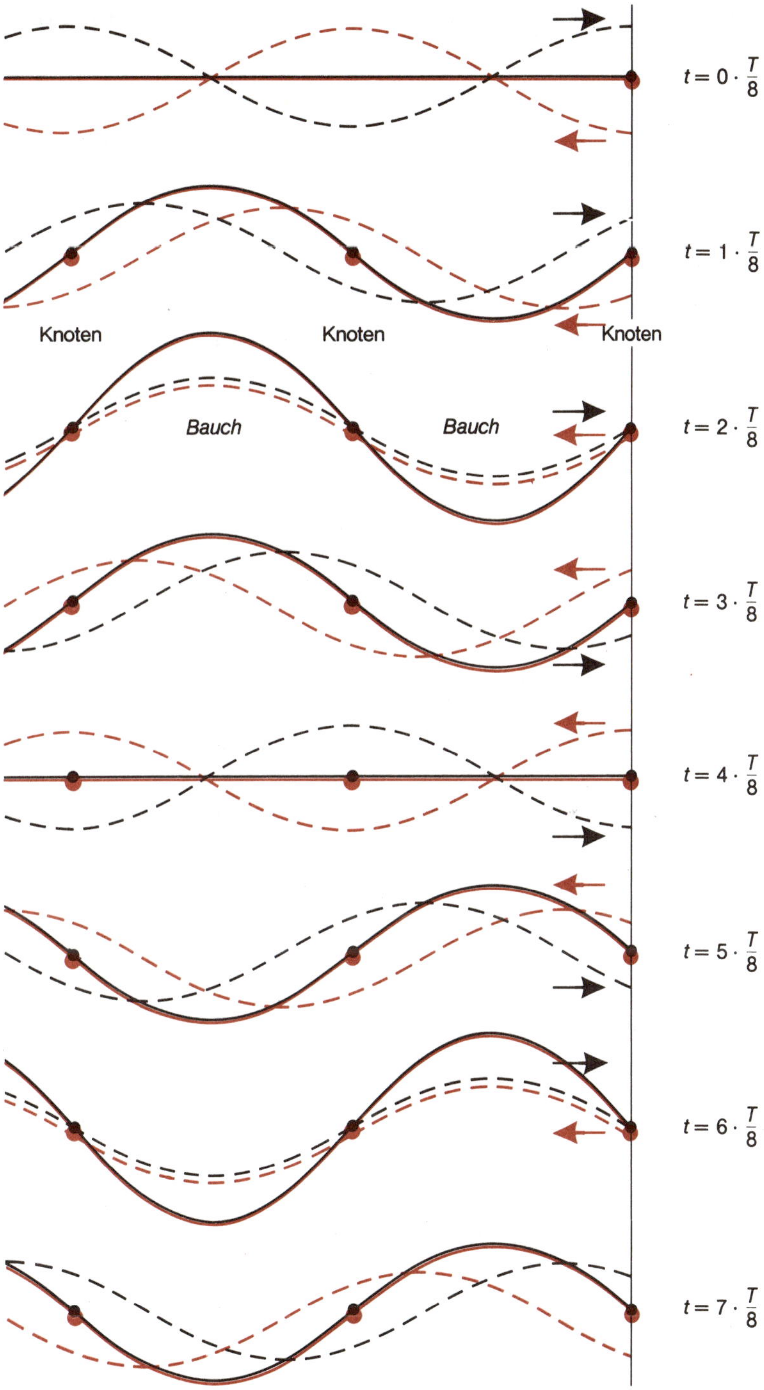

Wellen (Figur 9): Reflexion einer Welle am festen Ende; es entsteht eine stehende Welle mit Schwingungsknoten im Abstand von $n \cdot \lambda/2$ vom festen Ende (n = 1, 2, 3 . . .).

schenliegenden Orte mit maximaler Amplitude schwingen. Man sieht aber weder die *Schwingungsknoten* noch die *Schwingungsbäuche* wandern. Deshalb hat man dieser Erscheinung den Namen ›stehende‹ W. gegeben. Tatsächlich hat man nicht den Eindruck einer W., sondern den einer Schwingung. Viele Lehrbücher behandeln deshalb Phänomene, die eigentlich stehende W. sind, als bloße Schwingungen. Zu diesen ›Oszillatoren‹ gehören z. B. fast alle musikalischen Schallquellen, Saiten, Luftsäulen. Sie folgen sämtlich der Systematik stehender W., wie es auch elektrische Antennen, Laser usw. tun.

Das einfachste Demonstrationsexperiment zur Beobachtung stehender W. kann man leicht selbst aufbauen. Nehmen Sie einen alten Gartenschlauch, binden Sie ein Ende an einen Baum fest und bewegen Sie das andere periodisch auf und ab. Sie werden zunächst eine W. auf den Baum zulaufen sehen und dann die Reflexion und Interferenz erleben: Sie sehen nach kurzer Zeit nur noch ›stehende‹ Schwingungsbäuche, unterbrochen von ebenso stationären Schwingungsknoten.

Die rechnerische Behandlung stehender W. besteht in der Lösung der Wellengleichung mit gegebenen ›Randbedingungen‹. Für Sinuswellen läßt sich eine spezielle Lösung angeben, nämlich:

$$\xi(x,t) = \xi_0 \cdot \cos \omega t \cdot \sin kx. \qquad (11)$$

Bestehen die Randbedingungen darin, daß beide Enden der Oszillatorkette fest eingespannt sind wie bei einer Saite, und legen wir den Ortsmaßstab so, daß das linke Ende bei $x = 0$, das rechte bei $x = l$ sein soll, dann können wir die Randbedingungen schreiben als

$$\xi(0,t) = 0 \text{ und } \xi(l,t) = 0.$$

Die erste Randbedingung ist durch die spezielle Lösung von Gleichung (11) ohnehin bereits erfüllt, weil schon alle Phasenverschiebungen Null sind. Die zweite Randbedingung dagegen ist für alle Zeiten t nur dann erfüllt, wenn der zweite Faktor von Gleichung (11) für $x = l$ Null wird. Das führt auf

$$k \cdot l = n \cdot \pi \quad (n = 1, 2, \ldots),$$

denn der Sinus verschwindet für alle Argumente, die ganzzahlige Vielfache von π sind. Erinnern wir uns an $k = 2\pi/\lambda$, so erhalten wir

$$\frac{2\pi}{\lambda} \cdot l = n \cdot \pi \text{ oder } \lambda = \frac{2l}{n},$$

oder $l = n \cdot \lambda/2$, wieder mit $n = 1, 2, 3, \ldots$

Die durch die beiden festen Enden definierte Länge l muß also ein ganzzahliges Vielfaches der halben Wellenlänge einer stehenden W. sein, wenn diese ohne destruktive Interferenz in dem Oszillator hin- und herlaufen soll. In anderer Sprechweise: Ein Vielteilchenoszillator mit der Länge l und festen Enden kann nur solche Eigenschwingungen haben, bei denen die Länge l in eine ganze Zahl von Schwingungsknoten eingeteilt werden kann.

Beide Sprechweisen sind offenbar gleichwertig, aber systematischer ist zweifellos die Darstellung mit stehenden W. Eine Ergänzung noch: Wenn die Enden der Oszillatorkette nicht fest, sondern frei sind (wie bei einem Metallstab), erhält man als Lösung der Wellengleichung wieder Gleichung (11), muß aber nun andere Randbedingungen einsetzen. Als Ergebnis ist am freien Ende jeweils ein Schwingungsbauch zu finden, der erste Knoten findet sich im Abstand $\lambda/4$ vom freien Ende.

Reflexion ebener Wellen

Während wir bis hierher die Wellener-

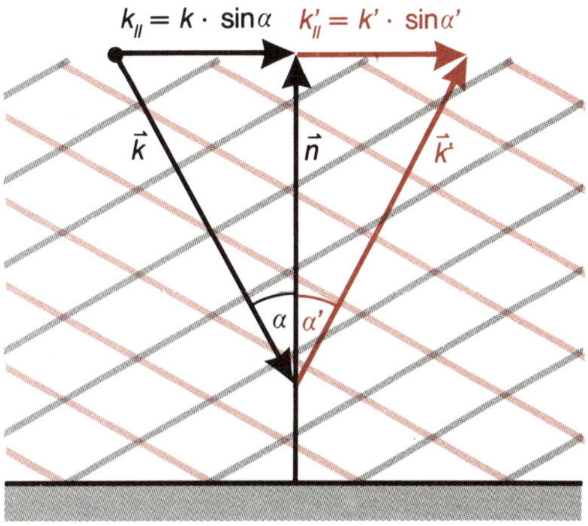

Wellen (Figur 10): Ausbreitungsvektoren $\vec{k}$ und $\vec{k}'$ der einfallenden bzw. reflektierten Welle; α und α' bezeichnen Einfalls- und Ausfallswinkel gegenüber der Normalenrichtung $\vec{n}$.

scheinungen an linearen – und deshalb denkbar einfachen – Modellen wie unserer Oszillatorkette untersuchen konnten, müssen wir uns nun Phänomenen zuwenden, die erst im zwei- oder dreidimensionalen Raum auftreten. Auch hier besprechen wir die grundlegenden physikalischen Gegebenheiten anhand der einfachsten Modelle und schließen erst dann auf komplizierte Zusammenhänge. Deshalb werde ich ausschließlich *ebene Wellen* als Untersuchungsobjekt verwenden und mich zu Recht darauf verlassen, damit die prinzipiellen Zusammenhänge so ausreichend erklärt zu haben, daß für kompliziertere Wellenarten Andeutungen genügen.

Ebene W. sind zwei- oder dreidimensional und durch parallele Wellenfronten (-linien oder -flächen) charakterisiert. Als Modelle können in jedem Fall Wasserwellen dienen. Wir wissen bereits, wie lineare W. an den Grenzen zu einem dichteren oder dünneren Medium reflektiert werden. Was geschieht, wenn eine ebene Wellenfront an einer Grenzebene (-linie) reflektiert wird?

Wir haben bereits mehrmals angenommen, daß sich verschiedene W. ungestört überlagern können. Es besteht deshalb auch kein Grund, eine W. nicht auch in geeignete Komponenten *zu zerlegen.* Dazu definieren wir zunächst den *Ausbreitungsvektor* $\vec{k}$. Er soll senkrecht zu den Wellenfronten stehen, wie ein ›Strahl‹ in Ausbreitungsrichtung zeigen und die Größe der Wellenzahl $k = 2\pi/\lambda = \omega/c$ haben. Der Normalenvektor $\vec{n}$ der Grenzlinie (oder Grenzfläche) schließt mit $(-\vec{k})$ den Einfallswinkel α ein (Figur 10). Der Vektor $\vec{k}$ ist umgekehrt proportional zur Wellenlänge. Sein Betrag ist also um so größer, je kleiner die Wellenlänge ist. Die Projektion $k_{\parallel}$ des Wellenvektors auf die reflektierende Ebene gibt also die Wellenzahl der dort ›entlanglaufenden‹ Wellenberge an. Diese muß aber offenbar für einlaufende und reflektierte W. gleich sein, auch wenn sie mit einem Phasensprung von 180° reflektiert werden, denn dann wird zwar aus einem Wellenberg ein Wellental und umgekehrt, aber die Wellenzahl ändert sich nicht. Deshalb muß gelten:

$$k_{\parallel} \stackrel{!}{=} k'_{\parallel} \text{ oder } k \cdot \sin\alpha = k' \cdot \sin\alpha'.$$

Da die W. bei der Reflexion im gleichen Medium bleibt, gilt auch $k = k'$ und damit $\sin\alpha = \sin\alpha'$. Dies hat aber bereits das allgemeine Reflexionsgesetz zur Folge (Figur 10).

$$\begin{array}{ccc} \text{Einfallswinkel} & = & \text{Ausfallswinkel} \\ \alpha & = & \alpha'. \end{array}$$

Beachten Sie, daß dasselbe Gesetz wegen des Impulserhaltungssatzes auch für die Reflexion von Teilchen an einer Wand gilt! Wenn es sich um die Reflexion räumlicher W. in einer Ebene handelt, so gilt folgender Zusatz: Der Ausbreitungsvektor $\vec{k}'$ der reflektierten W. bleibt in der Ebene, die durch $\vec{k}$ und $\vec{n}$ aufgespannt wird. Für zweidimensionale (Wasser-) Wellen ist dies selbstverständlich, weil die reflektierte W. natürlich die Ausbreitungsebene (Wasseroberfläche) nicht verlassen kann.

Elastische Wellen beim Übergang von einem Medium in ein anderes

Zwei aneinandergrenzende Medien unterscheiden sich voneinander durch unterschiedliche Ausbreitungsgeschwindigkeiten für W. Für elastische W. liegt dies an den unterschiedlichen elastischen Konstanten verschiedener Körper. Man könnte auch am Modell der Federoszillatoren den Übergang von einem Medium ins andere simulieren, wenn man von einer bestimmten Stelle an andere Kopplungsfedern einbauen würde. Was geschieht, wenn die W. diesen Übergang erreicht? Die Schwingungsdauer und damit die Frequenz müssen offenbar unverändert ins zweite Medium übernommen werden, weil ja der Oszillator an der Trennstelle, der zum Ausgangspunkt der neuen W. wird, mit der Frequenz der ankommenden W. erregt wird. Aus demselben Grund erwartet man eine Stetigkeitsbedingung für die Amplituden von ankommender (ξ), durchgehender (ξ_2) und reflektierter W. (ξ_1). Die Amplituden-Summe im Medium 1 muß gleich der Amplitude im Medium 2 sein (Index 1 bezieht sich auf das erste Medium, Index 2 auf das zweite):

$$\xi_2 = \xi + \xi_1. \qquad (12)$$

Nun sind aber die Ausbreitungsgeschwindigkeiten in beiden Medien verschieden: $c_1 \neq c_2$. Deshalb unterscheiden sich auch die Wellenlängen: $\lambda_1 \neq \lambda_2$. Für die Intensitäten von ankommender, durchgelassener und reflektierter W. dagegen muß der Erhaltungssatz der Energie gelten. Nach Gleichung (9a) muß also erfüllt sein:

$$I = I_1 + I_2 \quad \text{oder}$$

$$\frac{1}{2}\rho_1 \cdot \omega^2 \cdot \xi^2 \cdot c_1 =$$

$$= \frac{1}{2}\rho_1 \cdot \omega^2 \cdot \xi_1{}^2 \cdot c_1 + \frac{1}{2}\rho_2 \cdot \omega^2 \cdot \xi_2{}^2 \cdot c_2.$$

Die Größe ω ist in allen Ausdrücken gleich, ebenso der Faktor ½:

$$\rho_1 \cdot c_1 \cdot \xi^2 = \rho_1 \cdot c_1 \cdot \xi_1{}^2 + \rho_2 \cdot c_2 \cdot \xi_2{}^2. \qquad (13)$$

Wir fassen zusammen und erhalten:

$$\rho_1 \cdot c_1 \cdot (\xi^2 - \xi_1{}^2) = \rho_2 \cdot c_2 \cdot \xi_2{}^2.$$

Die Klammer läßt sich algebraisch umformen:

$$\rho_1 \cdot c_1 \cdot (\xi + \xi_1) \cdot (\xi - \xi_1) = \rho_2 \cdot c_2 \cdot \xi_2{}^2.$$

Dividieren wir diese Gleichung durch Gleichung (12), so erhalten wir

$$\rho_1 \cdot c_1 \cdot (\xi - \xi_1) = \rho_2 \cdot c_2 \cdot \xi_2.$$

Ein erneutes Einsetzen von Gleichung (12) ergibt

$$\rho_1 \cdot c_1 \cdot (\xi + \xi - \xi_2) = \rho_2 \cdot c_2 \cdot \xi_2$$

oder

$$\xi_2 = \frac{2\rho_1 \cdot c_1}{\rho_1 \cdot c_1 + \rho_2 \cdot c_2} \cdot \xi$$

und (14)

$$\xi_1 = \xi_2 - \xi = \frac{\rho_1 \cdot c_1 - \rho_2 \cdot c_2}{\rho_1 \cdot c_1 + \rho_2 \cdot c_2} \cdot \xi.$$

Man bezeichnet die Größe $\rho \cdot c$ oft als *Wellenwiderstand* eines elastischen Mediums, wenn es bei senkrechtem Einfall einer W. nur darum geht, wieviel ins neue Medium eindringen kann und wieviel reflektiert wird. Die Bezeichnung ist etwas unglücklich, denn Widerstände werden normalerweise mit energieverzehrenden Vorgängen in Verbindung gebracht (→ Reibung, → elektrischer Widerstand). Der Wellenwiderstand sagt aber nur etwas über das Reflexionsverhalten an der Trennstelle verschiedener Medien aus. Er entzieht der W. keinerlei Energie!

Wir können aus den Ausdrücken von Gleichung (14) folgende Schlüsse ziehen:

1. Ist im zweiten Medium $\rho \cdot c$ kleiner als im ersten $(\rho_2 \cdot c_2 < \rho_1 \cdot c_1)$, so hat die Amplitude der reflektierten W. dasselbe Vorzeichen wie die Amplitude der ankommenden (siehe die weiter oben bereits dargestellte Reflexion am freien Ende).

2. Ist im zweiten Medium $\rho \cdot c$ größer als im ersten $(\rho_2 \cdot c_2 > \rho_1 \cdot c_1)$, so erleidet der reflektierte Teil der W. bei der Reflexion einen Phasensprung von π (das Vorzeichen von ξ_1 kehrt sich gegenüber dem von ξ um; entsprechend der weiter oben abgehandelten Reflexion am festen Ende).

3. Ein Durchgang der W. ohne *Reflexionsverlust* ist nur möglich, wenn die Wellenwiderstände $\rho_2 \cdot c_2$ und $\rho_1 \cdot c_1$ beider Medien übereinstimmen. Beachten Sie, daß weder die Ausbreitungsgeschwindigkeiten noch die Dichten übereinstimmen müssen! So haben z. B. Wasser und Tetrachlorkohlenstoff (CCl_4) für elastische (Schall-)Wellen annähernd den gleichen Wellenwiderstand (Wasser: $\rho = 1\ \mathrm{g/cm^3}$, $c = 1485\ \mathrm{m/s}$; CCl_4: $\rho = 1{,}59\ \mathrm{g/cm^3}$, $c = 928\ \mathrm{m/s}$).

Brechung und Totalreflexion

Das eben besprochene Verhalten von W. beim Übergang von einem Medium in ein anderes ist auch unter dem Namen *Brechung (Refraktion)* bekannt. Allerdings bezieht man sich dabei meist auf ebene W. im Raum. Der Übergang von linearen W. auf W. im Raum ist jedoch nicht schwierig. Wie bei der Reflexion benutzen wir den Ausbreitungsvektor $\vec{k}$, der wieder senkrecht zu den Wellenfronten, also in Ausbreitungsrichtung stehen und die Größe $2\pi/\lambda$ haben soll. Außerdem stellen wir die brechende Trennfläche der beiden Medien durch ihren Normalenvektor $\vec{n}$ dar. Dann wird die Komponente $k_{\parallel}$ von $\vec{k}$ parallel zur Trennfläche sich nicht ändern, weil die Wellenfronten an der Trennlinie keinen Sprung machen können: $k_{1\parallel} = k_{2\parallel}$. Im übrigen wird sich die W. verhalten wie im vorigen Abschnitt beschrieben: Ein Teil der W. wird reflektiert, ein anderer Teil dringt ins neue Medium ein. Der erste Teil interessiert uns nicht weiter. Wir verfolgen die eindringende W. Da sich die Ausbreitungsgeschwindigkeit ändert, machen die Wellenfronten beim Überqueren der Trennlinie einen ›Knick‹. Dadurch ändert sich auch ihr Abstand, also die Wellenlänge. Die Parallelkomponenten der Wellenvektoren $k_{\parallel}$ sind mit den Winkeln, die $\vec{k}_1$ bzw. $\vec{k}_2$ mit der Normale einschließen, wie folgt verknüpft:

$$k_{\parallel} = k_1 \cdot \sin\alpha = k_2 \cdot \sin\beta \quad \text{oder}$$

$$\frac{k_2}{k_1} = \frac{\sin\alpha}{\sin\beta}.$$

Andererseits ist $k = 2\pi/\lambda = \omega/c$. Da sich ω beim Übergang ins neue Medium nicht ändern kann, gilt

$$k_1 = \frac{\omega}{c_1} \text{ und } k_2 = \frac{\omega}{c_2} \text{ oder } \frac{k_2}{k_1} = \frac{c_1}{c_2}.$$

Setzen wir das oben ein, so erhalten wir das *Brechungsgesetz:*

$$\frac{\sin\alpha}{\sin\beta} = \frac{c_1}{c_2}. \tag{15}$$

Das Verhältnis der Ausbreitungsgeschwindigkeiten ist also dasselbe wie das der Sinuswerte von Einfalls- zu Brechungswinkel. In der Optik, wo man sich auf die Ausbreitungsgeschwindigkeit c_0

des Lichts im Vakuum beziehen kann, heißt die Größe $c_0 / c_1 = n_1$ auch *Brechungsindex* des Mediums. Bei elastischen W. existiert eine solche absolute Bezugsgröße nicht. Trotzdem wird auch hier oft das Verhältnis zweier Ausbreitungsgeschwindigkeiten als Brechungsindex bezeichnet.

Der Ausdruck ›Brechung‹ für die beschriebene Wellenerscheinung erklärt sich aus dem ›Abknicken‹ des Wellenvektors (bzw. der Wellenfronten) beim Eintritt ins neue Medium, das sich besonders bei Lichtwellen gut beobachten läßt, aber eben bei *jeder Art* von W. in derselben Weise vorkommt. Der Strahlengang von Figur 11 ist aber auch umkehrbar, und deshalb gilt die allgemeine Aussage: Der Wellenvektor wird beim Übergang in ein Medium mit kleinerer Ausbreitungsgeschwindigkeit *zum Lot hin,* beim Übergang in ein Medium mit größerer Ausbreitungsgeschwindigkeit *vom Lot weg* gebrochen.

In diesem zweiten Fall kann aber eine eigenartige Situation eintreten: Wenn nämlich $c_2 > c_1$ ist, kann man W. unter einem Winkel α einfallen lassen, für den $\sin\beta$ Werte von über 1 ergibt, was offenbar unmöglich ist. Das sieht man einmal aus Figur 11, zum andern aus Gleichung (15), wenn man sie nach $\sin\beta$ auflöst:

$$\sin\beta = \frac{c_2}{c_1} \cdot \sin\alpha.$$

Multipliziert man hier $\sin\alpha$ mit $c_2 / c_1 > 1$ (bzw. $c_2 > c_1$), so gibt es einen *Grenzwinkel* α_{tot}, für den $\sin\alpha \cdot c_2 / c_1$ gerade noch kleiner als 1 wird. Wählt man $\alpha > \alpha_{\text{tot}}$, so wird $\sin\beta > 1$, und es gibt keine sinnvolle

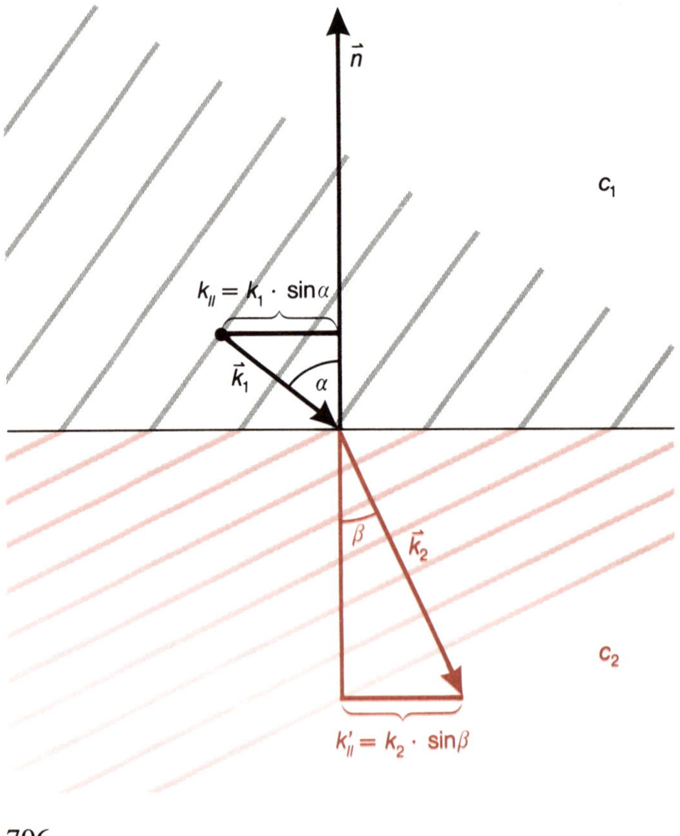

Wellen (Figur 11): Brechung einer ebenen Welle ›zum Lot hin‹; d. h. beim Übergang von einem optisch dünneren in ein optisch dichteres Medium

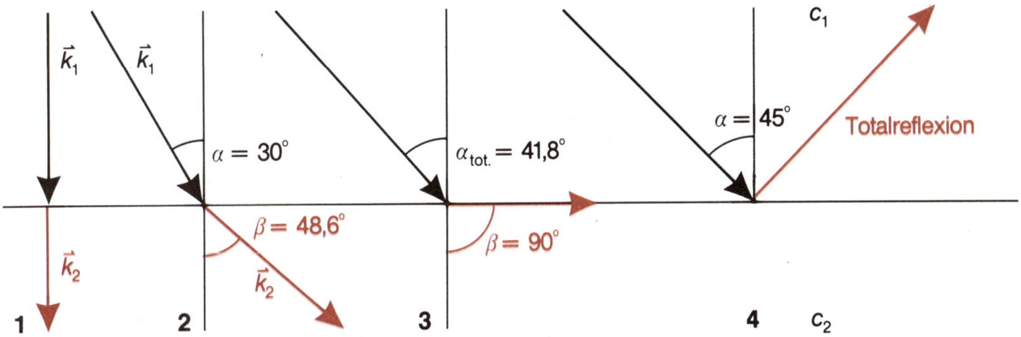

Wellen (Figur 12): Brechung und Totalreflexion für $c_2/c_1 = 1{,}5$; bei **1** senkrechter Einfall, **2** Einfall bei $\alpha = 30°$, **3** Einfall bei $\alpha_{tot.} = 41{,}8°$, **4** Einfall bei einem Winkel $\alpha > \alpha_{tot.}$

mathematische Lösung der Gleichung mehr. Was geschieht wirklich? Neigen wir den einfallenden Wellenvektor immer mehr (Figur 12), so wird schließlich der Fall eintreten, daß der Wellenvektor der gebrochenen W. in der Trennebene liegt. Dann haben wir den *Grenzwinkel der Totalreflexion* α_{tot} erreicht, für den

$$\frac{c_2}{c_1} \cdot \sin \alpha_{tot} = 1$$

ist. Für noch größere Werte von α gibt es überhaupt keine Brechung mehr. Dafür wird die gesamte Wellenenergie total reflektiert. Der Übergang vom Brechungswinkel $\beta = 90°$ in die Totalreflexion erfolgt *sprunghaft*.

Die Totalreflexion wirkt wie eine ideale Reflexion am festen Ende. Sie erfolgt verlustfrei. Ihre Anwendung ist deshalb die beste Methode, eine W. umzulenken, um sie beispielsweise in einem Medium zu halten. Besonders in der Optik ist die Totalreflexion ein wesentlich günstigerer Weg, Licht in einem Medium zu halten als z. B. ein Spiegel, besonders dann, wenn viele Ablenkungen nötig sind. Ein modernes Beispiel für ein totalreflektierendes optisches Medium ist der *Lichtleiter,* eine Glasfaser, deren Brechungsindex so groß ist, daß bereits von einem recht kleinen Einfallswinkel an kein Licht mehr seitlich entweicht. Auch die sog. *Umlenkprismen* in Feldstechern machen von der Totalreflexion Gebrauch. Selbst der Regenbogen kommt durch Totalreflexion in Wasserkügelchen zustande, wobei die Regenbogenfarben dadurch entstehen, daß *c* in Wasser für verschiedene Lichtwellenlängen (= Farben) infolge der Dispersion geringfügig unterschiedliche Werte hat.

Beugung (Diffraktion)

Wer schon einmal an einer Hafenmole gestanden und bei ruhiger See die hereinkommenden W. verfolgt hat, wird sich vielleicht gewundert haben, daß die Mole keinen ›ordentlichen Schatten‹ wirft. Im Gegenteil: Die W. scheinen sich um die Mole ›herumzudrücken‹, sozusagen ›um die Ecke‹ zu laufen. Unterliegen wir da einer Täuschung, oder handelt es sich um physikalische Realität? Selbstverständlich läßt sich diese Frage im Labor mit einer geeigneten Versuchsanordnung zweifelsfrei entscheiden. Das Ergebnis: W. laufen tatsächlich um die Ecke (sie werden *gebeugt*). Sie folgen also nicht der zunächst so plausiblen Annahme, daß Energie sich geradlinig wie ein Teilchen ausbreiten sollte, sondern verhalten sich

irgendwie ›verschwommen‹. Diese Eigenschaft ist zusammen mit der Interferenz das wichtigste Kriterium für die Gegenwart von W. Wenn irgendein Energietransport in der Physik Beugung und Interferenz zeigt und als Folge davon ein Versuchsaufbau wie der weiter unten beschriebene charakteristischen Intensitätsschwankungen unterliegt, schließt man unausweichlich, daß dieser Vorgang durch die Ausbreitung von W. beschrieben werden muß.
Qualitativ kann man alle Beugungserscheinungen mit dem *Huygensschen Prinzip* erklären. Danach ist jeder Punkt des Mediums, den eine W. erreicht, Ausgangspunkt einer *Kugelwelle* im Raum bzw. einer *Kreiswelle* in der Ebene. Demnach geht von jedem Punkt einer ebenen Wellenfront eine neue W. aus, und zwar nach allen Richtungen! Daß das Resultat all dieser unendlich vielen Kugelwellen nur wieder eine ebene Wellenfront ist, liegt an der Interferenz. Man kann tatsächlich ausrechnen, daß z. B. die Summe aller Kreiswellen, die von einer ebenen Wellenfront ausgehen, nur in Ausbreitungsrichtung konstruktive Interferenz ergibt, und zwar auch nur in einer neuen ebenen Wellenfront. Das gilt aber nur, wenn *alle* Bereiche der unendlich ausgedehnten ebenen Wellenfront beitragen können. Schneidet man durch eine Blende, eine Kante wie die Hafenmole oder ähnliches einen Teil der zur Interferenz beitragenden Wellenfront ab (Figur 13), so breiten sich von der Kante aus tatsächlich Kreiswellen aus, und die W. wird ›um die Ecke‹ gebeugt.
Stellt man sich also mit einem geeigneten Empfänger in den ›geometrischen Schatten‹, den eine solche Kante bei geradliniger Energieausbreitung werfen müßte, so wird man nicht die Intensität Null messen, wenn die Quelle W. aussendet. Die moderne Physik geht davon aus, daß überhaupt keine Energieausbreitung ohne Wellenaspekt möglich ist und daß die Frage, ob wir die stets vorhandene Beugung mit unseren gegebenen Detektoren sehen oder nicht, lediglich eine Frage der auftretenden Wellenlängen ist.
Besondere Bedeutung haben die Welleneigenschaften, die die Beugung und die Interferenz miteinander verknüpfen. Ich stelle Ihnen drei typische Anordnungen

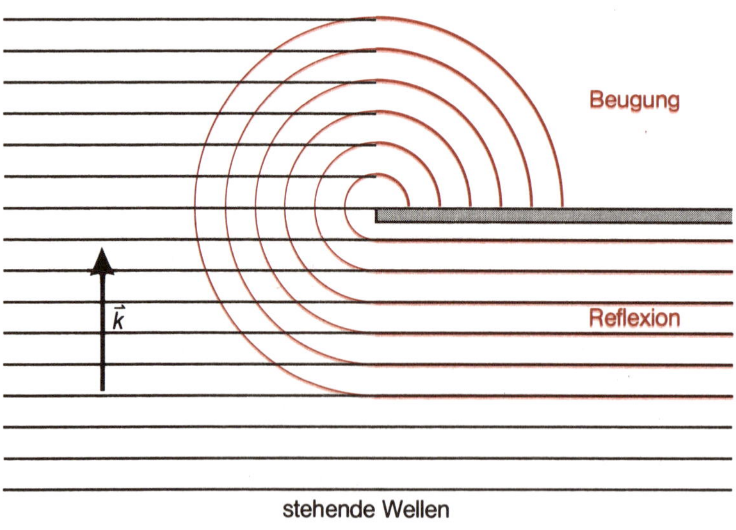

Wellen (Figur 13): Schematische Darstellung der Wellenbeugung um eine Kante herum, z. B. von Wasserwellen an einer Hafenmole

Wellen (Figur 14): Schematische Darstellung der Wellenbeugung am Spalt

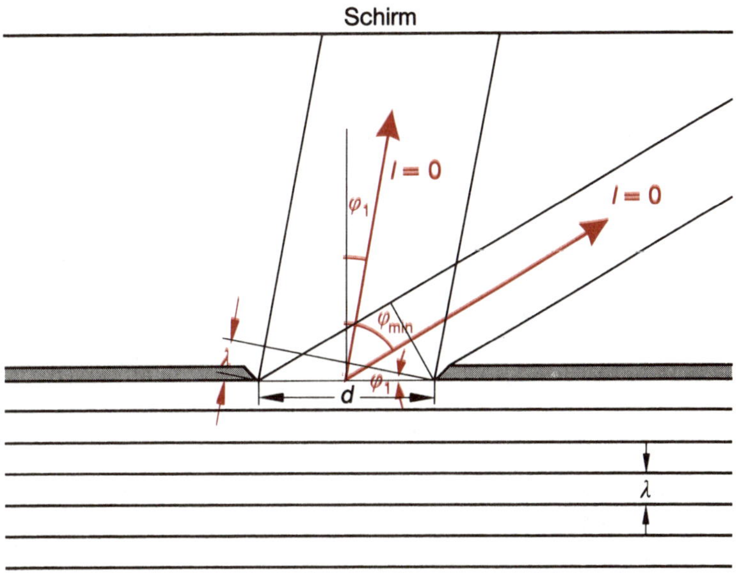

dieser Art vor, ohne sie allerdings mit mathematischer Strenge abhandeln zu können. Betonen möchte ich noch, daß jede derartige Anordnung auf *alle* Wellenerscheinungen anwendbar ist, wenn die Abmessungen im richtigen Wellenlängenbereich liegen.

Beispiel 1: Beugung am Spalt
Eine ebene W. läuft auf eine kleine Öffnung zu. Was wird passieren? Ist die Öffnung wesentlich kleiner als die Wellenlänge, so wird sie gemäß dem Huygens-Fresnelschen Prinzip zum Ausgangspunkt einer Elementarwelle. *Hinter* der Öffnung wird diese Elementarwelle als Kugelwelle zu sehen sein, weil alle anderen Elementarwellen abgedeckt sind, mit denen sie interferieren müßte, um wieder eine ebene Wellenfront zu erzeugen. *Vor* der Öffnung wird eine reflektierte W. entstehen, der eine durchgelassene Elementarwelle fehlt. Komplizierter wird die Sache, wenn die Öffnung, d. h. im ebenen Problem die Spaltbreite *d*, in die Größenordnung der Wellenlänge rückt. Dann entstehen in der Spaltöffnung Elementarwellen auch in so großen Abständen, daß sie miteinander *destruktiv* interferieren können. Mit einer Anordnung nach Figur 14 messen wir entlang einer Geraden in großem Abstand vom Spalt *(Fraunhofersche Anordnung)* ein *Interferenzmuster,* d. h. abwechselnd Stellen mit hoher bzw. keiner Intensität. Anhand Figur 14 ist diese Erscheinung auch quantitativ zu verstehen.
Betrachten wir die Richtung, die durch den Winkel φ_1 vorgegeben ist, und der gerade so gewählt wird, daß der Wegunterschied zwischen den Grenzen des Spalts genau λ ist, dann hat die Elementarwelle, die in der Mitte des Spalts ausgestrahlt wird, gegenüber denen, die von den Kanten herstammen, in der *Richtung* φ_1 jeweils den *Gangunterschied* $\lambda/2$ bzw. die Phasendifferenz π. Bezogen auf die Richtung φ_1 existieren daher je genau eine Elementarwelle in der linken Hälfte des Spalts und eine in der rechten Spalthälfte, die die Phasendifferenz π haben und sich deshalb genau auslöschen. Nun

ist φ_1 durch die Gleichung $\lambda / d = \sin \varphi_1$ gegeben (d = Spaltbreite). Offenbar kann man aber noch andere Winkel φ_{min} finden, für die ebenfalls Interferenzauslöschung stattfindet, nämlich immer dann, wenn der *Gangunterschied* der Grenzstrahlen ein ganzzahliges Vielfaches von λ ist:

$$\frac{n \cdot \lambda}{d} = \sin \varphi_{min} \quad \text{oder} \tag{16}$$
$$n \cdot \lambda = d \cdot \sin \varphi_{min} \text{ (mit } n = 1,2,3...\text{).}$$

In allen Richtungen φ_{min} beobachten wir Interferenzauslöschung, also die Intensität Null. Dazwischen finden wir verschiedene Intensitäten: In der Nullrichtung die weitaus größte, nach den Seiten zu schnell abnehmend. Die Richtungen φ_{max} jeweils der Maximalintensitäten erhalten wir aus der Bedingung

$$\left(n + \frac{1}{2}\right) \cdot \lambda = d \cdot \sin \varphi_{max}. \tag{17}$$

Beispiel 2: Beugung am Gitter
Lassen wir diesmal eine ebene W. auf eine regelmäßige Anzahl von Spalten auftreffen, deren Abstand voneinander gleich D sein soll und deren Breite klein gegenüber der Wellenlänge ist. Das Problem der Intensitätsverteilung hinter diesem Gitter ist mit dem Huygens-Fresnelschen Prinzip ebenfalls zu lösen, wenn wir wieder die Fraunhofersche Anordnung wählen, d. h. die Beobachtung weit hinter dem Gitter vornehmen oder, was auf dasselbe herauskommt, nur mit *Parallelstrahlen* experimentieren. Dann bildet sich an jedem Spalt des Gitters eine Elementarwelle. Sie führen genau in den Richtungen φ_{max} zur Interferenzverstärkung, für die der Gangunterschied zweier Nachbarwellen gleich λ ist:

$$n \cdot \lambda = D \cdot \sin \varphi_{max}. \tag{18}$$

Um die Orte der Interferenzauslöschung zu finden, müssen wir beachten, daß das Gitter aus sehr vielen Einzelspalten besteht, von denen ja jeder eine Elementarwelle aussendet. Sie interferieren alle miteinander, wenn wir uns mit unserem Meßgerät nur genügend weit entfernt vom Gitter aufstellen. Bewegen wir uns jedoch auch nur wenig aus einer der Beobachtungsrichtungen φ_{max} heraus, so finden sich immer regelmäßig angeordnete Gitterspalte, deren Elementarwellen *destruktiv* miteinander interferieren. Deshalb werden die Intensitätsmaxima um so *schärfer* sein, je mehr Spalte das Gitter enthält, und zwischen diesen Maximalrichtungen wird die Intensität nur sehr wenig von Null verschieden sein, wieder um so weniger, je mehr Spalte vorhanden sind. Die mathematische Behandlung der Intensitätsverteilung am Gitter übersteigt unseren Rahmen, aber die Schärfe der Intensitätsmaxima und die Abhängigkeit ihrer Richtung von der Wellenlänge macht das Gitter besonders in der Optik zu einem idealen Instrument, um das Licht in seine einzelnen Wellenlängen zu zerlegen (→ Spektrum).

Beispiel 3: Die Fresnelsche Zonenplatte
Sie ist ein Beispiel für eine *Fresnelsche Versuchsanordnung*, bei der nicht mehr Parallelstrahlen zur Interferenz gebracht werden, der Beobachtungspunkt also nahe am Beugungsobjekt liegt. Derartige Anordnungen überwiegen beim praktischen Experimentieren, und man müßte daher eigentlich immer eine Fresnelsche Berechnung machen. Die Gründe, weshalb man trotzdem sehr häufig den Fraunhoferschen Grenzfall wählt, sind erstens die einfachere Rechnung mit parallelen Strahlen und zweitens die Tatsache, daß für sehr viele Fresnelsche Anordnungen die Fraunhofersche Näherung bereits sehr gute Ergebnisse liefert.

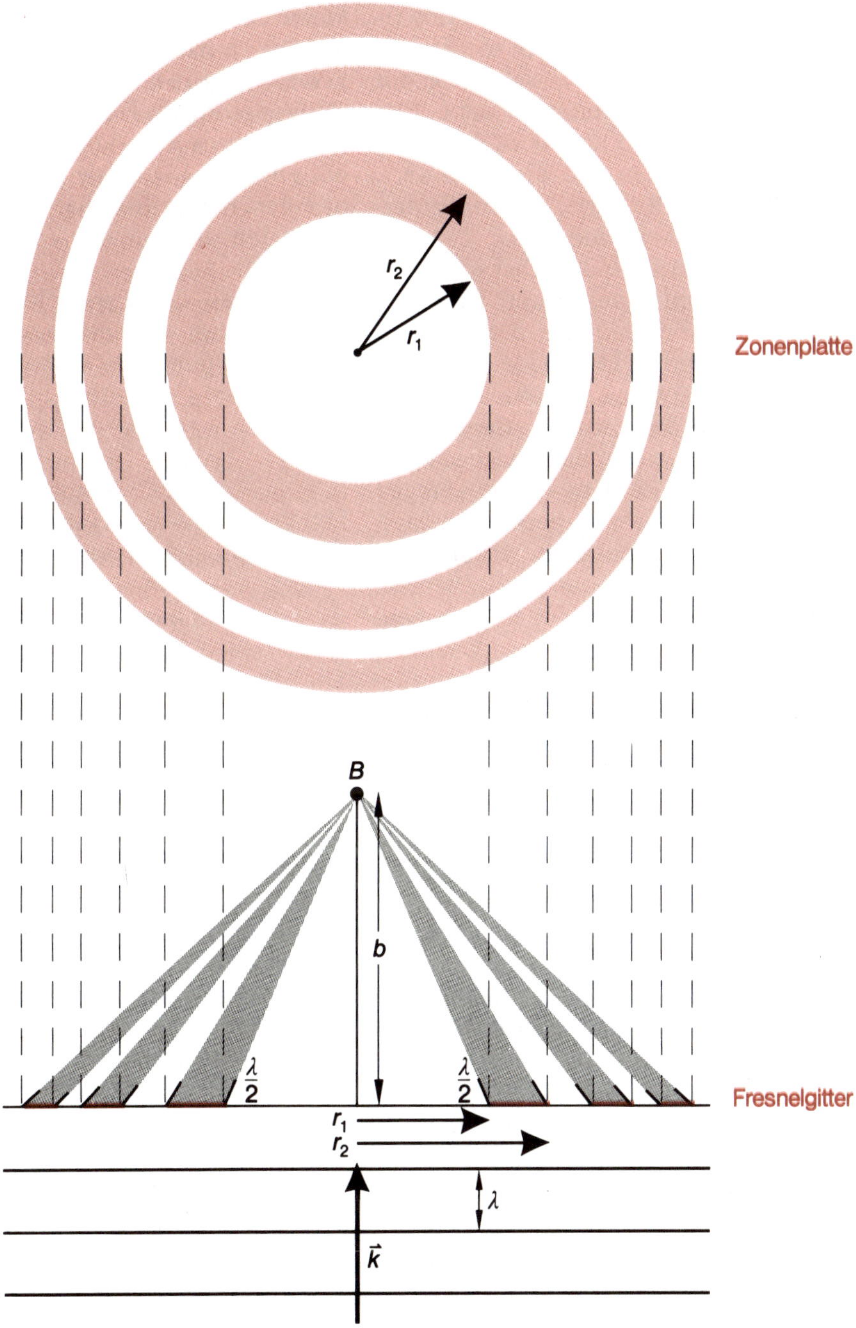

Wellen (Figur 15): Zur Konstruktion des Fresnelschen Gitters und der Fresnelschen Zonenplatte; die Radien der Zonenplatte sind identisch mit den Abständen der Spaltkanten.

Wir konstruieren zuerst ein *Zonengitter;* das soll folgendes bedeuten: Wir wählen einen Beobachtungsort B in der Entfernung b vom Gitter und stellen die Einzelspalte des Gitters so ein, daß in B *nur* konstruktive Interferenz von *allen* Elementarwellen stattfindet, die in den Spalten angeregt werden. Zu diesem Zweck markieren wir alle Orte, deren Entfernung von B sich gerade um $\lambda/2$ unterscheidet (Figur 15), und stellen in diesen Orten sehr dünne Stangen auf. Natürlich werden die Entfernungen der Stangen voneinander immer kleiner, je weiter sie aus der Mitte rücken, die durch B und die Senkrechte auf das Gitter bestimmt ist.

Lassen wir nun eine ebene W. gegen dieses Gitter laufen, so wird sie die Stangen einfach passieren, wenn diese nur ausreichend dünn sind. Schließen wir aber die Hälfte der Zwischenräume mit Blenden ab, und zwar so, daß ein freier Zwischenraum mit einem verschlossenen wechselt, so müssen sich alle durchgelassenen Elementarwellen im Punkt B verstärken. Üblicherweise läßt man die W. durch den Mittelspalt ungehindert hindurch, aber das ist *nicht notwendig!* Auch wenn der Mittelspalt verschlossen ist, man also alle freien Spalte verschließt und dafür die bisher verschlossenen öffnet, herrscht offenbar in B wiederum konstruktive Interferenz. Die Amplitude in B unterscheidet sich in den beiden Fällen nur um den Betrag, den der Mittelspalt beisteuert. Daraus folgt, daß bei völliger Abwesenheit dieses *Fresnelschen Gitters* nur ein Erregungsbereich der Elementarwellen von der Breite des gedachten Mittelspaltes zur Intensität in B beiträgt. Alle anderen Elementarwellen löschen sich durch Interferenz aus. Das hatten wir schon früher behauptet, ohne es jedoch so plausibel darzustellen. Meistens verwendet man Fresnelsche Gitter in der Optik, und dort für dreidimensionale Anordnungen. Das Gitter läßt sich aber leicht in eine Platte verwandeln, wenn man statt der Gitterspalte Kreiszonen mit denselben Abmessungen verwendet, wie es in Figur 15 angedeutet ist. Dann heißt ein derartiges Beugungsobjekt *Fresnelsche Zonenplatte.* Sie wirkt wie eine Linse (→ optische Abbildung), weil auch sie parallele Strahlen in einen Punkt ›fokussiert‹. Beachten Sie aber, daß dies nur für *eine* Wellenlänge gilt!

Die Radien der Zonenplatte sind identisch mit den Abständen der Spaltkanten vom Mittelpunkt des Gitters. Sie ergeben sich aus der Gleichung

$$r_n^2 + b^2 = (b + n \cdot \lambda/2)^2 - b^2$$

(mit $n = 1,2,3\ldots$). Wählt man b wesentlich größer als λ, was meist zutrifft, dann vereinfacht sich diese Beziehung zu

$$r_n = \sqrt{n \cdot b \cdot \lambda} \; (n = 1,2,3\ldots). \quad (19)$$

Die Fresnelsche Zonenplatte oder das Fresnelsche Gitter kann zur Erklärung vieler (sogar komplizierter) Wellenerscheinungen eingesetzt werden. So erklären sie z. B. ganz zwanglos, wie groß ein Hindernis sein muß, damit sich eine W. von ihm beeinflussen läßt und nicht einfach vorbeiläuft. Offenbar muß es etwa die Größe der ersten Fresnelschen Zone haben. Diese wiederum hängt vom Abstand b des Beobachters und von der *Wellenlänge* λ ab. Das ist der Grund, weshalb Schallwellen kleine Hindernisse völlig ignorieren (λ ist in der Größenordnung von einem Meter) und Radiowellen mit Wellenlängen von einigen hundert Metern selbst Berge ›übersehen‹. Je kleiner die Wellenlängen sind, desto mehr ähnelt die Wellenausbreitung einem Strahlengang. Hindernisse werfen dann ›scharfe‹ Schatten, die Strahlen sind in guter Näherung geometrische Linien (→ Optik).

Der Doppler-Effekt

Diese nach ihrem Entdecker *Christian Doppler* (1803–1853) benannte Erscheinung gibt die Änderung der gemessenen Wellenlänge (bzw. Frequenz) an, wenn sich der Wellensender oder der Beobachter bewegt. Da sich der Doppler-Effekt an Schallwellen unmittelbar beobachten läßt, finden sich im Artikel Akustik ausführliche Beschreibungen und Formeln. Das darf aber nicht darüber hinwegtäuschen, daß Doppler-Verschiebungen (von Wellenlängen in einem Spektrum) auch bei allen anderen Wellenarten auftreten, insbesondere auch bei elektromagnetischen W. Da sich diese W. auch mit dem leeren Raum als Medium ›begnügen‹, erhält man für sie nur die eine Formel:

$$f' = f_0 \cdot \left\{ 1 \pm \frac{v}{c} \left[+ \left(\frac{v}{c}\right)^2 + \ldots \right] \right\}. \quad (20)$$

Die eckige Klammer muß nur berücksichtigt werden, wenn v, die Geschwindigkeit der Lichtquelle, mit der Lichtgeschwindigkeit c vergleichbar wird. Dann muß man aber ohnehin relativistisch rechnen (→ Relativitätstheorie).

Trotzdem läßt sich sagen, daß eine Bewegung der Lichtquelle (z. B. eines Sterns) von uns weg zu einer Frequenzverminderung führt, beim sichtbaren Licht also zu einer *Rotverschiebung*. Wie stellt man sie fest? Man sucht sich bestimmte diskrete Frequenzen im Licht eines Sterns (z. B. Wasserstoff-Frequenzen), deren Lage man aus Laborversuchen sehr genau kennt. Zerlegt man dann das Licht eines Sterns oder Sternsystems und findet dieselben Liniengruppen frequenzverschoben vor, so läßt sich daraus die Relativgeschwindigkeit zwischen der Lichtquelle und der Meßapparatur ausrechnen. Man hat auf diese Weise herausgefunden, daß sich nahezu *alle* Sternsysteme von uns wegbewegen, in alle Raumrichtungen, und zwar um so schneller, je weiter sie von uns entfernt sind. Die *Fluchtgeschwindigkeiten* erreichen Werte bis zur halben Lichtgeschwindigkeit! Der Schluß, den die Astronomen aus diesem Befund ziehen, ist, daß sich das Weltall ausdehnt wie ein ›Luftballon, den man aufbläst‹. Es liegt nahe, das Alter des Universums auszurechnen, das sich ergibt, wenn man annimmt, daß dieses Auseinanderfliegen der Sterne seinen Anfang in einem *Urknall* genommen hat. Man hat auf diese Weise Werte von etwa 15 Milliarden Jahren errechnet (→ Kosmologie).

Eine weit alltäglichere Anwendung des Doppler-Effekts begegnet uns manchmal in Gestalt polizeilicher *Radarfallen* auf den Straßen. Hier werden elektromagnetische W. im Zentimeterwellenbereich (Radar) ausgesandt und an den Blechteilen unserer Autos reflektiert. Der frequenzverschobene Reflex wird mit hoher Genauigkeit gemessen und daraus die Geschwindigkeit des reflektierenden Objekts bestimmt.

Polarisation

Erinnern wir uns am Ende dieses Artikels nochmals an die Oszillatorkette: Sie konnte longitudinale und transversale W. übertragen. Longitudinale W. können streng linear sein; zur Beschreibung aller Größen einer linearen W. (Amplitude, Geschwindigkeit, Beschleunigung usw.) benötigt man wirklich *nur* ihre Ausbreitungsrichtung.

Bei transversalen W. geht das offensichtlich nicht: Da die Oszillatoren quer zur Ausbreitungsrichtung der W. schwingen, brauchen wir mindestens *zwei* räumliche Dimensionen, um alle Wellengrößen angeben zu können: Amplituden, Amplitudenänderung usw. liegen in dieser zweiten Dimension, nur die Wellenlänge und die Ausbreitungsgeschwindigkeit liegen noch in der Dimension, die die ›Linearität‹ der W. bestimmt. Betrachten wir diese lineare W. gar im dreidimensionalen Raum, so kann die Amplitude sogar *zweidimensional* sein, denn jeder Oszillator kann jetzt in zwei verschiedenen Raumrichtungen transversal schwingen!

Benutzen wir wieder den am Baum befestigten Gartenschlauch als Demonstrationsobjekt, der uns schon bei den stehenden W. so gute Dienste geleistet hat! Wenn Sie durch rasche Handbewegungen stehende W. auf dem Schlauch erzeugen, werden Sie feststellen, daß die Schwingungsbäuche nicht in einer Ebene liegen, sondern richtig ›räumlich‹ aussehen. Außerdem wird Ihnen auffallen, daß Sie die stehenden W. leichter erzeugen können, wenn Sie Ihre Hand ›im Kreis herum‹ bewegen anstatt auf und ab. Sie können dann sehr gut sehen, wie sich auch die Schwingungsbäuche der W. im Kreis herum drehen.

Läßt sich die Lage der Amplitude in einer Ebene senkrecht zur Ausbreitungsrichtung (Normalenebene) eindeutig angeben, so bezeichnet man die zugehörige W. als *polarisiert*. Die Beziehung, die die Lage (und Größe) der Amplitude angibt, kann sogar zeitlich veränderlich sein, wie bei den eben angeführten kreisförmigen Seilwellen. Im einfachsten Fall ist sie jedoch eine Konstante. Dann ändert die Amplitude ihre Lage in der Normalenebene nicht. Die zugehörige W. heißt dann *linear polarisiert*. Die Ebene, in der die Amplitude schwingt, wird als *Polarisationsebene* bezeichnet (Figur 16).

Wenn sich die Amplitude ›im Kreis dreht‹, beschreibt sie wegen der Ausbreitung der W. im Raum eine Spirale. In diesem Fall nennt man sie *zirkular polarisiert*. Die Polarisationsebene dreht sich dann mit konstanter Winkelgeschwindigkeit, und die *Größe* der Amplitude bleibt unverändert. Zwei Fälle können auftreten: Der Drehsinn kann in Ausbreitungsrichtung der einer Rechtsschraube oder der einer Linksschraube sein. Dementsprechend gibt es *rechtszirkular* und *linkszirkular* polarisierte W.

Schließlich kann es noch vorkommen, daß sich auch die Größe der Amplitude periodisch ändert. Die Spur, die sie dann in der mitbewegten Normalenebene zeichnet, ist eine Ellipse. Deshalb heißen derartige W. *elliptisch polarisiert.* Auch noch kompliziertere Fälle lassen sich konstruieren. Sie haben als einfache Modellfälle zur Erklärung von Naturerscheinungen aber bis jetzt jedoch keine Bedeutung erlangt und sind daher auch nicht üblich.

Der mathematische Zusammenhang zwischen zirkular und linear polarisierten W. wird dagegen sehr häufig gebraucht. Er ist denkbar einfach: Überlagert man zwei linear polarisierte W., deren Polarisationsebenen aufeinander senkrecht ste-

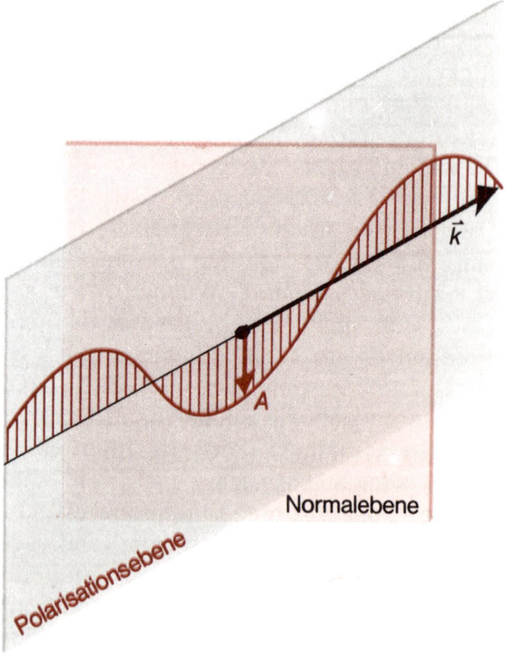

Wellen (Figur 16): Begriffserklärungen bei einer linear polarisierten (transversalen) Welle

Wellen (Figur 17): Linkszirkular polarisierte Welle als Überlagerung zweier linear polarisierter Teilwellen mit den Polarisationsebenen P_1 und P_2 und der Phasenverschiebung $\pi/2$. Die Amplitude beschreibt einen Kreis, der in der Normalenebene sichtbar wird.

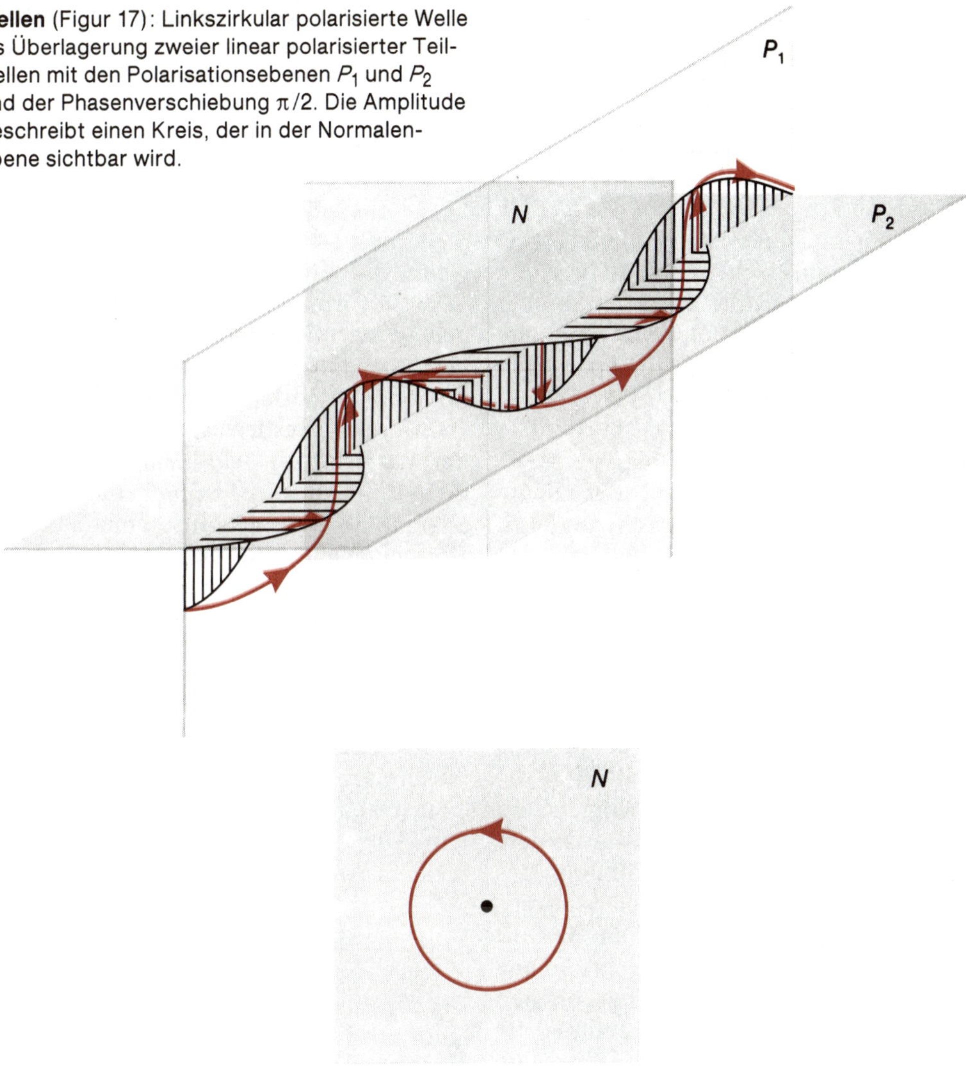

hen, so erhält man wieder eine *linear polarisierte* W. mit einer Polarisationsebene, die gegenüber den beiden ursprünglichen um 45° geneigt ist. Haben die beiden Ausgangswellen aber zusätzlich noch eine Phasenverschiebung von $\pi/2$, so ist das Resultat *zirkular polarisiert* (Figur 17). Bei Phasenverschiebungen mit anderen Werten als 0, $\pi/2$, π oder $3\pi/2$ wird die Summenwelle *elliptisch polarisiert.*

Auch der umgekehrte Gesichtspunkt ist von Bedeutung: Überlagert man eine linkszirkular und eine rechtszirkular polarisierte W. gleicher Amplitude, so ist das Ergebnis wieder linear polarisiert, wobei die Lage der Polarisationsebene nur durch die Phasenverschiebung bestimmt wird.

Vorrichtungen, die aus einem nicht definierten Gemisch von transversalen W.

nur eine Polarisationskomponente heraussieben, bezeichnet man als *Polarisatoren.* Umgekehrt kann man einen Polarisator auch dazu verwenden, die Polarisationsrichtung einer unbekannten Transversalwelle festzustellen. Dann nennt man ein derartiges Gerät *Analysator.* Da das Licht eine Transversalwelle ist, spielen Polarisationserscheinungen vor allem in der Optik eine Rolle. Sie können aber auch die Gartenschlauchwelle zu einem Polarisationsversuch heranziehen! Legen Sie den Schlauch durch einen engen Spalt (z. B. den Gartenzaun), so wird er dahinter nur noch linear polarisierte W. transportieren können, weil der Zaunspalt nur die senkrechte Schwingungsrichtung ungehindert durchläßt. Bei elektromagnetischen W. hat man zunächst Drahtgitter benutzt (z. B. aus Stricknadeln), um die Polarisationsebenen festzulegen. Leider wird eine elektromagnetische W. gerade dann am meisten geschwächt, wenn ihr *E*-Vektor *in Richtung* der Metallstäbe schwingt, weil dann die Elektronen im Metall mitschwingen und so Energie absorbieren oder in andere Raumrichtungen abstrahlen können. Das hat dazu geführt, daß als Polarisationsebene der elektromagnetischen W. oft noch die zum *E*-Vektor senkrechte Ebene benützt wird, was der hier angegebenen Definition widerspricht. In Kenntnis der Ursachen sollte daraus jedoch jetzt keine Verwirrung mehr entstehen.

Wellenlänge

Die räumliche Entfernung in einer (monochromatischen) Welle zwischen zwei benachbarten Stellen mit gleicher Phase heißt *Wellenlänge.* Gleiche Phase in einer Welle bedeutet gleiche Amplitude *und* gleiche Amplitudenänderung, also z. B. Nulldurchgang mit gleicher Bewegungsrichtung der Amplitude. Meist sagt man kurz, aber etwas ungenau: Die W. ist gleich der Entfernung zwischen zwei ›Wellenbergen‹ (→ Wellen).

Wellenoptik

Die Welleneigenschaften von Licht kommen besonders dann zum Vorschein, wenn die Lichtwellen mit Objekten in Wechselwirkung treten, deren Abmessungen in der Größenordnung der Wellenlänge liegen. Alle dann auftretenden Phänomene, besonders die Beugung und die Interferenz, werden in der Optik unter der Bezeichnung *Wellenoptik* zusammengefaßt. Sie sind jedoch nichts anderes als allgemeine Eigenschaften von → Wellen. Eine eigene Behandlung ist deshalb nur durch historische Gründe zu vertreten (→ Dualismus von Welle und Teilchen). Die gegensätzliche Behandlung in der geometrischen → Optik kann auch nur als Näherung verstanden werden, die – für sich allein – dem Gesamtphänomen der Ausbreitung elektromagnetischer Wellen ebensowenig gerecht wird wie die W. allein. Die Erscheinungen der W. sind unter dem Artikel Wellen beschrieben.

Wellenpaket

Ein Wellenzug begrenzter Wellenlänge kann mit Hilfe der → Fourier-Analyse als Überlagerung unendlich vieler Wellenlängen gedeutet werden. So läßt sich das Verhalten dieses W. auf die Eigenschaften von Sinuswellen in einem eventuell dispergierenden Medium zurückführen (→ Wellen, → Materiewellen, → Dualismus von Welle und Teilchen).

Wellenwiderstand

Der W. ist eine Kenngröße, die dazu benutzt wird, die Energien von durchgelassener und reflektierter Welle beim Übergang von einem Medium in ein anderes zu beschreiben. Der W. ist kein ›Widerstand‹ im Sinne eines Hindernisses, das zu seiner Überwindung Energie ›verbraucht‹ wie die Reibung oder der elektrische Widerstand. Er dient nur der Berechnung der Ausbreitung von Wellen an Leiterübergängen *(Anpassung)*, insbesondere in der Hochfrequenztechnik. Der W. läßt sich aber auch für elastische Wellen definieren (→ Wellen).

Wellenzahl

Aus praktischen Gründen – das ständige Anschreiben von 2π ist lästig – verwendet man statt der Wellenlänge λ lieber ihren mit 2π multiplizierten Kehrwert $2\pi/\lambda$. Diese Größe heißt Wellenzahl k. Eine ganz entsprechende Schreibweise gibt es ja auch für die Schwingungsdauer T, deren Kehrwert, mit 2π multipliziert, gleich der *Kreisfrequenz* ω der Welle ist. Wir haben also die Gleichungen

$$\omega = 2\pi/T \text{ und } k = 2\pi/\lambda .$$

Noch weiter vereinfacht sich die Darstellung der räumlichen Wellen, wenn man die Wellenzahl k mit der Ausbreitungsrichtung kombiniert und so den Wellenvektor $\vec{k}$ definiert. Zum Vergleich enthält die Tabelle nochmals (→ Wellen) die Schreibweisen für eine ebene Welle.

Natürlich hat das Ganze auch noch einen physikalischen Hintergrund: In der Wellenmechanik (→ Materiewellen) bringt man ω mit der → Energie, k mit dem → Impuls einer Welle in Verbindung:

$$E = \hbar \cdot \omega; \; p = \hbar \cdot k$$

($\hbar = h/2\pi$, h = → Plancksches Wirkungsquantum). Damit hängt der Wellenvektor (über $\hbar$) mit dem Impulsvektor zusammen.

Weltlinie

Die ›Geschichte‹ eines Massenpunktes stellt sich in einem Raum-Zeit-Diagramm als Kurve mit bestimmten Eigenschaften dar, die durch die Lorentz-Transformation gegeben ist (→ Relativitätstheorie) und die als Weltlinie bezeichnet wird.

Weltraum

Der Raum zwischen den Sternen und den anderen festen Weltenkörpern wird von vielen als leer angesehen. Tatsächlich ist der *Weltraum* (auch: *Weltall*) von Materie erfüllt, und zwar kommt in etwa *ein* Atom oder Molekül auf *einen* Kubikzentimeter. Wenn man bedenkt, daß Ultrahochvakua im Labor bis zu etwa 10^{-11} hPa = = 10^{-9} Pa erzeugbar sind, wobei ein Kubikzentimeter immer noch etwa 10^8 Moleküle enthält (→ Naturkonstanten), so ist das Vakuum im W. 100millionenmal bes-

$\xi = \xi_0 \cdot \sin 2\pi \cdot \left(\frac{t}{T} - \frac{x}{\lambda}\right)$	ebene Welle, die sich in Richtung der positiven x-Achse ausbreitet
$\xi = \xi_0 \cdot \sin (\omega t - kx)$	dasselbe mit Kreisfrequenz und Wellenzahl geschrieben
$\xi = \xi_0 \cdot \sin (\omega t - \vec{k} \cdot \vec{r})$	ebene Welle im Raum; $\vec{k} \cdot \vec{r}$ ist das Skalarprodukt von Wellenvektor und Ortsvektor

Tabelle: Schreibweisen für die Ausbreitung ebener Wellen

ser. Kein Wunder, daß es für viele Versuche in Raumfähren und Satelliten hochinteressant ist.
Trotz dieser unvorstellbaren Verdünnung ist der Masseninhalt des interstellaren Raumes ebenso unvorstellbar groß, weil die Räume so ungeheuer riesig sind. Man schätzt, daß nur 50–70% der Materie unserer Galaxis in den festen Körpern steckt. Darüber hinaus ist der W. erfüllt von elektromagnetischen Feldern (Licht!) und Gravitationsfeldern, also keinesfalls leer.

Wiedemann-Franzsches Gesetz

Die gute → Wärmeleitfähigkeit λ der Metalle und ihre gleichfalls gute → elektrische Leitfähigkeit σ haben ihre Ursache im freien Elektronengas der Metalle. Das Verhältnis aus λ und σ ist nur noch temperaturabhängig:

$$\frac{\lambda}{\sigma} \approx 3\frac{k^2}{e^2} \cdot T. \qquad (1)$$

Darin bedeuten k die → Boltzmann-Konstante, e die → Elementarladung und T die absolute → Temperatur. Die Beziehung gilt für fast alle Metalle und wurde von *Gustav Wiedemann* (1826–1899) und *Rudolph Franz* (1827–1902) gefunden und nach ihnen benannt.

Wilsonsche Nebelkammer

Dieses von *Charles Wilson* (1869–1959) entwickelte Gerät dient dazu, die Bahnen ionisierender Teilchen sichtbar zu machen, und zwar als feine Tröpfchenketten. Es beruht auf folgendem Prinzip: Ionen dienen in einer Atmosphäre übersättigten Wasserdampfes als Kondensationskeime. Erzeugt man also eine derartige Atmosphäre, so wird ein einfallendes ionisierendes Teilchen eine Kette von Kondensationskeimen erzeugen, die man dann als Nebelspur sieht. Es ist nun jedoch recht einfach, eine übersättigte Wasserdampfatmosphäre zu erzeugen. Man braucht lediglich ein gewisses Volumen bei der Temperatur T mit Wasserdampf zu sättigen und dann die Temperatur schnell durch adiabatische Expansion zu erniedrigen. Dazu genügt schon eine normale Luftpumpe, die man mit der Nebelkammer verbindet und deren Kolben man rasch herauszieht. Die gesättigte Atmosphäre läßt sich in der Kammer z. B. durch einen wassergetränkten Filz ebenfalls problemlos herstellen. Natürlich weisen die heutigen Geräte noch einige Verbesserungen auf (z. B. Absaugen von Staubteilchen oder Ionen vor der Entspannung). Auf demselben Prinzip beruht im übrigen auch die sog. *Blasenkammer*. Dabei benutzt man eine überhitzte Flüssigkeit (z. B. flüssigen Wasserstoff), wobei die Ionen dann als Siedekeime dienen. In allen Fällen photographiert man die nach der Expansion auftretenden Spuren und legt meist auch noch ein → Magnetfeld an, um die Ladung der die Bahnen erzeugenden Teilchen identifizieren zu können.

Wirkung

Die Wirkung ist eine physikalische Größe mit der Dimension *Energie mal Zeit* bzw. *Arbeit mal Zeit*. Der Name bezieht sich zunächst auf die Arbeit, die gegen einen konstanten Widerstand geleistet wird, wenn man z. B. mit einem Fahrrad einen Berg hinauffährt. Die W. ist dann so etwas wie die bleibende Veränderung, die durch die Arbeit erzielt wird, wenn sie über eine bestimmte Zeit ›wirkt‹. Natürlich sind diese Veranschaulichungen physikalischer Größen immer fragwürdig, aber um uns wenigstens einen vagen Begriff zu verschaffen, bleibt uns meist nichts anderes übrig als die Zuflucht zu solch alltäglichen Zusammenhängen. Die korrekte Definition bleibt freilich:

Wirkung = Energie mal Zeit.

Es gibt allerdings noch mehr Produkte, die dieselbe Dimension haben, z. B. Impuls mal Weg oder Trägheitsmoment mal Winkelgeschwindigkeit.
Es stellte sich heraus, daß die W. keine kontinuierliche Größe ist, sondern ›portionenweise‹ übertragen wird. Allerdings sind diese Portionen *(Quanten)* so klein, daß man schon in den atomaren Bereich vordringen muß, um sie überhaupt wahrzunehmen (→ Quantenmechanik). Außerdem stellte sich heraus, daß die Faktoren, die eine W. bilden, nicht *gleichzeitig* beliebig genau gemessen werden können. So unterliegen z. B. Impuls und Ort, Energie und Zeit der → Unschärferelation (→ Arbeit, → Energie, → Drehimpuls).

Wirkungsgrad

Das Verhältnis von Nutzleistung einer Maschine zur eingebrachten Gesamtleistung heißt *Wirkungsgrad* η (auch *Nutzeffekt, Effektivität, Ausbeute*). Die Definition dieser Größe soll die Energieverluste beim Umsetzen in die *beabsichtigte* Energieform durchschaubar und erfaßbar machen. Besonders in der → Thermodynamik kann jedoch die Definition dieses letzten Begriffes Verwirrung stiften, weil sich bei Kreisprozessen auch thermodynamische ›Wirkungsgrade‹ ergeben können, die größer als 1 sind. Dies würde man jedoch eigentlich nur für ein → Perpetuum mobile erwarten. Deshalb nennt man den thermodynamischen W. neuerdings nur noch *Leistungszahl* (→ Kreisprozesse). Der normale W. z. B. eines

Gerät	*Wirkungsgrad*
Ottomotor	≈ 25 %
Dieselmotor	≈ 35 %
Elektromotor	≈ 95 %
Transformator	≈ 98 %
Solarzelle	≈ 10 %

Tabelle: Wirkungsgrade verschiedener Geräte

Elektromotors ist das Verhältnis aus abgegebener mechanischer Arbeit zu aufgenommener elektrischer Energie. Schaltet man mehrere Energiewandler hintereinander, so ist der Gesamtwirkungsgrad der Anlage das Produkt der Einzelwirkungsgrade. Die Angabe von η erfolgt oft in Prozent. Die Tabelle enthält eine Auswahl von Wirkungsgraden.
Eine besondere Art von Effektivität muß für Geräte angesetzt werden, die selbst Energie erzeugen, also z. B. für Kraftwerke. Man bezeichnet als *Erntefaktor* derartiger Anlagen das Verhältnis der Energie, die sie produzieren, zur Energie, die zu ihrer Errichtung und Unterhaltung notwendig ist. Es ist klar, daß ein Gerät mit dem Erntefaktor von 1 eigentlich etwas Sinnloses ist, da die betreffende Anlage dann bestenfalls wieder so viel Energie liefern kann, wie zu ihrer Errichtung benötigt wurde. Gleichzeitig wird deutlich, daß die Angabe des Erntefaktors nur dann zutreffend ist, wenn wirklich *alle* notwendigen Energien angegeben werden, z. B. auch die erforderliche Energie zur *Beseitigung* der fraglichen Anlage bei ihrer Verschrottung, falls dies nötig ist und falls dafür besondere Vorsichtsmaßnahmen erforderlich sind.

Ws

Abk. für → Wattsekunde, die Maßeinheit der elektrischen Arbeit (→ Maße und Maßsysteme).

Wurfparabel

Ein geworfener Stein fliegt entlang eines Bogens, der in erster Näherung ein Stück einer Parabel ist. Man vernachlässigt dabei die Luftreibung und setzt die Erdbeschleunigung g als konstant an. Die Parabelform ergibt sich, weil sich horizontale und vertikale Geschwindigkeitskomponenten unabhängig voneinander überlagern. Die waagrechte Geschwindigkeitskomponente ist konstant, die senkrechte ändert sich linear mit der Zeit (→ Fallgesetze). Die resultierende Bewegung ergibt daher eine Parabelkurve. Die tatsächlichen Bahnkurven z. B. von Geschossen folgen der Parabelbahn nur sehr angenähert. Die Luftreibung bewirkt eine Verminderung auch der Horizontalgeschwindigkeit, Geschoßdrall und Coriolis-Kraft (→ Trägheitskräfte) lassen das Projektil seitlich abweichen. Das Ergebnis sind sog. *ballistische Kurven.*

Die Frage, unter welchem Winkel α man einen Stein nach oben werfen muß, damit er möglichst weit fliegt, beantwortet die Differentialrechnung für eine reine Parabel mit $\alpha = 45°$. Für ballistische Kurven verringert sich dieser Winkel geringfügig. Wenn die Abschußgeschwindigkeiten sehr groß werden, muß auch die Erdkrümmung berücksichtigt werden (→ Erdsatelliten). Zum Schluß sei angemerkt, daß die W. eigentlich ein Stück einer *Kepler-Ellipse* um den Erdmittelpunkt ist (→ Keplersche Gesetze). Die Abweichung von der Parabel ist allerdings für kurze Reichweiten minimal.

Z

Zählrohr

Ein bestimmtes elektronisches Gerät zum Nachweis ionisierender Strahlung wird als *Zählrohr* bezeichnet. Es besteht im Prinzip aus einem geladenen dünnen Draht, der in einer mit stark verdünntem Gas gefüllten Röhre ausgespannt ist. Die von einem einfallenden Teilchen erzeugten Ionen lösen eine → Gasentladung aus, die durch eine geeignete Schaltung registriert wird. Das *Geigersche Zählrohr* erzeugt immer denselben Stromstoß (Impuls), unabhängig von der Energie der einfallenden Teilchen. Ein *Proportionalzählrohr* liefert dagegen einen Impuls, dessen Höhe der Teilchenenergie proportional ist. Man erreicht dies durch eine spezielle Gasfüllung. Alle Z. werden erst ab einer gewissen angelegten Einsatzspannung empfindlich. Ihre Empfindlichkeit ändert sich dann über einen weiten Spannungsbereich hinweg nicht *(Plateau)*. Die Abhängigkeit der Zählrohrempfindlichkeit von der angelegten Spannung wird als *Zählrohrcharakteristik* für jedes Z. als Diagramm mitgeliefert.

Zählrohr: Außenansicht eines Szintillationszählers zur Bestimmung der Energie von Gammastrahlung. © Harshaw Chemie N. V., De Meern

Zeit

Niemand weiß bis heute, was Zeit *genau* ist, obwohl jeder Mensch doch einigermaßen zu wissen glaubt, was damit gemeint ist. Die Philosophen haben sich zwar Zeitbegriffe und -erklärungen geschaffen, dabei aber immer außer acht gelassen, daß das menschliche Gehirn, das uns die ›Zeit‹ ja erst bewußt macht, ein ebenso zeitliches physikalisches Gebilde ist wie die Systeme, an denen es die Zeit erforscht.

Die Physiker haben lange die Zeit als etwas Absolutes angesehen, das kontinuierlich fließt. Diese Vorstellung liegt eigentlich auch heute noch dem physikalischen Denken zugrunde, obwohl *Albert Einstein* (1879–1955) gezeigt hat (→ Relativitätstheorie), daß die Zeit eine Größe ist, die sich nur auf ein bestimmtes Bezugssystem bezieht. In einem Bezugssystem, das sich gegenüber einem Beobachter bewegt, gehen die Uhren anders. Trotz dieser Relativierung und der damit verbundenen Definition einer vierdimensionalen *Raumzeit* ist unser Zeitverständnis nur insofern gewachsen, als wir wissen, daß die Zeit und die Lichtgeschwindigkeit offenbar sehr eng miteinander verknüpft sind.

Man ist gewöhnt, die Zeit als etwas Eindimensionales zu behandeln: Sie wird als Skalar betrachtet. Von dieser Voraussetzung hängt sehr viel ab: Alle Bewegungsgleichungen sind ja Differentialgleichungen *nach der Zeit.* Ich übertreibe wohl nur wenig, wenn ich behaupte, daß die gesamte Physik umgeschrieben werden müßte, sollte sich herausstellen, daß die Zeit ein Vektor wäre, also von einer Raumrichtung abhinge.
Es ist sicher auch nützlich, sich darüber klarzuwerden, daß die Zeitdefinition von dem Empfinden abhängt, das uns das Gehirn über die ›Regelmäßigkeit‹ von Naturvorgängen vermittelt. Dieses Empfinden kann allerdings durch die Wahrscheinlichkeit thermodynamischer Zustände erklärt werden, die durch eine große Zahl von Molekülen gegeben sind (→ Thermodynamik). Da unser Gehirn aus Molekülen zusammengesetzt ist, läßt sich die Thermodynamik auch auf ›Gedankenprozesse‹ anwenden. Aus diesem Grund hat für unser Empfinden die Zeit eine *Richtung,* die durch irreversible Prozesse angegeben wird, Prozesse also, deren Wahrscheinlichkeit in einer Zeitrichtung zunimmt. Nach diesem thermodynamischen Zeitempfinden haben wir letzlich die Zeitmessung ausgerichtet, die auf der Regelmäßigkeit von physikalischen Vorgängen beruht. Dafür, daß diese Strategie auch objektiv richtig ist, spricht nur, daß die mathematischen Zusammenhänge besonders einfach werden, wenn man ihnen einen solchen *regelmäßigen* Zeitmaßstab zugrunde legt.
Schon der völlig unwissenschaftliche Mensch sieht sich während seines Lebens mit drei regelmäßigen Naturvorgängen konfrontiert, die denn auch als Urvorgänge der Zeitmessung angesehen werden müssen: Die Drehung der Erde um sich selbst, die wir als Auf und Ab der Sonne erleben, die Drehung der Erde um die Sonne, die uns die Jahreszeiten beschert, und schließlich – weniger wichtig – die Drehung des Mondes um die Erde, die wir als Mondphasen registrieren.
Mit zunehmender wissenschaftlicher – und technischer – Entwicklung haben die Menschen immer kürzere regelmäßige Bewegungen als *Zeitnormal* benutzt (→ Uhr). Heute bezieht man sich auf die Frequenz eines bestimmten elektromagnetischen Übergangs im Caesium-Atom (Cs 133, → Maße und Maßsysteme). Dabei wechselt die elektrische Feldstärke 9 192 631 770mal in der Sekunde die Richtung. Die Genauigkeit, mit der diese Frequenz gemessen werden kann, liegt bei 10^{-14}. Mit dieser minimalen Unsicherheit ist gegenwärtig unser Zeitnormal, die *Sekunde,* definiert.
Gemessen an dieser enormen Genauigkeit verhalten sich die erwähnten astronomischen Bewegungen recht unregelmäßig. Aus praktischen Gründen hält man jedoch an der *Tageslänge* als Zeitdefinition (24 mal 60 mal 60 s = 86 400 Sekunden) fest. Für längere Zeitangaben benutzt man *Monat* und *Jahr.* Da die Frequenzen der zugehörigen Bewegungen (Tag = Erdrotation, Monat = Mondumlauf, Jahr = Erdumlauf um die Sonne) voneinander unabhängig sind, kann man auch nicht erwarten, daß sie in ganzzahligen Verhältnissen zueinander stehen.
Das Problem des *Kalenders* besteht darin, das Datum eines bestimmten Sonnenstandes (z. B. den Frühlingspunkt) konstant zu halten und außerdem den Tagesbeginn auf Mitternacht zu legen. Wie wir sehen werden, ist das nicht ganz so leicht.
Die Tageslänge (24 Stunden oder 86 400 Sekunden) wird zunächst von Mittagszeit zu Mittagszeit gemessen, d. h. von einem Tageshöchststand der Sonne zum nächsten (sog. *wahrer Sonnentag,* siehe aber → *Sterntag*). Die Länge des wahren Sonnentages unterliegt regelmä-

ßigen Schwankungen. Die Abweichung von der mittleren Tageslänge beträgt bis zu 30 Sekunden, ist also bereits mit einer mäßig guten mechanischen Uhr feststellbar. Da diese Zeitdifferenzen mehrere Monate lang gleichsinnig auftreten, summieren sie sich zu einer Gesamtdifferenz von bis zu fast 16 Minuten auf, um die die wahre Sonnenzeit von einer *mittleren Sonnenzeit* abweicht. Man hat daher einen *mittleren Sonnentag* definiert. Die relativ groben periodischen Abweichungen der wahren von der mittleren Sonnenzeit (die sog. *Zeitgleichung*, Figur 1) erklären sich im wesentlichen aus zwei Effekten:

1. Die Erde beschreibt keine Kreisbahn um die Sonne, sondern eine Ellipse, wobei die Sonne in einem Brennpunkt steht. Wenn auch der Unterschied zur Kreisbahn sehr gering ist (→ Erde), hat er doch zur Folge, daß sich die Erde im sonnennahen Punkt ihrer Bahn (Perihel) etwas schneller bewegt als im sonnenfernen Punkt (Aphel). Sie überstreicht auch im Perihel einen größeren Winkel relativ zur Sonne als im Aphel. Daher ändert sich auch der Zeitabstand zwischen zwei Sonnenhöchstständen täglich, und zwar mit einer ganzjährigen Periode. Die Gesamtwirkung auf die Zeitgleichung zeigt Figur 1.

2. Die Rotationsachse der Erde ist etwa um 23,5 ° gegen die Bahnnormale geneigt *(Schiefe der Ekliptik)*. Die Sonne bestrahlt also im Jahresrhythmus mal mehr die Nordhalbkugel, mal mehr die Südhalbkugel. Dies ist nicht nur die Ursache der Jahreszeiten, sondern hat auch zur Folge, daß der Zeitabstand zwischen zwei Sonnenhöchstständen (Mittag) von der Stellung der Sonne relativ zur Erdrotationsachse abhängt, und zwar mit einer halbjährlichen Periode. Maximale Änderungen des wahren Sonnentages ergeben sich an den Sonnenwenden und den Tag-und-

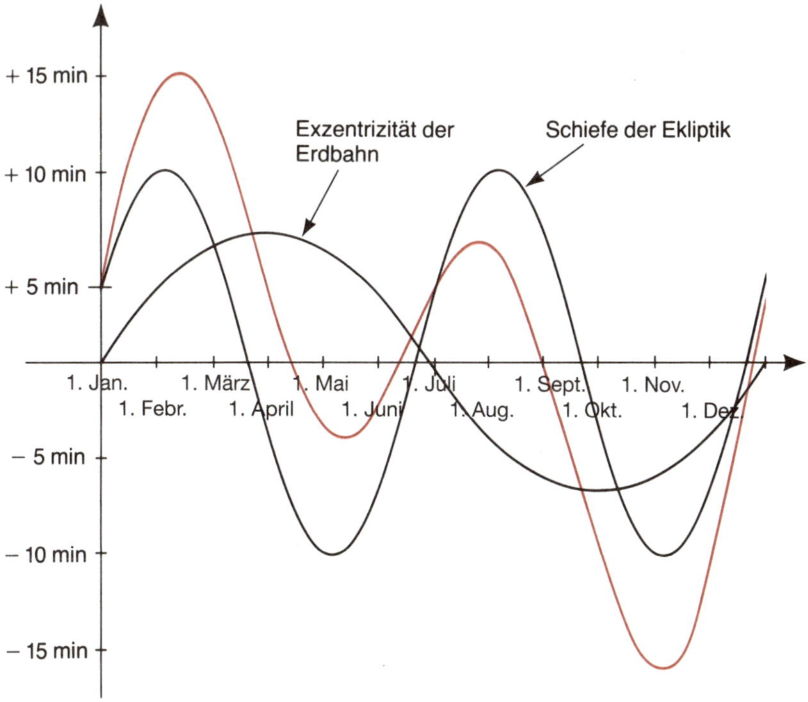

Zeit (Figur 1): Eine Uhr, die mittlere Sonnenzeit anzeigt, muß die durch die rote Kurve angegebenen Differenzen gegenüber der wahren Sonnenzeit aufweisen. Die schwarzen Kurven geben an, wie sich die Zeitgleichung aus den beiden Komponenten ›Schiefe der Ekliptik‹ und ›Exzentrizität der Erdbahn‹ zusammensetzt.

Nacht-Gleichen. Der Verlauf dieser Änderungen ist ebenfalls in Figur 1 angegeben.
Die mittlere Sonnenzeit eliminiert diese groben Schwankungen. Als Grundlage einer *Weltzeit* reicht das aber noch nicht aus, weil die Erdrotation zum einen verschiedenen Schwankungen unterliegt, zum anderen wegen der Gezeitenreibung ständig langsamer wird. Um diese letzten Effekte auszugleichen, werden in geeigneten Abständen *Schaltsekunden* eingefügt, die die mittlere Sonnenzeit wieder mit der durch Caesiumuhren verwirklichten gesetzlichen Zeit in Einklang bringen.

Der Kalender

Für die Langzeitmessung gehen wir vom mittleren Sonnentag einschließlich eventueller Schaltsekunden aus. Es ist schwer, die ›krummen‹ Zahlen für die Mondumlaufzeit um die Erde und die Sonnenumlaufzeit in Tageslängen miteinander in Einklang zu bringen. Die Zeitdauer zwischen zwei aufeinanderfolgenden Neu- oder Vollmonden beträgt ziemlich genau 29,5 Tage *(synodischer Monat)*. Die wahre Umlaufzeit, gemessen an den Sternen, liegt dagegen bei etwa 27,3 Tagen. Ein Jahr hätte danach 13 Monate. Aus historischen Gründen hat man aber die Einteilung in 12 Zeitabschnitte *(Kalendermonate)* beibehalten, die nur grob mit der Periode der Mondphasen übereinstimmen: Das *(synodische) Mondjahr* ist ungefähr 11 Tage zu kurz.
Das Jahr ist die für Natur und Mensch gleichermaßen wichtigste Zeiteinteilung. Man kann es jedoch auf verschiedene Weise festlegen. Das *siderische Jahr* (lat. sidereus; dt. sternenbezogen) bezeichnet die Zeitdauer zwischen zwei aufeinanderfolgenden Durchgängen der Erde durch eine gedachte Verbindungslinie von der Sonne zu einem geeigneten Fixstern. Es hat 365,2564 mittlere Sonnentage. Leider ist die Erdachse, also die Rotationsachse Nordpol-Südpol, nicht raumfest, sondern vollführt eine Kreisbewegung (Präzession) mit einer Periode von 26000 Jahren. Würde man deshalb das siderische Jahr zur Grundlage des Kalenders machen, so fiele nach 13000 Jahren der 1. Januar auf der Nordhalbkugel in den Hochsommer. Die Idee des Kalenders besteht aber gerade darin, die Jahreszeiten datumskonstant zu halten. Deshalb liegt ihm das *tropische Jahr* zugrunde, das die Präzessionsbewegung der Erdachse berücksichtigt. Es hat 365,2422 mittlere Sonnentage. Man nimmt dabei allerdings in Kauf, daß die Sonne durch den *Tierkreis* wandert, d. h., daß sich – bezogen auf ein bestimmtes Datum – die Sonne relativ zum Fixsternhimmel bewegt.
Nun kann ein Jahr aber nur aus einer ganzen Zahl von Tagen bestehen, wenn sich nicht die Tageszeiten relativ zum Sonnenstand ändern sollen. Der Kalender muß so konstruiert werden, daß die Jahreslänge von 365,2422 Tagen mit ganzzahligen Datumsangaben zusammenfällt. Das geht offenbar nur dann, wenn man die Jahre *unterschiedlich lang* macht. Seit 1582 übernimmt diese Aufgabe der *Gregorianische Kalender* (nach *Papst Gregor XIII*). Drei Jahre haben genau 365 Tage, das vierte *(Schaltjahr)* hat 366 Tage. Schalttag ist der 29. Februar. Man hat festgelegt, daß jedes Jahr ein Schaltjahr sein soll, dessen Jahreszahl durch vier teilbar ist, z. B. 1988, 1992, 1996 usw. Bei diesem Verfahren hat das sich so ergebende *mittlere Jahr* eine Länge von 365,25 Tagen, ist also etwas *zu lang*. Um diesen Fehler auszugleichen, verzichtet man auf die Schalttage bei allen Jahrhunderten, die nicht durch 400 teilbar sind. Die Jahre 1700, 1800 und 1900 waren also *keine* Schaltjahre, wohl aber das Jahr 2000. Mit diesen Korrekturen hat der Gregorianische Kalender eine

mittlere Jahreslänge von 365,2425 mittleren Sonnentagen, d. h., der jährliche Fehler beträgt nur noch 0,0003 Tage oder 26 Sekunden. Nach 3333 Jahren müßte man also wieder einen Schalttag streichen, um völlige Übereinstimmung zu erzielen.

Schalttage sind übrigens keine Erfindung der Neuzeit. Schon der *Julianische Kalender* (nach *Julius Cäsar* benannt, erfunden aber wahrscheinlich von *Archimedes*) schreibt alle vier Jahre einen Schalttag vor, kennt allerdings keine weiteren Korrekturen. Dieser ›alte‹ Schalttag existiert heute noch als *dies intercalendaris* im Kirchenkalender und ist dort im Schaltjahr der 24. Februar. (Es verschieben sich die dann folgenden Namenstage bis zum 1. März um einen Tag.)

Die Jahreszählung *nach Christi Geburt* wurde erst 525 von dem *Abt Dionysius Exiguus* eingeführt. Der Nullpunkt fällt aber nicht mit dem Geburtsjahr von Jesus Christus zusammen, sondern liegt etwa fünf Jahre zu spät.

Für astronomische und allgemein wissenschaftliche Zwecke ist der Gregorianische Kalender wegen seiner Unregelmäßigkeiten und Korrekturen unpraktisch. Hier verwendet man besser das *Julianische Datum,* das *Josef Justus Scaliger* 1583 eingeführt und nach seinem Vater *Julius Scaliger* benannt hat; es hat also nichts mit dem Julianischen *Kalender* zu tun. Sein Nullpunkt liegt am 1. Januar des Jahres 4713 *vor* Christus und zählt einfach die Tage seither. Stunden, Minuten usw. werden *dezimal* angegeben. Zeitdifferenzen zwischen weit auseinanderliegenden Ereignissen wie Sonnenfinsternissen, Mondfinsternissen, Kometenbegegnungen usw. kann man damit sofort ausrechnen. Beispielsweise begann am 1. Januar 1950 um 12 Uhr Greenwicher Zeit der 2433283. Tag der Julianischen Zählung.

Zeitzonen
Wissenschaftliche Zeitangaben beziehen sich stets auf die mittlere Sonnenzeit *in Greenwich* (Großbritannien), d. h. am Nullmeridian des Erdglobus. Befindet man sich an anderen Stellen des Erdballs, so ›hinkt‹ man gegenüber dieser *Weltzeit* (Abk. *UT*) hinterher (nach Westen hin) oder eilt ihr voraus (nach Osten zu). Da der Vollkreis 360° hat, entsprechen auf der Erde 15 Längengrade einer Stunde Zeitdifferenz. So läßt sich ganz grob ausrechnen, wie groß die Zeitdifferenz ist, die ein gegebener Ort auf der Erde gegenüber Greenwich hat. In Wirklichkeit gelten diese *Zeitzonen* nur ungefähr, weil sie sich den politischen Landesgrenzen anpassen. Beispielsweise liegt Taiwan etwa auf 120° östlicher Länge, ist also der Weltzeit um 8 Stunden voraus. Mitteleuropa ist der Weltzeit um 1 Stunde (Mitteleuropäische Zeit, Abk. MEZ) bzw. – im Sommer – um 2 Stunden (Mitteleuropäische Sommerzeit, Abk. MESZ), voraus, wogegen in San Francisco (120° westlicher Länge) die Uhren 8 Stunden hinter der Weltzeit zurück sind. Etwa längs des 180. Breitengrades verläuft die Datumsgrenze (→ GPS).

Zeitdilatation

Die Uhren in bewegten, beschleunigten oder der Schwerkraft ausgesetzten Systemen gehen, von einem Inertialsystem aus betrachtet, nach, unterliegen also einer *Zeitdilatation* oder *Zeitdehnung.* Für gleichförmig geradlinig bewegte Systeme folgt das aus der Lorentz-Transformation, für beschleunigte Systeme aus der allgemeinen → Relativitätstheorie.

Zenti-

Abk. c, Vorsilbe bei Maßeinheiten (→ Maße und Maßsysteme), bezeichnet den 100. Teil einer Grundeinheit, z. B. 1 Zentimeter (cm) = 0,01 Meter.

Zentralkraft

Wenn eine Kraft zwischen zwei Körpern unabhängig von deren gegenseitiger Lage stets auf denselben Punkt hinweist, handelt es sich um eine *Zentralkraft*. Beispiele sind 1. die Gravitationskraft, deren Vektoren immer auf den gemeinsamen Schwerpunkt gerichtet sind; 2. die Coulomb-Kraft, die zum Ladungsschwerpunkt hinweist; 3. in rotierenden Systemen die Zentripetalkraft, die stets zum Rotationszentrum weist. Alle Zentralkräfte sind *konservativ* und haben deshalb ein → Potential. Das bedeutet, daß in ihrem Kraftfeld die geleistete Arbeit unabhängig vom Weg ist, auf dem sie geleistet wird. Außerdem gilt in jedem Zentralfeld die Drehimpulserhaltung bezüglich des Zentrums und damit der Flächensatz (→ Keplersche Gesetze).

Zustandsfläche

Mit dem Begriff *Zustandsfläche* bezeichnet man die dreidimensionale Darstellung in den Koordinaten Druck, Volumen und Temperatur für die Existenzmöglichkeiten thermodynamischer Systeme (→ Aggregatzustand).

Nobelpreise für Physik
Alphabetisches Namensverzeichnis

Name	*Jahr*
Alfvén, H. O. G.	1970
Alvarez L. W.	1968
Anderson C. D.	1936
Anderson P. W.	1977
Appleton, E. V.	1947
Bardeen, J.	1956, 1972
Barkla, C. G.	1917
Bassow, N.	1964
Becquerel, H.	1903
Bednorz, J. G.	1987
Bethe, H. A.	1967
Binnig, G.	1986
Blackett, P. M. S.	1948
Bloch, F.	1952
Bloembergen, N.	1981
Bohr, A.	1975
Bohr, N.	1922
Born, M.	1954
Bothe, W.	1954
Bragg, W. H.	1915
Bragg, W. L.	1915
Brattain, W. H.	1956
Braun, K. F.	1909
Bridgman, P. W.	1946
Brockhouse, B.	1994
Broglie, L.-V.	1929
Chadwick, J.	1935
Chamberlain, O.	1959
Chandrasekhar, S.	1983
Charpak, G.	1992
Chu, S.	1997
Cockcroft, J. D.	1951
Cohen-Tannoudji, C.	1997
Compton, A. H.	1927
Cooper, L. N.	1972
Cronin, J. W.	1980
Curie, M.	1903
Curie, P.	1903
Dalén, N. G.	1912
Davisson, C. J.	1937
Dehmelt, H. G.	1989
Dirac, P. A. M.	1933
Einstein, A.	1921
Esaki, L.	1973
Fermi, E.	1938
Feynman, R. P.	1965
Fitch, V. L.	1980
Fowler, W. A.	1983
Franck, J.	1925
Frank, I. M.	1958
Friedman, J. I.	1990
Gabor, D.	1971
Gell-Mann, M.	1969
Gennes, P.-G. de	1991
Giaever, I.	1973
Glaser, D. A.	1960
Glashow, S. L.	1979
Goeppert-Mayer, M.	1963
Guillaume, C. É.	1920
Heisenberg, W.	1932
Hertz, G.	1925
Hess, V. F.	1936
Hewish, A.	1974
Hofstadter, R.	1961
Hulse, Russel A.	1993
Jensen, H. D.	1963
Josephson, B. D.	1973
Kamerlingh Onnes, H.	1913
Kapitza, P. L.	1978
Kastler, A.	1966
Kendall, H. W.	1990
Klitzing, K. v.	1985
Kusch, P.	1955
Lamb, W. E.	1955
Landau, L. D.	1962
Laue, M. v.	1914
Laughlin, R. B.	1998
Lawrence, E. O.	1939
Ledermann, L. M.	1988
Lee, D. M.	1996
Lee, T.-D.	1957
Lenard, P.	1905
Lippmann, G.	1908
Lorentz, H. A.	1902
Marconi, G.	1909
Meer, S. v. d.	1984
Michelson, A. A.	1907
Millikan, R. A.	1923
Mößbauer, R.	1961
Mott, N. F.	1977
Mottelson, B. R.	1975
Müller, K. A.	1987
Néel, L. E. F.	1970
Osheroff, D. D.	1966
Paul, W.	1989
Pauli, W.	1945
Penzias, A. A.	1978
Perl, M. L.	1995
Perrin, J.-B.	1926
Phillips, W. D.	1997
Planck, M.	1918
Powell, C. F.	1950
Prochorow, A. M.	1964
Purcell, E. M.	1952
Rabi, I. I.	1944
Rainwater, J.	1975
Raman, C. V.	1930
Ramsey, N. F.	1989
Rayleigh, J. W.	1904
Reines, F.	1995
Richardson, O.	1928
Richardson, R. C.	1996
Richter, B.	1976
Rohrer, H.	1986
Röntgen, W. C.	1901
Rubbia, C.	1984
Ruska, E.	1986
Ryle, M.	1974
Salam, A.	1979
Schawlow, A. L.	1981
Schrieffer, J. R.	1972
Schrödinger, E.	1933
Schwartz, M.	1988
Schwinger, J.	1965
Segrè, E.	1959
Shockey, W. B.	1956
Shull, C.	1994
Siegbahn, Karl M.	1924
Siegbahn, Kai M.	1981
Stark, J.	1919
Steinberger, J.	1988
Stern, O.	1943
Störmer, H. L.	1998
Tamm, I. J.	1958
Taylor, J.	1993
Taylor, R. E.	1990
Thomson, G. P.	1937
Thomson, J. J.	1906
Ting, S. C. C.	1976
Tomonaga, S.-I.	1965
Townes, C. H.	1964
Tscherenkow, P. A.	1958
Tsui, D. C.	1998
Vleck, J. H. v.	1977
Waals, J. D. v. d.	1910
Walton, E.	1951
Weinberg, S.	1979
Wien, W.	1911
Wigner, E. P.	1963
Wilson, C. T. R.	1927
Wilson, K. G.	1982
Wilson, R. W.	1978
Yang, C. N.	1957
Yukawa, H.	1949
Zeeman, P.	1902
Zernike, F.	1953

Biographien, geordnet nach den Jahreszahlen der Preisverleihung

1901

Wilhelm Conrad **Röntgen,** deutscher Physiker, * 27. 3. 1845 Lennep (heute zu Remscheid), † 10. 2. 1923 München; Arbeiten auf dem Gebiet der spezifischen Wärme, der Physik der Kristalle; entdeckte 1895 die Röntgenstrahlen und erhielt dafür den ersten Nobelpreis für Physik. Die Einheit *Röntgen* wurde nach ihm benannt.

1902

Hendrik A. **Lorentz,** niederländischer Physiker, * 18. 7. 1853 Arnheim, † 4. 2. 1928 Haarlem; stellte 1895 die klassische Elektronentheorie auf (Erklärung des Zeeman-Effekts); deutete als erster das Ergebnis des Michelson-Versuchs durch die Längskontraktion, die schnell bewegte Körper erleiden *(L.-Kontraktion).* Die nach ihm benannte *L.-Transformation* beschreibt den Übergang von einem ruhenden zu einem gleichförmig bewegten System und spielt eine wichtige Rolle in der Relativitätstheorie.

Pieter **Zeeman,** niederländischer Physiker, * 25. 5. 1865 Zonnemaire, † 9. 10. 1943 Amsterdam; arbeitete über den Einfluß von Magnetfeldern auf elektromagnetische Strahlung; entdeckte den *Zeeman-Effekt.*

1903

Henri **Becquerel,** französischer Physiker, * 15. 12. 1832 Paris, † 25. 8. 1908 Le Croisic; entdeckte 1896 die radioaktive Strahlung des Urans (ursprünglich als *B-Strahlen* bezeichnet). Die neue Maßeinheit der Radioaktivität, das *Becquerel,* wurde nach ihm benannt.

Marie **Curie** (geb. *Skłodowska*), polnische Chemikerin, verheiratet mit Pierre C., * 7. 11. 1867 Warschau, † 4. 7. 1934 Sancellemoz (Schweiz); entdeckte die radioaktiven Elemente Polonium und Radium; isolierte reines Radium, bestimmte seine Eigenschaften und Verbindungen und erhielt 1911 erneut den Nobelpreis (für Chemie).

Pierre **Curie,** französischer Physiker, verheiratet mit Marie C., * 15. 5. 1859 Paris, † 19. 4. 1906 ebenda; entdeckte 1883 die Piezoelektrizität und 1895 die *Curie-Temperatur,* oberhalb derer der Ferromagnetismus sprunghaft verschwindet und die Substanz nur noch Paramagnetismus zeigt.

1904

Lord John William **Rayleigh** (vor 1873 *John William Strutt*), englischer Physiker, * 12. 11. 1842 Langford Grove (Essex), † 30. 6. 1919 Terlin Place (Essex); Arbeiten über die Dichte von Gasen und die Entdeckung des Edelgases Argon.

1905

Philipp **Lenard,** deutscher Physiker, * 7. 6. 1862 Preßburg, † 20. 5. 1947 Messelhausen (Nordbaden); Arbeiten über Kathodenstrahlen und Entwicklung der Elektronentheorie, als *L.-Effekte* bezeichnet man u. a.: 1. die Ionisierung von Gasen durch ultraviolettes Licht, 2. die Entstehung elektrischer Ladungen beim Zerplatzen von Wassertropfen: Die Luft nahe bei Wasserfällen ist negativ geladen *(Wasserfallelektrizität).*

1906

Sir Joseph John **Thomson,** englischer Physiker, * 18. 12. 1856 Cheetham Hill (bei Manchester), † 30. 8. 1940 Cambridge; vor allem Untersuchungen des Durchgangs von elektrischen Ladungen durch Gase (u. a. Bestimmung des Verhältnisses von Ladung und Masse der einzelnen Teilchen).

1907

Albert Abraham **Michelson,** amerikanischer Physiker, * 19. 12. 1852 Strelno (Posen), † 9. 5. 1931 Pasadena; fand 1881 zusammen mit dem amerikanischen Chemiker *Edward Williams Morley* (1838–1923) *(M.-Morley-Versuch),* daß die Lichtgeschwindigkeit unabhängig von der Bewegung der Lichtquelle (z. B. relativ zur Erde) ist (Widerlegung der ›Ätherhypothese‹).

1908

Gabriel **Lippmann,** französischer Physiker, * 16. 8. 1845 in Hollerich (Luxemburg), † 13. 7. 1921 auf einer Seereise; entwickelte ein Verfahren für die Farbphotographie auf der Grundlage von Interferenzerscheinungen.

1909

Karl Ferdinand **Braun,** deutscher Physiker, * 6. 6. 1850 Fulda, † 20. 4. 1918 New York; erfand die nach ihm benannte Kathodenstrahlröhre *(Braunsche Röhre)*; erhielt den Nobelpreis für seine Arbeiten über drahtlose Telegraphie.

Guglielmo **Marconi,** italienischer Ingenieur, * 25. 4. 1874 Griffone (bei Bologna), † 20. 7. 1937 Rom; erfand 1895 die geerdete Sendeantenne; 97 gelang ihm die drahtlose Übertragung von Nachrichten über mehrere Kilometer, 1901, von Lizard Point (Südengland) aus, über den Atlantik.

1910

Johannes Diderik van der **Waals,** niederländischer Physiker, * 23. 11. 1837 Leiden, † 7. 3. 1923 Amsterdam; fand die Gesetze, nach denen sich Moleküle eines Gases gegenseitig anziehen, und stellte eine Zustandsgleichung für (reale) Gase auf *(van-der-Waalssche Gleichung),* die die gegenseitige Anziehungskraft sowie das Volumen der Moleküle berücksichtigt. Während die allgemeine Gasgleichung für ein ideales Gas die Form $p \cdot V = n \cdot R \cdot T$ hat, mit p = Druck, V = Volumen, n = Anzahl der Mole, R = Gaskonstante, T = Temperatur (in Kelvin), hat die van-der-Waalssche Gleichung die Form $(p + a/V^2) \cdot (V - b) = n \cdot R \cdot T$. Die Größe a/V^2 ist eine Korrekturgröße für den durch gegenseitige Abstoßung der Moleküle erhöhten Druck, b eine Korrekturgröße für das Eigenvolumen.

1911

Wilhelm **Wien,** deutscher Physiker, * 13. 1. 1864 Gaffken (bei Fischhausen/Ostpreußen), † 30. 8. 1928 München; befaßte sich mit den Erscheinungen der Wärmestrahlung; das *Wiensche Verschiebungsgesetz* besagt, daß bei wachsender Temperatur ein Körper Strahlung mit kürzeren Wellenlängen aussendet.

1912

Nils Gustaf **Dalén,** schwedischer Ingenieur, * 30. 11. 1869 Stenstorp, † 9. 12. 1937 Stockholm; erfand 1906 das *D.-Blinklicht,* eine Signalbeleuchtung, bei der durch wechselndes Öffnen und Schließen der Gaszufuhr aus einer Stahlflasche zu einem Acetylenbrenner helle Lichtblitze von etwa 1/10 s Dauer erzeugt werden, entwickelte selbstwirkende Regulatoren für die Beleuchtung von Leuchttürmen und Leuchtbojen.

1913

Heike **Kamerlingh Onnes,** niederländischer Physiker, * 21. 9. 1853 Groningen, † 21. 2. 1926 Leiden; gründete 1894 das Kältelaboratorium an der Universität Leiden, wo er 1908 Helium und Wasserstoff verflüssigte und 1911 die Supraleitung entdeckte.

1914

Max von **Laue,** deutscher Physiker, * 9. 10. 1879 Pfaffendorf (bei Koblenz), † 24. 4. 1960 Berlin (West); entdeckte die Beugung von Röntgenstrahlen in Kristallen, baute die Relativitätstheorie weiter aus und entwickelte eine Theorie der Supraleitung. – Das nach ihm benannte *L.-Verfahren* dient zur Untersuchung der Kristallstruktur mit Röntgenstrahlen. Nach der Beugung der Röntgenstrahlen beim Durchgang durch einen Kristall entstehen auf einer photographischen Platte regelmäßig angeordnete Interferenzflecke *(L.-Diagramme),* die für den betreffenden Kristall charakteristisch sind.

1915

Sir William Henry **Bragg,** englischer Physiker, * 2. 7. 1862 Westward (Cumberland), † 12. 3. 1942 London; erfand zusammen mit seinem Sohn *Sir William Lawrence B.* die sog. Drehkristallmethode zur Spektroskopie mit Röntgenstrahlen und gewann damit grundlegende Einsichten in die Struktur und den Aufbau der Kristalle. Aus der Anordnung der Beugungs- und Reflexionspunkte des Röntgenstrahls läßt sich die Anordnung der Atome im Kristallgitter bestimmen.

Sir William Lawrence **Bragg,** Sohn von *Sir William Henry B.,* englischer Physiker, * 31. 3. 1890 Adelaide (Australien), † 1. 7. 1971 London; entwickelte zusammen mit seinem Vater die Drehkristallmethode.

1916

Keine Verleihung

1917

Charles Glover **Barkla,** englischer Physiker, * 7. 6. 1877 Widnes (Lancashire), † 23. 10. 1944 Edinburgh; entdeckte 1905 die Polarisierbarkeit der Röntgenstrahlen. Er erhielt den Nobelpreis für die Entdeckung, daß Atome bei entsprechender Anregung Röntgenstrahlen aussenden, deren Wellenlänge für jede Elektronenschale spezifisch ist.

1918

Max **Planck,** deutscher Physiker, * 23. 4. 1858 Kiel, † 4. 10. 1947 Göttingen; trug zur vertieften Kenntnis der Thermodynamik bei (2. Hauptsatz, Nernstsches Wärmetheorem). Die Untersuchung der Strahlung erhitzter Körper führte ihn zu der Erkenntnis, daß Energie nicht kontinuierlich, sondern in kleinsten ›Portionen‹, sog. Quanten, ausgestrahlt wird. Er führte das *Plancksche Wirkungsquantum* ein. Nach ihm benannt die Max-Planck-Gesellschaft zur Förderung der Wissenschaften e.V., gegründet 1948 als Nachfolger der Kaiser-Wilhelm-Gesellschaft.

1919

Johannes **Stark,** deutscher Physiker, * 15. 4. 1874 Schickenhof (bei Amberg), † 21. 6. 1957 Traunstein; entdeckte 1913 die Aufspaltung der Spektrallinien bestimmter Atome in mehrere Einzellinien unter dem Einfluß eines starken elektrischen Feldes *(Stark-Effekt)* und den Doppler-Effekt an Kanalstrahlen.

1920

Charles Édouard **Guillaume,** französischer Physiker, * 15. 2. 1861 Fleurier (Kanton Neuenburg), † 13. 6. 1938 Paris; verwendete als erster in der Zeitmeßtechnik das Invar, eine Eisen-Nickel-Legierung mit sehr geringer Wärmeausdehnung.

1921

Albert **Einstein,** deutscher Physiker, * 14. 3. 1879 Ulm, † 18. 4. 1955 Princeton (NJ); erst am Patentamt in Bern tätig, dann Professor in Zürich und Prag, ab 1914 Leiter des Kaiser-Wilhelm-Institutes in Berlin, 1933 emigrierte E. nach den USA (Professor in Princeton). Neben seiner speziellen und allgemeinen Relativitätstheorie (1905 bzw. 16) war es vor allem seine Quantenhypothese des Lichtes *(Einsteinsches Äquivalenz-Gesetz),* die das Weltbild der physikalischen Forschung grundlegend erweiterte. Ferner sind seine Arbeiten über die Theorie der Brownschen Molekularbewegung und über die spezifische Wärme fester Körper sowie seine Gleichung für die Äquivalenz von Masse und Energie hervorzuheben: $E = m \cdot c^2$, d. h. Energie E gleich Masse m multipliziert mit dem Quadrat der Lichtgeschwindigkeit c.

1922

Niels **Bohr,** dänischer Physiker, * 7. 10. 1885 Kopenhagen, † 18. 11. 1962 ebenda; Professor in Kopenhagen, Direktor des dortigen Instituts für theoretische Physik, wandte im *Bohrschen Atommodell* quantentheoretische Prinzipien auf das Rutherfordsche Atommodell an, stellte die Bohrsche Frequenzbedingung auf und bestimmte das magnetische Moment des Elektrons *(Bohrsches Magneton).* Das Bohrsche Korrespondenzprinzip besagt, daß die Quantenmechanik im Grenzfall klassisch-mechanischen Prinzipien entspricht. 1943–45 arbeitete B. in Los Alamos (USA) an der Entwicklung der Atombombe mit.

1923

Robert Andrews **Millikan,** amerikanischer Physiker, * 22. 3. 1868 Morrison, † 19. 12. 1953 San Marino; bestimmte als erster den genauen Wert der elektrischen Elementarladung *(Millikanscher Öltröpfchenversuch);* weitere Arbeiten u. a. über den lichtelektrischen Effekt und die Höhenstrahlung.

1924

Karl Manne **Siegbahn,** schwedischer Physiker, * 3. 12. 1886 Örebro, † 26. 9. 1978 Stockholm; entwickelte und verbesserte Methoden der Röntgenspektroskopie.

1925

James **Franck,** deutscher Physiker, *26. 8. 1882 Hamburg, †21. 5. 1964 Göttingen; erbrachte im *F.-Hertzschen Versuch* den experimentellen Nachweis, daß die Elektronen der Atomhülle diskrete Energiezustände besitzen, und erkannte die Intensitätsverteilung in den Banden eines Spektrums *(F.-Condon-Prinzip).*

Gustav **Hertz,** deutscher Physiker, Neffe von *Heinrich H.,* *22. 7. 1887 Hamburg, †28. 10. 1975 Berlin (Ost); erhielt den Nobelpreis für den zusammen mit *J. Franck* erbrachten Nachweis der Anregung von Gasatomen durch Elektronenstöße; entwickelte ein Verfahren zur Trennung von Isotopen mittels Thermodiffusion, das bei der Gewinnung von Uran 235 bedeutsam wurde.

1926

Jean-Baptiste **Perrin,** französischer Physiker, *30. 9. 1870 Lille, †17. 4. 1942 New York; wies nach, daß die Kathodenstrahlen negativ ›geladen‹ sind; bestätigte experimentell die kinetische Gastheorie und die Brownsche Molekularbewegung.

1927

Arthur Holly **Compton,** amerikanischer Physiker, * 10. 9. 1892 Wooster, † 15. 3. 1962 Berkeley; erhielt den Nobelpreis für die Entdeckung des *Compton-Effekts,* fand ferner ein Verfahren, die Wellenlängen der Röntgenstrahlen unmittelbar mittels optischer Gitter zu bestimmen.

Charles Thomson Rees **Wilson,** britischer Physiker, *14. 2. 1869 Glencorse (Schottland), †15. 11. 1959 Carlops (bei Edinburgh); entwickelte die Nebelkammer.

1928

Sir Owen **Richardson,** englischer Physiker, *26. 4. 1879 Dewsbury, †15. 2. 1959 London; Arbeiten zur Elektronenemission glühender Körper, entdeckte den glühelektrischen Effekt.

1929

Louis-Victor Duc de **Broglie,** französischer Physiker, * 15. 8. 1892 Dieppe, †19. 3. 1987 Paris; 1928 Professor am Institut Poincaré der Sorbonne in Paris. B. übertrug in seiner Doktorarbeit (1924) den Gesichtspunkt der dualen Erscheinungsformen des Lichtes (Welle – Korpuskel) auch auf die Materie, schuf den Begriff der *Materiewelle* und wurde damit zum Begründer der Wellentheorie, die wenige Jahre später durch Beugungs- und Interferenzerscheinungen an Elektronen, Neutronen und Atomen experimentell bestätigt wurde.

1930

Sir Chandrasekhara Venkata **Raman,** indischer Physiker, * 7. 11. 1888 Trichinopoly (heute Tiruchirapalli), †21. 11. 1970 Bangalore; arbeitete u. a. über Röntgenstrahlen und die Streuung des Lichts; entdeckte 1928 den von *A. Smekal* (1895–1959) vorausgesagten Effekt *(R.-Effekt),* der zur Entwicklung der Raman-Spektroskopie führte.

1931

keine Verleihung

1932

Werner **Heisenberg,** deutscher Physiker, * 5. 12. 1901 Würzburg, † 1. 2. 1976 München; Direktor des Max-Planck-Instituts für Physik in Berlin, danach in Göttingen, seit 1958 in München, Präsident des Deutschen Forschungsrates. Einer der bedeutendsten theoretischen Physiker unserer Zeit, Begründer der Quantenmechanik, stellte 27 die nach ihm benannte *Unschärferelation* auf; weitere grundlegende Arbeiten auf verschiedenen Gebieten der Physik (Kernphysik, Supraleitung, Ferromagnetismus und Elementarteilchen). Arbeitete seit 60 an der Aufstellung einer einheitlichen Feldtheorie (Weltformel).

1933

Erwin **Schrödinger,** österreichischer Physiker, * 12. 8. 1887 Wien, † 4. 1. 1961 ebenda; lieferte in seiner Wellenmechanik eine mathematische Darstellung der Materiewellen und der Quantenmechanik; seine *Sch.-Gleichung* ist von größter Bedeutung.

Paul Adrien Maurice **Dirac,** englischer Physiker, * 8. 8. 1902 Bristol, † 21. 10. 1984 Tallahassee (Florida); stellte die *D.-Gleichung* für das Elektron auf und übertrug die quantenmäßige Behandlung in der *D.-Strahlungstheorie* auch auf das gesamte elektromagnetische Feld. D. sagte das Positron und das Antiproton voraus.

1934

keine Verleihung

1935

James **Chadwick,** englischer Physiker, * 24. 10. 1891 Manchester, † 24. 7. 1974 Pinehurst (bei Cambridge); entdeckte 1932 das schon von *E. Rutherford* vermutete Neutron und bestimmte seine Masse.

1936

Carl David **Anderson,** amerikanischer Physiker, * 3. 9. 1905 New York, † 11. 1. 1991 San Marino (CA); entdeckte 1932 das von *P. Dirac* vorausgesagte Positron und mit *Neddermeyer* 1937 das von *H. Yukawa* vermutete Meson.

Viktor Franz **Hess,** österreichischer Physiker, * 24. 6. 1883 Waldstein (Steiermark), † 18. 12. 1964 Mount Vernon; erhielt den Nobelpreis für seine Entdeckung und Erforschung der Höhenstrahlung (1912).

1937

Clinton Joseph **Davisson,** amerikanischer Physiker, * 22. 10. 1881 Bloomington, † 1. 2. 1958 Charlottesville; erbrachte mit *L. H. Germer* den Nachweis, daß auch Elektronenstrahlen Welleneigenschaften besitzen.

Sir George Paget **Thomson,** Sohn von *Sir Joseph J. Th.,* englischer Physiker, * 3. 5. 1892 Cambridge, † 10. 9. 1975 ebenda; untersuchte die Beugung von Elektronen in Kristallen und bestätigte damit die Theorie der Materiewellen.

1938

Enrico **Fermi,** italienischer Physiker, * 29. 9. 1901 Rom, † 28. 11. 1954 Chicago; stellte eine Theorie des β-Zerfalls von Nukleonen auf und erarbeitete mit der *Fermi-Dirac-Statistik* eine Theorie des Verhaltens von Elektronen im Kristallgitter. Er entdeckte die Kernumwandlung durch Beschuß mit langsamen Neutronen und 1942 die Steuerung der Kettenreaktion in einem Kernreaktor.

1939

Ernest Orlando **Lawrence,** amerikanischer Physiker, * 8. 8. 1901 Canton, † 27. 8. 1958 Palo Alto; entwickelte 1930 das erste Zyklotron zur Beschleunigung und Untersuchung von Elementarteilchen.

1940, 1941, 1942

keine Verleihung

1943

Otto **Stern,** deutscher Atomphysiker, * 17. 2. 1888 in Sorau (Niederlausitz), † 18. 8. 1969 Berkeley; ab 1933 in den USA; wies 21 zusammen mit *W. Gerlach (Stern-Gerlach-Versuch)* durch die Ablenkung eines Strahls von Silberionen in einem inhomogenen Magnetfeld die *Richtungsquantelung* des Spins der Elektronen nach und bestimmte das magnetische Moment der Silberatome.

1944

Isaac Isidor **Rabi,** amerikanischer Physiker, * 29. 7. 1898 Rymanow (Galizien), † 11. 1. 1988 New York; entwickelte eine Methode zur Messung des magnetischen Moments von Atomkernen.

1945

Wolfgang **Pauli,** österreichischer Physiker, * 25. 4. 1900 Wien, † 15. 12.1958 Zürich; lieferte grundlegende Beiträge zur Quantenmechanik, stellte 1925 das *P.-Prinzip (Ausschließungsprinzip)* auf: Am Aufbau von Atomen und Molekülen können nur solche Elektronen beteiligt sein, die sich wenigstens hinsichtlich einer ihrer vier Quantenzahlen unterscheiden. Dieses Prinzip ist u. a. für das Verständnis des Periodensystems der Elemente von Bedeutung und auch in der Kern- und Elementarteilchenphysik gültig.

1946

Percy William **Bridgman,** amerikanischer Physiker, * 21. 4. 1882 in Cambridge, † (Freitod) 20. 8. 1961 Randolph; erforschte das Verhalten der Materie unter höchsten Drücken (bis 2,7 Mio. bar) und verschiedenen Temperaturen, wobei er auch die dazu erforderlichen Verfahren und Geräte entwickelte; er entdeckte u. a. den elektrisch leitenden schwarzen Phosphor und andere Elementmodifikationen.

1947

Sir Edward Victor **Appleton,** englischer Physiker, * 6. 9. 1892 Bradford, † 21. 4. 1965 Edinburgh; wies die von *O. Heaviside* vermutete ionisierte Luftschicht *(E-Schicht)* der irdischen Atmosphäre durch Funkecho nach. Die F-Schicht in etwa 150–400 km Höhe wird nach ihm auch Appleton-Schicht genannt.

1948

Patrick Maynard Stuart **Blackett,** englischer Physiker, * 18. 11. 1897 London, † 13. 7. 1974 ebenda; erfand 1932 mit *Occhialini* die durch ein Zählrohr gesteuerte, automatische Nebelkammer und machte damit die Paarbildung Elektron-Positron, ferner die Schauerbildung der kosmischen Strahlung sowie Kernumwandlungen sichtbar.

1949

Hideki **Yukawa,** japanischer Physiker, * 23. 1. 1907 Tokio, † 8. 9. 1981 Kioto; stellte die Theorie auf, daß die Kernkräfte auf dem dauernden Austausch von Mesonen beruhen; führte den Begriff des ›nichtlokalen‹ Feldes ein.

1950

Cecil Frank **Powell**, englischer Physiker * 5. 12. 1903 Tonbridge, † 9. 8. 1969 Mailand; entdeckte 1947 die π-Mesonen, untersuchte die Zerfallsgesetze der Mesonen und die Höhenstrahlung.

1951

Sir John Douglas **Cockcroft,** englischer Physiker, * 27. 5. 1897 Todmorden (Yorkshire), † 18. 9. 1967 Cambridge; 1946–59 Direktor des britischen Atomforschungszentrums Harwell, führte zusammen mit *E. Walton* künstliche Atomkernumwandlungen mittels beschleunigter Teilchen durch.

Ernest **Walton**, irischer Physiker, * 6. 10. 1903 Dungarvan, † 25. 6. 1995 Belfast; erhielt zusammen mit *J. Cockcroft* den Nobelpreis für seine Pionierarbeiten zur Umwandlung von Atomkernen mittels beschleunigter Teilchen.

1952

Felix **Bloch,** amerikanischer Physiker, * 23. 10. 1905 Zürich, † 10. 9. 1983 ebenda; Professor an der Stanford-Universität (USA); er bestimmte das magnetische Moment des Neutrons und erfand unabhängig von *E. M. Purcell* ein Verfahren zur Bestimmung nuklearer Magnetfelder in festen, flüssigen und gasförmigen Stoffen.

Edward Mills **Purcell**, amerikanischer Physiker, * 30. 8. 1912 Taylorville (IL), † 7. 3. 1997 Cambridge (MA); Arbeiten über die Spektroskopie und die Messung von Kernmomenten.

1953

Frits **Zernike,** niederländischer Physiker, * 16. 7. 1888 Amsterdam, † 23. 3. 1966 Den Haag; entwickelte das Phasenkontrastmikroskop, das neue Beobachtungsmöglichkeiten in der Mikroskopie eröffnete.

1954

Max **Born,** deutscher Physiker, * 11. 12. 1882 Breslau, † 5. 1. 1970 Göttingen; war Professor in Berlin (1915), Frankfurt a. M., Göttingen, nach 33 in Cambridge, Bangalore (Indien) und Edinburgh (36–53); begründete mit seiner Gittertheorie der Elastizität die Dynamik der Kristallgitter, gab eine Feldtheorie des Elektrons, entwickelte mit *W. Heisenberg* und *P. Jordan* die Quantenmechanik aufgrund einer rein statistischen Interpretation der Quanten.

Walter **Bothe,** deutscher Physiker, * 8. 1. 1891 Oranienburg, † 8. 2. 1957 Heidelberg; erfand die sog. Koinzidenzmethode zur Zählung gleichzeitiger Treffer in zwei Zählrohren und gewann hiermit wichtige Aufschlüsse über die kosmische Strahlung und über Atomkernprozesse.

1955

Polykarp **Kusch,** amerikanischer Physiker, * 26. 1. 1911 Blankenburg (Harz), † 20. 3. 1993 Dallas; bestimmte 1947 den genauen Wert des magnetischen Moments des Elektrons.

Willis Eugene **Lamb,** amerikanischer Physiker, * 12. 7. 1913 Los Angeles; Untersuchungen über die Feinstruktur des Wasserstoffspektrums, wo er eine als *Lamb-Shift* bezeichnete Zitterbewegung des Elektrons entdeckte, die durch Fluktuation des elektromagnetischen Feldes verursacht wird.

1956

John **Bardeen,** amerikanischer Physiker, * 23. 5. 1908 Madison, † 30. 1. 1991 Boston; entdeckte 1949 die Ladungstrennung zwischen verschiedenen Halbleiterschichten (Transistoreffekt) und leitete die Entwicklung des Transistors ein. Erhielt gemeinsam mit *L. N. Cooper* und *J. R. Schrieffer* 72 erneut den Nobelpreis für die quantenmechanische Deutung der Supraleitung.

Walter Houser **Brattain,** amerikanischer Physiker, * 10. 2. 1902 Amoy (China), † 13. 10. 1987 Seattle; arbeitete seit 1929 in den Bell Telephone Laboratories über Elektronenemission an heißen Oberflächen und adsorbierten Schichten, war an der Entwicklung des Transistors beteiligt.

William Bradford **Shockley,** amerikanischer Physiker, * 13. 2. 1910 London, † 12. 8. 1989 Stanford (CA); arbeitete über Halbleiter und den Transistoreffekt.

1957

Tsung-Dao **Lee,** chinesischer Physiker, * 25. 11. 1926 Schanghai; lebt z. Z. in den USA; wies nach, daß die Parität bei schwachen Wechselwirkungen nicht erhalten bleibt.

Chen Ning **Yang**, amerikanischer Physiker chinesischer Herkunft, * 22. 9. 1922 Hofei (China); erhielt den Nobelpreis für Arbeiten über experimentell nachgewiesene Einschränkungen des Paritätsprinzips, nach denen es Elementarprozesse gibt, bei denen die Rechts-Links-Symmetrie nicht gewahrt ist.

1958

Ilja Michailowitsch **Frank,** russischer Physiker, * 10. 10. 1908 St. Petersburg, † 22. 6. 1990 Moskau; erklärte die Grundlagen der Tscherenkow-Strahlung.

Igor Jewgenjewitsch **Tamm,** sowjetischer Physiker, * 26. 6. 1895 Wladiwostok, † 12. 4. 1971 Moskau; Arbeiten u. a. zur Theorie der *Tscherenkow-Strahlung.*

Pawel Alexejewitsch **Tscherenkow,** russischer Physiker, * 15. 7. 1904 bei Woronesch; entdeckte die *T.-Strahlung:* Bewegt sich ein geladenes Teilchen durch eine Substanz mit einer Geschwindigkeit, die größer ist als die Lichtgeschwindigkeit in der betreffenden Substanz, so bewirkt es die Emission eines Lichtkegels. Dies ermöglichte den Bau eines Zählrohrs mit höchstem Auflösungsvermögen *(T.-Zähler).*

1959

Owen **Chamberlain,** amerikanischer Physiker, * 10. 7. 1920 San Francisco; arbeitete über die Polarisation von Protonen-

Strahlen und entdeckte zusammen mit *Wiegand, E. Segrè* und *Ypsilantis* das Antiproton.

Emilio **Segrè,** italienischer Physiker, * 1. 2. 1905 Tivoli (bei Rom), † 22. 4. 1989 Lafayette (CA); 1938–74 in der Emigration in den USA; entdeckte zusammen mit *G. T. Seaborg* die Elemente Technetium, Astat und Plutonium, wies die Existenz des Antiprotons nach.

1960

Donald Arthur **Glaser,** amerikanischer Physiker, * 21. 9. 1926 Cleveland; Erfinder der Blasenkammer.

1961

Robert **Hofstadter,** amerikanischer Physiker, * 5. 2. 1915 New York, † 17. 11. 1990 Stanford; 1954 Professor für Physik an der Stanford-Universität in Kalifornien, befaßte sich vor allem mit der Untersuchung der Struktur der Atomkerne und der Nukleonen; bahnbrechende Arbeiten auf diesem Gebiet.

Rudolf **Mößbauer,** deutscher Physiker, * 31. 1. 1929 München; Arbeiten über Kernresonanzfluoreszenz *(Mößbauer-Effekt):* Im allgemeinen können die von einem radioaktiven Kern emittierten Gammastrahlen nicht wieder von Kernen gleicher Art absorbiert werden, da ein Teil ihrer Energie als Rückstoßenergie auf das emittierende Atom übertragen wird. Baut man dagegen die Kerne in ein Kristallgitter ein, wird bei sehr tiefen Temperaturen der Rückstoß vom ganzen Kristall aufgenommen, der aber wegen seiner großen Masse in Ruhe bleibt. Die Gammastrahlung wird so in ihrer vollen Energie emittiert und kann von entsprechenden Kernen wieder absorbiert werden; es tritt Fluoreszenz auf. Die Resonanzkurven *(Mößbauer-Linien)* sind bei weitem die schmalsten aller bisher bekannten physikalischen Erscheinungen; sie stellen somit das weitaus genaueste Frequenznormal dar. Vielseitige Anwendung auf allen Gebieten der Physik; u. a. gelang mit Hilfe des M.-Effekts eine experimentelle Bestätigung der Relativitätstheorie.

1962

Lew Dawidowitsch **Landau,** sowjetischer Physiker, * 9. 1. 1908 Baku, † 1. 4. 1968 Moskau; Arbeiten über Diamagnetismus und Tieftemperaturphysik; erarbeitete zusammen mit *W. L. Ginsburg* eine Theorie der Supraleitung *(Ginsburg-Landau-Theorie),* die inzwischen experimentell bestätigt wurde.

1963

Maria **Goeppert-Mayer,** deutsch-amerikanische Physikerin, * 28. 6. 1906 Kattowitz, † 20. 2. 1972 San Diego; entwickelte zusammen mit *H. D. Jensen* das *Schalenmodell* des Atomkerns.

Hans Daniel **Jensen,** deutscher Physiker, * 25. 6. 1907 Hamburg, † 11. 2. 1973 Heidelberg; entwickelte zunächst unabhängig, später in Zusammenarbeit mit *M. Goeppert-Mayer* das *Schalenmodell* des Atomkerns. Dieses Modell brachte eine Erklärung für die schon lange vorher bekannten Erkenntnisse, daß Kerne mit den sog. magischen Nukleonenzahlen (2, 8, 20, 28, 50, 82, 126) besonders stabil sind, Kerne mit einer nur geringfügig von diesen Zahlen abweichenden Nukleonenzahl dagegen besonders instabil (radioaktiv) sind.

Eugene Paul **Wigner**, amerikanischer Physiker ungarischer Abstammung, * 17. 2. 1902 Budapest, † 1. 1. 1995 Princeton; lieferte wesentliche Beiträge zur Theorie des Atomkerns und der Elementarteilchen.

1964

Nikolai **Bassow,** sowjetischer Physiker, * 14. 12. 1922 Usman; zweimaliger Lenin-Preisträger; Arbeiten auf dem Gebiet der Quantenelektronik, die den Bau von Laser und Maser ermöglichten.

Alexander Michailowitsch **Prochorow,** sowjetischer Physiker, * 11. 7. 1916 Atherton (Australien); Arbeiten auf dem Gebiet der Quantenelektronik (grundlegend für den Bau von Maser und Laser).

Charles Hard **Townes,** amerikanischer Physiker, * 28. 7. 1915 Greenville; seine grundlegenden Arbeiten auf dem Gebiet der Quantenelektronik ermöglichten den Bau von Maser und Laser.

1965

Richard Paul **Feynman,** amerikanischer Physiker, * 11. 5. 1918 New York, † 15. 2. 1988 Los Angeles; entwickelte die von *P. Dirac* begründete Quantenelektrodynamik weiter und führte dabei zur Illustration die *F.-Graphen* ein.

Julian **Schwinger,** amerikanischer Physiker, * 12. 2. 1918 New York, † 16. 7. 1994 Los Angeles; grundlegende Arbeiten auf dem Gebiet der Quantenelektrodynamik über die Änderung der Ladung und Masse von Elektronen in elektromagnetischen Feldern.

Sin-Itiro **Tomonaga,** japanischer Physiker, * 31. 3. 1906 Tokio, † 8. 7. 1979 ebenda; Arbeiten auf dem Gebiet der Quantenelektrodynamik und Elektrodynamik.

1966

Alfred **Kastler,** französischer Physiker, * 3. 5. 1902 Gebweiler (Elsaß), † 7. 1. 1984 Bandol; entwickelte Methoden (optische Resonanz-Effekte) für die Untersuchung der Strukturen atomarer Bindungen; Wegbereiter des Lasers.

1967

Hans Albrecht **Bethe,** amerikanischer Physiker, * 2. 7. 1906 Straßburg; emigrierte 1933, lebt seit über 35 Jahren in den USA; grundlegende Arbeiten über Kern- und Elementarteilchenphysik; erbrachte den Nachweis, daß Fixsterne (z. B. die Sonne) ihre Energie aus der Kernfusion von Wasserstoffatomen (meist zu Helium) beziehen. Diese erfolgt im Sterninnern bei Temperaturen von mehreren Millionen Grad, wahrscheinlich je zur Hälfte direkt *(Proton-Proton-Reaktion)* und über einen zyklischen, sechsstufigen Prozeß unter Mitwirkung von Kohlenstoffatomen *(B.-Weizsäcker-Zyklus).* Ausgehend vom Isotop C 12 wird durch mehrmalige Aufnahme von Protonen und den Zerfall von Protonen in Neutronen das Isotop O 16 aufgebaut, das sich schließlich unter Abspaltung eines Heliumkerns wieder in das Isotop C 12 verwandelt. Je Zyklus wird dabei eine Energie von rd. 27 MeV frei, je g gebildeten Heliums etwa $6 \cdot 10^8$ kJ.

1968

Luis Walter **Alvarez,** amerikanischer Physiker, * 13. 6. 1911 San Francisco, † 1. 9. 1988 Berkeley; Arbeiten über Kern- und

Elementarteilchenphysik; Entdeckung von Resonanzen bei Elementarteilchen.

1969

Murray **Gell-Mann,** amerikanischer Physiker, * 15. 9. 1929 New York; seit 1956 Ordinarius für Theoretische Physik an der Technischen Hochschule von Kalifornien (CALTEC). Beschäftigte sich besonders mit der Theorie der Elementarteilchen, wobei er eine einfachste Gruppe von Teilchen postuliert, die *Quarks,* aus denen alle anderen aufgebaut sein sollen. Trotz intensiver Suche in Kernforschungslaboratorien gelang es aber noch nicht, ein einzelnes Quark nachzuweisen. Nobelpreis für Entdeckungen bei der Klassifizierung der Elementarteilchen und ihrer Wechselwirkungen.

1970

Hannes Olof Gösta **Alfvén**, schwedischer Physiker, * 30. 5. 1908 Norrköping, † 2. 4. 1995 Djursholm; nach Studium der Physik in Uppsala als Nuklearphysiker an der Königlich Technischen Hochschule in Stockholm tätig, zahlreiche Gastvorlesungen in den USA. Forschungsgebiete von A. sind u. a. das Plasma und die Plasmaphysik, wo er grundlegende Entdeckungen auf dem Gebiet der Magnetohydrodynamik machte. Er fand die nach ihm benannten *A.-Wellen*, die beim Einwirken magnetischer Felder auf leitende Flüssigkeiten oder Gase auftreten und eine bedeutende Rolle bei der Untersuchung der Entwicklungsgeschichte des Sonnensystems spielen.

Louis Eugène Félix **Néel,** französischer Physiker, * 22. 11. 1904 Lyon; 1946–56 Direktor des Laboratoriums für Elektrostatik und Metallphysik, von 56–71 Chef des Zentrums für Kernforschung in Grenoble, Nobelpreis für seine Entdeckungen auf dem Gebiet des Ferromagnetismus, die zu neuen Erkenntnissen in der Festkörperphysik führten und für den Bau von Magnetspeichern für Computer von grundlegender Bedeutung wurden.

1971

Dennis **Gabor,** britischer Physiker, * 5. 6. 1900 in Budapest, † 9. 2. 1979 London; nach Studium in Budapest 1926/27 am Deutschen Forschungsinstitut für Hochspannungsanlagen, bis 33 bei Siemens & Halske in Berlin tätig, ging 34 nach England, seit 58 Professor für angewandte Elektronenphysik in London. Nobelpreis für Entwicklung der Holographie, deren Grundlagen er bereits 47 erarbeitet hatte, die aber erst durch Einsatz von Laserstrahlen eine Vielzahl praktischer Anwendungen finden konnte.

1972

John **Bardeen,** amerikanischer Physiker, * 23. 5. 1908 Madison, † 30. 1. 1991 Boston; erhielt nach 1956 (Entdeckung des Transistor-Effekts und Entwicklung des ersten Transistors) erneut den Nobelpreis zusammen mit *L. N. Cooper* und *J. R. Schrieffer* für die quantenmechanische Deutung der Supraleitung.

Leon N. **Cooper,** amerikanischer Physiker, * 28. 2. 1930 New York; seit 1966 Professor am College in Providence; Nobelpreis zusammen mit *J. Bardeen* und *J. R. Schrieffer* für die quantenmechanische Deutung der Supraleitung.

John Robert **Schrieffer**, amerikanischer Physiker, * 31. 5. 1931 Oak Park; 1964 bis 79 Professor an der Universität von Pennsylvania, 1980 bis 84 Professor an der Universität von California in Santa Barbara, seit 1984 Direktor des Instituts für Theoretische Physik in Santa Barbara, 1985 zum Essan Khashoggi Professor für Physik ernannt; Nobelpreis zusammen mit *J. Bardeen* und *L. N. Cooper* für die quantenmechanische Deutung der Supraleitung.

1973

Leo **Esaki,** japanischer Physiker, * 12. 3. 1925 Osaka; entwickelte aufgrund der Untersuchungen von *B. D. Josephson* die nach ihm benannten Dioden, die als bistabile Schaltelemente mit geringem Leistungsbedarf und extrem kurzen Schaltzeiten (10^{-12} s) Verwendung finden.

Ivar **Giaever,** amerikanischer Physiker, * 5. 4. 1929 Bergen (Norwegen); befaßte sich u. a. mit dem Verhalten von Leitungselektronen bei tiefen Temperaturen in metallischen Leitern, war an der Entwicklung der *Esaki-Dioden* und der theoretischen Deutung des Josephson-Effekts beteiligt.

Brian David **Josephson,** britischer Physiker, * 4. 1. 1940; entdeckte den nach ihm benannten *J.-Effekt* in Halbleiterbauelementen bei tiefen Temperaturen, der auf dem Tunneleffekt beruht, und konnte ihn theoretisch deuten. Dies führte zur Entwicklung der *Esaki-Dioden,* die als bistabile Schaltelemente mit extrem kurzen Schaltzeiten (10^{-12} s) in Computern Verwendung finden.

1974

Antony **Hewish,** britischer Astronom, * 11. 5. 1924 Fowey (Cornwall); Professor in Cambridge, entdeckte 1967 durch die Untersuchung kosmischer Radioquellen die *Pulsare.* In neueren Arbeiten befaßt sich H. mit der Untersuchung der Sonnenflecken und des Sonnenwinds.

Sir Martin **Ryle,** britischer Physiker, * 27. 9. 1918 Brighton, † 14. 10. 1984 Cambridge; war Professor für Radioastronomie in Cambridge; entwickelte neue Methoden zur Aufnahme kosmischer Radiosignale.

1975

Aage **Bohr**, dänischer Physiker, Sohn von *Niels Bohr*, * 19. 6. 1922 Kopenhagen; seit 1946 Professor für Physik am Institut für Theoretische Physik in Kopenhagen, 1963 - 1970 dessen Direktor, 1975 - 1981 Direktor des Nordischen Instituts für Theoretische Atomphysik (Nordita) in Kopenhagen. Er erhielt den Nobelpreis zusammen mit *B. Mottelson* und *J. Rainwater* für die Weiterentwicklung des Schalenmodells über den Aufbau von Atomkernen.

Ben Roy **Mottelson**, dänischer Physiker amerikanischer Herkunft, * 9. 7. 1926 Chicago, von 1953 bis 57 Mitglied einer Forschungsgruppe bei CERN, seit 1957 Professor für theoretische Atomphysik am Nordischen Institut für Theoretische Atomphysik (Nordita) in Kopenhagen, 1981 wurde er dessen Direktor; befaßte sich neben ausführlichen Studien über die friedliche Nutzung der Kernenergie vor allem mit der Entwicklung von Theorien über den Aufbau der Atomkerne.

James **Rainwater,** amerikanischer Physiker, *9. 12. 1917 Council, † 31. 5. 1986 Yonkers (NY); arbeitete vor allem auf dem Gebiet der Atomphysik, wo er grundlegende Forschungen zu dem von *A. Bohr* und *B. Mottelson* ausgearbeiteten Tropfenmodell des Atomkerns leistete.

1976

Burton **Richter,** amerikanischer Physiker, *22. 3. 1931 New York; ging nach dem Studium am Massachusetts Institute of Technology (MIT) an die Stanford University, wo er sich vor allem mit der Physik der Elementarteilchen befaßte. 1974 gelang ihm am Linearteilchenbeschleuniger von Stanford erstmals der Nachweis von *Quarks,* deren Verhalten heute mit dem Namen ›Charm‹ gekennzeichnet wird. Diese Entdeckung, die R. unabhängig von *S. C. C. Ting* gelang, war der erste Beweis dafür, daß nicht, wie bis dahin angenommen, drei, sondern mehr Quarks am Aufbau der Materie beteiligt sind.

Samuel Chao Chung **Ting**, amerikanischer Physiker, * 27. 1. 1936 Ann Arbor; bei CERN und von 1966 bis 71 und seit 77 wieder bei DESY tätig, wo er sich vor allem mit der Erforschung der Elementarteilchen befaßt; seit 1969 Ordinarius für Physik am Massachusetts Institut für Technologie in Cambridge/Mass. Zusammen mit *B. Richter* gelang ihm die Entdeckung von *Quarks*, deren Verhalten heute mit dem Namen ›Charm‹ gekennzeichnet wird.

1977

Philip W. **Anderson,** amerikanischer Physiker, * 13. 12. 1923 Indianapolis; befaßte sich besonders mit der Festkörperphysik, hier entwickelte er zusammen mit *J. H. van Vleck* und Sir *N. Mott* eine Theorie zum Verständnis der Elektronenstruktur in magnetischen und nichtkristallinen Materialien. Weitere Arbeiten galten dem Ferromagnetismus, der Austausch-Wechselwirkung in magnetischen Isolatoren und der Struktur magnetischer Störstellen in Metallen.

Sir Nevill Francis **Mott**, britischer Physiker, * 30. 9. 1905 Leeds, † 8. 8. 1996 Milton Keynes; war während des II. Weltkrieges an der Entwicklung des Radars beteiligt, widmete sich später als Leiter der Cavendish Laboratories in Cambridge der Festkörperphysik und lieferte zahlreiche theoretische Abhandlungen.

John H. van **Vleck,** amerikanischer Physiker, * 13. 3. 1899 Middletown, † 27. 10. 1980 Cambridge; befaßte sich ab 1926 mit der Formulierung der Quantenmechanik, wandte sich später der Erforschung des Magnetismus zu und entwikkelte hier zusammen mit seinem Schüler *P. W. Anderson* und Sir *N. Mott* eine Theorie zum Verständnis der Elektronenstruktur in magnetischen und nichtkristallinen Materialien.

1978

Pjotr Leonidowitsch **Kapitza,** sowjetischer Physiker, * 26. 6. 1894 Kronstadt, † 8. 4. 1984 Moskau; befaßte sich zunächst mit der Tieftemperaturphysik, konstruierte eine Anlage zur Verflüssigung von Helium und entdeckte 1938 die Erscheinung der Superfluidität. Weitere Arbeiten galten der Anwendung der Hochfrequenz zur Aufheizung von Plasmen für die Kernfusion. 53 übernahm er die Leitung der sowjetischen Kernwaffenentwicklung, seit 55 war er Direktor des

Instituts für physikalische Probleme der Akademie der Wissenschaften. Auch am Aufbau der sowjetischen Weltraumfahrt war K. maßgeblich beteiligt.

Arno Allan **Penzias**, deutsch-amerikanischer Physiker, * 26. 4. 1933 München, entdeckte 1965 zusammen mit *R. W. Wilson* die von allen Seiten gleichmäßig auf die Erde aus dem Weltraum einfallende Hintergrundstrahlung *(3-K-Strahlung)*, die als Indiz für den ›Urknall‹ bei der Entstehung des Universums angesehen wird.

Robert Woodrow **Wilson,** amerikanischer Physiker, * 10. 1. 1936 in Houston; zunächst bei der amerikanischen Fernsprechfirma Bell Systems tätig, wo er sich zusammen mit *A. Penzias* radiotechnischen und radiophysikalischen Forschungsaufgaben widmete. Dabei entdeckten die beiden Forscher die von allen Seiten des Weltraums gleichmäßig auf die Erde einfallende Hintergrundstrahlung, deren Stärke der Strahlung eines schwarzen Körpers mit einer Temperatur von 3 K entspricht *(3-K-Strahlung)*. Diese Strahlung wird heute allgemein als Beweis dafür angesehen, daß sich das Weltall vor vielen Milliarden Jahren aus einem Urknall gebildet hat.

1979

Sheldon Lee **Glashow,** amerikanischer Physiker, *5. 12. 1932 New York; arbeitete vor allem auf dem Gebiet der Physik der Elementarteilchen und entwickelte eine Theorie, die die schwache und die elektromagnetische Wechselwirkung in einer gemeinsamen Formel vereinigt. Ein Ergebnis der neuen Theorie war die Vorhersage, daß es neben den bekannten elektromagnetischen Prozessen auch schwache Prozesse geben müsse, die ohne Ladungsänderung der beteiligten Partner vor sich gehen; diese Prognose konnte inzwischen auch experimentell bestätigt werden. Eine Folge dieser Entwicklung war, daß das bisher angenommene Modell von drei Quarks als Urbausteinen der Materie um ein viertes Quarkteilchen (das ›charmed Quark‹) erweitert werden mußte.

Abdus **Salam**, pakistanischer Physiker, * 29. 1. 1926 Ihang, † 21. 11. 1996 Oxford; nach Lehrtätigkeit in Pakistan von 1957 - 1993 Professor für theoretische Physik an der Universität von London; befaßte sich vor allem mit der Physik der Elementarteilchen und entwickelte hier eine Theorie, die die schwache und elektromagnetische Wechselwirkung in einer gemeinsamen Formel vereint.

Steven **Weinberg,** amerikanischer Physiker, *3. 5. 1933 New York; befaßte sich vor allem mit der Physik der Elementarteilchen. Er entwickelte unabhängig von *S. L. Glashow* und *A. Salam* eine Theorie zur Vereinheitlichung der schwachen und elektromagnetischen Wechselwirkung, die als *elektro-schwache Wechselwirkung* experimentell bestätigt wurde.

1980

James W. **Cronin,** amerikanischer Physiker, *29. 9. 1931 Chicago; seit 1971 Professor für Physik an der Universität von Chicago; Untersuchungen zur Physik der Elementarteilchen.

Val Logsdon **Fitch**, amerikanischer Physiker, * 10. 3. 1923 Merriman; seit 1954 an der Universität von Princeton, 1984 erhielt er die James S. McDonnel Distinguished Universitätsprofessur in Physik;

befaßte sich vor allem mit der Physik der Elementarteilchen, wo er zeigen konnte, daß die bislang angenommene Symmetrie zwischen Materie und Antimaterie hinsichtlich Ladung und Parität in der Natur nicht immer besteht. Aus seinen Experimenten läßt sich der Schluß ziehen, daß Materie beständiger ist als Antimaterie, womit auch die astronomischen Beobachtungen über das offensichtliche Überwiegen von Materie gegenüber Antimaterie in Einklang stünden.

1981

Nicolaas **Bloembergen,** amerikanischer Physiker holländischer Herkunft, * 11. 3. 1920 Dordrecht; seit 1957 Professor an der amerikanischen Harvard-Universität, befaßte sich vor allem mit der Weiterentwicklung der bereits von *A. Purcell* um 1950 erarbeiteten Kernresonanzspektroskopie, wobei er Laserstrahlen zur Untersuchung der Struktur von Festkörpern einsetzte. Die von B. entwickelten Verfahren eignen sich u. a. auch zur Abtrennung einzelner Isotope aus dem Isotopengemisch eines Elements und könnten so auch zur Anreicherung des Uranisotops 235 aus Natururan eingesetzt werden.

Arthur L. **Schawlow,** amerikanischer Physiker, * 5. 5. 1921 Mont Vermon (NY); wies 1958 erstmals auf die Möglichkeit hin, daß sich nach dem Prinzip des von seinem Schwager *Ch. H. Townes* entwickelten Maser auch ein Laser konstruieren lassen müßte, und leistete dazu wichtige theoretische Arbeiten. Er entwickelte in den letzten Jahren die *Laserspektroskopie,* bei der mit Hilfe von Farbstofflasern die räumliche Struktur von Atomen und Molekülen mit einer bisher nicht erreichbaren Genauigkeit erforscht werden kann.

Kai Manne **Siegbahn**, schwedischer Physiker, Sohn von *Karl Manne S.*, * 20. 4. 1918 Lund; 1954 - 1983 Professor an der Universität von Uppsala, wo er sich insbesondere mit der Weiterentwicklung der Elektronenspektroskopie befaßte. Die von ihm entwickelten Methoden, bei denen vor allem Elektronen geringerer Energie eingesetzt werden, dienen in der physikalischen Analysentechnik zur Oberflächenbestimmung von Festkörpern und zur Aufklärung der Bindungsarten zwischen Festkörperoberflächen und an ihnen gebundenen Substanzen.

1982

Kenneth G. **Wilson,** amerikanischer Physiker, * 8. 6. 1936 Waltham; nach dem Studium zunächst bei CERN, seit 1971 Professor an der Universität von Ithaca (New York). W. befaßte sich vor allem mit der Physik der Phasenumwandlungen, wobei er die dabei auftretenden und bisher kaum verstandenen Vorgänge mit Hilfe eines von ihm entwickelten mathematischen Verfahrens erstmals umfassend beschreiben konnte. Die Arbeiten W. eröffneten aber zugleich neue Möglichkeiten auf dem Gebiet der Elementarteilchentheorie, da sie eine computerunterstützte Bearbeitung der Quantenfeldtheorie zulassen.

1983

Subrahmanyan **Chandrasekhar**, indischer Astrophysiker, * 19. 10. 1910 Lahore, † 21. 8. 1995 Chicago; lieferte zusammen mit *W. A. Fowler* wichtige Beiträge zur Theorie des inneren Sternaufbaus, wobei er sich insbesondere mit dem Aufbau der sog. Weißen Zwerge befaßte, Sternen, bei denen die Masse zu ungeheurer Dichte komprimiert ist (etwa 1000 kg/cm^3) und deren Oberflächentemperatur über 20 000° C liegt (Sonne 6000° C).

William Alfred **Fowler**, amerikanischer Physiker, * 9. 4. 1911 Pittsburgh, † 14. 3. 1995 Pasadena; 1946 - 1995 Professor für Astrophysik am California Institut of Technology (CALTEC), lieferte wichtige Beiträge zur Entstehung der chemischen Elemente nach dem Urknall, wobei er insbesondere nachweisen konnte, daß beim Urknall zunächst nur Wasserstoff und Helium entstanden, während die schwereren Elemente sich erst nachträglich durch Fusionsprozesse im Sterninneren bildeten und bei Nova- und Supernova-Ausbrüchen über das Universum verteilt wurden.

1984

Simon van der **Meer,** niederländischer Physiker, *24. 11. 1925 Den Haag; seit 1956 bei CERN tätig, wies zusammen mit *C. Rubbia* am Superprotonensynchrotron von CERN die theoretisch bereits lange vorausgesagten Vermittler der schwachen Wechselwirkung, die W- und Z-Bosonen, nach, wobei er das Verfahren der stochastischen Kühlung zur Bündelung von Antiprotonen entwickelte.

Carlo **Rubbia,** italienischer Physiker, *31. 3. 1924 Gorizia; seit 1961 bei CERN tätig, wo ihm zusammen mit *S. v.d. Meer* der experimentelle Nachweis der W- und Z-Bosonen gelang, die als sog. *intermediäre Vektorbosonen* als Vermittler der schwachen Wechselwirkung fungieren. Mit dem Nachweis dieser Teilchen wurde die bereits Ende der 70er Jahre von *A. Salam, S. Glashow* und *S. Weinberg* aufgestellte Theorie zur Vereinigung der schwachen und der elektromagnetischen Wechselwirkung bestätigt.

1985

Klaus von **Klitzing,** deutscher Physiker, *28. 6. 1943 Schroda; seit 1985 Direktor am Max-Planck-Institut für Festkörperforschung, Stuttgart, entdeckte den nach ihm benannten Effekt (auch als *Quanten-Hall-Effekt* bezeichnet): Bei Temperaturen nahe dem absoluten Nullpunkt und in Anwesenheit starker Magnetfelder nimmt der Hall-Widerstand in dünnen Halbleiterschichten nicht proportional mit der Stärke des Magnetfelds zu, sondern steigt stufenförmig an. Diese Stufen lassen sich als Bruchteil des Planckschen Wirkungsquantums h und der elektrischen Elementarladung e ausdrücken, der Wert von h/e^2 beträgt genau 25 812,8 Ohm. Damit ergibt sich unter vielen anderen Anwendungen vor allem eine Möglichkeit zur Festlegung der elektrischen Widerstandsgröße von 1 Ohm mit einer bisher nicht möglichen Präzision.

1986

Gerd **Binnig,** deutscher Physiker, * 20. 7. 1947 Frankfurt a.M.; entwickelte zusammen mit *H. Rohrer* das *Raster-Tunnel-Mikroskop,* eine Verbesserung des Elektronenmikroskops von *E. Ruska,* mit dem sich Oberflächenschichten noch mit einer Genauigkeit von 0,1 nm (entsprechend einem Atomdurchmesser) untersuchen lassen. Das Gerät erlangte inzwischen größte Bedeutung für die Oberflächenchemie und die Untersuchung integrierter Schaltungen.

Heinrich **Rohrer,** schweizerischer Physiker, * 6. 6. 1933 Buchs (Kanton St. Gallen); befaßte sich nach dem Studium der Physik zunächst mit dem Phänomen der Supraleitung, wechselte 1963 an das IBM-Forschungslabor in Rüschlikon bei Zürich, wo er zusammen mit *G. Binnig* das *Raster-Tunnel-Mikroskop* entwickelte.

Ernst **Ruska,** deutscher Physiker, * 25. 12. 1906 Heidelberg, † 27. 5. 1988 Berlin; entwickelte ab 1930 die physikalischen und technischen Grundlagen des *Elektronenmikroskops,* womit er die Voraussetzung für den Bau des *Raster-Tunnel-Mikroskops* durch *G. Binnig* und *H. Rohrer* schuf.

1987

Johannes Georg **Bednorz,** deutscher Physiker, * 16. 5. 1950 Neuenkirchen (Westfalen); beschäftigt sich seit dem Studium der Mineralogie am IBM-Forschungslabor in Rüschlikon mit der Suche nach supraleitenden Materialien, deren Sprungtemperatur deutlich über der bisheriger Supraleiter von etwa 23 K (−250 °C) liegt. 1986 gelang ihm zusammen mit *K. A. Müller* die Entwicklung oxidischer Keramiken mit einer Sprungtemperatur von zunächst −238 °C (inzwischen verbessert auf −178 °C). Damit benötigen derartige Supraleiter statt der aufwendigen und teuren Heliumkühlung nur noch eine Kühlung mit flüssigem Stickstoff.

Karl Alexander **Müller,** schweizerischer Physiker, * 20. 4. 1927 Basel; seit 1982 am IBM-Forschungslabor in Rüschlikon tätig, leistete bahnbrechende Arbeiten auf dem Gebiet der Supraleitung. In Zusammenarbeit mit *J. G. Bednorz* gelang ihm die Entwicklung einer neuen Klasse von Supraleitern: oxidischen Keramiken mit einer Sprungtemperatur von nur −238 °C gegenüber bisher −250 °C. Weitere Arbeiten brachten eine Erhöhung der Sprungtemperatur auf −178 °C, d. h., zur Erreichung der Sprungtemperatur genügt bereits eine Kühlung mit flüssigem Stickstoff.

1988

Leon Max **Lederman,** amerikanischer Physiker, * 15. 6. 1922 New York; war nach dem Studium der Physik zunächst Professor an der Columbia University von New York und ist seit 1978 Direktor des Fermi National Accelerator Laboratory in Batavia (IL). 1962 entdeckte er zusammen mit *M. Schwartz* und *J. Steinberger* das *Myon-Neutrino,* einen bis dahin unbekannten Vertreter der Neutrino-Familie; es entsteht beim Zerfall von Mesonen. Die mit der Entdeckung des Myon-Neutrinos verbundenen Erkenntnisse führten zu neuen Einsichten über den Mechanismus der schwachen Wechselwirkung und die Paarstruktur der Leptonen.

Melvin **Schwartz,** amerikanischer Physiker, * 2. 11. 1932 New York; befaßte sich an den Brookhaven National Laboratories in Upton (NY) mit der Untersuchung der schwachen Wechselwirkung. Dabei gelang ihm zusammen mit *L. M. Lederman* und *J. Steinberger* die Entdeckung des *Myon-Neutrinos* und damit gleichzeitig der Nachweis der Paarstruktur der Leptonen.

Jack **Steinberger,** amerikanischer Physiker deutscher Herkunft, * 25. 5. 1921 Bad Kissingen; kam 1934 in die USA, war von 1950–1971 Professor an der Columbia University in New York und danach bis 1986 bei CERN tätig. 1962 gelang ihm im

Rahmen der Erforschung der Gesetzmäßigkeiten der schwachen Wechselwirkung zusammen mit *L. M. Lederman* und *M. Schwartz* die Entdeckung der *Myon-Neutrinos* und gleichzeitig der Nachweis der Paarstruktur der Leptonen.

1989

Hans Georg **Dehmelt,** amerikanischer Physiker deutscher Herkunft, * 9. 9. 1922 Görlitz; lehrt seit 1955 an der University of Washington in Seattle und entwickelte dort, aufbauend auf den Arbeiten von *W. Paul,* ein Verfahren, das es erlaubt, Ionen in Kühlfallen einzuschließen und dort durch Bestrahlung mit Laserlicht so weit abzukühlen, daß die Ionen praktisch zum Stillstand kommen. An derartigen, in einer *Ionenfalle* eingeschlossenen Ionen mit Temperaturen nahe dem absoluten Nullpunkt lassen sich Energiezustände mit höchster Genauigkeit messen. Anwendung findet das von ihm entwickelte Verfahren z.B. beim Bau besonders präziser Atomuhren und bei der Überprüfung grundlegender Theorien in der Quantenelektrodynamik und der Relativitätstheorie.

Wolfgang **Paul,** deutscher Physiker, * 10. 8. 1913 Lorenzkirch (bei Leipzig), † 7.12.1993 Bonn; entwickelte in den 50er Jahren eine elektromagnetische Falle *(Paul-Falle),* in der elektrisch oder magnetisch geladene Ionen oder Atome in der Schwebe gehalten werden konnten. Sein Verfahren blieb zunächst weitgehend unbeachtet, bis es *H. Dehmelt* aufgriff und durch den Einsatz von Laserlicht so ausbaute, daß es möglich war, auch einzelne Ionen in einer Kühlfalle einzuschließen und dann deren elektrische und magnetische Eigenschaften präzise zu vermessen.

Norman Foster **Ramsey,** amerikanischer Physiker, * 27. 8. 1915 Washington (DC); entwickelte von 1940–1945 ein Radarsystem im Mikrowellenbereich und verbesserte die von *I. Rabi* (Nobelpreis 1944) begründete Atomstrahlresonanzmethode zur Messung der elektrischen und magnetischen Momente von Atomkernen derart weiter, daß extrem genaue Messungen möglich wurden. Seine Arbeiten erlaubten den Bau eines Wasserstoffmasers und hochgenauer Atomuhren, die heute als Zeitnormal vielfach Verwendung finden.

1990

Jerome I. **Friedman,** amerikanischer Physiker, * 28. 3. 1930 Chicago; nach dem Studium zunächst an der Stanford University in Kalifornien, ab 1967 Professor für Physik am Massachusetts Institute of Technology (MIT) und seit 1983 Leiter des Departments für Physik. Bei der Untersuchung von Streuexperimenten an Protonen und Neutronen gelang ihm zusammen mit *H. W. Kendall* und *R. E. Taylor* der Nachweis einer inneren Struktur dieser Teilchen. Damit waren die schon von *M. Gell-Mann* (Nobelpreis 1969) geforderten *Quarks* als Grundbausteine der Protonen und Neutronen nachgewiesen. Außerdem ergab sich aus den gewonnenen Daten die Existenz von Kraftfeldern, den sogenannten *Gluonen,* die die Quarks zu Protonen und Neutronen zusammenbinden.

Henry W. **Kendall,** amerikanischer Physiker, * 9. 12. 1926 Boston; nach verschiedenen Lehr- und Forschungstätigkeiten seit 1967 Professor am Massachusetts Institute of Technology (MIT). Bei Streuexperimenten an Protonen und Neutronen gelang ihm zusammen mit *J. I. Friedman* und *R. E. Taylor* der Nachweis einer inneren Struktur dieser Teilchen und damit der Beweis für die Existenz der schon von *M. Gell-Mann* (Nobelpreis 1969) geforderten *Quarks.* Jeweils drei dieser Teilchen, die Ladungen von plus ein Drittel bzw. minus zwei Drittel der elektrischen Elementarladung tragen, bauen das Neutron und das Proton auf. Zugleich wurden die zwischen den Quarks wirkenden *Gluonen* als Vermittler von Kraftfeldern entdeckt. Alle uns bekannte Materie besteht nach diesen Ergebnissen zu etwa 99 % aus Quarks mit den für die Bindung verantwortlichen Gluonen. Der kleine Rest wird von Elektronen gebildet.

Richard Edward **Taylor,** kanadischer Physiker, * 2. 11. 1929 Medicine Hat (Alberta); nach verschiedenen Forschungsaufenthalten in den USA und Frankreich seit 1962 wissenschaftlicher Mitarbeiter am Stanford Linear Accelerator und seit 1970 dort Professor für Physik. Zusammen mit *J. I. Friedman* und *H. W. Kendall* gelang ihm der Nachweis einer inneren Struktur der Protonen und Neutronen und damit der Beweis für die Existenz der schon von *M. Gell-Mann* (Nobelpreis 1969) aus theoretischen Überlegungen geforderten *Quarks,* gleichzeitig wurden die *Gluonen* als Übermittler der zwischen den Quarks wirkenden Kräfte identifiziert. Damit gelang den drei Forschern ein wesentlicher Schritt auf dem Weg zu dem heute über den Aufbau der Materie gültigen Modell.

1991

Pierre-Gilles de **Gennes,** französischer Physiker, * 24. 10. 1932 Paris; begann seine berufliche Laufbahn als Ingenieur bei der französischen Atomenergiebehörde, wurde 1961 Professor für Festkörperphysik an der Universität Paris/Orsay und ist seit 1976 Direktor an der École de Physique et Chimie in Paris. Gennes befaßt sich mit der Untersuchung von Phasenübergängen in magnetischen Materialien, sein besonderes Interesse galt dabei zunächst Flüssigkristallen. Die dabei gewonnenen Erkenntnisse übertrug er auch auf Lösungen von Polymermolekülen, wobei er zeigen konnte, daß die räumliche Anordnung der hochmolekularen Moleküle einer derartigen Lösung nicht rein chaotisch und zufallsbedingt erfolgt, sondern gewissen statistischen Regeln unterliegt, die nicht zuletzt von der elektrischen Ladungsverteilung in den Molekülen abhängig ist. Damit schuf er eine theoretisch untermauerte Grundlage für die technische Nutzung von Flüssigkristallen und Polymersystemen.

1992

Georges **Charpak,** französischer Physiker, * 1. 8. 1924 Dabrovica (Polen); gelangte durch den II. Weltkrieg nach Frankreich und ist seit 1946 französischer Staatsbürger. Charpak war von 1959 bis zu seiner Emeritierung 1991 Wissenschaftler am europäischen Kernforschungszentrum CERN in Genf, hier entwickelte er die heute in der Grundlagenforschung zum Nachweis und zur Untersuchung von Elementarteilchen unverzichtbaren *Vieldraht-Proportionalkammern.* Mit Hilfe dieser Kammern läßt sich präzise der Ort eines ionisierenden (Elementar-)Teilchens angeben, da die Signale Tausender von Drähte über einen Computer ausgewertet werden, der ein exaktes Bild der Teilchenbahnen ermittelt. Besondere Bedeutung erlangten diese Teilchendetektoren beim Nachweis der *intermediären Bosonen* der schwachen Wechselwirkung und der *Quarks* als Bausteinen der Neutronen und Protonen.

1993

Russell A. **Hulse,** amerikanischer Physiker, * 28. 11. 1950 New York; befaßt sich vor allem mit der Erforschung von Neutronensternen, den sogenannten Pulsaren, die erstmals 1967 von *A. Hewish* (Nobelpreis 1974) beobachtet wurden. Anhand eines 1974 von ihm und *J. H. Taylor* entdeckten Doppelpulsar-Systems im Sternbild Adler gelang den beiden Forschern eine glänzende Bestätigung einer Vorhersage der von *A. Einstein* aufgestellten Relativitätstheorie. Die beiden Pulsare umkreisen sich auf engen Bahnen (einmal in in 7^h 45^{min}), wobei sie Energie verlieren und diese in Form von *Gravitationswellen* abstrahlen. Dieser Energieverlust muß sich in einer ständigen Verkürzung der Umlaufzeiten bemerkbar machen. Die von den beiden Wissenschaftlern gemessene Abnahme der Umlaufzeit (75 millionstel Sekunden pro Jahr) stimmt bis auf 1% mit der von der Relativitätstheorie geforderten überein und ist damit gleichzeitig ein erster (indirekter) Beweis für die Existenz von Gravitationswellen.

Joseph H. **Taylor**, amerikanischer Astrophysiker, * 29. 3. 1941 Philadelphia; promovierte 1968 an der Harvard University zum Doktor der Astronomie, danach Forschungsarbeiten an verschiedenen Universitäten, heute an der Princeton University, 1974 gelang ihm zusammen mit *R. A. Hulse* die erste Entdeckung eines Doppelpulsar-Systems, an dem sich ein von *A. Einstein* vorausgesagter Effekt der Relativitätstheorie überprüfen ließ. Die beiden Pulsare im Sternbild Adler umkreisen einander auf so engen Umlaufbahnen, daß sie dabei ständig einen Teil ihrer Energie in Form von *Gravitationswellen* abstrahlen. Dieser fortlaufende Energieverlust bewirkt eine Verringerung ihres gegenseitigen Abstandes und damit eine Verkürzung der Umlaufzeit. Die von den beiden Wissenschaftlern gemessene Abnahme der Umlaufzeit von 75 millionstel Sekunden pro Jahr stimmt mit einer Genauigkeit von 1% mit der von A. Einstein vorausgesagten überein. Dies bedeutet auch gleichzeitig den ersten (indirekten) Beweis für die tatsächliche Existenz der Gravitationswellen, deren direkter Nachweis bisher nicht gelungen ist.

1994

Bertram **Brockhouse,** kanadischer Physiker, * 15. 7. 1918 Alberta; vervollkommnete zusammen mit *C. Shull* das schon länger bekannte Verfahren der Neutronen-Spektroskopie. Dabei werden thermische (langsame) Neutronen zur Aufklärung der Struktur von Molekülen eingesetzt. Thermische Neutronen besitzen Wellenlängen, die denen von Röntgenstrahlen entsprechen; im Gegensatz zu diesen werden sie aber nicht bereits von der Elektronenhülle der Atome gestreut, sondern durchqueren sie wegen ihrer fehlenden elektrischen Ladung ungehindert und werden erst von den Atomkernen selbst reflektiert. Damit stellen Neutronenstrahlen eine hervorragende Sonde zur Untersuchung der Struktur und Dynamik der Materie dar.

Clifford **Shull,** amerikanischer Physiker, * 23. 9. 1915 Pittsburgh; entwickelte zusammen mit *B. Brockhouse* das Verfahren der Neutronen-Spektroskopie. Dabei werden in Kernreaktoren entstehende thermische (langsame) Neutronen mit Wellenlängen ähnlich wie Röntgenstrahlen zur Untersuchung von Molekülen eingesetzt. Während Röntgenstrahlen aber bereits von den Elektronenhüllen der Atome gestreut werden, können die elektrisch neutralen Neutronenstrahlen die Elektronenhüllen ungehindert passieren und werden erst von den Atomkernen reflektiert. Das dadurch entstehende Streuungsmuster gestattet einen wesentlich tieferen Einblick in den Aufbau von Molekülen als bisherige Verfahren.

1995

Martin L. **Perl**, amerikanischer Physiker, * 24. 6. 1927 New York; Professor an der Stanford University, entdeckte am Stanford Linear Acceleration Center (SLAC) schon zwischen 1972 und 1975 ein neues Elementarteilchen, das *Tau-Lepton*. Damit war ein Mitglied der dritten Teilchenfamilie gefunden, das dem Elektron ähnlich ist, aber etwa die 3500fache Masse hat und im Mittel nach nur 10^{-13} Sekunden zerfällt.

Frederick **Reines**, amerikanischer Physiker israelischer Herkunft, * 16. 3. 1918 Paterson, † 28. 8. 1998 Irvine; wies 1956 zusammen mit *Clyde Cowan* das von Pauli zur Erklärung des Betazerfalls postulierte Neutrino (genauer: das Elektron-Antineutrino) nach. Diese Entdeckung führte zu einer Fülle von weiteren Forschungsarbeiten auf diesem Gebiet, von denen einige bereits mit Nobelpreisen ausgezeichnet worden sind.

1996

David M. **Lee**, amerikanischer Physiker, * 20. 1. 1931 Rye; zusammen mit den beiden nächsten Nobelpreisträgern entdeckte er 1972 an der Cornell-University in Ithaca die Superfluidität des Heliumisotops 3. Diese Eigenschaft ist quantenmechanisch deshalb so interessant, weil sich dieses seltene Heliumisotop nur in der Form von sog. Cooperpaaren wie ein Boson verhalten kann. Als superfluide Substanz kriecht Helium 3 bei entsprechend tiefen Temperaturen (einige Millikelvin) über Gefäßränder hinweg und dringt in dünnste Kapillaren ein, weil seine innere Reibung Null ist.

Douglas D. **Osheroff**, amerikanischer Physiker, * 1. 8. 1945 Aberdeen; entdeckte als Doktorand von *David M. Lee* zusammen mit ihm und *Robert C. Richardson* die Superfluidiät von Helium 3.

Robert C. **Richardson**, amerikanischer Physiker, * 26. 6. 1937 Washington; entdeckte zusammen mit *Douglas D. Osheroff* und *David M. Lee* die Superfluidität von Helium 3.

1997

Die drei Preisträger wurden als führende Wissenschaftler für die Entwicklung von Verfahren ausgezeichnet, mit Hilfe von Laserlicht neutrale Gasatome auf extrem niedrige Temperaturen abzukühlen.

Steven **Chu**, amerikanischer Physiker, * 28. 2. 1948 St. Louis (Missouri); entwickelte an der Stanford University die sog. *Doppler-Kühlung* von Gasatomen mit Laserlicht. Dabei werden diese Atome mit Laserlicht bestrahlt, dessen Energie ein wenig kleiner ist als die Resonanzenergie des betreffenden Atoms. Zusammen mit ihrer Bewegungsenergie reicht es aber gerade zur Absorption eines Lichtquants, das anschließend mit der ›richtigen‹ Energie wieder abgestrahlt wird und dabei die Bewegungsenergie mitnimmt. Das Atom wird als Folge abgebremst, verliert Energie, wird also kälter. Die Abkühlung geht bis zum sog. *Doppler-Limit* (etwa 300 Mikrokelvin). Es entsteht ein sog. ›Optischer Sirup‹ aus sehr langsamen Gasatomen (ca. 30 cm/sec).

Claude **Cohen-Tannoudji,** französischer Physiker, * 1. 4. 1933 Constantine (Algerien); entwickelte an der École Normale Supérieure Paris eine Methode, die Temperatur neutraler Atome unter die Doppler-Grenze zu senken.

William D. **Phillips,** amerikanischer Physiker, * 5. 11. 1948 Wilkes-Barre; zeigte in Zusammenarbeit mit *Claude Cohen-Tannoudji,* daß mit der Doppler-Kühlung im Zusammenwirken mit starken Magnetfeldern wegen der Entartung des Grundzustands bestimmter Atome noch wesentlich kleinere Energiebeträge als durch das Doppler-Limit vorgegeben abgeführt werden können.

1998

Robert B. **Laughlin,** amerikanischer Physiker, * 1. 11. 1950 Visalia; konnte die von *Horst L. Störmer* und *Daniel C. Tsui* gefundenen Abweichungen vom *Quanten-Halleffekt* theoretisch erklären.

Horst L. **Störmer,** deutscher Physiker, * 6. 4. 1949 Frankfurt/M., seit 1998 Professur an der Columbia University (NY); entdeckte 1982 zusammen mit *Daniel C. Tsui,* daß Elektronen in sehr starken Magnetfeldern, sehr niedrigen Temperaturen und extrem dünnen Schichten eine neue Art von Quantenflüssigkeit bilden, deren Anregungszustände Bruchteile der Elektronenladung zeigen. *Störmer* und *Tsui* machten diese Entdeckung beim Untersuchen des *Quanten-Halleffektes* (Nobelpreis 1985 für *Klaus v. Klitzing*). Sie stellten dabei nicht nur eine Veränderung des Hallwiderstands in ganzzahligen Schritten (wie v. Klitzing) fest, sondern auch eine Veränderung in rationalen Bruchteilen davon.

Daniel C. **Tsui,** amerikanischer Physiker chinesischer Abstammung, * 28. 2. 1939 Henan (China); entdeckte zusammen mit *Störmer* den fraktionalen *Quanten-Halleffekt.*

1999

Martinus J. G. **Veltman,** niederländischer Physiker, * 27. 6. 1931 Waalwijk; stellte gemeinsam mit *t'Hooft* die Theorie der Elementarteilchenphysik auf festeren mathematischen Grund. Ihre Arbeiten führten auch zu experimentell überprüfbaren Vorhersagen, wie einige Eigenschaften von W- und Z-Bosonen (deren Existenz bereits von Salam und Weinberg vorhergesagt wurde) und die Masse des top-Quarks. Die Experimente standen alle in guter Übereinstimmung mit ihren Berechnungen.

Gerardus **t'Hooft,** niederländischer Physiker, * 5. 7. 1946 Den Helder; erarbeitete gemeinsam mit *Veltman* entscheidende Beiträge zur Theorie der elektroschwachen Wechselwirkung. Eine wichtige Vorhersage ist die Existenz des Higgs-Teilchens, das nach dem Standardmodell für die Massen aller Teilchen verantwortlich ist.

Register

Halbfette Seitenzahlen
kennzeichnen Stellen, an denen das betreffende Stichwort eigens erklärt wird.

E

F